石油化工职业技能培训教材

机泵维修钳工

中国石油化工集团公司人事部
中国石油天然气集团公司人事服务中心 编

中国石化出版社

内 容 提 要

《机泵维修钳工》为《石油化工职业技能培训教材》系列之一，涵盖石油化工生产人员《国家职业标准》中，对该工种初级工、中级工、高级工、技师、高级技师五个级别的专业理论知识和操作技能的要求。主要内容包括：钳工基础理论知识和技能操作知识，包括石油化工行业中主要转动设备的结构特点、安装、维修、故障诊断与处理等，以及作为机泵维修钳工所必须掌握的钳工工艺学知识、金属材料与热处理、工件制作方法等。

本书是机泵维修人员进行职业技能培训的必备教材，也是专业技术人员必备的参考书。

图书在版编目(CIP)数据

机泵维修钳工/中国石油化工集团公司人事部，
中国石油天然气集团公司人事服务中心编.
—北京:中国石化出版社,2007(2024.8 重印)
石油化工职业技能培训教材
ISBN 978-7-80229-468-4

Ⅰ.机… Ⅱ.①中… ②中… Ⅲ.油泵-维修-钳工-技术培训-教材 Ⅳ.TH380.7

中国版本图书馆 CIP 数据核字(2007)第 193315 号

中国石化出版社出版发行

地址:北京市东城区安定门外大街 58 号
邮编:100011　电话:(010)57512500
发行部电话:(010)57512575
http://www.sinopec-press.com
E-mail:press@ sinopec.com
北京艾普海德印刷有限公司印刷
全国各地新华书店经销

*

787×1092 毫米 16 开本 32.25 印张 800 千字
2024 年 8 月第 1 版第 10 次印刷
定价:68.00 元

《石油化工职业技能培训教材》

开发工作领导小组

组　长：周　原

副组长：王天普

成　员：（按姓氏笔画顺序）

于洪涛　王子康　王玉霖　王妙云　王者顺　王　彪
付　建　向守源　孙伟君　何敏君　余小余　冷胜军
吴　耘　张　凯　张继田　李　刚　杨继钢　邹建华
陆伟群　周赢冠　苟连杰　赵日峰　唐成建　钱衡格
蒋　凡

编审专家组

（按姓氏笔画顺序）

王　强　史瑞生　孙宝慈　李兆斌　李志英　岑奇顺
杨　徐　郑世桂　姜殿虹　唐　杰　黎宗坚

编审委员会

主　任：王者顺

副主任：向守源　周志明

成　员：（按姓氏笔画顺序）

王力健　王凤维　叶方军　任　伟　刘文玉　刘忠华
刘保书　刘瑞善　朱长根　朱家成　江毅平　许　坚
余立辉　吴　云　张云燕　张月娥　张全胜　肖铁岩
陆正伟　罗锡庆　倪春志　贾铁成　高　原　崔　昶
曹宗祥　职丽枫　黄义贤　彭干明　谢　东　谢学民
韩　伟　雷建忠　谭忠阁　潘　慧　穆晓秋

前言

为了进一步加强石油化工行业技能人才队伍建设，满足职业技能培训和鉴定的需要，中国石油化工集团公司人事部、中国石油天然气集团公司人事服务中心联合组织编写了《石油化工职业技能培训教材》。本套教材的编写依照劳动和社会保障部制定的石油化工生产人员《国家职业标准》及中国石油化工集团公司人事部编制的《石油化工职业技能培训考核大纲》，坚持以职业活动为导向，以职业技能为核心，以“实用、管用、够用”为编写原则，结合石油化工行业生产实际，以适应技术进步、技术创新、新工艺、新设备、新材料、新方法等要求，突出实用性、先进性、通用性，力求为石油化工行业生产人员职业技能培训提供一套高质量的教材。

根据国家职业分类和石油化工行业各工种的特点，本套教材采用共性知识集中编写、各工种特有知识单独分册编写的模式。全套教材共分为三个层次，涵盖石油化工生产人员《国家职业标准》各职业(工种)对初级、中级、高级、技师和高级技师各级别的要求。

第一层次《石油化工通用知识》为石油化工行业通用基础知识，涵盖石油化工生产人员《国家职业标准》对各职业(工种)共性知识的要求。主要内容包括：职业道德，相关法律法规知识，安全生产与环境保护，生产管理，质量管理，生产记录、公文和技术文件，制图与识图，计算机基础，职业培训与职业技能鉴定等方面的基本知识。

第二层次为专业基础知识，分为《炼油基础知识》和《化工化纤基础知识》两册。其中《炼油基础知识》涵盖燃料油生产工、润滑油(脂)生产工等职业(工种)的专业基础及相关知识，《化工化纤基础知识》涵盖脂肪烃生产工、烃类衍生物生产工等职业(工种)的专业基础及相关知识。

第三层次为各工种，涵盖石油化工生产人员《国家职业标准》对各工种操作技能和相关知识的要求，包括工艺原理、工艺操作、设备使用与维护、事故判断与处理等内容。

《机泵维修钳工》包含第二、三层次的内容，在编写时采用传统教材模式，不分级别，在编写顺序上遵循由浅到深、先基础理论后技能操作的编写原则。各章内容均为机泵维修钳工所需的专业理论和操作技能，主要内容为离心式压缩机、往复式压缩机、螺杆式压缩机、轴流式压缩机、蒸汽轮机、烟气轮机、各种类型泵等的结构特点、安装、维修和故障诊断与处理，以及作为机泵维修钳工所必须掌握的钳工工艺学知识、装配知识、金属材料与热处理、工件制作方法等；在具体编写过程中还考虑到了技术进步、技术创新以及新工艺、新设备、新材料、新的操作方法，使得技能人员通过从理论到技能的学习后，技术素质不断提高。

《机泵维修钳工》教材由茂名石化负责组织编写，主编林昌基(茂名石化)，参加编写的人员有费志雄(茂名石化)、杨国伟(茂名西南石化)、龚丽君(天津石化)、曹晖(茂名学院)、黄超荣(茂名实华)、左章均(茂名西南石化)、韩明概(茂名石化)、邱宏强(茂名石化)、谢进祥(茂名石化)、杨玉辉(茂名西南石化)、黎志(茂名石化)、夏东辉(茂名石化)；本教材已经中国石油化工集团公司人事部、中国石油天然气集团公司人事服务中心组织的职业技能培训教材审定委员会审定通过，主审刘昌明，参加审定的人员有孙正毅、单清涛、岑奇顺、许铭正，审定工作得到了天津石化、齐鲁石化、扬子石化、荆门石化等单位的大力支持；中国石化出版社对教材的编写和出版工作给予了通力协作和配合，在此一并表示感谢。

由于石油化工职业技能培训教材涵盖的职业(工种)较多，同工种不同企业的生产装置之间也存在着差别，编写难度较大，加之编写时间紧迫，不足之处在所难免，敬请各使用单位及个人对教材提出宝贵意见和建议，以便教材修订时补充更正。

目　　录

第1章　钳工基础理论知识

第2章　钳工工艺知识

第3章 金属材料与热处理

第4章 装配工艺

第5章　密　　封

第6章 泵

第7章 离心式压缩机

第8章　往复式压缩机

第9章 螺杆压缩机

第10章 轴流式压缩机

第11章 汽 轮 机

第12章　烟气轮机

第13章 风 机

第14章 相关工种

第15章 状态监测与故障诊断

第16章 工件制作

第1章　钳工基础理论知识

1.1　钳工常用量具及设备

1.1.1　钳工常用量具

1.1.1.1　常用量具

量具是用来测量、检验零件或产品的尺寸、形状和相对位置的工具，是机泵维修钳工在加工、装配、修理及调试中必然用到的基本工具。按其特点，量具的分类如表1－1。

表1－1　量具的分类

分　类		说　明
标准量具		按基准复制出来的代表一个固定尺寸的量具。这类量具只能制成某个固定尺寸，通常它可用来校对和调整其他测量器具或作精密测量用，如量块、角度块、90°角尺等
通用量具		一般有刻度，在测量范围内可测量零件和产品的形状和尺寸的具体数值
	固定刻线具	如钢直尺、钢卷尺等
	游标量具	如游标卡尺、深度游标卡尺、万能角度尺等
	螺旋测微量具	如外径千分尺、深度千分尺、螺纹千分尺等
	机械式测微仪	如百分表、千分表、杠杆式百分表、杠杆式千分表等
	光学量仪	如显微镜、光学分度头等
	气动量仪	如水柱式和浮标式气动仪
	电动量仪	如电接触式量仪、电感式量仪、电容式量仪、充电式量仪等
专用量具		专用量具只能用来检验工件是否合格，不能测量工件的实际尺寸，如卡规、塞规等

根据机泵维修钳工的特点，下面将对一些常用的量具进行介绍。

1. 游标卡尺

利用游标原理对两测量面相对移动分隔的距离进行读数的测量器具，称为游标卡尺，简称为卡尺或普通卡尺。它是一种比较精密的量具，可以直接测量出工件的内径、外径、长度、宽度和深度等。

游标卡尺的构造如图1－1(a)所示。它由主尺和副尺(游标)组成。主尺和固定卡脚制成一体；副尺和活动卡脚制成一体。有的游标卡尺还带有测量深度的装置，如图1－1(b)所示。

游标卡尺的型式分为Ⅰ、Ⅱ、Ⅲ、Ⅳ四种。各型游标卡尺的测量范围和游标分度值见表1－2。

表1－2　游标卡尺的测量范围和分度值(GB 1214—85)

型　式	测量范围/mm	游标分度值(i)
Ⅰ	0～125；0～150	0.02；0.05；0.10
Ⅱ、Ⅲ	0～200；0～300	
Ⅳ	0～500；0～1000	

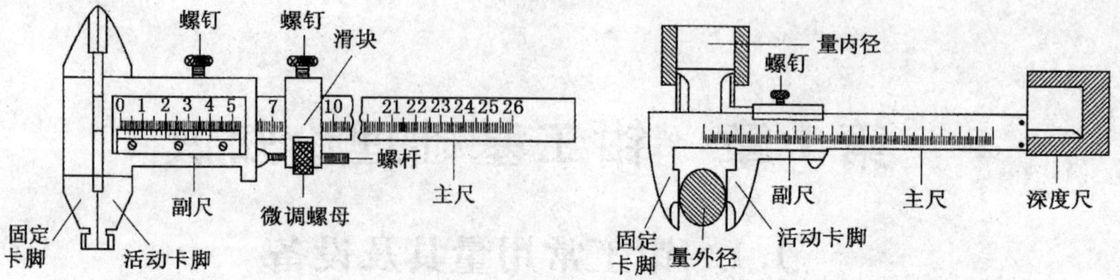

(a)游标卡尺

(b)带深度尺的游标卡尺

图 1－1　游标卡尺的构造

1）刻线原理（以 $i=0.02$mm 的游标卡尺为例）

游标卡尺主尺上的刻线每格为 1mm，而游标上共刻有 50 格，平分主尺 49mm（图 1－2），即游标刻线每格为 0.98mm，故主尺与游标每格刻线差值为 1/50，即 0.02mm。当两测爪完全贴合（即尺寸为零）时，则游标零线与主尺零线对齐；当两侧爪张开 0.02mm 尺寸时，则游标上第一条刻线（零线除外）与主尺的 1mm 线对齐，依次类推，即可从游标刻线与主尺刻线的对齐线数值读出测量尺寸值。

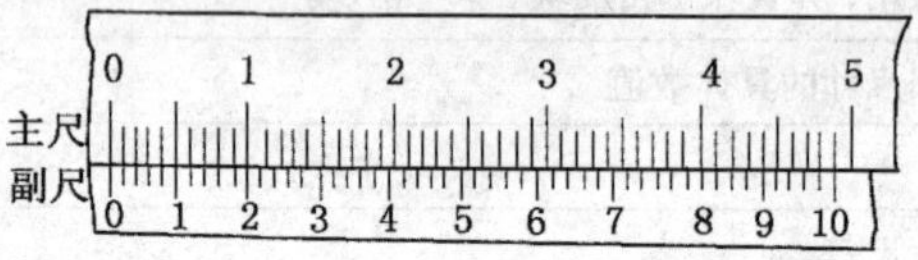

图 1－2　0.02mm 游标卡尺刻线原理

2）游标卡尺的读数方法

在使用游标卡尺测量时，首先要弄清所用卡尺的分度值，读数时，要同时看主尺刻线和副尺刻线，要二者配合起来读。读数的具体步骤如下：

（1）读整数　游标卡尺副尺“0”线是读整数的基准。看副尺“0”线的左边，主尺上挨近副尺“0”线最近的那根刻线的数字，就是工件尺寸的整数值。

（2）读小数　看游标卡尺副尺“0”线右边是哪一根线与主尺上的刻线对齐（重合），将该线左边副尺上的格数，乘以游标分度值所得的积，就是工件尺寸的小数值。

（3）求和　将上述两次读数相加，就是被测工件的尺寸。

上面三个步骤可用下列公式概括：

被测工件尺寸＝主尺整数＋（副尺格数×游标分度值）

例如，图 1－3 为分度值 0.02mm 的游标卡尺测量工件尺寸的情况，图中主尺整数尺寸为 28mm，副尺格数为 43，故被测工件尺寸为 $28+43\times0.02=28.86$mm（注：副尺上标有的 1、2……数字，分别代表 0.1mm、0.2mm……）。

3）使用方法

游标卡尺在使用前，首先要检查一下主尺和副尺的零线是否能够对齐，并用透光法检查两个卡脚的测量面是否贴合。如透光不均，则说明卡脚的测量面已经磨损，这样的卡尺不能测量出精确的尺寸。

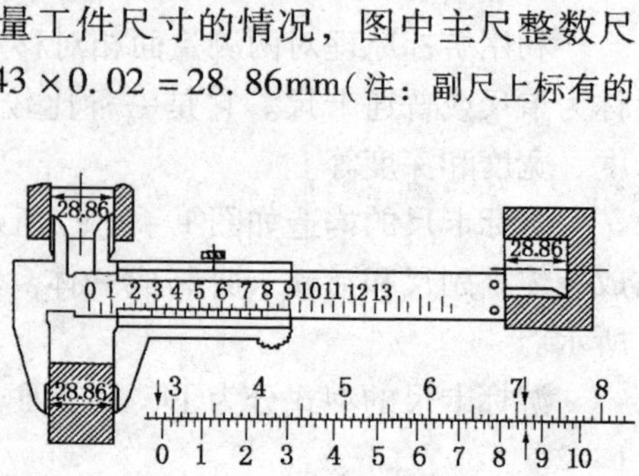

图 1－3　游标卡尺的读数方法

当测量工件外部尺寸时，先把工件放入两个张开的卡脚内，首先选择卡脚适当的位置，必须使工件贴靠在固定卡脚上，然后轻轻把活动卡脚推过去，当两卡脚的测量面已和工件均匀地贴靠时，即可读出工件的尺寸，如图 1－4（a）所示。当使用游标卡尺测量较大工件的外径时，可用左手固定主尺卡脚贴靠工件表面，右手推动游标，使活动卡脚也贴靠工件，便可从主尺和副尺上读出尺寸，如图 1－4(b)所示。

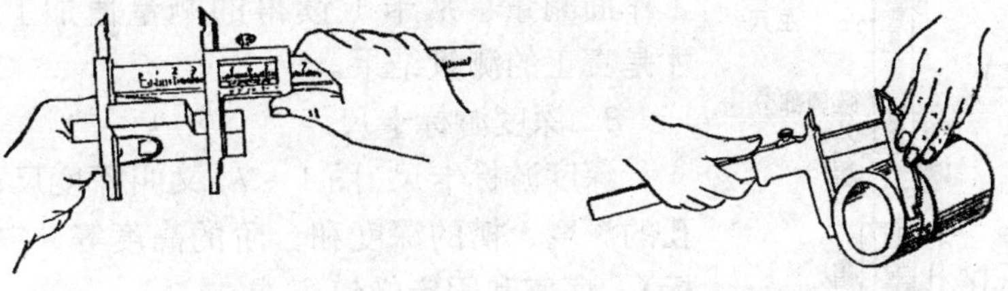

(a) (b)

图 1－4　外径测量方法

当测量内径时，应将卡脚开度小于内径，卡脚插入内径后，再轻轻拉开活动卡脚，使两脚贴住工件，就可读出尺寸，如图 1－5 所示。

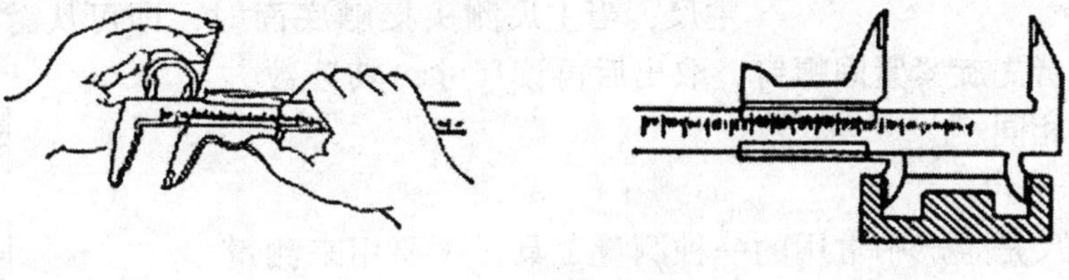

图 1－5　内径测量方法

当测量深度尺寸时，主尺要垂直于被测深度部位放置，不得左右倾斜。右手握住卡尺，右手拇指拉动游标至手感到深度测量杆的深度测量面与被测深度的底部接触，即可进行读数。需要注意的是，拉动游标的力量不宜过大，否则会把深度测量杆压弯变形，使读出的数值比实际尺寸大。

4）使用注意事项

（1）测量时，要用量爪的整个测量面进行。

（2）在测量外径尺寸时，以固定卡脚为定点，活动卡脚沿轴向摆动，并找到最小尺寸。测量内径尺寸时，以固定卡脚为定点，活动卡脚沿轴向及径向位置摆动，均找到最大尺寸。

（3）注意测量力。没有控制测力装置的卡尺，使用时常用大拇指推动游标，测量力的大小要靠手感来控制，测量时应该是使两个测量面恰好能稳定地接触到被测表面。具有控制测力装置(微动装置)的卡尺，当两测量面快与被测表面接触时，应该把微动装置的紧固螺钉紧固住，然后慢慢旋动微动装置，使卡尺的量爪测量面轻轻地与被测面接触。

2. 高度游标卡尺

高度游标卡尺(图 1－6)常用来在平台上测量工件的高度或进行划线。它由主尺、副尺、测量爪、划线爪、固定螺钉和底座等组成，其读数原理与游标卡尺相同。

高度游标卡尺的测量范围有 0～200mm、0～300mm、0～500mm 和 0～1000mm 几种，其游标分度值有 0.1mm、0.05mm、0.02mm 三种。

用高度游标卡尺划线时，应将尺座基准面擦净后平放在划线平板上，上、下推动游标调节出所需的尺寸，游标卡尺的读数即为高度游标卡尺的刻画头到平板基准面的垂直高度尺寸。把工件基准面平放在平板基准面上，即可刻画出所需要的尺寸。

当装上测量爪时，可用于测量。测量时，移动尺座，将测量爪伸向被测量部位，然后徐徐移动游标，当量爪的测量面快要与被测面接触时，就拧紧微动装置的紧固螺钉，然后旋转

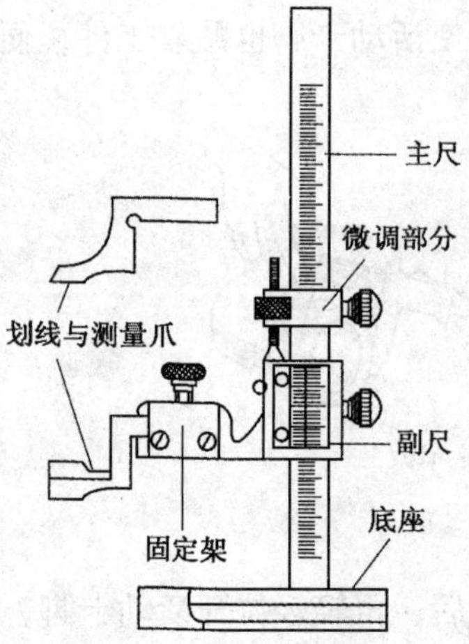

图 1－6　高度游标卡尺

微动螺母使量爪的测量面与被测面接触。如果是用量爪的下工作面测量，测量结果可以直接读得；如果用量爪的上工作面测量，从卡上读得的测量值加上量爪的高度尺寸，才是真正的测量结果。

3. 深度游标卡尺

深度游标卡尺(图 1－7)又叫深度尺，主要用途是测量孔的深度、槽的深度和台阶的高度等。它由主尺、副尺(游标)、底座和固定螺钉组成。

深度游标卡尺的测量范围有 0～125mm、0～250mm、0～300mm 和 0～500mm；游标读数值有 0.02mm 和 0.05mm 两种。

测量时，先将活动底座贴住工件表面，然后缓缓推动主尺，当主尺测头接触底面时，即可从游标刻度位置读出尺寸数值，或者先旋紧紧固螺钉，取出后再读尺寸，其读数方法与游标卡尺相同。

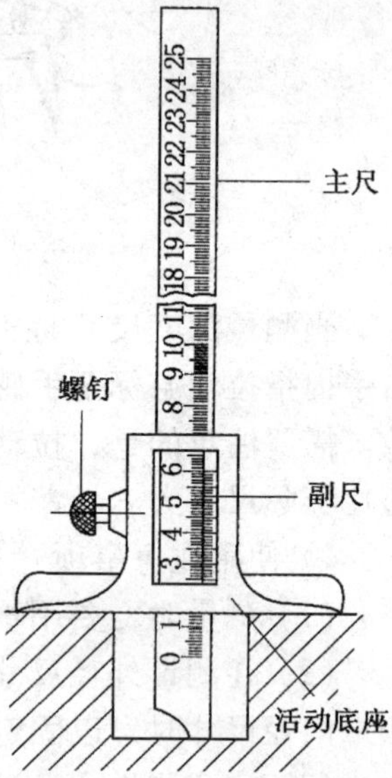

图 1－7　深度游标卡尺

4. 外径千分尺

外径千分尺是生产中常用的一种测量工具，主要用来测量精密工件的长、宽、高等外形尺寸。通过它能准确地读出 0.01mm，并可估计出 0.005mm。

外径千分尺的构造如图 1－8 所示。它由尺架(带有隔热装置)、测砧、固定套管(带刻度)、测微螺杆、微分筒、测力装置和锁紧装置组成。

外径千分尺的测量范围在 0～500mm 时，其每一种规格的调节范围在 25mm 以内，所以从 0 开始，每增加 25mm 为一种规格。测量范围在 500～1000mm 时，其每一种规格的调节范围在 100mm 以内，所以每增加 100mm 为一种规格。

1）刻线原理

外径千分尺是利用螺旋尺将角度的位移变为直线的位移，固定套管上刻有零基准线，零基准线的一侧刻有整毫米线，每格为 1mm；零基准线的另一侧为 0.5mm 线，每条刻线均匀平分整毫米线；微分筒锥面上，一周均匀刻有 50 条刻线，共有 50 格。当微分筒旋转一周时，测微螺杆移动 0.5mm，所以每当微分筒相对固定套管上零基准线转过 1 格时，测微螺杆就移动 0.01mm。

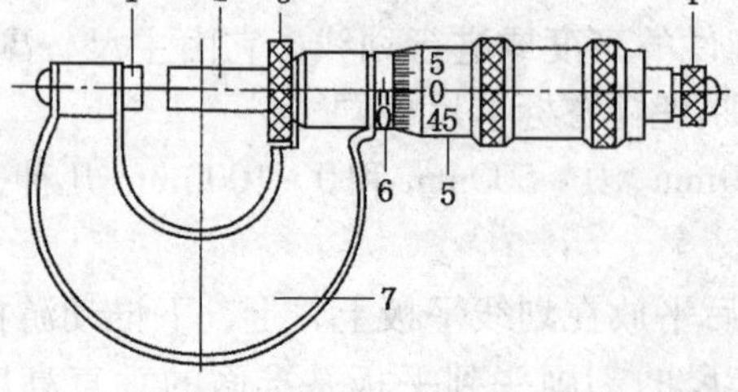

图 1－8　外径千分尺

1—测砧；2—测微螺杆；3—锁紧装置；4—测力装置；5—微分筒；6—固定套管；7—尺架

2）读数方法

千分尺读数可分为三步：①读出微分筒锥面边缘所显示出的固定套管上的整毫米数和半毫米数(当半毫米数的线未露出时，不读半毫米数)；②读出微分筒锥面上与固定套管上零基准线对齐的刻线数 n，则 $n \times 0.01$mm 就为被测工件的另一部分尺寸；③将前两项尺寸相加即为所测工件的尺寸。

3）使用方法及注意事项

（1）使用外径千分尺前，应先将校对量杆置于测砧和测微螺杆之间，检查它的固定套管上的零基准线与微分筒上的零线是否重合。如不重合，应进行调整。

（2）当测量两平面间的尺寸时，应在两平面间取多点测量，各个测量值均要在尺寸公差范围内才可确定尺寸合格。

（3）当千分尺的两个测量面与被测表面快接触时，就不要再旋转微分筒了，而要改为旋转测力装置，使两测量面与被测面接触，等到棘轮空转，发出“轧轧”声时，方可读出尺寸。

（4）如果由于条件限制，不能在测量工件时读出尺寸，可以旋紧锁紧装置，然后取下千分尺读出尺寸。

（5）使用时，不得强行转动微分筒，要尽量使用测力装置；切忌把千分尺先固定好再用力向工件上卡，这样会损坏测量表面或弄弯测微螺杆。

（6）退尺时，要旋转微分筒，不要旋转测力装置，以防把测力装置拧松，影响千分尺的“0”位。

5. 内径千分尺

内径千分尺主要用来测量孔径、槽宽等尺寸。它分为普通式（图 1－9）和杠杆式（图 1－10）两种。

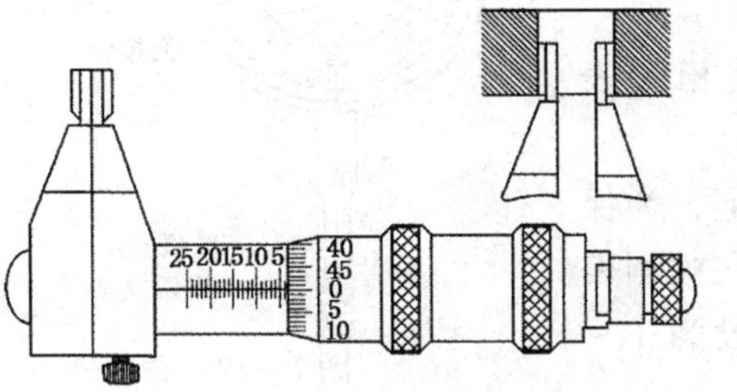

图 1－9　普通内径千分尺

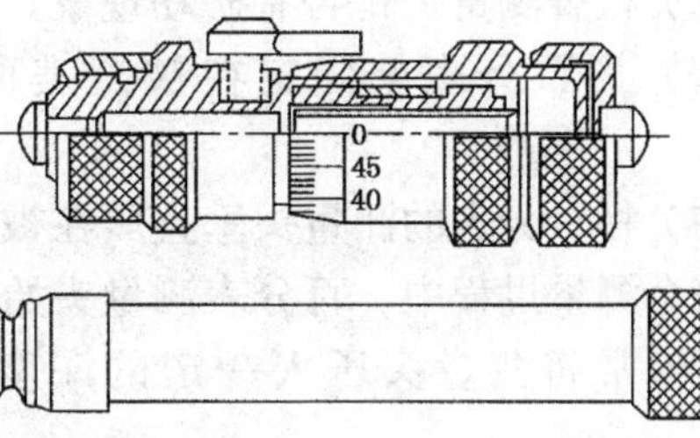

图 1－10　杠杆式内径千分尺

测量小孔时，用普通内径千分尺。它的刻线方向与外径千分尺和杠杆式内径千分尺相反。当微分筒顺时针旋转时，微分筒连同左面的卡脚一起向左移动，测距越来越大。

测量较大的孔径时，用杠杆式内径千分尺。它由两部分组成，一是尺头部分，二是加长杆。其分格原理和螺杆螺距与外径千分尺相同。螺杆的最大行程是 13mm。为了增加测量范围，可在尺头上旋入加长杆。成套的内径千分尺，加长杆可测量 1500mm 甚至更大的尺寸。

在使用内径千分尺时，首先要进行检验。其方法可用外径千分尺校核，看其测得的数字是否与内径千分尺的标准尺寸相符合。用加长杆时，接头必须旋紧，否则将影响测量的准确度。测量时，先将内径千分尺的测头和被测孔的表面擦净，将内径千分尺调至比被测尺寸略小，然后把固定测头先放入孔内，左手拿住它并把它压向孔壁，使它与孔壁紧密接触，再把活动测头放入孔内，右手慢慢旋转微分筒，同时沿着孔的轴向和径向小心地摆动，直至在轴向找到最小值，径向找到最大值为止，此时即为实测值。

6. 深度千分尺

深度千分尺主要用来测量工件上精度要求较高的孔深、槽深以及阶梯高度等。其分格原理和刻线方向与普通内径千分尺相同，如图 1－11 所示。它的分度值为 0.01mm，其测量范围有 0 ~ 25mm、0 ~ 50mm、0 ~ 100mm 和 0 ~ 150mm 多种。

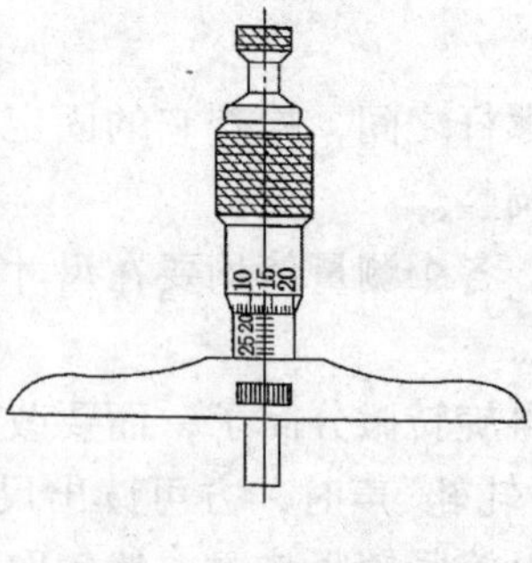

图 1 - 11　深度千分尺

深度千分尺使用前，将底座放在精确的平面上进行校验，调整方法与外径千分尺相同。使用方法是使底座贴紧工件，旋动棘轮，使测轴接触工件的测量表面，即可得到准确的尺寸。

7. 百分表

百分表用于测量工件的各种几何形状误差和相互位置的正确性，并可借助于量块对零件的尺寸进行比较测量。它的测量范围有 0 ~ 3mm、0 ~ 5mm 和 0 ~ 10mm 三种，分度值为 0.01mm。

常见百分表的构造如图 1 - 12 所示。测量时，当测量头触及零件的被测表面后，量杆能上下移动。量杆每移动 1mm，大指针即转动 1 整圈。在表盘上把全圆周分成 100 等份。因此，每等份为 0.01mm，即大指针每摆动 1 格时，量杆移动 0.01mm。

百分表的使用方法及注意事项：

(1) 测量前，把测量头、量杆、表盘及被测件表面擦净，然后把百分表的表头夹紧在表架上。夹紧后，百分表的测量杆应能平稳、灵活地移动。

(2) 检查测量头是否有松动现象。

(3) 把百分表架固定在被测表面或其相关表面上。

(4) 将百分表的测量头垂直压在被测面上，为保证在整个测量过程中，百分表测量头始终压在被测表面上，通常将测量头压入一定的深度(一般为 1 ~ 2mm)。

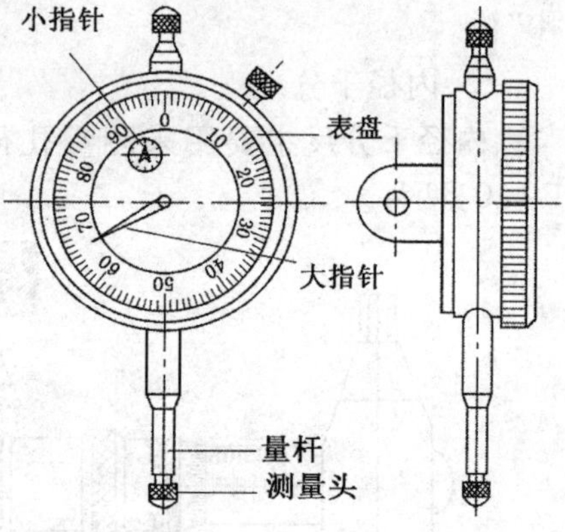

图 1 - 12　百分表

(5) 旋转表盘进行调零，使大指针与表盘的零刻线对齐，以便于读数。

(6) 转(移)动百分表架或被测件，测得被测件的误差数值。读数时，要先检查小指针的变化值后，再看大指针的数值，并要注意确定是正值还是负值。

8. 内径百分表

内径百分表是测量孔径的工具，主要用于测量孔或孔的形状精度(如圆度、圆柱度等)，尤其是测量深孔特别方便，它经一次调整后可测量基本尺寸相同的若干个孔而中途不需调整，应用十分方便。

内径百分表外观如图 1 - 13 所示。在其测量头部有可换测头和量杆，测量内孔时孔壁压迫量杆推动百分表指针转动而显示出读数。测量完毕时，在弹簧的作用下量杆复位。通过更换测量头可改变内径百分表的测量范围。

测量前，根据被测量的尺寸选取相应的测量头，装在表架上，然后利用标准环或外径千分尺来调整内径百分表的零位。

调整内径百分表零位时，先按几次活动测量头，试一下表，再将表稍作摆动，找出最小值(即表针拐点)，如图 1 - 14 所示。然后，转动百分表刻度盘，使零线与拐点相重合，再将表摆动几次，检查一下零位。零位对好后，从标准环内取出百分表。

测量时，操作方法与校对零位相同。读数时，表针的指示数值就是被测孔径与标准环孔径的差值。如果指针正好指在零位，说明被测孔径与标准环孔径的尺寸相同；如果表针顺时针方向离开零位，表示被测孔径小于标准环的孔径；如果表针逆时针方向离开零位，表示被测孔径大于标准环的孔径。

如果要测量孔的圆度，应在孔的同一径向截面内的几个不同方向上测量；如果要测量孔的圆柱度，应在几个径向截面内测量，将几次测量结果进行比较，即可判定被测孔是否有圆度和圆柱度误差。

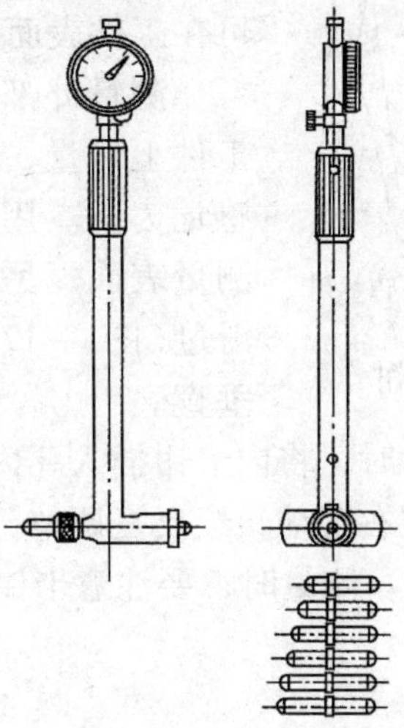

图 1－13　内径百分表

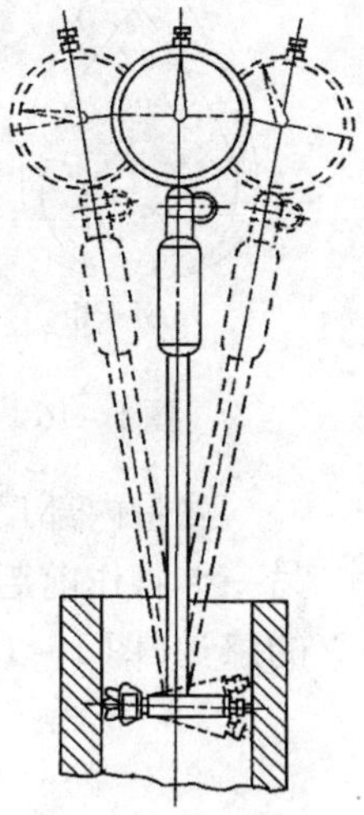

图 1－14　内径百分表的测量方法

9. 量块

量块又叫块规。在技术测量上，量块是长度计量的基准。量块可以作量仪和量具的检验校正之用，也可用于机械加工中精密划线及精密机床调整，或直接用于测量某些精度要求较高的零件尺寸。量块制成一个长方形正六面体，它有两个工作面和四个非工作面。量块一般成套制作，装在特制的木盒内(图 1－15)。为了减少量块的磨损，每套量块中都备有保护量块的护块。测量时，为了适应不同尺寸的需要，常将量块叠接使用，但是叠接的块数越多，误差越大，因此，需要叠接使用时，量块的块数越少越好，一般不希望超过 4 块，最多是 5 块。

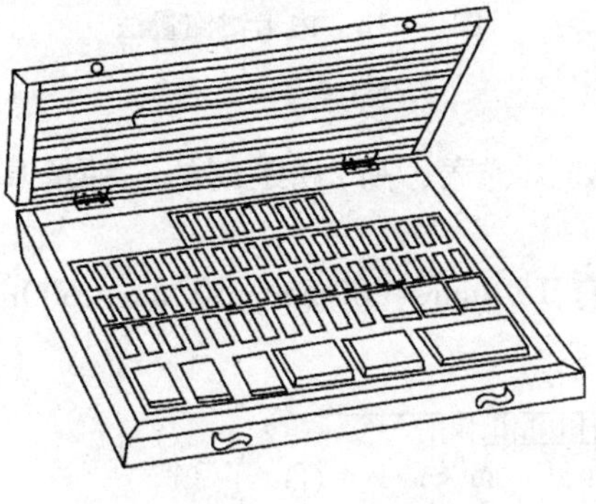

图 1－15　量块

选取量块计算时，应首先选取最后一位数字。例如，所要的尺寸为 87.545mm，从 87 块一组中选取，则：

第一块：1.005mm，剩余尺寸为 87.545－1.005＝86.54mm；

第二块：1.04mm，剩余尺寸为 86.54－1.04＝85.5mm；

第三块：5.5mm，剩余尺寸为 85.5－5.5＝80mm；

第四块：80mm。

即选用 1.005mm、1.04mm、5.5mm 和 80mm 共 4 块。

10. 卡钳

卡钳是一种间接量具，从卡钳上看不出尺寸，必须和其他带有刻线的量具(如游标卡尺、钢直尺、千分尺等)配合使用，才能得出测量数据。在测量工作中，凡不宜用游标卡尺、钢直尺和钢卷尺进行的，或者用这些量具测量不方便的，均可用卡钳去测量。如果使用时掌握得好，其测量精度也不亚于游标卡尺。

卡钳分为外卡钳和内卡钳两种(图 1－16)。外卡钳用于测量工件的外形尺寸(如外径、厚度等)；内卡钳用于测量工件的内径和内槽尺寸等。

用卡钳测量，是靠手指的灵敏感觉来得到准确尺寸的。测量时，先将卡钳掰得和工件尺

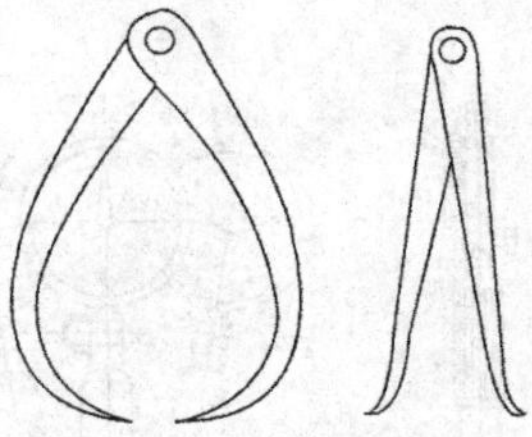

(a)外卡钳　(b)内卡钳

图 1-16　卡钳

寸相近似，然后轻敲卡钳内外侧来调整卡脚的开度。调整时，不可在工件表面上敲击，也不可敲击卡钳的钳口，以免损伤卡钳。

测量外部尺寸时，将调好尺寸的卡钳垂直地放于被测量的工件上试量，直至卡钳靠自重从工件上滑下去，手指有明显的感觉为止。用大卡钳测量时，一只手托住一只卡脚，使之靠紧测量表面，另一只手握住铰链处，使另一只卡脚在工件上轻轻滑过(图1-17)。测量时，必须使卡钳与工件的轴线或基准面相垂直。

测量内部尺寸时，将内卡钳插入孔内或槽内的靠边缘部分，将一卡脚和工件表面贴住，另一卡脚作前后左右摆动，经反复调整，直至卡脚贴合松紧适度为止。这时手指有轻微摩擦的感觉(图 1-18)。测量时，要注意卡钳应与孔端面和槽的基准面相垂直。

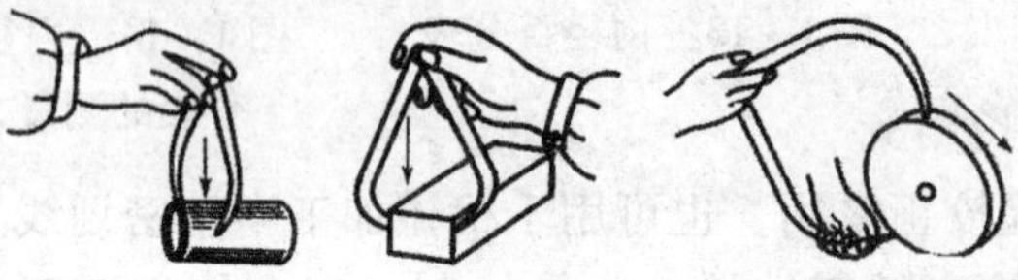

图 1-17　外卡钳测量法

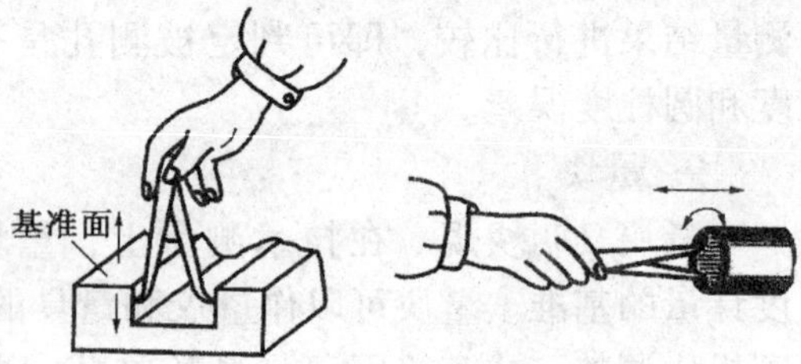

图 1-18　内卡钳测量法

11. 钢直尺

钢直尺由不锈钢板制成，是用来测量直线尺寸(如长、宽、高)和距离的一种量具。由于它结构简单、使用方便，所以应用极其广泛。

钢直尺的结构形式如图 1-19 所示，其规格有 150mm、300mm、500mm(600mm)、1000mm、1500mm 和 2000mm 几种。

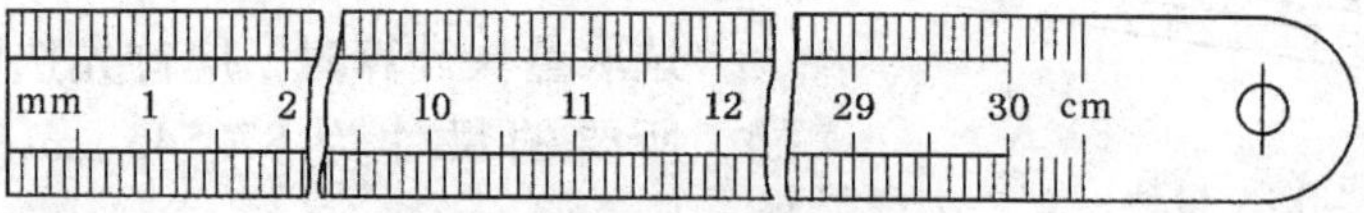

图 1-19　钢直尺

使用钢直尺测量时，必须使钢直尺的零线和被测量工件的边缘相重合。为了使尺放得稳妥，应用拇指贴靠在工件上(图 1-20)。读数时，视线必须和钢直尺的尺面垂直，否则将因视线歪斜而造成读数误差。

12. 90°角尺

90°角尺有刀口形角尺、宽座角尺、圆柱形角尺、矩形角尺、铸铁角尺等五种，其中钳工常用的一般为前 2 种(图 1-21)。90°角尺主要用来检验直角及划垂直线，在机械装配中，用以检验零、部件相互位置的垂直误差。

刀口形直角尺用整块金属制成。宽座角尺由尺座和尺苗两部分组成。直角尺的两边长短不同，长而薄的一边叫尺苗，短而厚的一边叫尺座。有的直角尺在尺苗上带有尺寸刻度。

检测零件的外角用 90°角尺的内尺边；检测零件的内角用 90°角尺的外尺边；较大零件的 90°角尺面，可在平板上进行检测，一般将工件的大平面和 90°角尺的短边放在平板上，选取不同的位置进行逐段检测。

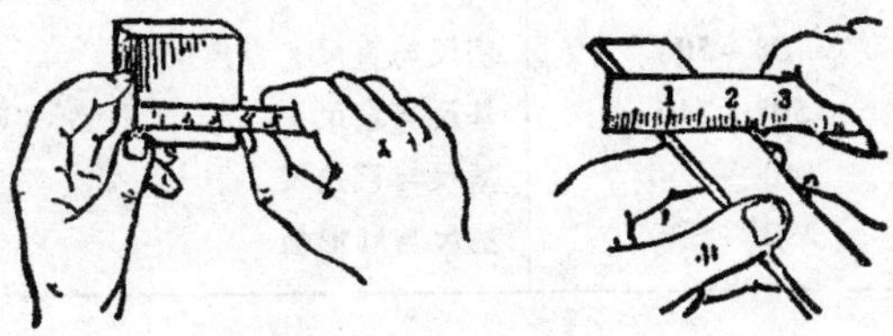

图 1－20　钢直尺的使用

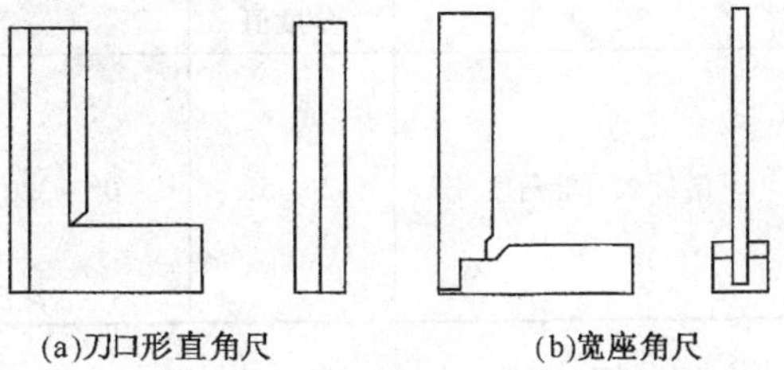

(a)刀口形直角尺　(b)宽座角尺

图 1－21　90°角尺

检测时，先将一条尺边紧贴零件的基面，然后使另一条尺边缓慢地接触另一被测面。移动时与基面相接触的尺边要紧压，与被测面的尺边要轻靠。此时，根据透光间隙的大小来判断零件两邻面间的垂直度，如图 1－22 所示。如果想知道误差的具体数值，可用塞尺测量后，计算出角度的大小。

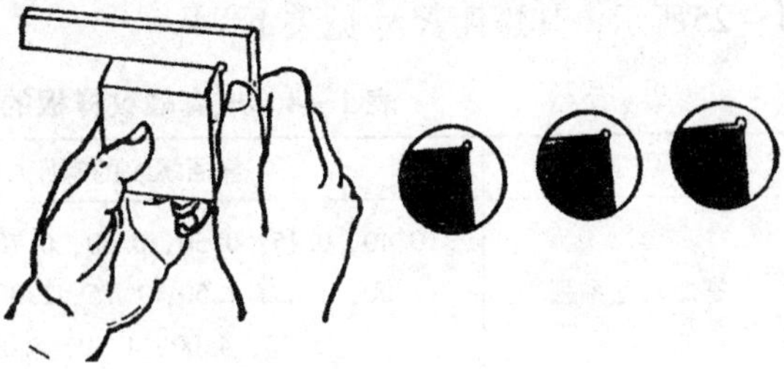

图 1－22　直角尺的使用

13. 游标式万能角度尺

利用游标原理进行读数的万能角度尺称为游标式万能角度尺。它是用来测量零件和样板等的内外角度。测量范围为 0°～320°，游标分度值为 2′和 5′两种。其构造如图 1－23 所示。游标式万能角度尺共有六个测量面，即基尺的下平面、直尺的刀口上面、扇形板的左侧面、直角尺长边的右面和短边的下面及直角尺的长边与直尺的相交线。

游标式万能角度尺的直角尺和直尺可以滑动，并能自由装配和改变测量范围。各种组合方法和测量范围见表 1－3 和图 1－24。游标式万能角度尺的读数方法与游标卡尺相似，先从扇形主尺上读出整数角度，再从游标副尺上读出小于 1°的角度(即“′”)的数值，两者(即主尺与副尺读数)相加之和即可得被测的角度值。

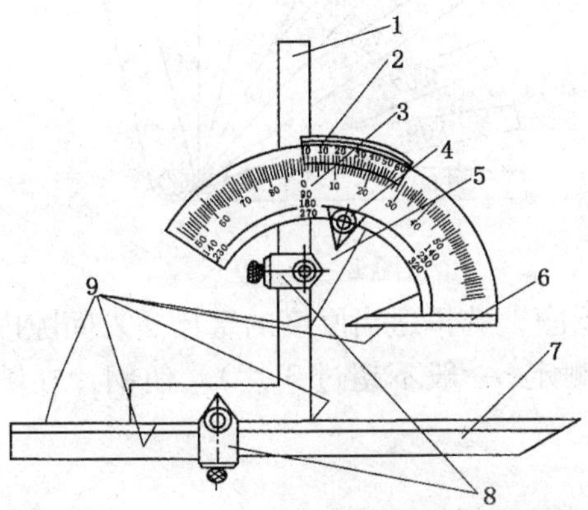

图 1－23　游标式万能角度尺

1—直角尺；2—游标；3—主尺；4—制动器；5—扇形板；6—基尺；7—直尺；8—卡块；9—测量面

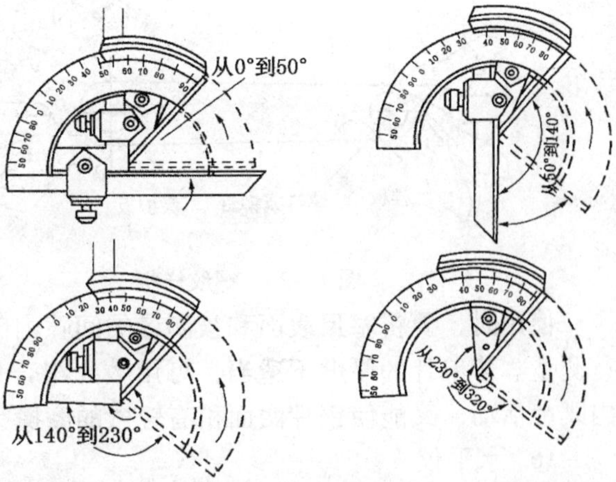

图 1－24　游标式万能角度尺的组合情况

表 1-3　游标式万能角度尺的组合方法

名　称	分度值	测量范围		组合方式
游标式万能角度	2′、5′	0°~320°	0°~50° 50°~140° 140°~230° 230°~320°	基尺与直尺、直角尺 基尺与直尺 基尺与直角尺 基尺与扇形板

14. 螺纹样板

螺纹样板是一种带有不同螺距牙型的薄钢片，主要用于检验螺纹螺距尺寸及其公差。螺纹样板可用来检验普通螺纹的螺距，其基本牙型角为60°，也可检验英制螺纹的螺距，其基本牙型角为55°，两种螺纹样板的厚度都是0.5mm，一般为成套供应，成套螺纹样板如图1-25所示，其螺距尺寸见表1-4。

表 1-4　成套螺纹样板的螺距尺寸系列(GB 9055—88)

螺　距	普通螺纹的螺距/mm	英制螺纹的螺距/(牙/in)
螺距尺寸系列	0.40, 0.45, 0.50, 0.60, 0.70, 0.75, 0.80, 1.00, 1.25, 1.50, 1.75, 2.00, 2.50, 3.00, 3.50, 4.00, 4.50, 5.00, 6.00	28, 24, 22, 20, 19, 18, 16, 14, 12, 11, 10, 9, 8, 7, 6, 5, 4.5, 4
样板数	20	18

15. 塞尺

塞尺又称厚薄规，是一种用来测量两表面间隙大小的薄片量具，在机械装配中，常用来测量零部件的装配间隙及其他位置误差。它由一组不同厚度的薄钢片组成，测量范围一般为0.02~1.0mm。在每一片钢片上都有厚度的尺寸数字，在一端像扇股那样钉在一起，如图1-26所示。

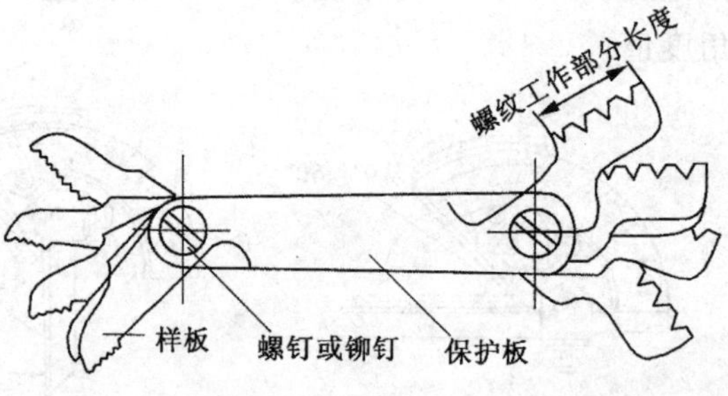

图 1-25　螺纹样板

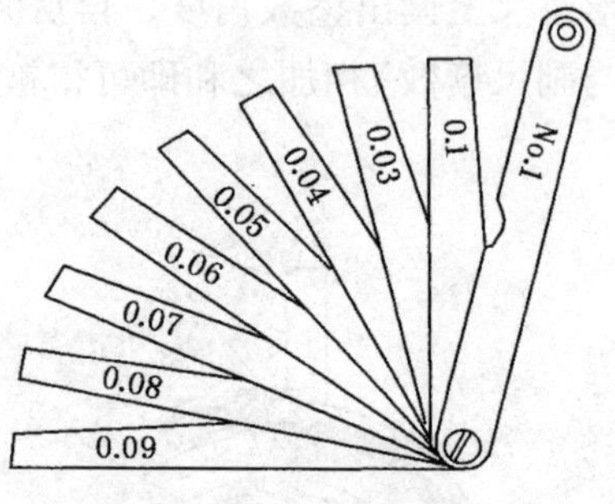

图 1-26　塞尺

使用时，要将塞尺表面和被测量的间隙内部擦干净，选择适当厚度的塞尺插入间隙内进行测量。若单片的厚度不适当，可用数片组合进行测定(一般不超过3片)。使钢片在隙缝内既能活动，又能使钢片两面稍有轻微的摩擦为宜。

16. 水平仪

利用水准器气泡偏移来测量被测平面相对水平面微小倾角的角度测量器具称为水准器式水平仪，又称为气泡式水平仪，俗称水平仪。主要用于检验零件平面的平直度、机械相互位置的平行度和设备安装的相对水平位置等。

在机械测量中，常用的水平仪有四种：条式水平仪、框式水平仪、光学合像水平仪和电子水平仪。本章只介绍前三种。

1）条式水平仪

如图 1－27 所示，条式水平仪是由工作底面和与工作底面平行的水准器（即气泡）两部分组成。测量前，应先将被测表面与水平仪工作表面擦干净，以免测量不准或损坏工作表面。当水平仪处在水平位置时，水准器的气泡正好在中间位置；当被测平面稍有倾斜，水准器的气泡就向高处移动，在水准器的刻度上可读出两端高低相差值。刻度值为 0.02mm/m，即表示气泡每移动一格，被测长为 1m 的两端上，高低相差就是 0.02mm。

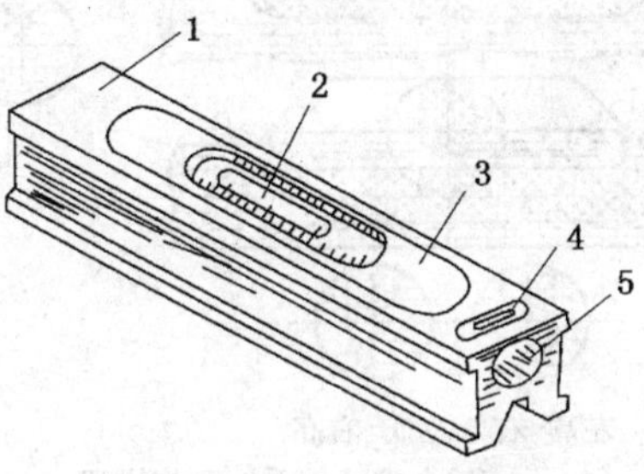

图 1－27　条式水平仪

1—主体（基座）；2—纵向水准器（主水准器）；
3—盖板；4—横向水准器（副水准器）；
5—“0”位调整窗口

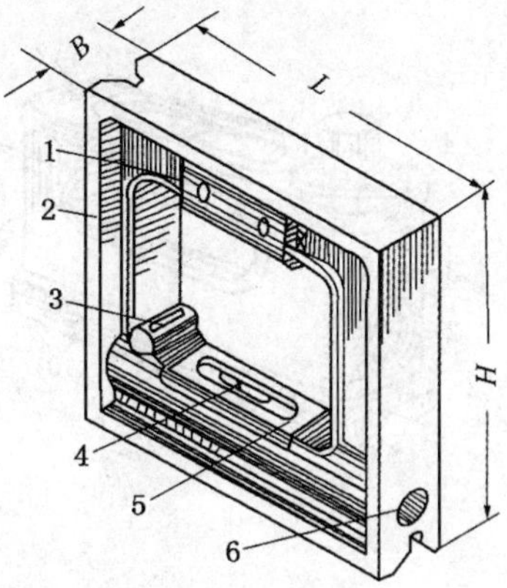

图 1－28　框式水平仪

1—隔热护板；2—主体（基座）；
3—横向水准器（副水准器）；
4—纵向水准器（主水准器）；
5—盖板；6—“0”位调整窗口

2）框式水平仪

如图 1－28 所示，框式水平仪有四个相互垂直的都是工作面的平面，并有纵向、横向两个水准器。因此，它除了完成条式水平仪工作外，还能检验机件的垂直度。它的刻度值有 0.02mm/m 和 0.05mm/m 两种，使用方法与条式水平仪相同。

常用的框式水平仪的规格是 200mm × 200mm。因此，当 1m 长的高低差是 0.02mm 时，水平仪的测量面两端在 200mm 长度的高低差是 0.004mm。也就是说，当气泡在玻璃管内移动 1 格时，测量面两端（200mm）高低差就是 $200 \times 0.02/1000 = 0.004$mm。

如用刻度值为 0.02mm/1000mm 的水平仪测量长度为 1.2m 的平面，如果水平仪水准气泡向右移动 2 格，则平面两端倾斜的高度差为 $(1.2 \times 10^3) \times \frac{0.02}{1000} \times 2 = 0.048$mm。

3）光学合像水平仪

光学合像水平仪具有一个基座测量面，是利用重力原理，以测微螺旋副相对基座测量面调整水准气泡，并由光学原理合像读数的水准式水平仪。合像水平仪与框式水平仪和条式水平仪的最大差异有两点：一是在测量过程中，在读数之前要调整气泡，使之合像后再读数；二是合像是通过光学原理进行的。尽管不同，但合像水平仪的基本原理仍是重力原理。

如图 1－29 所示，合像水平仪中合像棱镜系统是由两块完全对称的多面棱镜组成，每块多面棱镜上有三个倾斜为 45°的直角反射面 A、B、C；当水平管水平时，水平气泡居中，气泡左右两端的半个影像通过多面棱镜上的 A 面（此面上镀有银）反射到 B 面，再由 B 面反射到 C 面，最后通过凸透镜放大而获得合像气泡影像。若水平管左端高、右端低，则水平气泡偏向左端，此时通过合像棱镜系统反射后，出现左边半个影像长、右边半个影像短的现象。若水平管右端高、左端低，则出现相反的状况，水平管的倾斜度越大，则左右两半个气泡影像偏差越大。

（1）读数方法　读数时，先从侧面横刻度窗内读取整数（1mm/m），再从刻度盘读小数（0.01mm/m）。调节旋钮带动刻度盘转动一圈（100 格），两者的和就是所测得被测面的水平度的数值。如横刻度窗内的标尺指针在刻度线 3 过一点，上刻度盘指的刻度线为 16 时，则水平仪读数为 3.16mm。

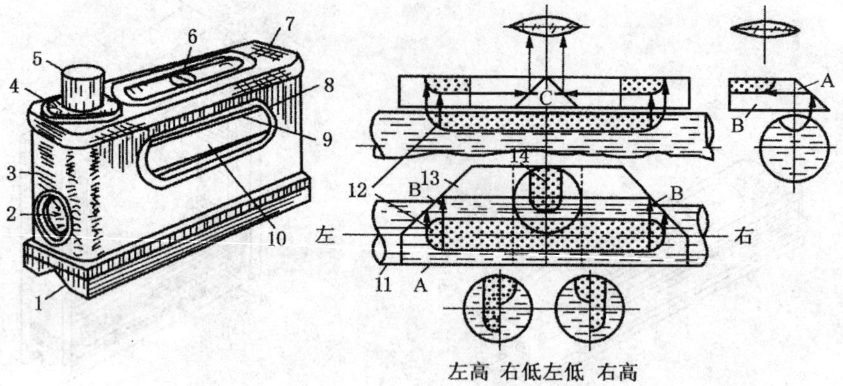

(a)外形图　(b)合像棱镜系统工作原理

图 1－29　合像水平仪

1—V 形底座；2—横刻度窗；3—外壳；4—刻度盘；5—旋钮；
6—合像放大镜；7—盖板；8—窗口；9—水平管；10—反光板；
11—水平管；12—气泡；13—多面棱镜；14—合像气泡影像

（2）零位调整　把水平仪放置在平板或平台上，先测得一次水平度数值，然后将水平仪调转 180°，在同一位置上测得另一个数值，两次读数和的一半便是该水平仪的示值误差。此时，将刻度盘转至误差值相当的格数，使刻线与零位线对齐，固定分度盘。经复查，其误差应在允许值范围内。

（3）合像水平仪的正确使用和维护：

① 测量前，必须将水平仪工作面和被测量面擦干净，避免擦伤工作面或造成测量误差。

② 操作时，应避免触摸气泡玻璃管，也不得对着气泡呼气。

③ 水平仪应轻拿轻放，不得有撞击现象，也不得在被测表面上推来推去。

④ 测量时，特别是在测量铅垂面时，应均匀用力紧靠立面上，读数应为正、反多次测量的平均值。

⑤ 读数时，视线应垂直对准气泡玻璃管，以免出现偏差。

⑥ 水平仪不要在强烈阳光下使用。测量时，水平仪与被测件应尽量在同温下，不能过高也不能过低。

⑦ 水平仪使用完毕，应擦拭干净，放入专用盒内妥善保管。

1.1.1.2　测振仪

测振仪是用来测定振动幅度的仪器，一般情况下，测量轴承箱（座）的振动常用的是速度传感器或加速度传感器，测量轴振动常用位移传感器。

1. 速度传感器

图 1－30 为常用的磁电式速度传感器，其圆柱形的永久磁铁用铝架固定在圆柱形的外壳

内；外壳具有导磁性能，与永久磁铁形成磁回路；在外壳与永久磁铁之间有两个环形气隙；工作线圈在右边的气隙中，阻尾环在左边的气隙中，它们用芯杆连接起来，用弹簧片支撑在外壳上。测量时，传感器的外壳与轴承一起振动。由于弹簧片的作用，使线圈与外壳产生相对运动，从而使它在工作气隙中切割磁力线而产生感应电动势。电动势的大小与切割速度成正比。电动势的信号由接头传出，并输送到测振仪的电路中，经电路变换后，即可在测振仪面板上显示出振动速度值。

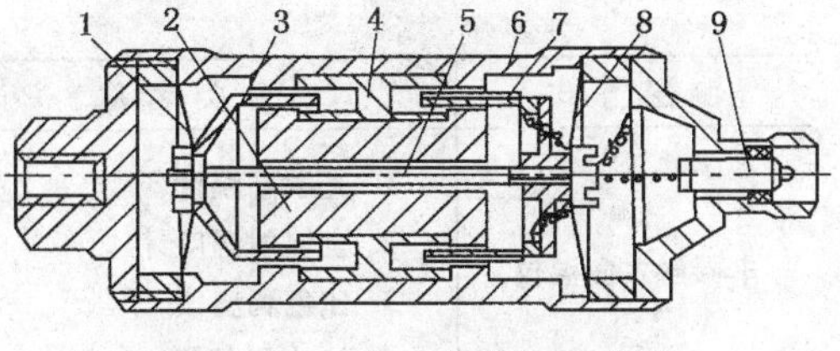

图 1－30　磁电式速度传感器

1，8—弹簧片；2—永久磁铁；3—阻尼环；4—铝架；5—心杆；6—外壳；7—工作线圈；9—接头

2. 加速度传感器

图 1－31 为常用的压电式加速度传感器，其压电晶体装在质量块和基座之间，并被弹簧始终压紧。当加速度传感器与轴承一起振动时，质量块因振动产生的惯性力作用在压电晶体；由于压电效应，在晶体表面便产生电信号；用导线引至输出接头，将信号送到测振仪，经电路放大和变换后，便获得振动值。

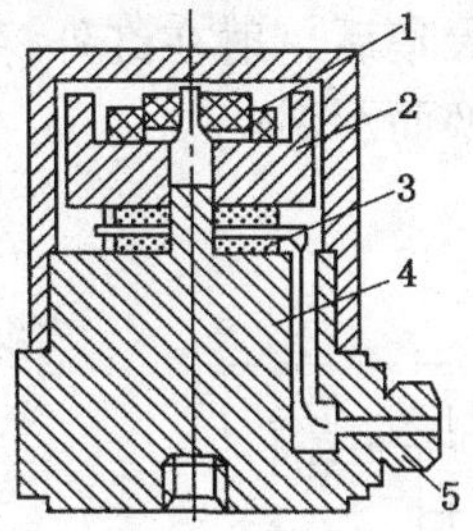

图 1－31　压电式加速度传感器

1—弹簧；2—质量块；3—压电晶体；4—基座；5—接头

3. 位移传感器

图 1－32 为目前应用较普遍的涡流式位移传感器，其端部是一个电感线圈，在线圈中通入高频电流使线圈产生磁场，并在附近的轴表面感应出涡电流（在轴的金属体内自成回路的电流）。线圈的电感值随之变化，引起线路的阻抗变化，输出电压就相应改变。当被测轴的尺寸、材料确定后，输出电压的变化仅随传感器与轴之间的距离而变化，而轴的振动改了距离，因此测得电压值就可获得振动的位移值。

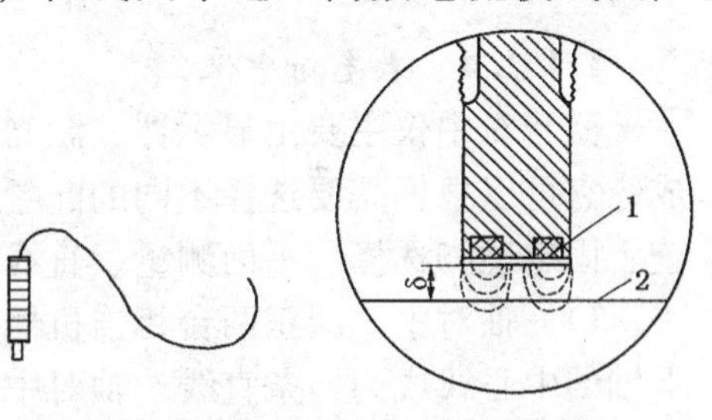

图 1－32　涡流式位移传感器

1—电感线圈；2—轴表面

1.1.1.3 测温仪

测温仪是用来监测温度的仪器。可对设备内部温度进行监测，如循环水温；也可对表面温度进行监测，如轴承座外壁温度等。

测温仪按测温方式可分为两大类：一类是接触式，另一类是非接触式，见表 1－5。

表 1－5　测温仪表、仪器分类表

测温方式	分类名称	工作原理	特　点
接触式测温仪	1. 膨胀式温度计：液体式和固体式 2. 压力表式温度计：液体式、气体式和蒸汽式 3. 热电阻式温度计 4. 热电偶温度计	测温元件与被测物体必须接触可靠，通过传导和对流两种传递方式实现平衡，进而把该测量信息平衡输出（既可近距离输出，又可远距离输出）	使用方便，但其精度受接触的程度控制；接触可靠，精度就高；反应时间受传感器热容量控制，装置越大，反应越慢

续表

测温方式	分类名称	工作原理	特点
非接触式测温仪	1. 光学高温计 2. 全辐射温度计 3. 比色测温仪 4. 红外测温仪	通过接收热辐射的能量来实现测温	测温元器件与被测物不接触，故其温度可大大低于被测介质的温度，且动态特性好，但精度不高

对温度的非接触测量手段中，最轻便、最直观、最快速、最价廉的当属红外测温仪。由于红外测温仪的优点已为人们日益认识，所以已被广泛采用。目前国内外研制生产的红外测温仪有几十种之多。如图1－33所示，红外测温仪的基本构成包括四大部分，即红外光学系统、红外探测器、信号放大与处理系统和结果显示输出系统，此外还有其他附属部分，如电源和瞄准器等。其工作原理是被测物体发出的红外线，经物镜聚集后，射在红外探测器上而产生一个正比于辐射能量的电信号，该信号经放大、处理、变换而示温。

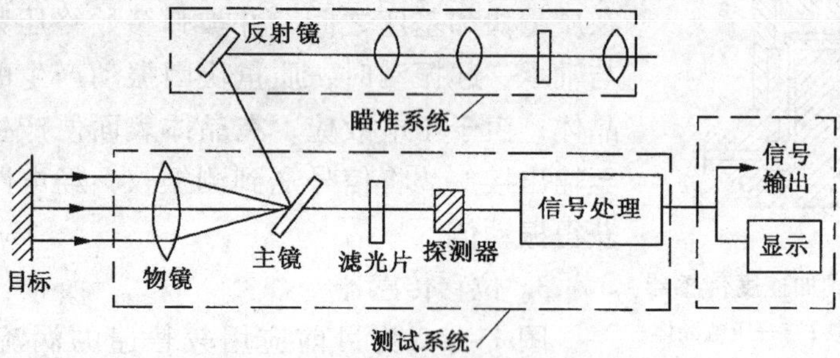

图1－33　红外测温仪的基本组成

1.1.1.4　激光对中仪

激光对中仪主要由显示器、激光发射器、探测器、接收器、夹具、系统打印机等部分组成，它可以根据需要选择不同的配置进行轴对中、机组对中、热膨胀补偿对中测量、虚脚检查、固定地脚选择、平面测量、直线测量、储存等。测量方法有时钟法或三点法。

（1）轴对中　纠正两台相连机器的相对位置，例如电机和泵，使机器在正常的操作温度下轴的中心线成为一条直线。轴对中，意思是水平和垂直移动机器的两个前脚和两个后脚，直到轴准达到给定公差的范围内。测量的方法基于逆向显示对中的原理，用两束激光来代替钢棒和百分表。由于激光没有钢棒下垂的缺点，所以给系统带来很高的精确度。

（2）机组对中　机组对中即三个或更多的转动轴通过联轴节连接，例如驱动单元—齿轮箱—从动单元。使用普通对中工具必须分段测量，根据结果人工计算应做调整的一段轴，既烦琐又容易出差错。而使用激光轴对中系统可以做所有测量，并且该系统能做计算，可确定选择哪一段轴固定不动。

（3）热膨胀补偿对中　大多数机器在运行过程中产生一定的热量。最理想的情况是驱动机和从动机受热的影响一致，因而不需要输入补偿值。但在有些情况下从动机温度更高（例如热液体泵）或更低。制造厂对于热膨胀的限定也不尽相同，但多数情况是提供一个人为的对中偏差系数，用平移补偿值或角度偏差值来表示。在开始调整工作前，可在系统中的轴对中程序中预先设定热膨胀补偿值。选择热膨胀补偿值有三种方式：地脚偏差值、表值（百分表）或平行/角度偏差值。所有输入数据作为预设定值，而轴对中时只需要朝着零的方向调整就可以了。

(4) 虚(软)脚检查　开始调整之前，应该先纠正虚脚。否则，测量结果没有什么价值。如果没有某种测量工具，或多或少都不可能确认有虚脚。虚脚检查程序可在应用程序当中的应用设定进入。

(5) 固定地脚选择　有些时候机器显示为可移动而实际上不能移动，或者可移动机器的某些地脚不能调整。在这种情况下为了进行适当的调整，固定地脚选择程序是非常有帮助的。

(6) 平面测量　在平面测量程序中，激光平面被用作参考基准。在一个或者更多的位置上，激光平面和被测点在距离上的偏差可以通过接收器测量出来。

(7) 直线测量　在一般直线测量程序中，激光束被用为参考基准。在两个或者更多的位置上，激光束和被测点在距离上的偏差可以通过探测器部件测量出来。

(8) 存储　可通过存储器保存测量结果。

激光对中仪是一种精密仪器，在使用过程中要做好维护和保养。应用棉布或棉球蘸淡肥皂水擦洗系统，但探测器表面只能用酒精清洗。不能用纸巾擦拭探测器表面，以免留下划痕。为发挥最佳功效，激光口、探测器表面和计算机连接处应避免油污，显示单元应保持清洁，防止划伤显示屏表面。

1.1.1.5　自准直光学量仪

自准直光学量仪是根据光学的自准直原理制造的测量仪器，有自准直仪、光学平直仪、测微准直望远镜及经纬仪等多种。

1. 自准直仪

自准直仪又称为自准直平行管，其工作原理如图 1-34 所示。

从光源 7 发出的光线，经聚光镜 6 照亮分划板 8 上的十字线，由半透明棱镜 12 折向测量光轴，经物镜 9、10 成为平行光束射出，再经目标反射镜 11 反射回来，使十字线成像于分划板 5、4 的刻线面上，旋转鼓轮 1 带动测微丝杆 2 移动，对准双刻线(刻在可动分划板 4 上)，由目镜 3 观察，使双刻线与十字线重合，然后在鼓轮 1 上读数。

自准直仪可用于直线度、平面度、垂直度等误差的测量。

2. 光学平直仪

光学平直仪是一种精密光学测量仪器，通过转动目镜，可以同时测出工件水平方向与水平垂直方向的直线性，还可测出滑板运动的直线性。用标准角度量块进行比较，还可以测量角度。

1）工作原理

光学平直仪是由平直仪本体和反射镜组成，本体由望远镜和目镜等组成，其工作原理如图 1-35 所示。

从光源射出光束，经十字线分划板，形成十字像，经过棱镜、平镜和物镜后，形成平行光束射到反光镜上，随即又从反光镜反射到物镜上，经平镜和棱镜成像于分划板上。

如果导轨不平直，反光镜则倾斜一个 α 角，分划板上的像与光点的位置相差一段距离，并可通过调节测微手轮，使目镜中视物基准线与十字像对正，测微手轮的调整量就是相差的距离。如果导轨的直线度误差为零，则分划板的十字像重合，说明反光镜的平面与物镜的光轴垂直。

2）读数方法及测量读数值处理

读数方法如图 1-36 所示。整数部分在目镜分划板上读取，小数部分在微分筒上读取。

若反光镜支座长为 200mm，对各个位置的读数应做如下处理：①在反光镜全程移动的测量过程中，计算出各像在位置上读数值的平均值；②算出所有位置读数的算术平均值；

③从每一位置读数平均值中减去算术平均值，减后的读数值附有正负号；④将第一位置的减后读数加上第二位置的减后读数及加上第三、第四……直至最后一个位置的减后读数。由上述一组各个位置新数值，划出所测得的轮廓线。

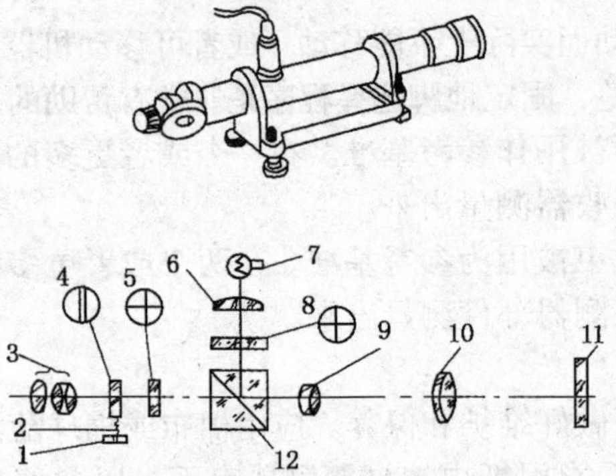

图1-34　自准直工作原理图

1—鼓轮；2—测微丝杆；3—目镜；
4，5，8—分划板；6—聚光镜；7—光源；
9，10—物镜；11—目标反射镜；12—棱镜

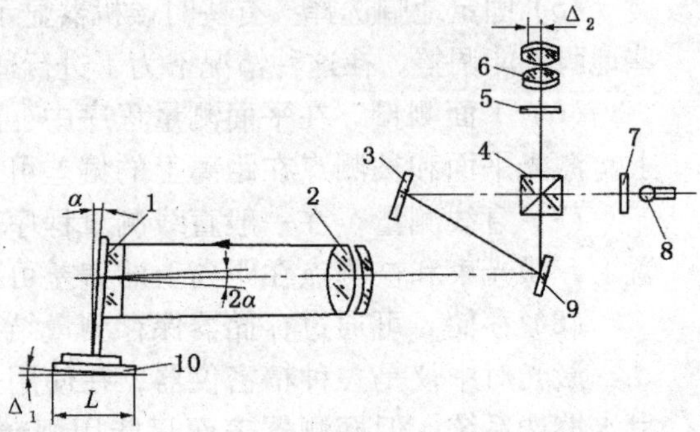

图1-35　光学平直仪工作原理

1—反光镜；2—物镜；3—平镜1；4—棱镜；
5—分划板；6—目镜；7—十字线分划板；8—光源；
9—平镜2；10—垫板

1.1.2　钳工常用设备

1.1.2.1　钳台

钳台又称钳桌(图1-37)是钳工工作的主要设备，它用来安装虎钳、放置工具和工件等。钳台用木料或钢材制成，其高度约800~900mm，长度和宽度可随工作需要而定。钳台一般有几个抽屉，用来收藏工具和其他物品。

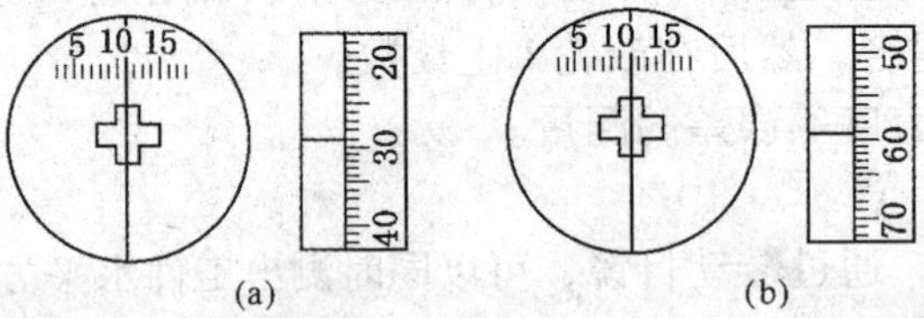

图1-36　光学平直仪读数方法

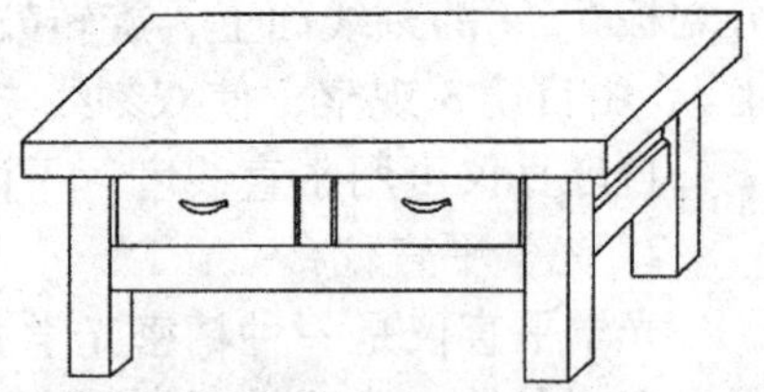

图1-37　钳台

钳台在使用中应该注意如下事项：

(1) 钳台上不宜堆放重物或毛坯工件，对精密零件和量具应整齐地摆放，为防止碰伤零件，桌面与零件之间应放置橡胶板。

(2) 桌面上所放置的工件和工具，不要使其伸到钳台边缘外。

(3) 暂时不用的工具和量具，应整齐地放在钳台的抽屉或柜内的工具箱中。

(4) 加工完毕后，应清除钳台面上的切屑、杂物，并放置好工具、量具和加工工件，保持桌面的整洁。

1.1.2.2　台虎钳

台虎钳安装在钳台上，是用来夹持工件进行手工操作的通用夹具。其规格以钳口的宽度表示，一般为100mm、120mm和150mm等几种。

1. 台虎钳结构

台虎钳按其结构可分为固定式和回转式两种，其外形见图1-38。两种台虎钳的主要结构和工作原理基本相同。回转式台虎钳由于使用方便，故应用较广。其主要构造和工作原理如下：

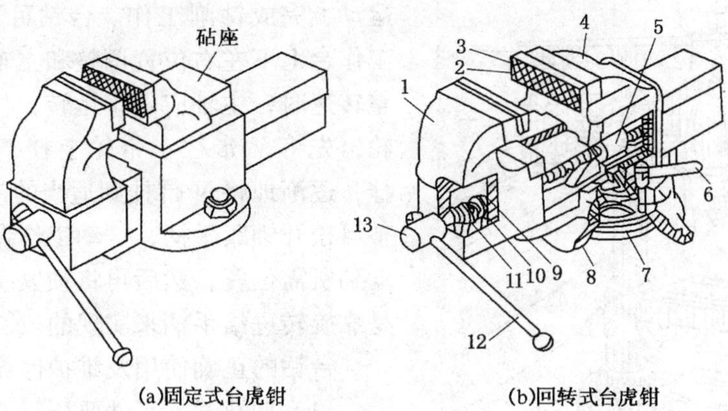

图 1－38　台虎钳

1—活动钳身；2—螺钉；3—钳口；4—固定钳身；5—螺母；
6—转座手柄；7—夹紧盘；8—转盘座；9—销；10—挡圈；
11—弹簧；12—手柄；13—丝杆

固定钳身 4、活动钳身 1、夹紧盘 7 和转盘座 8 都是由铸铁制成。转盘座上有三个螺栓孔，用以与钳台固定。固定钳身可在转盘座上绕轴心转动，当转到要求的方向时，扳动转座手柄 6 使其夹紧螺钉旋紧，便可在夹紧盘的作用下把固定钳身紧固。螺母 5 与固定钳身相固定，丝杆 13 穿入活动钳身与螺母配合，摇动手柄 12 使丝杆 13 旋转，就可带动活动钳身移动，起夹紧或放松工件的作用。弹簧 11 靠挡圈 10 和销 9 固定在丝杆上，其作用是当放松丝杆时，可使活动钳身能及时而平稳地退出。固定钳身和活动钳身上各装有钢质钳口 3，并用螺钉 2 固定。钳口在与工件相接触的工作表面上制有斜纹，使工件夹紧后不易产生滑动。

2. 台虎钳的正确使用和维护

(1) 安装台虎钳时，必须使固定钳身的钳口工作面处于钳桌的边缘之外，以便在夹持长的工件时，工件的下端不会受到钳桌边缘的阻碍。

(2) 台虎钳必须牢固地固定在钳桌上。两个夹紧螺钉必须扳紧，保证钳身没有松动现象，否则容易损坏台虎钳和影响工件的加工质量。

(3) 夹紧工件时，只允许用手的力量来扳动手柄，决不能用手锤敲击手柄或套上管子扳手柄，以免丝杆、螺母或钳身损坏。

(4) 在进行强力作业时，应尽量使力量朝向固定钳身，否则将额外增加丝杆和螺母的受力，以致造成螺纹的损坏。

(5) 不要在活动钳身的光滑平面上进行敲击作业，以免降低活动钳身与固定钳身的配合性能。

(6) 使用完毕后，应及时清除钳身上的切屑，特别在丝杆、螺母和其他活动表面应擦干净，经常加少量机油，以利润滑和防止生锈。

1.1.2.3　钻床

钳工常用的钻床有台式钻床、立式钻床和摇臂钻床三种。

1. 台式钻床

台式钻床简称台钻(图 1－39)，是一种可放在工作台上使用的小型钻床。台式钻床的最大钻孔直径一般为 12mm。台钻构造简单，操作容易，调整方便，适用于单件和小批量生产。但由于转速高，故不宜进行锪孔、铰孔和攻螺纹等加工。

台钻由电动机、塔轮、V 带的传动使之变换速度，带动钻头旋转，拨动手柄使钻头向下

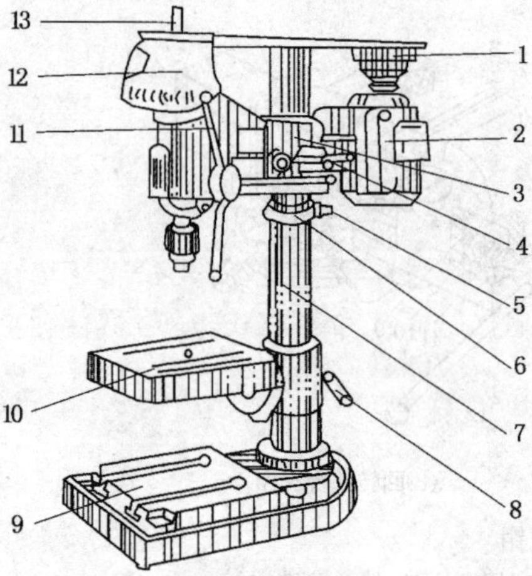

图 1－39　台钻

1—带轮；2—电动机；3—本体；4—手柄；5—螺钉；6—保险环；7—立柱；8—工作台锁紧手柄；9—底座；10—工作台；11—进给手柄；12—罩壳；13—主轴

运动，完成钻削工作。台钻可进行主轴转速调整、工作台上下左右位置调整和主轴进给位置调整。调整转速时，主轴应停止运转，将罩壳打开，手转带轮，先将 V 带往小带轮上挂，然后再往大带轮上挂，逐渐地将 V 带挂到适当的带轮上。工作台的调整可松开锁紧手柄，摆动工作台使其向上或向下移动到所需位置，然后再将锁紧手柄锁紧。主轴进给是靠旋转进给手柄来实现的。

台钻的正确使用及维护保养如下：

（1）钻孔时，工件要压紧或固定。当通孔即将钻通时，要尽量减少进给量，以防止工件旋转，造成事故。

（2）工作台面上不准放置刀具、量具和其他物品。钻通孔时，必须使钻头能通过工作台面上的让刀孔（或⊥形槽），或在工件下面垫上垫块，以免损坏工作台面。

（3）工作台面须保持清洁。使用完毕后，要将台钻外露的滑动面及工作台面擦干净，并对各滑动面及各注油孔加注润滑油。

2. 立式钻床

立式钻床最大钻孔直径有 25mm、35mm、40mm、50mm 等几种，立式钻床可以手动和自动进给，主轴转速和自动进给量都有较大的变动范围，故能适应于各种中型工件的钻孔、扩孔、锪孔、铰孔和攻螺纹等加工。它的钻孔运动是通过变速箱和进刀箱来实现的。

图 1－40 为 Z525B 立式钻床，其最大直径为 25mm。立式钻床操作时，可根据工作需要，进行主轴转速调整、工作台升降装置的调整和主轴进给调整。

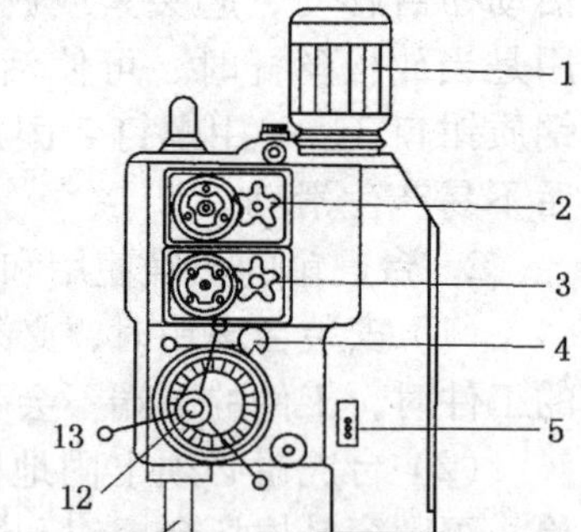

图 1－40　Z525B 立式钻床

1—电动机；2—主轴变速手柄；3—进给变速手柄；4—离合器手柄；5—按钮；6—立柱；7—锁紧手柄；8—工作台升降手柄；9—方形工作台；10—圆形工作台；11—主轴；12—自动端盖；13—进刀手柄

3. 摇臂钻床

摇臂钻床（图1－41）是靠移动钻床的主轴来对准工件上孔的中心的，所以加工时比立式钻床方便。主轴变速箱 3 能在摇臂 5 上作大范围的移动，而摇臂又能回转 360°，故摇臂钻床能在很大范围内进行孔加工。工件不大时，可压紧在工作台上加工，若工作台上放不下，可把工作台移走，把工件直接放在机座 1 上加工。根据工件高度的不同，摇臂可在立柱 4 上上下移动。钻床主轴移动到所需位置后，摇臂可锁紧在立柱上，主轴变速箱也可固定在摇臂上。这样加工时主轴位置不会变动，刀具也不易振动。

摇臂钻床的主轴转速范围和进给量范围很广，所以加工范围也广泛，可用于钻孔、扩孔、锪孔、铰孔、镗孔和攻螺纹等多种孔加工工作，尤其适用于加工大型和多孔的工件。

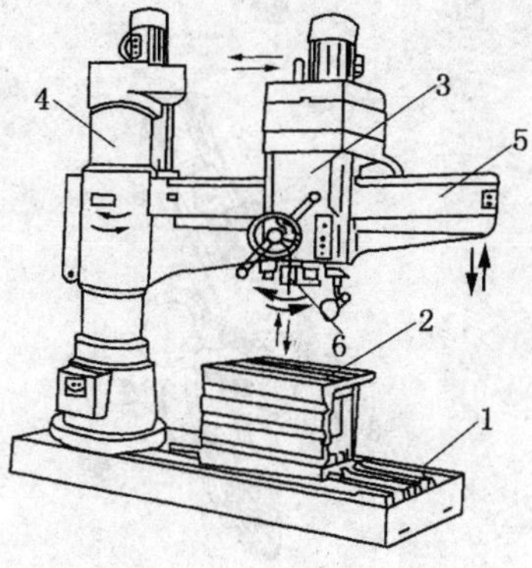

图 1－41　摇臂钻床

1—机座；2—工作台；3—主轴变速箱；4—立柱；5—摇臂；6—主轴

1.1.2.4　手电钻

手电钻是一种手提式电动工具，有手提式电钻和手枪式电钻两种，如图 1－42 所示。由于它具有操作简单、携带方便、使用灵活、体积小、重量轻等特点，因此广泛应用于当工件很大或由于孔的位置关系不能把工件放在钻床上钻孔的场合。

手电钻的正确使用与维护如下：

（1）使用前应仔细检查手电钻本体及电源线绝缘及接地是否正常，不得有裸露现象以免触电。

（2）检查手电钻的额定电压值选择相匹配的电源。

（3）通电后，须空运转 2～3min，检查传动部分运转是否正常。

（4）当出现异常现象时，应立刻切断电源，并排除故障后再使用。

（5）操作时，手压用力不可过猛，手电钻速度下降时，应减轻压力。

（6）操作时，应戴绝缘手套，穿绝缘较好的胶鞋或站在绝缘板上。

（7）手电钻用完后，应及时清理干净，放于干燥处。

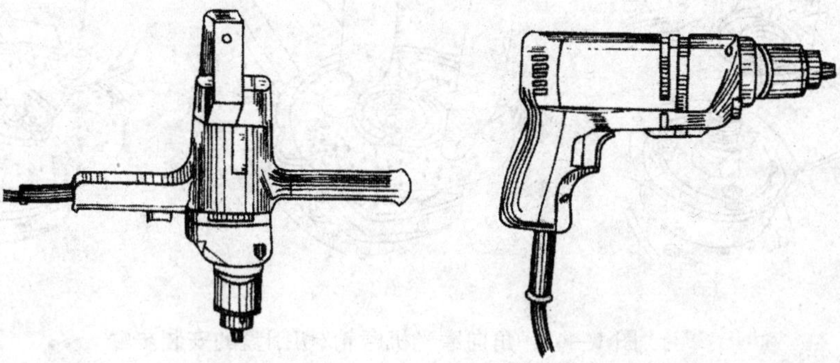

(a)手提式　　(b)手枪式

图 1－42　手电钻

1.1.2.5　电磨头

电磨头属于磨削工具，如图 1－43 所示。它适用于对各种形状复杂的工件进行修磨或抛光。电磨头使用和维护时应注意如下方面：

（1）使用前应仔细检查电磨头本体及电源线的绝缘及接地是否正常，不得有裸露现象以免触电。

（2）通电后，须空运转 2～3min，检查传动部分运转是否正常。

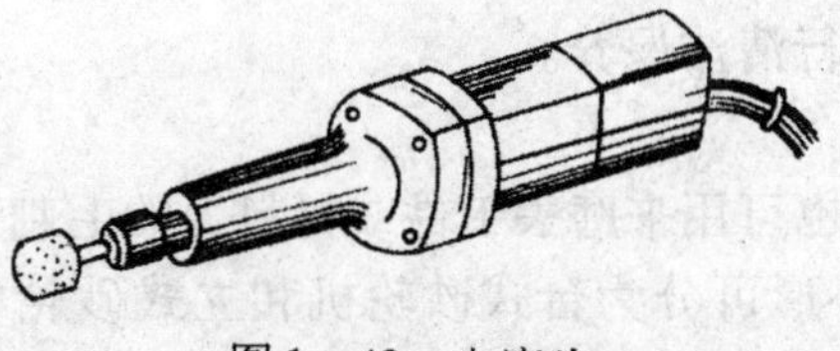

图 1－43　电磨头

（3）当出现异常现象时，应立刻切断电源，排除故障后再使用。

（4）电磨头上砂轮外径不能超过电磨头铭牌上规定的尺寸。

（5）使用时，砂轮和工件的接触力不宜过大，人

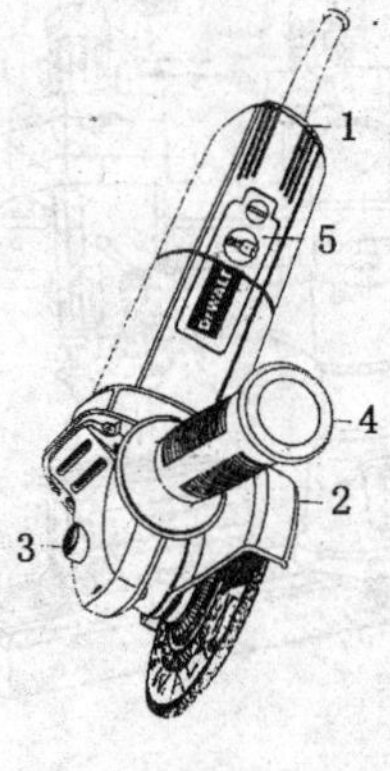

图 1－44　角向磨光机
1—开关；2—磨轮护罩；3—主轴锁；4—侧握把；5—外部的碳刷接近面板

不能面对砂轮轮缘，工具应与人体位置倾斜一定的角度。

（6）按工件的材料和形状选择合适的砂轮，新装的砂轮必须进行修整后，才能使用。

（7）使用完毕，应及时清理干净，放于干燥处。

1.1.2.6　角向磨光机

角向磨光机适用于磨光、切割等操作，如图 1－44 所示。

1. 角向磨光机磨轮或切割盘的安装方法

角向磨光机具有两个可逆的法兰盘，以适应不同的附件需要。安装时须确保法兰盘侧面的选择正确，不要使附件和法兰盘之间有过大的游隙。安装步骤如下：

（1）断开电源。

（2）把法兰盘固定到主轴上，如图 1－45(a)。

（3）使磨轮或切割盘抵住法兰盘。

（4）把有螺纹的外法兰盘旋接到主轴上，如图 1－45(b)。

（5）在充分下压主轴锁的同时，转动磨轮或切割盘，直至达到锁定位置，使主轴保持不动为止。

（6）用销钉扳手将螺纹法兰盘紧固，如图 1－45(c)。

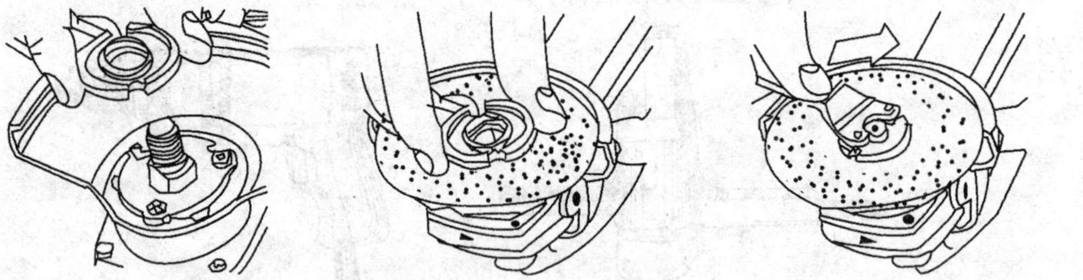
(a)　(b)　(c)

图 1－45　角向磨光机磨轮/切割盘的安装步骤

2. 操作注意事项

使用时，为确保安全，除检查磨光机本体及电源的绝缘必须合格、电压额定值必须匹配外，要注意如下几方面：

（1）在使用前，要检查所用磨轮是否有裂痕或疵点，如果有明显的裂痕或疵点务必将其更换。

（2）当启动工具时，需握住工具，让其空转 1min 左右，检查合格后，方可使用。

（3）使用时，操作者须佩戴护目镜，不得与磨轮成一线，以免磨轮或飞溅物伤人。

（4）在操作时，不要用磨轮撞击或有其他强力性动作。如果发生了这种情况，必须停下来检查磨轮。

（5）使用扁平切割轮时，在整个切割过程中，都要保持一定的角度，对切割轮不要施加侧向压力。

（6）使用完毕后，须断开电源，拔下插头，并进行清洁保养。

1.1.2.7　砂轮机

砂轮机主要用于刃磨錾子、钻头和刮刀等刀具，也可用来磨去工件或材料上的毛刺和锐边等。砂轮机主要由砂轮、电动机和机体组成。按外形可分为台式砂轮机和立式砂轮机两种，如图 1－46 所示。

由于砂轮的质地较脆，而且转速较高，如果使用不当，很容易发生砂轮碎裂造成人身事故。因此，安装砂轮时，必须要使砂轮平衡，装好后要先试转3～4min，检查砂轮转动是否平稳，有无振动与其他不良现象。使用时，要严格遵守安全操作规程，一般应注意以下几点：

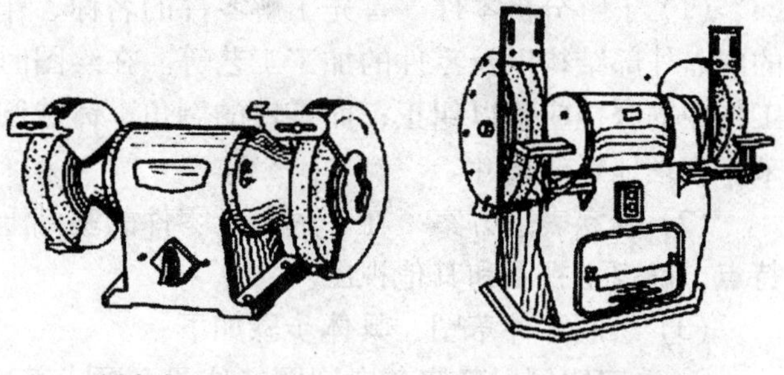

(a)台式　　(b)立式

图1－46　砂轮机

(1) 启动前，检查搁架是否完好、固定可靠，检查砂轮表面有无裂缝。

(2) 启动后，检查砂轮的转向是否正确，应使磨屑向下方飞离砂轮。

(3) 如砂轮外圆表面不平整时，应用砂轮修正器进行修正。

(4) 工作时，砂轮转速应正常；操作者须佩戴防护目镜，不要正对砂轮站立，而应站在砂轮的侧面或斜侧面位置。

(5) 磨削时，要防止刀具对砂轮发生剧烈的撞击或施加过大的压力。

(6) 磨各种工具钢和清理工件毛刺时，应使用氧化铝砂轮；而磨硬质合金刀具时，应使用碳化硅砂轮。

(7) 使用完毕后，应随即切断电源。

1.1.2.8　拉卸顶拔器

拉卸顶拔器主要用于装卸滚动轴承、带轮、齿轮、轴套式联轴器等，它是利用卡爪和顶撑螺杆将零件卸下的。通用拉卸顶拔器可分为两爪式、三爪式和铰链式等，如图1－47所示。目前液压拉卸顶拔器(图1－48)也得到了广泛应用，其加压部分可采用脚踏式或手压式，使用时更省力、快捷。

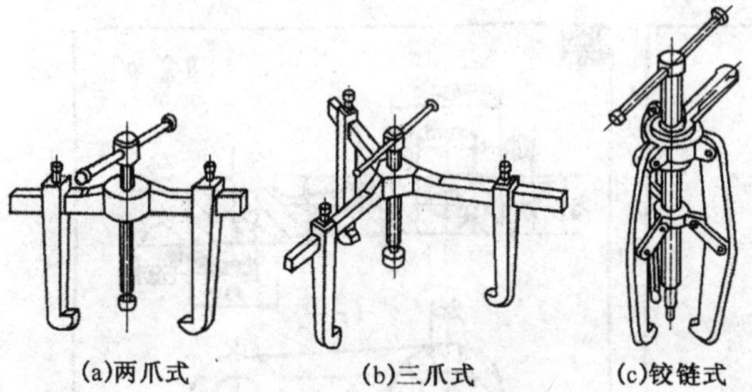

(a)两爪式　　(b)三爪式　　(c)铰链式

图1－47　通用拉卸顶拔器

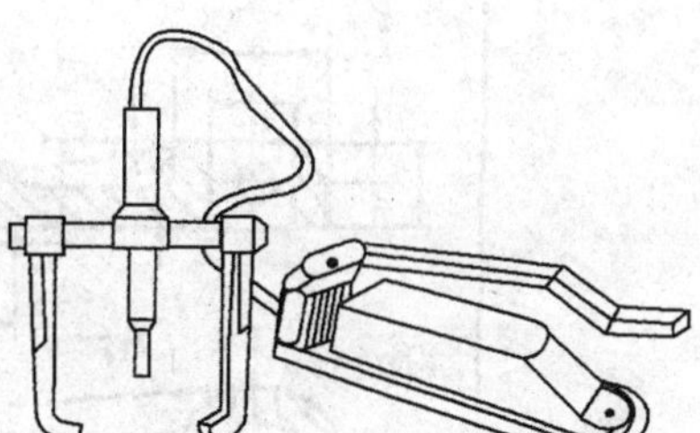

图1－48　液压拉卸顶拔器

1.2　机械制图

1.2.1　零件图

1.2.1.1　零件草图的测绘方法

零件草图就是对现有零件进行分析，然后目测比例，徒手绘制的零件图。草图并不意味着草率，应具有与工作图相应的内容。草图适用于讨论设计方案、零件修配、参观访问和技术交流等场合。绘制草图的步骤如下：

（1）了解分析零件　首先了解零件的名称、作用，鉴定零件的材料类别，认真分析零件的内、外部结构以及零件的加工工艺等。在绘图时要特别注意：零件的砂眼、裂纹等缺陷和工作中的磨损应予以纠正；而零件的倒角、铸造圆角及退刀槽等工艺结构，必须正确表达出来，合理地标注尺寸。

（2）确定表达方案　在了解分析零件的基础上，根据表达方案的选择原则和零件的结构特点，确定主视图和其他视图。

（3）绘制零件草图　具体步骤如下：

① 选定比例，确定各个视图的位置，画出基准线。如图 1－49(a)所示。

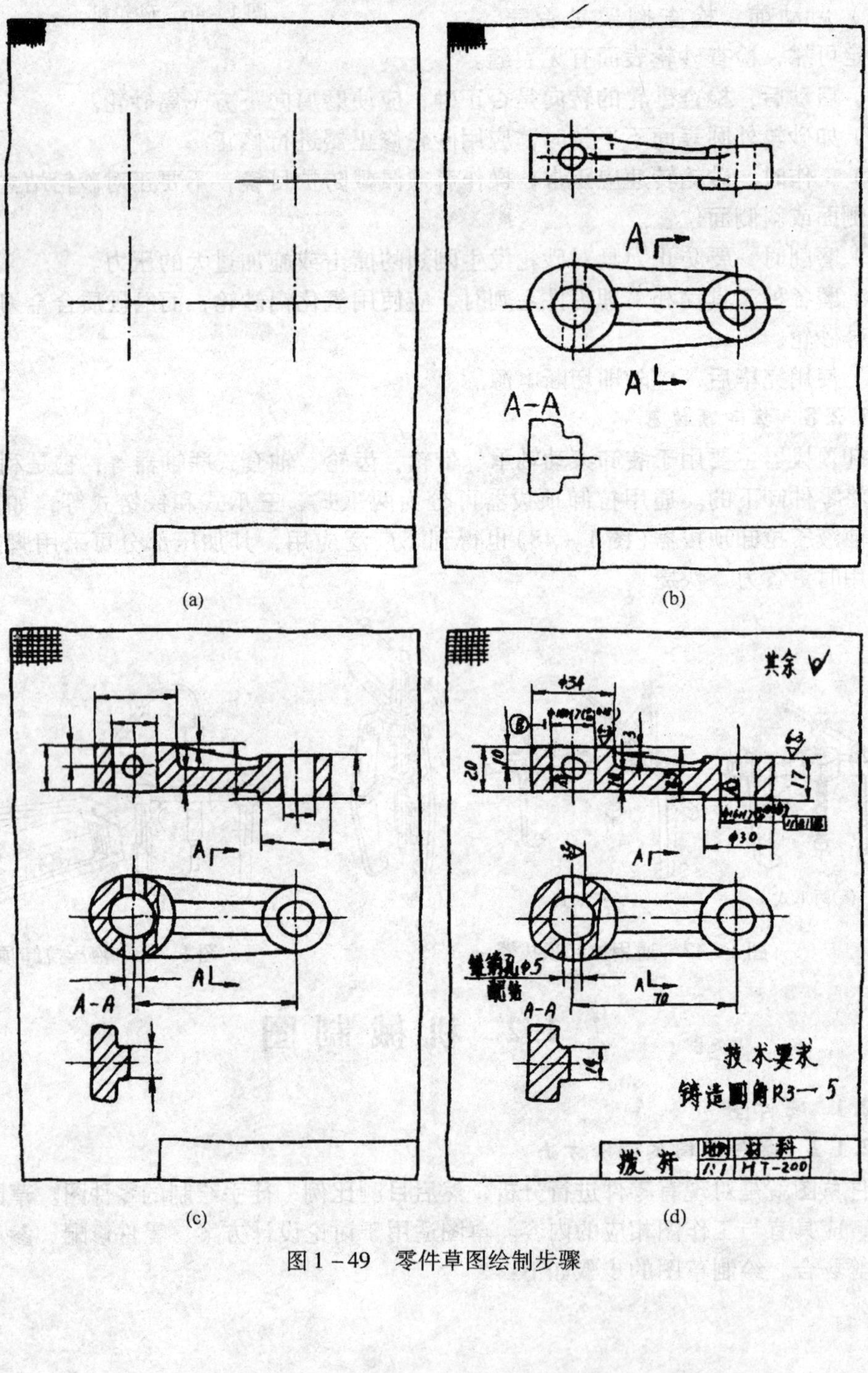

图 1－49　零件草图绘制步骤

② 详细画出零件的内外结构形状。如图 1－49(b)所示。

③ 选择标注尺寸的位置,画出尺寸界线、尺寸线及箭头;画出剖面线。如图 1－49(c)所示。

④ 测量零件尺寸，标注尺寸数字；注出零件表面粗糙度符号、填写技术要求和标题栏；经检查无误后描深。如图 1－49(d)所示。

1.2.1.2 零件工作图的绘制

零件工作图一般简称零件图，这里主要介绍根据零件草图来整理绘制零件图。

由于草图大多是在现场绘制，受时间和现场条件所限，所绘制的草图并非完善。因此，在绘制零件图之前，需要对草图进行全面审查校核。对草图中视图的表达方案、尺寸标注及技术要求中的不合理与不完善之处，经过修改、补充与完善后，绘制成零件图。零件图的绘制步骤如下：

(1) 确定比例。根据零件的复杂程度和尺寸大小，确定绘图比例。在表达清晰、布局合理的条件下，尽可能选用原值比例(1:1)。

(2) 选择图纸幅面。根据表达方案、比例，留出标注尺寸和技术要求的位置，优先选用国标规定的基本幅面。

(3) 布图。画出各视图基准线，注意视图之间、视图与图纸边框线之间，应保持间隔基本均匀，还要留出标注尺寸和书写技术要求的位置。

(4) 完成底稿。从主视图开始，几个基本视图同时画，即可保证各视图之间的相对位置和投影关系，又能提高绘图速度。

(5) 检查、描深。加粗描深先后：先粗后细，先实后虚；先上后下，先左后右；先曲后直；先水平后垂斜。

(6) 标注尺寸，注写技术要求，填写标题栏。

1.2.1.3 绘图步骤总结

无论是绘制草图还是绘制零件图，其步骤总结如下：

画好底图是关键，2H 画轻细线；

布图必须先定心，尺寸基准先画全；

画圆必须先定心，三图同步合投影；

同一尺寸量(注)一次，既准又快少错误；

错线轻轻打个叉，最后一起擦干净；

画完仔细来核对，准确无误再加粗。

1.2.1.4 零件图尺寸的标注

零件图尺寸的标注，必须做到完整、清晰、正确和合理。所谓完整就是注全零件的定形尺寸、定位尺寸，做到不遗漏、不重复；清晰就是尺寸布置应便于读图；正确就是尺寸标注符合国标规定；合理就是尺寸标注既要满足设计要求，又要符合加工测量等工艺要求。本节主要介绍合理标注尺寸的基本知识。

1. 选择尺寸基准

尺寸基准是标注尺寸的起点。按其用途、重要性和几何形式不同分为以下三类：

(1) 设计基准和工艺基准　设计基准是根据零件的结构特点和设计要求而选定的基准。工艺基准是为便于零件的加工和测量而选定的基准。如图 1－50 所示。

(2) 主要基准和辅助基准　每个零件都有长、宽、高三个方向，每个方向至少应有一个基准。同一方向若有几个尺寸基准，其中必有一个是主要基准(决定零件主要尺寸的基准)，其余为辅助基准，为避免尺寸脱节，主要基准和辅助基准之间应有尺寸联系。

(3) 点、线、面基准　由于各种零件的结构形状不同，尺寸的起点也不尽相同，尺寸基准有时是零件上的某个平面(如底面、端面、对称平面等)；有时是零件上的一条线(如回转轴线、对称中心线等)；有时是一个点(如球心、顶点等)。

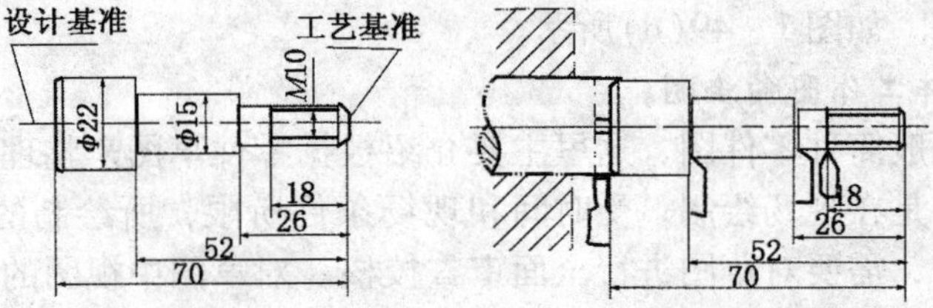

(a)阶梯轴　　(b)阶梯轴加工情况

图 1-50　阶梯轴的设计基准和工艺基准

选择尺寸基准时，最好是把设计基准和工艺基准相统一。这样，既能保证零件在机器中的工作性能，又便于零件制造、加工、测量和检验，简而言之，既能满足设计要求，又能满足工艺要求。如两者不能统一，则应以保证设计要求为主。即将重要的设计尺寸从设计基准出发标注，次要的尺寸可从工艺基准注起。

2. 标注尺寸的形式

(1) 链式尺寸　零件图上同方向的各尺寸逐段连续标注，各尺寸基准都不相同，前一尺寸的终点即为后一尺寸的基准，如图 1-51(a)所示。其优点是能保证每一段尺寸的精度，彼此的加工误差并不相互影响；缺点是加工的尺寸误差积累在总体尺寸上，使总体尺寸难以保证。链式尺寸常用于标注孔组中心距、阶梯状零件中要求十分精确的各段尺寸等。

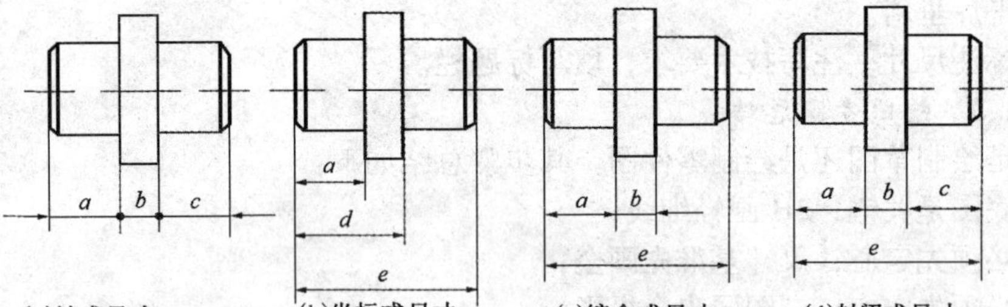

(a)链式尺寸　　(b)坐标式尺寸　　(c)综合式尺寸　　(d)封闭式尺寸

图 1-51　尺寸标注的形式

(2) 坐标式尺寸　零件图上同一方向的尺寸全都从同一基准出发标注，如图 1-51(b)所示。其优点是各段尺寸的加工精度只影响其本身的误差，不影响总体尺寸误差，适用于由一个基准定出一组精确尺寸时使用；缺点是某些尺寸段受相邻两个尺寸的影响。例如中间圆柱的轴向尺寸受 a、d 两个尺寸的影响。

(3) 综合式尺寸　它是链式尺寸和坐标式尺寸的综合，具有上述两种方法的优点，应用最为广泛。如图 1-51(c)所示。

(4) 注意事项　标注尺寸需注意以下一些事项：

① 如果同方向的尺寸按链式标注，同时又注出总体尺寸，这就形成一个封闭尺寸链，如图 1-51(d)所示。这样标注尺寸，使所有轴向尺寸首尾相接，每个尺寸的精度都将受到其他环的影响，因而精度很难得到保证。为避免封闭尺寸链，应选择一个不重要的尺寸空出不予标注，称为开口环，如图 1-51(c)所示。有时为了加工时参考，可以将开口环注出，但要用括号括起来，表示该尺寸为参考尺寸。

② 设计尺寸直接注出。

③ 便于加工测量。

3. 零件图上常用典型结构的尺寸标注

零件图上常用典型结构的尺寸标注见表 1 –6 所示。

表 1 –6　零件图上常用典型结构的尺寸标注

类　型	示　　例
相同要素	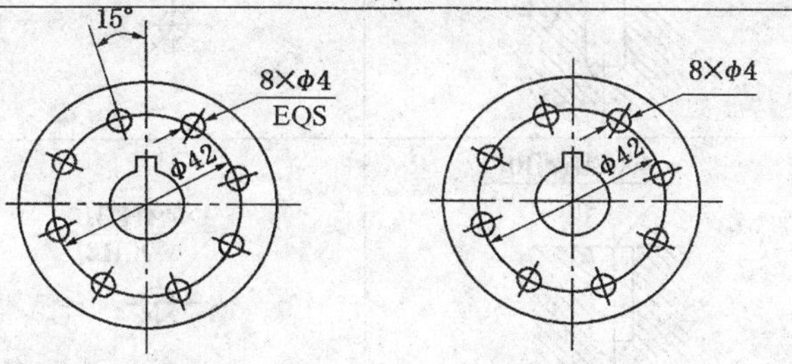 (a)均匀分布孔的尺寸注法　(b)省略“EQS”说明的尺寸注法 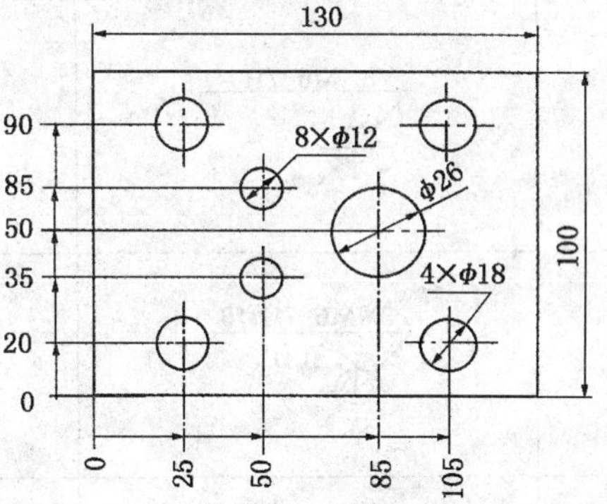 (c)由同一尺寸出发的尺寸注法 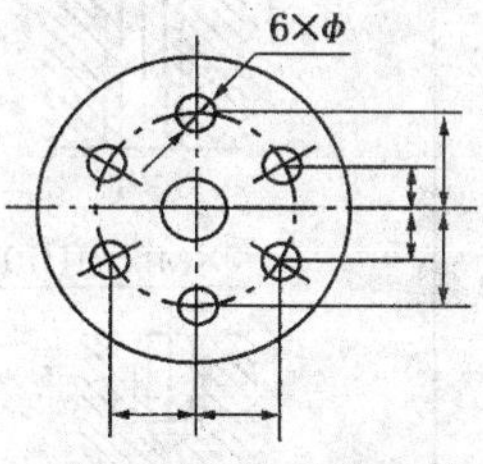 (d)以对称面为基准 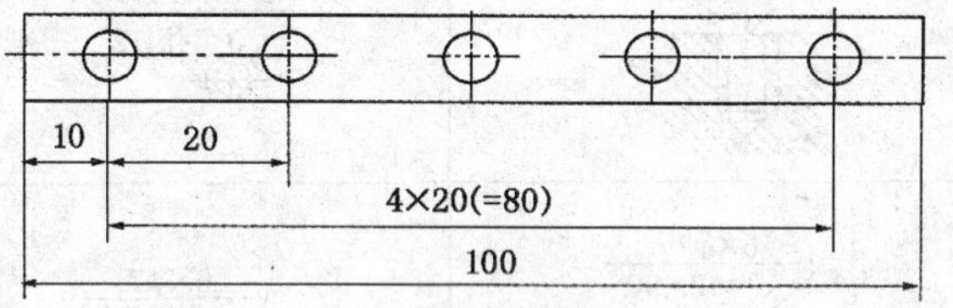 (e)孔等距分布
退刀槽	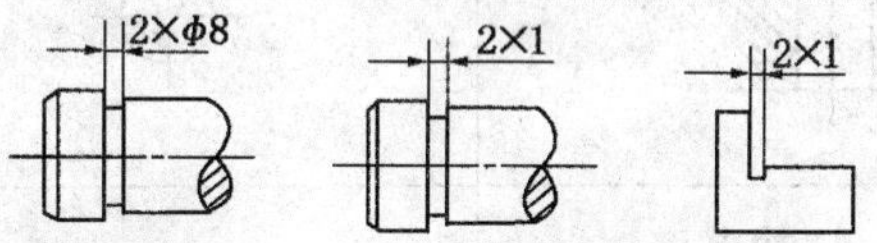 槽宽×直径　槽宽×槽深
倒角	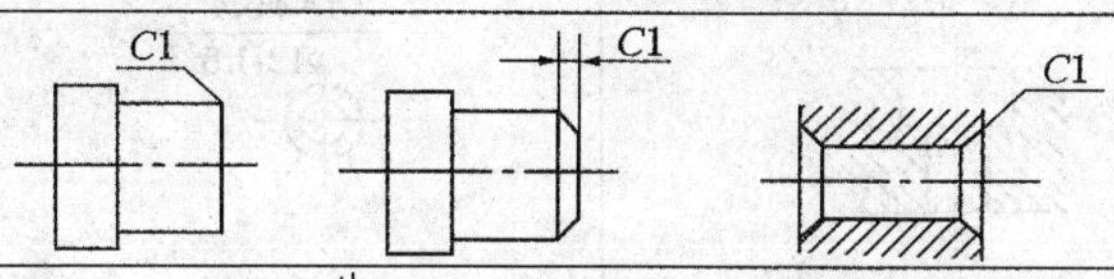
键槽	(1) 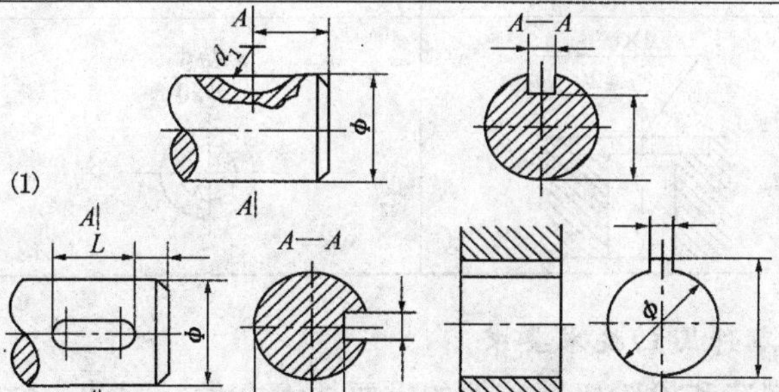

类　型	旁　注　法		普　通　注　法
光孔	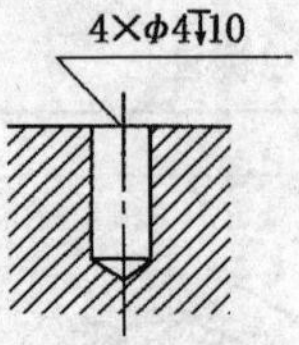	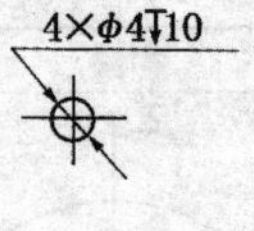	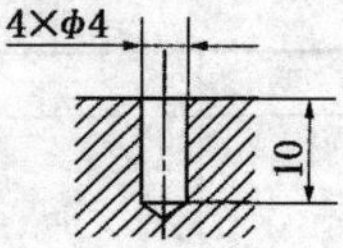
	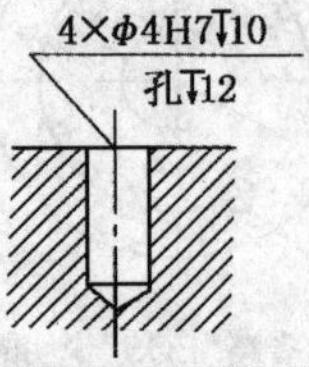	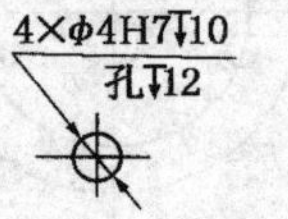	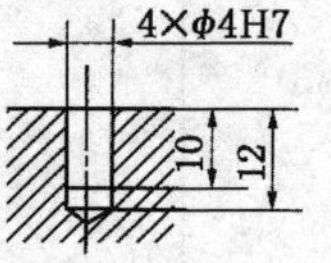
螺孔	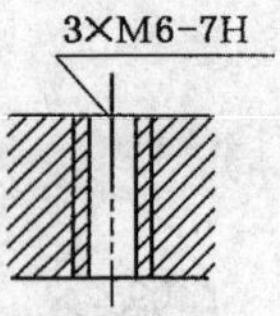	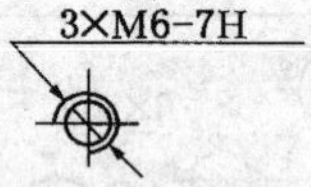	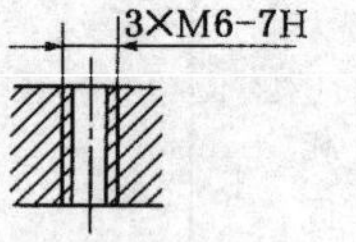
	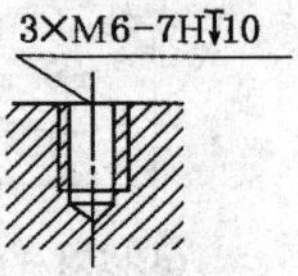	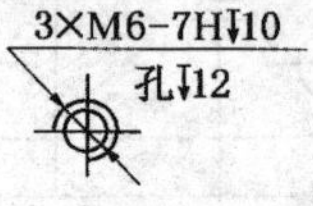	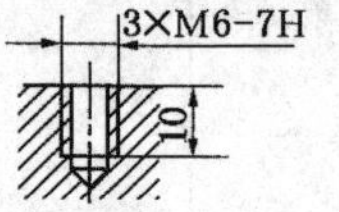
	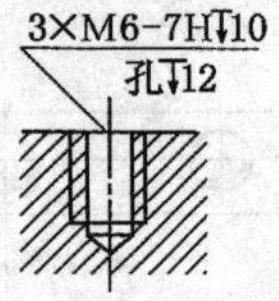		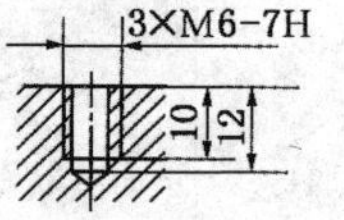
沉孔	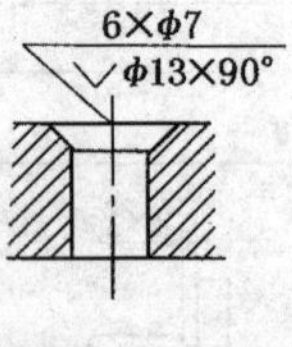	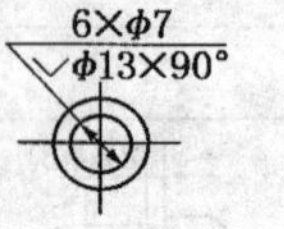	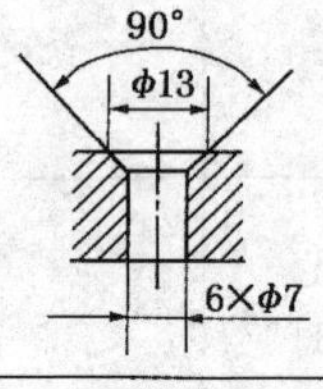
	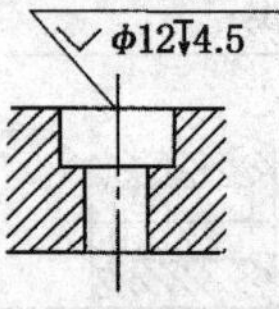	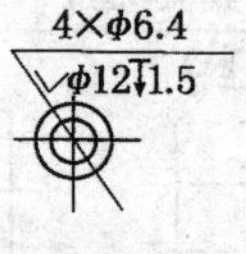	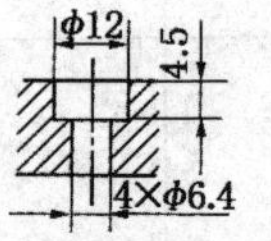
	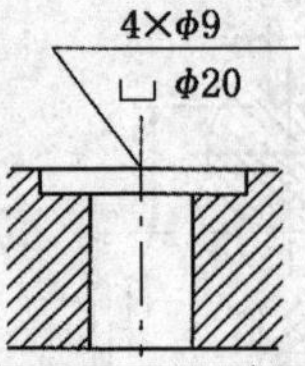	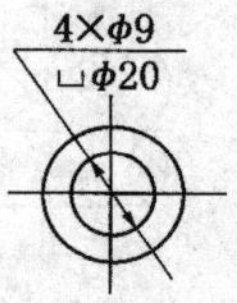	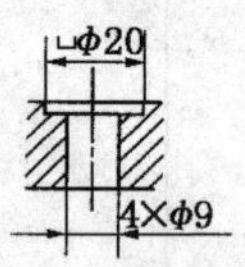

1.2.1.5 零件图的技术要求

零件图是制造和检验机器零件的重要技术文件。因此，它除了表达零件的内外结构形状和尺寸外，还必须具备制造该零件时应该达到的一些质量要求，一般称为技术要求。其主要内容包括：极限与配合、形状位置公差、表面粗糙度、材料及热处理要求等。这些内容用规定的符号、代号标注在图形上；对无法标注或需要统一说明的内容，则用文字逐条注写在图纸下方的空白处。

1. 极限与配合

1）零件的互换性

从一批规格大小相同的零件中，不经挑选或修配就能顺利装配并能满足机器的性能要求，零件的这种性质称为互换性。互换性使机器的现代化大量生产具备了可能性。极限与配合制度则是机器零件实现互换性的必要条件。

2）尺寸的术语和定义

(1) 尺寸　用特定单位表示线性尺寸的数字称为尺寸，例如60mm。注意尺寸不包括角度。

(2) 基本尺寸　设计给定的尺寸，即零件图上标注的尺寸。

(3) 实际尺寸　通过测量所得的尺寸。

(4) 极限尺寸　允许尺寸变化的两个界线值。它以基本尺寸为基数来确定。两个界线值中较大的一个为最大极限尺寸，较小的一个为最小极限尺寸。

3）公差与偏差的术语和定义

(1) 尺寸偏差(简称偏差)　某一尺寸减去基本尺寸所得的代数差。由于偏差是代数差，所以它可以为正值、零或负值。

① 极限偏差　极限偏差＝极限尺寸－基本尺寸，由于极限尺寸有最大和最小两个极限尺寸，所以极限偏差有上偏差和下偏差之分。

上偏差＝最大极限尺寸－基本尺寸。其代号孔为ES，轴为es。

下偏差＝最小极限尺寸－基本尺寸。其代号孔为EI，轴为ei 。

② 实际偏差　实际偏差＝实际尺寸－基本尺寸。

(2) 尺寸公差(简称公差)　允许尺寸的变动量。即：公差＝最大极限尺寸－最小极限尺寸或者＝上偏差－下偏差。因为最大极限尺寸总是大于最小极限尺寸，所以，公差始终为正值。

(3) 极限与配合图解、零线、公差带：

① 极限与配合图解　为了直观地表达基本尺寸、极限尺寸、极限偏差和公差之间的相互关系，一般采用极限与配合示意图。如图1－52所示。

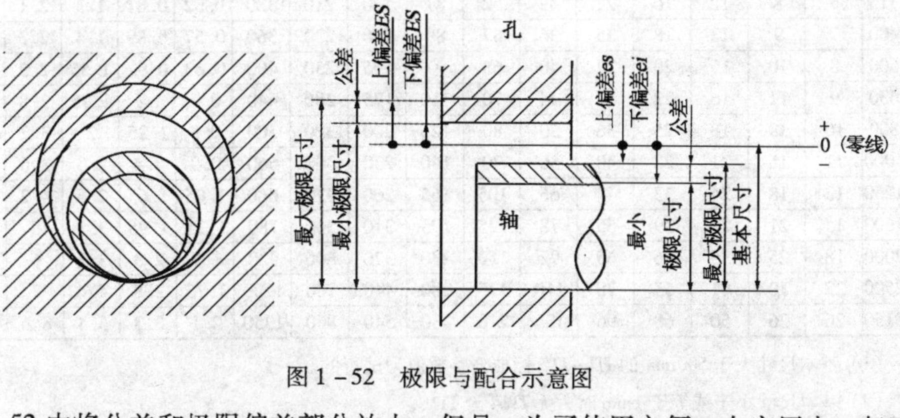

图1－52　极限与配合示意图

图1－52中将公差和极限偏差部分放大。但是，为了使用方便，在实用中一般不画出孔和轴，只将轴向截面图中有关公差部分按规定放大画出，这种图称为极限与配合图解，又称

为公差带图解。如图 1－53 所示。

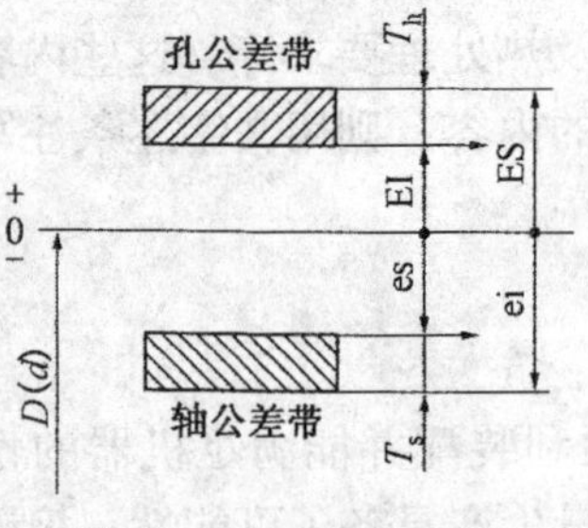

图 1－53　公差带图解

② 零线　在极限与配合图解中，确定偏差的一条基准直线，即零偏差线。通常零线表示基本尺寸。零线上方表示正偏差，零线下方表示负偏差。如图 1－53 所示。

③ 尺寸公差带（简称公差带）　在极限与配合图解中，由代表上、下偏差的两条直线所确定的一个区域称为公差带。为便于区别，在同一图中，孔和轴的公差带的剖面线方向相反，并且疏密程度不同。

（4）标准公差与基本偏差　从极限与配合图解中可以看出，确定公差带有两个要素——公差带宽度和公差带位置。公差带宽度由标准公差来确定，公差带位置由基本偏差来确定。

① 标准公差　《极限与配合》标准已对公差值进行标准化，标准公差是“国标”表列的，用以确定公差带宽度的任一公差。标准公差的数值与基本尺寸分段和公差等级有关。公差等级是确定尺寸精度的等级，“国标”将公差等级分为 20 级：IT01、IT0、IT1、IT2……IT18。“IT”表示标准公差，数字表示公差等级。从 IT01～IT18 期间精度逐渐降低，但是标准公差值依次增大。见表 1－7 所示。

表 1－7　标准公差数值

基本尺寸/mm		标准公差数值																	
		IT1	IT2	IT3	IT4	IT5	IT6	IT7	IT8	IT9	IT10	IT11	IT12	IT13	IT14	IT15	IT16	IT17	IT18
大于	至	μm											mm						
—	3	0.8	1.2	2	3	4	6	10	14	25	40	60	0.1	0.14	0.25	0.4	0.6	1	1.4
3	6	1	1.5	2.5	4	5	8	12	18	30	48	75	0.12	0.18	0.3	0.48	0.75	1.2	1.8
6	10	1	1.5	2.5	4	6	9	15	22	36	58	90	0.15	0.22	0.36	0.58	0.9	1.5	2.2
10	18	1.2	2	3	5	8	11	18	27	43	70	110	0.18	0.27	0.43	0.7	1.1	1.8	2.7
18	30	1.5	2.5	4	6	9	13	21	33	52	84	130	0.21	0.33	0.52	0.84	1.3	2.1	3.3
30	50	1.5	2.5	4	7	11	16	25	39	62	100	160	0.25	0.39	0.62	1	1.6	2.5	3.9
50	80	2	3	5	8	13	19	30	46	74	120	190	0.3	0.46	0.74	1.2	1.9	3	4.6
80	120	2.5	4	6	10	15	22	35	54	87	140	220	0.35	0.54	0.87	1.4	2.2	3.5	5.4
120	180	3.5	5	8	12	18	25	40	63	100	160	250	0.4	0.63	1	1.6	2.5	4	6.3
180	250	4.5	7	10	14	20	29	46	72	115	185	290	0.46	0.72	1.15	1.85	2.9	4.6	7.2
250	315	6	8	12	16	23	32	52	81	130	210	320	0.52	0.81	1.3	2.1	3.2	5.2	8.1
315	400	7	9	13	18	25	36	57	89	140	230	360	0.57	0.89	1.4	2.3	3.6	5.7	8.9
400	500	8	10	15	20	27	40	63	97	155	250	400	0.63	0.97	1.55	2.5	4	6.3	9.7
500	630	9	11	16	22	32	44	70	110	175	280	440	0.7	1.1	1.75	2.8	4.4	7	11
630	800	10	13	18	25	36	50	80	125	200	320	500	0.8	1.25	2	3.2	5	8	12.5
800	1000	11	15	21	28	40	56	90	140	230	360	560	0.9	1.4	2.3	3.6	5.6	9	14
1000	1250	13	18	24	33	47	66	105	165	260	420	660	1.05	1.65	2.6	4.2	6.6	10.5	16.5
1250	1600	15	21	29	39	55	78	125	195	310	500	780	1.25	1.95	3.1	5	7.8	12.5	19.5
1600	2000	18	25	35	46	65	92	150	230	370	600	920	1.5	2.3	3.7	6	9.2	15	23
2000	2500	22	30	41	55	78	110	175	280	440	700	1100	1.75	2.8	4.4	7	11	17.5	28
2500	3150	26	36	50	68	96	135	210	330	540	860	1350	2.1	3.3	5.4	8.6	13.5	21	33

注：（1）基本尺寸大于 500mm 的 IT1～IT5 标准公差数值为试行的。

（2）基本尺寸小于或等于 1mm 时，无 IT14 至 IT18。

② 基本偏差　用以确定公差带相对于零线位置的上偏差或下偏差。一般为靠近零线位置的那个偏差。

为了满足各种不同配合的要求，国标分别对孔和轴各设定了 28 个基本偏差，如图 1 - 54 所示，从图中可以看出：

a. 基本偏差代号用拉丁字母(一个或两个)表示，孔用大写字母，轴用小写字母表示。

b. 轴的基本偏差从 a ~ h 是上偏差(es)，从 j ~ zc 为下偏差(ei)。

c. 孔的基本偏差从 A ~ H 是下偏差(EI)，从 J ~ ZC 为上偏差(ES)。

d. 孔 JS 和轴 js 的公差带对称分布在零线的上下两侧，因此其基本偏差为上偏差(+ IT/2)或下偏差(- IT/2)。

e. 孔 H 和轴 h 的基本偏差均为零。

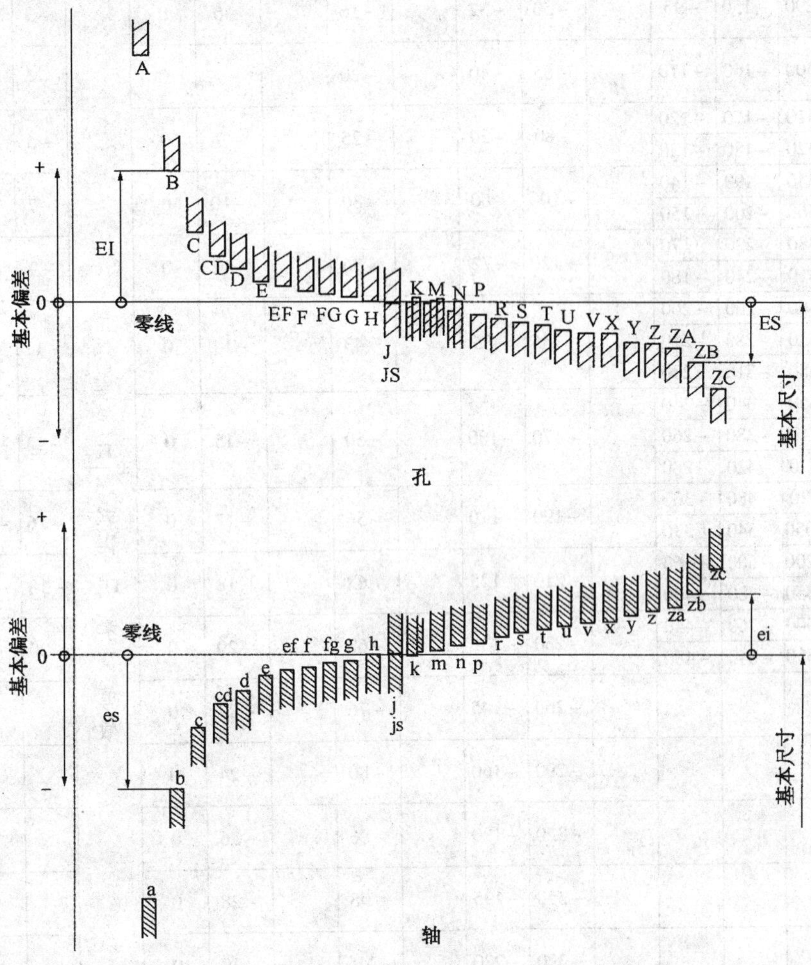

图 1 - 54　基本偏差系列

轴和孔的基本偏差值见表 1 - 8 和表 1 - 9 所示。另一偏差可根据轴和孔的基本偏差和标准公差计算：

轴的另一偏差(上偏差或下偏差)：$ei = es - IT$ 或 $es = ei + IT$；

孔的另一偏差(上偏差或下偏差)：$ES = EI + IT$ 或 $EI = ES - IT$。

表 1－8　轴的基本偏差数值表

μm

基本尺寸/mm		基本偏差数值																
		上偏差 es												下偏差 ei				
		所有标准公差等级												IT5和IT6	IT7	IT8	IT4至IT7	≤IT3 >IT7
大于	至	a	b	c	cd	d	e	ef	f	fg	g	h	js	j			k	
—	3	－270	－140	－60	－34	－20	－14	－10	－6	－4	－2	0	偏差 $=\pm\frac{IT_n}{2}$，式中 IT_n 是 IT 值数	－2	－4	－6	0	0
3	6	－270	－140	－70	－46	－30	－20	－14	－10	－6	－4	0		－2	－4		＋1	0
6	10	－280	－150	－80	－56	－40	－25	－18	－13	－8	－5	0		－2	－5		＋1	0
10	14	－290	－150	－95		－50	－32		－16		－6	0		－3	－6		＋1	0
14	18																	
18	24	－300	－160	－110		－65	－40		－20		－7	0		－4	－8		＋2	0
24	30																	
30	40	－310	－170	－120		－80	－50		－25		－9	0		－5	－10		＋2	0
40	50	－320	－180	－130														
50	65	－340	－190	－140		－100	－60		－30		－10	0		－7	－12		＋2	0
65	80	－360	－200	－150														
80	100	－380	－220	－170		－120	－72		－36		－12	0		－9	－15		＋3	0
100	120	－410	－240	－180														
120	140	－460	－260	－200		－145	－85		－43		－14	0		－11	－18		＋3	0
140	160	－520	－280	－210														
160	180	－580	－310	－230														
180	200	－660	－340	－240		－170	－100		－50		－15	0		－13	－21		＋4	0
200	225	－740	－380	－260														
225	250	－820	－420	－280														
250	280	－920	－480	－300		－190	－110		－56		－17	0		－16	－26		＋4	0
280	315	－1050	－540	－330														
315	355	－1200	－600	－360		－210	－125		－62		－18	0		－18	－28		＋4	0
355	400	－1350	－680	－400														
400	450	－1500	－760	－440		－230	－135		－68		－20	0		－20	－32		＋5	0
450	500	－1650	－840	－480														
500	560					－260	－145		－76		－22	0					0	0
560	630																	
630	710					－290	－160		－80		－24	0					0	0
710	800																	
800	900					－320	－170		－86		－26	0					0	0
900	1000																	
1000	1120					－350	－195		－98		－28	0					0	0
1120	1250																	
1250	1400					－390	－220		－110		－30	0					0	0
1400	1600																	
1600	1800					－430	－240		－120		－32	0					0	0
1800	2000																	
2000	2240					－480	－260		－130		－34	0					0	0
2240	2500																	
2500	2800					－520	－290		－145		－38	0					0	0
2800	3150																	

续表

基本尺寸/mm		基本偏差数值													
		下偏差 ei													
大于	至	所有标准公差等级													
		m	n	p	r	s	t	u	v	x	y	z	za	zb	zc
—	3	+2	+4	+6	+10	+14		+18		+20		+26	+32	+40	+60
3	6	+4	+8	+12	+15	+19		+23		+28		+35	+42	+50	+80
6	10	+6	+10	+15	+19	+23		+28		+34		+42	+52	+67	+97
10	14	+7	+12	+18	+23	+28		+33		+40		+50	+64	+90	+130
14	18								+39	+45		+60	+77	+108	+150
18	24	+8	+15	+22	+28	+35		+41	+47	+54	+63	+73	+98	+136	+188
24	30						+41	+48	+55	+64	+75	+88	+118	+160	+218
30	40	+9	+17	+26	+34	+43	+48	+60	+68	+80	+94	+112	+148	+200	+274
40	50						+54	+70	+81	+97	+114	+136	+180	+242	+325
50	65	+11	+20	+32	+41	+53	+66	+87	+102	+122	+144	+172	+226	+300	+405
65	80				+43	+59	+75	+102	+120	+146	+174	+210	+274	+360	+480
80	100	+13	+23	+37	+51	+71	+91	+124	+146	+178	+214	+258	+335	+445	+585
100	120				+54	+79	+104	+144	+172	+210	+254	+310	+400	+525	+690
120	140	+15	+27	+43	+63	+92	+122	+170	+202	+248	+300	+365	+470	+620	+800
140	160				+65	+100	+134	+190	+228	+280	+340	+415	+535	+700	+900
160	180				+68	+108	+146	+210	+252	+310	+380	+465	+600	+780	+1000
180	200	+17	+31	+50	+77	+122	+166	+236	+284	+350	+425	+520	+670	+880	+1150
200	225				+80	+130	+180	+258	+310	+385	+470	+575	+740	+960	+1250
225	250				+84	+140	+196	+284	+340	+425	+520	+640	+820	+1050	+1350
250	280	+20	+34	+56	+94	+158	+218	+315	+385	+475	+580	+710	+920	+1200	+1550
280	315				+98	+170	+240	+350	+425	+525	+650	+790	+1000	+1300	+1700
315	355	+21	+37	+62	+108	+190	+268	+390	+475	+590	+730	+900	+1150	+1500	+1900
355	400				+114	+208	+294	+435	+530	+660	+820	+1000	+1300	+1650	+2100
400	450	+23	+40	+68	+126	+232	+330	+490	+595	+740	+920	+1100	+1450	+1850	+2400
450	500				+132	+252	+360	+540	+660	+820	+1000	+1250	+1600	+2100	+2600
500	560	+26	+44	+78	+150	+280	+400	+600							
560	630				+155	+310	+450	+660							
630	710	+30	+50	+88	+175	+340	+500	+740							
710	800				+185	+380	+560	+840							
800	900	+34	+56	+100	+210	+430	+620	+940							
900	1000				+220	+470	+680	+1050							
1000	1120	+40	+66	+120	+250	+520	+780	+1150							
1120	1250				+260	+580	+840	+1300							
1250	1400	+48	+78	+140	+300	+640	+960	+1450							
1400	1600				+330	+720	+1050	+1600							
1600	1800	+58	+92	+170	+370	+820	+1200	+1850							
1800	2000				+400	+920	+1350	+2000							
2000	2240	+68	+110	+195	+440	+1000	+1500	+2300							
2240	2500				+460	+1100	+1650	+2500							
2500	2800	+76	+135	+240	+550	+1250	+1900	+2900							
2800	3150				+580	+1400	+2100	+3200							

注：（1）基本尺寸小于或等于1mm时，基本偏差a和b均不采用。

（2）公差带js7至js11，若IT_n值数是奇数，则取偏差$=\pm\frac{IT_n-1}{2}$。

表 1－9　孔的基本偏差数值表

μm

基本尺寸/mm		基本偏差数值																				
		下偏差 EI												上偏差 ES								
		所有标准公差等级												IT6	IT7	IT8	≤IT8	>IT8	≤IT8	>IT8	≤IT8	>IT8
大于	至	A	B	C	CD	D	E	EF	F	FG	G	H	JS	J			K		M		N	
—	3	+270	+140	+60	+34	+20	+14	+10	+6	+4	+2	0	偏差＝±$\frac{IT_n}{2}$，式中 IT_n 是 IT 值数	+2	+4	+6	0	0	−2	−2	−4	−4
3	6	+270	+140	+70	+46	+30	+20	+14	+10	+6	+4	0		+5	+6	+10	−1＋Δ		−4＋Δ	−4	−8＋Δ	0
6	10	+280	+150	+80	+56	+40	+25	+18	+13	+8	+5	0		+5	+8	+12	−1＋Δ		−6＋Δ	−6	−10＋Δ	0
10	14	+290	+150	+95		+50	+32		+16		+6	0		+6	+10	+15	−1＋Δ		−7＋Δ	−7	−12＋Δ	0
14	18																					
18	24	+300	+160	+110		+65	+40		+20		+7	0		+8	+12	+20	−2＋Δ		−8＋Δ	−8	−15＋Δ	0
24	30																					
30	40	+310	+170	+120		+80	+50		+25		+9	0		+10	+14	+24	−2＋Δ		−9＋Δ	−9	−17＋Δ	0
40	50	+320	+180	+130																		
50	65	+340	+190	+140		+100	+60		+30		+10	0		+13	+18	+28	−2＋Δ		−11＋Δ	−11	−20＋Δ	0
65	80	+360	+200	+150																		
80	100	+380	+220	+170		+120	+72		+36		+12	0		+16	+22	+34	−3＋Δ		−13＋Δ	−13	−23＋Δ	0
100	120	+410	+240	+180																		
120	140	+460	+260	+200		+145	+85		+43		+14	0		+18	+26	+41	−3＋Δ		−15＋Δ	−15	−27＋Δ	0
140	160	+520	+280	+210																		
160	180	+580	+310	+230																		
180	200	+660	+340	+240		+170	+100		+50		+15	0		+22	+30	+47	−4＋Δ		−17＋Δ	−17	−31＋Δ	0
200	225	+740	+380	+260																		
225	250	+820	+420	+280																		
250	280	+920	+480	+300		+190	+110		+56		+17	0		+25	+36	+55	−4＋Δ		−20＋Δ	−20	−34＋Δ	0
280	315	+1050	+540	+330																		

续表

基本尺寸/mm		基本偏差数值																				
		下偏差 EI												上偏差 ES								
		所有标准公差等级												IT6	IT7	IT8	≤IT8	>IT8	≤IT8	>IT8	≤IT8	>IT8
大于	至	A	B	C	CD	D	E	EF	F	FG	G	H	JS	J			K		M		N	
315	355	+1200	+600	+360		+210	+125		+62		+18	0	偏差 $=\pm\frac{IT_n}{2}$，式中 IT_n 是 IT 值数	+29	+39	+60	$-4+\Delta$		$-21+\Delta$	−21	$-37+\Delta$	0
355	400	+1350	+680	+400																		
400	450	+1500	+760	+440		+230	+135		+68		+20	0		+33	+43	+66	$-5+\Delta$		$-23+\Delta$	−23	$-40+\Delta$	0
450	500	+1650	+840	+480																		
500	560					+260	+145		+76		+22	0					0		−26		−44	
560	630																					
630	710					+290	+160		+80		+24	0					0		−30		−50	
710	800																					
800	900					+320	+170		+86		+26	0					0		−34		−56	
900	1000																					
1000	1120					+350	+195		+98		+28	0					0		−40		−66	
1120	1250																					
1250	1400					+390	+220		+110		+30	0					0		−48		−78	
1400	1600																					
1600	1800					+430	+240		+120		+32	0					0		−58		−92	
1800	2000																					
2000	2240					+480	+260		+130		+34	0					0		−68		−110	
2240	2500																					
2500	2800					+520	+290		+145		+38	0					0		−76		−135	
2800	3150																					

注：（1）基本尺寸小于或等于 1mm 时，基本偏差 A 和 B 及大于 IT8 的 N 均不采用。

（2）公差带 JS7 至 JS11，若 IT_n 值数是奇数，则取偏差 $=\pm\frac{IT_n-1}{2}$。

4）配合的术语和定义

（1）配合　基本尺寸相同的、相互结合的孔和轴（广义）公差带之间的关系称为配合。

（2）配合种类　相互配合的孔和轴其基本尺寸相同，孔、轴装配后的松紧程度取决于孔和轴公差带的关系。

① 间隙配合　具有间隙（包括最小间隙等于零）的配合。间隙配合中孔的公差带在轴的公差带之上。如图 1－55 所示。

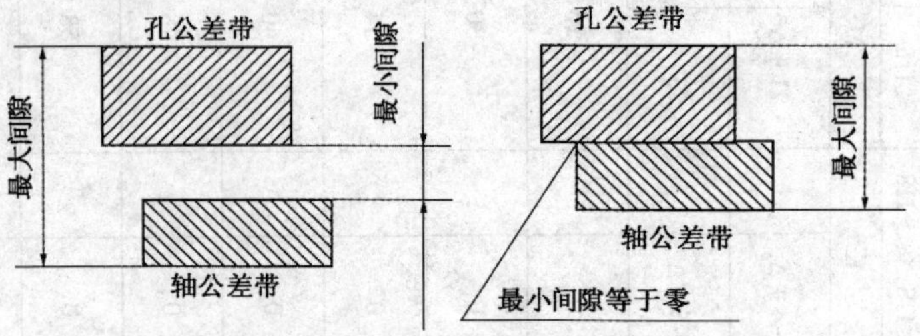

图 1－55　间隙配合

② 过盈配合　具有过盈（包括最小过盈等于零）的配合。过盈配合中孔的公差带在轴的公差带之下。如图 1－56 所示。

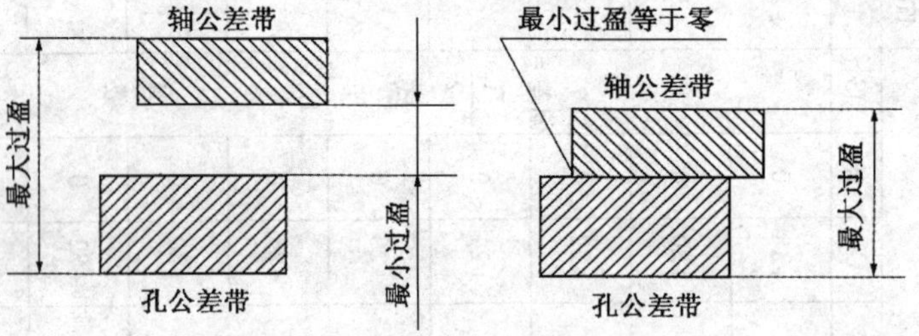

图 1－56　过盈配合

③ 过渡配合　可能具有间隙或过盈的配合。过渡配合时，孔的公差带与轴的公差带相互交叠。如图 1－57 所示。

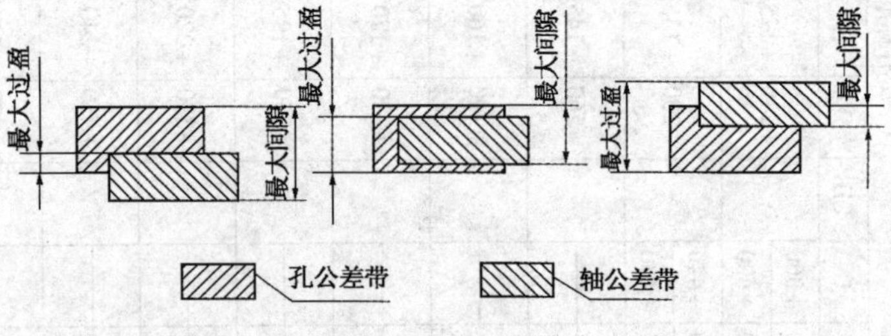

图 1－57　过渡配合

（3）配合制　国标规定了两种配合制——基孔制和基轴制。

① 基孔制　基本偏差为一定的孔公差带，与不同基本偏差的轴的公差带形成各种配合的一种制度称为基孔制。基孔制的孔为基准孔，其基本偏差为下偏差，数值为 0，代号为 H。如图 1－58 所示。

② 基轴制　基本偏差为一定的轴公差带，与不同基本偏差的孔的公差带形成各种配合

的一种制度称为基轴制。基轴制的轴为基准轴，其基本偏差为上偏差，数值为0，代号为h。如图1-59所示。

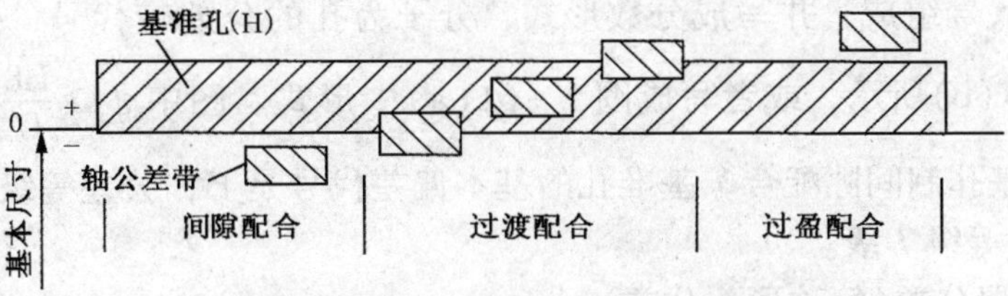

图1-58 基孔制配合

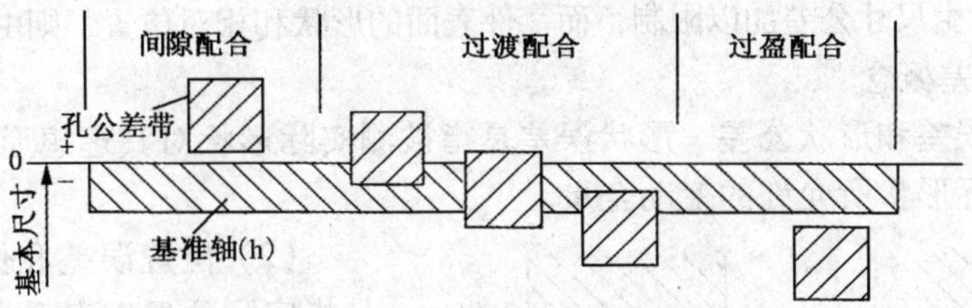

图1-59 基轴制配合

5）极限与配合的标注

(1) 零件图上的标注:

① 基本尺寸之后标注公差带代号，如图1-60(a)所示。公差带代号由基本偏差代号与公差等级数字两部分组成，其字号与基本尺寸数字相同。这种注法采用专用量具检验零件，适合于大批量生产。

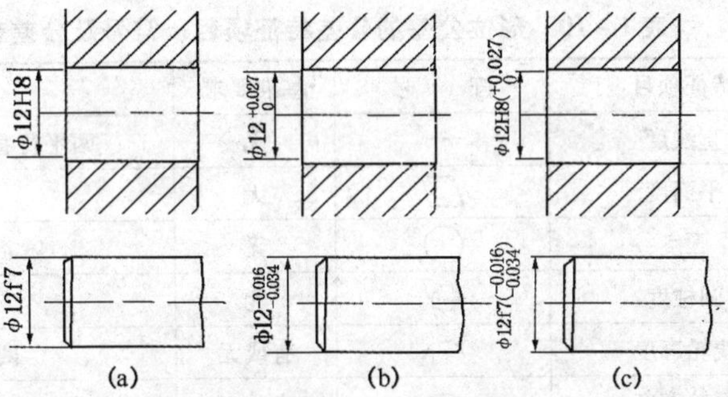

图1-60 零件图中公差的标注方法

② 标注极限偏差，如图1-60(b)所示。上偏差标注在基本尺寸的右上方；下偏差与基本尺寸标注在同一底线上，偏差的数字应比基本尺寸数字小一号。

如果上、下偏差的数值相同，只是符号相反，则可简化标注。例如20±0.01。这时，偏差数字的字体高度与基本尺寸相同。

如果上或下偏差为零，则必须标注“0”，且与另一偏差的个位对齐。

这种注法主要用于少量或单件生产，以便加工和检验时减少辅助时间。

③ 公差带代号和极限偏差一起标注，偏差数值注在公差带代号后面的圆括号内，如图1-60(c)所示。这种注法用于产量不定的时候。

（2）装配图中配合的标注：

对有配合要求的尺寸，应在基本尺寸之后标注配合代号。配合代号由两个相互结合的孔和轴的公差带代号组成，并写成分数形式，分子为孔的公差带代号，分母为轴的公差带代号。如图 1－61(b)所示，或者写成图 1－61(a)中形式。图中 $\phi 12\ \frac{H8}{f7}$表示基本尺寸为 $\phi 12$ 的孔和轴组成基孔制间隙配合，基准孔的基本偏差代号是 H，公差等级 8 级，轴的基本偏差代号是 f，公差等级 7 级。

2. 形状位置公差(简称形位公差)

经过加工的零件表面，不仅会有尺寸误差，而且也会存在形状和位置误差。为了满足使用要求，零件的尺寸由尺寸公差加以限制，而零件表面的形状和相对位置，则由形位公差加以限制。

1）形位公差概念

（1）形状误差和形状公差　形状误差是指被测实际形状对其理想形状的变动量；形状公差是指被测实际形状所允许的变动全量。

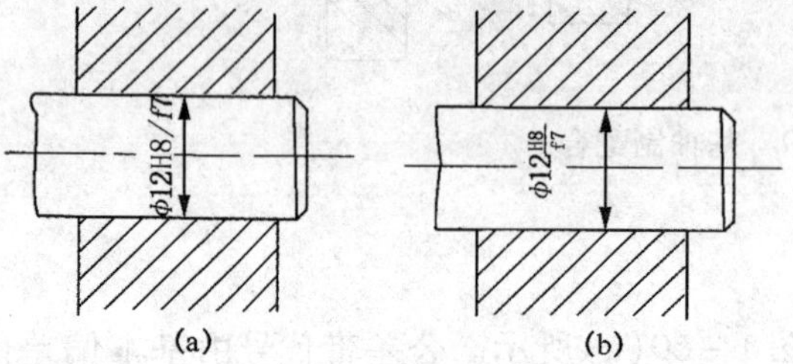

图 1－61　装配图中配合的标注方法

（2）位置误差和位置公差　位置误差是指实际位置对其理想位置的变动量；理想位置指相对于基准的理想形状的位置。位置公差则指被测实际要素的位置对基准所允许的变动全量。

（3）形状和位置公差带(简称形位公差带）形位公差带是限制零件实际形状和位置变动的区域。公差带的大小由公差值确定，其形状见表 1－10 所示。

表 1－10　形位公差的公差特征项目、符号及公差带

分　类		特征项目	符　号	基准要求	公差带形状
形状分类		直线度	—	无	两平行直线；两平行平面；圆柱面
		平面度	⏥	无	两平行平面
		圆度	○	无	两同心圆
		圆柱度	⌭	无	同心圆柱面
形状或位置公差		线轮廓度	⌒	有或无	两包络线(等距曲线)
		面轮廓度	⌓	有或无	两包络面(等距曲面)
位置公差	定向	平行度	//	有	两平行平面；圆柱面
		垂直度	⊥	有	两平行平面；圆柱面
		倾斜度	∠	有	两平行平面；圆柱面
	定位	位置度	⌖	有或无	圆；球；两平行直线；两平行平面；圆柱面
		同轴(同心)度	◎	有	圆；圆柱面
		对称度	⌯	有	两平行平面
	跳动	圆跳动	↗	有	两同心圆
		全跳动	⌰	有	两同轴圆柱面；两平行平面

2）形位公差特征项目和符号

国家标准规定形位公差共有 14 个特征项目，即形状公差 4 项，形状或位置公差 2 项，位置公差 8 项。在形状或位置公差中，对于具体的轮廓度公差，有基准时属于位置公差，无基准时则属于形状公差。形位公差各特征项目的名称、符号及公差带见表 1－19 所示。

3）形位公差的框格标注

（1）形位公差代号和基准代号：

国标规定，在图样中形位公差采用代号标注。形位公差代号和基准代号的内容如图 1－62 所示。

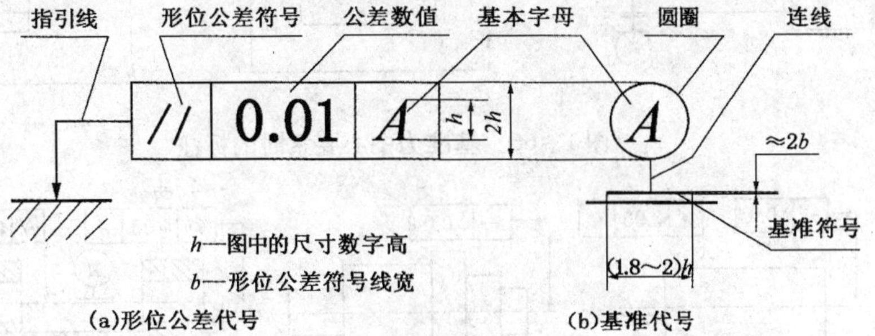

图 1－62　形位公差代号和基准代号

形位公差框格用细实线画出，可水平或垂直放置。框格一端与带箭头的指引线相连，箭头垂直指向被测部位。基准代号由基准符号、圆圈、连线和基准字母组成，其中连线必须与基准部位垂直。

（2）被测部位与基准部位的标注：

① 当被测（或基准）部位为表面或线时，指引线箭头应指在（基准符号则应靠近）被测部位轮廓线或其延长线上，并与尺寸线明显错开。如图 1－63 和图 1－64 所示。

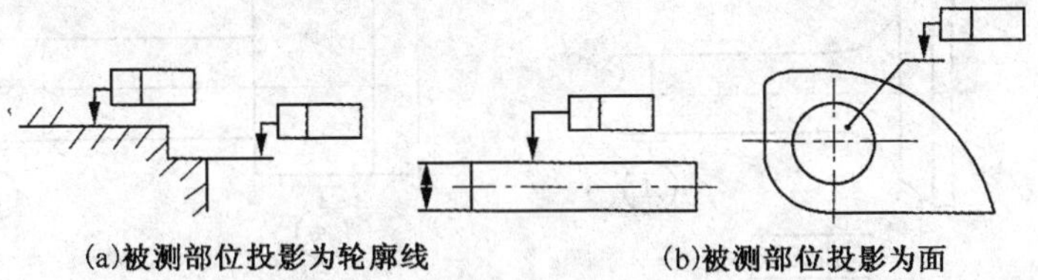

图 1－63　被测部位为表面或线时的标注

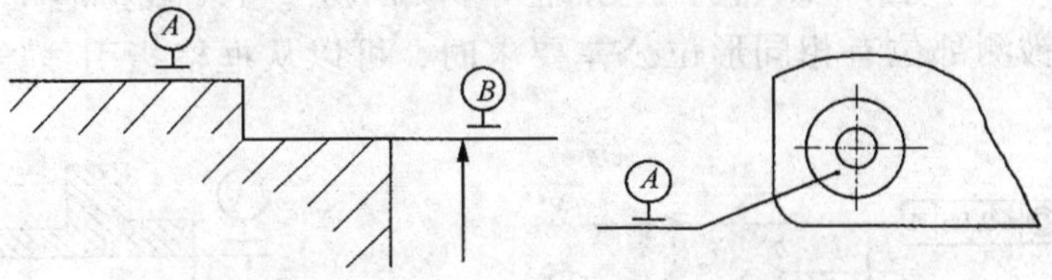

图 1－64　基准为表面或线的标注

② 当被测（或基准）部位为轴线、球心或中心平面等中心要素时，指引线箭头（基准代号连线）应与该要素的尺寸线对齐。如图 1－65 和图 1－66 所示。

③ 当被测（或基准）部位为整体轴线或公共中心平面时，指引线箭头应直接指在（基准符号应靠近）该部位轴线或公共中心平面上，而不应指在（基准符号应靠近）公共轴线或公共

中心平面上标注。如图 1-67 所示。按国标 GB/T 1184—1996 规定，图 1-67(b)是错误的。

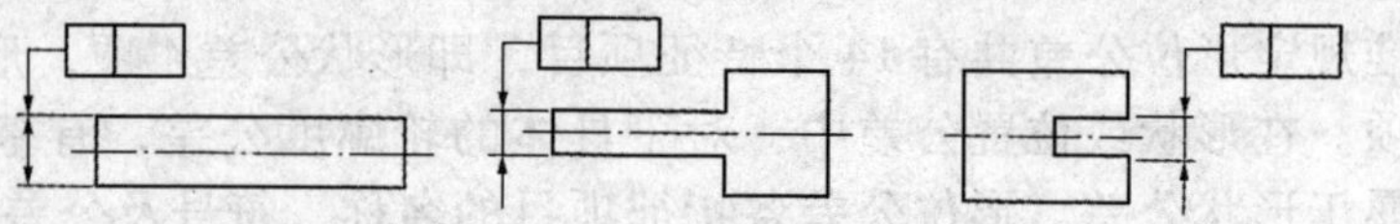

图 1-65　被测部位为中心要素时的标注

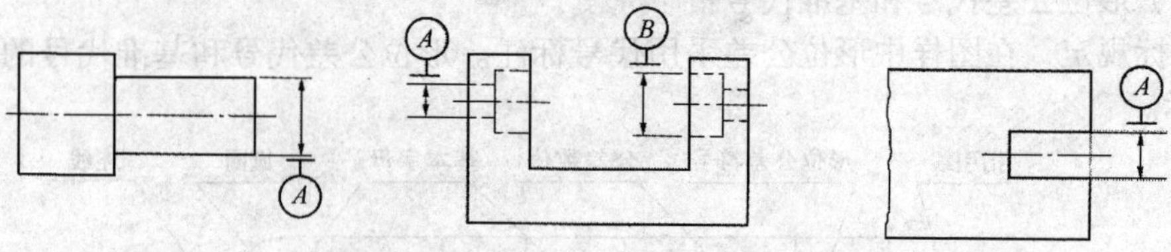

图 1-66　基准为中心要素时的标注

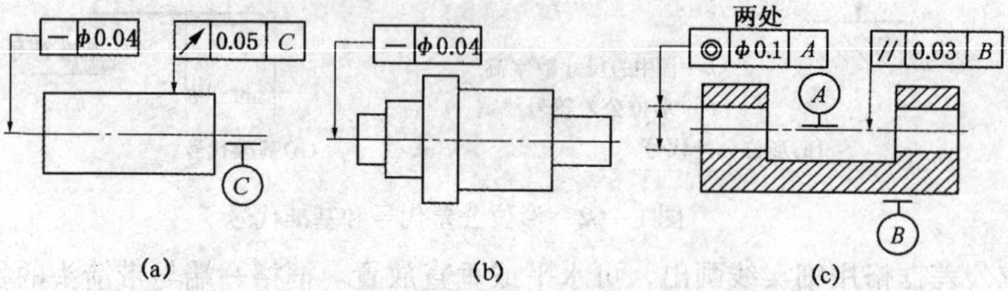

图 1-67　被测部位、基准为整体轴线或公共中心平面时的标注

④ 当同一被测部位有多项形位公差要求时，可采用合并标注。如图 1-68 所示。

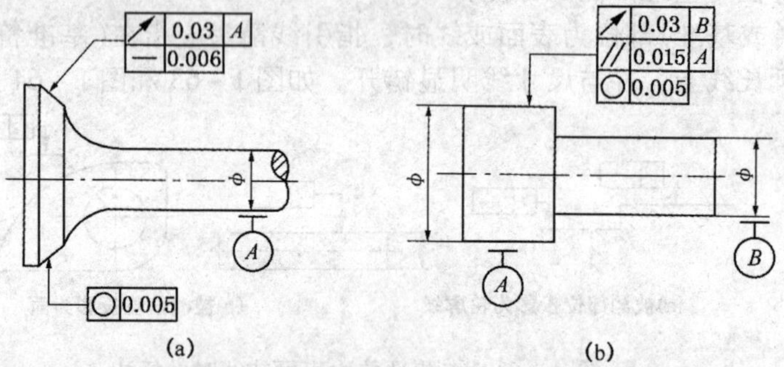

图 1-68　同一被测部位有多项形位公差要求时的标注

⑤ 当多个被测部位有相同形位公差要求时，可以从框格指引线绘制多个箭头。如图 1-69所示。

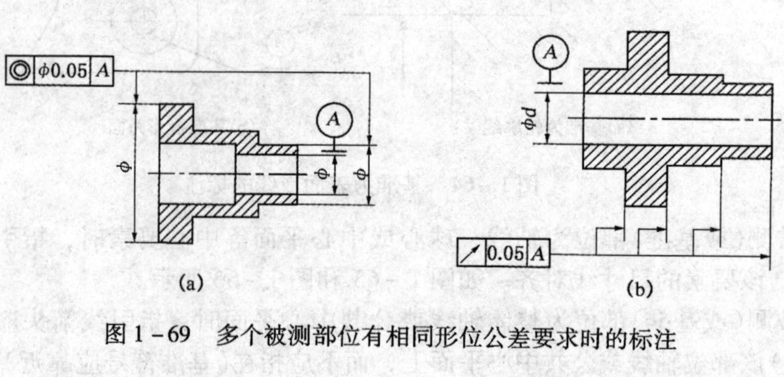

图 1-69　多个被测部位有相同形位公差要求时的标注

4）形位公差标注示例

如图1－70所示为气门阀杆零件图上标注形位公差的实例，其中形位公差标注的意义分别为：

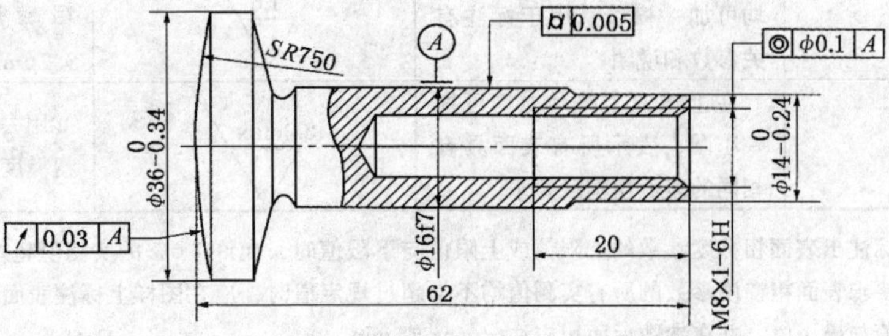

图1－70　零件图上标注形位公差的示例

（1）杆身 Φ16f7 圆柱面的圆柱度公差为0.005mm；

（2）球面SR75相对基准A（Φ16f7轴线）的圆跳动公差为0.30mm；

（3）M8×1－6H螺孔轴线相对基准A（Φ16f7轴线）的同轴度公差为 Φ0.1mm。

3. 表面粗糙度

（1）表面粗糙度概念　经过加工的零件表面，不管看起来多么光滑，如果放在放大镜（或显微镜）下观察，都可看到峰谷高低不平的情况，如图1－71所示。零件加工表面上具有的较小间距和峰谷所组成的微观几何形状特性，就称为表面粗糙度。

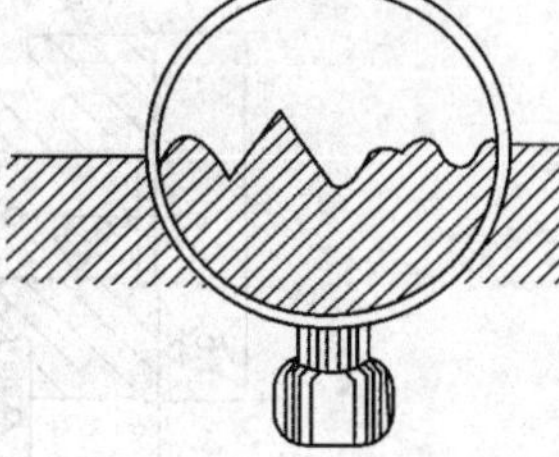

图1－71　表面的微观形状

（2）表面粗糙度评定参数　常用的评定参数有轮廓算术平均偏差 R_a、微观不平度十点高度 R_z 和轮廓最大高度 R_y 三种。评定参数的单位为微米（μm），使用时优先选用 R_a，且在图样中标注时省略“R_a”符号。

（3）表面粗糙度符号和代号　在图样中，表面粗糙度以符号或代号标注。表面粗糙度代号由表面粗糙度符号和符号上标注的评定参数及有关说明组成。符号和代号的意义见表1－11所示。

表1－11　表面粗糙度的符号、代号及其意义

符　号	意　义	代号示例	意　义
	基本符号，表示表面可用任何方法获得。当不加注粗糙度参数值或有关说明，仅适用于简化代号标注	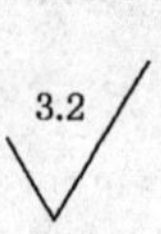	用任何方法获得的表面粗糙度，R_a 的上限值为3.2μm
	本符号加一短划，表示表面是用去除材料的方法获得，例如车、钻、铣、刨、磨等	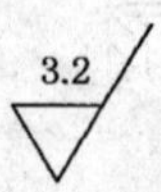	用去除材料方法获得的表面粗糙度，R_a 的上限值伪3.2μm
	基本符号加一小圆，表示表面是用不去除材料的方法获得，例如铸、锻、冲压等	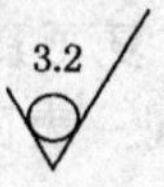	用不去除材料方法获得的表面粗糙度，R_a 的上限值为3.2μm

续表

符 号	意 义	代号示例	意 义
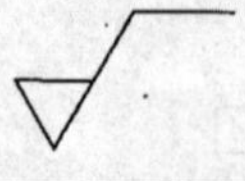	在上述三个符号的长边上均可加一横线，用于标注有关参数和说明	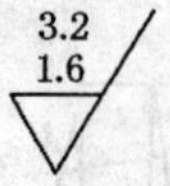 3.2 1.6	用去除材料方法获得的表面粗糙度，R_a 的上限值为 3.2μm，R_a 的下限值为 1.6μm
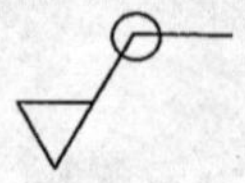	在上述三个符号上均可加一小圆，表示所有表面具有相同的表面粗糙度要求	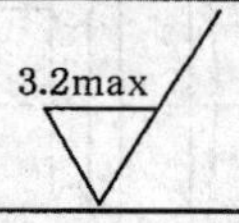 3.2max	用去除材料方法获得的表面粗糙度，R_a 的最大值为 3.2μm

注：(1) 当标注出表面粗糙度参数的上限值或上限值与下限值时，允许 1 6% 的实测值超差。

(2) 当要求表面粗糙度参数的所有实测值均不得超过规定值时，应在图样上标注表面粗糙度参数的最大值或最大值与最小值，并在参数后面相应注出 max 或 min。

(4) 表面粗糙度在图样中的标注　表面粗糙度的标注方法如下：

① 表面粗糙度代(符)号一般注在可见轮廓线、尺寸界线、引出线或它们的延长线上。如图 1－72(a)所示。

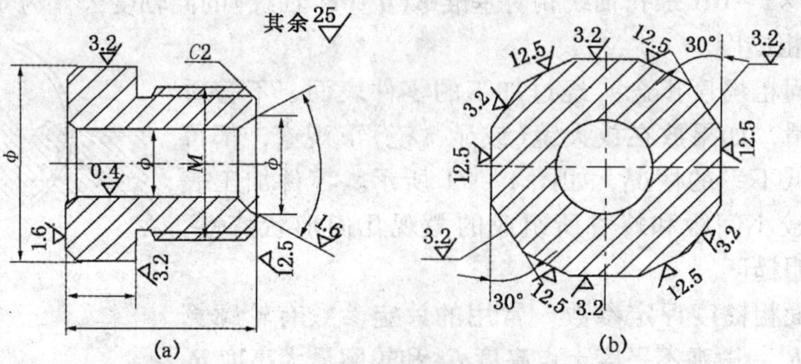

图 1－72　表面粗糙度代号在图样上的标注

② 符号的尖端必须从材料外指向被标注的表面，并与该表面接触，代号中数字书写方向，必须与尺寸数字方向一致。如图 1－72(b)所示。

③ 在同一图样中，每一表面只标注一次代(符)号，并尽可能靠近有关的尺寸线。

④ 当零件的大部分表面具有相同的表面粗糙度时，对其中使用最多的一种代(符)号统一标注在图样右上角，并加注“其余”两字，如图 1－73(a)所示。当零件所有表面具有相同的表面粗糙度时，可在图样右上角统一标注，如图 1－73(b)所示。

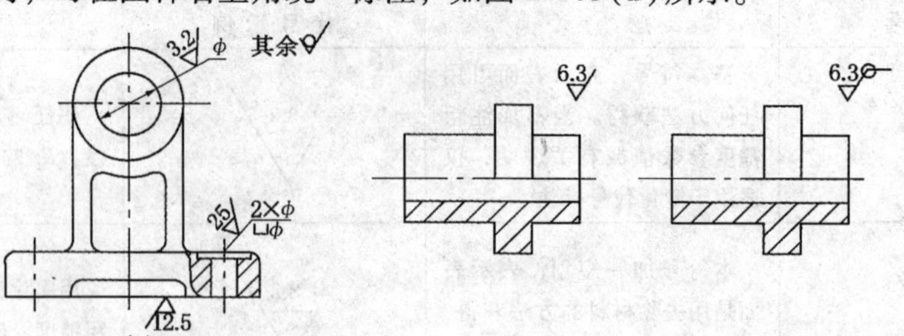

图 1－73　统一标注

(5) 零件上连续表面、重复要素(孔、槽、齿等)表面，只标注一次代(符)号，如图 1－74所示。零件上不连续的同一表面用细实线连接后，同样只标注一次代(符)号，如图 1－73(a)所示。

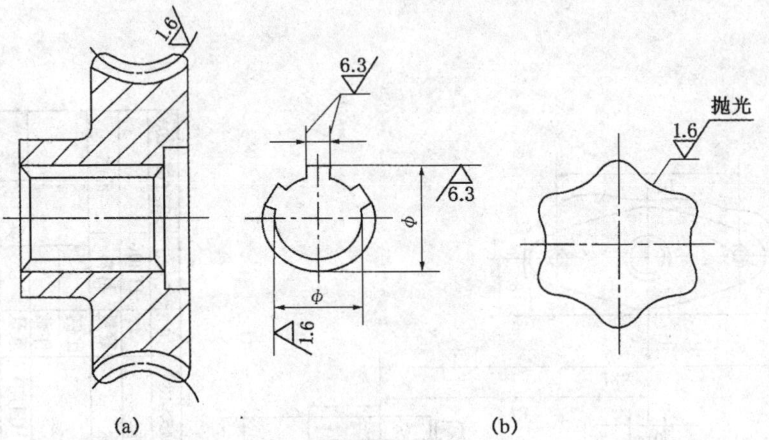

图1－74　连续表面、重复要素的标注

（6）当位置狭小不便标注时，代（符）号可引出标注，如图1－73（a）所示。

4. 技术要求识读要点

（1）分辨粗糙度不同的标注形式，能查清表面所注“代号”及其要求，能知其参数取值范围，有无漏注和错注现象。

（2）依据形位公差代号的被测、基准部位位置，了解其具体要求。

（3）识别热处理代号和划分局部热处理的处理范围或部位。

（4）懂得工艺性等文字说明的含义。

1.2.2　装配图

1.2.2.1　装配图的作用和内容

1. 装配图概念

表达机器或部件的图样，称为装配图。图1－75是齿轮泵的轴测图，图1－76是其装配图。

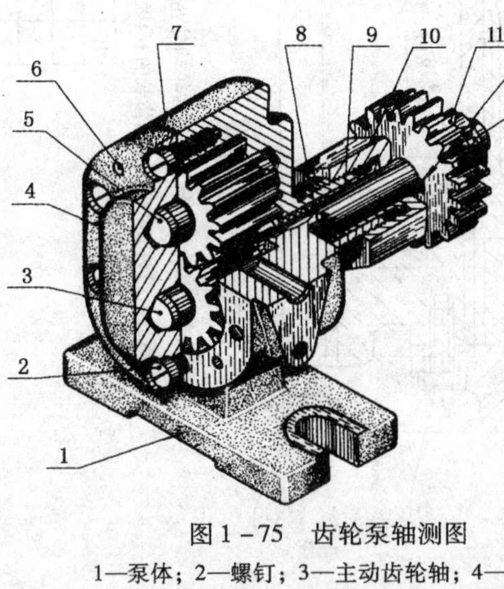

图1－75　齿轮泵轴测图

1—泵体；2—螺钉；3—主动齿轮轴；4—泵盖；

5—从动齿轮轴；6—销；7—垫片；8—密封圈；

9—压盖；10—压紧螺母；11—齿轮；

12—键；13—垫圈；14—螺母

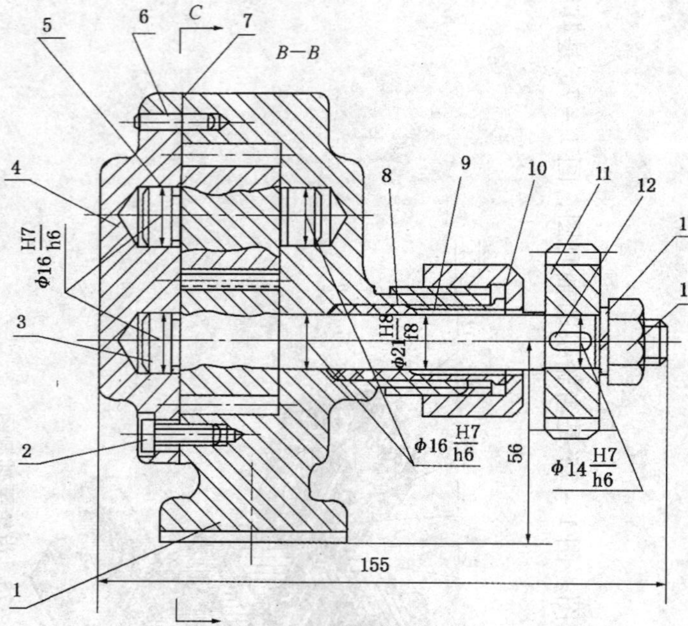

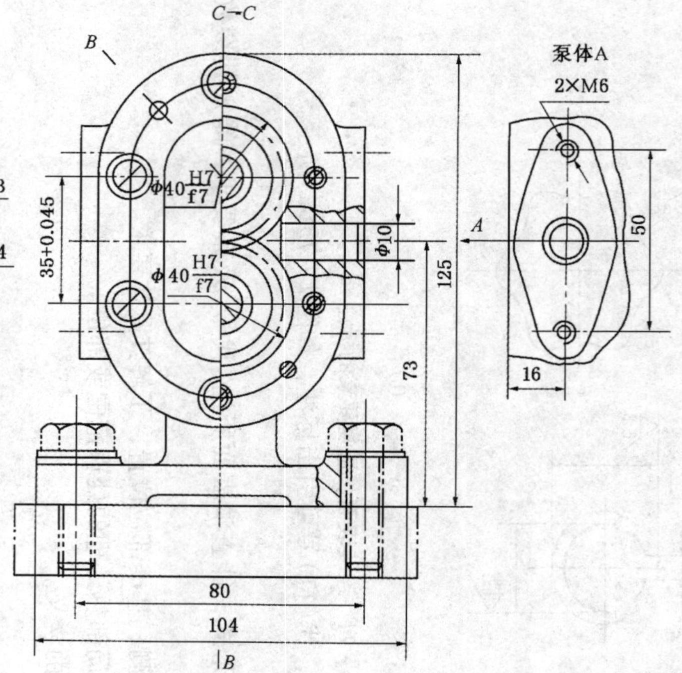

技术要求

1.齿轮安装后,用手转动主动齿轮轴时,应灵活旋转。

2.两齿轮轮齿的啮合面应占齿长的3/4以上。

3.需进行油压试验。

					10	压紧螺母	1	35		2	螺钉M6×16	6	Q235	GB/T67—2000
					9	压盖	1	35		1	泵体	1	HT200	
					8	密封圈	1	填料		序号	名称	数量	材料	备注
					7	垫片	1	纸		齿轮泵		比例		
14	螺母12×1.5	1	35	GB/T6170—2000	6	销5m6×18	2	45	GB/T119.1—2000			件数		
13	垫圈12	1	65Mn	GB/T93—2000	5	从动齿轮轴	1	45	m=2.5,z=14	制图	(日期)	重量	共 张	第 张
12	键5×12	1	45	GB/T1096—1979	4	泵盖	1	HT200		描图		(校名)		
11	齿轮	1	45	m=2.5,z=20	3	主动齿轮轴	1	45	m=2.5,z=14	审核				

图 1－76　齿轮泵装配图

2. 装配图的作用

装配图能够反映设计者的意图，表达机器或部件的工作原理、性能要求、零件间的装配关系和零件的主要结构形状，它是指导机器或部件进行装配、检验、安装、使用和维修的主要技术文件。

3. 装配图的内容

从图1－76所示装配图中可以看出，一张完整的装配图应包括下列基本内容：

(1) 一组图形　用零件图的一般表达方法和装配图的特殊表达方法，表达机器或部件的工作原理、零件间的装配关系和零件的主要结构形状。

(2) 必要的尺寸　标注表示机器或部件的规格、性能、装配、检验和安装时所必需的尺寸。

(3) 技术要求　用文字或符号说明机器或部件在性能、装配、检验、安装和使用等方面的要求。

(4) 标题栏、零件序号和明细栏　在标题栏中填写机器或部件的名称、材料、比例、重量及图号等内容。对装配图中的全部零件编写序号，在明细栏中按序号顺序填写每种零件的名称、数量及备注等内容。

1.2.2.2　装配图的表达方法

装配图除采用零件图的各种表达方法外，国家标准《机械制图》规定了装配图的规定画法和特殊表达方法。

1. 装配图的规定画法(图1－77)

(1) 相邻两零件的接触面和配合面只画一条线，而非接触面和非配合面画两条线。

(2) 相邻两零件的剖面线方向相反或间隔不同，以便区分不同零件。

(3) 当剖切平面通过实心件(轴、球、杆等)和一些标准件(如螺栓、螺母、键、销等)的轴线时，这些零件按不剖绘制，以简化说明。

2. 装配图的特殊画法

(1) 沿结合面剖切画法　为表达机器或部件的内部结构，可假想沿某些零件的结合面剖切，此时结合面上不画剖面线，但被剖到的其他零件仍按剖视处理。如图1－76中左视图所示。

(2) 拆卸画法　为表达被遮住部分的结构或装配关系，假想拆去某些零件后再绘制视图。采用这种画法时，应在相应视图上方标明“拆去××”字样。如图1－78所示滑动轴承装配图中，俯视图就是拆去轴承盖、螺栓和螺母后画出的。

(3) 假想画法　假想画法如下所示：

① 用双点划线表示某些零件的运动范围或极限位置。如图1－79(a)所示为齿轮板的极限位置Ⅱ、Ⅲ的表达。

② 用双点划线表示与本部件有装配关系但又不属于本部件的其他相邻零部件。如图1－79(a)所示齿轮4和图1－79(b)中的床头箱。

(4) 展开画法　为表达传动机构的传动顺序和装配关系，可以假想将空间轴系按其传动顺序展开在一个平面上，画出剖视图，并在展开图的上方标明“×—×展开”字样。如图1－79(b) 所示。

(5) 夸大画法　在装配图中，为清楚表达厚度较薄、直径较小的零件或微小间隙等，允许夸大画出，如图1－76所示装配图中的垫片。

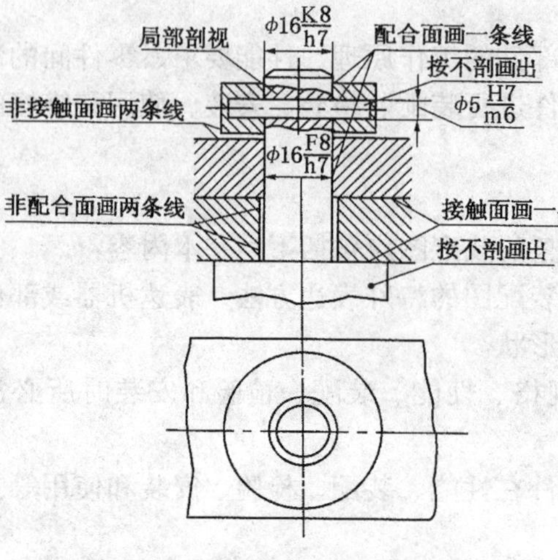

图 1－77　装配图的规定画法

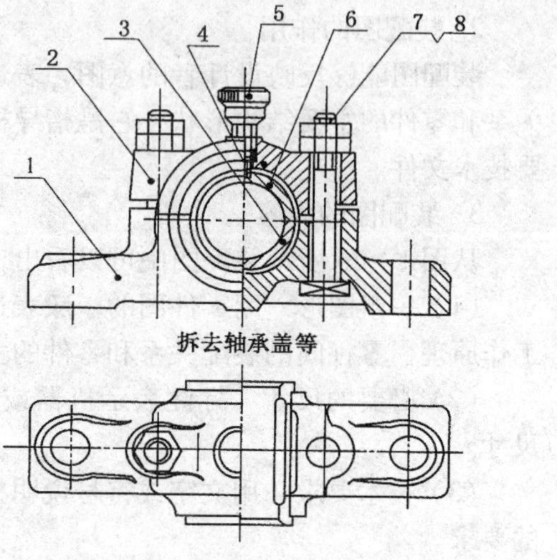

图 1－78　滑动轴承

1—轴承座；2—轴承盖；3—下轴衬；4—轴衬固定套；5—油杯；6—上轴衬；7—螺栓；8—螺母

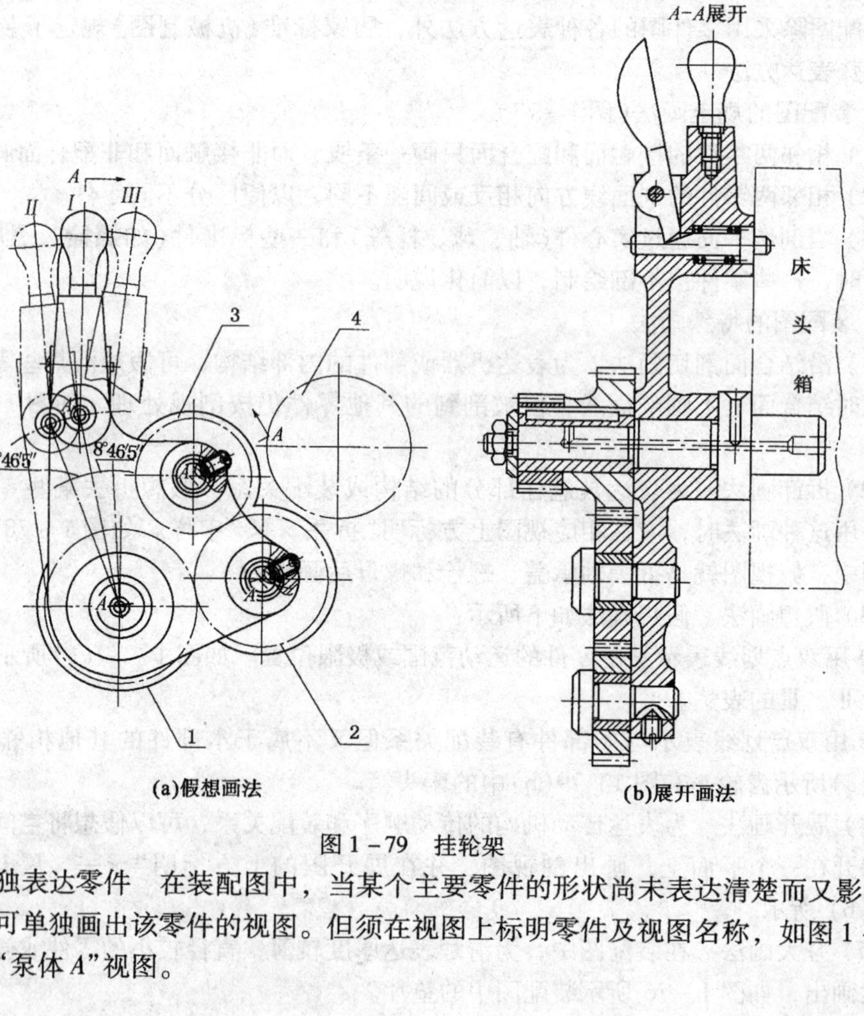

(a)假想画法　　(b)展开画法

图 1－79　挂轮架

（6）单独表达零件　在装配图中，当某个主要零件的形状尚未表达清楚而又影响理解装配关系时，可单独画出该零件的视图。但须在视图上标明零件及视图名称，如图 1－76 装配图中所示的“泵体 A”视图。

(7) 简化画法　简化画法如下所示：

① 在装配图中，零件的工艺结构如圆角、倒角、退刀槽等允许省略不画。

② 装配图中若干相同的零件组，可详细画出一组或几组，其余用细点画线表示其中心位置，如图 1－80 所示。

③ 装配图中的滚动轴承，允许画出对称图形的一半，另一半画出其剖面轮廓，并在中央画出正立的十字形符号，或者采用特征画法。

1.2.2.3　装配图视图的选择

1. 选择主视图

主视图一般是选择机器或部件的工作位置，并能够表达机器或部件的工作原理、零件间主要的或较多的装配关系。

2. 选择其他视图

主视图确定后，还需要选择其他视图把工作原理、装配关系补充表达完整，并将主要零件的结构形状表达清楚。

例如：如图 1－76 装配图中，主视图采用全剖视图反映齿轮油泵处于工作位置，剖切平面通过一对相互啮合齿轮的轴线，表达齿轮油泵的主要装配关系和传动关系。其他视图选择两个：左视图采用半剖视图和沿结合面剖切法，补充表达齿轮油泵的工作原理、螺钉与定位销钉的装配位置以及泵体和泵盖的形状，局部剖视重点表达油泵的进油口情况；局部视图采用单独表达零件的方法，表达进出油口的凸台形状及油泵与输油管的连接方式。

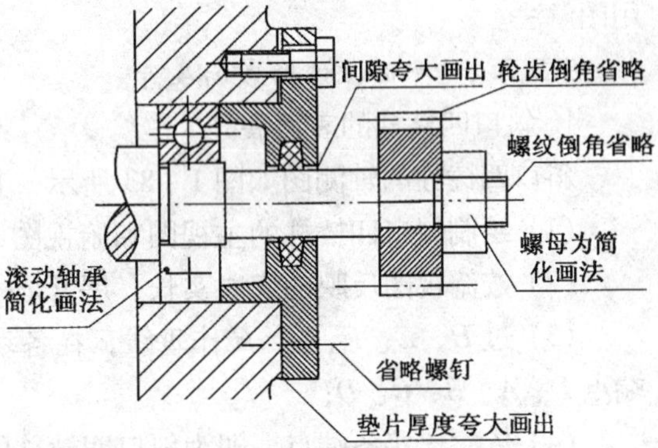

图 1－80　简化画法

1.2.2.4　装配图中的零件序号和明细栏

1. 零件序号

为便于生产管理和读装配图，对装配图中所有的零件进行编号，这就是零件序号。序号编写方法如下：

(1) 在需编号零件视图的可见轮廓内，画一圆点，之后用细实线引出指引线，在其末端的横线或小圆圈内注出零件序号。当零件很薄或是涂黑的剖面，则以箭头代替圆点。如图 1－81所示。

(2) 一组紧固件或装配清楚的零件组，可采用公共指引线。如图 1－82 所示。

(3) 装配图上的标准部件，如油杯、滚动轴承、电动机等，只编一个序号。如图 1－78 所示滑动轴承中的油杯。

(4) 一般从主视图开始，按顺时针或逆时针方向编写序号，并且水平或垂直方向排列整齐。如图 1－76 装配图中所示。

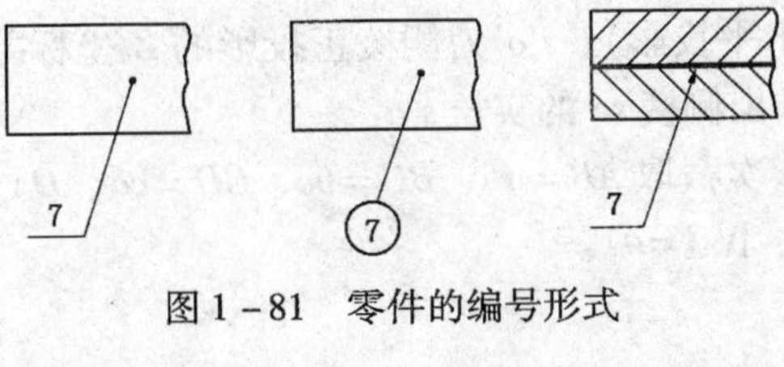

图 1－81　零件的编号形式

(5)装配图中相同零件只编一个序号，其数量填写在明细栏中。如图 1－76 装配图中，螺钉 M16×6 的数量为 6 个。

(6)指引线不能相交，当通过有剖面线的

区域时，指引线不能平行剖面线。

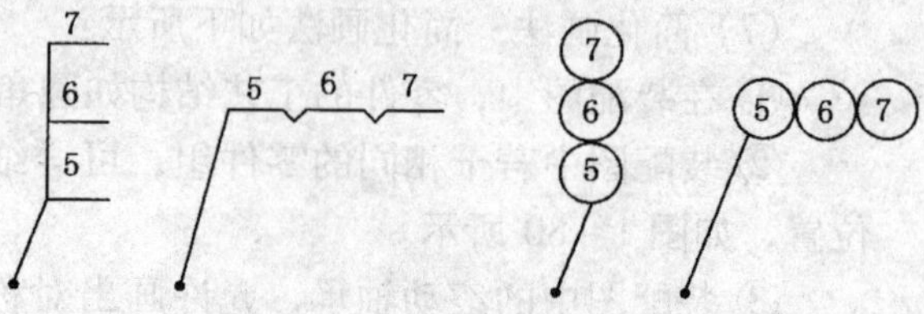

图 1－82　紧固件的编号形式

2. 明细栏

装配图中的明细栏配置在标题栏上方，按照零件序号顺序，由下而上依次填写。明细栏一般包括序号、代号、名称、数量、材料和备注等内容。

1.2.3　展开图

将立体的各表面按其实际形状和大小，依次摊平在同一平面上，称之为立体的表面展开。展开后所得图形称为表面展开图，简称展开图。在工业生产中，经常要用金属板料制作零部件，需经放样—作展开图—留加工余量（留口）—剪切—弯卷—焊接（或咬接、铆接）等制作成形，因此，绘制展开图是板料加工的基础。

立体表面分为可展表面和不可展表面。能够全部铺平在同一平面上的为可展，如棱柱、棱锥、圆柱、圆锥等；否则为不可展表面，如圆球、圆环、椭球等。生产当中绘制展开图一般采用图解法。

1.2.3.1　平面立体的表面展开

1. 斜口四棱柱的表面展开

斜口四棱柱的轴测图如图 1－83 所示，其表面展开的步骤如下：

（1）绘制斜口四棱柱的主视图和俯视图，如图 1－84（a）所示；

（2）按俯视图反映的底边实长，展开成一条水平线，标出 H、E、F、G、H；

（3）过 H、E、F、G、H 作垂线，在各垂线上分别截取主视图中所反映的各侧棱实长，得端点 D、A、B、C、D；

（4）依次连接各端点，即为斜口四棱柱的表面展开图，如图 1－84（b）所示。

图 1－83　斜口四棱柱的轴测图

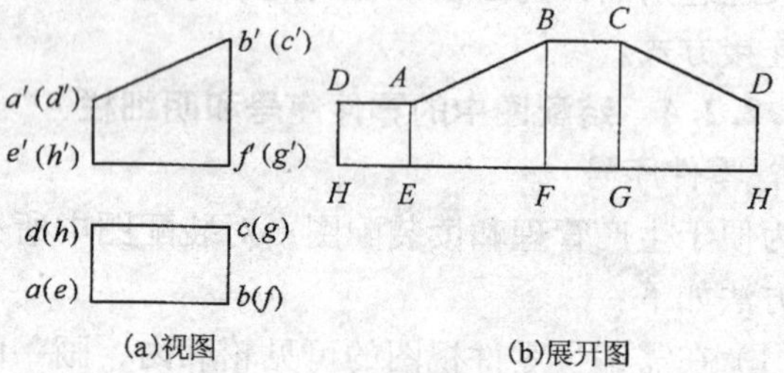

(a)视图　(b)展开图

图 1－84　斜口四棱柱的展开

2. 四棱锥台的表面展开

四棱锥台的轴测图及其展开图如图1－85所示，其表面展开的步骤如下：

（1）绘制四棱锥台的主视图和俯视图。

（2）利用三角形法求侧棱实长（即根据一般直线的投影特性可得：以一般线段的水平投影为一直角边，以该线段两端点正投影的 Z 坐标差为另一直角边，则斜边即为实长）。

在主视图 $o'1'$ 延长线上截取 $o'1_1' = s1$（侧棱水平投影），$s'o'$ 为侧棱正投影的 Z 坐标差，在直角三角形 $s'o'1'$ 中，$s'1_1'$ 即为侧棱实长，同理求出侧棱 sa 的实长 $s'a_1'$。

（3）以 $s'a_1'$ 和 $s'1_1'$ 为半径画弧，在小弧上依次截取 $AB = ab$、$BC = bc$、$CD = cd$、$DA = da$；在大弧上依次截取Ⅰ Ⅱ＝12、Ⅱ Ⅲ＝23、Ⅲ Ⅳ＝34、Ⅳ Ⅰ＝41。

（4）依次连接 $ABCDA$ 和Ⅰ Ⅱ Ⅲ Ⅳ Ⅰ即为所求。

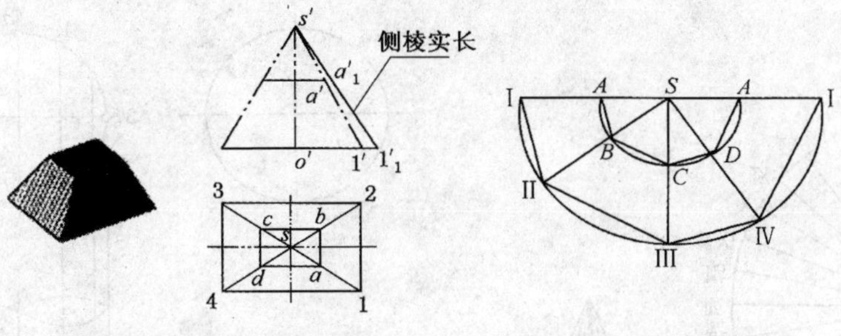

(a)轴测图 (b)视图 (c)展开图

图 1-85 四棱锥台的展开

1.2.3.2 可展曲面的展开

1. 斜口圆柱面的展开

(1) 绘制斜口圆柱的主视图和俯视图，如图 1-86(a)所示；

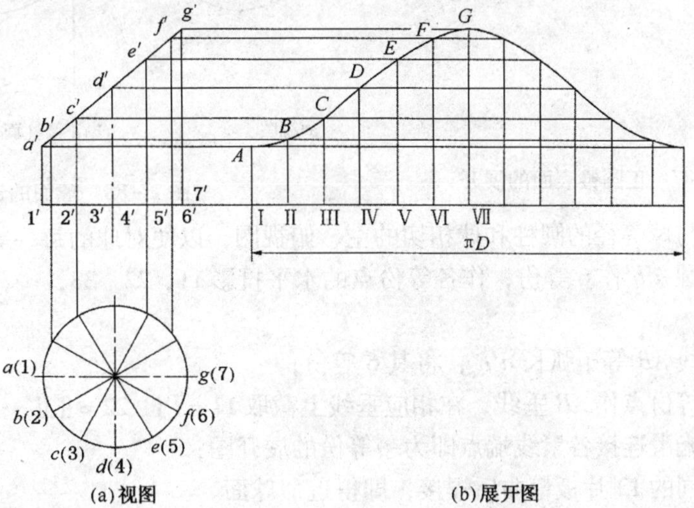

(a)视图 (b)展开图

图 1-86 斜口圆柱面的展开

(2) 将俯视图上的圆周分作 12 等份(等份越多展开图越精确)，并作出它们的正投影 $1'a'$、$2'b'$……；

(3) 将圆周展开成一条水平直线，并确定各等份点的位置；

(4) 过各等份点作该直线的垂线，并分别截取Ⅰ$A=1'a'$、Ⅱ$B=2'b'$……；

(5) 依次光滑连接各垂线的端点即为所求。

2. 正圆锥表面的展开

(1) 绘制正圆锥的主视图和俯视图，如图 1-87 所示；

(2) 将俯视图上的圆周分作 12 等份，并作出它们的正投影；

(3) 以 o'为圆心，以正圆锥的素线实长 $o'7'$为半径画弧，然后近似地以弦代弧，在圆弧上截取 1 等份圆周共 12 次；

(4) 起点和终点分别与 o'连接，所得扇形即为所求。

1.2.3.3 不可展曲面的展开

球面的展开

(1) 绘制球面的主视图和俯视图，并将主视图分为 12 等份，如图 1-88 所示；

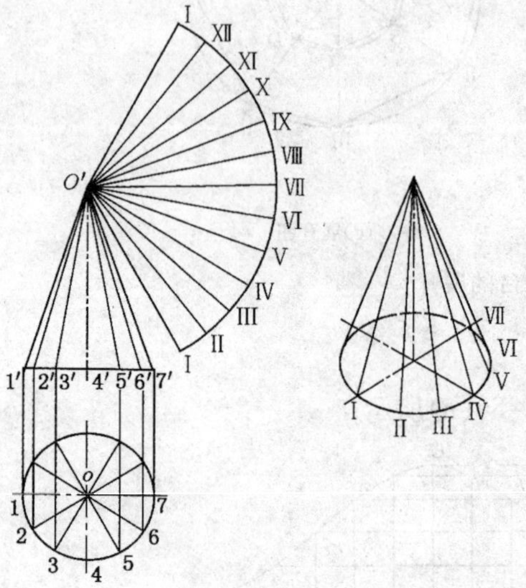

图 1－87　正圆锥表面的展开

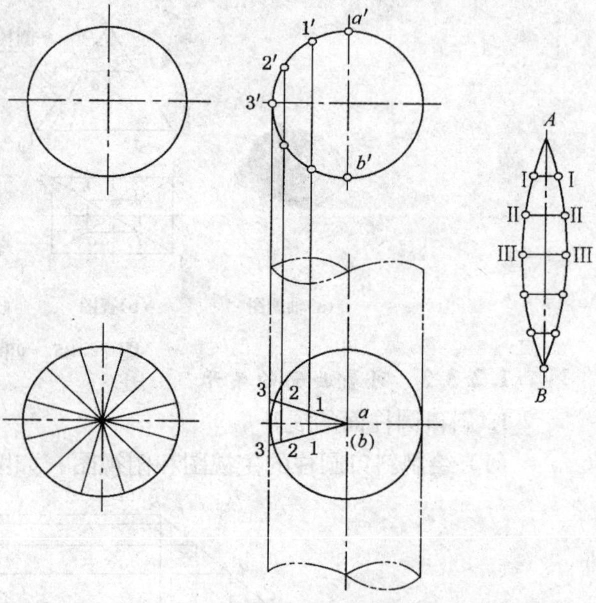

(a)视图　　(b)正圆柱面代替球面　　(c)展开图

图 1－88　球面的近似展开

(2) 绘制与球等径的圆柱和球相切的主、俯视图，以便对球的每一等份用正圆柱面代替；

(3) 将半圆 $a'b'$作 6 等份，作各等份点的水平投影 11，22，33，…，即为各正圆柱面上各等份点实长；

(4) 作直线 AB 等于弧长 $a'b'$，将其 6 等份；

(5) 过各等份点作 AB 垂线，在相应垂线上截取 11 = Ⅰ Ⅰ，22 = Ⅱ Ⅱ，…；

(6) 依次光滑连接各素线端点即为一等份的展开图；

(7) 用相同的 12 片板弯曲后焊接，即得近似球面。

1.2.4　计算机绘图

计算机绘图(Computer Graphics，简称 CG)是近 30 多年发展起来的、研究自动绘图的一门新兴学科。它具有精度高、速度快和功能多等特点，现已广泛应用于工业生产、工程设计和科学研究等各行各业。

1.2.4.1　计算机绘图系统的组成

常见的计算机绘图硬件系统由计算机和外围设备组成。如图 1－89 所示。计算机包括主机、显示器、键盘和鼠标；常用外围设备有数字化仪、绘图机和打印机等。其中键盘、鼠标、数字化仪是输入设备，显示器、绘图机、打印机是输出设备。

1. 计算机

(1) 主机　是计算机的核心设备，具有存储数据、程序和指令以及进行运算、数据处理、控制外部设备的作用。

(2) 显示器　用来显示字符、程序和图形。

(3) 键盘　用来输入字符、数字、命令和程序，可直接与 CPU 对话。

(4) 鼠标　用来屏幕定标，分为机械式和光电式，一般多用光电式。

2. 外部设备

(1)数字化仪　又称图形输入板，用来将图形转换成计算机所能接受的数字信息，同时也

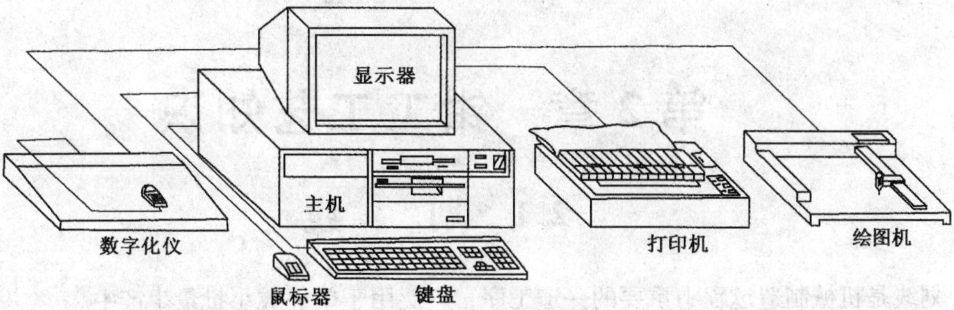

图 1-89　计算机绘图设备

可用作屏幕的定标设备。

(2) 绘图机　用来绘制各种图形。它分为笔式绘图机、静电绘图机和激光绘图机等。

(3) 打印机　用来输出文字和图形，分为针式打印机、喷墨打印机和激光打印机等。

1.2.4.2　计算机绘图常用软件介绍

AutoCAD 是一种常用的绘图软件。CAD 是计算机辅助设计的英文名称 Computer Aided Design 的简称。AutoCAD 绘图软件是由美国 Autodesk 公司于 1982 年开发的一种绘图软件包，经过多个版本的不断发展，其功能日趋强大和完善。

AutoCAD 使用简便，对于初学者很容易掌握；用户可根据自己的需要扩充软件功能；二维图形的绘图功能强大而完善，编辑图形方便而迅速；能够绘制三维图形并可着色；绘图辅助功能可提高绘图效率。正是由于 AutoCAD 的上述优势，使其成为应用最广泛的绘图软件之一。

第 2 章　钳工工艺知识

2.1　划　　线

划线是机械制造过程中重要的一道工序，广泛用于单件或小批量生产中。

2.1.1　划线的概念

在毛坯或工件上，用划线工具划出待加工部位的轮廓线或作为基准的点、线的过程，称为划线。

划线一般可分为平面划线和立体划线两种。只需在工件一个表面上划线就能明确表示界线的过程，称为平面划线；需要在工件几个互成不同角度(一般是互相垂直)的表面上划线，才能明确表示加工界线的划线过程，称为立体划线。

对划线的基本要求是线条清晰均匀；定形、定位尺寸准确。由于划线过程中所划出的线条有一定的宽度，一般划线精度要求在 0.25 ~0.5mm 范围内。注意：工件的加工精度(尺寸、形状)不能由划线确定，而应在加工过程中通过测量来保证。

2.1.2　划线工具

1. 划线平板

划线平板(又称划线平台)是由铸铁毛坯经刮削或精刨制成。其作用是用来安放工件和划线工具，并在平板上完成划线过程。

2. 划针

划针是可以直接在毛坯或工件上进行划线的工具。在已加工表面上划线时，常使用直径为 3 ~6mm 的弹簧钢丝或高速钢制成的划针，将划针尖端磨成 15° ~20°，并经淬硬，以提高其硬度和耐磨性。在铸件、锻件等毛坯表面上划线时，常用尖部焊有硬质合金的划针。划针及其用法见图 2 -1。

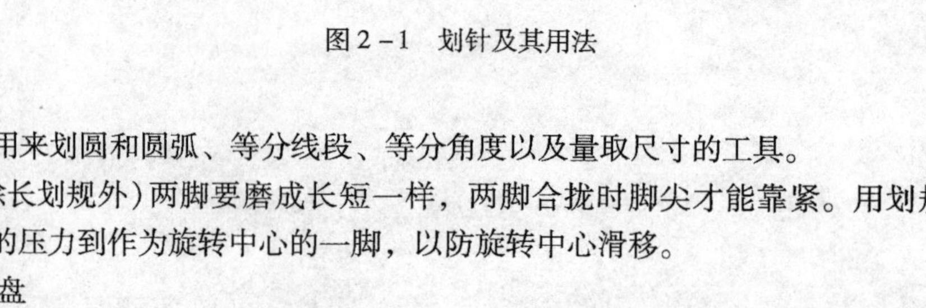

图 2 -1　划针及其用法

3. 划规

划规是用来划圆和圆弧、等分线段、等分角度以及量取尺寸的工具。

划规(除长划规外)两脚要磨成长短一样，两脚合拢时脚尖才能靠紧。用划规划圆弧时，应施以较大的压力到作为旋转中心的一脚，以防旋转中心滑移。

4. 划线盘

划线盘是直接划线或找正工件位置的工具。一般情况下，划针的直头端用来划线，弯头端用来找正工件的位置。

5. 钢直尺

钢直尺是一种简单的测量工具和划线的导向工具。

6. 高度游标尺

高度游标尺是比较精密的量具划线工具。它可以用来测量高度，又可以用划线量爪直接划线。

7. 90°角尺

90°角尺在钳工制作中作为划平行线、垂直线的导向工具，也可以用来找正工件在划线平板上的垂直位置，并可检验两平面的垂直度或单一平面的平面度。

8. 游标万能角度尺

游标万能角度尺除用来测量角度、锥度之外，还可以作为划线工具划角度线。

9. 样冲

样冲见图2-2，用于在工件、毛坯所划的加工线上打样冲眼，作为加强加工界线的标记；还用于在圆弧的圆心或钻孔的定位中心打样冲眼（也称中心样冲眼），作为划规脚尖的立脚点。

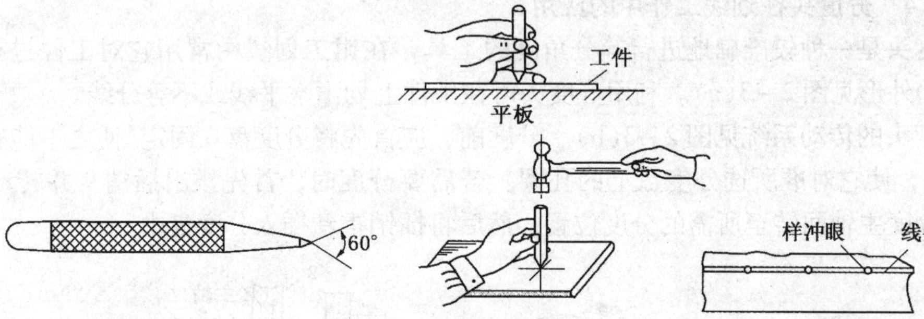

(a)样冲　(b)样冲的用法　(c)样冲眼

图2-2　样冲及其用法

2.1.3　划线前的准备与划线基准

划线前，首先要看懂图样和工艺要求，明确划线任务，检验毛坯和工件是否合格；然后对划线部位进行清理、涂色及在工件孔中装中心塞块、确定划线基准；选择划线工具进行划线等。

1. 划线前的涂色

常用的涂色材料有石灰水和蓝油。石灰水用于铸件毛坯表面的涂色。蓝油是由质量分数2%~4%的龙胆紫、3%~5%的虫胶和91%~95%的酒精配制而成的，主要用于已加工表面的涂色。

2. 划线前的找正

找正就是利用划线工具，通过调节支撑工具，使工件有关的毛坯表面都处于合适的位置。找正时应注意：

（1）当毛坯工件上有不加工表面时，应在不加工表面找正后再划线，这样可使加工表面与不加工表面之间的尺寸均匀。注意：当工件上有两个以上不加工表面时，应选择重要的或较大的不加工表面作为找正依据，并兼顾其他不加工表面，这样不仅可以使划线后的加工表面与不加工表面之间的尺寸比较均匀，而且可以使误差集中到次要或不明显的部位。

（2）当工件上没有不加工表面时，可通过对各待加工的表面自身位置的找正后再划线。

这样可以使各待加工表面的加工余量均匀分布，避免加工余量相差悬殊，有的过多，有的过少。

3. 划线基准的选择

在划线时，选择工件上的某个点、线或面作为依据，用它来确定工件的各部分尺寸、几何形状及工件上各要素的相对位置，这个依据称为划线基准。设计图样上所采用的基准，称为设计基准。

划线应从划线基准开始。选择划线基准的基本原则是：尽可能使划线基准和设计基准重合。这样能直接量取划线尺寸，简化尺寸换算过程。

划线基准一般应参照以下三种类型进行选择：

(1) 以两个互相垂直的平面(或直线)为基准；

(2) 以两条互相垂直的中心线为基准；

(3) 以互相垂直的一个平面和一条中心线为基准。

划线时，在工件各个方向上都需要选择一个划线基准。其中，平面划线一般选择两个划线基准；立体划线一般要选择三个划线基准。

2.1.4 分度头在划线工作中的应用

分度头是一种较准确地进行等分角度的工具，在钳工划线中常用它对工件进行分度划线。分度头的外形见图 2-3(a)。利用分度头可在工件上划出水平线或不等分线。

分度头的传动系统见图 2-3(b)。分度前，应首先将分度盘 6 固定(使之不能转动)，再调整插销 9，使它对准所选分度盘上的孔圈。若需要分度时，首先拔出插销 9 并转动手柄 8，就可带动分度主轴回转至所需的分度位置；然后将插销重新插入分度盘中。

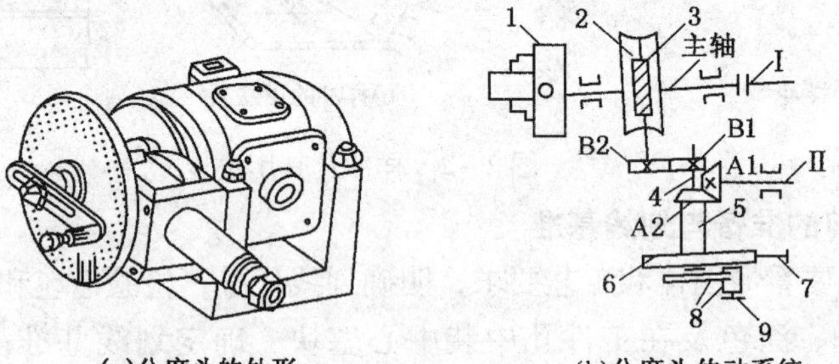

(a)分度头的外形　　(b)分度头传动系统

图 2-3　分度头

1—卡盘；2—涡轮；3—蜗杆；4—轴；5—套筒；
6—分度盘；7—锁紧螺；8—手柄；9—插销

分度头的分度计算公式为

$$n = 40/z \tag{2-1}$$

式中　n——工件转过每一等份时，分度头手柄转过的转数；

z——工件的等份数。

有时，由工件等份数计算出来的手柄转数不是整转数。这时就要利用分度盘，根据分度盘各孔圈的孔数，将 1/3 的分子和分母同时扩大相同的倍数，使它的分母等于某一孔圈的孔数，而扩大后的分子数就是手柄转过的孔数。若 1/3 分子分母同时扩大 10 倍，即 $1/3 \times 10/10 = 10/30$，则手柄转 $n = 40/12 = 3 \times 4/12 = 3 \times 1/3 = 3 \times 10/30$，即手柄在分度盘中有 30 个孔的孔圈上，转 3 转后再转 10 个孔。

分度盘的孔数见表 2-1 所示。

表 2-1　分度盘的孔数

分度头形式	分度盘的孔数
带一块分度盘	正面：24、25、28、30、34、37、38、39、41、42、43 反面：46、47、49、51、53、54、57、58、59、62、66
带两块分度盘	第一块 正面：24、25、28、30、34、37 反面:38、39、41、42、43、 第二块 正面：46、47、49、51、53、54 反面:57、58、59、62、66

2.2　錾削、锯割和锉削

2.2.1　錾削

用手锤敲击錾子对金属进行切削加工，称为錾削。一般用来去掉铸件的毛边、锻件的飞边、錾切油槽、分割板材、装配零件中出现的凸出多余部分。

錾削用的工具，主要是手锤和錾子。

2.2.1.1　錾子的种类及用途(表 2-2)

表 2-2　錾子的种类及用途

名　称	简　图	特点及用途
扁　錾	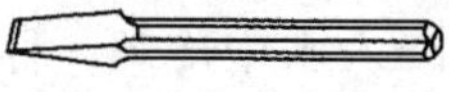	切削部分扁平，切削刃略带圆弧，常用于錾切平面、去除凸缘、毛边和分割材料
狭　錾 （尖錾）		切削刃较短，切削部分的两个侧面从切削刃起向柄部逐渐变狭成锥形，主要用于錾槽和分割曲线形板料
油槽錾	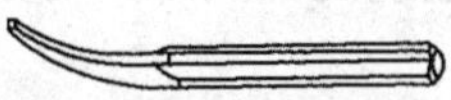	切削刃短，并呈圆弧形或菱形，切削部分常做成弯曲形状，主要用于錾削润滑油槽

2.2.1.2　錾子的切削部分及几何角度

1. 錾子的切削部分

它包括两个表面和一条刀刃：

(1) 前刀面　与切屑接触的表面称为前刀面；

(2) 后刀面　与切削表面(由切削刃切削形成的表面)相对的面称为后刀面；

(3) 切削刃　前刀面与后刀面的交线称为切削刃。

2. 錾子的几何角度（图 2-4）

为了确定在切削时的几何角度，需要选定两个坐标平面：

(1) 切削平面　通过切削刃且与切削表面相切的平面称为切削平面，錾子的切削平面与切削表面重合。

(2) 基面　通过切削刃上任一点与切削速度方向垂直的平面称为基面(錾削时的切削速度与切削平面方向一致)。

切削平面与基面互相垂直，构成确定錾子几何角度的坐标平面。

錾削不同材料錾子几何角度的选择见表 2-3。

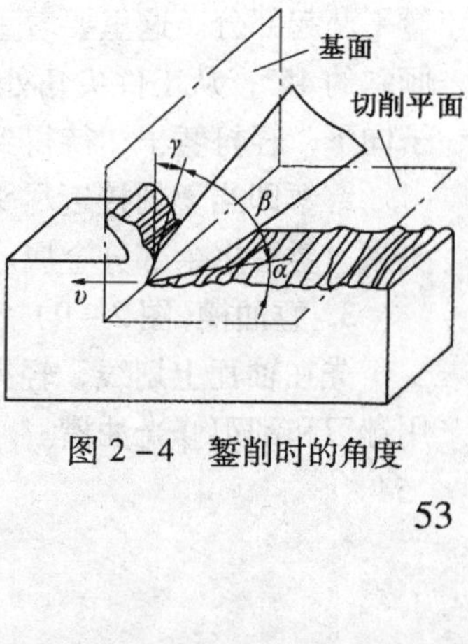

图 2-4　錾削时的角度

表 2-3 錾子几何角度选择

工件材料	β(楔角)	α(后角)	γ(前角)
工具钢、铸铁	70°~60°	5°~8°	
结构钢	60°~50°	5°~8°	$\gamma=90°-(\beta+\alpha)$
铜、铝、锡	45°~30°	5°~8°	

2.2.1.3 錾子的刃磨与淬火

1. 錾子的刃磨

錾子楔角刃磨时(图 2-5)，錾子的切削刃应高于砂轮中心，在砂轮全宽上作左右来回平稳的移动，加在錾子上的压力不能过大，刃磨过程中錾子应经常浸水冷却、防止过热退火。

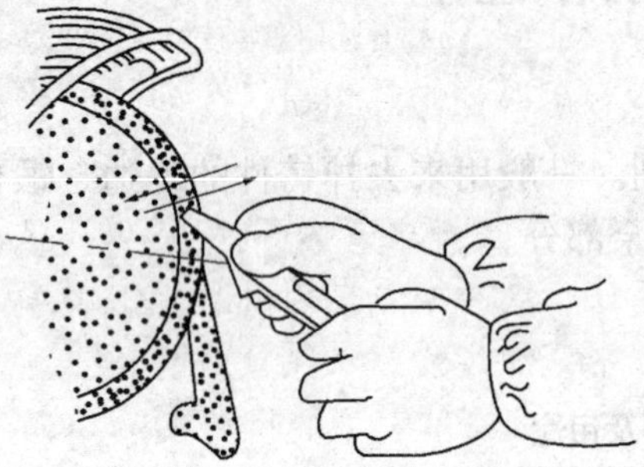

图 2-5 錾子的刃磨

2. 錾子的淬火与回火方法

錾子是用碳素工具钢(T7A 或 T8A)锻造制成的，经锻造成的錾子要经过淬火、回火后才能使用。

淬火时把已磨好的錾子的切削部分约 20mm 长的一端，加热到 760~780℃(呈暗橘红色)后，浸入水中深度约 5~6mm 进行冷却，并观察錾子露出水面部分的颜色变化；待呈黑色时，由水中取出，利用錾子上部的余热进行回火；观察切削部分随温度升高而颜色发生变化的情况，錾子刚出水时呈白色，随后由白色变为黄色、再由黄色变为蓝色；当变成黄色时，把錾子全部浸入水中冷却，称为“黄火”，如果变成蓝色时，把錾子全部浸入水中冷却，称为“蓝火”。一般采用两者之间的硬度“黄蓝火”，这样既能达到较高的硬度，又能保持一定的韧性。

但应注意錾子出水后，由白色变为黄色，再由黄色变为蓝色的时间都只有数秒钟，所以要取得“黄蓝火”，就必须把握好时机。

2.2.1.4 錾削方法

1. 板材的切断

(1) 薄板切断(图 2-6)　厚度在 2mm 以下的板材称为薄板。扁錾沿着钳口对薄板錾切时的角度约 45°。为了保护工件表面的完好，可在钳口与板材之间垫上钢板或者铜板。

(2) 厚板切断(图 2-7)　先在直径 *D* 以内，钻很多孔，再用扁錾或狭錾，把孔与孔之间联结着的金属錾掉，联结着的金属愈少，錾削时愈方便、愈省力。

2. 平面錾削(图 2-8)

用扁錾錾削平面时，每次錾削厚度约 0.5~2mm。一般先用狭錾錾出几条直槽，再用扁錾錾平凸起部分。这里要着重指出，起錾对錾削质量有比较大的影响。起錾时的錾子尽可能向右倾斜约 45°，从工件尖角处着手，慢慢地将錾子移向中间，使锋口与工件平行。如錾深槽，錾子向下，轻打錾子，待得到一个小斜面，然后开始錾削。

终錾即当錾削接近尽头约 10mm 左右时，为防止工件边缘材料的崩裂，击锤要轻，或调过头来，錾去多余部分金属。

3. 錾油槽(图 2-9)

先在轴瓦上划线，轻夹在虎钳上，选宽度等于油槽宽度的油槽錾子，慢慢的錾出油槽，并用锉刀和刮刃修光油槽。

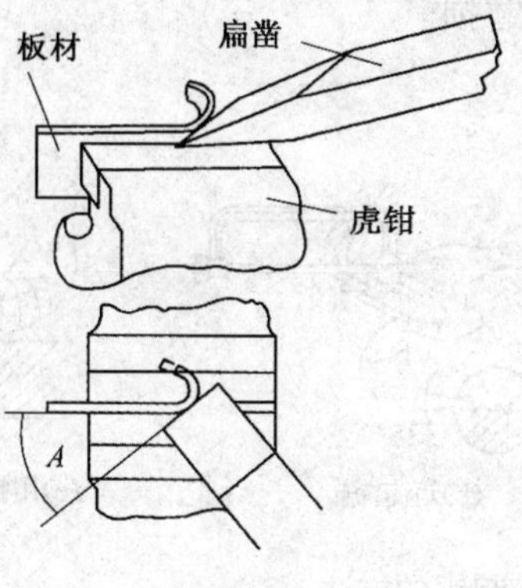

图 2-6　薄板切断

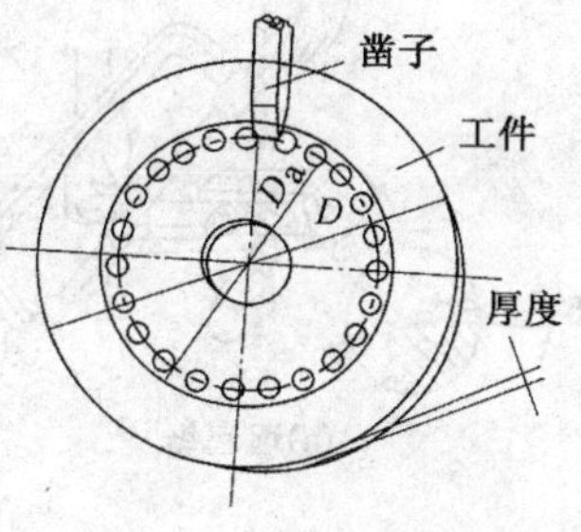

图 2-7　厚板切断

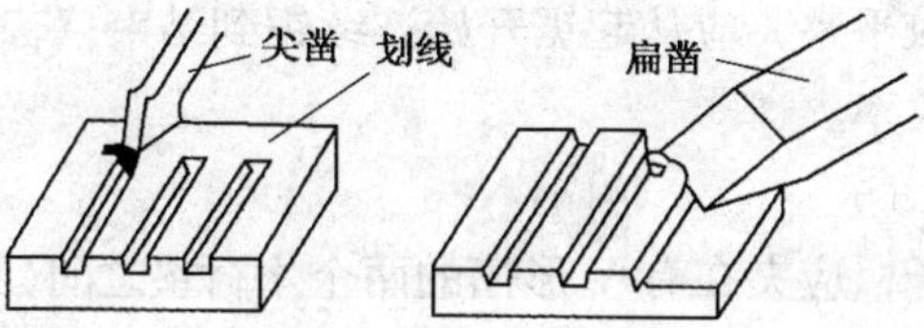

图 2-8　平面錾削

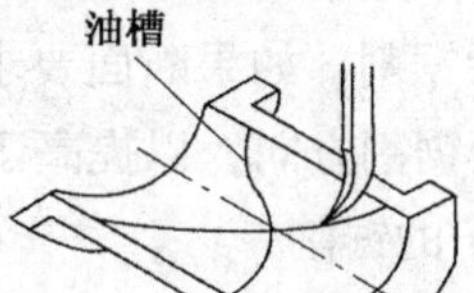

图 2-9　錾油槽

2.2.2　锯割

用锯把工件材料切断或切槽等加工方法称为锯割。有手工锯割和机动锯割。下面只介绍常用的手工锯割。

2.2.2.1　锯割工具

钳工手工操作的手锯由锯弓和锯条两部分组成。

(1) 锯弓　有活动式和固定式两种型式。

(2) 锯条　根据齿距不同分粗齿、中齿、细齿三种。不同齿距适用于锯削不同材料(表 2-4)。

表 2-4　锯条的选用

锯齿规格	适用材料
粗齿(齿距为 1.4～1.8mm)	低硬度钢、铝、纯铜及较厚工件
中齿(齿距为 1.2mm)	普通钢材、铸铁、黄铜、厚壁管子、较厚的型钢等
细齿(齿距为 0.8～1mm)	硬性金属、小而薄的型钢、板料、薄壁管子等

2.2.2.2　锯割方法

1. 锯条的安装

手锯是在向前推进时进行切削的，所以安装锯条时要保证齿尖方向向前。安装好的锯条其松紧也要适当，过紧锯条受力大，容易产生弯折、崩断，反之不但容易弯曲造成折断，而且锯缝易歪斜。

2. 起锯

起锯是锯割的开始，有远起锯[图 2-10(a)]和近起锯[图 2-10(b)]两种方法。远起锯，手锯俯倾 15°为宜，实际工作中多采用这种方法；近起锯，手锯仰倾 15°为宜，实际工作中采用这种方法的较少。为了防止锯条在工件表面上打滑，可用拇指引锯[图 2-10(c)]。无论是远起锯或近起锯，速度要慢，用力要小。此外，推锯时，锯齿起切削作用，要给以适当压力，回锯时不切削，应将锯稍微提起，减少锯齿的磨损。

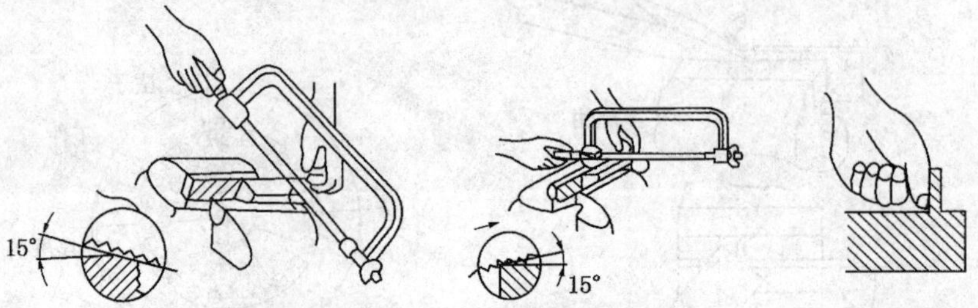

(a)远起锯　(b)近起锯　(c)用拇指引锯

图 2-10　起锯的方法

3. 棒料的锯割

棒料的锯割，如果断面要求比较平整，应从起锯开始连续锯到结束；若锯割的断面要求不高，可改变锯割方向，以提高工作效率。

4. 管子的锯割

对于薄壁管子或精加工过的管子，应夹在有 V 形槽的两个木衬垫之间(图 2-11)，以防将管子夹扁或夹坏表面。锯割薄壁管子时，为防止锯齿被管壁钩住而崩裂，不应只从一个方向连续锯割，而是先在一个方向锯到管子内壁处，然后把管子向推锯的方向转过一个角度，并连接原锯缝再锯到管子的内壁处，如此进行几次，直到锯断为止。

5. 薄板料的锯割

锯割薄板料时，为避免锯割过程中颤动，应该把板料夹在两块木板之间[图 2-12(a)]，连木块一起锯割。另一种方法是把薄板料夹在台虎钳上[图 2-12(b)]用手锯作横向斜推锯，可使锯齿与薄板料接触的齿数增加，避免锯齿崩裂。

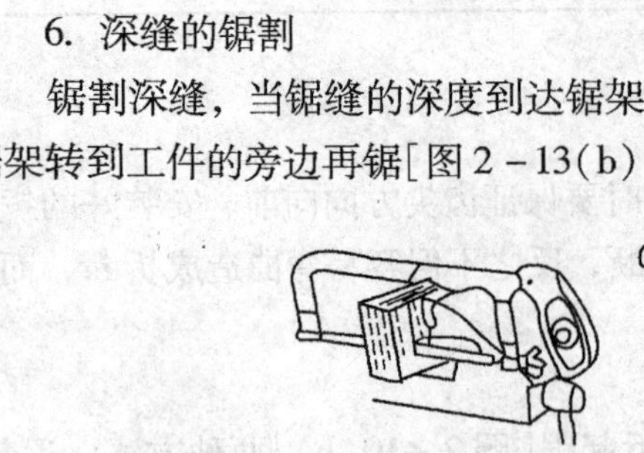

图 2-11　管子的装夹

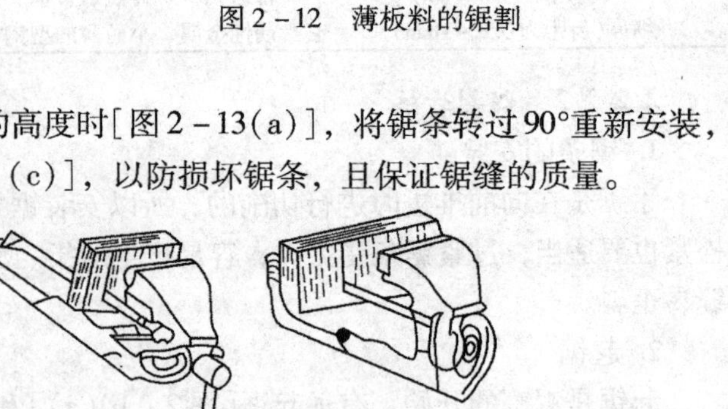

(a)　(b)

图 2-12　薄板料的锯割

6. 深缝的锯割

锯割深缝，当锯缝的深度到达锯架的高度时[图 2-13(a)]，将锯条转过 90°重新安装，使锯架转到工件的旁边再锯[图 2-13(b)、(c)]，以防损坏锯条，且保证锯缝的质量。

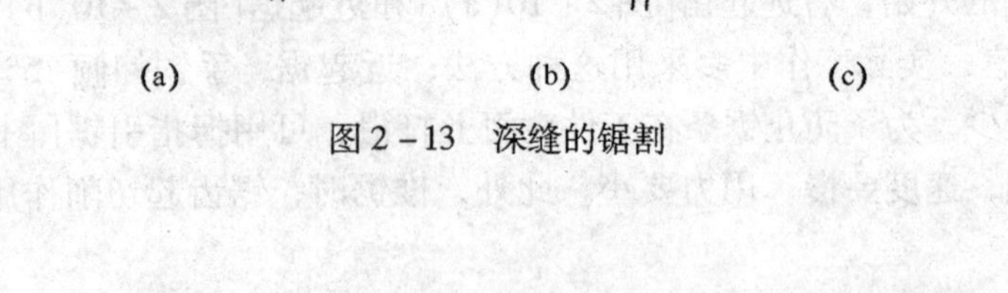

(a)　(b)　(c)

图 2-13　深缝的锯割

2.2.3 锉削

2.2.3.1 锉刀的分类

按用途不同可分为钳工锉、整形锉、特种锉，其中钳工锉按断面形状不同可分为平锉、方锉、圆锉、三角锉、半圆锉。

2.2.3.2 锉削方法

1. 锉刀的选用

(1) 锉刀形状的选用　一般取决于工件加工表面的形状(表2-5)。

(2) 锉刀锉纹粗细的选用　选择锉刀锉纹粗细主要取决于工件加工余量、尺寸精度和表面粗糙度要求(表2-6)。

表2-5　锉刀形状的选用

锉刀类别	用　　途	示　　例
扁　锉	锉平面、外圆面、凸弧面	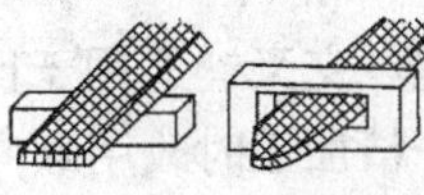
半圆锉	锉凹弧面、平面	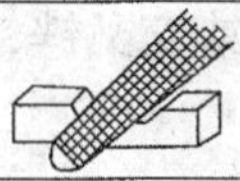
三角锉	锉内角、三角孔、平面	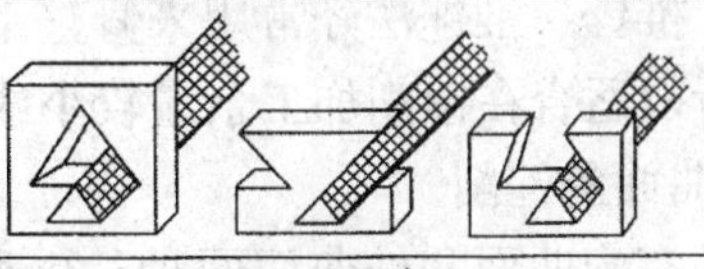
方　锉	锉方孔、长方孔	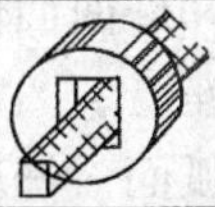
圆　锉	锉圆孔、半径较小的凹弧面、椭圆面	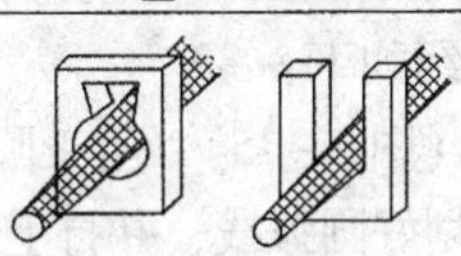
菱形锉	锉菱形孔、锐角槽	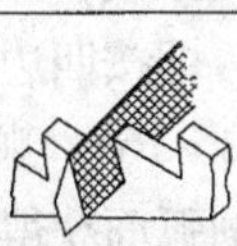
刀形锉	锉内角、窄槽、楔形槽及锉方孔、三角孔、长方孔的平面	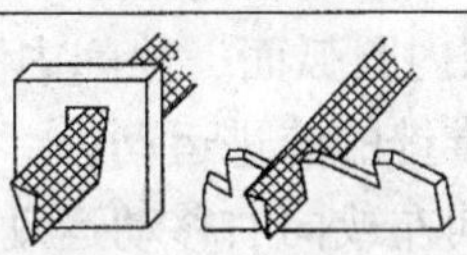

表2-6　锉刀锉纹粗细的选用

锉刀类别	适用场合		
	锉削余量/mm	尺寸精度/mm	表面粗糙度 R_a/μm
粗齿锉刀	0.5~1	0.2~0.5	50~12.5
中齿锉刀	0.2~0.5	0.05~0.20	6.3~3.2
细齿锉刀	0.1~0.3	0.02~0.05	6.3~1.6
双细齿锉刀	0.1~0.2	0.01~0.02	3.2~0.8
油光锉	0.1以下	0.01	0.8~0.4

2. 锉削方法

锉削方法有三种：顺向锉、交叉锉和推锉(图 2－14)。

1）平面锉削

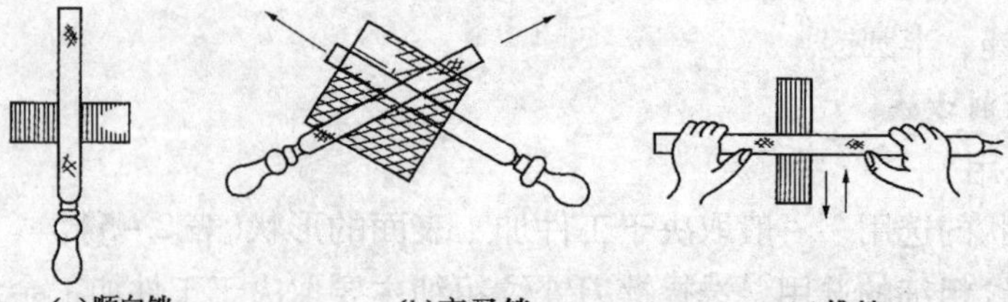

(a)顺向锉　(b)交叉锉　(c)推锉

图 2－14　顺向锉法、交叉锉法、推锉法

(1) 顺向锉　顺向锉能使表面得到直线型锉痕。此方法主要适用于锉削不大的平面及最后锉光工件。

(2) 交叉锉　交叉锉适用于比较大的平面，表面容易锉平，但锉痕不正直。通常交叉锉作为粗加工手段，精加工时改用顺向锉法，锉出正直线的锉痕。

无论是顺向锉或交叉锉，为使整个加工面能均匀地锉削，退回锉刀时，每次向旁边略为移动一些。

(3) 推锉　推锉法经常用来修整工件锉削后的锉纹，提高工件表面光洁度和达到尺寸精度要求，所以适合在锉削加工余量较小或修正尺寸时采用。

2）曲面的锉削

曲面有内曲面和外曲面两种，也称为凹面和凸面。锉凸面时选用扁锉；锉凹面时选用圆锉、半圆锉或椭圆锉。

(1) 锉削外圆弧面　锉削外圆弧面，目前采用两种方法，一种是横着锉，另一种是顺着锉，现分别介绍如下：

① 横着锉(图 2－15)　用于圆弧的粗加工，或者不能采用顺着锉的情况下才选用。先在工件的前后平面上划好圆弧线，并打上样冲眼，作为加工工件的最后尺寸，一般的加工办法是按次序先锉出不同的棱角，即按四边、六边……，逐渐使棱边增多，最后锉去棱边修整成圆弧。

② 顺着锉(图 2－16)　顺着锉的方法是锉刀向前推锉的同时，锉刀绕工件的圆弧面中心摆动，以保证锉出的圆弧面获得没有棱角的光滑曲面。通常顺着锉方法作为精加工圆弧面的手段。

(2) 锉削内圆弧面　锉削内圆弧面(图2－17)时，锉刀必须同时完成三个运动：

① 锉刀推锉的前进运动；

② 锉刀向左或向右移动运动；

③ 锉刀自身的旋转运动。

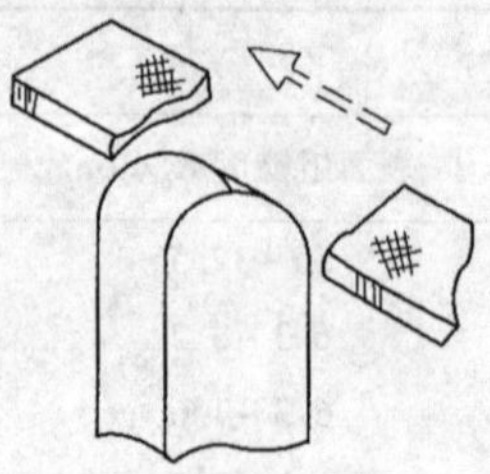

图 2－15　横着锉

图 2－16　顺着锉

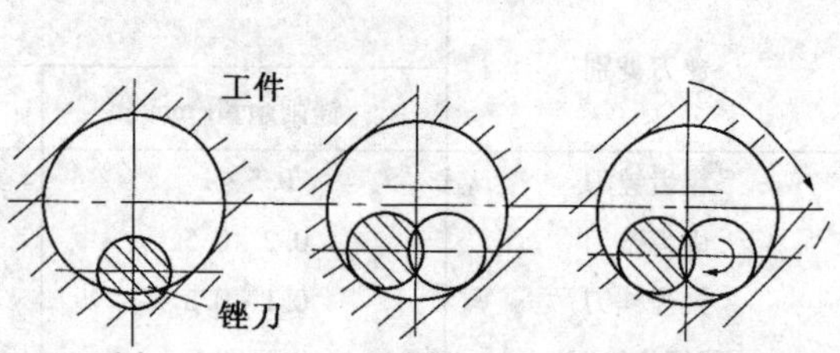

图 2－17　锉削内圆弧面

3）确定锉削顺序的一般原则

（1）选择工件所有锉削面中的最大平面先锉，达到规定的平面度后作为锉削其他平面的基准。

（2）先锉平行面，达到规定的平面度、平行度要求后，再锉与其相关的垂直面，以便于控制尺寸和精度要求。

（3）平面与曲面连接时，先锉平面再锉曲面。

2.3 刮削、研磨

2.3.1 刮削

用刮刀刮除工件表面薄层而达到精度要求的方法称为刮削。操作时，先在标准工具的工作面上涂以显示剂，然后与被刮工件合研显点，再用刮刀将高点金属刮除。

2.3.1.1 常见刮削应用种类

常见刮削应用种类如表2-7所示。

表2-7 常见刮削应用举例

应用举例	刮削后的效果
相互运动的导轨副	有良好的接触率，承受压力大，耐磨性好，运动精度稳定
相互连接的结合面	增加连接刚性，传动件几何精度稳定，不易变形
密封性结合面	提高密封性能，防止泄漏气体和液体
具有配合公差的面(孔)	有良好的接触率，有理想的配合精度，运动件精度稳定
机床装配几何精度	使各部件相互精度要求一致，保证机床工作精度

2.3.1.2 刮削工具

1. 刮研工具

常用刮研工具有铸铁平尺，它的精度分00级、0级、1级、2级共4级。此外，专用刮研工具有燕尾平板和组合平板等。

2. 刮刀

根据刮削面形状的不同，刮刀可分为平面刮刀和曲面刮刀两大类。

（1）平面刮刀主要用来刮削平面，如平板、平面导轨、平台等，也可用来刮削外曲面。按所刮削表面精度要求不同，可分为粗刮刀、细刮刀和精刮刀三种。

(2)曲面刮刀主要用来刮削内曲面，如滑动轴承内孔等。主要包括三角刮刀、蛇头刮刀、柳叶刮刀。

2.3.1.3 刮削用显示剂的种类及应用(表2-8)

表2-8 刮削用显示剂的种类及应用

种类	成分	特点	应用范围
红丹	一氧化铅再度氧化制成，俗称铅丹。配方为：红丹:N32G液压油:煤油≈100:7:3	呈桔黄色，粒度细腻，研点真实，无腐蚀作用，但研点后颜色较淡，对眼睛有反光刺激	应用于铸钢件及部分有色金属的刮削，是金属切削及机床机械加工结合面接触检验及评定和锥孔接触精度评定的显示剂
	氧化铁红	呈红褐色，粒度较粗，研点清楚，对眼睛无反光作用	可用于铸钢件及部分有色金属的刮削，但不能作为接触精度评定的显示剂

种 类	成 分	特 点	应用范围
普鲁士蓝油	普鲁士蓝粉混和适量机械油与蓖麻油	呈深蓝色，研点小而清楚，刮点显示真实，较低温度不易涂刷	用于精密零件，特别适用于有色金属刮削和检验
印红油	碱性品红溶解在乙醇中，加入甘油配制而成	呈鲜红色，对眼睛略有反光刺激，取材方便	用于锥孔接触及刮削面的接触判别，但不作为评定用显示剂
烟墨油	烟墨与机械油混合	点子成黑色，研点小而清楚	用于表面呈银白色的软金属刮削和检验，较少采用
松节油或酒精	松节油或酒精	研点发光亮，特别精细真实，对零件有腐蚀作用，对眼睛有反光刺激	用于精密零件的刮削与检验，较少采用

2.3.1.4 刮削方法

1. 平面的刮削方法

适合于各种互相配合的平面和滑动平面。

1）显点方法

它根据工件的形状和刮削面积的大小而定。工件显点前，被刮削表面一般都存在很小的毛刺，应用研磨平整的大油石清除后，才能涂上显示剂显点。

（1）中小型工件显点　一般是标准平板固定，工件被刮削面在平板上推研(图 2－18)。研点时，施加压力要均匀，运动轨迹一般呈 8 字形或螺旋形，也可直线推拉。工件被刮面小于平板时，研点范围不应超出平板；被刮面等于或大于平板时，允许工件超出平板，超出部分应小于工件长度的 1/3。

（2）大型工件显点　工件要固定，标准工具在工件被刮面上研点。标准工具超出工件被刮面的长度，应小于标准工具的 1/5。

（3）重量不对称工件的显点　推研时，应在工件适当部位托或压(图 2－19)。托或压的大小要适当、均匀、平称。

图 2－18　平面的显点方法

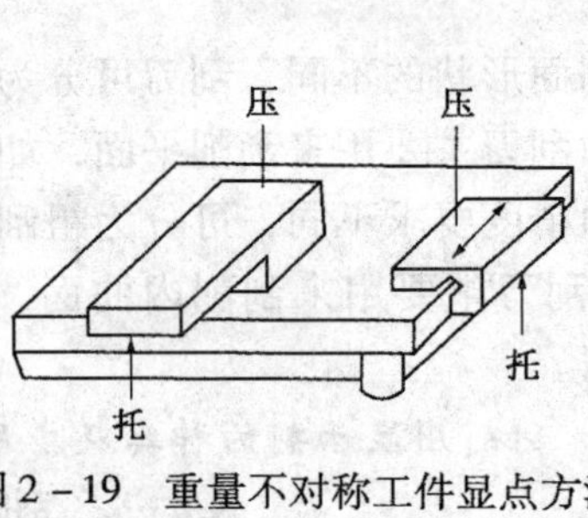

图 2－19　重量不对称工件显点方法

2）平面刮削方式

（1）手推式　如图 2－20，右手握刀柄，左手握刀杆，距刀刃约 50～70mm 处，刮刀与被刮削表面成 25°～30°。同时，左脚前跨一步，上身向前倾，刮削时，左臂利用上身摆动向前推，左手向下压，并引导刮刀运动方向，在下压推挤的瞬间迅速抬起刮刀，这样就完成了一次刮削动作。

（2）挺刮式　将刀柄顶在小腹右侧，双手握刀杆离刃口约 70～80mm 处，左手在前，右手在后，刮削时左手下压，落刀要轻，利用腿和臂部力量使刮刀向前推挤，双手引导刮刀前进。在推挤后的瞬间，用双手将刮刀提起，这样就完成了一次刮削动作。

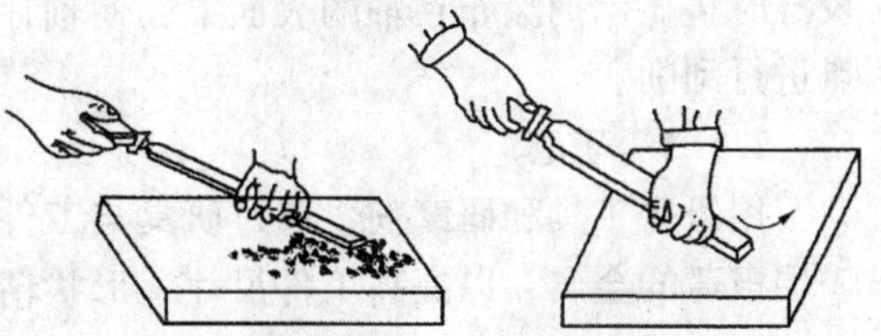

(a) (b)

图 2－20 手推式刮削

3）平面刮削步骤

平面刮削分粗刮、细刮、精刮和刮花等四个步骤：

（1）粗刮 经机械加工的工件，可先用粗刮刀刮一遍。在整个刮削面上采用连续推铲的方法，使刮出的刀迹连成长片。粗刮时有时会出现平面四周高、中间低的现象，故必须多刮几次，而且每刮一遍应转过30°～50°的角度交叉刮削，直至每$(25\times25)mm^2$内含4～6个研点为止。

（2）细刮 目的是刮去工件表面上的大块显点，进一步提高表面质量。细刮刀采用宽为15mm为宜。刮削时，刀迹长度不超过刀刃的宽度，每刮一遍要变换一个方向，以形成45°～60°网纹。在细刮过程中随着研点的增多，刀迹应逐渐缩短，直至每$(25\times25)mm^2$内含12～25个研点为止。

（3）精刮 精刮是在细刮的基础上进行。精刮刀具有刀头较窄、圆弧较小的特点。精刮时，刀迹长度一般为5mm左右，落刀要轻，起刀后迅速挑起，每个研点上只能刮一刀，不能重复，并始终交叉着进行，当研点数增至每$25\times25mm^2$内有20个时，应按以下三个步骤刮削，直至达到规定的研点数：

① 最大最亮的研点全部刮去；

② 中等稍浅的研点只将其中较高处刮去；

③ 小而浅研点不刮。

（4）刮花 刮花的目的是增加工件刮削面的美观以及在滑动件之间造成良好的润滑条件。常见的花纹有斜纹花、月牙花（鱼鳞花）和半月花等三种。

2. 平行面的刮削方法

刮削前确定被刮削平面中的一个平面为基准面，先进行粗、细、精刮削，当按规定达到每$(25\times25)mm^2$研点数的要求之后，以此面为基准面，再刮削对应的平行面。刮削前用百分表测量该面对基准面的平行度误差，确定粗刮时各刮削部位的刮削量，并以标准平板为测量基准，结合显点刮削，以保证平面度要求。在初步达到平行度的情况下，进入细刮。细刮时除了用显点方法来检查刮削部位外，还应结合百分表进行平行度测量，进行刮削的修正。达到细刮要求后，进行精刮，直到每$(25\times25)mm^2$的研点数和平行度都符合要求为止。

3. 垂直面的刮削方法

垂直面的刮削方法与平行面刮削相似，刮削前，先确定一个平面为基准面，进行粗、细、精刮削后作为基准面，然后对垂直面进行测量，以确定粗刮的刮削部位和刮削量，并结合显点刮削，以保证达到平面度要求。细刮和精刮时，除按研点进行刮削外，还要不断进行垂直度测量，直到被刮面每$(25\times25)mm^2$的研点数和垂直度都符合要求为止。

4. 曲面的刮削方法

曲面刮削一般是指内曲面刮削。其刮削的原理和平面刮削一样，但刮削方法及所用的工具不同。内曲面刮削常用三角刮刀或蛇头刮刀。刮削时，刮刀应在曲面内作后拉或前推的螺旋运动。

内曲面刮削一般以校准轴（又称工艺轴）或相配合的工作轴作为内曲面研点的校准工具。

校准时将显示剂涂布在轴的表面上，使轴在内曲面中来回旋转，以显示出研点，然后根据研点进行刮削。

2.3.2 研磨

用研磨工具和研磨剂，通过研具与工件在一定压力下，作相对滑动，从工件表面上磨掉一层极薄的金属，以提高工件尺寸、形状精度和降低表面粗糙度的精整加工方法称研磨。

2.3.2.1 研磨的分类及适用范围

研磨的分类及适用范围见表2-9所示。

表2-9 研磨的分类及适用范围

分 类	适用范围
湿研磨	又称敷砂研磨。将稀糊状或液状研磨剂涂敷或连续注入研具表面，磨粒在工件与研具之间不停地滑动或滚动，形成对工件的切削运动，加工表面呈无光泽的麻点状，一般用于粗研磨
干研磨	又称嵌砂研磨或砂研磨。在一定压力下将磨料均匀地压嵌在研具表层中，研磨时只需在研具表面涂以少量的润滑剂即可，干研磨可获得很高的加工精度和低表面粗糙度，但研磨效率较低，常用于精研磨
半干研磨	采用糊状的研磨膏作研磨剂，其研磨性能介于湿研磨与干研磨之间，用于粗研磨和精研磨均可

2.3.2.2 研磨剂

研磨剂是由磨料和研磨液调和而成的混合剂。

1. 常用磨料及适用范围

研磨磨料按硬度可分为硬磨料和软磨料两类。常用磨料的系列与用途见表2-10所示。

表2-10 磨料的系列与用途

系 列	磨料名称	代 号	特 性	适用范围
刚玉	棕刚玉	A	棕褐色，硬度高，韧性大，价格便宜	粗精研磨钢、铸铁、黄铜
	白刚玉	WA	白色，硬度比棕刚玉高，韧性比棕刚玉差	精研磨淬火钢、高速钢、高碳钢及薄壁零件
	铬刚玉	PA	玫瑰红或紫红色，韧性比白刚玉高，磨削表面质量好	研磨量具、仪表零件及高精度表面
	单晶刚玉	SA	淡黄色或白色，硬度和韧性比白刚玉高	研磨不锈钢、高钒高速钢等强度高、韧性大的材料
碳化物	黑碳化硅	C	黑色有光泽，硬度比白刚玉高，性脆而锋利，导热性和导电性良好	研磨铸铁、黄铜、铝、耐火材料及非金属材料
	绿碳化硅	GC	绿色，硬度和脆性比黑碳化硅高，具有良好的导热性和导电性	研磨硬质合金、硬铬、宝石、陶瓷、玻璃等材料
	碳化硼	BC	灰黑色，硬度仅次于金刚石，耐磨性好	精研磨和抛光硬质合金、人造宝石等硬质材料

续表

系列	磨料名称	代号	特性	适用范围
金刚石	人造金刚	JR	无色透明或淡黄色、黄绿色或黑色，硬度高，比天然金刚石略脆，表面粗糙	粗、精研磨硬质合金、人造宝石、半导体等高硬度脆性材料
	天然金刚石	JT	硬度最高，价格昂贵	
软磨料	氧化碳		红色至暗红色，比氧化铬软	精研磨或抛光钢、铁玻璃等材料
	氧化铬		深绿色	

2. 研磨液

研磨液主要起润滑冷却作用，并使磨粒均匀分布在研具表面上。常用研磨液见表2－11。

表2－11　常用研磨液

工作材料		研磨液
钢	粗研	煤油3份，L－AN10全损耗系统用油1份，透平油或锭子油(少量)，轻质矿物质(适量)
	精研	L－AN10号全损耗系统用油
铸铁		煤油
铜		动物油(熟猪油与磨料拌成糊状，后加30倍煤油)，锭子油(少量)，植物油(适量)
淬火钢、不锈钢		植物油、透平油或乳化液
硬质合金		航空汽油
金刚石		橄榄油、圆度仪油或蒸馏水
金、银、白金		酒精或氨水
玻璃、水晶		水

3. 研磨剂

研磨剂主要有液态研磨剂和研磨膏两种，此外，还有两者之间的研磨粉。

(1) 液态研磨剂　它是用煤油、混合脂、微粉等配制。主要用于研磨各种硬质合金刀具、精研磨高速钢刀具及一般钢材。

(2) 研磨膏　常用研磨膏主要有刚玉类研磨膏；碳化硅、碳化硼类研磨膏；氧化铬类研磨膏；金刚石类研磨膏。

2.3.2.3　研具

研具是用于涂敷或嵌入磨料并使其磨粒发挥切削作用的工具。研具材料硬度一般应比工件材料硬度低，而且硬度一致性好，组织均匀，无杂质、异物、裂纹和缺陷。其结构要合理，并具有较高的几何精度，耐磨性好，散热性好。

常用研具有平面研具、外圆柱研具和内圆柱研具。

1. 平面研具

(1) 研磨平板　主要用于研磨平面。

(2) 圆盘　包括直角交叉型、圆环射线型、偏心圆环型、螺旋射线型、径向射线型和阿基米德螺旋线型圆盘，主要用于各种小型平面零件。

2. 圆柱面研具

(1) 整体式研具　主要用于研磨小直径外圆柱面。

(2) 带研磨套开口式研具　主要用于研磨一般或较大直径的外圆柱面。

(3) 三点式研具　主要用于研磨高精度的外圆柱面。

3. 内圆柱面研具

包括整体式、可调式和盲孔式研具。

2.3.2.4　*研磨方法*

1. 研磨运动轨迹

主要是手工研磨运动轨迹，见表 2－12 所示。

表 2－12　手工研磨运动轨迹形式

轨迹形式	简　图	适用范围
直线往复式		常用于研磨有台阶的狭长平面，如平面样板、角尺的测量相等。能获得较高的几何精度
摆动直线式	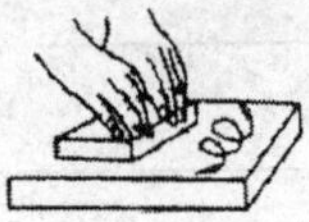	用于研磨某些圆弧面，如样板角尺、双斜面直尺的圆弧测量面
螺旋式	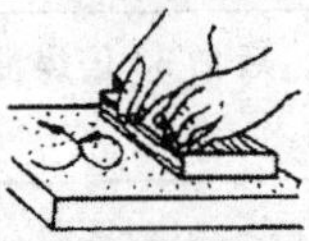	用于研磨圆片或圆柱形工件的端面，能获得较好的表面粗糙度和平面度
8 字形或仿 8 字形式	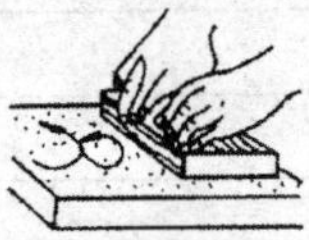	常用于研磨小平面工件，如量规的测量面等

2. 研磨余量的选择(表 2－13～表 2－15)

表 2－13　平面研磨余量　mm

平面长度	平面宽度		
	≤25	26～75	76～150
≤25	0.005～0.007	0.007～0.010	0.010～0.014
26～76	0.007～0.010	0.010～0.016	0.016～0.024
76～150	0.010～0.014	0.016～0.020	0.020～0.024
151～250	0.014～0.018	0.020～0.024	0.024～0.030

注：经过精磨的工件，手工研磨余量，每面为 3～5μm，机械研磨余量每面为 5～10μm。

表 2－14　外圆研磨余量　mm

直　径	余　量	直　径	余　量
≤10	0.005～0.008	51～80	0.008～0.012
11～18	0.006～0.008	81～120	0.010～0.014
19～30	0.007～0.010	121～180	0.012～0.016
31～50	0.008～0.010	181～260	0.015～0.020

注：经过精磨的工件，手工研磨余量为 3～8μm，机械研磨余量为 8～15μm。

表 2－15 内孔研磨余量 mm

孔径	铸铁	钢
25～125	0.020～0.100	0.010～0.040
150～275	0.080～0.160	0.020～0.050
300～500	0.120～0.200	0.040～0.060

注：经过精磨的工件，手工研磨直径余量为 5～10μm。

3. 典型面研磨方法

1）平面研磨方法

平面的研磨，一般分为粗研和精研。粗研用有槽的平板，精研用光滑平板。

研磨前，先用煤油或汽油把研磨平板的工作表面清洗干净并擦干，再在研磨平板上涂上适当的研磨剂，然后把工件需要研磨的表面合在研板上进行研磨。研磨时多采用"8"字形或螺旋形运动轨迹（表 2－12），但研磨狭窄平面时也常采用直线往复式轨迹，并用金属块作导靠（金属块平面应互相垂直），使金属块和工件紧靠在一起，并跟工件一起研磨，以保持侧面和平面的垂直。防止倾斜和产生圆角。若加工工件数量较多，可采用 C 形夹将几块工件夹在一起进行研磨。

研磨平面时，压力应适中，粗研时压力可大些，精研时压力要小些。研磨速度一般控制在每分钟往复 20～40 次的范围内。

2）外圆柱面研磨方法

外圆柱面的研磨方法分纯手工研磨和机械配合手工研磨两种。

（1）纯手工研磨方法　先将工件安装在特制的工具上，在工件外圆涂一层薄而均匀的研磨剂，然后装入已固定好的研具孔内，调整好研磨间隙，手握工具手柄，使工件既作正反方向转动，又作轴向往复移动，保证整个研磨面得到均匀的研磨。

（2）机械配合手工研磨方法　在研磨外圆柱面时，由机床夹住工件旋转，手握研具作轴向往复运动，进行研磨。选用相应的可调式研具，先在工件上均匀涂上研磨剂，套上研具，调整研磨环的研磨间隙，以手能转动为宜，研磨中应随时调整这个间隙。由于工件存在加工误差，研磨时，手握研具可感觉到有松有紧的地方，紧的地方可多研几下，直到间隙合理而手感松紧很均匀为止。研具应常调头研磨。研磨时往复运动与工件旋转运动要有规律。一般工件的转速在直径小于 80mm 时为 100r/min，直径大于 100mm 时为 50r/min。

3）内圆柱面（内孔）研磨方法

内圆柱面的研磨方法分纯手工研磨和机械配合手工研磨两种。

（1）纯手工研磨方法　先将工件固定好，将研磨剂均匀涂在研具表面，然后装入工件中，用手转动研具（或将研具装在铰杠上），同时作轴向往复运动。研具可采用整体式或可调式研磨棒。整体式研磨棒常采用 5 支一组型式，其尺寸公差见表 2－16。

表 2－16 整体式成组研磨棒的直径差 mm

号数	尺寸规定	备注
1	比被研磨孔小 0.015	开螺旋槽
2	比 1 号研磨棒大 0.01～0.015	开螺旋槽
3	比 2 号研磨棒大 0.005～0.008	开螺旋槽
4	比 3 号研磨棒大 0.005	不开螺旋槽
5	比 4 号研磨棒大 0.003～0.005	不开螺旋槽

（2）机械配合手工研磨方法　将研磨棒夹在机床卡盘上，将研磨剂均匀涂在研具表面，手握工件在研磨棒全长上作均匀往复移动，研磨速度取0.3～1m/s。研磨中不断调大研磨棒直径，以达到工件要求的尺寸和精度。在调节研磨棒时与工件的配合要适当，配合太紧，易将孔面拉毛，配合太松，孔会研磨成椭圆形，研磨时如工件的端面有过多的研磨剂被挤出时，应及时擦掉，否则会使孔口扩大，研磨成喇叭口形状。如孔口要求精度很高，可将研磨棒的两端，用砂布磨得略小一些，以避免孔口扩大的缺陷。

2.3.2.5　研磨时常见弊病形式及产生原因（表2－17）

表2－17　研磨时常见弊病形式及产生原因

弊病形式	产生原因
表面粗糙度超标	研磨料太粗 研磨液选用不当 研磨剂涂得薄而不匀 研磨时忽视清洁工作，研磨剂中混入杂质
平面成凸形	研磨时压力过大 研磨剂涂得太厚，工作边缘挤出的研磨剂未及时擦去仍继续研磨 运动轨迹没有错开 研磨平板选用不当
孔口扩大	研磨剂涂抹不均匀 研磨时孔口挤出的研磨剂未及时擦去 研磨棒伸出太长 研磨棒与工件孔之间的间隙太大，研磨时研具相对于工件孔的径向摆动太大 工件内孔本身或研磨棒有锥度
孔成椭圆形或圆柱有锥度	研磨时没有更换方向或及时调头 工件材料硬度不匀或研磨前加工质量差 研磨棒本身的制造精度低

2.4　钻孔和铰孔

2.4.1　钻孔

2.4.1.1　钻头

1. 麻花钻

麻花钻主要由柄部、颈部和工作部分组成，其结构见图2－21。其中，麻花钻工作部分由切削部分和导向部分组成。

切削部分由六面（两个前面、两个后面和两个副后面），五刃（两条主切削刃、两条副切削刃、一条横刃）组成（图2－22）。

导向部分由以下部分组成：

（1）螺旋槽　钻头上有两条形状相同的螺旋槽，在钻削时能容纳、排除切削和输送切削液。

（2）棱边　为减少钻头与孔臂之间的摩擦，将钻头的两外圆柱导向面制得很窄，形成两条沿螺旋槽边上分布的突起的窄边为棱边。

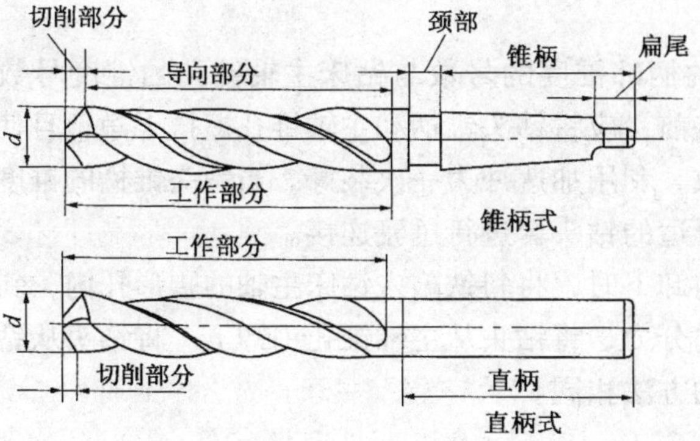

图 2-21　麻花钻

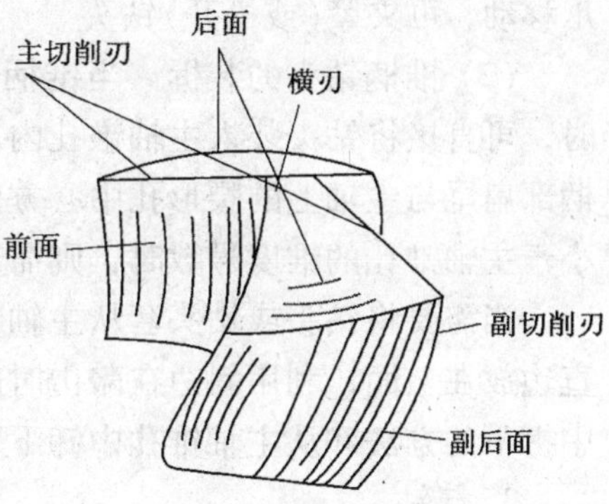

图 2-22　钻头的切削部分

(3) 钻心　钻心是钻头两螺旋形刃瓣中间的实心部分。

2. 标准麻花钻的刃磨方法

刃磨时(图 2-23)，将主切削刃与砂轮中心平面放置在一个水平面内，而且使钻头的轴线与砂轮圆柱面母线在水平面内的夹角为 ϕ。右手拿着工作部分在一定的范围内来回转动探头，左手握住钻柄作上下摆动。钻头转动的目的是使整个后面都能磨到，上下摆动是为了磨出不同的后角(钻头的后角在钻头的不同半径处是不相等的)。两手的动作必须稳定、协调一致，转动的同时上下摆动。磨好一个主切削刃后，翻转 180°磨另一个主切削刃。

粗磨时，一般后面的下部先接触砂轮，左手上摆进行刃磨；精磨时，一般主切削刃先接触砂轮，左手下摆进行刃磨，而且磨削量要小，刃磨时间要短。在刃磨过程中，要随时检查角度的正常性和对称性，同时还要随时将钻头浸入水中冷却以免退火。

2.4.1.2　钻孔方法

用钻头在实体材料上加工孔的方法，称为钻孔。

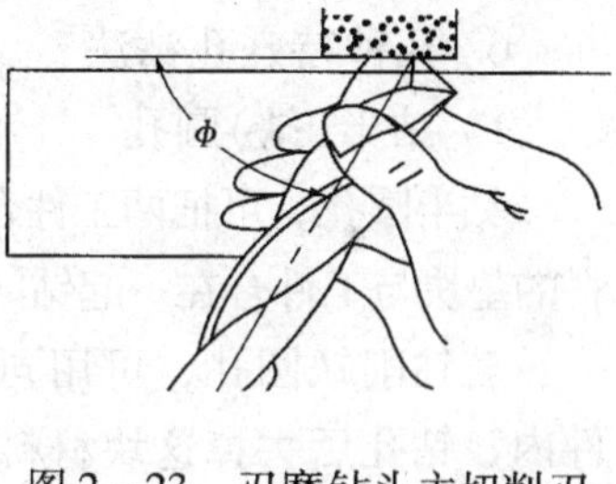

图 2-23　刃磨钻头主切削刃

1. 工件常用装夹方法

(1) 手握或用手虎钳夹持　钻 6mm 以下的小孔，如果工件能用手握住，而且基本比较平整时，可以直接用手握住工件进行钻孔。对于短小工件，用手不能握持时，必须用手虎钳或小型台虎钳来夹紧。

(2) 用机用平口虎钳装夹　在平整的工件上钻较大孔时，一般采用机用平口虎钳装夹，装夹时在工件下面垫一木块，必要时，机用平口虎钳还应用螺钉固定在钻床工作台面上。

(3) 在钻床工作台面上装夹工件　钻大孔或不适宜用机用平口虎钳装夹的工件，可直接用压板、螺栓把工件固定在钻床工作台面上。

(4) 用 V 形铁装夹　在圆柱形或套筒类工件上钻孔时，一般把工件放在 V 形铁上并配以压板压紧。

(5) 用角铁装夹　将工件装夹在已固定在钻床工作台面的角铁上。

2. 钻头的装拆

因为钻头柄部有直柄和锥柄两种，所以下面分别介绍直柄钻头和锥柄钻头的装拆。

(1) 直柄钻头的装拆　直柄钻头需用钻夹头夹持。先将钻头柄部塞入钻夹头的三个卡爪内，其夹持长度应不少于 15mm；然后，用钻夹头钥匙旋转夹头套，使内螺纹圈带动三个卡爪移动，可夹紧(或松开)钻头。

(2) 锥柄钻头的装拆　当锥柄钻头的柄部锥度的号数与钻床主轴锥孔的锥度号数相同时，可直接将钻头装入主轴锥孔内。装夹前，应将钻头锥柄和主轴锥孔擦拭干净，且使钻头柄部扁尾与主轴上的腰形孔中心方向一致，利用加速冲力一次装好。当钻头锥柄的锥度号数小于主轴锥孔的锥度号数时，则需选用合适的钻头套进行过渡连接。

当需要将钻头或钻头套从主轴锥孔内卸下时，将斜铁敲入钻床主轴的腰形孔内，斜铁的直边放在上面，利用斜边在敲击时向下的分力，将钻头从主轴锥孔中卸下。将钻头从钻头套中拆下的方法和从主轴锥孔中卸下钻头的方法相同。

3. 起钻

起钻时，先使钻头对准钻孔中心的样冲眼钻出一个浅坑，检查钻孔位置是否正确，若偏位较少，可在起钻的同时，用力将工件向偏位的反方向推移，达到逐步校正；若偏位较多，可在借正方向上打几个样冲眼，或用油槽錾錾几条浅槽，以减小此处钻削阻力，达到借正的目的。

4. 手动进给操作

当起钻达到钻孔的位置要求时，即可压紧工件完成钻孔工作。手动进给时，用力不能过大，否则易使钻头弯曲(用直径较小钻头钻孔时)，造成钻孔轴线倾斜。钻小孔或深孔时，进给量要小，并要经常退钻排屑，以免切屑阻塞而使钻头折断。

5. 钻孔的冷却

为了使钻头在切削过程中的温度不致过高，应减少钻头与工件、切屑之间的摩擦阻力，所以钻孔时，要加注充足的切削液。

6. 几种特殊孔钻法

1) 钻半(缺)圆孔

钻半圆孔，可把两工件合起来或用同样材料的垫块与工件合在一起钻[图2-24(a)]。

若钻削缺圆孔，可用同样材料镶嵌在工件内，钻孔后去掉这块材料，工件留下了缺圆孔[图2-24(b)]。

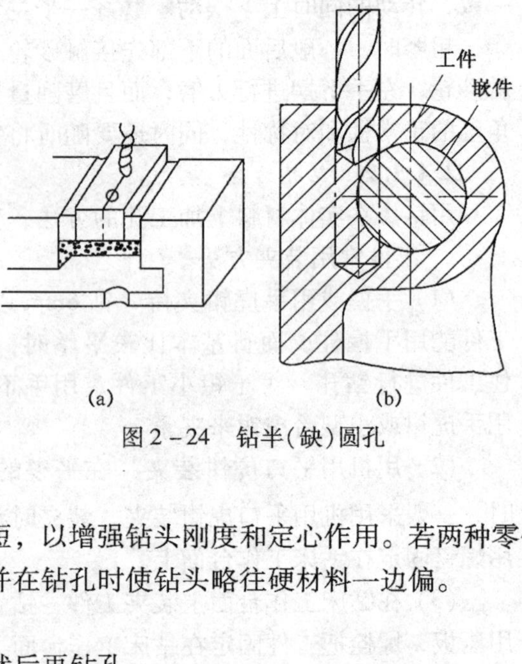

图2-24　钻半(缺)圆孔

2)钻骑缝孔(图2-25)

钻骑缝孔要选用短钻头，钻头的横刃要磨短，以增强钻头刚度和定心作用。若两种零件材料不同，样冲眼应打在略偏于硬材料一边，并在钻孔时使钻头略往硬材料一边偏。

3) 在斜面上钻孔(图2-26)

(1) 先用立铣刀在斜面上铣出一个平面，然后再钻孔。

图2-25　钻骑缝孔

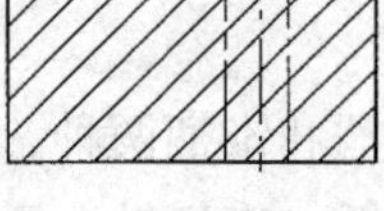

图2-26　钻斜面上孔

(2) 先用錾子在斜面上錾出一个小平面后，用中心钻钻出一个较大的锥坑，或用小钻头钻出一个浅孔，然后再钻孔。

4) 钻二联孔

常见的二联孔有三种形式，可分别采用以下钻孔方法：

(1) 如图 2－27(a)所示工件，可先钻大孔至平底深度，再改用小钻头将小孔钻穿，然后用平底钻锪平底孔。

(2) 如图 2－27(b)所示工件，可先钻出上面孔。当钻头横刃刚接触下面孔平面时，轴向不要进刀，而用横刃在平面上刮划出一个小圆线，然后按小圆线找正中心，打一个样冲眼，再钻孔。

(3) 如图 2－27(c)所示工件，可先钻出大孔，然后用一根外径与大孔为动配合的接长钻杆，装上中心钻头，先钻一个定位孔后，再换上与小孔直径相同的钻头钻孔。

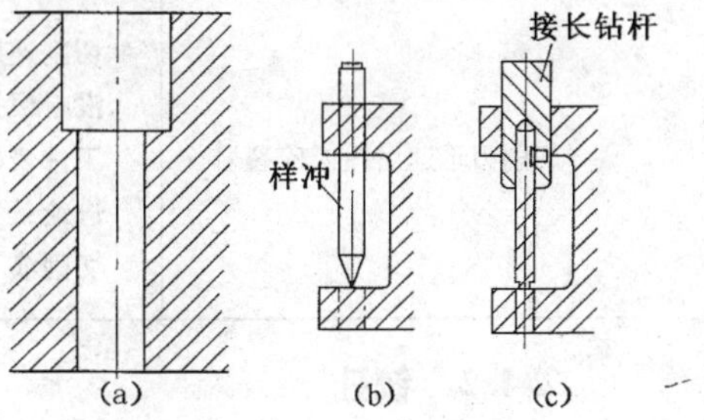

图 2－27　钻二联孔

2.4.1.3　钻孔注意事项

(1) 用钻夹头装夹钻头，若需松开或夹紧钻头时，只能用钻夹头钥匙，不得用其他工具代替。

(2) 严格遵守钻床操作规程，严禁戴手套操作。

(3) 若需检查被钻削工件时，应先停车，再检查。

(4) 用平口虎钳夹持工件进行钻孔时，平口虎钳的手柄端(活动钳身部分)应放置在钻床工作台的左侧，以防因转矩过大造成平口虎钳落地伤人。

2.4.1.4　钻孔可能出现的问题及产生原因

钻孔可能出现的问题及产生原因如表 2－18 所示。

表 2－18　钻孔出现的问题及产生原因

出现问题	产生原因
孔大于规定尺寸	钻头两切削刃长度不等，高低不一致
孔壁粗糙	钻头不锋利 进给量太大 切削液选用不当或供应不足 钻头过短、排屑槽堵塞
孔位偏移	工件划线不正确 钻头横刃太长定心不准，起钻过偏而没有校正
孔歪斜	工件安装时，安装接触面上的切屑未清除干净 工件装夹不牢，钻孔时产生歪斜，或工件有砂眼 进给量过大使钻头产生弯曲变形

出现问题	产生原因
钻头工作部分折断	钻头用钝仍继续钻孔 钻孔时未经常退钻排屑，使切屑在钻头螺旋槽内阻塞 孔将钻通时没有减小进给量 进给量过大 工件未夹紧，钻孔时产生松动
切削刃迅速磨损或碎裂	切削速度太高 没有根据工件材料硬度来刃磨钻头角度 工件表面或内部硬度高或有砂眼 进给量太大 切削液不足

2.4.2 铰孔

用铰刀对已经粗加工的孔进行精加工称为铰削（铰孔）。铰削可提高孔的尺寸精度和降低表面粗糙度值，铰削后孔的公差等级可达 IT9 ~ IT7，表面粗糙度可达 $R_a3.2$ ~ $R_a0.8$（μm）。

2.4.2.1 铰刀结构（图 2-28）

（1）工作部分　由切削部分和校准部分组成。

（2）引导锥　在工作部分前端，呈 45°倒角，其作用为便于切入。

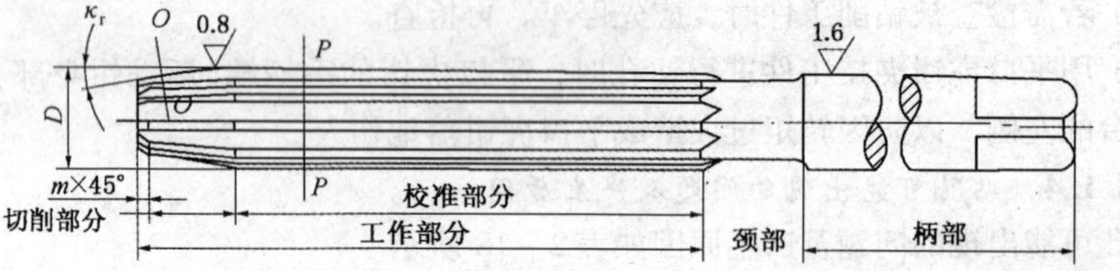

(a)手用铰刀

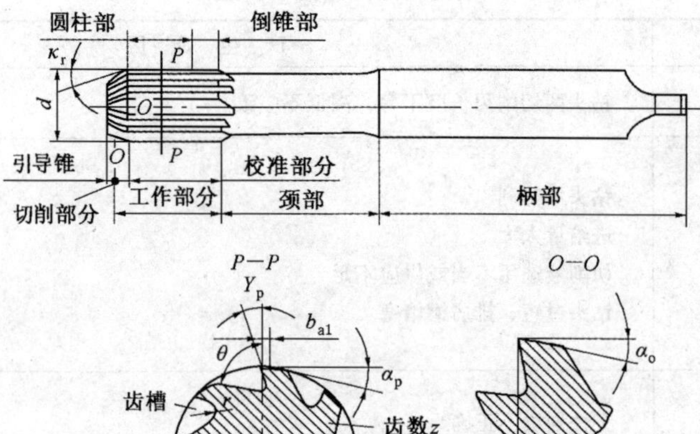

(b)机用铰刀

图 2-28　铰刀的结构要素

（3）切削部分　紧接着引导锥后面是切削部分，切削部分的参数由切削条件确定。机用铰刀的切削部分较短，主偏角 κ_r 较大。手用铰刀的切削部分较长，主偏角较小。铰刀切削部分的刀齿刃磨锋利而不留刃带。

2.4.2.2 铰刀的种类

按不同使用方法，铰刀可分为手用铰刀和机用铰刀。手用铰刀的柄部做成带方榫形，以便套入扳手或铰杠，用手即可旋转铰刀来完成铰削工作。铰刀按切削部分材料的不同，可分为高速钢铰刀和硬质合金铰刀两种。

铰刀按外部形状的不同，又可分为直槽铰刀、锥铰刀和螺旋槽铰刀，螺旋槽铰刀特别适用于铰削带有键槽的内孔。

常用的铰刀有高速钢直齿手铰刀、高速钢直齿机铰刀、直齿斜刃机铰刀、螺旋槽手铰刀、螺旋槽推铰刀、可调节手用铰刀、圆锥形铰刀和硬质合金机铰刀等。

2.4.2.3 铰孔方法

1. 铰刀直径的确定及铰刀的研磨

铰刀的直径和公差直接影响被加工孔的尺寸精度。在确定铰刀的直径和公差时，应考虑被加工孔的公差，铰孔时的扩张或收缩量，铰刀使用时的磨损量，以及铰刀本身的制造公差等。

铰孔后孔径可能缩小，其缩小因素很多，目前对收缩量的大小尚无统一规定。一般对铰刀直径的确定多采用经验数值。

铰削基准孔时铰刀公差可按下式确定：

上偏差 $=\frac{2}{3}$被加工孔公差　　即

$$es=\frac{2}{3}IT \tag{2-2}$$

下偏差 $=\frac{1}{3}$被加工孔公差　　即

$$ei=\frac{1}{3}IT \tag{2-3}$$

2. 铰刀在使用中的修磨

铰刀在使用中可以通过手工修磨，保持和提高其良好的切削性能。

(1) 研磨或修磨后的铰刀，为了使切削刃顺利地过渡到校准部分，必须用油石仔细地将过渡处的尖角修成小圆弧(图 2-29)，并要求各齿圆弧大小一致，以免因圆弧不一致而产生径向偏摆。

(2) 铰刀刃口有毛刺或黏结切屑瘤时，要用油石研掉。

(3) 切削刃后面磨损不严重时，可用油石沿切削刃垂直方向，轻轻研磨，加以修光。

(4) 当刀齿前面需要研磨时，应将油石紧贴在前面，向齿槽方向轻轻推动，进行研磨，但应特别注意不要研坏刃口。

(5) 铰刀在研磨时，切勿将刃口研凹，必须保持铰刀原有的几何形状。

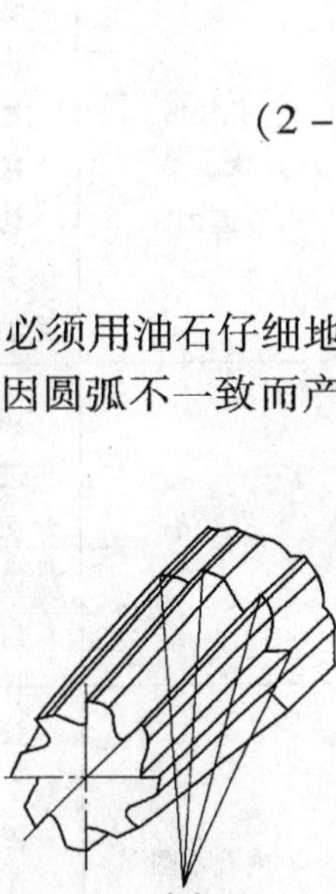

图 2-29　切削刃与校准部分过渡处尖角

2.4.2.4 手工铰孔时应注意事项

(1) 工件装夹位置要正确，应使铰刀的中心线与孔的中心线重合。对薄壁工件夹紧力不要过大，以免将孔夹扁，铰削后产生变形。

(2) 在铰削过程中，两手用力要平衡，旋转铰刀的速度要均匀，铰刀不得摆动，以保持铰削的稳定性，避免将孔径扩大或将孔口铰成喇叭形。

(3) 铰削进给时，不要用过大的力压铰刀，而应随着铰刀的旋转轻轻地对铰刀加压，使铰刀缓慢地引伸进入孔内，并均匀地进给，以保证孔的加工质量。

(4) 注意变换铰刀每次停歇的位置，以消除铰刀在同一处停歇所造成的振痕。

(5) 铰刀不能反转，即使退刀时也不能反转，即要按铰削方向边旋转边向上提起铰刀。铰刀反转会使切屑卡在孔壁和后面之间，将孔壁刮毛。同时，铰刀也容易磨损，甚至造成崩刃。

(6) 铰削钢料工件时，切屑碎末容易黏附在刀齿上，应经常清除。

(7) 铰削过程中，如果铰刀被切屑卡住时，不能用力扳转铰刀，以防损坏铰刀。应想办法将铰刀退出，清除切屑后，再加切削液，继续铰削。

2.4.2.5 圆锥孔的铰削

(1) 铰削尺寸较小的圆锥孔 先按圆锥孔小端直径钻出圆柱孔，孔口按圆锥孔大端直径锪出45°的倒角，然后用圆锥铰刀铰削。在铰削过程中一定要及时用精密配锥(或圆锥销)试深控制尺寸。

(2) 铰削尺寸较大的圆锥孔 铰孔前先将工件钻出阶梯孔。1:50 的圆锥孔可钻两节阶梯孔。1:10 圆锥孔、1:30 圆锥孔、圆锥管螺纹底孔可钻三节阶梯孔。阶梯孔的最小直径按锥孔小端直径确定，并留有铰削余量。其余各段直径可根据锥度计算公式算得。

2.4.2.6 多刃铰刀铰孔中常见问题的产生原因和解决方法

多刃铰刀铰孔中常见问题的产生原因和解决方法见表 2-19 所示。

表 2-19 多刃铰刀铰孔中常见问题的产生原因和解决方法

问题内容	产生原因	解决方法
孔径增大，误差大	切削速度过高 进给量不当或加工余量太大 铰刀弯曲 铰刀刃口上黏附着切屑瘤 切削液选择不合适 手铰孔时两手用力不均匀，使铰刀左右晃动	降低切削速度 适当调整进给量或减少加工余量 校直或报废弯曲铰刀 用油石仔细修整到合格 选择冷却性能较好的切削液 注意正确操作
孔径小	切削速度过低 进给量过大 切削液选择不合适 铰刀已磨损，刃磨时磨损部分未磨去 内孔不圆，孔径不合格	适当提高切削速度 适当降低进给量 选择润滑性能好的油性切削液 定期更换铰刀，正确刃磨铰刀切削部分 见(内孔不圆一项)
内孔不圆	铰刀过长，刚性不足，铰削时产生振动 铰刀刃带窄 孔表面有砂眼、气孔 由于薄壁工件装夹得过紧，卸下后工件变形	刚性不足的铰刀可采用不等分齿距的铰刀；铰刀的安装应采用刚性连接 选用合格铰刀 选用合格毛坯 采用恰当的夹紧方法，减小夹紧力

续表

问题内容	产生原因	解决方法
孔表面粗糙	切削速度过高 切削液选择不合适 铰孔余量太大 铰孔余量不均匀或太小，局部表面未铰到 铰刀刃口不锋利，表面粗糙 铰孔时排屑不良 铰刀过度磨损 铰刀碰伤，刃口留有毛刺或崩刃	降低切削速度 根据加工材料选择切削液 适当减小铰孔余量 提高铰孔前底孔位置精度与质量，或增加铰孔余量 选用合格铰刀 根据具体情况减少铰刀齿数，加大容屑空间；或采用带刃倾角铰刀，使排屑顺利 定期更换铰刀，刃磨时把磨损区全部磨去 对已碰伤的铰刀，应用特细的油石将磕、碰伤修好，或更换铰刀
铰刀寿命低	铰刀材料不合适 铰刀在刃磨时烧伤 切削液选择不合适切削液未能顺利地流到切削处	根据加工材料选择铰刀材料，可采用硬质合金铰刀或涂层铰刀 严格控制刃磨切削用量，避免烧伤 根据加工材料正确选择切削液；经常清除切屑槽内的切屑，用足够压力的切削液
铰刀刀齿崩刃	铰孔余量过大 工件材料硬度过高 铰深孔或盲孔时，切屑太多，又未及时清除 刃磨时刃齿已磨裂	修改预加工的孔径尺寸 降低材料硬度，或改用负前角铰刀或硬质合金铰刀 注意及时清除切屑或采用带刃倾角铰刀 注意刃磨质量
铰孔后孔的中心线不直	铰孔前的钻孔不直，特别是孔径较小时，由于铰刀刚性较差，不能纠正原有的弯曲度 切削部分倒锥过大 手铰孔时，在一个方向上用力过大，迫使铰刀向一边偏斜，破坏了铰孔的垂直度	增加扩孔或镗孔工序校正孔 调换合适的铰刀 注意正确操作

2.5 攻丝和套丝

2.5.1 螺纹

2.5.1.1 螺纹的主要参数

螺纹的主要参数有：大径 d、小径 d_1、中径 d_2、螺距 t、牙型角 α、工作高度 h、螺纹线数 n、导程 S 和螺旋升角 γ。螺纹的大径、牙型、旋向、线数、螺距和导程称为螺纹的五大要素。

2.5.1.2 螺纹的分类

螺纹按用途可分为连接螺纹和传动螺纹；按牙型可分为三角形螺纹、矩形螺纹、圆形螺纹、梯形螺纹和锯齿形螺纹等；按螺旋线的旋向可分为右旋螺纹和左旋螺纹；按螺旋线的线数可分为单线螺纹和多线螺纹；按母体形状可分为圆柱螺纹和圆锥螺纹等。螺纹按用途和牙型的分类见图 2-30。

1. 普通螺纹

普通螺纹也称米制螺纹。米制螺纹的牙型角为60°，分粗牙普通螺纹和细牙普通螺纹两种。粗牙普通螺纹一般作连接件使用；细牙普通螺纹由于螺距小、螺纹升角小、自锁性能好，所以常用于承受冲击，振动或交变载荷的连接和某些需要调整的机构。

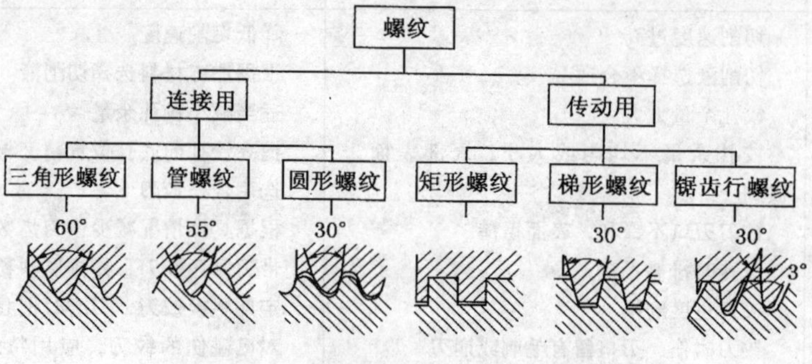

图2-30　螺纹按用途和牙型的分类

2. 英制螺纹

英制螺纹的牙型角为55°。这种螺纹在我国应用较少，只有在某些进口设备中(或维修旧设备时)应用。

3. 管螺纹

管螺纹是用于管道连接的一种英制螺纹。根据螺纹副的密封状态和螺纹牙型角，管螺纹可分为以下三种：

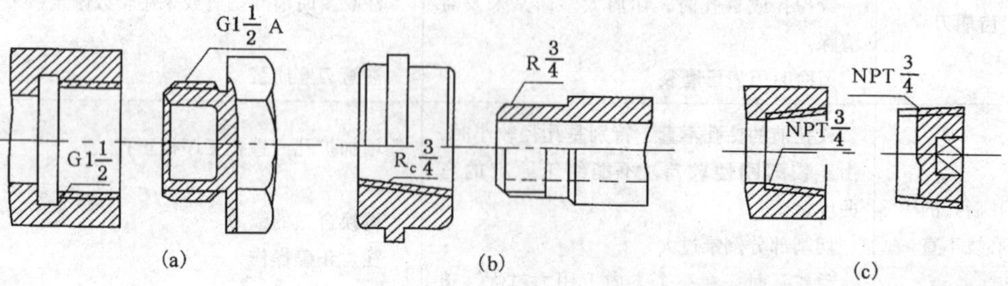

图2-31　带有管螺纹的零件

(1) 55°非密封管螺纹　该螺纹又称圆柱管螺纹，螺纹的母体形状呈圆柱形，螺纹副本身不具备密封性能，见图2-31(a)。若需要用它来进行密封，可压紧被连接的螺纹副外的密封面，也可在密封面间添加密封物等。

(2) 55°密封管螺纹　该螺纹旧称55°圆锥管螺纹。它是一种螺纹副本身就具有密封性能的管螺纹，它包括圆锥管内螺纹与圆锥管外螺纹配合及圆柱管内螺纹与圆锥管外螺纹配合两种连接形式。必要时，允许在螺纹副内添加密封物，以保证连接的密封性，见图2-31(b)。圆锥管螺纹的锥度为1∶16。

(3) 60°圆锥管螺纹　该螺纹的牙型角为60°，见图2-31(c)。目前，我国尚未公布英制60°圆锥管螺纹的国家标准。

2.5.2 攻丝

2.5.2.1 攻螺纹用丝锥及工具

丝锥的外形和螺钉相似。它是加工内螺纹并能直接获得螺纹尺寸的一种螺纹刀具。丝锥结构简单，使用方便。

1. 丝锥的结构

丝锥各部名称和代号见图2-32。

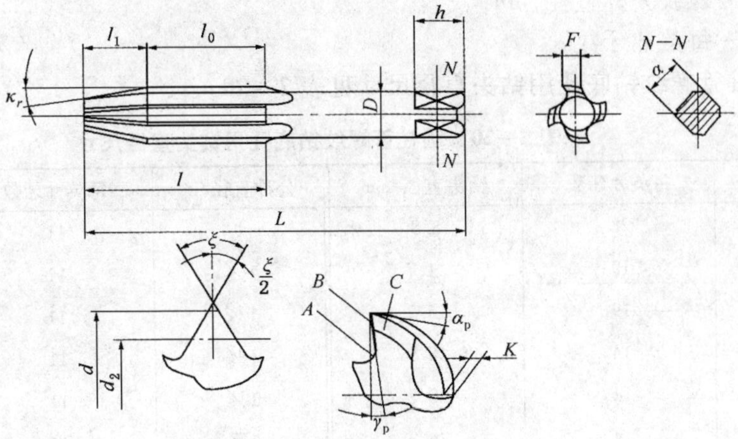

图 2-32　丝锥各部分名称代号

L—丝锥总长；l—螺纹部分长度；l_1—切削锥长度；l_0—校准部分长度；d—大径；

d_2—中径；D—柄部直径；h—方头长度；a—方头厚度；F—刃背宽度；κ_r—主偏角；

γ_p—前角；α_p—后角；K—后背铲背量；ξ—牙形角；A—沟槽；B—前面；C—后面

攻螺纹时，为减小切削力和延长丝锥使用寿命，一般将整个切削工作量分配给几支丝锥来共同承担。通常 M6～M24 的丝锥每一套有两支；M6 以下及 M24 以上的丝锥每一套有三支；细牙螺纹丝锥不论大小均为两支一套。

2. 铰杠

铰杠是手工攻螺纹时用的一种辅助工具。铰杠分为普通铰杠和丁字铰杠两类。

1）普通铰杠　普通铰杠有固定铰杠和活铰杠两种。一般攻制 M5 以下的螺纹采用固定铰杠。活铰杠的方孔尺寸可以调节，因此应用的范围比较广。

2）丁字铰杠　丁字形铰杠适用于攻制工件台阶旁边或攻制机体内部的螺孔。丁字铰杠有固定式和可调式两种。

2.5.2.2　攻螺纹方法

（1）普通螺纹钻底孔用钻头直径尺寸可以由以下计算公式确定：

加工钢和塑性较大的工件、钻孔扩张量为中等的条件：

$$D_0 = d - P \qquad (2-4)$$

加工铸铁和塑性较小的工件、钻孔扩张量较小的条件：

$$D_0 = d - (1 \sim 1.1)P \qquad (2-5)$$

式中　P——螺距，mm；

D_0——底孔钻头直径，mm；

d——螺纹公称直径，mm。

（2）英制螺纹钻底孔用钻头直径尺寸可以由以下计算公式确定：

螺纹公称直径	铸铁与青铜	钢与黄铜
3/16～5/8in	$D_0 = 25(d - \frac{1}{n})$	$D_0 = 25(d - \frac{1}{n})$
3/4～1½in	$D_0 = 25(d - \frac{1}{n})$	$D_0 = 25(d - \frac{1}{n}) + 0.2$

式中　D_0——底孔钻头直径，mm；

d——螺纹公称直径，in；

n——每英寸牙数。

(3)圆柱管螺纹钻底孔用钻头直径尺寸见表2-20。

表2-20 圆柱管螺纹钻底孔用钻头直径尺寸

公称直径/in	每英寸牙数	钻头直径/mm	公称直径/in	每英寸牙数	钻头直径/mm
1/8	28	8.8	1	11	30.5
1/4	19	11.7	1⅛	11	35.2
3/8	19	15.2	1¼	11	39.2
1/2	14	18.9	1⅜	11	41.6
5/8	14	20.8	1½	11	45.1
3/4	14	24.3	1¾	11	51
7/8	14	28.1	2	11	57

(4)圆锥管螺纹钻底孔用钻头直径尺寸见表2-21。

表2-21 圆锥管螺纹钻底孔用钻头直径尺寸

55°圆锥管螺纹			60°圆锥管螺纹		
公称直径/in	每英寸牙数	钻头直径/mm	公称直径/in	每英寸牙数	钻头直径/mm
1/8	28	8.4	1/8	27	8.6
1/4	19	11.2	1/4	18	11.1
3/8	19	14.7	3/8	18	14.5
1/2	14	18.3	1/2	14	17.9
3/4	14	23.6	3/4	14	23.2
1	11	29.7	1	11½	29.2
1¼	11	38.3	1¼	11½	37.9
1½	11	44.1	1½	11½	43.9
2	11	55.8	2	11½	56

2.5.2.3 攻螺纹应注意事项

(1)攻螺纹前，要对底孔口进行倒角，且倒角处的直径应略大于螺纹的大径，而且通孔螺纹的两端都要倒角。这样能使丝锥起攻时容易切入材料内，并能防止孔口处被挤压出凸边。

(2)装夹工件时，应尽量使螺孔的中心线处于竖直或水平位置。这样能使攻螺纹时容易观察到丝锥轴线是否垂直于工件平面。

(3)起攻时，尽量把丝锥放正，然后再对丝锥加压并转动铰杠。当丝锥切入时要进行检查，以确保丝锥位置和方向的正确性。一般在切入3~4圈后，丝锥的位置和方向就可以基本确定，不允许再有明显的偏斜和进行强行纠正。

(4)当丝锥的切削部分全部切入工件后，只需转动铰杠，不能再对丝锥施加压力；否则，螺纹牙型可能被破坏。在攻螺纹的过程中，用力要均匀，并要经常倒转1/4~1/2圈，使切屑碎断，易于排出，避免因切屑堵塞而使丝锥被卡住。

(5)攻不通孔螺纹时，要经常退出丝锥，及时排除孔内切屑；否则，会因切屑过多造成阻塞使丝锥折断或螺纹深度达不到要求。当工件不便倒转时，可用磁棒将切屑吸出，或用弯曲的小管将切屑吹出。

(6) 攻塑性材料的螺纹孔时，要加注切削液，以减小切削阻力，减小螺纹牙型的表面粗糙度，起到延长丝锥使用寿命的作用。

(7) 使用成套丝锥攻螺纹时，必须按头锥、二锥、三锥的顺序进行攻削，以至达到标准尺寸。

2.5.3 套丝

2.5.3.1 套螺纹用板牙工具

用板牙或螺纹切头加工工件螺纹的方法，称为套螺纹。

套螺纹用的工具有板牙(图 2－33)和板牙架(图 2－34)。板牙有封闭式和开槽式两种结构。

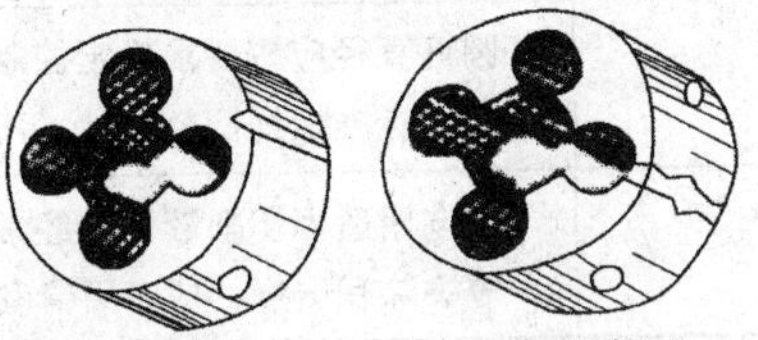

(a)封闭式　(b)开槽式

图 2－33　板牙

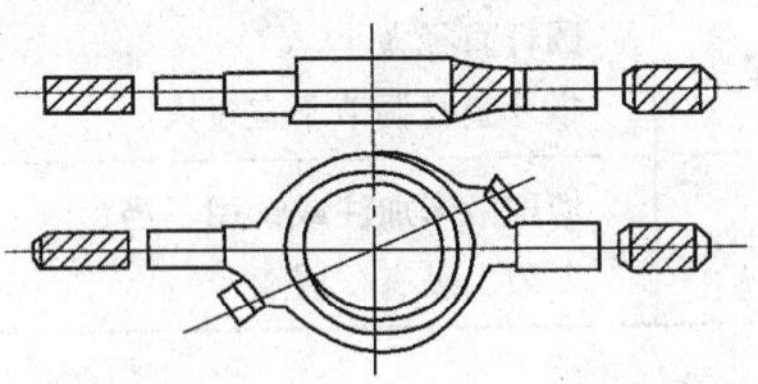

图 2－34　板牙架

套螺纹时，金属材料因受板牙的挤压而产生变形，螺纹牙尖将被挤高一些。所以，套螺纹前，圆杆的直径应稍小于螺纹的大径。圆杆直径的计算公式为

$$d_g = d - 0.13P \tag{2-6}$$

式中　d_g——套螺纹前圆杆直径，mm；

d——螺纹大径，mm；

P——螺距，mm。

2.5.3.2 套螺纹方法

(1) 为了使板牙容易切入工件，圆杆端要倒成锥角，锥体的最小直径应比螺纹小径略小，避免螺纹端部出现锋口或卷边。

(2) 套螺纹时，切削力较大，圆杆类工件应使用衬垫，才能夹持牢固。

(3) 起套时，要使板牙的端面与圆杆的轴线垂直。此时，应一手按住铰杠中部，沿圆杆施以轴向压力；另一只手配合作顺时针切进，压力要大，但转动速度要慢。当板牙切入材料 2～3 圈后，要及时检查并校正板牙的位置；否则，切出螺纹牙型可能一面深一面浅，甚至造成烂牙。

(4) 起套完成后，在套削过程中，不再施加压力，而是让板牙在旋转过程中自然引进，并要经常进行倒转断屑。

(5) 在钢件上套螺纹时，必须加注切削液，以减小切削阻力和降低螺纹表面粗糙度，起到延长板牙使用寿命的作用。

2.5.3.3 套螺纹常见问题及防止方法

套螺纹常见问题及防止方法见表 2－22 所示。

表 2-22　套螺纹常见问题及防止方法

问题内容	产生原因	防止方法
烂牙（乱扣）	对低碳钢等塑性好的材料套螺纹时，未加切削液，板牙把工件上螺纹黏去一块 套螺纹时，板牙一直不倒转，切屑堵塞而啃坏螺纹 圆杆直径太大 板牙歪斜太多，在借正时造成烂牙	对塑性材料套螺纹时，一定要加合适的切削液 板牙一定要倒转，以断裂切屑 圆板直径要确定合适 板牙端面要与圆杆轴线垂直，并经常检查，及时纠正
螺纹一边深一边浅	圆杆端部倒角不好，使板牙不能保持与圆杆轴线垂直 铰杠用力不均匀，左右晃动，不能保持板牙端面与圆杆轴线垂直	圆杆端部要按要求倒角，不能歪斜 套螺纹时，两手用力要均匀和平稳，并经常检查垂直情况，及时纠正
牙深不够	圆杆直径太小 板牙直径调节不宜过大	圆杆直径应按要求确定控制尺寸公差 应用标准螺杆调整尺寸，不要盲目调节
螺纹表面粗糙	切削液未加注或选用不当 刀刃上黏有积屑瘤	应选用适当切削液，并经常加注 应去除积屑瘤，使刀刃锋利

2.6　矫正和弯曲

2.6.1　矫正

机械零件和制造零件用的原材料，常常有弯曲、扭曲、凹凸不平等缺陷，有的零件经过机加工、热处理或使用以后产生类似的缺陷。用手工或机械的方法来消除原材料缺陷或零件的变形的操作叫矫正。

矫正常用的工具：

（1）支承工具有铁砧、矫正平板、V形铁；

（2）加力工具有手锤、铜锤、木锤、压力机、气喷枪；

（3）检验工具有平板、角尺、直尺、百分表。

矫正方法可分为手工矫正、机械矫正、加热及冷却矫正。

2.6.1.1　手工矫正法

手工矫正法是由钳工用手锤在平台、铁砧或台虎钳上进行，它通过扭转、弯曲、延展和伸张等方法，使工件恢复到原来的形状。

1. 扭转法

对工件施以扭矩，使之产生扭转变形，达到矫正目的的方法。

（1）扁钢扭曲的矫正　可将扁钢的一端用虎钳夹住，另一端用叉形扳手或活扳手夹持扁钢向扭曲的相反方向扭转，待扭曲变形消失后，再用锤击将其矫平。

（2）角钢扭曲的矫正　见图2-35，可将角钢的一端用虎钳夹住，另一端用扳手夹持角钢向扭曲的相反方向扭转，待扭曲变形消失后，再用锤击将其矫平。

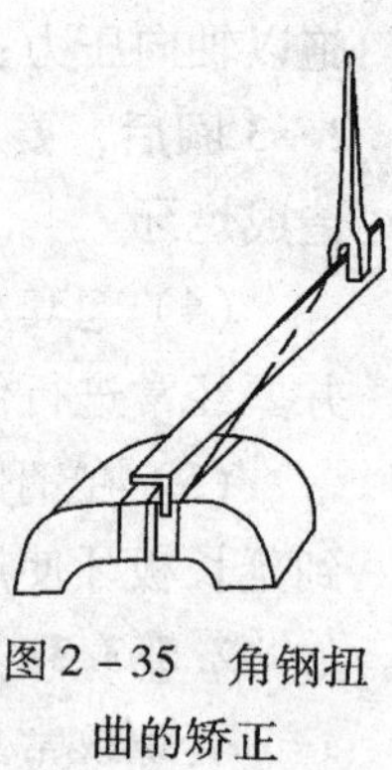

图2-35　角钢扭曲的矫正

2. 弯曲法

对工件施以弯矩，使之产生弯曲变形，达到矫正目的的方法。

(1) 扁钢弯曲的矫正　如扁钢在厚度方向上弯曲时，在近弯曲处夹入台虎钳，然后在扁钢的末端用扳手朝相反方向扳动，使其弯曲处初步扳直，或将扁钢的弯曲处放在虎钳口内，利用虎钳把它初步压直，消除显著的弯曲现象后，再放到铁砧上用锤子锤击，进一步矫正到平直为止。

(2) 角钢弯曲的矫正　角钢外弯时(图2－36)，可将角钢放在钢圈上或铁砧上，为了不使角钢翻转，锤柄应稍微抬高或放低一个角度(约5°)。在用外力锤击的同时，应根据角钢摆放的方向，同时稍带有向内拉(锤柄后手抬高)或向外推的力(锤柄后手放低)。矫正角钢内弯时(图2－37)，角钢应背(宽)面朝上立放，其矫正方法与外弯矫正方法相同。

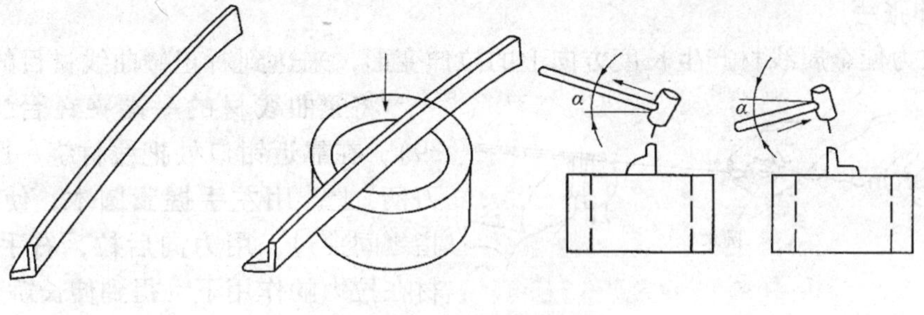

图2－36　角钢外弯的矫正

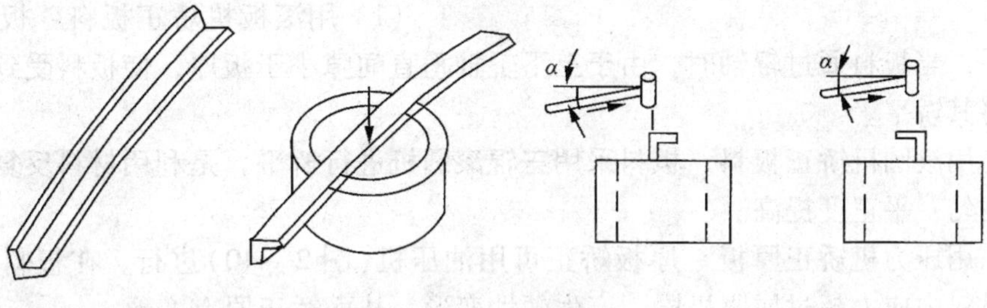

图2－37　角钢内弯的矫正

矫正角钢的角变形时，可以在V形铁上或平台上锤击矫正。

如果角钢同时有几种变形，则应先矫正变形较大的部位，后矫正变形较小的部位。如果角钢既有弯曲变形又有扭曲变形，应先矫正扭曲变形，再矫正弯曲变形。

(3)槽钢弯曲的矫正　槽钢弯曲变形有立弯、旁弯两种。无论是立弯还是旁弯的矫正，都应将槽钢用两根圆钢垫起在平台上，使其凸起部分向上，然后用大锤锤击。

如图2－38所示，当槽钢翼板有局部变形时可用一个大锤垂直抵住，或横向抵住翼板凸起部位，用另一个锤锤击翼板的凸处。当翼板有局部凹陷时，也可将翼板平放，锤击凸起处，直接矫平。

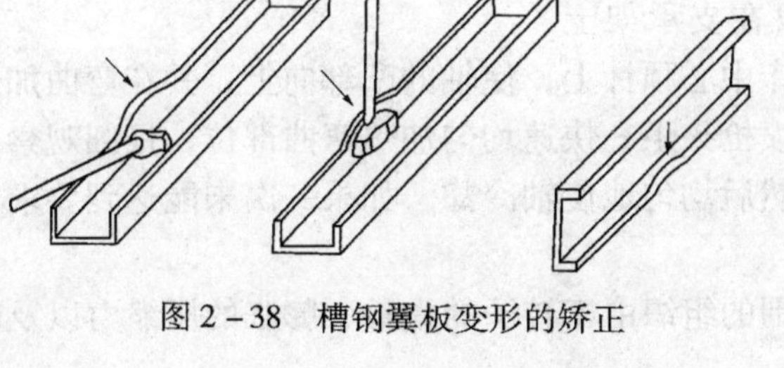

图2－38　槽钢翼板变形的矫正

(4) 小直径棒料、轴类弯曲的矫直　矫正前先把棒料、轴装在两块V形铁上，弯曲凸起部位向上，把压力专用工具压在轴的凸起处，用手锤在凹部处锤击，使其恢复平直。用百分表检查矫正情况，边矫正边检查，直到符合要求。

3. 延展法

用锤子敲打材料，使之局部延长和展开，达到矫正的目的，又称之为锤击矫正法。

(1) 扁钢在宽度方向上弯曲时，由于是窄方向上的弯曲变形，如果用弯曲法矫正，会使扁钢产生裂纹或折断。采用延展法，将扁钢平放在铁砧上，锤击弯形内凹处，经锤击后使这一侧的材料延展伸长而变直。

(2) 中部凸起的薄板(厚度小于4mm)材料弯曲时，如果锤击凸起部分，由于材料的延展伸长，就会凸起更加严重，因此必须在凸起部分的四周锤击，锤击时从外到里，逐渐由重到轻，锤击点由密到稀，使材料延展，凸起部分自然消除，薄板恢复平直。

(3) 中部凸起的厚板(厚度大于4mm)材料弯曲时，由于厚板材料的刚性较好，矫正时可以直接锤击板材的凸起处，使金属材料纤维压缩变形而达到矫平。

4. 伸张法

用拉力使金属线材产生长度方向上的拉伸变形，来达到矫正蜷曲线材目的的方法。

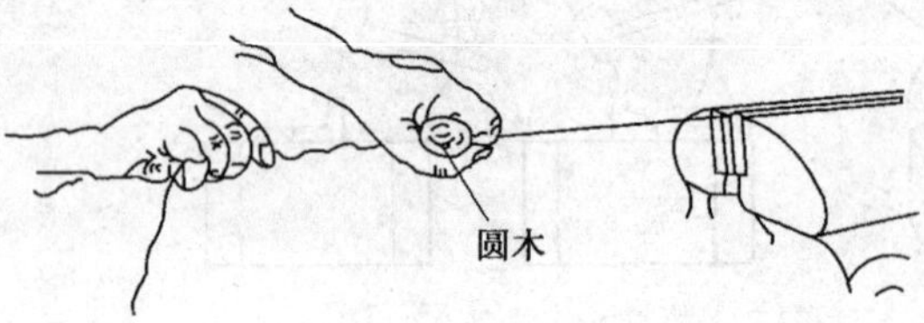

图2-39 金属线材的矫直

将蜷曲线材的一端夹在台虎钳上(图2-39)，在靠近钳口处把线材绕一圈在圆木(旧锉刀柄)上，用左手握紧圆木，使线在食指和中指之间穿过，用力向后拉，右手展开线材，线材在拉力的作用下，得到伸长矫直。

2.6.1.2 机械矫正法

(1) 用滚板机矫正板料　板料采用多辊轴进行矫平，当板料通过辊轴时，由于上下辊轴垂直间隙小于板厚，使板料受到多次反复弯曲变形，将其矫平。

(2) 用滚圆机矫正板料　板料采用三辊滚圆机进行矫平，是利用材料反复弯曲变形，而使应力均匀，平正度提高。

(3) 用压力机矫正厚板　厚板矫正可用油压机(图2-40)进行，在板料凸起处施加压力，使材料内应力超过屈服极限，产生塑性变形，从而矫正原有变形。

由于板料在卸载后有部分弹性恢复，一般适当采用矫枉过正的办法。

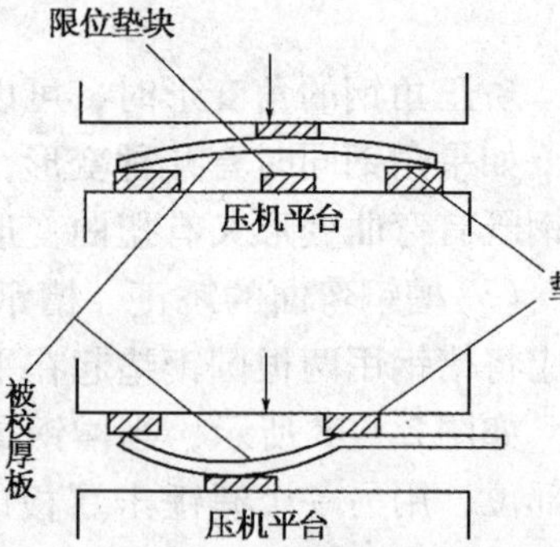

图2-40 用压力机矫正厚板

2.6.1.3 加热及冷却法

对于许多大型轴类零件在使用后，由于不正常的操作或在组装、吊装过程中，造成轴自身产生各种内应力，导致弯曲变形，如采用单纯的手工和机械方法不可能达到矫正目的，必须采用加热并结合冷却的方法来进行调直。

1. 加热法

其矫正方法是：首先将大型轴水平放在支承架上，支承点为两端轴承位置，或将轴支承在车床中心顶针上，使轴的凸部向上，并在弯曲加热部位两侧各安放一个百分表，用氧-乙炔气喷枪火炬，快速均匀加热弯曲部位，仔细观察百分表，直至轴的弯曲度涨至原读数的三倍，然后均匀地使轴冷却，如果一次未能达到要求，可重复进行直到调直。

加热法调直弯轴的实质是：加热点周围的组织由于转子的重量、膨胀的压缩力以及轴的其他组织的抵抗力而受压。当金属受热后，其抗压能力减弱，所以在加热点的金属最后得到永久性压缩变形。这样就使在这一侧的组织变短以及由于拉力，与轴的相反一面的拉应力平衡，从而使轴得到调直。

加热法矫轴必须注意：它只适应于轴弯曲出现在恒轴段的情况，不宜用于小直径轴或弯曲出现在断面急剧变化的轴段。

2. 加热及冷却法

该方法能使弯曲点受到相当大的压缩应力，特别适用于不便支承的大型轴。这一方法包括在弯轴的凸出一侧剧冷（干冰），随即在凹陷一侧急速加热（氧－乙炔气喷枪）。此矫正方法最适宜于调直弯曲在轴承段以外的轴端部分，或是用于任何一段有弯曲的大型立轴。

这一方法的实质是对轴有长“纤维”组织的一侧施以人工冷却使之收缩，随后在其对面的组织处加热使之形成拉伸应力而失去强度，并在加热处延伸。

2.6.2 弯曲

将平直的棒料、条料、钢丝、管子等弯曲成所要求的形状，叫做弯曲。弯曲有冷弯和热弯两种。

弯曲时要特别注意使弯曲线与材料碾压纹方向垂直，或成一定角度，否则材料就会裂开。

2.6.2.1 工件弯曲前毛坯长度的计算

在弯曲前，如果工件图纸上没有注明材料毛坯的展开长度尺寸，就要先根据工件尺寸计算出来，然后才能下料和弯曲。计算时先把图纸上的工件形状分解成几个最简单的几何图形，再把各部分计算结果加起来，就得到材料毛坯的总长度。图2－41是三种弯曲工件图形，图上直线部分的长度可以直接计算出来，圆弧部分的长度可用下式计算：

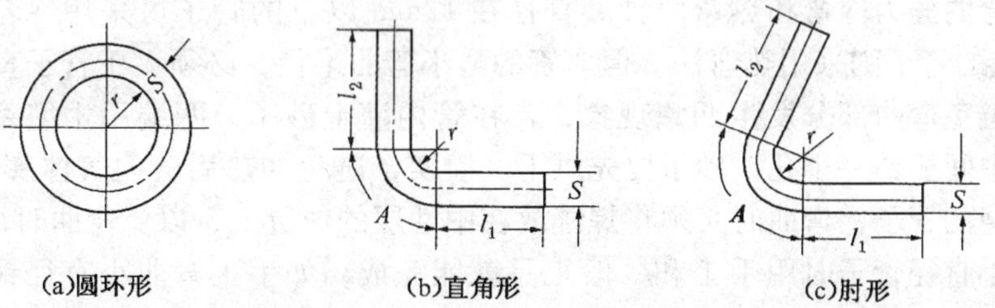

(a)圆环形　(b)直角形　(c)肘形

图2－41　三种弯曲图形

$$A = \pi(r + S/2)\alpha/180° \qquad (2-7)$$

式中 A——圆弧长度，mm；

r——内弯曲半径，mm；

S——材料厚度，mm；

α——与圆弧相对的圆心角，(°)；弯曲整圆形时，$\alpha = 360°$；弯曲直角形时，$\alpha = 90°$；弯曲任意角形时，α 根据图纸尺寸确定。

1. 弯曲直角形工件

先在弯曲的地方划好线，然后夹在台虎钳上，使线和虎钳口平齐，用手锤敲打根部，或用垫铁垫在根部，用手锤敲打垫铁。

如果台虎钳钳口深度比工件短时，可用角铁夹具来夹持工件，见图2－42。

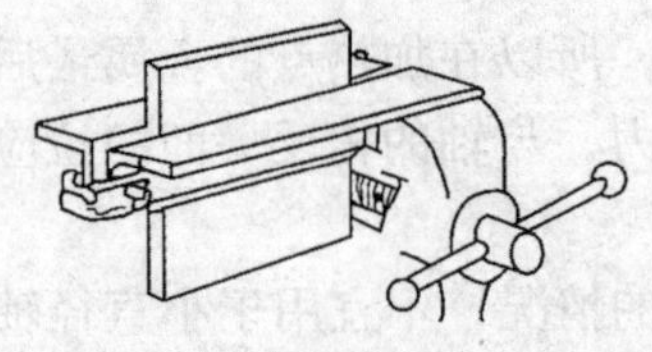

图 2－42　用角铁夹具的方法

2. 弯曲弓形件

第一步，在各弯曲部位划线，见图 2－43(a)所示；第二步，在虎钳钳口中放置两块垫铁，划线对齐垫铁平面，夹紧，按箭头所示方向弯曲，见图 2－43(b)所示；第三步，弯成的一个直角边，紧贴衬垫，并在虎钳上夹紧，按箭头所示方向弯曲，见图2－43(c)所示；第四步，放置衬垫，并紧贴住下部的工件平面，按箭头所示方向，弯制成形，见图 2－43(d)所示。

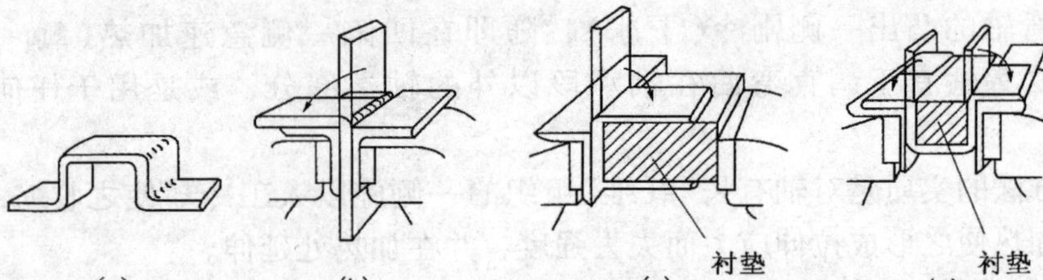

图 2－43　弯弓形件方法

3. 弯曲圆弧形工件

先在材料上划好弯曲处的位置线，按线夹在台虎钳的两块衬垫里，然后用锤子锤击，初步弯曲成形，最后在半圆模上修整圆弧至合格。

4. 咬口

把板料的两个边弯曲，使它们互相紧紧扣合的操作叫咬口。咬口的基本类型有五种：站缝单扣、站缝双扣、卧缝挂扣、卧缝单扣、卧缝双扣。咬口操作时应根据咬口类型留余量，决不可以搞平均。

5. 管子弯曲

管子弯曲分为冷弯和热弯两种。直径在 12mm 以下的管子可采用冷弯方法，而直径在 12mm 以上的管子则采用热弯法。但弯管的最小弯曲半径，必须大于管子直径的 4 倍。

为了避免弯曲部分发生凹瘪现象，常在管内灌上砂子，两端用木塞塞紧。为了便于排气，木塞中间要钻一小孔，砂子要先烘干、灌实，避免加热后管内气体膨胀造成爆炸事故。对于有焊缝的管子，弯曲时必须将焊缝放在中性层的位置上，以免弯曲时焊缝裂开。

弯曲小直径管子时用手工和一般工具就能完成，如手工弯曲小直径铜管，先将铜管退火，用手边弯边做整形，修整弯曲产生的扁圆形状，使弯曲圆弧光滑圆整，千万不可一下子弯曲很大的弯曲度，这样不易修整产生的变形。

弯曲大直径管子时常用弯管器，如图 2－44 所示，用弯管器冷弯管子，转盘圆周和靠铁侧面上有圆弧槽，圆弧槽按所弯管子直径而定，当转盘和靠铁的位置固定后即可使用，使用时将管子插入转盘和靠铁的圆弧槽中，钩子钩住管子，按所需的弯曲位置，扳动手柄，使管子跟随手柄弯曲到所需角度。

6. 缠绕弹簧

弹簧的种类很多，应用很广。按照弹簧受力情况，弹簧可分为压力弹簧、拉力弹簧和扭力弹簧；按弹簧的外形，可分为圆柱弹簧、圆锥弹簧和板弹簧。最常见的弹簧是圆柱弹簧。

弹簧的簧距是相邻两圈钢丝在轴线上的距离，弹簧长度就是弹簧端面之间的距离。

缠绕弹簧多用缠簧机或车床缠制。需要数量不多的小弹簧，可由钳工手工缠制。用钢丝或圆钢管弯成缠簧杆，前端锯一个小缺口或小孔，缠簧杆的直径约为弹簧内径的 80%～90%。

缠绕压簧时，把钢丝一端插入缠簧杆的小槽内，折弯卡牢，然后夹紧钢丝(钳口垫硬木或铜垫)，夹紧力的大小以缠簧杆能转动为宜，缠制中还要根据转动力量的大小随时调节松紧。用左手扶缠簧杆，右手转手柄，同时使缠簧杆稍向前移动，使钢丝一圈紧靠一圈地缠在缠簧杆上，缠制完毕后，拉出需要的弹簧长度。压簧的端面一般要求与弹簧轴线垂直，因此要把弹簧两端头加热，各压紧一个弹簧圈，再用砂轮机磨平，用直角尺检验垂直度。

缠压簧的方法很多，有用上述的方法，均匀地控制缠簧杆向前移动的距离，以便直接得到需要的距离；也有把缠簧杆和钢丝都夹紧在虎钳口的硬木或铜钳口中，在开始缠制时，注意控制簧距，等硬木或铜钳口中压出螺旋凹槽时，就能很方便地继续缠制。还有利用导板的方法来缠制，这时簧距大小可以靠偏斜缠簧杆来控制。

缠拉力弹簧时，为了提高拉力，先用直径较大的缠簧杆正缠，然后再进行反缠(图2-45)。正缠后的弹簧内径比反缠后的外径大3mm左右。反缠时先将弯头卡入缠簧杆，用螺丝刀将弯头拨在第一圈和第二圈之间，再夹在钳口中缠制。缠成后切断成需要的长度。

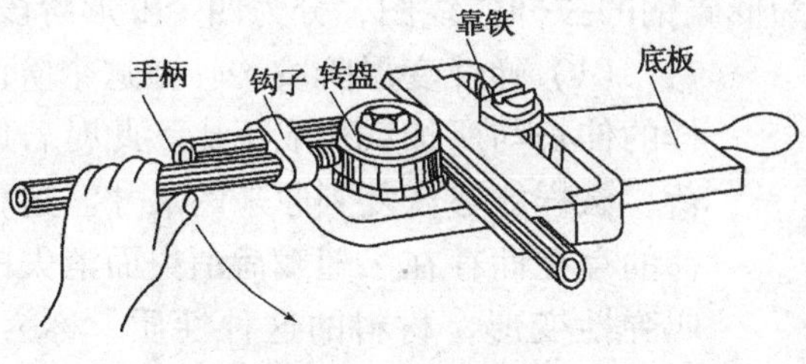

图2-44 用弯管器弯管

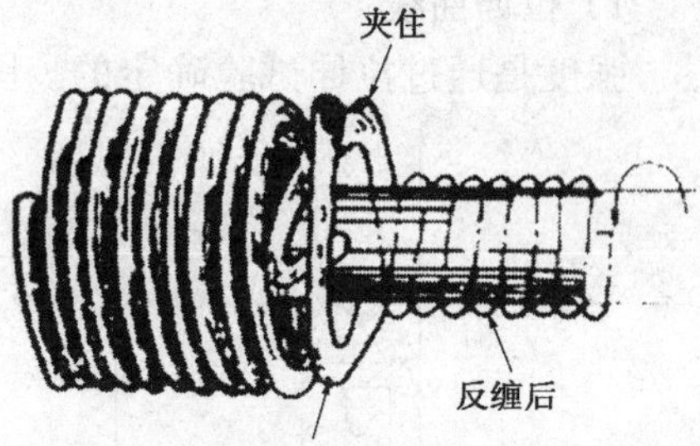

图2-45 弹簧反缠的示意图

拉力弹簧两端做出连接环，以便使用。弯环时可用螺丝刀将弯环部分撬开，用尖嘴钳将弹簧不弯曲的地方夹住，用另一尖嘴钳将环弯成90°，再把环扭转到中心。

缠制的弹簧都要经过热处理，优质碳素弹簧钢只需回火，铬钒合金钢弹簧丝则需要进行淬火和回火。

第3章 金属材料与热处理

3.1 金属的力学性能

力学性能又称为机械性能，是金属材料在外力作用下所表现出来的性能。它是机械设计、制造中选材的主要依据。力学性能主要包括强度、硬度、塑性和冲击韧性等。

3.1.1 力学性能

1. 强度

强度是指金属材料在外力作用下所表现出来的抵抗变形或断裂的能力。

1）拉伸曲线

强度是通过拉伸试验确定的。图3－1为低碳钢的拉伸曲线图，分为四个变形阶段。

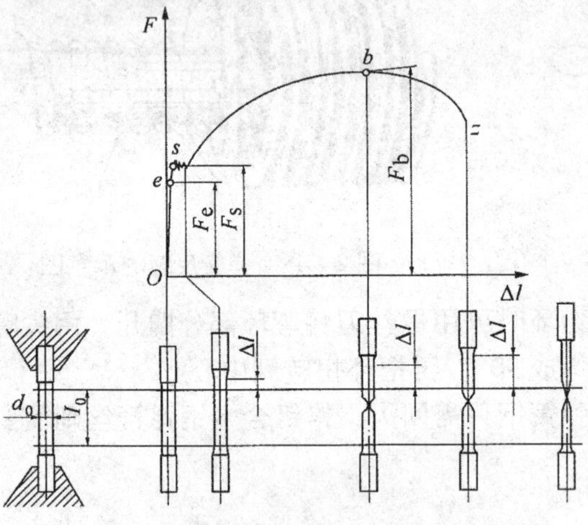

图3－1 低碳钢的拉伸曲线图

（1）弹性变形阶段 *oe* 在这个阶段，试样的伸长与所加载荷成正比。此时若卸除载荷，试样能够恢复到原来的尺寸。这种随载荷的存在而存在、随载荷消失而消失的变形叫弹性变形，材料的这种性质，称为弹性。材料抵抗弹性变形的能力称为刚度，也就是材料的弹性模量。

（2）屈服阶段 *es* 当载荷超过 F_e 后，试样将进一步伸长，此时如果卸载，试样则不能恢复到原来的尺寸，这种不能随载荷的去除而消失的变形称为塑性变形，又称永久变形。当载荷超过 F_s时，拉伸曲线出现水平或锯齿状，这说明在载荷保持基本不变的情况下，试样还继续伸长，这种现象称为屈服。引起试样屈服的载荷为屈服载荷。

（3）强化阶段 *sb* 此时试样又随载荷的增加而伸长。随着塑性变形的增加，试样的变形抗力也逐渐加大，这种现象称为形变强化（或加工硬化）。

（4）缩颈阶段 *bz* 当载荷增加到 F_b时，试样出现局部截面缩小，称为“缩颈”。由于试样局部截面的逐渐缩小，故载荷也逐渐降低，当达到 F_z时，试样断裂。

2）强度指标

（1）弹性极限 σ_e 金属材料能保持弹性变形的最大应力。

$$\sigma_e = F_e/S_o$$

式中 F_e——弹性变形范围内的最大载荷，N；

S_o——试样原始横截面积，mm^2。

（2）屈服强度 σ_s 是指又称屈服点，是材料产生屈服现象时的最小应力。

$$\sigma_s = F_s/S_o$$

式中 F_s——使材料产生屈服的最小载荷，N。

对于低塑性材料或脆性材料，由于屈服现象不明显，国标规定以“残余应变伸长量达到0.2%时的应力值”来表征材料抵抗微量塑性变形的能力，称为屈服强度，用$\sigma_{0.2}$表示。

(3)抗拉强度σ_b。试样断裂前能够承受的最大应力。

$$\sigma_b = F_b/S_o$$

式中 F_b——试样断裂前所能承受的最大载荷，N。

零件在工作中所承受的应力，不能超过它们的强度指标。即弹性材料制造的零件所承受的应力不应超过其弹性极限；塑性材料制造的零件所承受的应力不应超过其屈服强度；脆性材料制造的零件所承受的应力不应超过其抗拉强度。否则，机械零件就不能正常工作。

2. 硬度

硬度是指材料抵抗局部变形，特别是塑性变形、压痕或划痕的能力。

生产中测定材料的硬度，最常用的是压入法。它是用一定几何形状的压头，在一定载荷下压入被测试的金属材料表面，根据被压入程度来测定其硬度值。按照实验方法的不同，分为布氏硬度HB、洛氏硬度HR、维氏硬度HV三种。

硬度是金属材料重要的力学性能之一，机械制造业中，所用的刀具、量具和模具等，都应具备足够的硬度，才能保证其使用性能和寿命。

3. 塑性

塑性是指金属材料在外力作用下产生永久变形而不断裂，在外力去除后，还能保持其变形后的形状的能力。塑性指标也是由拉伸试验测得，常用伸长率和断面收缩率表示。伸长率是指试样拉断时的绝对伸长量与原始长度比值的百分率；断面收缩率是指试样拉断后，试样断口处横截面积的缩减量与原始横截面积比值的百分率。

伸长率和断面收缩率的数值越大，表明材料的塑性越好。材料塑性的好坏，对零件的加工和使用有着重要的意义。

4. 冲击韧性

冲击韧性是指金属材料在冲击载荷的作用下，抵抗破坏的能力。目前，常用一次摆锤冲击弯曲试验来测定。

一般来说，韧性是强度和塑性的综合反映，强度和塑性均好的材料，韧性也好，韧性越好的材料，抵抗冲击载荷的能力越强。

3.1.2 温度对材料力学性能的影响

1. 温度升高的影响——蓝脆现象

金属材料的力学性能随着温度的升高而发生变化。铜、铝等材料，温度升高，其强度降低，塑性提高。但对于碳钢来说，开始时强度和弹性模量基本不变，塑性变化也不大，当温度达到250℃左右时，抗拉强度提高，而塑性和冲击韧性下降，这种现象称之为“蓝脆现象”(表面氧化膜呈现蓝色，由此而命名)；当温度在350℃以上时，屈服点、抗拉强度急剧下降；当温度达到600℃时，强度几乎等于零。如图3-2所示。

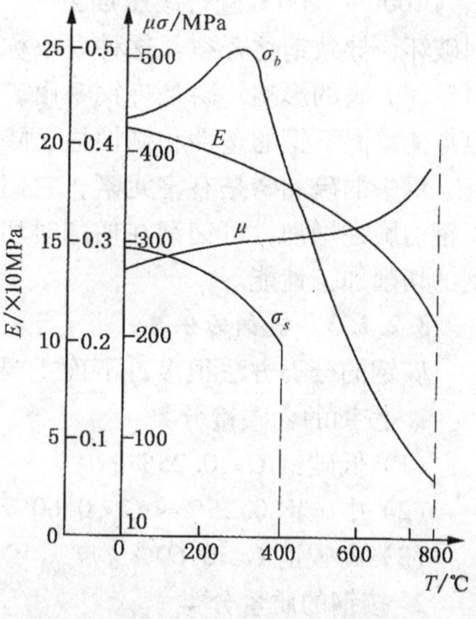

图3-2 温度变化对碳钢力学性能的影响

2. 温度降低的影响——低温冷脆现象

当温度下降时，钢材强度略有提高，而塑性和冲击韧性有所下降(材料变脆)，当温度下降至某一数值时，钢材冲击韧性急剧下降，导致脆性破坏的现象称之为“低温冷脆现象”。由于材料的冷脆性，零件在低温下容易发生脆性断裂，破坏时应力较低，又无可见的变形现象，危险性较大。

3.2 钢

3.2.1 碳素钢(简称碳钢)

含碳量在0.0218%～2.11%之间，而且不含有特意加入合金元素的铁碳合金称为碳钢。

碳钢由于力学性能和工艺性能良好，冶炼方便，价格低廉，并且在一般情况下能够满足使用性能的要求，是机械制造和工程建设中最常用的工程材料。为了在生产上合理选择、正确使用碳钢，必须了解我国碳钢的分类、牌号和应用，以及常存元素对碳钢的影响。

3.2.1.1 常存元素对碳钢性能的影响

碳钢中除铁和碳两种元素外，还含有少量硅(Si)、锰(Mn)、硫(S)、磷(P)等常存杂质，它们的存在对钢的性能必然产生一定影响。

(1) 锰的影响　锰是炼钢时加入锰铁脱氧而残留在钢中的。锰能够提高钢的强度和硬度；清除钢中FeO，降低钢的脆性；与硫化合成高熔点的MnS，可以减轻硫的有害作用，所以锰是一种有益元素。

(2) 硅的影响　硅是炼钢时加入硅铁脱氧而残留在钢中的。硅的存在可使钢的强度和硬度提高，所以硅也是钢中的有益元素。

(3) 硫的影响　硫是炼钢时由矿石和燃料带入钢中的有害元素。硫与钢中的铁生成化合物FeS，FeS与铁形成低熔点(985℃)的共晶体(Fe＋FeS)并分布在奥氏体晶界上。当钢材加热到1000～1200℃进行锻压加工时，沿晶界分布的共晶体已经熔化，使各晶粒间的连接遭到破坏，导致钢材开裂，这种现象称为“热脆”。

(4) 磷的影响　磷是炼钢时由矿石带入钢中的有害元素。磷可使钢的强度和硬度增加，但却使室温下钢的塑性和韧性显著降低，使钢变脆，这种现象称为“冷脆”。

钢中的硫和磷是有害元素，它们的含量必须严格控制。但是，适当提高硫、磷含量，由于钢的脆性增加，可使钢在切削时切屑容易断裂，从而提高切削效率，延长刀具寿命，改善钢的切削加工性能。

3.2.1.2 碳钢的分类

碳钢的分类方法很多，下面主要介绍常用的几种。

1. 按钢的含碳量分类

(1) 低碳钢 $C \leqslant 0.25\%$；

(2) 中碳钢 $0.25\% < C < 0.60\%$；

(3) 高碳钢 $C \geqslant 0.60\%$。

2. 按钢的质量分类

即按钢中有害元素硫、磷的多少可分为：

(1) 普通质量钢 $S \leqslant 0.050\%$，$P \leqslant 0.045\%$；

(2) 优质钢 $S \leqslant 0.030\%$，$P \leqslant 0.035\%$；

（3）高级优质钢 S≤0.020%，P≤0.030%；

（4）特级质量钢 S≤0.015%，P≤0.025%。

3. 按钢的用途分类

（1）碳素结构钢　主要用于制造各种工程构件和机器零件，一般属于低碳钢和中碳钢；

（2）碳素工具钢　主要用于制造各种刃具、量具和模具等，一般属于高碳钢。

4. 按冶炼时脱氧程度分类

可分为特殊镇静钢、镇静钢、半镇静钢和沸腾钢。下面仅介绍沸腾钢和镇静钢。

（1）沸腾钢　钢水在冶炼后期只用锰铁进行不充分的脱氧。钢水浇入钢锭模后，钢水中的 FeO 和碳相互作用，脱氧过程仍继续进行，生成的大量 CO 气体引起钢水产生沸腾现象。大部分 CO 气体逸出，少量气体凝固时被封闭在钢锭内部，形成许多小气泡。因此钢的成分不均匀，组织不够致密，有偏析，质量较差。沸腾钢塑性、韧性、可焊性较差，容易发生时效和变脆，但产量较高、成本较低。沸腾钢只能是低碳钢。由于这类钢锭不产生缩孔，切头浪费较小。

（2）镇静钢　钢水在冶炼后期用锰铁、硅铁和铝充分脱氧，基本不产生 CO 气体，钢水在钢锭模内平静凝固。因此钢的化学成分均匀，内部组织致密，质量较高，力学性能优于沸腾钢。由于脱氧程度充分，屈服点高，抗拉强度和冲击韧性高，可焊性和抗锈蚀性好，冷脆性和时效敏感性较小，但成品率低，切头率大，钢材表面质量不如沸腾钢，特别是成本高。故用于承受冲击荷载、低温下的焊接结构及较重要结构。

我国钢材标准规定：鉴别沸腾钢和镇静钢，可通过硅的含量来进行。沸腾钢：含硅量小于 0.07%；镇静钢：含硅量在 0.15% ~0.17% 之间。

3.2.1.3　碳钢的牌号和用途

1. 碳素结构钢

该类钢的牌号由“屈服”汉语拼音首字母 Q + 屈服点数值 + 质量等级符号 + 脱氧方法等四部分按顺序组成。屈服点数值的单位为 MPa。质量等级符号用 A、B、C、D 表示钢中有害元素硫和磷含量的多少，从 A 级到 D 级钢中硫和磷的含量依次减少，质量逐渐提高。脱氧方法符号用 F、b、Z、TZ 分别表示沸腾钢、半镇静钢、镇静钢以及特殊镇静钢。Z 与 TZ 符号在牌号中予以省略。例如 Q235—AF 表示碳素结构钢中屈服强度为 235MPa 的 A 级沸腾钢。

碳素结构钢中有害杂质较多，但冶炼方便，价格低廉，能够满足一般工程结构及机械零件的性能要求，应用比较广泛。通常轧制成钢板或各种型材（如圆钢、方钢、角钢、工字钢等），用于厂房和船舶等建筑结构或一些受力不大的机械零件（如螺钉、螺母等）。

碳素结构钢的牌号、化学成分、力学性能和用途见 GB 700—1988 所示。其中 Q235 应用最广，用于制作钢板、钢筋、型钢、一般工程构件以及受力不大的机器零件，如小轴、螺栓和连杆等。

2. 优质碳素结构钢

该类钢的牌号是用两位数字表示平均含碳量的万分之几，例如 45 表示平均含碳量为 0.45% 的优质碳素结构钢。若钢中含锰量较高（0.7% ~1.2%），在牌号后面标出元素符号“Mn”，例如 65Mn。若为沸腾钢或具有某些特殊用途的专用钢，则在牌号后加上规定符号，例如：“F”表示沸腾钢，“g” 表示锅炉用钢。

优质碳素结构钢所含硫、磷及非金属夹杂物较少，其强度、塑性和韧性均优于碳素结构钢，主要用于制造重要的机械零件。

常用优质碳素结构钢的牌号、化学成分、力学性能和用途见 GB 699—1988 所示。其中 45 号钢应用最广，用于制作承受负荷较大的小截面调质零件以及对心部强度要求不高的表面淬火件，如曲轴、传动轴、连杆、齿轮等。

3. 碳素工具钢

碳素工具钢的牌号由 T + 数字组成。T 是“碳”的汉语拼音首字母，数字表示平均含碳量的千分之几。例如 T7 表示平均含碳量为 0.7% 的优质碳素工具钢。碳素工具钢一般都是优质钢，若为高级优质碳素工具钢，则在牌号末尾加“A”符号，例如 T12A，表示平均含碳量为 1.2% 的高级优质碳素工具钢。

碳素工具钢主要用于制造各种刃具、量具和模具等。常用的 T10、T10A 用于不受剧烈冲击、有一定韧性和锋利刃口的各种工具，例如车刀、刨刀、冲头、钻头、丝锥、手锯条等。

常用碳素工具钢的牌号、化学成分、力学性能和用途见 GB 1298—1986 所示。

3.2.2 合金钢

合金钢就是在碳钢的基础上，为改善钢的组织和性能，在冶炼时有目的地加入一些合金元素而得到的钢。与碳钢相比，合金钢的淬透性好，高温强度高，回火稳定性好，有的还有某些特殊的物理、化学性能，故应用日益广泛。

3.2.2.1 合金钢的分类

合金钢的分类方法很多，目前常用的分类方法如下。

1. 按用途分类

（1）合金结构钢；

（2）合金工具钢；

（3）特殊性能钢。

2. 按合金元素总含量分类

（1）低合金钢 钢中合金元素总含量 <5%；

（2）中合金钢 钢中合金元素总含量 5% ~10%；

（3）高合金钢 钢中合金元素总含量 >10%。

3.2.2.2 合金钢的牌号

我国合金钢的牌号是按其含碳量、合金元素种类及含量、质量级别等来编制的。

1. 合金结构钢

其牌号采用“数字 + 合金元素符号 + 数字”表示。前面的数字表示钢的平均含碳量的万分之几；元素符号表示钢中主要合金元素；后面的数字表明该合金元素平均含量的百分之几。合金元素含量 <1.5%，一般不标注，平均含量为 1.5% ~2.5%、2.5% ~3.5%……时，则在元素符号后面相应地标以 2、3、4……。例如：60Si2Mn，表示平均含碳量为 0.60%，平均硅含量 1.5% ~2.5%，平均锰含量小于 1.5% 的合金结构钢。

若为高级优质钢，则在牌号后面加上符号“A”，例如 60Si2MnA。此外，滚动轴承钢牌号前加“G”（即“滚”）表示钢的用途，碳的含量不标，铬含量以其平均含量的千分之几表示，其他合金元素仍用百分之几标注。例如 GCr15SiMn，表示平均含铬量为 1.5%，硅和锰的平均含量均小于 1.5% 的滚动轴承钢。

2. 合金工具钢

其牌号的表示方法与合金结构钢相似，不同之处在于含碳量的表示方法。当平均含碳量大于等于1.0%时，牌号前不标数字；含碳量小于1.0%时，用一位数字表示平均含碳量的千分之几。例如：Cr12MoV，表示平均含碳量大于等于1.0%，铬的平均含量为12%，钼和钒的含量都小于1.5%的合金工具钢；9SiCr，表示平均含碳量为0.9%，合金元素硅、铬的平均含量均小于1.5%的合金工具钢。

高速钢不论含碳量多少，在牌号中均不标注，但当合金的其他成分相同而只有含碳量不同时，则在含碳量高的牌号前加“C”符号。例如：W6Mo5Cr4V2和CW6Mo5Cr4V2，前者含碳量为0.8%～0.9%，后者含碳量为0.95%～1.05%，其余成分相同。

3. 特殊性能钢

其牌号与合金工具钢的表示方法基本相同，只是当含碳量小于等于0.03%或小于等于0.08%时，在牌号前分别用“00”及“0”表示。例如：0Cr18Ni9，表示平均含碳量为小于等于0.08%；00Cr30Mo2的平均含碳量小于等于0.03%。

3.2.2.3 合金钢的主要性能和用途

1. 合金结构钢

主要用于制造各种机械零件和工程构件，是用途最广、用量最大的一类合金钢。

根据用途和热处理方法等的不同，常用的合金结构钢分为以下几种：

1）低合金结构钢

其化学成分特点是低碳、低合金，锰为主加合金元素，并辅以钒、钛、铌、硅、铜、磷等。锰、硅的主要作用是提高钢的强度和硬度；钒、钛、铌等主要细化晶粒，提高钢的强度、塑性和韧性；少量的铜和磷主要是提高钢的耐腐蚀性。由于合金元素的强化作用，低合金结构钢的强度显著高于相同含碳量的碳素结构钢，具有良好的塑性、韧性、耐腐蚀性和焊接性，广泛用于桥梁、车辆、船舶、锅炉、高压容器、大型钢结构以及汽车、拖拉机、挖土机械等钢结构件。

常用低合金结构钢的牌号、性能及主要用途见GB/T 1591—1994所示。其中16Mn（Q345）是我国开发最早、产量最大、各种性能配合较好的钢材，故应用最广，主要用于制造桥梁、船舶、锅炉、压力容器和重型机械等。

2）合金渗碳钢

渗碳钢是经渗碳、淬火、低温回火处理后使用的钢。合金渗碳钢的含碳量较低，能够保证心部具有足够的塑性和韧性；加入铬、镍、锰和硼等合金元素以提高钢的淬透性，提高渗碳层的强度和韧性；加入钨、钼、钒、钛等合金元素，起细化晶粒的作用。

合金渗碳钢主要用于制造表面坚硬、耐磨，又能承受冲击载荷的机器零件。常见合金渗碳钢的牌号、性能和用途见GB 3077—1989所示。其中20CrMnTi最常用，主要用于承受高速、中或重载、摩擦的重要渗碳件，例如汽车和拖拉机上的变速齿轮、传动轴等。

3）合金调质钢

调质钢大多属于中碳成分，经调质处理（淬火＋高温回火）后使用的优质碳素结构钢和合金结构钢。

合金调质钢的平均含碳量一般为0.25%～0.50%，含碳量过低，硬度不足；过高则韧性不足。加入合金元素铬、锰、硅、镍、硼等增加钢的淬透性；加入少量钼、钨、钒、钛等可细化晶粒和提高回火稳定性，进一步改善钢的性能。

合金调质钢具有较高的强度和良好的塑性、韧性，即具有良好的综合力学性能。主要用于制造汽车、拖拉机、机床以及其他机械上的重要零件。

常见合金调质钢的牌号、性能和用途见 GB 3077—1989 所示。其中 40Cr 是典型的合金调质钢，具有良好的塑性和淬透性，广泛用于制造重要的调质零件，例如曲轴、主轴、连杆、齿轮等。

4）合金弹簧钢

弹簧钢是用来制造各种弹簧和弹性元件的钢种，它主要是利用弹性变形时储存的能量起到缓和振动和冲击的作用，或依靠弹性储存能量起驱动作用。由于弹簧一般是在动负荷的条件下使用，因此要求弹簧钢必须具有高的强度、高的疲劳极限、足够的塑性和韧性以及良好的表面质量。

合金弹簧钢的平均含碳量一般为 0.45% ~0.70%。含碳量过高，塑性、韧性降低，疲劳极限也下降。加入的合金元素硅、锰主要是提高钢的淬透性和弹性极限。但硅容易使钢在加热时脱碳，锰易使钢过热。加入铬、钒、钨等元素，可降低钢的脱碳和过热倾向，还有利于提高钢的高温强度和韧性。

常用合金弹簧钢的牌号、性能和用途见 GB 1222—1984 所示。其中 60Si2Mn 应用最广，用于制造汽车板簧、螺旋弹簧以及安全阀用弹簧等。

5）滚动轴承钢

滚动轴承钢是制造滚动轴承的滚动体及内、外圈的专用钢，也可用来制造各种工具和耐磨零件。

滚动轴承工作时，承受着高而集中的交变载荷；滚动体和内、外圈之间产生极大的接触应力，同时还有滚动摩擦或滑动摩擦，容易使滚动轴承工作表面产生接触疲劳破坏和磨损。因此滚动轴承钢必须具有高而均匀的硬度和耐磨性、高的弹性极限和接触疲劳强度、足够的韧性和一定的耐蚀性。

通常所说的滚动轴承钢都是指高碳铬钢，以保证高硬度、高耐磨性和高强度。加入铬主要作用是提高淬透性，以提高钢的硬度、接触疲劳强度和耐磨性。对于大型轴承，还可加入适量的硅、锰，以便进一步提高淬透性，提高钢的强度和弹性极限。

由于滚动轴承钢的化学成分、力学性能与低合金工具钢相近，故常用它来制造刀具、冷冲模、量具及性能要求与滚动轴承相似的耐磨零件。

常用滚动轴承钢的牌号、性能和用途见 GB 3203—1982 所示。应用最多的滚动轴承钢是 GCr15、GCr15SiMn。前者主要用于中、小型滚动轴承，后者主要用于较大型滚动轴承。

2. 合金工具钢

工具钢主要用于制造刃具、模具、量具等。它分为碳素工具钢和合金工具钢。前者容易加工，价格便宜，但是热硬性差（只有 200℃），淬透性低，容易变形和开裂。因此，尺寸大、精度高、形状复杂及工作温度高的工具，均采用合金工具钢。

合金工具钢按用途分为刃具钢、模具钢和量具钢三大类。但在实际使用时可以相互交叉。

1）合金刃具钢

合金刃具钢主要制造车刀、铣刀、钻头等切削刀具。根据刀具工作条件，刃具钢要求具有高硬度、高耐磨性、高热硬性、足够的强度和韧性。

合金刃具钢又分为低合金刃具钢和高速钢。

(1) 低合金刃具钢　在碳素工具钢的基础上加入少量合金元素而获得。含碳量较高，以保证高硬度和高耐磨性。加入硅、锰、铬主要提高钢的淬透性，增加钢的强度；加入钨、钒是细化晶粒并提高钢的硬度、耐磨性和热硬性。由于合金元素加入量不大，故一般工作温度不得超过300℃。

常用低合金刃具钢的牌号、性能和用途见GB 1299—1985所示。9SiCr是最常用的低合金刃具钢，广泛用于制造耐磨性高、切削不剧烈的刀具，如板牙、丝锥、铰刀、钻头和齿轮铣刀等。

(2) 高速钢　高速钢的含碳量较高，可以保证形成足够的合金碳化物，使其具有高硬度、高耐磨性以及良好的热硬性。钨、钼主要提高钢的热硬性；铬显著提高钢的淬透性和回火稳定性；钒用于改善钢的硬度和耐磨性。

高速钢因其切削速度比低合金刃具钢更高而得名。它的热硬性高达600℃，切削时能长时间保持刃口锋利，故又称锋钢。

高速钢常用于制造切削速度较高的刀具(如车刀、铣刀、钻头等)和形状复杂、载荷较大的成形刀具，如齿轮铣刀、拉刀等。

常用高速钢的牌号、性能和用途见GB 1299—1985所示。W18Cr4V是我国开发最早的高速钢，用于制造一般高速切削用车刀、刨刀、钻头、铰刀、铣刀等。

2) 合金模具钢

合金模具钢主要用来制造各种金属成形用的模具。根据模具的工作条件不同，可分为冷作模具钢和热作模具钢。

(1) 冷作模具钢　用于制造金属在冷态下进行变形的模具，如冷冲模、冷挤压模、冷镦模等。这些模具在工作中要承受很大的压力、弯曲力、冲击力和强烈的摩擦，所以要求冷作模具钢具有高硬度和良好的耐磨性，以及足够的强度和韧性，大型模具还要求良好的淬透性。

小型冷作模具可用碳素工具钢和低合金刃具钢制造；大型冷作模具一般采用Cr12型钢。

常用冷作模具钢的牌号、性能和用途见GB 1298—1986和GB 1299—1985。

(2) 热作模具钢　用于制造金属在受热状态时对金属进行变形加工的模具，如热锻模、热镦模、热挤压模等。由于热作模具是在非常苛刻的条件下工作，因而要求热作模具钢具有高的热硬性和高温耐磨性、良好的综合力学性能、高的热疲劳强度和较好的抗氧化能力，同时还要求具有高的淬透性和导热性。

常用热作模具钢的牌号、性能和用途见GB 1299—1985。

3) 合金量具钢

量具是用来测量和检验零件尺寸的工具，如游标卡尺、千分尺、量块和样板等。由于量具在使用过程中经常受到磨损和磕碰，所以要求量具钢必须具备高硬度、高耐磨性、高的尺寸稳定性及足够的强度和韧性，同时还要求热处理变形小。

碳素工具钢、合金工具钢和滚动轴承钢均可用来制造量具。表3-1列出了量具用钢的选用实例。

表3-1　量具用钢的选用实例

<table>
<tr><th>钢的牌号</th><th>量具名称</th><th>钢的牌号</th><th>量具名称</th></tr>
<tr><td>T10A、T12A、9SiCr</td><td>形状简单、精度不高的量规、塞规等</td><td>GCr15、Cr2、CrMn</td><td>高精度量块等</td></tr>
<tr><td>15、20、20Cr、15Cr</td><td rowspan="2">精度不高、耐冲击的卡板、平样板等</td><td rowspan="2">CrWMn</td><td rowspan="2">高精度、形状复杂的量规、量块等</td></tr>
<tr><td>50、60、65Mn</td></tr>
</table>

3. 特殊性能钢

特殊性能钢指具有特殊物理、化学性能的合金钢，其种类很多，机械制造中常用的有不锈钢、耐热钢、耐磨钢等。

1）不锈钢

在自然环境或一定工业介质中具有耐腐蚀性的钢，称为不锈钢。按照化学成分不同，不锈钢分为铬不锈钢、铬镍不锈钢和铬锰不锈钢等；按照组织特征，不锈钢分为马氏体不锈钢、铁素体不锈钢、奥氏体不锈钢和双相不锈钢等。

（1）马氏体不锈钢　其含碳量为0.1%～0.4%，含铬量为12%～14%，通称Cr13型不锈钢。马氏体不锈钢只在氧化性介质中耐腐蚀，而且随着钢中含碳量的增加，耐蚀性下降。

含碳量较低的1Cr13、2Cr13具有良好的抗大气、海水、蒸汽等介质腐蚀的能力，常用于制造耐腐蚀的结构件，如汽轮机叶片、水压机阀门等。

含碳量较高的3Cr13、4Cr13等常用于制造医用手术工具及刃具、弹簧、轴承等在弱腐蚀条件下工作且要求高强度的零件。

（2）铁素体不锈钢　其含碳量小于0.12%，含铬量为12%～30%，通称Cr17型不锈钢。这类钢的耐腐蚀性（对硝酸、氨水等）和抗氧化性（700℃以下）较好，但强度低，不能热处理强化。因此，主要用于制造要求耐蚀性较高而受力不大的构件，如化工容器、管道、食品工厂的设备等。

（3）奥氏体不锈钢　常用奥氏体不锈钢牌号有0Cr19Ni9、1Cr18Ni9、1Cr18Ni9Ti等，通称18－8型不锈钢。此类钢含碳量都很低，因为含碳量增高不利于耐腐蚀性。加入大量铬和镍共同增加耐蚀性；钛主要是消除钢的晶间腐蚀倾向。主要用于制造在强腐蚀介质（硝酸、磷酸及碱水溶液等）中工作的设备、管道和储槽等。

（4）铁素体－奥氏体不锈钢　是近年发展起来的新型不锈钢。内部组织由奥氏体和δ铁素体两相组成，故又称为双相不锈钢，它克服了奥氏体不锈钢应力腐蚀抗力差的缺点，还提高了抗晶间腐蚀及焊缝热裂的能力。0Cr21Ni5Ti、1Cr21Ni5Ti等都属于双相不锈钢。

常用不锈钢的牌号、性能和用途见GB/T 1220—1992、GB 4237—1992。

2）耐热钢

高温下具有一定的热稳定性和热强性的钢称为耐热钢。按照性能可分为抗氧化钢和热强钢。

（1）抗氧化钢　在高温下有较好的抗氧化能力且具有一定强度的钢称为抗氧化钢，又称不起皮钢。钢中加入铬、硅、铝、稀土等合金元素，在钢表面形成一层致密、稳定的氧化膜，有效阻挡外界的高温氧化气体，从而避免钢的进一步氧化。常用牌号有15CrMo、1Cr13Si3等，主要用来制造长期在高温下工作，承受载荷不大的耐热零件。

（2）热强钢　在高温时具有较高的强度和良好的抗氧化性、抗腐蚀性能。加入铬、钨、钼、钒、钛等合金元素，以提高钢的抗氧化性和高温强度。常用牌号有4Cr9Si2、0Cr18Ni11Ti等，用来制造工作温度较高、承受较大载荷的零件。

常用耐热钢的牌号、性能和用途见GB/T 1221—1992。

3）耐磨钢

主要用于承受严重摩擦和强烈冲击的零件，因此要求耐磨钢具有良好的耐磨性和韧性。

常用的耐磨钢是高锰钢，经过“水韧处理”（即将钢材加热到1050～1100℃保温，使碳化物全部溶入奥氏体，迅速水淬，在室温下获得均匀单一的奥氏体组织）后，钢的硬度并不高，只有当它受到剧烈冲击或较大压力作用时，表面产生强烈的加工硬化使其硬度显著提高(500～550HBW)，因而获得高的耐磨性，心部则仍保持原来的高韧性状态。可见，高锰钢在使用中必须伴随外来的压力和冲击作用，才显示出高耐磨性，否则，其耐磨性并不比硬度相同的其他钢种好。

高锰钢的典型钢种是 ZGMn13 型，主要用于制造车辆履带、球磨机衬板、破碎机颚板等。

常用耐磨钢的牌号、性能和用途见 GB 5680—1985。

3.3 铸 铁

铸铁是含碳量大于 2.11% 的铁碳合金。工业上常用的铸铁，含碳量一般在 2.5%～4.0%，因为过高时性能太脆而无实用价值。

铸铁具有优良的铸造性能、切削加工性、减摩性及吸振性等，而且生产设备和工艺简单，成本低，因而在机械制造上得到广泛应用。

3.3.1 铸铁分类

根据碳存在的形式不同，铸铁分为以下三种：

(1) 白口铸铁　碳主要以渗碳体形式存在，断口呈银白色，故称白口铸铁。这类铸铁性能硬脆，在工业上很少直接用来制造机器零件，主要用作炼钢原料。

(2) 灰口铸铁　碳全部或大部分以石墨形式存在，因其断口呈暗灰色而得名，常称为灰铸铁。工业上所用铸铁几乎全部属于这类铸铁。

(3) 麻口铸铁　碳一部分以渗碳体形式存在，另一部分以石墨形式存在，断口呈灰白色，具有较大的硬脆性，工业上也很少应用。

根据铸铁中石墨的形态不同，可分为：

(1) 灰铸铁　碳以片状石墨存在；

(2) 球墨铸铁　碳以球状石墨存在；

(3) 蠕墨铸铁　碳以蠕虫状石墨存在；

(4) 可锻铸铁　碳以团絮状石墨存在。

铸铁中的石墨形态如图 3－3 所示。

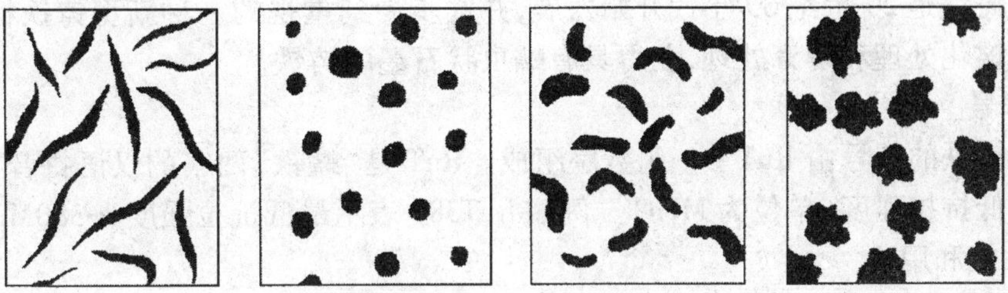

(a)片状石墨　(b)球状石墨　(c)蠕虫状石墨　(d)团絮状石墨

图 3－3　铸铁中的石墨形态

3.3.2 灰铸铁的牌号、性能和用途

灰铸铁是指铁水经过简单的炉前处理，浇注后获得具有片状石墨的铸铁。因其生产工艺简单，价格低廉，故在工业上应用最为广泛。在铸铁生产中，灰铸铁约占 80% 以上。

1. 牌号

灰铸铁的牌号由 HT＋一组数字组成。HT 是“灰铁”两字的汉语拼音首字母，数字表示最低抗拉强度,单位为 MPa。例如:HT100,表示最低抗拉强度为 100MPa 的灰铸铁。

2. 性能和用途

通过对灰铸铁的显微组织进行观察分析,可以认为灰铸铁是在钢的基础上夹杂着一些片状石墨。由于石墨的强度和塑性几乎为零,在铸铁中相当于裂缝和孔洞,割断了基体的连续性,而且在石墨尖端处容易引起应力集中,所以灰铸铁的抗拉强度、塑性和韧性远不如钢。石墨片数量越多,尺寸越大,分布越不均匀,其影响也越大。但石墨的存在对铸铁的抗压强度影响不大,因为抗压强度和硬度主要取决于基体的性能。

石墨的存在虽然降低了铸铁的抗拉强度和塑性,但却使灰铸铁具有一系列优良性能:良好的铸造性能和切削加工性能、减摩性好、减振性强以及缺口敏感性较低。因而被广泛用于制造各种承受压力、要求耐磨和减振的床身、机架、结构复杂的箱体、壳体、导轨和缸体等。

灰铸铁的牌号、性能和用途见 GB/T 9439—1988 所示。

3.3.3 球墨铸铁的牌号、性能和用途

球墨铸铁是 20 世纪 50 年代发展起来的一种铸铁材料。铁水在浇注前经过球化处理和孕育处理,直接获得具有球状石墨的铸铁。

1. 牌号

球墨铸铁的牌号由 QT + 两组数字组成。QT 是“球铁”两字的汉语拼音首字母,两组数字分别代表最低抗拉强度(单位为 MPa)和最低伸长率(%)。例如 QT400 - 15 表示最低抗拉强度为 400MPa,最低伸长率为 15% 的球墨铸铁。

2. 性能和用途

由于球墨铸铁中石墨呈球状,对基体的割裂作用和应力集中相对片状石墨大为减小,可以充分发挥基体的性能,所以球墨铸铁的力学性能明显优于灰铸铁。在铸铁中,球墨铸铁的力学性能最高,可与相应组织的铸钢相媲美,铸造性能和其他一些性能优于钢,因此在机械制造业中得到广泛应用,部分场合已成功代替了铸钢、合金钢以及可锻铸铁,用来制造各种受力复杂、负荷较大和耐磨的重要铸件、锻件。

球墨铸铁的牌号、性能和用途见 GB/T 1348—1988 所示。

3.3.4 蠕墨铸铁的牌号、性能和用途

蠕墨铸铁是 20 世纪 60 年代开始发展,并逐步受到重视的一种新型铸铁材料。铁水在浇注前经过蠕化处理和孕育处理,获得具有蠕虫状石墨的铸铁。

1. 牌号

蠕墨铸铁的牌号由 RuT + 一组数字组成。RuT 是“蠕铁”两字的汉语拼音字母的组合,数字代表最低抗拉强度(单位为 MPa)。例如 RuT380 表示最低抗拉强度为 380MPa 的蠕墨铸铁。

2. 性能和用途

蠕墨铸铁中的石墨呈蠕虫状,其形态介于片状和球状石墨之间,使得蠕墨铸铁的力学性能介于灰铸铁和球墨铸铁之间。主要用来制造大型柴油机的机体、汽缸盖、钢锭模和机床床身等零件。

蠕墨铸铁的牌号、性能和用途见 JB/T 4403—1987 所示。

3.3.5 可锻铸铁的牌号、性能和用途

可锻铸铁俗称马钢、马铁,是一种历史悠久的铸铁材料。它是白口铸铁经过石墨化退火,从而获得团絮状石墨的铸铁。但是,可锻铸铁并不能锻造。

1. 牌号

可锻铸铁的牌号采用 KTH 或 KTZ 加两组数字组成。KT 是“可铁”两字的汉语拼音首字

母，第三个字母代表可锻铸铁的类别，H代表黑心可锻铸铁，Z代表珠光体可锻铸铁，两组数字分别表示最低抗拉强度（单位为 MPa）和最低伸长率（%）。例如 KTH330－08 表示最低抗拉强度为330MPa，最低伸长率为8%的黑心可锻铸铁。

2. 性能和用途

由于可锻铸铁中石墨呈团絮状，大大减轻了石墨对金属基体的割裂作用和应力集中，与灰铸铁相比具有较高的强度、塑性和韧性；与球墨铸铁相比，具有铁水处理容易、质量稳定、废品率低的优点。常用于制造薄壁、形状复杂且要求一定韧性的小型铸件。但由于它工艺复杂、成本较高，逐渐被球墨铸铁所代替。

可锻铸铁的牌号、性能和用途见 GB/T 9440—1988 所示。

3.3.6　合金铸铁的牌号、性能和用途

为了改善铸铁的力学性能和物理化学性能，在铸铁中特意加入一定量的合金元素，从而得到合金铸铁。根据合金的特殊性能，合金铸铁分为耐磨铸铁、耐热铸铁、耐蚀铸铁。

合金铸铁的牌号由类别代号和主要合金元素符号及其质量百分含量组成。当质量百分含量小于1%时，合金元素符号一般不标注。类别代号中 KmTB 表示抗磨白口铸铁；RT 表示耐热铸铁；ST 表示耐蚀铸铁。

1. 耐磨铸铁

根据工作条件不同，耐磨铸铁分为减摩铸铁和抗磨铸铁。

（1）减摩铸铁 在润滑条件下工作的减摩铸铁，如机床导轨、汽缸套、活塞环等，应具有减小摩擦系数、保持油膜连续、抵抗咬合或擦伤等减摩作用。珠光体灰铸铁基本符合这一要求，其中铁素体为软基体，磨损后形成的沟槽可保持油膜，渗碳体为坚硬的强化相，可承受摩擦，而石墨片同时也起储油和润滑作用。加入合金元素铜、铬、钼、磷、钒、钛等，可形成合金减摩铸铁，进一步提高力学性能和耐磨性。常用的合金减摩铸铁有高磷铸铁、磷铜钛铸铁、铬钼铜铸铁、钒钛铸铁等。

（2）抗磨铸铁 抗磨铸铁在无润滑的干摩擦条件下工作时，如犁铧、轧辊及球磨机零件等，具有较高的抗磨作用。

白口铸铁的耐磨性很好，只是脆性很大，不能用来制作要求有一定冲击韧性和强度的铸件。因此加入适量的合金元素铬、钼、铜、钨、镍、锰等，形成抗磨白口铸铁，它具有一定的韧性和更高的耐磨性。如 KmTBMn5W3、KmTBW5Cr 4 等。

2. 耐热铸铁

具有良好的耐热性，可代替耐热钢制造加热炉底板、坩埚、管道及换热器等。

所谓铸铁的耐热性主要是指高温下的抗氧化和抗生长的能力。热生长是指铸铁的体积在高温下发生不可逆的胀大。为了提高铸铁的耐热性，可向铸铁中加入硅、铝、铬等合金元素，使铸铁在高温下表面形成致密的氧化膜，以保护内层不被继续氧化；此外，这些元素还会提高铸铁的临界点，使铸铁在使用的温度范围内不发生固态相变，以减少由此造成的体积变化。

耐热铸铁的种类很多，分硅系、铝系、铬系等。其中铝系脆性大，铬系价格高，故我国应用较广泛的是硅系，如 RTSi5、RQTSi5 等。

3. 耐蚀铸铁

耐蚀铸铁在腐蚀性介质中工作时具有抗腐蚀的能力。广泛用于化工部门，制造管道、阀门、泵类、反应锅及盛储器等。

耐蚀铸铁是在铸铁中加入大量的硅、铝、铬、镍、铜等合金元素，提高基体的电位，并使铸铁

的表面形成致密而又完整的氧化膜，提高铸铁耐腐蚀能力。

耐蚀铸铁分为高硅耐蚀铸铁、高铝耐蚀铸铁、高铬耐蚀铸铁等，其中应用最广的是高硅耐蚀铸铁。常见的牌号有 STSi15、STSi11Cu2RE。

3.4 有色金属

工业生产中，通常把钢铁材料称为黑色金属，而称铜、铝、铅、钛等及其合金为有色金属或非铁金属。有色金属的产量和使用量不如黑色金属多，但由于其具有许多特殊性能，而成为现代工业不可缺少的材料。

3.4.1 铜及铜合金

3.4.1.1 工业纯铜

纯铜外观呈紫色，故又称为紫铜。紫铜就是工业纯铜，其密度为 $8.96 \times 10^3 kg/m^3$，熔点为 1083℃。纯铜具有良好的塑性、导电性、导热性和耐腐蚀性。其导电性和导热性在各种金属中仅次于银而位居第二，是最常用的导电、导热材料。

工业纯铜按纯度分为 T1、T2 和 T3 三个牌号。顺序号越大，纯度越低。T1、T2 主要用于制造导电、导热材料，或配置高级铜合金；T3 主要用来制造普通铜合金。

3.4.1.2 铜合金

纯铜的强度较低，不宜制作结构零件。因此常加入适量的合金元素形成铜合金，提高其强度和塑性。

按照化学成分不同，铜合金分为黄铜、青铜和白铜。按制造方法分类，分为压力加工铜合金和铸造铜合金。

1. 压力加工铜合金

1）黄铜

黄铜是以锌为主加元素的铜合金。黄铜的力学性能与其锌的含量之间的关系如图 3－4 所示。当锌含量小于 32% 时，黄铜的塑性和强度随锌的增加而提高；锌含量在 30% ～32% 时，黄铜塑性最好，强度较高；锌含量约为 45% 时，黄铜的强度最高，塑性迅速下降；锌含量大于 45% 时，强度也开始急剧下降，在生产中无实用价值。

（1）普通黄铜　以铜和锌组成的二元合金称为普通黄铜。

黄铜的牌号由 H + 数字组成。H 是“黄”字汉语拼音首字母，数字表示铜的平均含量。例如 H70 表示平均铜含量为 70% 的普通黄铜。常用的牌号有 H80、H68、H62。

H80 色泽美观，有金色黄铜之称。用于镀层和建筑装饰品等。

H68 强度较高，塑性较好。用于复杂的冲压件、散热器外壳、弹壳等，有弹壳黄铜之称。

H62 有较高的强度，热状态下塑性良好，切削性能好，广泛用于制造水管、油管、换热器零件等，有商业黄铜之称。

（2）特殊黄铜　在普通黄铜中加入铅、锡、锰、铝、硅等合金元素形成特殊黄铜，分别称为铅黄铜、锡黄铜……

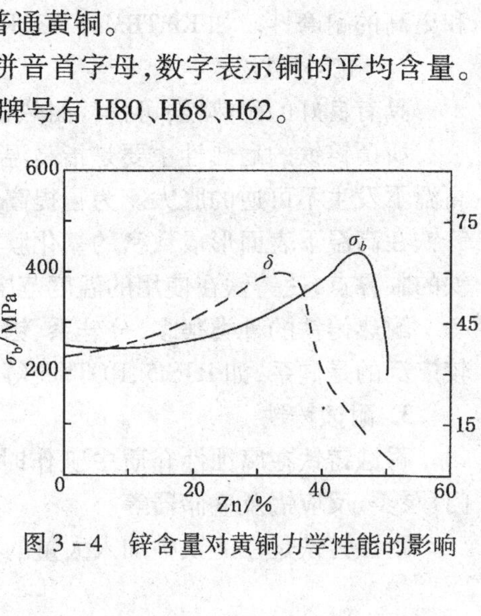

图 3－4　锌含量对黄铜力学性能的影响

特殊黄铜的牌号由 H ＋主加元素符号（除锌外）＋铜的百分含量＋主加元素的百分含量表示。常用的 HPb59－1 表示铜含量为 59%、铅含量为 1%、余量为锌的铅黄铜，它有良好的切削加工性，常用来制造热冲压件和切削加工零件，如螺钉、螺母、垫圈等；锡黄铜 HSn62－1 用于与海水和汽油接触的船舶零件，又称为海军黄铜。

2）青铜

除黄铜和白铜（铜和镍）外，所有的铜合金都称为青铜。按照主加元素的种类分为锡青铜、铝青铜、硅青铜和铍青铜等。

青铜的牌号由 Q＋主加元素符号及含量＋其他加入元素的含量组成，其中 Q 表示“青”字汉语拼音首字母。例如 QAl7 表示含铝 7%，其余为铜的铝青铜；QSn4－3 表示含锡 4%、含锌 3%、其余为铜的的锡青铜。

（1）锡青铜　是我国最古老的铜合金，以锡为主加合金元素。锡青铜的性能受锡含量的影响显著。通过分析，工业用锡青铜中，锡含量一般为 3%～14%，锡含量小于 7% 时，具有较好的塑性和适宜的强度，适合于压力加工；当锡含量大于 10% 时，塑性差，适用于铸造。

锡青铜的耐蚀性优于黄铜，并具有较高的耐磨性。常用牌号 QSn4－3 主要用于制造弹性元件、管配件、化工机械中的耐磨零件和抗磁零件等。

（2）铝青铜　以铝为主加合金元素的铜合金。实用铝青铜中，铝的含量在 5%～12% 之间。铝青铜的强度、硬度、耐磨性和耐腐蚀性均优于黄铜和锡青铜。铝青铜作为价格昂贵的锡青铜的代用品，常用来铸造承受重载、耐磨和耐蚀零件。

（3）铍青铜　以铍为主加合金元素的铜合金。经淬火时效强化后，具有较高的硬度、疲劳强度、耐磨性和耐蚀性，还具有良好的导电、导热性，其综合力学性能很好。只是价格昂贵且有毒性，限制了它在工业上的应用。主要用作各种精密仪器或仪表中的重要弹簧和耐磨件等。

2. 铸造铜合金

铸造铜合金的牌号 ZCu＋主加元素符号及含量＋其他加入元素符号及含量组成。例如：ZCuZn40Mn2，表示锌含量为 40%、锰含 2%、余量为铜的铸造锰黄铜。

（1）铸造黄铜　黄铜的铸造性能良好，为提高其强度和铸造性能，可加入较多的合金元素。铸造普通黄铜 ZCuZn38，常用于制造一般结构件和耐磨零件，如法兰、阀座、手柄等。铸造铝黄铜 ZCuZn31Al2，常用于制造仪表压铸件及机械船舶耐蚀件等。

（2）铸造锡青铜　锡青铜的铸造收缩率是有色金属及合金中最小的，它适用于铸造形状复杂、壁厚较大的零件。

3.4.2　铝及铝合金

3.4.2.1　工业纯铝

纯铝是一种银白色的轻金属，密度为 $2.7\times10^3 kg/m^3$，熔点为 660℃。具有仅次于银和铜的良好的导电性、导热性；铝表面总形成致密的氧化膜，因此又具有良好的抗大气腐蚀能力；铝的塑性好，强度低，可以进行冷热变形加工。主要用于制造电线、电缆及强度要求不高的器皿。

3.4.2.2　铝合金

纯铝的强度很低，为提高其力学性能，在纯铝中加入适量的硅、铜、锰等合金元素形成铝合金。

铝合金按其成分及生产工艺特点，分为变形铝合金和铸造铝合金。

1. 变形铝合金

变形铝合金塑性好，适于压力加工。根据主要性能特点和用途，它分为防锈铝合金、硬铝合金、超硬铝合金、锻造铝合金。

(1) 防锈铝合金　主要加入锰、镁元素，具有强度适中、良好的塑性和耐蚀性，常用于制造油罐、容器等。

(2) 硬铝合金　主要加入铜、镁和锰元素，热处理后可获得相当高的强度，但其耐蚀性差，主要用于中等强度的铆接、焊接零件。

(3) 超硬铝合金　在硬铝合金的基础上加入锌元素，强度更高，主要用于制造飞机大梁、起落架等高强度零件。

(4) 锻造铝合金　主要加入镁、硅、铜等元素，具有优良的锻造工艺性能，主要制造形状复杂、承受重载的锻件和模锻件。

2. 铸造铝合金

铸造铝合金塑性差，但流动性好，适于铸造。常用铸造铝合金有铝硅系、铝铜系、铝镁系、铝锌系。

铸造铝合金的牌号用 Z + Al + 主要合金元素符号及含量表示。例如：ZAlSi12，表示含硅量为12%的铸造铝合金。

(1) 铸造铝硅合金　又称硅铝明，具有优良的铸造性能、中等强度和良好的耐蚀性，用于形状复杂、耐蚀、但强度要求一般的零件。

(2) 铸造铝铜合金　强度较高，耐热性好，用于制造高强度或高温条件下工作的零件。

(3) 铸造铝镁合金　强度高，耐蚀性好，适合制造在腐蚀介质中工作的零件。

(4) 铸造铝锌合金　强度较高，铸造性能良好，价格便宜，用于制造医疗器械、仪表零件及日用品等。

3.4.3 滑动轴承合金

滑动轴承合金是用来制造滑动轴承的轴瓦和轴承衬的合金。与滚动轴承相比，滑动轴承承压面积大，工作平稳，无噪音，常用于重载和高速的场合。

3.4.3.1 对轴承合金的性能要求

滑动轴承由轴承体和轴瓦组成，工作时轴瓦与轴颈之间产生强烈的摩擦和磨损，并承受轴颈传来的交变载荷，所以轴承合金应具有以下性能：

(1) 足够的强度、塑性和韧性，以抵抗冲击和振动；

(2) 硬度适当，既能承受载荷又能减少轴的磨损；

(3) 良好的减摩性和磨合性；

(4) 良好的导热性和耐蚀性；

(5) 良好的加工性能，且加工成本低。

为满足上述要求，轴承合金的理想组织是软基体上均匀分布着硬质点，如图 3 - 5 所示。机器运转后，软基体很快被磨损而下凹，凹坑可储存润滑油；而硬质点比较耐磨，则相对凸起支承轴颈。同时，软基体还能抗冲击和振动，并具有较好的磨合能力。这类组织有锡基和铅基轴承合金。

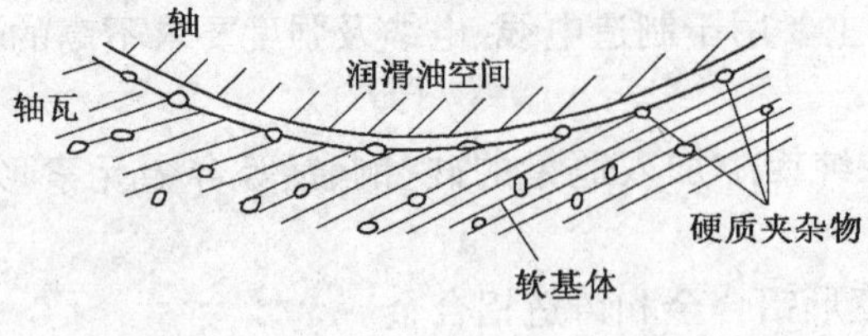

图 3 - 5　滑动轴承合金理想组织示意图

反过来采用硬基体上分布着软质点，也可达到同样的目的。这类组织有铜基和铝基轴承合金。

3.4.3.2 常用轴承合金

1. 锡基轴承合金(锡基巴氏合金)

锡基轴承合金以锡为基,加入锑、铜等合金元素组成。具有较好的塑性和韧性、优良的导热和耐蚀性,常用于重要轴承,如汽轮机、发动机等重载、高速设备。

由于锡较贵重,妨碍了它的广泛应用,大多代以铅基轴承合金。

2. 铅基轴承合金(铅基巴氏合金)

铅基轴承合金是以铅锑为基体,加入适量锡、铜等元素的轴承合金。其强度、硬度和韧性均低于锡基轴承合金且摩擦系数较大,但价格较便宜。常用于制造承受中等载荷和中低转速的轴承,如汽车、拖拉机的曲轴轴承等。

锡基、铅基轴承合金的牌号表示方法相同。由 Z + 基本元素符号 + 主加元素符号及含量 + 辅加元素符号及含量组成,其中 Z 是“铸”字汉语拼音首字母。例如:ZSnSb11Cu6,表示基本元素为锡,主加元素锑的含量 11%,辅加元素铜 6%,余量为锡的锡基轴承合金。

3. 铜基轴承合金

常用铜基轴承合金主要有锡青铜和铅青铜。锡青铜适用于中速、中载条件下工作的轴承,如电动机、泵的轴承等;铅青铜适用于高速、重载条件下工作的轴承,如柴油机、汽轮机的轴承。

由于铜基轴承合金价格较贵,有被铝基轴承合金取代的趋势。

4. 铝基轴承合金

铝基轴承合金以铝为基体,主加元素有锑和锡。具有抗疲劳强度、导热性好,广泛用于高速、重载工作下的轴承,可代替以上所述轴承合金。主要缺点是热膨胀系数大,运转时易与轴咬合;本身硬度较高,轴易磨损,故需相应提高轴的硬度。

3.5 硬质合金

硬质合金是将一些难熔的化合物粉末和黏结剂混合,加压成形后烧结而成的一种粉末冶金材料。

3.5.1 硬质合金的性能特点

硬质合金硬度高、热硬性好、耐磨性和耐蚀性优良,硬度可达 69 ~ 81HRC,在 900 ~ 1000℃ 仍有较高的硬度,因而硬质合金主要用于制作刀具,其切削速度、寿命和耐磨性均比高速钢显著提高。

3.5.2 常用硬质合金

1. 金属陶瓷硬质合金

金属陶瓷硬质合金是将一些难熔的金属碳化物粉末(碳化钨、碳化钛等)和黏结剂(钴、镍等)混合,加压成形后烧结而成的一种粉末冶金材料,因其工艺与陶瓷烧结相似而得名。

(1) 钨钴类硬质合金 主要成分是碳化钨和钴。牌号用 YG + 数字表示,YG 是“硬”和“钴”两字的汉语拼音首字母,数字表示钴的百分含量。钨钴类硬质合金具有较高的强度和韧性,适用于制造切削铸铁、青铜等脆性材料的刀具。

(2) 钨钴钛类硬质合金 主要由碳化钨、碳化钛和钴组成。牌号用 YT + 数字表示,YT 是“硬”和“钛”两字的汉语拼音首字母,数字表示碳化钛的百分含量。钨钴钛类与钨钴类硬质合金相比,具有更高的硬度和较好的耐磨性及热硬性,主要用于制造加工钢材的刀具。

(3) 通用硬质合金 又称为万能硬质合金,它用碳化钽和碳化铌代替钨钴钛类中部分碳化钛,因而具有上述两类硬质合金的优点。适合加工各种钢材,特别对于不锈钢、耐热钢和高锰钢等难加工的材料,效果更佳。其牌号用 YW + 顺序号组成,YW 是“硬”和“万”两字的汉语拼音首字母。

由于金属陶瓷硬质合金硬度太高、性脆,很难进行机械加工,因而经常将其制成一定规格的刀片,镶焊在刀体上使用。

2. 钢结硬质合金

钢结硬质合金是一种新型的硬质合金,它是以一种或几种碳化物(碳化钨、碳化钛等)为硬化相,以合金钢(高速钢、铬钼钢等)粉末作为黏结剂,经热处理后制成的。具有高耐磨性、抗氧化性、耐蚀性等特点。由于它可切削加工,因此可以制成各种形状复杂的刀具、模具及耐磨零件。

3.6 钢的热处理

钢的热处理是指钢在固态下,采用适当方式进行加热、保温和冷却,使钢的组织结构发生变化,从而获得所需性能的工艺。通常可用热处理工艺曲线表示,如图 3 - 6 所示。钢的热处理是改善钢性能的主要途径之一,在机械制造业中占有十分重要的地位。

3.6.1 钢的热处理分类

根据加热和冷却的方式不同,大致分为以下几种:

- 热处理
  - 普通热处理
    - 退火
    - 正火
    - 淬火
    - 回火
  - 表面热处理
    - 表面淬火
      - 火焰加热
      - 感应加热
      - 电接触加热
      - 激光加热
    - 化学热处理
      - 渗碳
      - 渗氮
      - 碳氮共渗
      - 渗金属及其他

3.6.2 普通热处理

1. 退火

将钢加热到适当温度,保温一段时间,然后缓慢冷却(一般随炉冷却)的热处理工艺称为退火。

图 3 - 6　热处理工艺曲线

退火的主要目的:降低钢的硬度,以利于切削加工;细化晶粒,均匀钢的组织和成分,消除组织缺陷,改善钢的性能;消除残余应力,以防钢件变形或开裂;为最终热处理(淬火、回火)做好准备。

根据退火工艺和目的不同,常将退火分为完全退火(一般简称退火)、等温退火、球化退火、均匀化退火、去应力退火等。各种退火加热温度范围及热处理工艺曲线如图 3-7 所示。

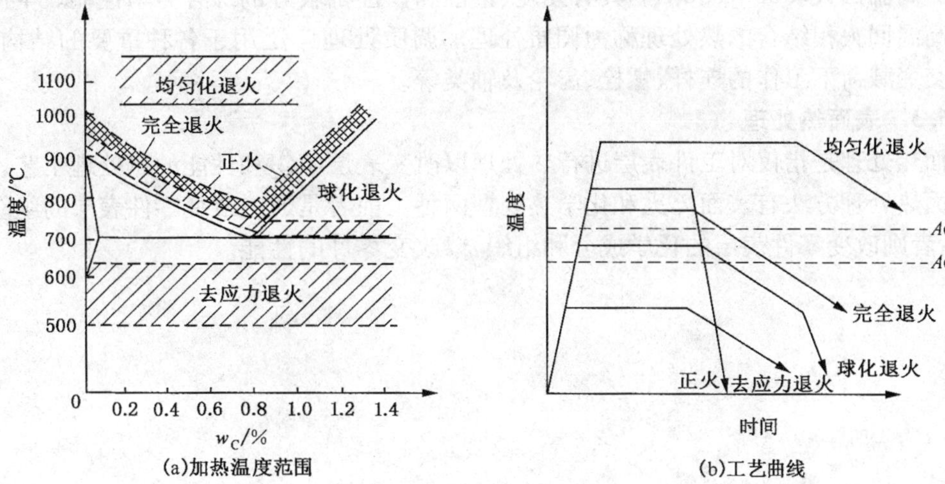

图 3-7　常用退火正火工艺示意图

2. 正火

正火是将钢加热到 Ac_3（亚共析钢）或 Ac_{cm}（过共析钢）以上 30～50℃，保温适当时间后，在空气中冷却的热处理工艺。

正火与退火的目的基本相同。与退火相比，正火的冷却速度快，获得的组织较细，强度和硬度也较高；正火生产周期短，成本低，操作简便，故在可能的条件下优先采用正火。

3. 淬火

将钢加热到 Ac_3 或 Ac_1 以上 30～50℃，保温一段时间，然后以适当速度冷却获得马氏体或贝氏体组织的热处理工艺称为淬火。

淬火的主要目的就是为了获得马氏体，提高钢的强度和硬度。

常用淬火冷却介质有水和油。水的冷却能力强，常易造成工件变形和开裂，一般用于尺寸较小、形状简单的碳钢件的淬火；盐水的冷却能力更强，不利于减小变形和开裂，但钢件的硬度较高，适用于形状简单、硬度要求高、变形要求不严格的碳钢件；淬火用的油几乎全部为矿物油，冷却能力低，工件变形小，一般用作合金钢的淬火介质。

由于目前尚未找到理想的淬火介质，所以必须在淬火方法上加以研究，以便既能淬硬工件，又能减少淬火内应力。常用的淬火方法有：单介质淬火、双介质淬火、马氏体分级淬火、贝氏体淬火。

4. 回火

将淬火后的钢加热到 Ac_1 以下某一温度，保温一段时间，然后冷却到室温的热处理工艺称为回火。

淬火钢具有较高的强度和硬度，但脆性较大，不宜直接使用，必须及时回火。回火的目的：降低脆性，消除或减小内应力；获得工件所需的力学性能；稳定工件尺寸，防止变形和开裂。

根据钢件所需的力学性能和回火温度范围，可将回火分为以下几种：

（1）低温回火（150～250℃）目的是降低淬火应力和脆性，保持淬火后的高硬度和高耐磨性。主要用于高碳钢工具、模具以及渗碳件等要求硬而耐磨的零件。

（2）中温回火（350～500℃）目的是使钢具有较高的弹性极限、屈服强度及一定的韧性。

主要用于各种弹簧及热锻模的处理。

(3) 高温回火(500 ~ 650℃) 具有强度、塑性和韧性都较好的综合力学性能。生产中常把淬火和高温回火相结合的热处理称为调质处理。调质处理广泛用于各种重要的结构零件,特别是在交变载荷下工作的连杆、螺栓、齿轮及轴类等。

3.6.3 表面热处理

表面热处理是指仅对工件表层进行热处理以改变表层组织和性能的热处理工艺。目前常用的表面热处理方法有表面淬火和化学热处理两种。前者是通过改变零件表层的组织来改变性能,后者则改变零件表层的化学成分和组织,以改变零件的性能。

第4章　装配工艺

4.1　螺纹连接

螺纹连接是一种可拆卸的固定连接，它可以把机械中的零件紧固地连接在一起。它具有结构简单、连接可靠及拆卸方便等优点。

4.1.1　螺纹连接的种类

1. 普通螺栓的连接

常见的连接形式如图4－1所示。

(1) 如图4－1(a)，通过螺栓、螺母把零件连接起来。这种连接多用于通孔连接，损坏后更换很容易。

(2) 如图4－1(b)，用螺栓、螺母把零件连接起来，其零件的孔和螺栓的直径配合精密。主要用于承受切应力零件的连接。

(3) 如图4－1(c)，采用螺钉直接拧入被连接零件的形式。用于被连接件很少拆卸的场合。

(4) 如图4－1(d)，采用内六角螺钉拧入零件的连接形式。用于零件表面不允许有凸出物的场合。

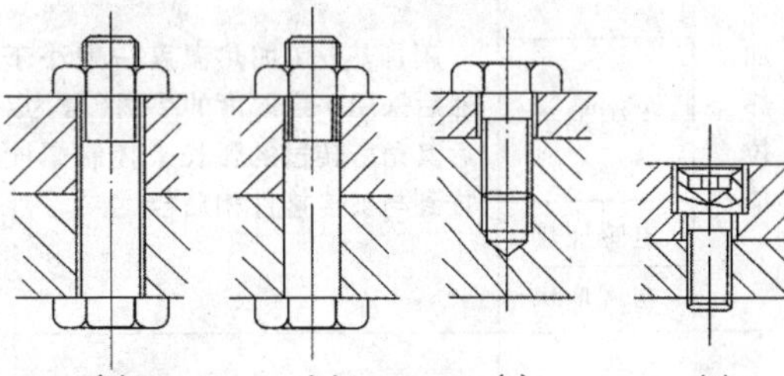

图4－1　普通螺栓连接

2. 双头螺柱连接

常见的连接形式如图4－2所示，即用双头螺柱和螺母将零件连接起来。这种连接形式要求双头螺柱拧入零件后，具有一定的坚固性。多用于盲孔和被连接零件需经常拆卸的场合。

3. 机用螺栓连接

常见的连接形式如图4－3所示。采用半圆头、圆柱头及沉头螺钉等将零件连接起来。用于受力不大、重量较轻零件的连接。

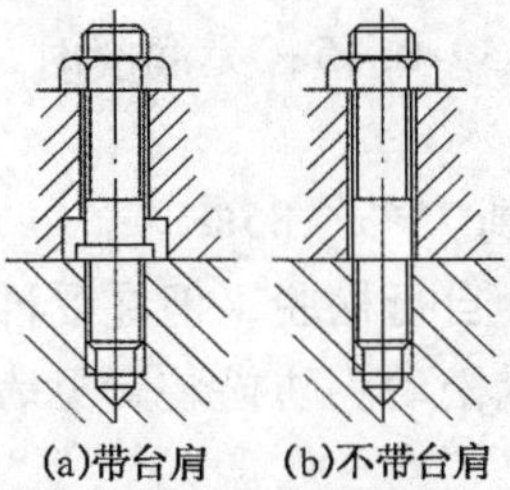

图4－2　双头螺栓连接

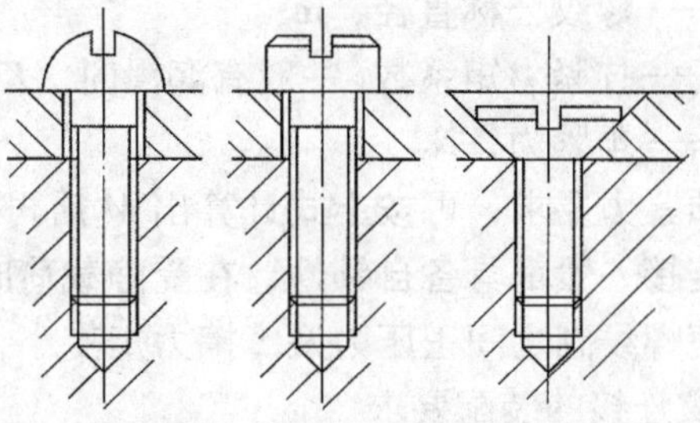
图4－3　机用螺栓连接

4.1.2　螺纹连接的装配

1. 螺纹连接的装配方法

螺纹连接的装配方法见表4－1。

表 4-1　螺纹连接的装配方法

名　称		控制预紧力方式	说　明
定力矩扳手法		用定力矩扳手控制，误差较大	定力矩扳手在使用前应校核，并建立定期校核制度，校核工作应由计量部门进行
扭角法		将螺母拧紧消除间隙后，再将螺母扭转一定角度控制预紧力；由于螺栓的伸长变形，应力分布不均匀及被连接件的接触情况等影响，误差较大	不需专用工具，操作方便、简单
扭断螺母法		在螺母圆周上切出一定深度的环形槽，扳手套在环形槽上部的螺母上，达到规定的预紧力时，螺母即沿环形槽扭断；误差比上一种方法小	此法为定力矩法的变型，操作简便，但拆卸后重新装螺母时，须用其他方法控制预紧力或更换螺母
液力拉伸法		用液力拉伸器使螺栓达到规定的伸长量，以控制预紧力	螺栓螺纹长度要比一般螺纹长 1 个 d（d 为螺纹直径），螺栓不受附加力矩的影响，误差小
加热拉伸	火焰加热	用加热法（加热温度一般小于 300℃）使螺栓伸长，然后采用一定厚度的垫圈（常为对开式）或螺母热紧前后其角所转过的弧长来控制螺栓的伸长量，再把螺母拧到与被连接件相贴合	可用喷灯或氧-乙炔加热器加热
	电阻加热		将加热器置于螺栓轴向深孔或通孔中，加热螺栓的光杆部分；常采用低电压（<45V）、大电流（>300A）
	电感加热		导线绕在螺栓光杆部分
	蒸汽加热		在螺栓轴向通孔中通入蒸汽
测量螺杆伸长量		算出螺栓受力后的伸长量，在拧紧螺栓的同时量出测量基准在预紧前后之差	用千分尺或在螺杆光杆上黏上应变片，能精确测量螺栓伸长量；用于需精确控制预紧力的螺纹连接

2. 螺纹连接的预紧和防松装置

螺纹连接要达到紧固、可靠的要求，就必须保证螺纹副具有必要的摩擦力矩，而此摩擦力矩则是由连接时施加拧紧力矩后，螺纹副产生了预紧力而获得的。

拧紧力矩的计算如下式：

$$M_t = KP_0 d \times 10^{-3} \tag{4-1}$$

式中 M_t——拧紧力矩，N·m；

d——螺纹公称直径，m；

K——拧紧力矩系数（一般有润滑时，$K=0.13 \sim 0.15$；无润滑时，$K=0.18 \sim 0.21$）；

P_0——预紧力，N。

若无预紧力要求，可按上式计算出 M_t 后再减小到 75%～85%。

螺纹连接一般都具备自锁性，在受静载荷时不会自行松脱；但在受冲击、振动或交变载荷时，会使螺纹副之间正压力及摩擦力矩变小，造成松动。防松装置见表 4-2 和表 4-3。

3. 螺纹连接的装配要求

1）双头螺栓装配的主要要求

（1）双头螺栓与机体螺纹的配合应保证足够的紧固性，不得有任何松动现象。螺栓的紧固端应采用过渡配合，保证配合后中径有一定过盈量；也可采用台肩型式或利用最后几圈的螺纹较浅来实现配合的紧固；当螺栓装入软体材料时，应适当增大过盈量。

表 4－2　附加摩擦力防松

防松形式	简　图	防 松 原 理
紧锁螺母防松	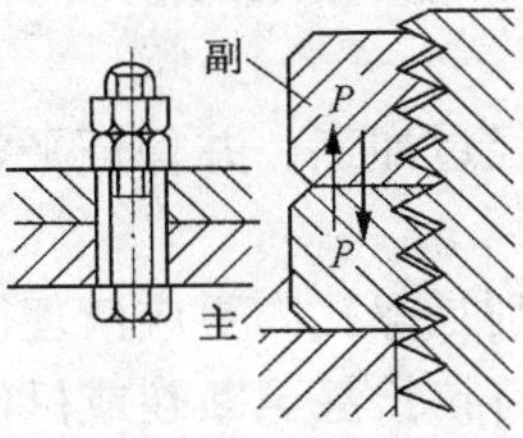	依靠两螺母间产生的摩擦力达到防松目的，缺点是增加了质量和占用空间，在高速和振动情况下可靠性不大
弹簧垫圈防松	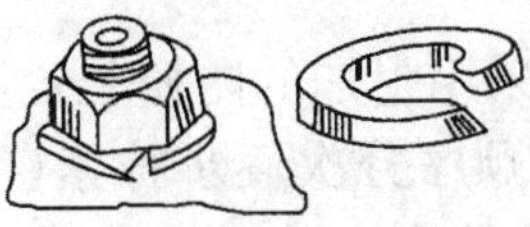	依靠垫圈弹力使螺母稍许偏斜，并顶住螺母，利用垫圈尖角切入螺母端面增大摩擦力阻止螺母松动；类似的还有波形垫圈

表 4－3　机械方法防松

防松形式	简　图	防 松 原 理
开口销与带槽螺母防松		用开口销插入六方螺母的槽和螺栓的孔中防松；开口销两脚分开角度不宜过大，防松可靠，多用于变载、振动处
止动垫圈防松	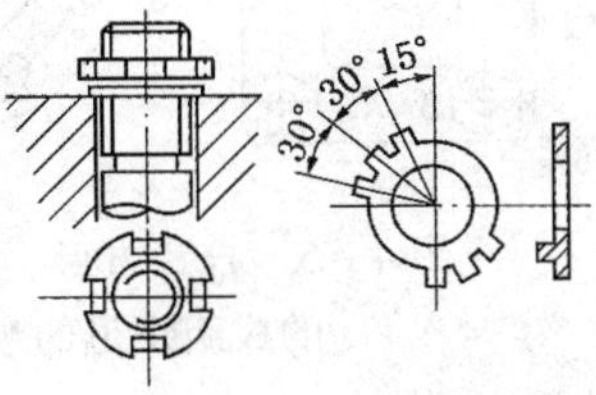	先把垫圈的内翅插入螺杆的槽中，然后拧紧螺母，再把外翅弯入螺母的外缺口内达到防松；多用于圆螺母防松和滚动轴承防松
带耳止动垫圈防松	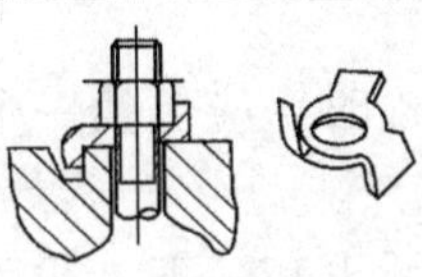	先将弯折耳插入固定件的容纳处，然后将螺母拧紧，再将垫圈的耳边弯折使其与六方螺母的一面贴紧达到防松，适用于六方螺母防松
串联钢丝防松	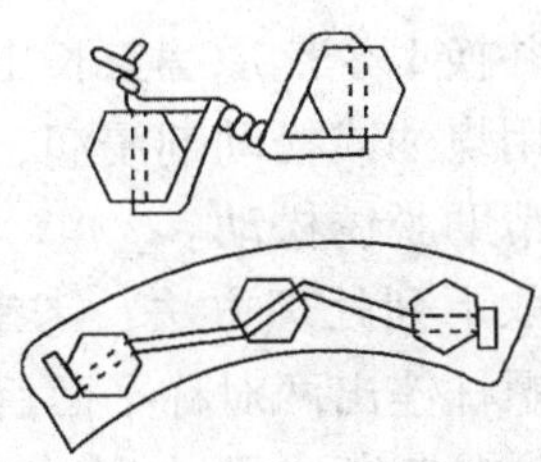	用铁丝穿过一组螺钉头部的径向小孔，利用穿绕方向的变化及相互的制约作用防止回松，适用于较紧凑的成组螺纹连接
点铆法防松	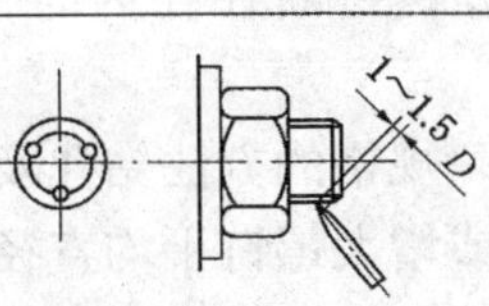	将螺钉或螺母拧紧后在图示部位用样冲冲点达到防松的目的
黏接法防松	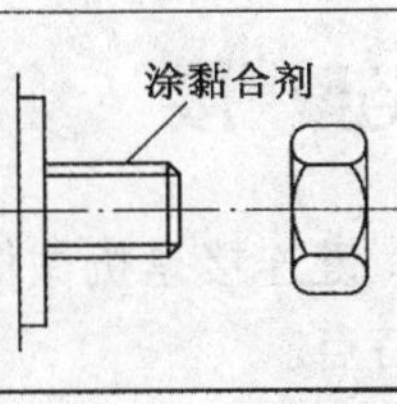	在螺纹的接触表面涂厌氧性黏合剂，拧紧螺母后，待黏合剂硬化、固着后，防松效果好

（2）双头螺栓的轴心线应保证与机体表面垂直（可用角尺检验）。当其中心线的偏斜较小时，可用丝锥反复校正螺孔或将装入的双头螺栓校至垂直；当偏斜较大时，不可强制矫正。

（3）装配双头螺栓时，应采取防咬合措施，如涂润滑油或防咬剂等，以方便日后的拆装。

2）螺钉、螺母装配的主要要求

（1）螺钉或螺母与装配的贴合表面，都应经过加工，并保证平整、光洁，否则易使连接件松动或使螺钉弯曲。

（2）连接件所有接触的表面都应清洁，特别是螺孔内更应清理彻底。

（3）拧紧力矩要适当，若太大，则易使螺钉拉长甚至断裂或机件变形；若太小，则不能保证连接件工作时的正确性和可靠性。

（4）对于振动或冲击场合的连接件，必须采用附加的防松装置。

（5）在拧紧成组的螺母时，必须按一定的顺序分次逐步拧紧（一般分三次拧紧），否则易使连接件松紧不一，甚至变形。如图 4-4 和图 4-5 所示，在拧紧长方形布置的成组螺母时，须从中间开始，逐渐向两边并对称地拧紧；在拧紧圆形或方形布置的成组螺母时，必须对称地进行。

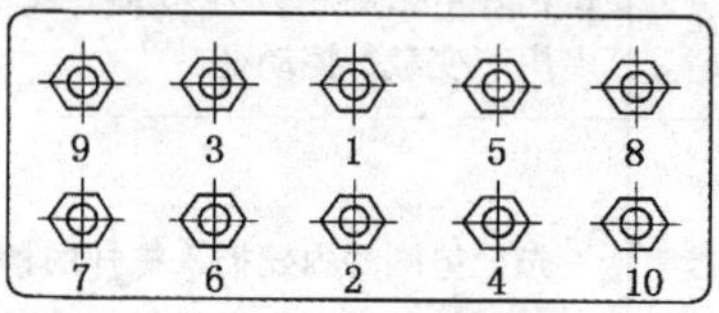

图 4-4　拧紧长方形布置的成组螺母的顺序

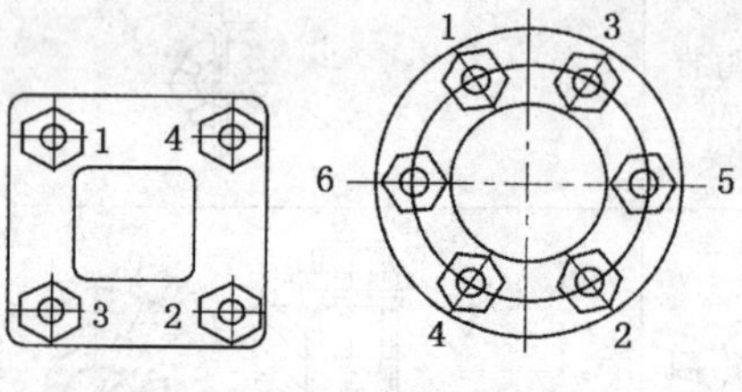

图 4-5　拧紧方形、圆形布置的成组螺母的顺序

4. 螺纹连接的损坏形式及修理

（1）螺钉或双头螺柱的紧固端与螺孔配合太松时，应更换一个中径尺寸较大的螺钉或双头螺柱，或配对加工螺孔。

（2）当外螺纹断扣不超过半扣时，应该用扳牙再套一下，或用细锉刀在断扣处修光；若内螺纹损坏两、三扣，可用丝锥再攻深几扣，并换 1 个比原螺钉长出两三扣的螺钉配用。

（3）当螺钉、螺栓因生锈难以拆卸时，可用煤油或松动剂浸润、润滑；此外，也可用锤击法适当敲击螺钉头或螺母，使连接处受振而帮助脱锈松动。

（4）螺钉头扭断时，可根据断裂的部位采取下列处理方法：①螺钉断在孔的外露部分，可在螺杆顶部锯一条槽，用螺丝刀旋出，或将螺杆锉出两对称平面后用扳手扳出；对于淬过火的螺钉，可焊上一个螺母后用扳手扳出；②螺钉断在孔内时，可用直径比螺纹底径小 0.5～1mm 的钻头将螺钉钻掉后，再攻内螺纹。

（5）当螺孔的螺纹烂牙或滑扣时，可按大一规格的方法钻孔及攻丝，并配新规格螺钉。

（6）螺孔的螺纹磨损时，可采用更换螺钉或增大螺钉平均直径来解决。

4.2　键　连　接

键是联结传动件传递转矩的一种标准化零件。键连接是机械传动中的一种结构形式，具有结构简单、工作可靠、拆装方便且加工容易的特点。

4.2.1 键连接的种类

键连接分为松键连接、紧键连接和花键连接三大类。

1. 松键连接

采用的键有普通平键、导向平键和半圆键三种。连接形式如图 4－6 所示。

松键连接的特点是靠键的侧面传递转矩，只对轴上的零件作周向固定，如需轴向固定，还需附加紧定螺钉或定位环等零件。

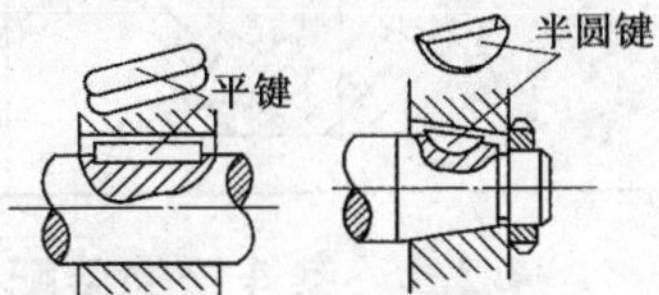

(a)　(b)

图 4－6　松键连接

2. 紧键连接

采用的键有普通楔键、钩头楔键和切向键。钩头键连接形式如图 4－7 所示。紧键连接的特点是键与键槽的侧面之间有一定的间隙，键的上下两面是工作面。键的上表面和壳槽的底面是工作面。键的上表面和壳槽的底面各有 1∶100 的斜度，装配时，需打入楔键，靠楔紧作用传递转矩，能轴向固定零件和传递单向轴向力，但易使轴上零件与轴的配合产生偏心与偏斜。

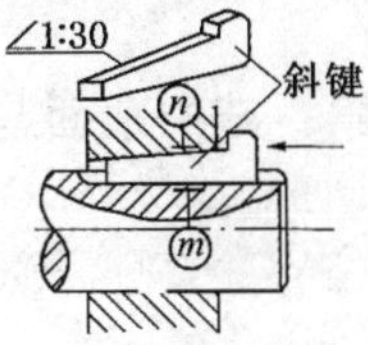

图 4－7　钩头键连接

切向键是由两个斜度为 1∶100 的楔键组成。其上下两窄面为工作面，其中之一面在能过轴心线的平面内。工作面上的压力沿轴的切线方向作用，能传递很大的转矩。一组切向键只传递一个方向的转矩，传递双向转矩时，须用两组，互成 120°～135°。

3. 花键连接

花键连接具有轴的强度高、承载能力强、同轴度和导向性好等优点，适用于载荷较大和同轴度要求较高的静连接或动连接。花键的齿侧面是工作表面。

花键按齿廓形状可分为矩形、渐开线、三角形三种，如图 4－8 所示。矩形齿廓为直线，应用较多，易于制造。按工作方式不同，花键连接又可分为静连接和动连接，前者为过渡配合。多数情况下，套件和花键为间隙配合。

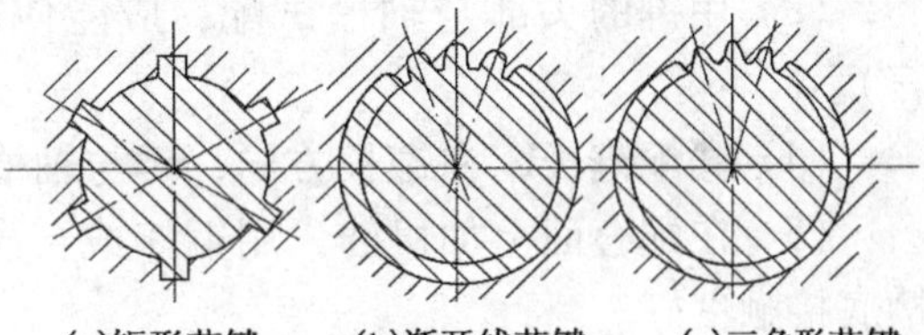
(a)矩形花键　(b)渐开线花键　(c)三角形花键

图 4－8　花键联结

花键连接的定心方式有外径定心、内径定心和键侧定心三种。一般都采用外径定心，花键轴的外径用磨削加工，花键孔的外径采用拉削获得。矩形花键的定心方式、特点及应用见表 4－4。

表 4－4　矩形花键的定心方式、特点及应用

定心方式	特　点	应　用
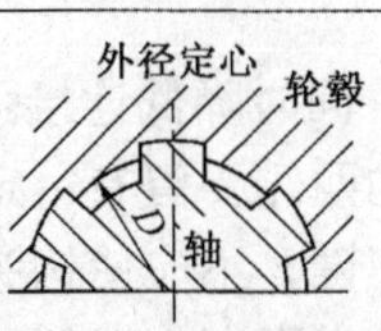	定心精度高，加工方便，外花键的外径可在普通磨床上加工至所需的精度；内花键的硬度不高时，可由拉刀保证其外径精度	用于定心精度要求高（例如要求运动精度较高）的传动零件与轴的连接，一般情况下应采用外径 D 定心
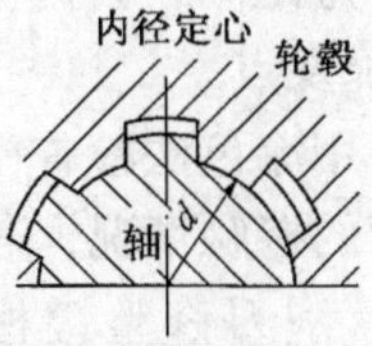	定心精度高，加工不如外径定心方便	用于定心精度要求高，并符合下列条件时：① 内花键硬度较高，热处理后不宜校正外径；②单件生产或直径较大，采用外径定心在工艺上不经济；③内花键定心面的表面粗糙度值要求小，采用外径定心在工艺上不易达到要求

续表

定心方式	特　点	应　用
齿侧定心 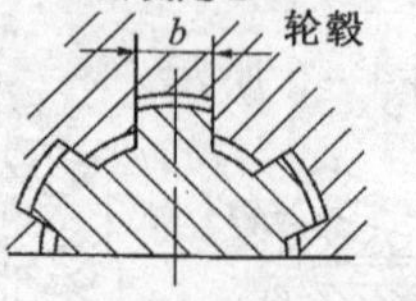	定心精度不高，但有利于各齿均匀承载	主要用于载荷较大的重系列连接

4.2.2　键连接的装配

1. 松键连接的装配

松键连接所用的键有普通平键、半圆键、导向平键及滑键等。它们的特点是，靠键的侧面来传递扭矩，只能对轴上零件作周向固定，不能承受轴向力。

1）松键连接的装配技术要求

（1）要保证键与键槽的配合要求。

（2）键与键槽应具有较小的表面粗糙度。

（3）键装入轴槽中应与槽底贴紧，键长方向与轴槽有 0.1mm 的间隙，键的顶面与轮毂槽之间有 0.3 ~ 0.5mm 的间隙。

2）松键连接装配要点

单件小批生产中，常用手工配键，其装配要点如下：

（1）清理键及键槽上的毛刺，以防配合后产生过大的过盈量而破坏配合的正确性。

（2）对于重要的键连接，装配前应检查键的直线度、键槽对轴心线的对称度和平行度等。

（3）用键的头部与轴槽试配，应能使键较紧地嵌在轴槽中（对普通平键、导向平键而言）。

（4）锉配键长，在键长方向，键与轴槽有 0.1mm 左右间隙。

（5）在配合面上加机油，用铜棒或台虎钳（钳口应加软钳口）将键压装在轴槽中，并与槽底接触良好。

（6）试配并安装套件（齿轮、带轮等），键与键槽的非配合面应留有间隙，以求轴与套件达到同轴度要求。装配后的套件在轴上不能左右摆动，否则容易引起冲击和振动。

2. 紧键连接的装配

紧键连接主要指楔键连接。楔键连接分为普通楔键和钩头楔键两种，如图 4 - 9 所示。楔键的上下两面是工作面，键侧与键槽有一定的间隙。装配时需打入，靠楔紧作用传递扭矩。

1）紧键连接的装配技术要求

（1）楔键的斜度应与轮毂槽的斜度一致，否则套件会发生歪斜，同时降低连接强度。

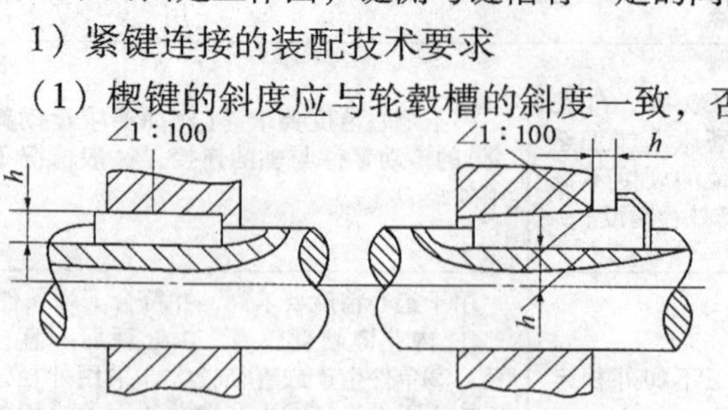

(a)普通楔键　(b)钩头楔键

图 4 - 9　楔键连接

（2）楔键与槽的两侧要留有一定间隙。

（3）对于钩头楔键，不应使钩头紧贴套件端面，必须留有一定距离，以便拆卸。

2）紧键连接装配要点

装配紧键时，要用涂色法检查楔键上下表面与轴槽和轮毂槽的接触情况，若发现接触不良，可用锉刀、刮刀修整键槽。合格后，轻敲入内，至套件周向、轴向紧固可靠。

3. 花键连接的装配

花键连接的装配要求如下：

(1) 装配前，认真检查零件的加工质量、尺寸、形状位置偏差和表面粗糙度等均应符合图纸要求。

(2) 在轴和套件的端部均应倒棱。

(3) 矩形花键的配合，应满足装配要求。

(4) 花键装配时，不得修动定心表面。

(5) 动配合的连接，应保证精确的间隙，套件在花键轴上应滑动自如，不得有阻滞现象，也不能过松。摆动套件时，不应感到有明显的间隙。

(6) 过渡配合的连接允许有少量过盈，但不得过紧，否则易拉伤配合表面；过盈较大时，可将套件加热(80～120℃)后进行装配。

4.3 销 连 接

销连接在机械中，除起连接作用外，还可起定位作用和保险作用。销连接具有结构简单，连接可靠，定位准确，拆装方便的特点。

4.3.1 销连接的种类

销连接主要分圆柱销连接和圆锥销连接及开口销三类。

1. 圆柱销连接

这种连接的销子外圆呈圆柱形，依靠配合时的过盈量固定在销孔中，它可以用来固定零件、传递动力或用为定位件。圆柱销连接不宜多次装拆，一经拆卸，销子的过盈就会丧失。因此，拆卸后圆柱销装配必须调换新销子，圆柱销连接中，销子和销孔的表面粗糙度值较低，一般在 $R_a 1.6 \sim 0.4\mu m$ 之间，以保证配合精度。

2. 圆锥销连接

标准圆锥销外圆具有1∶50的锥度，它靠销子的外锥与零件锥孔的紧密配合连接零件。特点是装拆方便，定位准确，可以多次装拆而不影响零件定位精度，故主要用于定位，也可固定零件和传递动力。

3. 开口销

开口销具有工作可靠、拆卸方便的特点，故主要用于锁定其他紧固件及销轴、槽形螺母等场合。

4.3.2 销连接的装配

1. 圆柱销的装配

先将两个被连接的零件一起钻孔和铰孔，使表面粗糙度 $R_a \leqslant 1.6$，严格控制配合精度；然后选择合适的销钉涂上润滑油，用铜棒轻轻打入孔内。某些定位销不能用打入法时，可用C形夹头把销子压入孔内(见图4-10)；对于盲销孔还应磨出排气槽，以利装配。

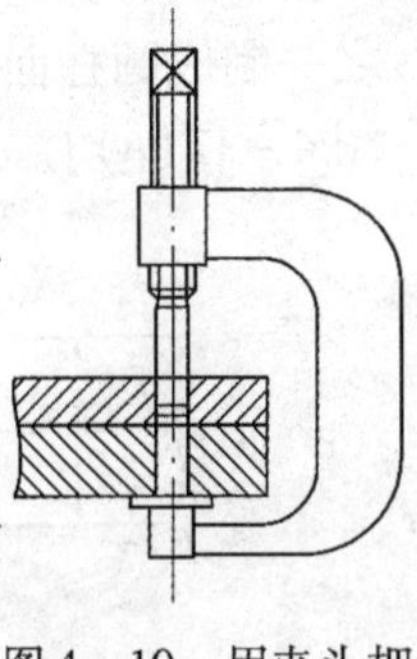

图4-10 用夹头把销子压入孔中

2. 圆锥销的装配

将两工件相互定位后进行钻孔，再以铰刀铰削，使表面粗糙度 $R_a \leqslant 1.6$。铰好孔后，如能以手指将圆锥销塞入孔内80%～85%，则能

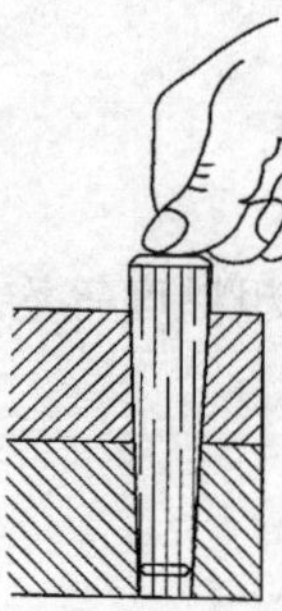

图 4-11　圆锥销的正确配合

得到正常的过盈。而销子装入孔内的深度一般也较适当(图 4-11)；对于盲销孔同样应磨出排气槽，以利装配。

有时，为了便于取出销子，可采用带螺纹的圆锥销。拧紧螺母，即可将带螺纹的销子拔出。

3. 开口销的装配

开口销由扁圆的钢条对合而成，属于圆柱形销的一种。它的两腿长短不同，以便于分开。如果螺母拧紧后须进行止动，则可将开口销插进螺栓顶上预先开好的孔内，将两腿扳开即可；如果螺母、螺栓均有孔或槽，则必须旋正对准后方可装销。

4.4 过盈连接

过盈连接是依靠包容件(孔)和被包容件(轴)配合后的过盈，来实现紧固连接的。这种连接的结构简单、同心度好、承载能力强，能承受变载和冲击力，还可避免零件因加工键槽而削弱的强度，但配合加工精度要求较高，采用圆柱面接合时装拆不便。过盈连接的配合面主要有圆柱面和圆锥面。

4.4.1　过盈连接的种类

1. 圆柱面过盈连接

其配合过盈值的大小，是由连接本身要求的紧固程度所决定的。在确定配合级别时，一般应选择其最小过盈等于或稍大于连接所需的最小过盈。因过盈量过大将导致装配困难，而过盈量过小将满足不了传递一定扭矩的要求，在确定精度等级时，若选较高精度的配合，则其实际过盈变动范围较小，装配后连接件的松紧程度不会发生大的差异，但加工要求较高；配合精度较低时，虽可降低加工精度要求，但实际配合过盈变动范围较大。在批量生产时，各连接件的承载能力和装配性能相差较大，往往需分组选择装配。

为易于装配，包容件孔端与被包容件进入端都应倒角，如图 4-12 所示。通常取 $\beta = 5° \sim 10°$，$a = 0.5 \sim 3\text{mm}$，$A = 1 \sim 3.5\text{mm}$。

2. 圆锥面过盈连接

它是利用包容件与被包容件相对轴向位移后相互压紧来实现过盈结合的。其压紧方式有液压装拆，如图 4-13 所示。配合面的锥度通常为 (1∶50) ~ (1∶30)；也有靠螺纹连接实现轴向压紧的，如图 4-14 所示，其配合面的锥度通常为(1∶30) ~ (1∶8)。圆锥面过盈连接的结构形式有：包容件的内锥孔与被包容件的外锥体直接配合[见图 4-13(a)]；也有将零件之一制成圆柱面，并在其间设置一中间套，中间套有外锥式[见图 4-13(b)]和内锥式[见图 4-13(c)]。

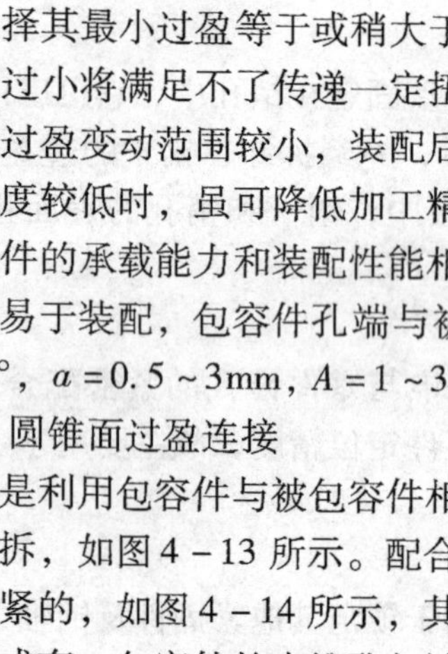

图 4-12　圆柱面过盈连接的倒角

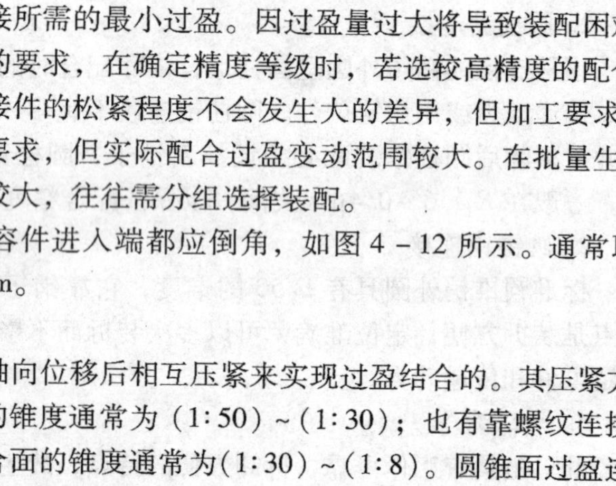

(a)　(b)　(c)

图 4-13　液压装拆的圆锥面过盈连接

圆锥面过盈连接的特点：压合距离短，装拆方便，装拆时配合面不易擦伤，可用于多次装拆的场合，但其配合面加工不便。

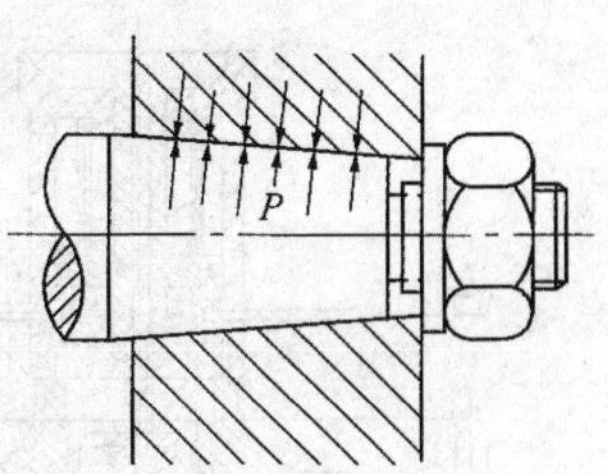

图 4－14　靠螺母压紧的圆锥面过盈连接

4.4.2　过盈连接的装配

1. 过盈连接的装配要求

（1）配合表面应具有良好的表面粗糙度，零件经加热或冷却后要将配合面擦净。

（2）压合前，配合表面处理干净并涂以润滑油，以免装配中擦伤配合面。

（3）压入过程应连续，不宜过快；压入速度一般为 2～4mm/s（不宜超过 10mm/s），并应准确控制压入行程。

（4）压合时，应始终保持轴与孔同轴线，不许偏斜；应经常用角尺检查校正。

（5）对于细长的薄壁件，更要细心检查其过盈量和形状偏差，装配时尽可能垂直压入，以防变形。

2. 过盈连接的装配方法

1）压入配合法

可用手锤加垫块敲击压入，也可采用各类压力机压入。锤敲压入的方法简便，但导向性不好掌握，易发生歪斜，适用于配合要求较低或配合长度较短的场合；采用第 2、3、4 种过渡配合的连接件多为单件生产；采用螺旋压力、齿条压力机或专用螺旋的 C 型夹头进行压合时，其导向性比敲击压入好，适用于第 1 种过渡配合和轻型静配合，如小型轮圈、轮毂、齿轮、套筒和一般要求的滚动轴承等，多用于小批量生产。采用气动杠杆压力机的压力范围为 100～100000Pa，配以一定的夹具后可提高压合的导向性，适用于轻型和中型静配合的连接件，如车轮、飞轮、齿圈、轮毂、连杆衬套、滚动轴承等，多用于成批生产。

2）热胀配合法

又称红套，是利用金属材料热胀冷缩的物理特性，在套与轴有一定过盈时，将套加热，使孔胀大，然后将轴装入胀大的孔中，待冷却后，轴与套孔就获得了传递轴向力、扭矩或轴向力与扭矩同时作用的结合体。

加热方法应根据套件实际外形尺寸的大小，可酌情采用火焰、电热器或在油中加热，加热温度一般为 80～120℃；对于大型套件，采用感应加热器加热较为便利。

加热温度的确定：加热前要根据过盈量来确定加热的终温，套孔受热膨胀的公式如下：

$$t = \frac{\sigma + \sigma_0}{ad} + t_0 \tag{4-2}$$

式中　t——加热后套孔温度简称终温，℃；

t_0——当时环境温度，℃；

σ——轴颈与套孔的实际过盈，mm；

σ_0——热装的最小间隙，mm；

a——材料的线膨胀系数，1/℃，对滚动轴承钢，$a = 14 \times 10^{-6}$/℃；对普通碳钢，$a = 11.7 \times 10^{-6}$/℃；

d——套孔直径，mm。

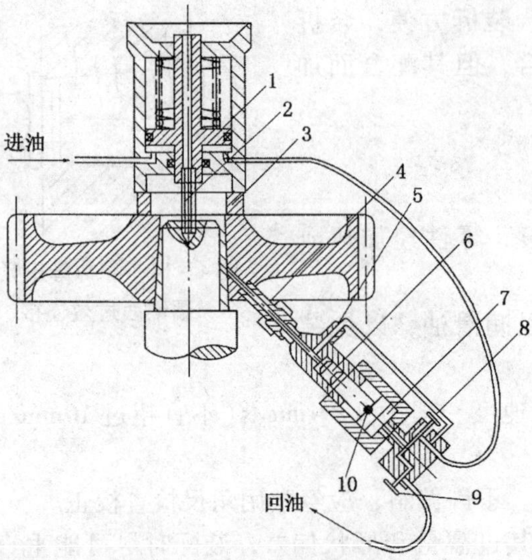

图 4－15　液压套合装置

1—压力机活塞；2—拉紧螺钉；3—垫圈；
4—接头；5—高压单向阀；6—高压腔；7—低压腔；
8—进油截止阀；9—回油截止阀；10—活塞

3）冷缩配合法

此法是将被包容件进行低温冷却使之冷缩，对小过盈量的小型连接件和薄壁衬套等多采用干冰冷缩（可冷至 －78℃）；对过盈量较大的连接件，如发动机的主、副杆衬套等，多采用液氮冷缩（可冷至 －196℃）。冷缩法的收缩变形量较小，所以多用于过渡配合，而轻型静配合相对少用。

4）液压套合法

液压套合装置，如图 4－15 所示。当压力油进入压力机时，活塞 1 上移产生轴向力，将轴、锥套与套件齿轮压紧；此时，压力油同时进入高压单向阀 5 和高压腔 6，使活塞 10 后移；此前，已将回油阀 9 打开，进油阀 8 关闭，直至活塞 10 后移到底，低压腔 7 回油完毕；再将进油阀 8 打开，回油阀 9 关闭；此后，油从 8 进入低压腔 7，作用在活塞上，使油缸活塞向前推移，使高压腔 6 中的油压增大，并将包容件孔扩大，从而使轴、锥套与齿轮压装到位。当达到预定部位后，应先消除径向油压，后消除轴向油压，即可完成过盈装配。

4.5　带　传　动

带传动是由主动带轮、从动带轮和紧套在带轮上的传动带所组成。当原动机驱动主动轮转动时，由于皮带和带轮间摩擦力的作用，便拖动从动轮一起转动，并传递一定的动力。皮带传动具有良好的弹性，能缓和冲击、吸收振动，故传动平稳，无噪音；当过载时，能起到安全保护的作用；结构简单，成本低廉，制造、安装、维护简便等优点。适用于两轴中心距较大的场合，但它也有传动的外廓尺寸较大、传动效率较低、皮带使用寿命短等缺点。

4.5.1　带传动的类型

按传动带横截面形状不同，带传动可分为：平带传动、V 带传动（三角带传动）、圆带传动、齿形同步带传动。各种带传动的类型、特点和应用见表 4－5。

表 4－5　带传动的类型、特点和应用

类型	皮带简图	最大速比	特　点	应　用
平带	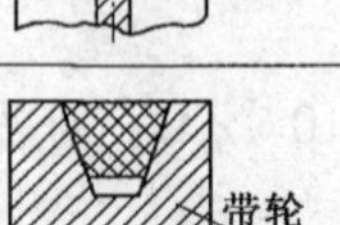	5	皮带的横截面尺寸和长度选择范围较大，靠底面和带轮接触，摩擦力小	适宜于中心距较大和功率较大的传动 无接头的薄平皮带可应用于高速传动
V 带	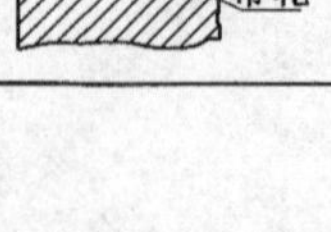	5	运转平稳，靠两个侧面与槽壁接触，摩擦力大 皮带长度固定、无接头，安装简便	适宜于一般的传动，应用最广泛

续表

类型	皮带简图	最大速比	特　点	应　用
圆带	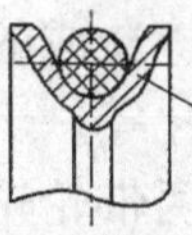	3	结构简单、紧凑、轻巧	适用于载荷很小的场合
齿形同步带	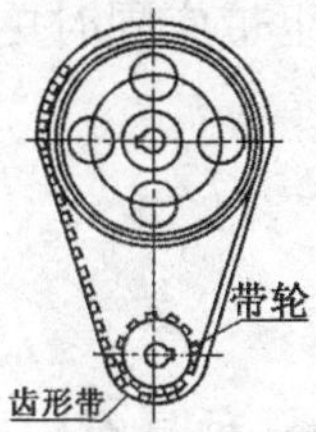	10	皮带的一面（或双面）带齿形，与带轮的齿形啮合，不会打滑。强度较高，速比准确，皮带初拉力较小，对轴和轴承的压力较小	齿形同步带尚未广泛应用

4.5.2　带传动机构的装配

1. 对带传动机构装配的技术要求

（1）两根传动轴必须严格地保持平行。

（2）带轮装在轴上，应没有歪斜和摆动。

（3）当两个带轮的宽度相同时，它们的端面应位于同一平面内。

（4）平带在轮面上应保持在中间位置，工作时不应脱落。

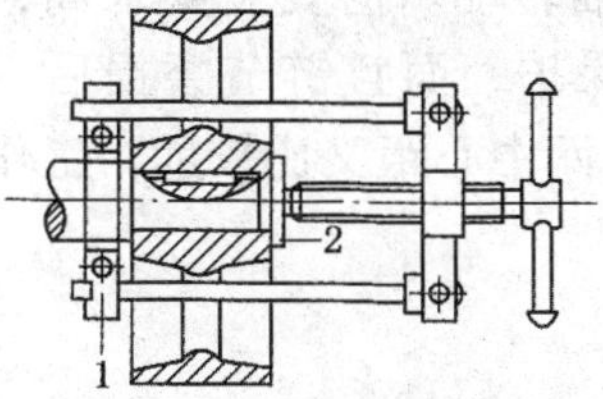

图 4－16　螺旋压装工具

1—卡头；2—压板

（5）带的张紧力应能保持带和带轮的接触面间有足够的摩擦力，以传递一定的功率。

2. 带轮的装配

带轮和轴一般采用过渡配合，靠键来传递动力。装配时，首先按轴和轮毂孔中的键槽修配键，涂上润滑油后，再把带轮压装到轴上。压装时，最好采用专用的螺旋压装工具(图 4－16)，不要直接敲打带轮的端部。压装后，可通过垫板对轮毂的各个地方轻轻敲打，以消除因倾斜而产生的卡住现象。

3. 带轮装配后的检验

带轮装在轴上后应在轮缘处检查其径向和端面跳动。较大的带轮可用划针盘检查，较小的带轮可用百分表检查。

带轮之间的相互位置，对带传动的质量影响很大。如果偏移，就会使带的张力不均，磨损加剧，甚至造成带自行滑脱。因此，带轮之间的相互位置也需要进行检查和调整。如果中心距不大，可用铸铁平尺进行检查［图 4－17(a)］；如果中心距较大，可用拉线法进行检查［图 4－17(b)］。

4. 带的安装

安装皮带时，先将其套在小带轮的轮槽中，然后套在大轮上，边转动大轮，边用起子将皮带拨入带轮槽中。

带在轮槽中的位置应略高于轮槽，不应陷入槽底或凸出轮槽太高。

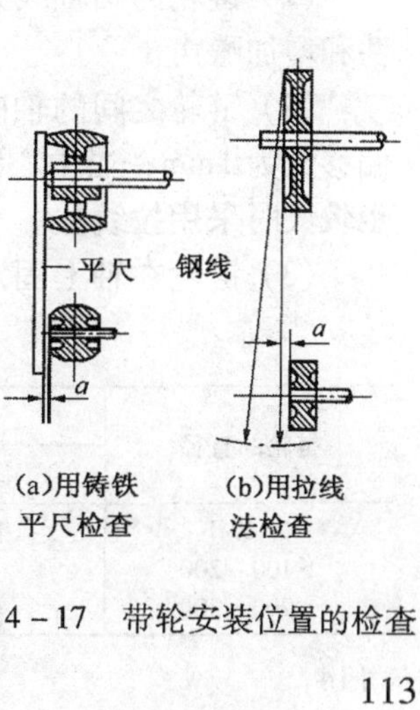

(a)用铸铁平尺检查　(b)用拉线法检查

图 4－17　带轮安装位置的检查

装带时，带的张紧力必须适当。一般说来，在安装新带时，其初拉力要比正常的张紧力大，这样，在工作一段时间后，带才能保持一定的张紧力；一般要求张紧力用手能压下 15mm 左右为好。

5. 带失效的原因

主要是因为疲劳破坏造成胶带的断裂、橡胶层龟裂和包布层因摩擦造成的磨损。

胶带断裂和龟裂的原因可能是频繁过载、带轮直径偏小、橡胶老化等。

包布层过早磨损，其原因可能是表面粗糙度值太大，频繁打滑，两带轮轮槽不共面等。

带发生带体龟裂和包布层磨损时需进行更换。更换时，同一组带应同时更换，不允许使用新旧不一、长短不一的一组皮带，以避免带受力不均。

4.6 链 传 动

链传动是靠链条与链轮相互啮合来传递运动和动力的，它是一种具有中间挠性(链条)的啮合传动。如图 4－18 所示，当主动链轮 3 回转时，依靠链条 2 与两链轮之间的啮合力，使从动链轮 1 回转，进而实现运动和动力的传递。

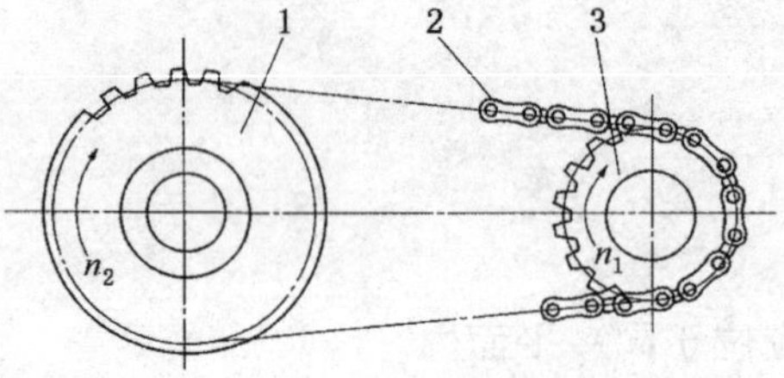

图 4－18 链传动

1—从动链轮；2—链条；3—主动链轮

链传动保持固定不变的平均传动比，结构比较紧凑，传动效率较高，而对轴和轴承的压力较小，张紧力小，承载能力大，能用一根链条同时带动几根彼此平行的轴转动。但安装要求高，工作时有噪声，无过载保护，而且链节磨损后，由于链条伸长而容易引起脱链。特别适宜于传动速度要求比较准确而中心距又比较远，工作条件恶劣，用带传动和齿轮传动都不合适的场合。

4.6.1 链传动的类型

链传动的类型很多，按用途不同，链可分为以下三类：

(1) 传动链 应用范围最广，主要用来在一般机械中传递运动和动力，也可用于输送等场合；

(2) 输送链 用于输送工件、物品和材料，可直接用于各种机械上，也可以组成链式输送机；

(3) 曳引起重链(曳引链)，主要用以传递力，起牵引、悬挂物品作用。

4.6.2 链传动的装配

1. 链传动机构的装配要求

(1) 链轮的两轴线必须平行。若两轴线不平行，将加剧链和链轮的磨损而降低传动平衡性和增加噪声。

(2) 链轮之间的轴向偏移，必须在要求范围内。当两链轮中心距小于 500mm 时，允许偏移量为 1mm；当中心距大于 500 mm，允许偏移量为 2mm。一般可用直尺法检查，当中心距较大时采用拉线法。

(3) 链轮在轴上固定之后，其允许跳动量见表 4－6。

表 4－6 链轮的允许跳动量 mm

链轮的直径	套筒滚子链的链轮跳动量		链轮的直径	套筒滚子链的链轮跳动量	
	径 向	端 面		径 向	端 面
100 以下	0.25	0.3	>300～400	1.0	1.0
>100～200	0.5	0.5	400 以上	1.2	1.5
>200～300	0.75	0.8			

（4）链的下垂度应适当。当链传动是水平或稍微倾斜（在45°以内）布置时，一般等于两链轮中心距的2%为好（$f=2\%L$）。

当斜度增大时，就要减少下垂度。检查下垂度的方法见图4－19。当垂直布置时，链轮的下垂度≤两链轮中心距的2%为佳（$f=2\%L$）。

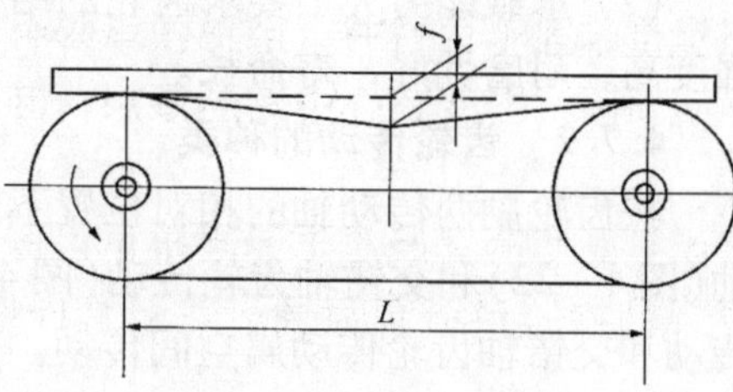

图4－19　链条的松垂度

2. 链的拆装

当用开口销连接的链拆卸时，先将开口销取出，然后将外连板拆卸后，取下轴销，即可将链拆卸；当链是用弹簧卡片连接的，首先应拆弹簧卡，然后将外连板取下，再将两轴销组一起拆卸，便可将链拆下；对于两端头连接采用铆合的，可用小于销轴的冲头冲出即可；一般前者用于大节距，后者用于小节距。用弹簧卡片连接时，必须使其开口端的方向与链的运动方向相反，以免运转中受到碰撞而脱落。当链节数为奇数时，应采用过渡链节。

对于链条两端的接合，若结构上允许，可在链轮装好后再装链条（例如两轴中心距可调节且链轮在轴端时），则链条的接头可预先进行连接；当结构上不允许时，则必须把链套到链轮上，再进行连接，此时，常采用专用的拉紧工具，如图4－20（a）所示。齿形链必须先套在链轮上，再用拉紧工具拉紧后进行连接，如图4－20（b）所示。

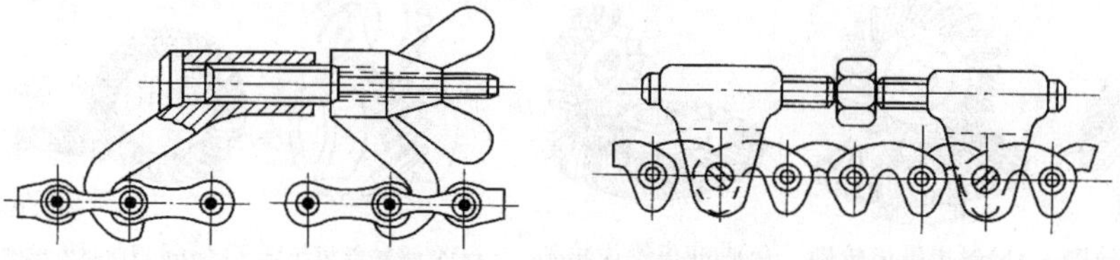
(a)　(b)

图4－20　拉紧链条的工具

3. 链传动机构的修理

（1）链使用后被拉长 如果链轮中心距可调节，应首先调节中心距，使链条拉紧；链轮中心距不可调时，可采用装张紧轮或卸掉一个（或几个）链节，以达拉紧的目的。

（2）链和链轮磨损 链轮的牙齿逐渐磨损，节距增加，使链条磨损加快，严重时应更换。

（3）链环断裂而个别链不断裂 可采用更换个别链节的方法解决。

4.7　齿轮传动

齿轮传动是由齿轮副组成的传递运动和动力的一套装置。齿轮传动的优点是：①传动比稳定，传递运动准确可靠；②传动效率较高，一般传动效率 $\eta=0.94\sim0.99$；③结构紧凑，适用的圆周速度和功率范围大；④寿命长且可靠；⑤可实现平行轴、任意角相交轴和任意角交错轴之间的传动。

齿轮传动的缺点是：①制造和安装精度要求高，成本高，工作时有噪音；②不能实现无级变速；③不适合于远距离轴间的传动。

4.7.1　齿轮传动的基本要求

（1）传动平稳　在齿轮传动过程中，应保证瞬时传动比恒定不变，以保持传动的平稳性，避免或减小传动中的冲击、振动和噪声。

（2）承载能力大　要求齿轮的结构尺寸小、体积小、质量轻，而承受载荷的能力强，即强度高，耐磨性好，寿命长。

4.7.2　齿轮传动的种类

按齿轮副两传动轴的相对位置不同，可分为平行轴齿轮传动（图4-21）、相交轴齿轮传动（图4-22）和交错轴齿轮传动（图4-23）三类。平行轴齿轮传动属平面传动，相交轴齿轮传动和交错轴齿轮传动属空间传动。

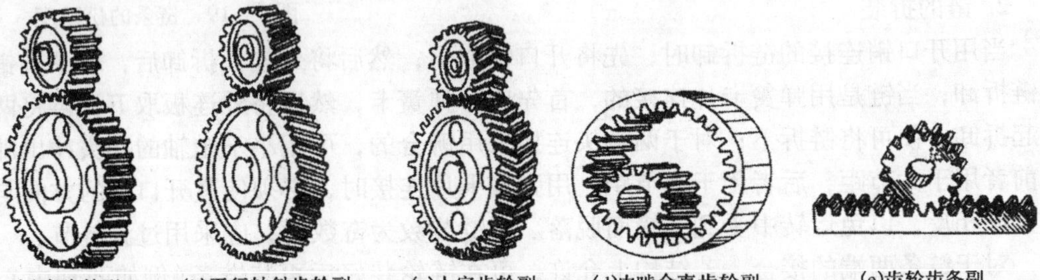

(a)直齿轮副　(b)平行轴斜齿轮副　(c)人字齿轮副　(d)内啮合直齿轮副　(e)齿轮齿条副

图4-21　平行轴齿轮传动

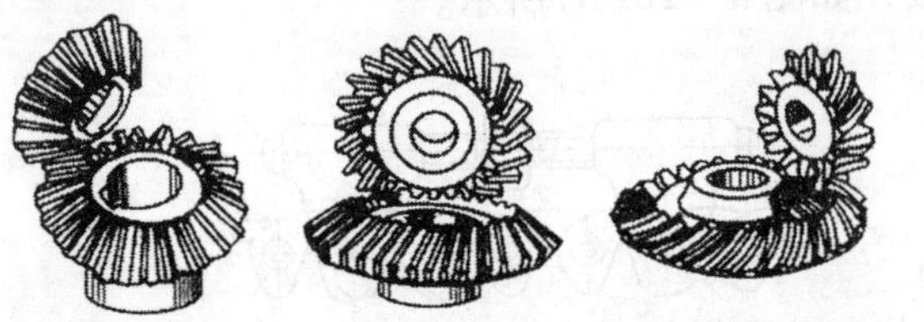

(a)直齿锥齿轮副　(b)斜齿锥齿轮副　(c)曲线齿锥齿轮副

图4-22　相交轴齿轮传动

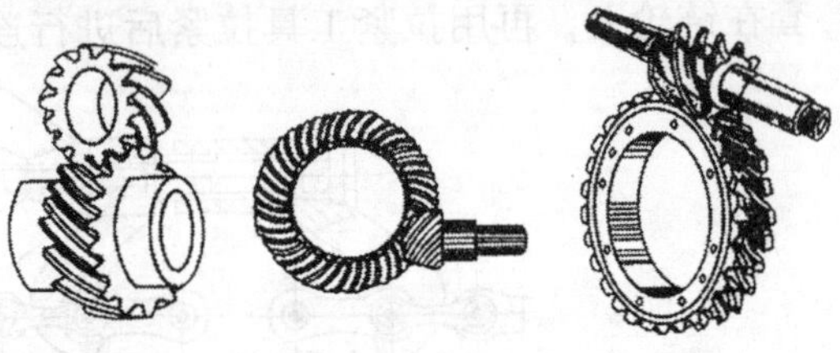

(a)交错轴斜齿轮副　(b)准双曲面齿轮副　(c)蜗杆副

图4-23　交错轴齿轮传动

按齿轮分度曲面不同，可分为圆柱齿轮传动［图4-21，图4-23(a)］和锥齿轮传动［图4-22，图4-23(b)］。

按齿线形状不同，可分为直齿齿轮传动［图4-21(a)、(d)、(e)，图4-22(a)］、斜齿齿轮传动［图4-21(b)，图4-22(b)，图4-23(a)］和曲线齿齿轮传动［图4-22(c)，图4-23(b)］。

按齿轮传动的工作条件不同，可分为闭式齿轮传动和开式齿轮传动。

按轮齿齿廓曲线不同，可分为渐开线齿轮传动、摆线齿轮传动和圆弧齿轮传动等，其中渐开线齿轮传动应用最广。

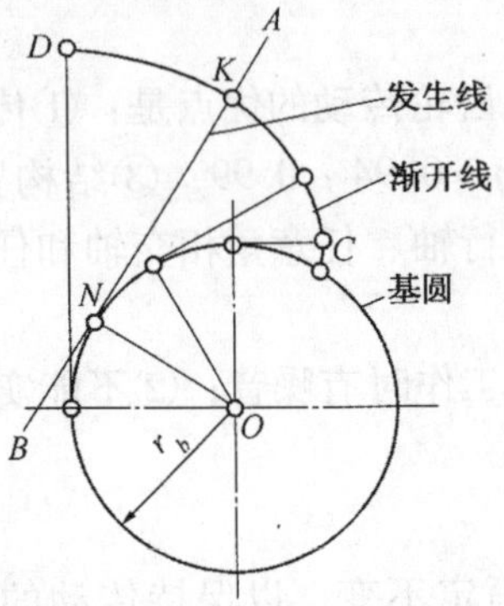

图4-24　渐开线的形成

4.7.3　渐开线齿轮

4.7.3.1　渐开线的形成

渐开线齿轮的轮齿是由两条渐开线作齿廓而组成的。当一直线 AB 沿一圆周作滚动时，直线上任一点 K 的轨迹 CKD 就是该圆的渐开线（如图4-24），这个圆称为渐开线的基圆，直线 AB 称为渐开线的发生线。渐开线齿轮的轮齿齿廓是由两条对称的渐开线组成的（如图4-25）。

4.7.3.2　渐开线的性质

（1）发生线沿基圆滚过的线段长度 NK，等于基圆上被滚

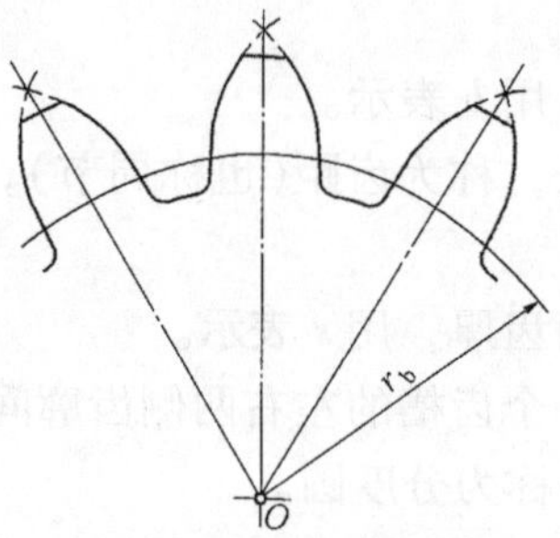

图 4-25　渐开线齿轮齿廓的形成

过的一段弧长 NC，即 $NK=NC$。

（2）渐开线任意一点的法线 NK 必定与基圆相切，且法线与发生线 AB 重合。

（3）渐开线上各点的曲率半径不相等，K 点离基圆越远，其曲率半径 NK 越大，渐开线越趋于平直；K 点离基圆越近，曲率半径 NK 越小，渐开线越弯曲；当 K 点与基圆上的点 C 重合时，曲率半径等于零。

（4）渐开线的形状取决于基圆的大小。基圆半径相等，则渐开线完全相同；基圆越小，则渐开线越弯曲；基圆越大，则渐开线越平直；基圆半径为无穷大时，则渐开线就变成一条直线。齿条的齿廓曲线就是变成直线的渐开线。

（5）基圆内无渐开线。

(6)渐开线上各点处的压力角不相等。

4.7.3.3　渐开线齿廓的啮合特性

（1）能保持传动比的恒定。渐开线齿轮的传动比等于主动轮和从动轮基圆半径的反比。由于两啮合齿轮的基圆半径是定值，所以，渐开线齿轮传动的传动比能保持恒定不变。

(2)具有传动的可分离性。由于齿轮传动的传动比只与两轮基圆半径有关，与两轮的中心距无关，所以，传动比大小不受两轮安装时中心距误差的影响，这一啮合特性称为渐开线齿轮传动的可分离性。

(3)齿廓间具有相对滑动。在传动力的作用下，这种滑动必然引起齿轮的磨损。

4.7.3.4　渐开线齿轮啮合的必要条件

（1）两齿轮的模数相等。

（2）两齿轮的分度圆压力角相等。

（3）斜齿圆柱齿轮传动，螺旋角相等且方向相反。

（4）为保证传动的连续性，任何时刻至少应有一对齿啮合。

4.7.4　标准直齿圆柱齿轮的基本参数和几何尺寸的计算

4.7.4.1　直齿圆柱齿轮的几何要素

图 4-26 所示为直齿圆柱齿轮的一部分，其中主要几何要素如下：

（1）端平面　在圆柱齿轮上，垂直于齿轮轴线的表面。

（2）齿顶圆柱面、齿顶圆　圆柱齿轮的齿顶曲面称齿顶圆柱面。齿顶圆柱面与端平面的交线称为齿顶圆。齿顶圆直径用 d_a 表示。

（3）齿根圆柱面、齿根圆　圆柱齿轮的齿根曲面称齿根圆柱面。齿根圆柱面与端平面的交线称为齿根圆。齿根圆直径用 d_f 表示。

（4）分度圆柱面、分度圆　圆柱齿轮的分度曲面称为分度圆柱面。分度圆柱面是齿轮上的一个假想曲面，齿轮的齿尺寸均以此曲面为基准面加以确定，分度圆柱面与端平面的交线成为分度圆。分度圆在齿顶圆与齿

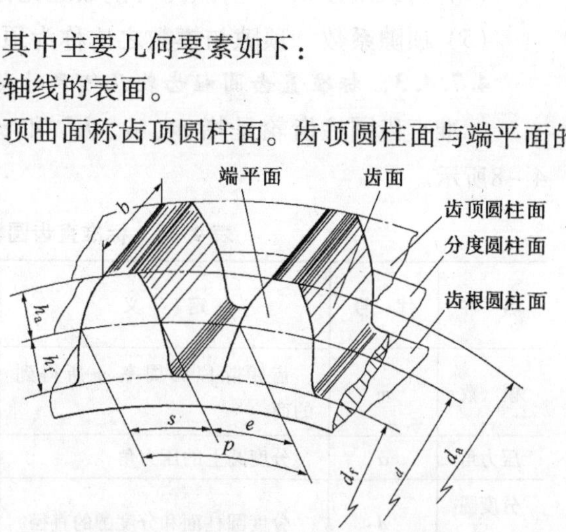

图 4-26　直齿圆柱齿轮的几何要素

根圆之间。分度圆直径用 d 表示。

(5) 齿宽　齿轮的有齿部位沿齿轮轴线方向度量的宽度，用 b 表示。

(6) 齿距　在齿轮上，两个相邻同侧齿廓之间的分度弧长，称为齿距(也称周节)，用 p 表示。

(7) 齿厚　一个轮齿的左右两侧齿廓间的分度圆弧长称为齿厚，用 s 表示。

(8) 齿槽宽　齿轮上两个相邻轮齿之间的空间叫齿槽。一个齿槽的左右两侧齿廓间的分度圆弧长称为槽宽，用 e 表示。轮齿的齿厚和齿槽宽相等的圆称为分度圆。

(9) 齿顶高　齿顶圆与分度圆之间的径向距离称为齿顶高，用 h_a 表示。

(10) 齿根高　齿根圆与分度圆之间的径向距离称为齿根高，用 h_f 表示。

4.7.4.2　直齿圆柱齿轮的基本参数

直齿圆柱齿轮的基本参数有：齿数 z、模数 m、齿形角 α、齿顶系数 h_a^* 和顶隙系数 c^* 五个。基本参数是齿轮各部几何尺寸计算的依据。

(1) 齿数 z　一个齿轮的轮齿总数叫做齿数，用 z 表示。

(2) 模数 m　人们人为地规定 p/π 为有理数，称为模数，记作 $m=p/\pi$，单位为 mm。模数是齿轮几何尺寸计算中最基本的一个参数，可得 $d=mz$。

模数相同的齿轮，模数大，则轮齿的尺寸也大，轮齿所承受的载荷也大。为了便于计算、制造、检验和互换使用，齿轮的模数在我国已标准化了(见表 4－7)。

表 4－7　齿轮模数 m 系列

第一系列	1　1.25　1.5　2　2.5　3　4　5　6　8　10　12　16　20　25　32　40　50
第二系列	1.75　2.25　2.75　(3.25)　3.5　(3.75)　4.5　5.5　(6.5)　7　9　(11)　14　18　22　28　(30)　36　45

注：(1) 本表适用于渐开线。对斜齿轮是指法向模数。

(2) 优先采用第一系列，括号内的模数尽可能不用。

(3) 压力角 α　渐开线齿廓在不同的圆周上有不同的压力角。通常所说的齿轮的压力角，是指分度圆上的压力角，以 α 表示。

(4) 齿顶系数 h_a^*　齿顶高与模数之比称为齿顶系数，用 h_a^* 表示。

(5) 顶隙系数　顶隙与模数之比称为顶隙系数，用 c^* 表示。

4.7.4.3　标准直齿圆柱齿轮几何尺寸的计算

标准直齿圆柱齿轮是指 m、α、h_a^* 和 c^* 都为标准值，且 $e=s$ 的齿轮，计算公式如表 4－8所示。

表 4－8　标准直齿圆柱齿轮几何尺寸的计算公式

名　称	代　号	定　义	计算公式 小齿轮	计算公式 大齿轮
模　数	m	齿距除以圆周率 π 所得到的商	$m=p/\pi=d/z$，取标准值	
压力角	α	分度圆上的压力角	$\alpha=20°$	
分度圆直径	d	分度圆柱面和分度圆的直径	$d_1=mz_1$	$d_2=mz_2$

续表

名 称	代 号	定 义	计算公式	
			小 齿 轮	大 齿 轮
齿顶圆直径	d_a	齿顶圆柱面和齿顶圆的直径	$d_{a1}=d_1+2h_{a1}=m(z_1+2)$	$d_{a2}=d_2+2h_{a2}=m(z_2+2)$
齿根圆直径	d_f	齿根圆柱面和齿根圆的直径	$d_{f1}=d_1-2h_{f1}=m(z_1-2.5)$	$d_{f2}=d_1-2h_{f2}=m(z_2-2.5)$
基圆直径	d_b	基圆柱面和基圆的直径	$d_{b1}=d_1\cos\alpha=mz_1\cos\alpha$	$d_{b2}=d_2\cos\alpha=mz_2\cos\alpha$
齿顶高	h_a	齿顶圆与分度圆之间的径向距离	$h_a=h_a^*m=m$	
齿根高	h_f	齿根圆与分度圆之间的径向距离	$h_f=(h_a^*+c^*)m=1.25m$	
齿 高	h	齿顶圆与齿根圆之间的径向距离	$h=h_a+h_f=2.25m$	
齿 距	p	两个相邻而同侧的端面齿廓之间的分度圆弧长	$p=\pi m$	
齿 数	z	齿轮的轮齿的总数	由传动比计算确定，一般 z_1 约为 20	
齿 厚	s	一个齿的两侧端面齿廓之间的分度圆弧长	$s=p/2=\pi m/2$	
槽 宽	e	一个齿槽的两侧端面齿廓之间的分度圆弧长	$e=p/2=\pi m/2=s$	
齿 宽	b	齿轮的有齿部位沿分度圆柱面直母线方向量度的宽度	$b=(6\sim10)m$	
传动比	i	主动齿轮与从动齿轮角速度（或转速）的比值，也等于两齿轮齿的反比	$i_{12}=\frac{\omega_1}{\omega_2}=\frac{z_2}{z_1}$	
中心距	a	齿轮副的两轴线的最短距离	$a=(d_1+d_2)/2=m(z_1+z_2)/2$	

注：h_a^* 称为齿顶系数，等于1；c^* 称为顶隙系数，等于0.25。

4.7.5 齿轮传动的装配

1. 齿轮传动机构的装配要求

对各种齿轮传动的基本技术要求是：传动均匀、工作平稳，无冲击振动和噪声，换向无冲击，承载能力强以及使用寿命长等。

1）齿轮孔与轴的配合

齿轮孔与轴的配合要适当，不得有偏心或歪斜现象。齿轮的端面摆动和径向跳动，除加工影响外，多半由于轴和轮孔的配合不当而产生变形引起，也可能是由于轴端弯曲所致。齿轮跳动量的检测方法，如图 4－27 所示。在测量齿轮径向跳动时，应在齿间放入圆柱规，将百分表的触针抵在圆柱规上，从百分表上得出一个读数；然后转动齿轮，每隔 3～4 个轮齿重复检测 1 次；百分

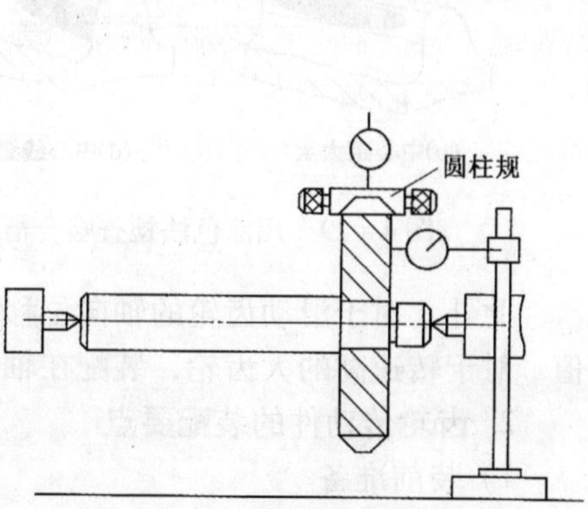

图 4－27 齿轮径向跳动检查

表的最大读数与最小读数之差，就是齿轮分度圆上的径向跳动误差。在检测端面跳动时，将百分表的触针抵在齿轮端面上，转动轴就可以测出齿轮的跳动量。

2）齿轮的安装中心和齿侧间隙

保证齿轮有准确的安装中心距和适当的齿侧间隙。间隙过小，齿轮转动不灵活，甚至卡齿，会加剧齿面的磨损；间隙过大，换向空程大，会产生冲击。

测量侧隙的方法通常有两种：

（1）压铅丝　在齿面沿齿宽两端平行放置两条铅丝，宽齿放置 3 ~4 条，铅丝直径不宜超过最小侧隙的 4 倍，转动齿轮，测量铅丝被挤压后最厚处为顶间隙，相邻两最薄处之和为侧间隙。

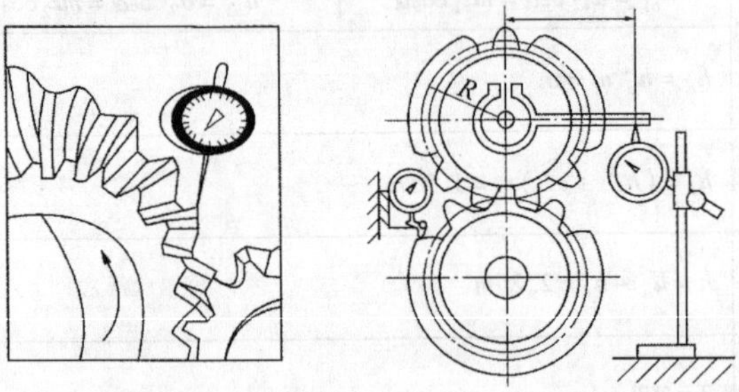

(a)　　(b)

图 4－28　检查轮齿啮合中的侧隙

（2）百分表法　如图 4－28，将百分表测头与齿轮的齿面接触（尽量靠近分度圆位置），另一齿轮固定；将接触百分表测头的齿轮从一侧啮合转到另一侧啮合，百分表上的读数差值即为侧隙。如对小模数齿轮测量，可以将一个齿轮固定，在另一个齿轮上装夹紧杆，由于侧隙的存在，装有夹紧杆的齿轮便可摆动一定角度，从而推动百分表的测头，得到表针摆动的读数 C，根据分度圆半径 R，指针长度 L，即可按下式求得侧隙 C_n 值：

$$C_n = C \cdot (R/L) \qquad (4-3)$$

3）保证齿面有一定的接触面积和正确的接触部位

接触部位与接触面积是互相关联的，接触部位正确与否也反映了两啮合齿轮的相互位置的误差。图 4－29 为直齿圆柱齿轮用涂色法检查斑点的情况；图 4－30 为圆锥齿轮用涂色法检查斑点的情况。

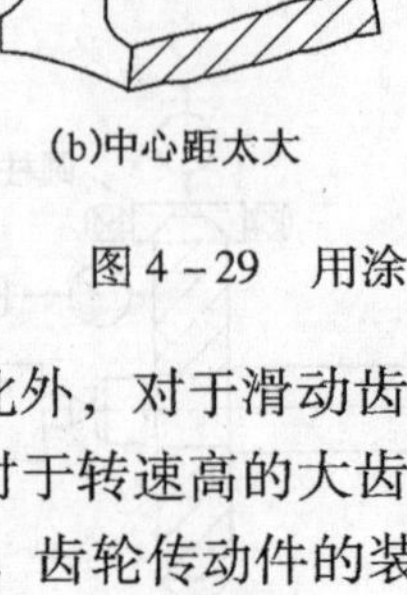
(a)正确的　(c)中心距太小

(b)中心距太大　(d)中心线歪斜

图 4－29　用涂色法检查啮合情况

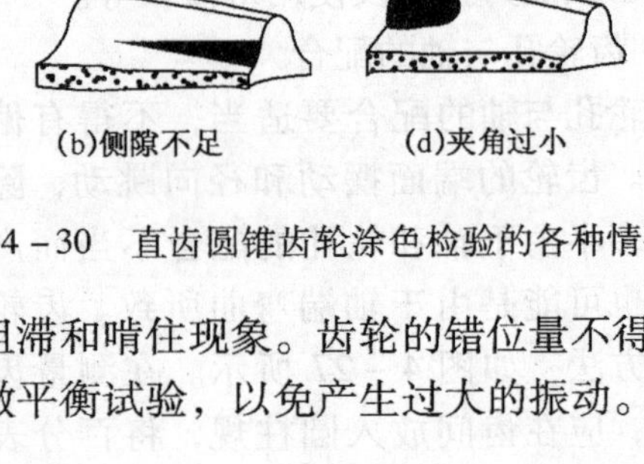

(a)正常啮合　(c)夹角过大

(b)侧隙不足　(d)夹角过小

图 4－30　直齿圆锥齿轮涂色检验的各种情况

此外，对于滑动齿轮的轴向位移，不应有阻滞和啃住现象。齿轮的错位量不得超过规定值。对于转速高的大齿轮，装配在轴上后还应做平衡试验，以免产生过大的振动。

2. 齿轮传动件的装配要点

1）装前准备

（1）零件清洗干净，去除毛刺，并按图纸检查各项指标是否符合要求。

（2）齿轮与轴的配合面在压入前应涂润滑油。配合面为锥面时，应用涂色法检查接触状况，对接触不良的应进行刮研处理。

（3）闭式传动的箱体轴心线的中心距和平行度在装前应予以校验。轴心线中心距的校验方法如图 4－31 所示，即分别将芯棒插入箱体孔中，测得中心距 a 为

$$a = \frac{L_1 + L_2}{2} - \frac{d_1 + d_2}{2} \tag{4-4}$$

轴心线平行度的校验是：测量出 L_1 和 L_2，设齿宽为 b，则轴心线在水平方向上的公差为

$$f_x = \frac{L_1 - L_2}{L} \cdot b \tag{4-5}$$

轴心线在垂直方向上的公差校验方法如图 4－32 所示，即分别将测量芯棒插入箱体孔中，箱体用 3 个千斤顶支承在平板上；调整千斤顶使相啮合的两轴心线中的某一轴线与平板平行，然后测量另一芯棒至平板的距离得 h_1 和 h_2，设齿宽为 b，则此两轴心线在垂直方向上的平行度公差 f_y 为

$$f_y = \frac{b}{L}(h_1 - h_2) \tag{4-6}$$

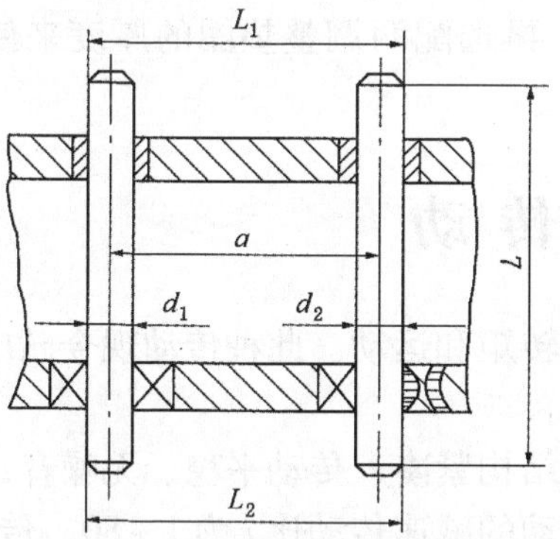

图 4－31　齿轮轴线中心距的测量

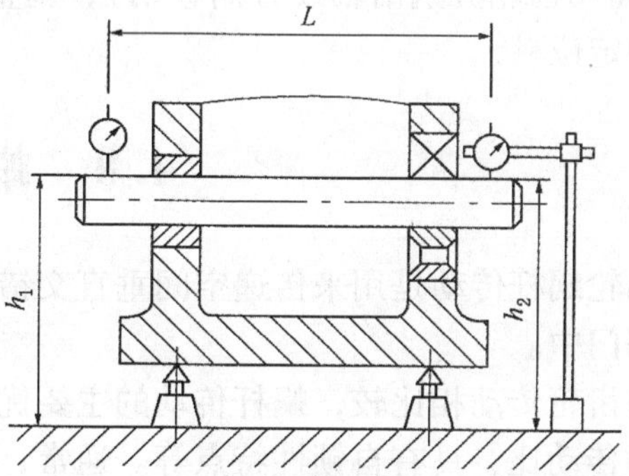

图 4－32　轴心线在垂直方向上平行度公差校验

（4）选择合理的装配方法，并准备好工器具。通常的装配方法有压入法和热装法两种：压入装配，多采用压力机，而或采用手锤或冲击器打入的方式，多用于过盈量不大的装配；加热装配，用于过盈量较大的齿轮传动件装配，其加热温度视过盈量大小而定，一般不大于 350℃，当轮缘断面和轮幅断面相差较大时，不宜采用将齿轮整体加热进行装配。此外，还有冷缩法。

2）安装程序

齿轮传动机构的安装程序：一是对装配式齿轮先进行齿轮自身装配；二是齿轮装于轴上；三是齿轮轴装入箱体内；四是对安装后的齿轮啮合状况进行检查调整。

3. 齿轮的失效及修理

常见的齿轮失效可归纳为五类，即磨损失效、胶合失效、表面疲劳失效、塑性变形失效和断裂失效五大类。不同的失效形式可根据其造成原因，采取措施加以改进或正确维护和修理。

对齿轮传动副的修理，大致有下列几种方法：

（1）更换法　齿轮磨损严重或齿崩裂，一般情况下均采用更换新件。如果小齿轮和大齿轮啮合，往往是小齿轮磨损得快，所以应及时更换小齿轮，以免加速大齿轮的磨损。更换

时，必须注意齿轮的压力角(20°和14.5°〈英制〉)要相同。

(2) 调向法　齿轮的一侧齿面发生磨损或疲劳点蚀后，如果结构许可，可将齿轮调向安装，使另一齿面进入啮合，但必须成对；同时对齿轮进行调向。

(3) 堆焊法　对于大模数齿轮齿面严重磨损或严重剥蚀或崩裂时，可以采用堆焊法进行修复。焊前应退火处理，焊后应进行粗加工、热处理和精加工。最好采用两块炭精或铜曲线模型来堆焊齿形，以减少齿形的修正量。对个别轮齿齿面进行堆焊时，为防止焊接过程中对其他部分的热影响，施焊时将齿轮浸入水中，仅将施焊部位露出水面，对邻近区域还应用石棉布加以遮蔽保护。

(4) 镶齿法　对于不重要及圆周速度不大的齿轮，若损坏一个或几个连续轮齿，可以采用镶齿法修复。先在坏齿根部铣或刨出燕尾槽，而后镶入轮齿毛坯(可用焊接、无机黏结剂或螺纹连接等方法固牢)，再铣出要求的齿。

(5) 更换轮缘法　对轮齿严重损坏的大齿轮，可以采用此法修复。先对损坏的齿轮进行退火处理，车掉轮齿，然后将新制的齿环压装在齿轮轮毂上(过盈配合)，或先压入轮缘后再铣制出轮齿，但都要用焊接法或螺钉加以固定。

(6) 对于圆锥齿轮，因使用一定时间后，齿轮或调整垫圈磨损而造成侧隙增大，应进行调整(将两齿轮分别沿轴线方向移动)，调整好后，再选配两调整垫圈的厚度来使齿轮位置固定和定位。

4.8　蜗 杆 传 动

蜗轮蜗杆传动是用来传递空间垂直交错轴间的转矩和运动。此种传动现今已广泛用于各工业部门中。

与齿轮传动相比较，蜗杆传动的主要优点是：结构紧凑、传动平稳、无噪音，可以实现很大的传动比，具有自锁性特点等。通常，蜗杆传动的减速传动比 i 为1~80。传递动力时，常用 i 为5~40；在机床分度机构中，传动比 i 可达500以上。蜗杆传动的缺点是：效率低，特别是在实现大传动比传动或需要采用升角很小的单线蜗杆情况下，其效率更低。当蜗杆传动不自锁时，效率 $\eta=0.7\sim0.97$；自锁时，效率 $\eta<0.5$。由于效率低、摩擦发热大，因而它不适于大功率传动。此外，蜗轮通常需要用贵重的减摩材料(例如青铜)制造，成本较高。

4.8.1　蜗杆传动的组成

在传动中，通常蜗杆是主动件，蜗轮是从动件。按照螺旋方向的不同，蜗杆有右旋和左旋之分，通常为右旋蜗杆。在蜗杆传动中，蜗杆与蜗轮的螺旋方向是一致的，即同为右旋或同为左旋。如果我们已知蜗杆的旋向与转向，可用“主动轮左右手法则”来判定蜗轮的转向：右旋蜗杆采用右手法则，左旋蜗杆采用左手法则。其方法是：四指弯曲表示蜗杆转向，大拇指所指的相反方向就是蜗轮的旋转方向。如图4－33(a)所示，右旋蜗杆采用右手法则，四指弯曲与 n_1 方向一致，大拇指所指的相反方向就是 n_2 方向。同理可求出左旋蜗杆 n_1 方向已知时，从动件蜗轮的转向 n_2，如图4－33(b)所示。

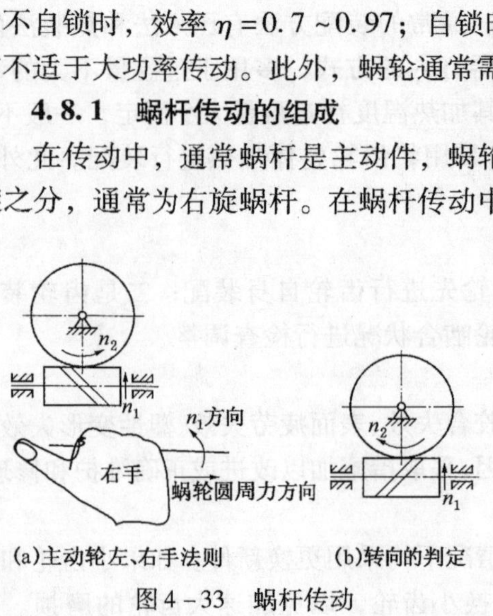

(a)主动轮左、右手法则　(b)转向的判定

图4－33　蜗杆传动

4.8.2 蜗杆传动的种类

按蜗杆形状不同，蜗杆传动可分为圆柱面蜗杆传动(图4－34)、圆弧面蜗杆传动(图4－35)及锥面蜗杆传动(图4－36)等。

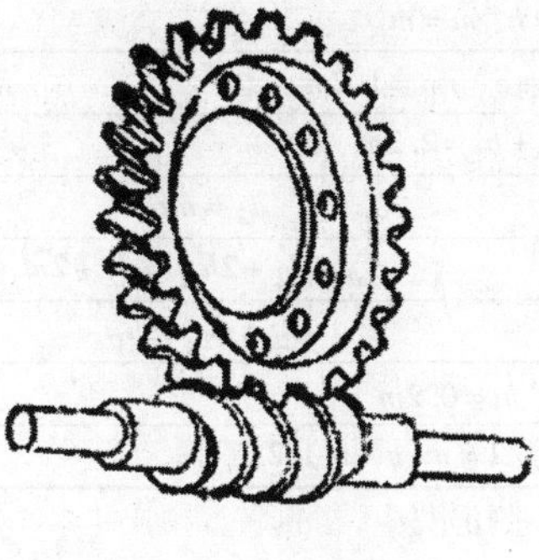

图4－34 圆柱面蜗杆

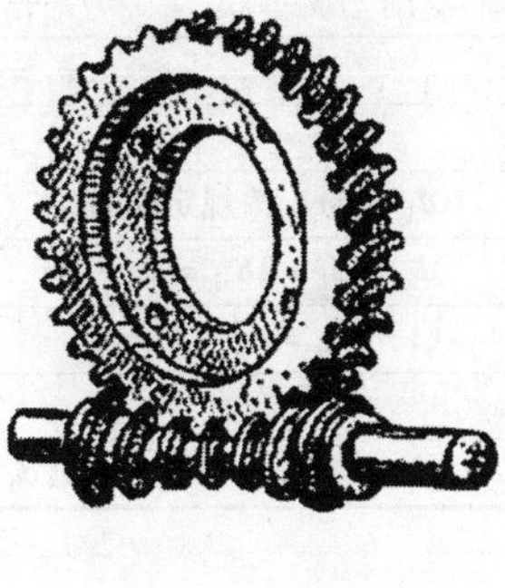

图4－35 圆弧面蜗杆

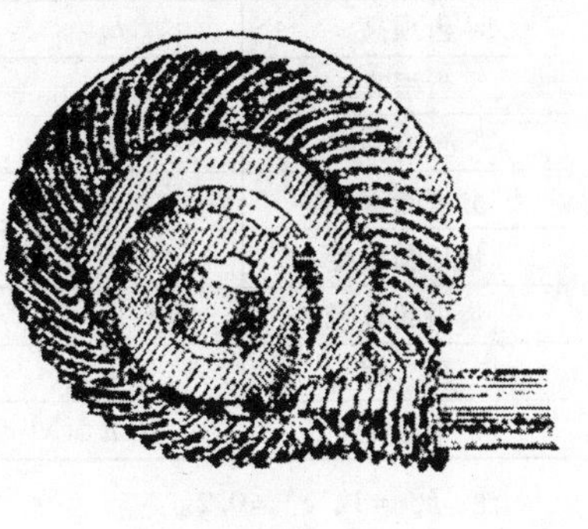

图4－36 锥面蜗杆

4.8.3 蜗杆传动的传动比

蜗杆轮齿的总数(蜗杆的齿数)称为蜗杆头数。只有1个齿的蜗杆称为单头蜗杆，有2个及其以上齿的蜗杆称为多头蜗杆。

蜗杆传动的传动比是蜗杆转速与蜗轮转速之比，或蜗轮齿数与蜗杆头数之比，即

$$i = \frac{n_1}{n_2} = \frac{z_2}{z_1} \qquad (4-7)$$

式中 n_1——蜗杆转速，r/min；

n_2——蜗轮转速，r/min；

z_1——蜗杆头数，一般为1~4；

z_2——蜗轮齿数。

单头蜗杆可获得较大的传动比,动力传动中常用多头蜗杆。一般头数越多,传动效率越高。

4.8.4 蜗杆传动的几何尺寸计算

蜗杆传动的几何尺寸计算如表4－9所示。

表4－9 蜗杆传动的几何尺寸计算

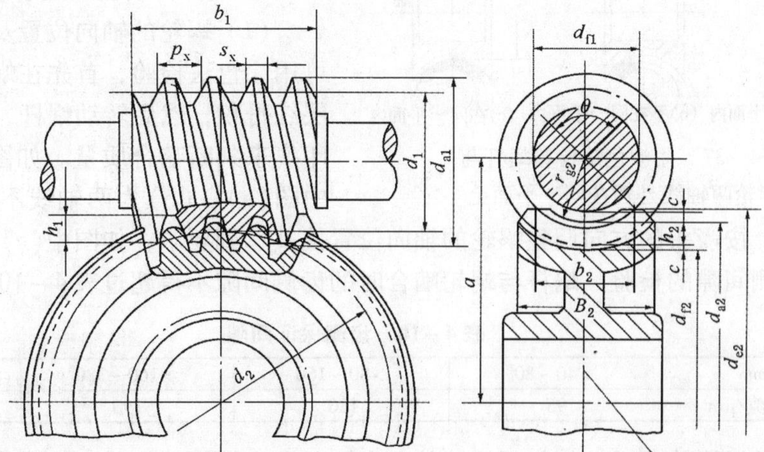

续表

名称	代号	计算公式	
		蜗杆	蜗轮
齿顶高	h_a	$h_a = h_a^* m = m$	
齿根高	h_f	$h_f = (h_a^* + c^*) m = 1.2m$	
全齿高	h	$h = h_a + h_f = 2.2m$	
分度圆直径	d	$d_1 = qm$ 按规定值选取	$d_2 = mz_2$
齿顶圆直径	d_a	$d_{a1} = d_1 + 2h_{a1} = d_1 + 2m$	$d_{a2} = d_2 + 2h_{a2} = d_2 + 2m$
齿根圆直径	d_f	$d_{f1} = d_1 - 2h_{f1}$	$d_{f2} = d_2 - 2h_{f2}$
顶隙	c	$c = c^* m = 0.2m$	
中心距	a	$a = (d_1 + d_2)/2 = m(q + z_2)/2$	

注：$h_a^* = 1$，$c^* = 0.2$。

4.8.5 蜗杆传动机构的装配

1. 蜗杆传动的技术要求

（1）蜗杆、蜗轮间的中心距要准确。

（2）蜗杆的轴心线应在蜗轮轮齿的对称中心平面内。

（3）蜗杆轴心线应与蜗轮轴心线互相垂直。

（4）有适当的齿侧间隙。

（5）有正确的接触斑点。

2. 蜗轮的装配

（1）将蜗轮齿圈压装在轮毂上，组合式蜗轮应先将齿圈压装在轮毂上，方法与过盈配合装配相同，并用螺钉加以固定。

（2）将蜗轮装在轴上，其安装和检验方法与圆柱齿轮相同。

（3）把蜗轮轴装入箱体，然后再装入蜗杆。因为蜗杆轴的位置已由箱体孔决定，要使蜗杆轴线位于蜗轮轮齿的对称中心平面内，只有通过变更调整垫片厚度的方法，调整蜗轮的轴向位置。

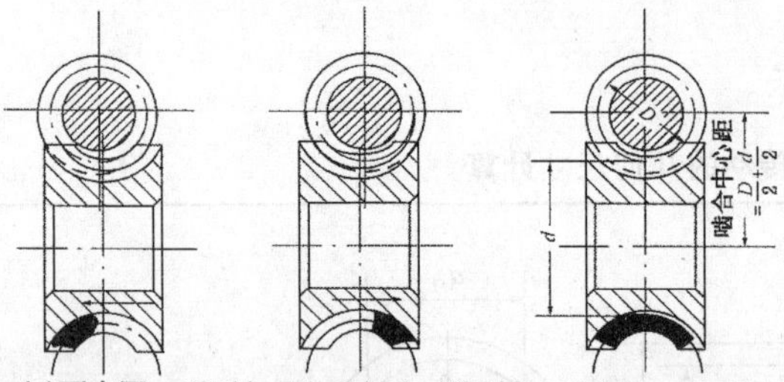

(a)不在同一平面内 (b)不在同一平面内 (c)在同一平面内

图 4-37 用涂色法检验蜗杆与蜗轮两轴线是否在同一平面上

3. 蜗杆传动机构啮合质量的检验

（1）蜗轮的轴向位置及接触斑点的检验 可用涂色法检验，首先在蜗杆上均匀地涂一层红丹粉，然后转动蜗杆，按蜗轮上的接触印痕来判断啮合质量。如图4-37 所示，其中图(a)、(b)为两轴线不在同一平面内的情况，这时，按箭头的方向调整蜗轮的轴向位置使其达到要求，如图中(c)所示。

（2）齿侧间隙的检验 蜗杆与蜗轮啮合时的齿侧间隙不得超过表 4-10 的规定。

表 4-10 齿侧保证间隙

中心距/mm	>40～80	>80～160	>160～320	>320～630
齿侧保证间隙/μm	95	130	190	260

蜗杆传动机构装配后，不但要检验其啮合情况和齿侧间隙，而且还要检验其旋转的灵活性，即不论蜗轮在任何位置上，用手旋转蜗杆所需的扭矩均应相同，均不应有咬住现象。

第5章　密　　封

5.1　填料密封

填料密封是一种传统的接触式密封，应用较广。其主要优点是结构简单，更换方便，成本低廉，适用范围广(可用于旋转、往复、螺旋运动的密封)，对作旋转运动的轴允许其有轴向窜动。不足之处是其密封性能差，不允许轴有较大的径向跳动，功耗大，磨损轴，使用寿命短。

5.1.1　结构及原理

填料密封结构如图5-1所示，将填料2装于填料函1内，通过填料压盖3将填料压紧在轴的表面。由于轴表面具有一定的粗糙度，其与填料只能是部分贴合，而部分未接触，即形成无数个迷宫。当带压的介质通过轴表面时，介质被多次节流，凭借“迷宫效应”而达到密封。填料与轴表面的贴合、摩擦，也类似滑动轴承，故应有足够的液体进行润滑，以保证密封具有一定的寿命。由此可见良好的填料密封，是迷宫效应和轴承效应的综合。

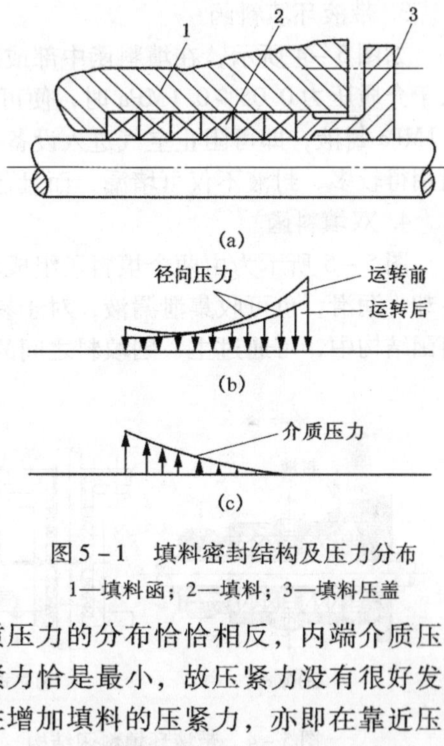

图5-1　填料密封结构及压力分布

1—填料函；2—填料；3—填料压盖

填料对轴的压紧力由拧紧压盖螺栓产生。填料受到轴向压紧后，产生摩擦力致使压紧力沿轴向逐渐减少，同时所产生的径向压紧力使填料紧贴于轴表面而阻止介质外漏。径向压紧力的分布如图5-1(b)所示，其由外(压盖)向内，先是急剧递减后趋平缓，介质压力的分布如图5-1(c)所示，由内逐渐向外递减，当外端介质压力为零时，泄漏很少，大于零时泄漏较大。

上述分析表明，填料径向压紧力的分布与介质压力的分布恰恰相反，内端介质压力最大，应给予较大的密封力，而此时填料的径向压紧力恰是最小，故压紧力没有很好发挥作用。实际应用中，为了获得较好的密封性能，往往增加填料的压紧力，亦即在靠近压盖的2~3圈填料处使径向压紧力最大，当然摩擦力也增大，这就导致填料和轴产生异常磨损。可见填料密封的受力状况很不合理。另外，整个密封面较长，摩擦面积大，发热量大，摩擦功耗也大，如散热不良，易加快填料和轴表面的磨损。因此，为了改善摩擦性能，使填料密封有足够的使用寿命，则允许介质有一定的泄漏量，保证摩擦面上的冷却与润滑。

5.1.2　结构型式

在石油化工用动设备中，因温度、压力、介质各异，填料密封的结构型式也不同。主要有以下几种。

1. 单填料函

单填料函结构(图5-2)是最为简单的填料密封，无需任何辅助装置，适于低温、低压、低真空度的情况，采用棉纱、石棉类填料居多。

2. 夹套填料函

夹套填料函填料（图5－3）外部有夹套通以冷却水或蒸汽，以改善填料的工作条件，对于高温介质或低温易结晶的介质较为适用。

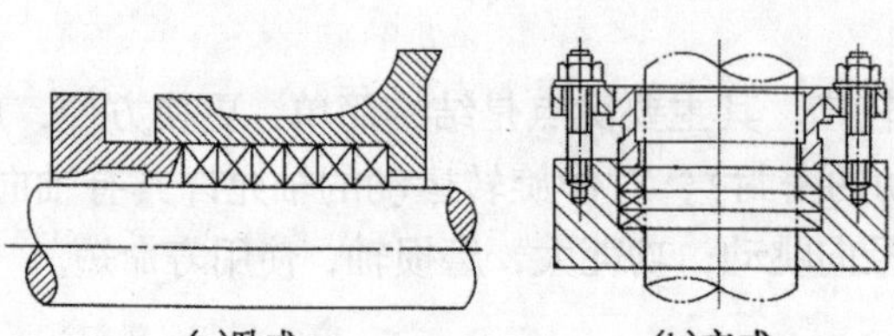

(a)卧式　(b)立式

图5－2　单填料函结构

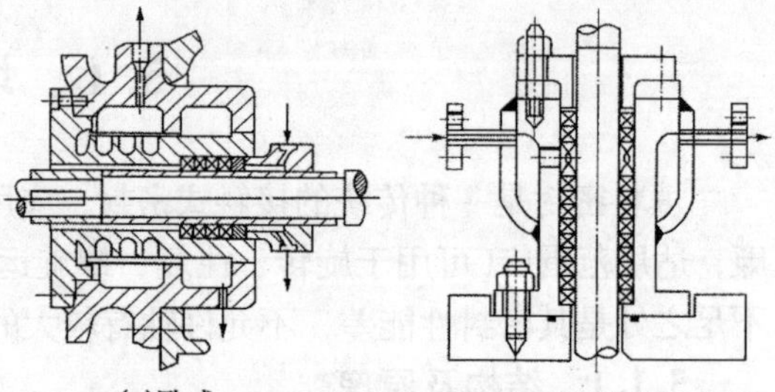

(a)卧式　(b)立式

图5－3　夹套填料函结构

3. 带液环填料函

如图5－4所示，在填料函中部或底部引入封液，通过液环进入填料两侧，当封液压力大于介质压力0.05～0.1MPa时，便可阻止介质外漏。当设备内为负压时，只须通入0.05～0.1MPa封液，即可阻止空气进入设备内部。在现有石化转动设备中，该结构型式的填料密封用得较多，封液不仅可堵漏，而且还可对填料进行润滑和冷却。

4. 双填料函

图5－5所示为由两个填料函组成的结构，两箱体之间可以引入封液冲洗液，进行液封、冷却、润滑，也可收集泄漏液，对于易燃、易爆、有毒、高压气体、液体适用。图示的双填料函结构中，可通过主、副填料之间的泄漏量来判断主填料函是否需要压紧。

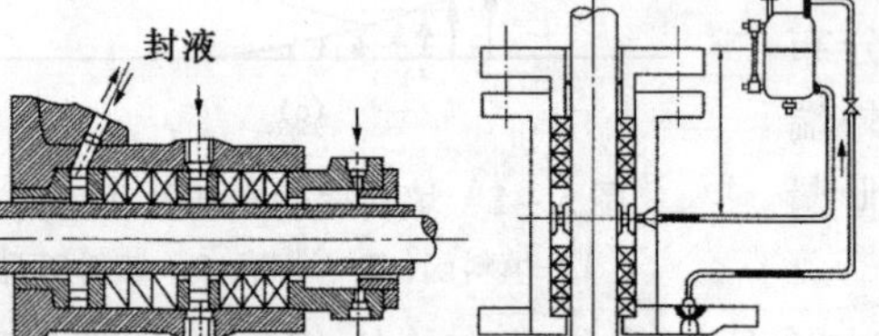

(a)卧式　(b)立式

图5－4　带液环填料函结构

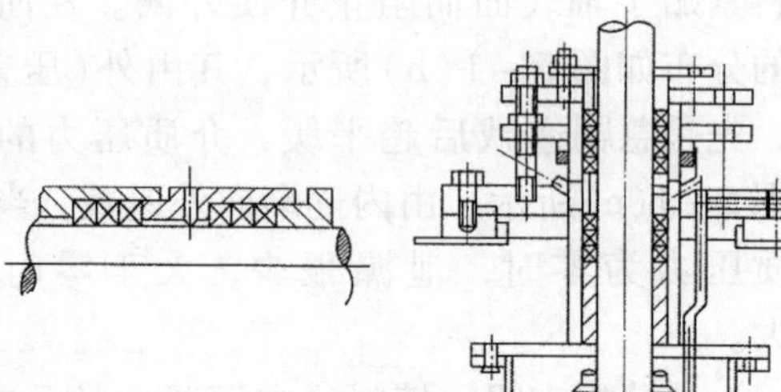

(a)卧式　(b)立式

图5－5　双填料函结构

5. 锥形填料函

如图5－6所示为锥形的填料函，用于比较特殊的场合，如用动力密封的泵，当泵工作时，无需填料函起密封作用，而停车时，动力密封失效，需利用轴的轴向窜动装置，使填料与轴接触，起到密封作用。

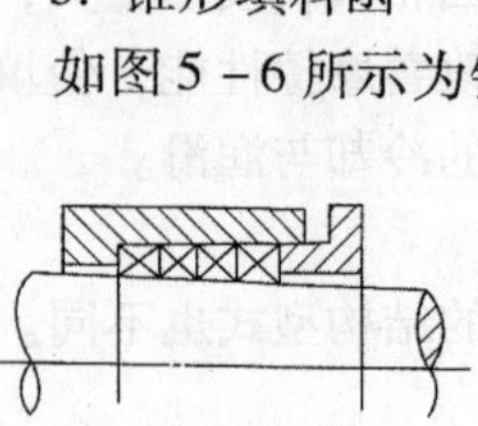

图5－6　锥形填料函结构

6. 旋转填料函

如图5－7所示为旋转填料函结构，用于某些轴静止而外壳体保持转动的化工传动设备。

7. 浮动填料函

图5－8分别为内圆和外圆可浮动的填料函结构，该结构适用于轴和壳体不同心或在转动时摆动、跳动较大的场合，结构中利用弹性或柔软性良好的材料(如橡胶)作过渡体，使函或轴处于浮动状态，补偿壳体和轴的偏心。

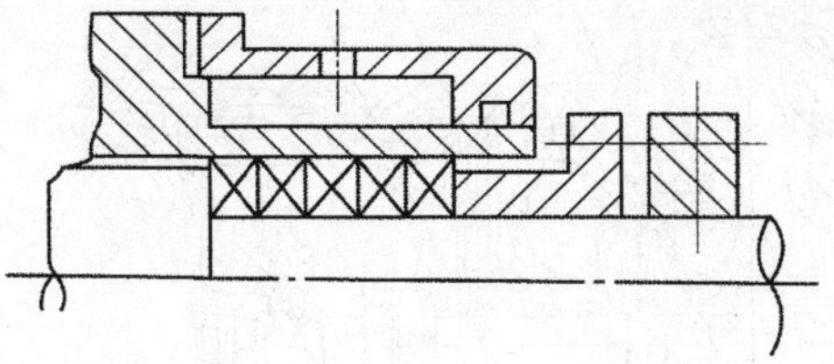

图5－7 旋转填料函结构

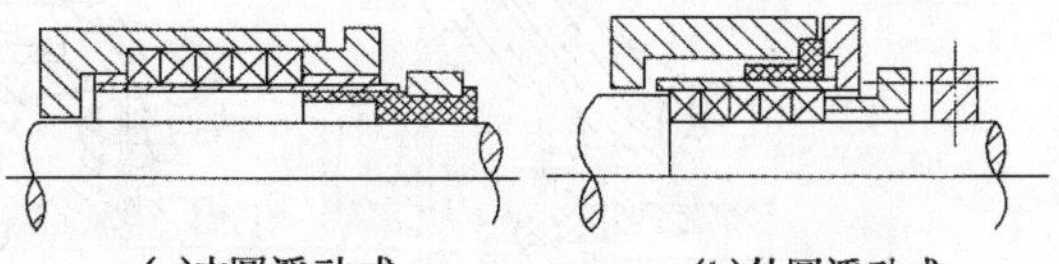

(a)内圆浮动式　(b)外圆浮动式

图5－8 浮动填料函结构

5.1.3 填料材料的要求及其形式

1. 对材料的要求

随着新材料的不断出现，填料结构形式也有很大变化，无疑它将促使填料密封应用更为广泛，用做填料的材料应具备如下特性：

(1) 具有一定的弹塑性。当填料受轴向压紧时能产生较大的径向压紧力，以获得密封；当机器和轴有振动或轴有跳动及偏心时，能有一定的补偿能力，即追随性。

(2) 具有化学稳定性。即不被介质所腐蚀、溶胀，也不污染介质。

(3) 具有不渗透性。介质对大部分纤维均有一些渗透，故要求填料组织致密，为此在制作填料时往往需要浸渍、填充各种润滑剂和填充剂。

(4) 自润滑性好，摩擦因数小并耐磨。

(5) 耐温性好，能承受摩擦产生的热量。

(6) 装拆方便。

(7) 制造简单，价格低廉。

同时能满足上述要求的材料较少，如碳纤维、氟纤维、柔性石墨等性能好，适用范围广，但价格贵；棉、麻等纤维填料价格便宜，但适用范围窄。因此，选用材料时应综合考虑各种要求。

2. 填料形式

常用的填料形式如图5－9所示，绞合填料最为简单，只要把几股纤维绞合在一起即可用作填料，主要用于低压及低参数的动、静密封，有时也与金属丝(或箔)绞合在一起，用于高温场合，参见图5－9(a)。

编织填料是填料密封主要采用的填料形式,有套层编织、穿心编织、发辫编织、夹心编织等。发辫编织如图5－9(b)所示,其特点是松散,对轴振动和偏心有一定的补偿能力,一般该种填料断面尺寸较小,如断面尺寸大将会出现填料外表花纹粗糙、结构松弛、致密性差等缺点。

套层编织填料如图5－9(c)所示，其特点是致密性好，密封性强，但由于是套层结构，层间没有纤维连接容易脱层，故多用于静密封或低速密封。

穿心编织填料如图5－9(d)所示，该填料弹性和耐磨性好，强度高，致密性好，与轴接触面比发辫式大且均匀，纤维间空隙小，所以密封性能好，且一般磨损后整个填料也不会松散，使用寿命较长，是一种比较先进的编织结构。

夹心编织填料如图5－9(e)所示，其特点是致密性较好，强度高，弯曲性能好，所以密封性能也较好。与套层结构一样，表面层磨损后就容易脱层，一般用于泵、阀填料，极少用于往复运动的密封。

柔性石墨填料如图 5-9(f)所示，这种填料致密，不渗透，自润滑性好，有一定弹塑性，能耐较高的温度，使用范围广，但抗拉强度低，使用中应予以注意。

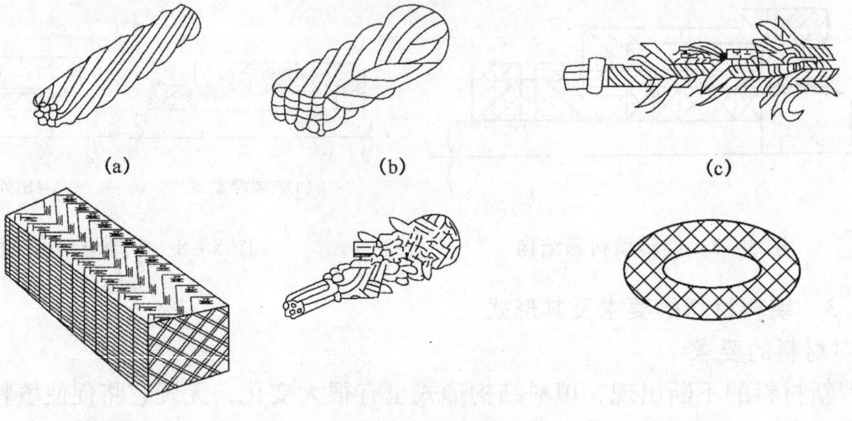

图 5-9　不同形式的填料

5.1.4　安装和使用

填料的组合与安装对密封的效果和寿命影响较大。往往出现相同材料、相同结构，同一设备使用效果差异很大的情况，故必须十分重视安装技术。

安装时应注意下面几点：

(1) 用百分表检查旋转轴与填料函的同轴度和轴的径向圆跳动量，柱塞与填料函的同轴度，十字头与填料函的同轴度。对修复的柱塞(如经磨削、镀硬铬等)需检查柱塞的直径圆度、圆柱度是否符合要求。

(2) 清理填料函。对填料函内已损填料必须掏清，轴表面要光滑，不应有拉毛、划痕。

(3) 检查填料材质是否与要求相符，断面尺寸与填料函和轴向尺寸是否相匹配。填料断面尺寸过大或过小，可用木棒滚压办法修正，避免用锤敲打而造成填料受力不均匀，影响密封效果。

(4) 沿轴或柱塞周长，用锋利刀口将填料切断。最好的办法是用一与轴同直径的柱，把填料绕在柱上，然后用刀切断，切成后的环接头应吻合，切口可以是直口或45°斜口。

(5) 预压成型。用于高压密封的填料，必须经过预压成型，经过预压缩后，其径向压紧力分布比较均匀合理，密封效果也好，预压缩的比压应高于介质的压力，其值可取介质压力的1.2倍。预压后填料应及时装入函中，以免填料恢复弹性。

(6) 装填。应一圈圈装填，每圈在装填前内表面涂以润滑剂，轴向扭开后套在轴上。装填时用与填料尺寸相同的对半木轴套压装填料，然后用压盖对木轴套进行压紧，施加适当压紧力即可。按上述方法装第二圈填料、第三圈填料……须注意每圈填料接口应错开，每装一圈用手盘动一次轴，以便控制压紧力。

(7) 填料装完后，对称地压紧压盖螺栓，避免填料压偏，用手盘动轴或柱塞使其稍能转动即可。

(8) 软硬填料混合安装，硬填料应放在填料函底部，软填料靠近压盖处。

(9) 安装过程中，填料不要随便乱放，以免表面沾污泥砂、灰尘等物，因为这些污物很难清除，一旦随填料装入后，就会对轴产生强烈磨损。

（10）填料安装后需进行试运转，不必启动电机，用手盘动联轴器，使填料紧松适宜。如用手转不动，阻力大，应考虑松一下压盖螺栓。

5.2 机械密封

机械密封又叫端面密封，它是流体旋转机械的轴封装置。比如离心泵、离心压缩机、反应釜等设备，由于传动轴贯穿在设备内外，这样，轴与设备之间存在一个圆周间隙，设备中的介质通过该间隙向外泄漏，如果设备内压力低于大气压，则空气向设备内泄漏，因此必须有一个阻止泄漏的轴封装置。轴封的种类很多，由于机械密封具有泄漏量少和寿命长等优点，所以是这类设备最主要的轴密封方式。

5.2.1 机械密封的基本结构与工作原理

机械密封主要由以下四部分组成：

（1）由动环和静环组成的密封端面，有时也称为摩擦副；

（2）由弹性元件为主要零件组成的缓冲补偿机构，其作用是使密封端面紧密贴合；

（3）辅助密封圈，其中有动环和静环密封圈；

（4）使动环随轴旋转的传动机构。

如图 5－10 所示，由静环 9 和动环 6 组成的一对密封端面，在传动销 4、传动螺钉 12、弹簧座 1、固定螺钉 2 带动下，使动环与轴一起转动，并在弹簧 3 和流体压力作用下，使密封端面紧密贴合，辅助密封圈 5 是用于防止流体由轴表面和密封端盖处泄漏的元件。防转销 7 是防止静环因摩擦而发生转动之用。密封端盖 8 是与密封腔体连接并支撑静止环组件的零件。补偿环座 10 是用于嵌装补偿环的零件。推环 11 是推动补偿环组件作轴向移动的元件。弹簧 3 为该密封件的补偿缓冲机构，当密封面磨损后，在弹簧力作用下，动环随时可轴向移动而与静止环端面仍保持紧密贴合。

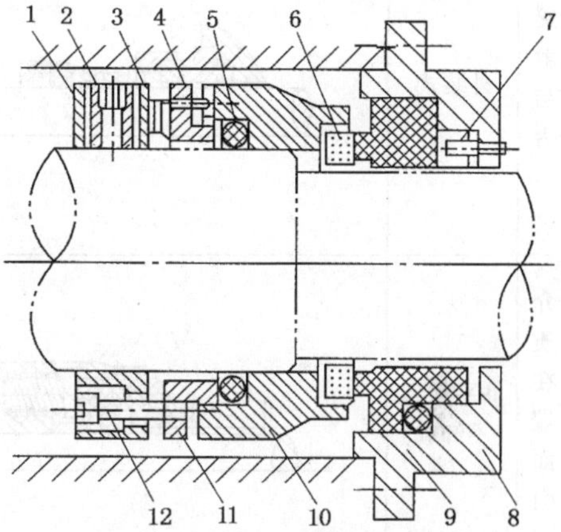

图 5－10　机械密封结构示意图

1—弹簧座；2—固定螺钉；3—弹簧；4—传动销；5—辅圈；6—动环；7—防转销；8—密封端盖；9—静环；10—补偿环座；11—推环；12—传动螺钉

5.2.2 机械密封的类型

机械密封按作用原理与结构分类见表 5－1。

表 5－1　机械密封的类型

按技术特征分类		结构形式	适用范围	特　点
摩擦副对数	单端面	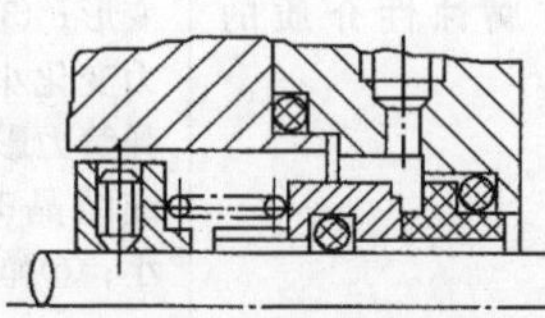	应用广，适合于一般液体场合，如油品等。与其他辅助设施合用时，可用于带悬浮颗粒、高温、高压液体等场合	仅有一对摩擦副

续表

按技术特征分类		结构形式	适用范围	特点
摩擦副对数	双端面	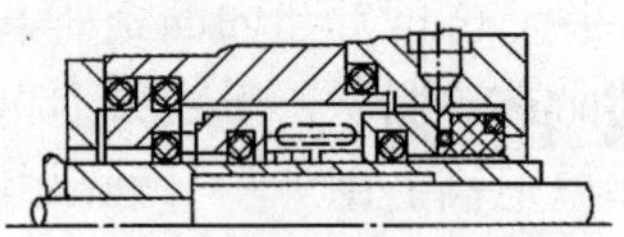	适用于强腐蚀、高温、带悬浮颗粒及纤维介质、气体介质、易燃易爆、易挥发低黏度介质，高真空密封	有两对摩擦副
	串联多端面	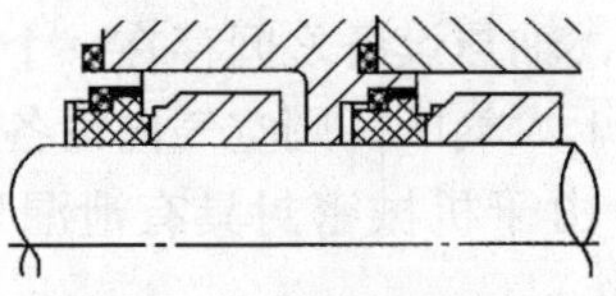	适用于高压密封	两级或更多级串联安装，使每级密封承受的介质压力递减
弹簧与介质接触与否	内装式	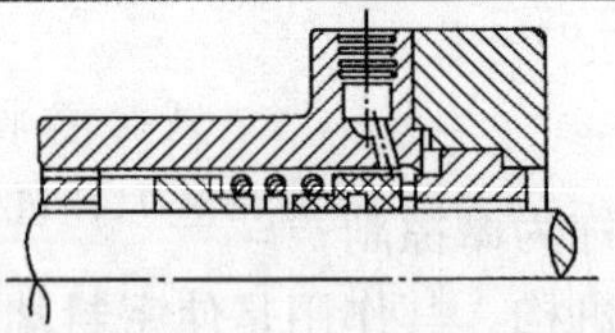	常用于介质无强腐蚀以及不影响弹簧机能的场合	弹簧置于密封介质内，受力情况好，端面比压随介质增大而增大，增加了密封的可靠性。一般介质泄漏方向与离心力相反，提高了密封效果
	外装式	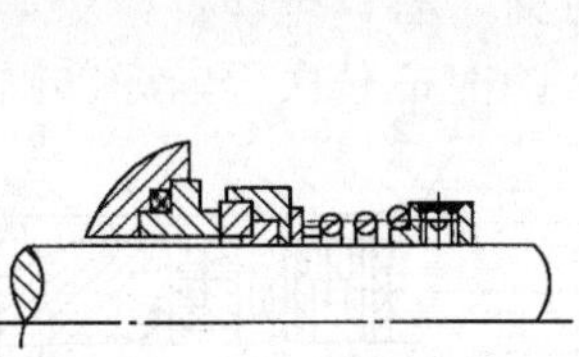	适用于密封零件与弹簧材料不耐腐蚀，介质因易结晶而影响弹簧机能的场合。也适用于黏稠介质、安装要求以及压力较低的场合	弹簧置于密封介质之外，受力情况较差，当密封压力波动时会出现密封不稳定 一般情况介质泄漏方向与离心力方向相同，而增加泄漏。外装式因大部分零件不与介质接触且暴露设备外，故便于观察、安装及维修
介质在端面引起的卸载情况	非平衡型（不卸载）	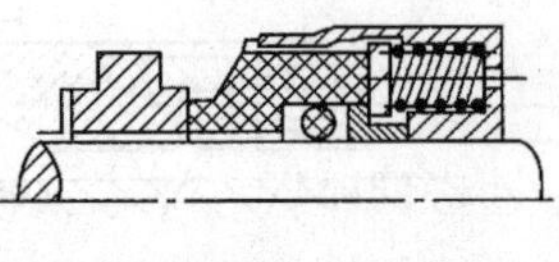	一般介质压力不高于0.7MPa时采用非平衡型，但对于黏度较小、润滑性能差的介质，当压力为0.3~0.5MPa时也采用平衡型	介质压力在密封端面上引起卸载的称平衡型，不卸载的称非平衡型 K为载荷系数，用动环的轴向受力面积与端面贴合面积之比表示：K=载荷作用面积/接触面积 ($K \geqslant 1$)
	平衡型（卸载）	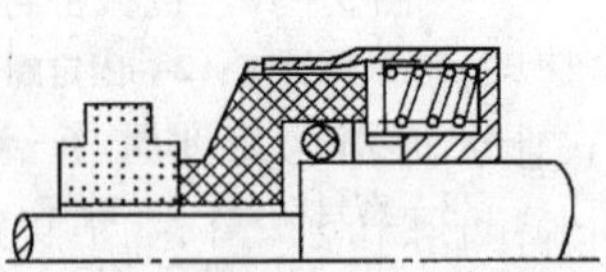	用于中、高压条件，一般在0.5MPa以上，成本高于非平衡型	载荷系数$0<K<1$
缓冲补偿原件的形式	弹簧 单弹簧	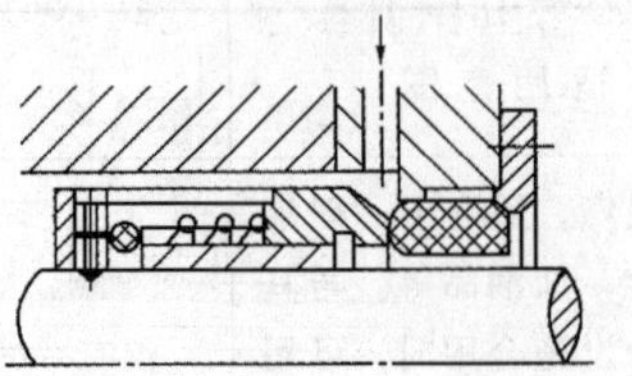	适用于载荷较轻、轴径较小、有腐蚀性介质的场合	单弹簧与多弹簧相比较，有以下特点： ① 比压不均匀，轴径大时突出；②转速大时离心力使弹簧变形；③压缩量变化时，弹簧力变化小；④丝径大，腐蚀对弹簧力影响小；⑤介质有杂质或结晶时，对弹簧性能影响小；⑥弹簧力不易调节

按技术特征分类			结构形式	适用范围	特点
缓冲补偿原件的形式	弹簧	多弹簧	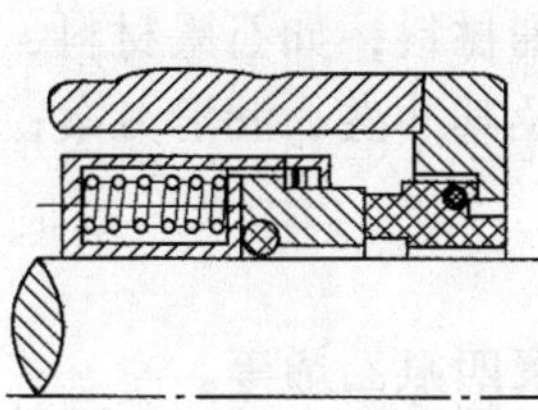	适用于载荷较重、轴径较大、使用条件不太严格的场合	多弹簧与单弹簧相比较，有以下特点：①比压均匀，不受轴径影响；②弹簧变形受转速影响小；③压缩量变化时，弹簧力变化大；④丝径小，腐蚀对弹簧力影响大；⑤介质有杂质或结晶时，对弹簧性能影响大，严重时使性能丧失；⑥通过增减弹簧数易于调节弹簧力
	波纹管		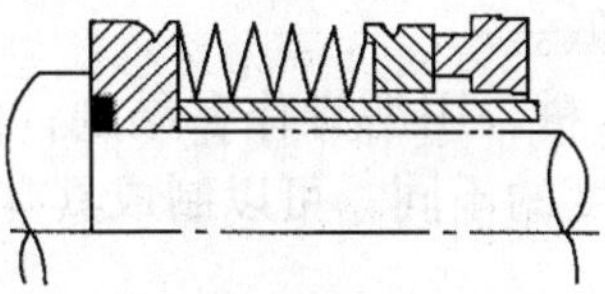	耐温 -200~650	动环的追随性较好
介质泄露方向	内流式		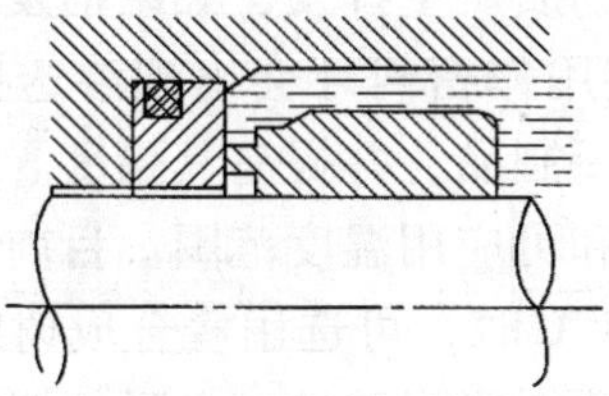	用于一般场合，尤其适用于带固体悬浮颗粒介质的场合	泄漏方向与离心力方向相反，故泄漏量较外流式小
	外流式		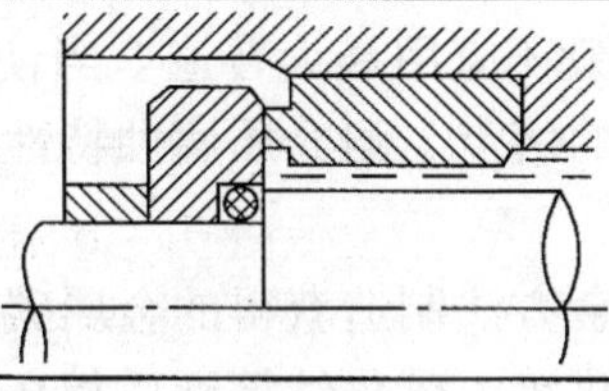	多用于外装式	泄漏方向与离心力方向相同，故泄漏量较内流式大

5.2.3 机械密封的材料

机械密封由若干零件所组成，各零件的材料是根据其所起的作用、结构特征和使用条件来进行选择或研制与开发。机械密封材料包括摩擦副材料、辅助密封材料、加载弹性元件材料和其他结构件材料。正确合理地选择各种材料，特别是端面摩擦副材料，对保证机械密封工作的稳定性，延长其使用寿命、降低成本等有着重要意义。

1. 摩擦副材料

端面摩擦副是机械密封最重要的零件，其材料的物理性能、耐腐蚀性能和摩擦性能等对密封性能的影响巨大。由于大多数机械密封是在边界润滑状态下工作，与摩擦有关的性能更为重要。

1）摩擦副材料的主要性能

有物理力学性能、耐腐蚀性能和摩擦学性能等。

（1）物理力学性能　端面材料的物理力学性能决定着端面的结构性能，进而影响到机械密封的总体性能。物理力学性能指标有强度、刚度、热性能参数等。

（2）耐腐蚀性能　摩擦副暴露于被密封流体中，要使机械密封能正常发挥作用，其耐腐蚀性能必须加以考虑。机械密封端面材料中，从耐蚀性的角度考虑，优秀的材料有石墨材料、工程陶瓷材料、填充玻璃纤维聚四氟乙烯材料等。

(3) 摩擦学性能　摩擦、磨损和润滑等是评价机械密封端面摩擦副材料的摩擦学性能的重要参数。设法改善端面的润滑状态，降低其摩擦和磨损一直是机械密封的主要发展方向。从材料角度考虑，不断出现了许多性能优异的摩擦副材料，如石墨材料、碳化硅陶瓷等；从结构上考虑，出现了许多较为先进的结构设计方案及其冲洗、润滑方案；同时出现了气膜润滑或液膜润滑的非接触机械密封。

2) 常用的摩擦副材料

主要有碳－石墨、硬质合金、工程陶瓷和填充聚四氟乙烯等。

(1) 碳－石墨　碳－石墨是机械密封中用量最大、应用范围最广的摩擦副组对材料。它具有许多优良的性能，如良好的自润滑性和低的摩擦系数，优良的耐腐蚀性能，导热性好、线膨胀系数低、组对性能好，且易于加工、成本低。

碳－石墨是用焦炭粉和石墨粉(或炭黑)作基料，用沥青作黏结剂，经模压成型在高温下烧结而成。根据所用原料及烧结时间、烧结温度的不同，可以制成具有各种不同物理力学性能的碳－石墨。

碳－石墨在焙烧过程中，由于黏结剂中挥发物质产生挥发，黏结剂发生聚合、分解和炭化，从而出现10%～30%的气孔。烧结石墨直接用作密封环会出现渗透性泄漏，且强度较低。因此，有必要进行浸渍处理以获得不透性石墨制品，并提高其强度。浸渍剂的性质决定了浸渍石墨的化学稳定性、热稳定性、机械强度和可应用温度范围。目前常用的浸渍剂有合成树脂和金属两大类。当使用温度小于或等于170℃时，可选用浸合成树脂的石墨。常用的浸渍树脂有酚醛树脂、环氧树脂和呋喃树脂。酚醛树脂耐酸性好，环氧树脂耐碱性好，呋喃树脂耐酸性和耐碱性都较好，因此浸呋喃树脂石墨环应用最为普遍。当使用温度大于170℃时，应选用浸金属的石墨环，但应考虑所浸金属的熔点、耐介质腐蚀特性等。浸锑石墨是高温介质环境常选用的一种浸金属石墨。

(2) 硬质合金　硬质合金是一类依靠粉末冶金方法制造获得的金属碳化物。它依靠某些合金元素，如钴、镍、钢等，作为黏结相，将碳化钨、碳化钛等硬质相在高温下烧结黏合而成。硬质合金具有硬度高(HRA 87～94)、强度大(其抗弯强度一般都在1400MPa以上)、导热系数高而线膨胀系数小等优点，且具有一定的耐蚀能力，广泛应用于重负荷条件或用在含有颗粒、固体及结晶介质的场合。

机械密封摩擦副常用的硬质合金有钴基碳化钨(WC－Co)硬质合金、镍基碳化钨硬质合金(WC－Ni)、镍铬基(WC－Ni－Cr)碳化钨硬质合金、钢结碳化钛硬质合金。

(3) 工程陶瓷　工程陶瓷是工程上应用的一大类陶瓷材料，其特点是具有极好的化学稳定性，硬度高，耐磨损，但抗冲击韧性低，脆性大。目前用于机械密封摩擦副的主要是氧化铝陶瓷(Al_2O_3)、碳化硅陶瓷(SiC)和氮化硅陶瓷(Si_3N_4)。

(4) 填充聚四氟乙烯　聚四氟乙烯(PTFE)是化学稳定性最好的有机聚合物，几乎能耐所有强酸、强碱和强氧化剂的腐蚀。目前仅发现熔融碱金属(或它的氨溶液)、元素氟和三氟化氯在高温下能与聚四氟乙烯作用。

(5) 其他摩擦副材料　用作机械密封摩擦副的材料还有铸铁、碳钢、铬钢、铬镍钢、铬镍钼钢、工具钢、轴承钢、青铜等。

我国炼油行业最早的机械密封摩擦副材料就是铸铁对石墨。铸铁具有良好的减摩、耐磨特性，且价格低、加工制造容易。普通铸铁耐蚀性差，只适用于油类和中性介质。加入合金元素形成的合金铸铁，提高了耐蚀性，可用于许多工况，使用效果较好。

常用的45、50号钢材料，经淬火后有较高的硬度和良好的耐磨性，适用于中性化学介质。铬钢如3Cr13、4Cr13、9Cr18等，经淬火后有较高的硬度，耐腐蚀性比碳钢好，适用于弱腐蚀性介质。铬镍钢如1Cr18Ni9、1Cr18Ni9Ti，铬镍钼钢如Cr18Ni12M02Ti等，它们具有良好的耐腐蚀性能，适宜于强腐蚀性介质，但其硬度低、耐磨性不高。某些高速工具钢、轴承钢，如W18Cr4V、GCr9也能用作密封环材料。青铜如ZQSn6－6－3、ZQSn10－1等，其弹性模量大，具有良好的导热性、耐磨性、加工性，适宜于制作用于水、海水、油类介质的密封环。

3）摩擦副材料配对规律

以上对单一端面材料进行了介绍，但机械密封的端面材料是配对使用的，必须考虑其配对性能。在应用过程中，可靠性比经济性更为重要，在可能的情况下，应优先考虑选择高等级的配对材料。端面摩擦副材料组对方式多种多样，下面为几种常用的组对规律。

对于轻载工况（$v \leqslant 10m/s$，$p \leqslant 1MPa$），优先选择一密封环材料为浸树脂石墨，而另一配对密封环材料则可根据不同的介质环境进行选择。例如，油类介质可选用球墨铸铁，水、海水可选用青铜，中等酸类介质可选用高硅铸铁、含钼高硅铸铁等。轻载工况也可选择等级更高的材料，如碳化钨、碳化硅等。

对于高速、高压、高温等重载工况，石墨环一般选择浸锑石墨，与之配对材料通常选择导热性能很好的反应烧结或无压烧结碳化硅，当可能遭受腐蚀时，选择化学稳定性更好的热压烧结碳化硅。

对于同时存在磨粒磨损和腐蚀性的工况，端面材料必须同时选择硬材料以抵抗磨损。常用的材料组合为碳化硅对碳化钨，碳化钨对碳化钨，或碳化硅对碳化硅。碳化钨材料一般选择钴基碳化钨，但有腐蚀危险时，选择更耐腐蚀的镍基碳化钨。对于强腐蚀而无固体颗粒的工况，可选择填充玻璃纤维聚四氟乙烯对超纯氧化铝陶瓷（99% Al_2O_3）。

2. 辅助密封材料

机械密封的辅助密封包括旋转环辅助密封和非旋转环辅助密封，也包括端盖与密封腔体间的密封、轴套与轴的密封。从端面形状看，有O形圈、方形圈（垫）、平垫、V形垫、楔形垫、包覆垫、包覆O形圈等。

根据辅助密封的作用，要求材料具有良好的弹性、低的摩擦系数，能耐介质的腐蚀、耐溶解和溶胀，耐老化，在压缩后及长期的工作中有较小的永久变形，在高温下使用具有不黏着性，在低温下不硬脆而失去弹性，具有一定的强度和抗压性。辅助密封常用的材料有合成橡胶、聚四氟乙烯、柔性石墨、金属材料等。

1）合成橡胶

橡胶是一种弹性很好的高分子材料，具有良好的弹性和一定的强度，具有较好的气密性、不透水性、耐磨、耐温、耐压、耐腐蚀，是一种被广泛采用的辅助密封材料。不同种类的橡胶有不同的耐腐蚀性能、耐溶剂性能和耐温性能，在选用时要加以注意。机械密封辅助密封常用的合成橡胶有丁腈橡胶（NBR）、氟橡胶（FPM）、乙丙橡胶（EPM）、硅橡胶。

（1）丁腈橡胶（NBR）　是最常用的辅助密封圈材料，它以优异的耐油、耐老化著称，也具有良好的耐磨性能。丁腈橡胶的性能与丙烯腈的含量有关，丙烯腈含量高，耐油性能好，强度、硬度、耐磨性、耐水性增加，但耐蚀性、弹性和低温性变差。辅助密封圈一般采用中、高丙烯腈含量(丙烯腈含量为26%~40%，即丁腈-26、丁腈-40)的丁腈橡胶，尤其以丁腈-40橡胶应用最为广泛，但低温工况辅助密封圈材料应选用丁腈-26橡胶。

丁腈橡胶对矿物油、动植物油、脂肪烃有优良的耐蚀性，但值得注意的是，它不耐磷酸酯系液压油，不耐强酸、芳烃、酯、酮、醚、卤代烃等介质的腐蚀。

(2) 氟橡胶(FPM)　通常所说的氟橡胶是指含氟烯烃共聚物，是产量最大的一种氟橡胶，有两种类型，即23型氟橡胶和26型氟橡胶。23型氟橡胶是偏氟乙烯与三氟氯乙烯的共聚物，有优异的耐强酸性能，特别耐发烟硝酸，但加工困难。26型氟橡胶是目前最通用的氟橡胶品种，为适应各种用途，其生产牌号繁多，但基本品种有氟橡胶-26和氟橡胶-246。氟橡胶-26是偏氟乙烯和六(全)氟丙烯的共聚物，其耐热性、耐溶剂性优于23型氟橡胶，除个别情况外，已基本上取代了23型氟橡胶。氟橡胶-246是偏氟乙烯、六(全)氟丙烯、四氟乙烯三元共聚物，其耐热、耐溶剂性优于氟橡胶-26。目前，机械密封辅助密封圈采用的氟橡胶主要是氟橡胶-26。

氟橡胶具有特别好的耐热性、耐腐蚀性，良好的耐过热水、过热蒸汽性，在250℃下可长期使用，广泛用于耐腐蚀、耐高温的场合。但是氟橡胶不耐氨水、强碱、有机酸、浓醋酸、丙酮、醚、醋酸乙酯等。

(3) 乙丙橡胶(EPM或EPDM)　具有优异的耐老化性能、耐热性能，能在150℃下长期使用而物理力学性能变化缓慢。它耐磨损性、耐腐蚀性较好，但对碳氢化合物油类稳定性差，因而不可用于矿物油中。如果借助于润滑脂、润滑油来安装机械密封，也得考虑这一因素的影响。但它特别耐硅油、磷酸酯液压油等合成润滑剂，耐酮、醇溶液、中等强度的酸碱，同时也耐高压水蒸气。

(4) 硅橡胶　具有很宽的温度使用范围(-100~350℃)和很高的热稳定性，一般可在200~300℃下长期使用。硅橡胶无毒、无味，对人体无不良影响，但耐溶剂性差，且易在酸碱作用下发生离子性裂解，在高压水蒸气中会产生分解，机械强度低、不耐磨。主要用于各种高、低温和高速旋转等场合下的动植物油、矿物油、氧、弱酸、弱碱等介质，不适用于苯、甲苯、丙酮等溶剂性介质，也不适用于高压水蒸气。

2) 聚四氟乙烯(PTFE)

聚四氟乙烯几乎能耐所有强酸、强碱和强氧化剂的腐蚀；因具有很低的摩擦系数，是一种极好的减摩、自润滑材料，但其导热性能很差，仅为0.244W/m·K。添加青铜粉、二硫化钼、石墨等，可改善其导热性和自润滑性。

聚四氟乙烯有很高的耐热性和耐寒性，使用温度范围为-180~250℃。耐水性、耐老化性、不燃性、韧性及加工性能都很好。常制成V形圈，作旋转环和非旋转环的辅助密封。另外，可用聚四氟乙烯包覆其他材料，如聚四氟乙烯包覆不锈钢、聚四氟乙烯包覆橡胶，形成复合材料辅助密封，由于它们结合了两种或两种以上材料的优点，具有更加良好的密封效果。

3) 柔性石墨

柔性石墨既有普通石墨的优良热稳定性、化学稳定性和高导热性，同时又具有独特的可压缩性和回弹性。它能耐高、低温，在输送介质温度不低于200℃时，辅助密封材料应优先采用柔性石墨。但柔性石墨的强度较低，应注意加强和保护。

模压成矩形圈、楔形圈、垫片的柔性石墨常用于机械密封非旋转环辅助密封圈、旋转环辅助密封圈、金属波纹管密封的波纹管组件与轴套连接的静密封垫。

4）金属材料

在高压下，尤其是高压和高温同时存在时，前述几种材料并不能胜任，这时只有选用金属材料来制作辅助密封。根据不同的工作条件有不同的金属材料供选用，金属空心O形圈的材料有0Cr18Ni9、0Cr18Ni12M02Ti、1Cr18Ni9Ti等，对于端面为三角形的楔形垫，则常采用铬钢，如0Cr13；对于平垫则多采用紫铜或铝垫。

3. 弹性元件材料

机械密封的弹性加载元件有压缩螺旋弹簧、波形弹簧、金属波纹管等。要求材料耐腐蚀、耐疲劳、耐高低温，强度极限高、弹性极限高，长期工作仍有足够弹力维持密封端面的紧密贴合。压缩螺旋弹簧大多由不锈钢，如4Cr13、1Cr18Ni9Ti、0Cr17Ni12M02、0Cr18Ni12M02Ti等制造，或由特殊合金，如Ni66Cu31Fe（Monel 400）、Ni76Cr16Fe8（Inconel 600）等制造。机械密封用波形弹簧，常用薄钢带制造，其常用材料有1Cr18Ni9（302）、0Cr18Ni12Mo2Ti（316）、0Cr17Ni7Al（17－7pH）、因科镍尔X－750（InconelX－750）、蒙乃尔K－500（MonelK－500）等。金属波纹管分焊接波纹管和压力成型波纹管两种，一般耐腐蚀材料为沉淀硬化不锈钢AM 350（16.5% Cr，4.3% Ni，2.75% Mo，0.1% C），中级耐腐蚀程度用InconelX－750，高级耐腐蚀用Hasterlloy C－276（57% Ni，15% Cr，16% Mo，1% Fe，0.02% C）。

4. 其他结构件材料

机械密封的其他结构件，如弹簧座、推环、旋转环座、非旋转环座、紧定螺钉、传动销等，虽非关键部件，但其设计选材也不能忽视，除应满足机械强度要求外，还要求耐腐蚀。一般情况下用2Cr13，在腐蚀性介质中，需要分别选用1Cr18Ni9Ti、0Cr18Ni12M02Ti、蒙乃尔合金等耐蚀材料。

5.2.4 机械密封的辅助设施

为机械密封本身创建一个较理想的工作环境而设置的具有冲洗、改善润滑、调温、调压、除杂、稀释泄漏介质等功能的保护设施，称为机械密封的辅助设施。机械密封的辅助设施由压力罐、增压管、换热器、过滤器、旋液分离器、孔板等基本器件构成。广义的机械密封的辅助设施还包括密封腔、端盖、轴套、密封腔底节流衬套、端盖辅助密封件、泵送环、管件、阀件、仪表等。

5.2.4.1 辅助设施的作用

（1）机械密封在工作中产生的摩擦热，使密封端面温度升高，如不采取相应的设施，会产生许多不良的后果：

① 温度升高使密封端面间液膜汽化，磨损加剧，使密封失效；

② 温度升高使动静环产生热变形，泄漏增大、磨损加剧；

③ 温度升高也加剧了介质对机械密封的腐蚀；

④ 温度升高使辅助密封圈老化、变质而失效；

⑤ 温度升高，浸渍合成树脂的石墨因树脂碳化而性能下降，浸金属的石墨环因金属熔化而泄漏。

采用辅助设施，可带走密封端面之间摩擦所产生的热量，保持密封端面间良好的润滑状态，使机械密封各部件良好地工作。

（2）在易气化介质中，保证密封腔中的压力，使之不气化。

（3）对于有固体颗粒的介质、易结晶的介质和强腐蚀性的介质，采用辅助设施，还能保护密封不受损害。

(4) 在低温泵的密封中，可起到保温和供热的作用等。

正确、合理地选用辅助设施，不仅对密封的稳定性而且对延长使用寿命都有重要意义；对安全生产以及对减少漏损、减少维修工作量和降低生产成本也有一定的作用，必须给予足够的重视。

5.2.4.2 辅助设施的工作方式

辅助设施主要的工作方式有冲洗和急冷。

所谓冲洗是将密封流体(即通常所说的密封油)注入到密封腔内，完成润滑、冷却、净化等功能，将不利的环境改变为密封能接受的工作环境。

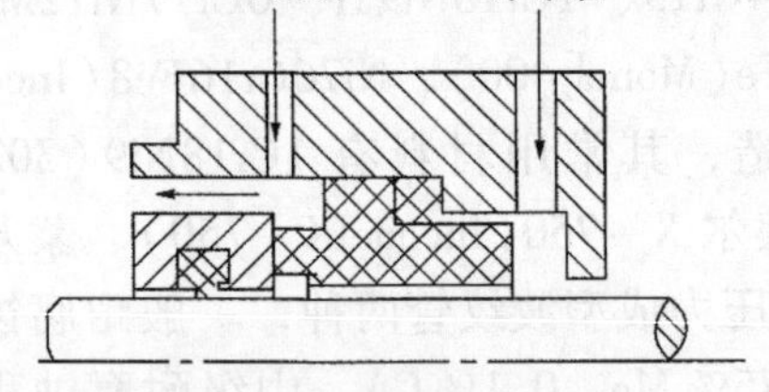

图5-11　机械密封的急冷

所谓急冷是在压盖的大气端通以冷却液体(一般为水)，主要冷却静环的内圈，兼有稀释和冲洗泄漏介质的功能。常用的冷却介质：以水为冷却液——通用方法，冷却水不能回收，冷却后放掉，如图5-11所示；以溶剂为冷却剂——适用于易造成密封端面污染的介质；以蒸汽为冷却液——适用于高温介质、易结晶或易挥发介质。

5.2.4.3 冲洗的种类

按冲洗方式和密封流体的不同可分为注入式冲洗、自冲洗和循环式冲洗。

1. 注入式冲洗

注入式冲洗是从外部注入另一种液体到密封腔内，以改善密封工作条件。对于采用单端面密封的高温泵、易结晶或含固体颗粒以及腐蚀介质泵，均可采用注入式冲洗。

2. 自冲洗

自冲洗是用泵本身产生的压差，使被密封介质通过密封腔形成闭合回路实现冲洗。按密封流体的流动方向可以分为正向冲洗、反向冲洗、两向冲洗和贯穿冲洗。

正向冲洗是从泵出口经过限流孔板到密封腔中，如图5-12所示。

反向冲洗是从密封腔经过限流孔板到泵的入口，如图5-13所示。

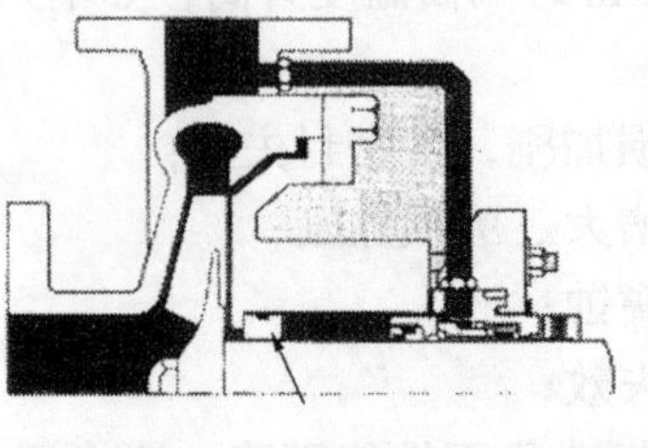

图5-12　正向冲洗

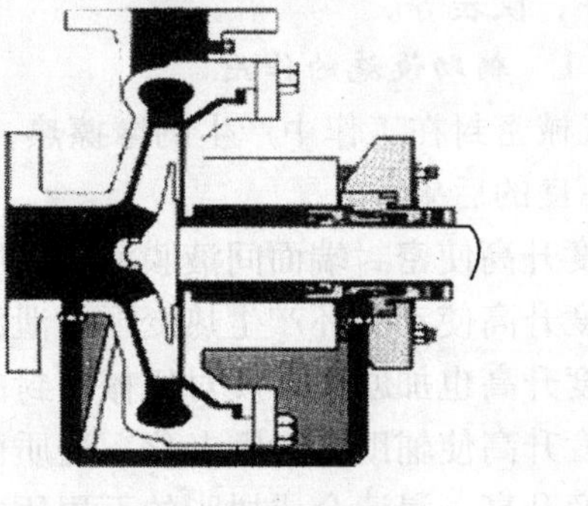

图5-13　反向冲洗

对于双支承泵可采用两向冲洗，出口端密封腔中的压力高于入口端，将两端密封腔用管线连接起来，对泵出口端是反向冲洗，泵入口端是正向冲洗，故称为两向冲洗，如图5-14所示。

贯穿冲洗：冲洗液从泵出口经孔板引入密封腔中，冲洗后流向泵的入口，如图5-15

所示。

3. 循环冲洗

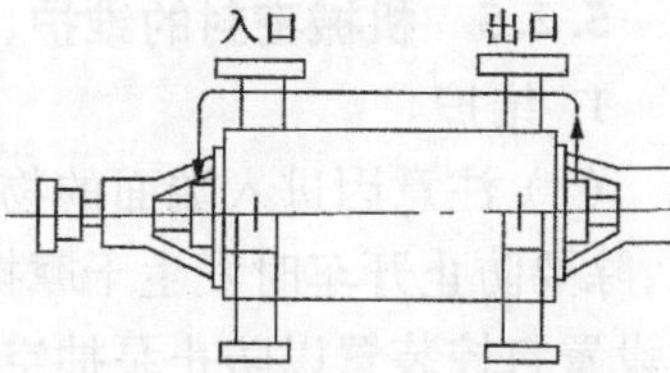

图5－14　两向冲洗

循环冲洗是通过一个泵送装置使外加的密封流体进行循环，如图5－16所示。这里有两点需引起注意，一是“泵送装置”，可以是外加的油站和密封腔形成闭合回路进行循环，也可在密封腔中装设一个泵，或者是用热虹吸的原理使流体循环；另一点要注意的是“外加的密封流体”。循环冲洗也有人称为“外循环”。

4. 冲洗液进入密封腔的方式

冲洗液进入密封腔的方式有两种：单点冲洗和多点冲洗。

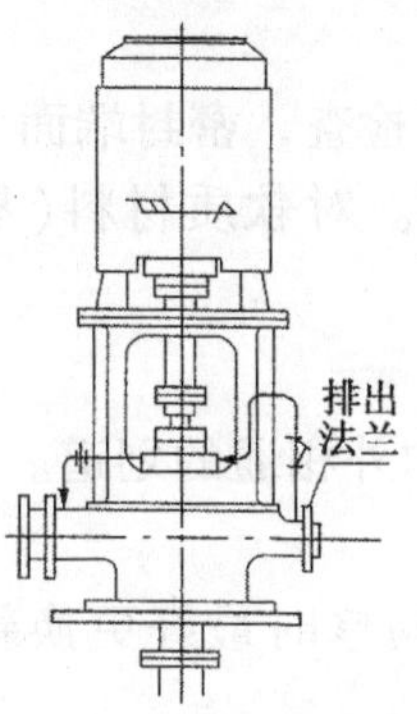

图5－15　贯穿冲洗

1）单点冲洗

如图5－17所示，冲洗液由一个流出口冲洗密封，又可分为径向冲洗、轴向冲洗和切向冲洗三种方式。

（1）径向冲洗　密封流体沿径向垂直冲洗摩擦副，其结构简单，是应用较多的一种方式。但冲洗量不可过大，以防止将石墨环冲出缺口。

（2）切向冲洗　冲洗液沿切线方向冲洗摩擦副，是单点冲洗中较好的方式。

（3）轴向冲洗　密封流体沿轴向进入密封腔，避免了对石墨环的冲蚀作用。

单点冲洗结构简单，但密封周围温度分布不均匀。

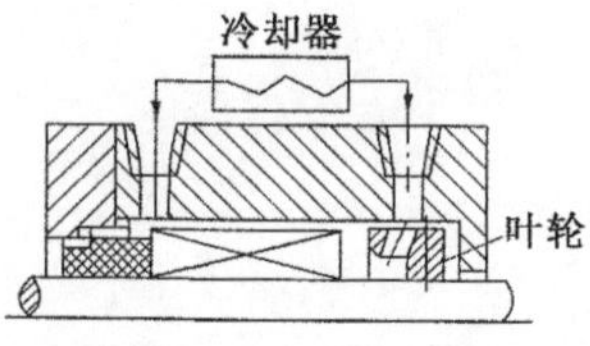

图5－16　循环冲洗

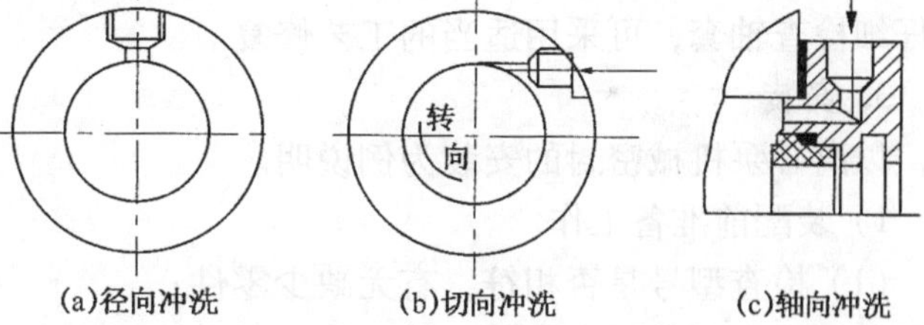

图5－17　单点冲洗的冲洗方式

2）多点冲洗

冲洗液沿圆周多个小孔同时进入密封腔，并起冲洗作用，如图5－18所示。多点冲洗克服了单点冲洗的缺点，使摩擦副周围的温度分布更均匀。但其结构较为复杂，需增加一个冲洗环，内设6～8个小孔，孔径3～4mm。多点冲洗用在易汽化的介质中，也可用在产生摩擦热较多的高*pv*值场合。

冲洗孔位置应尽量开设在摩擦副处，以便更好地把热量导走。单点冲洗不能直接对准石墨环（静环），也不能远离摩擦副使冲洗作用减弱。

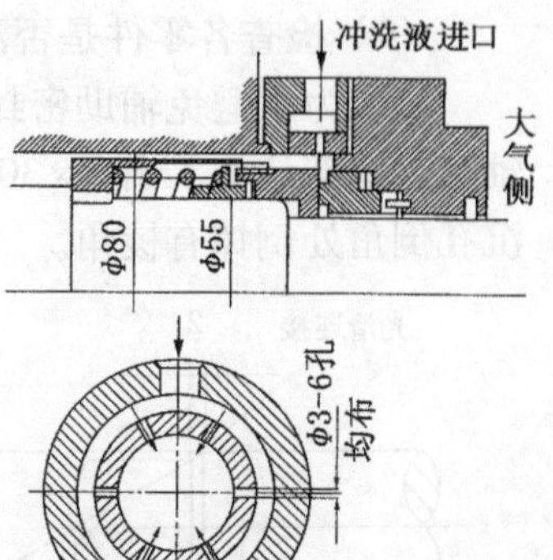

图5－18　多点冲洗

5.2.5 机械密封的维护、检修与安装

1. 维护

(1) 注意因进入端面的物料造成的发热现象及运转中有无异常响声等。对于连续运行的泵,除要防止开车时发生干摩擦外,运行中更需密切注意避免干摩擦。不要使泵抽空,如必要可设置自控装置以防止泵抽空。如是间歇运行的泵,应该观察停泵后因物料干燥形成的结晶,或降温造成的结晶,泵启动时应采取加温或冲洗措施,以免结晶物划伤端面而影响密封效果。

(2) 要注意辅助冲洗冷却等装置及仪表是否正常稳定,避免突然停水而冷却不良造成密封失效。此外,冷却管、冲洗管堵塞也会引发故障。

(3) 机器本身的振动(如联轴器不对中)、发热等将影响密封,应经常予以观察。因轴承损坏,也会破坏密封性能,故应注意轴承是否发热,运行中声音是否异常,以便及时修理。

2. 零件的修理

(1) 动、静环　机组每次检修,都应取下机械密封动、静环认真检查,密封端面为硬质材料,则不允许有划痕,其平面度公差可通过重新研磨加工来达到。对软质材料(易磨损件),检修要求如下:

① 重新研磨使其平面度公差合格。

② 软质材料容易在使用安装中造成崩边、划伤,一般不允许有内外相通的划道。

③ 密封端面高度一般要求不小于2mm,否则应予以更换。

(2) 密封圈　一般使用一定时间后,密封圈会溶胀或老化,故检修时最好更换新的密封圈。

(3) 弹簧　检修时,将弹簧清洗干净,测其弹力,如弹力变化小于20%,则可继续使用。

(4) 轴套　由于机器自身的振动,导致辅助密封圈有时磨损轴套,形成沟槽,故检修时应仔细检查轴套,可采用适当的工艺修复。

3. 安装

以离心泵机械密封的安装为例说明。

1) 装配前准备工作

(1) 检查型号是否相符,有无缺少零件;

(2) 检查零件配合尺寸,动、静环端面粗糙度;

(3) 检查大弹簧是否平行或小弹簧长短刚性是否一致;

(4) 检查各零件是否清洁,动、静环有无损坏;

(5) 为了避免辅助密封圈(如橡胶O形圈)的损伤,应在有辅助密封圈滑过的所有轴或轴套台肩部位加工出2×30°倒角,所有尖角倒圆并修整光滑,如图5-19所示。在键槽或沉孔倒角处倒掉有棱角。

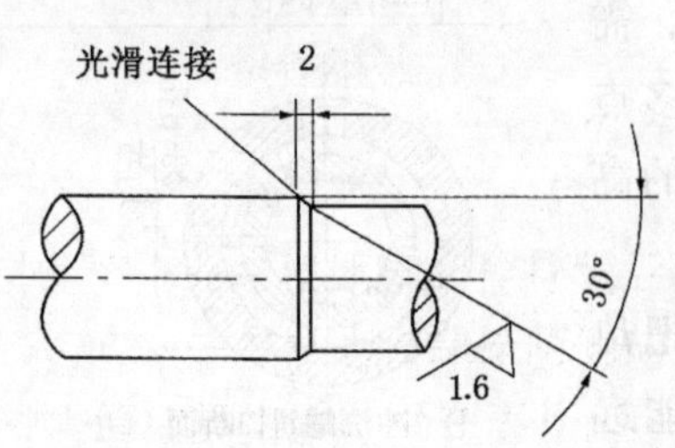

图5-19　轴(或轴套)端部图

(6) 检查安装机械密封部位的轴或轴套,表面不得有锈斑、裂纹等缺陷,粗糙度为$R_a1.6$。密封压盖与静环密封圈接触部位的粗糙度为$R_a3.2$。

(7) 检查密封函腔与轴的同轴度。在密封箱端面上放置一个磁性百分表架,夹上一个百分表,表头的触点与轴或轴套表面接触,如图5-20所示,旋转轴一周,百分表读数的最大与最小值之差,即为密封函与轴的同

轴度偏差值。该值实际上是轴的径向跳动。

(8) 检查密封函端面与轴的垂直度。在密封函端面附近的轴上放置一个磁性百分表架，夹上一个百分表，表头的触点与密封函端面接触，如图 5－21 所示，盘车一周，百分表读数的最大与最小值之差即为密封函端面与轴的垂直度偏差值。

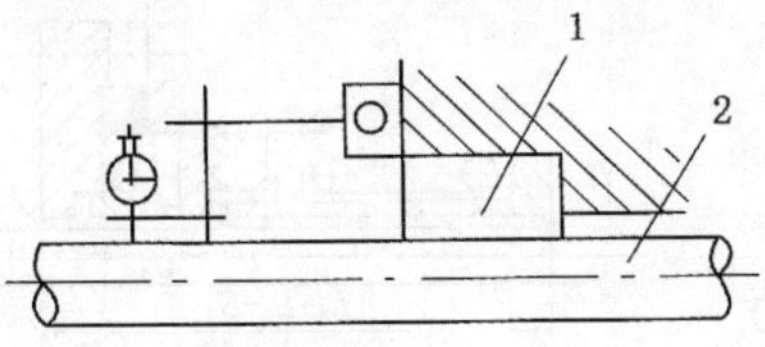

图 5－20　密封函腔与轴的同轴度测量

1—密封腔；2—泵轴

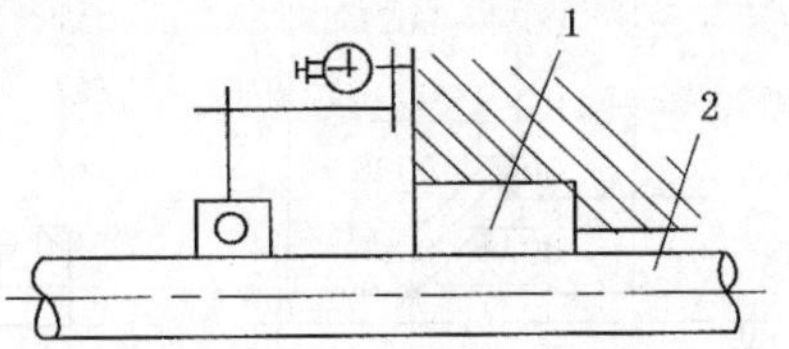

图 5－21　密封函端面与轴的垂直度测量

1—密封腔；2—泵轴

(9) 擦净各部件，对所有安装滑移部位用适量润滑剂加以润滑，选用的润滑剂要与辅助密封材料及被密封介质相容，如水、肥皂水、硅润滑脂、乙二醇或甘油等。

2) 装配

(1) 静环、静环密封圈及压盖的组装　将静环密封圈从静环尾部套入，静环密封圈是橡胶 O 形圈的，可将密封圈表面涂润滑剂后，套到静环上，如果采用聚四氟乙烯的，要注意 V 形刃口方向，刃口朝向压力高的方向，如图 5－22 所示。静环密封圈套入静环后，再将静环放平用手压入压盖，在装配时要注意静环后部的槽口要对正压盖上的防转销。防转销的高度要合适，应与静环保持 1～2mm 的轴向间隙，如图 5－23 所示。

静环装配到位后，还应检查密封端面与压盖中心线的垂直度。其检查方法如图 5－23 所示，用深度尺测量密封面与压盖端面的高度 A，沿圆周方向对称测量 4 点，其差值应小于 0.1mm。

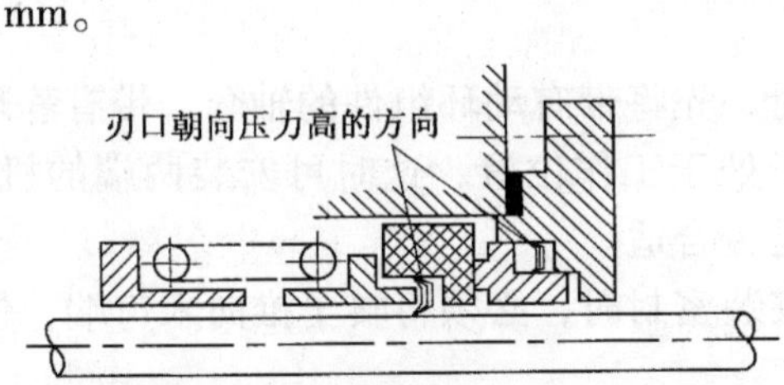

图 5－22　聚四氟乙烯密封圈刃口方向

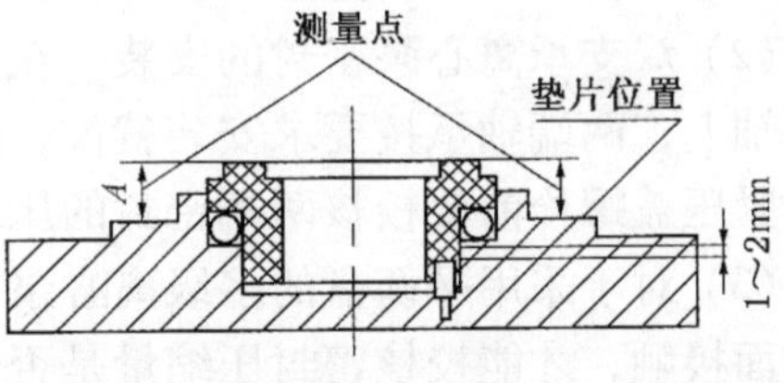

图 5－23　静环端面垂直度测量

(2) 动环、动环密封圈及传动座的组装　先将动环密封圈套入动环，在传动座装入轴套后，把动环套入轴套上。在装配时，辅助密封圈为聚四氟乙烯的，其刃口朝向同向压力高的方向。

(3) 机械密封定位　所谓定位就是确定动环组件在轴或轴套上的轴向位置。

机械密封定位前，先盘车检查确认轻松、均匀无偏重现象后，把转子调整到正常运转位置；转子轴向应固定，轴向串量不大于 0.3mm；对于采用平衡盘装置的多级离心泵，应将转子推向入口端，使平衡盘与平衡盘座的工作面接触。

在以上基础上可进行密封定位，先量出包括静环的密封压盖厚度 L_1，如图 5－24 所示，将带有静环的压盖装到泵上，待转子定位后在轴上标出密封压盖背面的位置 A 点，如图 5－25(a) 所示；测量出包括弹簧的动环组

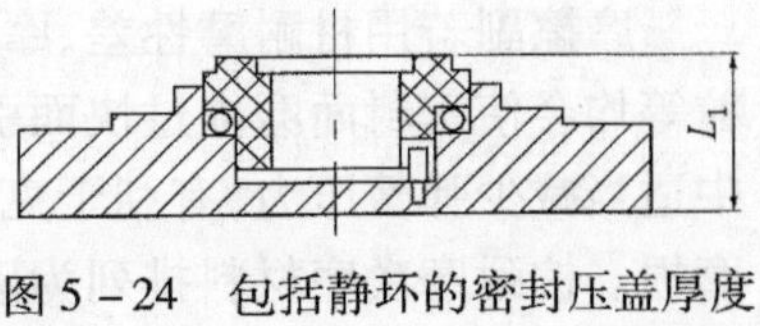

图 5－24　包括静环的密封压盖厚度

件自由高度 L_2，如图5-25(b)；以A点为基点量取 L_1+L_2-S 的长度，在轴上得到B点，如图5-25(c)所示，在B点固定传动座，机械密封定位工作即完成。上式中的S是机械密封的压缩量。所谓密封压缩量是指密封工作长度与其自由状态的长度差值。而密封工作长度是指密封在规定的运行寿命内能保持合适的端面比压及弹性补偿量的长度。

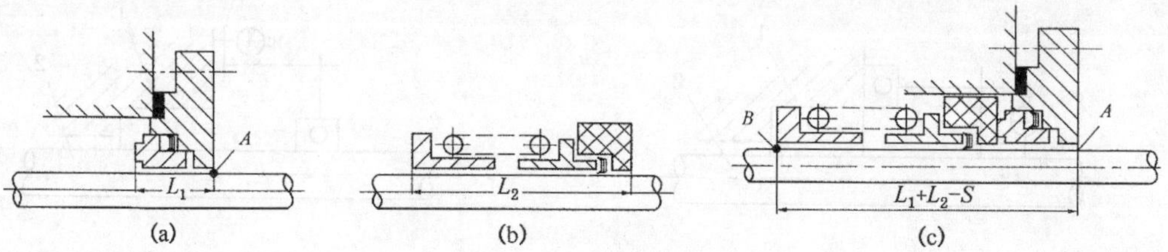

图5-25　机械密封定位

(4) 安装带有静环的压盖　在紧固压盖螺栓时，要均匀拧紧各螺母，防止压盖端面偏斜。紧固螺母后，要检查压盖与轴之间间隙是否均匀。

(5) 盘车检查压盖、静环与轴(轴套)是否有摩擦，盘车应轻松，均匀无偏重现象。

(6) 根据泵或密封工作图，连接密封辅助系统管线，如冲洗、冷却水管等。

(7) 将泵的入口阀门打开，引入介质试静压，检查密封情况。缓慢盘车，一方面检查密封有无泄漏，同时也排除密封腔中的气体，若无泄漏或轻微泄漏可投入运转或作为备用泵。

3) 常用离心泵机械密封安装应注意的问题

(1) 悬臂离心泵密封的安装　悬臂离心泵的特点是轴已在轴承箱中安装好，而泵盖、叶轮和密封箱都没有安装。在拆卸时要把压缩量和传动座的位置确定并在轴上作出标记。在安装时，先把带静环的压盖套入轴上，然后装上带有动环组件的轴套，再装上泵盖，固定密封压盖(注意：轴封垫和压盖垫要安装到位)。将泵盖与悬架固定后，安装键、叶轮并旋紧叶轮锁紧螺帽。最后均匀上紧压盖螺栓。

(2) 双支承离心泵密封的安装　在安装时，先将带有动环组件的轴套、带有静环的压盖套到轴上，两端轴承按要求安装就位，使转子处于工作位置，这时可安装两端的机械密封，在拧紧压盖螺栓前要校核两端密封的压缩量是否合适。

(3) 对于采用平衡盘的多级离心泵，在安装密封时，必须将转子推向入口端，使平衡盘工作面接触，才能校核密封压缩量是否合适。

(4) 对于带平衡盘的多级高温泵，确定密封压缩量时，入口端的密封压缩量不可过大，要考虑升温期间转子和泵体的温差及转子向入口端的热伸长量。

(5) 机械密封安装在轴上后，用手推动动环应有弹性及顺利之感，然后在密封面间加些机油，将端盖均匀压紧，不得装偏。静环防转销不能过长，如有顶住静环现象，会导致密封失效，这也是常见的故障之一。机械密封安装完后，应予盘车，观察有无碰触之处，如感到有摩擦现象，必须检查轴有否碰到静环，密封件有否碰到密封腔，如有应采取措施予以消除。

5.2.6　机械密封的失效与故障分析

5.2.6.1　磨损失效

摩擦副若用材耐磨性差、摩擦因数大、端面比压(包括弹簧比压)过大、密封面进入固体颗粒等均会使密封面磨损过快而引起密封失效。采用平衡型机械密封以减少端面比压及在安装中适当减少弹簧压力，有利于克服因磨损引起的失效，此外，选用良好的摩擦副材料可以减轻磨损。按耐磨次序材料排列为碳化硅－碳石墨、硬质合金－碳石墨、陶瓷(氧化铝)－碳石墨、喷涂陶瓷－碳石墨、氮化硅陶瓷－碳石墨、高速钢－碳石墨、堆焊硬质合金－碳石墨。

5.2.6.2 热损伤失效

机械密封件因过热而导致的失效，即为热损伤失效，最常见的热损伤失效有端面热变形、热裂、泡疤、炭化，弹性元件的失弹，橡胶件的老化、龟裂、溶胀等。

1. 端面热变形

密封端面的热变形有局部热变形和整体热变形。密封端面上有时会发现许多细小的热斑点和孤立的变色区，这说明密封件在高压和热影响下，发生了局部变形扭曲；有时会发现密封端面上有对称不连续的亮带，这主要是由于不规则地冷却，引起了端面局部热变形。有时会发现密封端面在内侧磨损很严重，半径越大接触痕迹越浅，直至不可分辨。密封环的内侧棱边可能会出现掉屑和蹦边现象。轴旋转时密封持续泄漏，而轴静止时不泄漏，这是因为密封在工作时，外侧冷却充分，而内侧摩擦发热严重，从而内侧热变形大于外侧热变形，形成了热变形引起的内侧接触型（正锥角）端面。

2. 热裂

硬质合金、工程陶瓷、碳石墨等脆性材料密封环，有时端面上会出现径向裂纹，从而使密封面泄漏量迅速增加，对偶件急剧磨损，这大多是由于密封面处于干摩擦、冷却突然中断等原因引起端面摩擦热迅速积累形成的一种热损害失效。

3. 泡疤、炭化

在高温环境下的机械密封，常会发现石墨环表面出现凹坑、疤块。这是因为当浸渍树脂石墨环超过其许用温度时，树脂会炭化分解形成硬粒和析出挥发物，当有黏结剂时，又会发泡软化，形成疤痕，从而极大地增加摩擦力，形成疤痕，表面损伤出现高泄漏。

4. 失弹

高温环境可能使弹性元件弹性降低，从而使密封端面的闭合力不足而导致密封端面泄漏严重。金属波纹管的高温失弹即是该类机械密封的一种典型的失效形式。避免出现该类失效的有效方法是选择合理的波纹管材料及进行恰当的热处理。

5. 老化、龟裂、溶胀

高温是橡胶密封件老化、龟裂和永久变形的一个重要原因。橡胶老化，表现为橡胶变硬，强度和弹性降低，严重时还会出现开裂，致使密封性能丧失。过热还会使橡胶组分分解，甚至炭化。在高温流体中，橡胶圈有继续硫化的危险，最终使其失去弹性而泄漏。如是有机介质则溶胀失弹，导致密封失效。

凡因热损引起密封失效，其解决方法关键在于尽量降低摩擦热，改善散热，使密封面处不发生温度巨变。

5.2.6.3 腐蚀失效

机械密封因腐蚀引起的失效为数不少，而构成腐蚀的原因错综复杂，常见的腐蚀类型有以下几种：

（1）表面腐蚀　由于腐蚀介质的侵蚀作用机械密封件会发生表面腐蚀，严重时也可发生腐蚀穿透，弹簧件更为明显，采用不锈钢材料可减轻表面腐蚀。

（2）点腐蚀　弹簧套常出现大面积点蚀或区域性点蚀，有的导致穿孔，此类局部腐蚀对密封使用尚不会造成很严重的后果，不过大修时也应予以更换。

（3）晶间腐蚀　碳化钨环不锈钢环座以铜焊连接，使用中不锈钢座易发生晶间腐蚀，不锈钢应进行固溶处理。

（4）应力腐蚀破裂　金属焊接波纹管、弹簧等在应力与介质腐蚀的共同作用下，往往会发生断裂，为了避免弹簧的突然断裂而使密封失效，一般采用加大弹簧丝径加以解决。

（5）缝隙腐蚀　动环的内孔与轴套表面之间、螺钉与螺孔之间，O 形环与轴套之间，由于间隙内外介质浓度之差而导致缝隙腐蚀，此外陶瓷镶环与金属环座间也会发生缝隙腐蚀，一般在轴套表面喷涂陶瓷，镶环表面涂以黏结剂以减轻缝隙腐蚀。

（6）电化学腐蚀　异种金属在介质中往往引起电化学腐蚀，它使镶环松动，影响密封，一般亦采取在镶接处涂黏结剂的办法予以克服。

5.2.6.4　安装、运转等引起的故障分析

1. 加水或静压试验时发生泄漏

由于安装不良，机械密封静压试验时会发生泄漏。安装不良有以下几方面：

（1）动、静环接触表面不平，安装时碰伤、损坏。

（2）动、静环密封圈尺寸有误、损坏或未被压紧。

（3）动、静环表面有异物。

（4）动、静环 V 形密封圈方向装反，或安装时反边。

（5）紧定螺钉未拧紧，弹簧座后退。

（6）轴套处泄漏，密封圈未装或压紧力不够。

（7）如用手转动轴泄漏有方向性，则有如下原因：弹簧力不均匀，单弹簧不垂直，多弹簧长短不一或个数少；密封腔端面与轴垂直度不够。

（8）静环压紧不均匀。

2. 由安装、运转等引起的周期性泄漏

运转中如泵叶轮轴向窜动量超过标准、转轴发生周期性振动、工艺操作不稳定及密封腔内压力经常变化均会导致密封周期性泄漏。

3. 经常性泄漏

泵密封发生经常性泄漏原因如下：

（1）动环、静环接触端面变形会引起经常性泄漏。如端面比压过大，摩擦热引起动、静环的热变形；密封零件结构不合理，强度不够而产生变形；由于材料及加工原因产生的残余变形；安装时零件受力不均等，均是密封端面发生变形的主要原因。

（2）镶装或黏接的动、静环接缝处泄漏造成泵的经常性泄漏。如镶装工艺不合理引起残余变形、用材不当、过盈量不合要求、黏结剂变质等均会引起接缝泄漏。

（3）摩擦副损伤或变形而不能跑合引起泄漏。

（4）摩擦副表面有颗粒杂质。

（5）弹簧比压过小。

（6）密封圈选材不正确，溶胀失弹。

（7）V 形密封圈装反。

（8）动、静环密封面对轴线不垂直度误差过大。

（9）密封圈压紧后，传动销、防转销顶住零件。

（10）大弹簧旋向不对。

（11）转轴振动。

（12）动、静环与轴套间形成水垢不能补偿磨损位移。

（13）安装密封圈处轴套部位有沟槽或凹坑腐蚀。

（14）端面比压过大，动静环表面龟裂。

（15）动环浮动性差。

（16）辅助装置有问题。

4. 突发性泄漏

由于以下原因，泵密封会出现突然的泄漏：

（1）泵强烈振动、抽空破坏了摩擦副。

（2）弹簧断裂。

（3）防转销脱落或传动销折断而失去作用。

（4）辅助装置出现故障，使动、静环冷热骤变导致密封面变形或产生裂纹。

（5）由于温度变化，摩擦副周围介质发生冷凝、结晶影响密封。

（6）停泵一段时间再开动时发生泄漏，这是由于摩擦副附近介质的凝固、结晶，摩擦副上有水垢；弹簧锈蚀、堵塞而丧失弹性，均可引起泵重新开动时发生泄漏。

5.3 迷宫密封

迷宫密封是一种由一系列节流齿隙和膨胀空腔构成的非接触密封形式，主要用于密封气体介质，广泛用作蒸汽透平、燃气透平、离心式压缩机、鼓风机等热力机械的轴端密封或级间密封。

迷宫密封的转子和机壳间存在间隙，无固体接触，允许有热膨胀差存在，适应高温、高压、高转速场合，并且结构简单，性能稳定可靠，迷宫密封的惟一缺点是泄漏量大。

5.3.1 迷宫密封的工作原理和特点

1. 工作原理

迷宫密封的结构导致气体流动为湍流。一个节流齿隙和一个膨胀空腔构成了一级迷宫，多级迷宫组成了实际应用的迷宫密封。齿隙的作用是把气体的势能（压力能）转变成动能，迷宫空腔的作用是通过气体的湍流混合作用尽可能地把气流经齿隙转化的动能转化为热能，而不是让它再恢复为压力能。因此流体动力学设计必须最大程度地分散经齿隙高速射出的流体动能。

图5-26描述了气体流经一齿隙和一膨胀空腔的过程。如图所示，密封前后气体有一定压力差，气体从高压端流向低压端，当通过密封齿和轴的间隙时，气流速度加快，气体压力和温度都要降低。由间隙流入下一个齿间空腔时，由于面积突然扩大，形成强烈的旋涡，在容积比间隙容积大很多的空腔中气流速度几乎等于零，动能由于旋涡全部变为热量，加热气体本身，因而气体温度又从流经间隙时的温度回升到流入间隙前的温度，但空腔中的压力却回升很少，可认为保持流经间隙时的压力不变。气体从这个空间流经下一个密封齿和轴之间的间隙，又流入再下一个齿间空腔，重复上述过程。气体每经过一次间隙和随后的较大空腔，气流就受到一次节流和扩容作用，随着气体流经间隙和空腔数量的增多，气体的流速和压降越来越大，待压力降至近似背压时，气体不再继续外流，从而实现了气体的密封。

图5-26 迷宫密封中的气体流动

2. 特点

迷宫密封是气相介质的主要密封类型。各

种透平机械的级间密封，几乎都毫无例外地选用迷宫密封结构。迷宫密封也能作为各类透平机械的轴端密封。迷宫密封还能作为活塞密封和防尘密封。

迷宫密封有如下特点：

(1) 迷宫密封是非接触密封，无固相摩擦，不需润滑，适用于高温、高压、高速和大尺寸密封条件；

(2) 迷宫密封工作可靠，功耗少，维护简便，寿命长；

(3) 迷宫密封泄漏量较大，如增加迷宫级数，采取抽气辅助密封手段，可把泄漏量减小，但要做到完全不漏是困难的。

5.3.2 迷宫密封的类型和结构

图 5－27(a)所示是在轴封环上直接车制成梳齿片，面转轴的外表则是光滑的圆柱面，故称光轴式迷宫密封。图 5－27(b)是将预制好的梳齿片压嵌在轴封环上，再用压条压紧。由于梳齿片是长短相间的，故转轴表面应车制高低相间的环形台阶，称为高低式迷宫密封。图 5－27(c)是在机壳的轴封环及转铀的轴封套上同时插嵌梳齿片，形成曲折式迷宫密封。图 5－27(d)是在叶轮进口处的轴封套上车出台阶，而在轴封环上嵌镶逐片增长的梳齿片，称为阶梯式迷宫密封。

就密封效果来说，曲折式效果最好，阶梯式及高低式其次，光轴式较差。

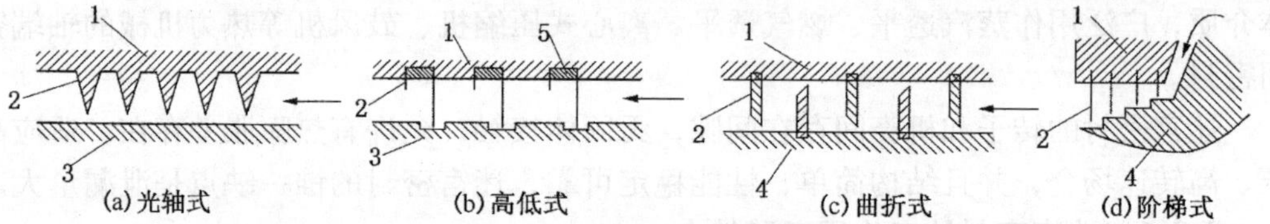

图 5－27 梳齿密封的结构

1—轴封环；2—梳齿片；3—转轴；4—密封套；5—压条

迷宫密封的密封片与密封环的结构与特点见表 5－2。

表 5－2 迷宫密封的密封片、环结构

名称	简 图	结构说明	主要特点
密封片	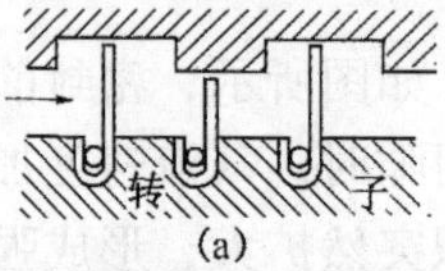	密封片用不锈钢丝嵌在转子上的窄槽中	结构紧凑，接触时密封片能向两边弯折，减少摩擦；拆换方便；但装配不好易被气流吹倒
	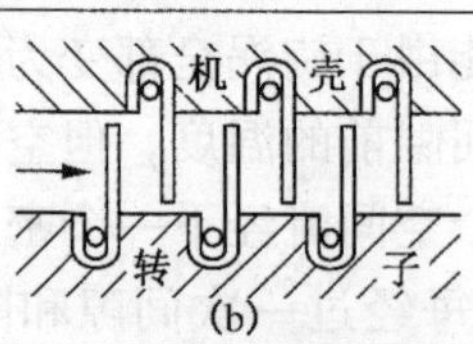	转子和机壳上都嵌有密封片	(b)密封效果比(a)好，但转子上密封片有时会被离心力甩出
密封环	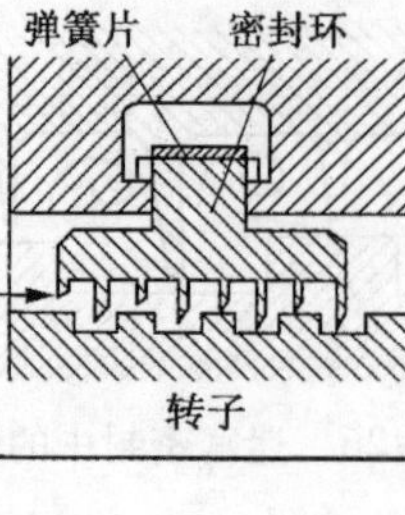	密封环由 6～8 块扇形块组成，装入机壳的槽中，用弹簧片将每块环压紧在机壳上，弹簧压紧力约 60～80N	轴与齿接触时，齿环自行弹开，避免摩擦；结构尺寸较大，加工复杂；齿磨损后须将整块密封环更换

5.3.3 迷宫密封的齿数与节流间隙

由于构成迷宫密封的机械零件均接触工作介质，零件必然会发生热膨胀变形，密封须适应轴与壳体的热变形。密封间隙减小，密封齿数增多，其密封效果就会越好，然而，密封间隙减小，易造成动静相磨，而密封齿数增多，一方面导致轴向尺寸增加，同时随着密封齿数的增加，其密封效果逐级下降。根据轴的直径，并考虑热膨胀效应和轴的漂移效应，迷宫密封的径向间隙一般取 $0.2+0.6d/1000$(mm)，d 为轴直径。齿间距通常为 5~9mm，齿尖厚度通常小于 0.5mm。

5.3.4 迷宫密封的材料

迷宫密封材料主要根据密封的工作温度和介质选择。表 5-3 列出汽轮机用迷宫齿的材料。如介质有腐蚀性，则需选用相应的耐蚀不锈钢箔片作为迷宫齿材料。防尘迷宫密封大多用碳钢制造。

表 5-3 汽轮机常用迷宫密封材料

名 称	材 料	适用温度/℃	名 称	材 料	适用温度/℃
迷宫片	1Cr18Ni9Ti	<500	迷宫环	1Cr11MoV	<540
	T2	<250		1Cr13	<450
	LY16	<250		ZQSn6-6-3	<350
	LY12	<150		LD8	<250
	L6	<150		ZL108、ZL109	<250

有时可在轴表面涂覆软质材料涂层，把齿顶间隙取得很小。齿片甚至可嵌入软质涂层中，运行过程中刻划出一些凹槽，形成极小的跑合间隙，以改善密封性能。软质涂层材料为巴氏合金、石墨、聚四氟乙烯等。

对于离心式压缩机，当输送介质具有爆炸性(例如石油气)，则应采用碰撞时不会产生火花的材料如铝及铝合金。现也有采用聚四氟乙烯塑料作为梳齿片材料的，这时的半径间隙可取得更小一些，因为即使梳齿片与转轴发生接触，也不会将轴擦伤得很厉害。

5.3.5 迷宫密封的装配

迷宫密封间隙的设计参数是关系到整个机组运行的安全性和经济性的重要因素，因此在装配时应予以重视。

1. 装配步骤

(1) 清理、检查各零部件，并测量各配合尺寸，看其是否符合要求，并作好记录。

(2) 每台机组用密封块的数量可能不只一个，组装时不可搞错位置，位置搞错会给组装工作及间隙调整工作带来麻烦，故密封块(件)应及时打上标记。最好的标记方法是直接在密封块侧面或密封齿间分别打上表示环及环内位置的序号。

(3) 弹簧片的材质因使用温度不同而不一样。应根据材质分别进行保管，防止将低温部分使用的弹簧片误用到高温部分，以免在运行中因弹力消失而使密封间隙增大。

(4) 在组装工作中除应注意气封块要对号组装外，对于不是对称的高低齿气封块，应注意不要装反。大多数气封块高低齿的位置都是一致的(一般是高齿在机头侧)，应掌握规律，防止装反，避免高齿被转子压损。

(5) 气封块与槽道的配合为动配合 H9/d9 或 H10/d10，若配合过紧，应用锉刀仔细修锉，不允许强行打入槽内。气封块组装好后，弹簧片及气封块不允许高出结合面。各气封块接头要经过研合，一圈气封块之间的总膨胀间隙一般留 0.20mm 左右。

（6）为了使气封块具有自动调整间隙的性能，弹簧片不应过硬。一般要求用手能将气封块压入，松手后又能很快地自动恢复原位。但也不应过软，以致气封块不能保证组装位置，增加泄漏损失。弹簧片失去弹性后应更换，或进行恢复性的热处理后再使用。

（7）在拆装及起吊过程中，由于工作人员不慎，气封齿被碰撞打坏的事例也不少，特别是镶制的“丁”字形气封齿，常因多次撞倒反复平直，使其根部断裂损坏，必须特别小心。

（8）削尖气封齿应在漏出气的一侧刮削，并且特别注意尽量避免在齿尖刮出圆角。

（9）测量调整轴向、径向间隙，具体调整方法见后。

（10）间隙调整后，各零部件清洗干净，仔细组装即可。

2. 径向间隙的测量和调整

平均间隙值通常是依据制造厂的规定，一般来说与结构型式有关。对于整体式钢制梳齿形为0.50～0.70mm；对枞树形为0.30～0.45mm；“J”字形一般为0.40～0.60mm；铜齿的低压气封常为0.30～0.40mm。

测量和调整间隙是一项较复杂的工作，径向间隙的测量比较困难，目前采用的测量方法各有不同，下面介绍三种常用的方法：

（1）压胶布测量　胶布贴在气封块上，在每一块气封块上贴上一道由数层黏叠在一起的白胶布带（医用胶布），一般胶布厚0.25mm，因径向间隙为0.30～0.70mm，故常用三层白胶布带。各层胶布宽度依次减少5～7mm，成阶梯形黏贴在一起，并顺着转子转动方向增加层数，以减少胶布被刮掉的可能性。暂时拆去弹簧，用木楔子顶住气封块，防止在压间隙时弹簧退让引起误差，并在转子气封凹凸台200～300mm弧段上均匀地抹上一层红丹，将隔板套、轴封套、转子、汽缸大盖等依次作临时组合。在吊转子时，抹有红丹的弧段应朝上，落下后将其盘转到下方，以免在吊装过程中在胶布上摩擦上红丹印痕。拧紧部分汽缸结合面大螺母，消除结合面间隙，使其符合组装状态，盘动转子转动数圈后重新分解各部件，检查胶布带上接触红丹印痕的轻重来判断间隙值的大小。表5－4列出常使用的标准，供参考。

表5－4　用胶布测量间隙的标准

胶布接触情况	间隙值/mm	胶布接触情况	间隙值/mm
三层胶布没有接触	>0.75	三层胶布表面被压光，颜色变紫	0.55～0.60
三层胶布刚见红色	=0.75	三层胶布表面被磨光呈黑色，两层胶布刚见红色	0.45～0.50
三层胶布有较深的红色	0.65～0.70		

（2）用塞尺直接测量　用塞尺测量径向间隙，塞尺塞入的力量要适当。最好用木楔或螺钉旋具插入气封块的背面弧处防止向外退让，以便加大塞入力量来保证测量的准确性，塞尺塞入的深度一般应有30mm以上。

（3）利用假轴测量　根据假轴测量调整轴封洼窝和调整气封间隙的方法是比较精确可靠的，对测量顶部和下部间隙更为方便。假轴的制作可用ϕ150～ϕ250mm的厚壁管子加工而成，若用铸铁管更好。假轴两端套上与轴颈直径相同的假轴套。转子轴颈和假轴套直径之差不得大于0.05mm，圆柱度也应小于0.05mm。另外配置和轴封凸肩直径相同的假盘若干只，假盘内孔和假轴套内径与假轴的配合为间隙配合。

使用假轴测量间隙的方法如下：

在转子吊出汽缸前，测量前后两道轴瓦挡油环的洼窝中心。假轴吊入后应复核以上洼窝中心，使假轴位置与转子位置一致。装有推力支持联合轴承的机组，往往由于假轴重量比转子重量轻得多，而联合轴承下的支持弹簧会将假轴顶起，以致洼窝中心有变化，因此，吊出转子前应用压板从两侧将轴瓦压住。

利用假盘，使用塞尺测量每个齿与假盘的间隙。短齿可根据转子上凸肩高度测量出，用测出的数值，修正真、假轴挠度差、假轴颈与真轴颈的直径差、假盘直径与轴封凸肩直径差，即可求出实际间隙。

将测出的间隙按照机组规定质量标准进行调整。

调整结束后，在转子上贴上厚度相当于气封允许最小间隙的胶布，组装上轴封套及隔板套，转动转子，检查胶布，以微碰为合格。

3. 轴向间隙的测量

轴向气封间隙应在保证叶轮与隔板不发生摩擦的前提下，调到最小值。枞树形及高低齿的梳齿形气封，还需正确地分配齿前后的间隙，以防止轴向磨损。

运行时在大多数工况下，转子比汽缸膨胀得快，因而齿前的间隙总比齿后间隙大，一般用楔形塞尺测量轴向间隙。

5.4 浮环密封

5.4.1 浮环密封的基本结构与工作原理

浮环油膜密封的结构如图5-28所示，它由内浮环、外浮环、浮环座、压盖、弹簧、防转销、辅助O形圈等组成。

封油注入浮环密封腔之后，沿浮环间隙，向内浮环里侧和外浮环外侧泄漏。由于转子处于高速旋转之中，流入浮环间隙内的封油，在旋转轴的作用下，形成了具有一定承载能力的油膜，该油膜一方面将浮环抬起，使浮环与轴颈间实现液体润滑，从而减轻摩擦、降低磨损，另一方面，由于油膜充满整个浮环间隙，所以可阻止气体介质的外漏，起到了密封的作用，因此，该密封也称密封油膜。另外，封油还具有润滑、冷却的作用。

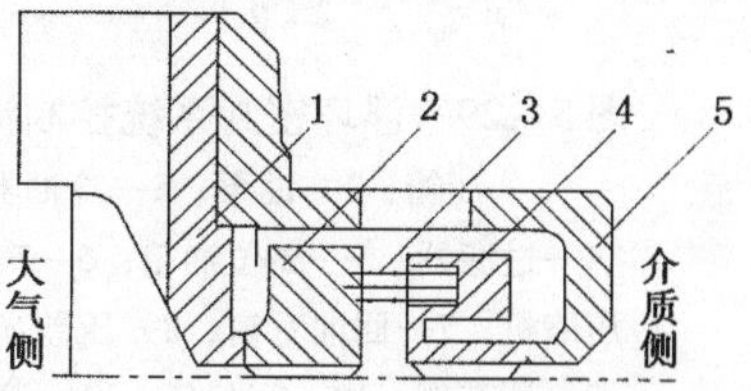

图5-28 浮环密封结构示意图

1—压盖；2—外浮环；3—弹簧；4—内浮环；5—浮环座

浮环密封的内、外浮环可以径向活动，这样就可以补偿转子相对箱体的不同心度和径向摆动。浮环端面接触的密封性是依靠端面互相贴合、两表面平直度和粗糙度来保证的。浮环压向端面是依靠弹簧和工作介质压降来压紧的。因内浮环两侧压差较小，所以内浮环一般为一道。而外浮环两侧压差较大，为防止泄油量过大，视情况外浮环可选用多道。防转销的作用是防止浮环随轴转动，但同时防转销又不影响浮环正常浮起。O形圈的作用是防止密封油从浮环和壳体间的接触面处泄漏，为辅助密封。

浮环密封装置的密封效果，与浮环间隙有直接关系，从降低封油漏损、提高浮环效能看，浮环间隙应尽量减小，但间隙太小又会导致浮环工作条件恶化，乃至浮环抱轴故障的产生，因此，浮环间隙一般控制在下列范围内：

$$内浮环半径间隙 \quad S_{内}=(0.0005\sim0.001)D$$

$$外浮环半径间隙 \quad S_{外}=(0.001\sim0.002)D$$

式中 D——浮环公称直径，mm。

5.4.2 浮环密封的特点

（1）浮环具有很宽的密封工作参数范围。在离心式压缩机中应用，工作线速度约为40～90m/s，工作压力可达32MPa，工作温度为－100～200℃。

（2）浮环密封在各种动密封中是最典型的高参数密封，具有最高的工况 pv 值，可高达2500～2800MPa·m/s。

（3）浮环密封利用自身的密封系统，将气相条件转换为液相条件，因而特别适用于气相介质。

（4）浮环密封对大气环境为“零漏泄”密封。依靠密封液的隔离作用，确保气相介质不向大气环境泄漏，对于各种易燃、易爆、有毒、贵重介质，采用浮环密封是适宜的。

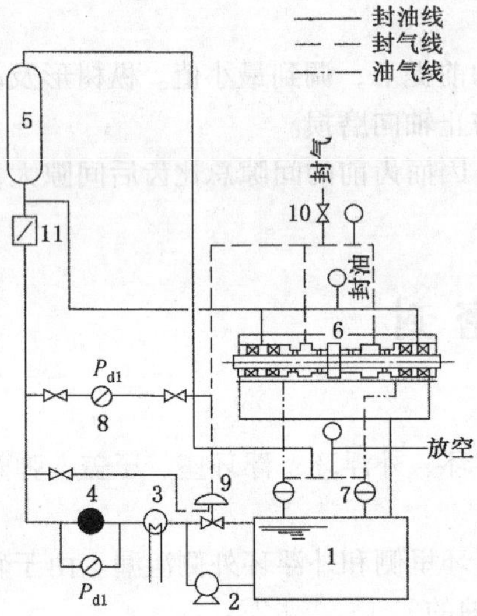

图5－29　浮环密封系统控制流程图

1—油箱；2—油泵；3—冷油器；4—过滤器；5—高位油箱；6—离心式压缩机；7—回油看窗；8—压差显示仪；9—调节阀；10—密封气；11—窥视窗

（5）浮环密封性能稳定，工作可靠，寿命长。

（6）浮环密封的非接触工况，漏泄量大。内漏量约为200L/d，外漏量约为15～200L/min。当然，浮环的泄漏量本质上应视为循环量，它与机械密封的泄漏量有区别。

（7）浮环密封需要复杂的辅助密封系统，因而增加了它的技术复杂性和设备成本。

（8）浮环密封密封件的制造精度要求高。

5.4.3 密封油控制系统

浮环密封中的密封油在缝隙中加热，温度升高后回油箱，由油泵加压后，经过冷却器、过滤器、控制仪表再回到密封部位循环使用，这个循环系统称为密封油系统。图5－29为某压缩催化富气的离心式压缩机浮环密封系统控制流程图。

机组正常运行过程中，密封系统提供高于平衡管气体压力0.05～0.07MPa的密封气，同时还提供较密封气压力高0.05～0.07MPa的密封油，密封油与密封气之压力差，是浮环密封取得良好密封效果的外部条件，其值由高位油罐和系统中调控仪表的功能协助实现。

经内浮环间隙流至内浮环空腔的密封油与密封气的混合物，沿密封油内回油管路，流至油气分离器，分离后的油返回油箱，气体放火炬。经外浮环间隙流至外浮环空腔的封油，由此空腔直接流回油箱。

如果被密封气体压力较高，需要提高浮环密封装置的密封能力，则可通过增加浮环数量来实现这一目标。在浮环数量增多的情况下，靠内侧浮环的工作环境比较苛刻，它的密封间隙较小，泄油量较少，因此，内浮环处温度较高，为改善内浮环的工作条件，提高其使用寿命，常在浮环上开一些冷却槽或冷却孔，使部分封油经冷却槽后再进入浮环间隙，以便降低浮环温度，改善浮环工作条件，提高浮环工作的可靠性。

5.4.4 浮环密封的安装

（1）检查型号是否相符，有无缺少零件，各元件应无碰坏、变形、裂缝等缺陷。

（2）检查浮环尺寸、端面的表面粗糙度与平直度、内孔表面粗糙度与不圆度是否在允许范围内；

(3) 检查轴(或轴套)的表面粗糙度、圆柱度与精度应符合要求。

(4) 校对与浮环接触的密封盒的尺寸应符合要求。

(5) 检查清洗轴(或轴套)、密封腔，轴(或轴套)应无划痕、沟槽、毛刺等缺陷，若有缺陷必须修光滑，再用汽油或洗涤剂清洗干净，轴(或轴套)表面不允许有锈斑或灰尘杂质。

(6) 测量浮动环及轴的配合间隙，浮动环及轴的配合间隙应符合规范要求。

(7) 安装内置迷宫密封和内密封盒，迷宫梳齿不得有损伤。

(8) 安装内浮环，浮环方向应正确，并能上下自由浮动。

(9) 安装弹簧，弹簧长短一致。

(10) 安装外浮环，浮环方向应正确，并能上下自由浮动；销钉间隙符合要求。

(11) 安装外密封盒，密封盒不得有损伤。

(12) 安装外置迷宫密封，迷宫梳齿不得有损伤。

为了确保安装质量，要注意以下几点：

(1) 浮环端面、浮环座端面、压盖端面必须研磨，保证端面接触的严密性，接触面达到100%；

(2) 控制好内、外浮环与轴的间隙；

(3) 使内、外浮环之间的弹簧弹力一致，高度相同；

(4) 浮环座O形橡胶圈不许重复使用，检修时必须更换；

(5) 保证浮环座端面与轴的垂直度、浮环座内圆与轴的同轴度；

(6) 组装过程应保持清洁，各密封表面、轴(轴套)表面不允许有锈斑或灰尘杂质；

(7) 组装时保证各密封面不被划伤、碰破，不允许用工具敲打浮环和密封面；拧紧螺栓前，先在各密封面与接触面涂上润滑油(密封油即可)；

(8) 检查浮环的表面粗糙度和圆度是否符合要求。

5.5 蜂窝密封

蜂窝密封技术是航天工业针对高温及高压差工况下开发出的高级密封技术，该密封采用蜂窝作为蜂窝带的基本结构要素，其蜂窝带材料采用高温合金，实现了高强度、高性能的要求，现已广泛应用于蒸汽轮机、烟气轮机、离心式压缩机等机组上，效果良好。

5.5.1 蜂窝密封的基本结构与工作原理

蜂窝密封一般是利用特殊的钎焊工艺将蜂窝带钎焊于汽封圈上，蜂窝带由内孔表面为蜂窝形状的六边形小蜂窝孔组成，其芯格尺寸一般为0.8~6mm，板厚0.05~0.2mm，蜂窝深度为1.6~6mm，芯格尺寸越小，板材越薄。蜂窝密封结构如图5-30所示，蜂窝带结构如图5-31所示。

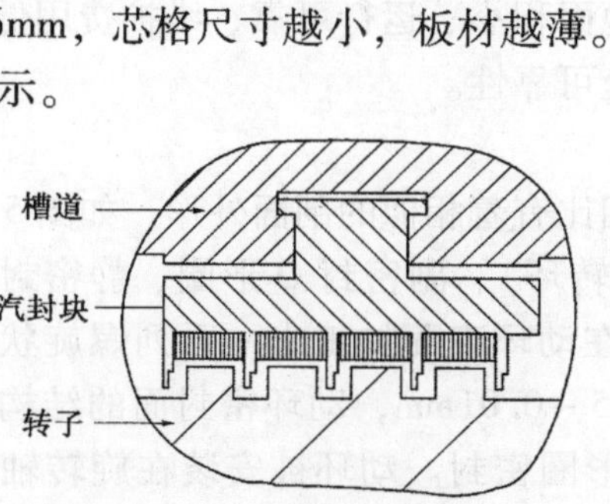

图5-30 蜂窝密封结构图

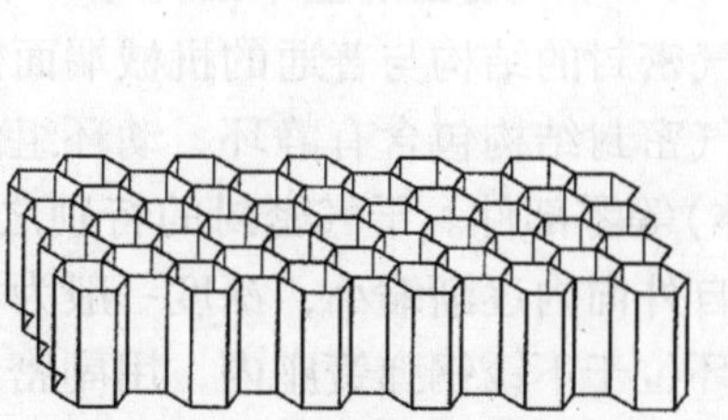
图5-31 蜂窝带结构图

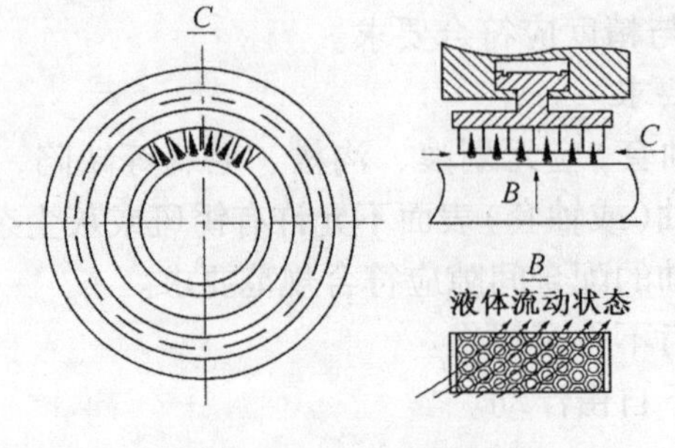

图 5－32　蜂窝密封原理图

如图 5－32 所示，当轴系高速旋转时，气流成螺旋方式向前流动，在特殊气流流经蜂窝带时，被蜂窝带上的无数六角网格所分解，被分解的气流在网格的微小空间形成一气旋，此气旋的"刚度"随着螺旋气流的强弱而强弱。这样，在轴与蜂窝带形成若干道气帘，这些气帘可以高效地阻止介质向外流动。蜂窝带与转子之间形成刚性强大的气旋，有效地提高了转子的稳定性和减少了气体的泄漏量，实现了高效稳定的密封。

5.5.2　蜂窝密封的特点

蜂窝密封具有以下特点：

1. 节能

相同的间隙，每圈汽封的泄漏量只有迷宫密封泄漏量的二分之一左右，随着压差和转速的增加，其泄漏量甚至更低，如果几圈联合使用，其效果会更佳。泄漏的减少会使机组的效率提高。

2. 安全可靠

(1) 结构独特，可以有效地阻止气流周向的运动，抑制了转子的气流激振，为机组更加平稳运行起到了减振的效果。

(2) 蜂窝汽封体很薄(通常只有 0.05mm)，其材料为高镍合金箔片，经过特殊的热处理工艺后，硬度很低，不会对与其相接触的任何钢质物件产生磨损，只会自身被磨掉，不会对轴产生伤害。

(3) 当轴同蜂窝密封体相接触时，同轴相接触的是一个很宽的密封面。相同的力作用于一个较大的平面上，接触面局部压强很小，因此，蜂窝气封可以在较小的间隙下安全地运行。

(4) 蜂窝汽封具有较好的除湿效果，由于蜂窝的网格结构，可以有效吸附水分，达到自动除湿的效果，对叶片的保护及减少湿气损失较为有利。

3. 安装方便

汽封的安装、调试方式同传统汽封一样，而间隙调整方式更加灵活方便。

5.6　干气密封

干气密封是一种气膜润滑的流体动、静压结合型非接触式机械密封，具有泄漏量少、磨损小、使用寿命长、能耗低、操作简单、占地面积小、运行可靠、维护费用低等优点，它的使用，将有利于降低机组运行成本和提高安全可靠性。

5.6.1　干气密封的基本结构与工作原理

干气密封的结构与普通的机械端面密封相比有着相似的剖面外形，如图 5－33 所示，典型的干气密封结构包含有静环、动环组件(旋转环)、副密封 O 形圈、静密封、弹簧和弹簧座(腔体)等零部件。干气密封的特别之处是在动环表面加工出一系列螺旋状沟槽，每个槽的宽度自外向内逐渐缩小，深度一般为 0.0025～0.01mm，动环密封面的结构如图 5－34 所示。静环位于不锈钢弹簧座内，用副密封 O 形圈密封。动环被安装在旋转轴上随轴高速旋转，一般由硬度高、刚性好、变形小且耐磨的钨、硅硬质合金制造。弹簧在密封无负荷状态下使静环与固定在转子上的动环组件贴合。

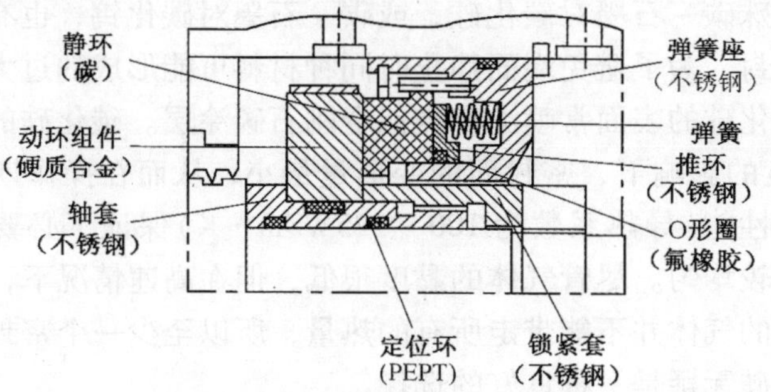

图5-33 干气密封结构示意图

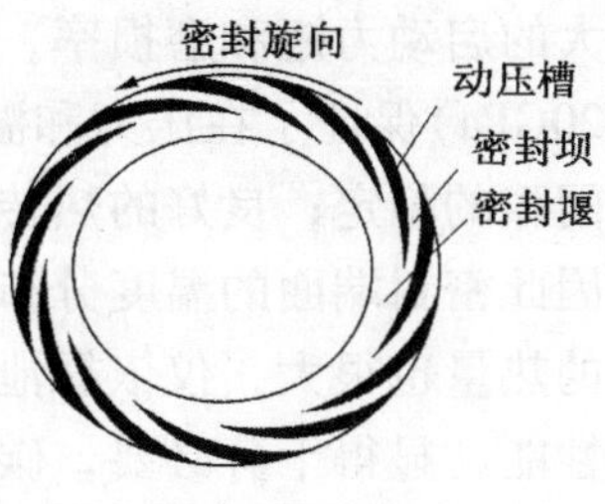

图5-34 动环密封面结构示意图

螺旋槽的气体密封的工作原理是靠流体静压力和流体动压力之间的平衡。密封气体注入密封装置，使动、静环受到流体静压力作用，不论配对环是否转动，这些力都是存在的。而流体的动压力只是在转动时才产生。配对动环上的螺旋槽是产生这些流体动压力的关键，当动环随轴转动时，螺旋槽里的气体被剪切从外缘流向中心，产生动压力，而密封堰对气体的流出有抑制作用，使得气体流动受阻，气体压力升高，这一升高的压力将挠性安装的静环与配对动环分开，当气体压力与弹簧力恢复平衡后，维持一最小间隙，形成气膜，密封工艺气体，并且气膜具有良好的弹性，即气膜刚度。由于动、静环间互不接触，密封端面几乎无磨损，因而使用寿命长。图5-35为动、静环工作时受力情况示意图：①为动、静环间隙，根据不同密封形式，约为3~10μm左右，②为动环内螺旋槽，高压气由环的外侧进入螺旋槽内形成密封气动压力④，流动至密封堰⑤时受阻，气体压力升至最高值，然后迅速降低⑥，并使静环离开动环一个微小间隙，该间隙的大小是弹簧力⑦、介质气体压力⑧以及动、静环间隙中密封气压力平衡的结果，并维持动、静环在一个合适的间隙值。

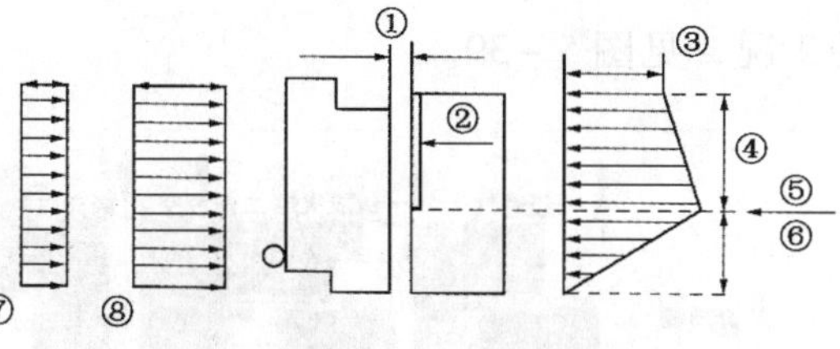

图5-35 干气密封动、静环工作时的受力图

端面间气膜的刚度对维持密封的稳定操作十分重要，当某种原因引起端面彼此靠近，端面间隙的缩小将引起端面气膜压力迅速升高，迫使端面恢复到原来的分离间隙；反之，当某种原因引起端面的彼此远离，气膜压力将迅速下降，使得闭合力大于开启力，迫使端面在闭合力的作用下彼此靠拢，恢复到原来的分离间隙。气膜密封的间隙恢复机制保证了弹簧作用的浮动环对静止环轴向位移、角位移或偏摆的良好追随性。

凹槽可以是单向的，如图5-36所示，因而只适用于单向轴旋转，或是双向的，如图5-37所示。但是单向形式有较高的流体动压能力，其原因有二：第一，多数起作用的凹槽可以配置在端面上；第二，在双向密封中，一部分凹槽具有相反的作用，反而降低了局部气体压力。

5.6.2 干气密封的材料

密封端面材料对气膜密封的工作起着决定性的影响，保证端面的不被损坏至关重要。气膜密封在启动和停车过程中或在运行过程

图5-36 单向端面形式

图5-37 双向端面形式

中受到某种干扰，不可避免地会发生端面的暂时接触，所选择的材料必须能抵抗这种短暂接触而不被损坏。常用的材料有特殊碳－石墨对碳化硅，或碳－石墨对碳化钨，也有采用碳化硅对碳化硅硬对硬组对的气膜密封，为了避免端面静止时同种材料可能形成的过大黏附作用及过大的启动力矩和磨损率，碳化硅的表面常喷涂有类似金刚石碳涂层。碳化硅的高弹性模量(420GPa)保证了在压力和温度的影响下，密封面的变形量最小，从而在操作期间确保了密封间隙的稳定；良好的热传导性能(导热系数为100～125W/m·K)保证了必要的热量消散，因此密封端面的温度分布也较均匀。尽管气体的黏度很低，但在高速情况下，黏性摩擦产生的热量也很大，仅依靠泄漏的气体并不能带走所有的热量，所以至少一个密封环具有高导热性能就显得十分必要，碳化硅无疑是一种良好的选择。

辅助密封材料的选择也必须给予充分考虑。辅助密封材料最重要的特性是温度极限、压缩回弹特性和与压力相关的吸气现象。在高压下，气体会扩散进弹性体内部，可是，一旦压力突然下降，弹性体内的高压气体来不及迅速释放，将引起弹性体的爆炸分解，导致弹性密封圈的严重损坏。

5.6.3　干气密封的类型

1. 单端面干气密封

它适用于少量工艺气泄漏到大气中无危害的工况，见图5－38。

2. 串联式干气密封

它适用于允许少量工艺气泄漏到大气的工况，见图5－39。

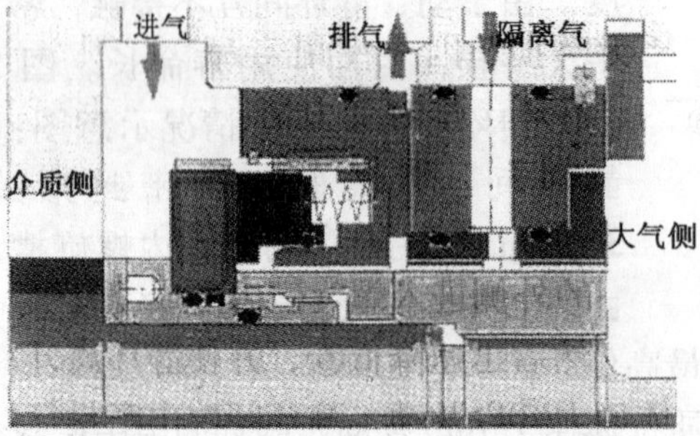

图5－38　单端面干气密封示意图

图5－39　串联式干气密封示意图

一套串联式干气密封可看作是两套或更多套干气密封按照相同的方向首尾相连而构成的。与单端面结构相同，密封所用气体为工艺气本身。通常情况下采用两级结构，第一级(主密封)密封承担全部或大部分负荷，而另外一级作为备用密封不承受或承受小部分压力降，通过主密封泄漏出的工艺气体被引入火炬燃烧。剩余极少量的未被燃烧的工艺气通过二级密封漏出，引入安全地带排放。当主密封失效时，第二级密封可以起到辅助安全密封的作用，可保证工艺介质不大量向大气泄漏。

3. 带中间进气的串联式干气密封

它适用于既不允许工艺气泄漏到大气中，又不允许阻封气进入机内的工况，见图5－40。

如果遇到不允许工艺介质泄漏到大气中，且也不允许阻封气泄漏到工艺介质中的工况，此时串联结构的两级密封间可加迷宫密封。用于易燃、易爆、危险性大的气体介质，可以做到完全无外漏，如H_2压缩机、H_2S含量较高的天然气压缩机、乙烯、丙烯压缩机等。

该结构所用主密封气除用工艺气本身以外，还需另引一路氮气作为第二级密封的使用气体。通过一级密封泄漏出的工艺气体被氮气全部引入火炬燃烧。而通过二级密封漏入大气的全部为氮气。当主密封失效时，第二级密封同样起到辅助安全密封的作用。

4. 双端面干气密封

它适用于不允许工艺气泄漏到大气中，但允许阻封气(例如氮气)进入机内的工况，见图 5-41。

图 5-40　带中间进气的串联式干气密封示意图

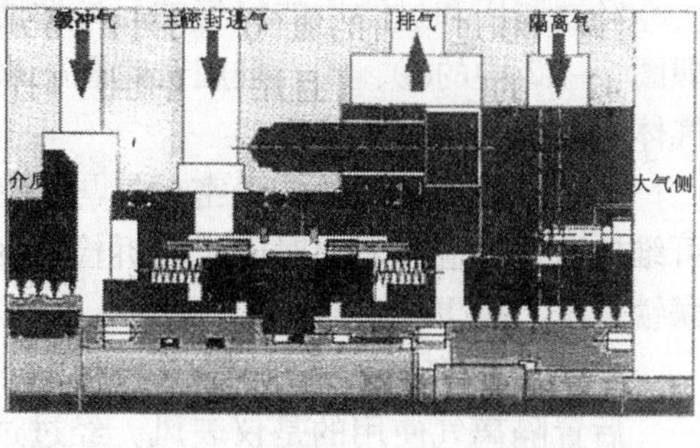

图 5-41　双端面干气密封示意图

双端面密封相当于面对面布置的两套单端面密封，有时两个密封分别使用两个动环。它适用于没有火炬条件，允许少量阻封气进入工艺介质中的情况。在两组密封之间通入氮气作阻塞气体，形成一个性能可靠的阻塞密封系统，控制氮气的压力使其始终维持在比工艺气体压力高 0.2～0.3MPa 的水平，这样密封气泄漏的方向总是朝着工艺气和大气，从而保证了工艺气不会向大气泄漏。

5.6.4　干气密封的控制系统

和浮环油膜密封比较，干气体密封不需要复杂的辅助系统。只需要提供简单的控制系统以监测密封的情况和自动停车的情况。图 5-42 所示为一气压机组双端面干气密封控制系统图。

1. 主密封气管路

洁净的密封氮气经调压阀通过高精度过滤器，分两路分别进入压缩机高低压端的主密封

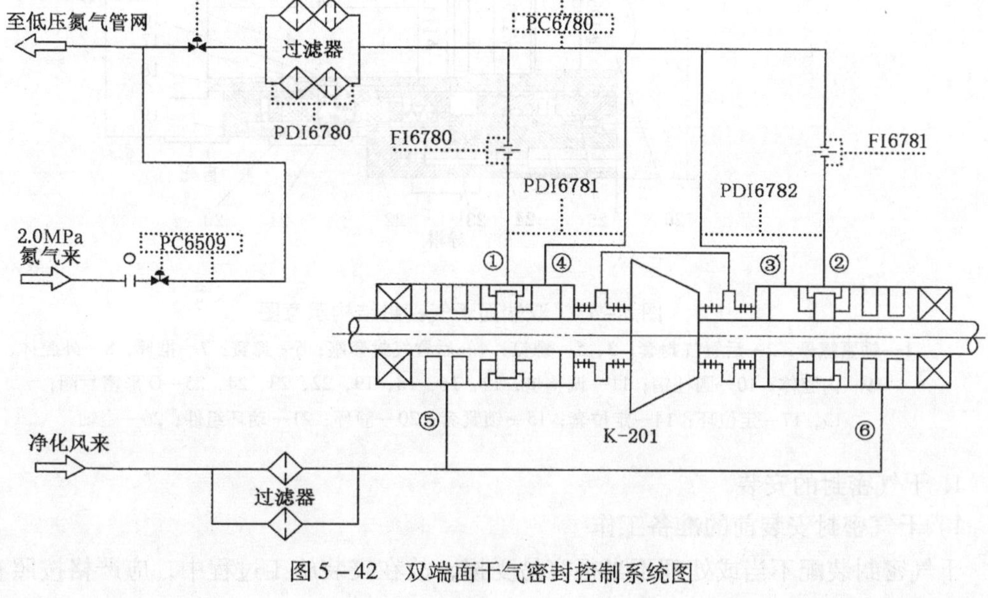

图 5-42　双端面干气密封控制系统图

腔，即图5－42中的①、②。它们的作用是在密封端面形成气膜，用以阻止压缩机工艺气体渗漏，在这两路分别有一个流量计监测主密封气的耗气量，可以判断密封的工作状态。密封气供气量高报警表明报警侧的密封有损伤，但仍可维持运行，应在适当时停机并拆检密封。密封气过滤器压差高报警表明过滤器堵塞，须切换到另一路备用过滤器，并更换过滤器的滤芯。

2. 前置密封气管路

经过调压和过滤后的氮气的另外两路分别进入压缩机高低压端干气密封的前置密封腔，即图5－42中的③、④，且用音速孔板来控制进气量。前置密封气的作用是阻止机内的工艺气体与主密封端面相接触。

高压侧或低压侧的前置密封气与主密封气压差低报警，表明报警侧的密封有损伤，但仍可维持运行，应在适当时停机并拆检密封；若是低低报警，表明密封严重损坏，此时压缩机联锁停车，须更换密封。

3. 后置隔离气管路

后置隔离气使用的是仪表风，经过过滤器后，分两路分别进入压缩机高低压端干气密封的后置密封腔，即图5－42中的⑤、⑥，这里也是使用音速孔板来控制进气量。后置隔离气的作用是阻止润滑油进入密封与主密封端面接触。后置隔离气过滤器压差高报警也表明过滤器堵塞，须切换到另一路备用过滤器，并更换过滤器的滤芯。

5.6.5 干气密封的安装与拆卸

如图5－43所示为一双端面干气密封结构示意图，图5－44是它的局部集装示意图，下面将以此种结构介绍干气密封的安装与拆卸。

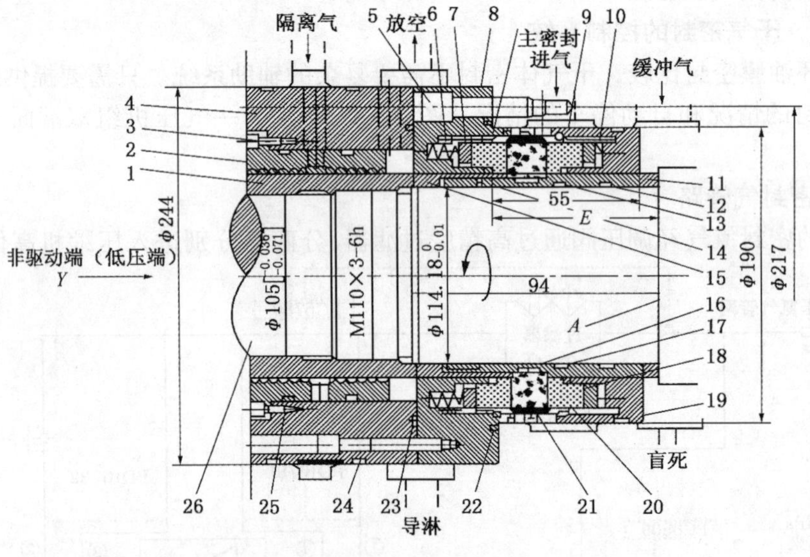

图5－43 双端面干气密封结构示意图

1—锁紧螺母；2—后置气封套；3，5—螺钉；4—后置气封套座；6—弹簧；7—推环；8—外腔体；9—内腔体；10—圆柱销；11—调整垫；12，16，18，19，22，23，24，25—O形密封圈；13，17—定位环；14—定位套；15—锁紧套；20—静环；21—动环组件；26—主轴

1. 干气密封的安装

1）干气密封安装前的准备工作

干气密封装配不当或处理不当很容易受损，故在安装施工过程中，应严格按照有关安装

规程、技术要求进行，并注意以下几个方面的安装要求：

（1）密封气系统的配管，采用不锈钢管及管道配件，配管采用氩弧焊，工程完毕后进行酸洗处理。

（2）在安装干气密封前必须对密封系统管线和密封腔室进行彻底的吹扫，若管线较长可采用分段吹扫的办法，在吹扫后期务必装上密封气过滤器，彻底隔绝微小颗粒跑到密封中，为干气密封的运行创造必备的良好环境，吹扫合格后方能进行干气密封的安装。

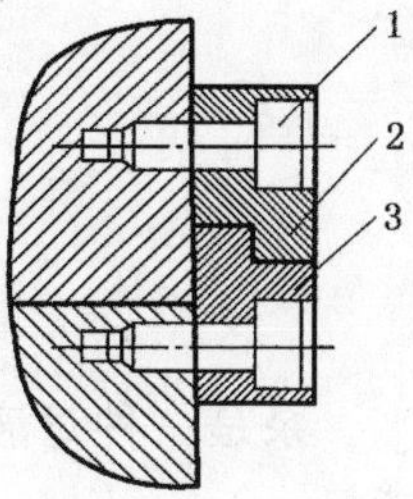

图 5-44 集装示意图

1—内六角螺钉；2—集装板 1；3—集装板 2

（3）检查与静密封 O 形圈相配合的部位，不允许有刮痕。

（4）确保干气密封经过的导向边已倒角，必要时修整。

（5）检测主轴轴肩 A 对主轴旋转轴线的垂直度应小于 0.005mm。

（6）检查主轴 ϕ114 圆跳动 <0.02mm。

（7）检查准备安装的干气密封组件及其备用件的规格型号、配合尺寸、加工精度等，均符合设备技术文件的要求。各密封件应洁净，O 形圈不得有损伤。

（8）安装前，分别测量相对位置尺寸 E（低压端）、F（高压端），以决定调整垫厚度。调整垫的尺寸应符合设备技术文件的规定。

2）干气密封的安装

（1）将压缩机转子调整到工作位置，以确定压缩机转子与压缩机壳体的相对位置（必要时根据装配图调整垫的厚度）。

（2）在压缩机上安装主密封部分时，应先将其集装成“集装式主密封”，然后再安装。

（3）安装时注意根据干气密封外腔体上的标记，分别安装驱动端和非驱动端干气密封。

（4）安装时要保障干气密封上标示的旋转方向与实际的主轴旋转方向一致。

（5）将安装干气密封的有关部分均匀地涂上一薄层润滑脂。

（6）将调整垫（件 12）套装在主轴上，注意倒角方向，不得装反。

（7）将“集装式主密封”套装在主轴上，用拆装工具将“集装式主密封”压至工作位置，拧紧螺钉（件 5）。

（8）拆下集装板 1（件 31）、集装板 2（件 32）和螺钉（件 30）。再次拧紧螺钉（件 5），将主密封紧固在机壳上。

（9）在锁紧螺母（件 1）的螺纹和内孔表面上涂少许防咬合剂，然后用其将主密封固定在主轴上，锁紧力矩为 400N·m。

（10）将 O 形圈（件 28）与后置气封套（件 2）用螺钉（件 3）装在后置气封套座（件 4）上，组成气封套组件。把气封套组件用螺钉（件 27）装在外腔体上。注意在装 O 形圈以前，应先在其表面涂一层润滑油脂。

（11）压缩机上下机壳扣合之前，水平中分面装干气密封部位必须涂密封胶，确保静密封不短路。

2. 干气密封的拆卸

其拆卸步骤如下：

（1）拆下气封套组件；

（2）用专用扳手拆卸锁母（件 1）；

（3）安装集装板 1（件 31）、集装板 2（件 32）和螺钉（件 30）；

（4）用专用拆卸工具将“集装式主密封”拆下；

（5）取下调整垫（件 12）。

第6章　泵

泵是一种对液体增压从而达到输送液体的机械，它把原动机的机械能转换成液体的能量。

泵属于通用机械，在国民经济各部门中用来输送液体的泵种类繁多，用途很广，如水利工程、农田灌溉、化工、石油、采矿、造船、城市给排水和环境工程等。另外，泵在火箭燃料供给等高科技领域也得到应用。为了满足各种工作的不同需要，就要求有不同形式的泵。特别在炼油化工生产中，不仅数量大，种类多，而且因其输送的介质往往具有腐蚀性，或其工作条件要求高温、高压等，所以对泵有一些特殊的要求，这些泵往往比一般的水泵复杂。

泵的种类很多,其分类方法也多,根据泵的工作原理和结构形式,把泵简单分为如下几类：

- 泵
  - 叶片式泵(透平式泵)
    - 离心泵
    - 轴流泵
    - 混流泵
    - 旋涡泵
  - 容积式泵
    - 往复泵：活塞泵、柱塞泵、隔膜泵
    - 回转泵：齿轮泵、螺杆泵、滑片泵
  - 其他类型泵：喷射泵、水锤泵、真空泵

按输送的介质分类，泵可分为清水泵、油泵、泥浆泵、污水泵、酸泵、碱泵等。

另外，泵也常按其形成的流体压力分成低压、中压和高压泵三类，常将出口压力低于2MPa的称低压泵，在2~6MPa之间的称中压泵，高于6MPa的称高压泵。

6.1　离　心　泵

6.1.1　离心泵的工作原理

一般离心泵启动前泵壳和整个吸入管路要充满液体，当原动机带动泵轴和叶轮旋转时，叶片间的液体也跟着旋转起来，液体在离心力的作用下，沿着叶片间的流道甩向叶轮外缘，进入螺旋形的泵壳内，由于流道断面积逐渐扩大，被甩出的流体流速减慢，将部分速度能转化为静压能，使压力上升，最后从排出管排出。与此同时，由于液体自叶轮甩出时，叶轮中心部分造成低压区，与吸入液面的压力形成压力差，在压力差的作用下液体不断地被吸入，并以一定的压力排至泵外。由此可知，离心泵的工作原理就是叶轮在充满液体的泵壳内高速旋转，使液体产生离心力，从而依靠离心力来输送液体。离心泵工作原理简图如图6－1所示。

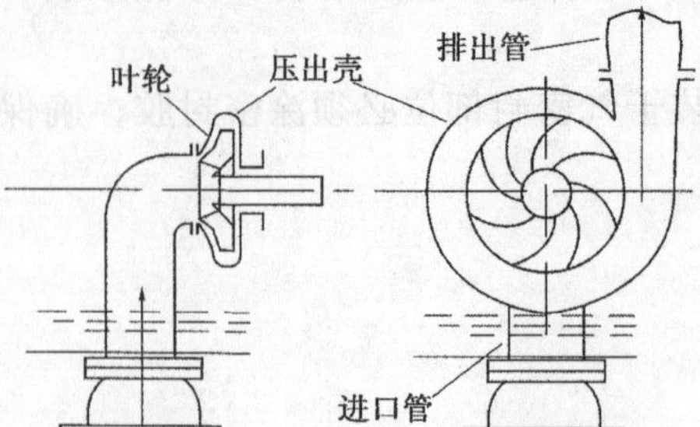

图6－1　离心泵的工作原理

6.1.2　离心泵的分类

离心泵的分类方法很多，现介绍几种主要分

类方法。

1. 按叶轮级数分类

（1）单级离心泵　泵轴上只有一个叶轮。由于液体在泵内只有一次增加能量的机会，所以泵压力、扬程较低。

（2）多级离心泵　同一根泵轴上装有两个或两个以上叶轮。多级泵的叶轮一般都为单吸式，也有将第一级叶轮设计为双吸式的。一个叶轮便是一级，级数越多，压力、扬程越高，同时转子上的不平衡轴向力也越大。多级离心泵大都设有轴向力平衡装置。

2. 按叶轮吸入方式分类

（1）单吸离心泵　液体从一侧流入叶轮，这种泵的叶轮容易制造，应用最为广泛。由于液体从叶轮一侧吸入，所以叶轮两侧压力不一样，从而产生轴向推力。

（2）双吸离心泵　液体从两侧流入叶轮内。由于叶轮两侧液体流动对称，所以无轴向力产生。

3. 按泵壳剖分方式分类

（1）中开式　壳体在通过轴心线的平面上剖分。如果主轴水平布置，称为水平中开式离心泵；如果主轴为立式结构，称为垂直中开式离心泵。

（2）分段式　各段泵壳的剖分面均与主轴垂直，各段泵壳之间用长螺栓紧固。分段式离心泵均为多级泵。

4. 按泵壳形状分类

（1）蜗壳泵　装有螺旋形压水室的离心泵，如常用的单吸式悬臂离心泵。

（2）透平式泵　装有导叶式压水室的离心泵。

5. 按泵轴方位分类

（1）卧式泵　泵轴水平放置。

（2）立式泵　泵轴垂直于水平面。

离心泵根据其特殊结构还可分为屏蔽泵、磁力泵、自吸式泵、管道泵、潜水泵等。

6.1.3 离心泵的基本结构

1. 离心泵的型号

型号是表征性能特点的代号，我国泵类产品型号编制是由三部分组成。其组成方式如下：

Ⅰ　Ⅱ　Ⅲ

第一部分代表泵的吸入口直径，单位为 mm，用阿拉伯数字表示，大部分老产品用“英寸”表示，即吸入口直径被 25 除后的整数值；

第二部分代表泵的基本结构、特征、用途及材料代号等，用汉语拼音字母表示。离心泵基本型号代号如表 6-1 所示，材料代号表示：Ⅰ类材料为不耐腐蚀的球墨铸铁；Ⅱ类材料为不耐腐蚀的碳素钢；Ⅲ类材料为耐腐蚀的不锈钢。

第三部分代表泵的扬程及级数，老产品很多是以泵的比转数被 10 除后的整数值表示，现在新泵多数用泵的单级扬程表示，单位为 m，对于多级泵，第三部分数字由两部分组成，中间用乘号隔开，乘号前的数字表示泵的单级扬程，乘号后面的数字表示泵的级数。泵的改型产品标志在型号尾部，用大写汉语拼音字母 A、B、C 表示经切割后的叶轮，其中 A 表示第一次切割，B 表示第二次切割，C 表示第三次切割，也是叶轮的极限切割。

表 6-1　离心泵基本型号代号

型　号	名　称	型　号	名　称
IS	ISO 国际标准型单级单吸离心水泵	Y	离心式油泵
B 或 BA	单级单吸悬臂式离心清水泵	YG	离心式管道油泵
S 或 sh	单级双吸式离心泵	P	屏蔽式离心泵
D 或 DA	多级分段式离心泵	Z	自吸式离心泵
DS	多级分段式首级为双级叶轮	F	耐腐蚀泵
KD	多级中开式单级叶轮	FY	耐腐蚀液下式离心泵
KDS	多级中开式首级为双吸叶轮	W	一般旋涡泵
DL	多级立式筒形离心泵	WX	旋涡离心泵

离心泵的型号表示方法举例如下：

250YS$_{\text{III}}$150×2B
- B——叶轮经第二次切割
- 2——级数为 2 级
- 150——单级扬程为 150m
- Ⅲ——材料类别为不锈钢
- S——第一级为双吸叶轮
- Y——单吸离心式油泵
- 250——吸入口直径为 250mm

80Y—100C
- C——叶轮经第三次切割
- 100——扬程为 100m
- Y——单离心油泵
- 80——吸入口直径为 80mm

2. 常用离心泵结构

1）单级单吸悬臂式离心泵

单级单吸悬臂式离心泵主要用于输送清水及与清水相似的液体。它结构简单、轻便、流量均匀、运转平稳、容易维修保养，因而获得广泛应用。这种泵主要由泵体、泵盖、叶轮、泵轴和托架等组成，如图 6-2 所示。

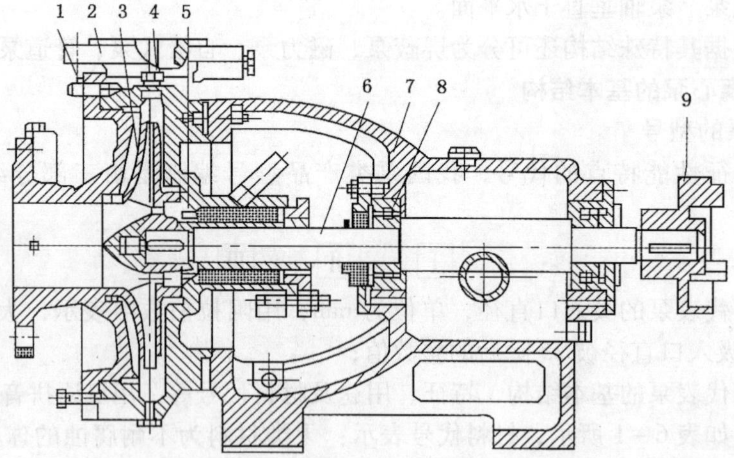

图 6-2　单级悬臂式离心泵

1—泵盖；2—泵体；3—叶轮；4—密封环；5—轴套；6—泵轴；
7—托架；8—轴承；9—联轴器

2）单级双吸离心泵

单级双吸离心泵按泵轴的安装位置不同分为卧式和立式两种。这种泵实际上相当于两个单级叶轮背靠背地装在同一根轴上并联工作，所以流量比较大。由于叶轮采用双吸式叶轮，叶轮两侧轴向力相互抵消，所以不必专门设置轴向力平衡装置。图6-3为水平剖分式单级双吸离心泵，泵体为水平剖分的螺旋形蜗壳。泵进、出口分别布置在下半个泵壳的的两侧，转子为两端支承，叶轮置于轴中部，泵体和叶轮两侧均装有密封环，泵两端都有轴封装置。

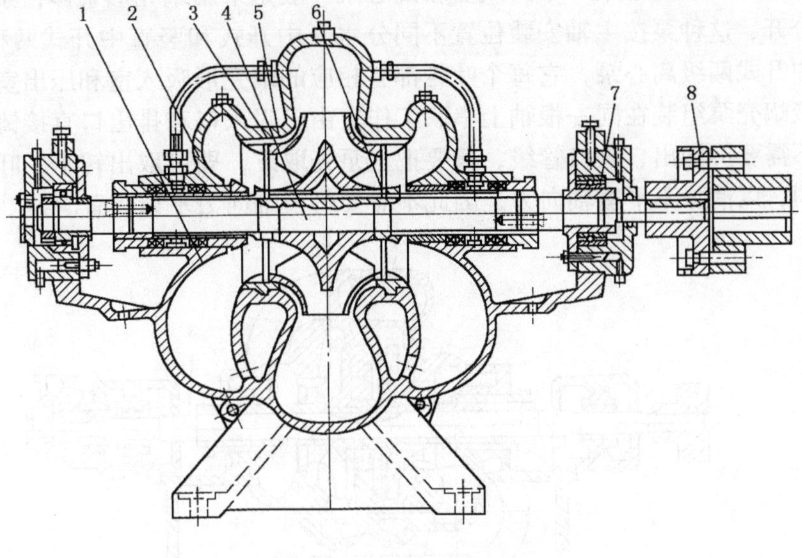

图6-3　水平剖分式单级双吸离心泵

1—泵体；2—泵盖；3—叶轮；4—轴；5—密封环；6—轴套；7—轴承；8—联轴器

由于泵体水平剖分，所以检修方便，检修时只需打开泵盖，即可把整个转子取出，不需要拆卸与泵连接的管线。

3）多级泵

（1）分段式多级离心泵　分段式多级离心泵是一种垂直剖分多级泵，它由一个前段、一个后段和若干个中段组成，并用螺栓连接为一体，如图6-4所示。泵轴的两端用轴承支撑，泵轴中间装有若干个叶轮，叶轮与叶轮之间用轴套定位，每个叶轮的外缘都装有与其相对应的导轮，在前段和中段的内臂与叶轮易碰的地方装有密封环。叶轮一般是单吸的，吸入

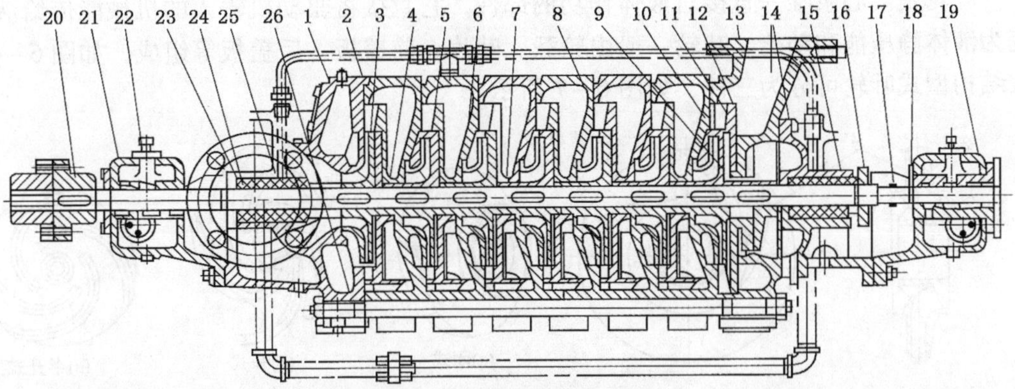

图6-4　分段式多级离心泵

1—进水段；2—中段；3—叶轮；4—轴；5—导轮；6—密封环；7—叶轮挡套；8—导叶套；9—平衡盘；10—平衡套；11—平衡环；12—出水段导轮；13—出水段；14—后盖；15—轴套乙；16—轴套锁紧螺母；17—挡水圈；18—平衡盘指针；19—轴承乙部件；20—联轴器；21—轴承甲部件；22—油环；23—轴套甲；24—填料压盖；25—填料环；26—泵体拉紧螺栓

口都朝向一边，按单吸叶轮入口方向将叶轮依次串联在轴上。为了平衡轴向力，在未级叶轮后面装有平衡盘，并用平衡管与前段相连通。其转子在工作时可以左右窜动，靠平衡盘自动将转子维持在平衡位置上。轴封装置对称布置在泵的前段和后段轴伸出部分。

（2）中开式多级离心泵　中开式多级离心泵一般是采用蜗壳形泵体，泵壳在主轴中心线的平面上分开，这种泵按主轴安装位置不同分水平中开式和竖直中开式两种，如图 6-5 所示为水平中开式两级离心泵，它每个叶轮都有相应的蜗壳形吸入室和压出室，这样就相当于把几个单级蜗壳泵组装在同一根轴上串联工作。由于吸入口和排出口直接铸在泵体上，所以检修时，不需要拆卸出、入口管线，只要把上泵壳取下，即可取出转子。叶轮通常采用偶数呈对称排列，以消除不平衡轴向力，因此不需要另设轴向力平衡装置。

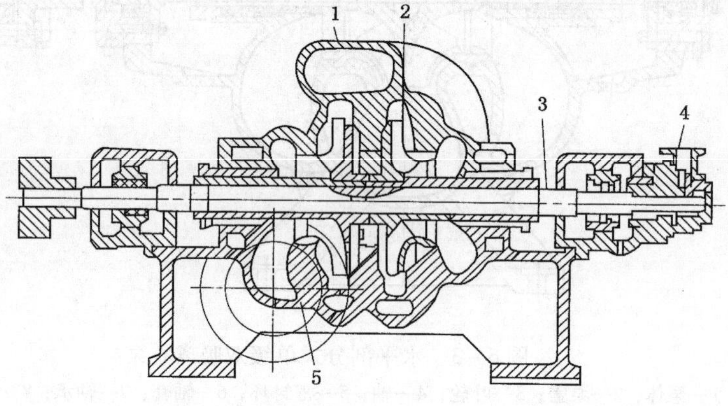

图 6-5　水平中开式两级离心泵

1—泵盖；2—叶轮；3—泵轴；4—轴头油泵；5—泵体

这种泵与同性能的分段式离心泵相比，它的体积大，铸造和加工技术要求较高。由于它流量大、扬程高，所以主要用于城市供水、蒸汽锅炉给水、矿山排水和输油管线等。其流量一般为 450～1500m^3/h，扬程为 100～500m，最高出口压力可达 18MPa。

6.1.4　离心泵的部件

1. 叶轮

叶轮是离心泵唯一直接对液体作功的部件，它直接将驱动机输入的机械能传给液体并转变为液体静压能和动能。叶轮一般由轮毂、叶片、前盖板、后盖板等组成，如图 6-6 所示。按结构型式叶轮可分为三种，如图 6-7 所示。

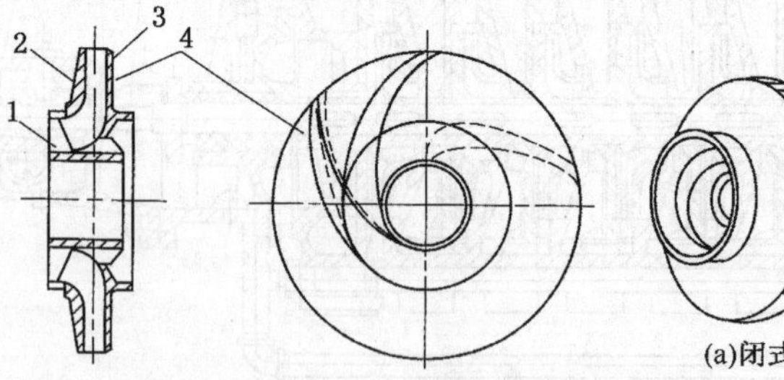

图 6-6　离心泵叶轮构造

1—轮毂；2—前盖板；3—后盖板；4—叶片

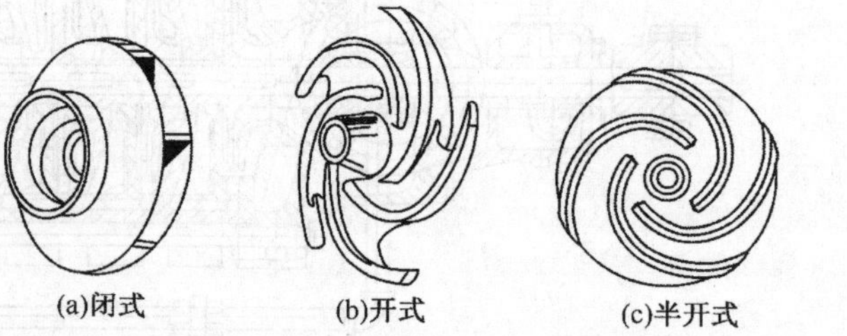

图 6-7　离心泵叶轮的型式

（1）闭式叶轮　闭式叶轮又分单吸式和双吸式两种，如图 6-8 所示为双吸式叶轮，叶轮的两侧均有盖板。这种叶轮效率较高，适用于输送清洁液体，其中双吸式叶轮特别适合输送流量大的场合，采用双吸式叶轮的泵其抗汽蚀性能都比较好。

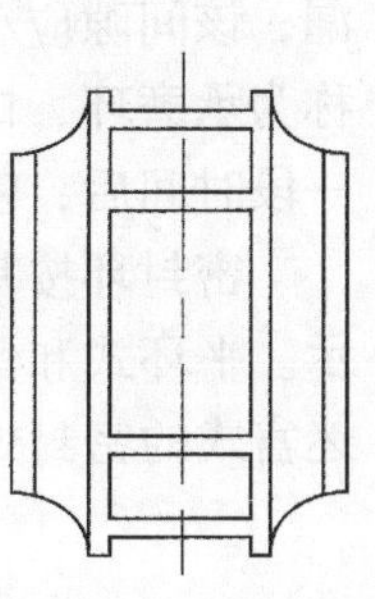

图6-8　双吸叶轮

(2)开式叶轮　叶轮两侧均没有盖板，这种叶轮效率低，适用于输送污水、含泥砂及纤维的液体。

(3)半开式叶轮　叶轮只有后盖板，这种叶轮的效率比开式叶轮高，比闭式叶轮低，适用于输送黏稠及含有固体颗粒的液体。离心泵叶片多为后弯式，其叶片数一般为6~12片，常见的为6~8片。对输送含有杂质的开式叶轮，其叶片数一般为2~4片。叶片的厚度为3~6mm。

2. 轴与轴套

离心泵转轴是一个传递动力的零件，它主要是把叶轮、轴套、平衡盘和半联轴器等部件连成转子。

轴套装在轴上，可防止泵轴磨损和腐蚀，延长泵轴的使用寿命。

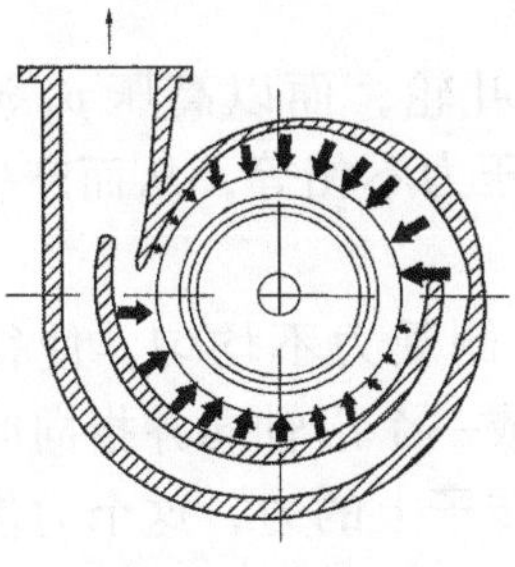

图6-9　双蜗壳室

3. 蜗壳

蜗壳又称为泵壳，它是指叶轮出口到下一级叶轮入口或到泵的出口管之间的、截面积逐渐增大的螺旋形流道。它使液体从叶轮流出后其流速平稳地降低，同时使大部分动能转变为静压能。因其出口为扩散管状，所以还能把从叶轮流出来的液体收集起来送往排出管。

当蜗壳具有能量转换作用时，蜗壳内液体的压力是沿途增大的，这就会对叶轮产生一个径向的不平衡力。为了消除此不平衡的径向力，对高扬程的泵常采用双蜗壳室，如图6-9所示，使用两段蜗壳以互相抵消对叶轮所产生的径向力。

4. 导轮

导轮又称导叶轮，它是一个固定不动的圆盘，位于叶轮的外缘、泵壳的内侧，正面有包在叶轮外缘的正向导叶，背面有将液体引向下一级叶轮入口的反向导叶，其结构如图6-10所示。液体从叶轮甩出后，平缓地进入导轮，沿正向导叶继续向外流动，速度逐渐下降，静压能不断提高。液体经导轮背面反向导叶时被引向下一级叶轮。导轮有径向式、流道式和扭曲式三种，其中扭曲式已逐渐被淘汰。

导轮上的导叶数一般为4~8片，导叶的入口角一般为8°~16°，叶轮与导叶间的径向单侧间隙约为1mm。若间隙太大，效率变低；间隙太小，则会引起振动和噪声。

导轮与蜗壳相比，其外形尺寸小，采用导轮的分段式多级离心泵的泵壳容易制造，能量转换的效率也较高，但安装检修不如蜗壳式方便。另外，当泵实际工况与设计工况偏离时，液体流出叶轮时的运动轨迹与导轮叶片形状不一致，使液体对导叶的入口边产生冲击，使泵的效率下降。所以，采用导轮装置的离心泵，扬程和效率曲线均比蜗壳泵的陡。

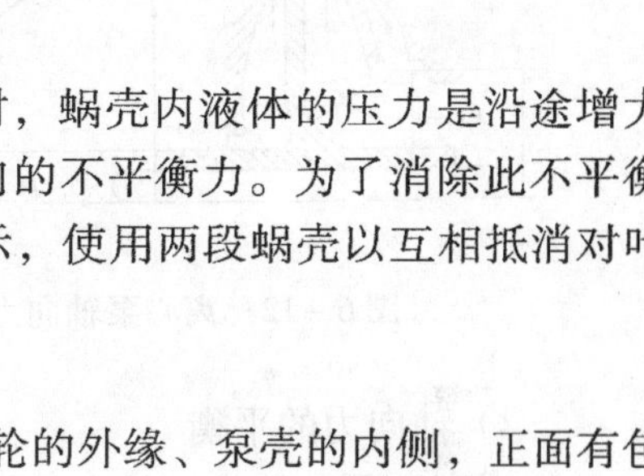

图6-10　导轮

5. 密封环

从叶轮流出的高压液体经旋转的叶轮与泵壳之间的间隙又回到叶轮的吸入口，称为内泄漏。为了减少内泄漏，该间隙应小些。因此，一般都在该部位的泵壳和叶轮前盖入口处，安装一对密封环(又称为承磨环、口环、卡圈等)，以保证叶轮与泵壳之间的最小间隙，减小内泄漏。当泵运行一段时间后，密封环被磨损造成间隙过大时，可拆去已磨损的密封环，换上一对新的。

密封环按其轴截面的形状可分为平环式、角环式、锯齿式和迷宫式等，如图6－11所示。平环式和角环式由于结构简单、加工和拆装方便，在一般离心泵中应用广泛；锯齿式或迷宫式的密封效果好，一般用在高压离心泵中。

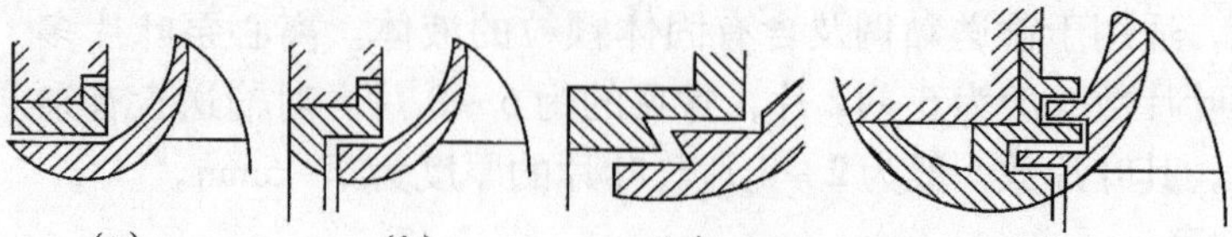

图6－11　密封环的型式

6. 轴向力平衡装置

1）轴向力的形成及危害

离心泵叶轮(双吸式叶轮除外)工作时，液体以低压 p_1 进入叶轮，而以高压 p_2 流出叶轮，且叶轮前后盖板形状的不对称，使得叶轮两侧所受到的液体压力不相等，从而产生了轴向推力。叶轮两侧的液体压力分布如图6－12所示。

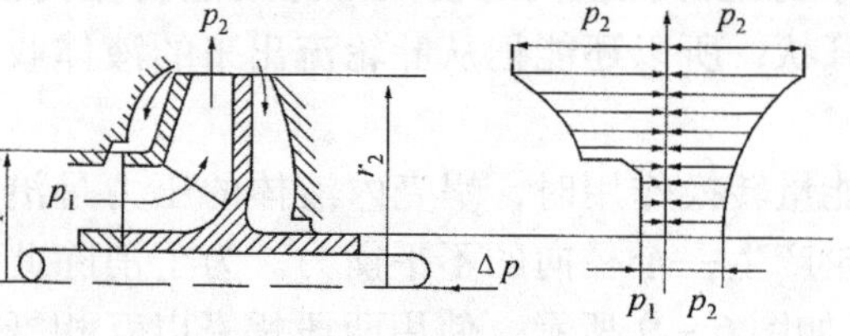

图6－12　离心泵轴向力示意图

由于叶轮两侧受力不均匀，使得离心泵在运转时，形成一个沿轴向并指向叶轮入口，同时作用在转子上的力，这个力使泵的整个转子向叶轮吸入口端窜动，引起泵的振动、轴承发热，甚至损坏机件，使泵不能正常工作。尤其是多级泵，轴向力的影响更为严重。

2）轴向力的平衡

当离心泵叶轮产生较大的轴向力时，并且全部作用于轴承上，轴承难以承受。为此，必须采取平衡措施消除或减小轴向力保证离心泵安全运行。

(1) 单级离心泵轴向力平衡方法：

① 叶轮上开平衡孔　其目的是使叶轮两侧的压力相等，从而使轴向力平衡，如图6－13(a)所示，在叶轮轮盘上靠近轮毂的地方对称地钻几个小孔(称为平衡孔)，并在泵壳与轮盘上半径为 r_1 处设置密封环，使叶轮两侧液体压力差大大减小，起到减小轴向力的作用。这种方法简单、可靠，但有一部分液体回流叶轮吸入口，降低了泵的效率。这种方法在单级单吸离心泵中应用较多。

② 采用双吸叶轮　它是利用叶轮本身结构特点，达到自身平衡，如图6－13(b)所示，

图6－13　单级离心泵轴向力平衡方法

由于双吸叶轮两侧对称，所以理论上不会产生轴向力，但由于制造质量及叶轮两侧液体流动的差异，不可能使轴向力完全平衡。

③ 叶轮上设置径向筋板　在叶轮轮盘外侧设置径向筋板以平衡轴向力，如图 6－13(c) 所示，设置径向筋板后，叶轮高压侧内液体被径向筋板带动，以接近叶轮旋转速度的速度旋转，在离心力的作用下，使此空腔内液体压力降低，从而使叶轮两侧轴向力达到平衡。其缺点就是有附加功率损耗。一般在小泵中采用 4 条径向筋板，大泵采用 6 条径向筋板。

④ 设置止推轴承　在用以上方法不能完全消除轴向力时，要采用装止推轴承的方法来承受剩余轴向力。

(2) 多级离心泵轴向力平衡方法：

① 泵体上装平衡管　如图 6－14 所示，在叶轮轮盘外侧靠近轮毂的高压端与离心泵的吸入端用管连接起来，使叶轮两侧的压力基本平衡，从而消除轴向力。此方法的优缺点与平衡孔法相似。有些离心泵中同时设置平衡管与平衡孔，能得到较好的平衡效果。

② 叶轮对称排列　将两个叶轮如图 6－15 所示背对背或面对面地装在一根轴上，使每两个相反叶轮在工作时所产生的轴向力互相抵消。

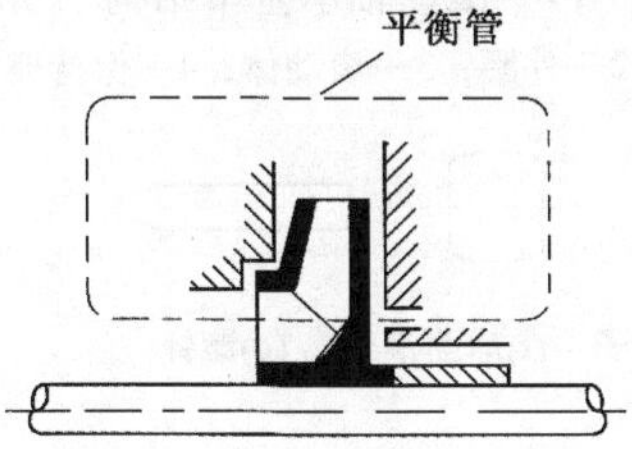

图 6－14　泵体上装平衡管

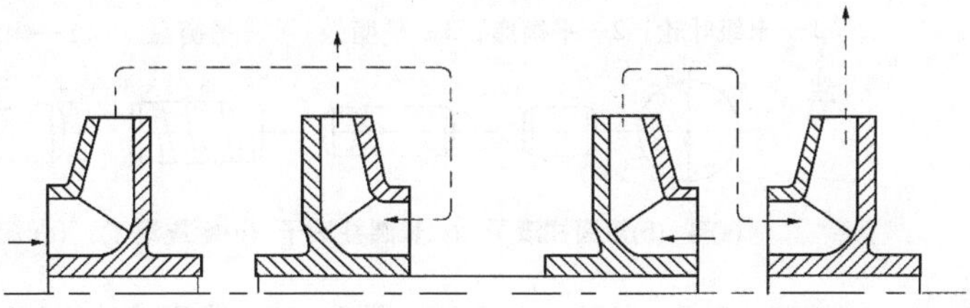

图 6－15　叶轮的对称排列

③ 采用平衡鼓装置　在分段式多级离心泵最后一级叶轮的后面，装设一个随轴一起旋转的平衡鼓，如图 6－16 所示。

④ 采用平衡盘装置　如图 6－17 所示，在分段式多级离心泵最后一级叶轮后面，装设一个随轴一起旋转的平衡盘和在泵壳上嵌装一个可更换的平衡座。

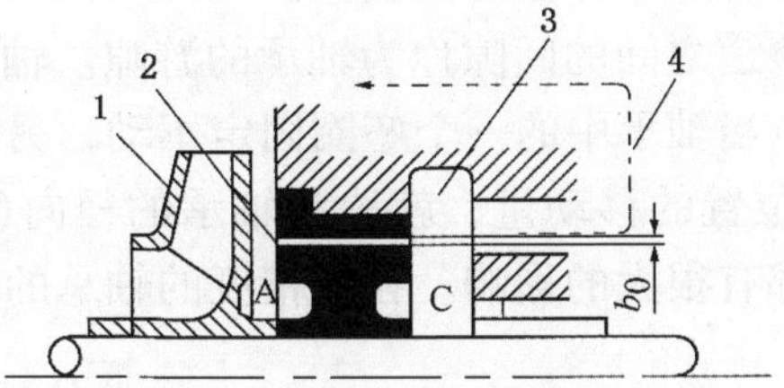

图 6－16　平衡鼓装置

1—末级叶轮；2—平衡鼓；3—低压室；4—平衡管

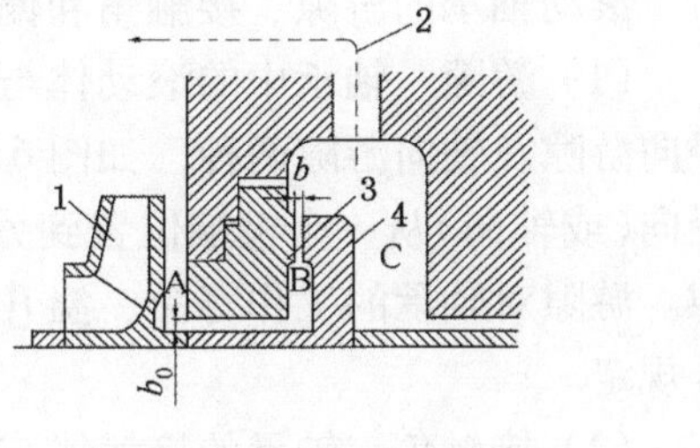

图 6－17　平衡盘装置

1—末级叶轮；2—平衡管；3—平衡座；4—平衡盘

⑤ 采用平衡鼓与平衡盘联合装置　该装置的特点就是利用平衡鼓将 50% ～80% 的轴向力平衡掉，剩余轴向力再由平衡盘来平衡，其结构图如6－18所示。

7. 滚动轴承

按摩擦性质不同，轴承分为滚动轴承和滑动轴承。

滚动轴承在离心泵中起着很重要的作用，它主要用于支承转子。

1）滚动轴承的结构

（1）滚动轴承的基本结构　典型的滚动轴承通常由内圈、外圈、滚动体和保持架四个元件组成，如图6－19所示。内圈装在轴颈上，外圈装在机架的轴承孔内。通常是内圈随轴颈旋转而外圈固定，但也有是以外圈旋转而内圈固定的。当内、外圈相对转动时，滚动体就在内外圈的滚道中滚动。保持架的作用是把滚动体均匀地隔开。滚动体则是轴承中形成滚动摩擦不可缺少的零件。常用的滚动体形式如图6－20所示。

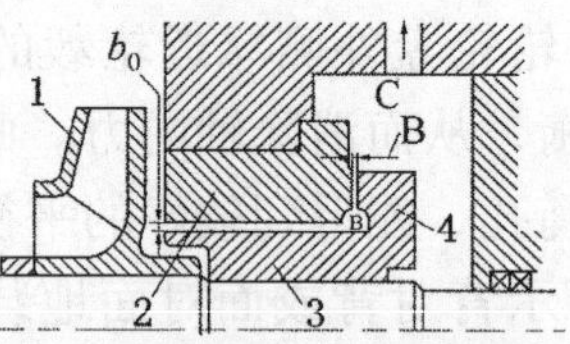

图6－18　平衡鼓与平衡盘联合装置

1—末级叶轮；2—平衡座；3—平衡鼓；4—平衡盘

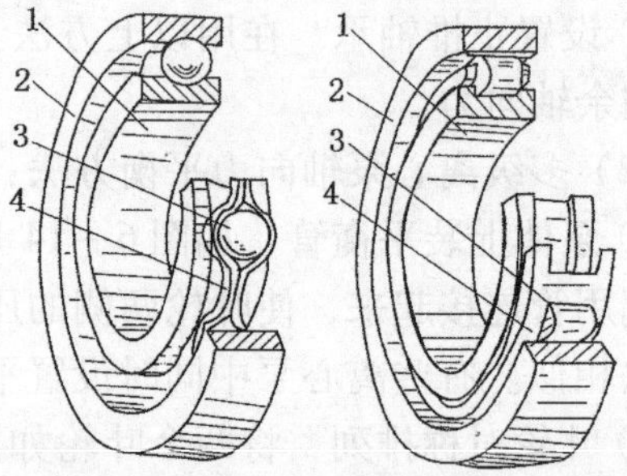

图6－19　滚动轴承基本结构

1—内圈；2—外圈；3—滚动体；4—保持架

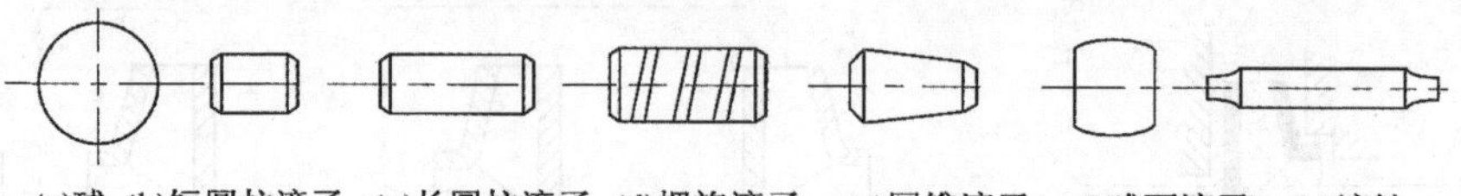

(a)球　(b)短圆柱滚子　(c)长圆柱滚子　(d)螺旋滚子　(e)圆锥滚子　(f)球面滚子　(g)滚针

图6－20　常用滚动体的形式

（2）滚动轴承的材料　滚动轴承的内、外圈及滚动体是由高碳铬轴承钢制造，如GCr9、GCr15、GCr15SiMn、G20CrNi2Mo等。滚动轴承的内、外圈及滚动体必须充分淬硬，并须经磨削和抛光，以提高材料的接触疲劳强度和耐磨性。保持架一般用低碳素钢板冲压成形，根据用途不同，有的则用有色金属（如黄铜）或塑料（如酚醛夹布胶木）制成。

2）滚动轴承的游隙、接触角和偏位角

滚动轴承的游隙、接触角和偏位角是表征轴承工作性能的要素。

（1）游隙　轴承中的滚动体与内、外圈滚道之间的间隙称为轴承的游隙。轴承游隙分为径向游隙及轴向游隙两种，如图6－21所示。当轴承中的一个座圈固定不动，另一个座圈沿径向（或轴向）从一个极端位置到另一个极端位置的移动量，就称为轴承的径向（或轴向）游隙。游隙对轴承的工作寿命、温升和噪音等都有很大的影响。各级精度的轴承的游隙都有标准规定。

（2）接触角　轴承的接触线与轴承径向平面间的夹角称为接触角，如图6－22所示。由图可知，向心球轴承在未受载荷或受纯径向载荷作用时，其接触角$\alpha=0$；而当有轴向载荷作用时，其接触角增大到α_1。轴承接触角变化的大小通常与轴向载荷、游隙、滚道凹槽与球半径的比值以及轴承零件的弹性变形等因素有关。

（3）偏位角　轴承由于具有径向游隙，因此可以容许由于轴的挠曲变形而引起内、外圈有一定的相对偏斜，如图6－23所示。

3）滚动轴承的常用类型

滚动轴承的类型很多，并且是标准件，由专业轴承厂大批量生产。因此我们主要是通过熟悉类型、标准及其应用特点来合理选用。

按照轴承内部结构和能承受外载荷的方式不同，滚动轴承主要可分为：

（1）向心轴承　主要承受径向载荷，或同时承受较小的轴向载荷，如图 6－24(a)所示。

（2）推力轴承　只能承受轴向载荷，如图 6－24(b)所示。

（3）向心推力轴承　能同时承受径向、轴向载荷，如图 6－24(c)所示。

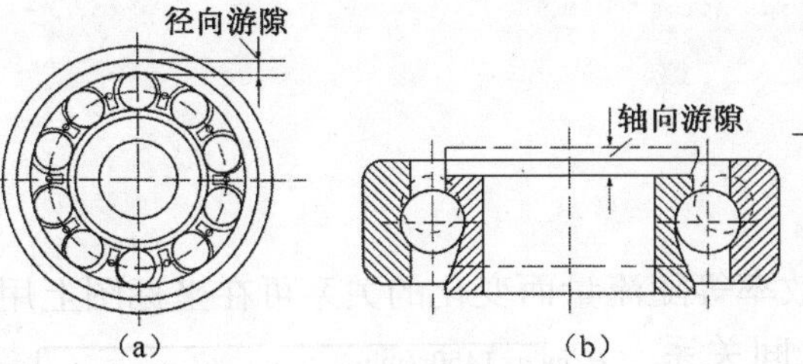

图 6－21　轴承的游隙

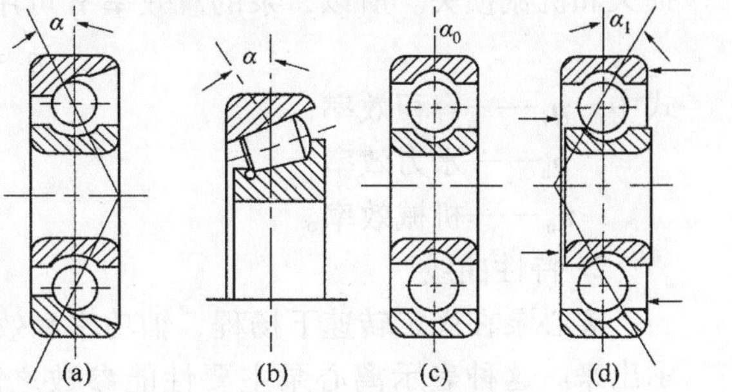

图 6－22　轴承的接触角

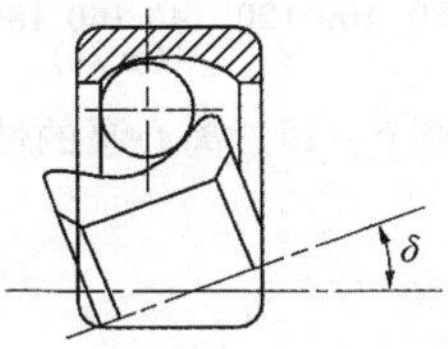

图 6－23　轴承的偏位角

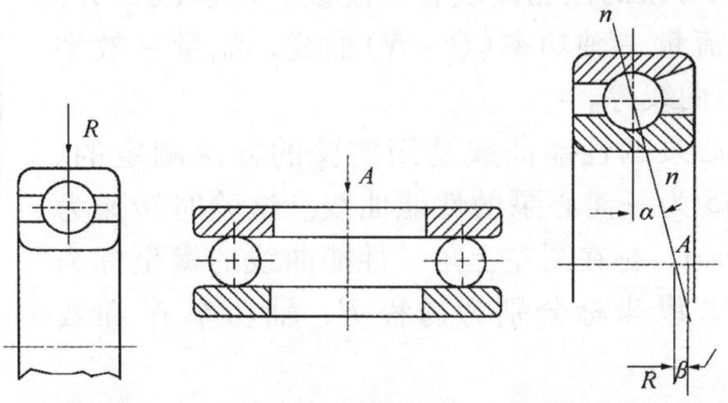

(a)向心轴承　(b)推力轴承　(c)向心推力轴承

图 6－24　不同类型滚动轴承的承载情况

6.1.5　离心泵的性能参数与特性曲线

1. 性能参数

离心泵的主要性能参数有流量、扬程、转速、功率和效率等，它表示离心泵在一定转速下，以水为介质在最高效率时的性能参数。新泵出厂时，各性能参数均标在泵的铭牌上。为了正确使用泵，需要了解泵的性能参数，现分别简介如下。

（1）流量　泵在单位时间内输送出的液体量，称为流量。用符号 Q 表示容积流量，单位为 m^3/s 或 m^3/h；用符号 m 表示质量流量，单位为 kg/s 或 kg/h。

（2）扬程　叶轮对液体所做有用功与液体重力之比值，称为扬程。扬程也称为有效能量头，用符号 H 表示，单位为 m。泵铭牌上的扬程是指全扬程。

（3）转速　泵轴每分钟的转数，称为转速，用符号 n 表示，单位为 r/min。

泵铭牌上的转速是额定转速，泵只有在此转速下，铭牌上的各性能参数才能达到。

（4）功率和效率　离心泵的功率指轴功率，它是指单位时间内由原动机传到泵轴上的功，也称为输入功率，用符号 N 表示，单位为 W 或 kW。

离心泵的有效功率是指单位时间内从泵中输送出的液体在泵中获得的有效能量，也称为输出功率，用符号 N_e 表示，单位为 W，也常用 kW。

泵的有效率功率和轴功率之比，称泵的效率，用符号 η 表示。即

$$\eta = \frac{N_e}{N} \times 100\%$$

泵的效率反映了泵中能量损失的程度，泵内液体流动时能量损失越小，泵的效率越高，也就是说液体从原动机中所得的功率有效部分越大。由于泵在运行时，存在容积损失、水力损失和机械损失。所以，泵的总效率 η 可用公式表示为

$$\eta = \eta_v \eta_h \eta_m$$

式中 η_v——容积效率；

η_h——水力效率；

η_m——机械效率。

2. 特性曲线

离心泵在固定转速下扬程、轴功率和效率等随流量而变化的关系可在坐标图上用曲线表示出来。这种表示离心泵主要性能参数之间关系的曲线，称为离心泵的性能曲线（也称为特性曲线）。离心泵的性能曲线有：流量－扬程（$Q-H$）曲线、流量－轴功率（$Q-N$）曲线、流量－效率（$Q-\eta$）曲线等。

离心泵的性能曲线是用实验的方法测定的。图 6－25 为一离心泵的性能曲线。试验时转速为 1450r/min，标在图左上角，性能曲线的横坐标为流量 Q，纵坐标分别为扬程 H、轴功率 N 和效率 η。

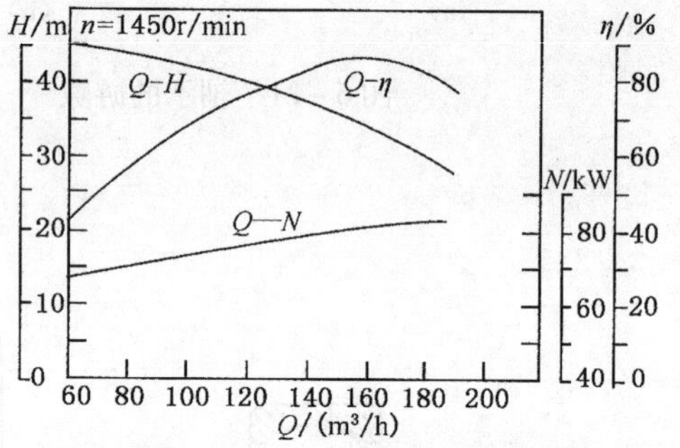

图 6－25　离心泵的性能曲线

6.1.6　离心泵的工作点与流量调节

1. 离心泵的工作点

离心泵 $Q-H$ 曲线上任一点都是一个工作点，并对应一组参数（H、Q、P、η、$NPSH$），离心泵在运行时，都希望它在对应最高效率点的工作点下工作，但是不一定能做到。这是因为离心泵运转时在性能曲线上哪一点工作，是由离心泵性能曲线与管路特性曲线共同决定的。所谓管路特性曲线，是指管路情况一定时（即管路进、出口液流的压力、输液高度、管路长度、管径、管件个数及尺寸、阀门开启度等已定），液体流过该管路时需要外加能量 H_c 与流量 Q 之间的关系曲线。

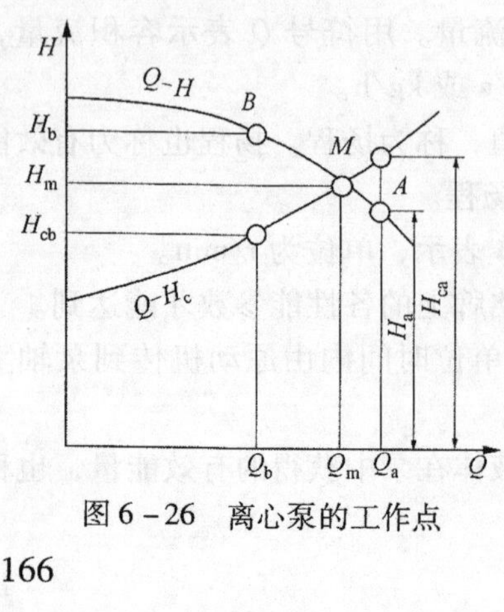

图 6－26　离心泵的工作点

由于泵是串联在管路中，所以泵的流量必须等于管路的流量。此外，离心泵在某一转速下工作时，对应于某一个流量，泵只能按 $Q-H$ 性能曲线给出一个对应的扬程，所以泵的工作点应在 $Q-H$ 曲线上。从管路来看，当管路情况一定时，输送一定流量的液体所需外加压头应是 $Q-H_c$ 曲线上的对应值，即泵在管路中工作时的工作点也一定要在 $Q-H_c$ 曲线上。既然工作点既要在 $Q-H$ 线上，同时又一定要在 $Q-H_c$ 曲线上，那么工作点就一定在泵的 $Q-H$ 曲线与管路的 $Q-H_c$ 曲线的交点 M 上，如图 6－26 所示。

离心泵在管路中工作时，不管什么原因使其工况偏离 M 点工况，泵的继续工作将很快地使其工作点自动回到交点 M。这是因为如果泵不是在交点 M 的工况下工作，而是在如图6－26中 A 点的工况下工作，则此时泵给出的能量 H_a 将小于使流量为 Q_a 的液体在管路中流动时所需的能量 H_{ca}，这样管路中的流量将不能维持为 Q_a 而会自动减小，一直要减到 $Q=Q_m$ 时流量才不再减少而趋于稳定。同理，如泵在图6－26中的 B 点工作，则由于这时扬程 H_b 大于管路所需要的压头 H_{ch}，所以管路中的液流将加速，流量将增加，直到流量增加到 $Q=Q_m$ 时才趋于稳定。

由上述可知，在一定的管路系统中(指进出口压力、输液高度、管路及管件的尺寸及件数、阀门的开启度等一定)，当泵的转速一定时，它只有一个稳定的工作点 M。该点由泵的 $Q-H$ 曲线与该管路的 $Q-H_c$ 曲线的交点决定。

2. 离心泵的流量调节

在生产过程中，根据工艺要求常需要改变管路系统的流量。由于泵扬程和工作流量决定于管路特性曲线与泵性能曲线的交点，所以调节流量的问题，实际上是如何改变两曲线交点(工况点)的问题。改变工况点有三种情况：

(1) 改变管路特性曲线调节：

① 出口调节　这种方法简单，使用最广，但功率损失大，不经济，且泵的扬程曲线愈陡损失愈严重。

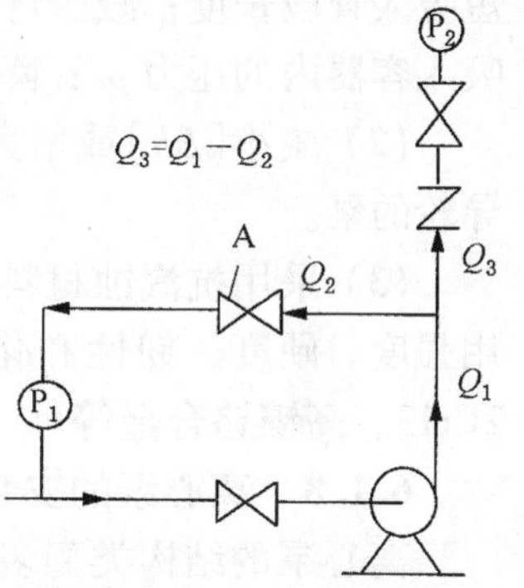

图6－27　旁路分流调节

② 旁路调节　如图6－27所示在泵出口设有分路与入口管(或吸液池)连通，在此管路上装设一节流阀A，通过调节节流阀开度来控制流量。这种方法适用于流量减小而扬程也要减小的场合。

(2) 改变泵的性能曲线调节：改变离心泵 $Q-H$ 曲线的方法，最常用的是改变泵的工作转速、切割叶轮和减小叶轮数目三种方法。

(3) 同时改变泵和管路特性曲线调节。

6.1.7　离心泵的汽蚀与预防

1. 汽蚀现象

从泵的工作原理中可知，泵的吸液过程只有在泵内产生真空度(相对吸液池面压力)才能进行，而真空度是有一定限度的，真空度升高，标志着绝对压力降低，当真空度升到一定程度时，绝对压力降到一定程度，泵运转中就出现一种“汽蚀”现象。

泵在运转时，叶轮入口处的压力等于或低于工作温度下被输送液体的饱和蒸气压时，液体就会汽化形成许多气泡。同时，原来溶于液体中的气体也将逸出。这些气泡随即被液流带入叶轮内的高压区，在高压作用下，气泡被压缩重新凝结为液体。在凝结过程中，体积急剧缩小，好似形成一个空穴，这时周围的液体又以极高的速度冲向空穴，造成液体互相冲击，由于液体质点互相冲击，产生很高的瞬间局部冲击压力，连续打击在叶片的表面上，叶片金属表面会因冲击疲劳而剥蚀呈麻点、蜂窝海绵状。上述这种液体汽化、凝结、冲击，形成高速、高压、高频冲击载荷，造成金属材料的机械剥裂现象，称为汽蚀现象。

2. 汽蚀的危害

(1) 汽蚀使叶轮衬料受到破坏　通常离心泵受汽蚀破坏的部位，先在叶片入口附近，继而延至叶轮出口。起初是金属表面出现麻点，继而表面呈现海绵状、蜂窝状、鱼鳞状的裂痕，严重时造成叶片或叶轮前后盖板穿孔，甚至叶轮破裂。

（2）汽蚀使泵的性能下降　泵在汽蚀初始阶段对泵的正常运转没有明显的影响，当汽蚀发展到一定程度时，汽泡大量产生，堵塞流道，使泵内液体流动的连续性遭到破坏，因而泵性能曲线呈突然下降的形式。

（3）汽蚀使泵产生噪音和振动　由于气泡的不断产生和溃灭，液体质点互相冲击，会产生各种频率的噪音。汽蚀严重时可听到泵内有“劈啪”的爆炸声，同时引起泵的振动。泵越大，发生汽蚀时的噪音和振动越严重。

3. 汽蚀的预防

汽蚀是离心泵运行中的一个极不正常的现象，为了避免泵在工作中发生汽蚀，一般情况下采取以下的方法：

（1）增大操作压力 p_s　增大泵入口处的压力 p_s，可采取下列措施：增大吸入管直径；缩短吸入管段长度；减少弯头和附件；降低泵的安装高度 Δzos，必要时可设置地下泵房；增大吸入容器内的压力 p_0；降低泵的操作流量；将泵的进口调节阀开大。

（2）减小[Δh]或增大[H_s]　在同样转速和流量下，采用双吸叶轮，或采用入口设有诱导轮的泵。

（3）采用抗汽蚀材料　一般情况下，当使用条件所限不可能完全避免发生汽蚀时，应采用强度、硬度、韧性和化学稳定性高的材料制造叶轮，以延长叶轮的使用寿命。一般用2Cr13、高镍铬合金等。

6.1.8　离心泵的安装与检修

离心泵的结构类型多种多样，但其安装与检修的方法有许多相同之处。只要掌握了典型离心泵的安装与检修的基本知识和通用的操作方法，就可以起到举一反三的作用。离心泵在安装和检修过程中执行的质量标准原则上以制造厂技术要求为准。如果说明书没有要求，建设单位也没有明确指出应执行的标准，离心泵安装部分可参照国家标准，检修部分可参照SHS 01013—2004《离心泵维护检修规程》。

本章节主要讲述离心泵的安装、检修以及离心泵的试车、维护、分析故障原因、排除故障方法等内容。

6.1.8.1　离心泵的安装

1. 安装前的准备工作

1）技术资料的准备

（1）施工前应准备好设计和泵的技术文件，同时要编制好施工方案；

（2）施工前应学习领会图纸、施工方案等技术资料。

2）基础验收

基础的作用主要是把机器设备固定在一定位置上使它承受机器的全部重力和机器在运转中所产生的动负荷，并吸收和隔离机器所产生的振动，防止发生共振现象。

离心泵安装之前，需要由主管部门组织土建施工单位和设备安装单位有关人员对基础的施工质量进行全面检查。其主要包括以下内容：

（1）对基础进行外观检查，不得有裂缝、蜂窝、空洞、露筋等缺陷。如发现缺陷应予处理。

（2）按土建基础图及泵的技术文件对基础的几何尺寸及位置进行复测检查。没有特殊要求的基础，可按GB 50231—98《机械设备安装工程施工及验收通用规范》标准进行验收，其允许偏差见表6－2的规定。

表 6-2　设备基础尺寸和位置的允许偏差　mm

项　目	允许偏差	项　目	允许偏差
坐标位置(纵、横轴线)	±20	地脚螺栓孔中心位置	±10
不同平面的标高	-20	地脚螺栓孔深度	+20
平面外形尺寸	±20	地脚螺栓孔壁铅垂度每米	10

(3) 办理工序交接手续。

3) 开箱验收

在建设单位有关人员参加下，按装箱清单对泵进行开箱验收。检查技术资料、专用工具是否齐全，设备有无缺损件、表面有无损坏和锈蚀，并做好记录；

4) 地脚螺栓的准备

(1) 地脚螺栓的作用　它将机器牢固地固定在基础的一定位置上，防止机器位移并使机器在运行中所产生的不均衡的惯性力和振动传到基础上去。

(2) 地脚螺栓的种类及使用要求　地脚螺栓分短地脚螺栓和长地脚螺栓两种。短地脚螺栓适用于中、小型机器，常用的短地脚螺栓的头部制作成带钩或分叉形状，有时为了防止地脚螺栓旋转，可在钩中穿上横杆，其结构形式如图 6-28 所示。长地脚螺栓适用于大型机器或振动比较强烈的机器。长地脚螺栓带有锚板配套件，与基础构成可拆卸连接，它主要用于机组的安装，这里不作介绍。

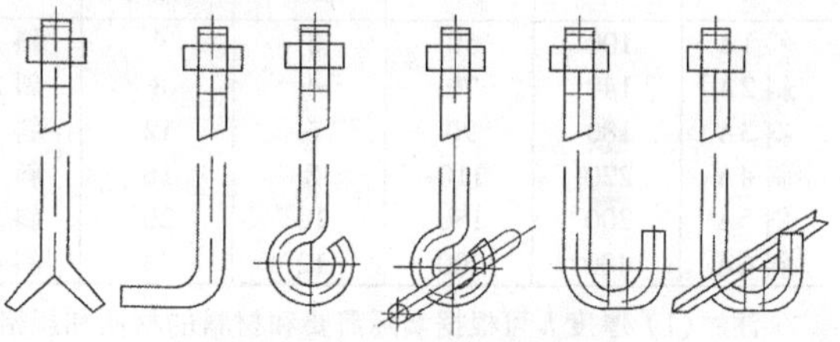

图 6-28　短地脚螺栓

地脚螺栓及锚板通常由机器制造厂随机配套供给。在开箱时按图纸和装箱清单检查其数量、规格及质量，是否符合要求。螺栓不得有裂纹、夹皮、严重伤痕、锈蚀、松扣等缺陷。

如果随机未配带地脚螺栓或地脚螺栓遗失，在没有特殊要求情况下，可用加热弯曲法按下列数据制作。

螺栓材料的选择：中、小型机器可用 Q235 钢，大型机器可用 35 钢。

螺栓直径的选择：螺栓直径可根据公式 $d=(0.85\sim0.95)D$ 选取，式中 d 为螺栓直径(mm)，D 为螺栓孔直径(mm)。

螺纹实长的确定：螺纹实长可根据公式 $L_0=(2\sim3)d$ 选取，式中 L_0 为螺纹实长(mm)。

螺栓弯曲圆高度的确定：螺栓弯曲圆高度可根据公式 $h=(5\sim6)d$，式中 h 为螺栓弯曲圆高度(mm)。

螺栓长度的确定：螺栓长度可根据公式 $L=(25\sim30)d$ 选取，式中 L 为螺栓弯钩后的螺栓总长(mm)。

5) 垫铁的准备

(1) 垫铁的作用　垫铁用于调整泵的标高、水平度，使其达到要求值和使机座高出基础一定距离，便于二次灌浆。垫铁还可增加泵在基础上的稳定性，使泵的重量及运转过程中产生的惯性力均匀地传给基础。

(2) 垫铁的种类和规格　垫铁可分铸铁垫铁和碳素钢垫铁，从形状来区分有平垫铁、斜垫铁和可调节垫铁。离心泵安装中常用的垫铁是平垫铁和斜垫铁组合，每组垫铁一般为一平二斜。垫铁形状如图 6-29 所示，其规格见表 6-3。

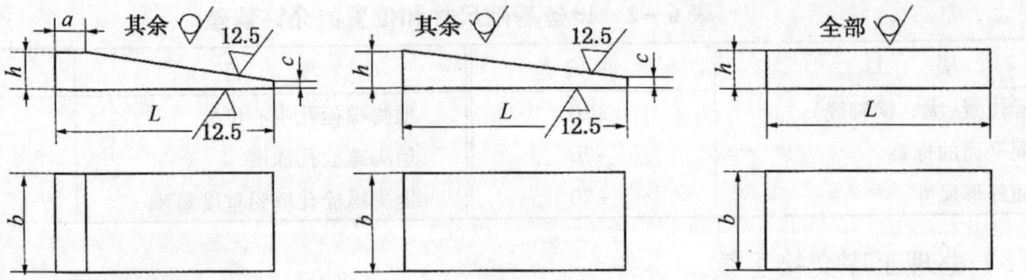

(a) 斜垫铁A型　(b) 斜垫铁B型　(c) 平垫铁C型

图 6-29　斜垫铁和平垫铁

表 6-3　斜垫铁和平垫铁的规格和尺寸　mm

斜垫铁									平垫铁 C 型		
A 型					B 型						
代号	L	b	c		代号	L	b	c 最小	代号	L	b
			最小	最大							
斜 1A	100	50	3	4	斜 1B	90	50	3	平 1	90	50
斜 2A	140	70	4	8	斜 2B	120	70	4	平 2	120	70
斜 3A	180	90	6	12	斜 3B	160	90	6	平 3	160	90
斜 4A	220	110	8	16	斜 4B	200	110	8	平 4	200	110
斜 5A	300	150	10	20	斜 5B	280	150	10	平 5	280	150
斜 6A	400	200	12	24	斜 6B	380	200	12	平 6	380	200

注：(1) 厚度 h 可根据实际需要和材料的材质和规格确定。斜垫铁的斜度宜为 1/10～1/20；对振动较大或精密设备的垫铁斜度可为 1/40；

(2) 采用斜垫铁时，斜垫铁的代号宜与同代号的平垫铁配合使用；

(3) 斜垫铁应成对使用，成对的斜垫铁应采用同一斜度。

(3) 垫铁的选择　垫铁的选用由基础的承压能力来决定。因此，可按机器的质量及垫铁的数量计算出每组垫铁的最小面积。每组垫铁的最小面积，可按下述经验公式近似计算：

$$A \geqslant C\frac{Q_1 + Q_2}{R} \times 10^4$$

式中　A——每组垫铁的最小面积，即布置于地脚螺栓两侧的每组垫铁承压面积，mm^2；

Q_1——泵的质量加在该垫铁组上的负荷，N；

Q_2——地脚螺栓拧紧后分布在该垫铁组上的压力，可选取螺栓的许可抗拉力，N；

R——基础混凝土或地坪混凝土的单位面积抗压强度，可采用混凝土设计强度，MPa；

C——安全系数，宜取 1.5～3。

$$Q_1 = \frac{G}{n_1}$$

式中　G——泵质量，N；

n_1——垫铁组数。

$$Q_2 = \frac{F}{n_2}$$

式中　F——一根地脚螺栓拧紧后所产生的轴向力，N，见表 6-4；

n_2——一根地脚螺栓两侧的垫铁组数(一般为 2 组)。

A 值计算出后，可在表 6-3 中选用比计算 A 值大的垫铁，当垫铁承载能力有余而长度不够时，可选用较大规格的垫铁。

表 6-4　地脚螺栓的拧紧力矩及轴向拉力参考数值

螺栓螺纹直径/mm	力矩/N·m	轴向拉力/N	螺栓螺纹直径/mm	力矩/N·m	轴向拉力/N
12	25~30	9000	36	800~820	85000
16	60~70	15000	42	1200~1300	115000
20	120~140	25000	48	1900~1950	160000
24	20~240	35000	56	3000~3100	250000
27	340~350	48000	64	4400~4600	300000
30	45~470	55000			

2. 离心泵就位与找正

离心泵的就位与找正，就是将泵安放到基础上，根据基础的中心线调整泵体的纵、横中心线位置，使之符合要求。在离心泵的安装过程中，对于一般中小型离心泵，其与电机共用一个机座，安装时均是用整体安装法，即在上述准备工作完成以后，将泵及电机和机座一起整体平稳地吊到基础上，然后进行找正、调平。对于大型离心泵一般是先把机座吊装就位并调整好中心位置及水平度后，再将泵、电机吊装到机座上调整水平度、联轴器轴端距等。

1）就位

在基础适当位置上放置三组临时垫铁或三个小千斤顶。为了方便放置永久垫铁组，每组临时垫铁配置宜为二块平垫铁，二块斜垫铁。一般情况下，电机端质量比泵端质量大，因此，垫铁布置最好电机端放置二组，泵端放置一组，如图 6-30 所示。将泵及电机和机座一起整体平稳地吊到基础的三组临时垫铁上，并将地脚螺栓穿入泵的地脚螺栓孔中。然后上好螺帽并调好其高度，一般螺纹应留出长度宜为螺栓直径的 1/3~2/3。为了保证地脚螺栓能处于垂直状态，且能处于螺栓孔中心，重要的泵应采用定位套套在地脚螺栓中，以利于将来机泵找正中心。

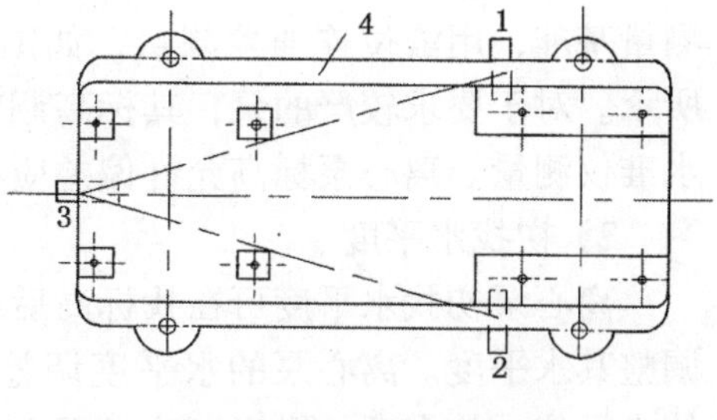

图 6-30　三点调平法

1—临时垫铁组；2—临时垫铁组；3—临时垫铁组；4—泵座

2）找正

泵的找正，就是根据基础所标出的中心线，用线锤进行测量，使离心泵的纵、横中心线与基础中心线一致。确保安装管线或与其他设备连接时不会发生困难。

泵的纵向中心线是以泵轴中心线作定位基准的。在对纵向中心线找正时，可采用吊锤线的方法测量。在泵轴两端中心吊垂线，使它与基础上的中心线重合。横向中心线常以进出口管法兰的中心线作定位基准，用拉线的方法找正。以厂房壁或基础上标定的点或线作安装基准，拉一条直线，与通过进出口管线法兰的中心线重合。也可用已安装调整完毕的机泵中心线作测量基准来进行校正，使泵体横向中心位置达到技术要求。确保泵体在与管线或其他机器设备连接时不出现大的偏差。

对于相邻且同型号的两台或多台泵的安装方位及标高数值必须选定同一个基准，这可使设备排列整齐、美观。在泵中心线位置找完符合表 6-5 的要求后，要同时确保地脚螺栓任一部分离螺栓孔孔壁的距离不小于 15mm。

泵体标高和纵、横中心线的位置偏差应符合表 6-5 的规定。

表 6－5　设备的平面位置和标高对安装基准线的允许偏差

项　　目	允许偏差/mm	
	平 面 位 置	标　　高
与其他设备无机械联系的	±10	+20　－10
与其他设备有机械联系的	±2	±1

3. 离心泵标高调整及初找水平度

1）标高调整

测量处与标高基准点（俗称零点）的相对高差（正值或负值）称该处的标高。标高分绝对标高和相对标高。绝对标高是以海平面为基准零点，与海平面的高度差值，称为绝对标高；相对标高是把某标高基准点当为零点，与该基准点的高度差值称为相对标高值。工程中主要用相对标高，习惯上称标高。

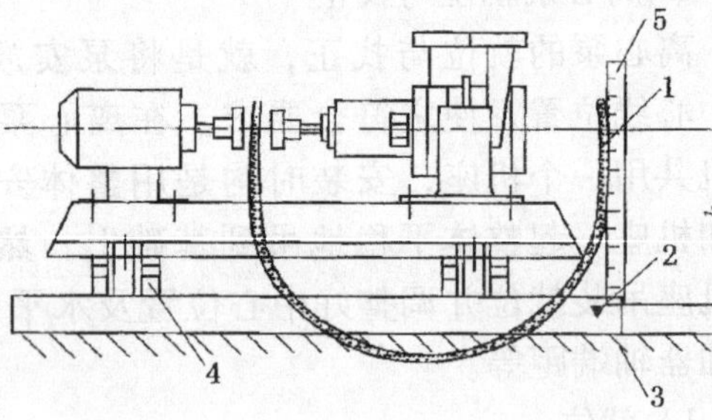

图 6－31　用“U”形橡皮管水准器找标高

1—橡皮管；2—基础标高；3—基础；4—垫铁组；5—钢尺

离心泵标高的调整是为了便于泵体与管线的连接，一般情况下，其标高以泵轴心线为测量点，以泵基础上标定的基础标高作为测量基准，用液位连通器测量，如图 6－31 所示。对于要求较严的泵，其标高调整是用水准仪测量。离心泵标高允许偏差应符合表 6－5 的规定。偏差过大可通过临时垫铁来调整。

2）初找水平度

离心泵初找水平度可在找标高后进行，也可同时进行，它是通过调整临时垫铁的高低来调整其水平度。离心泵的水平度调整应用精度为 0.02mm/m 的水平仪或精度为 0.05mm/m 的水平仪，放在泵的进出口法兰面上或泵轴上进行测量。水平剖分式的泵，则可将水平仪放在水平中分面上或泵轴和进出口法兰面上进行测量。

离心泵水平度允许偏差：对于整体安装的泵，纵向水平偏差不应大于 0.1/1000，横向水平偏差不应大于 0.2/1000；对于解体安装的泵纵向和横向水平偏差均不大于 0.05/1000。

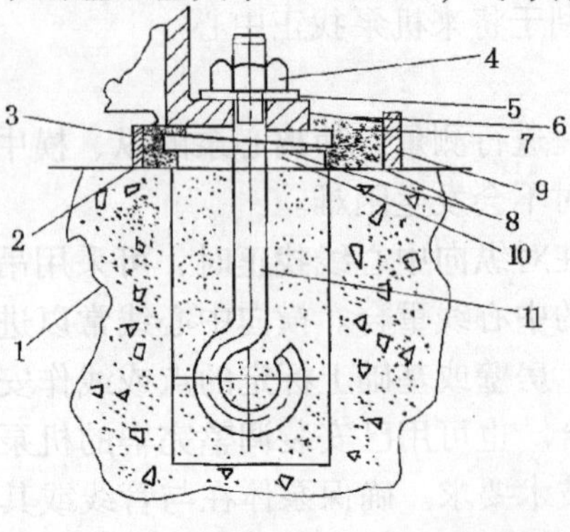

图 6－32　地脚螺栓、垫铁和灌浆

1—地坪或基础；2—设备底座底面；3—内模板；4—螺母；5—垫圈；6—灌浆层斜面；7—灌浆层；8—成对斜铁；9—外模板；10—平垫铁；11—地脚螺栓

4. 离心泵地脚螺栓灌浆及永久垫铁放置

1）地脚螺栓灌浆

离心泵中心线位置、标高和初找水平度调整完毕后，初找工作结束，可对基础进行第一次灌浆，即用混凝土或灌浆料将地脚螺栓浇灌在预留孔中。浇灌时应一边浇灌一边捣实，防止出现蜂窝。如果用混凝土浇灌，混凝土的标号应比基础高一级。混凝土中的碎石应该小一些，便于放置永久垫铁。混凝土应盖上预留孔两倍以上面积，如图 6－32 示。

2）永久垫铁放置

离心泵永久垫铁的放置应在每个地脚螺栓旁至少有一组垫铁，在不影响灌浆的情况下，应尽量使垫铁靠近地脚螺栓。每组垫铁宜减少垫铁的块数，且不应超过 5 块，并且不宜采用薄垫铁。放置平垫铁时厚的放在下面，薄的放在中间且不宜小于 2mm。垫铁组伸入泵底座底面的长度应超过泵地脚螺栓的中心。相邻两垫铁组间的距离应在 500 ~ 1000mm 之内。

永久垫铁的放置有标准垫法、十字垫法、井字垫法、单侧垫法、三角垫法和辅助垫法，如图 6 - 33 所示。当地脚螺栓间距离小于 300mm 时，可采用十字垫法、单侧垫法和三角垫法，在地脚螺栓的同一侧放置一组垫铁。

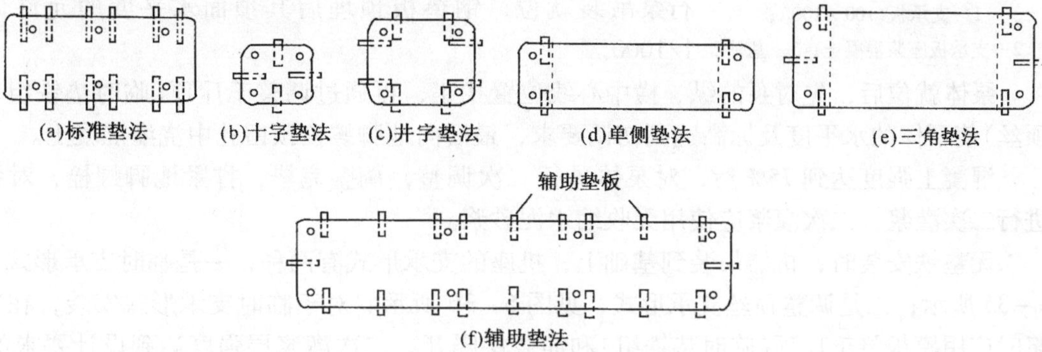

图 6 - 33　垫铁放置方法

地脚螺栓灌浆完毕，待砂浆表面看不见水但还软且又能把垫铁承担起来时，将垫铁及泵底面洗擦干净后，用永久平垫铁将混凝土表面的碎石压下，并按要求位置放好，然后再将永久斜垫铁放到永久平垫铁上面。注意，最上面斜垫铁厚边在外边以便调整。垫铁放置后，用 0.05mm 塞尺检查垫铁之间及垫铁与泵底座面之间的接触情况，在垫铁同一断面处从两侧塞入的长度总和不得超过垫铁长度或宽度的 1/3。

地脚螺栓灌浆后几天内应定期对混凝土进行养生。

5. 离心泵精找水平度及联轴器对中

地脚螺栓灌浆后混凝土强度达到 75% 以上，便可以对泵进行精找水平度。在找水平度之前应拆卸临时垫铁及地脚螺栓的定位套。精找水平度和初找水平度的方法一样，根本区别就是精找水平度用永久垫铁来调整，在调整过程中地脚螺栓要在上有一定的紧力的情况下进行测量调整。

精找水平度后，每组垫铁均应压紧，并应用手锤逐组轻击听音检查，声音应清脆。同时应检查垫铁端面露出泵底座面外缘情况，平垫铁应露出 10 ~ 30mm，斜垫铁应露出 10 ~ 50mm，然后将所有的永久垫铁用点焊方法焊牢。以上工作完成后交给土建进行二次灌浆，二次灌浆层不应小于 25mm。

待泵水平度精找完毕后可对泵进行联轴器对中，联轴器对中偏差值应符合泵使用说明书要求或规范要求的规定。

在联轴器对中工作结束后把泵交出给有关单位进行管线安装，待管线安装完毕后应对联轴器对中进行复检，主要是检验在配管过程中管线法兰和泵进出口法兰的对接情况，如果对中值偏差太大应督促配管单位对管线进行处理，直到符合要求为止。还有一点需要特别注意，对于大型泵安装，在精找水平度的同时也要监测联轴器对中情况，使对中值符合规范要求，才可进行二次灌浆。

确认以上工作完成后，泵的安装与调整工作到此基本结束。

6. 无垫铁安装法

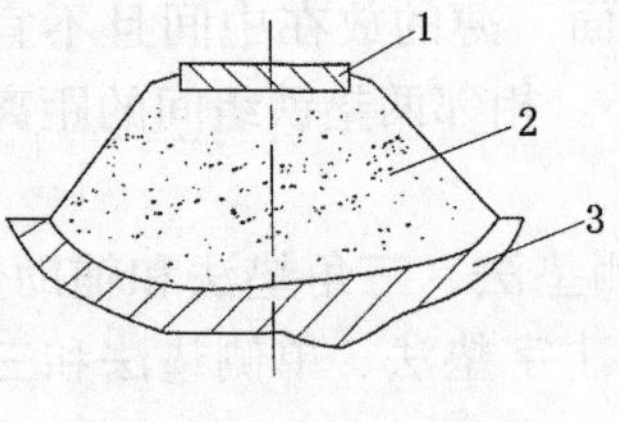

图 6－34　预埋调整垫

1—支承板（100×100）；

2—支承板座浆混凝土；3—基础

机器的自身重量及各地脚螺栓的拧紧力均由二次灌浆层来承受的安装方法称为无垫铁安装法。其施工方法如下。

根据泵的大小先在基础上均匀布置若干个小千斤顶（或临时垫铁组），再进行泵吊装就位。对底座上配有调整顶丝支承的泵应先在基础上进行调整钢垫预埋，如图 6－34 所示，再进行泵吊装就位，钢垫板预埋后其顶面水平度的允许偏差为 1/1000。

泵体就位后，先对泵的纵、横中心线位置找正，再通过调整千斤顶（临时垫铁组、调整顶丝）使泵体的水平度及标高达到初调要求，最后向地脚螺栓预留孔中浇灌混凝土。

混凝土强度达到 75% 后，对泵体进行二次调整，调整完毕，拧紧地脚螺栓，对泵底座进行二次灌浆。二次灌浆应使用无收缩水泥砂浆。

无垫铁安装时，机器吊装到基础上，机座的支承形式有两种，一是临时支承形式，见图 6－35 所示；二是调整顶丝支承形式，见图 6－36 所示。对于临时支承形式安装，在二次灌浆时应用模板将千斤顶（临时垫铁组）和灌浆层隔开，二次灌浆层强度达到设计要求的 75% 以上时，打开模板取出千斤顶（临时垫铁组），同时用混凝土填实空洞，拧紧地脚螺栓，最后进行基础抹面。对于用调整顶丝支承形式安装的在二次灌浆层强度达到设计要求的 75% 以后，应将调整顶丝松开。

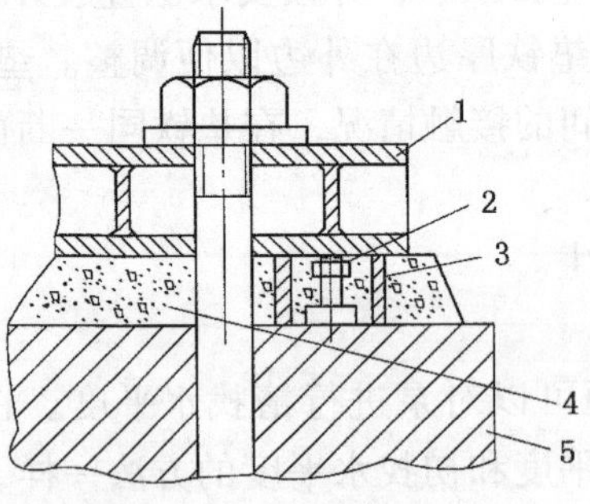

图 6－35　临时支承形式

1—机器底座；2—小千斤顶；3—模板；

4—二次灌浆层；5—基础

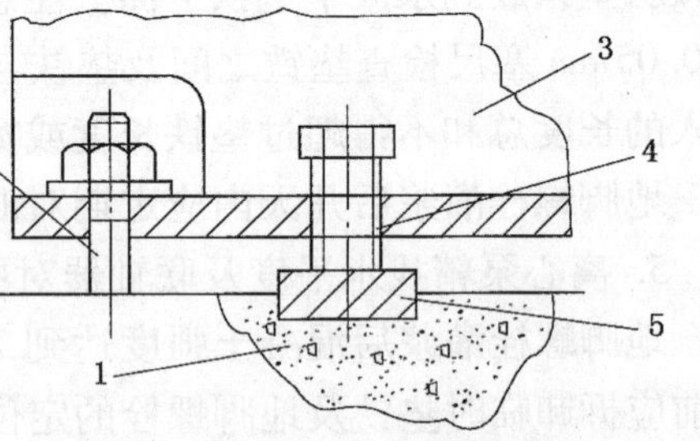

图 6－36　调整顶丝支承形式

1—基础或地坪；2—地脚螺栓；

3—设备；4—调整螺钉；5—支承板

无垫铁安装调整方便、机座稳定性好，没有垫铁腐蚀、松动等现象。它适用于机座底面较平整的机器。

7. 竣工验收

泵试运转合格后，可办理工程验收手续。验收时，应备齐设备出厂合格证书、随机技术文件和按 SH 3503 标准完成的设备安装过程中的实测记录交工资料。

6.1.8.2　离心泵的检修

1. 离心泵的拆卸

1）离心泵拆卸的基本要求

在拆卸过程中为了防止损坏泵的零件和提高效率，确保检修质量，拆卸离心泵时应做到以下基本要求：

（1）了解泵结构，熟悉工作原理　在拆卸泵前要查阅本泵的使用说明书、图纸，先了解结构及工作原理，避免盲目拆卸。

（2）做好标记　当零部件对装配位置及角度有要求时，在拆卸前要做好标记，以便将来装配时能顺利进行。标记要打在非工作面上，一般相邻部件标记方法如图6－37所示。

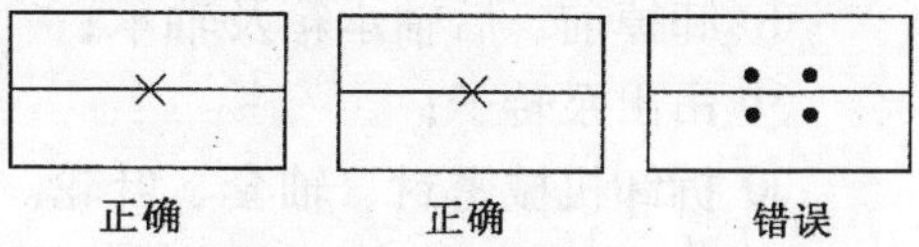

图6－37　拆泵做标记方法

（3）做好记录　在拆卸过程中，对各零部件的配合间隙必须做到边测量边检查，同时做好记录。

（4）拆卸顺序合理　一般离心泵拆卸的顺序是先拆泵的附属设备，后拆泵本体零部件；先拆外部，后拆内部。

（5）文明施工　拆卸时应选用合适的工具，严禁乱铲、乱敲、乱打等不文明的施工方法。特别是对配合表面或有相对滑动的部位要保护好。对拆卸下来的零部件应及时清洗并应按顺序及所属部位分类别放在木架、耐油橡胶皮或零件盘内。为了避免零部件碰伤或损失，并便于将来装配，严禁将零部件杂乱堆积。

2）离心泵拆卸前准备

（1）掌握泵的运转情况，并备齐必要的图纸和资料。

（2）对检修过程作出风险评价，并填写好风险评价表。

（3）备齐检修工具、量具、起重机具、配件及材料。

（4）切断电源及设备与系统的联系，放净泵内介质，达到设备安全与检修条件。

3）离心泵的拆卸方法和顺序

为提高效率，减少检修时间、保证检修质量，必须注意拆卸顺序和方法。下面以目前常见的几种泵为例，介绍其拆卸顺序。

（1）悬臂式离心油泵的拆卸顺序如下：

① 拆卸联轴器中间短接，设定联轴器的定位标记；

② 检查联轴器同心度和轴向间隙，并作好记录；

③ 拆卸附属管线；

④ 拆卸泵盖螺栓；

⑤ 移出泵体；

⑥ 拆卸叶轮、隔板；

⑦ 拆卸密封压盖和泵盖；

⑧ 拆卸密封组件；

⑨ 拆卸两端轴承压盖，抽出泵轴；

⑩ 拆卸两端轴承。

（2）水平剖分式离心泵的拆卸顺序如下：

① 拆卸联轴器中间短接，设定联轴器的定位标记；

② 检查联轴器同心度和轴向间隙，并作好记录；

③ 拆卸附属管线；

④ 用专用工具拆卸泵半联轴器；

⑤ 松开机械密封压盖螺栓或填料密封压盖螺栓；

⑥ 拆卸泵体连接螺栓；

⑦ 吊出泵体上盖；

⑧ 卸掉前、后轴承箱及轴承；

⑨ 吊出泵转子；

⑩ 拆卸机械密封、轴套、叶轮。

（3）分段式多级离心泵的拆卸顺序如下：

① 拆卸联轴器中间短接，设定联轴器的定位标记；

② 检查联轴器同心度和轴向间隙，并作好记录；

③ 拆卸附属管线；

④ 用专用工具拆卸泵半联轴器；

⑤ 拆松前、后密封螺栓，拆卸前、后轴承座及轴承；

⑥ 测量泵单窜量；

⑦ 拆卸前、后密封；

⑧ 拆出平衡盘，再用与平衡盘长度相等的专用轴套代替平衡盘装到原来平衡盘位置上，再上紧后轴套，测量泵的总窜量，测量完毕后将轴套及专用轴套取出；

⑨ 拆卸泵体上的拉紧大螺栓后，将出水段、末级叶轮拆出；

⑩ 按顺序自后往前逐级拆出中段、叶轮并测出各级叶轮的窜量。但测量时必须上紧大螺栓及转子，这样测出的窜量才准确。

2. 离心泵典型零部件的检修

1）泵轴的检修

一般先用煤油将泵轴清洗干净，用砂布打光，检查表面是否有沟痕和磨损，然后用千分尺检查主轴颈圆柱度和用百分表检查直线度，必要时用超声波或磁性探伤或着色检查看是否有裂纹。下面介绍轴直线度的检查。

对于弯曲的轴，将泵轴夹持在车床上测量最方便，精度也比较高。也可以采用滚动轴承支架或 V 形铁支承测量，但测量时必须保证轴本身的水平度和有轴向定位，以防止窜动。直线度具体测量方法如下：

（1）确定轴向测量部位。一般取安装旋转零件等重要部位，如取半联轴器、轴承、叶轮等部位为测量点。

（2）将轴各测量部位截面划分为四等份或更多偶数份分。

（3）在测量截面上装上百分表，表测量头要垂直于轴线。

（4）将轴按同一方向缓慢地转动一周，依次测出各点读数并作记录。

（5）根据各测量截面的偏差值作综合分析。用 180°对称两方位的径向跳动差值的一半，画出相应的轴弯曲图。

（6）分析最大弯曲部位与方位。

应当注意，每个截面测出的各方位径向圆跳动值的数值，仅表示该截面在某方位上的圆度偏差值，不能理解成是轴的弯曲状况。只有通过把多个截面在同一方位的圆度的偏差值画出的轴弯曲曲线图，才能分析出轴弯曲的程度、部位及方位。

例如：某轴同一方位（比如 3 ~ 7 个方位）各截面圆度偏差值测量结果的记录如图 6 - 38 所示。利用坐标纸画出直角坐标系，纵坐标用某一放大比例表示弯曲值，横坐标用某一缩小比例表示轴全长和各测量截面距离，根据记录数值可算出对应截面处的弯曲值，并在对应的纵坐标上画出相应的弯曲图，如图 6 - 38 所示。

用同样方法可找出 1 - 5、2 - 6、4 - 8 等各方位的最大弯曲点和弯曲度程度，所有弯曲度中最大者才是轴的真正的最大弯曲度。

假如最大弯曲度不是刚好位于所测量的某一方位上，比如说位于1－5和2－6方位之间，那么只要把轴截面等份分得多些就可以精确地求出最大弯曲度。

2）叶轮的检修

（1）叶轮口环磨损的处理　叶轮口环磨损可以上车床对磨损部位进行车削，消除磨损痕迹，并配制相应的承磨环毛坯，根据车削后的叶轮口环直径加工承磨环配上，以保持原有的间隙。这样做可减少成本，因叶轮备件比承磨环备件贵得多。

（2）叶轮腐蚀或汽蚀损坏的处理　当离心泵叶轮被腐蚀或汽蚀时，除了补焊修复外，还可用环氧胶黏结剂修补。

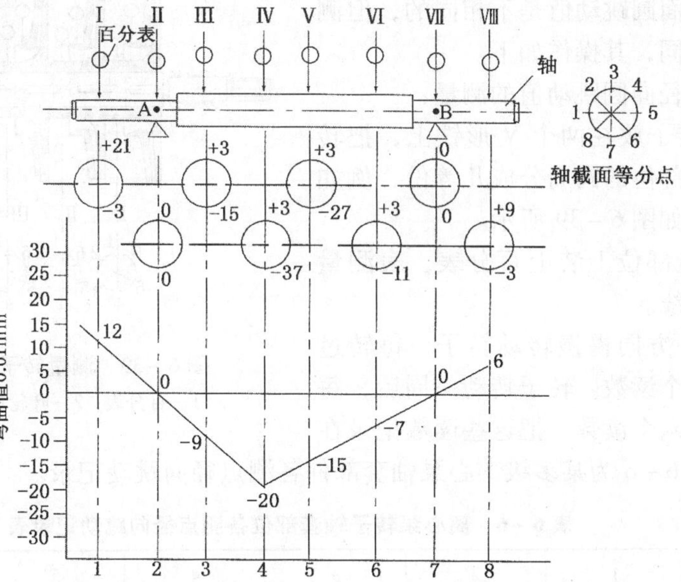

图6－38　轴弯曲的测量及曲线图

（3）叶轮与轴配合松动的处理　叶轮与轴的配合过松，会影响叶轮的同轴度，使泵运行时产生振动。当叶轮与轴配合过松，可以在叶轮内孔镀铬后再磨削，或在叶轮内孔局部补焊后上车床车削。

（4）叶轮键槽与键配合松动的处理　当叶轮键槽与键配合过松时，在不影响强度的情况下，根据磨损情况适当加大键槽宽度，重新配键。在结构和受力允许时，也可在叶轮原键槽相隔90°或120°处重开键槽，并重新配键。

对于修复叶轮或更换新叶轮，都要做静平衡试验，必要时进行动平衡试验。

3）轴套、平衡盘的检修

（1）轴套损坏处理　轴套是一个易损件，在轴套表面产生点蚀或磨损后，一般都是采用更换办法。

（2）平衡盘检修　多级离心泵平衡盘装置在装配和运转中常出现的问题是平衡盘与平衡环接触表面磨损，出现这种情况会使泵在运行过程中造成液体大量内泄漏，最终导致平衡盘失效，起不到平衡转子轴向力的作用，因此要对这种情况进行检查和处理。

检查平衡盘与平衡环两接触面接触情况时，先在平衡盘和平衡环两接触面的一个面上涂上薄薄一层红丹，然后进行对研，根据红丹接触面积大小，判断两接合面接触是否达到要求。一般两者之间接触面积应达75%以上。若是轻微磨损，可在两接触面之间涂细研磨砂进行对研。如果磨损严重，则要上车床进行修复或更换。

4）转子径向和端面圆跳动的测量及处理

多级离心泵转子是由许多零件套装在轴上，并用锁紧螺母固定。由此可知，转子各零件接触端面的误差(各端面不垂直的影响)都集中反映在转子上。如果转子各部位径向跳动值过大，则泵在运转中会比较容易产生摩擦。因此，多级离心泵在总装配前转子部件要进行小装。对小装后的转子要进行径向和端面圆跳动检查以消除超差因素，避免因误差积聚而到总装时造成超差现象。

每一种旋转泵的转子，它各部位的径向圆跳动和端面圆跳动值是不相同的，但测量方法基本相同，其操作如下。

(1) 转子径向圆跳动值的测量：

① 先将转子放在两个V形铁上，把转子上每个测量部位的圆周分成几等份，例如分为六等份，如图6-39所示。

② 在测量部位上装上百分表，表测量头要垂直于轴线。

③ 按同一方向慢慢转动转子，每转过一等份记录一个读数。转子转动一周后，每个测点都得到六个读数，把这些读数记录在表格中，如表6-6为某多级离心泵轴套部件各测点径向跳动记录。

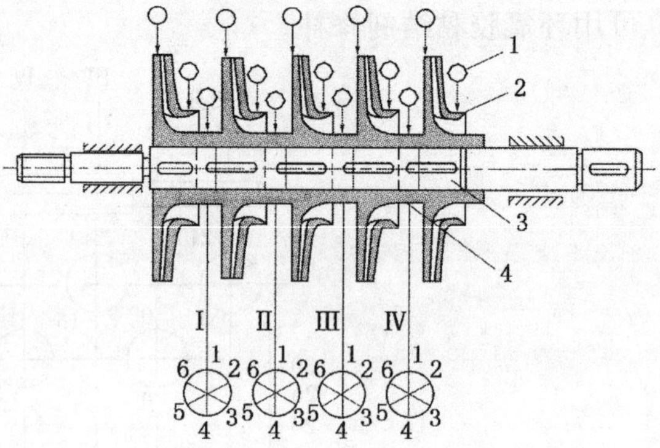

图6-39 测量转子径向跳动示意图

1—百分表；2—叶轮；3—轴；4—轴套

表6-6 离心泵转子轴套部位各测点径向跳动记录表 mm

测点 \ 转动位置	1 0°	2 60°	3 120°	4 180°	5 240°	6 300°	跳动量
Ⅰ	0.21	0.23	0.22	0.24	0.20	0.19	0.05
Ⅱ	0.32	0.30	0.31	0.33	0.31	0.30	0.03
Ⅲ	0.30	0.28	0.29	0.33	0.35	0.32	0.07
Ⅳ	0.34	0.33	0.33	0.35	0.34	0.35	0.02

④ 根据记录计算各测点最大跳动值，将同一测点最大读数减去最小读数的差值就是该测点部位的径向跳动值。

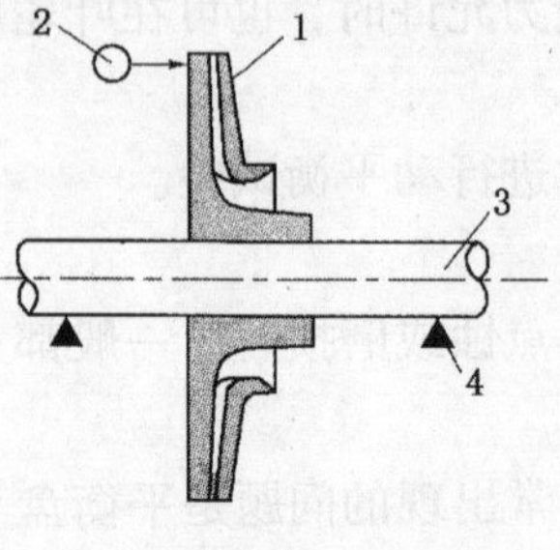

图6-40 测量叶轮端面圆跳动示意图

1—叶轮；2—百分表；3—轴；4—支点

(2) 转子端面圆跳动值的检查：叶轮装到轴上测量其端面圆跳动值，主要是确保叶轮端面与轴中心线的垂直度符合要求。测量部位如图6-40所示。用一个百分表垂直指在叶轮的侧面，把表针调整到零位。盘动叶轮旋转一周，百分表的最大读数与最小读数的差值就是叶轮的端面跳动值。特别要注意，转子转动一周后百分表应复位到零位，否则说明轴有轴向窜动或表头松动，应设法消除。平衡盘端面圆跳动值测量同样是这样操作。

(3) 转子径向跳动和端面跳动超差的处理：由于转子径向

跳动和端面跳动超差会引起转子与定子发生偏磨或轴振动。因此，在检修中应按表6－7的规定来处理离心泵的径向圆跳动和端面圆跳动。

表6－7　多级离心泵径向和端面圆跳动允许值　　mm

测量部位直径	径向圆跳动		端面圆跳动	
	叶轮密封环	轴套、平衡盘	叶轮端面	平衡盘
≤50	0.06	0.03	0.20	0.04
>50～120	0.08	0.04		
>120～260	0.10	0.05		
>260	0.12	0.06		

影响转子径向圆跳动和端面圆跳动超差的原因很多。例如轴本身已弯曲，或转子各零件之间接触面与轴中心线不垂直，压紧轴套后使轴产生新的弯曲，也可能是零件加工精度不够或旋转零件与轴配合过松引起径向圆跳动和端面圆跳动超差。

由轴弯曲引起跳动超差的，则应先将轴矫直再组装检查。

由各零件之间接触面与轴中心线不垂直引起跳动超差的，应对转子各组件的接触端面进行研磨修理，其操作方法如下：车一根假轴，轴颈与实际轴颈一样(假如轴与零件配合为过盈配合，可改成间隙配合来测量)；按顺序把第一个叶轮装上假轴，在叶轮轮毂端面与轴肩涂上研磨膏进行研磨；研磨完毕用涂色法检查接触情况，直到合格为止；然后再装上相邻的隔套或第二个叶轮与第一个叶轮轮毂的另一侧端面相研磨；依次把转子各零件的接触端面进行配研，直到合格后，按安装顺序打上标记。

由加工误差引起零件两接触端面不平行的，可用游标卡尺或外径千分尺测量确定。偏差过大可将零件夹在车床上，用心轴定位，在同一找正情况下车另一侧端面，加工使其达到要求。

5）离心泵壳体止口间隙检查

分段式多级离心泵的两个泵壳之间及单级泵托架和泵体之间都是止口配合的，如果止口间隙过大，会影响泵的转子和定子的同心度，因此必须进行检查修复。检查两泵壳止口间隙的方法是将相邻两个泵壳叠起，在上面泵壳的上部放置一个磁性百分表座，夹上一个百分表，表头的触点与下泵壳的外圆接触，如图6－41所示。随后按图中箭头方向将上泵壳往复推动，百分表上的读数差就是止口之间的间隙。在相隔90°的位置再测一次。一般止口间隙在0.04～0.08mm之间，如间隙大于0.10～0.12mm就需要进行修理。单级泵托架和泵体止口的修理与此方法相同。

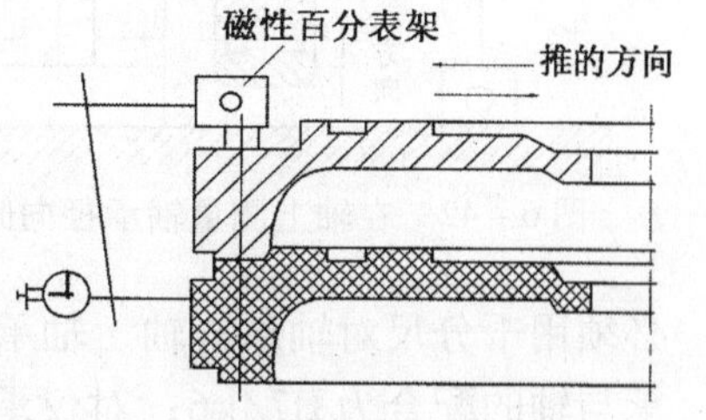

图6－41　泵壳止口同心度的检查

3. 离心泵的装配

离心泵各零部件经检查及处理合格后，应按技术要求组装，同时必须遵循一定方法进行，否则会影响装配质量。

1）离心泵装配的基本要求

离心泵的组装顺序与拆卸顺序相反，在组装时要注意以下几点：

（1）组装前清洗干净各零部件，组装时各部件配合面要加一些润滑油润滑。

（2）组装各部件时必须按拆卸时所打标记定位回装。

（3）上紧螺栓时要注意顺序，应对称并均匀把紧，一般分多次上紧，这样才能保证连接螺栓上得紧而且均匀。

（4）组装过程要做到边组装边检查、测量，同时作好记录。

2）离心泵滚动轴承的装配

滚动轴承对离心泵正常运转起着十分重要的作用，如果在装配时，质量达不到要求，会使轴承承载能力下降，产生噪声及发热，加快轴承磨损，严重时造成停车。所以一定要重视轴承的安装质量。

（1）滚动轴承装配前的准备工作：

① 轴承的清洗　装配前应先把轴承上的防锈油或润滑脂清除干净。对用防锈油封存的轴承，可用煤油清洗；对用厚油或防锈油脂如工业凡士林防锈的轴承，可先用机油加热（油温不得超过100℃），把轴承浸入油内，待防锈油脂溶化，取出冷却后再用煤油清洗；最后用清洁的棉布将轴承擦拭干净，但不能使用棉纱。

用煤油清洗时，应一手捏住轴承内圈，另一手慢慢转动外圈，直到轴承的滚动体、滚道、保持架上的油污完全清除。在清洗时应注意，开始应缓慢转动，往复摇晃，不能用过大力度旋转，否则轴承的滚道和滚动体易被附着的污物损伤。

② 轴承的检查　轴承清洗完后，在装配前还应进行以下几方面的检查：

a. 对轴承内外座圈、滚动体、滚道和保持架外观检查，其表面应无腐蚀、坑疤与斑点等缺陷。最后将轴承拿在手里，捏住内圈，水平转动外圈，旋转应灵活、无阻滞、杂音。

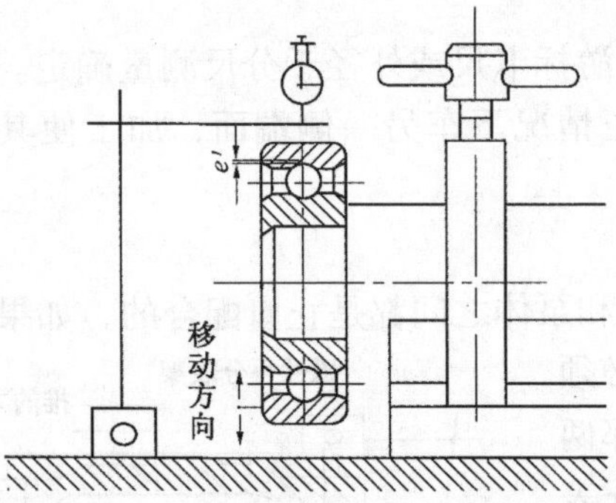

图6－42　在轴上测量轴承径向间隙

b. 径向间隙的检查。径向间隙检查有两种方法：一种方法是用轴承间隙1.5～2倍的铅丝穿过轴承，转动内圈，使滚动体和轴承座圈相互挤压铅丝后，将铅丝拿出用千分尺测量其厚度，所测厚度即为该轴承的径向间隙；另一种方法是将轴承装在轴颈上，内圈固定，用磁性百分表架夹上一个百分表，表头的触点与轴承外圈表面接触，然后转动外圈，每转90°做上下推动两次，百分表上下两值之差即为该轴承的径向间隙e'，如图6－42所示。

c. 轴承与轴、轴承箱内壁的配合检查。装配前必须用千分尺对轴承与轴、轴承箱内壁配合部位进行测量，对承受轴向和径向载荷的滚动轴承与轴的配合为H7/js6；对仅承受径向载荷的滚动轴承与轴的配合为H7/k6；而滚动轴承外圈与轴承箱内壁的配合为Js7/h6。

（2）滚动轴承装配：滚动轴承装配一般分冷装法和热装法两种。

① 冷装法　当轴承与轴颈或轴承座孔的配合过盈量较小时，可采用锤击法。其操作方法是装配前对各部数据检查完毕且合格后，在轴颈上涂上润滑油，将清洗干净的轴承平稳、垂直地套在轴颈上，然后用紫铜棒在轴承内圈端面对称地轻轻敲打，使轴承就位。

当轴承内圈与轴颈为紧配合、轴承外圈与轴承座孔为较松配合时，应先将轴承装在轴颈上，然后将轴连同轴承一起装入轴承座孔内。往轴颈上装配轴承时的受力部位应选在轴承的内圈端面，如图6－43所示。

当轴承的外圈与轴承座孔为较紧配合、内圈与轴颈为较松配合时，应先将轴承装入轴承座孔中，然后把轴装入轴承内孔。往轴承座孔中压入轴承时，轴承的受力部位应选择在轴承外圈端面上，如图6－44所示。

当轴承内圈与轴颈、外圈与轴承座孔都是紧配合时，在轴承往轴颈上安装时，受力部位应选在轴承内圈端面上；而往轴承座孔中安装时，受力部位应选在轴承外圈端面上。图6－45为轴承内、外圈同时压装的方法。

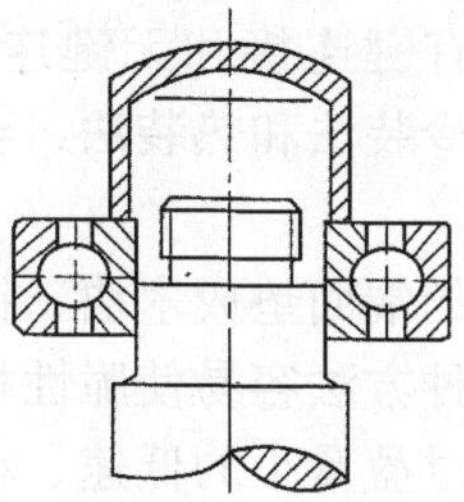

图6－43　滚动轴承内圈压装方法

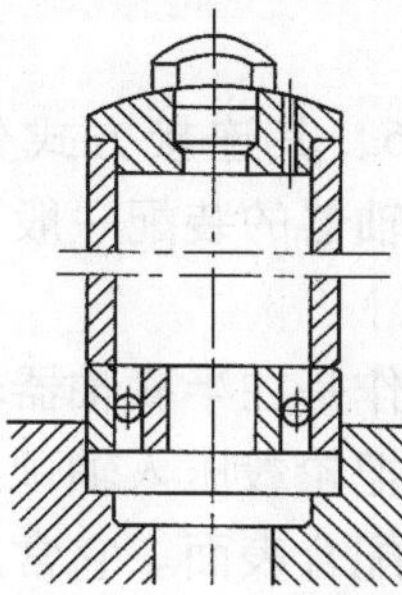

图6－44　滚动轴承外圈压装方法

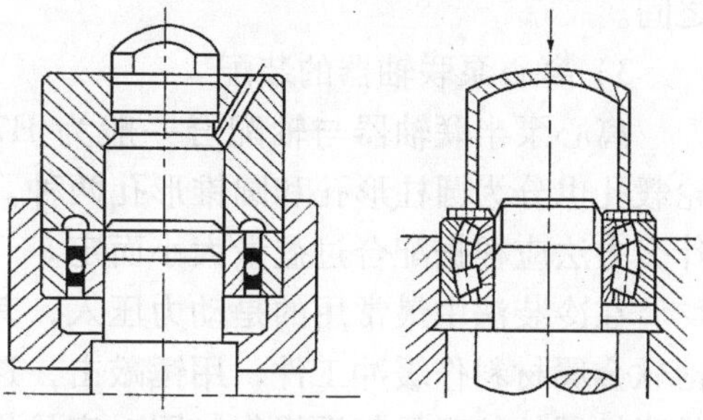

(a)内外圈同时压装　　(b)用环板压装

图6－45　滚动轴承内、外圈同时压装方法

② 热装法　当滚动轴承内孔与轴颈的配合过盈量较大时，应用热装配法。

把清洗干净的轴承放进设有网格的润滑油中加热，将油加热15～20min，当轴承被加热到80～100℃时，把轴承迅速取出，立即用干净棉布擦去附在轴承表面的油迹和附着物，再推入或锤入到轴肩位置，装配时应边装入边微微转动轴承，防止轴承倾斜卡死。装到位后应顶住轴承直到冷却为止。

当轴承外圈与壳体上的轴承孔配合较紧时，应把壳体加热，然后才将轴承装入。

如果有电热轴承加热器，在清洗完毕并用清洁的棉布将轴承擦拭干净后，可用轴承加热器直接加热轴承装配，同样其加热温度不得超过100℃。

(3) 滚动轴承间隙的调整：滚动轴承间隙调整只适用于推力轴承，非推力轴承不需调整，而离心泵定位轴承常采用单列向心推力球轴承，它可通过内外圈的轴向移动来调整轴向和径向间隙。这种轴承的轴向间隙和径向间隙之间成正比关系，只要调整好轴向间隙，就可获得所需的径向间隙。这种轴承一般是成对使用的，因此只需要调整一只轴承的轴向间隙即可。一般通过调整轴承压盖与机体轴承孔的侧端面之间垫片的厚度来实现。调整间隙常用深度尺测量和压铅丝测量，这两种方法都比较简便准确。深度尺测量操作如图6－46(a)所示，把轴承装配到位后，用深度尺测量出 a 值和 b 值(相隔90°对称测量4点，取平均值)。当 $a-b$所得值为正值时，表明两端面有间隙，当结果为负值时，表明两端面有过盈量；压铅法

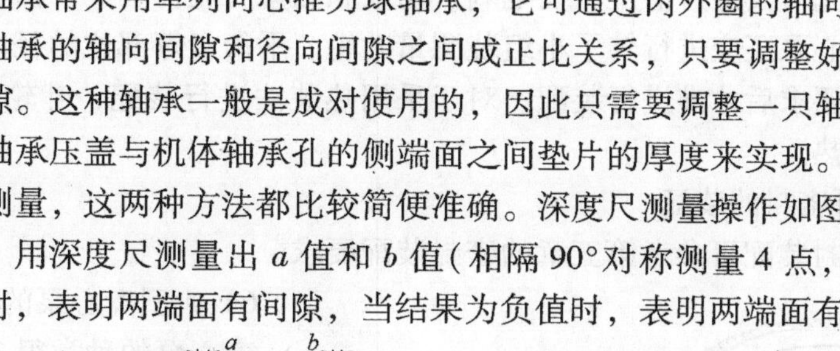

(a)　　(b)

图6－46　垫片调整法

测量操作如图6-46(b)所示，把轴承装配到位后，在压盖端面和轴承外圈处用润滑脂各黏上4条合适的铅丝对称摆放，装回压盖，对称均匀地把紧螺栓后，拆开压盖取出铅丝量取各铅丝厚度(取平均值)。轴承外圈铅丝厚度减去压盖端面铅丝厚度为正值时，表明两端面有间隙，当结果为负值时，表明两端面有过盈量。

根据测量结果进行加减压盖端面和轴承座端面之间的垫片使轴向间隙在0.02~0.06mm之间。

3）离心泵联轴器的装配

离心泵半联轴器与轴配合一般为H7/js6，其连接方式分为有键连接和无键连接两种。轮毂孔也分为圆柱形孔和圆锥形孔两种。联轴器的装配一般采用冷装法和热装法，至于采用什么方法应根据配合过盈量大小而定。

在冷装法中最常用的是动力压入，其操作是在半联轴器轮毂的端面垫放木块、铅块或其他软金属材料作缓冲工件，用锤敲击，逐渐把轮毂压入轴颈。这种方法容易使脆性材料制成的联轴器的轮毂局部受损伤，同时容易损坏配合表面。它常用在过盈量小的低速、小型、有键连接的联轴器的装配中。

热装法也有多种，常用的有润滑油加热法和火焰加热法。润滑油加热比较均匀，而且容易控制加热温度，所以比较容易操作，对于缺乏实践经验者说，完全可大胆使用，但此种方法比较麻烦，准备时间长；火焰加热比较省事且比较快，但加热温度难以控制，需要有一定的经验才能使用。半联轴器实际加热温度的高低，可根据轮毂孔与轴颈的配合过盈值及向轴颈上套装时的间隙要求进行计算求出。

不管采用哪种方法，在装配前都应先对半联轴器进行清洗、去毛刺、锈蚀和测量半联轴器与轴的配合尺寸。对于常用的弹性圈柱销联轴器的安装，在装配时其弹性圈与柱销应为过盈配合，并有一定的紧力。弹性圈与联轴器销孔的直径间隙为0.6~1.2mm，联轴器两端面轴向间隙为2~6mm。

4）离心泵叶轮、平衡盘的装配

离心泵叶轮、平衡盘与轴配合都是采用H7/js6，它们的装配同样可用冷装法和热装法，在装配前都应先对其进行清洗、去毛刺、锈蚀和测量叶轮与轴、平衡盘与轴的配合尺寸。对分段式多级离心泵还应进行转子小组装测量叶轮、平衡盘等部位的径向和端面圆跳动值，上述情况都符合要求后才准进行装配。对于采用热装法进行装配，叶轮加热可用润滑油加热，也可用蒸汽加热。

5）离心泵密封的装配

离心泵密封装配可参考第五章的密封装配要求。

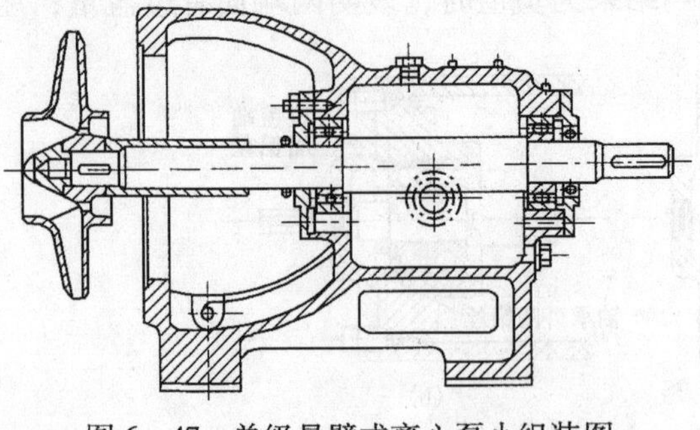

图6-47　单级悬臂式离心泵小组装图

6）典型离心泵的装配

离心泵的种类很多，具体装配方法也各有不同，下面仅介绍具有代表性的三种离心泵装配中的一些应注意问题。

(1) 单级悬臂离心泵的装配：单级悬臂式离心泵在总组装前，应进行小组装检查各部跳动值是否达到规范要求。图6-47所示为单级悬臂式离心泵小组装图。

① 检查轴套的径向圆跳动　为了防止

轴套外圆跳动值过大而导致密封容易泄漏，装配时要对轴套外圆径向跳动值进行检查。操作方法是用百分表固定在磁力表座上，使表触头垂直指向轴套外圆，盘动泵轴旋转一周，表中最大读数减去最小读数就是轴套径向跳动量。轴套外圆径向圆跳动值应符合表6-8的规定。

表6-8 单级悬臂式离心泵转子径向和端面圆跳动允许值 mm

测量部位直径	径向圆跳动		叶轮端面圆跳动
	叶轮密封环	轴　套	
≤50	0.05	0.04	0.20
>50~120	0.06	0.05	
>120~260	0.07	0.06	
>260	0.08	0.07	

② 检查叶轮密封环外圆的径向跳动　检查叶轮密封环径向圆跳动值，主要是为了防止叶轮密封环和泵体密封环发生摩擦。密封环径向和端面圆跳动检查方法与检查轴套外圆基本一样，其跳动值应符合表6-8的规定。

③ 检查轴承轴向间隙　联轴器端轴承端盖与轴承外座圈的轴向间隙主要是防止轴受热伸长，间隙大小应在0.02~0.06mm范围内。其检查和调整方法可用深度尺测量法或用压铅法(其操作见滚动轴承间隙的调整)。

单级悬臂式离心泵在组装后，叶轮流道中心线与泵体流道中心线要重合，偏差值不大于0.5mm，如果不符合要求，通过加减叶轮轮毂与轴肩端面之间的垫片厚度，或通过车削改变轴套长度达到要求。叶轮入口端面与泵体的轴向间隙，可通过加减泵盖与泵体之间密封垫片的厚度来达到要求。

(2) 单级双吸水平剖分式离心泵的装配：其装配顺序与拆卸方向相反。装配时要注意以下一些事项：

① 叶轮口环轴向间隙的测量和调整　双吸式离心泵叶轮口环与叶轮进口的轴向间隙，左右两边数值要相同，叶轮流道中心线与泵体流道中心线要重合，否则泵在运行时除了产生动静摩擦外，泵的性能也会变坏。因此，当转子吊装就位后，应用塞尺测量叶轮两侧进口端面与口环之间的轴向间隙。当两侧轴向间隙不相同时，可改变两端轴承内圈和轴肩之间的轴承挡圈厚度，使转子在泵壳中沿轴向左右移动，达到调整目的。

② 定位轴承轴向间隙的测量和调整。这种泵的定位轴承多设在联轴器端，轴向间隙为0.02~0.06mm，间隙大小可通过加减轴承压盖止口和轴承外圈之间的垫片厚度来达到要求。另一端设一只轴承为非定位轴承，轴承压盖止口和轴承外圈之间留有6mm左右的轴向间隙，避免各部分热膨胀时把泵轴顶弯。

(3) 分段式多级离心泵的组装与调整：

① 各段泵壳的组装　分段式多级泵各段泵壳在装配前应消除止口毛刺。装配时各段之间的结合面密封应根据泵制造厂使用说明书要求进行密封。如果说明书没有要求的，为防止渗漏，可在结合面上涂上密封胶。涂密封胶时，不用整个密封面都涂上，只要沿密封面涂上一周不断路的窄带形密封胶即可。为防止改变整台泵的轴向尺寸，密封胶层不能太厚。

② 窜量的测量和调整　离心泵的窜量是指转子与定子之间的轴向间隙。离心泵的窜量有总窜量和单窜量之分。在没有装平衡盘时测得的窜量为总窜量，在装平衡盘后测得的窜量为单窜量。泵在总装时不仅要检查转子的总窜量大小，同时还要确保转子轴向对中，也就是使叶轮出口流道中心线与导叶流道中心线重合。不同结构的离心泵其窜量的测量方法和允许

值的大小各不一样。下面介绍泵轴两端由滑动轴承支承，转子带有平衡盘的多级离心泵在组装时窜量的测量和调整。

a. 装前段、前轴套、第一级叶轮及中间段；上紧大螺栓固定进水段及中间段；将转子推向一端极限位置，用钢板尺在泵一端找好测量基准，记下转轴某一位置的长度；再将转子推向另一端极限位置，这时在尺的刻度上可读出某一位置的移动量，移动量数值即为所测的窜量，也可用百分表在进口端的轴端测量转子两个极限位置移动量。

b. 用同样方法每装配一段测量窜量一次，并作好记录。

c. 装完最后一级叶轮及后段，并上紧大螺栓，测量窜量，这就是泵的总窜量。

d. 装完平衡盘后，同样推动转子测窜量，所测窜量为泵的单窜量。

离心泵窜量过小容易引起叶轮与泵壳磨损，相反则降低泵的效率。不同结构的泵其窜量允许值一般不相同。对于热油泵，考虑到热伸长后转子向前移动，所以入口端的窜量要比出口端的窜量大0.5~1mm。

离心泵每段总窜量太小可以车短口环的长度，总窜量太大可以补焊或更换口环。

离心泵单窜量的调整可以通过车短平衡盘轮毂或在平衡盘轮毂前加减垫片来调整出口端窜量。

③ 分段式多级离心泵转子与泵壳同轴度的测量调整　多级离心泵的转子和泵壳之间各处的径向间隙应相等，如果转子在泵壳内上下左右间隙不相等，会造成转子轴心线与泵壳轴心线在垂直和水平方向不同心，转子旋转后会发生动静摩擦，严重时甚至盘不动车，所以必须对其同轴度进行调整。同轴度的调整，是通过对泵两端瓦座的三只调整螺钉的调节来达到要求。其操作方法如下：

a. 先卸开泵两端的上、下轴瓦，使转子自由落下处于泵壳的最底部，这时转子与泵壳下部的间隙为零。

b. 在泵前、后轴瓦部位装上百分表，表头垂直指在轴的最上部，把表调回零，然后轻轻地同时抬起转子的两端，直到抬不动为止，记录百分表读数，这时百分表上的读数是在没有装下瓦时的读数。

c. 将泵两端下瓦装上，重新将百分表表头指在原来的位置上，还是轻轻地同时抬起转子的两端，直到抬不动为止，检查百分表的读数，如果读数为在没有装下瓦时的读数的一半，则说明转子与泵壳同轴度在上下方向的调整工作完成，如果不是一半，可通过调整轴瓦两端的三只调节螺钉来达到要求；左右方向的调整，可根据轴到两边瓦座口的距离来判断，其调整方法参照上下方向调整方法。

上下同心与左右同心要同时进行调节，比较困难。因为当调节完其中一项后再调节第二项时，前者已调节好的数据可能遭到破坏，所以两者要反复调节，直至转子与泵壳同心为止。

因泵在运行时轴瓦内润滑油会形成油楔将转子向上托起，所以在调节上下方向同心时，往往有意识地将转子中心定在偏离泵壳中心下方的0.03~0.05mm处。

6.1.8.3 离心泵的试运转及故障处理

离心泵安装或检修完毕，要进行试运转。按要求试运合格后，若没有发现任何问题，便可进行移交。若发现有故障，安装或检修人员必须查明原因进行排除，直到试运转合格为止。

1. 离心泵的试运转

1）试运前的准备工作

（1）检查检修记录，确认数据正确，准备好试运用的各种记录表格；

（2）把泵周围卫生打扫干净；

（3）检查地脚螺栓有无松动，电机接地线是否良好，入口管线及附属部件、仪表是否完整无缺；

（4）检查联轴器连接是否良好，对轮罩是否上好；

（5）轴承部位加入合格的润滑油，油位在1/2~2/3油标处；

（6）检查冷却系统是否畅通；

（7）检查封油系统投用是否正常，封油压力应高于泵入口压力0.05~0.15MPa；

（8）盘车应无卡涩现象和异常响声；

（9）对于高温泵要进行充分的预热，低温泵需进行预冷；

（10）联系电工检查电机，并送上电。

2）试运转

（1）启动：

① 关闭泵出口阀，关好泵进出口连通阀。开启入口阀，使液体充满泵体，打开放空阀，将空气赶净后关闭。

② 检查轴封渗漏是否符合要求。

③ 盘车无问题后，启动电机。

④ 当泵出口压力和电机电流正常后，逐渐打开泵出口阀，并严密监视电机电流，将电流控制在红线内，以防电机超负荷，烧毁电机。

⑤ 检查出口压力指示是否正常，润滑情况是否良好。

⑥ 检查轴封渗漏是否符合要求，密封介质泄漏不得超过下列要求：对于机械密封，轻质油10滴/min，重质油5滴/min；对于填料密封，轻质油20滴/min，重质油10滴/min。

⑦ 检查冷却系统运转是否正常。

⑧ 检查泵的振动值和轴承温度是否在允许范围内。振动值应符合ISO 2372和ISO 3495标准。轴承温度应符合下列要求：对于强制润滑系统，轴承油的温升不应超过28℃，轴承金属的温度应小于93℃；对于油环润滑油或飞溅润滑系统，油池的温升不超过39℃。

⑨ 随时注意泵的出口流量及压力，并根据其变化判断过滤网的堵塞情况，当堵塞较严重时，应立即停泵处理。

⑩ 认真妥善处理试运中出现的问题，并作好详细记录，同时配合其他岗位做好试运善后工作。

（2）停车：

① 关闭出口阀；

② 停止电动机。

3）验收

（1）连续运转24h后（新安装泵在额定工况点连续试运转时间不小于2h），各项技术指标均达到设计要求或能满足生产需要；

（2）达到完好标准；

（3）检修记录齐全、准确，按规定办理验收手续。

2. 离心泵的故障处理

离心泵在运转过程中常会出现振动、轴承温度高、轴封泄漏等故障。出现这些故障应查明原因，处理后才能继续投入运转。现将离心泵常见故障现象、原因及处理方法列于表6-9。

表 6-9　离心泵常见的故障原因及处理方法

序　号	故障现象	故障原因	处理方法
1	流量扬程降低	泵内或吸入管内存有气体 泵内或管路有杂物堵塞 泵的旋转方向不对 叶轮流道不对中 叶轮装反向 叶轮损坏 介质黏度增大	重新灌泵，排除气体 拆检清理 检查电机接线 检查、修正流道对中 拆检调正 拆检更换叶轮 调整工艺
2	电流升高	转子定子碰擦	解体修理
3	振动增大	泵转子或驱动机转子不平衡 泵轴与原动机轴对中不良 轴承磨损严重，间隙过大 地脚螺栓松动或基础不牢固 泵抽空 转子零部件松动或损坏 支架不牢引起管线振动 泵内部摩擦	转子重新平衡 重新校正 修理或更换 紧固螺栓或加固基础 进行工艺调整 紧固松动部件或更换 管线支架加固 拆泵检查消除摩擦
4	密封泄漏严重	泵与原动机对中不良 轴弯曲 轴承或密封环磨损过多形成转子偏心 密封损坏或安装不当 密封冲洗液压力不当 操作波动大或抽真空 密封补偿环卡涩 填料过松	重新校正 矫正轴或更换 更换并校正轴线 检查更换 调整密封冲洗液压力比密封腔前压力大 0.05～0.15MPa 稳定操作、更换密封 调整或更换密封 重新调整
5	轴承温度过高	轴承间隙过小 转动部分平衡破坏 润滑油过少或变质 轴承损坏或松动 轴承冷却效果不好 带油环失效	调整轴瓦间隙 检查消除 按规定添放或更换润滑油 修理更换或紧固 疏通管路或增大冷却水量 调整或更换
6	泵体异响	泵内抽空 泵内发生汽蚀现象 泵内有异物 叶轮口环偏磨 泵体内部件松动 轴中心线偏斜	调整操作 调整操作 解体清除异物 解体检查消除轴弯曲；解体检查消除口环偏心 解体检查紧固松动件 调正前后轴承中心线

6.2　往　复　泵

往复泵是一种发展较早的动力机械之一，它属于容积式泵。在生产中它用来输送压力较高的液体或高黏度、具有腐蚀性以及易燃、易爆、剧毒的各种液体。特别是当流量较小时，这种泵的优越性愈加明显，流量小于 $100m^3/h$、压力高于 100MPa 是最佳使用范围。

6.2.1　往复泵的工作原理

往复泵是依靠缸内的活塞或柱塞作往复运动来改变工作室的容积，从而进行液体输送的。它由输送液体的泵体部分和将原动机的能量传给活塞的传动机构两个基本部分组成。其

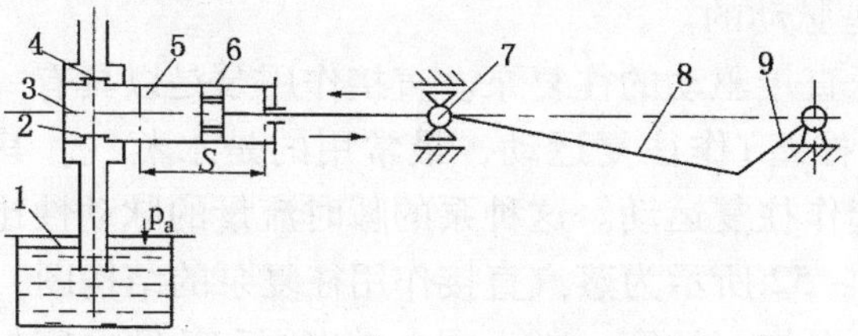

图 6-48　往复泵的工作原理

1—储液槽；2—吸入阀；3—工作室；4—排出阀；5—泵缸；6—活塞；7—十字头；8—连杆；9—曲柄

泵体部分由活塞、泵缸、工作室、阀和管路输送系统等组成。传动机构由曲柄、连杆、十字头等组成，如图 6-48 所示。

当活塞从泵缸左端向右端移动时，活塞左边泵缸内的容积增大，同时压力降低，排出阀紧闭，储液槽的液体在大气压力作用下，沿吸入管顶开吸入阀进入泵缸，直到活塞移动到最右端，泵缸内充满液体，吸液过程结束。然后，活塞在曲柄连杆的带动下，由右止点向左移动，泵缸内液体受挤压，压力逐渐增高并顶开排出阀，使液体从排出管排出，直到活塞移动到最左端，泵缸内液体被全部排出，排液过程结束。接着活塞又进行吸液、压缩和排液。吸液过程中排出阀关闭，压液和排液过程中吸入阀关闭。这样周而复始地工作，液体便一股一股地自储液槽吸入并压送至排液管及与其相通的管路系统。这就是往复泵的工作原理。

活塞往返运动一次，完成吸入和排出过程一次，称为一个工作循环。活塞由一端移至另一端的距离，称为活塞的行程或冲程，左、右两端点称为止点。

6.2.2　往复泵的分类

往复泵的种类很多，一般根据液力端和传动端结构特点进行分类。

1. 根据液力端结构特点分类

（1）按泵头的型式可分为活塞（柱塞）泵和隔膜泵。

（2）按作用特点可分为单作用泵、双作用泵、差动泵。

单作用往复泵就是将吸入阀和排出阀装在活塞（柱塞）的同侧，在一个工作循环中，只有一个吸入过程和一个排出过程，如图 6-49 所示。

双作用往复泵就是活塞（柱塞）两侧均装有吸入阀和排出阀，在一个工作循环中，有两个吸入过程和排出过程，如图 6-50 所示。

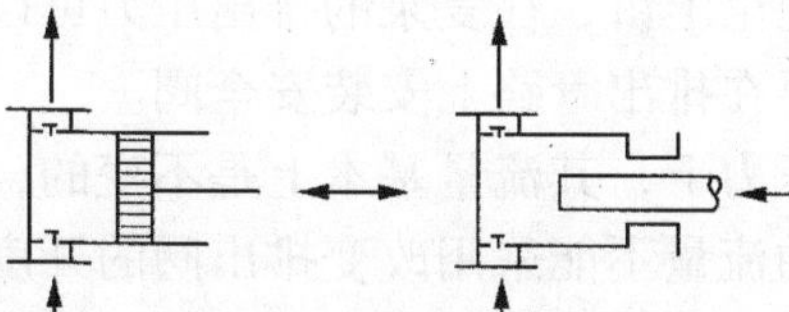

(a)单作用活塞泵　(b)单作用柱塞泵

图 6-49　单作用往复泵

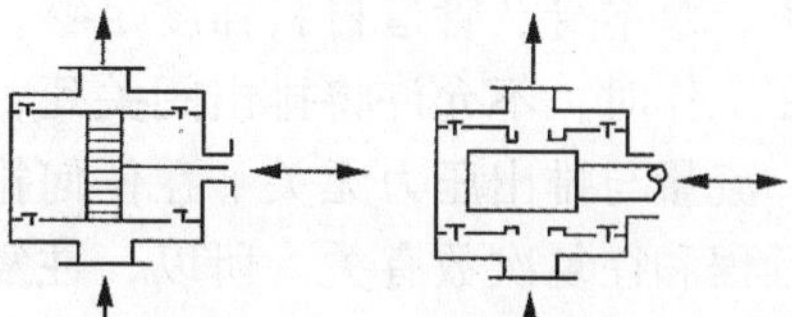

(a)双作用活塞泵　(b)双作用柱塞泵

图 6-50　双作用往复泵

差动泵就是活塞的一侧装吸入阀和排出阀，泵的排出管与活塞的另一侧（没有吸入阀和排出阀）相通，在一个工作循环中，有一个吸入过程和两个排出过程，如图 6-51 所示。该泵柱塞的横截面积为柱塞杆横截面积的两倍。

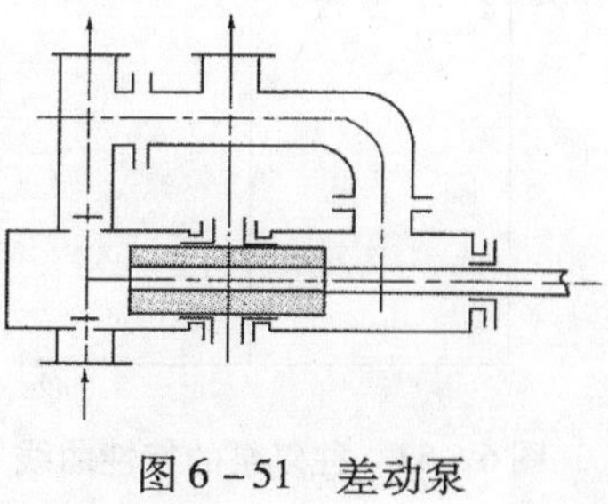

图 6-51　差动泵

（3）按液缸数目分为单缸、双缸和多缸泵。

2. 根据传动端结构特点分类

（1）机动泵　包括电动机驱动和内燃机驱动的往复泵。机动泵是用电机、内燃机等为动力通过曲柄连杆机构使活塞(柱塞)作往复运动。这种泵的瞬时流量是脉动的。

(2) 直接作用泵 包括蒸汽、气、液压直接驱动的往复泵。直接作用泵是以具有一定压力的水蒸气、压缩空气或液体来驱动活塞(柱塞)作往复运动，最常用的是水蒸气。其动力缸的活塞杆与泵缸的活塞杆直接相联，一起作往复运动。这种泵的瞬时流量的脉动性比机动泵要小，运转可靠、流量调节方便。如图6－52所示为蒸汽直接作用往复泵的结构图，它由泵缸、汽缸和连接部分等组成。泵缸部分由泵缸、活塞、吸入阀、排出阀和活塞杆密封装置等组成。汽缸是泵的动力部分，由汽缸、活塞和配汽阀等组成。连接部分由摇臂、拉杆和连接器等组成。汽缸活塞和泵缸活塞通过连接器连成一体，使泵缸活塞产生与汽缸活塞相同的冲程。而配汽机构和汽缸活塞通过拉杆和摇臂支架等连接起来，使配汽机构能协调动作，确保蒸汽可以连续地被分配进入汽缸的左右两边，从而推动活塞作往复运动。

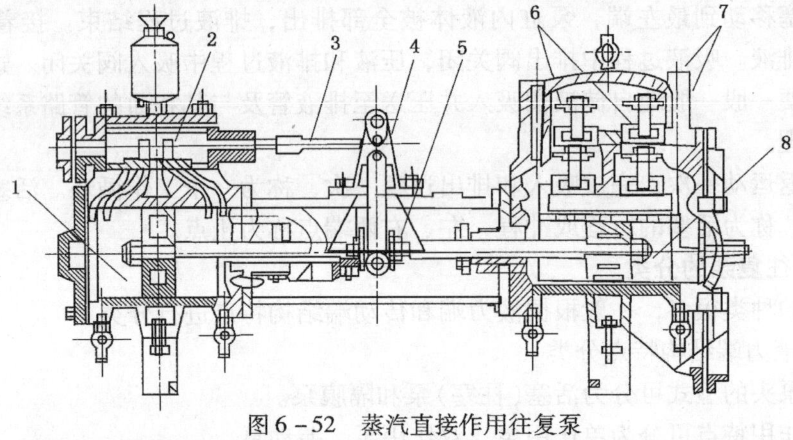

图6－52 蒸汽直接作用往复泵

1—汽缸；2—配汽机构；3—拉杆；4—摇臂；5—联轴器；6—排出阀；7—吸入阀；8—液缸

6.2.3 往复泵的主要性能特点

往复泵与离心泵相比较，具有以下特点：

(1) 排出压力可无限高 由于液体是不可压缩的，所以产生的压力可以很高。只要电动机的功率、泵本身及管道材料强度足够，从理论上讲，往复泵的排出压力可以无限高。因此往复泵在工作时，不允许将排出阀关死，并要在排出管路上安装安全阀。

(2) 流量与排出压力无关 在任何排出压力下，其流量基本上是不变的，因流量与活塞直径、行程和往复次数有关。所以，往复泵的流量不能采用改变排出阀的开度来调节。一般采用旁路回流法调节流量。由实验测得的 $Q-H$ 曲线，如图6－53所示，实线表示理论情况，流量不随压力变化，虚线表示实际情况，因泄漏，流量随排出压力的增加稍有降低。

(3) 具有自吸能力 往复泵是利用活塞的往复运动，改变汽缸容积进行吸液和排液的。吸入口和排出口互不相通，因此具有自吸能力。泵在启动前不需要灌泵，故不必装设底阀。但是为了避免活塞与泵缸干磨，有的往复泵也装有底阀，这样可使吸入管路和泵缸内充满液体。

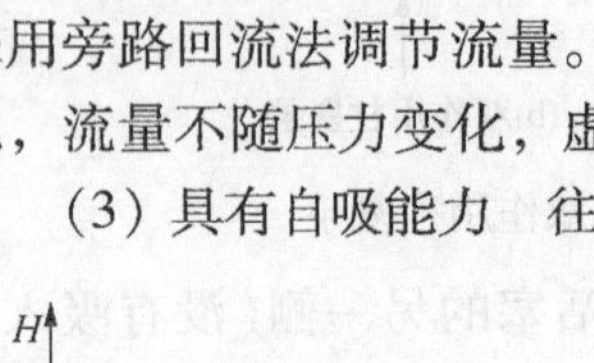

图6－53 往复泵的特性曲线

(4) 流量不均匀 因往复泵工作时，周期性地排出液体，流量是不均匀的，泵在运行中容易产生冲击和振动。

6.2.4 蒸汽往复泵的安装与检修

6.2.4.1 蒸汽往复泵的安装

蒸汽往复泵出厂已装配好的不得拆卸。当有损伤确需拆卸检查时，应按随泵技术文件进行。往复泵的基础验收、找正、找标高、水平度调整等工作基本上与离心泵相似。

6.2.4.2 蒸汽往复泵的检修

1. 蒸汽往复泵的拆卸

蒸汽往复泵在拆卸前应先排干净汽缸冷凝水、液缸残余液体。在拆卸时要注意以下两点：

（1）拆卸活塞及活塞环时，为了防止弄断活塞环，应用专用工具进行拆卸。

（2）拆卸配汽阀板时，要作好标记，不能搞错。

2. 蒸汽往复泵零部件的检查及组装调整

蒸汽往复泵在解体过程中或零部件拆卸下来经清洗干净后，应按泵使用维护说明书要求进行检查、测量、组装。无要求情况下，对QS、QB、VC型等蒸汽往复泵可按SHS 01014—2004《蒸汽往复泵维护检修规程》的标准进行检查、测量、组装。其检修主要包括如下几方面内容。

1）蒸汽往复泵零部件的检查修理

（1）牵动机构：牵动机构各部件配合不符合规范，磨损过大会使泵在动行时行程不均匀，因此在检修时应检查其配合间隙。

① 中心支架衬套与摇臂轴配合为H9/f9；

② 连杆衬套与汽室拉杆接头销轴配合为H7/f6；

③ 连杆衬套与长短臂销轴配合为H7/f6。

（2）配汽机构：

① 平板式配汽阀　泵在运行过程中，由于蒸汽夹带杂质或平板之间的相互摩擦而使阀平面接触不严密，所以检修时应用涂色法检查阀板与阀座平面的接触情况。如果接触不良，要进行研磨，使阀板和阀座平面平滑，接触面积每平方厘米不少于2～3点。配汽拉杆最大磨损量可参照活塞杆允许最大磨损量值。配汽拉杆表面和螺纹部分不应有损坏、磨损情况，螺帽应结合良好，不松动。

② 活塞式配汽阀　无活塞环式配汽活塞与配汽缸的圆柱度公差值不大于0.05mm，磨损最大不超过0.05mm，活塞与配汽缸装配间隙应在0.08～0.15mm范围内，如果磨损超标应更换。带活塞环式配汽活塞与配汽缸的圆柱度公差值、活塞与配汽缸的装配间隙及活塞环的技术要求与汽缸部分相同。配汽活塞与配汽缸表面应光滑、无裂纹，其磨损沟槽应小于0.2mm。

（3）汽缸：汽缸内表面应光滑，无裂纹、砂眼、沟槽等缺陷，其内径圆柱度公差值及汽缸内径增大值应符合技术要求。

（4）液缸：液缸套内表面应光滑，无裂纹、砂眼、沟槽等缺陷，其磨损沟槽极限深度不能超过技术要求规定值，若超过规定值应进行修理或镗缸。

（5）活塞：

① 活塞表面应光滑，无裂纹、砂眼、伤痕等缺陷，圆柱度应符合技术要求，超过极限值时应修理或更换

② 汽缸、液缸与活塞的安装间隙应符合技术要求

③ 活塞在缸内的两端死点余隙应符合技术要求。

（6）活塞环：

① 活塞环应无砂眼、气孔，弹力要足够。

② 汽缸活塞环的厚度应小于活塞槽深0.5～1.00mm，液缸活塞环的厚度应小于活塞槽深0.5～1.50mm。活塞环安装对口位置彼此错开120°。

③ 活塞环表面不允许有严重纵向沟槽，其圆周与缸壁接触良好，用0.05mm塞尺不允许塞入。

④ 汽、液缸活塞环安装间隙要符合技术要求。

(7) 活塞杆：

① 活塞杆最大磨损量和圆度公差值应符合技术要求。

② 活塞杆表面不允许严重纵向沟槽，直线度值要符合技术要求。

③ 活塞与活塞杆装配后，活塞端面与活塞杆垂直度公差值应符合技术要求。

④ 活塞杆与填料压盖直径间隙应符合技术要求。

(8) 阀：

① 进、出口阀盖与阀座之间接触面应光滑严密。用涂色法检查接触面应呈环状接触，不允许有间断。

② 当阀盖质量与原质量之差超过规定值时，应进行更换。

③ 阀盖与阀座不得有腐蚀、坑痕、损坏、严重径向沟槽等。

④ 弹簧圈数、高度和弹力均符合技术要求。

⑤ 阀盖起落高度应相等，其偏差不大于5%。

⑥ 阀杆与阀座孔同心，阀杆与阀盖孔配合为H9/c9或H9/d9。

⑦ 阀座装在泵体上必须牢固、紧密。

(9) 密封：

可参考第5章"5.1.4 安装和使用"部分。

2) 蒸汽往复泵组装调整

(1) 组合件的组装　先把两个或几个零件组装在一起，如活塞与活塞杆、进出口阀等。每安装一个零件时都应按规范要求进行，以确保装配质量。

(2) 部件的组装　把零件或组合件装成设备的一部分。在部件组装时，要检查零件和组合件的质量，对零件和组合件之间的相对位置和相互关系进行仔细地调整，使其达到规范要求。一般情况下先组装配汽部分和泵阀部分，后装活塞。

(3) 总组装　把零件、组合件或部件组装成整台往复泵。总装后往复泵必须符合图纸和有关技术要求的规定。在装配时应注意，活塞环开口应错开汽道和阀孔，活塞环若难入缸套时，应用螺丝刀在周围把活塞环撬紧或用麻绳、铁丝等将它捆紧，也可用专用工具使它能顺利进入，千万不能乱敲乱打。各部件组装完毕，最后还要进行"三点定中"调整。即先测量配汽板与汽道长度确定配汽板在汽道中心尺寸，测量汽缸活塞与汽缸长度确定汽缸活塞在汽缸中心尺寸，测量液缸活塞与液缸长度确定液缸活塞在液缸中心尺寸，然后把转动摇臂调整处于垂直向下位置，最后根据中心尺寸逐一通过对配汽拉杆调节螺帽的调节把配汽板调到汽道中心，通过调整汽缸活塞杆的长度把汽缸活塞调到汽缸中心，通过调整液缸活塞杆的长度把液缸活塞调到液缸中心。

(4) 蒸汽往复泵的调整　蒸汽往复泵在运转中如果行程不均匀，需要进行调整，可以通过调整配汽机构，控制蒸汽进入汽缸的快慢和多少来调整活塞行程。单缸往复泵中，行程调节螺母与小摇臂的距离越大，活塞的行程就越大。若活塞以中间位置为基点比较，如果活塞向左的行程长，向右的行程短，就应使进入汽缸的右边的蒸汽阀门快些关闭，左边的蒸汽阀门快些打开。

双缸往复泵的调整道理和单缸的相同，行程大小的调节靠方块螺母与阀板凸出的间隙大小而定。活塞行程的大小与中间位置比较偏左或偏右的，靠小拉杆的调长或调短来校正。

6.2.4.3 蒸汽往复泵的试运转及故障处理

1. 蒸汽往复泵的试运转

1）试运转前的准备工作

（1）检查安装或检修记录，确认数据正确，准备好试运用的各种记录表格；

（2）向注油器内加入汽缸油，油位在1/2～2/3油标处，并要向各油管充满油，转动注油器手柄约几圈向注油点加油。

（3）启动前至少要盘动活塞行走一个往复，使运动自由无阻。

（4）仔细检查各管道及填料的密封情况是否良好。

（5）打开吸入管上的阀门。

（6）打开排出管上的阀门。

（7）打开汽缸的放水阀门，直到排尽冷凝水为止。

2）试运转

（1）启动：

① 确定活塞运动无阻，各管线上的阀门都已打开时，先引蒸汽入汽缸，进行暖缸。

② 暖缸时，全开乏汽阀，打开排凝阀。

③ 汽缸暖缸正常后，关闭排凝阀。

④ 缓慢打开主汽阀至泵运转，注意出口压力；关闭汽缸排凝阀；逐渐调节主汽阀，使泵出口流量达到工艺要求和指标。

⑤ 全面检查往复泵有无异常现象。

（2）停车：

① 逐渐关主汽阀，直至关闭，再关乏汽阀。

② 打开排凝阀放尽存水及残汽。

③ 汽缸内的水用排凝阀放尽。

④ 逐渐停止冷却水

⑤ 关闭泵的出入口阀门(先入口，后出口)。如果长时间停止工作，应将油缸液体放出并清洗。

2. 蒸汽往复泵的故障处理

蒸汽往复泵常见故障现象、原因及处理方法如表6－10所示。

表6－10 蒸汽往复泵常见的故障原因及处理方法

序号	故障现象	故障原因	处理方法
1	泵无法启动	配汽摇臂销脱落	装回摇臂销子
		进汽阀芯折断阀门打不开	更换阀门或阀芯
		汽缸磨损间隙过大	更换汽缸或活塞环
		盘根压得过紧	适当放松盘根压盖螺丝
		汽缸活塞环折断	更换活塞环
		两摇臂同时处于垂直位置，致使错汽阀关闭	调整活塞杆位置错开行程
		排汽阀开度小	开大排汽阀
		汽缸内有冷凝水	排净缸内冷凝水
		蒸汽压力不足	进行工艺调整提高蒸汽压力
		液缸内有压力或硬物	排除液缸内压力或硬物

续表

序号	故障现象	故障原因	处理方法
2	突然停泵	活塞环折断卡住活塞 摇臂轴销脱落 蒸汽中断或压力不足 行程过大造成活塞落缸	更换活塞环 重新装好摇臂轴销 检查供汽系统 调整行程
3	压力波动大	阀关不严或弹力不一样 活塞环在槽内不灵活 活塞损坏 入口压力不稳 介质汽化	研磨阀或更换弹簧 调整活塞环与槽的配合 更换活塞 进行工艺调整 进行工艺调整
4	流量不足	单向阀磨损 活塞运行过慢或行程太短 液缸活塞环磨损超标 进口温度太高，产生汽化 液面过低，吸入气体 进口管阀开度小或堵塞	研磨或更换 调节活塞运行次数和行程长度 更换缸套或活塞环 降低进口温度 保证一定液面 增大开度或疏通管路
5	填料密封泄漏	活塞杆磨损严重 填料损坏 填料不足 填料压盖过松 填料压盖端面与填料箱端面不平行	更换活塞杆 更换填料，接口错开120° 加填料 均匀对称拧紧压盖螺栓 均匀对称拧紧填料压盖
6	活塞杆过热	注油器不上油 盘根过紧 注油孔堵塞 活塞杆弯曲	修理或更换 均匀松开盘根压盖螺栓 清理疏通 矫直或更换
7	异常响声和振动增大	缸内进入异物 活塞行程过大或速度过快 活塞锁紧螺母或活塞杆锁紧螺母松动 缸套松动 十字头中心架连接处松动 地脚螺栓松动 行程不均 汽缸冷凝液未排出 汽化抽空	清除缸内异物 减小行程长度或调整进汽量 紧固锁紧螺母 紧固缸套顶丝或更换缸套 检查紧固 紧固地脚螺栓 调整行程 排净汽缸冷凝液体 进行工艺调整

6.3 齿轮泵

由两个齿轮相互啮合在一起形成的泵，称为齿轮泵，齿轮泵属于容积泵的一种。

6.3.1 齿轮泵的工作原理及结构

齿轮泵是依靠齿轮啮合空间的容积变化来输送液体的。图 6－54(a)所示两个形状及大小相同的齿轮相互啮合地置于泵壳内，一个为主动齿轮，它伸出泵体与原动机轴相连接，另一个为从动齿轮。在齿轮泵工作时，主动轮随电机一起旋转并带动从动轮跟着旋转。当吸入室一侧的啮合齿逐渐分开时，吸入室容积增大，形成低压，便将吸入管中的液体吸入泵内。进入泵体内的液体分成两路，在齿轮与泵壳间的空隙中分别被主、从动齿轮推送到排出室。

由于排出室一侧的轮齿不断啮合，使排出室容积缩小，这样就将液体压送到排出管中。主动齿轮和从动齿不断旋转，泵就能连续吸入和排出液体。为了防止泵在出口阀关闭或管路堵塞时造成泵的损坏，在齿轮泵的出口侧设有弹簧式安全阀。当泵内压力超过规定值时，安全阀自动开启，高压液体泄回吸入侧。

按齿轮啮合方式可分为外啮合齿轮泵和内啮合齿轮泵两种。外啮合齿轮泵如图 6 - 54(a)所示，它有直齿、斜齿、人字齿等几种齿轮，其中应用最广泛的是渐开线齿形，外啮合齿轮泵的齿轮数目为 2 ~ 5，以两齿轮最常用。内啮合齿轮泵如图 6 - 54(b)所示，它的两个齿轮形状不同，齿数也不一样，其中一个为环状齿轮，可在泵体内浮动，主动齿轮在中间与泵体成偏心位置，主动齿轮比环状齿轮齿数少一个齿，同时主动齿轮工作时带动环状齿轮一起转动，利用两齿空间的变化来输送液体，内啮合齿轮泵只有两齿轮一种。

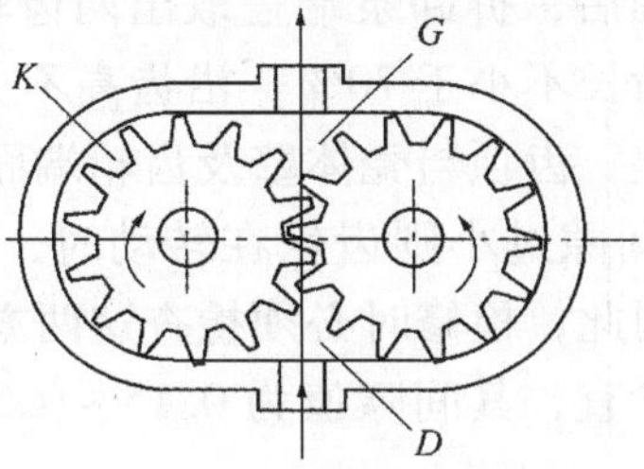

(a) 外啮合

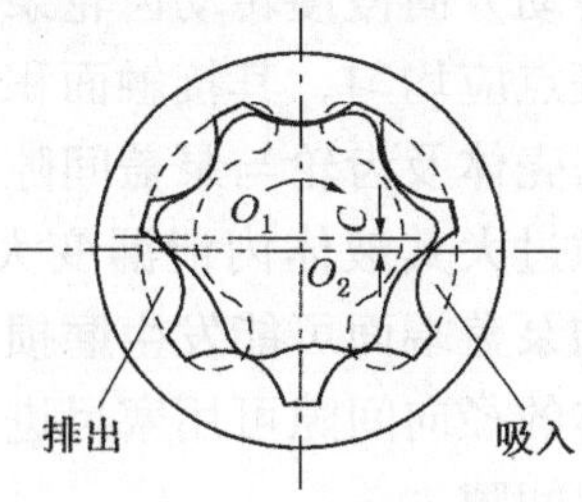

(b) 内啮合

图 6 - 54　齿轮泵分类

6.3.2　齿轮泵的特点

齿轮泵的特点是具有自吸性，流量与排出压力无关；结构简单紧凑、流量均匀、工作可靠；尺寸小而轻便，维护保养方便；流量小，压力高，用于输送黏性较大的液体，如润滑油、燃料油，可作润滑油泵、燃油泵、输油泵和液压传动装置中的液压泵。其缺点是制造精度要求高，不宜输送黏性低的液体，如水、汽油和不宜输送含有固体颗粒的液体，在运转中流量和压力有脉动以及噪音较大。

齿轮泵采用人字齿轮，能使运转平稳，并消除轴向推力。螺旋齿轮泵的运转也比较平稳，在大型齿轮泵中，多采用人字齿轮或螺旋齿轮。小型齿轮泵多采用正齿轮。

6.3.3　齿轮泵的检修

6.3.3.1　齿轮泵的解体检查与组装

1. 拆卸顺序

齿轮泵的拆卸过程可分为以下几个步骤，其先后顺序如下：

联轴器→后端盖→前端盖、填料密封或机械密封→齿轮、齿轮轴、轴承

2. 零部件配合间隙的检查及组装调整

齿轮泵在解体过程中或零部件拆卸下来经清洗干净后，应按泵使用维护说明书要求进行检查、测量、组装。无要求情况下，对输送温度低于 60℃ 油品的齿轮泵可按 SHS 01017—2004《齿轮泵维护检修规程》的标准进行检查、测量、组装。其检修主要包括以下几方面内容：

(1) 壳体的检查　壳体两端面粗糙度为 R_a3.2；两孔轴心线平行度和对两端垂直度公差值不低于 IT6 级；壳体内孔圆柱度公差值为 0.02 ~ 0.03mm/100mm。

(2) 齿轮的检查　齿轮与轴的配合为 H7/m6；齿轮两端面与轴孔中心线或齿轮两端面

与轴中心线垂直度为0.02mm/100mm；两齿轮宽度一致，单个齿轮宽度误差不得超过0.05mm/100mm，两齿轮轴线平行度值为0.02mm/100mm；齿轮啮合顶间隙、侧间隙可用压铅法测量，其操作方法可参考变速机齿轮啮合顶间隙、侧间隙的测量方法。齿轮啮合顶间隙为(0.2~0.3)m(m为模数)；侧间隙应符合表6-11的规定。

表6-11 齿轮啮合侧间隙标准 mm

中心距	≤50	51~80	81~120	120~200
啮合侧间隙	0.085	0.105	0.13	0.17

齿轮啮合接触应符合规范，其检查方法如下：先清洗干净两传动齿轮、轴承、泵壳体等部件后用干布抹干两齿轮啮合面，在小齿轮的啮合面上涂上一层薄薄红丹油回装两齿轮及端盖，按工作转动方向慢慢转动齿轮泵数圈后，拆卸泵端盖取出两齿轮轴，检查接触斑点。齿轮啮合接触斑点应均匀，其接触面积沿齿长不小于70%，沿齿高不少于50%。

(3) 齿轮与壳体及齿轮与泵盖间隙调整　齿顶与壳体壁及齿轮端面与端盖之间的间隙应符合规范。间隙过大其液体内泄漏变大；间隙过小则齿轮在转动时，齿轮的齿顶与泵体壳壁、齿轮端面和泵盖端面可能发生磨损。因此，检修时必须检查这两方面的间隙。

齿轮与壳体的径向间隙可用塞尺进行检查，其间隙值为0.15~0.25mm，但必须大于轴颈在轴瓦的径向间隙。

齿轮端面与端盖轴向间隙可用压铅丝法进行检查，其操作过程如下：先拆开端盖清洗各零部件，各部件表面无油污、杂物后，把齿轮装入泵体内，在泵盖端面和齿轮端面分别对称摆放4条合适的铅丝，装回泵压盖，对称均匀地把紧螺栓后，拆开压盖取出铅丝量取各铅丝厚度。如果齿轮端面铅丝厚度减去泵盖端面铅丝厚度为正值，则表明两端面有间隙；结果为负值，则表明两端面有过盈量。根据测量结果对端盖垫片厚度进行加垫或减垫使端面间隙在0.10~0.15mm之间。

(4) 轴与轴承检查及装配　在一般情况下，齿轮泵轴颈不得有伤痕，粗糙度要达R_a1.6，轴颈圆柱度公差值为0.01mm；齿轮泵在使用一段时间后，轴颈最大磨损不得大于0.01D(D为轴颈直径)。

齿轮泵轴承一般用滚动轴承和滑动轴承两种，而滑动轴承多为铜套形式。采用滚动轴承的齿轮泵其轴承内圈与轴的配合为H7/js6；滚针轴承无内圈时，轴与滚针的配合为H7/h6；滚针轴承外圈与端盖的配合为K7/h6，采用滑动轴承的齿轮泵其轴承内孔与外圆的同轴度公差值为0.01mm；滑动轴承外圆与端盖配合为R7/h6；滑动轴承与轴颈的配合间隙(经验值)应符合表6-12规定值。

表6-12 轴颈与滑动轴承配合间隙

转速/(r/min)	1500以下	1500~3000	3000以上
间隙/min	1.2/1000D	1.5/1000D	2/1000D

注：D为轴颈直径，mm。

齿轮泵轴承磨损超规范后应进行更换，滚动轴承组装方法与离心泵滚动轴承组装方法相同。用铜套作轴承的齿轮泵，在更换铜套时，首先应检查铜套和端盖的配合的情况。在符合要求后，将铜套外圆涂上润滑油，用压力机将其压入泵端盖体内，最后应在轴承与端盖接口处钻孔攻丝用螺钉将其固定，以防铜套转动或轴向窜动，如图6-55所示。

铜套装配后必须再检查轴颈与铜套的配合间隙，若配合间隙太小时，应以轴颈为准，刮研铜套，直到符合要求为止。相反，若间隙太大则要重新更换铜套。

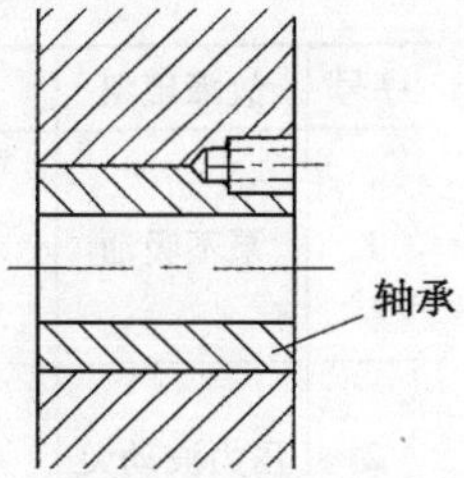

图 6-55 铜套固定方法

(5) 轴向密封检查及组装 齿轮泵的轴向密封不论采用机械密封还是填料密封，其组装方法都可参照离心泵机械密封和填料密封的组装方法。

(6) 齿轮泵溢流阀的检修 齿轮泵溢流阀设置在泵出口侧，其作用是保证泵出口压力符合设计要求，当泵内压力超过规定值时，溢流阀自动开启，高压侧介质流回入口，保证出口压力稳定。如果溢流阀失效会造成介质通过溢流阀而流回泵入口，致使泵出口压力及流量达不到要求，这时必须进行检修。

溢流阀的检修，主要是确保阀芯和阀座的接触良好，可通过对阀芯和阀座研磨来达到要求。弹簧失效同样可使泵出口压力及流量达不到要求，弹簧的弹力不足可用调节螺母来调节。如果调节螺母调尽后还是无法解决，则应更换新弹簧。

6.3.3.2 齿轮泵的试运转及故障处理

1. 齿轮泵的试运转

1）试运前的准备工作

(1) 检查检修记录，确认数据正确，准备好试运转的各种记录表格；

(2) 盘车无卡涩现象和异常响声；

(3) 检查液面，应符合泵的吸入高度要求；

(4) 压力表、溢流阀应灵活好用；

(5) 向泵内注入输送介质；

(6) 确认泵出口阀已打开；

(7) 联系电工检查电机电阻，并送上电；

(8) 点动电机确认旋转方向正确。

2）试运转

(1) 打开泵出口阀，开启入口阀，使液体充满泵体，打开放空阀，将空气赶净后关闭；

(2) 盘车轻松、无卡涩现象后，启动电机；

(3) 检查出口压力指示是否正常；

(4) 检查轴封渗漏是否符合要求，密封介质泄漏和离心泵轴封泄漏标准相同；

(5) 检查泵的振动值和轴承温度是否在允许范围内，其振动值和轴承温度允许值可参照离心泵的标准。

3）注意事项

(1) 在开泵前一定要确认泵出口阀已打开；

(2) 停泵时不得先关闭出口阀。

4）验收

(1) 连续运转 24h 后，各项技术指标均达到设计要求或能满足生产需要；

(2) 达到完好标准；

(3) 检修记录齐全、准确，按规定办理验收手续。

2. 齿轮泵的故障处理

齿轮泵常见故障现象、原因及处理方法如表 6-13 所示。

表 6-13　齿轮泵常见的故障原因及处理方法

序号	故障现象	故障原因	处理方法
1	泵不吸油	吸入管路堵塞或漏气 吸入高度超过允许吸入真空高度 电动机反转 介质黏度过大	检修吸入管路 降低吸入高度 改变电动机转向 将介质加温
2	压力波动大	吸入管路漏气 溢流阀没有调好或工作压力过大，使溢流阀时开时闭	检查吸入管路 调整溢流阀或降低工作压力
3	流量不足的处理	吸入高度不够 泵体或入口管线漏气 入口管线或过滤器堵塞 介质黏度大 齿轮径向间隙或齿侧间隙过大 齿轮轴向间隙过大 溢流阀弹簧太松或阀瓣与阀座接触不严 电动机转速不够	增高液面 更换垫片、紧固螺栓，修复管路 清理管线或过滤器 降低介质黏度 更换泵壳或齿轮 调整间隙 调整弹簧，研磨阀瓣与座 修理或更换电动机
4	轴功率急剧增大	排出管路堵塞 齿轮与泵内严重摩擦 介质黏度太大	停泵清洗管路 检修或更换有关零件 将介质升温
5	振动增大	泵与电机不同心 齿轮与泵不同心或间隙大 泵内有气体 安装高度过大，泵内产生汽蚀	调整同心度 检修调整 检查吸入管路，排除漏气 降低安装高度或降低转速
6	泵发热	吸入介质温度过高 轴承间隙过大或过小 齿轮的径向、轴向、齿侧间隙过小 出口阀开度过小造成压力过高	降低介质温度 调整间隙或更换轴承 调整间隙或更换齿轮 开大出口阀门，降低压力
7	机械密封大量漏油	装配位置不对 密封压盖未压平 动环和静环密封面碰伤 动环和静环密封圈损坏	重新按要求安装 调整密封压盖 研磨密封面或更换新件 更换密封圈

6.4 螺　杆　泵

螺杆泵属于容积泵的一种，根据螺杆数目可分为单螺杆泵、双螺杆泵、三螺杆泵和五螺杆泵等几种，它们的工作原理基本相似，区别在于螺杆数目、螺杆的几何形状和输送介质有所不同。

6.4.1　螺杆泵的工作原理及结构

螺杆泵是依靠相互啮合的螺杆与泵壳间形成的封闭空间容积的变化来完成吸、排液体的。图 6-56 为三螺杆泵的结构图，它由主动螺杆和两根从动螺杆组成，主动螺杆与驱动机连接，两从动螺杆对称布置于主动螺杆两侧。三根螺杆相互啮合地组装在泵套之内就形成若干个彼此相隔的密封腔，把泵吸入口与排出口隔开。当螺杆旋转工作时，吸入腔容积产生变化，将输送介质吸入腔内，通过各密封腔带着介质连续、匀均地沿轴向移动到排出口。

(1) 壳体部分　由泵体、泵套、密封压盖、泵盖组成一个封闭体，承受泵的压力。

(2) 转子部分　由一根主动螺杆和二根从动螺杆组成。由于泵出口端压力较高，使螺杆产生轴向力。该力把螺杆推向吸入端，并使螺杆端部磨损。为了消除轴向力，通常在泵套上钻深

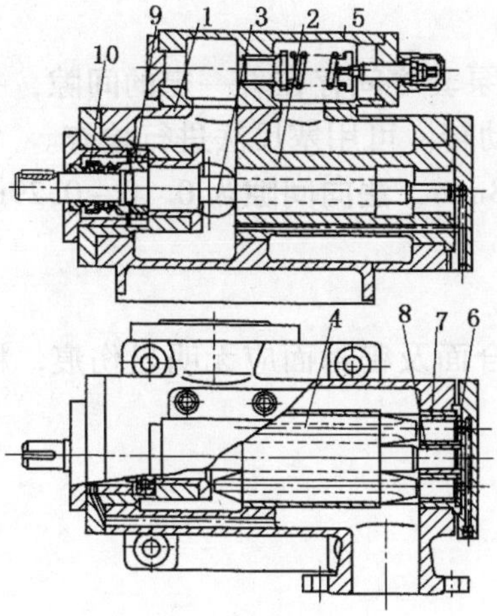

图6－56　三螺杆泵结构图

1—泵体；2—泵套；3—主动螺杆；4—从动螺杆；5—安全阀套；6—止推垫；7—从杆衬套；8—主杆衬套；9—滚动轴承；10—机械密封

孔，将排出端的高压液体引到主、从动螺杆端部平衡活塞背面来平衡螺杆上的轴向力。作用在螺杆上的径向力是由液体压力产生的，从动螺杆对称配置于主动螺杆两侧，使主动螺杆的径向力得到平衡。对于从动螺杆上的径向力，通常不设置液力平衡装置，只是在考虑泵的结构设计时，根据泵的进、出口压力值和被输送液体的特性，确定一个合适的螺杆工作长度即可。

（3）轴承部分　螺杆伸出端装有滚动轴承，主动螺杆上未被平衡掉的剩余轴向力由它来承受，从动螺杆的剩余轴向力由止推垫来承受。

（4）轴封部分　螺杆泵轴封通常采用机械密封，高压液体通过密封腔然后回到低压腔，形成回流，以保持机械密封腔内有一定压力，并带走机械密封动环与静环的摩擦热量。螺杆泵轴封有时也采用填料、皮碗等密封结构。

（5）安全阀部分　为了防止当排出管路发生故障时，泵的工作压力突然升高而使泵或电机损坏，故在泵上带有安全阀。当出口压力超过规定的工作压力时，安全阀自动打开，使排出口与吸入口相通，形成泵内介质自循环，即全回流。全回流时间不宜过长，否则泵容易发热损坏。安全阀只能作为一种保护机构进行短时间工作，而不能作为流量调节阀使用。

安全阀主要由阀体、阀前盖和阀后盖组成一体。阀座与座瓣在弹簧作用下密封，将高压腔和低压腔分开，调节杆用来调节弹簧压缩量从而改变全回流压力。调节杆位置调好后用螺母锁紧，防护帽封好。

6.4.2　螺杆泵的特点

和其他泵相比螺杆泵有许多优点：

（1）压力和流量稳定，脉动极小。介质在泵内作连续而均匀的直线流动，无搅拌现象。

（2）有自吸能力，不需要底阀或抽真空的附属设备。

（3）工作平稳，噪音低。

（4）效率高，寿命长。

（5）结构简单、紧凑，体积小，拆装方便。

螺杆泵的缺点：螺杆齿型复杂，加工精度要求高。

6.4.3　螺杆泵的检修

6.4.3.1　*零部件的检查及组装调整*

螺杆泵在解体过程中或零部件拆卸下来经清洗干净后，应按泵使用维护说明书要求进行检查、测量、组装。无要求情况下，对单螺杆泵、双螺杆泵、三螺杆泵可按 SHS 01016—2004《螺杆泵维护检修规程》的标准进行检查、测量、组装。其检修主要包括如下几方面内容。

1. 螺杆

（1）螺杆表面不得有伤痕、毛刺，螺旋型面粗糙度为 $R_a1.6$，齿顶表面粗糙度为 $R_a1.6$，螺旋外圆表面粗糙度为 $R_a1.6$。螺杆表面毛刺应用油石磨掉，直到把螺杆打磨光滑，否则对缸套壁磨损严重。

（2）螺杆轴线直线度为 0.05mm。

（3）螺杆的螺纹部分被封闭在泵套的孔内，其齿顶与泵套之间存在着一定的间隙，一般在冷态时为 0.11～0.48mm，以保证泵的工作性能和可靠动转。可用塞尺法进行检查。

（4）螺杆啮合时齿顶与齿根间隙冷态时为 0.11～0.48mm，法向间隙为 0.10～0.29mm，且处于相邻两齿中间位置。

2. 泵体

泵体内表面粗糙度为 $R_a3.2$，泵体、端盖和轴承的配合面及密封面应无明显伤痕，粗糙度为 $R_a3.2$。

3. 轴承

（1）滚动轴承与轴的配合采用 H7/k6。

（2）滚动轴承与轴承箱的配合采用 H7/h6。

（3）滚动轴承外圈与轴承压盖的轴向间隙为 0.02～0.06mm。

（4）滑动轴承衬套与轴的配合间隙（经验值）如表 6－12 所示。

（5）滑动轴承衬套与轴承座孔的配合为 R7/h6。

4. 密封

参照第 5 章"5.2.5 机械密封的维护、检修与安装"部分。

5. 同步齿轮

对于有同步齿轮的螺杆泵，其同步齿轮应符合下列要求：

（1）主动齿轮与轴的配合为 H7/h6，从动齿轮与锥行轮毂的配合为 H7/h6，锥形轮毂与轴的配合为 H7/h6。

（2）锥形轮毂质量应符合技术要求，内表面粗糙度为 $R_a0.8$，如有裂纹或一组锥形轮毂严重磨损，f 值小于 0.5mm 时应更换，如图 6－57 所示。

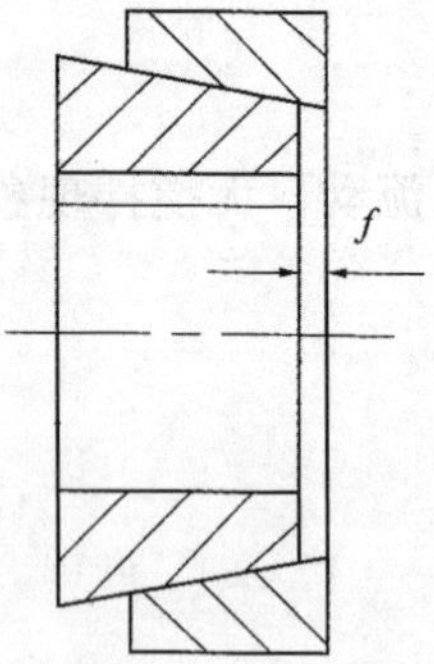

图 6－57　同步齿轮

（3）齿轮不得有毛刺、裂纹、断裂等缺陷。齿轮的接触面积，沿齿高不小于 40%，沿齿宽不小于 55%，并均匀地分布在节圆线周围，齿轮啮合侧间隙为 0.08～0.10mm。

6.4.3.2　螺杆泵的试运转及故障处理

1. 螺杆泵的试运转

1）试运前的准备工作

（1）检查检修记录，确认数据正确，准备好试运转的各种记录表格；

（2）把泵周围卫生打扫干净；

（3）封油、冷却水管不堵、不漏；

（4）盘车无卡涩现象和异常响声；

（5）向泵内注入输送介质；

（6）打开进出口阀，至少应有 30% 开度；

（7）联系电工检查电机电阻，并送上电。

2）试运转

（1）打开泵出口阀，开启入口阀，使液体充满泵体；

（2）盘车无问题后扭动启动开关，给电启动；

（3）检查出口压力指示是否正常；

（4）检查轴封渗漏是否符合要求，密封介质泄漏和离心泵轴封泄漏标准相同；

(5) 检查泵的振动值和轴承温度是否在允许范围内，其振动值和轴承温度允许值可参照离心泵的标准。

3) 注意事项

(1) 在开泵前一定要确认泵出口阀已打开；

(2) 停泵时不得先关闭出口阀；

(3) 安全阀回流不超过3min。

2. 螺杆泵的故障处理

螺杆泵常见的故障现象、原因及排除方法如表6-14所示。

表6-14 螺杆泵常见的故障原因及处理方法

序号	故障现象	故障原因	处理方法
1	泵不吸油	吸入管路堵塞或漏气 吸入高度超过允许吸入真空高度 电动机反转 介质黏度过大	检修吸入管路 降低吸入高度 改变电动机转向 将介质加温
2	压力波动大	吸入管路漏气 溢流阀没有调好或工作压力过大，使溢流阀时开时闭	检查吸入管路 调整溢流阀或降低工作压力
3	流量不足	吸入压头不够 泵体或入口管线漏气 入口管线或过滤器堵塞 螺杆间隙过大 泵出口溢流阀回流 转速达不到额顶值	增高液面 进行堵漏，消除漏气现象 清理系统杂物 调整或更换螺杆，使间隙符合要求 调整和检查溢流阀 检查电机，调整转速
4	轴功率急剧增大	排出管路堵塞 螺杆与衬套内严重摩擦 介质黏度太大	停泵清洗管路 检修或更换有关零件 将介质升温
5	泵振动大	联轴器对中不良 轴承磨损或损坏 泵壳内进入杂物 同步齿轮磨损或错位 螺杆与壳体碰磨 地脚螺栓松动或管线共振影响	重新找正 更换轴承，并调整间隙 消除杂物 调整、修理或更换同步齿轮 解体检修 紧固地脚螺栓或加固管线支撑
6	盘车不动	泵内有杂物卡住 螺杆弯曲或螺杆定位不良 同步齿轮调整不当 轴承磨损或损坏 螺杆径向轴承间隙过小 螺杆轴承座不同心而产生偏磨 泵内压力大	解体清理杂物 调直螺杆或进行螺杆定位调整 重新调整 更换或调整轴承 调整间隙 解体，检修 打开出口阀
7	泵发热	泵内严重摩擦 机械密封回油孔堵塞 油温过高	检查调整螺杆和衬套间隙 疏通回油孔 适当降低油温、
8	机械密封泄漏	密封安装不良 密封零件损坏 轴颈密封处磨损或有缺陷 联轴器对中不良 轴承损坏 封油压力太低	按要求重新装配 更换已损坏的零件 修复或更换 重新对中 更换轴承 调整封油压力

6.5 磁力驱动泵

磁力驱动泵和屏蔽泵一样是以静密封代替动密封，从而解决了泄漏问题。因此多用于石油、化工、制药、有色金属冶炼等行业，输送有毒、有害、易燃、易爆、有腐蚀以及贵重液体。现在生产上广泛应用的磁力驱动泵有磁力驱动离心泵，而旋涡泵、齿轮泵和螺杆泵等尚在试用或在试生产过程中。下面介绍目前常用的磁力驱动离心泵。

6.5.1 磁力驱动离心泵工作原理与结构

磁力驱动离心泵是利用磁体能吸引铁磁物质以及磁体或磁场之间有磁力作用的特性进行工作的。如图6－58所示，电机通过联轴器和外磁转子连在一起，叶轮与内磁转子连在一起。在内、外磁转子之间设有一个全密封的隔离套，隔离套紧固在泵盖上，将泵输送的介质以静密封的形式封隔在泵体内，以使介质不会外泄。当外磁转子在电机的带动下旋转时，由于内、外磁转子永磁体磁极间的相互吸引与排斥作用，带动内磁转子一起旋转，从而驱动泵轴旋转，达到输送液体的工作目的。

磁力驱动离心泵的结构形式按泵内转动部件的支撑形式，可分为定轴式和动轴式。定轴式的轴是固定在泵体上不动的，内磁转子与叶轮为一体一起旋转，它结构紧凑，减少了轴向尺寸，一般用在小功率场合。动轴式又可分为两种，一种是电机与外磁转子直连在一起的，这种泵省去泵外轴、滚动轴承和联轴器等部件，所以它结构紧凑、体积小，一般用在小功率场合，如图6－59所示；另一种是电机与外磁转子的轴承支撑架相连接，外磁转子安装在轴承支撑悬架上，悬架的法兰端与泵体相连，轴与电机相连，其结构如图6－58所示，这种泵稳定性好，体积相对较大，结构相对复杂，适合于大功率场合。

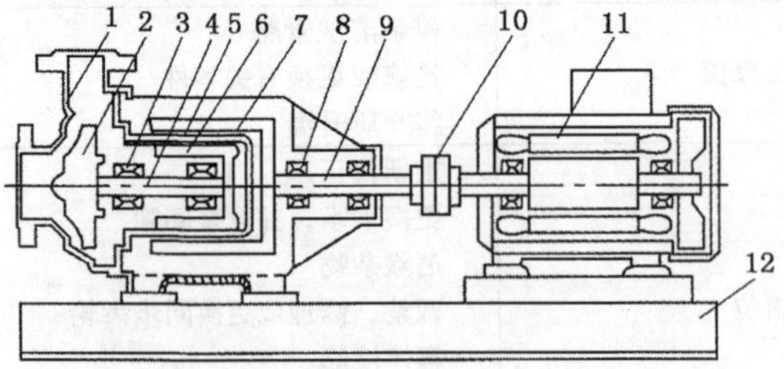

图6－58　动轴不直连式磁力驱动离心泵结构

1—泵体；2—叶轮；3—滑动轴承；4—泵内轴；5—隔离套；6—内磁转子；7—外磁转子；8—滚动轴承；9—泵外轴；10—联轴器；11—电机；12—底座

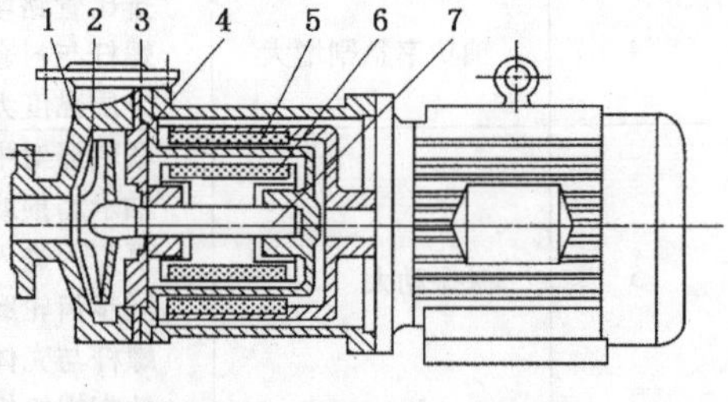

图6－59　动轴直连式磁力驱动离心泵结构

1—泵壳；2—叶轮；3—隔板；4—隔离套；5—外磁转子；6—内磁转子；7—泵轴

1. 泵体、叶轮

磁力驱动离心泵的泵体、叶轮与有密封的离心泵相似。

2. 内、外磁转子

为了保护转子的磁性材料与外界绝对隔离或相对隔离，使磁性材料不易被氧化、腐蚀等，一般在转子外表面用金属或塑料进行包封，金属包封用焊接方式，塑料包封采用注塑。

3. 隔离套

也称为密封套，它位于内磁转子和外磁转子之间，将内、外磁转子完全隔离开，把介质封闭在隔离套内。它与内磁转子外圆和外磁转子内圆保持一定的间隙，避免内、外磁转子在运转中产生摩擦而对包封造成破裂、损伤，最终使磁转子的磁性能减弱。

隔离套的厚度与工作压力和使用温度有关，过厚会增加内、外磁转子的距离，从而影响磁传动效率；过薄会影响强度。隔离套有金属和非金属两种，金属隔离套有涡流损失，非金属隔离套无涡流损失。

4. 轴承

磁力驱动泵在轴承种类上选用滑动轴承、滚动轴承和滚动、滑动组合轴承等。泵内轴由滑动轴承支撑，由于轴承是浸泡在所输送介质中运转的，润滑性比较差，因此滑动轴承应采用耐磨性和自润滑性良好的材料制作。常用的轴承材料有锡锑轴承合金、铅锑轴承合金、石墨、聚四氟乙烯、碳化硅陶瓷等。

5. 联轴器

联轴器与有密封泵一样，采用挠性联轴器。

6. 电动机

电动机与有密封泵一样，采用标准电动机。

6.5.2 磁力驱动离心泵的特点

1. 优点

（1）以静密封代替动密封，从而避免介质往外泄漏，实现了完全密封。

（2）振动和噪声小。磁力驱动泵的磁力驱动传递振动小、产生噪声小、运转平稳，因此可延长泵的运行周期。

（3）电机过载保护作用。泵在运行时，如果发生过载，泵的内外磁转子会自动作相对滑脱的运动，泵轴或电机不会被损伤和烧坏。

（4）具有自冷却作用。磁力驱动泵设计有自冷却回路，利用自身工作介质进行冷却，使泵体温度保持在允许的安全范围内，因此不需要对轴承、磁力驱动器、隔离套等部件进行外加冷却系统。

（5）维护和检修工作量小。

2. 缺点

（1）效率比普通离心泵低。

（2）对隔离套的材料及制造要求较高。

（3）磁力离心泵由于受材料及磁性传动的限制，在国内一般只用于输送100℃以下、1.6MPa以下的介质。

（4）由于隔离套材料的耐磨性一般较差，因此磁力离心泵一般不输送含有固体颗粒的介质。

（5）联轴器对中要求高，当对中不当时，会导致进口处轴承的损坏和隔离套的磨损。

6.5.3 磁力驱动离心泵的检修

6.5.3.1 零部件的检查及组装调整

1. 零部件的检查

（1）泵体、叶轮应无伤痕和腐蚀。

（2）内、外磁转子包封应无裂缝、破碎、漏洞等。

（3）隔离套拆卸后应进行仔细的检查看是否有裂纹存在，对采用金属材料的隔离套必要时要进行探伤，以保证具有的耐破裂压力和安全系数。

（4）轴承在超过磨损界限后，便会引起泵振动，因此检修时应对轴承的内外表面进行检查，确认轴承无划痕，且与轴的配合间隙在规定的范围之内。

（5）轴应无伤痕和腐蚀，其直线度要符合使用说明书要求。

2. 组装

（1）磁转子与动力设备组装时，外磁转子与隔离套的最大端面跳动不超过0.25mm，最大径向跳动不超过0.50mm，同时要确保内、外磁转子与隔离套的径向间隙，使其符合使用说明书要求。

（2）对于滑动轴承，止推盘与石墨轴承端面之间的轴向间隙要符合使用说明书要求，没有要求时不能大于1mm。轴承径向间隙应符合要求，如果间隙过小泵在运转时轴承容易热膨胀、抱轴或摩擦负荷大，影响效率；如果间隙过大会加速轴承的磨损、振动。

（3）对于叶轮及口环，叶轮多采用成型的流线型整体式的铸造结构，先进的设计把内磁体镶嵌于叶轮中。口环一般选用CFR/TFE或碳化硅材料制作。由于口环和叶轮均为易损件，且装配要求的配合尺寸间隙较高，因此，组装时应保证口环间隙符合使用说明书要求。

（4）外磁转子与电机连接后其径向与轴向跳动应小于0.01mm。

（5）在组装过程中，不允许用硬工具或硬物敲打石墨轴承，内外转子、隔离套等。

6.5.3.2 磁力驱动离心泵的试运转及故障处理

1. 磁力驱动离心泵的试运转

1）启动前的准备工作

（1）检查检修记录，确认数据正确，准备好试运用的各种记录表格；

（2）把泵周围卫生打扫干净；

（3）检查设备的各种附件是否齐全、好用，螺栓是否牢固；

（4）有滚动轴承箱的磁力泵，润滑系统应按设备技术资料中的规定加注润滑油；

（5）用手盘动外转子应轻松，无偏重现象和异常响声；

（6）打开泵吸入阀，使液体充满泵；

（7）打开放空阀，充分排气；

（8）完全打开泵的排出阀，然后关闭；

（9）联系电工检查电机电阻，并送上电。

2）启动

（1）按启动按钮，同时检查电流、压力的情况；

（2）泵出口压力平稳后，慢慢打开出口阀，控制出口压力；

（3）控制电机电流不超过规定使用值；

（4）检查泵的声音、振动情况，并按规定作好记录。

3）停泵

（1）关闭出口阀，按停泵按钮；

（2）作好停泵记录，并搞好设备及其周围的卫生。

4）操作要求

（1）磁力泵在正常操作条件下，不存在随时间推移而老化退磁的现象。但当泵过载、堵转或操作温度高于磁钢许用温度时就会发生退磁。因此磁力泵必须在正常操作条件下运行。

（2）磁力泵禁忌空运转，以避免滑动轴承和隔离套烧坏。磁力泵输送的介质不允许含有铁磁性杂质与硬质杂质。磁力泵不允许在小于30%额定流量下工作。

（3）磁力泵日常主要检查电流、温升和出口压力是否正常，是否渗漏运行，是否平稳，振动和噪声是否正常。若发现异常情况应及时处理。

2. 磁力驱动离心泵的故障处理

磁力驱动离心泵常见故障现象、原因及处理方法如表 6－15 所示。

表 6－15　磁力驱动离心泵常见的故障原因及处理方法

序号	故障现象	故障原因	处理方法
1	泵不能开动	泵内有异物 泵轴承内杂质聚集被卡住 内外磁转子隔离套摩擦 电气故障	清除异物 解体清洗 解体检查 检查电气元件
2	动力端噪音大	轴承损坏 联轴器对中偏差大 润滑不良 驱动侧平衡超标较大	解体检查更换轴承 重新对中，使其符合规范要求 更换润滑脂 找平衡
3	介质端噪音大	叶轮与泵体摩擦 轴套、轴颈磨损超标 外磁转子没正确固定于驱动轴 轴承损坏 泵内有异物 产生汽蚀 来液不稳定	解体调整间隙 更换轴套、轴 重新装配外磁转子 解体检查更换轴承 清除异物 调整工艺操作 调整工艺操作
4	流量不足或输出压力太低	吸入压头过低 口环间隙过大 泵内有气体 磁性体退磁	清洗入口过滤器，增高液面 更换口环 排气 更换
5	泄漏	密封螺栓松动 隔离套损坏 垫片损坏失效	紧固松动螺栓 更换隔离套 检查更换
6	隔离套温度过高	磁性体失磁 内、外磁转子与隔离套摩擦 汽蚀 内部回流通道不畅	检查更换 校正对中 调整工艺操作 解体疏通
7	电流偏大	泵内进入杂物 物料黏度偏高 轴承损坏	清除杂物 测量黏度应符合要求 更换轴承

6.6　屏　蔽　泵

屏蔽泵设计先进，因为完全无泄漏，所以节能且有效地避免了环境污染，这种泵已广泛应用于石油、化工、制冷、国防、航天和原子能等行业，对输送易燃、易爆、剧毒、有放射性或贵重液体最理想。

6.6.1　屏蔽泵的结构原理

泵与电机之间无密封装置，故屏蔽泵又称无密封泵。它的结构特点是泵与电机直联、叶轮直接固定在电机转子轴上，并同装于一个密闭壳体内，没有联轴器和轴封装置，从根本上消除了液体的外漏，如图6-60所示。为了防止输送液体与电气部分接触，用耐腐蚀、非磁性材料做成的薄壁圆筒形定子屏蔽套和转子屏蔽套与被输送的液体隔绝。

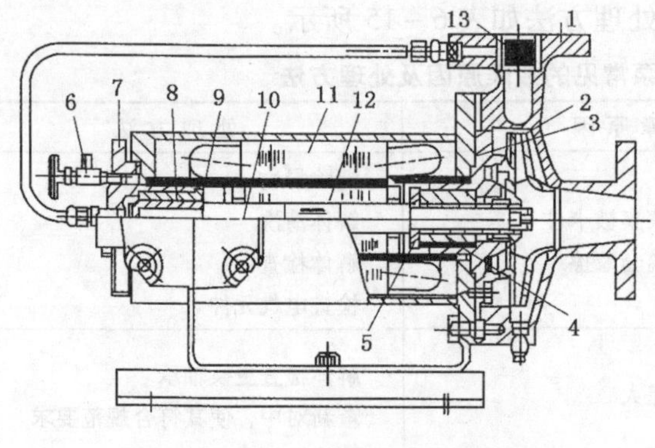

图6-60　屏蔽泵结构示意图

1—泵体；2—叶轮；3—前轴承座；4—前轴承；5—前推力盘；6—轴承监视器；7—后轴承座；8—后轴承；9—后推力盘；10—轴；11—定子；12—转子；13—过滤波器

1. 轴承

屏蔽泵的轴承，一般用非金属材料如石墨等制造。它主用于支承转子组件和承受泵在工作时产生的轴向力。

2. 轴承监视器

屏蔽泵电机的尾端，装有轴承监视器，在泵运转中，轴承发生磨损或定子屏蔽套、转子屏蔽套腐蚀严重时，轴承监视器的传感器探头被磨穿，监视器内部泄压，压力表指针指向红色区域。所以当指针进入红色区域时，就应停泵检查轴承的磨损和定子、转子屏蔽套的腐蚀情况以及检查传感器探头磨损情况。

3. 冷却系统

屏蔽泵电机的冷却及轴承的润滑与冷却，是依靠被输送液体的自身循环带走热量来实现的。当输送常温液体时，一般在泵出口用循环管引一股液体送往电机后轴承，再经转子和定子间的间隙及电机前轴承返回泵内，形成外封闭循环系统。当输送高温液体时，则有单独的循环冷却回路，并配有换热设备，将泵出口引出的液体冷却后送往电机。

由于轴套与轴承、转子与定子间隙很小，所以当输送含有固体颗粒的液体时，应在循环回路中串联过滤器。

6.6.2　屏蔽泵的特点

1. 优点

屏蔽泵的优点是无外泄漏；结构紧凑，立式小型管道式屏蔽泵可以不设置基础直接装在管道上；没有联轴器，拆装时不需找中心；轴承不需要另外加润滑油或润滑脂等，所以操作维修方便。

2. 缺点

屏蔽套制造困难，成本高。由于电动机转子在液体中旋转，使摩擦阻力加大，加上泵要向电动机提供循环冷却液，叶轮密封间隙较大，因此屏蔽泵的效率低。

6.6.3　屏蔽泵的检修

6.6.3.1　零部件的检查及组装调整

1. 零部件的检查

(1) 转子屏蔽套和定子屏蔽套应无划伤、膨胀和腐蚀；

(2) 泵体、叶轮、诱导轮应无伤痕和腐蚀；

(3) 轴套和推力盘的工作面应无损伤，表面粗糙度应符合要求；

(4) 轴应无伤痕和腐蚀，其弯曲度要符合使用说明书要求；

(5) 轴承在超过磨损界限后，便会引起转子屏蔽套和定子屏蔽套的接触，造成屏蔽套的破损。因此，轴承的径向间隙 $C=B-A$ 和轴承全长 L 的磨损量不能超过使用说明书规定要求值，如图6－61所示。

2. 组装调整

（1）轴承的装配　装配轴承时，前后轴承不能调换。在把轴承装进轴承座前要在轴承的外圆切口部位放上平钢垫，如图6－62所示，将轴承装进轴承座后，要将止动螺钉旋入至钢垫部位，旋紧力度要符合使用说明书要求。

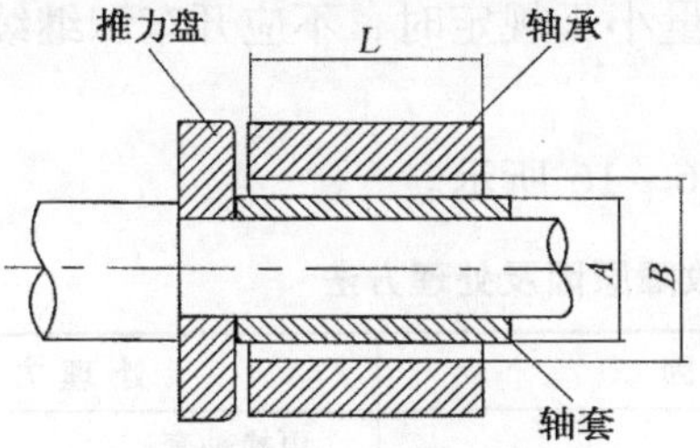

图6－61　轴承磨损量

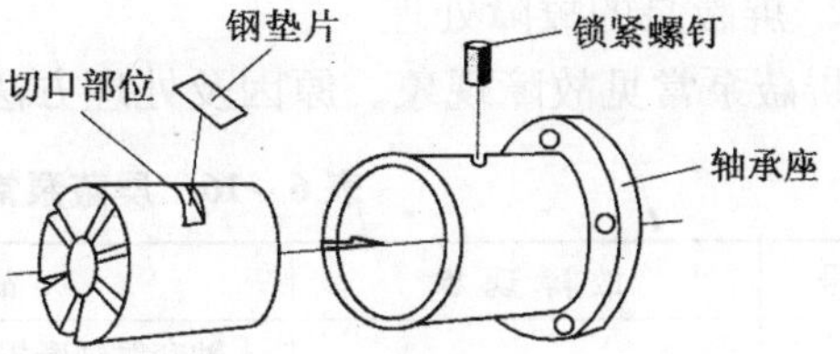

图6－62　轴承的装配

（2）推力盘的装配　推力盘装配时，要将喷镀面的一侧对着轴承轴向工作面。后侧轴套和推力盘组装完后，一定要将止动垫片正常锁紧。

（3）转子轴向总窜量的调整　转子轴向总窜量应符合使用说明书要求，不符合要求可通过对后轴承和后轴承座之间的垫片厚度进行调整。

（4）叶轮与前轴承座之间的轴向间隙调整　叶轮与前轴承座之间的轴向间隙应符合使用说明书要求，不符合要求可通过对叶轮与轴套之间的垫片进行调整。

（5）叶轮及诱导轮装配完毕后，要将止动垫片锁紧。

6.6.3.2　屏蔽泵的试运转及故障处理

1. 启动前的准备工作

（1）检查检修记录，确认数据正确，准备好试运用的各种记录表格；

（2）把泵周围卫生打扫干净；

（3）检查设备的各种附件是否齐全、好用，螺栓是否牢固；

（4）带冷却水套的屏蔽电泵，检查冷却系统是否畅通；

（5）打开泵吸入阀，使液体充满泵；

（6）打开排气阀，充分排气；

（7）完全打开泵的排出阀，然后关闭；

（8）联系电工检查电机电阻，并送上电。

2. 启动

（1）按启动按钮，并注意观察TRG指示值是否在绿色区域内以下；

（2）泵出口压力平稳后，慢慢打开出口阀，控制出口压力；

（3）控制电机电流不超过规定使用值；

（4）检查泵的声音、振动情况，并按规定作好记录。

3. 停泵

（1）关小出口阀，开旁通阀，按停泵按钮；

（2）除流量调节阀不动外，关闭与泵有关的所有阀门；

（3）作好停泵记录，并搞好设备及其周围的卫生。

4. 注意事项

（1）严禁空载运转；

（2）不得持续逆运转；

（3）在发生汽蚀的状态下，不得运转；

（4）TRG 表指示红色区域时，不允许继续运转；

（5）在运转中如发现异常声音或振动等，必须迅速查清原因排除故障；

（6）小于最小流量时，不应运转；

（7）冷却水套、热交换器及循环管路内的流量小于规定时，不应开车和继续运行。

2. 屏蔽泵的故障处理

屏蔽泵常见故障现象、原因及处理方法如表 6－16 所示。

表 6－16　屏蔽泵常见的故障原因及处理方法

序号	故障现象	故障原因	处理方法
1	轴承易磨损	轴套腐蚀磨损 轴弯曲 异物混入泵内 流量小，轴承润滑不良 抽空或汽蚀 转子不平衡	更换轴套 校直或更换电机转子 清除异物 进行工艺调整 进行工艺调整 转子找平衡
2	振动大	轴承磨损超标 轴弯曲 叶轮与泵壳产生摩擦 转子不平衡 配管不良或管道冲击 泵内汽化或抽空 异物混入泵内	更换轴承 校正轴或更换转子 调整配合间隙 转子找平衡 重新配管消除应力或消除管道系统振动 进行工艺调整 清除异物
3	异常响声	轴承磨损超标 叶轮口环与泵体口环摩擦 轴弯曲 异物进入泵内 转子不平衡 泵体或来液管内有空气 汽蚀 流量过大或过小	更换轴承 调整间隙，使其符合规范要求 校直或更换转子 解体清除异物 转子找平衡 调整工艺操作 调整工艺操作 调整工艺操作
4	出口压力低	叶轮堵塞 转动方向错误 叶轮口环与壳体口环间隙磨损超标 叶轮损坏 介质黏度超过设计指标 来液中有过多的气体 进口管滤网堵塞 进口阀开度小	清除堵塞物，检查入口过滤网 重新接线 更换叶轮或泵体口环 更换叶轮 进行工艺调整 进行工艺调整，清除来液气体 清除杂物 进行工艺调整
5	电机过载	推力轴承损坏 叶轮与泵壳配合间隙过小，产生摩擦 异物混入泵内 流量过大 径向轴承间隙过大，转子拖底 介质黏度大	调整叶轮平衡力，更换推力轴承 调整间隙值 解体清除异物 调整出入口阀开度 更换轴承、转子 进行工艺调整
6	电机过热	电机与泵规格设计不合理 冷却水不足或断水	重新选型 加大冷却水量或重新开水

6.7 高 速 泵

6.7.1 高速离心泵的结构原理

目前,高速离心泵在石油化工生产中,主要是用来输送液氨、甲氨、液化气等介质。它由电机、增速箱和泵三部分组成。一般情况下,高速离心泵分为卧式高压筒形泵和部分流泵两种。

1. 卧式高压筒形泵

它为多级离心泵，在一般情况下当驱动功率超过 160kW 时，采用卧式结构。

2. 部分流泵

这是一种开式径向叶片式离心泵，多为立式结构，驱动功率一般为 7.5～132kW，泵的叶轮悬臂装在泵轴上，泵轴与增速箱高速轴直接连接，其结构图如图 6－63 所示。部分流泵的压液室为一圆形空间，锥形扩压管通过喷嘴与环形压液室连通，接近切线布置，如图6－64所示，当泵工作时，液体经过吸入管沿轴向进入叶轮，在离心力作用下，液体甩向圆环形压液室，一部分经喷嘴和扩压管流出泵外，其余部分液体继续随叶轮旋转。

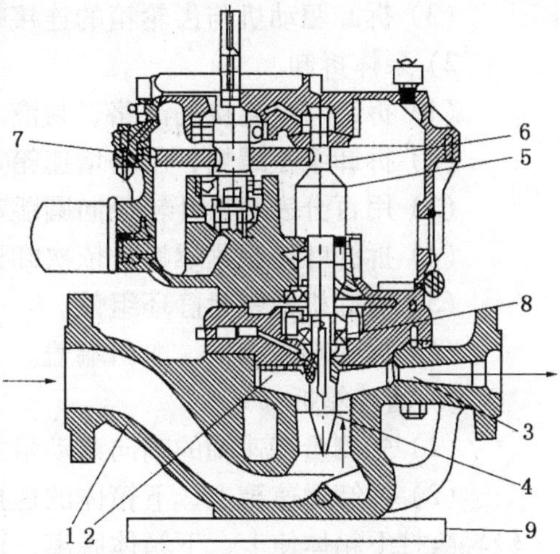

图 6－63　高速部分流泵结构图

1—泵壳；2—叶轮；3—扩压管；4—诱导轮；5—高速轴；6—从动齿轮；7—主动齿轮；8—机械密封；9—座

（1）泵体、叶轮　这种泵的泵体和一般离心泵的泵体不相同，它的压液室为一圆形空间，不是蜗壳形。叶轮是开式叶轮，没有前后盖板，叶片呈直线放射状，在叶轮前面，一般带有诱导轮。叶轮和泵体之间没有密封环，泵内部的间隙较大。叶轮叶片与泵体后盖板和扩散锥管之间的间隙一般为 2～3mm，如果达 3～4mm 还可应用且不影响效率。

（2）增速箱　增速箱主要由齿轮构成，有一级增速和两级增速两种基本类型。为了避免产生轴向力，增速箱齿轮一般采用模数较小的渐开线直齿轮。由于转速高，因此对齿轮加工精度要求很高，节距误差一般为 2～3μm，同时齿轮的材料是用特殊钢经渗氮或渗碳处理的。增速箱壳体分成上下两半，一般用定位销定位。增速箱外壳用散热性能好的铝合金制造。高速轴上的轴承对小功率泵采用巴氏合金轴承，功率在 150kW 以上用分块式滑动轴承与端面止推轴承组合。增速箱的润滑是由自带油泵把油经油过滤器和油冷器送入壳体各个油喷嘴，通过喷嘴将油喷成雾状，用油雾来润滑齿轮和轴承。

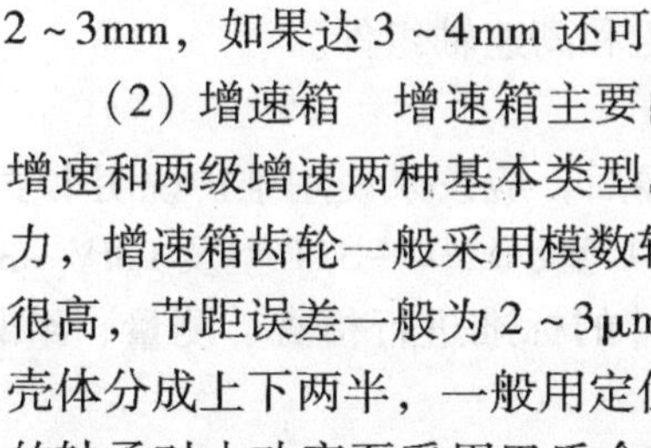

图 6－64　部分流泵工作原理图

1—泵体；2—环形压液室；3—叶轮；4—扩压管；5—喷嘴；6—吸入管

6.7.2 高速离心泵的特点

1. 优点

（1）泵和增速箱一般为封闭结构，可以露天安装使用。

（2）结构紧凑、体积小、质量小、维修方便。

（3）采用开式叶轮，在运转中不产生轴向力，因此泵内没有轴向力平衡装置。

（4）泵内设有旋风分离器，使泵抽送的液体得以净化，引向机械密封以延长密封的寿命。

（5）叶轮与壳体的间隙较大，可用来输送含固体微粒及高黏度的液体。

（6）采用诱导轮提高泵的进液压力，泵不易产生汽蚀。

2. 缺点

加工精度要求高，制造比较困难。

6.7.3 高速离心泵的检修

6.7.3.1 高速离心泵的解体检查与组装

1. 拆卸顺序

1）驱动装置拆卸

（1）拆开电动机的电源线或汽轮机的进出口接管。

（2）拆卸联轴器。

（3）拆卸驱动机与齿轮箱的连接螺栓，然后吊出驱动机。

2）泵体拆卸

（1）拆卸与泵连接的油路、封液、冷却系统等管线。

（2）拆卸泵盖螺帽，吊出增速箱、泵端盖及叶轮等组件。

（3）用百分表测量叶轮径向圆跳动值。

（4）拆卸叶轮锁紧螺帽，依次卸开诱导轮、叶轮、机械密封动环和轴套。

（5）拆卸机械密封静环组件。

（6）拆卸端盖螺栓，取出端盖。

3）增速箱拆卸

（1）先测量高速轴的轴向窜动量并作记录。

（2）拆卸增速箱上、下箱体的连接螺栓，取出定位销钉，用吊具提住上箱体，并用木锤轻轻敲打下箱体使上、下箱体脱离，取出上箱体。

（3）测量上、下箱体中分面的调整垫片厚度并作记录。

（4）依次取出低速轴组件、油泵及限位弹簧、中速轴组和高速轴组件。

2. 零部件配合间隙的检查及组装调整

高速离心泵在解体过程中或零部件拆卸下来经清洗干净后，应按泵使用维护说明书要求进行检查、测量、组装。无要求情况下，对 LMV/BMP－311 型、LMV－311 型及 LMV－322 型高速泵可按 SHS 03044—2004《高速离心泵维护检修规程》的标准进行检查、测量、组装。其检修主要包括如下几方面内容。

1）泵

（1）叶轮、诱导轮 在组装前应确认叶轮、诱导轮无损伤和变形，在组装后要确保叶轮径向圆跳动小于或等于 0.38mm，端面圆跳动小于或等于 0.15mm。

（2）传动键应无损伤和变形。

（3）在组装时，泵盖螺栓、叶轮与诱导轮连螺栓、密封组件固定螺栓均采用力矩扳手拧紧，其力矩值应符合要求。

2）增速箱

（1）高速轴轴瓦应无烧蚀、粘连、磨伤等缺陷，组装后轴瓦间隙值要符合使用说明书要求。

（2）推力瓦磨损严重或出现缺陷应更换。

（3）轴承外径与衬套采用 H7/h6 配合，磨损后衬套内径应不大于 0.068mm；滚动轴承组装前应确认无点蚀、疤坑、毛刺等缺陷，且应转动自如，组装后其径向间隙应不大于 0.06mm。

(4) 低速轴或中间轴上的深槽球轴承必须安装到位。

(5) 组装轴、齿轮、球轴承时，齿轮、轴承均热装，轴颈应预冷，其温度应控制在表6－17规定范围内。

表6－17　高速离心泵轴承加热、轴颈预冷温度

零　件	温　度/℃	零　件	温　度/℃
齿　轮	190～205(并低于回火温度)	滚动轴承	≤120
轴　颈	－18		

3) 高、低速轴

(1) 高速轴与叶轮的配合采用K7/h6，磨损后的间隙不大于0.03mm。

(2) 高、低速轴轴线直线度不大于0.01mm。

(3) 在组装完毕后，应测量高速轴轴向窜动量，确保在0.33～0.43mm范围内。

4) 推力盘

组装前应检查推力盘的磨损情况，推力盘端面、径向圆跳动应小于或等于0.02mm。

5) 齿轮

齿轮啮合表面应无明显点蚀、疤坑、过烧等缺陷，否则应更换；齿轮啮合面用涂色法检查沿齿宽方向应大于80%，沿齿高方向应达55%，两齿轮啮合顶间隙用压铅法检查为(0.20～0.30)m(m为齿轮模数)，两齿轮轴平行度偏差应小于0.025mm。

6) 油系统

解体增速箱时，应仔细清洗内部油路及油喷嘴，确保油道畅通，油道和喷嘴不允许扩大其孔径。在组装完毕后，应检查油泵装配质量，其方法为：用手往下按低速轴时应具有弹性，否则销钉未到位；另外，还可以在低速轴联轴节处盘动，看油泵是否工作。

7) 密封

机械密封安装参照离心泵机械密封安装；在装增速箱低速轴电机轴封时，为了防止在装配时损坏密封面，应在轴封唇部涂上润滑脂，在压入时要用专用工具，不能直接用铁棒打。

8) 花键轴

轻微磨损应进行修理，磨损严重时应更换。在组装时应涂适量掺有二硫化钼的1#极压钾基酯。

9) 联轴器

联轴器轴端距、对中值应符合使用说明书要求。

6.7.3.2　高速离心泵的试运转及故障处理

1. 高速离心泵的试运转

1) 试运转前的准备工作

(1) 检查检修记录，确认数据正确，准备好试运用的各种记录表格；

(2) 增速箱装入合格的润滑油到规定的油位；

(3) 检查电源、静电连线和管道连接情况；

(4) 打开油冷却器水阀，调节适当水量；

(5) 全开泵入口阀，打开密封冲洗液，对采用串联密封形式的要打开密封气阀；

(6) 打开泵出口管线的排气阀，将泵腔和密封腔内气体排尽；

(7) 检查密封点有无泄漏；

(8) 联系电工检查电机电阻，并送上电。

2）试运转

（1）点动电机确认旋转方向正确，同时未见异常，则可启动运行；

（2）启动后立即调整出口阀，使压力、流量达到正常值，同时检查电机电流是否正常；

（3）控制油冷却器冷却水量，使油温保持在60～90℃之间；

（4）正常运转时齿轮箱内置油泵的油压应保持在0.2～0.3MPa之间，当油压低于0.2MPa时，齿轮箱切勿运转。

（5）在24h内，油压、油温、振动、噪音、电流无异常后可进行正常运转。振动值不大于2.8mm/s，机械密封泄漏量不超过1滴/min。

2. 高速离心泵的故障处理

高速离心泵常见故障现象、原因及处理方法如表6－18所示。

表6－18　高速离心泵常见的故障原因及处理方法

序号	故障现象	故障原因	处理方法
1	无流量或流量不足，无压力或压力不足	泵未充满 料液蒸发 入口管漏气 吸入压头低 电机反转 叶轮装配不当 吸入管线不畅 叶轮背间隙过大	排尽泵内气体 充分冷却料液 处理管漏气，防止带入挥发性料液 增大吸入压头 重新接线 正确安装叶轮 清理吸入管线 调整叶轮背间隙
2	压力波动大	流量过低 吸入压头低 流量控制阀失灵 两台泵并联，同时运转时抢料 旋液分离器严重腐蚀	增大流量(必要时开旁路阀) 增大吸入压头 检修控制阀 停止一台泵 修理或更换旋液分离器
3	机械密封漏料或漏油	机械密封损坏 密封液或料液带入固体颗粒或杂质 输送低温料液时带入水分	检修机械密封 换滤网，防止固体颗粒料或杂质混入 防止带入水分，或启动前在密封腔内灌注防浇灌剂(如乙醇、丙酮等)
4	油封漏油	油封损坏	更换油封
5	增速箱油沫增多	油变质 油面过高 油温过低	换油 减小油量 调整冷却水量
6	增速箱油温过高	油量过多 滤油器堵塞 油冷却器结垢或水量不足	放油 更换滤油器 除垢或调节水量
7	振动及噪音大	齿轮、轴瓦、轴承等零件严重磨损 叶轮、诱导轮等严重磨损或腐蚀 吸入料液有气体或被汽化	解体检修或更换 修理、更换或校验动平衡 排除料液中的气体，降低料液温度
8	齿轮箱内润滑油变成乳状或浊黄色	润滑油被水或介质污染	检查并排除
9	油压过低	油位过低 换热器泄漏 油嘴、油泵损坏 油滤器过脏	加油 修理或更换 修理或更换 清理

6.8 计 量 泵

计量泵属于往复泵中的一种。在石油化工生产中，有些反应器在操作时，要求进入的液体量十分准确，并且可以方便地调节，有时还要求按一定的比例同时输送两种以上介质和液体物料混合，以利于工艺流程的自动化，提高劳动生产率，提高产品质量和改善劳动条件，这些操作都是由计量泵来完成。常见的计量泵有N形曲轴柱塞泵和隔膜泵。

6.8.1 柱塞计量泵

柱塞计量泵主要用于石油、化工、炼油、食品、造纸、原子能技术、热电厂、塑料、医药、饮水、污水处理、环境保护、纺织和矿山等生产和研究部门，定量输送液态腐蚀性介质。

1. 结构及工作原理

柱塞式计量泵由液缸与传动箱两部分组成，如图6-65所示。

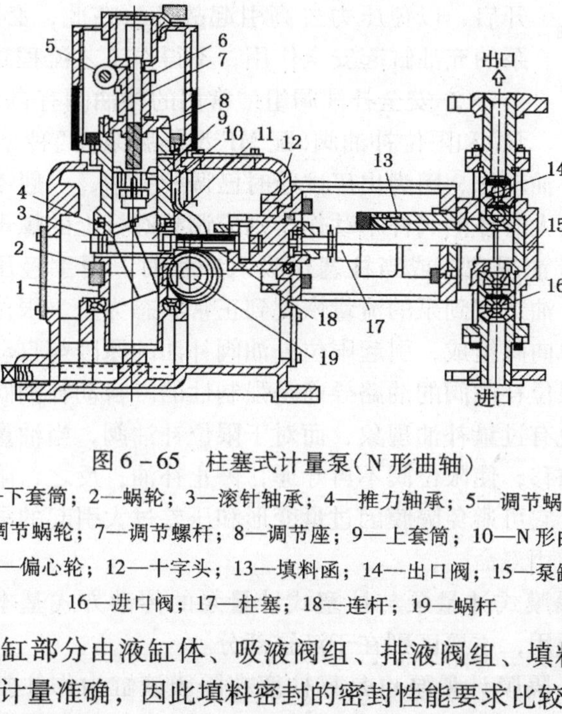

图6-65 柱塞式计量泵(N形曲轴)

1—下套筒；2—蜗轮；3—滚针轴承；4—推力轴承；5—调节蜗杆；6—调节蜗轮；7—调节螺杆；8—调节座；9—上套筒；10—N形曲轴；11—偏心轮；12—十字头；13—填料函；14—出口阀；15—泵缸；16—进口阀；17—柱塞；18—连杆；19—蜗杆

(1) 液缸部分 液缸部分由液缸体、吸液阀组、排液阀组、填料函和柱塞等零部件组成。由于计量泵要保证计量准确，因此填料密封的密封性能要求比较高，常用多层软聚氯乙烯人字形密封圈。泵的吸、排液阀多采用球形阀。对于大直径柱塞泵和低压泵通常采用单层球形阀，而小直径柱塞泵和高压泵多采用双层球形阀，当一层阀失灵时可由另一层保证泵阀的严密性。

(2) 传动箱 传动箱由曲柄连杆机构和行程调节机构组成。

(3) 工作原理 电机经联轴器与轴直联，带动蜗轮、下套筒、N轴作回旋运动。N轴装在偏心块内，并与偏心块套、连杆和十字头相连，组成曲柄连杆机构，使十字头在托架内作往复运动，并带动柱塞作往复运动。当柱塞向后死点移动时，泵容积腔逐步增大形成真空，在大气压力或正吸入压头的作用下，将吸入阀打开，液体被吸入；当柱塞向前死点移动时，此时吸入阀关闭，排出阀打开，液体被挤出排出阀外，使泵达到吸排的目的。

6.8.2 隔膜计量泵

隔膜计量泵既能用在柱塞计量泵一节所述的生产和研究部门，又能输送强腐蚀、易燃、易挥发性剧毒液体和放射性液体等。隔膜泵根据隔膜型式可分成单隔膜泵、双隔膜泵、管式隔膜泵和机械隔膜泵。单隔膜泵如图6-66所示，双隔膜泵如图6-67所示。

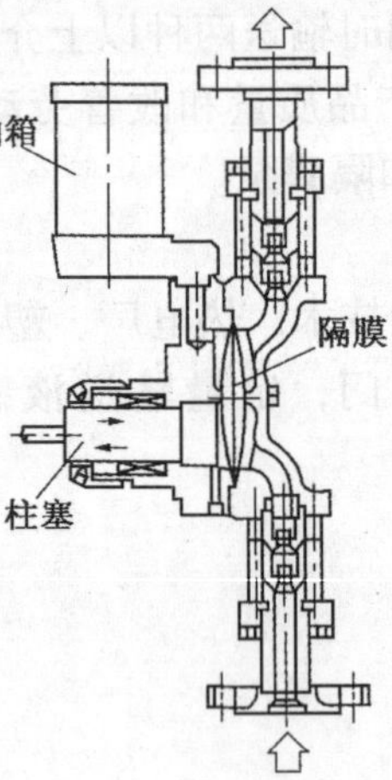

图6-66 单隔膜泵

1. 结构及工作原理

隔膜式计量泵同样由液缸部分与传动箱两部分组成。

(1) 液缸部分 隔膜式计量泵液缸部分结构如图6-66所示，它由液缸体、吸液阀组、排液阀组、柱塞、隔膜、限制板、补油阀组、安全阀和填料函等零部件组成。它的泵缸和泵体一般用优质灰铸铁铸造，隔膜用橡胶、皮革、塑料或弹性金属片制成。泵体内腔与被输送液体接触部分用耐腐蚀材料衬里。

为了保证隔膜正常工作，在缸体上装有安全补油阀组或安全阀：

① 安全阀 当泵的排出压力超过泵的规定压力时，安全阀自行开启，以免压力过高引起故障。在此，必须指出，泵的安全阀是对泵的充油缸起安全作用，不得作工艺流程管路上的安全阀使用。

② 安全补油阀组 常用的补油阀有自动补油阀(配于普通型隔膜泵)和限位补油阀(配MF型隔膜泵)两种型式。泵正常运转时，自动补油阀并不经常做补油动作，因为出厂试验时已调校完毕，一般不再调动。若安全阀排油后或泵缸油腔真空度增大时补油阀杆不动作，则应调整阀杆上的螺母，适量放松弹簧力，但不得过松，引起不停补油现象；或当柱塞作吸入冲程时，用手轻压阀杆，做短时的人工补油，直到泵的流量恢复到正常状态为止。限位补油阀组由限位阀和单向阀组成，引起限位补油阀补油的原因与自动补油阀基本相同，但限位补油阀的油路导通是强制性的。自动补油阀在补油过程中不可避免有过量补油现象，而对于限位补油阀，当油量充足时，隔膜后死点前移，使限位阀不再导通，停止补油；反之，限位阀导通，适量补油。它可避免隔膜因过量变形和压差过大引起的早期破坏，延长了隔膜使用寿命。

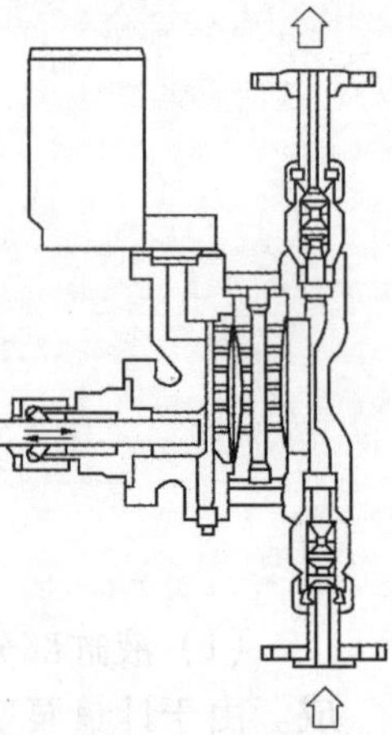

图6-67 双隔膜泵

(2) 传动箱 隔膜式计量泵与柱塞式计量泵的传动方式基本相同，大都可以相互通用，主要区别在于液缸部分。

(3) 工作原理 隔膜计量泵也是靠柱塞在隔膜液缸内作往复运动，使隔膜腔内的油产生压力，推动隔膜在隔膜腔内前后鼓动，在吸排阀组配合下，达到吸排液体的目的。由于有隔膜将柱塞密封函与输送介质隔开，可有效防止工作介质的渗漏。

6.8.3 流量调节

计量泵的流量调节通常通过调节柱塞行程长短，调节柱塞往复次数或兼有调节柱塞长短和往复次数三种方式。其中以调节柱塞行程方式最为常用。

N形曲柄轴调节是靠旋转调节盘，带动小螺旋齿轮、大螺旋齿轮、调节螺杆转动，拖动调节螺母和N轴上下移动，改变偏心距，从而达到调节流量的目的。N轴与偏心块形成的最大偏心量为该泵行程的一半，如图6-68(a)所示，当N轴靠近最下位置时，因偏心块与N轴配合部分的偏心量相抵消为零，偏心块与N轴的回转中心一致，此时行程为零，即相对行程为零；如图6－68(b)所示，当N轴靠近最上位置时，偏心块与N轴之总偏心量为最大行程的一半，即相对行程为100%。

6.8.4 计量泵的检修

计量泵的结构形式各有不同，它们的检修要求和拆卸工序也是不相同的，这里不可能一一介绍。这里介绍常见的J系列柱塞计量泵和隔膜计量泵的检修。

6.8.4.1 计量泵的解体检查与组装

1. 拆卸

(1) 柱塞计量泵液缸部件的拆卸　将柱塞从十字头上旋出，把出入口管法兰及泵液缸与泵托架连接螺栓拆开，将液缸部件全部从传动箱上拆卸下来后，先拉出柱塞，旋出填料螺母，拆下填料压盖，取出密封填料，隔环或柱塞套后，再拆卸出入口管压板，依次取下阀套、限位片、阀座、阀球或弹簧及阀。

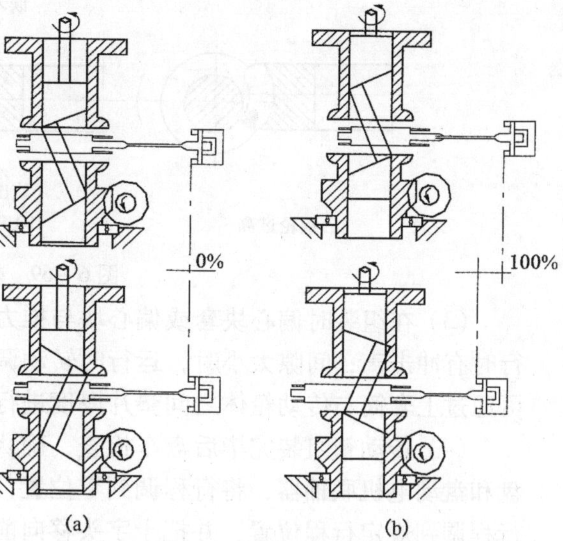

图6－68　N形曲轴调节原理

(2) 隔膜计量泵液缸部件的拆卸　把柱塞移向中间行程位置，将柱塞从十字头旋出，把出入管法兰及泵液缸与泵托架连接螺栓拆开，将隔膜液缸部件从机座上拆下来后，先拆下安全补油阀部件或安全阀，拉出柱塞，旋出填料螺母，拆下填料压盖，取出密封填料、柱塞套后，再拆卸出入口管压板，依次取下阀套、限位片、阀球或弹簧及阀，最后拆卸缸盖，依次取出限制板、隔膜、压环、定位销等。

(3) 传动箱的拆卸　传动箱的拆卸步骤如下：

① 先把传动箱内的润滑油泄开，拆卸箱体后端的盖板。

② 拆卸电机，取出联轴器，拆开蜗杆轴承压盖螺栓，将轴承盖、轴承、蜗杆和抽油器从传动箱体内抽出。

③ 打开调节箱盖，拆下调节箱压紧螺母，逆时针旋转调节转盘，使调节丝杆从调节螺母中退出；取下调节箱，再将调节丝杆部件从上套筒上取下，然后把上套筒从传动箱体拆下。

④ 拆下泵托架压紧螺母，将泵托架从传动箱体上取出，打开传动箱上盖，从箱体内取出十字头销和十字头。

⑤ 将N轴和套在N轴上的偏心块、连杆、偏心块上环等一并从传动箱体里抽出后，先拆下调节螺母，即可从N轴上拆出偏心块、端面轴承，再拉出套在偏心块上的偏心块套，取出滚针、垫圈和偏心块，最后把蜗轮、下套筒、轴承等从传动箱体内取出——拆卸。

2. 组装

组装前应清洗和检查所有零部件，对磨损超标而不能修复的部件应进行更换。传动箱部分的组装与拆卸顺序相反，在组装过程中要保证以下几方面的内容：

(1) 蜗轮与蜗杆的啮合位置，要符合如图6－69所示。

其检查方法如下：在蜗轮工作齿面涂上一层薄薄的红丹后，用手旋转蜗杆数圈，观察其啮合点位置，如果位置不正确可在下套筒轴承外圈底部加减垫片进行调整。

(2) 在回装蜗杆和柱塞油封时，一定要确认轴颈处无划痕、碰伤的现象，并在密封表面上涂一层润滑脂，用专用工具轻轻装入，在装配时不得用带尖角的金属块撬，以免损伤油封唇口，影响封油效果。

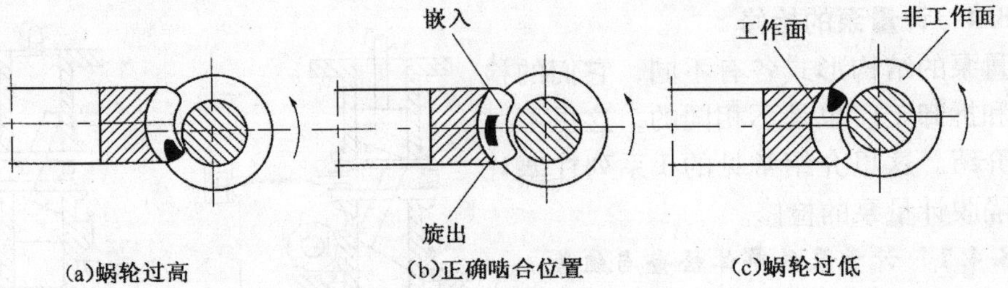

图6-69　蜗杆蜗轮啮合位置

（3）在组装时偏心块套或偏心块与推力轴承之间的轴向间隙要适当，若间隙过大，泵运行时有冲击声；间隙太小时，运行时转动调节手轮会比较困难，同时机座发热。其间隙大小可通过上套筒与传动箱体之间垫片厚度进行调整。

（4）传动箱组装完毕后盘车检查，确认转动自如，没有任何卡阻现象后，再转动调节转盘和盘动电机联轴器，将行程调到零位置，装上指向零位置的调量表，然后转动调节转盘把行程调到规定行程位置，并把十字头移向前死点。

6.8.4.2　计量泵的试运转及故障处理

1. 计量泵的试运转

1）试运转前的准备工作

（1）检查检修记录，确认数据正确，准备好试运用的各种记录表格；

（2）把泵周围卫生打扫干净；

（3）向传动箱内注入N32以上的机械油，油位到油标中间处。对于隔膜泵应在缸体油腔内注满变压器油，同时将油腔内的气排尽。安全自动补油阀应注入适量变压器油至距溢出面约10mm处，在泵头与传动箱之间的托架内也加注变压器油，油位至浸没柱塞填料。

（4）盘车转动自如，无卡涩现象和异常响声。

2）试运转

（1）启动

① 关闭泵出口阀，打开泵进出口连通阀，开启入口阀，使液体充满泵体；

② 盘车无问题后按启动开关，给电启动；

③ 逐渐打开泵出口阀，然后关闭进出口连通阀；

④ 根据工艺流程对流量的需要，把调量手轮转到所需刻度；

⑤ 检查泵的振动值是否在允许范围内和是否有不正常响声，如果超标，应停车检查原因，待消除故障后，再投入运行。

（2）停车

① 切断电源，停止电机运行；

② 关闭进出口管道阀门，但开车前应注意打开。

3）隔膜式计量泵缸体油腔无油注油操作

（1）先打开安全补油阀储油罐盖，用手推压补油阀杆往膜腔里充油，同时盘动联轴器使隔膜鼓动，排出膜腔内的气体，直到气泡不再往上冒为止。

（2）开车时，可将安全阀调节螺钉逐步松动，使安全阀在泵排出运动中将膜腔内的气体排出，应起跳数次，再拧紧调节螺钉至原来位置，并使安全阀的启跳压力为管道压力的1.1倍左右。在安全阀起跳排气的同时，柱塞在吸入过程中，用手轻压阀杆，做短时人工补油。若油量补充过多，将会产生振动和冲击声，可在柱塞作排出冲程时，轻压补油阀杆排出多余的油，直至泵运行平稳为止。

2. 计量泵的故障处理

计量泵常见故障现象、原因及处理方法如表6－19所示。

表6－19　计量泵常见的故障原因及处理方法

序号	故障现象	故障原因	处理方法
1	柱塞计量泵流量不稳定的处理	单向阀密封面损坏 单向阀内有杂物卡阻 溢流阀泄漏 吸入压力不足 来液温度高产生汽化或泵内有气体未排净 吸入管漏	更换单向阀或垫片 清除杂物 修理或更换 提高入口液 降低温度和排净气体 修复或更换破损管件
2	柱塞计量泵无法启动的处理	N轴组件严重磨损 齿轮副严重磨损 轴承严重磨损 电机损坏 十字头与导轨卡住或销脱落	更换N轴组件 更换齿轮副 更换轴承 检查处理电机 检查处理
3	柱塞计量泵电机过载的处理	出口压力过高 填料过紧 齿轮副损坏 轴承损坏 N轴组件磨损严重	调整溢流阀，检查出口管 适当松开填料压盖螺母 更换齿轮副 更换轴承 更换N轴组件
4	柱塞计量泵有敲击声的处理	连杆连接螺栓松动 偏心套或轴承间隙过大 连杆拉力轴承松动或磨损 锥形轴承套磨损 蜗轮传动机构磨损	紧固螺栓 更换部件 紧固螺栓或更换轴承 更换锥形套 更换蜗轮传动机构
5	隔膜计量泵流量不足的处理	溢流阀与补油阀泄漏 补油阀组堵塞 单向阀磨损 溢流阀设定过低 充油腔内有气体或柱塞填料泄漏 来液黏度过高 来液中有气体或泵体内气体未排净 出入口管路泄漏或阻塞	修理或更换 检查清洗疏通 研磨或更换单向阀 设定值调至操作条件 排气补油 降低黏度 进行工艺调整 疏通或更换破损管件
6	隔膜计量泵出口压力低的处理	溢流阀与补油阀泄漏 单向阀内有杂物卡阻 单向阀磨损 来液中有过多的气体 柱塞填料漏油	修理或更换补油阀 解体清除杂物 修理或更换单向阀 进行工艺调整 检查密封部分

第 7 章　离心式压缩机

压缩机是一种用于压缩气体以提高气体压力或输送气体的机器，广泛应用于炼油化工企业。压缩机种类繁多，尽管用途可能一样，但其结构型式和工作原理都可能有很大的不同。气体的压力取决于单位时间内气体分子撞击单位面积的次数与强烈程度。因此，提高气体压力的主要方法就是增加单位容积内气体分子数目，这也是容积式压缩机（活塞式、滑片式、罗茨式、螺杆式等）的基本工作原理；利用惯性的方法，通过气流的不断加速、减速，因惯性而彼此被挤压，缩短分子间的距离，来提高气体的压力，透平式压缩机的工作原理属于这一类。

透平式压缩机是一种叶片式旋转机械，它利用叶片和气体的相互作用，提高气体的势能和动能，并利用相继的通流元件使气流减速，将动能转变为势能的提高。

按照气体运动的方向，透平式压缩机可分为：离心式，气体在压缩机内大致沿径向流动；轴流式，气体在压缩机内大致沿平行于轴线方向流动；轴流－离心组合式，有时在轴流式的高压段配以离心式段，形成轴流、离心组合式压缩机。

7.1　离心式压缩机的基本组成及工作原理

气体在压缩机中受离心力的作用，沿着垂直压缩机轴的径向方向流动，称为离心式压缩机。在分析离心式压缩机的结构时，通常将转动部件总称为转子，不转动部件总称为定子。由图 7－1 可知，转子由主轴 1 以及装在主轴上的叶轮 2、平衡盘 3、推力盘 4 以及半联轴器等组成；定子由机壳 5、扩压器 6、弯道 7、回流器 8、蜗壳 9、隔板 10、轴端密封 11、止推轴承 12 和径向轴承 13 等组成。

如图 7－1 所示，气体在机内的流动过程是：当驱动机通过主轴 1 带动叶轮 2 高速旋转时，在叶轮的入口处产生低压，将气体从吸入室不断吸入叶轮，使气体的压力、速度和温度提高；然后流入扩压器 6，使气体的速度降低，压力进一步提高。为了把扩压器后的气流引入到下一级叶轮继续压缩，在扩压器后设置了弯道 7，使气体由离心方向改为向心方向。回流器 8 主要起导向作用，使气流以一定方向均匀地进入下一级叶轮进口，回流器中一般安装导流叶片。由于气体在压缩过程中温度要升高，为了节省压缩功耗和防止气体温度过高，气体经过四级压缩后，由蜗室 9 及排气管引出机壳至中间冷却器冷却，气体降温后再引入第五级吸入室。经八级压缩后的气体再由蜗室和排气管引出机外导入管路系统。该机八级都安装在一个机壳 5 内，

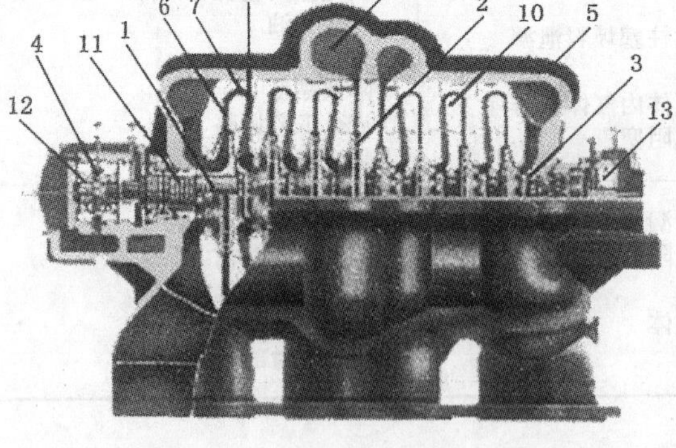

图 7－1　离心式压缩机

1—主轴；2—叶轮；3—平衡盘；4—推力盘；5—机壳；6—扩压器；7—弯道；8—回流器；9—蜗壳；10—隔板；11—轴端密封；12—止推轴承；13—径向轴承

而中间冷却器又将八级分成两段，故该机称为“一缸、两段、八级”离心式压缩机。

7.2 离心式压缩机的分类

一般可分为水平剖分型、筒型两类。水平剖分型的离心式压缩机有一水平中分面将汽缸分为上下两半，在中分面处用螺栓连接，此种结构拆装方便(见图7-1)，但其承压性较筒型离心式压缩机差。筒型的离心式压缩机有内、外两层汽缸，外汽缸为一筒形，两端有端盖，内汽缸垂直剖分，与隔板等组装好后再推入外汽缸中(见图7-2)，此种结构缸体强度高、密封性好、刚性好，承压性强，但安装困难、检修不便，适用于高压力或要求密封性好的场合。

图7-2 筒型离心式压缩机

7.3 离心式压缩机的技术参数与特性曲线

7.3.1 离心式压缩机的技术参数

表征离心式压缩机性能的主要参数有流量、压缩比、转速、有效功率、轴功率和效率等。

(1) 流量 指单位时间内流经压缩机流道任一截面的气体量，通常以体积流量和质量流量两种方法来表示。

体积流量是指单位时间内流经压缩机流道任一截面的气体体积，其单位为 m^3/s。因气体的体积随温度和压力的变化而变化，当流量以体积流量表示时，须注明温度和压力。

质量流量是指单位时间内流经压缩机流道任一截面的气体质量，其单位为 kg/s。

(2) 压缩比 指压缩机的排出压力和吸入压力之比，有时也称压比。计算压比时排出压力和吸入压力都要用绝对压力。

(3) 转速 指压缩机转子旋转的速度，其单位是 r/min。

(4) 有效功率 在气体的压缩过程中，叶轮对气体所作的功，绝大部分转变为气体的能量，另有一部分能量损失，该损失基本上包括流动损失、轮阻损失和漏气损失三部分，我们将被压缩气体的能量与叶轮对气体所作的功的比值称为有效功率。

(5) 轴功率 离心式压缩机的转子除了为气体升压提供有用功率，以及在气体升压过程中产生的流动损失功率、轮阻损失功率和漏气损失功率外，其本身也产生机械损失，即轴承的摩擦损失，这部分功率消耗约占总功率的2% ~3%。如果有齿轮传动，则传动功率消耗同样存在，约占总功率的2% ~3%。以上功率消耗都是在转子对气体作功的过程中产生的，它们的总和即为离心式压缩机的轴功率。轴功率是选择驱动机功率的依据。

(6) 效率 指压缩机输出气体的有效功率与轴功率的比值，主要用来说明传递给气体的机械能的利用程度。

7.3.2 离心式压缩机的特性曲线

在一定转速下，不同流量 Q 时的排气压力(或压力比) ε、功率 P 和效率 η 用曲线来表示，这些曲线称为压缩机的性能曲线或特性曲线，如图7-3和图7-4所示，它反映的是整台压缩机各参数之间的关系。

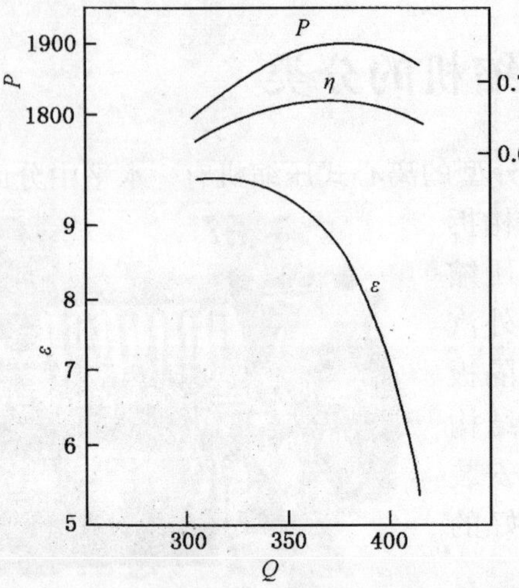

图7-3　压缩机性能曲线图

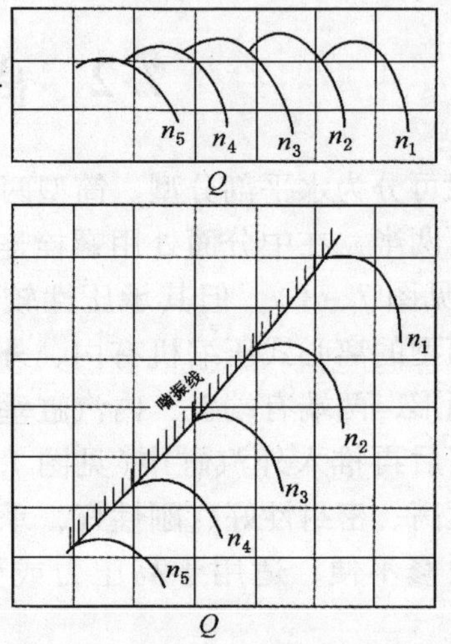

图7-4　不同转速下压缩机的性能曲线

性能曲线横坐标一般用流量(质量流量或容积流量)，纵坐标用出口压力(或压力比)、功率和效率等。

压缩机性能曲线一般由制造厂根据试验数据绘制，或根据模型机试验数据经过计算得出，并作为技术资料提供给用户，有时为了校核压缩机是否达到设计指标，需要在现场用真实气体作介质，重新标定性能曲线，以便与设计值进行比较，运行中性能曲线应以现场实测为准。

压缩机性能曲线有以下特点：

(1) 每个转速下都有一条对应的性能曲线，随着气体介质流量的增加，压比曲线由缓慢下降变为陡降，功率和效率的曲线由上升、持平到缓慢下降，效率曲线的持平段为压缩机的最佳工况区，压缩机应在此区段的工况点运行，才能达到最佳状态。

(2) 流量一定时，转速越高，排气压力越高；转速越高，性能曲线越向右上方移动。

(3) 随着转速的增加，性能曲线变得越来越陡。

(4) 在一定转速下，当流量减少到一定值时，压缩机便开始喘振，不能正常工作，该流量称为喘振流量，该点称为喘振点。各转速下喘振点连结起来，便构成喘振线。压缩机流量不能等于或小于喘振流量规定值，否则便发生喘振。喘振流量可通过试验或计算方法来确定，并标在性能曲线上。

(5) 防护曲线(防喘振边界线)：为了防止喘振，保证运行的安全，一般设置最小流量限，它比喘振流量大，留有5%的流量裕度，叫防喘裕度。防喘振线就是将最小流量限用曲线连结起来，此曲线叫防护曲线或防喘振边界线。

(6) 压缩机的稳定工作区：所谓稳定工作区是指从最小流量限制到最大流量限制以及其他限制之间的稳定工作区。为了机器运转安全，最小流量限制比喘振流量稍大，一般留有5%～10%的流量裕度。就压力来看有最大压力限制，就转速来看有最高转速限制，一般压缩机最大连续运转转速为额定转速的105%～110%。临界转速必须快速通过。图7-5标明压缩机的稳定工作范围。衡量一台压缩机的性能好坏，不能只看设计工况下性能如何，更重要的要看整个稳定工作区的性能，包括稳定工作区的大小。

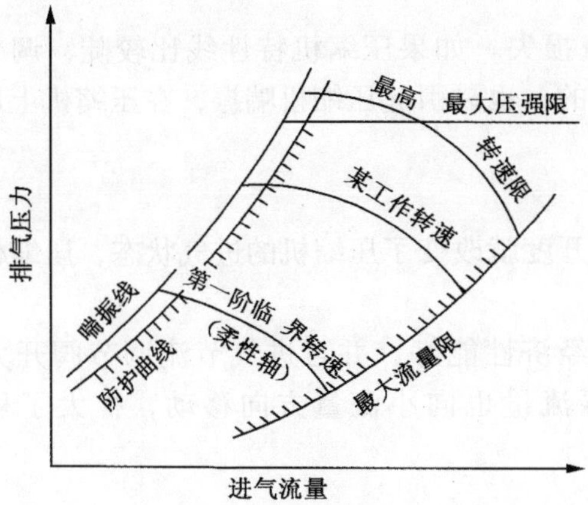

图 7-5　压缩机稳定工作区

7.4　离心式压缩机的流量调节

7.4.1　压缩机和管网的联合运行

压缩机在使用时，总是和其他设备用管道联系起来，和驱动机用传动机构连接起来，构成一个统一的系统。通常把为了输送气体连接压缩机的管道、容器等全套设备，包括进气管线、排气管线称为管网。压缩机稳定运行，不仅仅取决于压缩机本身的性能，还取决于管网的特性和驱动机机械传动系统的性能。

管网的阻力特性是由管道和所连接的设备的阻力特性确定的。例如，由压力容器和连接管道组成的管网，阻力特性可用公式 $P_R = P_r + AQ^2$ 表示，式中 P_r 为容器中气体的压力，Q 为管网的体积流量，A 为管道阻力系数。如果管道很短，容器压力高，则管网阻力主要由容器内气体的压力来定，即 $P_R \approx P_r$，反之，如果容器内气体的压力低，但管道长，则 $P_R \approx AQ^2$。

下面分析压缩机和管网的联合运行情况。将管网的特性线和压缩机的特性线按同一比例画在一张图上（见图 7-6），两个特性线的交点恰好满足上述的要求，这就是压缩机和管网的联合运行点。

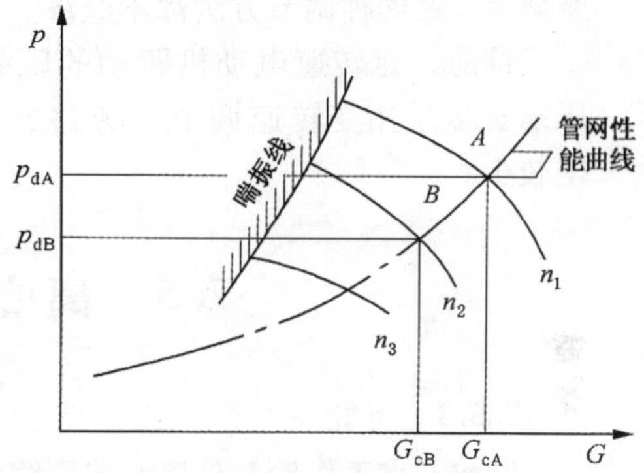

图 7-6　压缩机与管网联合运行点

压缩机和管网联合工作，在管网中储有一定量的气体，当压缩机的出口压力突然下降时，管网中压力反而会大于压缩机出口压力，气体会从管网流向压缩机，很容易造成喘振。喘振现象与管网密切相关。管网容量越大，则喘振的振幅越大，频率越低；管网的容量越小，则喘振的振幅越小，频率越高。喘振对机组危害甚大，压缩机与管网联合运行时，应采用各种防喘措施加以防止。

由于联合运行点是由压缩机特性线和管网特性线所共同决定的，所以正确设计、确定管网的性能对压缩机的运行是非常重要的。一台压缩机尽管设计得很好，效率高，但管网特性确定得不好，和压缩机配合的结果使得联合运行点偏离高效率条件，压缩机在运行中的效率也会很低。此外，如果联合运行点离喘振区很近，还会容易出现喘振。总之，管网的性能是很重要的，是确定压缩机运行工况的一个重要的方面。

7.4.2　离心式压缩机的流量调节

压缩机在运行时，管网的流量、压力是不断变化的，要求压缩机的流量、排气压力也随之变化，也就是要不断地改变压缩机的运行工况，这就是压缩机的调节。

由于压缩机运行工况是由压缩机本身和管网性能共同决定的，所以改变运行工况既可以用改变压缩机性能曲线，也可以用改变管网性能来实现。

1. 压缩机出口节流调节

在压缩机排气管上装置节流阀，改变阀门的开度，就可以改变管网的阻力特性，也就改变了压缩机的联合运行工况。

这种调节方法比较简单，但带来附加的节流损失。如果压缩机特性线比较陡，调节量大，这种附加损失就大，所以这种方法是不经济的，也易引起压缩机喘振，在压缩机上用得较少。

2. 压缩机进口节流调节

在压缩机进气管上装设节流阀，改变阀门的开度就改变了压缩机的进气状态，压缩机的特性线也就跟着改变。

这种调节方法简便易行，较出口节流调节经济性能好，并且进气节流调节阀开大使压缩机的性能曲线向小流量方向移动，使喘振流量也向小流量方向移动，扩大了稳定工作范围。

3. 变转速调节

压缩机运转转速不同，则性能曲线就不同，可以通过变转速调节来适应管网的需要。

转速调节是压缩机最经济的调节方法，与前两种调节相比没有节流损失，但要求驱动机转速可变，目前在工业汽轮机驱动的压缩机中应用非常多。

4. 旁路或放空

工艺要求气量比压缩机排量小时，可采用将多余部分气体经冷却器返回压缩机进口，这种方法称为旁路调节。对空气压缩机，可将多余部分空气直接放入大气中，这种方法称为放空调节。这两种调节方法都不经济。

目前，定转速电动机驱动的压缩机多采用进口节流调节，变转速工业汽轮机驱动的压缩机多采用变转速调节，旁路或放空调节可作为辅助调节方法，其他调节方法应用得较少。

7.5 离心式压缩机的结构特点

7.5.1 叶轮

叶轮又称工作轮，是离心式压缩机中惟一对气体作功的部件，其结构型式、几何参数和工作参数的选取是否合理，对级和整机的性能优劣具有决定性作用。

按照叶轮的叶片弯曲形式，将叶轮分为前弯叶片式叶轮[图 7 -7(a)]、径向叶片式叶轮[图 7 -7(b)、(c)]和后弯叶片式叶轮[图 7 -7(d)]。其中径向叶片式叶轮又分为气体径向进入叶道具有弯曲叶片的径向出口叶片式叶轮[图 7 -7(b)]和径向直叶片式叶轮[图7 -7(c)]。径向直叶片式叶轮的入口处设有一个导轮，气流沿轴向进入导轮的叶道，经导流后再流入径向式叶道，实际上导轮与叶轮组合成轴向 - 径向式叶轮。

根据加工方法叶轮可以分为铆接型、焊接型和整体型。铆接型叶轮分为一般铆接和整体铣制铆接。一般铆接叶轮的叶片常用钢板压制成型，分别与轮盘、轮盖铆接在一起，叶片的形式可以是 U 形、Z 形截面。一般铆接比整体铣制铆接材料利用率高，但强度低，多用在低中压压缩机中叶片比较宽的情况下。

铣制叶轮的叶片在轮盘上铣出，和轮盖利用穿孔铆接，或者利用叶片榫头铆接。整体铣制铆接叶轮由于取消了叶片的折边，减少了气体的流动阻力损失，提高了叶轮效率。试验表明，整体铣制铆接叶轮级的效率比槽型钢板压制叶片级的效率高 2% 左右。整体铣制叶轮比一般铆接叶轮强度高，但材料浪费大，一般多用于窄叶轮加工。铆接工艺的出现比较早，也较成熟。但由于铆钉处容易产生应力集中，强度低，在压缩机使用过程中出现过不少事故。为了保证铆接质量，必须严格注意工艺要求，对铆接材质、钉孔的精铰、手锤的重量和打击次数都应有适当的规定。

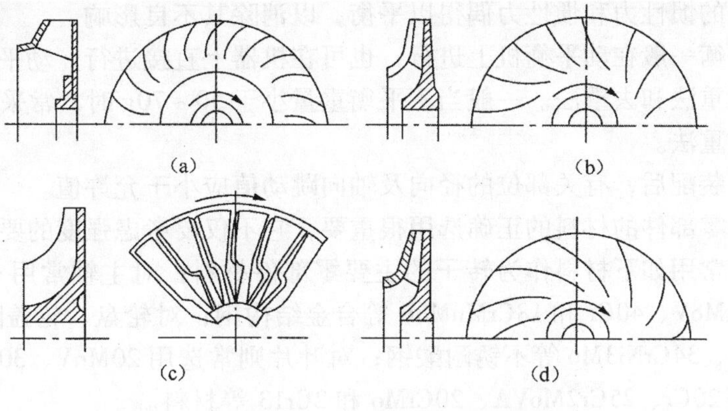

图 7-7　按叶片弯曲形式区分叶轮形式

焊接叶轮在出口宽度比较大时，叶片单独压制，然后分别与轮盘、轮盖焊接，可以在两面内部或外部用手工电弧或氩弧焊进行焊接。当叶片出口宽度较小时，多采用整体铣制焊接叶轮。为了防止焊接变形，焊接时轮盘与轮盖的毛坯厚度都应加大，以便焊后再加工。焊接前要预热(约 250～360℃)，焊后加热(约加热到 650℃，保温 3h 左右)消除焊接应力。焊接叶轮取消了容易产生应力集中和晶间腐蚀的铆钉，强度比铆接叶轮高，和铆接叶轮比较起来，焊接工时要省，所以最近焊接叶轮越来越普遍地被采用。

整体成型叶轮主要是指采用精密浇铸和其他特殊工艺制造的叶轮。精密浇铸工艺既省工时又省料，但由于叶轮形状复杂、加工工艺要求高，要保证铸件无气孔、无杂质是比较困难的，常因质量问题影响叶轮的强度。

为了加工窄叶轮，最近出现了一些新工艺，如电火花加工和钎焊等，但是这些工艺加工叶轮的造价比较昂贵。

7.5.2　转子及转子轴向力的平衡

7.5.2.1　转子

转子是压缩机的关键部件，它高速旋转，对气体作功。转子由主轴、叶轮、定距套、平衡盘、推力盘等零部件组成，在轴的一端通过联轴器与汽轮机或电机相连。

转子上各部件都红套在轴上，其中如轮盘、平衡盘等还设有键。有的厂家设计的压缩机的叶轮也带有键，但正常运转时并不传递扭矩，只起防松作用。过盈装配不仅是传递扭矩需要，还是为了防止叶轮在运转时由于离心力的作用而松动。

转子各零件的装配有许多技术要求，主要要求如下：

(1) 转子在装配前，所有叶轮应做超速试验，检查叶轮的变形和表面质量情况。叶轮表面质量通常用磁粉(对钢制叶轮)或着色法(对不锈钢制叶轮)来进行检查。对铆接叶轮要特别注意铆钉是否有松动现象。

(2) 叶轮和转子上的所有其他零部件都必须紧密装在轴上，在运行过程中不允许有松动。叶轮装配采用得比较普遍的是红套。首先将叶轮均匀加热，主轴一般立放在夹具上，当叶轮加热到适当温度时，将叶轮套入主轴。加热温度应该根据叶轮和主轴的过盈量、红套过程来决定，温度过低会出现叶轮还没装到应有位置就凉下来，卡住主轴。

(3) 转子装配后应进行严格的动平衡。转子装配好后，由于材质不均、加工和装配误差等原因，使其质量分布不均，形成一定的偏心，当转子转动时就会产生不平衡的离心惯性力。经验表明，转子的不平衡是引起压缩机振动的主要原因。动平衡的目的就是要尽量使转子旋转时产生的惯性力和惯性力偶得以平衡，以消除其不良影响。

转子动平衡一般在动平衡机上进行，也可在机器上直接进行。动平衡时，消除不平衡的方法可采用加重法和去重法。一般当不平衡重量小于50～70g时，常采用去重法，当大于此值时则采用加重法。

(4) 转子装配后，有关部位的径向及轴向跳动值应小于允许值。

转子主要零部件的材料的正确选用很重要，它不仅要考虑强度的要求，还应考虑材料的工艺性，国内常用如下材料作为转子的主要零部件材料：对主轴常用45#优质碳素结构钢，35CrMo、35CrMoV、40Cr和18CrMnMoB等合金结构钢；对轮盘、轮盖除选用上述材料外还常用Cr17Mn4、34CrNi3Mo等不锈耐酸钢；对叶片则常选用20MnV、30CrMnSi和2Cr13；对铆钉则常选用20Cr、25Cr2MoVA、20CrMo和2Cr13等材料。

7.5.2.2 转子轴向力的平衡

1. 转子的轴向力

由于叶轮的轮盘和轮盖两侧所受的气体作用力不同，部分抵消后，还会剩下一部分轴向力作用于转子，所有叶轮轴向力之代数和就是整个转子的气体轴向推力，作用方向一般从高压端指向低压端。转子的轴向推力经平衡后，剩下的轴向推力由推力轴承来承担，如果推力过大，会影响轴承寿命，严重的会使轴瓦烧坏，引起转子窜动，使转子上的零件和固定元件摩擦甚至碰撞，以致机器破坏。因此，须设法把大部分轴向力平衡掉，在运行中必须严密注视轴向推力的变化，确保机器的安全运转。

2. 轴向力的平衡方法

(1) 叶轮对称排列　因为单级单吸叶轮轴向力的方向是指向低压侧的，若叶轮按级或按段对称排列(如图7－8)，这时轴向力将基本上相互抵消，使总的轴向力大大降低。这对于设计高压压缩机尤为重要，特别是在中间冷却器后，应考虑进气方向，如轴向力很大，而对称排列在结构上又允许的话，则应予以考虑。

(2) 设置平衡盘　在离心式压缩机中安置平衡盘，是一种常用的平衡方法，平衡盘一般安装在高压端，它的外缘与汽缸间设有迷宫式密封，使平衡盘两侧保持压力差，一侧受到末级叶轮出口气体压力的作用，另一侧与机器的进气管相接，气体的压力接近进气压力，如图7－9所示。平衡盘两侧的压力差，产生一个与转子的轴向力方向相反的平衡力F，可以配置D和d，使转子轴向力的大部分得到平衡。平衡盘结构简单，不影响气体管线的布置，应用极为普遍。

(3) 设置径向筋　对于高压离心式压缩机，还可以考虑在叶轮的背面加筋，如图7－10所示，该筋相当于一个半开式叶轮，在叶轮旋转时，它可以大大减小轮盘带筋部分的压力，其压力分布可见图7－10，图中的eij线为不带筋时的压力分布，而eih线为带筋时的压力分布，可见带筋时叶轮背面靠近内径处的压力显著下降，因此，合理选择筋的长度，可将叶轮的部分轴向力平衡掉。这种方法在介质密度较大时，效果更为明显。

采用平衡方法是为了减小转子的轴向推力，以减轻止推轴承的负荷。但是，全部平衡掉轴向推力是没有必要的，因为那样反而会使转子工作不稳定，容易窜动。一般平衡掉转子气体轴向推力的70%，剩下30%的气体轴向推力作用在推力轴承上，一般使推力轴承承受正常的比压0.7～0.8MPa，这样有利于转子的轴向定位。

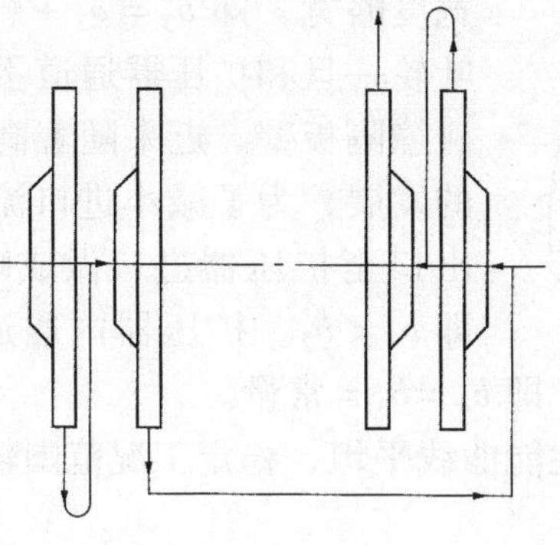
图7－8　叶轮对称排列

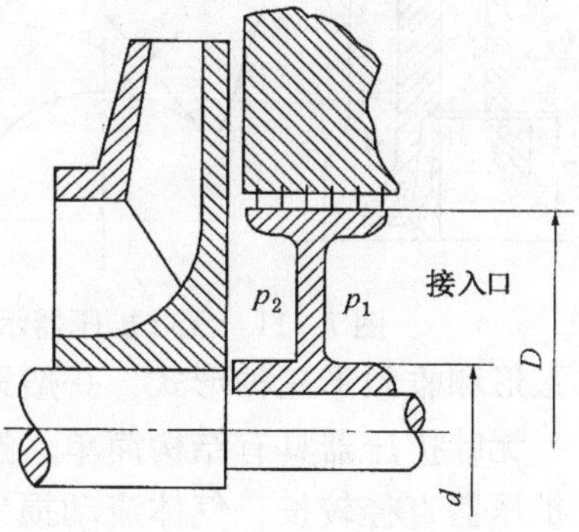

图7－9　平衡盘示意图

7.5.3　隔板、扩压器、弯道和回流器

7.5.3.1　隔板

隔板是静止部件，它将机壳分成若干个空间以容纳不同级的叶轮，且构成气体的通道。根据隔板在压缩机中所处的位置，隔板可分为进气隔板、中间隔板、段间隔板和排气隔板四种类型。进气隔板和汽缸形成进气室，将气体导流到第一级叶轮入口。中间隔板任务有两个：一是形成扩压器（无叶或叶片式扩压器），使气流自叶轮流出来后具有的动能减少，转变为压力的提高；二是形成弯道流向中心，流到下级叶轮的入口。段间隔板的作用是指在段对排的压缩机中分隔两段的排气口。排气隔板除了与末级叶轮前隔板形成末级扩压器外，还要形成排气室。

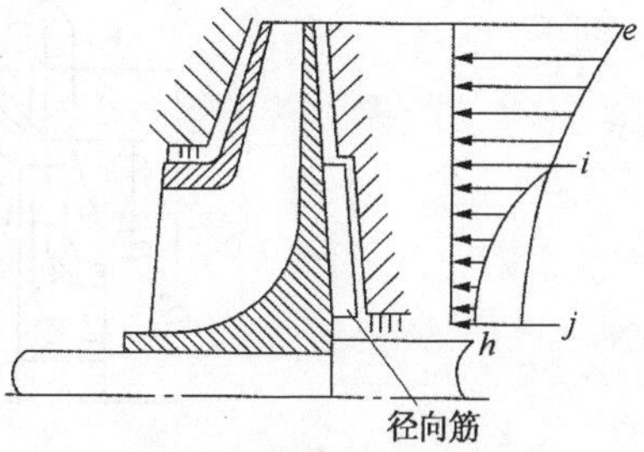

图7－10　叶轮加径向筋平衡轴向力

隔板上装有轮盖密封和叶轮定距套密封，所有密封环一般都做成上下两半（对大型压缩机可能做成4份）以便拆装。为了使转子的安装和拆卸方便，无论是水平部分型还是筒型压缩机隔板都做成上下两半，差别仅在于隔板在汽缸上的固定方式不同。对水平剖分型汽缸来说，每个上下隔板外缘都车有沟槽，和相应的上下汽缸装配，为了在上汽缸起吊时，隔板不至掉下来，常用沉头螺钉将隔板和汽缸在中分面固定。对筒形汽缸来说，上下隔板固定好后，用贯穿螺栓固定成整个隔板束，轴向推进筒型汽缸内。

7.5.3.2　扩压器

离心式压缩机叶轮出口的气流绝对速度较高，对高能量头的叶轮可高达500m/s以上，而一般叶轮也有200～300m/s。这部分动能在叶轮传递给气体的能量中占有相当大的比例，扩压器的作用就是将这部分动能有效地转变为压力能，以提高气体的压力。

扩压器是叶轮两侧隔板形成的环形通道，如图7－11和图7－12所示，其进口截面3—3，出口截面4—4，一般分为无叶扩压器和叶片扩压器，以下分别分析气体在两种扩压器中的流动、扩压原理和性能。

1. 无叶扩压器

无叶扩压器通常是由两个平行壁面构成的环形通道所组成，如图7－11所示。气体从叶轮中流出，经过这个环形通道，速度逐渐降低，而压力逐渐增加，然后经过后面的弯道和回流器进入下一级叶轮或者直接流入蜗壳。

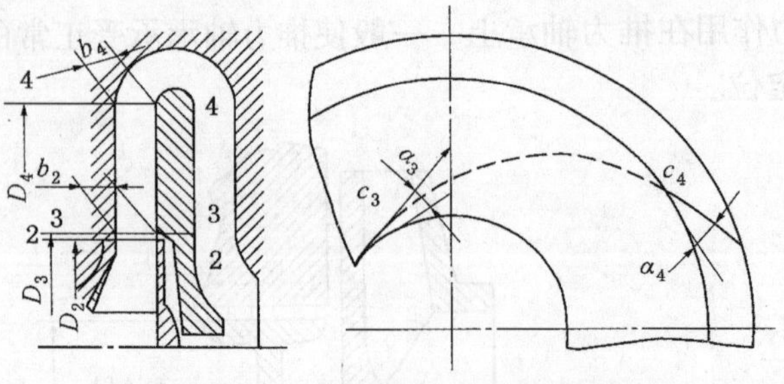

图 7-11　无叶扩压器示意图

无叶扩压器的通道截面为一系列同心圆柱面。进口截面轴向宽度常比叶轮出口宽度略宽，即 $b_3 = b_2 + (1 \sim 2)$ mm，以便叶轮一旦和扩压器通道不对准时避免气流碰撞隔板壁。近来随着高压离心式压缩机的发展，为了减小进口流动损失，从叶轮出口至扩压器进口做成略有收敛的通道，即 $b_3 < b_2$。扩压器内通道一般有等宽形、扩张形和收敛形三种形式，一般采用等宽形，即 $b_4 = b_3 =$ 常量。

无叶扩压器具有结构简单，造价低廉，性能曲线平坦，稳定工况范围较宽的优点。但无叶扩压器直径较长，气体流动损失较大。

2. 叶片扩压器

在无叶扩压器的环形通道上，沿圆周安装均布的叶片，就构成叶片扩压器，如图 7-12 所示。在叶片扩压器中的气流仍然是没有能量加入而有损失的扩压流动。在叶片扩压器中，叶片迫使气体按叶片方向流动，气流就受到叶片的作用力，使气流的动量矩发生变化。

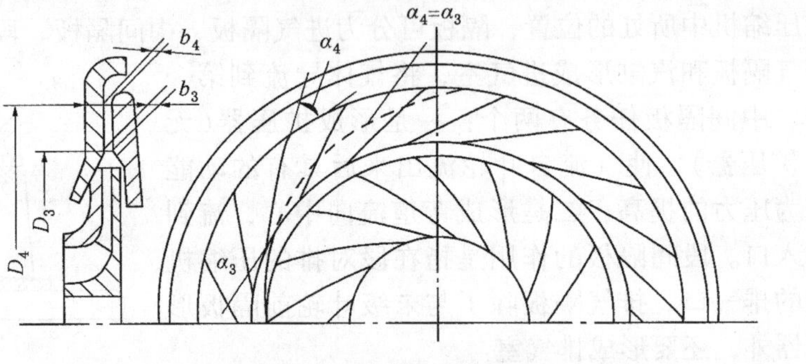

图 7-12　叶片扩压器示意图

叶片的型式可以是直线形、圆弧形、三角形和机翼形等，可以分别制作与隔板用螺栓紧固，或者与隔板一起铸成。叶片扩压器中，从叶轮到扩压器入口的过渡段很重要，因为适当的过渡段可以改善自叶轮出来的气流不均匀性，减小流动损失，还可以降低叶片扩压器进口气流脉动所产生的噪声。一般 $D_3/D_2 = 1.08 \sim 1.15$，$b_3/b_2 = 1.05 \sim 1.10$，出口直径 $D_4/D_3 = 1.3/1.55$。

叶片扩压器具有扩压程度大、结构尺寸小的优点。由于气流受到叶片的约束，气流方向角不断增大，故其流道短，流动损失小，在设计工况下它的级效率比无叶扩压器的级效率约高 3% ~5%。

叶片扩压器的缺点是变工况性能差，因为当偏离设计工况时，易产生冲击分离损失，使效率明显下降。当正冲角增大到一定值后，会因旋转脱离而导致压缩机喘振。此外，带叶片扩压器的级，其性能曲线较陡，稳定工况范围较窄。

7.5.3.3　弯道和回流器

弯道和回流器位于扩压器之后，如图 7-13 所示。由叶轮甩出的气体介质，经扩压器减速增压后进入弯道，气流经弯道使流向反转 180°，接着流入回流器，为保证气体介质沿轴向进入下一级叶轮，回流器内均设有一定数量的叶片，以改善气体流动状况，引导气流顺利进入下一级叶轮去进一步增压，显然，弯道和回流器是沟通前一级叶轮与后一级叶轮的通道，是实现气体介质连续升压的条件。回流器叶片可以采用等厚度的，并在进出口处削薄，也可以用机翼形叶型。

图7－13中截面4—4至截面5—5为弯道，截面5—5至截面6—6为回流器，弯道一般不设置叶片，回流器设12～18条叶片，弯道前后宽度一般为等值。弯道和回流器有一定流动损失，一般约占每级能量的5%左右。

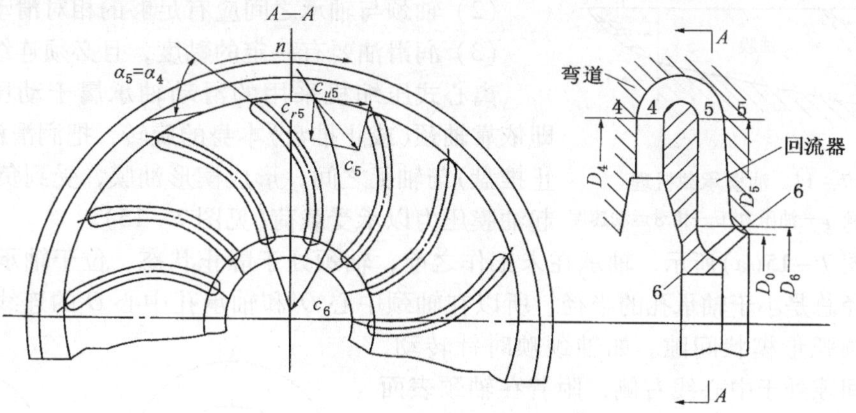

图7－13　弯道和回流器示意图

7.5.4　轴承

轴承是离心式压缩机中的一个重要部件。轴承性能的好坏，对保证机器稳定正常运行具有重要作用。

离心式压缩机中应用的轴承分为径向轴承(支持轴承)和止推轴承两类。径向轴承的作用是承受转子的重力和由于振动等原因引起的附加径向载荷，以保持转子转动中心和汽缸中心一致，并使其在一定转速下正常运行；止推轴承的作用是承受转子的轴向力，阻止转子的轴向窜动，以保持转子在汽缸中的轴向位置，它通常安装在转子的低压端。

在液体摩擦状态下工作的动压滑动轴承，具有比滚动轴承更好的抗振性能和较长的工作寿命，适于高速工况，因此在高速旋转机械中获得广泛的应用。

7.5.4.1　*滑动轴承的分类和特点*

滑动轴承的分类和特点见表7－1。

表7－1　滑动轴承的分类和特点

分类方法	种　类	特　点	应　用
按结构形式分	整体轴承	结构简单，只能从轴颈端部拆装，间隙不可调	用于低速、轻载且允许拆装的机器
	剖分轴承	剖分结构，间隙可调，易于维修，对冲击负荷的承载能力大	应用广泛
	自位轴承	轴瓦可适当摆动以适应轴弯曲所产生的偏差	用于传动轴有偏斜的场合，如关节轴承
	椭圆轴承	轴瓦为椭圆结构，垂直方向抗振性好；润滑油的流量大，冷却效果好	可用于高转速、高精度、大功率机械
按承载方向分	径向轴承	径向承载	转动设备必须配置
	推力轴承	轴向承载	通常与径向轴承配套使用
	径向/推力轴承	同时承受径向和轴向承载，结构紧凑	应用广泛

7.5.4.2 动压滑动轴承工作原理

如图7-14所示，动压滑动轴承要实现液体摩擦，润滑油膜必须具有承载能力，即轴颈在轴承中要完全具备产生稳定的流体动压力的三个条件：

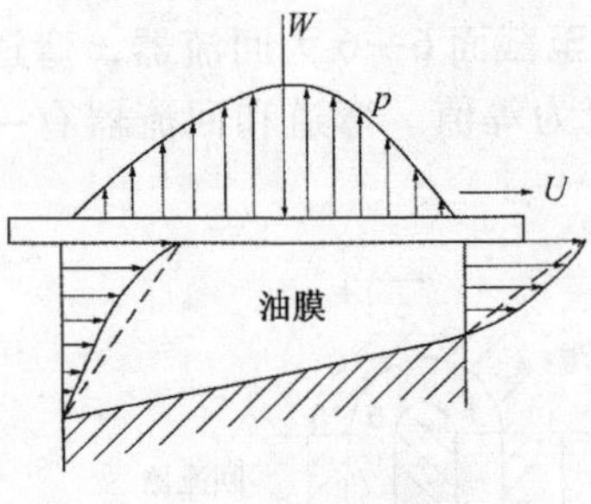

图7-14 油楔承载机理

W—外载荷；p—油压力；U—相对运动速度

(1) 轴颈与轴承工作表面之间必须形成楔形间隙，且相对滑动方向必须保证润滑油从大截面向小截面流动；

(2) 轴颈与轴承之间应有足够的相对滑动速度；

(3) 润滑油要有一定的黏度，且必须连续供应。

离心式压缩机采用的滑动轴承属于动压滑动轴承类，即依靠轴颈(或止推盘)本身的旋转，把润滑油带入轴颈(或止推盘)与轴瓦之间，形成楔形油膜，受到负荷的挤压建立起油膜压力以承受载荷(见图7-15)。

如图7-15(a)所示，轴承在未工作之前，轴颈处于静止状态，位于轴承最下方。由于轴颈半径总是小于轴承孔的半径，所以在轴颈中心 O' 和轴承孔中心 O 的连线 OO' 的两侧自然形成圆弧形楔状间隙。如轴颈顺时针转动，则楔形间隙处于中心线右侧，附着在轴颈表面上的润滑油就从大间隙流向小间隙，形成楔形油膜，如图7-15(b)所示。当轴颈达到一定转速时，楔形油膜所产生的油膜压力(即流体动压力)的合力足以平衡转子上的径向外载荷 W 时，轴颈就悬浮在油膜中旋转，并将轴颈向左推移。在一般情况下，轴颈就处在这一偏心位置上稳定运转，其中心连线 OO' 与载荷 W 作用线的夹角 θ 称为偏位角，OO' 的长度称为偏心距 e。当轴承处于某一特定的 e 和 θ 下稳定运转时，这种状态称为轴承的稳定工作状态。

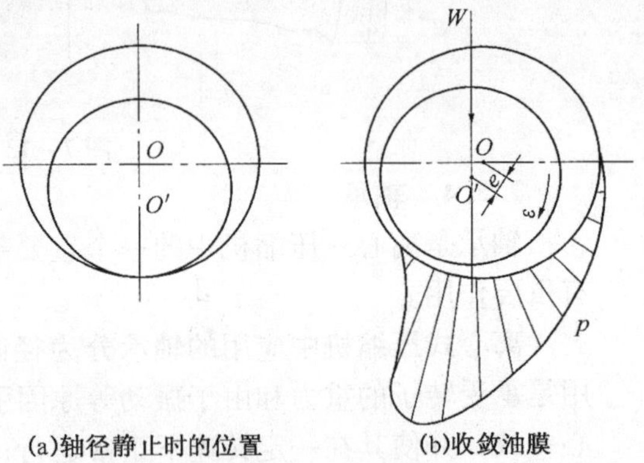

(a)轴径静止时的位置　　(b)收敛油膜

图7-15 动压滑动轴承的楔形油膜形成示意图

W—外载荷；p—油压力；e—偏心距；ω—旋转速度

轴承油膜的形成和油膜压力的大小受轴的转速、润滑油黏度、轴承间隙以及轴承负荷和轴承结构等因素的影响。一般转速越高，油的黏度越大，被带进的油就越多，油膜压力越大，承受的载荷也就越大。但是，油的黏度过大，会使油分布不均匀，增加摩擦损失，不能保持良好的润滑效果。轴承间隙过大，对油膜形成不利，并增大油量的消耗；过小，又会使油量不足，不能满足轴承冷却的要求。负荷过大，油膜形成会很困难，当超过轴承的承载能力时，轴瓦就会烧坏。对支持轴承来说，轴承的长径比 L/d 过大，润滑油不容易从轴端流走，使温度升高，而且由于制造安装误差，不可避免的轴偏斜使轴承端部产生边缘压力过大，造成严重磨损和疲劳破坏。所以 L/d 过大是没有好处的，一般圆瓦轴和可倾瓦轴承的 L/d 值分别为0.6~1.0和0.4~0.6。

7.5.4.3 径向轴承

离心式压缩机较早采用的是圆瓦轴承，后来逐渐采用椭圆瓦轴承、多油楔轴承和可倾瓦轴承。

1. 圆瓦轴承

图7-16为圆瓦轴承结构示例。轴承由上半瓦和下半瓦经螺钉5组合而成，销钉6保证上瓦与下瓦对中。轴瓦内表面上敷有巴氏合金，它具有质软、熔点低和良好的耐热性能。巴

氏合金应结合紧密，不允许有裂纹、伤痕、气孔及脱落现象。轴颈放在轴瓦上时，轴颈与轴瓦上方之间的间隙（顶隙）等于两侧间隙之和。轴颈和轴瓦的接触角不小于60°~70°，在此区域内保证完全接触。

润滑油由下瓦垫块3上的孔进入轴瓦，并由轴颈带动进入油楔，经轴的两端面泄入轴承箱内。垫块1、3等保证轴瓦在轴承座中定位及对中。轴承位置可用磨削垫片2、4来调整。上轴瓦设有深孔，以安置温度计测量轴瓦温度。

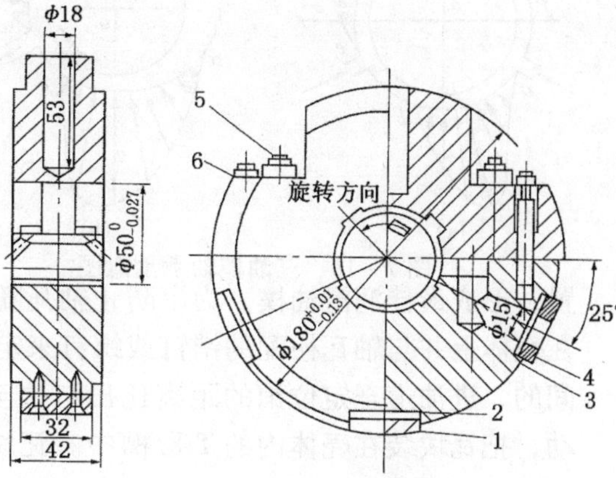

图7-16　圆瓦轴承
1，3—垫块；2，4—垫片；5—螺钉；6—销钉

这种轴承在运行中只有单个油楔产生油膜压力，在其他部位的油膜压力为零。在低速重载时，轴颈处于较大的偏心率 ε 下工作，因而转子是稳定的。但是，在高速轻载时，ε 很小，稍受干扰就会出现极大的不稳定性，油膜振荡一旦发生就很难抑制，所以在高速轻载时不采用。

2. 椭圆瓦轴承

这种轴承的结构特点是轴瓦内表面呈椭圆形，轴承侧隙大于或等于顶隙，一般顶隙约为轴径 d 的（1~1.5）/1000，而侧隙约为（1~3）d/1000。轴颈转动时能形成上、下两个油楔，这两部分油膜压力的合力与外载荷平衡，如图7-17所示。

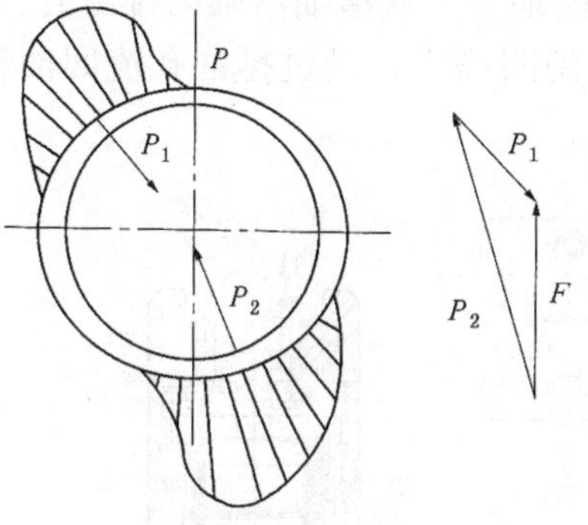

图7-17　椭圆瓦轴承的承载能力分析

椭圆形轴承的稳定性要比圆柱形轴承好，首先，由于有两个油楔，在运转中若轴上下晃动，如向上晃动，上面的间隙变小，油膜压力变大，下面的间隙变大，油膜压力变小，两部分力的合力变化会把轴颈推回原来的位置，从而提高了轴承垂直方向上的稳定性；其次，由于侧隙较大，且润滑油有两处进口，润滑油的轴向流量大，对轴承的冷却作用好，轴承温度低。但是，这种轴承的承载能力比圆瓦轴承低，由于产生上下两个油膜，功率消耗大，在垂直方向抗振性好，但水平方向抗振性差些。

实际使用的椭圆轴承并不是真正的椭圆形轴瓦，而是由上、下两段圆弧所构成，在加工轴孔时，先在轴瓦水平剖分面上加适当的垫片，将轴瓦加工成圆形，然后去掉此垫片就可以装配成椭圆形轴承，制造方便。

3. 多油楔轴承

多油楔轴承的轴瓦由几段圆弧组成，轴瓦可以是对称的，也可以是不对称的，轴瓦数一般为3~5块。由于油楔数较椭圆形轴承多，每个油楔都相对于轴承中心处于较大的偏心率下工作，轴颈受多方油楔的作用，故抑制振动性能优于椭圆形轴承；但加工较前者困难，使用上受到一些限制。图7-18为三油叶（油楔）轴承示意图，图中（a）为对称三油叶（三圆弧相等）轴承，可用于正转或反转的转子；图（b）为非对称三油楔轴承，其主要承载油楔尺寸比其余油楔的尺寸大，且无发散区，只适用于单向旋转的转子。

4. 可倾瓦轴承

可倾瓦轴承主要由轴承壳、两侧油封和可以自由摆动的瓦块构成。这种轴承由三个或更

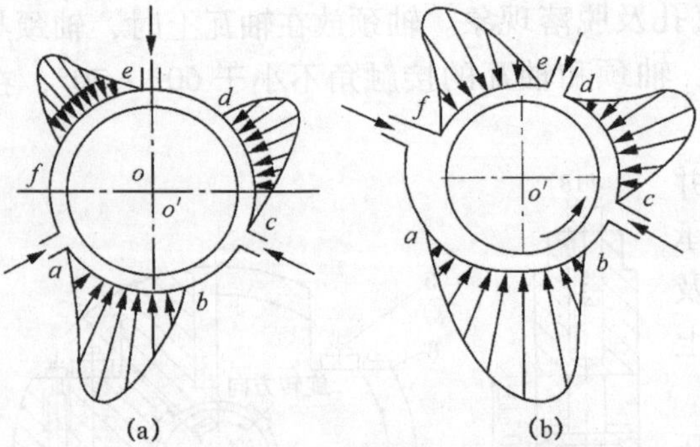

图 7－18　三油楔轴承示意图

多个瓦块所组成，一般是五块瓦，轴瓦可以摆动。图 7－19 所示是五块瓦的可倾瓦轴承，沿轴颈的周围均匀分布五个瓦块，各自可以绕自身的一个支点摆动。在轴颈的正下方有一个瓦块，以便停机时支撑轴颈及冷态时用于找正。每块瓦的外径都小于轴承壳体的内径。瓦背圆弧与壳体孔是线接触，它相当于一个支点。当机组转速、负荷等运行条件变化时，瓦块能在壳体的支撑面上自由地摆动，自动调节瓦块位置，形成最佳润滑油楔。为了防止轴瓦随轴颈沿圆周方向一起转动，每个瓦块上都用一个装在壳体上并与轴瓦松配的销钉或螺钉来定位，图 7－19 中的定位销在瓦块中间，也有不在中间的，进油道至定位销的距离比出口边至定位销的距离大。为了防止轴瓦沿轴向和径向窜动，把瓦块装在壳体内的 T 形槽中。瓦块浇注有巴氏合金，巴氏合金厚度为 0.8～2.5mm。为了保证巴氏合金与瓦块紧密贴合，在瓦块上预制出沟槽。轴承壳体上下水平剖分，安装在轴承座内，并用螺栓和定位销钉定位以保证对中，为了防止轴承壳体转动，装有一个径向定位销钉。一般情况下，轴承壳体外径紧配在轴承座内。也可以把轴承的外壳做成凸球面，装在轴承座的凹球面的支承上与其相吻合，从而轴孔壳体可以自动调位，以适应轴的弯曲和轴颈不对中时所产生的偏斜。轴承的进油口数各不一样，有的轴承只有一个进油孔，有的轴承采用瓦块与瓦块间都有进油孔，但总是布置在不破坏油膜的地方。润滑油沿轴向排出去。在轴承两端的壳体上有一个凹槽相通的排油孔，润滑油集中到凹槽中，经过排油孔流回油箱，也有的从上方排油孔排出。

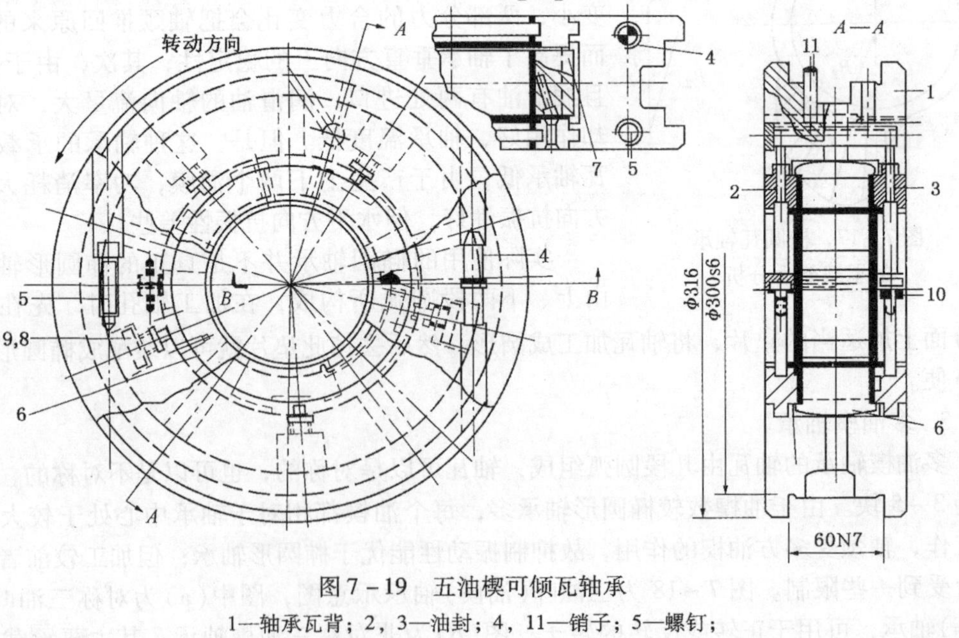

图 7－19　五油楔可倾瓦轴承

1—轴承瓦背；2，3—油封；4，11—销子；5—螺钉；
6，7—瓦块；8，9—螺钉、垫圈；10—安全螺钉

可倾瓦轴承与其他轴承相比，其特点是由多块瓦组成，每一瓦块可以摆动，当在有外界干扰的情况下载荷失去平衡，这时瓦块可以偏转，使每个瓦块作用到轴颈上的油膜力自动调

整到与外载荷平衡的位置，不易产生油膜振荡。

7.5.4.4 止推轴承

离心式压缩机的止推轴承通常采用米契尔和金斯伯雷轴承。这些轴承的共同点是活动多块式，在止推块下有一个支点，这个支点一般偏离止推块的中心，止推块可以绕支点摆动，根据载荷和转速的变化形成有利的油膜。米契尔轴承是止推块直接与基环接触，是单层的；金斯伯雷轴承是止推块下有上水准块、下水准块，然后才是基环，相当于三层叠起来的。

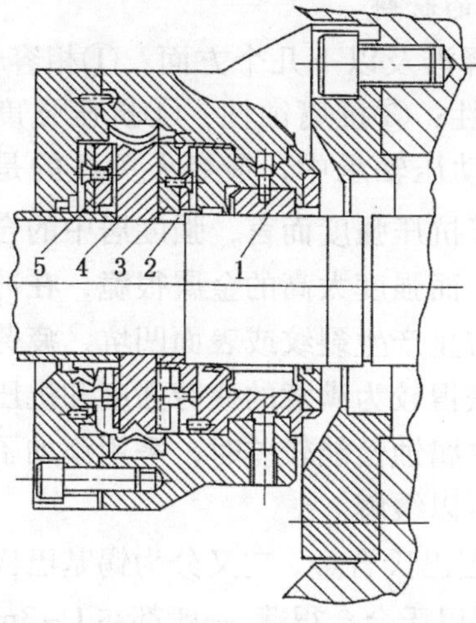

图 7-20 米契尔止推-径向组合轴承
1—支持轴承瓦块；2—定距套；3—推力瓦块；4—推力盘；5—推力瓦块

1. 米契尔轴承

图 7-20 所示是米契尔止推-径向组合轴承结构示意图。如图所示，止推块与基环之间有一个定位销，当止推块承受推力时，可以自动调整止推块位置，形成有利油楔。在推力盘两侧分主推力瓦块和副推力瓦块。正常情况下，转子的轴向力通过推力盘经过油膜传给主推力瓦块，然后通过基环传给轴承座。在启动或甩负荷时可能出现反向轴向推力，此推力将由副推力瓦块来承受。瓦块表面上浇铸巴氏合金，其厚度应小于压缩机动、静部分间的最小轴向间隙，这样做是因为一旦巴氏合金熔化后，推力盘尚有钢圈支撑着，短时间内不致引起压缩机内动、静部分碰伤，一般巴氏合金厚度为 1～1.5mm。推力盘在轴向的位置是由止推轴承来保证的，即由止推盘和止推瓦块间的位置来确定。所以，根据压缩机通流部分的尺寸确定好定距套的长度，在维修时不要改变。如果需要更换止推盘，应该注意新止推盘的厚度有无变化，有变化时应重新确定定距套的长度，以便准确保证转子在汽缸里的轴向位置。推力盘和瓦块间留有间隙，可以保证止推盘和瓦块间形成油楔承受转子的轴向推力，此间隙通常称为推力间隙或转子的工作窜动量（它和未装好止推瓦块时转子的轴向窜量不一样）。

2. 金斯伯雷轴承

图 7-21 所示为金斯伯雷止推轴承。它的止推瓦块垫有上水准块、下水准块和基环（图 7-22），它们之间用球面支点接触，保证止推瓦块、水准块可以自由摆动，使载荷分布均匀。止推瓦块由碳钢制成，上面浇铸巴氏合金，止推瓦块体中镶一个工具钢制的支撑块，硬度为 HRC50～60，这个支撑块与上水准块接触。上水准块用一个调节螺钉在圆周方向定位，上、下水准块一般用精密铸造铸出，可以用耐磨的 QT40-10 制成。下水准块装在基环的凹槽中，其刃口与基环接触。上水准块用螺钉来定位。为防止基环转动，在基环上设有防转销键。转子的轴向窜量可以用调整垫片来调整。

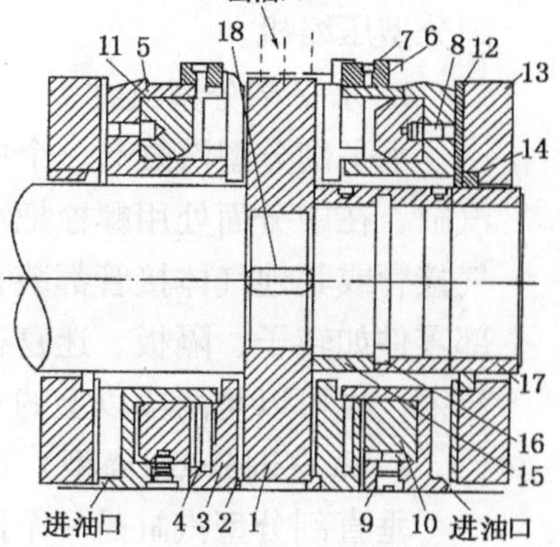

图 7-21 金斯伯雷止推轴承
1—止推盘；2—推力瓦块；3—巴氏合金；4—瓦块支架；5—基环；6—基环键；7—基环螺钉；8—水准块定位销；9—水准块定位螺钉；10—上水准块；11—下水准块；12—垫片；13—推力轴承圈；14—护圈；15—内防松螺母；16—扣环（两半）；17—外防松螺母；18—止推盘键

润滑油从轴承座与外壳之间进来，经过基环背面铣出的油槽，并通过基环与轴颈之间的空隙进入止推盘与止推块之间。止推盘转动起来，由于离心力的作用，油被甩出，由轴承座的上方排油口排出。

金斯伯雷轴承的特点是载荷分布均匀，调节灵活，能补偿转子的不对中、偏斜，但是轴向尺寸长，结构复杂。

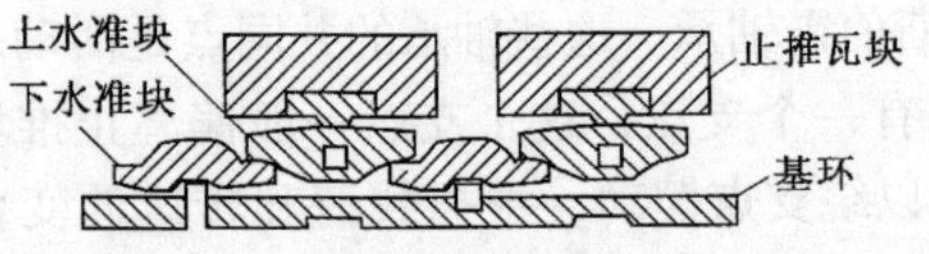

图 7-22　金斯伯雷止推轴承瓦块示意

7.5.4.5　轴承的材料

轴承材料的选择涉及以下几个方面：①相容性；②可嵌入性和适应性；③抗腐蚀性；④抗压强度和疲劳强度。在流体动压轴承中，最令人关注的是轴承开始发生塑性变形前所承受的最大压力和最高温度。对于抗压强度而言，强度居中的合金较为理想；强度很低的合金，在载荷作用下易被挤压变形；而强度太高的金属很脆，在冲击载荷作用下可能会破碎。在有动态载荷作用的场合，为了防止产生裂纹或表面凹坑，疲劳强度尤为重要。将软金属薄层焊到硬的基层金属上，常常能获得较为满意的疲劳强度和抗压强度，但这种情况下需要注意焊接处的疲劳强度。当金属的抗腐蚀性能较差时，采用添加了良好抗氧化剂的润滑油，并保持较低的轴承温度，可使问题得以缓解。

我国轴承瓦块一般用25#钢或35#钢制成,内表面浇铸一层巴氏合金，它又分为锡基巴氏合金或铅基巴氏合金，通常用锡基巴氏合金 ChSnSb11-6。这层巴氏合金很薄,一般都在 1~3mm，要求巴氏合金有较高的抗疲劳强度,与钢背贴合要紧密。巴氏合金能在边界润滑条件下或在较脏的环境中工作,它们具有优秀的相容性和无划伤特性,同时能很好地容忍结构和运动误差。

7.5.5　汽缸

汽缸是压缩机的壳体，又称机壳。由壳身和进排气室构成，内装有隔板、密封体、轴承体等零部件。对它有如下要求：①有足够的强度以承受气体的压力；②法兰结合面应严密，保持气体不向机外泄漏；③有足够的刚度，以免变形。

离心式压缩机汽缸可分为水平剖分型和垂直剖分型(又称筒型)两种，其结构示意见图 7-1和图 7-2 所示。一般使用压力低于 5.0MPa 的多采用水平剖分型汽缸，气体压力较高或易泄漏的要采用筒型缸体。离心式压缩机常按汽缸型式分类，分别称为水平剖分型和垂直剖分型压缩机。

1. 水平剖分型汽缸

水平剖分型汽缸有一个中分面(见图 7-1)，将汽缸分为上、下两半，分别称为上、下汽缸，在中分面处用螺栓把法兰连接在一起。法兰结合面应严密，保证不漏气。一般进、排气接管或其他气体接管都装在下汽缸，以便拆装时起吊上汽缸方便。打开上汽缸，压缩机内部零件如转子、隔板、迷宫密封等都容易进行拆装。水平剖分型压缩机一个汽缸可以是一段压缩，也可以是两段以上的多段压缩。

2. 垂直剖分型(筒型)

垂直剖分型汽缸是一个圆筒(见图 7-2)，两端分别有端盖板，用螺栓把紧。隔板有水平剖分面，隔板之间有止口定位，形成隔板束。转子装好后放在下隔板束上。盖好上隔板束，隔板中分面法兰用螺栓把紧。将内缸推入筒型缸体安置好。轴承座可以和端盖板做成一整体，易于保持同心，也可以分开制造，再用螺栓连接。

和水平剖分型缸体比较起来，筒型缸体具有许多优点：①筒型缸体强度高；②筒型缸体泄漏面小，气密性好；③筒型缸体的刚性比水平剖分型好，在相同条件下变形小。筒型缸体的最大缺点是拆装困难，检修不便。

7.6　离心式压缩机的润滑油系统

7.6.1　润滑油系统的组成

压缩机机组都有润滑油系统，给机组各轴承、联轴器、增速箱以及驱动机——汽轮机的调节系统等供油。油系统的工作可靠性对压缩机机组的顺利运行是非常重要的。通常机组的用油由同一个系统提供，下面以某压缩机组为例作一些简要说明（见图 7－23）。

一般压缩机的润滑油系统由润滑油箱、主油泵、辅助油泵、油冷却器、油过滤器、高位油箱、阀门以及管路等部分组成（见图 7－23）。

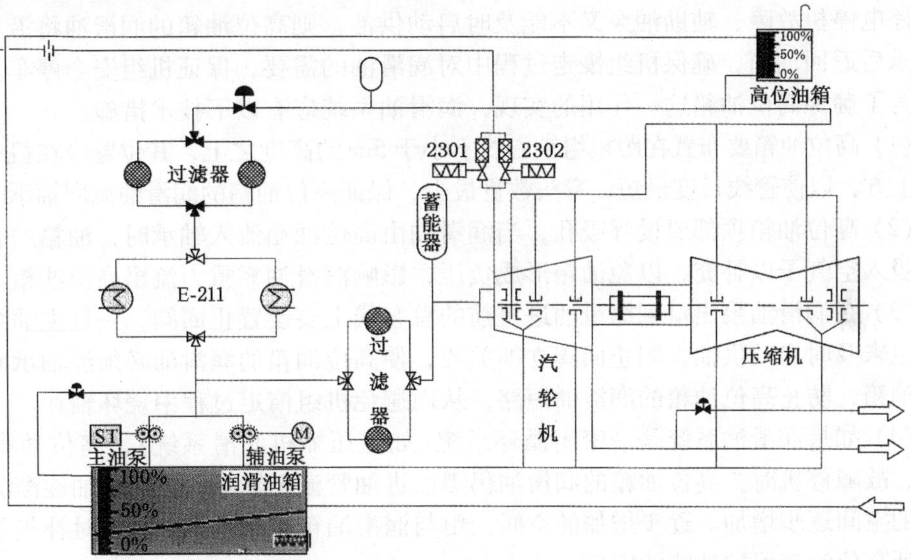

图 7－23　润滑油系统

1. 润滑油箱

润滑油箱是润滑油供给、回收、沉降和储存设备。其内部设有加热器，用以开车前使润滑油加热升温，保证机组启动时润滑油温度能升至 35～45℃的范围，以满足机组启动运行的需要。回油口与泵的吸入口设在油箱的两侧，中间设有过滤挡板，使流回油箱的润滑油有杂质沉降和气体释放的时间，从而保证润滑油的品质。油箱侧壁设有液位指示器，以监视油箱内润滑油的变化情况，防止机组运行中润滑油油位出现突变，影响机组的安全运行。

油箱容量一般为机组运转 3～8min 的供油量，油箱上设有液面计和低液位报警开关。当液位过低时，就发出报警。

2. 润滑油泵

一般均配置两台，一台主油泵，一台辅助油泵。机组运行所需润滑油，由主油泵供给；当主油泵发生故障或油系统出现故障使系统油压降低时，辅助油泵自动启动投入运行，为机组各润滑点提供适量的润滑油。主、辅油泵一般分别由汽轮机和电机驱动。

3. 润滑油冷却器

润滑油冷却器用于油泵后润滑油的冷却，以控制进入轴承内的油温。为始终保持供油温度在 35～45℃的范围内，油冷却器一般均配置两台，一台使用，另一台备用（特殊情况下可两台同时使用）。当投入使用的冷却器的冷却效果不能满足生产要求时，切换至备用冷却器维持生产运行，并将停用冷却器解体检查，清除污垢后组装备用。

4. 润滑油过滤器

润滑油过滤器装于泵的出口，用于对进压缩机润滑油的过滤，是保证润滑油质量的有效措施。为了确保机组的安全运行，过滤器均配置两台，运行一台，备用一台。

5. 高位油箱

高位油箱是一种保护性设施，当主、辅油泵供润滑油中断时，高位油箱的润滑油将流进油管，靠重力作用流入各润滑点，以维持机组惰走过程的润滑需要。高位油箱的储油量，一般应维持不小于5min的供油时间。

机组正常运行时，润滑油由高位油箱底部进入，而由顶部溢流口排出直接回油箱，一旦发生停电停机故障，辅助油泵又不能及时启动供油，则高位油箱的润滑油将沿着油管路流经各轴承后返回油箱，确保机组惰走过程中对润滑油的需要，保证机组安全停车。

为了确保高位油箱这一作用的实现，润滑油系统应有以下技术措施：

(1) 高位油箱要布置在距机组轴心线不小于5m的高度之上，其位置应在机组轴心线一端的正上方，以使管线长度最短，弯头数量最少，保证高位油箱的润滑油流回轴承时阻力最小。

(2) 高位油箱顶部要设呼吸孔，当润滑油由高位油箱流入轴承时，油箱的容积空间由呼吸孔吸入空气予以补充，以免油箱形成负压，影响润滑油靠重力流出高位油箱。

(3) 在润滑油泵出口到润滑油进机前的总管线上要设置止回阀，一旦主油泵停运，辅助油泵也未及时启动供油，则止回阀立即关死，使高位油箱的润滑油必须经轴承回油管线，再返回油箱，防止高位油箱的润滑油短路，从而避免机组惰走过程中烧坏轴瓦。

(4) 如果润滑油系统是一密闭循环系统(如氨压缩机润滑系统)，高位油箱顶部没有呼吸孔，故障停机时，高位油箱的润滑油仍需由进油管流至轴承。在润滑油逐渐流出时，高位油箱的空间逐步增加。逐步增加的空间，由与润滑油箱连通的回油管及时补气予以充实，从而保证高位油箱保护功能的实现。

7.6.2 润滑油系统流程简介

以离心式压缩机组为例，如图7－23所示，主油泵将油从油箱中抽出后分三路：一路去汽轮机调节系统；一路经过压力调节阀返回油箱；一路经冷却器、滤清器，经过压力调节器去润滑油总管润滑各轴承。各轴承回油汇集于回油管返回油箱。每一轴承供油管上装有一个减压阀，将油压减至所需的压力值。当轴承出口油温比进油温度高出20℃时，止推轴承的进油压力应适当提高。冷油器、滤清器都是两台，一台工作，另一台备用。连接润滑油管的润滑滑油高位油箱具有一定的容量，比压缩机中心线高出约7.45m，当泵油管线出现压力故障时，止回阀自动打开，使油槽的油流入润滑油总管，保证轴承的润滑。由电机驱动的备用泵在装置发出泵启动信号后立即启动，将油从油箱抽出，直接给机组轴承供油。

7.6.3 对润滑油系统的要求

润滑油系统是机组各轴承形成液体润滑状态的保证体系，是轴瓦减轻摩擦、降低磨损、实现长周期安全运行的主要条件，因此，对该系统在工作中的严密性、清洁度以及各部机件的可靠性都有较高的要求。为了满足机组润滑对该系统的要求，应采取有效措施，做好如下工作：

(1) 制定合理的施工程序，确保管线内表面有较好的清洁度。油路管线按施工图纸要求，分段将连接法兰焊好，清除焊渣、药皮及飞溅物，然后进行酸洗、中和及钝化工艺处理，钝化好的管线，两端密封保存待用。

(2) 油系统所有设备、阀门按施工要求进行安装前的解体险查。清除设备阀门内的杂质和浮锈等物，使设备和阀门在安装时有较高的清洁度，从而保证设备阀门安装投用后有较好的运行效果。

(3) 设备安装就位后，实施管线的组对时，要选择合适的垫片。在法兰连接上紧螺栓时，一方面要使螺栓上紧，保持连接部位密封的可靠性，同时也要避免紧力太大，以保持垫片的原始状态和密封性能。

(4) 润滑油系统设备、阀门和管线安装组对工作结束后，要进行油冲洗。冲洗用油与工作用油相同。在油冲洗过程中，油温要有适度变化，使附着于管内的铁锈及其他杂质，在热胀冷缩的变化中，被冲洗带走。油冲洗运行，不仅可以提高润滑油系统的清洁度，同时对系统的严密性以及机件的可靠性都是一个考验。经油冲洗运行考验，如过滤器压差无变化，各机件无故障，各密封部位无泄漏，则认为润滑系统已符合规范要求。

7.7 离心压缩机的整体安装

离心压缩机整体机组如在制造厂试运转合格，又不超过机械保证期限，运输过程安全有保证时，安装前可不做解体(揭盖)检查，直接进行整体安装。安装过程一般按下列顺序进行。

7.7.1 机组就位、找平找正

(1) 机组就位前离心压缩机的底座必须清除油垢、油漆、铸砂、铁锈等，机器的法兰孔应加设盲板，以免脏物掉入。

(2) 位于机器下部与机器相连接的设备，应试压检验合格后先吊装就位，并初步找正。

(3) 机组就位前必须首先确定供机组找平找正的基准机器，先调整固定基准机器，再以其轴线为准，调整固定其余机器。基准机器的确定一般按以下要求：

① 设计或制造方规定的安装基准机器；

② 以重量大，调整困难的机器为安装基准机器；

③ 机器多、轴系长时，宜选安装在中间位置的机器为基准安装机器，以便于整个机组的调整；

④ 条件相同时，优先选择转速高的机器为基准安装机器，可节省调整时间。

(4) 机器就位。先把金属底板放在水泥基础上，压缩机支腿放在底板的支架上。底板设有水平调节螺钉(见图7－24)，利用它调节好底板和基础之间的距离，一般约100mm，以供二次灌浆用。利用水平调节螺钉将底板找平。底板用地脚螺栓固定在基础上，但先不上紧。

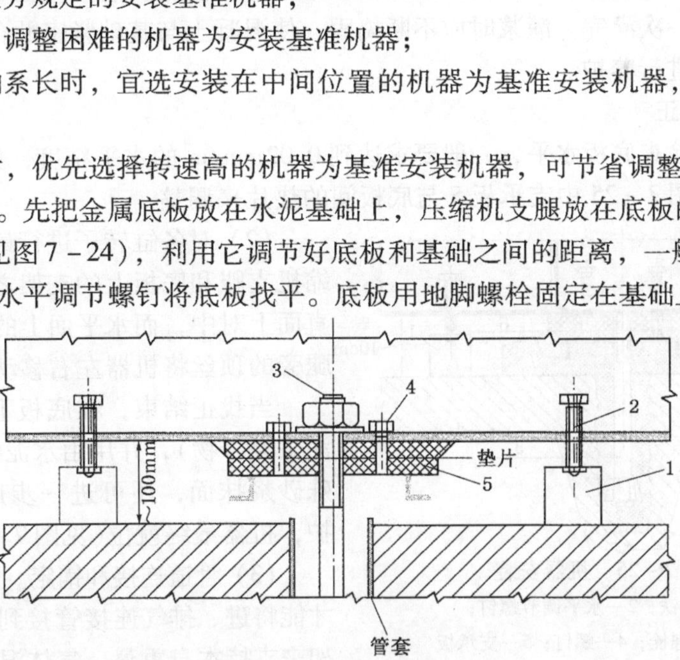

图7－24　机器就位

1—垫铁；2—水平调节螺钉；3—地脚螺栓；4—螺钉；5—支承板

(5) 机组中心线应与基础中心线一致，其偏差不应大于5mm。基准机器的安装标高，其偏差不应大于3mm。

(6) 纵横向水平以轴承座、下机壳中分面或制造厂给出的专门加工面为准进行测量。机组纵向水平度的允许偏差：基准机器的安装基准部位应为0.02~0.05mm/m，其余机器必须保证联轴器对中要求。横向水平度的偏差不应大于0.10mm/m。

7.7.2 机组联轴器对中

(1) 离心压缩机转速高，对联轴器的对中要求严。联轴器表面应光滑，无毛刺、裂纹等缺陷。

(2) 采用百分表测量时，表的精度必须合格，表架应结构坚固，重量轻，刚性大，安装牢固，无晃动。使用时应测量表架挠度，以校正测量结果。

(3) 调整垫片应清洁、平整、无折边、毛刺等。查明机组轴端之间的距离符合图纸要求。按制造厂提供的找正图表或冷对中数据进行对中。

7.7.3 基础二次灌浆

(1) 基础二次灌浆前应检查和复测联轴器的对中偏差和端面轴向间距是否符合要求。复测机组各部滑键、立销、猫爪、联系螺栓的间隙值。检查地脚螺栓是否全部按要求紧固。用0.25~0.5kg的手锤敲击检查垫铁，应无松动。垫铁层之间用0.05mm的塞尺检查，同一断面处两侧塞入深度之和不得超过垫铁边长(或宽)的1/4。垫铁两侧层间用定位焊固定。机组检查复测合格后，必须在24h内进行灌浆，否则，应再次进行复测。

(2) 二次灌浆前，基础表面必须清除油污，用水冲洗干净并保持湿润12h以上，灌浆时应清除表面积水。灌浆层厚度一般为40~70mm，外模板与底座外缘的间距不宜小于60mm，模板高度应略高于底座下平面。用无收缩或微膨胀混凝土灌浆时，其标号应高于基础标号1~2级，且不得低于250号。灌浆的环境温度应在5℃以上，否则，砂浆可用60℃以下温水搅拌和掺入一定数量的早强剂。灌完后应采取保温措施。灌浆应在安装人员的配合和监督下连续进行，一次灌完。灌浆时应不断捣固，使混凝土与基础紧密贴合并充满各部位。二次灌浆后要认真进行养护。

7.7.4 找正

(1) 再次检查底板水平，一般要求达到0.02mm/m的水平精度，如果未达到精度要求，可以通过调整图7-25中支承板5与底板间的垫片来调整。

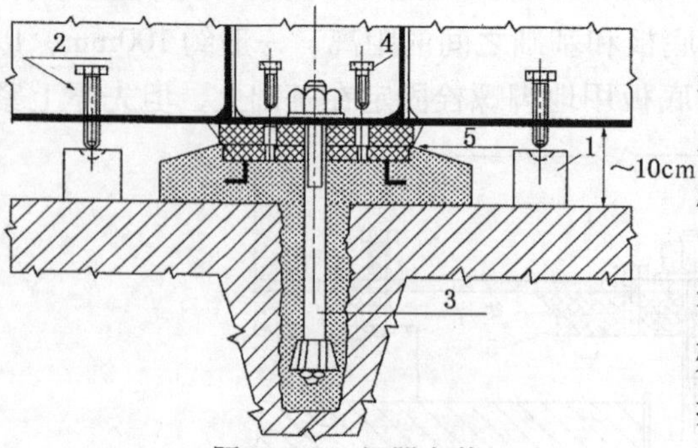

图7-25 机器安装

1—垫铁；2—水平调节螺钉；3—地脚螺栓；4—螺钉；5—支承板

(2) 对各缸转子进行最终找正。通过调节压缩机支腿和底板上的支架之间的垫片使转子在垂直面上对中，而水平面上的找正则主要依靠在支腿旁的顶丝将机器左右移动来达到。

当找正结束，在底板下方再次灌浆(正常水泥浆混合物)，并用由水泥：砂子=1:2混合的特殊砂浆抹面，还可进一步用油漆或树脂进行保护，机器最终就位(见图7-25)。

(3) 管道连接和销定。只有在找正合格之后，才能将进、排气连接管接到机器上。接管要用支架来支持本身重量，气体温度高的接管应设膨胀节，以防止管子热膨胀推动汽缸，破坏对中。在把紧汽缸与进、排气接管的连接螺栓时，应在基础上适当位置或者在不与机器相连的结构上架上百分表，使百分表触杆顶在压缩机身上，检查接管对压缩机作用力的大小程度。

在机器以正常速度运行一段时间之后，复查机器的找正情况，证实对中良好，机器应被销定。销钉钉在设有纵向和横向键的底板处，保证机器可以沿纵向和横向自由膨胀和收缩。

7.8 现场组装的离心压缩机安装

现场组装的离心压缩机经过充分准备工作之后，对机组的零部件进行清洗和检查合格才能进行组装。

7.8.1 轴承装配

离心压缩机的转速高，轴承多数采用滑动轴承。轴承的装配应按下列要求和顺序进行：

(1) 轴承装配前应进行外观检查。轴瓦合金表面不得有裂纹、孔洞、夹渣、斑痕等缺陷。合金层与瓦壳应牢固紧密地结合，经着色检查不得有分层、脱壳现象。

(2) 可倾瓦、薄壁瓦轴承间隙及接触面积是由机械加工保证的，不应进行刮研。

(3) 径向轴承的瓦背与轴承座孔应紧密贴合，瓦背接触面应均匀，接触面积不应少于85%。

(4) 轴瓦与轴承座以及轴承盖之间的过盈量应符合规定。

(5) 轴瓦与轴颈接触应均匀。可用涂色法检查轴颈与轴瓦的接触情况，轴向接触长度不应少于80%。

(6) 用压铅法或百分表抬轴法测量径向轴承间隙并作好记录。

(7) 可倾瓦的瓦块应均匀，各瓦块间厚度差应不大于0.01mm。装配后瓦块能自由摆动，不得有卡涩现象。

(8) 厚壁、可倾瓦口接触应严密。自由状态时，用塞尺检查，间隙不得大于0.05mm。

(9) 推力轴承的外观检查也应符合第(1)项的要求，其表面粗糙度 R_a 不应大于0.4μm；推力瓦块的厚度应均匀一致，同组瓦块的厚度差不应大于0.01mm。

(10) 推力轴承调整垫应平整，各处厚度差应小于0.01mm，数量不应超过2块；推力轴承与推力盘应均匀接触，用涂色法检查，其接触面积不应小于75%。

(11) 测量推力轴承间隙，应在上下两半推力瓦、定位环和上下两半瓦套紧固后进行。推力轴承的间隙应符合机组的技术要求。

7.8.2 机壳与隔板的安装

多级水平剖分式离心压缩机的机壳是上、下两个整体铸钢件，各级之间由可拆的隔板相隔离，而机壳安装在底座上。它们的安装和检查顺序如下：

1. 机壳的检查与安装

(1) 机壳安装前应仔细进行外观检查，不得有裂纹、夹渣、气孔、铸砂和损伤等缺陷，必要时应进行无损探伤检查。

(2) 壳体的水平或垂直剖分面应完好无损，接合面自由结合时间隙不应大于0.08mm，或每隔一个螺栓拧紧后间隙不应大于0.03mm。

(3) 机壳安装在底座支承面上。底座支承面与机壳支承面应紧密结合，自由状态下宜用0.03mm的塞尺检查，不能塞入为合格。

(4) 轴承箱内的铸砂、杂物等应清理干净。轴承座底面与底座支承面应严密接触，应用0.05mm的塞尺检查，不能塞入为合格。

2. 联系螺栓、滑动键的安装要求

联系螺栓、滑动键的间隙及膨胀方向应符合技术文件的规定。

3. 隔板的检查与安装

(1) 隔板铸件不得有裂纹、气孔、未浇满和夹层等缺陷，扩压器和回流器的导流叶片应光滑无损。

(2) 隔板装进机壳时，应自由滑入槽中，无卡涩现象，隔板装配后，隔板与隔板及隔板与机壳中心的偏差应小于0.05mm。

(3) 上下两隔板的结合面应接触良好，结合面的局部间隙应小于0.08mm，固定隔板的销子、定位键和对应孔槽的配合应符合技术文件的规定。

(4) 隔板的吊装应使用专用工具。隔板最终装配时，应在各结合面处涂以干石墨粉或其他防咬合剂。

7.8.3 转子安装

叶轮、平衡盘(鼓)是采用过盈热套方法装在主轴上的，并且每装一对叶轮还要对转子进行一次动平衡试验，最后整个转子安装完毕，转子的动平衡试验必须合格。转子由制造厂安装并检验合格后，经装箱运至施工场地。施工单位必须做以下检查后，才能进行离心压缩机的组装。

1. 转子的吊装和检查

(1) 转子的吊装应使用专用工具。吊装过程必须平稳可靠，转子必须保持水平状态，轻起轻落，不能发生碰撞。

(2) 检查并清洗转子，应无锈蚀、损伤、变形、裂纹等缺陷。

(3) 测量转子轴颈、各级叶轮外径、叶轮口环、气封、主密封、油封、联轴器等部位的径向跳动值及轮盘进口外圆端面、叶轮出口端面、推力盘工作面外圆端面等部位的轴向跳动值，应符合要求。

(4) 主轴颈、浮环密封或机械密封配合处及径向探头监测区轴的表面粗糙度 R_a 不应大于0.4~0.8μm，推力盘的表面粗糙度 R_a 不应大于0.4μm。

(5) 转子就位后，应测定转子总窜量，并按技术文件要求，调整轴向位置，装推力轴承，使各叶轮工作通道对称于扩压器通道，允许偏差宜为±1mm。

2. 联轴器的装配

(1) 联轴器装配之前应进行清洗和检查，应无锈蚀、裂纹、毛刺和损伤等缺陷。

(2) 测量轮毂孔和轴的直径、锥度，其过盈值和锥度应符合技术文件的规定。

(3) 检查轮毂孔和轴的表面粗糙度 R_a，不应大于0.8μm。

(4) 无键联轴器宜用液压法装配，操作方法、装配的压力和推进量必须符合技术文件的规定。装配前宜用涂色法检查轮毂孔和轴的接触情况，能推进部分的接触面积应大于80%。

(5) 过盈加键联轴器，宜用热装。加热温度和方法取决于联轴器的尺寸和过盈量。加热温度宜为180~230℃。

7.8.4 密封装置的安装

离心压缩机常用的密封有迷宫密封、浮环油膜密封、气膜密封、机械密封等，分解密封的安装知识在第五章各小节中已有介绍。

7.8.5 机壳的闭合

离心压缩机的上、下机壳和转子组装完毕并检查合格后，可进行离心压缩机的最后组装。转子装入机壳内，机壳闭合。

1. 机壳闭合前的检查

机壳闭合前必须认真检查，并作好相应的安装记录。检查项目包括：

(1) 转子中心位置、水平度、主要部位的跳动值、径向轴承和推力轴承各部间隙等均应符合规定要求。

(2) 机壳、隔板、密封装置及机壳的水平度、剖分面接触状况等均符合要求。

(3) 机壳内的紧固或定位螺栓应拧紧、销牢、支承滑销系统组装符合要求。

(4) 检查确认机壳内部清洁，无异物。

2. 机壳的闭合

(1) 在机壳剖分面上均匀涂抹密封剂。

(2) 装上导向杆，将上机壳平稳地吊起，缓慢下落，使机壳准确地闭合。安装定位销，检查轴封部位不得有错口现象。盘动转子应转动灵活，无异常声响。

(3) 机壳螺栓应无毛刺、损伤，螺栓螺纹部位应涂防咬合剂。螺栓的紧固应从机壳两侧的中部开始，按左右对称分两步进行：先用50%～60%的额定力矩拧紧，再用100%的额定力矩紧固。螺栓的紧固力矩应符合规定。

7.9 离心式压缩机的检修

设备检修规模分为大、中、小修或系统停车检修、故障抢修及临时停修，均可根据故障情况、检修内容及规模分别纳入大、中、小修计划。配置随机故障监测和诊断装备的机组，根据实际情况应逐步开展预测性检修。

7.9.1 主要零部件的检修及技术要求

7.9.1.1 *滑动轴承*

1. 滑动轴承的清洗、检查

清洗是轴承检修、装配的一个重要环节，清洗对得到轴承的精确检测结果，提高轴承装配质量，延长或保证其使用寿命均很重要。如果清洗不彻底，往往会造成严重的后果。

1）常用清洗方法及清洗液的选择

常用清洗方法及清洗液的选择见表7－2。

表7－2 常用清洗方法及清洗液的选择

清洗方法	清洗剂	特点
擦洗	煤油、轻柴油和化学清洗剂	去除工件表面一般性的油污、锈迹
浸洗	各种清洗液体	去除工件表面厚重的油污、锈迹
吹洗	蒸汽、压缩空气或氮气	吹除工件表面污物并使之干燥

2）清洗注意事项

(1) 用热煤油、溶剂油清洗时，应严格控制油的加热温度，确保安全。

(2) 用蒸汽或热空气吹洗时，应及时吹除水分，并涂以润滑油脂。若需要长期储存，可改用其他防锈或防腐类油脂。

(3) 油垢过厚时，应先擦除，再用碱性清洗液清洗。水温宜加热到60～90℃。材料性质不同的零件，不宜放在一起清洗；清洗后的工件，应用水冲洗或漂洗干净，并使其干燥。

(4) 设备加工面上的防锈漆，应用适当的稀释剂或脱漆剂等溶剂清洗；气相防锈剂可用12% ~15%的亚硝酸钠和0.5% ~0.6%碳酸钠的水溶液或酒精清洗。

(5) 设备和零部件加工面上如有锈蚀，应先进行除锈处理。

(6) 对于忌油的工件，应选用合适的脱脂溶剂(如四氯化碳、丙酮)等，进行脱脂处理。

3) 检查项目

严格按照技术要求或检修规程，检查轴承零部件的磨损或损坏情况，根据实际情况决定是维修还是更换，检查项目主要包括外观检查、轴瓦表面质量检查、几何尺寸及配合精度检测。

(1) 外观检查　以目测为主，主要检查轴承的包装有无破损，是否挤压变形，油路是否畅通以及是否存在明显的宏观缺陷等，初步确定其使用的可靠性。

(2) 轴瓦表面质量检查　检查轴瓦表面有无损伤、气孔、裂纹(包括微裂纹)及烧灼现象，合金层与基体连接是否牢固、可靠。对于旧轴瓦，还应重点检查磨损情况。常用检查方法见表7-3。

表7-3　轴瓦表面质量常用检查方法

轴瓦缺陷形式	检查方法
表面损伤，如挤压变形、剥落、凹坑	目测(需要经验或进一步检测证实)
烧灼迹象	目测，分析垢样
气孔、裂纹	着色探伤
表面磨损	检测其磨损量(用常规量具)
轴瓦表面与基体的连接不牢固	用小铜锤或锤柄沿衬里的表面依次轻轻地敲打，判断声音

(3) 几何尺寸与配合精度检测　根据图纸要求，详细检测轴承的几何加工尺寸及配合精度。重点检测径向轴承的内孔直径，外圆定位尺寸以及瓦面的圆度、同轴度；对推力轴承，重点检测其轴向厚度，安装定位尺寸以及瓦面的平面度。对活动瓦块式轴承，还可以检测其瓦块的互换性。

2. 滑动轴承的装配方法与调整措施

1) 装配前的准备工作

(1) 技术准备　熟悉图纸资料及检修技术要求，明确检测手段和方法，有后备方案或措施，确认现场工作条件。

(2) 物资准备　清点装配所需零部件、工器具及消耗材料。

(3) 零件的清洗、检查　选用适当的清洗剂和清洗方法，洗去污物、铁屑，保证零件的洁净，以利于零件的检测和提高装配质量。根据图纸要求，检测相关尺寸精度，确保轴承装配的可靠性。

2) 径向轴承的装配方法与调整措施

(1) 常用装配方法　径向轴承的常用装配方法见表7-4。

表7-4　径向轴承的常用装配方法

轴承类型	结构特点	装配方法
整体轴承	结构简单，只能从轴颈端部拆装，间隙不可调	手工冲击压入、机具压入、温差法(加热或冷冻)
剖分轴承	剖分结构，间隙可调，易于维修	手工冲击压入
自位轴承	轴瓦可适当摆动以适应轴弯曲所产生的偏差	手工冲击压入

(2) 常用调整措施　径向轴承的常用调整措施见表7-5。

表 7-5 径向轴承的常用调整措施

调整方式	用途	使用机具或材料	适用范围
刮削余量	提高轴瓦与轴颈的接触精度，增大间隙	刮刀或车床、量具	整体轴承、剖分轴承
刮花	提供良好的润滑条件	手工刮刀	整体轴承、剖分轴承
修配	修配损坏零件	常用工器具	多种活动瓦块式轴承
压铅	测量间隙	铅丝、常用工具	剖分轴承、可倾瓦块式轴承
抬轴、打表	测量间隙	百分表及常用工具	剖分轴承、整体轴承、可倾瓦块式轴承等

3）推力轴承的常用调整措施

推力轴承的常用调整措施见表 7-6。

表 7-6 推力轴承的常用调整措施

调整方式	用途	使用机具或材料	适用范围
着色	检查轴瓦与轴肩的接触情况	红丹粉油类显示剂	各类轴承
刮削余量	检查轴瓦与轴肩的接触情况精度	刮刀	厚壁瓦
刮削油楔或油沟	提供良好的润滑条件修配损坏零件	常用工器具	各类轴承
修配	修配损坏零件	常用工器具	多种活动瓦块式轴承
打表	检测其轴向间隙	机械加工或常用器具	各类轴承

3. 整体式滑动轴承的检修与装配

常见整体式滑动轴承结构如图 7-26 所示。

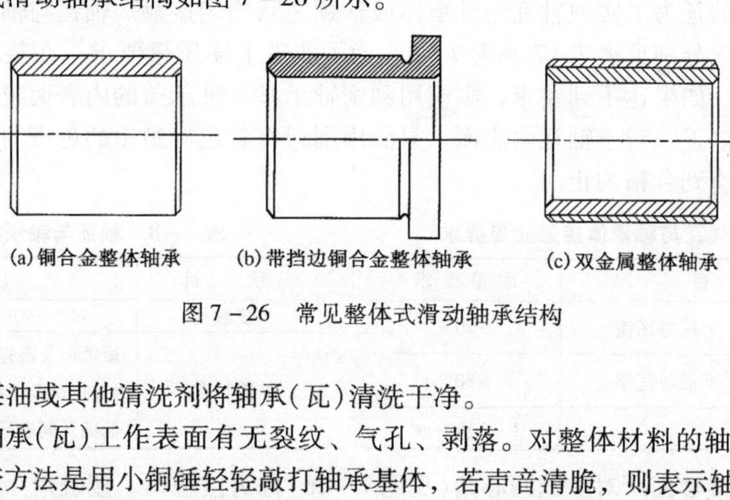

(a) 铜合金整体轴承　(b) 带挡边铜合金整体轴承　(c) 双金属整体轴承

图 7-26 常见整体式滑动轴承结构

1）检修

（1）先用煤油或其他清洗剂将轴承(瓦)清洗干净。

（2）检查轴承(瓦)工作表面有无裂纹、气孔、剥落。对整体材料的轴承，还应检查是否脱层，其检查方法是用小铜锤轻轻敲打轴承基体，若声音清脆，则表示轴瓦与基体黏接良好；反之，则可能存在脱层。一旦发现上述缺陷，一般不予修理而应更换。

（3）检查、测量轴承(瓦)的磨损情况，若轴承(瓦)磨损较大，以至于间隙超标或出现严重偏磨，均应更换轴承。

2）装配

（1）轴承与轴承座配合常采用较小的过盈配合，可取 H8/k6 的配合，其过盈量为 0.02~0.06mm。装配时可用铜棒将其轻轻打入轴承座，也可采用专用工具压入。

（2）安装轴向限位装置。

（3）安装轴承防转设施。

4. 剖分式滑动轴承

常见剖分式滑动轴承结构如图7－27所示，其检修过程包括清洗、检查、刮研、装配、间隙调整和压紧力的调整等。

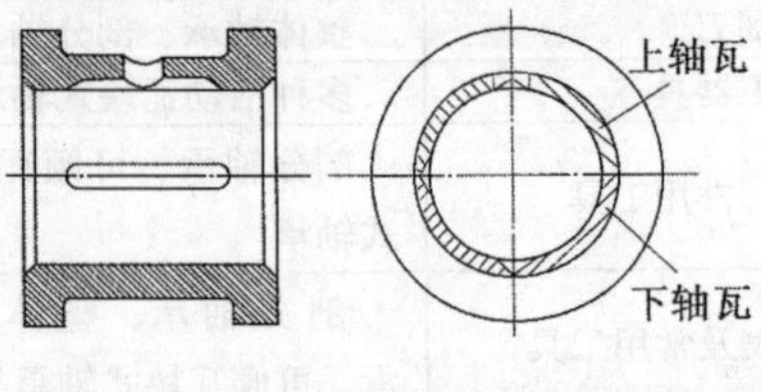

图7－27　常见剖分式滑动轴承结构

1）轴瓦的清洗、检查

（1）先用煤油或其他清洗剂将轴瓦清洗干净。

（2）检查轴瓦有无裂纹、气孔、剥落或脱层现象。检查方法是用小铜锤或锤柄沿巴氏合金衬里的表面依次轻轻地敲打，若声音清脆，则表示轴瓦与基体黏接良好；反之，则可能存在脱层，需进一步确认。一经发现缺陷，应根据缺陷的部位和损伤程度，确定修理或更换。在缺少备件的情况下，可采取补焊的方式以应急。

（3）检查、测量轴瓦的磨损情况，若轴瓦磨痕或轴瓦内孔的圆度、椭柱度超过规定值，需更换轴承。在缺少备件的情况下，可采用机械加工方法消除缺陷以应急。

（4）检查上、下两瓦瓦口平面接触情况，不允许有缝隙。

（5）检查轴承与轴承座及盖的接触情况，要求接触均匀，不得有翘角或存在间隙等现象。轴瓦与轴承体接触点的质量要求见表7－7。轴瓦与轴承座的配合一般为过渡配合，不得有较大的过盈或较大的间隙。若过盈较大，会造成轴瓦装配后产生变形，使轴承的安装间隙得不到保证，甚至可能导致抱轴、烧瓦事故；若间隙较大，会造成轴瓦在机器运转时振动大，甚至出现“拍振”现象；如果轴瓦在轴承座中贴合不紧密，可能出现一种虚假现象，影响轴瓦的找正和轴承的装配质量。

2）轴瓦的刮研

刮研的目的是为了实现轴瓦与轴承体或轴颈之间均匀接触。轴瓦与轴承体，轴瓦与轴之间接触质量要求分别见表7－7和表7－8。为了实现上述质量要求，在装配或修理过程中可用着色法检查。如果达不到要求，则应用刮削轴承座与轴承盖的内表面或用细锉刀加工轴瓦瓦背的方法来修正。对于轴瓦内表面，只能用刮刀将着色检验出的色斑刮去，逐渐增加接触点，反复数次直到合格为止。

表7－7　轴瓦与轴承体接触质量要求

项　目		质量要求
接触面积	上瓦与瓦盖	>70%
	下瓦与瓦座	>80%
接触点		1～2点/cm^2

表7－8　轴瓦与轴颈接触质量要求

项　目	质量要求
接触角	60°～90°，最大不超过120°
接触点	重负荷及高速运转机器3～4点/cm^2
	中等负荷及连续运转机器2～3点/cm^2
	低速及间歇运转机器1～1.5点/cm^2

轴瓦与轴接触面所对应的圆心角（见图7－28）称为接触角。接触角一般应在60°～90°之间。若过小，则轴瓦单位面积承受负载加大，使轴瓦磨损加剧；若过大，则破坏了轴承的楔形间隙，当接触角大于120°时，液体摩擦将无法实现。当载荷大、转速低时，取较大的角；当载荷小、转速高时，取较小的角。根据经验，当转速在3000r/min以上时，接触角可选择60°～75°；当低速重载时，接触角可选择90°～120°。因此在刮研轴瓦时，应将大于接触角的色斑（高点）都刮去。

图7－28　轴瓦与轴的接触角

为了保证轴承得到良好润滑，必须在轴瓦表面开好(刮出)油沟和坡口，以保障轴承安全、长周期运行。

3）轴承的装配

确认轴瓦已经刮研好，并符合规定的质量要求后，即可进行装配。

对于轴瓦与轴承座和轴承盖的装配,为了保证轴瓦在轴承体内不致发生转动和轴向移动,轴瓦与轴承座和轴承盖的配合常采用不大的过盈配合,可取 H8/k6 的配合,其过盈量为 0.02 ~0.06mm。

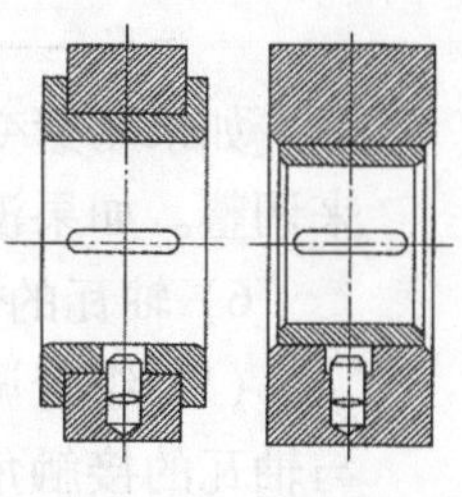

图 7 – 29　轴瓦的固定方法

装配轴瓦时,为了避免将剖分面敲毛,影响装配质量,可在轴瓦的接合面上垫以木板,用手锤将其轻轻打入轴承座或轴承盖内,然后用螺钉或销钉固定,如图 7 – 29 所示。轴承盖与轴承座之间用销钉、凹槽或榫槽定位,如图 7 – 30 所示。

4）轴承间隙的测量与调整

(1) 侧间隙　轴瓦与轴颈之间的侧间隙,常用塞尺测量,塞尺塞进间隙中的长度不应小于轴颈直径的 1/4。若侧间隙太小,可以刮削瓦口以增大间隙。侧间隙一般为顶间隙的 1/2,越向下越小,如图 7 – 31 所示。

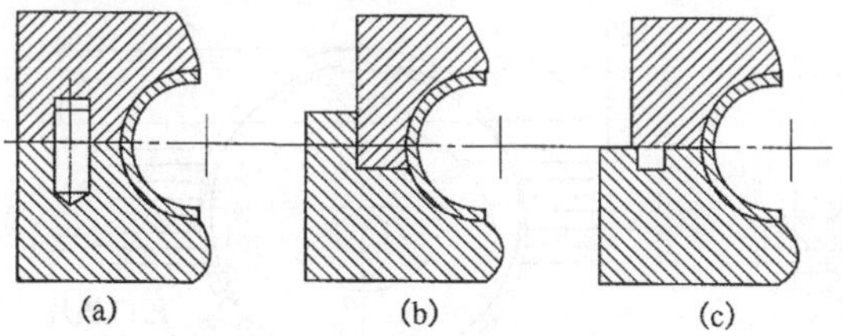

图 7 – 30　轴承盖的定位方法

(2) 顶间隙　轴瓦和轴颈之间的顶间隙,可以采用压铅法和抬轴打表两种方法进行测量,为了慎重起见,可同时采用这两种方法,以验证测量的准确性。压铅法测量轴承间隙如图 7 – 32 所示。

① 压铅法测量　拆开轴承,用直径为 1.5 ~2 倍顶间隙,长度为 10 ~40mm 的软铅丝或铅条,分别放在轴颈和轴瓦接合面上,为防止软铅丝滑落,可用润滑脂黏住;回装轴承及轴承盖,均匀地拧紧螺母,用塞尺检查上下轴瓦接合面之间的间隙,应均匀相等;最后打开轴承盖及上半轴瓦,用千分尺测出已被压扁的软铅丝的厚度,按下式算出顶间隙的平均值:

$$\delta = (C_1 + C_2 + C_3)/3 - (D_1 + D_2 + D_3 + D'_1 + D'_2 + D'_3)/6$$

式中　δ——轴承的平均顶间隙，mm；

C_1, C_2，C_3——轴颈上各段铅丝压扁后的实际测量厚度，mm；

$D_1 \sim D_3$，$D'_1 \sim D'_3$——轴瓦结合面上各段铅丝压扁后的实际测量厚度，mm。

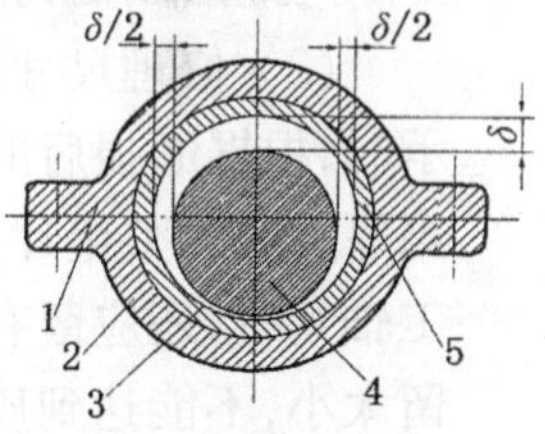

图 7 – 31　滑动轴承的间隙示意

1—轴承盖;2—轴承座;3—下轴瓦;4—轴;5—上轴瓦

② 抬轴、打表测量　轴承回装完毕，分别将两块百分表定于轴颈和轴承体上，调好指针预压量，用抬轴器具抬起轴，保证轴承体上百分表计数不动，则轴颈上百分表的最大计数即为轴承实际顶间隙。

若测得的顶间隙小于标准的要求，则应该在上下瓦的接合面间加垫片；若测得的顶间隙大于标准的要求，则应减去垫片或刮削接合面进行调整。

5）轴瓦压紧力的测量与调整

为了防止轴瓦在机器运转过程中发生转动或轴向移动，除了使瓦背与轴承座过盈配合以及设置定位销等止动零件外，轴瓦还必须借轴承盖螺栓来压紧。

测量轴瓦压紧力的方法与测量顶间隙的方法一样，但这时应把软铅丝分别放在轴瓦的瓦背上和轴承盖与轴承座的接合面上，如图 7 – 33 所示。测出软铅丝的厚度后，按下式计算出轴瓦的压紧力：

$$A=(B_1+B_2)/2-C$$

式中　　A——轴瓦压紧力，即轴瓦压紧后的弹性变形量，mm；

B_1+B_2——轴承盖与轴承座之间的软铅丝压扁后的厚度，mm；

C——轴瓦瓦背上的软铅丝压扁后的厚度，mm。

如果压紧变形量不符合要求，则可以通过增减轴承盖与轴承座接合面处垫片厚度的方法来调整。如果没有调整垫片，可以考虑用机械加工的方法予以处理。

6）轴瓦的修理方法

（1）组合调整法　经长期使用后，轴颈逐渐磨损，轴瓦间隙由 S_0 增加到 S_1，如果轴颈与轴瓦的接触角达到120°以上，将破坏液体动压润滑的条件，这时可以考虑采用组合调整法对轴瓦进行修理或更换。

采用组合调整法修理装配轴瓦时，通过减去置于瓦口两侧的垫片以减小轴瓦的间隙，使调整后的间隙 S_2 达到原有装配要求（如图7－34中虚线所示）；同时，为了消除轴瓦几何形状的变化以及满足侧面间隙的要求，还应刮研轴瓦，使其达到原有接触点和接触角的要求。

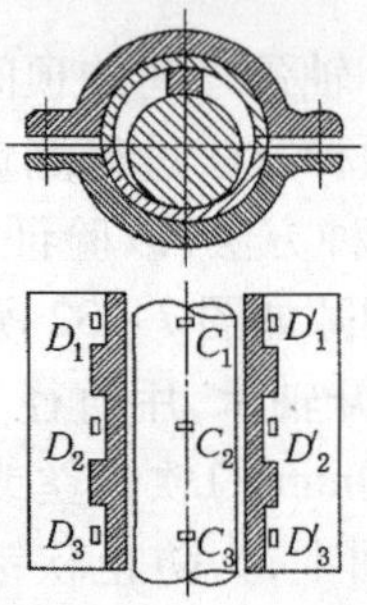

图7－32　用压铅法测量轴承的间隙

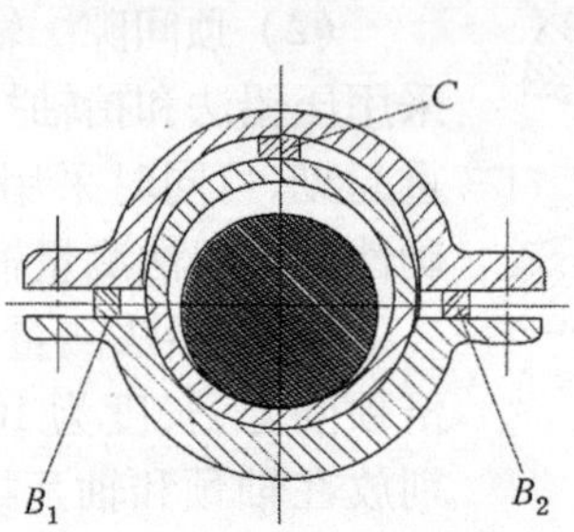

图7－33　用压铅法测量轴瓦的压紧力

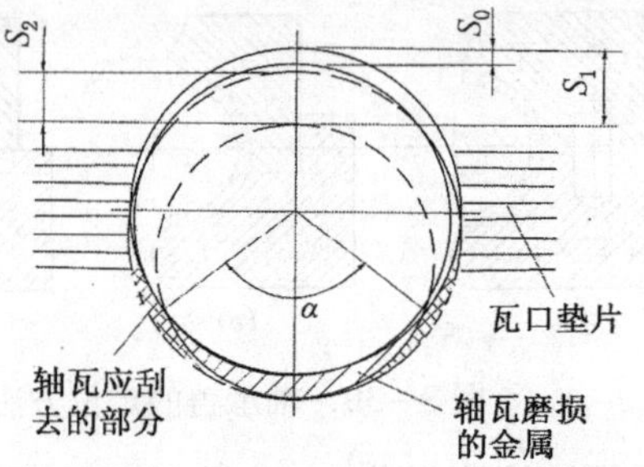

图7－34　滑动轴承组合调整法修理

（2）修理尺寸法　修理尺寸法是指当轴颈磨损量较大，不能通过组合调整法修配原有轴承时，根据磨损后的轴颈修整尺寸重新加工新的轴瓦。在加工轴瓦时，应在轴瓦瓦口处加入适当厚度的调整垫片，一般在0.5～0.7mm的范围内，用卡子将两半轴瓦合在一起进行加工。加工轴瓦时，还应留有适当的刮削余量，但刮削余量预留太大，将增加刮削的加工量，刮削余量预留太小，不能达到质量要求，甚至使轴瓦报废。

（3）修复原尺寸法　修复原尺寸法是采用电镀、喷镀、涂镀、焊补等修理工艺修复轴颈磨损部分金属，使其恢复原设计尺寸，使之和原有轴承完全一样。

5. 可倾瓦块式径向轴承

下面以五块瓦结构的可倾瓦块式径向轴承为例，叙述径向轴承的拆装和检查。

1）拆卸程序

（1）拆去仪表探头和其他妨碍轴承拆卸的仪表接线。

（2）拆轴承盖中分面螺栓和定位销，用顶丝轻轻顶起轴承盖，然后吊开轴承盖。

（3）拆开轴承体中分面螺栓，拆去径向轴承上部。

（4）用抬轴专用工具轻轻将轴提起，提起高度以下半轴承体能刚好绕轴转动为限，且不得超过0.15mm。将下轴承体绕轴翻转至轴颈上部，拆去下部轴承。注意不得在未揭大盖的情况下使用天车起吊转子。带热敏元件的轴瓦在翻转中不得损伤仪表导线。

(5) 记录每个瓦块在轴承壳中的位置和方向，松开并拆去瓦块背部定位螺钉，依次取出各瓦块。

2）检修技术要求

(1) 可倾瓦块

① 瓦块巴氏合金层应无裂纹、掉块、脱胎、烧灼、碾压、磨损及拉毛等缺陷。巴氏合金表面不允许存在沿轴向的划痕和沟槽，沿周向的划痕和沟槽的深度应不超过0.10mm。瓦块经着色或浸煤油检查，巴氏合金应贴合良好，表面无偏磨，接触印痕沿轴向均匀。

② 瓦块背部承力面光滑，与瓦壳的接触印痕沿轴向均匀并保持线接触，与轴的接触均匀，瓦块摇摆自由不松晃，瓦背无压痕或重载痕迹。

③ 瓦块进油边缘过渡圆滑，适宜于油流进入油楔。

④ 同组瓦块厚度应均匀，相互厚度差用假轴或轴颈测量，不大于0.01mm。

⑤ 瓦块背部销孔及相应的销钉应无磨损或偏磨，定位销在销钉孔中的直径间隙不小于2.0mm，组装后，销钉与销孔的顶部间隙不小于1.5mm。瓦块在瓦壳内摇摆灵活，不顶瓦块。

⑥ 带热敏元件的瓦块，其热敏元件与瓦块固定可靠不松动，引线绝缘保护层良好。组装后，热敏元件及引线不妨碍瓦块在瓦壳内灵活摆动，也不影响整个轴承组装。

⑦ 瓦背接触线通过瓦块背面几何中心，接触线两侧形状对称，绕接触线摇摆时，瓦壳表面任一部位不应低于两侧油封(转子装入的情况下)。

⑧ 当轴压在下半支承瓦上时，左右两块瓦应受载均匀。

(2) 轴瓦壳

① 瓦壳中分面密合，定位销配合紧密，上紧中分面螺栓后，瓦壳中分面不错口。

② 轴瓦壳两侧油封无磨损，间隙不超差。油封上下中分接合面密合，且不顶瓦壳，浮动式油封浮动灵活，端面不错口。

③ 用红丹检查瓦壳在下半轴承座内接触情况，应接触良好。左右两侧与轴承座中分面齐平，两侧间隙前后左右均匀，且不大于0.05mm。瓦壳防转销不高出轴承座中分面。拧紧中分面螺栓后，瓦壳中分面、轴承座中分面密合无间隙。

④ 轴瓦壳背部紧力或间隙符合制造厂设计要求。

⑤ 瓦壳进油和回油孔与相应的轴承座油孔对正，测振探头孔、温度测量孔等均应对正。瓦壳进油孔限流螺钉不松动、固定可靠，孔径符合设计要求。进、回油孔不堵塞。

3）轴承间隙的测量方法

轴承间隙的测量常采用压铅丝法，把轴颈放在可倾瓦的下瓦上，如图7-35所示。在上面瓦块与轴颈之间放入直径比所测间隙大1.5~2倍的软铅丝，用螺栓紧固上、下轴承体。松开螺母，取出被压铅丝，测量其厚度 $BC = d_1$（d_1值必须取顶上两瓦块的平均值），然后按下式计算出轴承的间隙：

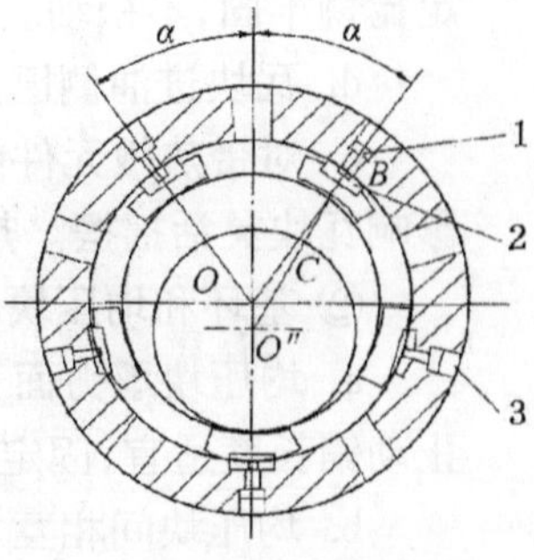

图7-35　轴承间隙的测量方法

1—螺钉；2—调整块；3—螺钉孔

$$d = kd_1$$

式中　d——轴承间隙，mm；

　　　k——系数，对于五块瓦的可倾瓦轴承，$k = 1.11$。

4）轴承压紧力的测量

为了防止在机器运行中因轴承松动而引起转子较大振动，轴承还必须借轴承盖螺栓来压紧。轴承的压紧力即为装配后轴承体的弹性压缩变形量。测量可倾瓦块式径向轴承压紧力的方法与测量剖分轴承压紧力的方法一样。

5）轴承的装配

把轴承体、油封环的毛边及污锈清理干净，并用清洗剂洗净并吹干，然后装上一侧的油封环（注意排油孔、仪表探测孔的位置）。油封环与轴承体止口配合定位，螺钉紧固，回装瓦块，再装另一侧油封环。整体喷涂防锈油，将组装好的轴承包装封存待用。

6. 薄壁瓦

可参见第8章“8.7.2.2　轴承的检修及装配”部分。

7. 止推轴承

1）金斯伯雷型止推轴承

（1）拆卸程序

① 拆去轴位移探头和其他仪表接线。测量止推轴承间隙后拆去轴承座上盖以及止推轴承壳体上盖。

② 拆去非工作侧止推轴承和垫片，并作好每个瓦块的位置记号。拆卸时，注意不要损伤瓦块的测温引线。

③ 回装止推轴承壳上盖和轴承座上盖，上紧中分面螺钉和定位销，窜动转子检查揭盖前的第一级喷嘴间隙（汽轮机）或转子半窜量（压缩机）。

④ 拆去全部上盖，拆去工作侧止推轴承和止推轴承前后油封。

（2）检修技术要求

① 止推瓦块：

a. 止推瓦块的巴氏合金层应无脱胎、裂纹、烧灼、碾压、拉毛和冲蚀等缺陷。瓦块经着色或浸煤油检查，巴氏合金与基体金属结合良好。

b. 用红丹检查各单独瓦块的巴氏合金表面与止推盘表面的接触情况，接触面应不低于80%。

c. 瓦块背部承力面光滑，无烧灼、胶合和压痕等重载痕迹。瓦块承力垫块在瓦块上应固定捻铆牢固，不松动。

d. 瓦块进油侧巴氏合金呈圆滑过渡，以利进油和形成油膜。

e. 对带热敏元件的止推瓦快，应检查热敏元件在瓦块内固定的牢固情况，测温引线应不影响瓦块灵活摇摆。热敏元件与引线连同瓦块由仪表检查，绝缘和测量精度符合仪表规范。

② 基环和均压块：

a. 均压块承力面光滑，无磨损、烧灼、压痕等重载痕迹，在基环内摆动灵活自如，不卡涩。止动销长度适宜，固定牢固，与均压块销孔有足够间隙，不顶均压块，不偏磨销孔。

b. 均压块间相互工作面接触线无压痕，表面光滑，相互间摇摆灵活。

c. 基环无瓢曲变形，两半基环结合面平整不错口，与均压块接触处无压痕，基环背面与止推轴承壳体端面承压均匀。

③ 止推盘：

a. 止推盘表面光洁平整，表面粗糙度应达 $R_a0.8$，不允许存在径向沟痕，周向沟槽深度应不超过0.05mm。

b. 由键联接的止推盘，键与键槽无挤压痕迹，键槽经探伤检查无裂纹。止推盘与轴肩和锁母端面接触均匀，键在止推盘键槽内配合适当，侧间隙、顶间隙及止推盘与轴之间的配合符合设计要求。组装后的止推盘端面全跳动小于0.015mm。

c. 采用液压拆装止推盘结构时，应检查止推盘内孔与定距锥套表面的接触情况，检查锥套端面与轴肩的接触情况，均不得少于80%。各表面无毛刺、划痕、损伤，锥套内孔与轴的配合尺寸不超差。

d. 止推盘厚度沿圆周偏差不超过0.01mm。

④ 油封：

a. 前后油封无磨损、划痕和轴向沟槽，上紧油封中分面螺钉后，油封在油封槽内绕轴转动灵活，中分面无错口和间隙。扣上半轴承盖后，油封浮动灵活。

b. 油封与轴的径向间隙不超过0.05～0.10mm。

⑤ 轴承壳（对带有止推轴承体者）：

a. 上下止推轴承壳在上紧中分面螺钉后无错口间隙，装入止推轴承后，不顶上轴承壳。

b. 止推轴承壳在轴承座内松紧适宜，轴向间隙不超过0.01～0.03mm。止推轴承调整垫片在轴承座内固定可靠。

c. 轴承壳上的进油孔不堵塞，进油孔与轴承座进油孔对正，进油孔板螺钉在轴承壳内固定可靠，不松动。

d. 止推瓦块在止推轴承壳内无磨损痕迹和压痕。

⑥ 非工作侧平板式止推轴承：

a. 轴承板光滑、平整，厚度差小于0.01mm。

b. 其外径小于壳体内径1.0mm。

c. 巴氏合金贴合良好，无脱胎、裂纹、磨损、烧灼、压痕等缺陷。

（3）轴承的装配技术要求

① 检查各瓦块，看相邻瓦块是否活动，以确认其补偿性能和均载性能。

② 检查主推和副推安装位置和方向是否正确（两者油楔方向相反）。

③ 确认轴承的防转销安装到位，以防机器运转中轴承转动。

④ 检查轴瓦油封环间隙，若间隙过大，则必须调整间隙或更换油封。

⑤ 检查轴承推力间隙，根据需要调整或重新加工其调整垫片。

⑥ 检查瓦壳结合面定位销子是否由于反复拆卸而松动，如销子松动则应重新配制，以免引起上、下两半瓦壳错位。

（4）轴承间隙的测量与调整

推力轴承轴向间隙应适当，间隙过大，不但会在转子推力发生改变时增加通流部分的轴向间隙，而且会对瓦块产生过大的冲击力，使转子的轴向位置不稳定；间隙过小，将增加轴瓦的磨损及瓦块的负载。

① 轴向间隙的测量　用百分表固定于静止件上，测量杆轴向顶在转子某一端面，模拟工作状态，盘动转子并前后窜动到极限位置，两者的计数差即为冷态实际的轴向间隙。测量过程中，注意如下几点：

a. 用专用推（拉）轴工具来推（拉）动转子时，注意用表监视轴承壳体是否移动，否则会影响测量结果。

b. 用推（拉）轴工具来推（拉）动转子时，不能用力过大，防止金属弹性变形带来的虚假计数。如果百分表指针不再移动，表示转子已经窜到极限位置。

c. 轴向间隙的测量必须在推力轴承完全装配好以后进行，这样才能确保真实可靠。

② 轴向间隙的调整　推力轴承轴向间隙的允许值与轴瓦的结构类型有关，金斯伯雷型推力轴承间隙一般为0.25~0.40mm，如果间隙不合适，往往采取增加或减少非工作（副推）侧调整垫片厚度的方式来调整。

2）米契尔型止推轴承

（1）拆卸程序

① 测量检查止推轴承间隙，拆去轴位移探头和仪表接线，拆下止推轴承端盖，取下外侧止推轴承。

② 检查测量转子前半窜量后，将转子推向进口端死点，拆去止推盘背母，取出止推盘、隔套和内侧止推轴承组件、出口导油环等。检查转子在缸内的总窜量。

采用液压拆装止推盘的结构应按高压泵及液压拆装联轴器的规则使用液压拆卸，并记录拆卸时的最大胀开油压。

（2）检修技术要求

① 止推瓦块：

a. 米契尔型止推瓦块巴氏合金表面技术要求与金斯伯雷型的技术要求相同。

b. 同组瓦块厚度偏差不大于0.01mm。

c. 瓦块背部与基环的承力面呈线接触，接触线沿周向均匀，无压痕、烧灼和胶合等重载痕迹。

d. 瓦块与基环间隔销间无磨损和压痕。

e. 瓦块定位螺钉在瓦块销孔内有1.5mm以上的顶间隙，不顶瓦块，不偏磨销孔。

② 基环：

a. 基环无瓢曲、变形，承力面无压痕、胶合等重载痕迹。基环厚度在测量平台上测量，整圈偏差应不超过0.01mm。

b. 间隔销在基环上不松动，间隔销中心线对正基环中心，不左右偏转。定位螺钉孔的螺纹完好，定位螺钉与螺孔配合松紧适度。

c. 组装瓦块和基环后，止推轴承组件厚度在二级精度平台上测量，沿整圈厚度偏差不超过0.01mm。用红丹检查轴承组件的巴氏合金平面与止推盘的接触情况，整组瓦块沿周向接触不小于90%，接触面积不小于80%。更换整套止推轴承时，应检查核对新的轴承组件厚度。定距套厚度偏差应小于0.05mm。

8. 装复程序

径向轴承、金斯伯雷止推轴承和米契尔止推轴承的装复程序即拆卸的逆程序。若止推盘需加热装配，则应采用油浴加热，加热温度可按内孔直径与过盈量计算，但不应超过油的闪点温度，并控制在120~150℃。止推盘在轴上冷却装配好后，应检查止推盘端面跳动。采用液压拆装止推盘装配时，应注意检查止推盘、锥套、轴肩等的周向对位标志，记录相关位置尺寸，确保止推盘推进到位，并装好轴向定位锁紧部件。

9. 检修注意事项

1）径向轴承

（1）可倾瓦块一般不推荐刮瓦，但为使整个轴承接触良好，可在瓦块不超差并达到巴氏合金表面技术要求的前提下适当修刮。

（2）瓦块连同瓦壳一起更换时，应用红丹检查新装的下瓦壳与下轴承座的接触情况，瓦壳在轴承座瓦窝内不得松晃，两侧间隙不大于0.03mm，防转销不高出轴承座中分面。

（3）瓦块相间的位置和方向不得调错。更换单个瓦块时应确保与同组瓦块厚度不超差，一般采取整副更换。

2）止推轴承

（1）止推轴承间隙应采用非工作侧调整垫片进行调整。调整止推间隙应在扣缸调整好转子轴向位置后进行。测量止推轴承间隙应扣上轴承座上盖，并上紧中分面螺栓和销子后测量，米契尔型止推轴承的轴向间隙用端盖垫片厚度调整。

（2）对米契尔型止推轴承，一般采用煮油法或蒸汽加热法，同时置转子于外侧死点。一般不采用火焰加热法。

（3）止推轴承瓦块间的相互位置在拆装中应作好相互对位标志，不能调错。

（4）为防止止推轴承过载，应严格保证止推盘端面跳动不超差，轴承座中分接合面不错口。

（5）转子的工作位置应在止推轴承工作侧进行调整，根据轴承座的结构调整壳体垫片厚度或工作侧止推轴承垫片厚度。

（6）轴位移探头的零位应与设计的零位相一致，表头指示的位移量应与百分表指示的转子轴位浮动量相吻合。

7.9.1.2 转子轴向位置的确定

离心式压缩机正常运转时，推力盘是和工作面推力轴承相接触的。因此，工作面推力轴承的位置就决定了转子轴向位置。检修时，可以通过增减工作面推力轴承背面的垫片来移动推力轴承，这样转子也随之改变其轴向位置。

确定转子轴向位置的目的是要求每级叶轮出口和扩压器进口对中，以避免在这些部位发生气流冲击。特别是对于压缩重气体的离心式压缩机，这一要求尤其重要。因此，有些制造厂在图样上规定了所允许的偏差，但是在实际检修中发现，要实现这些要求不仅很麻烦，有时甚至无法达到，特别是更换了转子、气封或其他零件之后。在这种情况下，可根据下面两条原则来确定转子轴向位置：

（1）有开式叶轮的转子，转子的轴向位置应能保证开式叶轮进气侧的轴向间隙。

（2）全部为闭式叶轮的转子，转子的轴向位置应能保证最末级叶轮出口和扩压器流道对中。

然后，还要再复查其他级叶轮和扩压器的对中情况，差别太大时应找出原因，再作调整。确定转子的轴向位置之后，转子以这个位置为中心，调整止推轴承间隙，一般要求主推力面轴承侧的窜动量，不能小于规定轴位移报警值的50%。

由于转子的轴向位置是由工作面推力轴承的位置确定的，因此为了固定转子的轴向位置，需要确定工作面推力轴承背面垫片的厚度。这一工作在检修现场可以这样进行：

① 先记录下转子从确定的轴向位置向非工作面和工作面推力轴承两侧的轴向窜动量，例如向工作面侧窜动量为 S_1，向非工作面侧的窜动量为 S_2，然后把工作面推力轴承装入并在其背面垫上一块任意厚度的垫片。

② 使推力盘和工作面推力轴承接触，然后从这个位置把转子向非工作面推力轴承侧拨动到极限位置，并记下其窜动量，例如为 S_3，则 $S_2 - S_3 = S_4$。S_4为正时，表示工作面推力轴承背面的垫片应减薄 S_4；S_4为负时，工作面推力轴承背面的垫片应加厚 S_4。

7.9.1.3 转子组件

1. 转子起吊的注意事项

（1）起吊转子必须使用专门的吊具和索具。吊、索具至少须经200%的吊装荷载试验合格。

（2）起吊转子时的绑扎位置，应选在起吊和就位时能保持转子水平，且不损伤转子的精加工表面和配合表面，绑扎位置不得位于轴颈。

（3）起吊或就位转子时不许在止推轴承中装入任何止推瓦块。

（4）起吊转子时应使转子在汽缸中位于串量的中间位置，起吊或就位转子应缓慢平稳，避免撞伤转子。

（5）转子支架必须牢固可靠，当在轴颈位置支承时，以硬木上加胶皮或羊毛毡为宜，且不得盘动转子，否则应在其他部位支承。支承转子不得位于检修平台的垂直下方。

（6）运输转子应使用专用运输支架或转子包装箱进行运输。

2. 转子的外观检查

（1）检查转子轴承轴颈、浮环密封轴颈和轴端联轴器工作表面等部位有无磨损、沟痕、拉毛、压痕等类损伤，这些部位的表面粗糙度应达 $R_a0.4$。若表面拉毛轻微时，可采用金相砂纸拉研予以消除，其他损伤应根据实际情况制定方案，选择适当方法予以处理。轴上其他部位的表面粗糙度也应达到设计制造图的相应要求。

（2）检查转子上内密封工作表面处磨损沟痕的深度，应小于0.1mm。叶轮轮盘、轮盖的内外表面、轴衬套表面、平衡表面等原则上应无磨损、腐蚀、冲刷沟槽等缺陷，若为旧转子，所存在的轻微缺陷不应影响转子的性能和安全运行。叶片进出口边应无冲刷、磨蚀和变形。

（3）检查清除叶轮内外表面上的垢层，并注意观察是否为叶轮的腐蚀产物，对可能的腐蚀产物应进行分析，确定腐蚀的来源和性质。天然气压缩机叶轮应着重检查有无硫化氢引起的腐蚀，空气压缩机叶轮应着重检查有无大气腐蚀。

（4）用红丹检查转子的联轴器工作表面与联轴器轮毂孔内表面，其接触应达85%以上。旧转子拆卸前，应检查联轴器轮毂在轴上有无松动（轴向位移）和相对滑动（角位移），其方法是：测量轴端在联轴器轮毂孔内的凹入深度，检测联轴器轮毂与轴间的原装配对位标志，并与上次的装配数据比较，视其有无变化，得出结论。

（5）检查转子上的所有螺纹，丝扣应完好、无变形，与螺母的配合松紧适应。

（6）检查转子过渡圆角部位，圆角应符合设计尺寸的要求，圆角及其过渡部位应无加工刀痕。

3. 转子的尺寸检查

1）旧转子检查

（1）检查轴颈、油膜密封轴颈、止推盘轴颈等的圆度和圆柱度，其误差均应在0.01mm以内，且轴颈尺寸无明显磨损减小。

（2）检查轴的直线度，转子上密封部位、轴颈部位、平衡盘（鼓）外圆、轴端联轴器工作部位等处的径向跳动，叶轮、止推盘和止推轴肩等处的端面跳动，并记录全部最大跳动值及其方位，与以往的记录比较，若发生明显变化时，应找出原因，并视情况予以处理。

（3）检查叶轮外圆、口环、轴套、平衡盘（鼓）外圆等直径尺寸有无明显变化。

（4）止推盘厚度偏差沿整个圆周应不超过0.01mm。

2）新转子检查

对更换的新转子，除应按1）条所述内容进行检查外，还应检查记录下列尺寸：

（1）测量并记录转子的总长度，两径向轴颈间的跨度。

（2）测量并记录联轴器轮毂在轴上空装时，轴头在轮毂内凹入的深度、轴端与联轴器的配合锥度及接触情况、螺纹尺寸。

（3）检查并记录止推盘工作面至第一级叶轮进口口环处的距离，全部叶轮的出口宽度，各级叶轮的工作叶片数，叶片进出口边的厚度。

4. 转子的无损探伤检查

(1) 整个转子用着色渗透探伤检查，重点检查键槽、螺纹表面、螺纹根部及其过渡处、形状突变部位、过渡圆角部位、焊接叶轮的焊缝以及动平衡打磨部位等。对怀疑的部位(铁磁性材料)应采用磁粉探伤做进一步检查。

(2) 对易于遭受硫化氢侵蚀的天然气压缩机焊接叶轮，特别是焊缝和热影响区；对有可能遭受氢损害的合成气压缩机高压缸叶轮、轴的螺纹部位和轴径变化处，应定期用磁粉探伤法进行检查。

(3) 对在运行中振动幅值和相位曾发生无规律变化的转子，应考虑对整个转子轴进行磁粉探伤检查。

(4) 主轴轴颈、轴端联轴器工作表面至少每两个大修周期用超声波探伤检查有无缺陷。

5. 转子的动平衡检查

当发生下列情况之一时，应考虑对转子进行动平衡检查：

(1) 运行中振动幅值增大，特别是在频谱分析中发现工频分量较大时。

(2) 运行中振动幅值增大，而振动原因不明，或振幅随转速不断增大时。

(3) 转子轴发生弯曲，叶轮端面跳动和主轴径向跳动增大，特别是当各部位跳动的方向和幅值发生较大变化时。

(4) 叶轮沿圆周方向发生不均匀磨损和腐蚀，材料局部脱落时。

(5) 通过临界转速时的振幅值明显增大，且无其他可解释的原因时。

动平衡工作要则如下：

(1) 转子既可通过低速动平衡，也可通过高速动平衡使其达到质量平衡。但对高速轻载转子，或经低速动平衡后，在工作转速下振动仍较大的转子，或更换了叶轮和平衡盘(鼓)等主要转动元件的转子，或最大跳动方向不在同一轴向截面同一方向上的转子，都应考虑进行高速动平衡。

(2) 动平衡去重位置、打磨深度和表面粗糙度应符合制造厂设计要求。所有打磨表面均应光洁且平滑过渡,并用金相砂纸抛光。打磨时注意控制打磨进给量和砂轮转速,不得使材料过热。

(3) 联轴器等可拆的旋转元件(当更换这些部件时)应事先进行单独平衡。只有当这些元件都证明是平衡的时候，才能组装进行整体平衡。进行整体平衡时，不得在已经经过平衡的部件上校正，平衡后可拆旋转部件与轴之间应有装配对位标志。

平衡转速与动平衡精度的要求：低速动平衡的转速可按动平衡厂家和动平衡机的条件决定，但必须使动平衡精度达到ISO1.0级；高速动平衡应保证在正常工作转速下，转子在动平衡机支架上的振动烈度不超过1g·mm/s。

6. 其他检查

转子在缸内组装，应检查各级叶轮出口与扩压器进口中心线对位情况，对中偏差应符合设计图样要求；各轮盖密封应不悬出叶轮口环；两端机械密封组装的工作长度应能满足压缩量要求。

7.9.1.4 联轴器

1. 结构特点概述

常用的联轴器有齿式联轴器和挠性膜片式联轴器。两种联轴器均通过带锥孔的轮毂与轴的锥形端面(轴向推进)产生大的过盈来传递转矩。齿式联轴器都具有较长的中间接筒，增加了联轴器的挠性和不对中适应性，同时可允许在不吊开中间缸体的情况下拆卸轴承和轴封。接筒和轮毂法兰面通过止口连接，保证了联轴器组装后的质量平衡。齿式联轴器采用强制供油润滑，挠性膜片联轴器不需润滑。下面以齿式联轴器为例讲解联轴器的检修与装配。

2. 联轴器的拆卸程序

（1）拆去联轴器罩壳及附属油管，测量齿式联轴器中间接筒窜量（该数据由于齿内油垢影响不准确，仅供找正前调整轴端距离时参考），并检查接筒和内齿套间以及内齿套与轮毂外齿间的对位记号。

（2）用专用扳手拆去联轴器连接螺栓、螺母，并成对存放。取出中间接筒。膜片式联轴器还需先用顶丝将两端膜片平行顶开，再取出中间接筒。

（3）将两端转子各推至其止推轴承工作面，测量两轴端距离，同时测量轮毂与轴端的凹入（或凸出）尺寸，并作记录。各次测量的位置应恒定。检查轮毂与轴端是否松动错位（检查对位记号）。

（4）清洗轴端内外螺纹丝扣和内孔，按各机组液压拆装工具装配图，安装联轴器轮毂拆装专用工具，安装时应使压力表量程正确，经校验合格。液压推进器推进泵安全阀整定油压值合格。手动高压油泵，从连接管线的最后一个接头处排净空气，然后上紧接头。液压推进器上满轴端扣。

（5）将推进工具推进靠拢轮毂端面，使推进器与轮毂间的轴向距离不超过2.0mm，以防轮毂高速退出时损坏轴端丝扣。液压推进器应手动推进泵，使推进器与轮毂保持接触。

（6）从轮毂上退开内齿套（齿式联轴器），手动高压油泵，缓慢提高油压，检查油管接头各部位有无漏油和异常。

（7）继续提高油压，在达到前次装配时记录的胀开油压后，稳定一段时间，再稍稍增压，直至轮毂内孔胀大后从轴上松动退出。然后泄掉油压，将推进工具后退前述距离，重复上述过程，直至联轴器轮毂完全从轴端松开退下。

（8）泄掉油泵油压后拆去专用工具。

3. 联轴器检修技术要求

1）联轴器螺栓、螺母

检查螺栓、螺母内外螺纹是否完好，螺栓有无局部缩颈、伸长，螺栓与轮毂螺栓孔配合应不松动，螺栓销接部位有无拉毛、沟槽等。螺栓与螺母配合应松紧适度。带防松胶的螺母，胶圈应无脱落损坏。螺栓经磁粉探伤应无任何缺陷。若发现螺栓、螺母有任何缺陷，或螺母自紧防松性能下降时，均应予更换。个别更换时，新的配对螺栓、螺母的质量与旧的质量相差应不超过0.1g。

2）轮毂与齿套

（1）轮毂内孔表面应无拉毛、损伤，表面粗糙度应达$R_a0.4$，轮毂内孔任一径向平面上的径向跳动小于5μm。

（2）清洗轴端面后，用红丹或涂蓝法检查联轴器轮毂与轴端接触情况，接触面积应达85%以上，且无接触硬点或整块不接触区，接触达不到要求可用金相砂纸打磨轮毂内孔，反复修磨检查。

（3）轮毂和齿套的内外齿面应无磨损胶合、起皮、点坑、麻点和压痕等缺陷。全部油垢须清洗干净。

（4）齿套与中间接筒的法兰连接端面平整，上紧中间连接螺栓后接合面应无间隙，连接止口配合不松晃。必要时应做连接前后的厚度检查，其偏差应不超过0.01mm。用红丹检查连接接合面的接触情况。检查内外齿齿高方向的接触情况，接触面积应不小于75%。

(5) 在将轮毂推至轴端工作位置后，齿套内齿与轮毂外齿的配合松紧适宜，滑动灵活，不松晃，不卡涩。

3）中间接筒

接筒无变形，筒体圆度误差小于0.05mm；两工作表面平整，平行度误差小于0.03mm；接筒螺栓孔无变形和磨损，孔径不胀大；接筒内表面清洁无污物，油孔不堵塞，对位记号清晰可辨。

4. 联轴器的回装程序

(1) 联轴器轮毂在经过前述各项检查合格后，将轮毂按轴端的记号空推至轴端并适当推紧，测量此时轴端凹入轮毂的深度，根据设计的联轴器轮毂推进量数据，并结合拆卸时测得的数据，计算最终推进后的轴端深度。每次的推进量数据与拆卸前的推进量相比，应保持0.01~0.10mm的增加量。

(2) 检查轴端油孔后，对准对位记号，装上轮毂和齿套。然后按拆卸时的方法，装上联轴器轮毂拆装用液压工具。

(3) 使齿套和轴毂脱开，将液压推进器启压或推进螺母推进器，使轮毂在轴端上充分压紧。然后将高压胀开泵缓慢升压，边升压边推进，用最小的胀开油压将轮毂推至所需的推进位置，并记录推进时的最大胀开油压作为拆卸时参考。在任何时候均不得超压，以防损坏轮毂。

(4) 保持推进器的轴向压紧力，将高压泵泄压。待高压泵泄压一段时间轮毂收缩后，退出推进器，拆卸液压专用工具，使轴孔内的油全部流出。

(5) 复查轴头凹入深度(应在原来测量的位置上测量)，确认与前述确定的推进位置相符合。

(6) 对正齿套与轮毂的对位记号后，装入齿套，确认齿套与轮毂间相对滑动灵活，不卡涩，不松晃。调整轴端距离后开始找正。

(7) 找正后，装联轴器中间接筒，对正对位记号，应使用扭矩扳手均匀拧紧连接螺栓至制造厂规定扭矩(只允许转动螺母上紧)。检查两侧法兰接合面密合情况，前后窜动中间接筒，检查接筒轴向浮动，其原则是：在最大浮动量下，当接筒在靠近任一死端位置时，轮毂齿沿轴向全部啮合；在最小浮动量下，不会由于转子轴端相对位移而卡死。

(8) 装上联轴器罩壳，并注意检查润滑油喷嘴是否对正润滑油进油孔。

5. 联轴器检修注意事项

(1) 联轴器螺栓、螺母在检查、清洗和拆装时不准互相调换。上紧时应转动螺母不得转动螺栓。

(2) 在设计范围内，联轴器轮毂推进量在每次装配时不应小于拆卸前的推进量，并保持0.01~0.10mm的增加量。

(3) 齿式联轴器轮毂在液压拆卸或推进前，应退开连接齿套，以避免胀开时引起轮齿卡死或轮齿过度变形。

(4) 高压泵不得盲目升压，升至装配时的油压时注意稳压，待轮毂内孔缓慢胀开后自行从轴上松脱退出。高压油泵在任何时候均不得超压。

(5) 应在固定位置上测量轴头凸出或凹入联轴器轮毂的深度，测量精度应达到0.02mm；

（6）严禁在联轴器部件的任何表面上用机械方法作任何标记；严禁在不装联轴器推进器或推进间隙过大的情况下启动高压油泵。

7.9.1.5 汽缸与隔板

1. 汽缸体检修技术要求

（1）清扫缸体内外表面，检查机壳应无裂纹、冲刷、腐蚀等缺陷。有疑点时，应进一步采用适当的无损探伤方法进行确认检查。

（2）空缸扣合，打入定位销后紧固1/3中分面螺栓，检查中分面结合情况，用0.05mm塞尺检查应塞不进，个别塞入部位的塞入深度不得超过汽缸结合面宽度的1/3。

（3）缸体导向槽、导向键清洗检查，应无变形、损伤、卡涩等缺陷，间隙符合标准要求。

（4）认真清扫汽缸猫爪与机架支承面，该面应平整无变形，清洗检查缸体紧固螺栓和顶丝，丝扣应完好。猫爪与紧固螺栓之间预留的膨胀间隙应符合要求。

（5）缸体中分面平整，定位销和销孔不变形，中分面无冲蚀漏汽及腐蚀痕迹。中分面有沟槽缺陷时，可先用补焊填平（一般用银焊或铜焊），然后根据损伤面积和部位确定修理方法。对小面积表面缺陷，可用手工锉、刮修整；对大面积或圆弧面，用车、镗才能保证修整质量。

（6）水平剖分汽缸剖分面间的间隙值若小于0.3mm，或拧紧1/4汽缸螺栓后间隙消除，可不做处理，只需按装配要求拧紧缸盖螺栓。若缸体变形很大，影响密封和内件装配时，应做进一步空缸装配检查，视情况制定具体检修方案。

（7）为保证运行安全，对汽缸应定期做探伤检查，通常采用着色法对内表面进行探伤。若裂纹深度小于缸壁厚的5%，在壳体强度计算允许、不影响密封性能的情况下，用手提砂轮将裂纹打磨除去，可不再处理。除此之外的裂纹，都应制定方案进行补焊或更换。

（8）检查所有接管与缸体焊缝，应无裂纹、腐蚀现象，必要时进行无损探伤检查。缸体各导淋孔干净畅通，并用空气吹扫，以防堵塞。

（9）中分面连接螺栓探伤检查，若有裂纹或丝扣损伤等缺陷必须更换。

（10）检测汽缸与轴承座的同轴度，汽缸中心线与轴承中心线应在同一轴心线上，其同轴度偏差不大于0.05mm。检测方法常用假轴找正法，将假轴两端用轴承支撑（轴承与轴配合间隙为0.04~0.06mm），轴上安装一个可调的百分表架，然后旋转假轴，从表测量数据中，找出缸内表面的各个加工面的偏差值。如果偏差大于允许值，可根据结构情况及偏差方位调整轴承座，或者修整轴承座孔，或重新配制新瓦壳。

2. 隔板检修技术要求

（1）清洗检查隔板，应无变形、裂纹等缺陷，所有流道应光滑平整，无气流冲刷沟痕。若有严重气流冲刷沟痕，应采取补焊或其他方法消除。每次大修对隔板均应进行无损探伤检查。

（2）隔板上、下剖分面光滑平整、配合紧密、不错口，用0.10mm的塞尺应塞不通。各沉头螺钉完好无损。

（3）隔板与汽缸上隔板槽的轴向、径向配合应严密不松动。

（4）检查各级叶轮气封和平衡盘（鼓）气封，应无污垢、锈蚀、毛刺、缺口、弯曲、变形等缺陷，气封齿磨损、间隙超标者应更换。各级气封套装配后无过松和过紧现象，固定气封套的各沉头螺钉完好无损，

（5）检查两端气封应无冲蚀、缺口、变形、腐蚀等缺陷，气封齿磨损、间隙超标者应更

换。气封装配要求松紧适宜。

(6) 气封两侧间隙用塞尺测量，两侧气封侧隙之和即为水平方向气封间隙；吊出转子，在下半缸底部气封处放入铅丝，再将转子放入原来位置。在上半缸顶部密封范围内也放入铅丝，之后将上半缸扣上，并上紧部分螺栓。然后吊开上半缸及转子，测量同一密封处上、下铅丝厚度，上、下铅丝厚度之和即为垂直方向气封间隙。

(7) 检查轴承座与下半缸体的连接螺栓应无松动。

(8) 当出现各级气封偏磨，经检查若发现是由于缸体变形或个别隔板、个别定位槽加工误差引起的某级隔板不同心且偏心小于该处直径间隙的1/3时，允许修刮该密封进行补偿，否则应视具体情况制定方案处理；当全部密封出现有规律性的偏磨，经找中心证明是由于轴承座松动变形引起时，则应对轴承座的位置进行调整。

3. 垂直剖分型离心式压缩机检修的特殊要求

垂直剖分型压缩机外缸为筒型，这种压缩机承压高、密封性好，但检修工作量相对较大。与水平剖分型压缩机相比，检修时的特殊要求见表7-9。

表7-9　垂直剖分型离心式压缩机检修的特殊要求

项　目	要　求	说　明
内部组合件的长度控制	内部组合件组装完毕后的长度应比外筒两端盖间的距离短0.25~0.4mm	可以用压铅法进行测量
轴承座的对中	外筒端面和端盖间的间隙，用塞尺在圆周均匀等份的八个点上进行检查，其差值应小于0.10mm	端盖和外筒的连接螺栓应均匀上紧；垫片的厚度不能随意改变
内部密封(指用于分开各段及进、出口间的密封，一般是使用各种橡胶O形圈)	O形圈一般装在组合件的外圆周上；当内部组合件装入外筒后，O形圈应受到压缩，压缩量应为O形圈原始切面尺寸的10%~15%	为了密封可靠，在O形圈压力低的那一侧放置背环，背环可用聚四氟乙烯扁条制成

7.9.2　增速箱检修及技术要求

1. 增速箱拆卸程序

(1) 拆卸增速箱盖上的仪表探头、温度计和管线接头。

(2) 拆卸联轴器护罩及接筒，拆卸齿轮轴端盖。

(3) 拆卸增速箱中分面螺栓，用顶丝顶开中分面，吊下箱盖，取下上半径向轴瓦。

(4) 吊出两齿轮轴，取下径向轴瓦下半部。增速箱回装程序与拆卸程序相反。

2. 增速箱检修技术要求

1) 增速箱箱体

(1) 增速箱上、下半箱体的中分接合面应密合，不拧紧中分面螺栓用0.05mm塞尺沿整周不得塞入，个别塞入部位处的塞入深度不得大于密封面宽度的1/3，沿整周不得有贯穿接合面的沟槽。

(2) 下半增速箱用煤油做渗漏检查，不得有漏油、浸油。

(3) 当检修中发现齿轮啮合线歪斜、啮合不良、齿面磨损、运行中噪声增大时，应用精密假轴检查两齿轮轴的平行度，其平行度偏差应在0.025mm以内，中心距极限偏差不得超过0.10mm。平行度误差在0.10mm以内时，可结合修刮轴承进行处理，否则应制定处理方案或更换齿轮箱。

（4）两齿轮轴在箱内用水平仪检查齿轮轴的扬度，两齿轮轴的扬度方向应相同。

（5）下半箱体在充分上紧地脚螺栓的情况下，检查箱体水平结合纵、横向水平，并使其在0.02mm/s以内。

2）大、小齿轮

（1）大、小齿轮齿面无磨损、胶合、点蚀、起皮、烧灼等缺陷，缺陷严重时更换齿轮。

（2）齿轮轴轴颈无磨损和其他损伤，轴颈的圆柱度和圆度偏差均在0.015mm以内。

（3）轴端联轴器工作表面无沟槽、划痕、裂纹等缺陷。

（4）齿轮做着色探伤检查。

（5）当运行中出现原因不明的振动增大，而无其他原因可寻时，应对齿轮连同联轴器进行动平衡。

3）组装

（1）用压铅法检查大小齿轮啮合侧的侧隙、顶隙。

（2）用涂色法对齿面做接触检查，沿齿宽方向的接触应达85%，沿齿高方向的接触应达55%，接触印痕均匀。

（3）检查齿轮轴颈与径向轴承下半瓦的接触，在下半瓦底部60°~90°范围内的接触应达80%以上，下瓦侧间隙对角偏差用塞尺检查不得超过0.02mm。

（4）检查止推轴承间隙，超差时应更换轴承，两侧止推工作端面的接触检查达80%以上，上、下半轴承扣合后检查中分端面不得错口，止口的间隙不减小。

（5）齿轮箱组装完毕，沿工作方向盘动大齿轮应转动灵活，窜动大齿轮检查止推轴承间隙应与扣盖前相一致。

（6）喷油嘴安装位置正确、牢固，喷嘴方向和位置符合润滑要求，喷嘴畅通。

7.10 离心式压缩机组的对中找正

压缩机的对中找正是安装和检修过程中一个很重要的步骤，图7-36表示由三个缸体组成的离心式压缩机组的三个转子的相互位置情况。每个转子因自重轴线会产生挠曲，结果使两端翘起。如果使各转子的轴承中心在一个水平面上，那么转子的相互位置出现如图7-36(a)的情况，联轴器端面就会出现张口。在这种情况下运行，对齿轮联轴器齿轮的啮合将受到破坏，对刚性联轴器其连接螺栓将受到多变载荷，容易产生疲劳破坏。如果联轴器两旁的轴承中心还不在同一水平上，就会更严重，联轴器轮毂就会既张口又不同心，这样是不能长期安全运行的。因此应使两联轴器轮毂的轴线重合，端面平行，要达到这一点，各汽缸的轴线在运行中应该是一条匀滑的曲线，如图7-36(b)所示，而要达到这个要求，各轴承中心就不能在同一水平面上，而应该稍微错开，以使联轴器两端面相互平行。

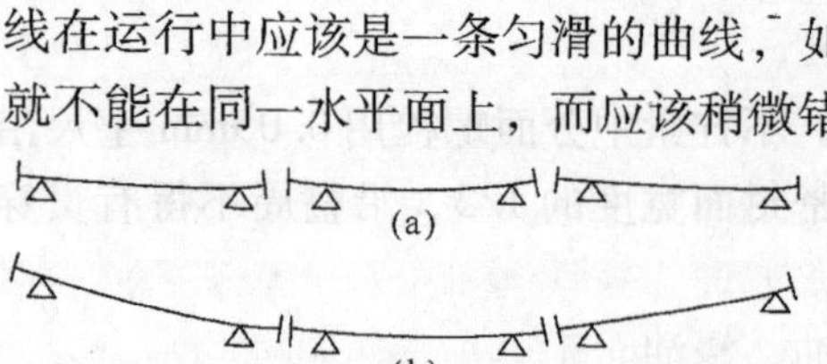

图7-36 多转子机组的相互位置

在压缩机组安装和检修后，通过调整各转子高低和左右位置，使机组达到在运行中各转子中心线构成一根连续无折点的平滑曲线，即在运行中相邻的联轴器轮毂轴线重合、端面平行。这个调整过程就称离心式压缩机的对中找正。现在大多数找正都是在冷态下进行，所以考虑各轴承中心的位置时，还必须考虑到机器运转后的热膨胀影响。

在机组各缸体安装或检修完后对中找正时，通过调节压缩机支腿和底板支架之间的垫片使转子在垂直方向上找正，而水平方向上的找正则主要依靠在支腿旁的顶丝将机器左右移动来调节。原则上应以最重的或运行中热膨胀影响最小的机器为找正的基准，如有齿轮增速器，则一般应以增速器为基准；如果只有一个或两个压缩机汽缸和蒸汽轮机，一般以蒸汽轮机为基准来调整其他缸体位置，来达到对中要求。

7.10.1 离心式压缩机对中找正常用的方法

对中找正常用的方法有三表法和单表法，单表法用于联轴器长度与联轴器轮毂外径的比值相对较大的情况，三表法用于联轴器长度与联轴器轮毂外径的比值相对较小的场合。

1. 三表找正法

三个百分表的安装如图7－37所示，A、B分别代表压缩机和汽轮机的转子，测端面用两个百分表，这是为了消除转轴在回转时产生窜动的影响。在测量时，两转子应在同方向转动同一个角度，这样使测量点基本在同一位置，可以减少由于零件制造误差（如联轴器轮毂不圆、联轴器轮毂同主轴偏心及歪斜等）而带来的测量误差。端面两百分表测点距轴中心线距离应相等，即 $r_1 = r_2$，并尽可能使两表测点间的径向距离 d 大一些，以提高找正精度。找正步骤如下：

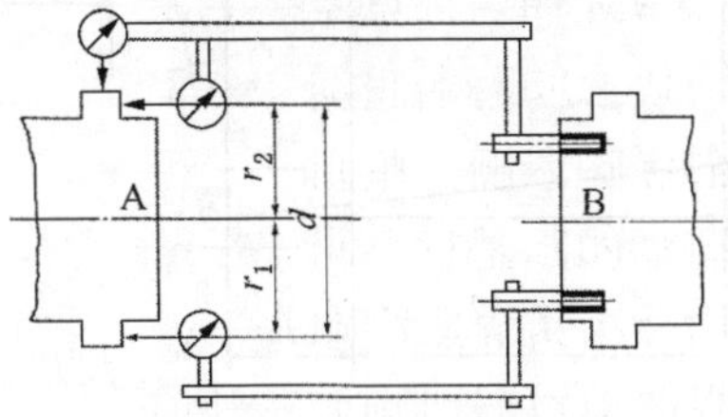

图7－37 三表找正

（1）把百分表装好后试转一圈，检查径向百分表指针应回原位，端面百分表指针回原位或两表变化相同。

（2）把B转子转90°，然后A转子也同向转90°，停下来记录各百分表读数，依次记入圆表上，如图7－38(a)所示，表上箭头方向表示旋转方向，并标明表架在B转子上，测A转子联轴器轮毂。每转90°记录一次，记录在表上。

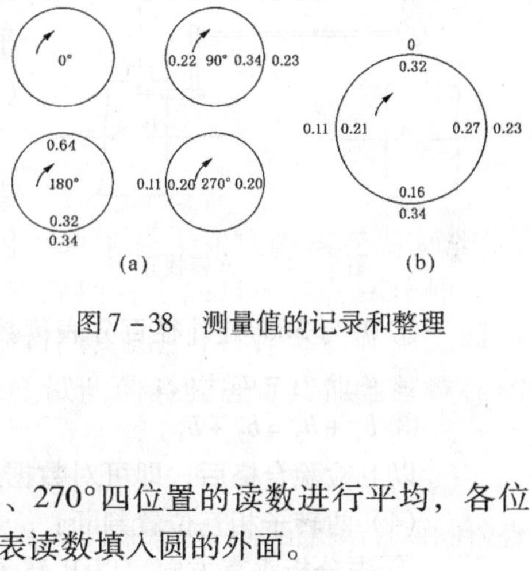

图7－38 测量值的记录和整理

（3）复核测量数据：

① 0°与360°处外径百分表读数应相同；

② 外圆百分表0°与180°处读数和应等于90°与270°处读数和；

③ 端面百分表在360°与0°处比较，两表读数的增加或减少量应一致。

以上检验合格后，即可对数据进行进一步处理。

（4）数据处理。把两端面百分表在0°、90°、180°、270°四位置的读数进行平均，各位置的平均数值填入图7－38(b)中的圆内，而外径百分表读数填入圆的外面。

（5）两转子相对位置判断：

① 对于外圆，哪个方向读数小，B转子就偏向哪一方；

② 对于端面，哪个方向读数小，开口就在哪一方。

根据这两条判断，可判明A、B转子垂直面和水平面内的相互位置（见图7－39）。

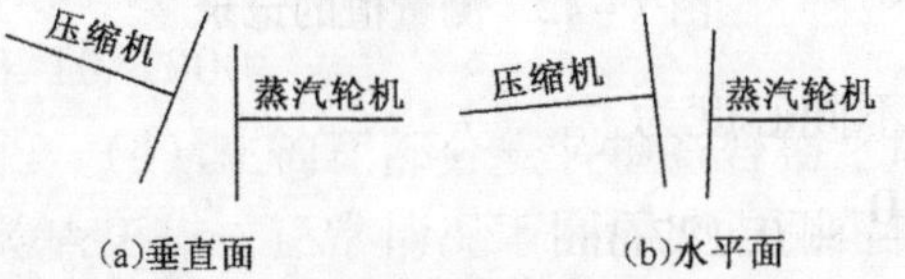

图7－39 汽轮机和压缩机转子的相互位置

（6）调整量的计算。以B转子为基准，调整A转子，先计算垂直平面内的调整量。图7－40中有关尺寸为 $l_1 = 1200\text{mm}$，$l_2 = 300\text{mm}$，$d = 200\text{mm}$。

联轴器下张口为 $x_A = 0.32 - 0.16 = 0.16\text{mm}$

联轴器中心线偏差为 $x_T = (0 - 0.34)/2 = 0.17\text{mm}$

首先消除张口，把A转子的轴线以 O 点为中心下转一角度，使联轴器端面平行。根据相似三角形原理得

$$z_m = \frac{(l_1 + l_2) \times x_A}{d} = \frac{(1200 + 300) \times 0.16}{200} = 1.2\text{mm}$$

$$y_m = \frac{l_2 \times x_A}{d} = \frac{300 \times 0.16}{200} = 0.24\text{mm}$$

张口未消除之前，O 点已高出B转子轴中心线0.17mm，为达到径向对中，A转子轴还需要平行下移0.17mm，所以综合考虑结果为

Y 支脚为　　$0.24 + (-0.17) = 0.07\text{mm}$

Z 支脚为　　$1.20 + (-0.17) = 1.03\text{mm}$

即 Y 支脚应减 0.07mm 垫片，Z 支脚应减 1.03mm 垫片。

对中的一般允许误差为

联轴器端面开口　　$x_A \leqslant 0.02\text{mm}$

轴的不同心度　　$x_T \leqslant 0.04\text{mm}$

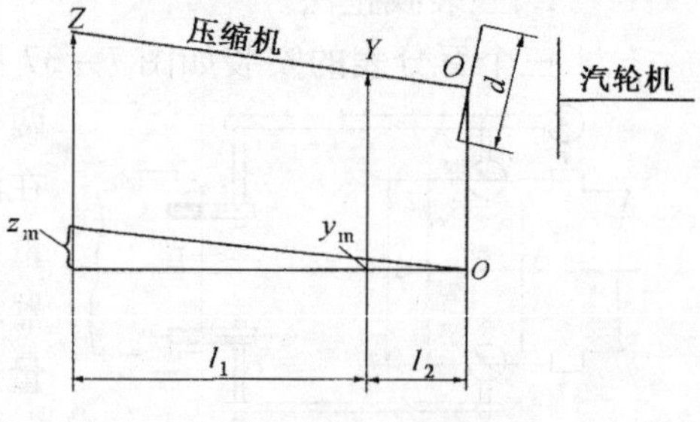

图7-40　垂直平面的找正

水平方向对中方法同垂直方向相似，只是水平方向调整是通过顶丝使设备横向移动来实现的。

2. 单表找正法

架表方法如图7-41所示，找正步骤如下：

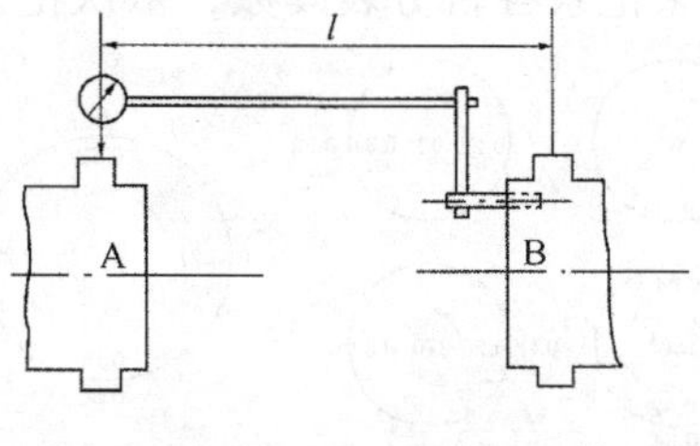

图7-41　单表找正

（1）把表架装在B转子上，转动转子，依次记下A转子在0°、90°、180°、270°四位置上的读数，如图7-42(a)所示；

（2）把表架装在A转子上，转动转子，依次记下B转子在0°、90°、180°、270°四位置上的读数，如图7-42(b)所示。

（3）复核测量数据，应符合下列要求：

① 0°与360°处外径百分表读数应相同；

② $a_1 + a_3 = a_2 + a_4$；

③ $b_1 + b_3 = b_2 + b_4$。

以上检验合格后，即可对数据进行进一步处理。

（4）两转子相互位置判断：

① 先分析垂直方向。以B转子为基准测A转子时，两转子的不同心度为

$$a'_3 = \frac{a_1 - a_3}{2} = \frac{0 - (-0.508)}{2} = 0.254\text{mm}$$

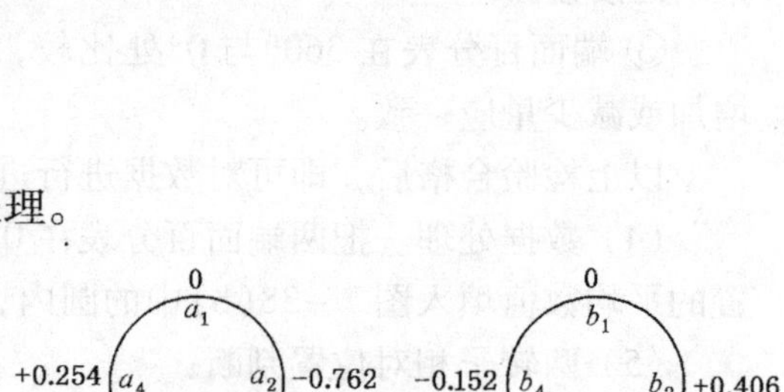

(a)A转子(从动机)　　(b)B转子(驱动机)

图7-42　测量值的记录

按三表对中法的径向位置判断标准，说明在A转子测量面上，B转子比A转子低0.254mm。以A转子为基准测B转子时，两转子的不同心度为

$$b'_3 = \frac{b_3 - b_1}{2} = \frac{0.254 - 0}{2} = 0.127\text{mm}$$

按三表对中法的径向位置判断标准，说明在 B 转子测量面上，A 转子比 B 转子高0.127mm。

② 再分析水平面。

$$a'_2 = \frac{a_4 - a_2}{2} = \frac{0.254 - (-0.762)}{2} = 0.508\text{mm}$$

$$b'_2 = \frac{b_2 - b_4}{2} = \frac{0.406 - 0.152}{2} = 0.279\text{mm}$$

可判断出在 A 转子测量面上，B 转子偏向 a_2 方向 0.508mm；在 B 转子测量面上，A 转子偏向 b_4 方向 0.279mm。A、B 转子相互位置如图 7－43 所示。

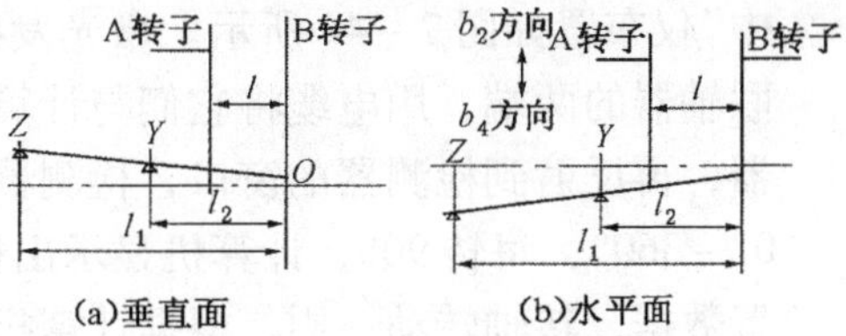

图 7－43　A、B 转子的相互位置

（5）调整量的计算。在图 7－43 中，l_1 = 1800mm，l_2 = 600mm，l = 300mm，以 B 转子为基准调整 A 转子。

以垂直方向为例计算。首先以点 O 为固定点使 A 轴下转，消除角度不对中，由相似三角形原理得

$$z_m = \frac{(a'_3 - b'_3) \times l_1}{l} = \frac{(0.254 - 0.127) \times 1800}{300} = 0.762\text{mm}$$

$$y_m = \frac{(a'_3 - b'_3) \times l_2}{l} = \frac{(0.254 - 0.127) \times 600}{300} = 0.254\text{mm}$$

为实现两转子垂直方向对中，A 转子还需平行下移

$$b'_3 = 0.127\text{mm}$$

所以综合考虑结果为：

Y 支脚下应取垫片为　　　0.254 + 0.127 = 0.381mm

Z 支脚下应取垫片为　　　0.762 + 0.127 = 0.889mm

水平方向对中计算方法同垂直方向相似。

3. 转子找中心时的注意事项

（1）找中心专用工具架应牢固，以免松弛影响测量准确度。

（2）找中心专用工具固定在联轴器上应不影响盘车测量。

（3）用百分表测量时，百分表应留有足够的余量，以免表杆顶死出现错误数据。

（4）用塞尺测量时，塞尺片不多于 3 片，表面平滑无皱痕，插进松紧要均匀，以免出现过大误差。

（5）测量的位置在盘车后应一致，避免出现误差。

（6）盘车时，应注意不要盘过头或没有盘够，以免影响测量准确度。

（7）对中测量时，都需进行复核一次，若两次测量误差小于 0.02mm，则可结束，否则再进行第三次或第四次复测。若有两次测量结果小于误差要求，即可确认，否则应查找原因再测。

（8）找正通常是机器处于常温下进行的，这种找正称为"冷找正"或"冷对中"。机器运转后由于机器各部分温度不同，各处的膨胀量也就不同，因此要保证在运转状态下对中即所谓"热对中"，那么在冷态对中时就必须事先估计好各机脚处的热膨胀量，在确定调整垫片量时应将它们考虑进去。这样做当然破坏了冷态下的对中，但却能较好地保证"热对中"。热膨胀量的估算很难准确，常常影响热态对中的精度。一般在机器运转一定时间以后（例如

8h)，机器各部分温度都稳定时，停机趁热检查。

7.10.2 激光找正

在透平机械的找正中，运用激光技术，提高了机器的找正精度和快速性，不仅可进行“冷对中”校核，还可进行“热对中”校核，是一种很有效的找正方法，激光对中仪有冷对中仪和热对中仪两种。冷对中激光仪 LOCAM(Laser Optic Cold Alignment Monitor)由激光发射器、激光检测器、激光反射器、计算机、快装夹具和连接电缆组成，早期产品由于发射的激光波长为0.80μm，属于不可见的红外光范围，因而还包括有激光寻迹器，用来确定激光光束的方向。后来，发射激光波长改为0.67μm，属于可见光范围，便省去了寻迹器，“冷对中”仪布置如图7-44所示。激光发射器、检测器和激光反射器通过快装夹具固定在转轴或联轴器的两端，用电缆将它们与计算机相连，调整好仪器，使发射器的激光束射向激光反射器，再反射到检测器的窗口，检测器以 x 和 y 向分别显示激光束入射角的方位。对中时，由0°~360°，每转90°，计算机显示出机组的对中状态与对中需要的调整值。输入机器相对位置数据，转轴转动一周，根据计算机显示的对中量调整相应机脚下垫片厚度，进行机组的找正，操作简便易行。

“热对中”即在机器运行状态下进行对中的在线监测。激光“热对中”仪 LORAM(Laser Optic Running Alignment Monitor)的布置如图7-45所示。和激光“冷对中”仪不同的是它有两对 x 向和 y 向成90°安装的反射器和监测器，通过检测反射的激光光束的方位变化，来确定机组运行中的对中变化情况，以便校正在“冷对中”时的对中预留量。

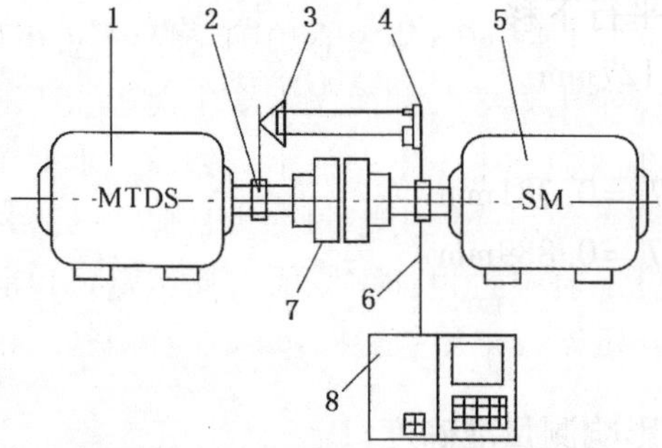

图7-44 激光“冷对中”仪布置

1—需调整机器；2—快装夹具；3—激光反射器；4—激光发射/检测器；5—固定机器；6—连接电缆；7—联轴器；8—计算机

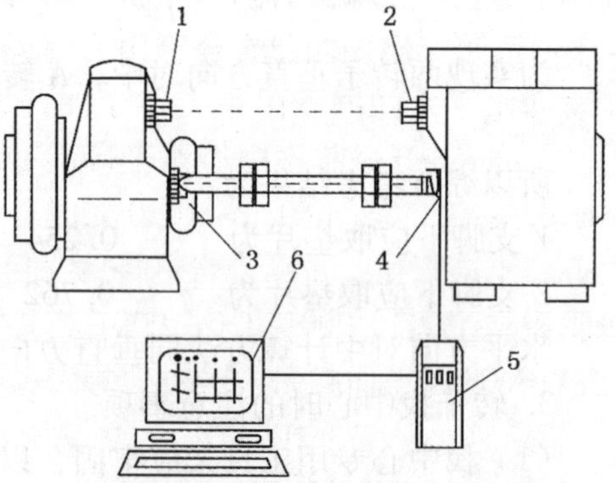

图7-45 激光“热对中”仪布置

1—y 轴方向反射器；2—y 轴方向监测器；3—x 轴方向反射器；4—x 轴方向监测器；5—PC机接口模块；6—微型计算机

激光找正方法比前面介绍的两种方法的优越性明显：首先，可以不需停机而进行在线对中监测，这是传统方法所无法实现的；其次，找正精度高，传统方法的对中误差一般为0.01mm，而激光找正的误差可减小到0.001mm；再次，激光找正速度快。因此，激光找正法得到广泛应用。

7.11 离心式压缩机开停机注意事项

7.11.1 离心式压缩机开机注意事项

(1) 开机前，若压缩机所输送的工艺气体不允许与空气混合时，在油系统正常运行后应用氮气置换空气，使压缩机系统内的气体含氧量小于规定值，再用工艺气置换氮气到符合要求，并把工艺气加压到规定的入口压力。加压要缓慢，使密封油压与气体压力相适应。

（2）启动机组在规定转速下运行一定时间后，应对机组进行全面检查。内容包括：润滑油、密封油等系统是否异常；机器各段进、出口气体温度、压力是否异常；机器运转有没有异声。如一切正常，则可升速，压缩机开始负荷运行即逐步升压运行。

（3）对于初次开车的机组，在设计工况下试运行8h后，一般应停机检查对中情况，同时拆卸轴承进行检查。

（4）向工艺系统送气应按工艺要求进行，在开启压缩机出口阀时应注意调整防喘振阀的开度以避免出口压力出现大的波动。

7.11.2 离心式压缩机停机注意事项

（1）停机后一般应开动盘车装置进行一段时间的盘车。

（2）停机后油系统应继续运行一段时间，直到各部分温度降下来。一般要求回油温度降到40℃左右，停盘车后，再停油系统。

（3）如果工艺气体易燃、易爆、有毒，在机组停机后需继续向密封系统供油，以确保气体不漏到机外。如果机组要长时间停机，在把进、出口阀都关闭后，应使机内气体卸到常压，并用氮气置换，才能停油系统。

7.12 离心式压缩机的故障分析与处理

离心式压缩机常见的故障原因与处理方法见表7－10。

表7－10 离心式压缩机常见的故障原因与处理方法

序号	故障现象	故障原因	处理方法
1	压缩机的异常振动和噪声	不对中	检查对中情况
		压缩机转子不平衡	检查转子，看是否由污垢或损坏引起；如有必要应对转子重新进行平衡
		叶轮损坏	检查叶轮，必要时进行修复或更换
		轴承不正常	检查轴承、调整间隙，必要时进行修复或更换
		联轴器故障或不平衡	检查联轴器平衡情况；检查联轴器螺栓、螺母
		油温、油压不正常	检查各注油点油温、油压及油系统运行情况，发现异常及时调整
		油中有污垢、杂质，使轴承磨损	查明污垢、杂质来源，检查油质，加强过滤，定期换油，检查轴承，必要时进行修复或更换
		喘振	检查压缩机运行时是否远离喘振点，防喘裕度是否正确，防喘振系统工作是否正常
		气体管路的应力传递给机壳，由此引起不对中	气体管路应按设计固定良好，防止有过大的应力作用在压缩机汽缸；管路应有足够的弹性补偿，以应付热膨胀量

续表

序号	故障现象	故障原因	处理方法
2	轴承故障	润滑不正常	确保使用合格的润滑油；定期检查，不应有水和污垢进入油中
		不对中	检查对中情况，必要时应进行调整
		轴承间隙不符要求	检查间隙，必要时应进行调整或更换轴承
		压缩机或联轴器不平衡	检查压缩机转子组件和联轴器，看是否有污物附着或转子组件缺损，必要时转子应重新找平衡
		油温、油压不正常	检查、调整油温、油压
3	止推轴承故障	轴向推力过大	检查气体进出口压差，必要时检查级间密封环间隙是否超标，检查段间平衡盘密封环间隙是否超标
		止推轴承间隙不符合技术要求	检查、调整止推轴承间隙
		润滑不正常	检查油泵、油过滤器和油冷却器；检查油温、油压和油量；检查油的品质
4	压缩机性能达不到要求	设计错误	审查原始设计，检查技术参数是否符合要求；如发现问题应与卖方和制造厂交涉，采取补救措施
		制造错误	检查原设计及制造工艺要求；检查材质及加工精度；发现问题及时与卖方和制造厂交涉
		气体性质差异	检查气体的各种性质参数，如与原始设计的气体性质相差太大，必然影响压缩机性能指标
		运转条件恶化	实际运转条件与设计条件相差太大必然使压缩机运转性能与设计性能偏移，如发现异常应查明原因
		沉积夹杂物	在气体流道和叶轮以及汽缸中是否有夹杂物，如有则应清除
		密封环间隙过大	检查各部间隙，不符合要求则必须调整或更换
5	压缩机喘振	运行点落入喘振区或距喘振边界太近	检查运行点在压缩机特性线上的位置，如距喘振边界太近，操作稍有波动就达喘振工况，应及时调整工况并消除喘振
		吸入流量不足	可能进气阀门开度不够，进气通道阻塞，入口气源减少或切断等；应查出原因设法解决
		压缩机出口气体系统压力超高	查明原因采取措施
		工况变化时放空阀或回流阀未及时打开	进口流量减少或转速下降，或转速急速升高时应查明原因；及时打开防喘振的放空或回流阀门
		防喘振装置未投自动	正常运行时防喘振装置应投自动
		防喘振装置故障	定期检查防喘振装置的工作情况，如发现失灵、不准或卡涩、动作不灵应及时处理
		防喘整定值不准	严格整定防喘数值，并定期试验，发现数值不准及时校正
		气体性质改变或状态严重改变	调整工艺操作，使气体性质在设计范围之内；或当气体性质或状态改变之前，应换算特性线，如设备条件允许，可根据改变后的特性线整定防喘振值

续表

序号	故障现象	故障原因	处理方法
6	压缩机叶轮破损	材质不合格，强度不够	重新审查原设计、制造所用的材质，如材质不合格应更换叶轮
		工作条件不良(强度下降)	工作条件不符合要求，由于条件恶劣，造成强度降低，应改善工作条件
		负荷过大	因转速过高或流量、压比太大，超过叶轮设计强度；禁止超负荷运行
		异常振动，动、静部分碰撞	振动过大，造成转动部分与静止部分接触、碰撞，形成破坏；严禁振值过大强行运转；消除异常振动
		落入夹杂物	压缩机内进入夹杂物打坏叶轮或其他部件；严禁夹杂物进入压缩机；检查进口过滤器是否损坏
7	压缩机流量和排出压力不足	通流量有问题	将排气压力与流量特性曲线相比较，检查并调整
		压缩机反转	检查旋转方向，旋转方向应与压缩机机壳上的箭头方向一致
		吸气压力低	检查入口过滤器等
		相对分子质量不符	采样分析气体实际相对分子质量是否比规定值小
		原动机转速比设计转速低	提高原动机转速
		反飞动量太大	检查反飞动量，过大则调整
		压力计或流量计故障	修理或更换计量仪表

第 8 章　往复式压缩机

往复式压缩机又称活塞式压缩机，是容积型压缩机的一种。它是依靠汽缸内活塞的往复运动来压缩缸内气体，从而提高气体压力，达到工艺要求。在化工及石油工业的飞速发展中，活塞压缩机的发展趋势如下：①高压、高速、大容量；②提高压缩机的效率和延长使用寿命；③按系列化、通用化、标准化进行设计、生产，以利提高产量、质量，缩短制造周期，便于产品变型。

8.1　往复式压缩机的基本组成及工作原理

往复式压缩机的结构见图 8-1。

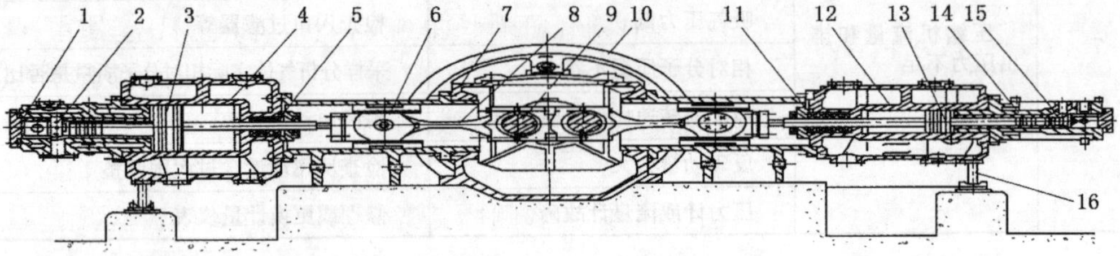

图 8-1　2D6.5-7.2/150 型压缩机

1—Ⅲ段汽缸；2—Ⅲ段组合气阀；3—Ⅰ-Ⅲ段活塞；4—Ⅰ段汽缸；5—Ⅰ段填料盒；6—十字头；7—机体；8—连杆；9—曲轴；10—V 带轮；11—Ⅱ段填料盒；12—Ⅱ段汽缸；13—Ⅱ-Ⅳ段活塞；14—Ⅳ段汽缸；15—Ⅳ组合气阀；16—球面支承

8.1.1　往复式压缩机的基本组成

往复式压缩机系统由驱动机、机体、曲轴、连杆、十字头、活塞杆、汽缸、活塞和活塞环、填料、气阀、冷却器和油水分离器等所组成。驱动机驱动曲轴旋转，通过连杆、十字头和活塞杆带动活塞进行往复运动，对气体进行压缩，出口气体离开压缩机进入冷却器后，再进入油水分离器进行分离和缓冲，然后再依次进入下一级进行多级压缩。往复式压缩机结构示意图如图 8-2。

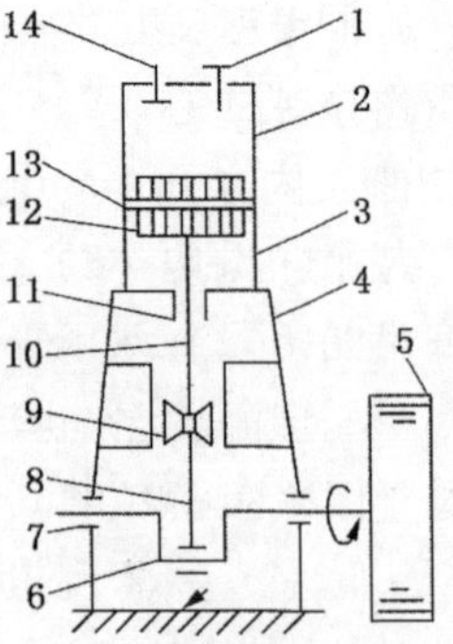

图 8-2　往复式压缩机结构示意图

1—排气阀；2—汽缸；3—平衡缸；4—机体；5—飞轮；6—曲轴；7—轴承；8—连杆；9—十字头；10—活塞杆；11—填料函；12—活塞；13—活塞环；14—进气阀

8.1.2　往复式压缩机级的理论循环

为了由浅入深地说明问题，假定压缩机没有余隙容积，没有进、排气阻力，没有热量交换等，压缩机工作时，汽缸内压力及容积变化的情况如图 8-3 所示。当活塞自点 0 向右移动至点 1 时，汽缸在压力 p_1 下等压吸进气体，0—1 为进气过程。然后活塞向左移动，自 1 绝热压缩至 2，1—2 为绝热压缩过程。最后将压力为 p_2 的气体等压排出汽缸，2—3 为排气过程。过程 0—1—2—3—0 便构成了压缩机理论循环。

活塞从止点 0 至止点 1 所走的距离 S，称为一个行程。在理论循环中，活塞一个行程所能吸进的气体，在压力 p_1 状态下其值为

$$V_1 = F_s S$$

式中　F_s——活塞面积，m^2；

　　S——活塞行程，m。

压缩机把气体自低压空间压送到高压空间需要消耗一定的功，压缩机完成一个理论循环所消耗的功为图 8-3 的 0—1—2—3—0 所围区域的面积，即进气过程中气体对活塞所作的功 $p_1 V_1$ 相当于 0—0′—1′—1—0 所围的面积；压缩过程中活塞对气体所作的功相当于 1′—1—2—2′—1′所围的面积。假定气体对活塞所作的功为负值，活塞对气体所作功为正值，则三者之和为图 8-3 中 0—1—2—3—0 所示范围区域的面积。

由于自 1 至 2 的压缩过程中，指数越小，过程曲线越平坦，因此可知过程指数越小，压缩机循环消耗的功也越小。

在压缩循环中，压缩过程中所消耗的外功将全部变成热量。在绝热压缩过程中，这些热量将全部转变为气体的内能，使气体温度升高，并全部被气体带出压缩机；在等温压缩循环中，等温压缩的功将变成热量，并通过气体全部传给了外界，气体排出压缩机时，温度没有什么改变；在多变压缩过程中，一部分热量变成气体内能被气体所带走。

如果压缩机绝热循环及多变循环中排出的气体，再通入冷却器中等压冷却至气体吸入前的原始温度，则气体内能和气体进入压缩机前相同。必须指出，在这种情况下，虽然压缩气体所消耗的外功全部变成了热量，但借助于外功的作用，使气体的体积缩小了，从而使压力得到提高。

8.1.3　往复式压缩机级的实际循环

图 8-4 是由指示器在实际机器某级上测得的压力容积变化曲线，通称级的指示图，即为压缩机的实际循环图。它与理论循环图 8-3 的区别是：有余隙容积 V_0 的存在，使高压气体不可能全部排出汽缸，在活塞改变行程后，出现了 V_0 内高压气体的膨胀线；

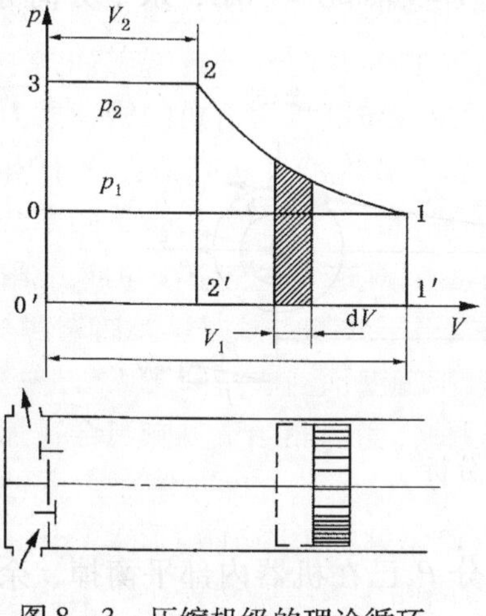

图 8-3　压缩机级的理论循环

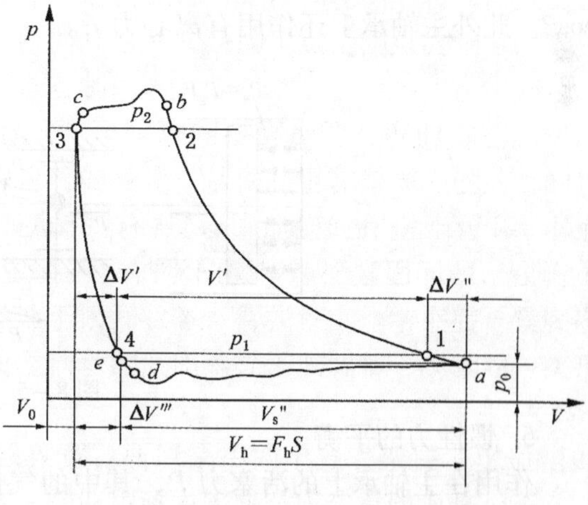

图 8-4　压缩机的实际循环

吸气及排气过程中压力均不变值，所以水平线变为波形内线；由于气阀及管道阻力损失的存在，使实际吸入压力线总低于名义吸入压力 p_1 的水平线，排气压力线则高于名义排气压力 p_2；由于气体与缸壁等有热量交换，所以压缩及膨胀过程指数是一个始终变化的数值；除此之外，还存在着气体的泄漏等。显然它影响了吸入气体量和耗功，既不像图 8-3 那样全部吸气行程都吸入气体，也不是只耗面积为 1—2—3—0—1 那么少的功。

8.1.4 往复式压缩机的受力

往复式压缩机在正常运转时，作用于运动机构上的主要有惯性力、气体压力的作用力——气体力和相对运动表面之间产生的摩擦力。

1. 惯性力

压缩机中各运动零件的运动若为不等速运动或旋转运动时，便会产生惯性力。惯性力的大小与方向决定于运动零件的质量和加速度，等于两者之乘积，其方向和加速度方向相反。

2. 气体力

汽缸内的气体压力也是随着活塞的运动，即随着曲轴转角而变化的。作用在活塞上的气体力，为活塞两侧各相应气体压力和各该活塞作用面积的乘积之差值。

3. 摩擦力

相对运动表面互相作用的摩擦力，其方向始终与运动方向相反，其大小则随曲轴转角而变化，但其规律比较复杂。

4. 作用力的分析

往复式压缩机运动件受力状况见图 8－5。曲柄处于任意的转角 α 时，气体作用力 P_g 和往复惯性力 I 合成的活塞力 P，作用在十字头销或活塞销 A 上，然后再沿着连杆传递过去。由于连杆是相对于汽缸轴线摆动的，它和汽缸轴线间摆动的夹角为 β，故传递到连杆上点 A 的作用力 $P_L = P/\cos\beta$，式中 $P = P_g + I$。同时，因为十字头是由十字头导轨导向的，也产生了一个压向十字头导轨的分力——侧向力 N，$N = P\text{tg}\beta$。连杆力 P_L 沿着连杆轴线传到曲柄销中心点 B，它对曲轴产生两个作用，一个作用是连杆力相对于曲轴中心构成一个力矩 $M_y = P_L h = Pr\dfrac{\sin(\alpha+\beta)}{\cos\beta}$；另一个作用是使曲轴的主轴颈在主轴上产生一个作用力 P_L。P_L 可以分解为水平方向和垂直方向两个分力，垂直方向分力 $N = P_L\sin\beta = P\text{tg}\beta$，水平方向分力 $P = P_L\cos\beta$。此外主轴承上还作用有离心力 I_r。

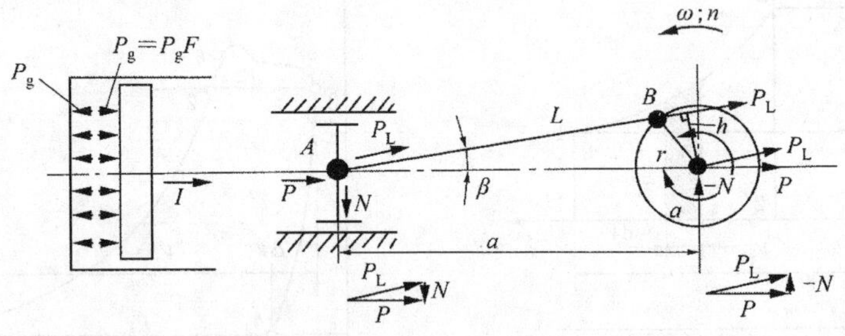

图 8－5 作用力分析

5. 惯性力的平衡

作用在主轴承上的活塞力 P，其中的气体力部分 P_g 已在机器内部平衡掉、余下的往复惯性力部分 I 却未被平衡掉，它要通过主轴承及机体传到机器外面的基础上。由于往复惯性力 I 的方向和数值随着曲轴转角周期地变化，因而能够引起机器及基础的振动。此外，还有数值不变但作用线方向随曲轴转角周期地改变的旋转惯性力 I_r 也作用在主轴承上，也会引起机器作相应的振动。过大的振动会使基础产生不均衡的沉降，影响厂房寿命，影响操作人员的健康，影响附近地区精密器械的操作，此外，振动还会无谓地消耗能量，严重时能达到压缩机总功的 5%。

采用增大基础的办法来减少振动需要增加基建费用，消耗大量的物力和人力，因此我们应尽量设法在机器内部把惯性力平衡掉。不平衡旋转质量所造成的离心力 I_r 的平衡比较简单，只要在曲柄的相反方向装上适当的平衡重量，使两者所造成的离心力互相抵消即可。往复惯性力的平衡比较复杂，在单列压缩机中，往复惯性力是无法简单地予以平衡的。但是，用加平衡重的方法，可以改变一阶惯性力的方向，使其从沿着汽缸轴线的方向转移到汽缸轴线垂直的方向，原来的二阶往复惯性力 I_2 则仍保持原状。在单列的卧式压缩机中，我们经常利用上述方法，将水平方向的一阶往复惯性力 I_1 的 30% ~50% 转移至垂直方向，以期减轻水平方向上机器的振动。在多列压缩机中，可以使往复惯性力在机器内部彼此间得到部分的或全部的平衡。平衡方法的原则：一种是利用惯性力本身的特点，使各列的曲轴错角合理地配置，使惯性力互相抵消；另一种是在同一曲拐上配置几列，各列轴线间夹角合理地配置，使各列惯性力的合力为某一不变的数值，且始终作用在曲柄方向。这样，就可以利用加平衡重的办法来平衡它。

8.2　往复式压缩机的分类

1. 按排气压力分类

(1) 低压压缩机　0.2 ~0.98MPa；

(2) 中压压缩机　0.98 ~9.8MPa；

(3) 高压压缩机　9.8 ~98.0MPa；

(4) 超高压压缩机　>98.0MPa。

2. 按排气量分类

(1) 微型压缩机　$<1m^3/min$；

(2) 小型压缩机　$1 \sim 10m^3/min$；

(3) 中型压缩机　$10 \sim 60m^3/min$；

(4) 大型压缩机　$>60m^3/min$。

3. 按汽缸中心线的相对位置分类(图 8 -6)

(1) 立式　汽缸中心线与地面垂直；

(2) 卧式　汽缸中心线与地面平行,其中包括一般卧式、对置式和对动式(对置平衡式)；

(3) 角度式　汽缸中心线彼此成一定角度，其中包括 L 形、V 形、W 形、扇形和星形等。

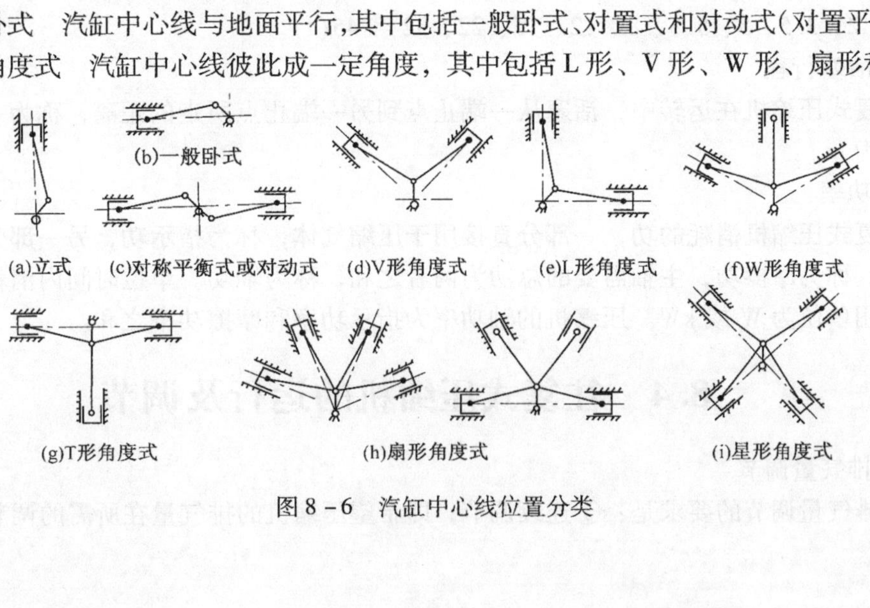

图 8 -6　汽缸中心线位置分类

4. 按曲柄连杆机构分类

可分为有十字头压缩机和无十字头压缩机。

5. 按活塞在汽缸内作用情况分类

(1) 单作用式　汽缸内仅一端进行压缩循环;

(2) 双作用式　汽缸内两端都进行同一级次的压缩循环;

(3) 级差式　汽缸内一端或两端进行两个或两个以上不同级次的压缩循环。

6. 按压缩机级数分类

(1) 单级压缩机　气体经一级压缩达到终压;

(2) 两级压缩机　气体经两级压缩达到终压;

(3) 多级压缩机　气体经三级以上压缩达到终压。

8.3　往复式压缩机的技术参数

1. 排气量

往复式压缩机的排气量,通常是指单位时间内压缩机最后一级排出的气体,换算到第一级进口状态的压力和温度时的气体容积值,排气量常用的单位为 m^3/min 或 m^3/h。

压缩机的额定排气量(压缩机铭牌上标注的排气量),是指特定的进口状态时的排气量。

2. 排气压力

往复式压缩机的排气压力通常是指最终排出压缩机的气体压力,排气压力应在压缩机末级排气接管处测量,常用单位为 MPa。

一台压缩机的排气压力并非固定,压缩机铭牌上标注的排气压力是指额定排气压力,实际上,压缩机可在额定排气压力以下的任意压力下工作,并且只要强度和排气温度等允许,也可超过额定排气压力工作。

3. 转速

往复式压缩机曲轴的转速,常用 r/min 表示,它是表示往复式压缩机的主要结构参数。

4. 活塞力

活塞力为曲轴处于任意的转角时,气体力和往复惯性力的合力,它作用于活塞杆或活塞销上。活塞力已成为压缩机系列化、规格化的一个主要参数,常用单位为 t。我国推荐的系列为 1、2、3.5、5、5.5、8、12、15、22、32 和 45(t)。

5. 活塞行程

往复式压缩机在运转中,活塞从一端止点到另一端止点所走的距离,称为一个行程,常用单位为 m。

6. 功率

往复式压缩机消耗的功,一部分直接用于压缩气体,称为指示功,另一部分用于克服机械摩擦,称为摩擦功,主轴需要的总功为两者之和,称为轴功。单位时间内消耗的功称为功率,常用单位为 W 或 kW。压缩机的轴功率为指示功率和摩擦功率之和。

8.4　往复式压缩机的运行及调节

1. 排气量调节

对排气量调节的要求是:①连续调节,即希望压缩机的排气量在所需的调节范围内连续地改变，使排气量随时与耗气量相等，而通过压缩机排气和不排气进行的调节称为间断调节；②调节方法经济性好，即调节时，单位排气量功耗要少；③调节系统结构简单、安全可靠、操作维修方便。

排气量调节的方法：

(1) 转速调节　转速调节分连续和间断调节两种。

(2) 管路调节　管路调节包括切断吸气调节、节流吸气调节和回流调节。

(3) 顶开吸气阀调节　顶开吸气阀调节有全行程和部分行程顶开吸气阀调节之分。

① 全行程顶开吸气阀调节　调节时，借助完全顶开吸气阀调节装置(图 8－7)的压叉 2 使吸气阀片在压缩机循环的全部行程中始终处于开启状态，机器空转，排气量为零，从而获得排气量的调节。图 8－8 为全行程顶开吸气阀调节的示功图，由图可见，调节工况耗功很小。

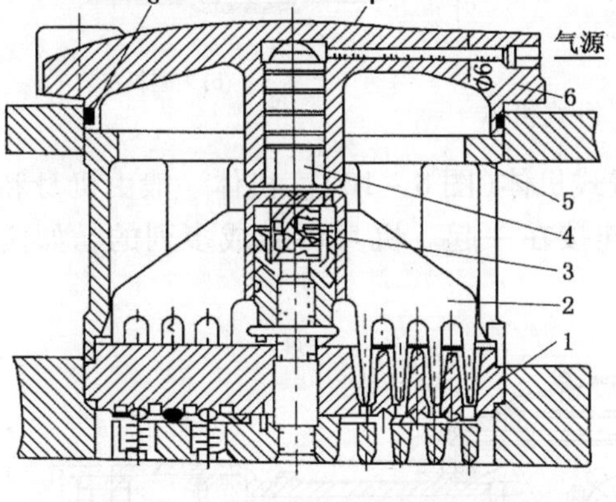

图 8－7　全行程顶开吸气阀的装置

1—升程挡板；2—压叉；3—弹簧；4—顶杆；
5—压阀罩；6—阀盖；7—小活塞；8—密封圈

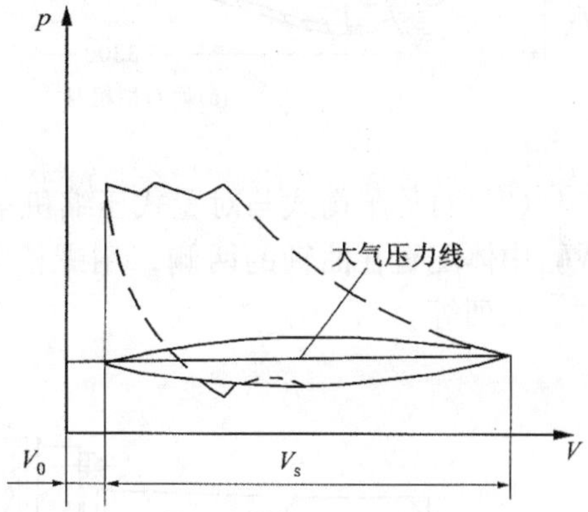

图 8－8　全行程顶开吸气阀示功图

调节器的工作原理：当压缩机正常工作时，由于弹簧 3 的弹力作用，调节器的压叉 2 及小活塞 7 被向上顶起，压叉下面与阀片不接触。当系统的用气量减少，储气罐内的气体压力升高到某一定值时，此气体压力经阀盖 6 上的气道传至小活塞 7 的上面，迫使小活塞推着压叉下降顶开阀片，压缩机停止供气。

这种调节方法的特点是设备简单,顶开吸气阀时,功耗极小,故广泛用于压缩机的气量调节。

② 部分行程顶开吸气阀调节　这种调节方法是在压缩机循环的部分行程将吸气阀打开，当活塞运行到某预定位置时，吸气阀又关闭，在剩余行程中气体完成正常的压缩与排气。根据吸气阀顶开时间的长短，可以得到不同的排气量。

(4) 辅助容积调节　每台压缩机都有固定的余隙容积。辅助容积调节就是再增设一辅助余隙容积，调节时把补充余隙容积与原固定余隙容积接通，使余隙容积增大，吸气量降低，达到排气量调节的目的。

8.5　往复式压缩机的结构特点和主要部件

8.5.1　机体

根据压缩机不同的结构型式,机体可分为卧式机体、对置式机体、立式机体和角度式机体。

（1）立式压缩机采用立式机体，一般由三部分组成：在曲轴以下的部分称为机座（无十字头的立式压缩机的机座习惯称曲轴箱），机座上有主轴承座孔；在机座以上，中体以下的部分称为机身；位于机身与汽缸间的部分，称为中体。对于中、小型的立式机体，为了简化结构，常把机身与中体铸在一起。对于微型无十字头的立式压缩机，机体常铸成一体。中体、机身、机座铸成一体的机体统称为曲轴箱。

（2）卧式压缩机采用卧式机体，由机身与中体组成，常铸成整体的。卧式机体分为刺刀型机身与叉型机身（图 8－9）。

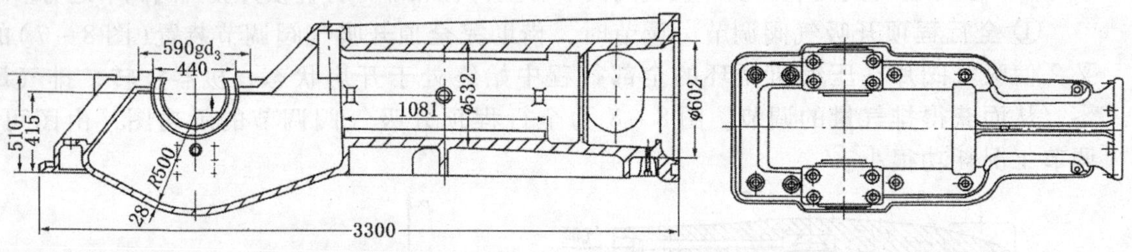

(a)刺刀型机身　　(b)叉型机身

图 8－9　卧式机体

（3）对称平衡式与对置式压缩机采用对置式机体（图 8－10）。机体一般由机身和中体组成，中体配置在曲轴的两侧，用螺栓与机身连接在一起。机身可做成多列的，如两列、四列、六列等。

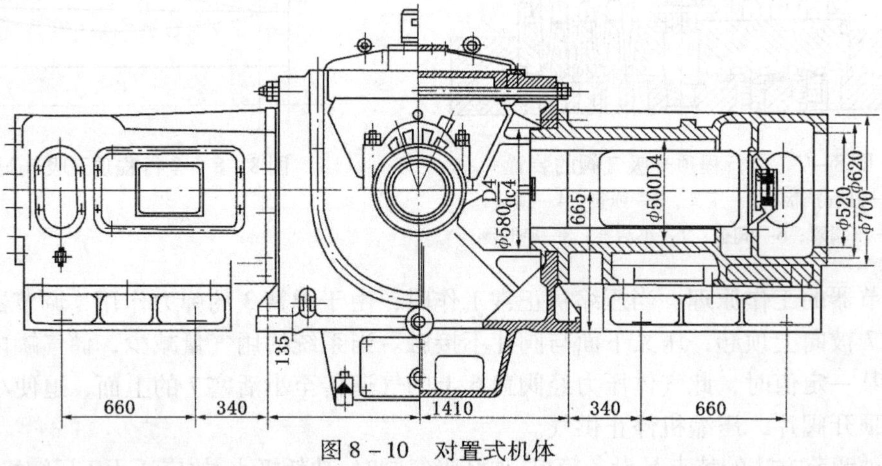

图 8－10　对置式机体

机身为上端开口的匣式结构，具有较高的刚性。机身下部的容积可以储存润滑油，存油量的多少，按照润滑系统设计的要求而定。如果要求箱体容积能储存全部润滑油，则机身下部的容积必须按能储存 5～8min 油泵油量进行设计。另外应该考虑传动机构不应触及最高油面。主轴承安置在与汽缸中心线平行的板壁上，板壁上布置有筋条，机身顶部装有呼吸孔或呼吸器，使机身内部与大气相通，降低油温和机身内部压力，不使油从连接面处挤出来。

（4）角式压缩机采用 L 型（图 8－11）、V 型、W 型、扇型等机体。L 型压缩机，传动机构多为有十字头结构；V 型、W 型与扇型压缩机，传动机构多为无十字头结构，机体也多采用曲轴箱型式。机体的主轴承都采用滚动轴承。

8.5.2　曲轴

往复式压缩机曲轴有两类：一种是曲柄轴（开式曲轴），一种是曲拐轴（闭式曲轴）。曲柄轴大多用于旧式单列或双列卧式压缩机，这种结构现在已很少使用。曲拐轴的结构如图

8－12 所示，现在大多数压缩机都采用这种结构。

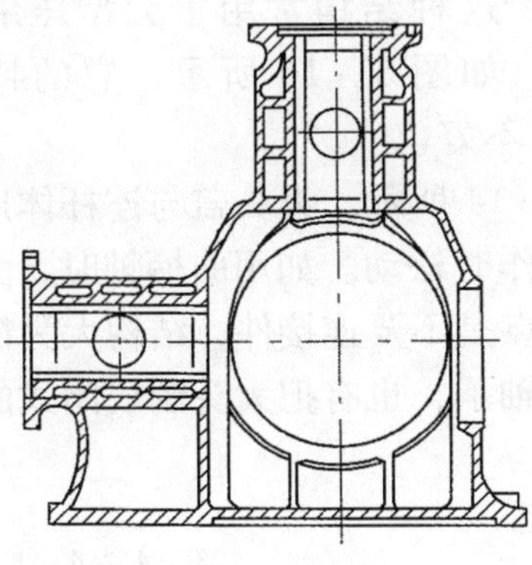

图 8－11　L 型机身

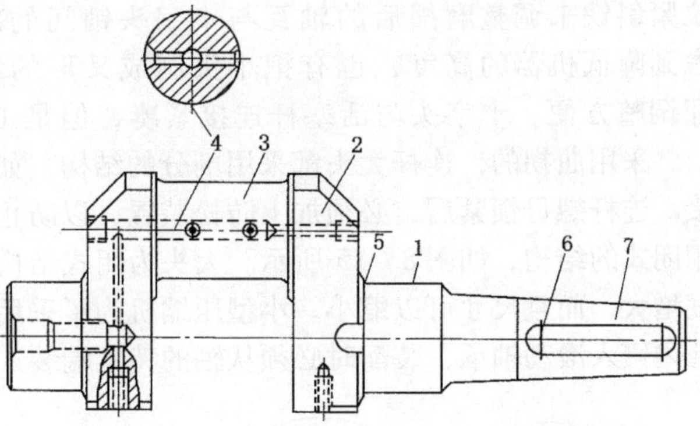

图 8－12　曲拐轴

1—主轴颈；2—曲柄(曲臂)；3—曲拐颈(曲柄销)；4—通油孔；5—过渡圆角；6—键槽；7—轴端

曲拐轴由以下部分组成：

(1) 主轴颈　主轴颈装在主轴承中，它是曲轴支承在机体轴承座上的支点，每个曲轴至少有两个主轴颈。对于曲拐的曲轴，为了减少由于曲轴自重而产生的变形，常在当中再加上一个或多个主轴颈，这种结构使曲轴长度增加。

(2) 曲柄销　曲柄销装在连杆大头轴承中,由它带动连杆大头旋转,为曲轴和连杆的连接部分。因此,又把它称为连杆轴颈。

(3) 曲柄　也叫做曲臂，它是连接曲柄销与主轴颈或连接两个相邻曲柄销的部分。

(4) 轴身　曲轴除曲柄、曲柄销、主轴颈这三部分之外，其余部分称轴身。它主要用来装配曲轴上其他零件、部件如齿轮油泵等(一般装在轴端，轴端设计成 1∶10 的锥度或设计成圆柱形，或带有法兰等)。

曲轴可以做成整体的，也可以做成半组合和组合式的。现在，大多数压缩机均采用整体式曲轴。

近年来，大多数压缩机的曲轴常常被做成空心结构，这种空心结构的曲轴非但不影响曲轴的强度，反而能提高其抗疲劳强度，降低有害的惯性力，减轻其无用的重量。实践证明，空心曲轴比实心曲轴抗疲劳强度约提高 50%。

此外，为了抵消曲轴不平衡质量所引起的回转惯性力，曲柄下端通常配有平衡重。如图 8－13 所示。

8.5.3　连杆及连杆螺栓

1. 连杆的基本结构型式

连杆是将作用在活塞上的推力传递给曲轴，又将曲轴的旋转运动转换为活塞往复运动的机件。

连杆包括杆体、大头、小头三部分，如图 8－14 所示。杆体截面有圆形、环形、矩形、工字形等。圆形截面的杆体机械加工最方便，但在同样强度时，具有较大的运动质量，适用于低速、大型以及小批生产的压缩机；工字形截面的杆体在同样强度时，具有较小的运动质量，但其毛坯必须模锻或铸造，适用于高速及大批量生产的压缩机。

对于小头的结构，近年来由于小头轴承都用整体的磷青铜轴套，使连杆小头的结构大为简化。有时希望小头轴瓦磨损后能够调整，常采用图 8－15 所示的结构，靠螺钉拉紧斜铁来调整磨损后的轴瓦与十字头销间的间隙，这种结构常用于大型压缩机。考虑到降低机器的高度，也有把小头制成叉形的结构，如图 8－16 所示，它的特点是装配调整方便，十字头与活塞杆连接紧凑，但是工艺性不好。

采用曲拐的，连杆大头都采用剖分的结构，如图 8－14 所示。大头盖与连杆体用螺栓连接。连杆螺母锁紧后，必须加上防松装置，以防止在工作时松动。如用曲柄轴时，大头常采用闭式的结构，如图 8－15 所示。大头为闭式结构的特点是不要连接件，结构大为简化，强度增大，而且尺寸可以缩小。小型压缩机为了采用滚动轴承，也有把大头制成闭式的。大头孔内镶入滚动轴承，装配时必须从轴的特定端装入。

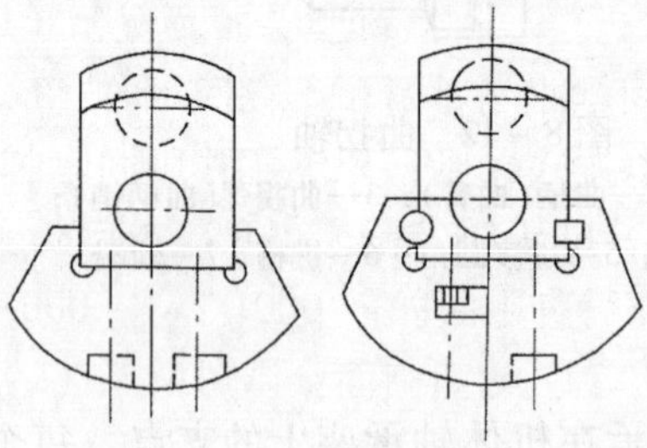

图 8－13　曲轴的平衡重

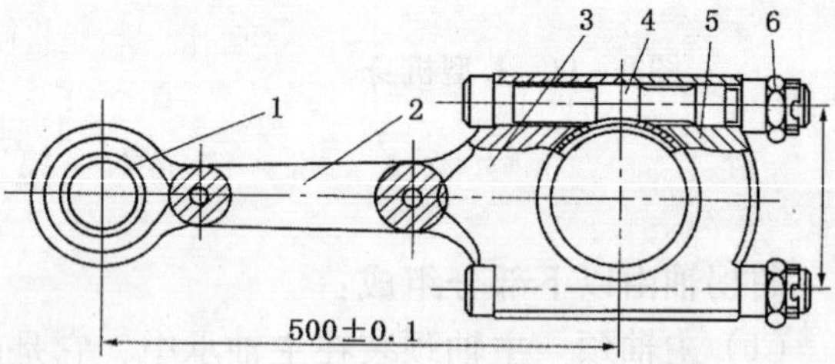

图 8－14　连杆

1—连杆小头；2—杆体；3—连杆大头；
4—连杆螺栓；5—大头盖；6—连杆螺母

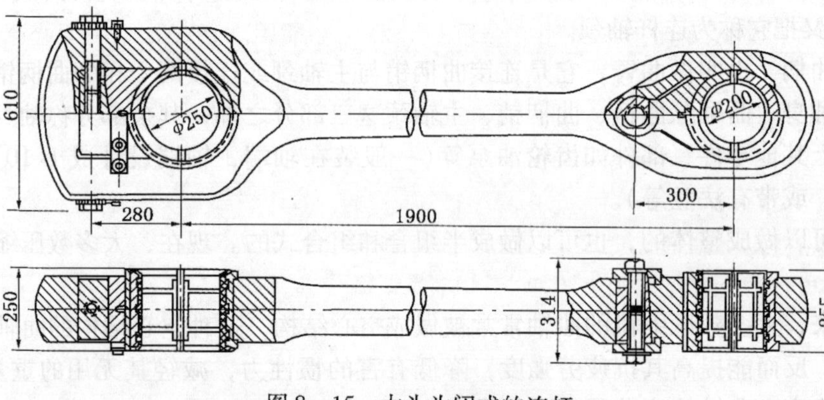

图 8－15　大头为闭式的连杆

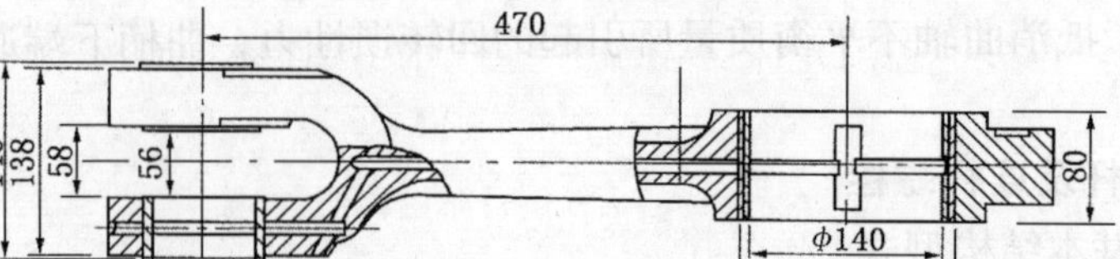

图 8－16　小头为叉形的连杆

有些压缩机的连杆从材料合理利用的角度出发，常把大小头的外形制成偏心圆，这种形状适于铸造的连杆。微型压缩机的连杆在材料为锻铝或球墨铸铁时，通常不用大小头轴瓦，直接在连杆大小头孔内制出油槽，而连杆大头顶端锻有打油杆，可实现飞溅润滑。还有连杆的小头是球形的，便于活塞自动调心，也消除了从活塞销漏气的机会，大头则制成三部分，借垫片来调整汽缸的余隙。

也有带副连杆的连杆，一般用于角度式压缩机，使机器紧凑，两列汽缸能在同一平面上。

2. 连杆螺栓

连杆螺栓是连杆上非常重要的零件。影响连杆螺栓强度的重要因素有结构、尺寸、材料以及工艺过程。

通常连杆螺栓的断裂是由应力集中的部位上材料的疲劳而造成的。图 8 - 17 表示连杆螺栓各结构尺寸之间的关系。

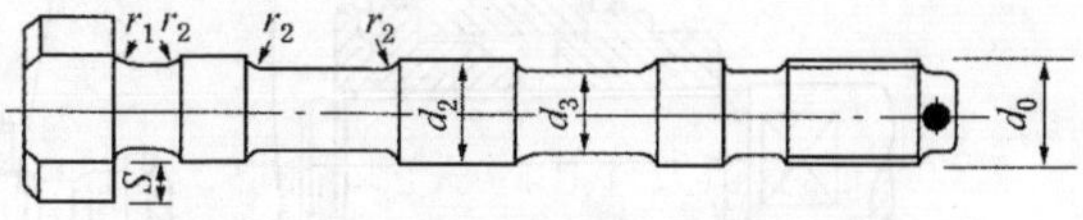

图 8 - 17　连杆螺栓各尺寸的关系

d_0—螺纹外径；d_1—螺纹内径；

$d_2 = d_0 + (0.1 \sim 0.2)$；$d_3 = (0.90 \sim 0.92)d_1$；

$r_1 = (0.15 \sim 0.20)d_1$；$r_2 = 0.5d_1$；$S = 0.5 \sim 3.0\text{mm}$

8.5.4　十字头及十字头销

1. 十字头的基本结构型式

十字头是连接作摇摆运动的连杆与作往复运动的活塞杆的机件，具有导向作用。十字头按连接连杆的型式分为开式和闭式两种。

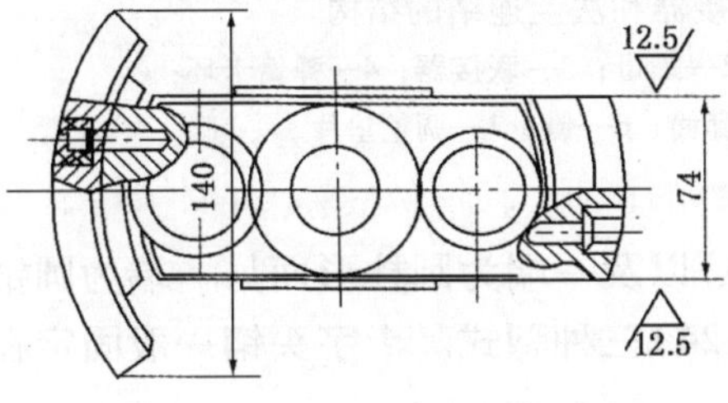

图 8 - 18　连杆叉形头在十字头体外的开式十字头

开式结构的连杆小头处于十字头体外，如图 8 - 18 所示。叉形连杆的两叉放在十字头体的两侧，故叉形部分较宽，连杆重量较大。开式十字头制造比较复杂，只在少数立式或 V 型压缩机中为降低高度而采用。闭式十字头（图 8 - 19）中连杆放在十字头体内。也有叉形放在十字头体内和活塞杆一道用十字头销连接的，所以活塞杆与十字头连接部分必须做成吊环形。闭式结构的十字头刚性较好，与连杆和活塞杆的连接较为简单，所以得到广泛应用。

十字头按十字体与滑履的连接方式可分为整体式与分开式两种。对于小型压缩机的十字头常做成整体的，近年来在高速大型压缩机上为了减轻运动部件的重量，也有采用在滑履上镶有巴氏合金的整体十字头。对于一般的大、中型压缩机的十字头则常采用十字头体与滑履分开的结构（图 8 - 19），以利调整。整体十字头的优点是结构轻巧，制造方便；其缺点是磨损后，十字头与活塞杆的同轴度公差增大，不能调整。而分开式的特点恰与整体式相反，特别适用于大型压缩机。

十字头与活塞杆连接形式又分为螺纹连接、联接器连接、法兰连接和楔连接四种。螺纹连接结构简单，重量轻，使用可靠，但每次检修后要重新调整汽缸与活塞的余隙容积。图 8 - 20 所示是目前常采用的螺纹连接形式。它大都采用双螺母并拧紧后，用防松装置锁紧。有些结构具有调整垫片，在每次检修后，不必调整汽缸余隙容积，弥补了螺纹连接的缺点。

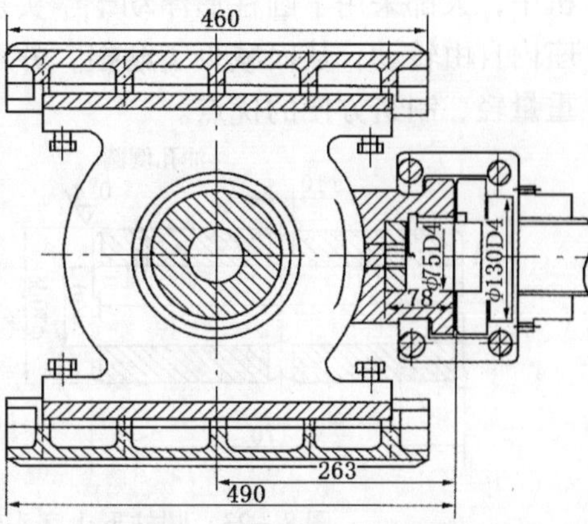

图 8 - 19　闭式十字头

图 8 - 21（a）所示为联接器连接结构，图 8 - 21（b）所示为法兰连接结构。这两种结构使用可靠，调整方便，使活塞杆与十字头容易对中，不受螺纹中心线与活塞杆中心线偏移的影响，而直接由两者的圆柱面的配合公差来保证。其缺点是结构笨重，故多用在大型压缩机上。

还有一种是楔连接的结构。其特点是结构简单，可以利用楔（用比活塞杆软的材料，如

20 号钢制作）容易变形的特点，把楔作为整个运动系统的安全销使用，防止过载时损坏其他机件。它的缺点是不能调整汽缸余隙容积，故常用于小型压缩机上。

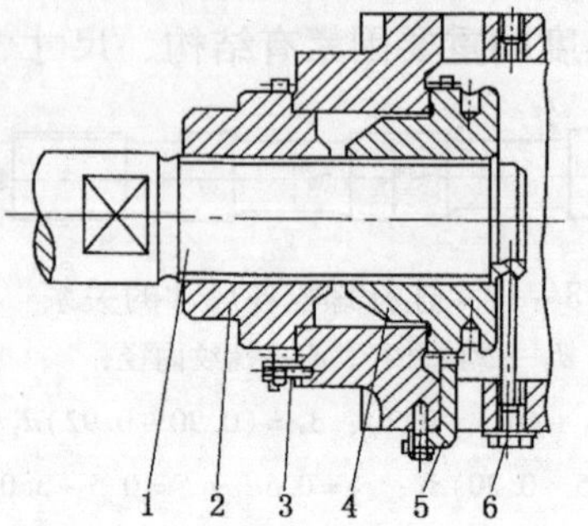

图 8－20　十字头与活塞杆用螺纹连接的结构

1—活塞杆；2—螺母；3—防松齿形板；4—螺母；5—防松齿形板；6—防松螺钉

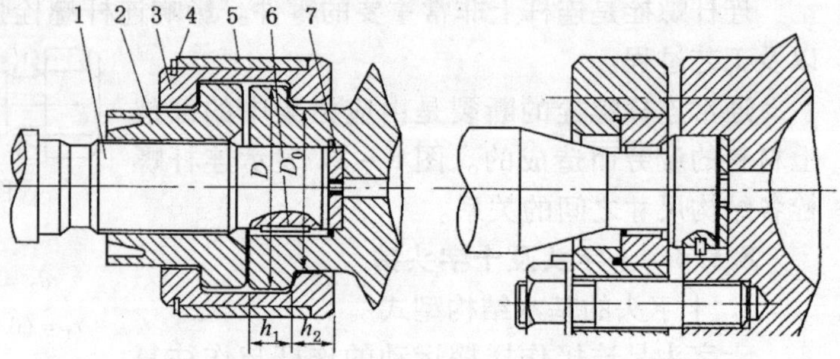

图 8－21　十字头与活塞杆用联接器和法兰连结的结构

1—活塞杆；2—螺母；3—联接器；4—弹簧卡环；5—套筒；6—键；7—调整垫片

2. 十字头销

十字头销有圆锥形（图 8－22）、圆柱形（图 8－23）以及一端为圆柱形而另一端为圆锥形（图 8－24）三种型式。十字头销一般固定在十字头上。

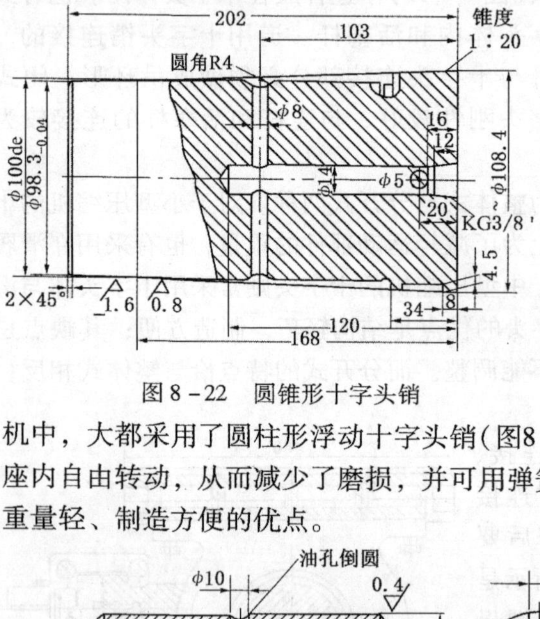

图 8－22　圆锥形十字头销

圆锥形销用于活塞力大于 5.5×10^4N 的压缩机上，锥度取 1/10～1/20。锥度大，装拆方便，但过大的锥度将使十字头销孔座增大，以致削弱十字头体的强度。锥面上的键主要是防止销上径向油孔的移位而起定位作用，其次也可防止十字头销在孔座内的转动。借助于螺钉可使锥面贴紧。

近年来，在活塞力小于 5.5×10^4N 的压缩机中，大都采用了圆柱形浮动十字头销（图8－23）。浮动销可以在连杆小头孔与十字头销孔座内自由转动，从而减少了磨损，并可用弹簧卡圈扣在孔座的凹槽内进行轴向定位。它具有重量轻、制造方便的优点。

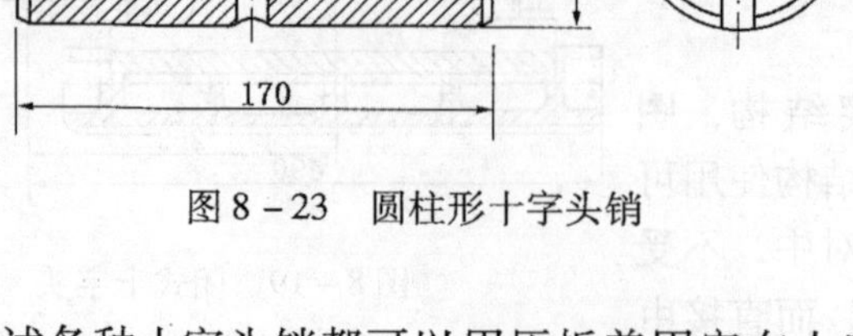

图 8－23　圆柱形十字头销

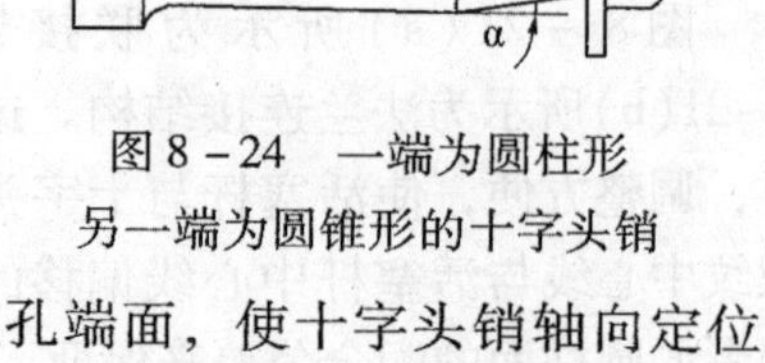

图 8－24　一端为圆柱形另一端为圆锥形的十字头销

上述各种十字头销都可以用压板盖固定在十字头座孔端面，使十字头销轴向定位。图 8－25为十字头、活塞杆、连杆组装图。

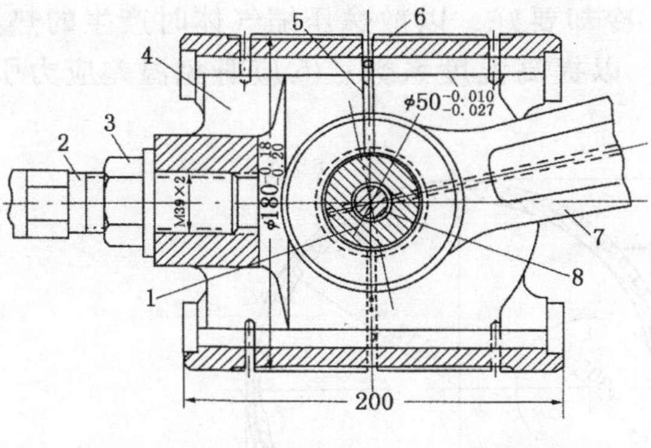

图 8-25 L 型压缩机十字头的组装图

1—十字头销；2—活塞杆；3—螺帽；4—十字头体；5—油孔；6—连杆；8—螺栓

8.5.5 轴承

压缩机常用的轴承有滚动轴承和滑动轴承两大类。滚动轴承使用、维护方便，机械效率较高，结构虽然复杂，但由专业厂制造，价格并不很贵，而且通用化、标准化程度很高。滑动轴承的结构简单紧凑，制造方便，精度高，振动小，安装方便。一般中、小型压缩机适宜采用滚动轴承，大型压缩机及多支承的压缩机普遍用滑动轴承。

（1）滚动轴承　滚动轴承在各种机器中应用很普遍，相关内容参阅第六章。

（2）滑动轴承　滑动轴承的轴瓦大都制成可分的。立式压缩机主轴轴承的轴瓦一般分为两半（图 8-26）；卧式压缩机（刺刀形或叉形机身）主轴承的轴瓦常分为四瓣（图 8-27）；对称平衡型压缩机中，曲轴轴承在水平方向所受的载荷不大，与立式压缩机一样，轴瓦由水平剖分的两部分组成。连杆大头轴瓦都采用两半的。

滑动轴承按壁厚的不同，可分为厚壁瓦（图 8-26）和薄壁瓦（图 8-28）。当壁厚 t 与轴瓦内径 d 之比，$t/d \leqslant 0.05$ 时为薄壁瓦，其合金层厚度 t_1 一般为 0.3 ~ 1.0mm；当 $t/d > 0.05$ 时为厚壁瓦，合金层 $t_1 = 0.01d + (1 \sim 2)$ mm。厚壁瓦一般都带有垫片，轴承磨损后可以进行调整；薄壁瓦一般都不带垫片，轴承磨损后不能调整。但薄壁瓦贴合面积大，导热性能好，承载能力大，因此目前趋向于使用薄壁瓦轴承。

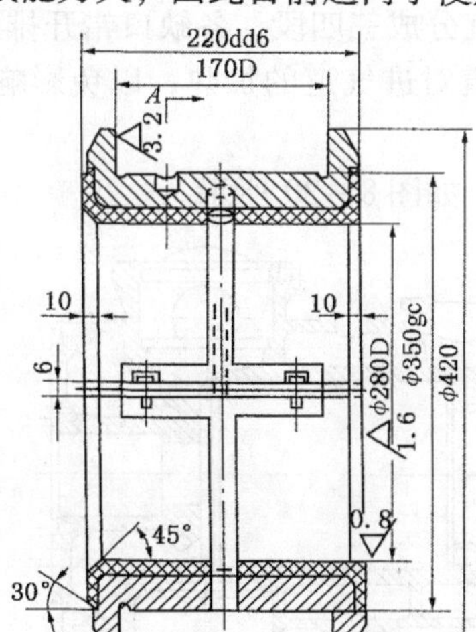

图 8-26　由两半组成的轴瓦

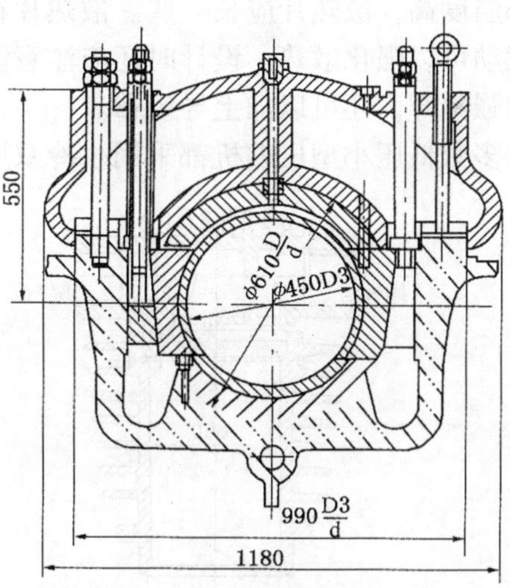

图 8-27　由四瓣组成的轴瓦

8.5.6 汽缸

1. 汽缸的作用及性能要求

汽缸是构成工作容积实现气体压缩的主要部件。在汽缸设计时，除了考虑强度、刚度与制造外，还应注意以下几个问题：①汽缸的密封性、汽缸内壁面（又称汽缸镜面）耐磨性以及汽缸、填料的润滑性能要好；②通流面积要大，弯道要少，以减少流动损失；③余隙容积要小，以提高容积系数；④冷却要好，以散逸压缩气体时产生的热量；⑤进排气阀的阀腔应被冷却介质分别包围，以提高温度系数；⑥应避免温差应力引起的开裂等。

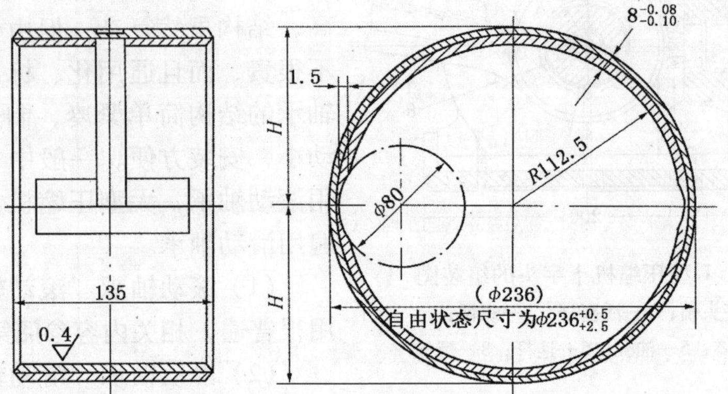

图 8-28　薄壁轴瓦

2. 汽缸的结构形式

按冷却方式分，有风冷汽缸与水冷汽缸；按活塞在汽缸中的作用方式分，有单作用、双作用及级差式汽缸；按汽缸的排气压力分，有低压、中压、高压、超高压汽缸等。

（1）低压微型、小型汽缸　排气压力小于 0.8MPa，排气量小于 $1m^3/min$ 的汽缸为低压微型汽缸，多为风冷式移动式空气压缩机采用；排气压力小于 0.8MPa，排气量小于 $10m^3/min$ 的汽缸为低压小型汽缸，有风冷、水冷两种。

微型风冷式汽缸结构如图 8-29 所示。为强化散热，它在缸体与缸盖上设有散热片，汽缸上部温度高，散热片应长一些。散热片在一圈内宜分成三四段，各缺口错开排列，缺口气流的扰动可以强化散热。设计时还应注意防止排气道对进气道的加热，以免影响温度系数。为了增强冷却，还可以加上导风罩。

大多数低压小型压缩机都采用水冷双层壁汽缸，如图 8-30 所示。

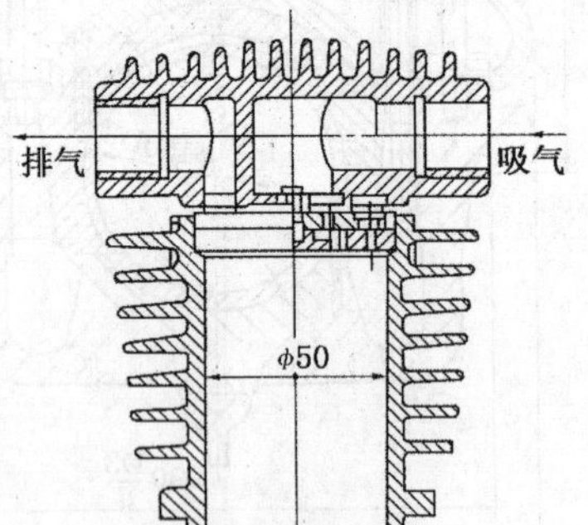

图 8-29　风冷式汽缸

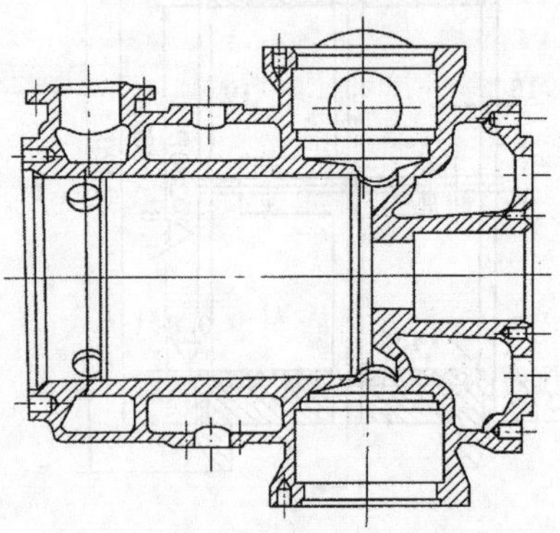

图 8-30　双层壁汽缸

（2）低压中、大型汽缸　低压中、大型汽缸多为双层壁或三层壁汽缸，图 8-31 则为一个水冷三层壁双作用铸铁汽缸，内层为汽缸工作容积，中间为冷却水通道，外层为气体通道，它中间隔开分为吸气与排气两部分，冷却水将吸气与排气阀隔开，可以防止吸入气体被排出气体加热，填料函四周也设有水腔，改善了工作条件。

由于金属向水散热远高于向空气散热，所以它不但克服了上述问题，而且仍能起到防止吸入气体被排出气体加热的作用。

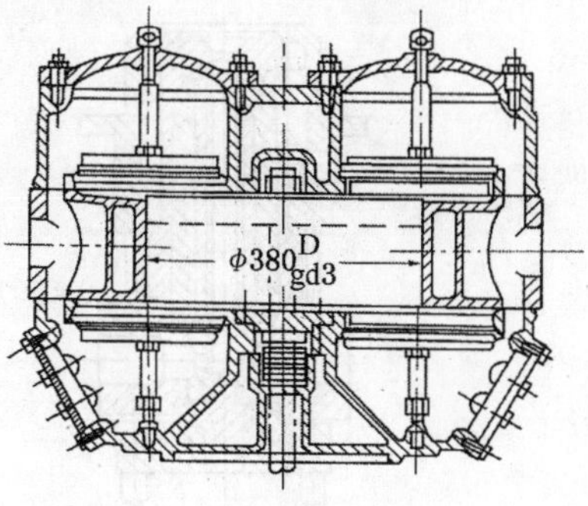

图 8－31　短行程三层壁汽缸

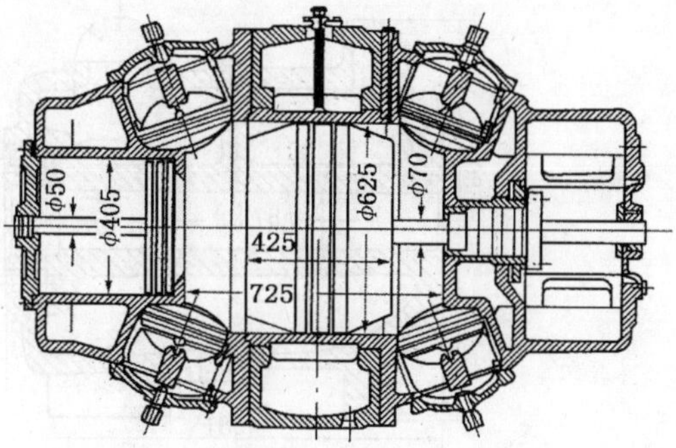

图 8－32　低压大型水冷双作用汽缸

图 8－32 为 4M12－45/210 二氧化碳气压缩机的第一级低压铸铁水冷汽缸，属大型汽缸，从制造工艺上考虑，汽缸分成了三部分：环形的汽缸体、锥形的汽缸盖和锥形的缸座。汽缸中央有注油接管，缸座上设有填料函，左缸盖上设有一个 $\phi450$ 的补充余隙容积，用来调节排气量。

（3）级差式汽缸　图 8－33 为分体的级差式汽缸，左端为Ⅴ级缸，因为压力高，从强度考虑采用锻钢制作，气阀通道由若干小孔组成。中间是平衡容积，右端为Ⅳ级缸，压力较低，由铸钢制成，气阀通道为大圆孔。由于铸钢的铸造工艺性差，所以形状力求简单，水套用钢板围成。

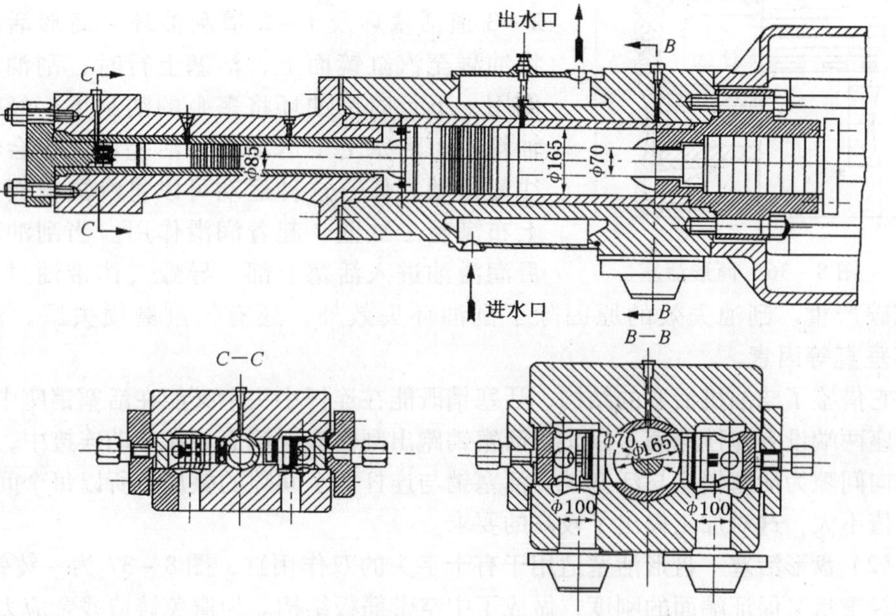

图 8－33　级差式汽缸

（4）高压和超高压汽缸　工作压力为 10～100MPa 的汽缸为高压汽缸，它们可用稀土合金球墨铸铁、铸钢或锻钢制造，图 8－34 为稀土球墨铸铁汽缸。工作压力大于 100MPa 的汽缸为超高压汽缸，设计时主要应考虑强度与安全，汽缸壁采用多层组合圆筒结构，如图 8－35所示。超高压汽缸常沿汽缸中心线布置组合阀，以避免在汽缸上承受脉动工作压力的区域上做径向钻孔。

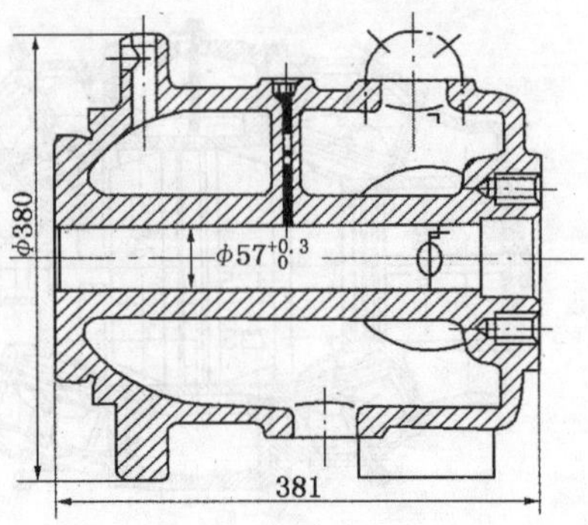

图 8－34　工作压力为 32MPa 的稀土合金球墨铸铁汽缸

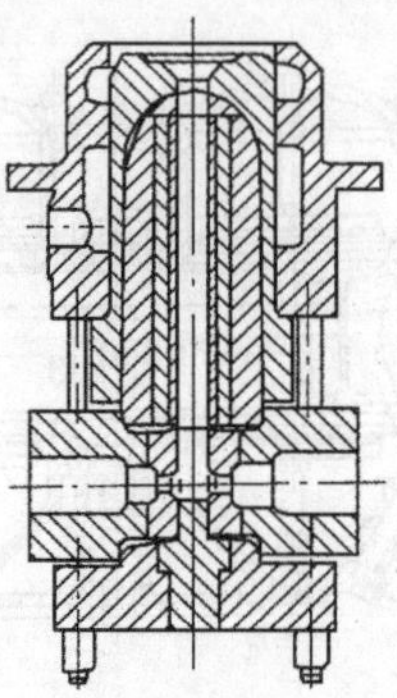

图 8－35　工作压力达 220MPa 的超高压汽缸

8.5.7　活塞与活塞杆

活塞的作用是与汽缸一起构成压缩容积。对活塞的要求是在保证强度、刚度及连接和定位可靠的条件下，选密封性好、摩擦小、重量轻的活塞。

1. 活塞

（1）筒形活塞　筒形活塞用于无十字头的单作用低压压缩机中，结构如图 8－36 所示。其下部为裙部，它与汽缸紧贴，起承受连杆侧压力及为活塞导向的作用。活塞的上部为环部，一般设置有 2～3 道活塞环及 1～2 道刮油环。筒形活塞靠飞溅润滑将油溅至汽缸镜面上，活塞上行时，刮油环起着布油的作用，下行时刮油环将多余的油刮下，经回油孔流回曲轴箱中。活塞上下运动时，活塞环一般会相对于环槽作往复运动，依靠这种运动可以将汽缸镜面上的油由下向上布满整个缸壁，起着润滑作用。当刮油环失效时，大量润滑油进入活塞上部，导致气体带油过多，汽缸、气阀积碳严重。刮油失效的原因除了刮油环失效外，还有汽缸磨损失圆、汽缸轴线与曲轴不垂直等因素。

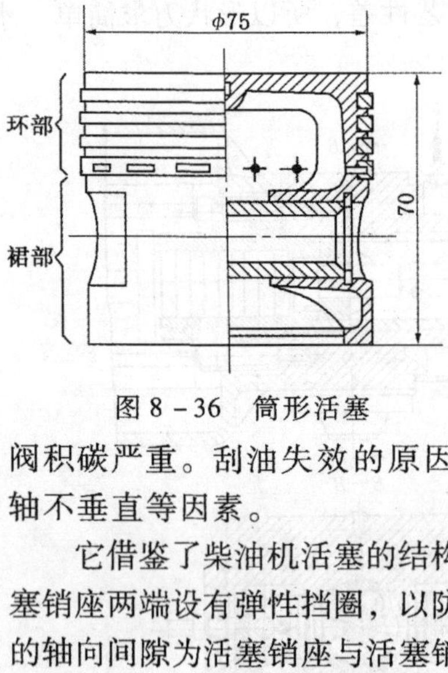

图 8－36　筒形活塞

它借鉴了柴油机活塞的结构，活塞销既能在连杆小头中又能在活塞销座中自由转动，活塞销座两端设有弹性挡圈，以防止活塞销跑出刮伤汽缸镜面。在浮动连接中，活塞与连杆间的轴向间隙为活塞销座与活塞销、活塞销与连杆两个间隙的叠加，所以每个间隙必须很小而且差值不大，这对加工提出了较高的要求。

（2）盘形活塞　盘形活塞适用于有十字头的双作用缸，图 8－37 为一铸铁的盘形活塞，为减轻重量又保证端面的刚度，做成了中空带筋板结构。为避免铸造残余应力和缩孔，以防止工作中因受热而造成不规则的变形，铸铁活塞的筋最好不要与外缘及毂部连接。活塞端部设有清砂孔，在清除内部砂芯并经水压试验后，用螺栓封死车平。

直径较大的活塞可用钢板焊制，其筋板不仅与端面而且也与毂部焊接，以保证足够的强度，如图 8－38 所示。卧式缸盘形活塞的下部承受了活塞组的重量，为减少摩擦与磨损，可用轴承合金制造承压面，直径大时，只浇铸在90°～120°的范围内，如图 8－38所示，直径不大时，可浇铸成整圈的。承压环应与汽缸紧贴，它的边缘应开有坡口，以利润滑油楔入，在环面上可开环槽，以利形成油膜。

无油润滑压缩机中，无论卧式、立式缸都设有用塑料制的承压环(对立式缸又叫导向环)。

直径1m以上的活塞可采用贯穿活塞杆和端部滑块结构，活塞杆的两端都穿出汽缸，都有填料函，活塞悬挂在活塞杆上，与汽缸四周间隙均匀，密封好，磨损小，但增加了端部填料函，结构要复杂些。

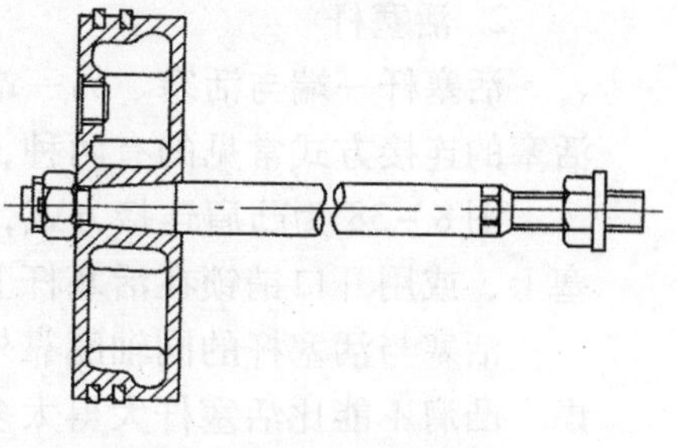

图8－37　铸铁盘形活塞

(3) 级差式活塞　级差式活塞为两个以上不同直径活塞的组合，用于级差式汽缸中，如图8－39所示，其低压级下部有承压面，高压级活塞用球型关节与低压级活塞相连，高压级相对于低压级既可作径向移动又可作转动，使小活塞可以沿汽缸表面自由定位。当承压面磨损后，大活塞会相对球型关节自由落下，避免了大活塞压在小活塞上的情形。小活塞刚性小易弯曲，为了防止它与汽缸摩擦，其直径应比汽缸小0.8～1.5mm。

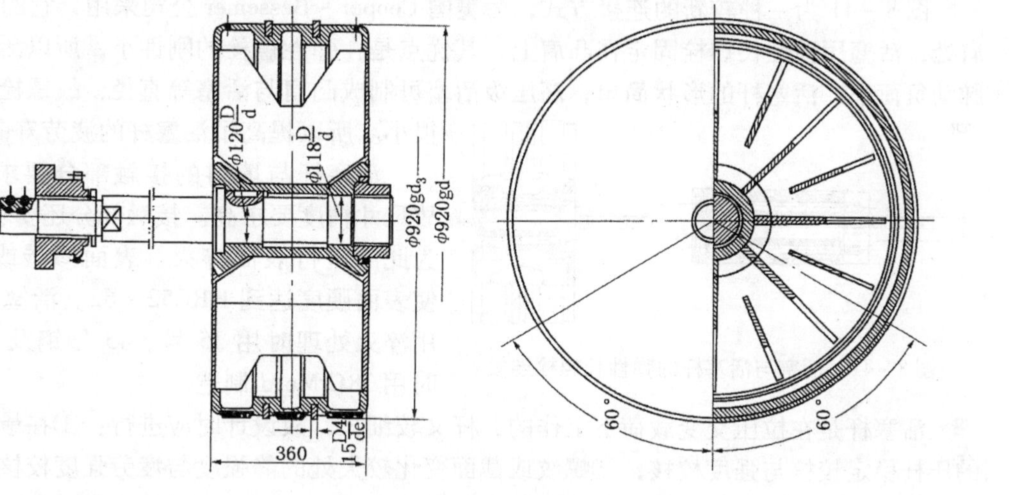

图8－38　焊接活塞

(4) 组合活塞　图8－39的右端为用隔距环组成环槽的组合型活塞，活塞环不用扳开即可装入，在高压级中，活塞环的径向厚度与直径之比较大，若扳开装入则易折断，所以采用这种结构。组合活塞的缺点是加工复杂，隔距环端面研磨不好则会泄漏。

(5) 柱塞　当活塞的直径很小时，采用活塞环密封在制造上是很困难的，所以多采用柱塞式活塞，图8－40为带环槽的柱塞，它靠柱塞与汽缸的微小间隙及柱面上的环槽形成曲折密封。另一种柱塞仅为一光滑圆柱体，气体之密封靠填料实现。柱塞工作表面应精磨，圆柱度要求很严。采用双球形关节可以保证它与汽缸自动对中。

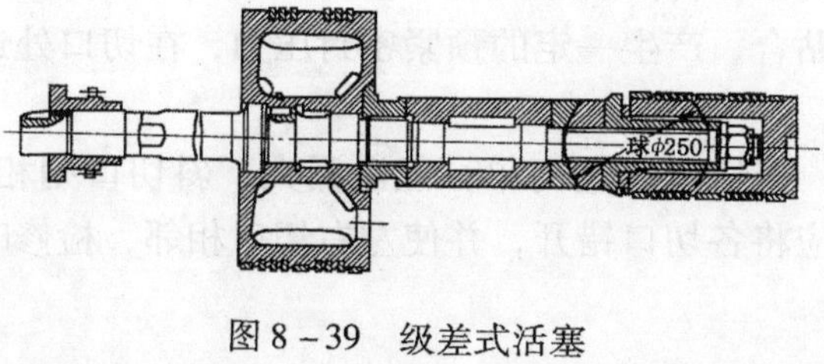

图8－39　级差式活塞

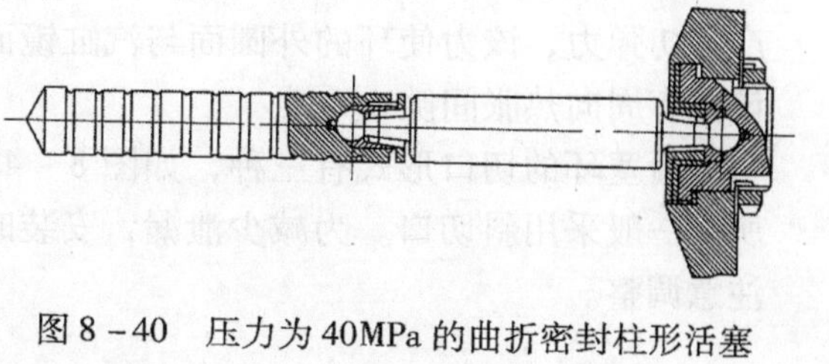

图8－40　压力为40MPa的曲折密封柱形活塞

2. 活塞杆

活塞杆一端与活塞、另一端与十字头连接，它起传递连杆力带动活塞运动的作用。它与活塞的连接方式常见的有两种，即凸肩连接与锥面连接。

图 8-38 为凸肩连接方式，活塞用键固定于活塞杆上，螺母压住活塞，用翻边锁紧在活塞上，或用开口销锁在活塞杆上，以防螺母松动造成严重事故。

活塞与活塞杆的同轴度靠外圆或凸肩的过渡配合来实现，其表面要求较高。从制造上考虑，凸肩不能比活塞杆大得太多，但凸肩与螺母承受了很大的活塞力，所以凸肩上的比压很大，为了增大接触面积减少比压，凸肩与活塞的支承表面应加以研磨，当铸铁或铸铝上的比压过大，则应加合金钢垫圈，凸肩与活塞杆应严格垂直并有合理的过渡圆。活塞杆螺纹应制成细牙且根部倒圆，以提高其疲劳强度。在活塞杆的末稍切出弹性锥孔，在螺母下部切出弹性沟槽，可以减少应力集中，提高疲劳强度。

图 8-37 为锥面连接方式，其优点是拆装方便，不需键定位，其缺点是加工精度要求高，否则难以保证活塞与活塞杆垂直，且不易压紧。

图 8-41 为一种较新的连接方式，为美国 Cooper-Bessemer 公司采用，它的活塞只到凸肩处，活塞用弹性长螺栓固定在凸肩上，其优点是：弹性螺栓的刚性小，所以活塞杆承受的脉动负荷小；活塞杆的形状简单；高压级活塞可制成凸肩与活塞等直径，故螺栓受的气体力很小。所以提高了活塞杆的疲劳寿命。

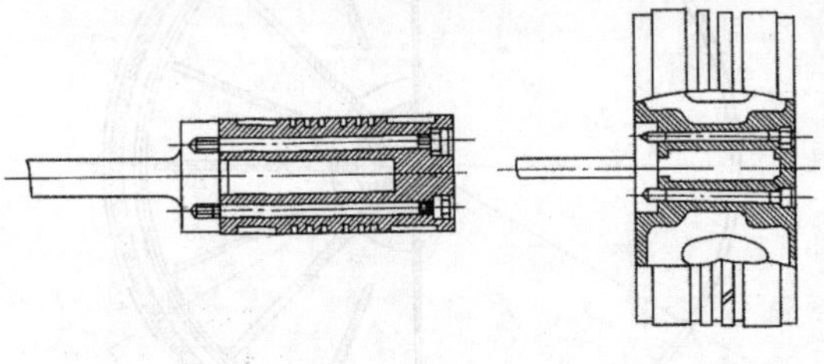

图 8-41　活塞与活塞杆的弹性长螺栓连接

活塞杆与填料的接触部分要求密封性好，故尺寸精度要求高。接触部分还要求耐磨性好，为此需进行表面淬火、表面渗碳或氮化处理，使表面硬度达到 HRC52~62。活塞杆的材料采用淬火处理时用 35 号、45 号钢及 40Cr，氮化时用 38CrMoAl 制造。

活塞杆是在拉压交变载荷下工作的，杆又较细长，故设计时应进行：①在最大活塞力下的压杆稳定校核与强度校核；②螺纹或截面变化较大处的静强度与疲劳强度校核；③活塞与活塞杆接触处的比压校核，具体请参见有关手册。

8.5.8　活塞环

活塞环与填料函是汽缸的密封组件，都属于滑动密封元件，对它们的要求是，既要泄漏少、摩擦小，又要耐磨、可靠。活塞环与填料通常使用金属材料，在有油润滑的条件下工作，但为了满足用户对压缩气体无油或少油的要求，也采用非金属材料在无油或少油的条件下工作。

1. 结构形式

活塞环是一个开口的圆环，用金属材料如铸铁，或用自润滑材料如聚四氟乙烯制成。如图 8-42 所示，自由状态下其直径大于汽缸直径，自由状态的切口值为 A，装入汽缸后，环产生初弹力，该力使环的外圆面与汽缸镜面贴合，产生一定的预紧密封压力，在切口处还应该留有周向热胀间隙 δ。

活塞环的切口形式有三种，如图 8-43。直切口制造简单，但泄漏大，斜切口则相反，所以一般采用斜切口。为减少泄漏，安装时应将各切口错开，并使左右切口相邻，检修时要注意调整。

2. 密封原理

活塞环是依靠阻塞与节流来实现密封的，如图 8-44 所示，气体的泄漏在径向由于环面与汽缸镜面之间的贴合而被阻止，在轴向由于环端面与环槽的贴合而被阻止，此即所谓阻塞。由于阻塞，大部分气体经由环切口节流降压流向低压侧，进入两环间的间隙后，又突然膨胀，产生旋涡降压而大大减少了泄漏能力，此即所谓节流。所以活塞环的密封是在有少量泄漏情况下，通过多个活塞环形成的曲折通道，形成很大压力降来完成的。

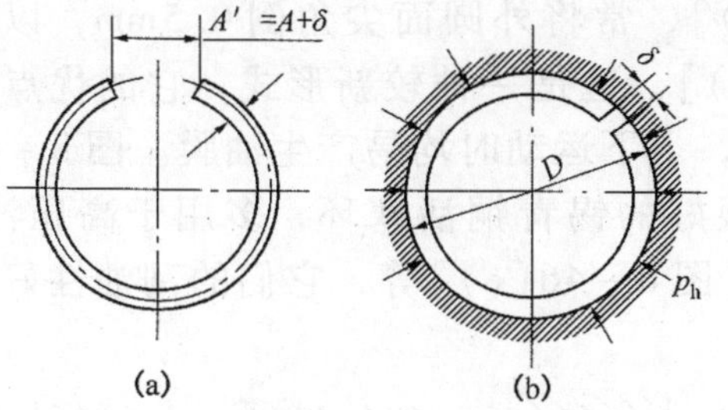

图 8-42　活塞环有关尺寸参数图示

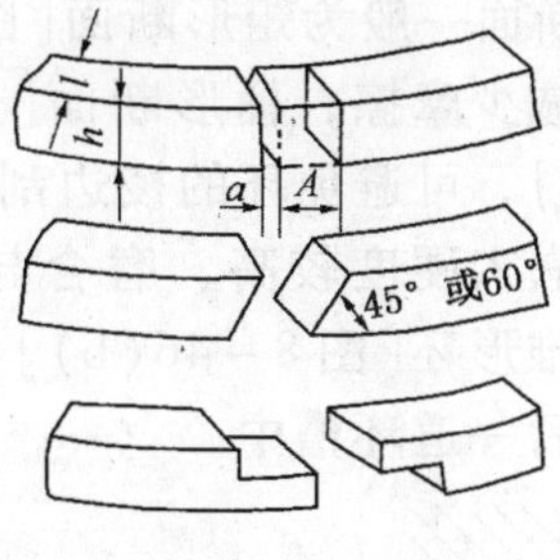

图 8-43　活塞环切口形式

活塞环的密封还具有自紧密封的特点，即它的密封压力主要是靠被密封气体的压力来形成的。其工作过程与特点可用图 8-44 说明。在环的初弹力作用下，环与境面贴合，形成预紧密封，活塞向上运动时，环的下端面与环槽贴合，所以压力气体主要经过环切口泄漏，产生压降，压力分布从 p_1 起逐渐减少到 p_2；在环槽上侧隙及环的内表面（背面），因间隙很大，气体压力可视为处处为 p_1，这样便形成了一个径向的压力差（背压）与一个轴向的压力差，前者使环涨开，使环压紧在汽缸镜面上，后者使环的端面紧贴环槽，两者都阻止了气体泄漏，由于密封压紧力主要是靠被密封气体的压力来形成的，而且气体压差愈大则密封压紧力也愈大，所以称之为“自紧密封”。通过采用多个活塞环并限制切口的间隙值，可产生很大的阻塞与节流作用，使泄漏得到充分的控制。

实验表明，活塞环的密封作用主要由前三道环承担，如图 8-45 所示，第一环产生的压降最大，起主要的密封作用，当然磨损也最快，当第一道环磨损后，第二环就起主要密封作用，依次类推。在低压级中，由于排气压力小，环承受的压力较小，所以环的磨损较慢；而同一机的高压级中，环承受的压力较大，所以环的磨损较快，为了使高压级与低压级活塞环的维修周期相同，所以高压级采用较多的环数。

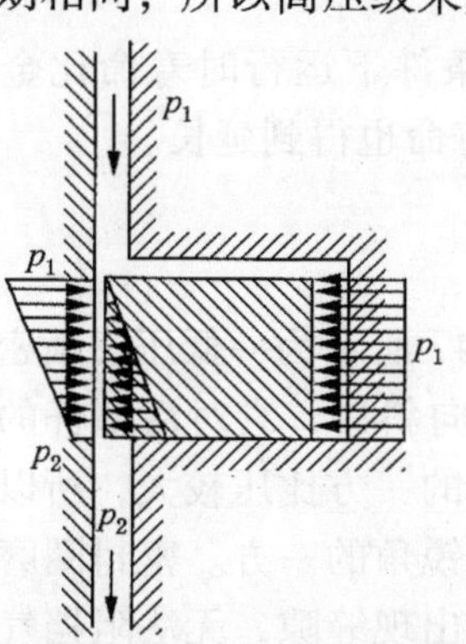

图 8-44　密封原理

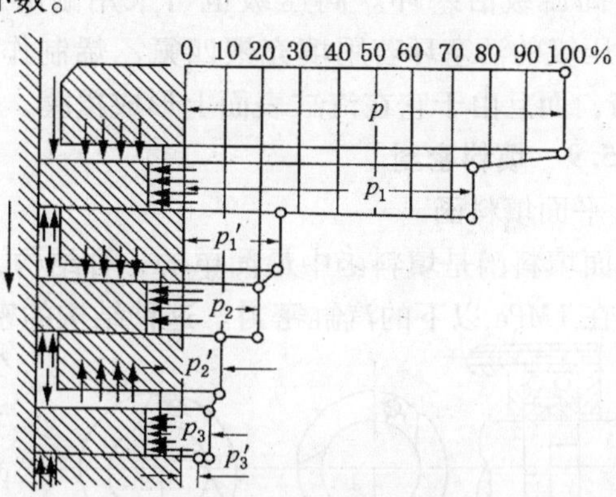

图 8-45　气体通过环系的节流压差

3. 活塞环的数目

一般铸铁活塞环的数目可根据被密封的压差 Δp 按表 8-1 选取，但它还与环的耐磨性、切口形式等有关，故在实际压缩机中并不一致。

表 8-1 活塞环数的选取

密封压力差 Δp/MPa	-0.5	0.5~3.0	3.0~12.0	12.0~24.0
活塞环数 Z	2~3	3~5	5~10	12~20

4. 活塞环的断面形状

环的断面一般为矩形断面[图 8-46 (a)]，常将外圆面尖角倒 0.5mm，以利于形成油膜，减少摩擦；桶形断面[图 8-46 (c)]，这是一种较新形式，它的优点是活塞产生摇摆时，可避免环的棱边刮伤汽缸镜面，上下运动时均易产生油膜。图 8-46 (d) 为在中央嵌入硬度较高、磨合与耐磨性都很好的锡青铜活塞环，多用于高压汽缸中。另外还有锥形环[图 8-46(b)]、外阶梯环[图 8-46(e)]等，它们的刮油性好，适合于装于最后一道环槽中。

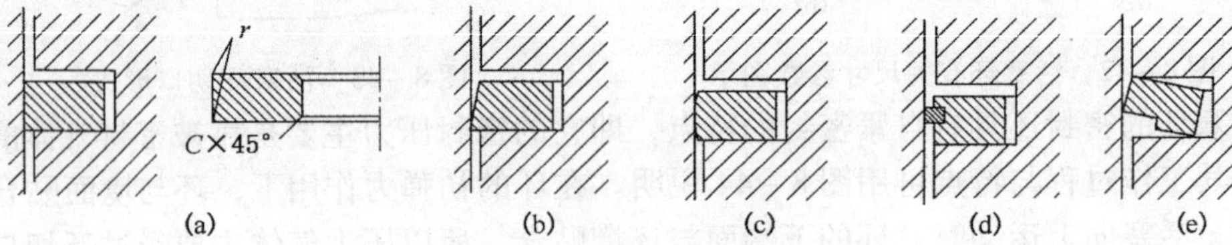

图 8-46 环的断面形式

5. 提高活塞环寿命的措施

常用提高寿命的措施有：采用合适的断面形状、在环的外圆上镀多孔铬、喷多孔钼以增加含油量、容纳磨屑、避免干磨等。

6. 活塞环的材质要求

金属活塞环常用材料为灰铸铁，其金相组织为软质珠光体。灰铸铁活塞环的硬度为 HRB 89~107。

活塞环和汽缸均有硬化与非硬化之分，活塞环表面硬化处理有镀硬铬、喷涂钼等，汽缸有渗氮、渗硼等。

球墨铸铁环热处理后，金相组织为贝氏体时，耐磨性更好，同合金铸铁一样，用于制造中高压级活塞环。高压级也可采用耐磨青铜环。

低压级的活塞环若用填充聚四氟乙烯制作，在有油条件下运行时寿命比金属环可高出 2~3 倍，而且由于它在汽缸表面上形成覆膜，使汽缸的寿命也得到延长。

8.5.9 填料密封

1. 平面填料函

平面填料函是填料函中最简单的一种结构，如图 8-47 所示为一低压三瓣密封圈，用于压力差在 1MPa 以下的汽缸密封。这种结构的密封圈为单向斜口，它对活塞杆的比压是不均匀的，锐角的一方比压较大，所以其内圆磨损主要发生在锐角的一方。密封圈磨损后，相邻两瓣接口处出现缝隙，无法阻挡气体泄漏。每一组密封圈由两个密封环组成，每个环外圆箍有弹簧，两个环有销钉定位。

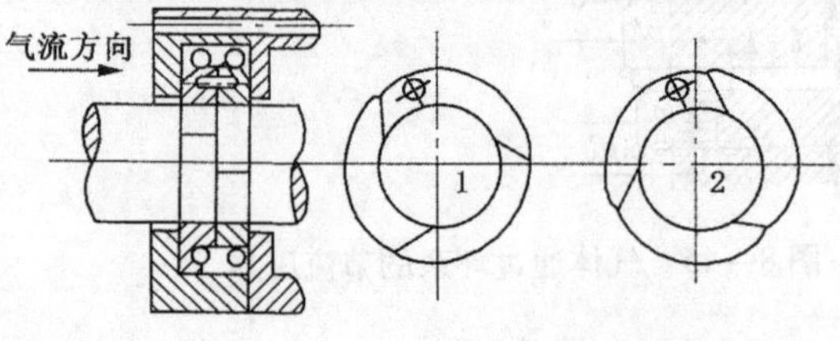

图 8-47 低压三瓣密封圈

当气体压力为 10MPa 以下的中压密封

时，填料函采用三、六瓣密封圈，其结构型式见图 8－48 所示。填料函的每组密封圈由两个开口环组成，开口环外圆周上有一个镯形弹簧，使开口环箍紧在活塞杆上。位于高压侧的开口环由三瓣组成，它在轴的方向上挡住由六瓣环组成的第二环的径向间隙。第二环的内三瓣(包括活塞杆)的径向间隙被外三瓣挡住，各环的径向间隙可以补偿密封圈的磨损。

2. 锥面填料函

当压缩机气体压力很高时，会使平面填料很快地磨损，这是因为平面填料在活塞杆上单位面积的压力过大而造成的。如果在高、中压压缩机中采用锥面填料函，就可以解决这一问题，这种填料函按密封压力差的不同，而选用不同的锥角和锥形填料元件组数，因而有不同的径向分力。

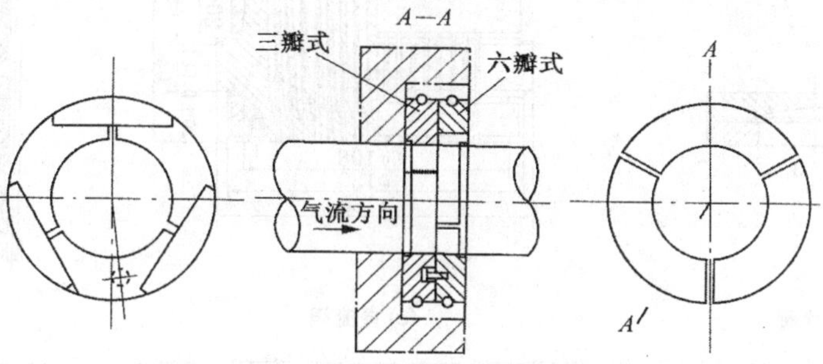

图 8－48　三、六瓣密封环式填料函

锥面填料函跟平面填料函一样，也是靠气体压力来实现自紧密封的，其结构如图 8－49 所示。它的密封元件是由一个 T 形环和两个锥形环组成的，三者各有一个切口。

锥面填料的元件，按锥面与垂直于活塞杆中心线的平面夹角 α 的不同数值，分为 10°、20°、30°三种。

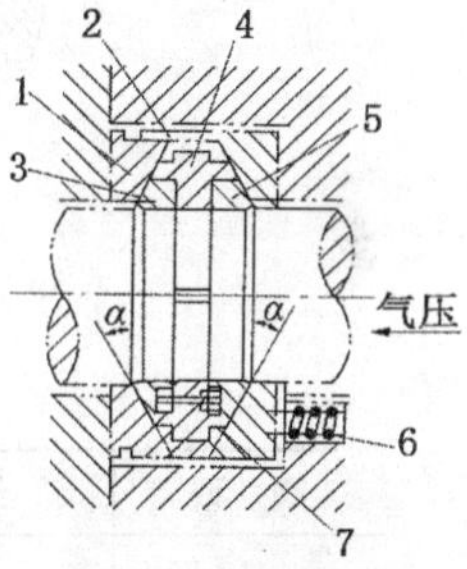

图 8－49　锥面填料函

1—支撑环；2—压紧环；3—后锥环；4—T 形环；5—前锥环；6—轴向弹簧；7—圆柱销

8.5.10　气阀组件

气阀的作用是控制汽缸中的气体及时吸入与排出，它对压缩机的排气量、功耗及使用寿命影响很大，既是一个重要的部件，也是一个易损部件。

往复式压缩机的气阀是自动阀，它的开启与关闭是依靠阀片两边的压力差(即汽缸内与阀腔内的压力差)来实现的，对气阀的要求是：

(1) 阻力要小，这不但要求结构上使气阀完全开启时的阻力最小，而且要求气阀能及时启闭，以避免过大的启闭阻力，设计好的气阀其阻力损失只占总功耗的 4%～9%，差的气阀则可占到 20%。

(2) 使用寿命要长，一般要求不低于 4000h。

(3) 气阀关闭时不漏气。

(4) 气阀的余隙容积要小。

(5) 结构简单，工艺性好。

各种阀的结构与特点请参见图 8－50 与表 8－2。

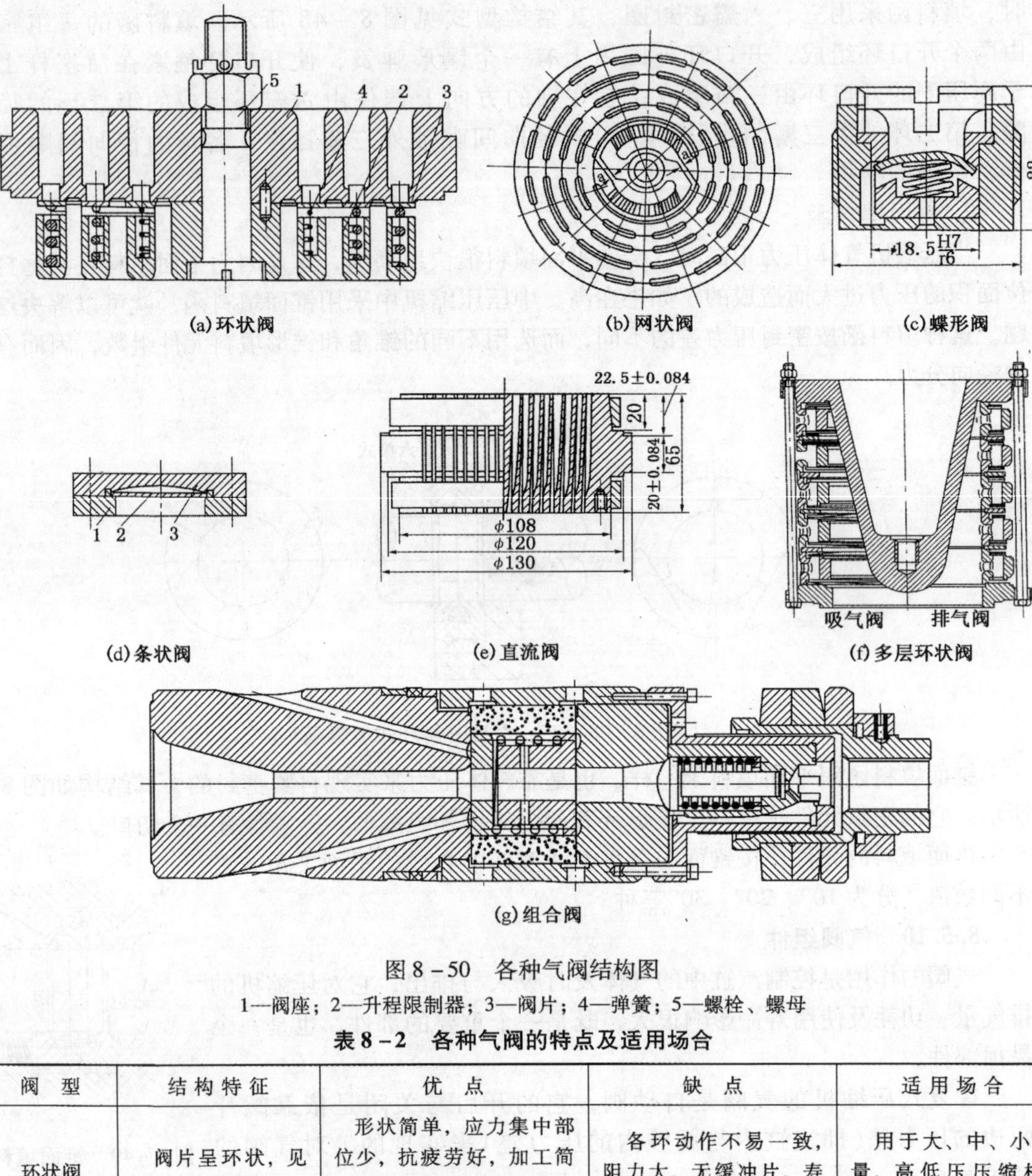

(a)环状阀　(b)网状阀　(c)蝶形阀

(d)条状阀　(e)直流阀　(f)多层环状阀

(g)组合阀

图 8-50　各种气阀结构图

1—阀座；2—升程限制器；3—阀片；4—弹簧；5—螺栓、螺母

表 8-2　各种气阀的特点及适用场合

阀　型	结构特征	优　点	缺　点	适用场合
环状阀	阀片呈环状，见图 8-52(a)	形状简单，应力集中部位少，抗疲劳好，加工简单，成本低，环可单独更换，经济性好	各环动作不易一致，阻力大，无缓冲片，寿命差，导向部位易磨损	用于大、中、小气量，高低压压缩机；不宜用于无油润滑
网状阀	阀片呈网状，见图 8-52(b)	阀片动作一致，阻力比环状阀小，有缓冲片，无导向部分磨损，弹簧力适应阀片启闭的需要	形状复杂，易引起应力集中，结构复杂，加工困难，阀片上轻微损坏即全部报废，经济性差	同环状阀，但适用于无油润滑
碟形阀	阀片呈碟形，见图 8-52(c)	结构强度高，圆弧形密封口，阻力损失小，加工简便	通流面积小，不适用大气量，运动件质量大，影响及时启闭	用于高压或超高压压缩机，小型压缩机
条状阀	阀片呈条状图 8-52(d)	阀片本身有弹性不需弹簧，运动质量小，升程低，适应高速要求	阀片材料及制造要求高	使用较少

续表

阀 型	结构特征	优 点	缺 点	适用场合
直流阀	阀片安装方向与气流方向一致，见图8-52(e)	通道面积大，流向不变，阻力小；阀片轻，有利于及时启闭	阀片厚度小，受压低，寿命差	用于低压高速压缩机
塑料阀	阀片材料用尼龙，填充聚四氟乙烯等	阀片轻，有利于及时启闭，冲击力小，寿命长；升程大，阻力小，密封性好，可节省高强度合金钢	强度低，热变形大，耐温性差	目前吸气阀用得较多
组合阀	吸排气阀组合在一起，见图8-52(f)	在高压级上可省去较大的锻造缸头，余隙容积小	结构复杂，吸气阀温度高；降低了温度系数λT	用于小型压缩机的高压级或超高压压缩机
多层环状阀	环状阀片多层结构，见图8-52(g)	节省气阀安装面积	余隙容积大	用于大型低压，安装面积受到限制的地方

8.6 往复式压缩机的安装

8.6.1 安装前的准备工作

往复式压缩机安装前的准备工作有很多，这里仅讨论一些特殊问题。

1. 技术资料的验收和准备

往复式压缩机安装前应具备相应的技术资料才能进行施工。这些资料有些应由制造厂提供，有些则由施工单位提供，安装人员必须依据要求备齐所有图纸和资料。

2. 机器的验收及管理

（1）机器的开箱验收应在有关人员参加下，按照装箱清单进行。

（2）验收后的机器和零、部件若暂不安装，应采取适当的防护措施妥善保管，严防变形、损坏、锈蚀、老化、错乱或丢失等现象。

3. 基础的验收及处理

压缩机的基础要承受压缩机的往复惯性力以及整个压缩机的重力，因此必须认真进行验收及处理。

4. 地脚螺栓及垫铁等的准备

（1）地脚螺栓的准备　往复式压缩机所用的地脚螺栓，根据基础不同，有长地脚螺栓和短地脚螺栓。地脚螺栓若没有随机附来，则可根据图纸及实际情况自己制造，但其尺寸和材料均应符合图纸要求。一般选取25~30倍螺栓直径为地脚螺栓长度为好。

（2）垫铁的准备　垫铁是供安装找正找平时使用，并将机器的重力均匀地传给基础。垫铁的尺寸、数量有时是由制造厂提供。一般地脚螺栓两旁各放置一组垫铁，为了防止各垫铁间的积累间隙、移动等造成安装误差，每组垫铁不宜超过三块，即最下一块为平垫，上面两块为斜垫，斜垫的斜率一般选1/15或1/20。垫铁应保持外表的平整、光滑。重型压缩机机体所用的垫铁表面刨削后还要刮研，使其相互接触的面积要达75%以上。

（3）小千斤顶的准备　小千斤顶是用来找平找正机体用的。最简单的小千斤顶外形如图8-51所示，其尺寸依据机体大小而定。小千斤顶是放在机体边缘处，以便进行调整。国内外已大量使用液压千斤顶、链式千斤顶、齿条千斤顶。千斤顶具有灵敏度高、使用方便、能承受较大的重力、体积小等优点。小千斤顶也可用临时垫铁来代替。

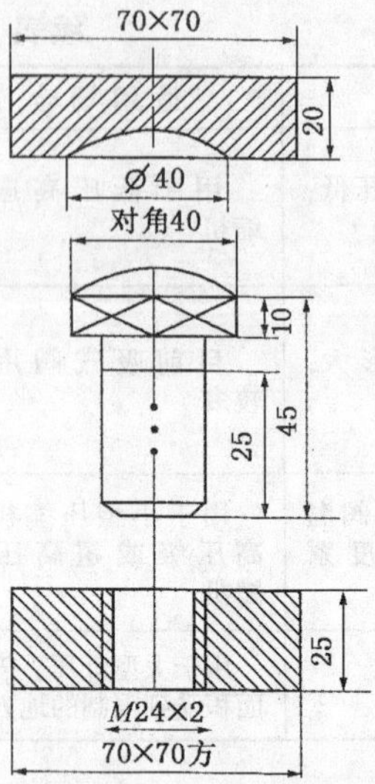

图 8 - 51　小千斤顶

8.6.2　整体安装和解体安装

所谓整体出厂压缩机，就是机组经过安装调试好，并在出厂前进行了不少于2~4h满负荷连续试运，经检验合格才出厂的设备；安装时，是整体安装就位的施工。所谓解体出厂的压缩机，就是经试运合格后再按几个大部件分开包装，或者所有部件都是散件。例如大型压缩机，由于体积大、吨位重、运输难，故一般都是解体出厂的压缩机；安装时，是组件逐个进行安装就位的施工。

1. 整体压缩机的安装及要求

（1）整体压缩机的清洗和检查：常规整体压缩机在出厂前都对汽缸、活塞等部位都进行了油封防锈处理，而油封内含有石蜡，这就要求必须要进行清洗干净，防止石蜡堵塞气路和油路，以免引起爆炸；对于供货合同有明确说明的，可以不解体清洗、检查，而直接安装就位、投用。

（2）整体压缩机的安装水平纵横向偏差不应大于0.20/1000，并应在下列部位进行测量：

① 卧式压缩机、对称平衡压缩机应在机身滑道或其他基准面上测量；

② 立式压缩机应拆去汽缸盖，并在汽缸顶平面上测量；

③ 其他型式的压缩机应在主轴外露部分或其他基准面上进行测量。

2. 解体压缩机的安装及要求

（1）往复式压缩机组装前，设备的清洗和检查应符合下列要求：

① 零件、部件和附属设备应无损伤和锈蚀等缺陷；

② 零件、部件和附属设备应清洗干净；清洗后应将清洁剂和水分除净，并在加工面上涂一层润滑油。无油润滑压缩机及其与介质接触的零件不得涂油；气阀、填料和其他密封件不得采用蒸汽清洗。

（2）往复式压缩机组装前应检查零件、部件的原有装配标记，对下列零部件严格按标记进行组装：

① 机身轴承座、轴承压盖和轴瓦；

② 同一列机身、中体、连杆、十字头、汽缸和活塞；

③ 机身和相应位置的支承架；

④ 填料、密封盒应按级别与其顺序进行组装。

8.6.3　往复式压缩机的安装步骤与技术要求

8.6.3.1　机体及其安装

往复式压缩机的机体形式主要有L型和对称平衡型两种。

1. L型压缩机机体的安装

（1）L型压缩机机体的找平　这种压缩机机体的找平，一般使用精度为0.02mm/m的框式水平仪放置在立式机身的法兰面上或在水平滑道上进行测量，如图8-52所示。但初找水平时，是用临时垫铁或小千斤顶来调整，并采用“三点”调整法进行粗找平。精找水平时，是先拆除地脚螺栓上的定位套及临时垫铁或小千斤顶之后，利用永久垫铁来调整。但不管初找水平还是精找水平，都必须将框式水平仪就地调转180°测一次，并取其平均值，这样才可避免测量上的误差。

（2）双列L型压缩机机体的找平　这种压缩机是由两台L型压缩机组成，共同由一台电动机带动，即电动机在中间，电动机两端通过两个联轴器分别与每台L型压缩机联轴器连接。安装时，先安装好中间的电动机，并精找水平度后，上紧地脚螺栓，以电动机为基准，用框式水平仪测量各台压缩机机体法兰面的水平度的同时，结合测量两侧压缩机与电动机联轴器的同心度。同样，初找水平度时，用临时垫铁或小千斤顶来调整，精找水平度时，用永久垫铁来调整。

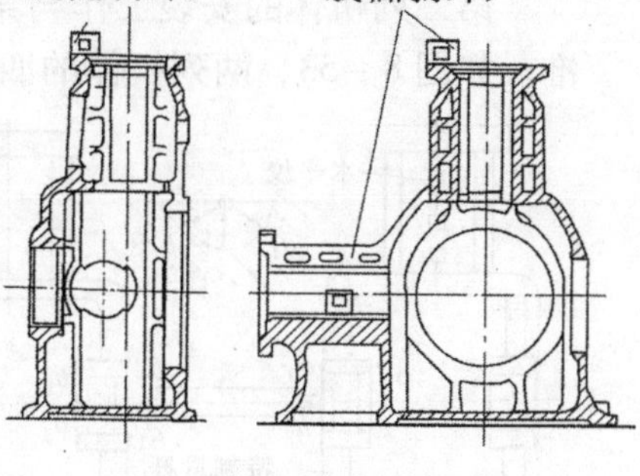

图8-52　用框式水平仪找L型机体的水平度

2. 对称平衡式压缩机机体的安装

图8-53为对置式机体，安装时为了减少机体安装过程中的弹性变形，应将机身上横梁与拉紧螺栓拧紧后再找平找正，找正找平后，横梁与拉紧螺栓在拆除或安装时，均应维持配合间隙，使其数值不变，各横梁不得错位。

从图8-53看到，该机机体为双列机体，安装时可任意先安装其中一列机体。不过一般是先安装低压侧，后安装高压侧。但安装之前，先应复查基础验收时所画出的各种中心线，以便在吊装机体时可按中心线来就位，避免在找正机体时作较大的移动。

1）第一列机体的安装

（1）机体的就位与找正　机体的就位与找正是随永久垫铁放置不同而不同。一般是将永久垫铁放置在地脚螺栓预留孔的混凝土上，使垫铁与混凝土接触比较紧密。按此方法进行时，先在基础上放好三组垫铁，或三个小千斤顶，再将机体吊放在临时垫铁或小千斤顶上，并使机体上的纵向中心线及主轴中心线与基础上相应的中心线相吻合，中心及标高的偏差应在±5mm以内。

机体就位找正后（有时是在机体吊装过程中）将地脚螺栓穿入机体螺栓孔中，带上地脚螺栓的螺帽，调节好地脚螺栓长度。

（2）机体的初找水平及标高　这种压缩机机体的横向水平度是用精度为0.02mm/m的方框水平仪在轴承孔测量，并允许电动机方向高0.03mm/m。

纵向水平度是用方框水平仪在机体滑道的前、中、后三点位置上测量，以前、后两点为准，中间一点仅供参考。机体应保持水平，但允许汽缸端稍高0.03mm/m，因为装上汽缸和活塞后，滑道的前端会稍下降，这样可以使机体获得水平。

机体的标高一般用透明塑料管+玻璃U管来测量。

标高及水平度的偏差可用机体下面的三组临时垫铁（或小千斤顶）来调整，使其偏差在允许范围内。

（3）地脚螺栓的二次灌浆和机体的精找水平度的方法及要求　可参见第6章“6.1.8.1离心泵的安装”部分。

（4）调整方法　垫铁调整宜由低向高调整；千斤顶调整宜由高向低调整。

以上是有垫铁安装的要求和方法，而对于无垫铁安装的设备，则参考相关的要求和方法，在此不作介绍。

第一列机体安装好后，原则上不允许再移动，待安装第二列机体后，便可将永久垫铁之间点焊牢，防止日后斜垫铁滑移而破坏机体的水平度，再一起进行批挡以及将机体下面其他空穴处填满砂浆。

2）第二列机体的安装

第二列机体的安装工作与第一列机体相同，但第二列机体的安装是以第一列机体为基准。如图 8－53，两列机体的四个主轴承孔应严格保持同心，为此，应用拉钢丝的方法或用激光准直仪来进行精确的调整，以第一列机体主轴承为准，拉一根钢丝后为主轴中心线，用它来确定第二个机体位置。拉线时两中心线架，距离要比两列机体最外侧宽度大 1～2m。在第一列机体主轴承孔两端的左、右、下三处取测点 a_1、b_1、c_1 和 a_1'、b_1'、c_1' 共六点，通过调整钢丝，使两端左、右各处的 a_1'、a_1 和 b_1'、b_1 两点距离相等，下面的 c_1、c_1' 两点距离也相等。但考虑到钢丝本身有挠度，c_1、c_1' 两点允差为 ±0.01mm。以主轴中心线为基准，同样在第二列机体主轴承孔两端同样取六点，通过移动第二列机体，使其标高及前后中心位置与第一列机体的标高和前后中心位置相同。两机体主轴承孔中心线的不同轴度允差为 0.05mm。

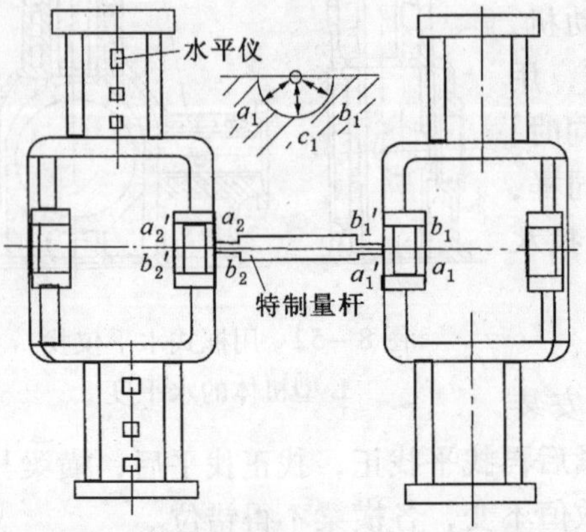

图 8－53 对置式机体找平示意图

纵向水平与横向水平必须同时进行测量，以防止水平调好后又发生变化。

利用激光准直仪校正长距离多轴承中心的装置如图 8－54 所示。校正前，根据轴承设计。中心线的两端点悬吊重锤，调整激光发射器，使激光束对准垂线，其高度是轴承设计中心线的标高，并用水平仪来找平激光发射器的水平度，使激光束呈水平，以它作为基准光轴，并在另一端设有光电监视靶以监视光轴的飘移。校正时，在轴承座内安置一个带有光电接收靶的定心器，当激光束射到接收靶的锥面上后，通过光电检测，在显示器上的显示值即为该轴承座的调整数值。根据这些数值就可调整轴承座，使其中心线与基准光轴同轴。同法可校正其他轴承座的中心线与基准光轴同轴。

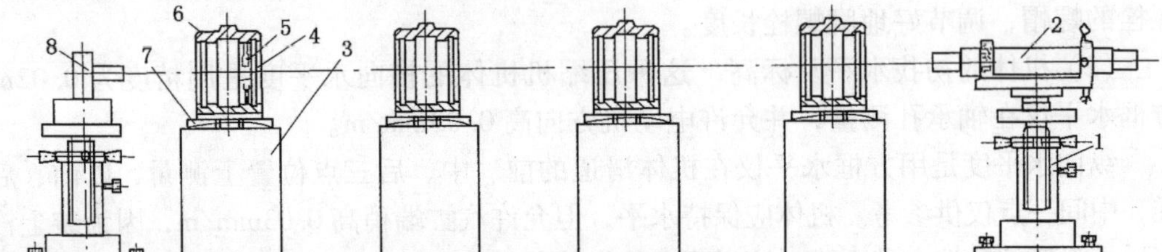

图 8－54 激光准直仪校正长距离多轴承座中心的装置

1—可调测量架；2—激光准直仪；3—轴承座基础；4—光电接收靶；
5—定心器；6—轴承座；7—斜垫铁；8—监视光电接收靶

四个轴承孔都同心，说明两列机体纵向中心线也已平行。这时可对称均匀上紧地脚螺栓，并复查第二列机体的水平度和主轴承孔同心度。若变化在允许范围内，证明机体安装合格，可将永久垫铁之间点焊住，机体安装即完成。

3. 机身地脚螺栓的紧固问题

机身地脚螺栓应均匀地把紧并将把紧力控制在一定合适范围之内，这是常规的要求。而在实际工作中，由于现在大多数的施工单位还没有使用力矩（测力）扳手，所以还不可能简易地控制把紧力在规定范围，仍凭施工经验控制把紧力，虽然实践证明这还是可行的，但它必须要由有施工经验的同志操作。为了科学施工，各施工单位均应考虑逐步推广使用力矩扳手，特别是在机组上的连杆螺栓、主轴承压盖螺栓、汽缸和中体的连接螺栓、中体和机身的连接螺栓等在紧固时，更需使用力矩扳手控制上紧力，否则将有可能使螺栓过度受拉而产生残余变形以至使螺栓报废。

拉应力一般有规定值，若无规定可按如下公式进行计算。

（1）拉应力的计算：

$$\sigma = \frac{\alpha \cdot P}{z \cdot \mu \cdot f} < [\sigma]$$

式中 σ——地脚螺栓在工作时所受的拉应力，N/mm^2；

α——系数，一般 $\alpha = 1.4 \sim 1.7$；

P——使机体移动之力，即最大惯性力，N（计算时可取机组最大活塞力）；

z——机身一侧地脚螺栓总数（即机身地脚螺栓总数之半）；

μ——机身对基础的摩擦系数，一般取 $\mu = 0.4$；

f——地脚螺栓最小截面积，mm^2（应以螺丝根径计算）；

$[\sigma]$——地脚螺栓材质的许用应力，材质为碳钢时，一般取 $[\sigma] = (0.6 \sim 0.7)\sigma_s$；材质为合金钢时，一般取 $[\sigma] = (0.5 \sim 0.6)\sigma_s$；

σ_s——材质的屈服极限，N/mm^2。

（2）采用多拧进螺母角度达到预紧力数值的计算：

$$\theta = \frac{360}{t} \cdot \frac{P_0}{C_1}$$

式中 θ——多拧进的角度，(°)；

t——螺距，mm；

P_0——预紧力，N；

C_1——螺栓刚度，N/mm。

（3）在无条件使用力矩扳手的情况下，也可采用一块千分表在地脚螺栓端面定位，然后慢慢把紧螺母，同时观测螺栓总伸长量以达到控制把紧力的目的。各螺栓伸长量的大小可根据设计规定值或仿照连杆大头连接螺栓的计算方法自行计算。在施工时可以测定1～2个地脚螺栓的把紧力为经验依据，然后凭试测的经验进行其他地脚螺栓的把紧。

8.6.3.2 曲轴与轴承的安装

（1）在主轴与主轴瓦的安装过程中，首先进行上下瓦背与轴承座、轴瓦盖结合面的检查与研刮。

（2）瓦背与瓦座、瓦盖间的结合研刮工作结束后，将全部下瓦装上，再利用吊车将主曲轴吊装就位。

（3）在解决轴颈与底瓦的接触基本合格之后，应复查主曲轴的水平度情况，对超标的状况应采取修刮轴瓦的方法进行处理，以确保主曲轴的水平度不得大于0.10/1000。

（4）在轴瓦部分安装检查合格之后，还应进行主曲轴各曲拐之间的距离及主曲轴窜量的检查工作。正常情况下圆周四点测得偏差不应大于行程的0.10/1000（即张合度≯0.02）；主曲轴的窜量值一般为0.20～0.50mm范围。

在上述安装过程中，主轴水平度的确定非常重要。主轴的水平度测定，应在轴颈周面四等份的四个测点上进行，全轴的水平度应以主轴两端主轴颈的水平度为准。当两端或一端的四个测点各有微量出入时，应以平均值为准。同时应考虑结合电机的支承型式和压缩机与电机的连接型式来考虑轴的倾斜方向问题，因为对称平衡压缩机上的电机有单独立轴承与双独立轴承之分。这两种支撑轴承型式下的转子轴在自重的作用下一般不外乎如下两种情况：

第一种情况是当电机为双独立轴承支承时，电机转子在静止状态的示意如图 8－55 所示，由于转子自重的作用产生一定的挠度，相应地使联轴节的垂直端面也产生一定的倾斜。

第二种情况是当电机为单独立轴承时(图 8－56)，虽然转子也同样存在一定的挠度，但最大挠度值的位置与双独立轴承的情况有所不同，而且主轴端联轴节端面的垂直度直接影响到转子最大挠度值所处位置。

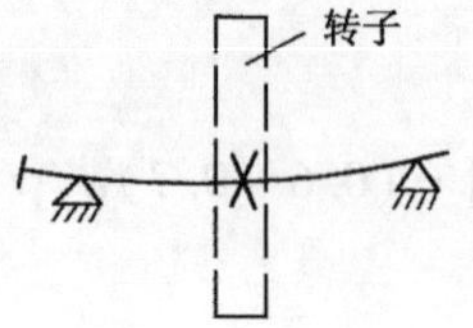

图 8－55　双独立轴承时电机转子轴状态

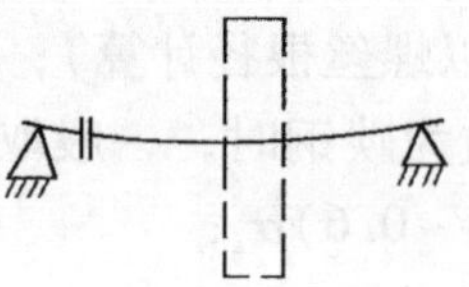
图 8－56　单独立轴承时电机转子轴状态

鉴于上述电机转子的两种情况，在安装时应考虑：当电机转子为第一种情况时，曲轴的水平度应向联轴节端向下倾斜，以使主轴联轴节端面的微量倾斜相近于转子轴联轴节端面的倾斜方向，但安轴水平度偏差仍应控制在允许的范围内。在第二种电机转子情况时，应考虑到约有二分之一的转子重量以及在运行中转子的振动力作用在机身一侧的特点，并结合电机转子实际挠度，使曲轴的水平度以基本保持水平或联轴节端微量偏高的情况为好。

电机的安装详情可参照本章“8.6.3.8 电机的安装”。

8.6.3.3　中体与汽缸的安装

1. 中体的安装

(1) 在组装中体之前,机身应根据两端主轴瓦窝及轴承座与瓦盖的结合面先行初步找正完毕。

(2) 分别用内外径千分尺测量中体与机身的配合尺寸及圆度和圆柱度，以便在中体找正时心中有数。

(3) 将各列中体逐个开始组装在机身上，凡套装上去的中体，应将全部连接螺栓均匀上紧，但上紧度应控制在规定上紧力的 70% 左右。

(4) 对称平衡压缩机的中体或汽缸找中用的拉线工具基本上是与以卧式压缩机汽缸找中拉线的工具一样，仅仅是将一个落地支架改为固定在机身内部。线架的结构形式多种多样，凡能达到上、下、左、右四个方向自由微调和灵敏度较高的结构都可以使用。最常见的为类似车床小刀架的结构。钢丝线的直径一般选用 0.35～0.50mm 范围，对于不同直径的钢丝线，在其两端应配以相对应的重锤。

找线(同轴度)的方法目前仍普遍采用“声电法”，这种声电法找中所测的结果能达到 0.005mm 的准确度，它已能满足一般大型机组的准确度要求，但效率低，环境要求高。有的单位曾试用将声音放大或以光代声的方法提高找线的效率和准确度，图 8－57 所示为一般声电法找线图。如果采用声音放大或以光代声的方法时，只须将音量放大器或电光信号装置串入以上线路中即可。

（5）在采用声电法找线时，应注意线架的绝缘措施，否则将使声电回路因接地而失效。在找线过程中还应防止回路的不正常短路现象存在，线架应确保稳固可靠。

2. 汽缸的安装

（1）各级汽缸在安装之前均应进行清洗与检查工作，在检查时应特别注意汽缸镜面的质量。

（2）检查、清理中体、端盖的接触部位。

（3）用内、外径千分尺测量汽缸与中体的配合尺寸、圆度、圆柱度符合要求。

（4）在汽缸找线时，测点应在汽缸镜面两端离边缘10～15mm处，并在各横截面上取上、下、左、右相互垂直的四点位置，各测点应作好记号以供再用。

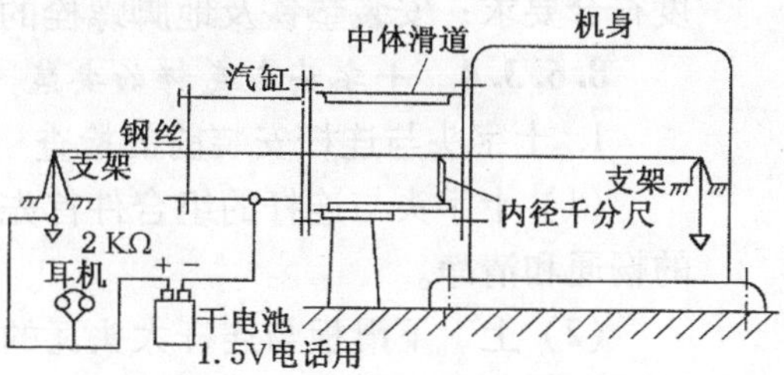

图 8－57　声电法找线图

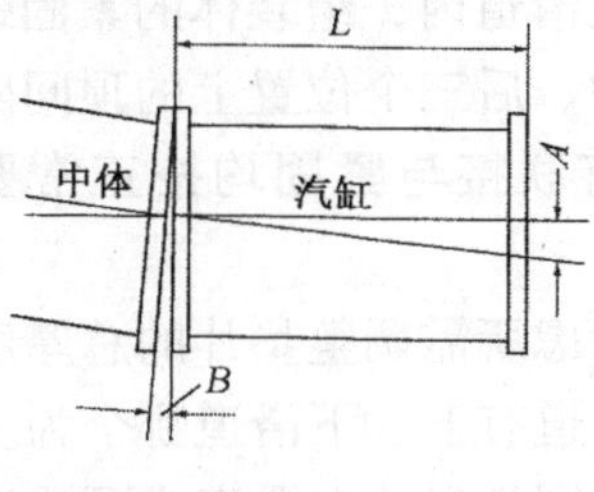

图 8－58　汽缸端面修正量计算示图

（5）汽缸与中体找水平度和同轴度要求：水平度应在0.03mm/m之内；同轴度≤0.02mm。

当同轴度与倾斜度超过规定值时，应使汽缸作平行位移或刮研两者的接触面来调整，凡经研刮的部位应确保两者的良好接触。当倾斜度偏差较大时，可将汽缸端面进行切削加工，不得采用偏垫的方法来调整。切削加工的修正量 B 可以按如下方法进行计算（图 8－58）：

$$B = A \cdot D/L$$

式中　A——找正时的偏差值，mm；

D——汽缸与中体结合面的外径，mm；

L——汽缸长度，mm。

（6）汽缸找正合格后，与中体一样要将全部连接螺栓均匀上紧，并进行复查校核，待一切无误之后即可打定位销以便今后的维修。

以上介绍的“拉线找正法”，许多施工单位已经比较少用了。一些外国的施工监理也不完全赞同这种方法。

中体进行找线一般不外乎两个目的：一是使中体轴线能与机身主轴轴线有相同的标高；二是使中体轴线与主轴轴线相垂直。对于前一个目的，即中体轴线与主轴轴线能在同一标高水平面上的问题，现在主要依靠制造精度来确保，即使在实际中有微量的出入，在运行中也不会因此而造成较严重的不良后果。所以找线主要目的还是为了确保中体轴线与主轴轴线的垂直度，因为垂直度的好坏与运动机构的磨损及振动的大小极为密切。

目前国内许多施工单位和外国施工监理都提倡用“一次性组装找正法”来施工。即机身按技术要求就位、找水平，确定安装位置并紧固螺栓后，便可进行中体和汽缸安装的施工方法。

3. 一次性组装找正法

（1）组装前先对各连接组件的结合端面和止口（径向）等部位进行认真清理，去毛刺，检查、测量其圆度、圆柱度及配合间隙和过盈量符合装配技术要求。因为这些尺寸和精度都是由生产厂家的合格产品（制造精度）所决定的。设备能否正常运行主要是由制造精度来确保。即使在实际中有微量的变化，也不至于影响设备的正常运行。

（2）组装中，要随时观察机身的水平度变化不超标；各连接组件（中体、汽缸）的水平度符合要求；安装垫铁及地脚螺栓的紧力达到标准，避免不正常的应力发生。

8.6.3.4 十字头与连杆的安装

1. 十字头与连杆安装前的检查

（1）十字头与连杆的组合件首先应进行解体并清洗干净，在清洗时应注意各部件内油路的畅通和清净。

（2）上、下滑板与连杆大头瓦的合金层浇铸质量及与钢背结合情况的检查方法相同于主轴瓦的检查方法。

（3）检查十字头销孔与活塞杆轴线（即十字头体的轴线）的垂直度。

2. 十字头与连杆的组装

（1）先将上、下滑板与十字头体不加调整垫片的组装体装入滑道内，组装体的紧固螺栓应按正常紧力要求上紧，然后用塞尺测定十字头体在滑道前、中、后三个位置上的顶间隙情况。再组装连杆，使其与主曲轴、十字头组合成连续体，所有联接与紧固均按正常要求进行。

（2）再次进行十字头在滑道各部位上顶间隙值的测定，并考虑所需调整垫片的总厚度值以及调整垫片应加的部位。因为在对称平衡压缩机中的十字头滑道有上、下滑道哪个为主承力面之分，如图 8－59 所示不论主轴向哪一个方向旋转，机身两侧各列的上滑道或下滑道受力情况始终有别。考虑十字头在工作运行一定的时间后，由于合金层的磨损下落而使十字头中心下沉的后果，所以在安装时，对于不同主承力面的十字头采用不同的水平中心标高要求。在下滑道为主要承力面时，要求十字头水平中心约高于滑道中心轴线 0.03mm。当上滑道为主要承力面时，十字头水平中心应偏低滑道中心轴线 0.01～0.03mm。十字头体轴线的测定可在与活塞杆组装的端头或专用胎具圆柱面处（图 8－60）进行测量。滑道与十字头之间的间隙可按规定值，无规定时可按中体滑道直径的 0.7/1000～0.8/1000 倍选用或根据四级精度第三种配合 D_4/dc_4 的公差要求；滑道与十字头的接触应均匀，接触面积达 80% 以上。

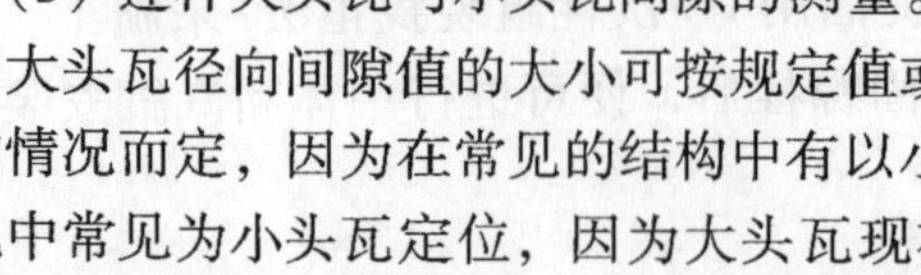

(a)上滑道主承力情况　(b)下滑道主承力情况

图 8－59　中体滑道面受力情况示图

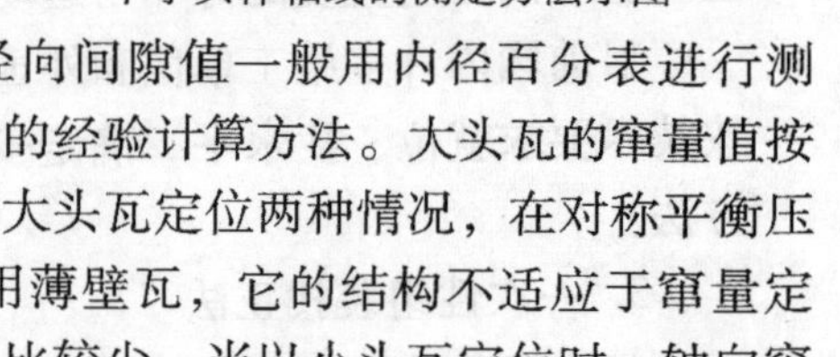

图 8－60　十字头体轴线的测定方法示图

（3）连杆大头瓦与小头瓦间隙的测量。大头瓦的径向间隙值一般用内径百分表进行测量。大头瓦径向间隙值的大小可按规定值或参考主轴瓦的经验计算方法。大头瓦的窜量值按结构情况而定，因为在常见的结构中有以小头瓦定位和大头瓦定位两种情况，在对称平衡压缩机中常见为小头瓦定位，因为大头瓦现在已普遍采用薄壁瓦，它的结构不适应于窜量定位，而小头瓦现在仍普遍采用厚壁瓦，采用薄壁瓦的还比较少，当以小头瓦定位时，轴向窜量值一般为 0.70～1.80mm。现在常见的小头瓦为衬套结构，材料多为铜合金，也有采用巴氏合金。当采用铜合金材质时，小头衬套与十字头销的径向间隙一般为 0.7/1000～0.8/

1000 倍十字头销直径。当材质采用巴氏合金时，径向间隙一般为 0.4/1000 ~ 0.6/1000 倍十字头销直径。衬套的厚度为 0.06 ~ 0.08 倍十字头销直径。

(4) 连杆螺栓紧力的确定。组装连杆时，应注意薄壁大头瓦的螺栓把紧力大小，它与主轴薄壁瓦存在同样的问题，当使用力矩扳手时，它的把紧扭矩可按下式计算：

$$M = K \cdot T \cdot d$$

式中 M——力矩扳手的扭矩，N·mm；

K——不同摩擦表面情况时的系数，一般取 0.15 ~ 0.18；

T——预紧力，N；

d——螺栓的直径，mm。

在没有力矩扳手的情况下，可采用外径千分卡或专用卡规来测定连杆螺栓的伸长量。在各种不同的预紧力下螺栓的伸长量可以按下式进行计算：

$$\delta = \frac{TL}{EF} = \frac{4TL}{E\pi d^2}$$

式中 δ——螺栓的伸长量，mm；

T——预紧力，N；

L——螺栓有效总长度(指螺杆与螺帽的两承力面之间的距离)，mm；

E——螺栓材质的弹性模数，钢与合金钢取 2.1×10^5 MPa；

F——螺栓截面积，mm^2；

d——螺栓的直径，mm。

预紧力 T 可按下列公式计算：

$$T = [P_1 + (2.1 \sim 2.5)P]\frac{1}{z}$$

式中 P_1——薄壁瓦过盈所需之力，N；

P——最大活塞力，N；

z——连杆螺栓个数。

薄壁瓦过盈所需力 P_1 可按下式计算：

$$P_1 = P_0 \cdot F$$

式中 P_0——薄壁瓦横断面单位面积过盈所需要的力，一般取 0.5 ~ 0.7N/mm^2；

F——需要过盈的钢瓦背总横断面积(不包括合金层断面)，mm^2。

对于不同材质的紧固螺栓，其最大伸长量不应超过如下规定值：材质为碳钢的紧固螺栓，螺栓有效总长度 ≯0.3/1000mm；材质为合金钢的紧固螺栓，螺栓有效总长度 ≯0.4/1000mm。

在组装连杆大头瓦紧固螺栓时，还应注意螺杆与螺孔的配合松紧度，一般以涂油后能用铜棒轻轻敲入为宜，不能过松，螺杆与螺母的承力面与连杆大头应有良好的接触。

8.6.3.5 填料函及刮油器的安装

1. 填料组件的清洗、检查与研刮

(1) 在安装之前均须经过拆件清洗、检查与刮研过程，在拆件清洗时，应在非工作面上打上记号以免配件搞乱，对于在检查中发现的缺陷应妥善处理。

(2) 在刮研填料组件时，应分别将填料盒的密封面在平台上研磨检查，使其接触面积达 80% 以上，必要时应进行适当的刮研。各组填料与活塞杆的接触研磨检查工作可在活塞杆上进行，包括对平面填料各瓣之间接触面的检查及锥型填料的外夹环与密封环、内夹环的锥形接触面的检查等。

2. 填料函的组装和间隙调整

（1）填料函在组装之前，应将各组填料组装在各自填料盒内，并检查两者之间或活塞杆的有关配合间隙是否合适（图8-61、图8-62）。在每一个填料盒内一般均装有两组平面填料或一组锥形填料。

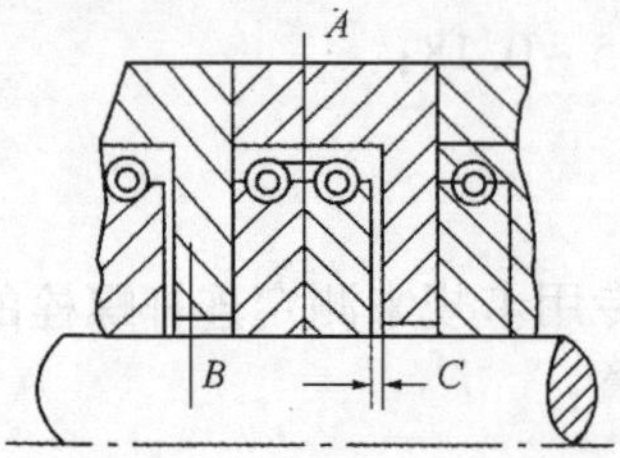

图8-61　平面填料组的配合间隙图

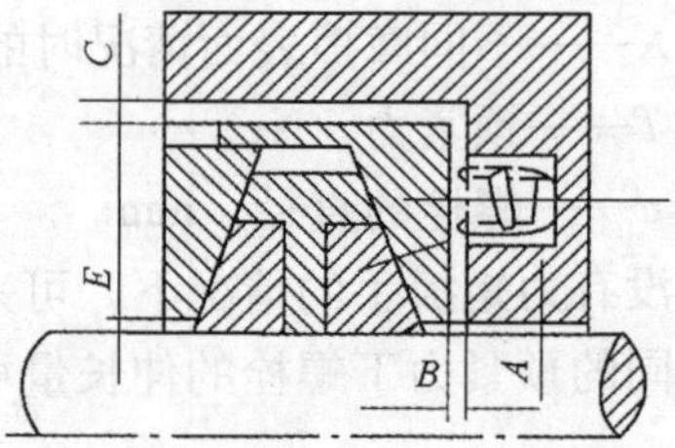

图8-62　锥形填料组的配合间隙图

填料与填料盒、活塞杆或填料盒与活塞杆的配合间隙要求见表8-3及表8-4。

表8-3　平面填料安装间隙要求

间隙代号	间隙值/mm	间隙代号	间隙值/mm
A	2.00~3.50	*C*	金属：0.05~0.10 F4：0.20~0.40
B	1.50~3.50	*D*	0.15~0.3

注：*D*为填料盒外径与填料箱内径之间的间隙。

表8-4　锥形填料安装间隙要求

间隙代号	间隙值/mm	间隙代号	间隙值/mm
A	1.5~3.5	*D*	0.1~0.40
B	0.40~0.50	*E*	0.80~1.00
C	1.50~2.50	*F*	1.5~2.50

注：*D*为填料盒外径与填料函内径之间的间隙；*F*为密封环和内夹环的开口间隙。

（2）在检查调整填料盒的组装间隙时，应特别注意填料的两端面平行度以及与轴孔的垂直度。

（3）将各组填料盒装入填料箱内时，应注意锥形填料盒的顺序不要搞错。因为锥形填料的锥形角α有10°、20°与30°之分，角度较小者一般装在汽缸端，角度最大的装在靠中体端。如此装配的主要目的是为了使各填料组对活塞杆的压紧力基本均匀相近，有利于减少两者的磨损和更好地密封。

安装时，切口彼此错开120°，并用圆柱销定位，放在具有锥面的压紧环与支承环里。

（4）在组装过程中还应注意各填料盒相互间的连通油路或水路的正确位置以保畅通。

3. 刮油环的研磨与安装

在大、中型压缩机汽缸填料函中，往往在最外端（靠中体方向）附设有1~2组刮油环以承担刮油任务。刮油环型式多数为双向刮油环。刮油环的清洗、检查、研刮与安装等基本相同于填料组，只是在组装时应注意刮刀口的方向不要搞错了（即刀口向十字头端）。

8.6.3.6　活塞、活塞环与活塞杆的安装

1. 活塞、活塞环与活塞杆的清洗与检查

（1）在安装之前，应对以上各件进行认真清洗检查，并妥善保管，对易损件活塞环更应注意防止损坏。

（2）检查、测量活塞环符合装配要求。

（3）活塞与活塞杆的圆度、圆柱度及表面精度符合要求。

2. 活塞组件的组装及检查

活塞与活塞杆组装时，应检查两者之接触情况是否良好。组装后应将其放在平台上进行两者的垂直度与同心度的检查（图8－63），垂直度不大于0.02mm/m，同心度不大于0.02～0.05mm。活塞组件在平台上的放置可用V形垫铁支承，并用框式水平仪在活塞杆上找水平，然后用千分表分别测定A、B、C、D与A_1、B_1、C_1、D_1等活塞与活塞杆轴线垂直面的八处数据，再计算两者的垂直度与同心度，在计算时应考虑测点位置的圆度和圆柱度影响。

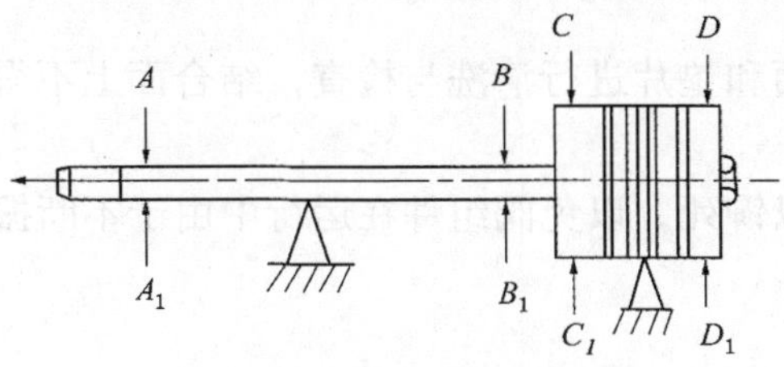

图8－63　活塞与活塞杆的垂直度和同心度检查方法

3. 传动组件的整体检查及气缸余隙调整

（1）活塞杆摆动度的测定。此项测定工作要在压缩机组全部安装完毕后进行，测定的方法可以采用一个或两个千分表分别在靠近汽缸填料箱与十字头刮油器一侧进行测定，细致观察活塞杆在往复运动中的水平方向摆动值及垂直方向跳动值（图8－64）。当两侧间的距离L较小时，仅测汽缸填料箱侧即可。测定时，活塞杆应作连续往复的运动（采用手动盘车或电动盘车均可以）。对于测得的摆动值过大或测定中发现活塞杆明显偏斜运动时，应进行分析与研究。

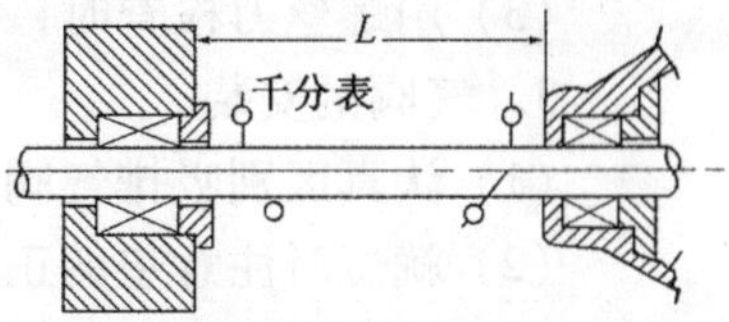

图8－64　活塞杆跳动值测定方法

活塞杆的摆动值与汽缸的大小与缸内的工作压力大小有关系，一般可以参考如下范围：

① 当缸内工作压力在1.5MPa以下和汽缸直径在400mm以上时，最大摆动值应小于0.30mm。

② 当缸内工作压力在1.5～20MPa和汽缸直径小于400mm时，最大摆动值应小于0.20mm。

③ 当缸内工作压力在20MPa以上时，不论汽缸直径大小，其最大摆动值应小于0.10mm。

④ 对无规定活塞杆摆动值的往复式压缩机，也可参照"API国际标准"的计算公式进行计算取得。

（2）在盘车进行摆动值测定时，应同时检查十字头在滑道内的跑偏情况。

（3）活塞、活塞杆、十字头组装后，可将汽缸盖盖上并按正常要求上紧螺栓，然后进行汽缸余隙的检查。各缸的余隙大小按设计要求或参考如下标准：

① 对于一列一级的汽缸余隙值为（对双作用缸而言）：

曲轴侧汽缸余隙≥S·1/1000 式中S代表活塞行程（mm）；

汽缸盖侧余隙值≥S·1/1000＋1。

② 对于一列两级的串联汽缸余隙值的控制，应考虑两级热膨胀伸长之累计值影响，一般二级缸（外测）的余隙值比一级的稍大。

（4）汽缸余隙的调整。汽缸余隙的测定方法之一是采用压铅法，铅条最好采用圆形截面或矩形截面的条子，直径一般为余隙的1.5～2倍。测定时，铅条均由气阀孔处人工伸入。

对于小直径的汽缸余隙测定一般测单边即可，对于直径较大的汽缸，一般要求在两侧同时测定，这样所得值较准确。其二是以测量汽缸长度与活塞长度之差的1/2为余隙，当测得余隙值不合适时，可以调整活塞杆头部与十字头连接处的调整垫片的厚度，也可调整十字头与活塞杆连接处的双螺母或汽缸盖垫片厚度等进行处理。

8.6.3.7 进、排气阀的安装

1. 气阀的检查

（1）在安装气阀之前，应对气阀上阀座结合面和垫片进行清洗与检查，结合面上不得有明显的径向划痕。

（2）检查气阀锁紧装置是否可靠，必要时可以铆死，以免阀组件在运行中由于不断振动而出现松脱事故。

2. 气阀的区别

1）吸气阀

（1）阀体在未装入汽缸前，阀杆锁紧螺母压住阀座；

（2）组装时，阀座在汽缸外侧；

（3）用螺丝刀检查时，可以从缸的外侧顶开阀片。

2）排气阀

（1）阀体在未装入汽缸前，阀杆锁紧螺母压住升程限制器；

（2）组装时阀座在汽缸内侧；

（3）用螺丝刀检查时，可以从安装内侧方向顶开阀片。

3. 气阀的安装

（1）认真区别吸排气阀以防止装错；

（2）就位时注意垫的正确位置，防止出现偏垫；

（3）机组若不能及时试运行时，应采取可靠的防锈措施(氧压机例外)。

8.6.3.8 电机的安装

（1）电机的基础一般均与机身基础为一整体，对基础的检查、处理及垫铁组的设置基本与压缩机安装相同。

（2）在安装电机钢底座时，要重视它的水平度及轴中心线的位置，一般要求水平偏差在0.10mm/m之内，轴中心偏差在0.50mm之内。

（3）电机的吊装，由于电机有单独立轴承与双独立轴承之分、各电机的重量不一样以及各机组所在厂房的吊车能力也各不相同等原因，所以，是采用整体还是分体吊装的方法应根据具体情况确定。

（4）不论采用整体还是分体吊装方法，在吊装之前均应将电机转子与压缩机曲轴的联轴节进行套装。

（5）在进行分体吊装时，一般是待钢座找平、找正并有合适的平面标高之后，让独立轴承就位并初步找平找正，再吊装电机定子。此时应先将定子与钢座间的可调垫片放好(包括绝缘垫)，待定子就位并初步找正后，即可进行转子吊装工作。对于单独立轴承的转子吊装，事先在联轴器一侧应准备好托垫或托架，以临时支承转子。要使转子安全而顺利地装入定子内是一项细致的工作，严防定、转子在套装过程中相碰。在套装时若外侧独立轴承碍事的话，可作适当的暂时位移。待转子初步就位后，它与定子间的气隙应保持一定的均匀度，以便联轴器进行找正调整。对于双独立轴承的转子，在联轴节找正之前可以进行轴瓦的刮研，但刮研时要保持转子轴正常的水平位置。它也可以与单独立轴承那样结合联轴器找正时进行刮研，刮研的要求与机身主轴瓦相同。

除了以上吊装程序外，还有采用在电机钢座找正找平之后，即进行单或双独立轴承的安装并进行初步找正后再吊装转子，待转子就位并经初步找正定位，最后再吊装电机定子就位的方法。这种方法似乎要麻烦一些，因为在吊装定子时，外测独立轴承要移开，待定子装入转子轴内后再复位，最后平移定子使其套入转子。但这种方法的最大优点是定子、转子相套时安全可靠。

（6）刚性联轴节的找正

对联轴节的找正方法有"一表找正法"、"二表找正法"和"三表找正法"等多种方法。

① 刚性联轴节找正的常用方法——"二表找正法"：在对称平衡压缩机的刚性联轴节找正中，现在各安装单位较普遍采用"二表找正法"。

② 采用"二表找正法"的注意事项：

a. 对称平衡压缩机有"M"型与"H"型之分，它们在找正刚性联轴节的一般方法是一样的，但被调整的对象不同。对于"M"型对称平衡压缩机刚性联轴节的找正，有的以主曲轴上联轴器为主基准，调整电机轴联轴器；也有相反的采用情况，但由于电机转子的调整比较容易，压缩机调整牵涉到其他的附件管线等，所以多数采用前种方法。对于"H"型机组上刚性联轴节的找正，"H"型机组的电机转子轴往往是与某一侧主曲轴为一整体轴，而另一侧主曲轴通过刚性联轴节连接，在进行联轴节找正时，一般均以主曲轴与转子轴为整体一侧刚性联轴节为主轮，调整另一侧主曲轴位置以达到找正目的。

b. 由于一般联轴节的外圆和端面加工的表面粗糙度较差，不利于找正时千分表触头的滑动。所以常在联轴节外圆端面上取上、下、左、右各相隔90°的测点位置，测点距边缘约10～15mm，并将各测点作好记号以重复使用。在实际测定时常需多次测定以达到更合适的找正数据。除了以上找正时的单轮转动方法以外，现在还常有采用双轮同时转动的方法，即联轴节组同时旋转，并分别测定四个位置上的数据。这种方法的优点是测点的千分表触头基本上只作很有限的位移，对测定结果的准确度是有利的。

c. 对于不能在对轮上直接测量同心度的状况，可采取间接测量同心度的方法。即通过曲轴张合度的检查，确定装配对轮前和装配对轮后的变化，从而获得测量同心度的目的。

d. 独立轴承不论是一个或两个的，在找正联轴节的过程中应随时作适当位移（止推到位），以确保轴承与轴颈始终处于正常配合位置。独立轴承的底座螺栓紧固问题，在施工中往往被忽视，为了调整方便而使底座螺栓始终处于松开状态，待找正工作结束后再紧底座螺栓，此时将会影响找正的准确度。所以，对独立轴承的底座螺栓采取调整一次紧固一次是比较可靠的。

e. 由于对称平衡压缩机的联轴节外缘一般较宽，所以采用的千分表架要考虑适当的刚性和稳定性。千分表座在主轮上的固定要可靠，在使用磁力表座时应注意磁力是否正常，无磁力表座时也可以采用包箍等方法来固定千分表架。

③ 联轴节找正时各支承点的调整值计算可参见第6章"6.1.8.1 离心泵的安装"部分。

④ 在进行联轴节找正时，还应考虑电机转子由于自重影响而产生的挠度值对找正的影响，并结合本机组对找正的要求而确定调整值。

⑤ 待找正工作结束后，即可进行联轴节螺栓孔的精铰工作，在铰孔时应注意原已作核对孔位的标号。精铰后的螺栓孔与螺栓的配合为微量过盈配合，不得松动。

（7）独立轴承与电机钢座间的绝缘垫问题

在安装电机独立轴承时，凡采用双独立轴承的，均应在任意一侧的独立轴承座与钢座之间加绝缘垫片和绝缘环，其主要目的是为了防止产生静电感应轴承电流。因为从电机转子轴→独立轴承甲→电机钢底座→独立轴承乙→电机转子轴正好形成一电感应回路，它在电机运行时将产生感应轴承电流，这种感应轴承电流的存在将起破坏润滑油膜和造成轴承过热的不良作用（图 8－65）。对于单独立轴承装置的电机，虽然在理论上不存在如双独立轴承那样出现电感应回路，但在实际中往往为了防止意外回路的出现而在独立轴承座与钢座之间也加有绝缘垫片和绝缘环。

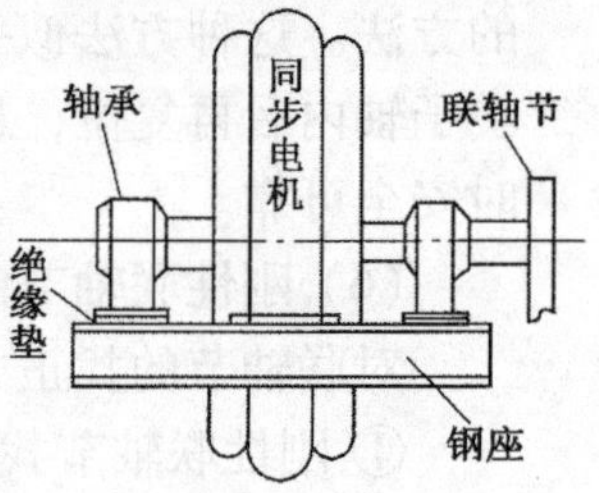

图 8－65　防止产生轴承电流的绝缘措施示意图

为了达到完全断开上述电感应回路，除了在独立轴承底部加绝缘垫之外，独立轴承的底座螺栓、定位销以及其他凡能形成感应回路的任何导电联接件，均应严格采取绝缘措施。绝缘材料可用一般绝缘垫，底座上绝缘垫周边尺寸应稍大于底座。绝缘效果的检验可用 1000V 或 500V 的绝缘电阻测定器测定，要求绝缘电阻大于 50 万 Ω 为合格。

（8）同步电机的定子安装找正

① 在安装找正电机定子时，应考虑将来生产维修之便与安装时调整之用，一般在定子底座与钢座之间加上 2～4mm 厚的垫片层，它由多层薄垫组成。此垫一般属设备自带，如没有时应现场配制。

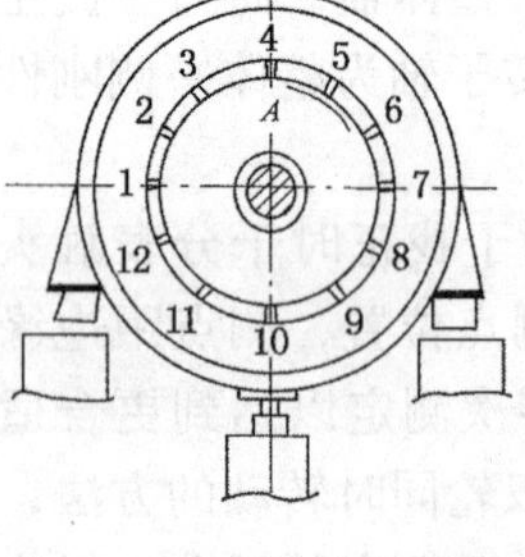

图 8－66　电机空气间隙量检查方法

② 电机定子的找正均在联轴节找正之后进行，并以转子为基准进行调整，包括同心度与轴向位置的调整。

③ 电机空气间隙量的调整检查方法如下：

a. 以转子为基准检查空气间隙的方法如图 8－66 所示，先将定子周围等分为 8～12 点，并在各点作标志与编号，再在转子圆周上任取一点 A，也作标志。然后让 A 点沿着定子的顺序号慢慢移动，并测得 A 点与各顺序点之间的空气间隙值，当各点气隙值均基本一致时，即说明定子内圆比较理想；当各点值出入较大时，应分析原因，判别是定子、转子不同心造成的还是因定子圆度超标造成的。

b. 以定子为基准检查空气间隙的方法中检查的方法似上，它是先在转子周边上编等分顺序号，再以定子上某点为 A_1 点。当转子慢慢转动时，分别测定与 A_1 点相应的各点间之气隙值，再根据测点值的情况来判别定、转子的同心度和转子的圆度情况。

c. 定子与转子间各测点的气隙值最大偏差应在平均气隙值的 10% 以内。由于考虑到转子在运行一阶段之后的微量下沉原因，一般在安装时，要求顶部空气间隙值比底部空气间隙值小 5%～10% 的平均气隙值。

d. 在检查定子与转子的空气间隙工作中还应注意如下几点：

（a）测量气隙的工具可以用塞尺，但其长度不应短于 300mm。在测定时，最好在相应点的两侧均测定。

（b）在测定气隙过程中，要严防其他杂物落入气隙内。

（c）在环向气隙找正合格后，还应检查轴向位置是否也正常，然后即可进行定子定位（打定位销），并将轴端压盖及转子各磁极连接螺栓、风机连接螺栓拧紧或复查以及注意防松垫是否可靠。

④ 电机的导电装置安装：若电机为同步电机时，集电环和励磁滑环的内孔与主轴应有0.30~0.50mm 的间隙，碳刷与滑环的接触弧面应严密，不得有间隙。

8.7 往复式压缩机的检修

8.7.1 往复式压缩机检修的一般要求

1. 拆卸技术

1）安全注意事项

（1）运转中一般不允许修理，以免造成事故。

（2）压缩机检修时，必须切除电源，并挂牌禁动。

（3）拆卸汽缸上任何部件前，首先关闭与压缩机有联系的外管阀门，并将放空阀门打开，将汽缸内气体的压力卸为常压。若压缩机工作介质是有毒、易燃、易爆的气体，还应进行置换，必要时，还应在压缩机的进出口处安装盲板。只有当汽缸无压和置换气合格后拆卸工作方可进行。

（4）拆卸吸、排气阀盖或汽缸盖时，要对称地留两个螺母，先用螺丝刀或扳子将压盖撬开一点，证明汽缸内没有压力后才可将螺母全部卸去，以防止汽缸内有残余气体压力将盖冲出伤人。

（5）在临时停车排除故障时，应待汽缸温度冷却到50℃以下，拆卸汽缸上的部件才比较安全，否则因润滑油高温汽化而易着火，造成汽缸爆炸事故。

（6）动火时必须严格分析，认真执行动火规章。

（7）大型压缩机检修时，在盘车前应相互关照，以免伤人或损坏机件。

2）活塞式压缩机的拆卸程序

拆卸程序应根据检修部位来确定，一般是先拆外部附件，后拆内部零部件，从上部到下部依次拆卸。压缩机的结构类型不同，拆卸程序也不同，通常分为无十字头和有十字头两种。

（1）无十字头压缩机的拆卸　拆卸程序见图8-67。

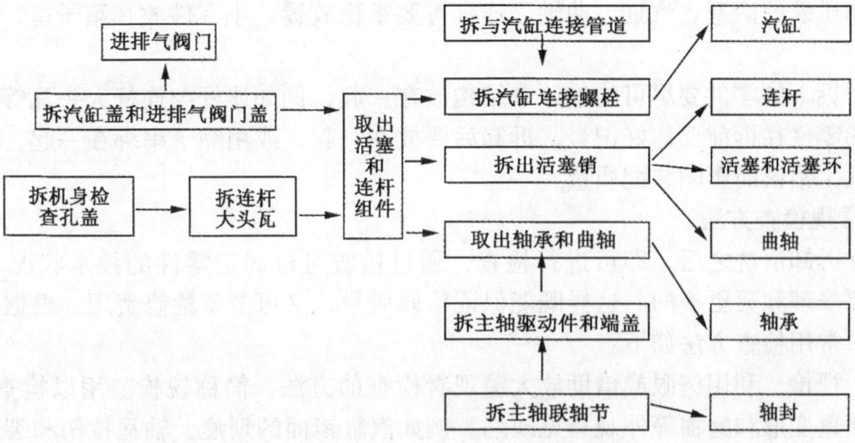

图8-67　无十字头压缩机的拆卸程序

（2）有十字头压缩机的拆卸　拆卸程序见图8－68。

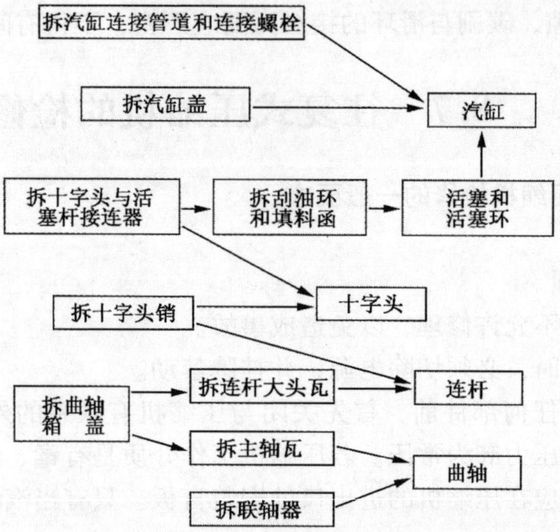

图8－68　有十字头压缩机的拆卸程序

3）基本要求

压缩机的大、中、小修应根据检修的内容来确定拆卸的零部件，并要遵守下列基本要求：

（1）拆卸中根据压缩机的各部件的结构不同，应预先考虑操作程序，以免先后倒置，造成混乱，或为了省事，乱拆猛敲，造成零件损坏或变形。

（2）拆卸时要使用专用的工具、拉具，必须保证对合格零件不发生损伤。例如拆出连杆小头瓦应当用压力机压出，或专用工具拉出，严禁用手锤直接打出。拆卸气阀组合件时也应用专用工具，不允许把阀放在虎钳上拆卸，这样容易把阀座等零件夹变形。对汽缸、活塞拆卸时，活塞杆的连接螺母要用专用死口板子，不准用管钳直接夹在螺母或活塞杆进行拆卸。

（3）大型压缩机的零件、部件都很重，拆卸时要准备好起吊工具、绳套，在绑吊时要注意保护好部件，不要碰伤或拉伤。

（4）对拆卸下来的零件、部件要放在合适的位置，不要乱放；对重要机件，应放在垫木上。例如压缩的活塞、汽缸、曲轴、连杆等要平稳放置；小零件放在箱子里，精密零件要专门保管。

（5）拆下的零件要尽可能按原来结构放在一起，例如连杆与连杆大头瓦等。对成套或不能更换的零件在拆前要作好记号，拆卸后要放在一起，或用绳子串绑在一起，以免搞乱，使装配时发生错误而影响装配质量。

2. 常规检查方法

零件拆卸清洗之后，即可进行检查，通过检查可以确定零件的技术状况，分辨出可用的、需要修理和要更换的。这样既能保证检修质量，又可节省检修费用。根据各种零件的技术要求，常用检查方法如下：

（1）视检　利用肉眼或借助放大镜观看检查的方法，简称视检。用以检查零件的破裂、折断、严重变形和磨损等外观易见缺陷。例如汽缸镜面的划痕，轴瓦拉伤和裂纹，气阀的损坏，活塞环的磨损等。

（2）手检　凭手感检查某些紧固件是否松动，盘车轻重判断机器是否正常。以实践经验为主，一般能查出较为明显的问题，以作为初检或深入检查的引导。

（3）敲击　用敲击零件发出的声音来诊断该零件是否完好。常用来检查轴瓦的巴氏合金与瓦壳是否脱层。

（4）测检　利用各种测量工具、仪器进行检查，以测量数据说明各个零件因磨损而引起的几何尺寸上的变化。如常用来检测弯曲、圆度和圆柱度以及各配合间隙值和各点水平等。检测是检修拆装常用的主要检查方法，要求测量准确，任何差错都将影响检修质量。

（5）着色法　在检查某些零件的裂纹时，如汽缸、汽缸盖的裂纹等，金属面的裂纹很细，单用肉眼看不见或很难确诊，常用着色探伤法来判断。

（6）探伤仪　利用磁化、X光、超声波等探伤仪器对重要零件内外部位缺陷进行检查，例如压缩机的连杆、连杆螺栓、曲轴、十字头销、活塞杆等重要零件。

（7）水压试验　用以检验受压容器的承压能力和缺陷的情况，如对汽缸做定期水压试验。

8.7.2　往复式压缩机各部件的检修

8.7.2.1　机体的检修

1. 机体损坏的种类

压缩机在长期使用过程中，由于各种因素，会产生机体各部的损坏。常见的损坏现象有如下几种：

（1）滑道拉毛；

（2）滑道过早磨损；

（3）连接汽缸法兰平面的损坏；

（4）机身破坏；

（5）机体与基础脱离；

（6）机体局部产生裂纹。

2. 机体的检修

（1）滑道“拉毛”的修理　可用半圆形油石蘸些润滑油在“拉毛”部位来回研磨，直到用手触摸无明显感觉为止。如痕迹较深则可用银或轴承合金等熔焊在拉痕处填补；“划伤”面积较大时用机械加工方法修理。

（2）滑道的研磨　一般采用三脚架人工研磨。如滑道经研磨后的直径为d，则制作两只磨具。第一只磨具的直径比d小0.10mm左右，研磨时用80目粗碳化硅加润滑油粗研磨。磨到一定尺寸后，再用第二只磨具。第二只磨具直径比d小0.05mm左右，用180目细碳化硅研磨到手摸不出痕迹为止。

（3）滑道磨损的检修　视滑道磨损情况可采用手工或机械加工方法修理。如磨损小时，可采用手工修复；如磨损尺寸公差大于80%时，则须用机械加工方法。

（4）机身裂纹的修复：

① 堵丝堵　一般在不重要部分发现有裂纹时，采用堵丝堵的方法阻止裂纹的扩展。

② 盲板修补　此法与丝堵修补相似，即在裂纹端部钻孔，再在裂纹两侧视情况钻孔；铰M10～M12螺孔数个；用厚度为3～6mm的钢板按该部位的形状锤制，再用螺钉拧紧即可。

③ 焊补方法　一般用于非重要部位的修补。

④ 金属扣合修补法　此法是在堵丝堵的基础上，再在裂缝的适当位置镶入铜块。

⑤ 黏结法　用黏结剂把两个构件牢固地黏合在一起，可代替部分焊接、铆接和机械装配。

⑥ 镗孔修理　当机身的滑道、滑动轴承座孔和滚动轴承孔的磨损超过极限时，要重新

镗削修理。

修补后的机体应重新试漏，并保持8h，不得有渗漏现象。

3. 基础沉陷的检查与修复

（1）沉陷的原因　地耐力不够；地基内的废墟、池塘、水潭等未处理妥当，填土不实；地基是大孔性土壤，水土流失严重，地下水或流砂的影响；压缩机的重心和基础底面偏心距过大等。

（2）基础沉陷的检查　基础出现裂纹时，应根据裂纹伸展程度，检查是否是由于混凝土基础设计或浇灌不当造成的。若裂纹由顶向下伸展，一般是上部原因，是压缩机作用在基础上的力和力矩过大或机器振动等造成的；裂纹由底向上伸展，一般是下部原因，是地基土壤问题造成的。裂纹部位加封石膏，便于观察发展情况，查找原因，研究解决办法。

基础裂纹不大时，可以把缺陷铲除干净，补浇水泥基础。机体、基础有下列情况时，应拆下机体另行安装：

① 基础下沉较严重，或基础主要部位有裂纹且继续扩展，影响到机器的正常运行。

② 机体边缘与基础脱离周长为全周长的50%或其垂直振动大于0.25mm。

③ 机体严重漏油，需拆下修复。

④ 局部修理如更换垫铁或基础螺栓时，水平变化很大，已超过0.25～0.40mm/m。

⑤ 滑道严重损坏，需拆下修复。

⑥ 机体有缺陷，需拆下修复或更换。

（3）基础沉陷的处理：

① 测量　机体在拆除前，应对机体的水平度，以及主轴颈的纵向、横向水平度进行检查测量，并以原基础或其他附近建筑物为基准，测定机体中心标高。若为双列机身，应用拉线或其他方法测量机身中心线的同轴度，并将测量结果作好记录，安装时供参考用。

② 机体的拆除　铲除机体四周的水泥灌浆，使之露出全部垫铁，记下垫铁位置及其高度。用自身顶丝和外加千斤顶进行机体试顶。如机体略有升起，即可同时顶起各千斤顶，使机体离开基础表面20～50mm，再用起吊工具吊起，移开并用枕木垫稳，以便检查与修复。

③ 地脚螺栓的定位 用木架固定各地脚螺栓的相对位置，再铲除一定深度的水泥基础，以达到要求为准则。

④ 重新倒制混凝土 清理原基础的杂物，加水湿润原基础，配制高标号的水泥沙石浆混凝土重新倒制，并达到原来的标高。

⑤ 机体回装 机体或基础修好后即可按上述记号进行安装。重新回装的水平度、标高、各部件的同轴度等符合技术要求。

8.7.2.2　轴承的检修及装配

1. 滚动轴承

滚动轴承应用范围很广，其检修并无特别的要求，相关的知识参考有关内容便可，故在此不作介绍。

2. 厚壁瓦轴承

1）检查轴承与轴承座的配合

这两者的配合包括三方面：一是两者的接触印迹；二是两者的过盈；三是两者的油孔是否对中，油封间隙是否合适。

(1) 检查轴承与轴承座的接触印迹　在瓦体外圆均匀地涂上一层薄薄的红丹等显示剂，装入轴承座。在保证装配紧力的前提下，按规定的扭矩拧紧轴承盖螺栓。拆卸后观察贴敷面积达 80% 即可，否则要研刮瓦体背面。

(2) 检查轴承与轴承座的过盈　两者的过盈对轴承的工作影响较大。过盈太大，轴承变形，既影响轴承与轴的配合，又会使轴承早期损坏。过盈太小或无过盈，运转时轴承在轴承座中游动，使轴承产生周期性振动，造成巴氏合金层脱落，又使轴承与轴承座配合不良，温度升高，严重时烧瓦。非薄壁瓦剖分式轴承与轴承座的过盈较小，一般取为 0.02～0.04mm。

2) 检查轴承与轴的配合

(1) 技术要求：

① 轴的尺寸精度、圆度、圆柱度、粗糙度符合图纸要求；

② 轴瓦衬无裂纹、脱壳、砂眼及气孔；

③ 轴瓦与轴颈的接触角为 60°～90°，接触点为 2～3 点/cm^2。

(2) 轴承间隙的测量：组装前，可用内外径千分尺测量轴颈外径和轴承内径的方法来确定轴承间隙。组装时，轴承的侧隙用塞尺测量，轴承顶隙也可用塞尺测量，或用压铅法测量。间隙控制可按 1.5/1000～2/1000 倍的轴颈直径选取。

① 塞尺测量法如图 8－69。用塞尺测量顶隙适用直径较大和间隙较大的轴承。测量时应注意塞尺要窄，厚度要适当，用力要均匀，以免损伤巴氏合金层。

② 压铅丝测量法如图 8－70。压铅测量时应选取柔软的铅丝，铅丝直径应为轴承顶间隙的 1～1.5 倍。安放铅丝后，装上轴承盖，拧紧螺栓。拆卸后用千分尺测量铅丝厚度，根据表 8－5 算出轴承顶隙。

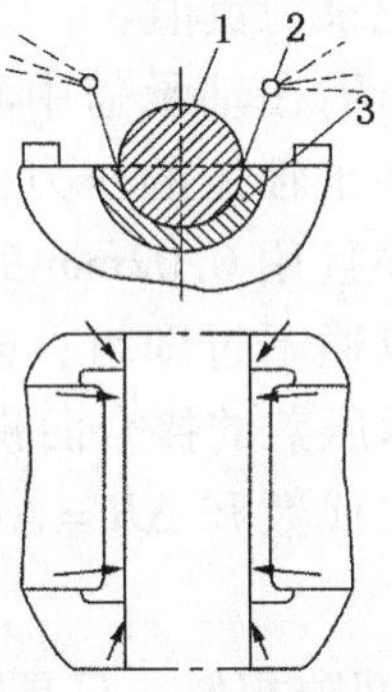

图 8－69　用塞尺检测轴承间隙

1—轴颈；2—塞尺；3—轴下瓦

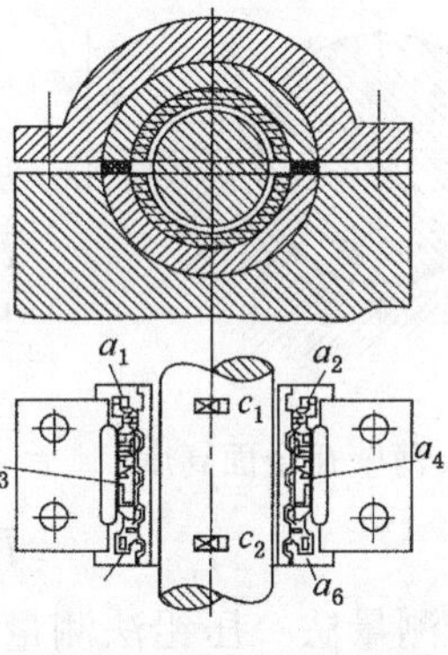

图 8－70　用压铅法检测轴承间隙

表 8－5　压铅丝测量轴承顶隙

	轴承剖分面铅丝平均厚度	轴瓦一端间隙 Δ1、Δ2、Δ3	轴 瓦 间 隙 Δ
前　端	$(a_1+a_2)/2$	$\Delta1=C_1-(a_1+a_2)/2$	$\Delta=1/3[C_1-(a_1+a_2)/2+C_2-(a_3+a_4)/2+C_3-(a_5+a_6)/2]$
中　间	$(a_3+a_4)/2$	$\Delta2=C_2-(a_3+a_4)/2$	
后　端	$(a_5+a_6)/2$	$\Delta3=C_3-(a_5+a_6)/2$	$=(C_1+C_2+C_3)/3-(a_1+a_2+a_3+a_4+a_5+a_6)/6$

3) 调整轴瓦顶隙

调整轴瓦顶隙的方法有两种，一种全靠研刮，另一种研刮好下瓦与轴的接触角及上下瓦与轴的接触点，然后改变轴承剖分面的垫片厚度，以达到调整间隙目的。

4）检查、调整轴瓦的轴向间隙

滑动轴承装配时，除了径向配合间隙需要测量和调整以外，对于受轴向负荷的轴承还应检查和调整轴向间隙，如图 8-71 所示。将轴推移到一端用塞尺或千分表来测量，确认轴向间隙 c 值。根据负载及设备结构的不同，c 值范围可达 0.1～0.8mm。当轴向间隙不符合要求时，可以通过刮削轴瓦端面或调整止推螺钉来调整。

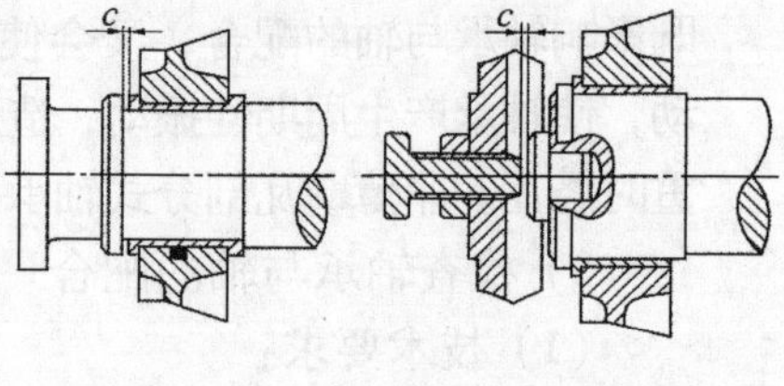

图 8-71　滑动轴承轴向间隙的测量

3. 薄壁瓦的装配

1）薄壁瓦的装配特点

（1）轴承间隙不可调整。轴承间隙由制造厂精加工确定，轴承间隙既不能以研刮的方式增加（巴氏合金层太薄），也不能以改变垫片的厚度来调整（瓦的整体厚度也太薄，加上垫片固定不牢，反而楔入轴承与轴之间）。轴瓦间隙一般为 0.8/1000～1.5/1000 倍的轴颈直径。

（2）严格控制余面高度。

2）余面高度的测量

余面高度有两种测量方式。

（1）深度游标卡尺测量法　在图 8-73 中，把下瓦放在轴承座中，轴颈压在下瓦。下瓦左侧用平尺限位，使下瓦剖分面的左侧与轴承座剖分面成一水平面。下瓦剖分面上右侧一般高出轴承座剖分面一个 ΔH_1 值，用深度游标卡尺测量并记录为正值。如果下瓦剖分面右侧低于轴承座剖分面，则记录为负值。

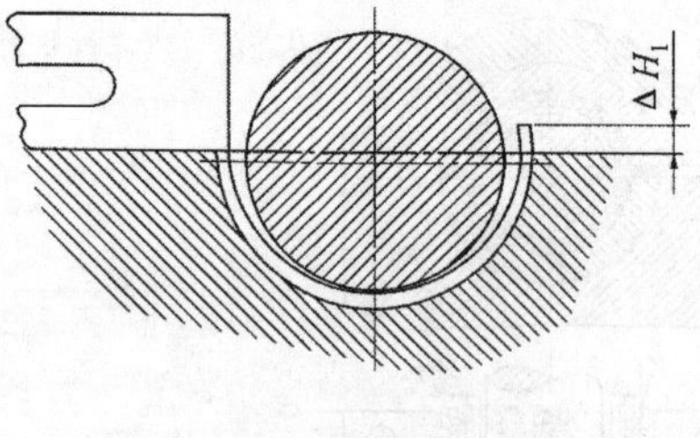

图 8-72　薄壁瓦余面高度

上瓦的余面高度 ΔH_2 在轴承盖中测量，与测下瓦的方法相同。但这时没有转子轴颈的压力，应该借助假轴对上瓦加上试验压力 P，并且用 0.02mm 的塞尺检验瓦衬外圆与轴承盖的接合面，以通不过即可；或再用红丹涂色法来检查，确保瓦衬与轴承压盖的接合面积达 80% 以上。

上下瓦余面高度之代数和 $\Delta H = \Delta H_1 + \Delta H_2$，即为薄壁瓦的余面高度。

（2）压铅测量法　压铅法测量余面高度与测量轴承间隙相似，只是铅丝放置不一样：铅丝均轴向安放在轴承座剖分面和轴瓦顶面上。完成组装轴承瓦盖和螺栓紧定等工作后，拆卸并测量铅丝厚度。根据表 8-6 计算薄壁瓦余面 ΔH。

表 8-6　压铅丝测量薄壁瓦余面高度

	轴承座剖分面铅丝平均厚度	轴承剖分面铅丝平均厚度	薄壁瓦余面高度 ΔH
前　端	$(a_1+a_2)/2$	$(b_1+b_2)/2$	$\Delta H = 1/3[(a_1+a_2)/2-(b_1+b_2)/2+(a_3+a_4)/2-(b_3+b_4)/2]+(a_5+a_6)/2-(b_5+b_6)/2]$ $=(a_1+a_2+a_3+a_4+a_5+a_6)/6-(b_1+b_2+b_3+b_4+b_5+b_6)/6$
中　间	$(a_3+a_4)/2$	$(b_3+b_4)/2$	
后　端	$(a_5+a_6)/2$	$(b_5+b_6)/2$	

表 8-6 说明，薄壁瓦余面高度等于轴承座剖分面铅丝平均厚度减去轴瓦顶面铅丝平均厚度。

压铅法测量薄壁瓦余面高度时要注意：三个横截面的余面高度，相互之差不应大于0.02mm，其余注意事项见压铅法测量轴承间隙部分。

3）余面高度的规定值

薄壁瓦测量出来的余面高度应符合有关技术要求。

4）余面高度与过盈量

余面高度在一定程度上反映薄壁瓦与轴承座的过盈，两者的关系由下式确定：

$$\delta = (4\Delta H)/\pi$$

式中 δ——薄壁瓦与轴承座的过盈，mm。

由此可知，过盈与余面高度成正比。过盈不恰当对轴承影响很大：余面高度过大，为使轴承座与轴承盖贴紧，螺栓拧紧过劲，会使薄壁瓦剖分面产生塑性变形；余面量过小，又会产生轴瓦紧力不够而产生振动。

4. 厚壁瓦轴承合金的焊补

轴瓦上的轴承合金层过薄，或者是局部轴承合金碎裂和局部存在缺陷时，可以用焊补的方法进行修复。

焊补时，应先将轴瓦上原有的轴承合层熔化到一定的深度，再用条状的轴承合金进行焊补。如果表面有不平现象，可以加以熨平，然后按一般轴瓦加工的方法进行加工。

在采用这个方法焊补轴瓦的轴承合金层时，应符合下列条件：轴瓦上轴承合金层必须无脱层现象，并经充分脱脂；轴瓦上轴承合金层的剥落面，不超过1cm^2，且在每一片瓦上不多于两处；焊补时采用的焊补合金，应当与原来轴瓦上的合金牌号相同。

乙炔焰焊补轴承合金的步骤：

（1）将旧瓦的瓦背加热，局部或全部化去原有轴承合金，再放在10%～15%的盐酸中浸洗5～10min，取出用热水（70～100℃）冲洗，并用10%的碱液冲洗中和残留在瓦上的酸，再用热水冲洗干净。

（2）将锡和轴承合金分别铸成直径为15～25mm的长棒。

（3）用乙炔焰挂焊0.1mm左右的底锡，然后补焊轴承合金，使之达到要求厚度（考虑机加工量）。

焊补时，焊接速度要快，焊迹要平整排列，并防止轴承合金与瓦体受高温影响而脱离。焊补完一边反转使之冷却，转过来焊另一边，直到冷却下来后，再接着焊补。整个焊补过程瓦体温度≤200℃。

8.7.2.3 曲轴的检修

1. 曲轴的检查

（1）测量曲轴的张合度（曲柄间距差） 主轴的张合度是曲轴在瓦内旋转360°的摆动数值之差（见图8－73）。把磁性千分表架放在曲轴主轴承臂的平面上，触针顶在曲柄平面位置，盘车使曲柄销停在某一位置时，调节千分表，使指针指在零。然后盘车，每转90°记下千分表读数，要求曲轴摆动差在0.1/1000倍活塞行程以内。

（2）测量曲轴的主轴颈水平 用高精密度水平仪测量曲轴的水平偏差不应大于0.10/1000。曲轴旋转360°，每转90°测量一次，每次测轴颈两端的两个点。为了防止水平仪本身有误差，测量时必须把水平仪转180°，反复测两次，取它的平均值。由于飞轮重量的影响，会使曲轴产生微小的弯曲，而且主轴颈的圆柱度也会产生影响，在测量时要予以考虑。

（3）检查测量主轴颈和曲柄销表面粗糙度、圆度和圆柱度 表面粗糙度不能满足要求的，应该用油石磨光。主轴颈与曲柄销必须进行超声波探伤，检查有无缺陷，以及缺陷发展情况，尤其是在主轴颈与拐臂连接的根部。图 8－74 为测量主轴颈与曲柄销圆度和圆柱度的示意图。

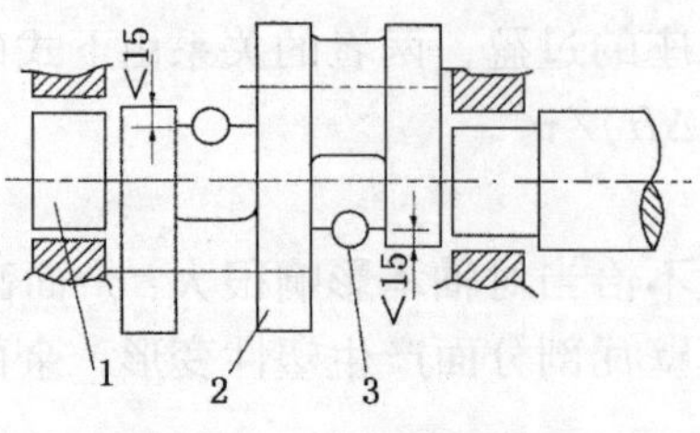

图 8－73　测量曲柄间距

1—主轴颈；2—曲轴；3—千分表

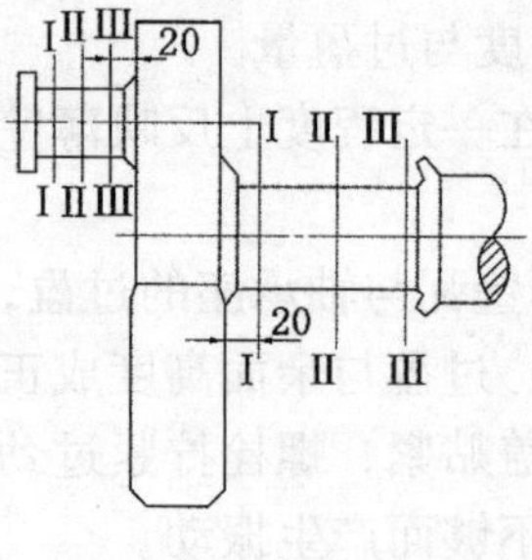

图 8－74　主轴颈、曲柄销测量点位置

当主轴颈与曲柄销的圆度、圆柱度公差大于或接近表 8－7 的最大值时，应进行修圆。

表 8－7　主轴颈与曲柄销的圆度、圆柱度公差　mm

直　径	主 轴 颈	曲 柄 销
500～600	0.06(0.30)	0.07(0.30)
360～500	0.05(0.25)	0.06(0.25)
260～360	0.04(0.20)	0.05(0.20)
180～260	0.03(0.15)	0.04(0.15)

注：括号中为最大公差值，括号外为标准公差值。

2. 曲轴的常见损坏种类

（1）曲轴轴颈和曲拐微量磨损(圆度、圆柱度、粗糙度不符合要求)。

（2）曲轴过渡角裂纹。

（3）曲轴出现擦伤或刮痕。

（4）曲轴键槽磨损。

（5）曲轴弯曲和扭转变形。

3. 曲轴的修复

1）曲轴颈部“咬毛”、轻微疤痕的修复

主轴颈和曲柄销一般就地修复。用 00#砂布或金相砂纸在销颈上绕一周，拉住砂布两端作往复运动。有时把宽度与轴颈长度相等的砂布用皮带或绳包住绕到轴颈上，拉动皮带或麻绳频频旋转，直至伤痕等消除后，再用布面按相同的方法拉动，可改善表面粗糙度。

2）曲轴磨损的修复

（1）曲柄销与主轴颈磨损后的圆度或圆柱度公差值不大于表 8－7 中的最大公差时，可用油石、细砂布进行研磨修正。

（2）如圆度或圆柱度公差大于表 8－7 中最大公差时，用车床或磨床等机床光磨成统一尺寸。在车削或光磨轴颈时，必须严格保持圆角半径。

（3）圆角上的擦伤用手工修整或机械加工方法消除。

（4）轴颈磨损较大或已经几次修磨，轴颈尺寸已达到极限值时，可采用电喷镀，使轴颈表面形成金属喷镀层。为使金属喷镀层厚薄均匀，喷镀前应将轴颈按其圆柱度公差精车，喷镀层的半径厚度在0.3～0.5mm范围为宜，过厚或过薄易引起脱层或强度不够。喷镀后的轴颈须经机械加工恢复到原来尺寸。

车削、研磨后的轴颈减少量应不大于原来轴颈的5%。

3）曲轴裂纹的修理

轴颈上有轻微的轴向裂纹时，如修磨后能消除，则可继续使用。径向裂纹一般不加修理，因为在使用过程中受应力作用裂纹会逐渐扩大，甚至发生严重的折断事故。

4）曲轴弯曲和扭转变形的校正

（1）弯曲变形较大的曲轴，可采用热压校正法。把曲轴放在V形铁上，先用氧乙炔或喷灯对弯曲的凸面进行局部加热，温度控制在500～550℃之间，即呈暗红色。然后对弯曲凸面施工机械压力。在加压过程中，继续对曲轴弯曲部位进行缓慢加热，加温应均匀。用热压法校正曲轴的弯曲，一般需要重复数次，直至稍有相反方向的弯曲为止。

（2）曲轴的弯曲和扭转变形较小时，用车削和研磨方法消除。车削和研磨后的轴颈减少量应不大于原来轴颈的5%，同时还须相应地更换轴瓦。对较大的弯曲变形，校直时的反向压弯量以不大于原弯曲量的1～1.5倍为宜，还应使校直后的曲轴具有微量的反向弯曲。校直时应根据变形的方向和程度，用铜棒或其他风动工具沿曲轴进行“冷作”，以消除集中的塑性变形。

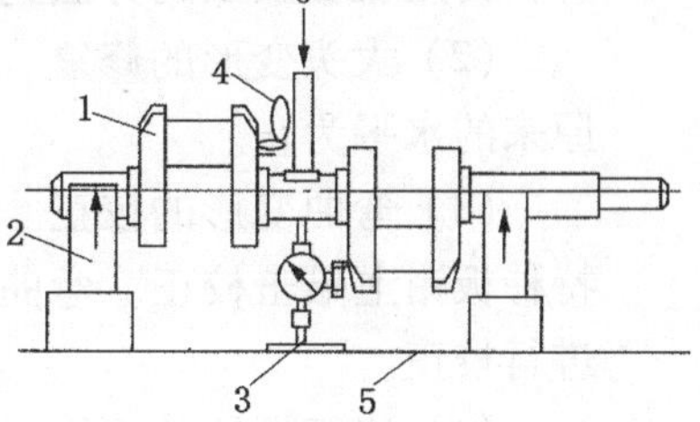

图8－75　压力与敲击法校正曲轴

1—曲轴；2—V形垫铁；3—千分表；4—敲击部位；5—平台；6—压力P

弯曲变形的第二种校正方法如图8－75所示。曲轴的弯曲和扭转变形可借助于千分表来发现。将千分表安置在轴颈上，而轴颈分成4等份或更多的等份，缓慢地转动曲轴，分别测量出读数，作好记录。

将曲轴架在平台的V形铁架上，在中间一道曲轴轴颈或曲拐轴颈拟加压部位的下面立好千分表(最好将千分表触点立在被加压轴颈的径向部位，因为这个部位磨损量较小，数字较准)。然后分段缓慢地增加压力，最后一次压下时不能过大，以避免曲轴发生过大塑性变形。另外，曲轴校直时的反向压弯量要比原弯曲量大一些，以不超过原弯曲量的1～1.5倍为宜，这样使校直后的曲轴具有微量的反向弯曲。

5）键槽磨损的修理

曲轴键槽磨损宽度不超过5%时，可用钳工、刨或铣来扩大键槽进行修复，但不得超过原来宽度的15%。若键槽磨损宽度大于5%时，必须先补焊，然后用刨或铣加工到原来的尺寸。也可在原键槽的对应面重新铣制一个新键槽使用。

8.7.2.4　连杆的检修

1. 连杆的常见故障

（1）材质的化学成分不对，机械性能不符合要求。

（2）加工不良，杆身与头部的圆角过渡面不符合要求。

（3）装配时，曲轴中心线与机身滑道中心线不垂直，连杆歪斜，使轴承歪偏磨损；轴瓦间隙不当，引起烧瓦、抱轴、严重敲击、连杆损坏等。

（4）润滑油量少、油压低、油温高、污物堵塞油路，引起轴瓦烧熔，甚至连杆损坏等。

（5）机身、汽缸、连杆等的螺栓断裂，以及液击引起连杆损坏等。

2. 连杆的检查

（1）拆卸时要仔细检查大、小头的磨损状况，杆身须做无损探伤，检查有否内部缺陷。

（2）仔细检查大、小头轴承间隙量，轴承内外表面情况及轴承合金与钢壳贴合情况等。

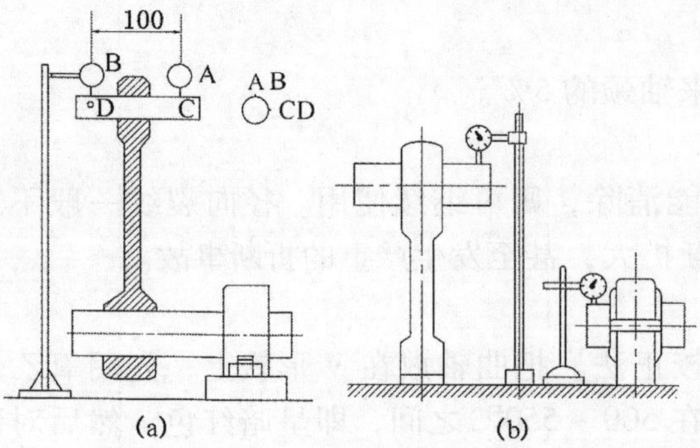

图 8－76　组合式连杆的分别检查

（3）拆卸前检查连杆螺栓有无松动，拆卸后仔细检查连杆螺栓螺纹，并做磁粉探伤检查。

（4）连杆大、小头中心线的平行度公差检查，在 100mm 长度上不超过 0.02mm。检查方法见图 8－76。

3. 连杆的修复

（1）大头分解面磨损的修复　连杆大头的分解面磨损或破坏较轻时，可用研磨法磨平或者用砂纸打光。修整后的分解面不允许有偏斜，并应保持相互平行。可用涂色法进行检查，接触点应均匀分配，且不少于总面积的 70%。若分解面的磨损或破坏较严重时，可用电焊修补，再用机械加工的方法达到原来的要求。

（2）大头变形的修复　先在平台上检查其变形，再进行车削加工，一直到分解面恢复到原来的水平为止。

（3）弯曲变形的校正　连杆的弯曲和扭转变形可用连杆校正器进行检查，并在虎钳上或特种板钳上敲击校正。弯曲时，可用压力机或手动螺杆顶压使之扳直，也可以用火焰校正法进行校正。

（4）连杆螺栓的更换　使用过程中发现下列情况之一时，应予以更换（连杆螺栓一般不进行修理）：

① 连杆螺栓的螺纹损坏或配合松弛；

② 连杆螺栓出现裂纹；

③ 连杆螺栓产生过大的残余变形。

连杆螺栓的螺纹损坏或配合松弛，一般是由于装配时拧紧连杆螺栓用力不当引起的。螺栓拧得过紧，螺纹损坏；拧得过松，配合松弛。最好用测力扳手拧紧连杆螺栓，这样可以防止上述情况发生。

连杆螺栓的裂纹，可用 5 倍以上的放大镜对螺纹及其圆角、过渡面等处进行检查，也可用浸油法进行检查，先将连杆螺栓浸入煤油中，然后取出拭擦干净，再涂上一层薄薄的渗了白粉的溶液，待白粉干后，裂纹处会出现一条明显的黑线。必要时还可用磁粉、着色或超声波检查。

连杆螺栓装配时，可用测微卡规、专用卡规或厚薄规测量其弹性伸长度，伸长量不应超过连杆螺栓长度的 1/1000。使用中如果发现连杆螺栓的残余变形量大于 2/1000 时，应予以更换。

4. 连杆大头和小头轴瓦的修理

（1）使用曲柄轴时，连杆常采用闭式结构，如图 8－15 所示。先检查瓦背与连杆、斜瓦座的接触面，斜瓦座和斜铁的接触面，斜铁和连杆的接触面。若接触不好，需进行研刮，使各接触面都均匀接触。用红丹油检查，接触面达到 60% 以上。

研刮时，按修理前测得的轴瓦间隙与垫片厚度来调节垫片，使轴瓦内径比直径小 0.05mm 左右。在轴上涂红丹油，连杆组装后，盘车研磨轴瓦；如果不组装研磨，容易发生偏斜。拆下连杆，根据接触情况进行刮削，并反复研刮，随时调整轴瓦垫片，使垫片始终保持压紧状态而轴瓦无间隙。当瓦与曲柄销刮后接触面均匀，曲柄销与每块瓦接触圆弧面为120°，接触点不重，并且接触面积达到70%以上时，可用加垫片方法来调节间隙。大头瓦径向间隙取1/1000～1.2/1000倍轴颈直径，轴向间隙1～1.5mm。小头瓦间隙为0.6/1000～1/1000倍的十字头销的直径，轴向间隙0.8～1.0mm。大头瓦两侧瓦瓦口轴向刮成20mm宽的楔形油槽，但与瓦口不通，各留15mm。最后清理曲柄销、十字头销及轴瓦，并加润滑油，组装连杆。组装轴瓦时，注意垫片必须用稳钉固定，以防垫片把油槽挡住或磨轴。

（2）使用曲拐轴时，都采用剖分的结构，大头盖与杆体用螺栓连接(图8－14)。连杆大头瓦的研磨在曲柄销上进行。瓦背与连杆大头的凹面应仔细研刮，瓦背不应加垫片。瓦口垫片要平整，不允许加偏垫。垫片内侧离开轴颈表面的间隙不能太大，一般为0.1～0.25mm，否则大头瓦润滑油会大量外流，致使轴承润滑不良。

大头瓦的检修方法视损坏程度而定。钢瓦壳与轴承合金应结合良好，不应有裂纹、气孔、分层等现象。磨损后的轴承合金厚度不足原厚度的2/3时，应予更换(对于厚壁瓦而言)。对连杆大头瓦与小头瓦，应先各自研刮后再与连杆组装，盘车研磨轴瓦；再拆下连杆，根据接触情况进行刮削，并反复研刮，直至接触面积达到70%以上且接触均匀为止。

8.7.2.5 十字头及十字头销的检修

1. 测量和检查

（1）用电动或手动盘车，使十字头处于滑道的前端、中部、后端三个位置，用塞尺分别测出上、下滑履与滑道的间隙。在圆弧面上等分测三点，作好记录。

（2）盘车测量活塞杆在滑道内的对中情况，测量十字头在前、后死点的位置。

（3）检查滑履是否损坏，滑履上轴承合金的破裂、剥落等的面积超过总面积的30%时，应更换滑履。

（4）检查联接器(或螺纹、法兰、楔)是否有裂纹，配合是否合适等。

（5）测量十字头销的圆度和圆柱度，大于规定值时应进行磨圆。检查十字头销有无裂纹，特别注意检查有无径向裂纹。

2. 十字头销的修理

十字头销两端锥面与十字头体锥形孔互相配研。研磨时要把十字头放平，使大锥形孔向上，十字头销垂直放在孔内。用工具使销在孔内旋转，反复刮研，并涂以红丹油检查接触情况，使接触点分布均匀，接触面积达80%。如果接触不好，可用刮削十字头的锥形孔来消除；如果锥形面的锥度不合，应按孔的锥度磨削十字头销锥面，然后再进行研刮；同时检查十字头销油孔与十字头油孔必须对正，对不正孔的现象，可采取锪大十字头销油孔的方法进行处理。有细微裂纹时应修光，严重时要更换。

3. 十字头的修理

(1)拆掉十字头上下滑履后，用煤油洗净擦干，涂上一层白粉，用铜棒轻击十字头，再用放大镜检查，若十字头(特别是十字颈与连接盘连接处)有裂纹，则必有油渗出现。

（2）十字头滑履的刮研：先在滑道上粗研，以滑道为胎具刮滑履。在滑道上涂一层薄薄的红丹油，然后把滑履放在滑道内推动，吊出滑履进行粗刮研。

粗刮研后，要求接触面不小于总面积的30%，并使滑履的圆弧重合于滑道的圆弧，且接触良好。组装本体，拧紧连接螺栓，装上连杆和活塞杆，再盘车细刮研。要求接触均匀，接触面达80%以上。可按图纸要求确定滑履间隙。

无规定时可按0.7/1000～0.8/1000倍的滑道直径选择。

(3) 检查十字头在滑道内是否对中。测量点选在十字头连接盘上，要求偏差不超过0.04～0.10mm。如果达不到要求，需调整十字头滑履上下垫片，同时用塞尺检查滑履间隙。若不符合要求，应根据十字头对中情况，调整滑履垫片或刮研十字头滑履。十字头上下滑履间隙，应在连接活塞杆和装上连杆后进行一次复查。如发生变化，误差超过允许范围时，应分析原因进行修正。当十字头偏斜时，不得采用加偏垫的方法来调整，以免开车后由于紧固螺栓松动，使偏垫移位，堵塞油孔，造成轴瓦烧坏。

整体式十字头比分开式十字头简单，可按分开式十字头检查与修理，惟一不同的是滑履间隙不能调节。

8.7.2.6 汽缸(套)的检修

1. 汽缸(套)的检查

(1) 活塞抽掉以后，首先检查各级汽缸(套)的圆度、圆柱度，测量前、中、后(或上、中、下)三个截面的垂直、水平(或东西、南北)内径；同时检查汽缸内表面的粗糙度是否良好，由于气阀损坏的阀片、弹簧等物落入汽缸或其他原因，往往在汽缸壁上磨出很多串气通道，影响压缩机效率，对于磨损严重的状况应考虑更换或镗缸。汽缸允许的最大磨损量见表8-8。

表8-8 汽缸允许的最大磨损量 mm

汽缸直径	100～150	151～300	301～400	401～700	701～1000	1001～1200	1201～1500
沿汽缸圆周均匀磨损	0.5	1.0	1.2	1.4	1.6	1.75	2.0
圆 度	0.25	0.4	0.5	0.6	0.8	1.0	1.2

(2) 用水平仪检查汽缸的倾斜情况，如发现汽缸倾斜与十字头滑道倾斜相差较大，或者两者倾斜方向相反，并且超过允许范围时，应进一步分析原因，检查汽缸连接情况，必要时进行拉线校核。属于汽缸下部磨损不均匀，则需进行镗缸或更新，属于汽缸本身倾斜过大，则汽缸端要进行加工。

(3) 检查汽缸(套)有无断裂、松动等。

(4) 检查气阀腔有无裂纹，气阀的密封面有无损坏和裂纹。

(5) 检查各级汽缸的连接面有无损坏。

2. 汽缸(套)的修理

1) 汽缸裂纹的修补

汽缸出现裂纹一般是很难维持生产的，需要更换汽缸。如裂纹较小或出现在次要部位，可考虑修补。

2) 汽缸或缸套表面缺陷的修复

汽缸表面有轻微的擦伤缺陷或拉毛现象时，可用半圆形油石沿缸壁弧圆周方向以手工往复研磨，直到以手触摸无明显的感觉时可认为合格。如拉痕较深而更换又有困难时，可用铜、银或轴承合金等熔焊在拉痕处暂时填补使用。若伤痕深达1.5mm、宽达3～5mm以上时，须进行镗缸修理。

3) 汽缸的镗削

汽缸由于磨损而使最大直径与最小直径之差达0.5mm以上或有大于0.5mm的擦痕时，则须进行镗缸。

(1) 镗缸时应注意的事项：

① 在装入活塞的汽缸端，最好车成15°的锥孔，以便装卸活塞和活塞环之用。

② 为了不使汽缸表面因活塞和活塞环的摩擦而形成凹槽，应在汽缸表面的两端制成圆锥形斜面。当活塞处于上、下死点(前、后死点)位置时，第一道或最末一道活塞环应超越汽缸表面边缘约1~2mm。

③ 带差动活塞的卧式压缩机，几个汽缸串联在一条轴线上。镗缸时，各个汽缸应镗去的厚度须取得一致，否则会使各级汽缸接触不良，引起不正常的磨损或擦伤。

④ 汽缸内孔镗去的尺寸，在汽缸直径上不应大于2mm。如必须大于2mm时，应配制一种与新汽缸内孔相适应的活塞和活塞环。

⑤ 汽缸表面如发现疏松或其他缺陷，汽缸内孔镗去的尺寸须增大到10~25mm时，应镶缸套，但必须进行强度核算。

(2) 镗缸时，可根据工厂的设备和修理能力，用立车或镗床进行加工。利用镗床加工时，镗过的汽缸表面上会留有相当显著的刀痕，因此镗削后还须进行一次光磨。利用立车加工时，虽然可以用小进刀量、高速度的切削方法获得良好的精度和表面粗糙度，但也须稍加光磨。如果条件允许，镗削后的汽缸表面再进行一次珩磨，效果则更为理想。对小直径汽缸，可置于立钻上镗削和研磨，但须保证汽缸中心线与钻床立轴中心线重合。也可在现场用自制工具进行镗磨。

(3) 汽缸镗孔后的技术要求：汽缸直径增大的尺寸，不得大于原来尺寸的2%；汽缸壁厚减少的尺寸，不得大于原来尺寸的1/12；由于汽缸直径的加大而增加的活塞力，不得大于原来设计活塞力的10%。

(4) 缸套的更换：

① 更换条件 缸套有下列情况时需要更换：

a. 检查发现缸套有裂纹、砂眼和破裂；

b. 缸套磨损严重，间隙超过规定极限的数值；

c. 缸套内表面有很多波浪状伤痕(深达0.3mm左右)，或局部磨损严重(磨损面积达1/3以上)，或有纵向沟纹；

d. 缸套的外径变形，有明显的间隙，并有转动或移动现象。

② 新配缸套的要求 符合原图纸的尺寸要求。按汽缸的实际内径，检查缸套的外径尺寸公差是否符合要求。在无图纸时，其公差范围可按下式选用：

a. 过盈配合：$\delta=(0.0002\sim0.0005)D_{套}$，$D_{套}$为缸套外径(mm)；

b. 过渡配合：$\delta=(0.00005\sim0.0002)D_{套}$。

③更换缸套的方法 更换缸套的方法如下：

a. 拆除汽缸螺栓和各种管线，吊出汽缸，选择好适当的场地，放置平稳、牢固；用机具或螺栓压板将缸套拉出或用车床将缸套车削掉。

b. 清洗缸套的内外表面，检查新缸套的外形尺寸、形位公差等符号要求。

c. 在缸套外表面均匀地涂上压缩机润滑油。

d. 按缸套的各开孔位置，在汽缸的相应部位画线，供安装对正用。

e. 过渡配合的缸套，按画线对准的位置，用千斤顶或压力机等工具压入(图8-77)。过盈配合的缸套，则一般采用冷热温差装法。即将蒸汽通入汽缸冷却水夹套，用草袋或麻袋盖好保温；

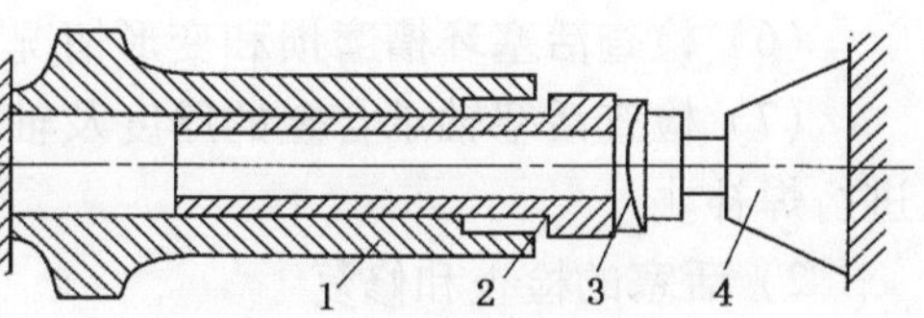

图8-77 缸套压入示意图

1—汽缸体；2—缸套；3—球面垫；4—千斤顶

缓缓加温，使汽缸温度达到70～90℃；同时用液氮或干冰缓慢冷却缸套，使其相互配合达到最小装配间隙0.15～0.20mm，便可将缸套按方向标记迅速装入缸体内。

f. 高压级缸套的配合部分内径、外径的圆度、圆柱度公差不应大于0.01mm，在全长的圆柱度公差不应大于0.05mm。

g. 缸套装入后，应检查注油孔是否畅通。

h. 缸套和汽缸装配好后，检查汽缸与机身滑道中心是否一致。较长的汽缸采用钢丝拉线找正，使主轴与汽缸中心互相垂直，双列汽缸则应互相平行。

用上述各种方法修理后的汽缸，均应进行水压试验，以检查修理后的质量是否符合要求。气室的试验压力一般为工作压力的1.5倍，水室通常为0.3～0.5MPa。试验时，不允许有渗漏和残余变形现象出现。

3. 注意事项

若压缩机压缩的气体是氧气、氯气或合成聚乙烯气体，必须注意：

（1）氧气能使矿物油激烈氧化而造成爆炸事故，因而不能用矿物油润滑，并且必须把检修过程中的油清除干净。凡是与氧气接触的零部件（如汽缸、活塞、活塞环、填料函、气阀等）都要进行严格的脱脂工作。具体做法是：用工业酒精彻底清洗这些零部件，对起吊这些零部件的吊装工具也要避免接触矿物油，接触零部件的钢丝绳应脱脂或外包干净无油的麻袋等织物。

关于氧气压缩机的润滑问题，较早使用蒸馏水中加6%～8%的工业甘油，后来大多采用固体润滑，现在则采用无油润滑元件。

（2）氯气在一定条件下与润滑油中的烃类反应产生氯化氢，对钢铁有腐蚀作用，所以不能采用矿物油润滑。氯气压缩机应用固体润滑（二硫化钼）较为适宜。

（3）在高压合成聚乙烯的压缩机中，为避免润滑剂进入产品中，不能用矿物油，而应选用白油。

8.7.2.7 *活塞和活塞环的检修*

1. 活塞的检查、修复、装配

1）活塞的拆卸检查

（1）用压铅法检查汽缸前后余隙量（也就是活塞与汽缸的轴向间隙），并记录。

（2）用塞尺检查活塞与汽缸内壁的径向间隙，测量等分的三个截面，每个截面上、下、左、右测4个点。

（3）抽出活塞杆后，先检查活塞表面、活塞槽、活塞与活塞杆锁母接触的内圆等处有无裂纹。

（4）检查活塞上铸造用的清砂孔堵头有无松动，有问题须重新拧紧或更换堵头。

（5）检查活塞锁母与活塞杆接触是否良好，如果接触不良，不仅会产生串气现象，而且会使活塞杆受力不好。

（6）检查活塞环槽磨损和变形情况以及轴向窜量，注意检查槽面有无裂纹存在。

（7）检查活塞轴承合金的厚度及轴承合金有无裂纹、剥落或碎裂。如果发现问题，就要进行焊补。

2）活塞的检查和修复

（1）检查活塞锁母与活塞杆的接触好坏。在活塞孔的两端面涂上红丹油，把修整好的活塞杆或新杆装入活塞内，活塞锁母螺纹涂少量机油。拧紧活塞锁母，再松开，拆下活塞杆，检查接触平面的接触是否严密均匀。如果接触不好，则有三种可能性：活塞锁母的端面和螺纹不垂直；活塞杆的螺纹和台肩不垂直；活塞上两个活塞杆孔的端面不平行。具体分析原因后，采用车削或修刮的方法来消除，之后再检查一次接触情况。

（2）活塞环槽磨损或变形，如未超过允许值，可以在车床上用车刀整修环槽。

（3）活塞的支承面磨损量较小，不会致使活塞杆倾斜时可不修理。如磨损量较大，单活塞的活塞杆倾斜达0.15～0.20mm/m，多级活塞的活塞杆倾斜达0.05～0.10mm/m时，应采取修刮或填补轴承合金（即托瓦）等方法修复。当托瓦有碎裂、脱落现象时，也应补焊轴承合金。

（4）活塞支承面焊补完毕上车床加工时，以活塞杆孔为基准车削活塞上的轴承合金，车削时应留现场装配的研刮余量。一般要求其半径较汽缸实测尺寸大0.20～0.30mm，并开周向油槽，两面做成1/10～1/5的斜度，以保证良好的润滑。

（5）小型活塞支承面加工好后应进行人工粗研，然后装在汽缸内，并装上连杆、十字头（不装活塞环），盘车精研。较大活塞的支承面加工完后也要进行盘车刮研，但应先进行人工粗研，然后把活塞预装在汽缸内（不装活塞环），使活塞杆插入十字头联接孔内，用塞尺测量活塞与汽缸的径向间隙是否符合要求（活塞上的轴承合金与汽缸之间应无间隙）。研磨时应仔细检查活塞杆的水平度，防止倾斜，并用千分尺测量活塞杆是否位于汽缸及十字头滑道中心。如果活塞杆偏高或偏斜，需抽出活塞研刮轴承合金进行修整。要求轴承合金接触均匀，活塞在两死点时活塞杆的中心高度与汽缸中心偏差，上下差≤0.05～0.10mm，左右相等。

3）活塞的装配

（1）活塞与汽缸的装配间隙：汽缸为水冷却的铸铁活塞与汽缸的间隙为（0.0008～0.0012）$D_{缸}$，$D_{缸}$为汽缸直径；铝合金活塞与汽缸的间隙为（0.0016～0.0024）$D_{缸}$；汽缸采用无油润滑时，活塞与汽缸的间隙为（0.005～0.02）$D_{缸}$。当汽缸直径较大时取小的间隙，在直径较小时取大的间隙。无油润滑汽缸直径为600mm时，取5～8mm；汽缸直径较小时，间隙不小于1mm，以保证活塞环有足够的寿命。

（2）压缩机的高压级活塞采用球面垫连接结构。装配时球面垫间隙为0.03～0.05mm。如果间隙太大，在运转时会产生杂声，还会使球面垫下沉，磨坏汽缸；间隙太小，会失去活塞自动对中的补偿作用。

（3）对于圆度、圆柱度公差大的汽缸，应以最小缸径处测得的间隙符合要求为合格。测量时要反复测几点。如果间隙太小，运转时活塞会因为温度升高而膨胀，使汽缸卡住，造成事故。

（4）活塞和汽缸以及传动部分装配完毕后，在未装气阀前，必须用压软铅条的方法测量活塞与汽缸的轴向间隙。具体做法是：开动盘车器，使飞轮缓慢旋转，活塞在汽缸中作往复运动，从气阀孔中伸入软铅条，贴在汽缸端部平面上；当活塞运动至死点时，活塞将软铅条压扁；活塞移动后，取出铅条，用千分尺测量厚度，此数据就是活塞与汽缸的轴向间隙。汽缸余隙控制值可参见本章“8.6.3.6 活塞、活塞环与活塞杆的安装”部分。

测量时要绝对避免软铅条放在汽缸盖的台肩或倒角处，否则测得的数据是不准确的。准备的软铅条不可太薄，以免活塞压不到。为准确起见，一般测两次。

2. 活塞环的检查、修复、装配

1）活塞环的尺寸

活塞环的轴向宽度大，则强度高、弹力强、导热快，并可改善与活塞环槽之间的摩擦情况，可以密封较大的压差。但轴向宽度大的新环滑动面大，磨合时间长，其密封作用效果较差。

轴向宽度窄的活塞环可以较好地适应汽缸壁镜面的不均匀情况，较易磨合，密封作用较好。但导热性较差，容易磨损；轴向宽度太窄，刚性差，活塞环槽的两端平面制造困难。

2）活塞环的材料

（1）工程塑料 如 MC 尼龙 6 等，它的耐温性较差，在较高温度下易老化，使用温度 <100℃；聚四氟乙烯材料。聚四氟乙烯材料有很好的自润滑性能，但耐磨性、异热性差，热膨胀系数大，形稳性差。加填充物克服这些缺点的工程塑料称为填充聚四氟乙烯，已广泛应用于压缩机的无油润滑。一般认为对塑料的汽缸壁最佳表面粗糙度为 $R_a = 0.2\mu m$，最佳操作温度 110℃，进口温度 30℃，排气温度 160℃，使用极限温度 260℃。

塑料活塞环结构与金属环基本相同，但物理、机械性能不如金属环，所以其几何尺寸大，配合间隙也大一些。

（2）金属塑料 金属塑料活塞环的优点是摩擦系数低，耐温和耐负荷能力比较高，热膨胀系数小，导热性好。

（3）磷青铜 青铜制造活塞环，过去常见的是用于蒸汽机中，或者是高压级汽缸中。由于制造困难，成本较高，现在已较少采用。

（4）活塞环外圆周衬轴承合金 将活塞环外圆车出燕尾槽，挂上轴承合金或填充聚四氟乙烯等，效果很好。

3）活塞环的质量检查

活塞环在制造过程中除了应严格控制铸件的质量，如化学成分、金相组织、铸件硬度等之外，机械加工后还应按下列规定进行检查：

（1）开口间隙的检查 将制造的检查环放在平台上，再将需要检查的活塞环嵌在里面，用塞尺检查其开口处的间隙是否符合要求。

（2）正圆度的检查 将活塞环压入专门的环视内，下面射入灯光或日光，检查是否有漏光现象。发现漏光时，用塞尺检查其间隙的大小。

（3）弹力的检查 在开口间隙和正圆度检查合格后，即可进行弹力检查。一般把活塞环的弹力控制在 0.08～0.15MPa 的范围内。常见的检查方法有：磅称检查和钢丝或铜丝检查法。

4）活塞环的装配(金属环)

（1）每个活塞环放入汽缸内后，都应紧贴在汽缸壁上。如活塞环与缸壁有缝隙，并且总长超过 1/4 汽缸内长圆周长时，则必须查明原因。如果活塞环不圆，就应考虑更换活塞环；如果汽缸不圆，则应镗缸或更换汽缸(套)。

（2）在缸内检查活塞环开口量。检查时应注意活塞环必须放置在最小缸径的地方，活塞环的侧面与汽缸工作面垂直，斜口处不能错开，否则测不准。活塞环工作开口间隙：金属料取 $0.005D_{缸}$；聚四氟乙烯取 $0.03D_{缸}+0.20$。

（3）活塞环内外径均需倒角，一般取为活塞环宽度的 10%～15%。

（4）活塞环装在活塞环槽内应能自由活动，以沉入槽内 0.20～0.50mm 为宜，不许高出槽面。

（5）活塞环与槽的侧面间隙不应过大：汽缸直径≤100mm，其间隙取 0.03～0.05mm；直径介于 100～200mm 之间，取 0.05～0.07mm；直径 >200mm，取 0.06～0.15mm。

侧间隙经验公式：

$$S = 0.01h + H_9/d_9$$

式中 S——活塞环在槽中的侧间隙，mm；

h——活塞环宽度，mm；

H_9/d_9——基孔制间隙极限间隙，mm。

(6)活塞环(金属环)拆装时不允许使用强制的方法，以避免活塞环变形或折断。一般采用布条或铁丝依靠双手掰开活塞环开口，将活塞环放入活塞的最后一道槽中，然后用同样方法，顺次装入各道活塞环槽中。也可用三四根导向薄片或锯条插入使环张口，将活塞环套入各道活塞环槽中。

(7) 各道活塞环开口应分别错开120°，不要排一条直线上，等待装入汽缸(套)内。

5) 活塞环的修理(金属环)

(1) 如活塞环与槽的侧间隙太小，要将活塞环磨窄。可将环放到按汽缸尺寸加工的金属圈中，放在研磨平台上手工研磨到所需的尺寸为止。

(2) 活塞环的外表面应不高出活塞的棱角面。如高出来，说明活塞环槽深度不够，可以将活塞放到车床上把环槽适当车深。

(3) 可将环放在按照汽缸口径尺寸车好的金属圈中，测量活塞环的开口间隙。如间隙小，用细锉在活塞环的二端锉削至所需的尺寸。

(4) 修换活塞环时，不应将太大的活塞环锉成小活塞环使用。

(5) 汽缸磨损不大，采用配换加大活塞时，应将汽缸上端肩脊刮平，否则新装的活塞环将和这肩脊相击，使活塞环易断裂。

(6) 活塞环径向磨损超过原厚度的30%或磨损厚度超过1~2mm，活塞环的轴向磨损超过0.20~0.50mm时，不应修理，而应予以更换。

8.7.2.8 气阀的检修

1. 拆卸气阀

(1) 对损坏的气阀，当温度高达200℃以上时不能立即拆卸，而要等温度降到60℃以下时才可拆卸。

(2) 用套筒扳手或专用扳手按对角顺序松开汽缸阀盖螺母，将阀门盖撬开一些，证实汽缸内确实没有气体压力后，才可卸去螺帽。

(3) 用专用工具取出气阀压筒、铝垫或尼龙垫子、气阀等。

(4) 粗查一遍拆出的气阀，无问题时，试水查漏(最好用煤油)试漏。

(5) 若发现有碎片或残缺不全时,要用手电筒查找可能的去向,并盘车检查,以免发生事故。

2. 气阀零件的检查

(1) 检查阀片是否断裂、扭曲和磨损，断裂或严重扭曲时则需更换。

(2) 检查阀片与升程限制器导轨配合部分的磨损程度，磨损凹痕大于0.5mm时应予报废。

(3) 检查气阀阀座密封面凸缘有无伤痕及磨损情况，有伤疤或磨成弧形的要修平。

(4) 检查气阀压筒的密封垫圈有无破损或缺陷，若有则需更换新垫片。

(5) 检查弹簧是否断裂、变形、失去弹性，检查两端面与中心线的垂直度。

(6) 检查阀片与阀座的接触情况。当两条接触线全部是银白色光泽，且无其他缺陷时，可继续使用；当接触线的径向有沟槽时，应更换。

3. 气阀的修理

（1）阀片的密封面如果有明显的磨损现象，可采用手工在平面台上研磨或在磨床上磨平后继续使用。手工研磨时，先用80目碳化硅放在铸铁平板上，调些机械油，车一个专用工具将阀片压平压紧。然后用手在平板上成∞字形运动，并不时将阀片转90°方位，重复研磨。这样可使阀片研磨均匀，不会造成单面倾斜，不会使阀片因有规则的运动而造成有规则的研磨痕迹，也不会留下直通的、容易使气体泄漏的轴向痕迹。研磨到痕迹较浅时，再用180目碳化硅细磨，直到阀片与平板的接触有黏感时，则可清洗阀片进行检查。当磨损超过原厚度的1/4时，应考虑报废。

（2）当阀座密封面有轻微的伤痕或不平时，可在平板上研磨密封面；当阀座密封面有严重的不平、伤痕或凸起高度小于1mm时，可先在车床上车削，达到要求后，再在平台上研磨或用磨床磨密封面达到要求。

（3）升程限制器的弹簧孔磨穿或变形大时，一般不予修理而直接更换。若有擦伤、沟痕、小变形时，一般用车削方法修理。

（4）弹簧有磕痕、自由高度缩短1mm以上、歪斜等，一般不予修理而直接更换。对于使用时间过长的弹簧要定期更换。更换弹簧一般都全都更换，以求一致。

4. 气阀的装配

（1）将气阀各零件用煤油或清洁剂清洗干净（包括气体通道的积炭和污垢）。氧气压缩机的气阀清洗干净后，必须脱脂。

（2）选用检查合格的阀片，把它放在阀座上检查接触情况，放在升高限制器上检查与升程限制器的径向间隙。按图纸要求，一般间隙为0.1～0.25mm。

（3）按不同级别选用弹簧。在平板上排列弹簧，同一个阀中选用长度一样、刚性一致的弹簧，然后把弹簧放在升程限制器内。

（4）选配阀座与升程限制器内的固定销子，不许有歪斜现象。

（5）阀座与升程限制器叠装在一起，装好卡簧，把紧螺栓，检查阀片的升程（即升起高度）是否符合图纸要求，可用游标卡尺测量。用螺丝刀通过阀座的气道轻压阀片，如活动灵活，说明安装正确。

（6）安装气阀前，应在密封口加少量润滑油，以防生锈。氧气压缩机的气阀除外。

（7）组装好的气阀应用煤油试漏；氧气压缩机的气阀则用水试漏。以不漏为合格（不超过5滴/min为合格）。

8.7.2.9 活塞杆和填料函的检修

1. 活塞杆的检查与修理

1）活塞杆的检查

（1）活塞杆必须进行超声波探伤，丝扣部分必须洗干净后用放大镜或磁粉探伤进行详细检查，如有裂纹或其他严重缺陷而无法消除者，必须更换。

（2）活塞杆表面应无伤痕。

（3）测量活塞杆的圆度和圆柱度。

（4）检查活塞杆弯曲度。

（5）检查活塞杆上各个凸台支承面有无损坏的地方。

2）活塞杆的修理

（1）将活塞杆装填料部分分成几个截面，用外径千分尺测量每个截面的圆度和圆柱度公差。当数值超过表 8 - 9 所列的极限时，应进行修圆，有条件的可在磨床上磨圆；如差值不大，又无备件时，可用缠有麻绳的细砂布缠在活塞杆上数圈，用手来回拉动，将其磨圆。

（2）活塞杆弯曲度检查及处理：将活塞杆两头放在 V 形铁上，把带架千分表放置在测量点旁边，触针与活塞杆接触，并将指针调至零点。旋转活塞杆，每转 90°观察千分表变化情况，作好记号与记录。也可将活塞杆放在车床上进行检查。要求活塞杆弯曲不大于 0.05mm/m，超过标准时应进行调直，不能调直的应予以更换。

表 8 - 9 活塞杆圆度与圆柱度公差

mm

活塞杆直径	公差		极限公差	
	圆度	圆柱度	圆度	圆柱度
<50	<0.02	<0.02	0.08	0.08
50 ~ 80	<0.03	<0.03	0.10	0.10
81 ~ 120	<0.03	<0.03	0.15	0.15
121 ~ 180	<0.04	<0.04	0.20	0.20
181 以上	<0.06	<0.06		

（3）活塞杆磨损量如超过表 8 - 10 的数值，应予更换，未超过允许值时可以磨圆后再用，但应重新配换密封圈与刮油环。

表 8 - 10 活塞杆磨损极限值

mm

活塞杆直径	35 ~ 50	51 ~ 80	81 ~ 120	121 ~ 180	181 ~ 220
直径缩小值	0.10	0.15	0.20	0.30	0.40

（4）活塞装在压缩机上后，盘车测量活塞杆的摆动量，其值应符合技术要求。

（5）对活塞杆的划伤、毛刺，一般可用油石修磨后使用。

2. 填料函

1）填料函的检查与修理

（1）三六辩平面密封圈填料函的检查与修理

① 检查密封圈的内表面和两端面有无划伤、磨伤、麻面等缺陷。

② 密封圈内表面和两端的缺陷可用涂色法检查，并通过刮研消除。

③ 修理密封圈内表面的缺陷时，可在活塞杆上或特制的研磨杆上涂一层薄薄的红丹油，将需要修理的密封圈套在杆上来回移动，然后从杆上取下密封圈，在黏有红丹油的地方轻轻刮削。这样反复进行，直到密封圈内表面均匀分布着细小的红丹痕迹时为止。

④ 磨损后的密封圈由于分瓣间的间隙逐渐减少，从而丧失自紧作用。在修理时，应将每瓣锉去一些，使之恢复到原来的间隙；同时半月形的长度显得过长，需将两端锉去一些，否则会妨碍弹簧拉紧；然后再在杆上涂红丹油刮研。如无明确规定，分瓣间隙可取 0.01 ~ 0.02d（d 为活塞杆直径）。

⑤ 修理密封圈两端平面的缺陷时，可在平台上用金相沙纸或在研磨机上用研磨剂进行研磨，最后用涂红丹油法检查与修刮。当密封圈的整个表面上均匀地覆盖有细小的红丹痕迹时即为合格。

⑥ 为了保持密封圈两端面与轴垂直，在研磨时须将环沿周向转动，不能沿轴向来回推研。

（2）锥型密封圈填料函的检查与修理

① 把密封圈内径车到比实际需要的尺寸小 0.20~0.30mm。

② 把密封圈划好线锯开缺口，按划的三条相隔 120°的搭口线打稳钉孔，配上稳钉。组合时三个环的开口互相错开 120°。

③ 在密封圈与小盒上作好记号，并在小盒的锥面上涂一层薄薄的红丹油，用与之相配的密封圈研磨。检查锥面角是否相符，360°方向的接触是否均匀，如果相差较大时，应查明原因，然后上车床光刀或修刮。当小盒两锥面修刮得差不多时，可以同时修刮密封圈锥面。

④ 在小填料盒的斜面上涂一层薄薄的红丹油，用与之相配的密封圈研磨。当小填料盒与填料密封圈修刮好时，要求接触均匀，每平方厘米不少于 4 个接触点。注意在修刮或安装时，不要搞错密封圈与小盒的接触面。

⑤ 密封圈的斜面修刮完毕后，锯开，留出开口间隙，然后在活塞杆或胎模上研磨，修刮与活塞杆的接触面。要求接触面每平方厘米不少于 4 个接触点，并且分布均匀。

⑥大填料盒两端平面必须经过研磨，并且保持平行。

⑦ 密封圈、小填料盒组合后放入大填料盒，上面再压一个大填料盒。用两把塞尺在 180°方向同时塞量，其平均值就是密封填料的轴向间隙。如果此间隙太小，会使密封圈和填料盒压紧，密封圈作用在活塞杆上的径向力过大，开车时会把密封圈烧坏，使活塞杆磨损。

2）填料函的装配要求、顺序及注意事项

（1）装配要求 见前面“安装填料函的内容”。

（2）装配顺序及注意事项 全部零件在装配前用煤油或清洁剂清洗，再用干净的布揩干（注意用不带毛的布），涂上压缩机油，依次进行组装。

① 检查弹簧和固定销。弹簧力要合适，不得过大或过小。填料盒的圆柱弹簧易掉出，应涂上干油。

② 检查注油孔、排气孔、冷却水通道等是否对正，是否畅通。每装一个填料盒时都要测量一次填料盒到外壳端面的距离，目的是检查弹簧和小盒有无脱落。

③ 填料盒组装后吊装活塞时，在活塞杆上的螺纹处拧上保护套，一方面便于吊装，另一方面防止密封圈和活塞杆螺纹被碰伤。

④ 装配时应特别注意清洁。任何杂物带入，都会使密封圈过早磨损，而且极易拉伤活塞杆的表面。

⑤ 为了防止装配倾斜，可慢慢地转动曲轴，使活塞杆缓慢地来回运动，再均匀对称地旋紧填料箱外盖螺栓。

3）无油润滑填料函

往复式压缩机无油润滑技术作为一项具有节约材料和能源，提高经济效益的新技术，已经推广应用较长时间了，并且日趋完善和成熟。现介绍一些应用较好的机型情况。

L3.3-1.3/285-320 型的循环压缩机填料函中，选用填充聚四氟乙烯作平面环密封圈，金属塑料复合材料（FH-1）作阻流环和支承套。这种辅助元件的采用，使平面密封能够在 31.4MPa 高压下实现长期稳定使用。由于选择了合理的密封圈内外径比值、良好的填充配方以及具有补偿的结构，填料函装机后无须开空车“跑合”。除此之外，当活塞杆磨损达 0.20mm 时，配上新的密封圈，仍然能良好地实现密封。因此这种密封填料方便了维修工作。详见图 8-78 和表 8-11。

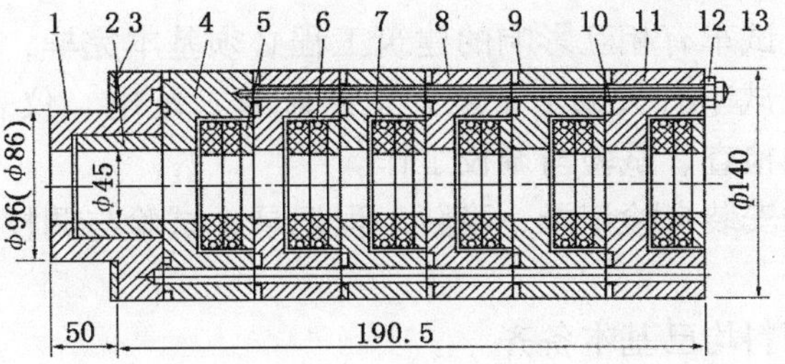

图 8-78　L3.3-1.3/285-320 型机填料函

表 8-11　L3.3-1.3/285/320 型机填料函

序　号	名　称	数　量	材　料
1	支承座	1	45 钢
2	支承套	1	FH-1
3	垫	1	A1
4	填料盒(Ⅲ)	1	45 钢
5	阻流环	6	FH-1
6	镯形弹簧	12	65Mn
7	密封圈	12	F4
8	填料盒(Ⅰ)	4	45 钢
9	O 形密封圈	6	橡胶
10	O 形密封圈	6	橡胶
11	填料盒(Ⅱ)	1	45 钢
12	螺　杆	2	Q235
13	螺　母	2	Q235

应注意以下几个共同问题:

(1) 采用填充聚乙烯作密封圈的填料函，不允许使用镀铬活塞杆，否则将严重影响工作寿命。最好的活塞杆表面处理方法是高频淬火。

(2) 填料函密封圈轴向间隙的调节，可采用修磨三六瓣密封环的厚度或修磨密封盒子高度的方法来进行。

(3) 填料函工作时活塞杆温升一般不大于 50℃。活塞杆温度高，说明安装不当或有其他问题。温升越高，密封圈的工作寿命越短。

8.8　往复式压缩机的试车

往复式压缩机安装好以后，都要进行试车，以检查压缩机的运转情况，了解或测试压缩机的工作性能，并检查压缩机的设计、制造、装配及安装工作是否合理和完善。原始开车分单机无负荷试车、空气负荷试车、介质负荷试车。

对使用过的压缩机，经过拆卸和检修后，轴和轴瓦、活塞杆和填料、汽缸套和活塞环等各摩擦件都进行了修换。虽然在制作时经过精密的加工，修理中进行了精心的刮研，但是它们的表面还是比较粗糙或不够平的。因此，必须进行空负荷磨合，即空负荷试车，使传动机构和密封部位互相配合的摩擦件进行运转磨合。各部分的装配间隙调节是否恰当等，也要通过试车来进行检验。另外，通过试车也可以发现和消除由于安装或修理不当而产生的缺陷。

1. 压缩机组在试车之前应具备的基本条件

（1）与压缩机组试车有相互影响的建筑工程必须基本完毕，现场已打扫清净。

（2）与压缩机组试车有关的上下水、工艺配管、配电、仪表、附属设备等均已安装完毕，并已进行必要的检查、试验与调校工作。

（3）具备齐全的安装自检记录、隐蔽工程记录、试验与调校记录，并已经过有关检验部门审查。

（4）试车所需用料均已基本备齐。

（5）试车方案已确定。

（6）已明确试车时统一指挥的组织机构。

2. 试车前的检查

（1）检查机组的二次灌浆层质量，是否出现开裂等现象。

（2）检查机组的全部地脚螺栓、联轴节连接螺栓等的紧固及防松情况，还有汽缸的支撑是否良好等。

（3）检查润滑油的规格及用量是否符合要求。

（4）检查水系统的畅通与流量情况。

（5）抽查机体内某些重要部位的间隙及接触情况。

（6）检查与机组运行有关系的测试仪表及联锁装置。

（7）检查动力配电是否已具备正常供电能力。

（8）拆除机组的全部进排气阀及分离器出口处滤网，并在进排气口设置临时铁丝网以防异物进入缸内。再进行盘车检查，以观察和测听机组内外各运动构件是否动作正常，有无异声。

（9）检查机组各级安全阀是否已调试合格。

8.8.1 原始试车

新安装压缩机的开车，称为原始开车。而原始开车可分为试车和开车两个阶段。

压缩机的试车是一项比较复杂而又有规律的工作，目的在于检查各部件的质量和机组的性能，为正式开车创造有利条件。

试车包括无负荷试车、管道吹扫与负荷试车三个步骤。

1. 无负荷试车的要求

（1）将各级吸、排气气阀拆除，盖上外盖或装上钢丝网。

（2）先将电动机启动开关点动几次，察听压缩机的各运动机构有无不正常的响声，转动是否有卡住现象。确认压缩机无不正常现象后再启动电动机，依次进行 5min、30min 和 4 ~ 8h的运转。压缩机空载运转，应检查下列各项内容：

① 冷却水应畅通无阻(各路冷却水都可从漏斗或视镜中观察)，出口水温不应超过规定。

② 循环润滑油压力应在规定的范围内。

③ 压缩机运转的声音是否正常，不应有碰击声及不正常响声。

④ 各连接处有无松动现象，机体是否振动，地脚螺栓是否松动。

2. 无负荷试车停车后的检查项目

（1）打开机身检查盖，检查曲轴主轴承、连杆轴瓦的发热情况。

（2）检查填料函与活塞杆、十字头与滑道的温度，正常情况下不应烫手，温度不超标。

（3）观察各运动机件摩擦表面接触情况，检测各运动构件的配合间隙。

3. 负荷试车的一般程序

（1）全部打开本机组系统的放空阀、控制阀和卸载阀、旁路阀等。对机组末级出口系统，应根据具体情况选择压缩气截止点，并在该点或其附近应有可靠的放空管。

（2）检查冷却水流量是否正常，循环油压是否符合要求。

（3）盘车检查各部活动情况。

（4）按电动机操作程序启动，使机组在负荷条件下运行约 10 ~ 20min，在确认机组运行一切正常之后，即可逐级关闭有关控制阀门，缓缓地加压，分阶段地进行稳压。

（5）当最终排出压力达到试车规定的最高压力后，应稳压连续运行 24h。

（6）负荷运行合格后，即可从末级开始稳步卸压，使机组过渡为无负荷运行，然后停车。

8.8.2　在用压缩机大、中修后的试车

压缩机修理完毕后，可能由于检修不合理等原因，开车时发生意外事故。因此，在试车前应由检修、使用单位会同有关人员及单位进行详细检查，为顺利试车创造条件。

1. 试车前的准备工作

（1）检查检修项目有无遗漏，所有检修内容是否全部完成。

（2）根据修理记录，检查检修质量是否都符合质量指标。

（3）打扫现场，清除所有影响试车的障碍物，做到工完、料尽、场地清。

（4）抽掉盲板。

（5）检查测试各个安全连锁信号装置和测量仪表是否正确、灵敏。

（6）检查冷却水系统是否畅通，有无滴漏现象，并调节好水量。

（7）按说明书加上合格的润滑剂，并达到油位指标。

（8）检查注油泵和循环油泵运行是否正常，检查每根油管是否畅通，有无滴漏现象，并调节循环油压到操作指标。

（9）有条件时，可利用系统气体压力进行倒气试漏。

（10）检查测量电气设备绝缘性是否良好，联系送电。

（11）盘车旋转飞轮数圈，检查飞轮旋转是否均匀，运动机构有无障碍和不正常的响声，了解轴瓦和十字头滑道润滑油流出情况。飞轮转到开车位置时停止盘车，抽掉盘车器小齿轮。

（12）打开直通阀、卸压阀、放油水阀等。

2. 试车

试车前的准备工作全部就绪以后，即可开始试车。试车有专人负责指挥和操作，检修人员按指定负责检查的区域，配合试车检查。

（1）空负荷试车　大、中修后空负荷试车时，要特别注意循环油泵的油压，并检查主轴瓦、连杆大头、十字头滑道上部、活塞杆、汽缸等的温度、响声和振动情况。如空负荷试车没有问题，试车 4 ~ 8h 以后，准备加负荷试车。

开车时应注意电机转子转动方向是否正确。

（2）负荷试车　压缩机在加负荷试车前必须与有关工艺工序取得联系。

压缩机带负荷以前必须用原料气（生产气）置换。打开一级吸入阀门，在低压力状态从一至末级排放一次，然后提高一些压力再排放一次，注意这两次排放的气体都放空，不能回收。至此，压缩机即可进行带负荷试车。带负荷后，各部分的受力都增加，可能出现原来空负荷试车时没有发现的问题。所以要仔细观察检查带负荷后各部分的运行状况有无变化；填料函及其他密封处有无泄漏现象。如果带负荷试车没有问题，即可用气体再次校对各级安全阀。

在试车过程中可能会发现设备存在某些缺陷。如果属于小的缺陷或滴漏现象，不足以影响设备安全运转时，可等安全阀校对完毕后，再停车消除缺陷，以避免试车过程中开停车频繁，增加电耗和影响电网电压的稳定。但如果发现有不正常的响声、振动、温度过高、循环油泵油压下降至允许值之外或电流有较大的波动时，应立即停车检查，消除缺陷。

压缩机试车24h没有问题后，即可交给生产单位使用。

8.8.3 往复式压缩机试车合格及完好标准

1. 往复式压缩机试车正常须达到的要求

(1) 各运动部件应无不正常响声。

(2) 各连接处及各密封面应无漏气、漏油和漏水现象。

(3) 冷却水和润滑油的供应量应适当，不得有中断现象。

(4) 曲轴轴承、连杆轴承、十字头滑板和活塞杆等摩擦部位的温度一般不超过65℃。

(5) 各级汽缸排出的气体温度应不超过160℃。

(6) 自冷却部位排出的冷却水温度应不超过40℃。

(7) 循环润滑系统的油压应保持在0.1～0.3MPa，不得低于0.05MPa。

(8) 安全阀开启应灵敏。

(9) 压缩机在工作时的振幅一般不得超过下列规定：

① 转速低于200r/min时，应小于0.25mm；

② 转速在200～400r/min时，应小于0.20mm；

③ 转速高于400r/min时，应小于0.15mm。

2. 往复式压缩机完好标准

(1) 运转正常，效能良好：

① 设备出力能满足正常生产需要或达到铭牌能力的90%以上；

② 压力润滑和注油系统完整好用，注油部位(轴承、十字头、汽缸等处)油路畅通，油压、油位、润滑油指标及选用均应符合规定；

③ 运转平稳无杂音，机体及管系振幅符合设计规定；

④ 运转参数(温度、压力)等符合规定，各部轴承、十字头等温度正常；

⑤ 轴封无严重泄漏，如系有害气体，其泄漏应采取措施排除；

⑥ 段(级)间管系振动符合规定。

(2) 内部机件无损，质量符合要求：

各零部件的材质选用，以及活塞、十字头、轴瓦、阀片等组装配合，磨损极限以及严密性，均应符合规程规定。

(3) 主体整洁，零附件齐全好用：

① 安全阀、压力表、温度计、自动调压系统控制及自启动系统应定期校验，灵活准确；安全护罩、对轮螺栓、锁片等齐全好用；

② 主体完整，稳钉、安全销等齐全牢固；

③ 基础、机座坚固完整，地脚螺栓、各部螺栓应满扣、齐整、紧固；

④ 进出口阀门及润滑、冷却系统，应安装合理，不堵不漏；

⑤ 机体整洁，油漆完整美观；

⑥ 附机达到完好。

(4) 技术资源齐全准确，应具有：

① 设备档案，并符合设备管理制度要求；

② 定期状态监测记录；

③ 基础沉降测试记录；

④ 设备结构图及易损配件图。

8.9 往复式压缩机的故障分析与处理

从总体上讲，压缩机的故障诊断方法可以分为两大类：一类是实践经验诊断法，另一类是诊断理论诊断法。所谓实践经验诊断法，就是由作业人员通过耳听、眼看、手摸等来获得压缩机在运行过程中所产生的噪声、振动、温度等二次信息，再根据长期的实践经验，作出判断和采取处理的方法。所谓诊断理论诊断法，就是通过较先进的检测仪器和理论依据进行分析、判断找出故障原因的方法。

8.9.1 实践经验诊断法

压缩机运转和操作条件的变化，是通过仪表显示出来的。但仪表的显示一般是笼统的，具有一定的局限性，往往只说明问题的存在，而不能指明问题性质、部位的所在。还需提供各方面的综合分析、判断，才可能对发生的各种情况得出结论。操作人员和检修人员就要靠看、听和摸的帮助。

用看的方法可以观察各传动部分连接是否松动和脱落，各摩擦部分的润滑是否良好。从各种仪表的指示，可以看出整个压缩机的工作情况，及时发现问题，查出问题的关键，如气体、冷却水、润滑油各系统运转是否正常，阀门有无泄漏，以及其他部位的跑、冒、滴、漏等。

用听的方法能较准确地判断压缩机各部件的运转情况：听出各级进、排气气阀的阀片是否有损坏；活塞是否因活塞环损坏而漏气；轴瓦是否碎裂；气流是否脉冲严重；管道振动是否过大等。

用摸的方法可以探测出各摩擦部分的温升程度、振动大小等。

所谓的看、听、摸不是孤立的，而是紧密配合、互相关联的。例如，汽缸的进口气阀漏气，用看、听、摸三种方法，就有不同程度的反映，因为气阀漏气，可以摸出气阀盖的温度比正常操作的温度为高，且可以听到气阀内传出的异常响声。

在实际操作中，不断积累总结经验，应用看、听、摸的方法，能及时准确地判断各种不正常现象的原因，迅速处理，消除故障。

8.9.2 诊断理论诊断法

根据往复式压缩机的结构特点和运行特征，常采用以下诊断手段：

(1) 振动测试　振动测试分析是诊断往复式压缩机最基本、最有效的手段。压缩机各运动副的磨损、连接件的松动、配合精度的变化，一般都能通过振动信号及其参数得到充分的反映。对振动信号作多方面分析可以获得反映压缩机状态的丰富信息。

(2) 温度监测　往复式压缩机的许多零部件，在强烈的冲击和摩擦条件下工作，因此温度也是反映某些部位状态变化的敏感因素。特别对监测十字头滑块、活塞等部位的磨损及配合情况，以及反映冷却系统、气阀部件的工作状态都是比较有效的。

（3）铁谱分析　铁谱分析用于监测压缩机曲轴箱内运动副的磨损情况，是一种比较理想的辅助手段。但当有多个同种材质的运动副存在磨损故障时，采用铁谱分析不能准确地区分故障的部位。因此，只能当作一种辅助手段与其他方法配合使用。

（4）冲击脉冲法　由于往复式压缩机内存在多个冲击振源，其强烈的冲击信号往往淹没了滚动轴承相对弱小的脉冲信号，因此，采用冲击脉冲法对往复式压缩机的滚动轴承进行常规判断往往是无效的。但它可当作相对标准对本机进行前后比较，作状态趋势管理还是适宜的，也可用于同型号机组之间作类比判别。

（5）监测工况参数　通过监测压缩机的排气量、排气压力、冷却水量、润滑油量等参数为查找压缩机有关部位及零部件的故障提供有用信息。

8.9.3　常见故障原因及处理

压缩机发生故障的原因常常是复杂的，因此必须经过细心的观察研究，甚至要经过多方面的试验，并依靠丰富的实践经验，才能判断出产生故障的真正原因。表8-12为压缩机常见故障的原因及处理方法。

表8-12　压缩机的常见故障原因及处理方法

序号	故障现象	故障原因	处理方法
1	排气量达不到设计要求	气阀泄漏，特别是低压级气阀漏	检查低压级气阀，并采取相应措施。
		活塞杆与填料函处泄漏	先拧紧填料函盖螺栓，仍泄漏时则修理或更换
		汽缸余隙过大，特别是一级汽缸余隙大	调节汽缸余隙容积
		一级进口阀未开足	开足一级进口阀门，注意压力表读数
		活塞环漏气严重	检查活塞环
2	功率消耗超过设计规定	气阀阻力大	检查气阀弹簧力是否恰当，通道面积是否足够大
		来气压力过低	检查管道和冷却器，若阻力太大，应采取相应措施
		排气压力过高	降低系统压力
3	级间压力超过正常压力	后一级的吸排气阀泄漏	检查气阀，更换损坏件
		第Ⅰ级吸入压力过高	检查并消除
		前一级冷却器的冷却能力不足	检查冷却器
		后一级活塞环泄漏引起排出量不足	更换活塞环
		到后一级间的管路阻力增大	检查管路使之畅通
4	级间压力低于正常压力	第Ⅰ级吸排气阀不良，引起排气不足	检查气阀，更换损坏
		第Ⅰ级活塞环泄漏过大	检查活塞环，予以更换
		前一级排出后，或后一级吸入前的机外泄漏	检查泄漏处，并消除泄漏
		吸入管道阻力太大	检查管路，使之畅通
5	气阀有敲击声	气阀阀片切断	更换新阀片
		气阀弹簧松软	更换合适的弹簧
		气阀松动	检查拧紧螺栓
6	飞轮有敲击声	配合不正确	适当进行调整
		连接键配合松弛	注意使键的两侧紧紧地贴合在键槽上

续表

序号	故障现象	故障原因	处理方法
7	十字头滑履发热	配合间隙过小 滑履接触不均匀 润滑油油压太低或断油 润滑油太脏	调整间隙 重新研刮滑履 检查油泵、油路情况 更换润滑油
8	汽缸发热	润滑油质量低劣或供应中断 冷却水供应不充分 曲轴连杆机构偏斜，使活塞摩擦不正常 汽缸与活塞的装配间隙过小 缸内有杂物或表面粗糙度过大 气阀或活塞环窜气	选择适当的润滑油，注意润滑油供应情况 调整冷却水的水量 调整曲轴－连杆机构的同轴度 调整装配间隙 解体清理或修磨 处理气阀或更换活塞环
9	轴承发热	轴瓦与轴颈贴合不均匀，或接触面小，单位面积上的比压过大 轴承偏斜或曲轴弯曲 润滑油少或断油 润滑油质量低劣、肮脏 轴瓦间隙过小	用涂色法刮研，或改善单位面积上的比压 检查原因，设法消除 检查油泵或输油管的工作情况 更换润滑油 调整其配合间隙
10	吸、排气阀发热	阀座、阀片密封不严，造成漏气 阀座与座孔接触不严，造成漏气 吸、排气阀弹簧刚性不适当 吸排气阀弹簧折损 汽缸冷却不良	分别检查吸、排气阀，若吸气阀盖发热，则吸气阀有故障；否则故障可能在排气阀 研刮接触面或更换新垫片 检查刚性，调整或更换适当的弹簧 更换折损的弹簧 检查冷却水流量及流道，清理流道或加大水流量
11	汽缸内发生异常声音	汽缸余隙太小 油太多或气体含水分多，造成水击 异物掉入汽缸内 缸套松动或断裂 活塞杆螺母松动，或活塞杆弯曲 支撑不良 曲轴－连杆机构与汽缸的中心线不一致	适当加大余隙容积 适当减少润滑油，提高油水分离效率 清除异物 消除松动或更换 紧固螺母，或校正、更换活塞杆 调节支撑 检查并调整同心度
12	曲轴箱振动并有异常的声音	连杆螺栓、轴承压盖螺栓、十字头螺母松动或断裂 主轴承、连杆大小头轴瓦、十字头滑道等间隙过大 各轴瓦与轴承座接触不良，有间隙 曲轴与联轴器配合松动	紧固或更换损坏件 检查并调整间隙 刮研轴瓦瓦背 检查并采取相应措施
13	活塞杆过热	活塞杆与填料函配合间隙不合适 活塞杆与填料函装配时产生偏斜 活塞杆与填料函的润滑油脏或供应不足 填料函的回气管和冷却水不通 填料的材质不符合要求 活塞杆与填料之间有异物，将活塞杆拉毛	调整配合间隙 重新进行装配 更换润滑油或调整供油量 疏通回气管和冷却水管 更换合格材料 清除异物，研磨或更换活塞杆

续表

序号	故障现象	故障原因	处理方法
14	循环油油压降低	油压表有毛病 油管破裂 油安全阀有毛病 油泵间隙大 油箱油量不足 油过滤器阻塞 油冷却器阻塞 润滑油黏度下降 管路系统连接处漏油 油泵或油系统内有空气 吸油阀有故障或吸油管堵塞	更换或修理油压表 更换或焊补油管 修理或更换安全阀 检查并进行修理 增加润滑油量 清洗或更换过滤器 清洗油冷却器 更换新的润滑油 紧固泄漏处 排出空气 修理故障阀门，清理堵塞的管路
15	注塞油泵及系统故障	注油泵磨损 注油管路堵塞 回止阀漏，倒气 注油泵或油管内有空气	修理或更换 疏通油管 修理或更换 排出空气
16	管道发生不正常的振动	管卡太松或断裂 支撑刚性不够 气流脉动引起管路共振 配管架子振动大	紧固或更换管卡，应考虑管子热胀间隙 加固支撑 用预流孔改变其共振面 加固配管架子
17	中间冷却器效率低	冷却水管积垢或堵塞 冷却水压力低 冷却面积不够 冷却水温度过高	清除积垢和杂物 加大冷却水压力 更换中冷器组件 调整水量、降低水温
18	气阀片易断裂	阀片材料选择不当 阀片热处理不当、硬度过高 阀片升程量过大 弹簧的弹力过大或弹簧和直径及自由度不一致 阀表面磨损引起阀片受力不均匀	更换材料 按要求热处理 调整升程量 更换合适的弹簧 修理或更换阀座
19	汽缸振动大	汽缸与滑道及机身同轴度偏差大 汽缸支承松动或地脚螺栓松动 汽缸与中体及滑道连接螺栓松动 汽缸与缓冲器连接不当 活塞松动或损坏 缸内有异物或带液 管线系统稳定性差	检查、调整同轴度 调整汽缸支承、紧固地脚螺栓 紧固联接螺栓 调整缓冲器，减少应力 解体检修活塞 解体清理异物或排液 加强管线支撑
20	密封填料温度高	填料函的回气管或冷却水管不畅道 填料的材质不符合要求 润滑油质量差 供油不足 填料函组件装配间隙不合适 填料弹簧力过大 填料内径与活塞杆表面粗糙度不符合要求	疏通回气管或冷却水管 更换合适材料 更换合适的润滑油 维修或更换油泵；检查疏通油路；补充油箱润滑油 解体重新装配 调整或更换弹簧 降低配合面的粗糙度

续表

序号	故障现象	故障原因	处理方法
21	连杆螺栓拉断	装配时预紧力过大 紧固时产生偏斜；致使载荷不均匀 连杆螺帽松动或轴瓦晃动大，致使连杆螺栓受过大冲击 超负荷运行时，连杆螺栓承受过大的应力 轴承间隙过大，造成冲击振动，长期疲劳 连杆螺栓材质不符合要求或有裂纹	用力矩扳手控制紧力或检查螺栓伸长量 检查接触面，使配合紧密 连杆螺栓装配后要加防松装置 清除过载现象，排除连杆螺栓故障 调整轴承间隙，更换连杆螺栓 更换连杆并进行着色检查
22	活塞环偏磨	活塞与汽缸不在一个中心位置 汽缸的圆度偏差过大 活塞环的侧面间隙过小 活塞环本身材质不好，向外胀力不均匀，造成严重磨损 汽缸内壁局部粗糙	调整汽缸 修理汽缸圆度偏差 修理活塞环槽，使活塞环活动自如 更换合适材质的活塞环 修磨汽缸内壁达到要求

第 9 章　螺杆压缩机

螺杆压缩机属于容积式压缩机，它具有低压、流量范围幅度宽的操作特性，广泛应用于石油、化工、食品、医药、空气动力、制冷空调等领域。

9.1　螺杆压缩机的基本组成及工作原理

9.1.1　基本组成

螺杆压缩机有单螺杆、双螺杆之分，常用的是双螺杆压缩机，现以无油双螺杆压缩机为例，介绍其基本组成，如图 9－1 所示。

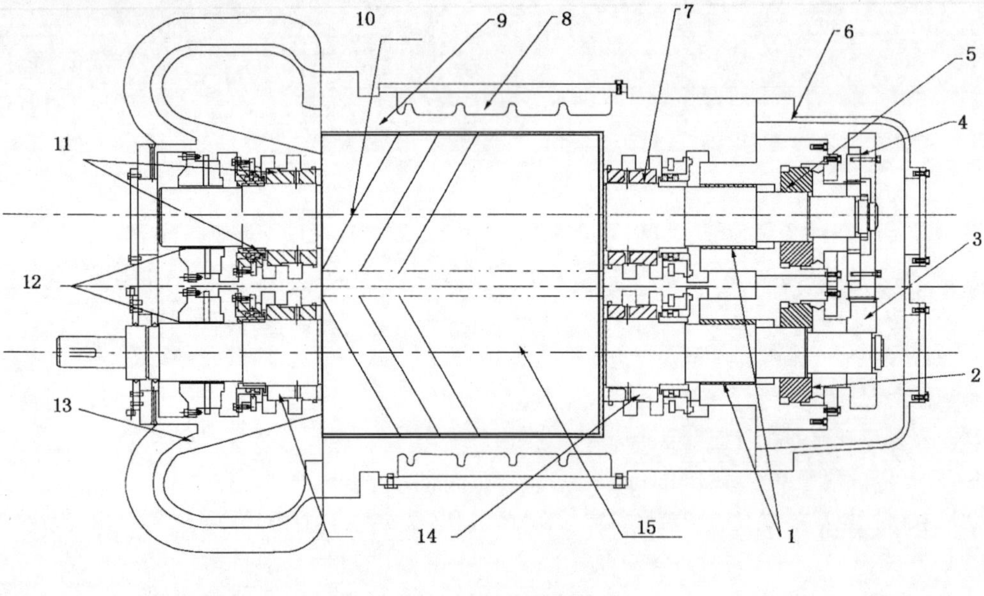

图 9－1　无油双螺杆压缩机

1—径向轴承；2—止推轴承；3—同步齿轮；4—同步齿轮；5—止推轴承；6—出口壳体盖；7—轴密封；8—冷却水套；9—中间壳体；10—阴转子；11—轴密封；12—径向轴承；13—入口壳体盖；14—轴密封；15—阳转子

在“∞”字形的汽缸内平行地安装着两个相互啮合的螺旋形转子。通常把节圆外具有凸齿的转子称为阳转子(或称主动转子)，把节圆内具有凹齿的转子称为阴转子(或称从动转子)。中间壳体的两端用端盖封住，支承转子的轴承安装在端盖的轴承孔内。转子上每一个螺旋槽与中间壳体内表面所构成的封闭容积即是螺杆压缩机的工作容积。在压缩机体的两端，分别开设有一定形状和大小的吸排气孔口，呈对角线布置。此外，还有轴封、同步齿轮、平衡活塞等部件。

9.1.2　工作原理

螺杆压缩机属于容积式压缩机，其工作循环可分为吸入、输气、压缩和排气四个过程。随着转子旋转，每对相互啮合的齿相继完成相同的工作循环，为简单起见，这里只分析其中的一对齿的工作原理。

1. 吸入过程和输气过程(或统称为吸气过程)

在图9-2中，所分析的一对齿用箭头标出，阳转子按逆时针方向旋转，阴转子按顺时针方向旋转，图中的转子端面是吸气端面。机壳上有特定形状的吸气孔口，如图中粗实线所示。

图9-2(a)所示是吸气过程即将开始时的转子位置。在这一时刻，这一对齿前端的型线完全啮合，且即将与吸气孔口连通。

随着转子开始运动，由于齿的一端逐渐脱离啮合而形成了齿间容积，这个齿间容积的扩大，在其内部形成了一定的真空，而此齿间容积又仅与吸气口连通，因此气体便在压差作用下流入其中，如图9-2(b)中阴影部分所示。在随后的转子旋转过程中，阳转子齿不断从阴转子的齿槽中脱离出来，齿间容积不断扩大，并与吸气孔口保持连通。

吸气过程结束时的转子位置如图9-2(c)所示，其最显著的特征是齿间容积达到最大值，随着转子的旋转，所分析的齿间容积不会再增加。齿间容积在此位置与吸气孔口断开，吸气过程结束。

2. 压缩过程

图9-3所示是螺杆压缩机的压缩过程。这是从上面看相互啮合的转子，图中的转子端面是排气端面，机壳上的排气孔口如图中粗实线所示。在这里，阳转子沿顺时针方向旋转，阴转子沿逆时针方向旋转。

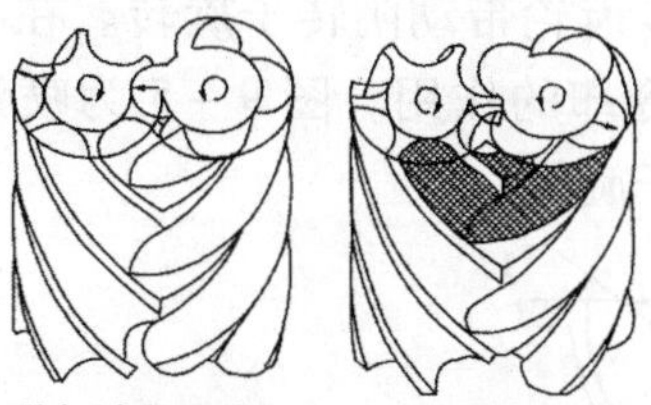

(a)吸气过程即将开始 (b)吸气过程中 (c)吸气过程结束

图9-2 螺杆压缩机的吸气过程

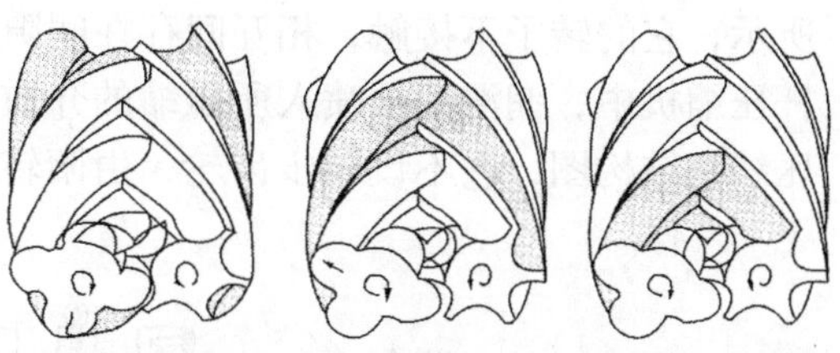

(a)压缩过程即将开始 (b)压缩过程中 (c)压缩过程结束

图9-3 螺杆压缩机的压缩过程

图9-3(a)所示是压缩过程即将开始时的转子位置。此时，气体被转子齿和机壳包围在一个封团的空间中，齿间容积由于转子齿的啮合就要开始减小。随着转子的旋转，齿间容积由于转子齿的啮合而不断减小。被密封在齿间容积中的气体所占据的体积也随之减小，导致压力升高，从而实现气体的压缩过程，如图9-3(b)所示。压缩过程可一直持续到齿间容积即将与排气孔口连通之前，如图9-3(c)所示。

3. 排气过程

图9-4所示是螺杆压缩机的排气过程。齿间容积与排气孔口连通后，即开始排气过程。随着齿间容积的不断缩小，具有排气压力的气体逐渐通过排气孔口被排出，如图9-4(a)所示。这个过程一直持续到齿末端的型线完全啮合，如图9-4(b)所示，此时，齿间容积内的气体通过排气孔口被完全排出，封闭的齿间容积的体积将变为零。

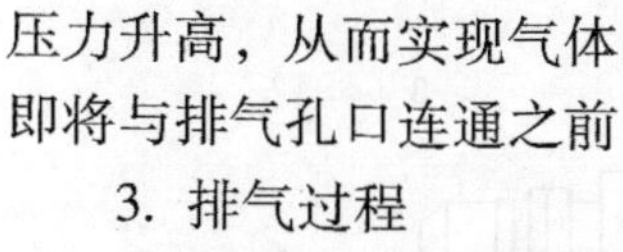

(a)排气过程中 (b)排气过程结束

图9-4 螺杆压缩机的排气过程

9.1.3 螺杆压缩机的优、缺点

螺杆压缩机具有可靠性高、操作维护方便、动力平衡性好、适应性强、可多相混输等优点，也存在造价高、不能用于高压场合、不能制成微型机等缺点。

9.2 螺杆压缩机的分类

螺杆压缩机有多种分类方法：按运行方式的不同，分为无油压缩机和喷油压缩机两类；按被压缩气体种类和用途的不同，分为空气压缩机、制冷压缩机和工艺压缩机三种；按结构形式的不同，分为移动式和固定式、开启式和封闭式等。常见的螺杆压缩机分类如下：

- 螺杆压缩机
  - 喷油压缩机
    - 空气压缩机
      - 固定式压缩机
      - 移动式压缩机
    - 制冷压缩机
      - 开启式压缩机
      - 半封闭式压缩机
      - 全封闭式压缩机
    - 工艺压缩机
  - 无油压缩机
    - 干式压缩机
      - 空气压缩机
      - 工艺压缩机
    - 喷水压缩机
      - 空气压缩机
      - 工艺压缩机

在无油螺杆压缩机中，气体在压缩时不与润滑油接触。无油螺杆压缩机的结构如图9－1所示，它的转子不接触，相互间存在间隙，阳转子通过同步齿轮带动阴转子旋转。在喷油螺杆压缩机中，润滑油被喷入所压缩的介质中，起着润滑、冷却的作用。图9－5为喷油螺杆压缩机结构图，它不设同步齿轮，由阳转子直接带动阴转子旋转。

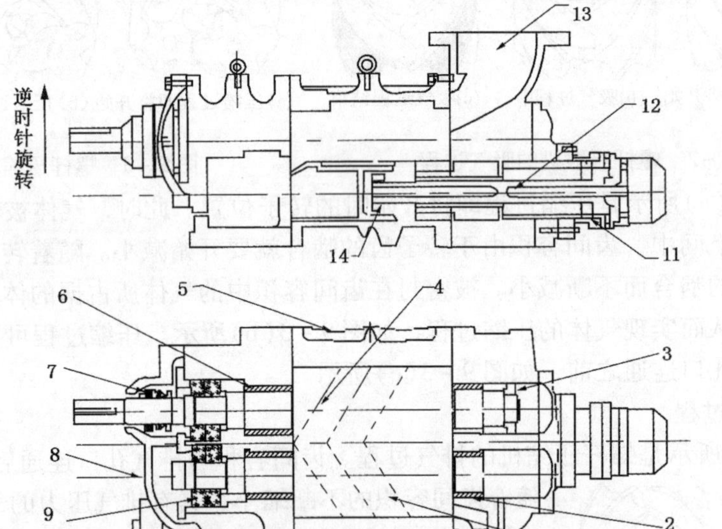

图9－5　喷油双螺杆压缩机

1—阴转子；2—径向轴承；3—平衡活塞；4—阳转子；5—中间壳体；6—径向轴承；7—轴密封；8—壳体盖；9—止推轴承；10—排出口；11—卸载器；12—卸载器推杆；13—吸入口；14—卸载器阀

喷油螺杆压缩机和喷水(或其他非油冷却介质)螺杆压缩机统称为湿式螺杆压缩机。干式螺杆压缩机与湿式螺杆压缩机的区别在于：干式机在工作腔中只有受压缩气体，机壳一般设有冷却水套，两螺杆由同步齿轮传动；湿式机在工作腔内喷入润滑油或纯净水进行内冷却，有些是喷入被压缩介质液体进行内冷却。当喷入的为润滑油时，两螺杆可以依靠自身的啮合副传动，当喷入不具备润滑性能的液体时，仍需应用同步齿轮。

9.3 螺杆压缩机的技术参数

9.3.1 转子型线种类

转子型线种类对螺杆压缩机的性能具有重要的影响，型线种类的区别在于采用不同的组成齿曲线。第一代和第二代转子型线通常是"线"密封的型线，即其组成齿曲线中含有"点"，这些点沿转子的长度方向便形成了一条密封线。第三代和以后的各种新的不对称型线，一般都是"带"密封的型线，即其组成齿曲线中不再含有"点"，而都是"曲线段"，这些曲线段沿转子长度方向便形成了有一定宽度的密封带。"带"密封型线的性能明显优于"线"密封型线，特别是在高压比工况或转子直径较小的中小型螺杆压缩机中，这种"带"密封型线的优势更为明显。

9.3.2 转子齿数

在通常的使用条件下，螺杆压缩机阳/阴转子的齿数一般在3/3～10/11之间，最常用的是3/4、4/5、4/6、5/6、5/7、6/8等。图9－6示出3/4、4/6和6/8的三种齿数组合。

对于图9－6(a)所示的3/4组合形式，其转子直径较小，因此具有泄漏线长度与容积量之比较小的优点，可使压缩机具有较高的效率，但其抗弯刚度却较差。由于3/4组合形式的阴转子直径很小，当压差太大时，它将会产生较大的弯曲变形，甚至与机体相接触。所以，这种形式多用于压差较小的应用场合，如物料输送、多级压缩机的低压级等。

与3/4的形式正好相反，对于图9－6(b)所示的6/8组合方案，转子直径较大，因此泄漏线长度也较长，导致压缩机的效率较低。但由于其阴转子直径较大，故抗弯能力较强。所以，这种形式可以适用于压力差很大的场合，例如高压差的螺杆工艺压缩机和微小型的螺杆制冷压缩机等。

图9－6(c)所示的4/6组合形式转子刚度适中，并且阴阳转子的刚度相近，压缩机的效率也较高。因此获得了较为广泛的应用。

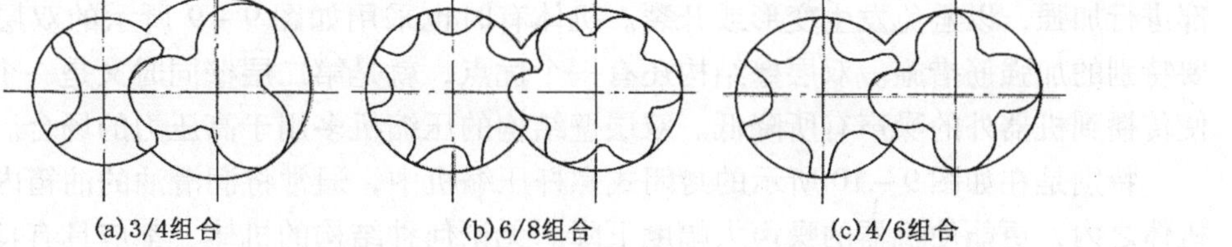

(a)3/4组合　(b)6/8组合　(c)4/6组合

图9－6　不同的转子齿数组合

9.3.3 转子啮合间隙、端面间隙和齿顶间隙

在螺杆压缩机中，阴阳转子间沿接触线的啮合间隙，对压缩机的性能具有重要的影响。这是因为接触线两侧的压力差较大，通过此泄漏通道的泄漏，占了整个泄漏损失的绝大部分。图9－7示出不同阳转子齿顶速度V_m时，压缩机的容积效率η_v和绝热效率η_{ad}随转子啮合间隙δ的变化情况。从中可以看出，随着啮合间隙的增大，两种效率都呈线性下降。特别是在齿顶速度低的情况下，效率下降更快。一般情况下，啮合间隙每增大0.01mm，容积效

率就要下降 1% ~3%。啮合间隙的具体数值主要取决于转子的尺寸和材料，一般可按 0.03% ~0.08% D 选取（D 为转子外径）。

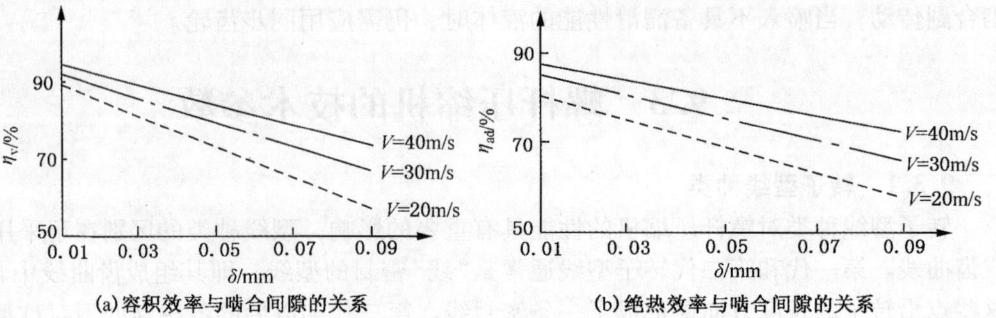

(a)容积效率与啮合间隙的关系　　(b)绝热效率与啮合间隙的关系

图 9-7　容积效率和绝热效率与啮合间隙的关系

螺杆压缩机中吸气端面基本不存在压力差，因此吸气端的间隙显得无关紧要。但在排气端面却有从排气压力到吸气压力的压力差，这意味着排气端间隙非常重要。所以在螺杆压缩机装配中，所有为防止热膨胀而预留的间隙都放在吸气端，以便把这种膨胀对排气端间隙的影响减到最小。起轴向定位作用的推力轴承一般总是放在排气端，因此影响排气端面间隙的只是排气端面与推力轴承间一段轴的膨胀。转子排气端面间隙的一般取值范围为 0.01 ~0.10mm。

阴阳转子的齿顶与其汽缸孔之间也要留有一定的间隙，以补偿转子变形和加工误差，其数值通常在 0.01 ~0.10mm 之间。

9.4　螺杆压缩机的结构特点

9.4.1　机体

机体是螺杆压缩机的主要部件，它由汽缸及端盖组成。转子直径较小时，常将排气端盖或吸气端盖与汽缸铸成一体，转子顺轴向装入汽缸。在较大的机器中，汽缸与端盖是分开的。有的大型螺杆压缩机汽缸设水平剖分面，这种结构便于机器的拆装和间隙的调整。端盖有整体式结构的，也有中分式结构的，端盖内置有轴封、轴承，同时还兼作同步齿轮的箱体。

螺杆压缩机的机体多采用如图 9-8 所示的单层壁结构，必须以加强筋的形式对机体外部进行加强，以避免发生变形或开裂。机体有时也采用如图 9-9 所示的双层壁结构，不需要特别的加强筋措施。双层壁结构还有一个优点，就是第二层壁同时又是一个隔音板，它能使传播到机器外的噪声有所降低。双层壁结构的压缩机多用于高压力的场合。

特别是在如图 9-10 所示的封闭式螺杆压缩机中，通常将润滑油的油箱内置于双层壁的机体之内，更能使机器的噪声大幅度下降。无论何种结构的机体，都应具有良好的刚度。

机体的材料主要取决于所要达到的排气压力和被压缩气体的性质。当排气压力小于 2.5MPa 时，可采普通灰铸铁；当排气压力大于 2.5MPa 时，就应采用铸钢或球墨铸铁。对于腐蚀性气体、酸性气体和含水气体，就要采用高合金钢或不锈钢。

9.4.2　转子

转子是螺杆压缩机的主要零件，其结构有整体式与组合式两类。当转子直径较小时，通常采用整体式结构，如图 9-11(a)所示。而当转子直径大于 350mm 时，为节省材料和减轻重量，常采用组合式结构，如图 9-11(b)示。

当排气温度较高时，为了减少转子的变形，干式螺杆压缩机的转子有时采用内部冷却的结构。图 9 – 12 所示为一种无油压缩机转子内部冷却系统图。

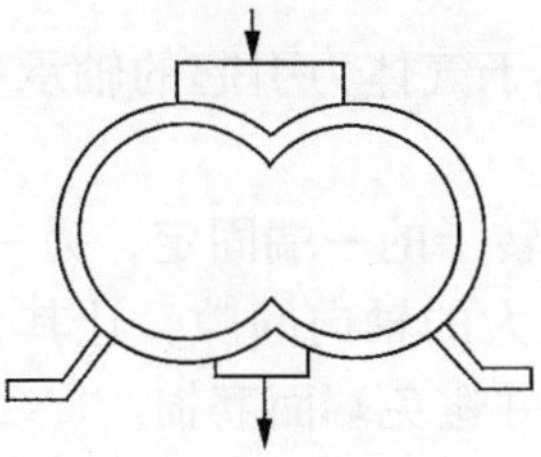

图 9 – 8　单层壁结构机体

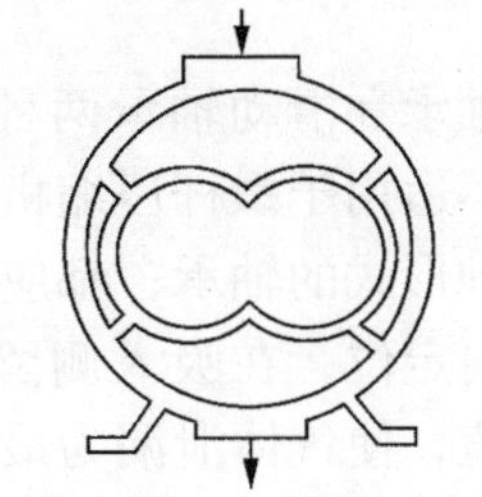

图 9 – 9　双层壁结构机体

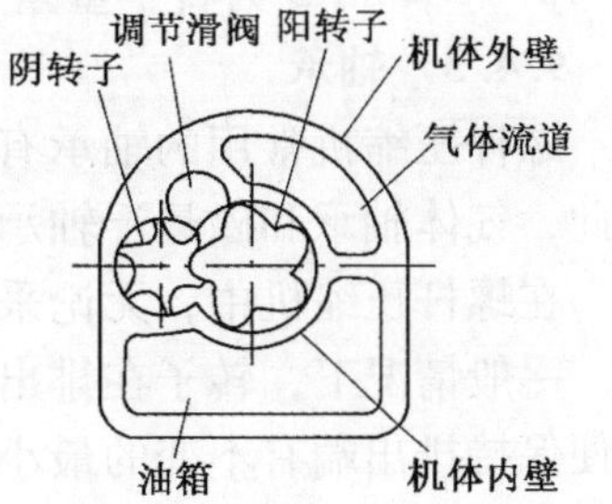

图 9 – 10　封闭式压缩机的双层壁结构机体

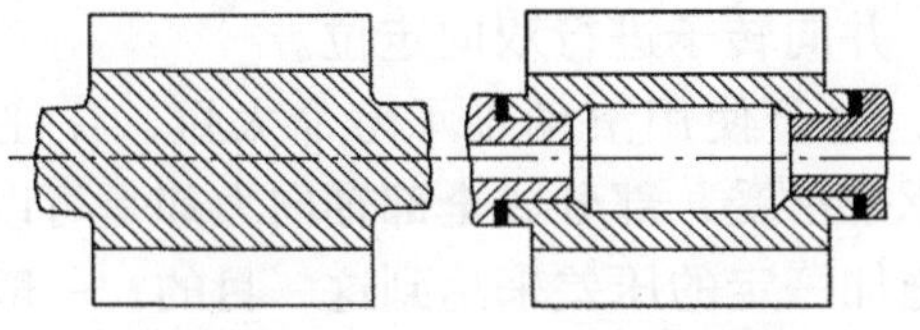

(a)整体式　(b)组合式

图 9 – 11　转子结构

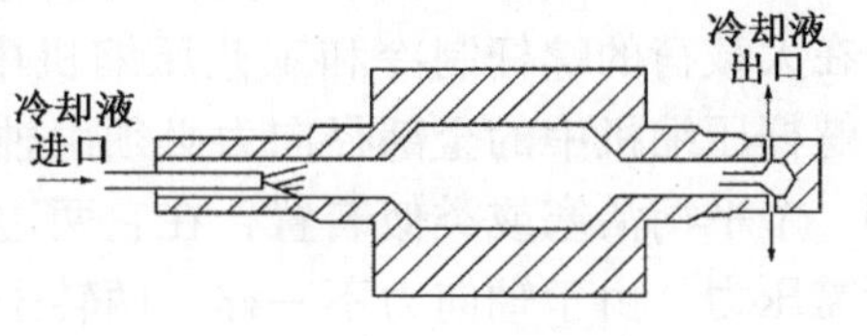

图 9 – 12　转子冷却系统

在螺杆压缩机中，有时在阴、阳转子的齿顶设有密封齿，并在阳转子齿根圆的相应部分开密封槽，如图 9 – 13 所示。密封齿数及其位置有多种形式。以阴转子为例，图 9 – 14 中示出Ⅰ、Ⅱ、Ⅲ共三种方案。另外，有时还在转子的端面，特别是排气端面，加工成许多密封肋，其形状如图 9 – 13 中 *A*—*A*、*B*—*B* 剖视图所示。这种密封齿可与转子制作为一体，也可以镶嵌在铣制的窄槽内。

大多数的干式螺杆压缩机转子齿顶设有密封齿，其目的是使压缩机间隙尽可能小。这些密封齿的横截面积很小，能在开始运行后的一段时间内“磨合”到最佳的尺寸，能对加工误差、转子变形和热膨胀进行补偿，从而使压缩机能保持非常小的均匀间隙，使泄漏量减少。如当转子振动、轴承损坏致使转子与汽缸接触时，密封齿可防止引起大面积的咬伤，避免出现严重事故。齿顶和端面密封齿的设置，给加工带来了困难，加大了制造费用。因此，在喷油螺杆压缩机中，由于排气温度较低，转子热胀较小，一般认为以不设置密封齿为宜。

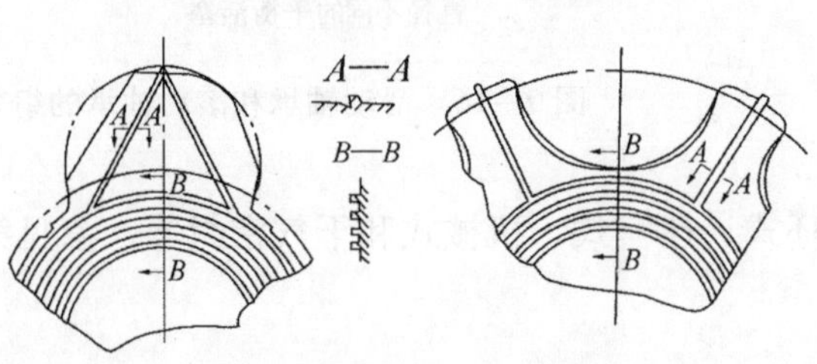

图 9 – 13　转子密封齿

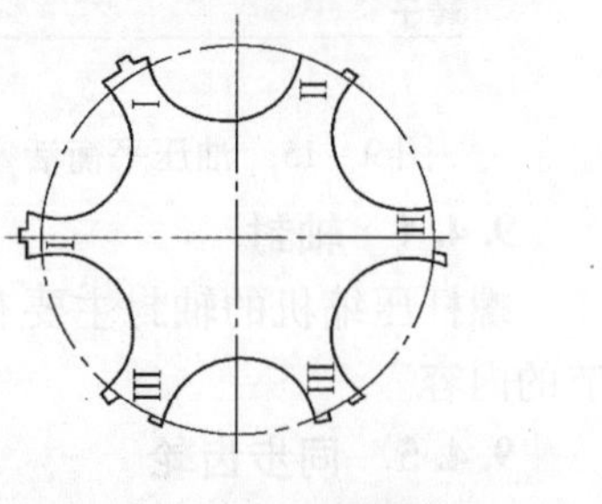

图 9 – 14　密封齿形式

螺杆压缩机转子的毛坯常为锻件，一般多采用中碳钢，如 45 钢等。有特殊要求时，也有用 40Cr 等合金钢或铝合金的。目前，不少转子采用球墨铸铁，既便于加工，又降低了成本。常用的球墨铸铁牌号为 QT600 – 3 等。

转子精加工后，应进行动平衡校验。校验时，允许在吸入端面较厚的部分取重。允许的不平衡力矩因机器的尺寸和转数不同，通常是0.05～1.0N·m，可近似地取作(0.1～0.2)$G\times10^{-3}$ N·m(G为转子重量，单位：N)。尺寸小、转速高的机器应取偏低值。

9.4.3 轴承

螺杆压缩机常用的轴承有滚动轴承和滑动轴承两种。由于气体力引起的轴承负荷很大，因此，气体轴承和磁悬浮轴承等并不适用于螺杆压缩机。

在螺杆压缩机中，无论采用何种形式的轴承，都应确保转子的一端固定，另一端能够伸缩。一般情况下，转子在排出侧轴向定位，在吸入侧留有较大的轴向间隙，让其自然膨胀，以便保持排出端有不变的最小间隙值，使气体泄漏为最小，并避免端面磨损。

在无油螺杆空气压缩机中，通常采用高精度的滚动轴承，以便得到高的安装精度，使压缩机获得良好的性能。由于无油螺杆压缩机的转速很高，在选择滚动轴承时，应保证其有足够长的寿命。通常，用分别安装在转子两端的圆柱滚子轴承承受转子的径向载荷，用安装在排气端的一个角接触球轴承承受轴向载荷，并向转子进行双向定位。

在大载荷的螺杆制冷和工艺压缩机中，由于使用滚动轴承寿命太短，往往采用滑动轴承，螺杆压缩机中的全部径向力必须由轴承来承受，部分或全部轴向力却是可以消除的。通常用一个平衡活塞或类似装置，在它两边施加一定的压差来达到这一目的，一般用高压油提供所需压力。由于轴向力不一样，两转子所用的平衡活塞直径也不一样，或者只在阳转子上设平衡活塞。图9－15所示为一个油压平衡活塞的结构。

在中小型制冷和工艺压缩机中，采用轴向滑动轴承时，由于游隙较大，会导致排气端面间隙过分增大，进而影响压缩机的经济性。当压缩机运行在高载荷时，这个问题显得更为突出。通常采用平衡活塞的结构，从而使止推轴承仍可采用滚动轴承，而径向力则还是由巴氏合金制作的滑动轴承来承担，图9－16示出这种形式。

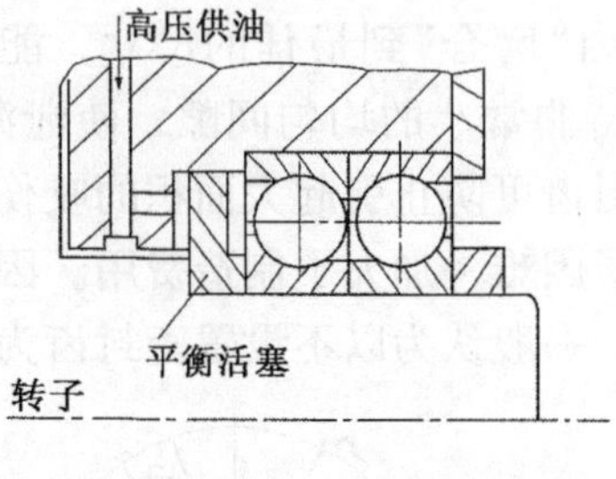

图9－15 油压平衡活塞结构

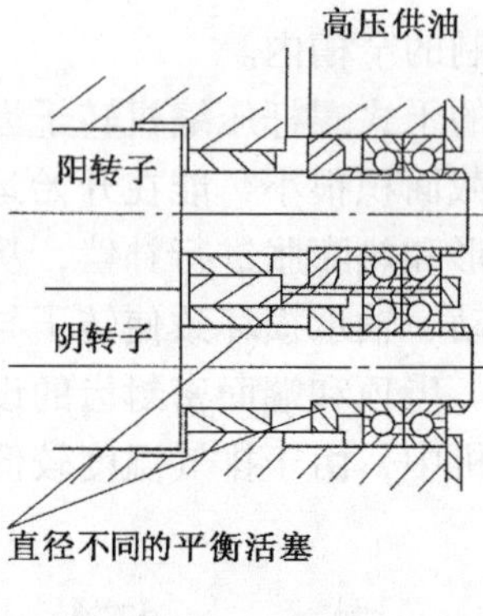

图9－16 滑动轴承和滚动轴承的组合结构

9.4.4 轴封

螺杆压缩机的轴封主要有石墨环式、迷宫式、机械式和干气密封等，参见第5章中各小节的内容。

9.4.5 同步齿轮

在无油螺杆压缩机中，转子间的间隙和驱动靠同步齿轮来实现。同步齿轮有可调式及不可调式两种结构，通常都采用图9－17所示的可调式结构。小齿圈(又称反向齿片)1及大齿圈2都套在轮毂3上，调整小齿圈(反向齿片)1，使之与大齿圈2错开一个微小角度，就可减少主动齿轮与从动齿轮之间的啮合间隙，提高阴、阳螺杆正反负荷侧的啮合精度。小齿圈

(反向齿片)11 调整时必须注意方向，要使它在齿轮啮合时不受主承载力，提高其使用寿命。间隙调整适当以后，将小齿圈(反向齿片)1、大齿圈 2 与轮毂 3 用圆锥销 4 定位，再用螺母 5 将大小齿圈及轮毂固定。为防止螺母松动，螺母 5 之间用防松垫片 6 连接。螺杆压缩机同步齿轮的齿圈材料可用 40CrMo 钢，轮毂材料通常为 40[#] 中碳钢。

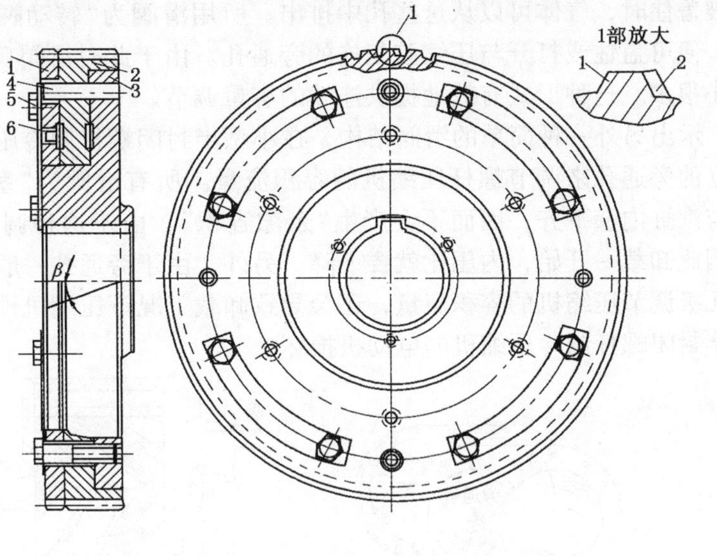

图 9－17　可调式同步齿轮

1—小齿圈(反向齿片)；2—大齿圈；3—轮毂；4—圆锥销；5—螺母；6—防松垫片

9.4.6　容量调节滑阀

容量调节滑阀是螺杆压缩机中用来调节容积流量的一种结构元件，虽然螺杆压缩机的容积流量调节方法有多种，但采用滑阀的调节方法获得广泛的应用，特别是在喷油螺杆制冷和工艺压缩机中。如图 9－18 所示，这种调节方法是在螺杆压缩机的机体上装一个调节滑阀，成为压缩机的机体的一部分。它位于机体高压侧两内圆的交点处，且能在与汽缸轴线平行的方向上来回移动。

容量调节滑阀调节螺杆压缩机容积流量的原理：如图 9－19(a)所示，随着转子的旋转，被压缩气体的压力沿转子的轴线方向逐渐升高，在空间位置上，是从压缩机的吸气端逐渐移向排气端：如图 9－19(b)所示，在机体的高压侧开口后，当两转子开始啮合并试图提高气体压力时，其中有些气体便会通过开口处旁通掉。从以上分析可以看出，压缩机对从开口处旁通气体所作的功，仅是用来将其排出，因此压缩机的耗功主要是压缩最终排出的气体所作的功和机械摩擦功之和。所以，当用容量调节滑阀调节螺杆压缩机容积流量时，可使压缩机在调节工况下保持较高的效率。

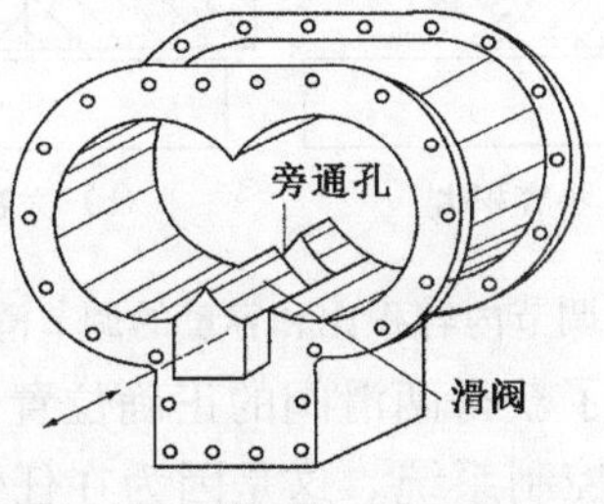

图 9－18　容量调节滑阀示意图

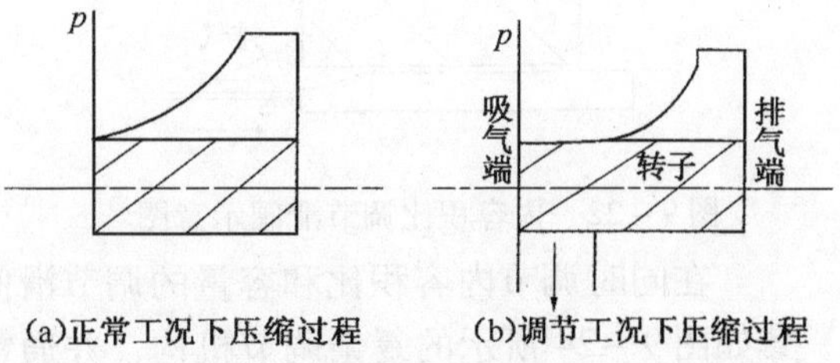

图 9－19　容量调节滑阀原理

滑阀可以按控制系统的要求朝任一方向移动，其驱动方式有多种，最常见的是采用液压缸的方式，由压缩机本身的油路系统提供所需的油压。在少数机器中，滑阀是由电动机经减速后驱动的。

图 9－20 示出一种简单的滑阀形式，汽缸壁上开有与转子螺旋形状相对应的旁通孔，当这些孔没有被盖住时，气体可以从这些孔中排出。所用滑阀为“转动阀”，阀体是螺旋形的，当它旋转时，便可盖住或打开与压缩腔相连的旁通孔。由于此时滑阀只需转动，压缩机总体长度便可减小很多。这种形式有效地提供连续的容量调节。

图 9－21 示出另外一种简单的滑阀结构，在小型半封闭螺杆制冷压缩机中广泛应用。它利用多个独立的旁通孔来调节螺杆压缩机的容积流量。所有滑阀为“塞状阀”，由于阀体可以制成恰好与汽缸内壁平齐，因而不会产生“余隙容积”。由于这种调节方式不改变排气孔口的大小，因此卸载一开始，内压比就要下降。另外，由于旁通孔一般为二到三个，故不能实现连续地无级调节压缩机的容积流量，还会导致卸载工况下压缩机排气温度越来越高，严重时会导致半封闭螺杆制冷压缩机的电动机损坏。

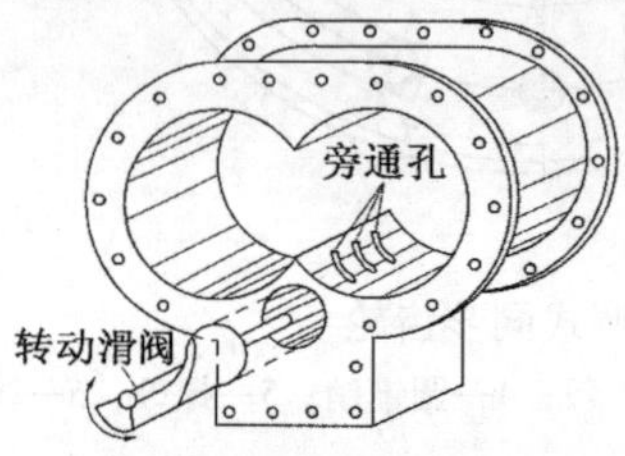

图 9－20　转动滑阀结构

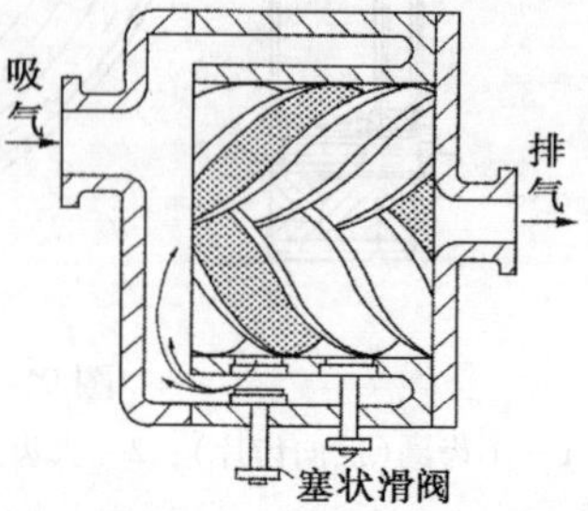

图 9－21　塞状滑阀结构

9.4.7　内容积比调节滑阀

螺杆压缩机工作的最佳工况是内压比等于外压比，若二者不等，经济性会降低。增大或减小排气孔口的尺寸，将改变齿间容积内气体同排气孔口连通的位置，从而改变内压比。如图 9－22 所示，通过一种滑阀调节，就可以获得变化的排气孔口，从而实现内容积比和内压比的调节。有时要求同时调节容积流量和内容积比，如图 9－23 所示，在转子下部的孔中，移动的是两个滑阀，即前述容量调节滑阀中的固定块也变成了移动的。两个滑阀之间没有机械联系，分别由各自的液压缸驱动，在满负荷工况下，如图 9－23(a)、(b)所示，内容积比调节滑阀可以前后移动，以控制压缩机的内压比，为了保持满负荷，容量调节滑阀必须随内容积比调节滑阀运动，以保证两者之间的密封。

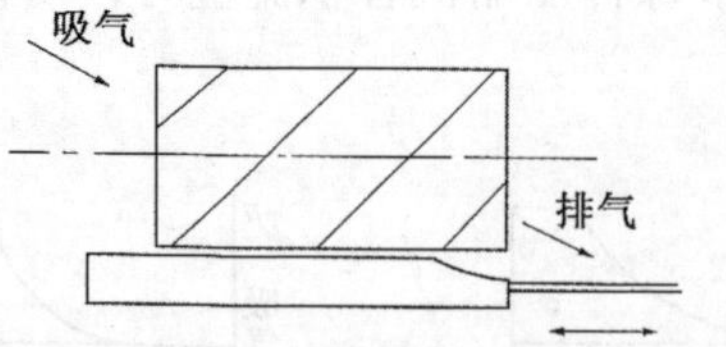

图 9－22　内容积比调节滑阀示意图

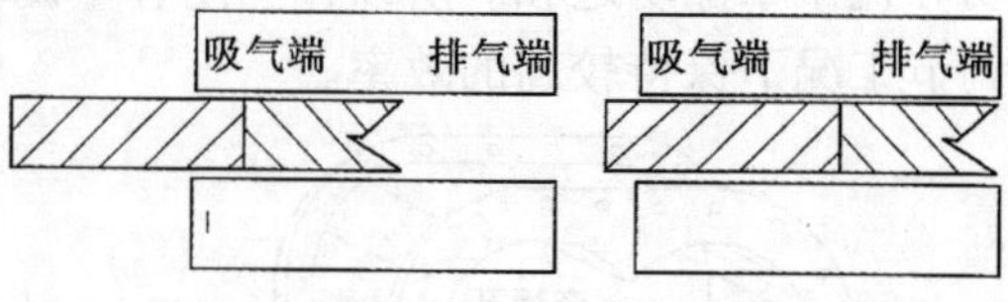

(a) 小容积比　　(b) 大容积比

图 9－23　同时调节内容积比和容量的调节滑阀示意图

在同时调节内容积比和容量的调节滑阀装置中，为了获得两滑阀的正确位置，必须有一套如图 9－24 所示的复杂调节机构，并通常采用计算机控制系统。这是因为在任何一个工况下，调节控制系统都必须判定两滑阀应处在什么位置，以便能对其进行正确的调节。

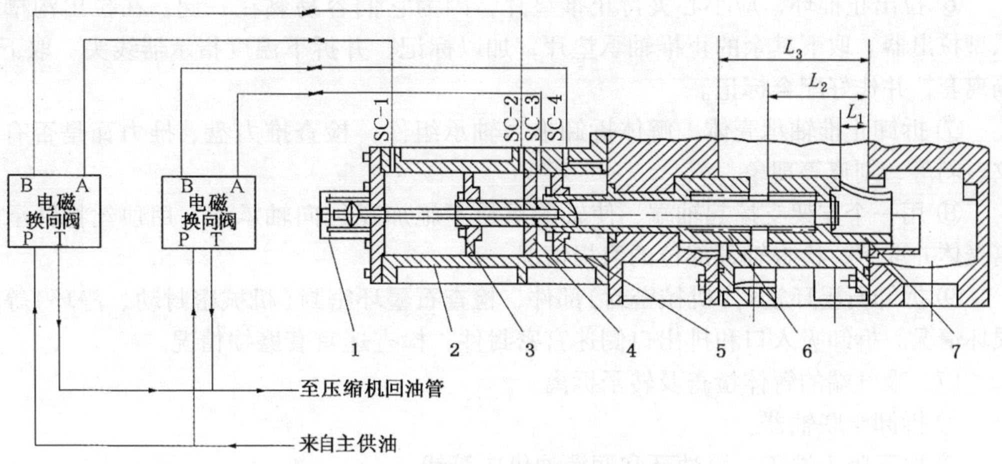

图9－24　内容积比和容量调节滑阀控制系统

1—容量指示机构；2—液压缸；3—容量调节活塞；4—隔板；
5—内容积比调节活塞；6—内容积比调节滑阀；7—容量调节滑阀

9.5　螺杆压缩机安装

可参考第6章“6.1.8.1 离心泵的安装”部分。

9.6　螺杆压缩机的检修

9.6.1　无油螺杆压缩机的检修

1. 拆卸与检查

参照无油螺杆压缩机结构图(图9－1)进行拆卸。

(1) 拆卸消音器或隔音房。

(2) 拆卸联轴器保护罩，复查拆卸前轴对中，记录数据，具体方法可参照第7章“7.10 离心式压缩机组的对中找正”部分。

(3) 拆卸与机组连接的附属管线，盖住所有暴露的管线开口，以防止异物进入。

(4) 用塞尺测量阴阳转子吸、排气端面与机体吸、排气端座侧间隙，测量转子与机壳内壁径向间隙，记录数据。

(5)用塞尺测量解体前阴阳转子啮合间隙，记录数据。

(6)排气端的解体检查：

① 拆卸排出口端盖以露出同步齿轮和轴承壳体。

② 复查测量同步齿轮的啮合间隙，记录数据。拆卸同步齿轮锁紧螺母的防松销钉，然后拧下螺母。

③ 用专用工具拆卸阴转子齿轮。

④ 用专用工具拆卸阳转子同步齿轮和阴转子同步齿轮毂，拆下配合键并作好标记。

⑤ 复查止推轴承的轴向间隙。可在轴头装上百分表，推拉转子测量止推轴承的轴向间隙。拆卸铜质止推板，使用顶丝将止推板从止推轴承壳的配合件上顶出来，注意在板后的塑料垫片仍保持到各自的板上。

⑥ 拉出止推环，应小心夹持止推垫片，因为它们容易黏在一起。在拉出沟槽时可使用爪型拉出器。取下其余的止推轴承垫片，加以标记，并拆下温度指示器线头。取下止推轴承隔离套，并作好配合标记。

⑦ 拆卸止推轴承壳体，解体拆卸推力轴承组件，检查推力盘、推力瓦是否有变形、裂纹、剥落、划痕等现象。

⑧ 用一个支架支撑起轴端，使轴的重量不施加在径向轴承上，用顶丝将轴承和支座顶离壳体并取下，检查轴颈部位的磨损情况。

⑨ 拆卸石墨环密封(机械密封)部件，检查石墨环密封(机械密封动、静环)等零部件的损坏情况。拆卸吸入口和排出口侧迷宫密封件，检查迷宫套磨损情况。

(7) 吸气端的解体检查及转子拆离：

① 拆卸半联轴器。

② 取下吸入端盖、甩油环和润滑油供应管线。

③ 作好标记后拆下温度指示器线头。

④ 使用支架将轴端支撑起，使径向轴承不承担转子重量。对阴转子应制作延长轴用来支撑转子重量：使用合适尺寸的螺纹杆，拧入阴转子端部的螺纹孔内，这样就可以支承住转子重量，将轴承和轴承支座顶离壳体并取下。

⑤ 拆卸石墨环密封(机械密封)部件，检查石墨环密封(机械密封动、静环)等零部件的损坏情况。拆卸吸入口和排出口侧迷宫密封件，检查迷宫套磨损情况。

⑥ 在阴阳转子端面作好标记，起重工协助吊出阴阳转子，检查转子轴颈的损坏情况。

⑦ 转子做动平衡，转子动平衡的精度等级不能低于 G6.3 级。

⑧ 清洗压缩机水冷夹套。

2. 回装、调整及技术要求

螺杆压缩机重新装配前，须保证壳体内表面和油管干净，水夹套应无泥、碎屑等，去除转子、壳体、轴承支座、同步齿轮等上面的毛刺和粗糙点。用干净的油清洗轴承，使用无纤维布擦试机件。

回装与调整方法如下：

(1) 将压缩机壳体排出端向下置于枕木上，将阳转子装回壳体内。

(2) 小心地将阴转子旋入壳体内。边滑动边转动阴转子以防止与阳转子碰在一起损坏密封线，保证转子上的装配标记对准。

(3) 将入口壳体安装上入口端。

(4) 将壳体置于水平位置，然后安装密封组件。清理、检查各密封部件并测量各配合尺寸，看是否符合要求并作好记录：安装吸入口和排出口侧迷宫密封件前检查迷宫套磨损情况，各密封齿应无锈蚀、裂纹、折断和毛刺等缺陷，密封套上的疏水孔要畅通。如果使用的是机械密封，要检查机械密封是否有 O 形圈变形腐蚀、动环在传动座中卡住、动静环不同心、弹簧压缩量调整不正确等缺陷；如果使用的是石墨环密封，应检查石墨环工作面应无裂纹、划痕、缺陷，巴氏合金层无龟裂，石墨环表面粗糙度应小于 $R_a0.20$，石墨环和壳体上配合的端面要光滑平整、接触均匀，石墨环方向须安装正确。

以上密封的安装方法可参照第 5 章“5.2.5 机械密封的维护、检修与安装”部分。

(5) 在入口、排出口端安装径向轴承，转轴两端应加以支撑以便安装。安装前要检查轴承的磨损情况，滑动轴承的表面不得出现拉毛、气孔、脱壳、砂眼等现象，滚动轴承不允许有脱落、锈蚀或变形等现象，其与壳体的配合应为H7/h6或G7/h6，与轴的配合应为H7/k6或H7/js6。转子轴颈(轴承处)表面粗糙度不大于 $R_a0.8$，其径向圆跳动值应小于0.01mm，圆柱度偏差不大于0.01mm。

轴承的安装方法可参照第7章“7.9.1.1 滑动轴承”部分。

(6) 安装到此处时，应按下述要求检查转子平行度：

① 在压缩机排出端两转子轴的端部上方靠近轴颈处放置一精密的水平仪，在水平仪的下侧使用塞尺将水平仪的气泡调到对中位置，应保证水平仪贴在轴和塞尺上。记录好塞尺的厚度也就是轴的下沉量。

② 下一个测量点是压缩机入口端的轴承外伸轴，为了防止出现误差，在阳转子排出端放置水平仪测量后，再在阳转子的入口端放置水平仪测量，通过塞尺测量轴下沉量。

③ 平行度偏差(即塞尺读数差)应不大于0.05mm。

④ 校正平行度。按下面方法进行：

a. 拆卸入口壳体定位销钉，将支撑顶丝放在入口壳的销钉孔下。

b. 将千分表固定在入口端的轴上，以便观察垂直和水平方向上的所有变化。将水平仪放在吸入端的两轴上。

c. 松开入口壳体下半部的螺栓螺母。带上(但不要拧紧)入口壳体上半部的螺栓。

d. 顶起入口壳体的下部直至使轴在进口、出口处都位于同一水平面，拧紧螺栓，小心不要改变轴的位置，重新检查水平，如需要调整可扩铰销钉孔，使用大直径的销钉定位。

(7) 安装止推轴承，安装前检查止推盘、止推瓦的磨损情况：止推瓦表面不得有变形、裂纹、剥落、脱层、划痕等现象，止推瓦工作面与止推座接触面积应达75%以上。在更换了所有影响止推轴承间隙的零件(如转子、止推垫、推动轴承座、止推板、止推隔环等)后，应检查和重新调整止推轴承的间隙并符合要求，方法可参照第7章“7.9.1.1 滑动轴承”部分。

(8) 测量阴阳转子吸、排气端面与机体吸、排气端座侧间隙，测量转子与机壳内壁径向间隙。转子排气端面与机体排气端座间隙标准见表9-1，转子与机体的径向间隙标准见表9-2。

表9-1 转子排气端面与机体排气端座间隙标准

机组型号	排气端面与排气端座间隙/mm	
200L4	0.15~0.22	
250L5		
KSL31MZ-20LMZ	一级	0.12~0.15
	二级	0.08~0.11
KS40LAZ-25LA8	一级	0.03~0.07
	二级	0.02~0.04
MY.200.VSD	0.07~0.08	
LYZ30/06	0.15~0.20	
KA16	0.08~0.10	

表9-2 转子与机体的径向间隙标准

机组型号	转子与机体的径向间隙/mm	机组型号	转子与机体的径向间隙/mm
200L4	0.55~0.75	KA16	0.08~0.10
250L5	0.33~0.38	K20-48	0.24~0.25
LYZ06/30	0.20~0.25	K25-100	0.18~0.23

按下列步骤检查调整转子游隙和端面间隙：

① 固定千分表在压缩机壳体的排出端（或吸入端）检查测量转子游隙和端部间隙，尽可能地使转子轴向活动，以得到真实的千分表读数。

② 在未安装上止推轴承时，通过轴向推动将轴从入口端推到排出端，然后返回，使轴的窜动量最大，记下千分表的读数。

③ 安装隔离环、止推轴承和止推套，用一个管状隔离套套在转子轴和同步齿轮之间，并用锁紧螺母拧紧，以消除零件之间叠压现象，在排出端转子的密封圈和壳体之间放入间隙规，或通过排出口放进去测量。

④ 可通过改变隔离环的厚度来调节排出端的间隙，减少隔离环的厚度就可减小间隙，如果必须增加间隙，应使用一个新的隔离环。

⑤ 安装止推轴承板，使轴再次轴向窜动，测量止推轴承的间隙，通过增加或取下在止推轴承壳和止推轴承板之间放置的塑料垫来调节轴承间隙。

注：阳、阴转子必须单独检查测量其间隙，按上面给出的①～⑤步骤进行。

(9) 加热（热油或保温箱）阳转子同步齿轮和阴转子同步齿轮轮毂，并套在各自的配合轴上，为了保证齿轮和轮毂与轴和止推套很好地贴合，在冷却期间不允许它们活动，应及时把同步齿轮锁紧螺母拧紧。

(10) 套装上阴转子同步齿轮时，应对准齿轮的装配配合标记。

(11) 根据机组的随机技术文件测量并调整转子的同步齿轮啮合齿侧间隙。

(12) 根据机组的随机技术文件测量并调整阴阳转子啮合间隙，如图 9－25 所示，*A*、*B* 是测量值。

阴阳转子啮合间隙按照如下方法进行调整：

在机体里安装好转子与轴封、轴承等部件，确认轴承径向、轴向间隙、转子与汽缸径向与轴向间隙符合标准后，将调节齿轮大、小齿圈安装到阴转子的齿轮毂上，同时安装阳转子上的主动齿轮。用打表法来测量同步齿轮的啮合间隙，当测量的数值小于标准时，向逆时针方向稍微转动调节齿轮的小齿圈；当测量的数值大于标准时，向顺时针方向稍微转动调节齿轮的小齿圈。为了转动调节齿轮小齿圈来调整间隙，要在固定大、小齿圈的螺栓孔里装一根合适的圆棒，然后用手锤轻轻敲击圆棒，获得合适的同步齿轮啮合间隙后上紧调节齿轮大、小齿圈与轮毂的固定螺栓。

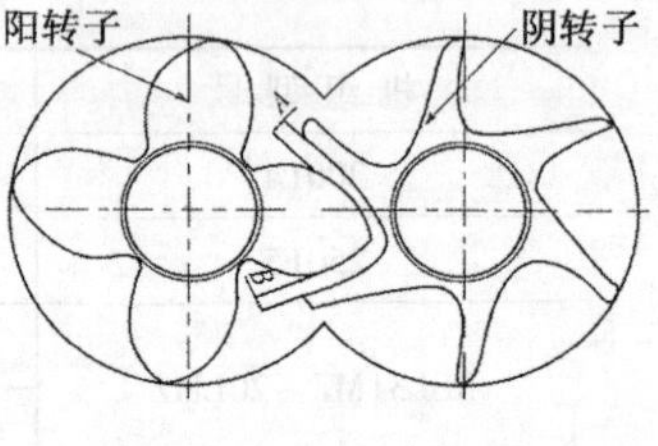

图 9－25　阴阳转子啮合图

按图 9－25 所示测点用塞尺法测量阴、阳转子的间隙，应在出口侧进行测量，盘车时要驱动阳转子。测量的 *A* 值和 *B* 值之比值应在 0.8～1.2 之间。如果发现 *A* 值太大，就要松开调节齿轮的紧固螺栓，向相反的方向拔动小齿圈，使之与大齿圈错开一个微小的角度，就可减少调节齿轮与主动齿轮之间的啮合间隙以获得合适的 *A* 值。然后上紧调节齿轮的紧固螺栓，重新测量阴、阳转子的间隙，确认符合标准后，在调节齿轮大、小齿圈与轮毂固定处绞孔装定位销，再次测量阴、阳转子的间隙，确认同步齿轮间隙＜轴瓦间隙＜阴、阳螺杆转子间隙，符合标准后，用锁紧板锁定调节齿轮的紧固螺栓，上紧锁紧螺母，将大、小齿圈与轮毂固定为一体。

(13) 安装端盖。

(14) 安装附属管线。

(15) 联轴器对中，按复查联轴器对中的方法进行。

9.6.2　喷油螺杆压缩机（制冷压缩机）的检修

制冷压缩机与无油螺杆压缩机的结构有不同之处，所以检修方法不尽相同。

1. 制冷压缩机的拆卸与检查

（1）拆卸压缩机联轴节罩，拆卸联轴节，复查原始对中偏差，记录数据。

（2）拆卸机组附属管线和附件，管线封口，接头挂标记牌。

（3）拆卸制冷量指示器盖帽、限位开关及其指示杆等能量指示组件。

（4）吊出机组，起重时有专人负责；机组放到枕木前先拆除固定轴承盖板、抽吸盖和转子外套的螺栓。

（5）拆卸轴封压盖，拆卸机械密封组件并检查测量密封零件动静环、轴套、O 形圈是否损坏。

（6）拆卸卸载器。拆卸载器活塞和卸载器汽缸并检查测量 O 形圈、汽缸内表面。

（7）拆卸平衡活塞及活塞套筒；测量检查套筒尺寸、O 形圈质量。

（8）拆卸止推轴承，检查止推轴承磨损状况。

（9）拆卸抽吸盖和侧轴承并检查卸载器杆及各 O 形圈。侧轴承应垫上木块或类似东西以防损伤。

（10）拆卸转子、壳体和可变滑阀。拆阳转子时，在拔出转子过程中顺时针方向旋转转子，当转子拔出约 2/3 时轻抬转子，然后吊出放在 V 形铁上。检查机体内表面、滑阀表面、转子外表、两端及吸排气端座间是否有摩擦痕迹。解体并检查滑阀组件，用内径千分表及外径千分尺测量油活塞组件的圆度和圆柱度。

（11）拆卸轴承座和主轴承并检查轴承间隙，取出弹簧卡后，用木锤打出主轴承。

（12）转子着色探伤。

（13）转子做动平衡。

2. 制冷压缩机零部件的修复

（1）机体内表面有不太严重的磨损及拉毛时，可用砂布或油石磨光，若拉毛严重，可在机床上修复。

（2）阴阳转子若有拉毛，可用油石磨光，上机床磨光时，必须把工件精确校正，转子轴颈及轴封部位不许有锈斑、裂纹等缺陷，少量磨损可用砂布打光。对于机体与转子任何一个零件磨损量大时，都必须按实际情况调整或更换，否则因间隙过大有降低机器效率和损坏机器的后果。

（3）主轴承的磨损若超过配合间隙标准时，应更换主轴承。

（4）止推轴承磨损间隙增大时，必须更换。

（5）轴封的静环、动环有拉毛时，应用金刚砂研磨。密封与 O 形环老化时，应更换新件。

（6）平衡活塞、油活塞因磨损而间隙增大时，应更换。

（7）转子与排气端面间隙若超过标准值，可由调整环调整。

3. 制冷压缩机装配与调整

修复完毕后，即可装配，装配时必须将零部件清洗干净，涂上冷冻机油，装配时要特别注意转子端面间隙、径向间隙及滑动轴承间隙，止推轴承应用螺帽锁紧防止松动，装配后，应用手能轻松而均匀转动。装配步骤与调整方法如下：

（1）回装轴承座和主轴承，主轴承中的缺口对准轴头上的定位弹簧销，装入轴头中。轴承的安装方法可参照第 7 章“7.9.1.1 滑动轴承”部分。

（2）回装转子、卸载器滑阀、可变杆滑阀，安装后的卸载器滑阀应该平滑移动，阳转子与阴转子按原标记装配。

（3）回装吸排端盖，平衡活塞套筒中的止动圈、O 形挡圈、O 形圈要按顺序回装；逆时针方向旋转转子和轴承组件及可变杆，把卸载器滑阀置于满载位置。

（4）回装止推轴承，调整吸排端间隙，端间隙的调整通过调整止推调整垫圈或轴承封盖的厚度来达到要求。

（5）回装平衡活塞及轴承盖、卸载器，手动旋转汽缸凸轮，以证实旋转是否顺畅。

（6）回装机械密封，注意机封的防松螺钉要固定在轴上，具体方法可参照第5章"5.2.5机械密封的维护、检修与安装"部分。

（7）现场复位、装附属管线。

（8）联轴器对中，具体方法可参考第7章"7.10离心式压缩机组的对中找正"部分。

4. 制冷压缩机装配技术质量要求

（1）转子轴颈表面粗糙度不大于$R_a0.8$，其径向圆跳动偏差小于0.01mm，圆柱度偏差不大于0.05mm。

（2）转子表面粗糙度要小于$R_a1.6$，不允许有气孔、裂缝及伤痕等缺陷。

（3）螺杆两端面对轴中心线垂直度偏差不大于0.02mm，两螺杆平行度偏差不大于0.02mm。

（4）转子在平衡活塞、机封、联轴器处径向圆跳动偏差均小于0.02mm，圆柱度偏差不大于0.05mm。

（5）滚动轴承不允许有脱落、锈蚀或变形等现象，与壳体配合应为H7/h6，与轴配合应为H7/js6。

（6）滑动轴承表面不得出现拉毛、气孔、脱壳、砂眼等缺陷。滑动轴承径向间隙应符合技术要求，可参见第7章"7.9.1.1滑动轴承"部分。

（7）机械密封各配合部位及零部件均应符合技术要求，可参见第5章"5.2.5机械密封的维护、检修与安装"部分。

（8）转子与吸气端盖间隙为0.60～0.70mm，转子与排气端盖间隙为0.13～0.16mm，转子与机体腔径向间隙为0.17～0.22mm。

（9）平衡活塞与平衡活塞套间隙为0.18～0.28mm。

（10）油活塞与油缸的间隙为0.12～0.20mm。

（11）轴承护圈与推力轴承外圆端面间隙为0.005～0.015mm。

（12）转子动平衡精度等级不低于G6.3级。

（13）联轴节找正应符合要求。

9.7 螺杆压缩机的试车与验收

9.7.1 试车前的准备工作

（1）检查检修记录，确认检修数据正确，有试车方案。

（2）向油分离器（储油器）、油冷却器注油，油从注油接头加入（可由外油泵或机器本身油泵加入）。注油时，应看油分离器上视镜油面，正确的油位应大约保持在视镜的3/4处。

（3）检查油箱油位，对于装备有蓄油器的机组，必须确认蓄油器的气囊压力在设计范围内。

（4）开机前应保证润滑油温度在16～27℃。

（5）启动润滑油泵，检查油泵转向正确，使油循环大约30min，关闭油泵，检查过滤网，重返以上过程直到过滤网干净为止。

（6）检查机组密封气、密封水压力是否符合工艺指标要求，确认冷却水系统运行正常。

（7）在压缩机出入口处安装临时过滤网。
（8）检查压缩机出入口阀、止回阀及管线旁路阀是否完好。
（9）检查机组的自保护联锁系统和停车系统，确保动作灵敏准确。
（10）用氮气置换压缩机机体内的空气，并检查机体所有接合面是否有泄漏。
（11）电动机（汽轮机）单机试运转正常，旋转方向正确。
（12）带增速器的机组，增速器应在工作转速下单试合格。
（13）检查压缩机排污阀是否畅通。
（14）压缩机向正确方向慢慢盘车几圈（阳转子要转动3圈以上），应无卡涩、摩擦等现象。
（15）试车前所有零部件及附件必须齐全、完整。

9.7.2　试车（开车）注意事项

（1）无油螺杆压缩机的试车（开车）注意事项：
① 接通缓冲气或其他密封流体到压缩机。
② 启动主油泵，初次启动时大约运转1h，检查油压力表和油视镜是否正常。
③ 手动盘车，确认压缩机处于自由状态。
④ 先打开密封氮气，然后引密封水至压缩机。
⑤ 打开压缩机排放管和旁路阀。
⑥ 用氮气充满压缩机旁路回路。
⑦ 启动电机（汽轮机），将机组转速提高到1/4工作转速后关闭电机，让机组慢慢停下来，应保证整个过程无异常振动和噪音。
⑧ 关闭排放管，启动电机（汽轮机）到工作转速，让机组在零排出压力下运行2min。
⑨ 若驱动机是汽轮机，机组提速应严格按照汽轮机操作规程进行。
⑩ 逐渐关闭旁路阀，大约在15min内把压缩机压力提升到工作压力。
⑪ 打开压缩机出口排放阀给系统通气。
（2）螺杆制冷压缩机的试车（开车）注意事项：
① 检查压缩机应可用手轻易地转动。
② 检查油分离器中油面在合适位置。
③ 检查吸入阀、排出阀、油过滤器进出口阀、压力表及其他与压缩机相连的阀是否打开。
④ 氨制冷机应检查油冷却器水阀是否打开，对于氟利昂制冷机应注意油温不低于30℃，当低于30℃时打开电加热器，油温高于35℃时再打开水阀，冷却水的压力不低于0.15MPa。
⑤ 检查电动机电压是否正常。
⑥ 合上控制电源，检查控制灯是否正确。
⑦ 启动油泵，使油泵出口压力高于排气压力0.2～0.3 MPa。
⑧ 使四通阀处于减载或增载位置，检查滑阀移动是否正常，然后将滑阀调至零位。
⑨ 用手多次盘动压缩机，应能轻易转动。
⑩ 合上主机电源及控制电源。
⑪ 观察压力表压力及检查主机机体与轴承处的温度是否正常。
（3）机组在上述情况下运行30min，检查系统和辅助设备的工作情况，检查是否存在异常振动和噪音，机组振动应在第15章表15－1中的数值之内。
（4）在电机启动运转时，应慢慢打开吸气截止阀，否则过高的真空度将增大机器的噪音和振动。
（5）机组运行稳定后，必要时可做机组的性能试验。
（6）作好试车记录。

9.7.3 验收

（1）机组经过连续运行24h后，各项技术指标达到设计要求或能满足生产需要。

（2）设备达到完好标准。

（3）检修记录齐全准确，按规定办理验收手续。

9.7.4 停车注意事项

1. 无油螺杆压缩机的停车注意事项

（1）将主电机断电。

（2）气量调节阀关闭，自动放空阀打开。

（3）切断水源，排空系统中的水。

（4）检查盘车是否轻快。

（5）油泵停运。

2. 螺杆制冷机停车注意事项：

（1）将能量调节阀手柄旋转至减载部位，使滑阀回到零位。

（2）关闭油冷却器的水阀。

（3）将主电机断电。

（4）油泵停运。

9.8 螺杆压缩机的故障分析与处理

螺杆压缩机常见的故障原因与处理方法见表9-3所示。

表9-3 螺杆压缩机常见的故障原因及处理方法

序号	故障现象	故障原因	处理方法
1	螺杆压缩机自动停机	电机故障 油温过高 油压差过大 控制电路故障 负荷过大 转子咬合	检查电机 检查清洗油冷器 检查清洗油过滤器 检查修理控制元件 检查原因、减少负荷 解体检查处理或更换零部件
2	压缩机无气体流量	转动方向错误 管道堵塞	参阅压缩机的外形图，检查实际转动方向，如果错了，要改换方向 检查管道、阀门、消音器、进口过滤器、冷却器等，以确认流程已打通
3	压缩机能力低	出口压力高 进口压力低 转子和外壳间间隙过大 安全泄压阀泄漏或因不正确的给定值而放空 通过旁路阀泄漏	处理工艺操作故障 处理工艺操作故障 检查更换超标部件 拆下泄漏的阀门，清理和检查或更换；检查给定压力，并加以修正 检查处理旁路阀
4	螺杆压缩机能量调节机构不灵活	四通阀不畅通 油管路不畅通 油活塞间隙过大 滑阀或油活塞卡死 指示器故障 油压不够	检修或更换四通阀 检修或吹扫油路系统 检修或更换活塞和活塞环 检修处理 检修或更换 调整油压

续表

序号	故障现象	故障原因	处理方法
5	气体出口压力过大	压缩机排出压力过高 冷却不足 阀门操作不正确	重新设置安全阀压力 检查并清洗冷却介质过滤器 检查截止阀的位置，并纠正
6	气体出口温度高	转子、壳体部位间隙过大 排出气体压力过大 中间冷却不足 压缩机夹套冷却不够 压缩机有故障 冷却水流量不足 中间冷却器故障	更换磨损件或调整转子与转子及转子与壳体间间隙 见“故障6” 清洗冷却器和冷却水系统 清洗压缩机冷却夹套 检查压缩机是否有摩擦，必要时调试 检查调节冷却水供应量 检查中间冷却器
7	气体进口温度高	冷却水温度高 去气体冷却器的冷却水流量低 气体冷却器结垢或有脏物 工艺有故障	检查冷却水系统 检查冷却器的温升，如果温升太大，增加冷却水量 清洗冷却器 检查压缩机上游工艺
8	螺杆压缩机启动负荷过大	排气压力高 滑阀未回零位 机体内充满油和液体 转子接触摩擦或烧坏	打开吸气止逆阀，使高压气回至低压系统，提高冷凝器冷凝能力 将能量指示调至零位 用手盘动压缩机将液体排出 解体检修或更换配件
9	制冷能力不足	喷油量不足 滑阀不在正确位置 吸气阻力过大 转子磨损，间隙大 制冷量调节装置故障	检查油系统，提高油量 调整滑阀位置 清洗吸气过滤器 调整或更换零件 检修调节装置
10	螺杆压缩机机体温度高	机体与转子有摩擦发热 吸入气体过热 压缩比过大 冷却油或冷却水故障	迅速停机进行检修 降低吸气温度 降低排压或负荷 处理冷却系统
11	排气压力高引起安全阀放空、过大的功率、出口高温	阀门操作不正确 能量控制阀误动作 冷却器前后压差太大	检查调整截止阀的位置 检查该阀并予以纠正 检查并清理
12	排气压力低	进口过滤器堵塞 阀门操作不正确 能量控制阀误动	清理或更换进口过滤器元件 检查调整进口阀门位置 检查，必要时进行更换或修理
13	螺杆压缩机耗油量大	油分离器中油过多 油压过大，带油量过多 油分离器效果不佳 密封泄漏大	放油至规定的液位 降低油压差 检查修理 更换密封

续表

序号	故障现象	故障原因	处理方法
14	螺杆压缩机润滑油温度高	因为结垢或脏物积聚引起油冷器效率降低 冷却水流量低 冷却水温度高 压缩比过大 吸入气体过热 喷油量不足(湿式螺杆压缩机) 温度控制阀误动作 温度控制阀的旁路阀打开	对管束进行清理 提高冷却水流量 使用合适温度的冷却水 降低压缩比或减轻负荷 提高蒸发系统液位 提高油压、增加油量 进行检查 检查阀门的位置
15	润滑油系统压力低	油压调节阀误操作，油压调节不当 油泵出口的回油阀打开 由于不正确的给定值或阀座损坏，油通过泄压阀漏掉 过滤器元件堵塞，油系统不畅通 油泵故障油泵转子磨损，泵效率降低 储油槽油位低 油温过高 内部泄漏 油量不足或油质不良 主机的螺杆转子与壳体磨损	检查阀门，必要时调节油压 关闭该阀门 检查给定值，如果错误要纠正，必要时更换阀门 切换过滤器清理或更换过滤元件 检查修理泵零件的磨损情况 检查处理，恢复储油槽油位 检查油冷器，提高冷却能力 检查更换密封部件 加足油量或换油 检修或更换部件
16	润滑油的流量过大	轴承间隙增大 节流孔板安装不正确 润滑油温度高 油压调节阀误操作	检查轴承间隙，必要时更换轴承 检查油管线并安装正确的孔板 采取措施降低润滑油温度 检查阀门
17	排油不正常	有阻碍物 吸气或压力平衡不正确	检查有视镜的管道，确认油的排放正常 检查呼吸器并予以清理，检查压力平衡管线有无障碍物
18	储油罐油位降低	油泄漏 油泄漏到压缩机的压缩室里 机械密封的内部密封油排放过度	检查泄漏处如有要修复 增加密封缓冲气的压力 检查更换机械密封
19	储油罐油位上升	冷却水泄漏到油系统 工艺气体冷凝液或工艺气体中的水进入油系统	检修冷却水系统的密封点 检查轴封的密封情况
20	蓄压器中的油位降低	油压低 吹除气供气阀操作不正确 汽泡进入蓄压器	调节油压 关闭吹除气供气阀，通过打开排泄阀调节油位 重新调节油位
21	润滑油含水	油冷却器管道泄漏 密封气压力过低 雨水进入油管线	更换密封垫，必要时进行管束泄漏试验 调整密封气压力 检查通向大气的放空管，放空管必须在端部用向下的弯头进行保护，防止雨水或异物进入管道

续表

序号	故障现象	故障原因	处理方法
22	气体泄漏	连接螺栓松动 垫片损坏 压缩机密封有故障	上紧螺栓 更换垫片 检查压缩机密封如有损坏要更换
23	润滑油压力波动	油压调节阀误操作 油泵操作不正常	检查和修理阀门 检查油泵的操作条件，尤其是泵的进口压力
24	机械密封漏油	密封面被灰尘等损坏 O形环损坏 润滑油温度高 润滑油压力高 有脏物	更换密封 更换O形环 打开油冷器旁路阀调节油温 通过压力调节阀调节油压 检查清洁情况
25	冷却水太热	冷却水供水系统故障	检查冷却水供水系统，如有可能，降低供水温度
26	注水流量太小	喷嘴堵塞 管道和阀门里有结垢沉淀 流量控制阀误操作	检查和清理 清理，如果结垢厉害，要用蒸汽吹扫 打开控制阀的旁路阀进行手动操作，或修理控制阀
27	振动大	联轴节对中不好 转子结垢或黏附工艺物质，造成不平衡 转子间隙过小或转子接触，引起转子磨损 轴承磨损使轴承间隙超标准 同步齿轮磨损，啮合间隙超标准 轴弯曲 地脚螺栓松动 共振（包括支承共振、基础共振、机壳结构共振） 灌浆不正确	在热机的情况下重新找正 通过注入溶剂或水，清除沉淀物 停掉压缩机，进行手动盘车，如果损坏严重，拆卸压缩机并修理 调整轴承间隙，必要时进行更换 检查齿轮游隙，按指定的要求进行更换 校直轴 上紧螺栓 调查是否存在下列共振并消除： ● 扭转共振 ● 横向共振 ● 管道共振——管道上存在立波压力脉冲 重新灌浆
28	转子接触，转动有卡涩现象	有外来杂质进入壳体 转子表面有结垢 出口压力低于进口压力 出口温度高 转子弯曲 阀门操作不当，产生反压力 转子冷却效果不好 同步齿轮定位不正确 轴承和同步齿轮磨损 推力轴承磨损严重，推力间隙大	清除杂质 清洗转子表面污垢 调整工作压力 处理工艺操作故障 检查校直轴 旁路阀避免快速操作 机组停车，应保证连续向外壳和油冷却器提供冷却水 重新调整同步齿轮啮合间隙 检查更换磨损件 更换推力轴承

续表

序号	故障现象	故障原因	处理方法
29	螺杆压缩机有异响	转子接触与壳体摩擦 轴承损坏 运转连接件松动 机内有异物 吸入大量液体	对机组进行检修 更换轴承 停下压缩机，上紧螺栓 解体检查，清除异物 调整操作或停机放液
30	轴承高温	使用了不合格的润滑油 提供的润滑油温度高 油的流量不足 出口压力过大 油过滤器压差过大 联轴器对中不符合标准 转子不平衡 润滑油里有水 轴颈表面粗糙 推力盘表面粗糙	检查油的质量，油必须清洁，有适当的黏度，如果不合格要更换新油 采取措施降低来油温度 检查管道是否有障碍物，增加油压 进行工艺处理，降低出口压力到合适程度 清理或更换过滤器 按标准重新找正 校验转子的平衡性 检查油分离器 修复轴颈达到标准的表面粗糙度，轴颈如果不是严重损伤，可用油石修理；如果严重损伤，轴颈需要镀铬并研磨 进行抛光，直至粗糙点消除，重新调整推力间隙
31	外壳夹套冷却不足	冷却水流量不足 外壳夹内壁上有结垢沉积 管道或阀门位置安装不正确	检查通过夹套的冷却水温度 在水冷却的情况下可进行化学清洗 夹套进口和出口管道必须保证有一定弯曲度，夹套进口和出口接头要位于压缩机相对的一侧
32	油通过迷宫环泄漏	迷宫环磨损 由于压力平衡不适当，在轴承箱里建立了压力 缓冲气供气不足 排污器放空管线上的阀门关闭	检查迷宫环间隙，必要时更换 检查处理压力平衡管线 增加缓冲气流量 打开该阀门
33	油泄漏到转子腔里，引起工艺气体被油污染	油通过迷宫环泄漏 密封缓冲气压力低 密封油未能排出	检查迷宫环间隙，必要时更换 增加密封缓冲气压力 打开密封油排污器液位控制阀的旁路阀

第10章 轴流式压缩机

气体在压缩机汽缸中沿轴向流动的压缩机称为轴流式压缩机。

轴流式压缩机与离心式压缩机都属于透平式压缩机。与离心式压缩机相比，轴流式压缩机具有流量大、体积小、重量轻和设计工况下效率高等优点；但是，它也存在稳定工况范围较窄、性能曲线较陡、变工况性能较差和叶片易磨损等缺点。轴流式压缩机多用于炼油、化工和钢铁等行业。

10.1 轴流式压缩机的基本组成及工作原理

轴流式压缩机主要由机壳、转子、静叶承缸、调节缸等组成。其基本结构和主要元件见图10-1所示。

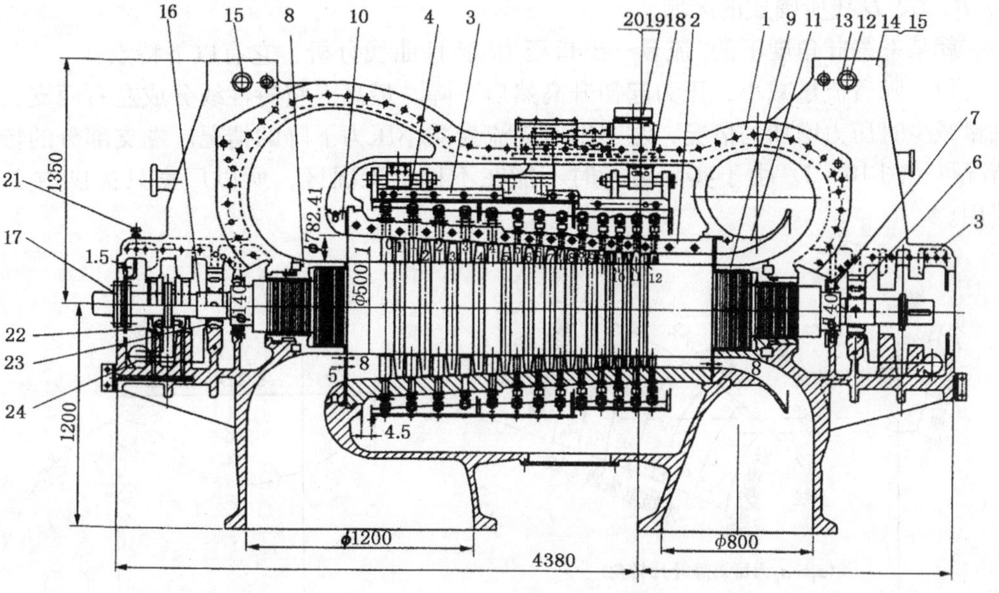

图10-1 轴流式压缩机剖面图

1—机壳；2—静叶承缸；3—调节缸；4—驱动环；5—轴承箱；6—径向轴承；7—油封；8，9—密封套；10—进口收敛器；11—扩压器；12—螺栓；13—垫圈；14—支腿；15—导向键；16—转子；17—联轴器；18—调节缸支撑；19，20—伺服马达；21—位移监视器；22—止推轴承；23—径向轴承；24—热电偶

轴流式压缩机气体的运动是沿着轴向进行的，其间排有动、静相间扭曲形的叶片，转子高速旋转使气体产生很高的流速，而当气体流过依次串联排列着的动叶片和静叶栅时，速度就逐渐减慢，气体得到压缩，其动压能转变为静压能，从而达到输送气体并增压的目的。

10.2 轴流式压缩机的分类

轴流压缩机按末级是否配置离心叶轮可分为两大类，即纯轴流式压缩机和轴流－离心混合式压缩机。纯轴流式压缩机的末级未配置离心叶轮，轴流－离心混合式压缩机的末级配置有离心叶轮。

轴流－离心混合式压缩机因末级配置有离心叶轮，故能防止已压缩介质在末级轴向级中膨胀，避免了转子动叶中发生附加高动力负荷，增加了操作的安全可靠性，另外，还使机组性能曲线的阻塞线大幅下移。

10.3 轴流式压缩机的性能曲线

对静叶可调型轴流压缩机来讲，静叶栅每一角度的变化，都对应于一条曲线，所以调节静叶角度，可使一根根孤立的、特性较陡的曲线形成流量变化范围宽阔的可调区域，从而满足操作的需要。恒速静叶可调式轴流压缩机的特性曲线如图 10－2 所示，其安全运行区域为 *A*、*B*、*C*、*D* 线所围成的区域。

就某一静叶角度下的“流量—出口压力”特性曲线分析，它有以下特点：

（1）随着流量减小，压力起初升高然后下降。最高点将特性线分成左右两支，右支对应流量减少时压力增加的情况，左支则对应流量减小压力下降的情况。左支部分的特性线发展情况可见图 10－3。由于实际运行时不能在不稳定工况区，所以厂家只提供右支曲线以供使用。

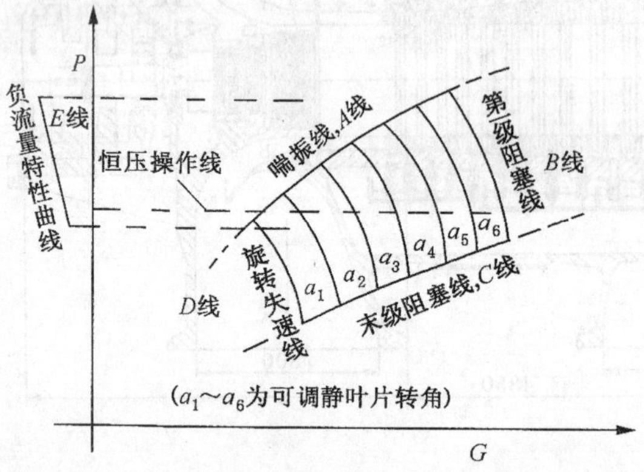

图 10－2　恒速静叶可调轴流式压缩机的特性曲线

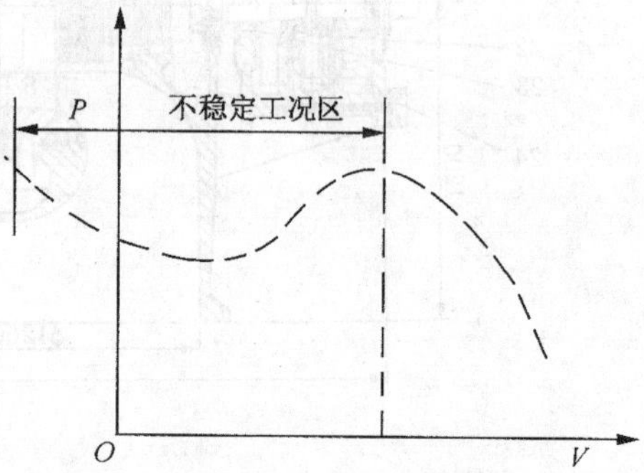

图 10－3　左支部分的特性线发展情况

（2）当气体流量减小到一定程度时，压缩机进入失速区（不稳定工况区），叶片发生振动，各静叶角度下的特性线均有失速时的最小流量点，各点的连线叫失速边界线即喘振线，至于此时是否喘振还要取决于机后管网情况。

（3）当气体流量增加到一定程度时，压力急速下降，压缩机进入阻塞区，叶片发生颤振。如同喘振边界线一样，也可作出一条阻塞边界线。

（4）转速升高，特性曲线变陡。

（5）在同一进气压力与温度条件下，“流量—出口压力”与“流量—效率”曲线都有最大值，但最高效率与最大压力并不在同一工况点上。

（6）仅改变进气压力，压缩机的压比与效率不会变化，但流量与功率将与进口压力成正比变化。

（7）大气温度变化对特性曲线有以下影响：

① 风机流量与大气绝对温度成反比。气温低，吸入流量少；气温高，吸入流量多。为此，主风机在运行时应注意按季节特性操作，冬季可提高装置处理量以发挥主风机的供风能力，而夏季操作应注意喘振。

② 当气温下降时，压力呈上升趋势；气温上升时，压力呈下降趋势。

10.4 轴流式压缩机的旋转失速、喘振和阻塞

轴流式压缩机在实际运行中，并不一定总是在设计工况下工作，当运行条件改变时，其工况点就会离开设计点，而进入非设计工况区域。这时实际的气流流动情况就与设计工况有差别，而且在一定条件下产生了不稳定流动工况。从目前来看，有这样几种比较典型的不稳定工况：即旋转失速工况、喘振工况及阻塞工况。这三种工况都属于气体动力不稳定工况。

当轴流式压缩机在上述这些不稳定工况下工作时，不仅会大大恶化工作性能，有时还会发生强烈的振动，使机器不能正常工作，甚至产生严重的破坏事故。

10.4.1 轴流式压缩机的旋转失速

轴流式压缩机特性曲线静叶最小角度与最小工作角度线之间的区域称旋转失速区。旋转失速又分为渐进失速和突变失速两种类型。当风量小于轴流式主风机的旋转失速线限值时，叶片背面气流产生脱离，机内气流形成脉动流，使叶片产生交变应力而导致疲劳破坏。

为了防止失速，要求操作者熟悉机特性曲线，启动过程中快速通过失速区，操作过程中应按制造厂的规定，使最小静叶角度不低于规定值。

10.4.2 轴流式压缩机的喘振

在压缩机与一定容积的管网联合工作时，当压缩机在高压缩比、低流量下运行，一旦压缩机流量小于某一定值，叶片背弧气流严重脱离，直至通道堵塞，气流强烈脉动，并与出口管网的气容、气阻间形成振荡，此时机、网系统气流的参数出现整体大幅度波动，即气量、压力随时间大幅度周期性变化；压缩机的功率以及声响均周期性变化。上述变化非常剧烈，使机身强烈振动，乃至机器无法维持正常运行。这种现象称为喘振。

由于喘振是整个机、网系统发生的现象，因此它不但与压缩机内部流动特性有关，且决定于管网特性，其振幅、频率受管网容积的支配。

喘振所造成的后果常常是严重的，它会使压缩机转子与静子元件经受交变应力而断裂，使级间压力失常引起强烈振动，导致密封及推力轴承的损坏，使转子与静子相碰，造成严重事故。特别是高压的轴流式压缩机，发生喘振可能在短时间内即毁坏机器，所以是不允许压缩机在喘振工况下运行的。

从上面的初步分析中得知，喘振的产生首先是由于变工况时压缩机叶栅中气动参数与几何参数不协调，形成旋转失速所造成。但并不是旋转失速都一定导致喘振的发生，后者还与管网系统有关。所以说喘振现象的形成包含着两方面的因素：从内部来说，它取决于轴流式压缩机在一定条件下出现强烈的突变失速；从外部来说，又与管网的容量及特性线有关。前者是内因，后者是外界条件，内因只有在外界条件的配合下才促使喘振发生。

10.4.3 轴流式压缩机的阻塞

压缩机的叶片喉部面积是固定的。当流量增大时由于气流轴向速度增大，气流相对速度增大，负冲角(冲角为气流方向与叶片进口安装角之间的夹角)也随之增大。此时，叶栅进口最小截面上平均气流将达到音速，这样通过压缩机的流量就达到一临界值而不再继续增大，这一现象叫阻塞。

这种初级叶片的阻塞决定了压缩机的最大流量。当排气压力降低时，压缩机内的气体将因膨胀体积增加而使流速增加，当气流在末级叶栅达到音速时也发生堵塞。由于末级叶片气流受阻，末级叶片前的气压升高，末级叶片后的气压降低，造成末级叶片前后的压差加大，这样末级叶片前后受力不平衡而产生应力，也可能导致叶片损坏。

一台轴流式压缩机当其叶型和叶栅参数确定后，其阻塞特性也就固定了。轴流式压缩机不允许在阻塞线以下区域过久运行。

一般来说，轴流式压缩机的防阻塞控制无需像防喘振控制那样严格，控制动作不要求很快，也不必设脱扣停车点。至于要不要设置防阻塞控制也由压缩机本身的要求决定。一些生产厂家因设计时已考虑到了叶片的加强，可以经受颤振应力的增大，则可不设防阻塞控制。若厂家设计时未考虑阻塞现象出现时叶片强度需增加，则需设有防阻塞自控设施。

轴流式压缩机的防阻塞控制方案如下：在压缩机的出口管路上设一蝶形防阻塞阀，将入口流量和出口压力这两个检测信号同时输入防阻塞调节器。当机出口压力异常下降，机运行工况点落在反阻塞线下面时，调节器的输出信号送进防阻塞阀使该阀关小，因而风压增加，流量减小，工况点进入反阻塞线以上，机摆脱阻塞工况。

10.5 轴流式压缩机的结构特点

1. 机壳

轴流式压缩机机壳设计成水平剖分，便于拆卸和组装。机壳一般由铸铁铸造而成。铸铁结构具有不易变形、吸收噪音和减振性能好等优点。机壳的进出口法兰均垂直向下。机壳分四点支撑在底座上，四个支撑点设计在接近下机壳中分面处，分布在下机壳的两侧，而不是布置在机壳的两端，此种机壳支撑方式具有一定的稳定性，可减少热膨胀而引起的机组热变形。四个支撑点中，排气端的两点为固定点，进气端的两个点为滑动支撑点。

机壳的中分面用预应力螺栓把上下机壳连接成两个刚性很强的整体，预应力螺栓的预紧力是通过计算确定的。

2. 静叶承缸

静叶承缸也设计成水平剖分型，中分面用螺栓连接形成一个内孔有很小锥度的筒体，与转子组成一个轴流式压缩机的流道。这个通道的几何尺寸通过气动计算确定。

叶片承缸的缸体一般由铸铁铸造而成，通过两端支撑在机壳上。靠进气侧一端为固定支撑，靠排气侧的一端设计成滑动支撑以满足缸体热膨胀的要求。承缸的进气侧相配的是进口圈，承缸的排气侧相配的是扩压器，分别与其他元件组成一个收敛通道和扩压通道，从而构成一个完整的轴流通道。

在叶片承缸上装有支撑静叶的静叶轴承，静叶及其附件全部支撑在静叶轴承上，静叶轴承采用石墨材质，具有很好的自润滑作用和密封作用。

静叶由 2Cr13 等坯料精加工而成，叶型表面进行湿式喷砂处理。

3. 调节缸

调节缸一般用碳钢钢板焊接而成，水平剖分，有较好的刚性，支撑在机壳上，四个支撑轴承布置在靠近中分面的下缸体两侧。调节缸安装在机壳与静叶承缸之间，因此有时也称为中缸，机壳为外缸，叶片承缸为内缸。

调节缸一般取4个轴承且是无油润滑轴承。调节缸的内部相对应于各级静叶片装有各自的导向环，分为上下两半，分别安装在上下缸体上。

调节缸用于调节轴流式压缩机的静叶角度，在伺服马达作用下作轴向往复移动。导向环的作用是使滑块也作轴向往复移动，而滑块通过曲柄与静叶叶柄相连，因此调节缸的轴向移动可使静叶得到转动运动，从而实现调节静叶角度的目的。各级静叶调节角度的大小由各级曲柄的长度决定。

4. 转子及动叶片

轴流式压缩机的转子是由主轴、各级动叶片、隔叶块及叶片锁紧装置等组成。

作为高速旋转部件，对轴流式压缩机转子要求有足够的强度和刚度，结构紧凑。轴流式压缩机转子种类多，但基本上可以分为转鼓（鼓筒型）、轮盘型和盘鼓结合型三种，见表10－1。

表10－1　轴流式压缩机转子分类

分　类		简　图	特　点
鼓筒型		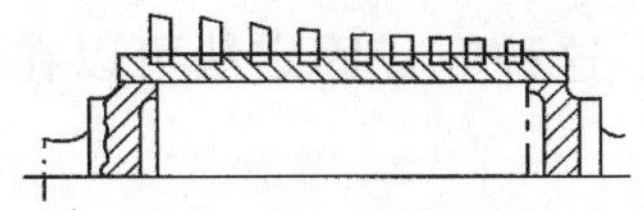	结构简单，加工量少，刚性好（多为刚性轴），动叶周向装入。但强度差，轮缘许用周向速度低，$u \leqslant 150 \sim 180 m/s$
盘轴型		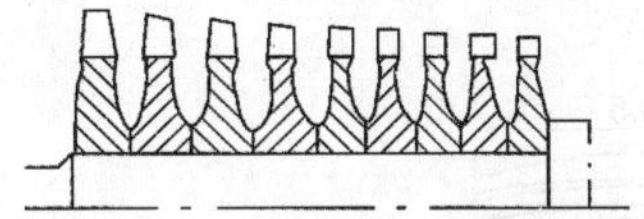	叶轮与轴过盈连接，可以不用键而靠过盈预紧力传递扭矩。动叶可轴向装配，刚性较差，一般为柔性轴
盘鼓结合型	焊接式	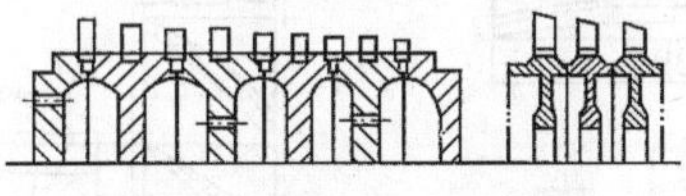	刚性、强度都较好，使用最广泛。它又分： （1）焊接式。要求焊接技术较高，薄叶轮要求使用先进焊接技术，如电子束焊等 （2）径向销钉式。叶轮过盈配合并压入轴向销钉 （3）拉杆式。有中心拉杆和外围拉杆两种。传递扭矩有两轴向销钉传扭、端面齿传扭、端面摩擦传扭
	径向销钉式	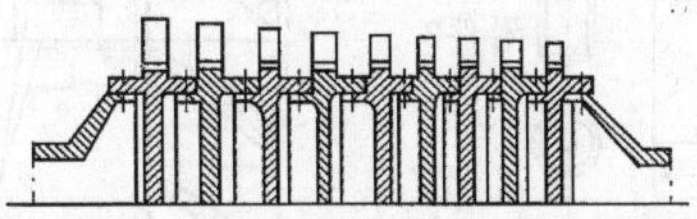	
	拉杆式	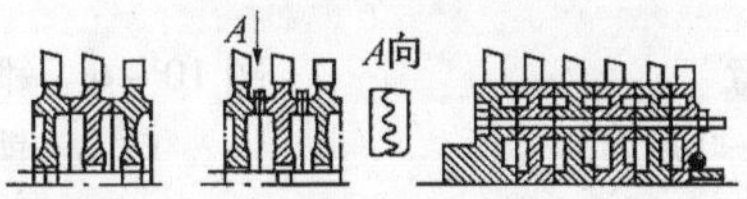 (a)轴向销钉传扭　(b)端面齿传扭　(c)摩擦传扭	

如图10－4，动叶分为叶身1和叶根2，叶身为叶片的型线部分，厚度一般为弦长的2.5%～8%。叶根形式可分为燕尾型、纵树型、齿型以及销钉型等，将叶片固定在转鼓或轮盘上，传递叶片对转鼓或轮盘的作用力。燕尾型叶根尺寸紧凑，加工方便，轮缘强度好，是压缩机常用的叶根形式。叶片可以轴向或周向装配。周向装配时，在转鼓或轮盘上带有两个相距180°的槽口，装配时叶根（包括隔块）从槽口放入，顺环形槽推到应有的位置。为了使

最后的一个叶片得以固定，可采用各种锁块加以锁紧。图 10 - 5 是一种齿型叶根锁紧法的示意。装入最后叶片 4 之后，装入附件 1，并用楔子 2 予以压紧，而楔子则用螺钉 3 加以固定，为了使螺钉不脱出将螺钉冲压几个点。

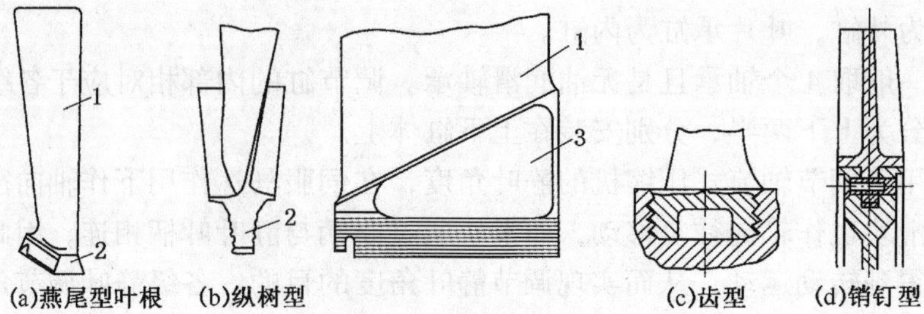

图 10 - 4　动叶

1—叶身；2—叶根；3—过渡部分

图 10 - 6 所示的结构，适应于锁紧邻近的两排叶片。两排叶片合用一个槽口，装入最后一个叶片之后，可将锁紧块 1 放入，然后再装锁紧块 2，并用楔子 3 予以固定。可用螺钉或锁紧块的嵌边将楔子固定。上述两种固定方法都是对叶根和间隔块做成一体的叶片而言，显然这种叶片的毛坯大，装配较复杂，在圆环槽上要开槽口，势必削弱转子的强度。因此，叶根和间隔块分开做(图 10 - 7)，叶根较窄，可以斜着放入槽内，然后再转动，使叶根嵌入槽中(图 10 - 8)。为了装配最后叶片 1，将最后间隔块制成两半，由 3 和 4 组成(以代替叶片间隔 2)，而它们可用楔子 5 及螺钉 6 固定。这种叶片固定法可以在圆周上任意处装入槽内，因而比较方便。

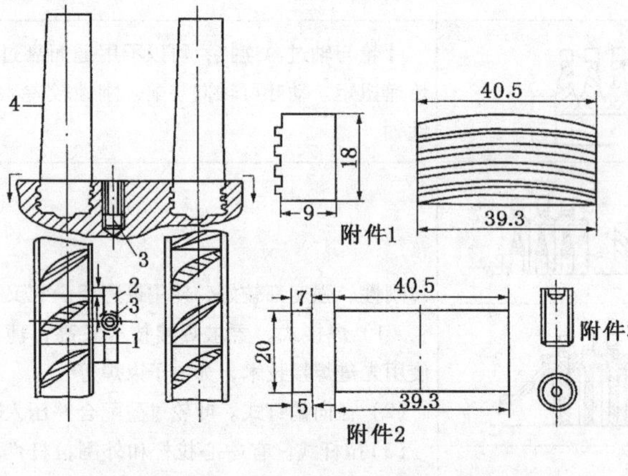

图 10 - 5　叶根锁紧法示意

1—附件；2—楔子；3—螺钉；4—叶片

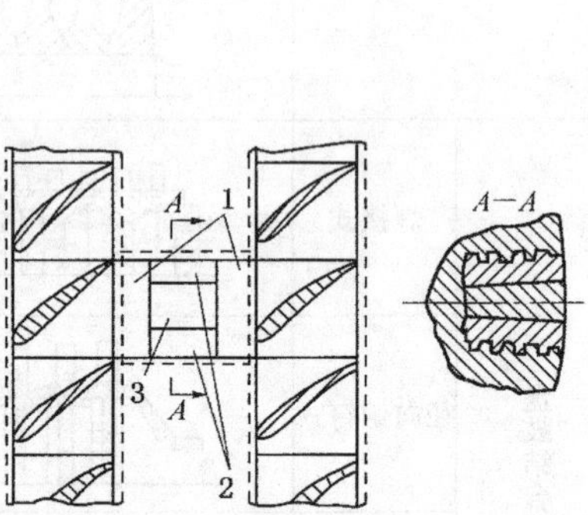

图 10 - 6　邻近双排叶片的固定

1，2—锁紧块；3—楔子

叶片轴向装配时，轮盘上开有与齿形相同的纵向槽，叶片轴向推入后，用螺钉或者用轴向销、锁紧垫片等方法固定(图 10 - 9)。

动叶片采用 2Cr13 等材料精加工而成，原材料进行化学成分、机械性能、裂纹检验。叶片成型加工后进行测频，成型叶片还要进行湿式喷砂处理，以增加叶片表面的疲劳强度。

在工作状态下，动叶的受力情况较为复杂，主要受力有：

(1) 由于风机转子的转速很高，故叶片自身的质量离心力很大，有时离心力可以比叶片本身的重力大数百倍甚至上千倍。叶片在其自身的离心力的作用下，将产生很大的拉伸应力

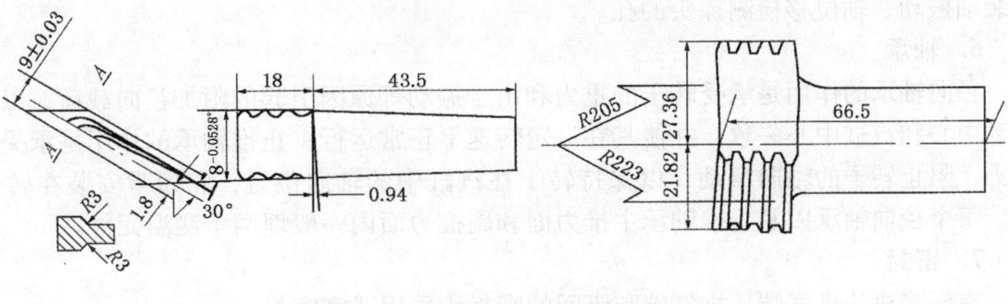

图 10－7　叶根和间隔块分开的叶片

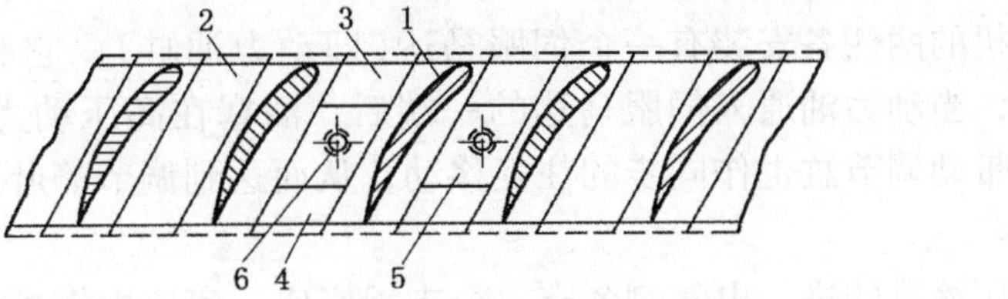

图 10－8　最后间隔块的固定

1—叶片；2—叶片间隔；3，4—半间隔块；5—楔子；6—螺钉

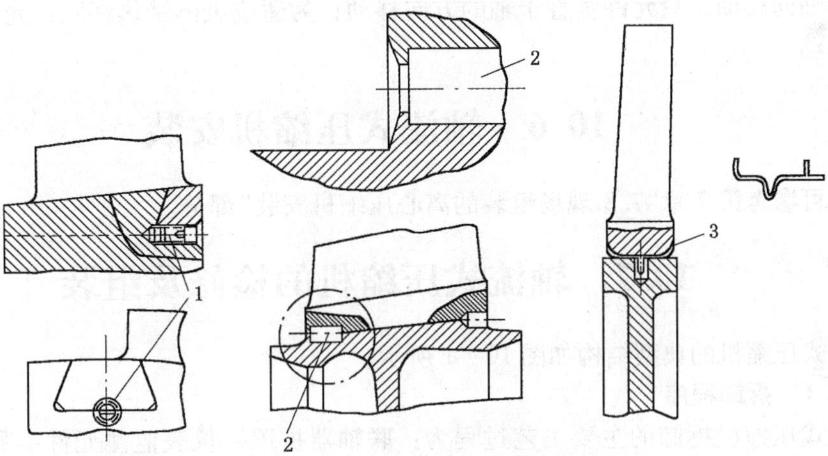

图 10－9　叶片在轮盘上的固定方法

1—螺钉；2—轴向销；3—锁紧垫片

和弯曲应力，还能产生扭转应力。

（2）由于工作叶片处在流量大、流速高的气流中，故有较大的横向气体力作用在叶片上，使叶片受到很大的气动弯矩，产生比较大的弯曲应力和扭转应力。

（3）由于动叶栅前的静叶栅、汽缸中分面和进气流道中支持筋等物所造成的气流脉动，对叶片产生周期性激振力，当激振力的频率与叶片叶身固有频率重合时，就会产生共振现象。

此种叶片在根部的受力情况往往最为严重。所以，在叶身设计时，要使叶片有足够的抗拉、抗弯、抗振及抗疲劳强度，并应避免在运行过程中叶片的自振频率与工作频率或高倍频接近引起共振，以保证轴流式压缩机的安全运行。

5. 轴承箱

轴承箱与下机壳铸造成为一体，轴承箱内安装有径向轴承和止推轴承。轴承箱盖上面有安装轴振动、轴位移检测探头的孔。

6. 轴承

径向轴承的作用是承受转子的重力和由于振动等原因引起的附加径向载荷，以保持转子转动中心和汽缸中心一致，并使其在一定转速下正常运行；止推轴承的作用是承受转子的轴向力，阻止转子的轴向窜动，以保持转子在汽缸中的轴向位置，它通常安装在转子的低压端。每个径向轴承以及止推轴承主推力面和副推力面内一般埋两个测温元件。

7. 密封

在压缩机的进气端、排气端和级间的密封均采用迷宫密封。

8. 伺服马达

在压缩机的两侧各安装有一个伺服马达(即动力油缸)，它和调节缸相连接，是调节缸的驱动机构，当动力油通入伺服马达的一端后，活塞在高压动力油的推动下作轴向(往复)运动，同时带动调节缸也作同步的往复移动，从而达到调节静叶角度的目的。

9. 底座

轴流式压缩机的进、出气侧各有一个支承底座。底座由钢板焊接而成，底座上有找正调整螺钉，供机组安装、找正之用。

压缩机与底座间有轴向和径向导向键，一般转子的死点在出气侧，所以压缩机出气侧机体不允许轴向移动，只允许垂直于轴的方向移动；为适应机体受热膨胀，允许进气侧机体各方向的移动。

10.6 轴流式压缩机安装

内容可参考第7章“7.8 现场组装的离心压缩机安装”部分。

10.7 轴流式压缩机的检修及组装

轴流式压缩机的典型结构如图10－1所示。

10.7.1 拆卸程序

轴流式压缩机拆卸的主要工艺过程为：联轴器护罩→仪表监测元件→静叶调整机构→进、排气侧轴承箱上盖→隔套拆卸→进、排气侧上半轴承→起吊上机壳→上半调节缸及驱动环→上半静叶承缸→吊出转子→进、排气侧下半轴承→下半静叶承缸和调节缸组合件。拆卸过程中的有关要求应按照一般规定的有关条款执行。

轴流式压缩机的起吊程序见图10－10。

10.7.2 检修项目、内容和质量要求

1. 地脚螺栓

检查地脚螺栓应完好无损，无松动。

2. 机壳

1）外观

外观检查机壳应无变形、裂纹，水平剖分面应光洁，无损伤、划痕。

2）导向键

（1）检查横向导向键与底座接触应严密，调节垫片应无毛刺、卷边，螺钉连接应牢固，与键槽的配合间隙应符合技术要求，例如图10－11。横向导向键顶面与机壳承载面接触局

部间隙应符合技术要求。

（2）垂直导向键与机壳组装间隙应符合技术要求，例如图 10－12。

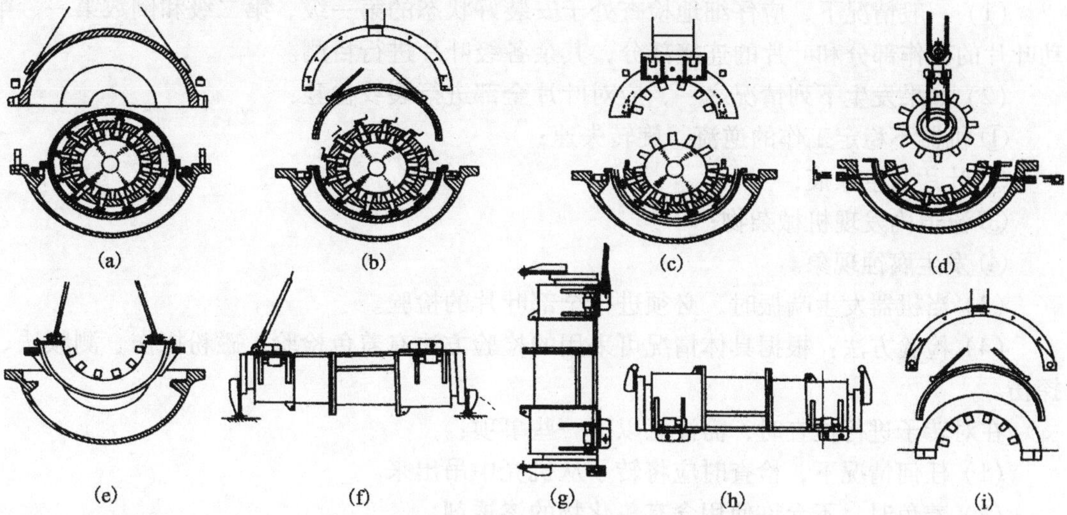

图 10－10　轴流式压缩机起吊程序

（a）上机壳起吊；（b）上调节缸起吊；（c）上调节缸起吊；（d）转子起吊；（e）下静叶承缸组件起吊；（f）下静叶承缸组件装支撑板；（g）翻转 90°；（h）下静叶承缸组件翻转 180°；（i）下静叶承缸和调节缸分解

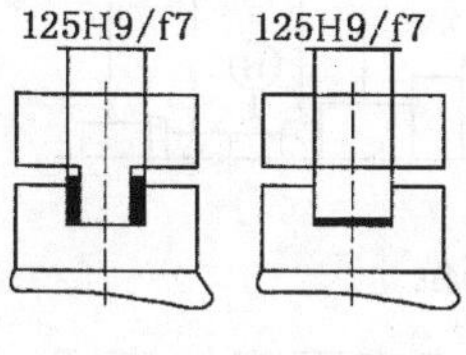

图 10－11　键槽配合

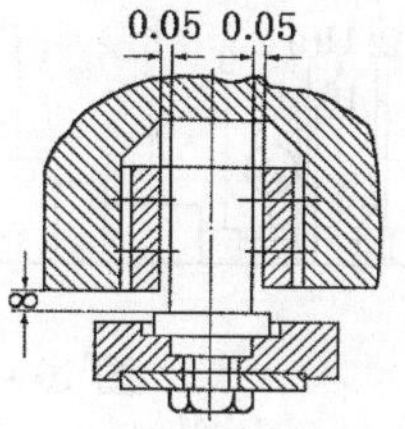

图 10－12　垂直导向键与机壳组装间隙

3）水平度

机壳剖分面的水平度见图 10－13。纵向水平度允许偏差和横向水平度允许偏差符合技术要求。

4）支腿、底座和连接螺栓

检查支腿、底座和连接螺栓间的间隙，检查部位见图 10－14，间隙应符合技术要求。

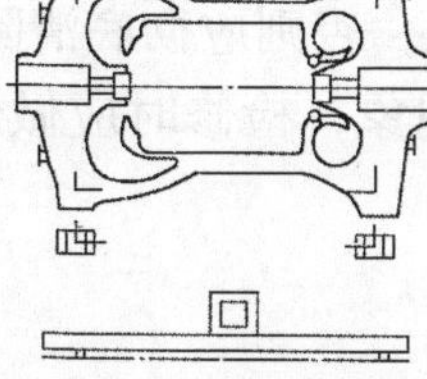

图 10－13　机壳剖分面

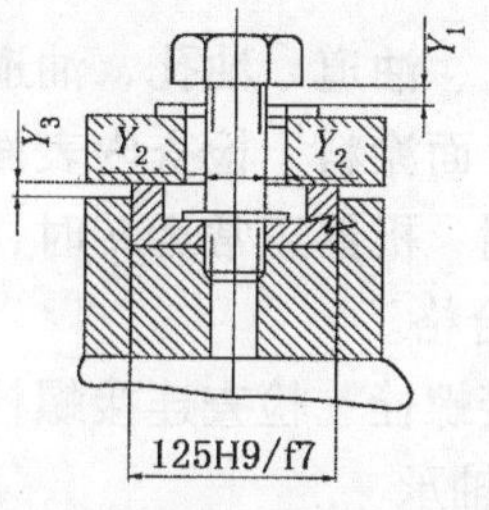

图 10－14　支腿、底座和连接螺栓间的间隙

3．转子

1）外观

转子各轴颈、止推盘处应进行理化检查，其表面应光洁无裂纹、锈蚀及麻点，其他处不

应有机械损伤和缺陷。

2）动叶片的裂纹检验

（1）一般情况下，应仔细地检查处于安装好状态的第一级、第二级和倒数第一、第二级动叶片的工作部分和叶片的连接部分，其余各级叶片进行目测。

（2）如果发生下列情况之一，应对叶片全部进行裂纹检验：

① 机器不稳定工作的逆流、旋转失速；

② 叶片发生条痕；

③ 流道内发现机械杂物；

④ 发生腐蚀现象。

（3）当机器发生喘振时，必须进行全部叶片的检验。

（4）检验方法：根据具体情况可采用的检验方法有着色检验、磁粉探伤、测频法、涡流探伤。

在对转子进行检查时，需注意以下一些事项：

（1）任何情况下，检查时应将转子从机壳中吊出来。

（2）着色时，不允许使用含有氯化物的渗透剂。

（3）检查轴颈圆度、圆柱度允许偏差值为0.01mm。

（4）转子跳动检测部位见图10－15，允许跳动值应符合技术要求。

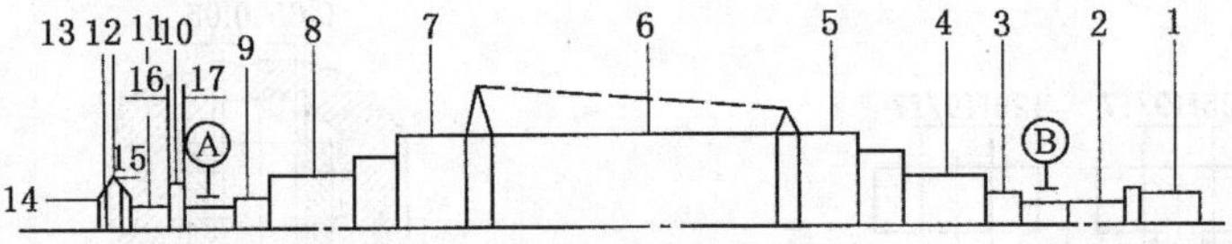

图10－15　转子跳动检测部位

（5）所有传感器部位（径向振动和轴位移），其最终表面粗糙度 R_a 值应达到0.4～0.8μm。

（6）校正动平衡。动平衡精度等级按制造厂要求，如制造厂无要求，按不低于G2.5级处理。

4．轴承箱

（1）各配合表面　检查各配合表面应无损伤，水平剖分面接触应严密，自由间隙不应大于0.05mm。

（2）油孔、油道　油孔、油道应清洁无杂质，并应畅通无阻，连接法兰面无径向划痕。

（3）内表面涂料　检查内表面涂料应无起皮和脱落现象，否则应彻底清除后重涂。

（4）试漏　机器正常运转时，轴承箱部位若有油渗漏现象，检修时应做煤油渗透检查，4h无渗漏为合格。

（5）连接螺栓　检查连接螺栓应完好无损，否则应更换。

5．径向轴承

（1）外观　轴瓦应无裂纹、夹渣、气孔等缺陷。

（2）轴瓦脱壳检查　对轴承进行无损探伤，检查轴瓦有无脱壳现象。

（3）轴瓦背与座孔的接触面积　轴瓦背与座孔应接触良好，接触面积不小于75%。

（4）轴瓦与轴颈的接触面积　轴瓦与轴颈的接触，沿长度方向接触面积应大于75%。

（5）轴承水平剖分面　检查轴承水平剖分面自由间隙不应大于0.05mm。

（6）轴承间隙　检查轴承间隙应符合要求。

（7）轴瓦背过盈量　检查轴瓦背的过盈量应为0.01～0.05mm。

6. 止推轴承

（1）外观　检查轴瓦应无裂纹、夹渣、气孔重皮等缺陷。

（2）脱壳检查　对轴承进行无损探伤，检查轴瓦有无脱壳现象。

（3）瓦块、摆动瓦块厚度　检查止推瓦块的厚度应均匀一致，厚度允许偏差为0.02mm。

（4）止推瓦块与止推盘的接触面积　止推瓦块与止推盘接触面积不少于80%。

（5）组装后摆动　组装后瓦块的摆动应灵活可靠，无卡涩现象。

（6）组装后平行度　组装后检查瓦块承力面与定位环应平行，平行度允许偏差为0.02mm。

（7）调整垫片　调整轴承间隙用的调整垫片应光洁，无卷边、毛刺等缺陷。

（8）轴承剖分接合面　检查轴承剖分接合面自由间隙应不大于0.05mm。

（9）止推间隙　轴承的止推间隙应用垫片调整，调整后上、下两半轴承的垫片厚度应相等。用百分表测量止推间隙应符合技术要求。

7. 油封

（1）外观　外观检查油封齿嵌装应牢固，无裂纹、卷曲、歪斜等缺陷，回油孔畅通。

（2）油封间隙　油封间隙 Y_1、Y_2（见图10－16）应符合技术要求，超过最大值时应更换。

8. 迷宫密封

（1）外观　密封套外观检查应无损伤，进排气孔应畅通，密封片应无裂纹、卷曲或歪斜等损伤。

（2）连接　密封套与座孔的配合应紧密、无松动，连接螺栓应锁紧防松。

（3）水平剖分面　检查水平剖分面应平整，接触严密，不错位。

（4）径向和轴向间隙　检查密封间隙 Y_3～Y_5（见图10－17）应符合技术要求。

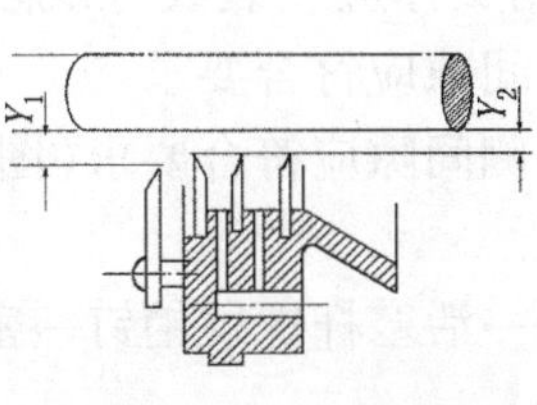

图10－16　油封间隙

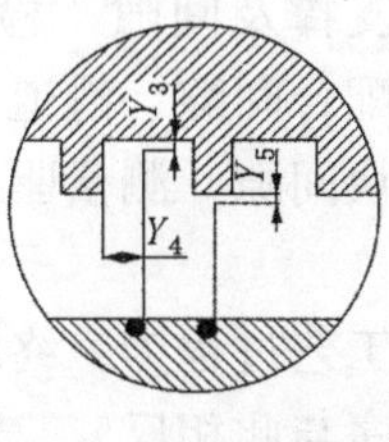

图10－17　迷宫密封间隙

（5）间隙调整　密封间隙的调整可用修刮或更换密封片的方法来达到规定值。

9. 静叶承缸

（1）检查静叶承缸应无变形、裂纹。

（2）各接合面应光洁、无锈蚀和损伤，各连接螺栓应无变形。

（3）承缸背压板和螺栓应无松动和锈蚀。

10. 可调静叶

（1）外观　检查静叶片应无裂纹、锈蚀、损伤、变形等缺陷。

（2）静叶密封圈、石墨轴承及静叶附件　检查时应符合下列要求：

① 检查静叶密封圈应无老化、断裂等损伤，若发现应更换。

② 检查石墨轴承磨损情况，若发现有裂纹、破碎等缺陷应更换。

③ 石墨轴承与静叶转轴的配合间隙应符合要求，若超过最大值，应更换密封轴承。

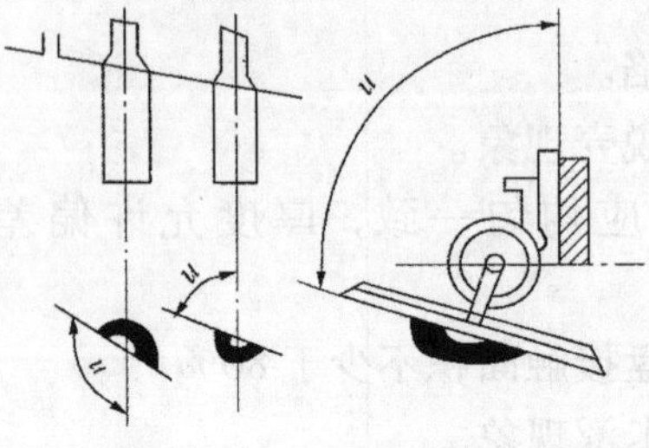

图 10－18　静叶栅角度测量

④ 检查静叶附件如滑块、曲柄等，防松不锈钢丝应牢固可靠，所有静叶的调节转动应灵活、准确。

（3）裂纹检验　静叶片的裂纹检查同动叶片的裂纹检查相同，具体可参见本章“10.7.2 检修项目、内容和质量要求”中的第 3 点。

11．静叶栅角度测量（图 10－18）

（1）万能角度尺应靠近叶根，并垂直于叶片轴线。

（2）各级静叶栅角度应保证一级静叶栅角度值在最小开度、中间开度和最大开度时分别测量。

（3）各级静叶栅角度值应符合要求。

（4）一级静叶栅特殊角度值与标尺的对应关系应符合规定。

（5）移动调节缸时应左右同步进行。

12．叶片间隙

（1）动静叶片顶间隙应在其最上和最下部取 3～4 片用压铅法测量，两侧间隙应在下承缸水平剖面处用塞尺逐片检测。

（2）用压铅法测叶顶间隙时，铅丝直径应比设计最大间隙值大 0.5mm，将铅丝放置各叶顶弯折后，用胶布贴牢。

（3）转子吊入后严禁盘动。

（4）叶顶间隙应符合要求。

13．调节缸和驱动环

（1）外观　检查各接合面应光洁，无锈蚀等损伤，各连接螺栓能用手拧入。驱动环应无扭曲变形，内表面光洁，无锈蚀，外表面油漆完好，各驱动环与滑块接触良好。

（2）调节缸两侧支撑及间隙　检查调节缸两侧支撑应无裂纹等缺陷，导杆无弯曲、变形。导向套与导杆的配合间隙、滑道与滑板的配合间隙应符合要求。

（3）驱动环与滑块间隙　测量驱动环与滑块的侧间隙应符合要求（图10－19）。

14．伺服马达

（1）拆卸的主要工艺过程为：终端机壳→连杆→活塞杆螺纹销钉→密封轴套→端盖→活塞→活塞杆。安装顺序与此相反。

（2）拆卸马达注意事项：

① 拆卸时，要按程序进行，各连接螺栓及销钉等都应拆开取下，以免损伤零部件。

② 装配时，活塞杆上的定位螺钉要点铆固定。

（3）检查各连接螺栓、螺钉及销钉不应有变形，螺纹应完整无缺陷。

（4）检查缸套内表面的磨损情况，活塞与缸之间的间隙应在 0.06～0.10mm 之间。

（5）检查活塞环表面不得有纵向沟纹，其圆周与缸壁用透光法检查应接触良好。

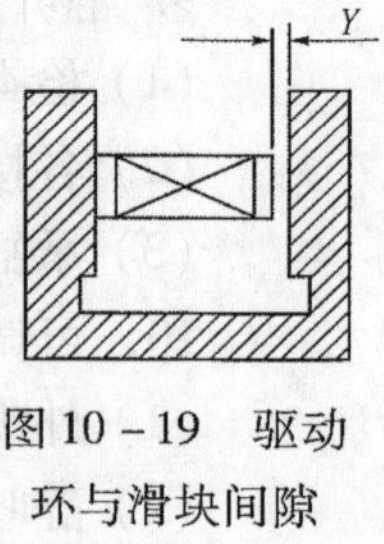

图 10－19　驱动环与滑块间隙

（6）活塞杆的跳动值允许偏差为 0.08mm，圆度允许偏差为 0.04mm。

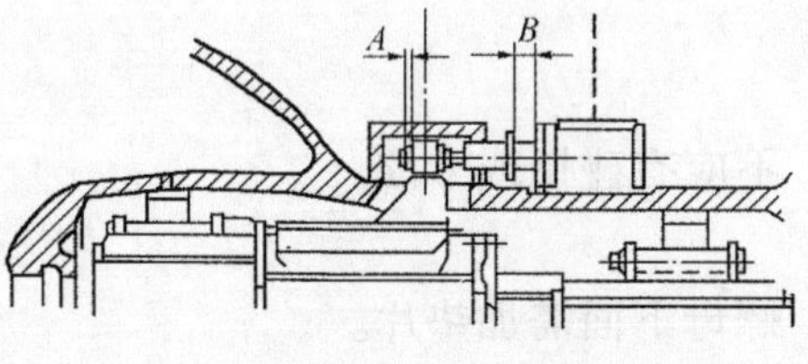

图 10－20　可调静叶栅中间开度

（7）橡胶密封圈应无老化及断裂现象，否则应予以更换。

（8）可调静叶栅角度在中间开度时，指针应指在标尺中间位置处，传动杆锁紧螺母的外端面与传动板套筒的外端面间距 A，间距环与伺服马达端盖的端面间距 B，应符合要求（图 10－20）。

（9）传动杆内连接套的球型螺母应无松动。

（10）电液转换器必须在动力油系统冲洗合格后安装。

10.7.3　组装

1．组装程序

轴流式压缩机的组装程序与拆卸程序相反。

2．组装要求

（1）轴承组装　径向轴承和止推轴承组装时，质量要求应符合本章 10.7.2 中第 5、6 点的要求。轴瓦和轴颈表面应浇上润滑油。轴承应按标记组装，对轴承的监测元件和接线应经仪表工检验后装入。

（2）静叶承缸、驱动环、调节缸的组装　组装时应符合下列要求：

① 翻转下静叶承缸（图 10－10），调整各级静叶转轴、曲柄和滑块的轴线位于同一断面内。

② 装入各级驱动环。

③ 吊装调节缸，拧紧与驱动环的连接螺栓，穿入不锈钢丝防松。

④ 用专用工具将组合件纵向翻转 180°，水平剖分面保持水平，对正放入下机壳中。

⑤ 安装调节缸两侧支撑导杆和支撑滑板，然后拨动调节缸，使调节缸的传动板与伺服马达的传动板对正连接防松。

⑥ 拨动调节缸使伺服马达的行程指针对正标尺中位置。

（3）转子吊装　吊装时应符合下列要求：

① 拨动调节缸，把静叶栅角度调到最小开度。

② 起吊转子时，应使用制造厂提供的专用工具。转子起吊过程中，要保证轴的水平，严禁发生碰撞。

③ 转子就位后盘动转子应无碰擦、偏重现象。

组装件的上半部组装除应符合下半部组装的有关规定外，还应符合下列要求：

① 水平剖分面涂密封胶；

② 上静叶承缸下落以导杆定位；

③ 盘动转子应无碰擦、偏重现象；

④ 静叶承缸环槽内装入 O 形密封圈，且插接牢固；

⑤ 应先拧紧与驱动环的连接螺栓，再拧紧调节缸水平剖分连接螺栓，且均应穿入不锈钢丝防松。

（4）油封　将油封清洗干净后，进行组装。水平剖分面间隙不大于 0.05mm。

（5）迷宫式密封　密封片应镶嵌牢固，水平剖分面应平整，接触严密，密封套与座孔配合紧密不松动，连接螺栓拧紧后防松。

（6）上机壳吊装前的质量验收　机壳扣合前应确保机壳内部所有缺陷均已处理完毕，各部间隙测量结果均在质量要求的范围内，无漏项；记录齐全、准确无误；所有零部件安装质量合格，无异物掉入。

（7）上机壳就位　机壳扣合时应符合下列要求：

① 上机壳下落时靠导向杆定位，并应缓慢下落，不应有碰撞或卡涩。

② 插入定位销后，拧紧水平剖分面的连接螺栓。

③ 螺纹应涂防咬合剂，紧固螺栓时应对称拧紧，螺母下面需加垫片。

④ 罩形螺母与螺栓内部顶间隙不应小于2mm。

10.8　轴流式压缩机开、停机注意事项

1. 开机注意事项

（1）开机前应对轴流式压缩机入口过滤器进行全面检查、清扫，过滤器及进口不能有脏东西、杂物存在。过滤器周围地面和入口风道地面必须清扫干净，防止有脏东西吸入压缩机。

（2）检查轴流式压缩机入口过滤器卷帘机构电动、手动状态均好用，卷帘布干净无断裂现象。

（3）做好轴流压缩机出口电动阀、出口阻尼单向阀的开关试验。

（4）检查调试防喘振阀，在全开、全关以及中间位置是否准确、灵敏好用。

（5）检查压缩机可调静叶执行机构，在全开、全关以及中间位置是否准确、灵敏好用；现场紧急手动操纵杆，可操纵静叶可调在任意位置。

（6）启动时应将压缩机出口放空阀全部打开，静叶角度应超越旋转失速区域。若为了降低启动时负荷，静叶角度落入旋转失速区，则应在旋转达到额定转速时迅速将静叶开大到安全角度，且这一操作应在三秒内完成。

2. 停机注意事项

停机前，应先将轴流式压缩机切出系统，即逐渐将出口阀关闭，同时逐渐关小静叶可调角度到合适位置和开大防喘振放空阀。

10.9　轴流式压缩机的故障分析与处理

表10－2只列出了轴流压缩机典型的故障与处理方法，其余故障的分析与处理参考本书其他章节。

表10－2　轴流式压缩机的常见的故障原因及处理方法

序　号	故障现象	故障原因	处理方法
1	喘　振	防喘振控制系统失灵	停机后检查，调试防喘振控制系统
		防喘振线给定有误	停机后重新检查，给定防喘振线
		压缩机流量偏低	开大静叶可调角度，增加压缩机入口流量
		后路系统压力过高	减小压缩机后路系统的压力；稍微开大放空阀
		压缩机入口过滤器堵塞，阻力降增加	减小压缩机入口过滤器的阻力降
2	逆　流	压缩机后系统的压力突然升高且出口单向阀失灵	停机检查、修理、调试

第11章 汽 轮 机

汽轮机具有效率高、功率大、寿命长、运转安全可靠、转速容易控制、无易燃易爆、能较好地利用工厂余热等优点，广泛应用于发电、石油、化工等行业。它的主要缺点是：装置庞大、复杂，不适宜移动等。

在石油化工企业中，汽轮机通常用于驱动离心式压缩机、泵、风机，以及自备电站用于驱动发电机，以达到热电联供的目的等。通过选用不同型号的汽轮机，可抽出不同压力等级的蒸汽满足不同化工工艺生产的需要，实现工厂热能的综合利用，提高工厂的经济效益。因此，石化企业中应用的汽轮机具有数量多、品种杂、用途广、参数高、容量大、转速高、单系列运行、自控联锁程度高等特点。

11.1 汽轮机的工作原理及基本组成

11.1.1 汽轮机的工作原理

汽轮机是利用水蒸气的热能来作功的旋转式热能动力机械。汽轮机工作时，先将水蒸气的热能转变为水蒸气的动能，然后把水蒸气的动能转变为转轴的机械能。汽轮机的这种能量转变是通过冲动作用原理和反动作用原理这两种方式来实现的。

11.1.2 汽轮机组的基本组成

汽轮机组通常由汽轮机本体、监控系统、供油系统、冷凝系统和盘车系统等组成。

(1) 汽轮机本体　主要由静止和转动两部分组成，其中静止部分包括汽缸、隔板(或持环)、静叶片、轴承座、机座、速关阀(又称事故截止阀、自动主汽门等)、调节阀等。转动部分主要是指转子部分，包括主轴、叶轮、转鼓、动叶片、危急保安器等。

(2) 监控系统　主要有速关组件、调速器、抽汽温度和压力保护装置、超速保护装置、轴承温度和振动保护装置、转子轴位移和叶片保护装置等

(3) 供油系统　主要有主油泵、辅助油泵、事故润滑油泵、油箱、油箱加热器、油冷器、油过滤器、蓄能器或高位油槽、抽油烟系统等。

(4) 冷凝系统　主要有抽气器、冷凝器、冷凝水泵、循环水泵、真空泵等。

(5) 盘车系统　主要有电动或液压自动盘车装置、盘车油泵、顶轴油泵、手动盘车装置等。

11.2 汽轮机的分类

汽轮机种类多，品种杂，其分类方法多种多样，一般情况下可按工作原理、结构形式、热力特性、新汽压力、汽流方向和用途等进行分类。

11.2.1 按工作原理来分类

按汽轮机的工作原理可分为冲动式汽轮机、反动式汽轮机和混合式汽轮机三种。

(1) 冲动式汽轮机　由冲动级组成，其基本工作原理为：在冲动式汽轮机中，蒸汽主要

在喷嘴中膨胀，压力降低，速度增加，在流经动叶片时压力和速度保持不变，只是改变了汽流方向，因此，对动叶片产生了一个冲动力，叶轮在这个冲动力的作用下旋转作功。

（2）反动式汽轮机　由反动级组成，其基本工作原理为：在反动式汽轮机中，蒸汽不仅在喷嘴中膨胀加速，而且在流经动叶片通道时继续膨胀加速。因此，汽轮机动叶片不仅受到喷嘴出口高速汽流的冲动力作用，而且还受到蒸汽离开动叶片时的反作用力作用，叶轮在蒸汽的冲动力和反动力的联合作用下旋转作功。

（3）混合式汽轮机　由冲动级和反动级共同组成，一般情况下，汽轮机的前几级为冲动级，后几级为反动级。近代常用的汽轮机，实际上用的大部分都是带反动度的冲动式汽轮机，动叶片中也有汽流膨胀，但比在喷嘴中膨胀的程度小些。

反动度是指蒸汽在汽轮机动叶片中膨胀的程度，反动度常用ρ来表示。

$$\rho=\frac{\text{动叶片中的理论焓降}}{\text{级中的总焓降}}$$

纯冲动级的$\rho=0$，意思是指蒸汽只在喷嘴中膨胀。反动级的$\rho=0.5$，意思是指蒸汽的膨胀有一半在喷嘴中进行。带反动度的冲动级$0<\rho<0.5$。带有不大反动度的冲动级使用最为广泛，它可以提高冲动式汽轮机的效率。

11.2.2　按结构形式分类

按汽轮机的结构形式可分为单级汽轮机和多级汽轮机两种。

（1）单级汽轮机　通流部分只有一级叶轮，通常为背压式汽轮机。多用于驱动泵、风机等小型设备。

（2）多级汽轮机　通流部分有两级以上的叶轮。可为凝汽式、背压式、抽汽凝汽式、多压式汽轮机等。多用于驱动离心压缩机、发电机等大型设备。

11.2.3　按热力特性分类

按热力特性汽轮机可分为凝汽式、背压式、调节抽汽式、中间再热式、抽汽背压式五种。

（1）凝汽式汽轮机　凝汽式汽轮机结构如图11-1所示，凝汽式汽轮机的排汽进入凝汽器，排汽在低于大气压情况下凝结成水。凝结水被引回作锅炉给水的一部分，排汽凝结放出热量不再利用。

（2）背压式汽轮机　背压式汽轮机结构如图11-2所示，这种汽轮机的排汽压力高于大气压，排汽进入蒸汽管网，供热用户使用。

（3）调节抽汽式汽轮机　调节抽汽式汽轮机结构如图11-3所示，这种汽轮机中，当蒸汽经过若干个级的膨胀作功后，将部分蒸汽从汽缸上开的一个或多个抽汽口抽出，随即进入热管网，供热用户使用。未抽出的蒸汽继续在汽轮机中膨胀作功。

（4）中间再热式汽轮机　进入这种汽轮机的蒸汽膨胀到某一压力后，被全部抽出送往锅炉的再热器，加热后重新返回汽轮机作功。

（5）抽汽背压式汽轮机　这是一种具有调节抽汽的背压式汽轮机。

11.2.4　汽轮机的其他分类方法

1．按新汽压力分类

按进入汽轮机新汽压力的高低可把汽轮机分为低压汽轮机、中压汽轮机、高压汽轮机、超高压汽轮机、亚临界汽轮机、超临界汽轮机六种。

2．按汽流方向分类

按蒸汽在汽轮机内流动的方向可把汽轮机分为轴流式汽轮机、辐流式汽轮机和周流式汽轮机三种。

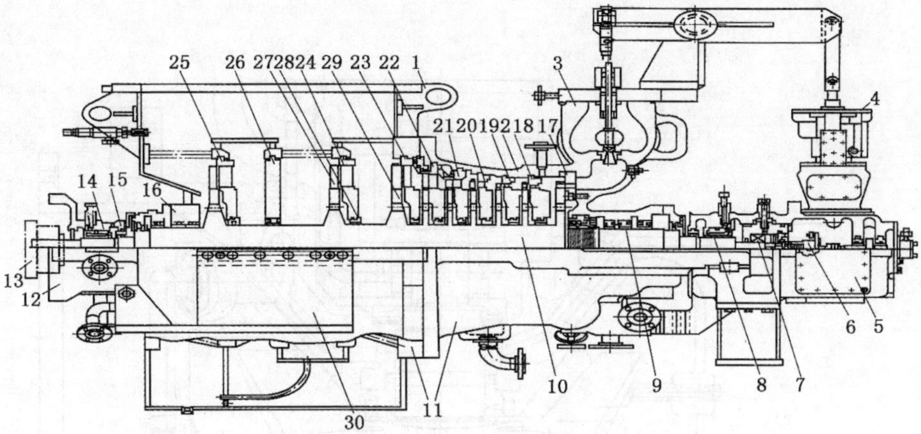

图 11－1　凝汽式汽轮机结构图

1—排汽缸；2—上汽缸；3—调节阀；4—调速机构；5—前轴承座；6—危急保安器；7—推力轴承；8—前轴承；9—高压端汽封；10—转子；11—下汽缸；12—后轴承座；13—联轴器；14—后轴承；15—油封；16—低压端汽封；17—喷嘴；18～25—隔板；26—分流隔板；27—动叶片；28—隔板汽封；29—叶轮；30—挠性板

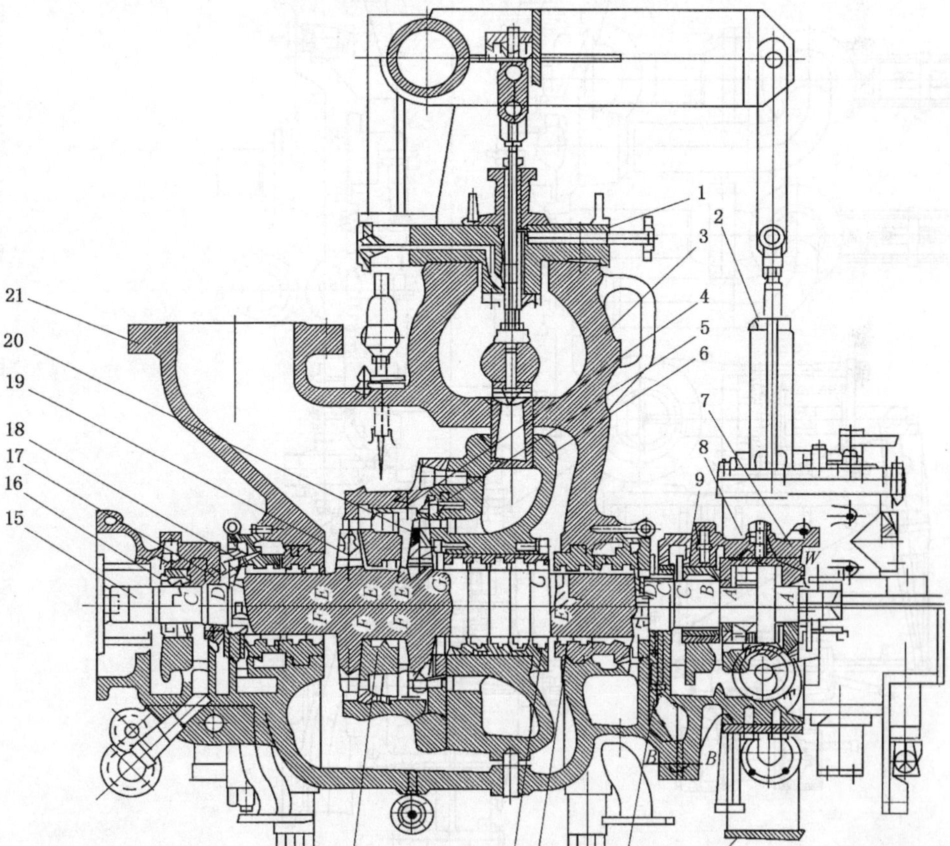

图 11－2　背压式汽轮机结构图

1—调节阀；2—油动机；3—外汽缸；4—隔板；5—喷嘴；6—喷嘴室和内汽缸；7—前轴承箱；8—止推轴承；9—前轴承；10—前挠性支座；11—前油封；12—高压汽封；13—内缸汽封；14—隔板汽封；15—转子；16—后轴承；17—后油封；18—低压油封；19—第二级叶轮；20—第一列叶轮；21—排汽缸

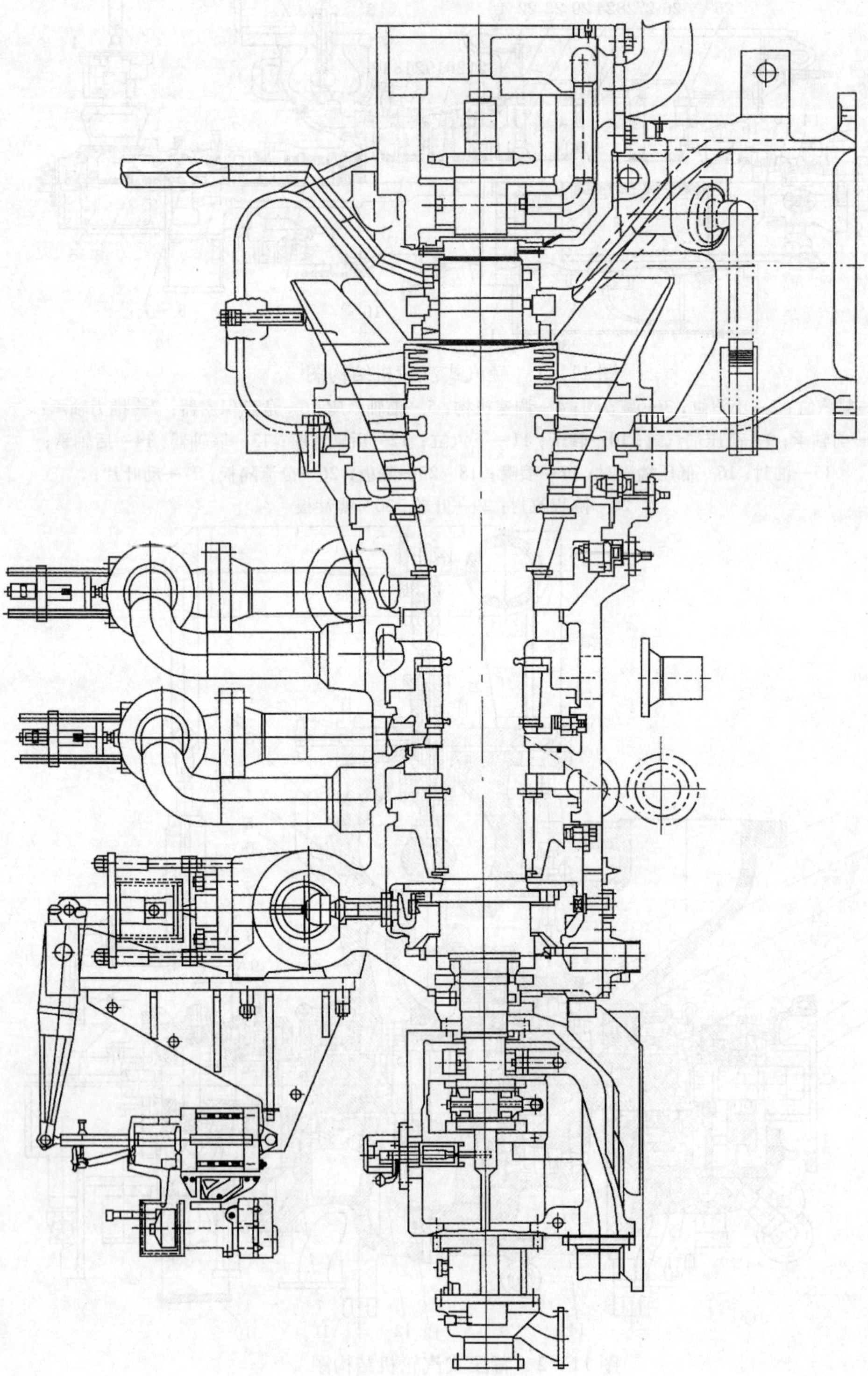

图11－3　调节抽汽式汽轮机结构图

11.3 汽轮机的技术参数

工业汽轮机涉及的参数范围非常广泛，基本参数包括水蒸气参数、汽轮机的转速和功率等。

11.3.1 水蒸气参数

蒸汽参数与整个汽轮机动力装置的经济性、安全可靠性、制造成本、运行费用、产品系列化以及用汽工艺流程和用汽参数等因素有关。因此，蒸汽参数应按汽轮机、锅炉、凝汽设备、给水泵、回热系统、工艺流程和用汽系统等因素综合考虑，进行全面综合的技术经济分析后确定。蒸汽参数一般用压力、温度、比容、内能、焓、熵等物理量来描述。

11.3.2 汽轮机的功率

驱动用汽轮机的功率，一般按被驱动机械的耗功加上适当的储备而定。发电用机组则根据系统供给的汽量，求得能发出的功率，然后再按发电机系列，选配合适的发电机。汽轮机的功率有理想功率、内功率、轴功率、额定功率和设计功率。

（1）理想功率　是指在不计任何损失的情况下，蒸汽在汽轮机中作等熵膨胀时，单位时间内所作的功。

（2）内功率　汽轮机通流部分所发出功率称为内功率，也就是从汽轮机理想功率中去除所有内部能量损失所消耗的功率。

（3）轴功率　从内功率中扣除外部能量损失所消耗的功率称为轴功率。它表示汽轮机轴端输出的功率，又称为有效功率。

（4）额定功率和设计功率　额定功率是指汽轮机可以连续运转的最大功率，也就是铭牌功率。设计功率是汽轮机热力设计和通流部分设计的依据，在此功率下保证汽轮机运行时的最高效率。

11.3.3 汽轮机的转速

工业汽轮机的转速一般按被驱动机械的需要而定。汽轮机的转速通常比较高，用户可根据自己生产的实际需要，力求减小汽轮机的体积和重量，提高效率，同时根据蒸汽参数、功率和强度等条件，选择最佳转速。当汽轮机的最佳转速与被驱动机械的转速无法协调时，可增设变速器，以满足输出的需要。汽轮机的转速通常分为额定转速、临界转速、跳闸转速等。

11.3.4 汽轮机的主要运行经济指标

汽轮机运行经济指标主要用汽耗量、汽耗率、热耗率来表示。

（1）汽耗量　汽轮机每小时消耗的蒸汽量叫汽耗量，也就是流过汽轮机的蒸汽流量。

（2）汽耗率　驱动发电机的汽轮机组每发出 1kW · h 电所需要的蒸汽量叫汽耗率。

（3）热耗率　汽轮机发电机组每生产 1kW · h 电所需要的热量叫热耗率。

11.4 汽轮机的结构特点

汽轮机本体主要由静止部分和转动部分组成，其中静止部分包括汽缸、轴承座、机座、滑销系统、速关阀、调节阀等。转动部分主要是指转子部分，包括主轴、叶轮、转鼓、动叶片、危急保安器等。

11.4.1 汽轮机汽缸的结构特点

汽缸是汽轮机通流部分的包容体，它用来支撑汽轮机的隔板、静叶持环、调节阀等部件。汽缸的另一个作用是把通流部分与大气隔开，形成密闭的汽室，保证蒸汽在汽轮机内完成能量转换过程。为方便检修，汽轮机的汽缸通常是水平剖分式的，由上汽缸和下汽缸两部分组成，水平中分面法兰用螺栓连接。汽缸体一般通过本身的猫爪(或搭脚)支撑在机座上，有上支撑和下支撑两种方式。在中低压汽轮机中，一般采用单层结构汽缸。高压汽轮机的汽缸通常采用双层结构，分为外缸和内缸两部分。

(1) 汽轮机的外缸　外缸通常由前缸和后缸(排缸)两部分组成，前缸和后缸沿水平面剖分为上、下两半，垂直、水平中分面法兰均用螺栓连接。抽汽凝汽式汽轮机外缸结构如图 11－4 所示。

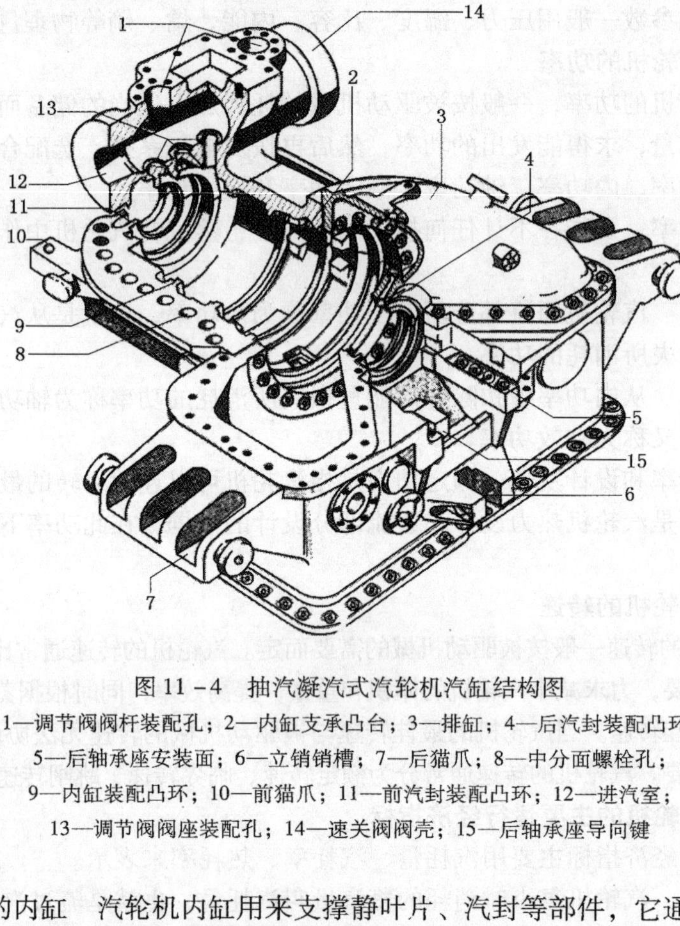

图 11－4　抽汽凝汽式汽轮机汽缸结构图

1—调节阀阀杆装配孔；2—内缸支承凸台；3—排缸；4—后汽封装配凸环；
5—后轴承座安装面；6—立销销槽；7—后猫爪；8—中分面螺栓孔；
9—内缸装配凸环；10—前猫爪；11—前汽封装配凸环；12—进汽室；
13—调节阀阀座装配孔；14—速关阀阀壳；15—后轴承座导向键

(2) 汽轮机的内缸　汽轮机内缸用来支撑静叶片、汽封等部件，它通常也是沿水平剖分的，上、下半之间用螺栓连接且有锥销定位。汽轮机内缸结构如图 11－5(a)所示。

内缸用下半法兰支撑凸耳支撑在外缸下半的凸台上，通过改变前后支撑面垫板的厚度可调整内缸上下中心，垫板与外缸下半支承面之间可相对滑移。在支撑面的上侧也装有压板，用于调整内缸下半法兰支撑凸耳与外缸上半的法兰平面之间的间隙，这样既能防止内缸翘起，又不会约束内缸的热膨胀，其结构如图 11－5(b)所示。

内缸下半底部加工有偏心导柱，它与装在外缸下半的轴向弧形槽相配，用于调整内缸的横向中心。

汽缸所用材料主要由蒸汽的温度决定，为了便于制造和合理使用材料，减少优质材料的消耗，常常把汽缸分为高压汽缸、中压汽缸和低汽压缸。高压汽缸由于其中蒸汽的压力、温

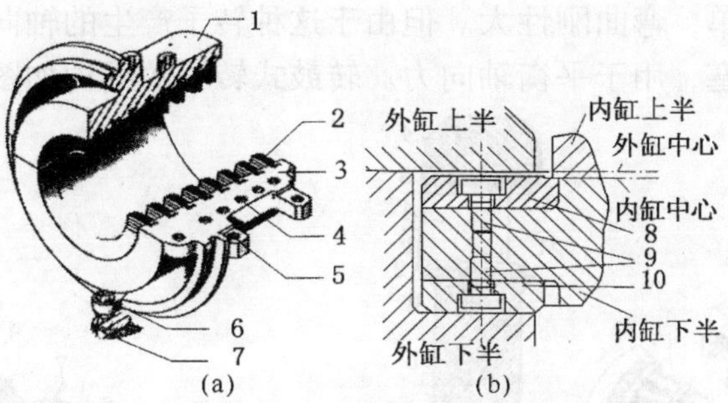

图 11－5　汽轮机内缸结构图

1—内缸；2—喷嘴；3—剖分面；4—螺栓孔；5—支撑凸耳；
6—偏心柱；7—外缸凹槽；8—压板；9—螺钉；10—垫板

度较高，一般用合金钢或铸钢制造，而中、低压汽缸多用优质铸铁或普通铸铁制造。

11.4.2　汽轮机隔板的结构特点

汽轮机的隔板一般由上、下两半组成，上半隔板通过上汽缸两边的锁垫安装在上汽缸的隔板槽中，锁垫也起防止隔板转动的作用。下半隔板通常用下汽缸两侧的凸台支撑，便于调整隔板的中心。在上、下两半隔板的结合面处，配有密封键，在装配时起定位和密封的作用。

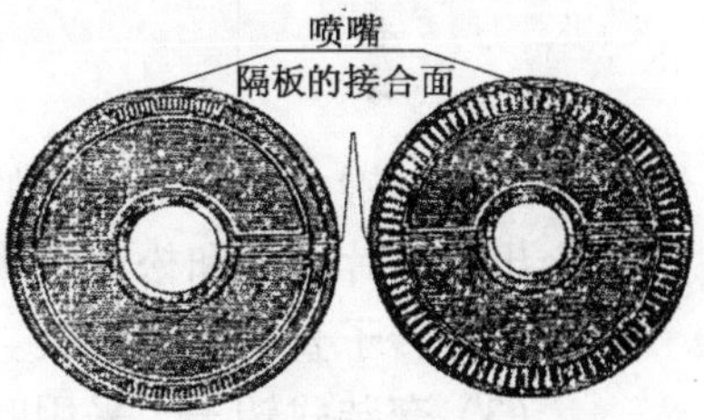

图 11－6　铸造式隔板

按隔板的制造方法不同，隔板可分为铸造式隔板和焊接式隔板两种。

（1）铸造式隔板　铸造式隔板的结构如图11－6所示，先用钢板把喷嘴制作好后放入砂型中铸造而成的，它具有制造简单、成本低等优点。但是这种隔板的强度较低，喷嘴形状易出现尺寸上的偏差。通常用于汽轮机的低压部分。

（2）焊接式隔板　焊接式隔板的结构如图11－7所示，把铣制好的喷嘴片先焊接在内、外环上，然后与隔板本体、轮缘找平后焊接在一起。因此，焊接式隔板能得到形状精确和表面光洁的汽流通道，蒸汽流动的能量损失较小。

11.4.3　汽轮机喷嘴的作用

汽轮机的喷嘴又叫静叶片，它的作用是把蒸汽的热能转变为高速汽流的动能，使高速汽流以一定的方向从喷嘴喷出，进入动叶片，推动叶轮旋转作功。

汽轮机第一级喷嘴一般直接安装在汽缸高压端专门的喷嘴室上，分成不同数目的弧段。第一级以后的喷嘴通常安装在隔板上。反动式汽轮机不采用隔板式结构，各级静叶片直接安装在汽缸上。第一级喷嘴的各喷嘴弧段直接受各调节汽阀的控制，用它来调节汽轮机的进汽量，以适应机组负荷的需要，所以，第一级喷嘴又叫调节级喷嘴。

11.4.4　汽轮机转子的结构特点

汽轮机的转子是汽轮机所有转动部件的组合体。它由主轴、叶轮或转鼓、动叶片、止推盘、危急保安器等组成。按转子的结构形式可分为转轮式转子和转鼓式转子两种。按转子的制造工艺可分为整锻式转子、套装式转子、焊接式转子和组合式转子等四种。冲动式汽轮机常采用转轮式转子，反动式汽轮机则多用转鼓式转子。

（1）转鼓式转子　其中间部位较粗，外形像鼓状。转鼓外缘加工有周向沟槽，转子各级动叶片直接安装在周向沟槽中。这种转子通常应用在动叶片前后有一定压差的反动式汽轮机上。其优点是结构简单，弯曲刚性大。但由于这种转子产生的轴向推力较大，所以，鼓式转子一般都带有平衡活塞，用于平衡轴向力。转鼓式转子的结构如图 11 - 8 所示。

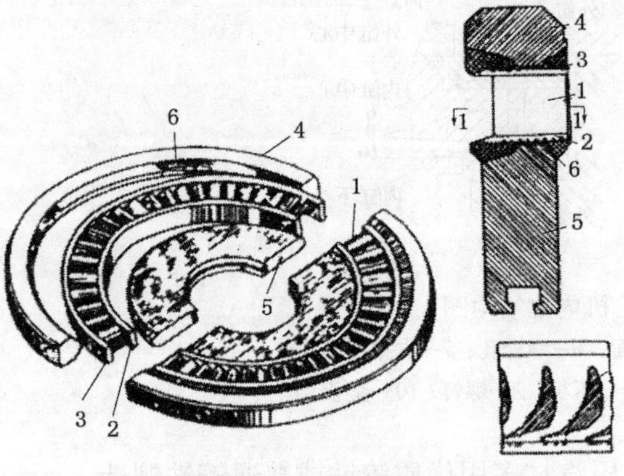

图 11 - 7　焊接式隔板

1—喷嘴片；2—内环；3—外环；4—隔板轮缘；5—隔板体；6—焊缝

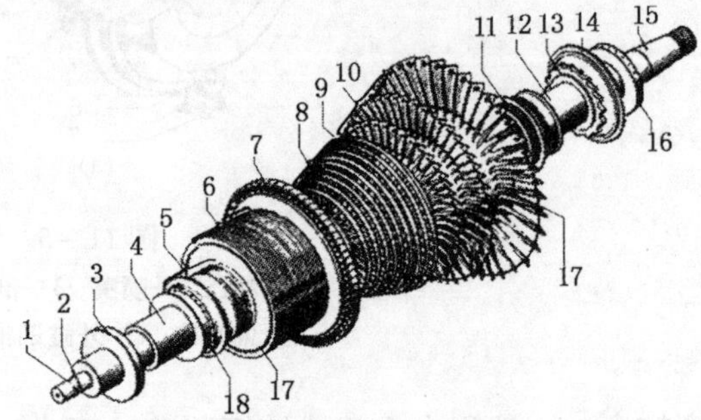

图 11 - 8　转鼓式转子

1—危急保安器；2—轴位移凸肩；3—推力盘；4—前轴承轴颈；5—前汽封；6—平衡活塞汽封；7—调节级；8—转鼓级；9—中间汽封；10—低压级；11—后汽封；12—后轴承轴颈；13—盘车棘轮；14—油涡轮动轮；15—联轴器轴段；16—平衡环；17—主平衡面；18—前辅助平衡面

(2) 整锻式转子　转子的各级叶轮与主轴一起锻出，它具有强度高、叶轮受力情况好、不会出现叶片脱落和松动的优点，同时转子结构紧凑、装配简单，没有叶轮的套装过程。不足之处是转子直径不宜过大。整锻式转子如图 11 - 9 所示。

(3) 套装式转子　采用叶轮和主轴分别加工，然后采用过盈配合的方式把叶轮热装在轴上。这种转子的优点是加工方便，便于合理使用材料，主轴及叶轮的质量容易得到保证。其缺点是不宜在高温和温度变化大的条件下工作，否则会出现叶轮松动的现象。汽轮机套装式转子如图 11 - 10 所示。

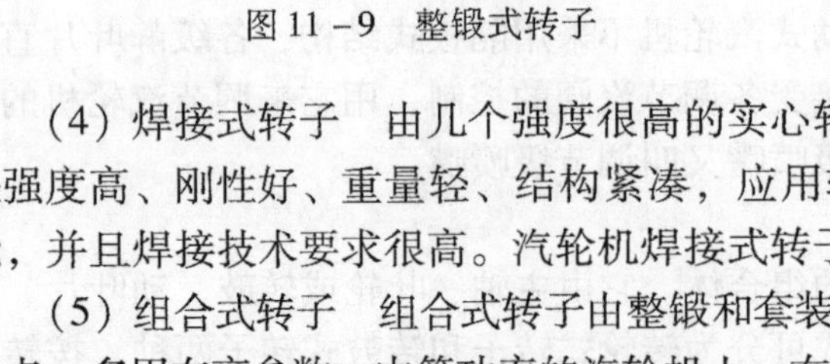

图 11 - 9　整锻式转子

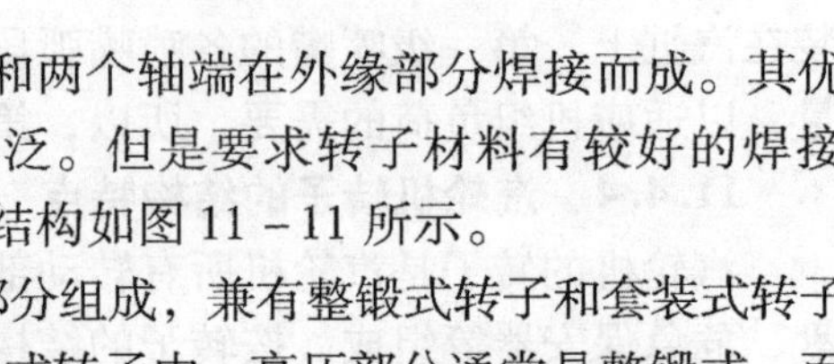

图 11 - 10　套装式转子

(4) 焊接式转子　由几个强度很高的实心轮盘和两个轴端在外缘部分焊接而成。其优点是强度高、刚性好、重量轻、结构紧凑，应用较广泛。但是要求转子材料有较好的焊接性能，并且焊接技术要求很高。汽轮机焊接式转子的结构如图 11 - 11 所示。

(5) 组合式转子　组合式转子由整锻和套装两部分组成，兼有整锻式转子和套装式转子的优点，多用在高参数、中等功率的汽轮机上。在组合式转子中，高压部分通常是整锻式，而低压部分通常是套装式。组合式转子结构如图 11 - 12 所示。

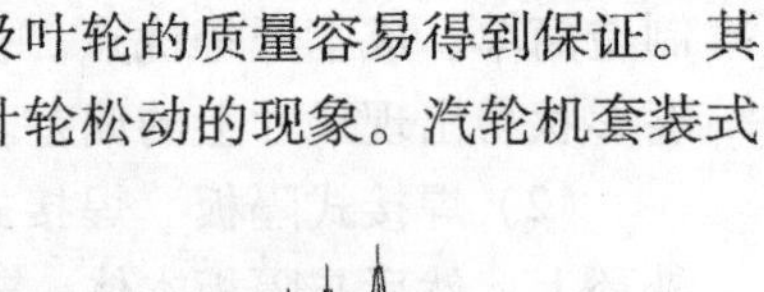

图 11 - 11　焊接式转子

11.4.5　汽轮机动叶片的结构特点

汽轮机动叶片又称动叶栅，它一般由叶型、叶根和叶顶三部分组成。动叶片是汽轮机最重要的零件之一，其形状对汽轮机的效率有直接的影响。调节级动叶片由于要承受很高的离心力，所以通常把动叶片加工成有跨状叶根和整体铣成的围带的结构，如图 11－13(a)所示。汽轮机高压部分动叶片的顶部通常装有围带，围带的作用主要是增加叶片的刚性，减少蒸汽从叶顶处损失，改变叶片的自振频率从而避开共振，其结构如图 11－13(b)、(c)所示。凝汽式汽轮机低压部分的动叶片通常采用自由状态的扭曲和变截面的叶片，其结构如图 11－13(d)所示。汽轮机叶片的工作条件恶劣，事故率较高，因此，要求叶片具有良好的流动特性、足够的强度、合理的结构和良好的工艺性能。

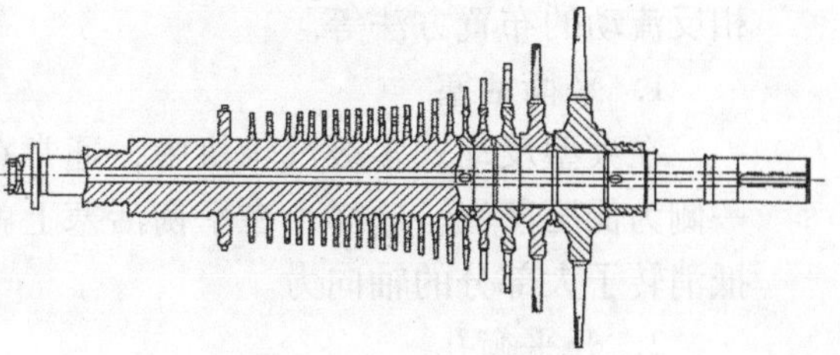

图 11－12　组合式转子

(a)调节级有2只和3只跨脚的动叶片　(b)带有反T形叶根和整体围带的动叶片　(c)高压部分典型的动叶片　(d)低压部分典型的动叶片

图 11－13　动叶片结构图

汽轮机的叶片按其工作原理可分为冲动式和反动式两大类。按制造工艺可分为铣制、轧制、模锻、精密铸造及电化学加工等类型；按叶片的截面形状可分为等截面和变截面叶片。常见的叶根有反 T 形叶根、菌形叶根、叉形叶根和枞树形叶根等四种。

11.4.6　汽轮机转子轴向力产生的原因及平衡方法

11.4.6.1　轴向力产生的原因

一般情况下，汽轮机转子的轴向推力主要来源于蒸汽作用于动叶片上的轴向分力、动叶片和叶轮的前后压差、轴变径产生的压差等。

1. 作用于动叶片上的轴向分力

汽轮机转子工作时，蒸汽作用在动叶片上的力除沿圆周方向的力外，还有一个沿轴向的分力，这使转子产生一定的轴向力。现代应用的汽轮机大都带有一定的反动度，动叶片前后存在一定的压差，该压差也会使动叶片产生轴向力。

2. 作用在叶轮上的轴向力

在冲动式汽轮机(带有一定反动度)中，叶轮前后存在一定的压差，由于叶轮面积较大，所以产生一定的轴向推力。

3. 由于轴变径产生的轴向力

由于汽轮机主轴变径形成的阶梯形、锥面、凸肩等也存在一定的压差，所以也会使转子产生轴向推力。

11.4.6.2　轴向力的平衡方法

汽轮机正常工作时，转子上受到很大的轴向推力，其中的大部分由平衡装置平衡掉，小部分由止推轴承承受。在汽轮机中，平衡轴向力的常用方法有设平衡活塞、开平衡孔、采用相反流动的布置方法等。

1. 平衡活塞

在大型反动式多级汽轮机中，通常在转子前端设有平衡活塞。靠汽缸侧为高压蒸汽，另一侧为低压蒸汽。这样，在平衡活塞上就产生了一个与转子轴向力方向相反的轴向推力，以抵消转子大部分的轴向力。

2. 开平衡孔

在冲动式汽轮机中，通常在叶轮上开几个孔，这样叶轮两侧的蒸汽可相互流动，使轮盘两侧的蒸汽压力差减少，从而减少轮盘的轴向推力。平衡孔一般为奇数，通常开5个或7个(也有开偶数的)，这样可避免在同一径向截面上开设两个平衡孔，从而使叶轮截面强度不过分削弱。

3. 用相反流动的布置方法

把蒸汽在汽轮机内的流动方向布置成相反的，使产生的轴向推力方向相反，相互抵消达到平衡轴向力的目的。也可以让蒸汽在高压缸和低压缸中的流动方向相反，使轴向力自动平衡。

11.4.7 汽轮机汽封系统的结构特点

为了防止汽轮机动、静部分发生碰磨和减少蒸汽泄漏，提高汽轮机的经济性能，在汽轮机的轴端、级间、段间、围带及平衡活塞等处设有汽封。汽轮机的汽封按结构可分为迷宫式、碳精式和水封式三种；按用途可分为轴端汽封、隔板汽封和围带汽封三种。

汽轮机的轴端汽封通常采用迷宫密封和碳精密封两种。迷宫密封有梳齿形、齿片形和伞柄形三种。梳齿形迷宫密封分为高低齿形和平齿形两种。平齿形梳齿密封的结构简单，安装检修方便，但其密封效果不及高低齿形密封好。汽轮机高压端通常用高低齿迷宫密封，低压段则用平齿迷宫密封。汽封片通常采用强度较高的不锈钢制作，在防止蒸汽泄漏的同时平衡掉一部分轴向力。汽轮机典型的轴端汽封结构如图11－14所示。

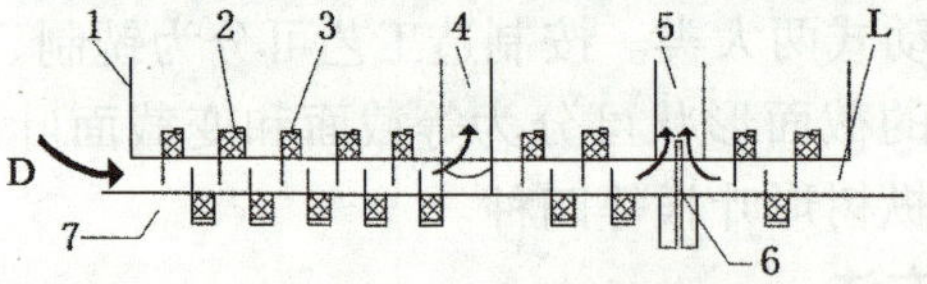

图11－14　汽轮机典型的轴端汽封示意图

1—密封套；2—方嵌条；3—汽封片；4—漏汽出口；5—信号管；6—盘；7—汽轮机转子；D—汽缸；L—大气

汽轮机汽缸的高、低压端虽然都装有汽封，但仍然不能避免高压端蒸汽通过汽封的间隙外漏，以及外界空气从低压端汽封的间隙漏入汽轮机内。为了回收汽轮机高压端的汽封漏汽和阻止外界空气由低压端漏入汽缸，汽轮机均设置有汽封系统如图11－15所示，以提高汽轮机的经济性能。凝汽式汽轮机低压端汽封必须引用压力稍高于大气压力的蒸汽来密封，防止空气漏入，使汽轮机排汽压力提高，降低机组的经济性。在汽轮机正常运行时，通常把高压端汽封的漏汽用管线引到低压端，作为低压端汽封汽用。在汽轮机启动和停机过程中，由于高压端轴封没有蒸汽，则应引用经减温减压的新蒸汽同时送入高、低压端汽封中去。汽封最后的漏汽通过各自的信号管排到大气中或通过管线引到冷凝器中进行冷凝。所以，在汽轮机运行的过程中，可以通过观察信号管的漏汽量情况来监视轴封的好坏。

11.4.8 汽轮机蒸汽室的结构

汽轮机蒸汽室有整体式和沿水平剖分式两种结构。沿水平剖分的蒸汽室结构如图11－16所示，汽室上、下两半用螺栓连接，结合面上配有轴向定位销。按汽轮机运行要求和特性不同，汽室上半开有4只或5只角形环装配孔，与相应的调节阀配合使用。

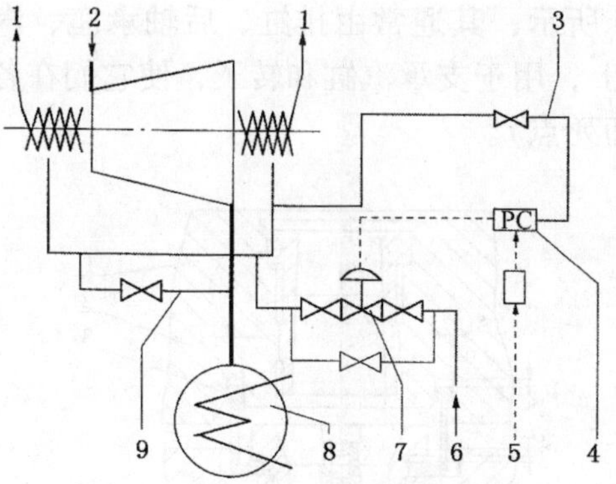

图 11－15　汽轮机汽封系统图

1—信号管；2—新蒸汽入口；3—信号管；
4—压力控制器；5—压缩空气；6—汽封供汽；
7—振动膜控制阀；8—冷凝器；9—应急旁路

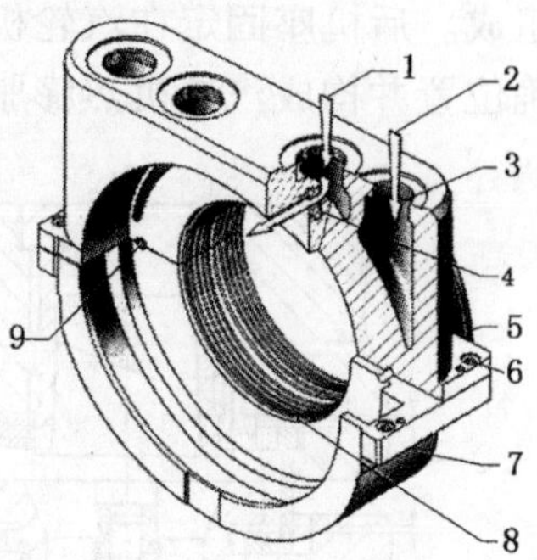

图 11－16　蒸汽室的结构图

1—进汽；2—蒸汽室上半；3—角形环装配孔；
4—喷嘴组；5—定位槽；6—中分面螺栓孔；
7—蒸汽室下半；8—平衡活塞汽封；9—定位销

蒸汽室前端外圆上的定位槽 5 与汽缸凸环相配合，既用于蒸汽室轴向定位又是蒸汽室轴向热膨胀的基准(即死点)。

蒸汽室通过其两侧法兰支撑在下汽缸，蒸汽室上、下中心可通过配作垫板的厚度来调整，垫板用螺钉固定在下半汽室法兰支承面上。蒸汽室连同垫板一起可在径向方向水平滑移，径向方向的中心可以通过调节安装在蒸汽室下部的偏心导柱来调整。

蒸汽室内的汽封分为两部分，一是在蒸汽室上半后端内圆上嵌装的汽封片，其作用是减少调节级漏汽损失；二是蒸汽室前端内圆上的汽封片，它与转子平衡活塞构成平衡活塞汽封。

11.4.9　汽轮机的角形密封环

在大型汽轮机中，通常在外缸与内缸、喷嘴室、蒸汽室之间均用角形密封环来连接，角形密封环的结构如图 11－17 所示，从调节阀流出的蒸汽经角形环进入相应的喷嘴组汽室。角形环与螺纹衬套之间在高度方向上有一定的间隙，使得角形环可在平面方向上移动，这样在扣上汽缸盖时角形环能自动对中。机组运行时，角形环不仅对不同压力腔的蒸汽起到密封作用，而且允许被连接件之间能自由膨胀。

当采用如图 11－17(a)所示的结构形式时，阀座与外缸的阀座孔是间隙配合，阀座由螺母拉紧并用销定位，销的端部点焊固定。角形环和螺纹衬套装在内缸(蒸汽室或喷嘴室)上，螺纹套用销防松，销的端部点焊固定。当采用如图 11－17(b)所示的结构形式时，阀座与外缸的阀座孔是过盈配合。

11.4.10　汽轮机的机座

汽轮机机座用于支承汽轮机的汽缸和转子并由滑销系统保证汽缸和转子的正确位置。通常分为前机座和后机座两部分。

(1) 前机座　前机座结构如图 11－18 所示，主要由前座架、前轴承座、拉杆组件、汽缸热膨胀指示器以及连接件等组成。拉杆的一端固定在上汽缸，另一端固定在前轴承座上，当汽缸膨胀或收缩时，拉杆推着前轴承座一起移动，使汽轮机动静部分的轴向间隙保持不变。

(2)后机座　凝汽式与背压式汽轮机后机座有较大的区别，背压式汽轮机的后机座没有排缸。凝汽式汽轮机后机座的结构如图 11－19 所示，其通常由排缸、后轴承座、汽缸立销组件等组成。后机座固定在汽轮机的基础底板上，用于支承汽缸和转子，使它们在各个方向保持正确位置并构成汽轮机热膨胀的基准点(即死点)。

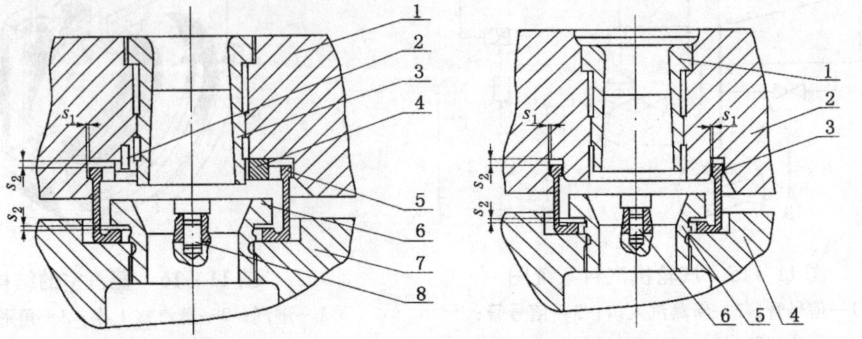

1—外缸；2—销；3—调节阀阀座；4—螺母；5—角形环；6—螺纹衬套；7—内缸；8—销

1—调节阀阀座；2—外缸；3—角形环；4—内缸；5—螺纹衬套；6—销

图 11－17　汽轮机角形环密封结构图

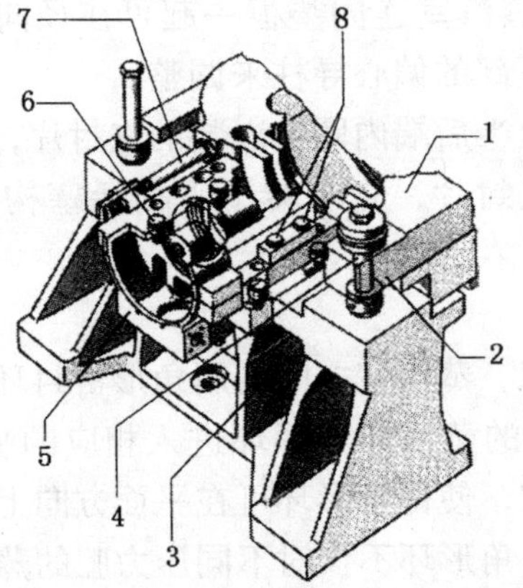

图 11－18　汽轮机前机座结构示意图

1—汽缸；2—上汽缸前猫爪；3—前座架；4—汽缸调整组件；5—前轴承座；6—轴承座调整组件；7—拉杆；8—螺栓

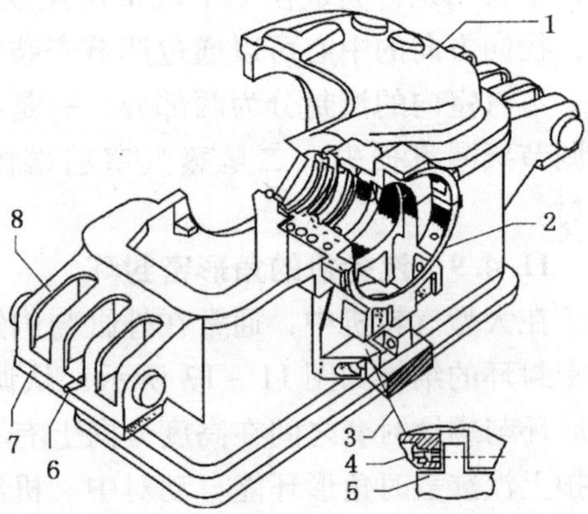

图 11－19　凝汽式汽轮机后机座结构图

1—排缸；2—后轴承座；3—排缸立销组件；4—调整组件；5—汽缸立销；6—定位销；7—基础底板；8—排缸猫爪

11.5　汽轮机的调速系统

11.5.1　汽轮机调速系统的组成

汽轮机调速系统的作用是维持汽轮机的设定转速。汽轮机调速系统通常由感应机构、传动放大机构、反馈机构和执行机构四部分组成。按调速系统动作时所需能量的供应来源可分为直接调节和间接调节两大类。调速系统的工作过程是：感应机构感受速度变化，并将这种变化转换成便于传递的信号，经传动放大机构进行比例放大和功率放大后传递给执行机构，进而改变进汽量，控制汽轮机转速的变化。

（1）感应机构　由调速器和信号转换机构组成。在间接调节系统中，调速器感受速度变化，信号转换机构对调速器输出的信号进行第一次放大，生成二次油压。

（2）传动放大机构　主要由错油门、油动机、杠杆等组成，它的作用是把二次油压变化的信号转化、放大后传到调节阀，改变调节阀的开度，调节汽轮机的转速。

（3）反馈机构　通常由反馈斜铁、反馈杠杆、肘形杆和调整螺钉等组成。反馈机构的作用是使某一调节元件输出的调节信号返回其输入端，削弱或抵消原输入信号，以便能够适时结束调节过程，使机组达到新的稳定工况。

（4）执行机构　由调节阀及其传动装置组成，由它来最终完成改变汽轮机进汽量、控制机组转速的任务。

11.5.2　汽轮机液压传动放大机构的特点

在汽轮机液压放大机构中，为提高错油门滑阀工作灵敏度，确保其不产生卡涩现象，通常把滑阀设计成可以旋转的，把它叫做旋转滑阀。旋转式滑阀除了具有工作灵敏，不产生卡涩的特点外，还可以产生微小的振动，使滑阀经常处于轴向运动状态，提高了滑阀的灵敏度。同时错油门微小的振动使油动机和调节阀阀杆产生微小的上下脉动，可防止油动机活塞和调节阀阀杆出现卡涩现象。滑阀的旋转速度和振动幅度的大小可以通过其调节螺钉进行调整。

11.5.3　汽轮机调速器的分类

按调速器的结构特点可分为机械离心式调速器和液压离心式调速器两大类。按工作原理可分为机械式、液压式和电子式三大类。常用的液压式调速器有离心信号油泵式和旋转阻尼式两种。在我国石化企业中广泛应用的美国 WOODWARD（伍德瓦特）公司生产的 PG－PL、TG－10、UG－8、PSD 型调速器都是一种机械离心式调速器，它采用液压传动。电子调速器是通过电液转换器（又称压力发生器）将转速变化的电气信号转换成液压信号，然后利用液压放大和执行元件完成对汽轮机转速调节的任务。

11.5.4　汽轮机的主要配汽方式

汽轮机的配气方式主要有节流调节法和断流调节法两种。

节流调节也称质量调节，就是指进入汽轮机的全部蒸汽都经过一个或几个同时启、闭的调节阀，然后流向第一级所有喷嘴的配汽方式。节流调节方式的汽轮机具有结构简单，制造成本低，在负荷变化时级前温度变化小，对负荷变化的适应性较好等优点。由于节流调节存在节流损失，使汽轮机相对内效率降低，汽轮机的负荷越低，节流损失就越大。所以，节流调节的汽轮机存在机组低负荷运行时经济性较差的缺点。

断流调节也称喷嘴调节，就是指进入汽轮机的新蒸汽首先通过速关阀，然后经几个依次启、闭的调节汽阀通向汽轮机的第一级喷嘴。每一个调节汽阀分别控制相应的一组喷嘴。断流调节没有节流损失。因此，在部分负荷时，断流调节汽轮机比节流调节汽轮机的经济性高。断流调节汽轮机的缺点是：结构复杂、工况变动适应性差。

11.6　汽轮机的安装

蒸汽轮机安装工作内容通常包括：机座、轴承座和汽缸的安装；汽缸的找平与找正；转子、隔板和汽封的安装；调速、保安和油系统的安装、试验和调整等。

11.6.1 汽轮机机座、轴承座和汽缸的安装

机座、轴承座和汽缸是汽轮机本体主要的支承部件，必须保证它们之间的连接刚度，否则将会造成汽轮机运行时出现异常振动的现象，严重时可能造成设备事故。所以，汽轮机安装时，基础验收与机座的安装工作必须引起足够的重视，严格按规范的程序进行。

11.6.1.1 基础验收和机座的安装

1. 基础验收

按照汽轮机厂家提供的技术数据对汽轮机基础的尺寸和地脚螺栓预留孔的尺寸进行认真的核对，并确保基础有足够的养生时间。放置机座垫板前，彻底去除基础表面松散的粉粒和水泥浆刷面，确保灌浆表面无灰尘、油迹等。

2. 机座的安装

汽轮机的机座有整体式机座和分散式机座两种，它们的安装程序基本相同。安装机座前，先按技术要求放置预埋垫板，尽可能使每块垫板的高度和水平相同。检查机座垫板是否符合技术要求，并彻底清除与混凝土接触面的油污、铁锈等，将机座垫板放置在预埋的垫板上，调整好机座垫板的水平和标高。彻底去除机座底面的油污和黄油，然后将机座安放在垫板上。检查机座的标高及水平度，按要求分别调整轴承座和汽缸机座的高度和水平。多数机座垫板带有调整螺栓，用它可以调整机座的水平和标高。调整好机座的水平和标高后按要求加工永久垫铁，把永久垫铁按要求放置在基础的预留孔两侧。每组垫铁不应多于三块，不允许使用斜垫铁。确认机座无需调整后，把垫铁焊在一起，把紧地脚螺栓。

11.6.1.2 轴承座与下汽缸的安装

1. 机座、轴承座和下汽缸接触面的检查

为使机组受热膨胀时轴承座和下汽缸能按照滑销系统的要求进行自由滑动，无论是整体式机座还是分散式机座，在组装前都要对机座滑动面进行严格的检查。

通常可先用小平板检查机座上的滑动面、轴承座和下汽缸底面，必要时进行刮研。然后以轴承座或下汽缸底面为基准，把机座与它相对应的轴承座或下汽缸对应在一起进行研磨检查。对于滑动面的接触要求是：接触面积不少于总面积的75%，接触点分布均匀，而且每$25 \times 25mm^2$的面积上接触点不少于3～5点。用0.05mm的塞尺检查滑动接触面四周，塞尺均不得塞入。

2. 汽轮机滑销系统的检查和装配

（1）滑销的作用　汽轮机在开车、停车和改变负荷的过程中，汽缸温度会发生较大的变化，汽缸的胀缩也会随着发生变化，有的汽轮机汽缸热膨胀伸长量达8mm。若汽缸与转子胀缩的方向不相同，汽轮机动静部分就会发生碰磨甚至把转子卡死，造成严重的设备事故。所以，汽轮机必须有一保持不变的“死点”。在平面上，通常以凝汽器的中心为汽轮机的死点，汽缸以此为中心向各个方向自由膨胀。汽轮机滑销系统的作用是使汽轮机工作时确保汽缸与转子中心始终保持一致，动静部分之间的间隙保持在许可范围内。

多数汽轮机都有汽缸膨胀量的指示器，用于随时监视汽缸膨胀的情况。冷态下，指针应该指在标尺的零刻度线上。

（2）汽轮机滑销系统的组成　滑销系统（又称滑键系统）通常由横销、纵销、立销、猫爪横销等组成。汽轮机横销的作用是引导汽缸横向自由膨胀。纵销的作用是确保汽缸和轴承座沿着转子的中心线方向自由膨胀。立销的作用是保证汽缸在垂直方向上自由膨胀，并与纵销一起保持机组的纵向中心不变。有的汽轮机高压缸猫爪下也装有横销，它在保证汽轮机汽

缸能横向膨胀的同时随着汽缸轴向的胀缩，推动轴承座向前或向后移动。横销和纵销中心的交叉点为汽轮机的“死点”。滑销系统及死点如图 11－20 所示，机组受热膨胀时，以该点为中心向前后、左右膨胀。

（3）滑销的检查　在汽轮机轴承座和下汽缸就位前，必须按规定对汽轮机的滑销系统做认真细致的检查，确保滑销在槽内滑动灵活而且无卡涩现象。如果滑销的间隙过小或出现卡涩现象，应该用刮刀刮削或平面磨床加工使其间隙达到要求值。滑销的配合间隙过大时，可采用补焊后机加工或重新配制新销的方法处理。补焊后的滑销强度不能低于原有金属强度。新销的材料应该与原销的材料相同。

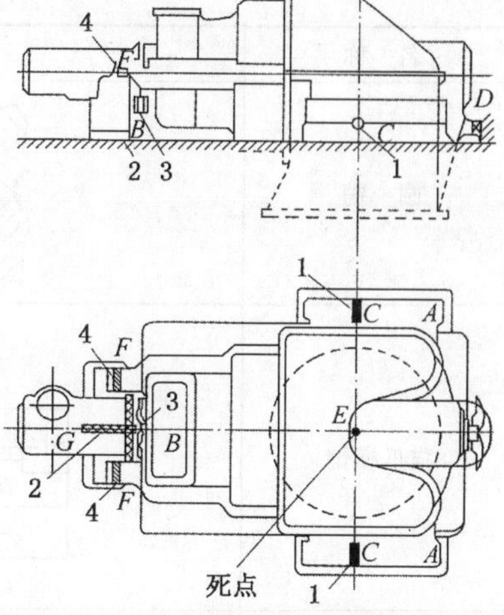

图 11－20　汽轮机滑销系统及死点示意图

1—横销；2—纵销；3—立销；4—猫爪横销

（4）滑销系统装配的技术要求　安装前对滑销及滑销槽进行仔细检查，将毛刺、铁锈及其他杂质彻底清理干净，使它表面光滑并涂上黑铅粉或厂家推荐的润滑剂。在装汽轮机猫爪销时，要求滑销两侧面平行，各平面接触均匀，接触面积不少于 75%。汽轮机同一滑销及滑销槽各测量点的数值应相同，其误差值不得超过 0.03mm。滑销与轴承箱销槽、机座销槽之间的接触面积应该在 80% 以上，各配合面粗糙度应不大于 $R_a1.6$。汽轮机纵销和横销与机座销槽配合的过盈量为 0～0.02 mm。检查连接螺栓确认其完好无损，无毛刺等，组装前应涂防咬合剂。必须做好滑销的防尘密封措施，防止灰尘或其他硬物进入滑销槽内对滑销造成破坏。

检查汽轮机立销与机座及汽缸之间的配合情况，其配合间隙应符合以下要求：汽缸与机座之间的距离大于汽缸的膨胀量；汽缸端滑销槽与滑销之间的间隙为 0.04～0.08mm；滑销与机座滑销槽之间的过盈量为 0～0.02mm。否则要按要求进行调整。滑销系统具体的技术要求如表 11－1 所示。

表 11－1　汽轮机滑销系统的简图和技术要求表　　mm

名　称	简图和技术要求	
纵销、横销	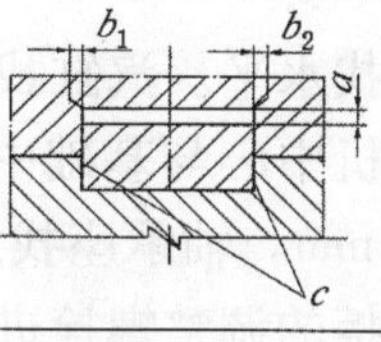	$b_1+b_2=0.01\sim0.08$ 过盈量 $c=0\sim0.02$ $a=1\sim2$
立　销	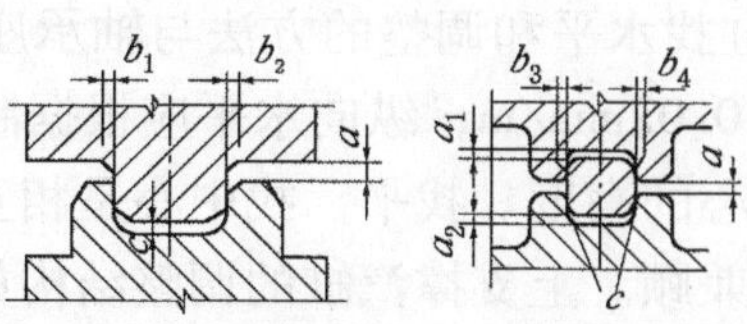	键的温度低于槽时 $b_1+b_2=0.04\sim0.08$ 键的温度高于槽时 $b_1+b_2=0.12\sim0.16$ a 大于膨胀量且不小于 3.0 $b_3+b_4=0.04\sim0.08$ a_1+a_2 大于膨胀量且不小于 3.0 过盈量 $c=0\sim0.02$
角　销	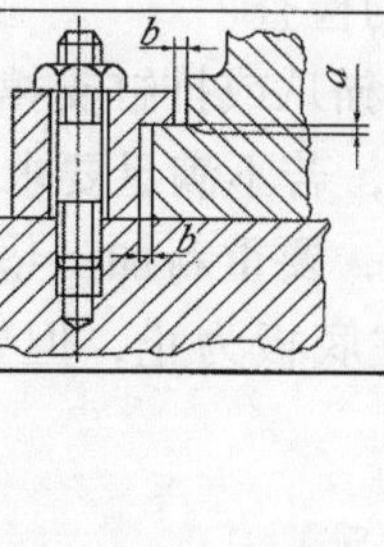	$a=0.04\sim0.08$ b 大于 1.0

续表

名　称	简图和技术要求
圆　销	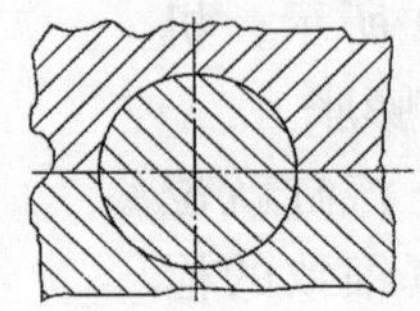 销与孔的配合为 H7/h6，表面粗糙度为孔 $R_a3.2$，销 $R_a1.6$，孔中心线应和接合面重合，误差在全长上不大于孔径的 1/10
猫爪横销	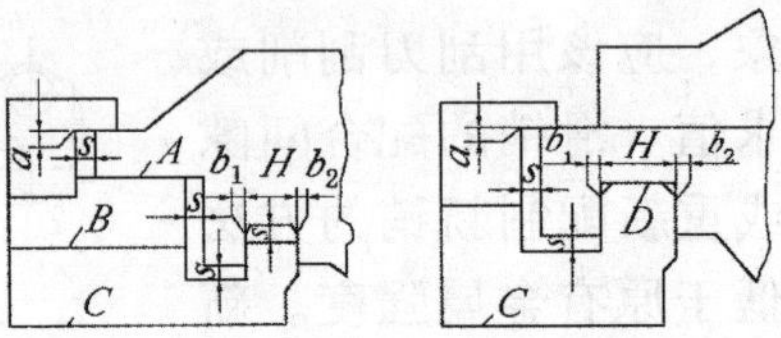 $b_1+b_2=0.04\sim0.08$ 过盈量 $c=0\sim0.02$ 销两侧面平行，A、B、C、D 平面接触均匀，接触面积不少于 75% $a=0.12\sim0.16$
连接螺栓	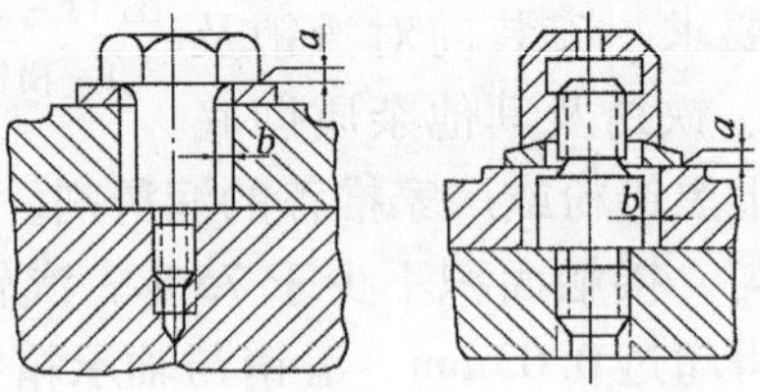 后汽缸 $a=0.10\sim0.20$ 前轴承箱 $a=0.04\sim0.08$ b 大于汽缸膨胀量 t

3．机座、轴承座和下汽缸的组装

将各滑动面彻底清理干净后，按要求在滑动面上涂上一层磷状黑铅粉或厂家推荐的润滑剂。将轴承座和下汽缸吊装在其机座上。为防止汽轮机的各滑销出现倾斜，保证轴承座和汽缸在运行中能自由膨胀，在吊装时应该把所有滑销都向一侧靠紧。在吊装汽缸时，必须保证汽缸水平垂直放下。所以，吊装过程中应该把水平仪放在汽缸水平法兰上，随时监视汽缸的水平情况，出现倾斜时要及时调整。汽缸就位后必须检查汽缸与机座之间的距离是否大于汽缸的膨胀量，汽缸的膨胀量通常由厂家提供，在随机资料中可以查到。同时检查各滑动面的连接螺栓与螺栓孔之间的间隙是否大于机组膨胀时的位移量。

4．轴承座及汽缸的找正和找水平

轴承座及汽缸就位后必须进行找正和找水平。汽缸找正的目的是为了使汽轮机本体的中心与基础纵、横向中心线基本一致。汽轮机中心与基础中心线横向允许偏差 1～3mm，排缸出口与凝汽器进口同心度允许偏差 0.5～1mm。轴承座找水平的方法是用水平仪测量轴承座的纵向及横向水平，然后通过调整机座垫板的调整螺栓进行调整，在标高符合要求的条件下使水平度达到≤0.02mm/m。下汽缸找水平和调整的方法与轴承座找水平方法基本相同。下汽缸横向水平的允许偏差不得超过 0.02mm/m；纵向水平应根据制造厂家设计的转子扬度来调整，并相应地调整各轴封洼窝中心的高度。找平、找中心是相互关联的，因此在找平、找中心、找标高时要全面考虑，相互兼顾。上支撑汽缸的调整结构如图 11－21 所示。

5．机座、轴承座和汽缸调整结束后的检查

（1）前缸两只猫爪要均匀承载，后缸猫爪或排缸支撑猫爪在整个面积上和基础底板接触均匀，一般不得存在超过 0.03mm 的间隙，若不满足要求，可通过调整与排汽缸猫爪相连基础板上的调整螺栓予以消除。若间隙过大，要重新加工垫片进行调整。

（2）把剩下的调整螺栓一直旋到顶住底板为止，但要注意，不得改变机组的标高及水平。机组重量应该均匀分配在所有的调整螺栓上。

（3）上紧各地脚螺栓后复查汽缸和轴承座的水平度和标高，如超出要求，需要重新调整，直至符合技术要求为止。

11.6.2 汽轮机轴承的安装与检修

汽轮机轴承的安装与检修请参见第7章“7.9.1.1 滑动轴承”部分。

11.6.3 汽轮机转子的安装

汽轮机转子的安装包括：转子的吊装、测量和各部间隙的调整等内容。

1. 转子的吊装

在吊装转子前应该仔细做好以下几项工作：

（1）吊转子前，必须认真检查吊具是否安全可靠，特别是吊车的制动装置要灵敏可靠。确认所用的吊具必须有足够的强度。

（2）确认汽缸、各汽封槽没遗留有任何异物；各汽孔、水孔内没有异物堵塞。

（3）轴承的下瓦要用不起毛的棉布擦干净，并浇上干净的透平油。

（4）转子各部分必须仔细清洗干净，不得附有任何异物。

（5）检查转子各部是否有毛刺、麻点、碰伤、划伤等缺陷，特别是轴承部位的轴颈和止推盘，其粗糙度、跳动度必须符合技术要求。

做好以上各项检查后，按图11－22所示，用专用吊具将转子从支架上吊起后，把水平仪放在轴承部位的轴颈处，调整好转子的水平，由专人指挥，缓慢平稳地把转子吊进汽缸内。在转子吊装的过程中，必须保持转子水平。防止转子部件与汽缸、轴承箱内各部件发生碰撞、摩擦和卡涩等。

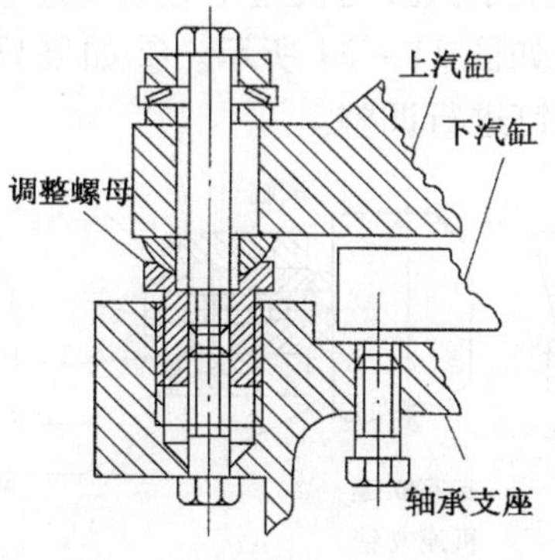

图11－21 上支撑汽缸的调整结构示意图

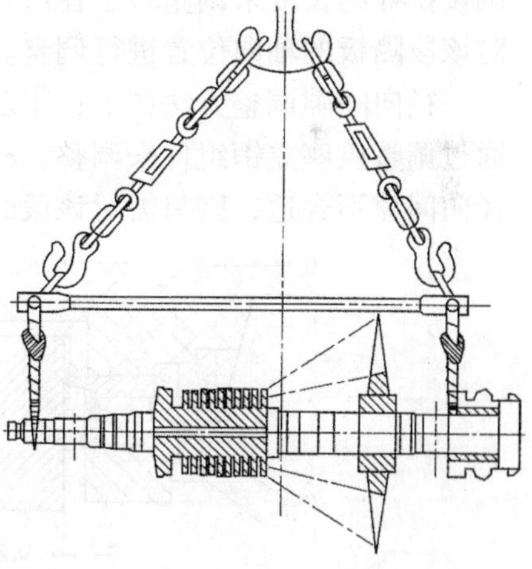

图11－22 汽轮机转子吊装示意图

2. 汽轮机转子的测量

汽轮机转子的测量内容包括：转子径向跳动、轴向偏摆、轴颈扬度、轴颈圆度、圆柱度及各动、静部分间隙的测量。

（1）转子径向跳动的测量 通常用百分表进行检测，把表座固定在汽缸中分面上，将百分表的跳杆垂直指向被测部位，把轴沿圆周方向分成若干等分，每转动转子一等分记录一次百分表读数，便可计算出转子各部的跳动值。跳动值不得超出厂家提供的设计标准值范围。

（2）转子轴向偏摆的测量 转子轴向偏摆又称转子的轴向跳动、转子瓢偏度，是指在给定直径的圆周上，被测端面各点与垂直于轴线的平面间最大与最小距离之差。汽轮机转子需要测轴向偏摆的部位有：止推盘的工作面和非工作面、叶轮进出汽的边缘、联轴节的侧面等。轴向偏摆测量方法有单表法或双表法两种。单表法测量操作简单，但若转子有轴向移动时，数据不真实。双表法可消除轴向移动对测量值的影响，但读数和计算比较复杂。双表法测量方法如图 11－23 所示。

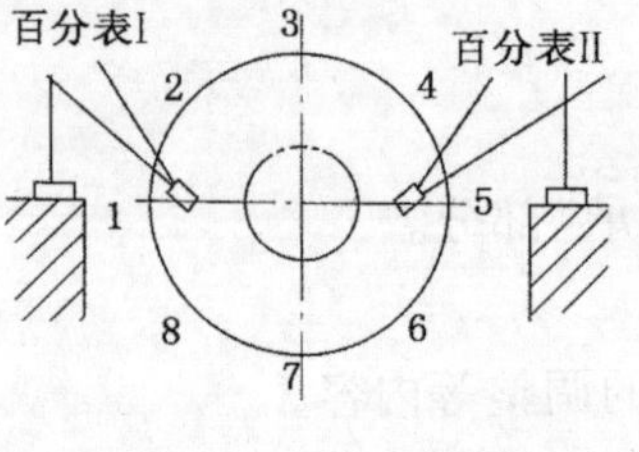

图 11－23　转子轴向偏摆的测量示意图

（3）轴颈扬度的测量　转子的轴颈扬度是指转子轴线在空间的倾斜程度。轴颈扬度测量的部位通常选择在前、后轴承所处的轴颈位置。轴颈扬度通常用全像水平仪来测量，测量时，在同一位置水平仪掉转 180°测量两次，两数代数和的一半就是该处轴颈的扬度。

（4）转子动、静叶片间间隙的测量及调整　测量汽轮机转子动静叶片间的间隙时，必须先把转子推向汽缸的低压端，使止推盘紧贴在止推轴承的主瓦上，盘动转子，用塞尺分别测出各个位置的轴向和径向间隙。若动、静叶片间隙过小，在汽轮机启动时动、静部分可能会发生碰磨，损坏汽轮机。间隙过大时，会降低汽轮机的效率，所有测量值必须在厂家原设计值范围内，否则必须进行调整。

轴向间隙调整方法如下：①若间隙值向同一方向同时偏大或偏小，则应该向相反的方向调整整个转子在汽缸内的位置。此时，可通过调整止推轴承主、副瓦瓦背的调整垫片厚度来达到目的。但要注意，这种方法会改变危急遮断器脱扣栓和转子上轴位移凸台间的轴向间隙。若止推轴承座是通过导轨安装在前轴承箱内，并用两根拉杆与汽缸连接的，也可以通过调整拉杆的长度来调整转子在汽缸里的位置。②如果只是某一段的轴向间隙不合适，则只需对该段隔板的轴向位置进行调整。

径向间隙调整方法如下：①若径向间隙偏差是由于汽缸与机座中心偏差造成的，则可以通过调整机座立销组件来调整。机座立销调整机构如图 11－24 所示。②如果只是某一段的径向间隙不合适，则只需对该段的偏心柱或调整螺钉进行调整。

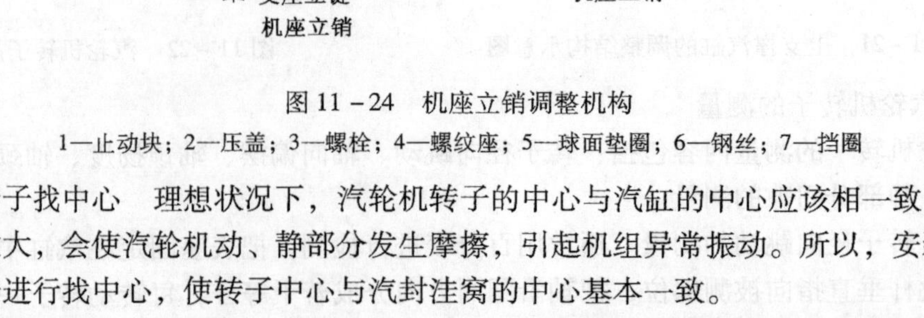

图 11－24　机座立销调整机构

1—止动块；2—压盖；3—螺栓；4—螺纹座；5—球面垫圈；6—钢丝；7—挡圈

（5）转子找中心　理想状况下，汽轮机转子的中心与汽缸的中心应该相一致，若它们的中心偏差过大，会使汽轮机动、静部分发生摩擦，引起机组异常振动。所以，安装时必须对汽轮机转子进行找中心，使转子中心与汽封洼窝的中心基本一致。

汽轮机转子找中心是以汽缸前后汽封洼窝的中心为基准。把百分表固定在转子轴上，表的跳杆垂直指向汽封洼窝，盘动转子，测出转子中心偏离汽封洼窝的中心的数值。转子中心水平方向的偏差大时可以通过移动前后轴承座的方法进行调整，垂直方向的偏差则通过调整轴承座的垫片或机座的标高进行调整。

11.6.4 汽轮机隔板的安装与检查

1. 隔板的安装

汽轮机隔板的安装主要是使汽轮机所有隔板的中心与转子的中心相一致，防止隔板汽封与转子之间发生摩擦。隔板安装时应注意如下事项：

(1) 安装隔板前必须对隔板本体、喷嘴、汽缸槽道进行检查，看有无裂纹、变形、松动、砂眼等缺陷。安装隔板的槽道必须用压缩空气吹扫干净，并检查汽缸内所有的汽孔和水孔是否有异物堵塞。

(2) 吊装隔板时，要使用吊装隔板的专用工具，而且操作要平稳缓慢，防止吊装过程中出现卡涩现象。出现卡涩现象时，必须用铜锤或铅锤轻轻敲打隔板，使其活动后再继续降落。

(3) 所有轮缘与汽缸槽道接触处都必须涂上干铅粉或抗啮合剂，防止锈蚀。

2. 隔板间隙的检查

隔板在汽缸内必须有一定的径向和轴向间隙，使隔板受热膨胀时不至于卡死在槽道内。隔板的间隙可用塞尺或压铅法进行测量。一般情况下隔板的轴向间隙在 0.05 ~ 0.20mm 之间。有导向销隔板和无导向销隔板的径向间隙差别较大，有导向销隔板的径向间隙通常为 1 ~ 2mm之间，无导向销隔板的径向间隙通常在 0.15 ~ 0.30mm 之间。

3. 隔板找中心

隔板找中心的目的是使隔板汽封洼窝或静叶持环的中心与汽轮机转子的中心相一致。安装时它们中心的偏差要控制在设计时许可偏差范围内。隔板中心的测量方法通常有压铅法、假轴法、激光对中法和拉钢丝法等。

(1) 压铅法测量隔板的中心　用压铅测量隔板中心的方法如图 11－25 所示。先将所有隔板的汽封拆下，然后在各汽封洼窝处放置适当直径的铅条，把转子吊入汽缸就位。隔板中分面两侧的间隙 A 和 C 可用内径千分表或塞尺测量出来，下部间隙由铅条被压偏后的厚度量出。若汽缸垂直方向的弧度较大，又没有准确的修正参考值时，必须把上汽缸扣上，把紧大盖螺栓才能消除汽缸垂直方向弧度的影响，使测量的数值更接近汽轮机工作状态。压铅法测量隔板的中心虽然接近实际，但是工作量大。

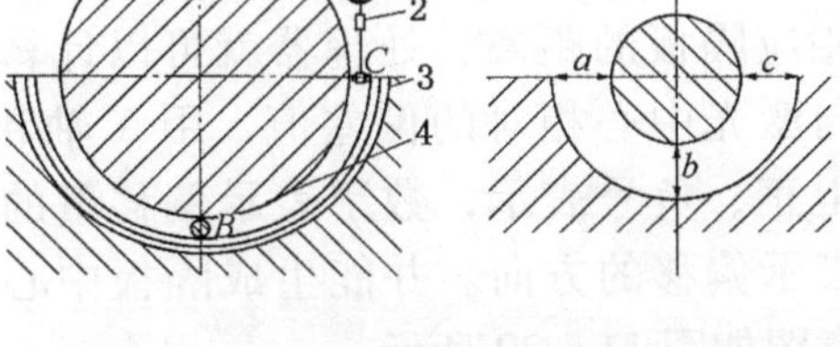

图 11－25　压铅法测量隔板的中心

1—转子；2—内径千分表；3—隔板；4—铅条

(2) 假轴法测量隔板的中心　用假轴测量汽轮机隔板中心的方法如图 11－26 所示。以汽轮机主轴的长度为假轴的长度，按转子轴承部位轴颈的尺寸和精度用无缝厚壁钢管加工一根假轴，并测出假轴的挠度。制作两套支撑假轴用的下部带有两个可调支点的可调式假轴承，也可把假轴直接放在汽轮机的轴承上进行测量。

测量时，要先检查假轴的中心与汽轮机转子的中心是否一致。发现它们的中心不一致时，必须查找原因，消除影响因素后才能使用。假轴的中心调整合格后，把百分表或杠杆表固定在假轴上，表的跳杆垂直指向隔板汽封洼窝。盘动假轴，以汽缸中分面的一侧为基准，百分表的读数便是转子中心的偏移量，转子偏移量的一半就是隔板应调整的移动量。假轴法测量和调整隔板的中心可以边操作边监视百分表指针的变化情况，操作起来直观、方便又准确。假轴的结构如图 11－27 所示。

图 11－26　假轴法测量隔板的中心实物图

（3）激光对中法　近年来，许多石化企业都购置了用途广泛、功能齐全的激光对中仪。在安装和检修中，用于机组的轴对中、压缩机和汽轮机隔板找中心等方便快捷。用激光对汽轮机隔板进行找中心具有设备轻巧、测量精度高、操作简单、通用性强等优点。用激光对中仪找隔板中心如图 11－28 所示。

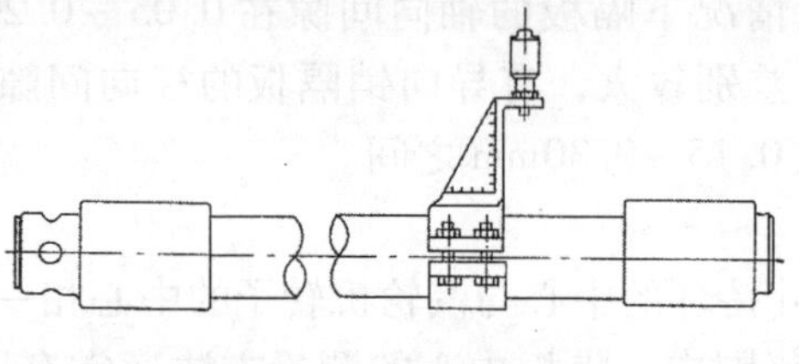

图 11－27　假轴示意图

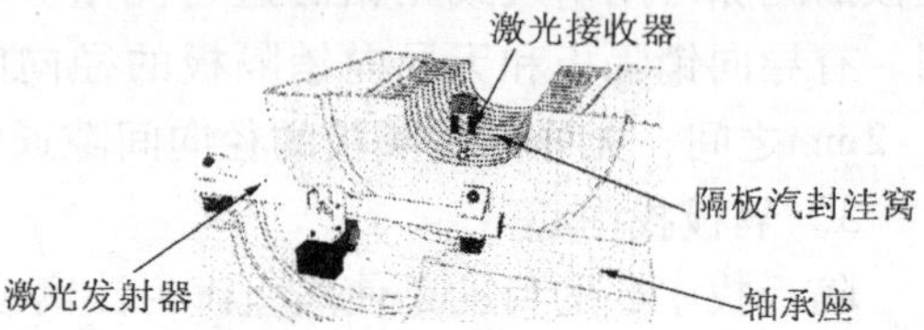

图 11－28　激光对中仪找隔板中心示意图

使用激光对中仪找汽轮机隔板中心时，先把激光发射器安装在汽轮机轴承座中分面上，把激光接收器与处理器用一根电缆连接在一起。以两轴承洼窝中心为基准，把激光的中心调整到与轴承洼窝中心大致相同即可开始采集数据。每个隔板只需采集任意三个相邻大于 30 弧度的点，测量并输入相应隔板的距离，处理器就可以计算出该隔板中心与激光中心相对的偏差值，用 X 轴和 Y 轴的数值加上正、负号表示，数字表示偏移量的大小，正负号表示偏移的方向。并能生成隔板中心偏移方向的示意图如图 11－29 所示。

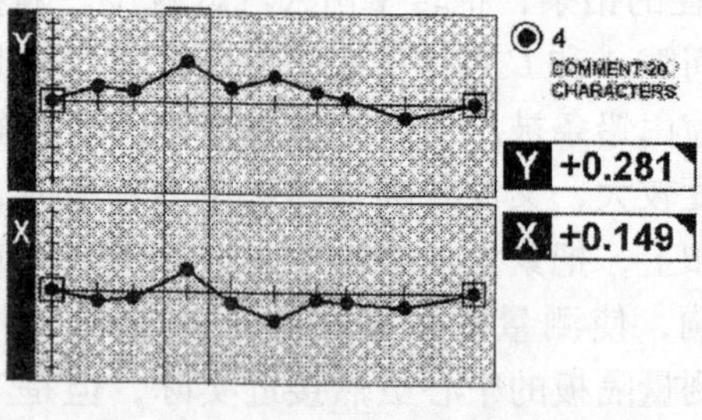

图 11－29　激光对中仪显示隔板中心偏移曲线图

在实施调整时，应该选择汽缸两端轴封洼窝为基准，把激光接收器放在相应隔板垂直方向上，边调整边监视显示屏中数值的变化情况，当其显示的数据在厂家设计标准范围内时，说明这级隔板的中心偏差已经符合设计的技术要求，可继续调整下一级隔板。

用激光对中仪找汽轮机隔板中心没有挠度的影响，也不需要把激光的中心调整到与转子中心完全一致的状态，大大地降低了工作强度，提高了设备安装、检修的速度和精度。

11.6.5　汽封的安装和检查

汽轮机的汽封通常有迷宫密封和碳精密封两种。迷宫密封的安装和碳精密封的间隙检查和安装有较大的区别。

1. 汽封的安装

（1）迷宫密封的安装　安装汽封前先清除掉轴及汽封洼窝的一切污物。按照每个汽封环的四分之一弧段匹配的标记把它装入汽封槽中，每装入一段密封环，都应确认每个孔内已经装入弹簧。装好汽封后，应该用手按动汽封，汽封的活动量应符合要求，并有足够的弹力。

（2）碳精密封的安装　汽轮机的碳精密封通常分成高、中、低压三部分，三部分的间隙都不相同，其中高压部分汽封间隙最大，低压部分汽封间隙最小。碳精环通常分成三瓣，每瓣都有与另一瓣相匹配的标记，安装时必须对上。在非凝汽式汽轮机中，碳环密封端面必须贴在低压侧，同时弹簧紧力也应该把碳环推向密封箱的低压端。非凝汽式汽轮机碳精密封的安装如图 11－30 所示。

在凝汽式汽轮机中，以密封蒸汽入口为界，里侧碳环密封端面贴在靠汽轮机排汽口的密封箱上，弹簧的压紧力也应该把碳环推向汽轮机排汽口端，外侧的碳环密封端面必须贴在外侧，同时弹簧紧力也应该把碳环推向密封箱的外侧。若装反了，蒸汽会把碳环推斜使汽封出现偏磨和大量泄漏现象。凝汽式汽轮机碳精密封的安装如图 11－31 所示。

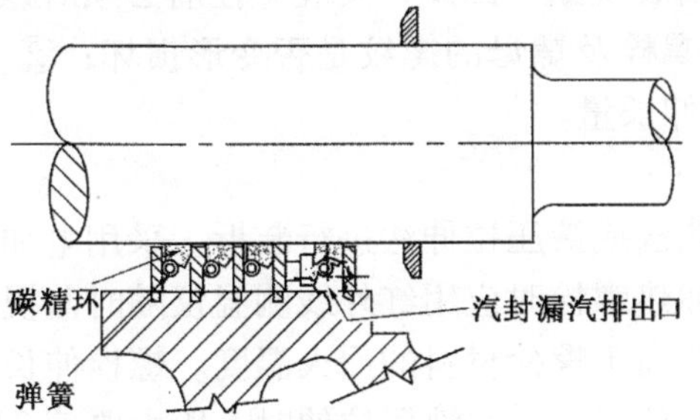

图 11－30　非凝汽式汽轮机碳精密封安装的示意图

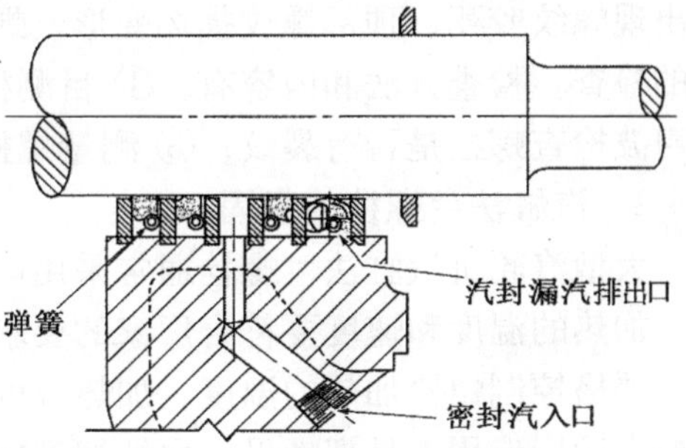

图 11－31　凝汽式汽轮机碳精密封安装的示意图

2. 汽封的检查

汽封的检查请参见第 5 章“5.3.5 迷宫密封的装配”部分。

11.6.6　上汽缸的吊装及螺栓紧固

11.6.6.1　上汽缸的吊装

上汽缸的吊装俗称扣大盖、扣缸。在上汽缸就位前必须按以下项目逐一确认；

（1）确认汽缸内所有应该检查和调整项目均已完成。

（2）确认汽缸内已经清理干净，没有异物遗留在汽缸内。各汽孔、水孔无堵塞。汽缸内零部件无漏装和误装，各紧固螺母、螺栓均已做了防松和防脱落处理。

（3）按汽轮机旋转的方向盘动转子，检查汽轮机动静部分是否发生摩擦，确认无摩擦现象才能吊装上汽缸。

（4）检查上下汽缸结合面是否平整，有无突点、毛刺等，若有应该彻底清除，并用专用的清洗液去除中分面的油垢、油漆、密封胶等。

（5）从枕木上吊起汽缸，把水平仪放在干净的法兰口，调整好汽缸结合面的横向和纵向水平。用压缩空气吹扫干净汽缸，并且把顶丝退回汽缸结合面内。

（6）把导杆安装在下汽缸上，并给导杆涂上润滑剂。

（7）在吊装的过程中，应该用水平仪监视汽缸的水平情况，确保汽缸水平、垂直下落，发现偏差要及时调整好后才能继续下落。在汽缸下落的过程中，不应出现卡涩和动静部分发生摩擦现象，若出现这种情况，应该马上停止下落，查找卡涩或摩擦的原因，消除后才能继续下落。

（8）在上汽缸正式就位前应进行一次试扣，就是在汽缸结合面没有涂密封胶或其他涂料的情况下，先将汽缸按正式就位的要求把上汽缸扣在下汽缸上，确认上下汽缸能否顺利、正确就位，并用塞尺检查汽缸结合面四周的间隙是否均匀。

（9）确认汽缸能正确就位后，把上汽缸慢慢吊起约300mm，用木块在汽缸的四个角把上汽缸支撑住，在下汽缸结合面上均匀地涂上一层薄薄的汽轮机专用密封胶或厂家认可的其他配方涂料。

（10）上汽缸下落到距离下汽缸 10mm 左右时，打入汽缸结合面的定位销，使上下汽缸正确对准，才可将汽缸一次下落完毕。

11.6.6.2 汽缸法兰螺栓的检查和紧固

1. 汽缸法兰螺栓的检查

汽轮机汽缸连接螺栓由于长期在高温、高压的环境中工作，或拧紧工艺不当等原因，容易出现螺纹咬死、顶部螺纹损坏变形、螺栓断裂现象。因此，安装螺栓前必须对螺栓进行仔细的检查。检查方法和内容有：① 目测检查螺栓及螺母的螺纹是否变形损坏；② 用着色或超声波检查螺栓是否有裂纹；③ 测量螺栓的伸长量。

2. 汽缸法兰螺栓的紧固

大型汽轮机汽缸法兰螺栓通常采用电加热法或液压拉伸法进行装拆。采用电加热法装拆时，加热的温度和速度要符合厂家的要求，加热螺栓时应用红外线测温仪随时监视螺栓的温度，严格控制螺栓加热的温度，加热温度不能高于螺栓材料的回火温度。螺栓伸长量达到技术要求后用专用工具把螺母一次性把到标定的位置。采用液压拉伸时，压力要符合厂家的要求，防止螺栓发生塑性变形。小型汽轮机通常用力矩扳手，按厂家提供的力矩值上紧。紧固汽缸螺栓总的原则是：① 保证汽缸在连续运行的周期内结合面严密；② 预紧力要适当，使汽轮机在启动和运行状态容许的温差范围内，螺栓不会因其应力超过许用值而发生塑性变形；③ 把紧工艺要正确，防止损坏螺纹。

为了避免在把紧汽缸法兰螺栓时引起汽缸变形，紧固汽轮机汽缸法兰螺栓时都应遵循一定的顺序。高压汽缸和中、低压汽缸以及小型汽轮机汽缸法兰螺栓紧固的顺序不大相同。一般情况下，以容易消除汽缸上下法兰面间隙为原则。

（1）高压汽轮机　在高压汽轮机中，汽缸垂直方向弧度最大处在汽缸的中部。所以，上紧螺栓时应该从汽缸的中部开始，对称均匀地向汽缸前后把紧，把法兰的间隙赶向汽缸前后自由端。高压汽缸法兰螺栓拆卸和紧固的顺序相同。螺栓拆卸、紧固的顺序如图 11－32 所示。

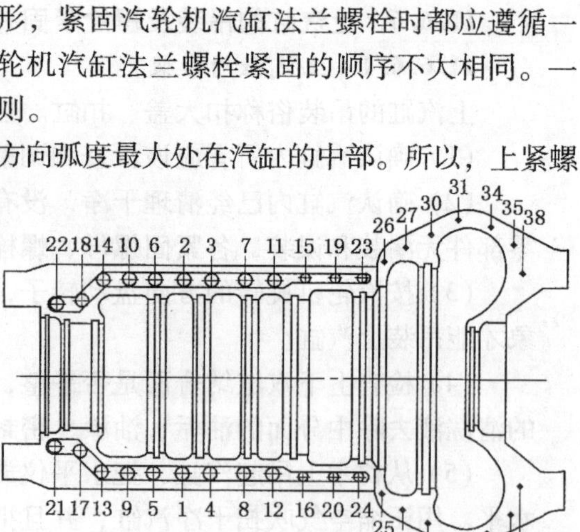

图 11－32　高压汽轮机汽缸法兰螺栓拆卸和紧固的顺序

（2）小型汽轮机　通常从蒸汽入口端向出口端对称均匀把紧，具体拆卸和紧固的顺序如图 11－33 所示。

（3）中、低压汽轮机　紧固中、低压汽轮机汽缸法兰螺栓时，应该从中压与低压分界处开始，先紧中压段，然后紧低压段。具体拆卸和紧固的顺序如图 11－34 所示。

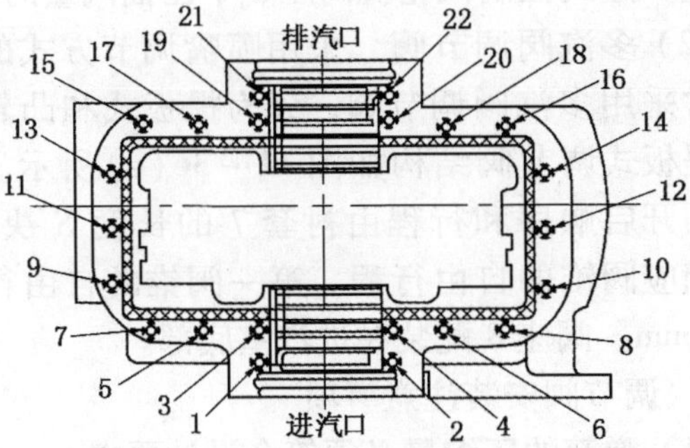

图 11－33　小型汽轮机汽缸法兰螺栓拆卸和紧固的顺序

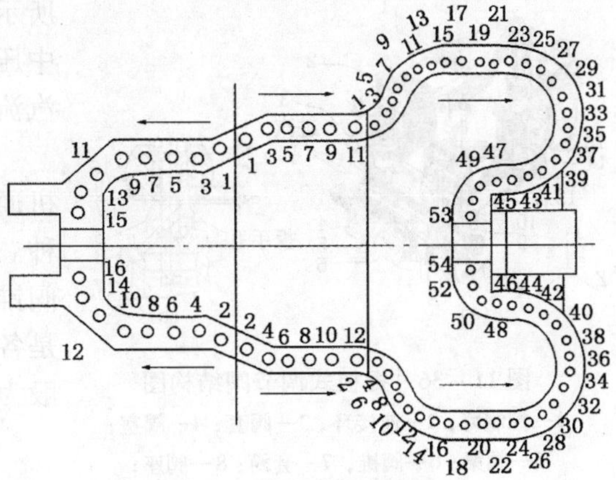

图 11－34　中、低汽轮机汽缸法兰螺栓拆卸和紧固的顺序

11.6.7　汽轮机调节系统的安装及调试

11.6.7.1　汽轮机调节系统的安装

汽轮机调节系统的安装包括调节阀、油动缸、错油门、调速器等的安装。

1. 调节阀

汽轮机的调节阀有调速阀、抽汽调节阀等，它和相关连杆、杠杆、弹簧等组成汽轮机的执行机构。调速阀也叫速度调节阀、主汽调节阀等，有单汽阀和多汽阀两种。

（1）单汽阀调节阀　节流调节式和中间进汽式汽轮机多采用单汽阀，其结构如图 11－35

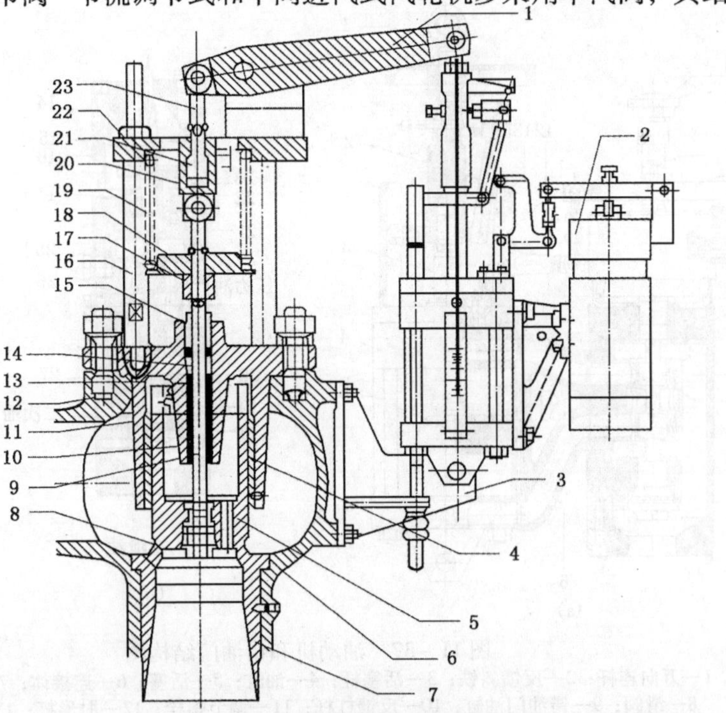

图 11－35　单汽阀调节阀结构图

1—杠杆；2—油动机；3—支架；4—套筒；5—阀碟；6—阀壳；7—阀座；8—冷却蒸汽孔；9—阀杆；10—导向套筒；11—衬套；12—密封圈；13—阀盖；14—导向套筒；15—压紧螺母；16—螺柱；17—调整垫圈；18—弹簧座；19—弹簧；20—拉杆接头；21—拉杆；22—支座；23—关节轴承

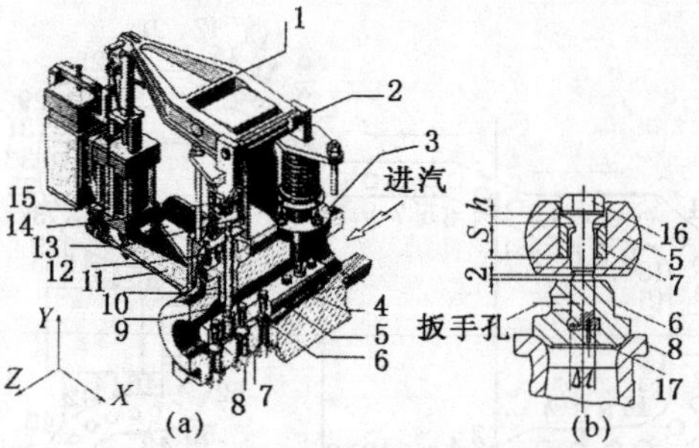

图 11－36　提板式调节阀结构图

1—控制臂；2—连接环；3—阀套；4—阀室；5—阀梁；6—阀锥；7—套筒；8—阀座；9—阀杆；10—阀杆套；11—托架；12—导向环；13—阀杆接头；14—弹簧；15—油动机；16—阀锥螺栓；17—锥销

所示。这种调节阀也用于调节抽汽式汽轮机高压、中压抽汽管返回汽轮机高压、中压段入口喷嘴的蒸汽流量，达到控制汽轮机高压、中压抽汽量的目的。

（2）多汽阀调节阀　采用喷嘴调节方式的汽轮机通常采用多汽阀调节阀，分为提板式和凸轮式两种。提板式调节阀结构如图 11－36(a)所示。每只阀锥的开启顺序和行程由衬套 7 的长度 S 决定，h 是各相应阀锥的自由行程。第一阀锥的自由行程一般为 2mm。阀座 8 配装在进汽室底部。

2．调节阀安装注意事项

（1）弹簧的压缩量必须符合设计要求。

（2）阀杆和阀体不能出现卡涩现象，油动缸的油压泄掉后，阀应该在弹簧力的作用下快速地关闭。

（3）阀杆的弯曲度、阀杆与衬套之间的间隙应符合技术要求，不能出现卡涩现象。

（4）调节阀阀杆的填料不能压得过紧，防止阀杆出现卡涩或断裂等现象。

（5）调节阀的自由行程应符合厂家的技术要求。

（6）每个阀锥的开启顺序和自由行程必须符合厂家设计的要求。

3．油动机和错油门的安装与调整

油动机和错油门组成汽轮机调节系统的放大机构，典型的结构如图 11－37 所示。

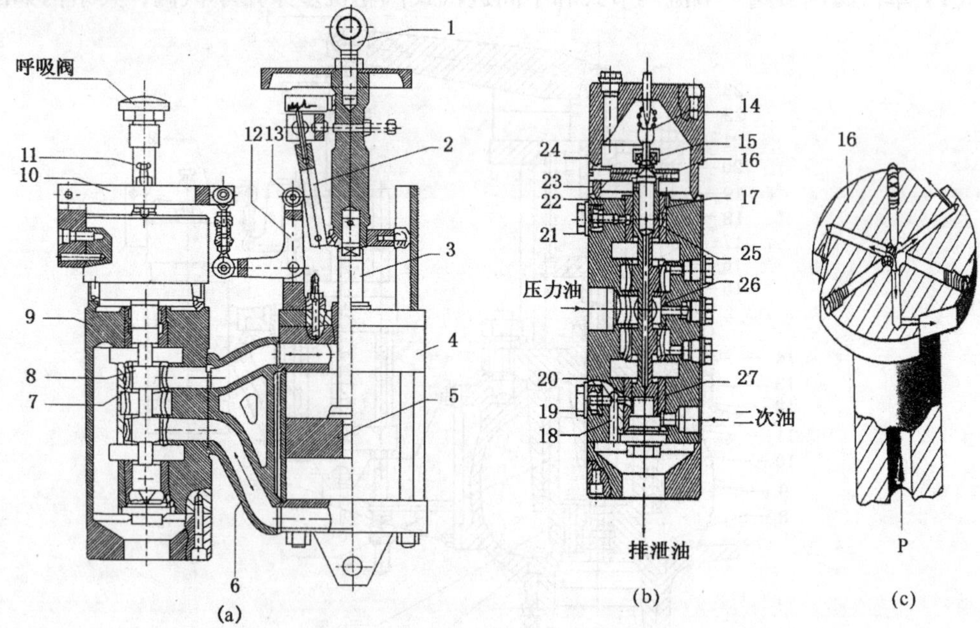

图 11－37　油动机和错油门结构图

1—万向连杆；2—反馈斜铁；3—活塞杆；4—油缸；5—活塞；6—连接体；7—错油门；8—滑阀；9—错油门油缸；10—反馈杠杆；11—调节螺栓；12—肘形杆；13—滚轮；14—弹簧；15—轴承；16—旋转轮盘；17—活塞；18—排放孔；19—振动调整螺钉；20—小孔；21　转速调整螺钉；22—径向小孔；23—铝垫；24—径向孔通道；25—上套筒；26—中间套筒；27—下套筒

1）油动机和错油门安装要求

（1）油动机和错油门各部件必须彻底清洗干净，不能有任何异物、锈迹等，各部分配合间隙应符合技术要求；

（2）调节阀的开度与二次油压、电压信号与二次油压、调节阀阀杆行程与油动缸活塞杆行程的实际数值要与设定值相对应；

（3）传动放大机构应有适当的活动量，使油动缸活塞杆的中心线能随着控制臂上下运动的轨迹里外摆动，防止油动机活塞组件出现卡涩或偏磨现象；

（4）错油门滑阀及油动机活塞不能有卡涩现象；

（5）滑阀的振动和转速应该符合要求；

（6）反馈机构各连接点应活动轻松灵活，不能出现卡涩现象，各卡环要安装到位；

（7）万向连杆孔的中心应该与控制臂孔的中心重合。

2）油动机和错油门的调整

（1）电压信号与油动缸活塞杆的行程不对应时可通过调整万向连杆的长度来实现，也可通过调整反馈杠杆上的调整螺栓 11 或反馈斜铁 2 的角度来实现。

（2）油动机上下波动过大或没有适当的波动时，可调整错油门的振动调整螺钉 19 获得。滑阀的转动速度可通过调整转速调整螺钉 21 来实现。

（3）当调节阀的空行程或开度不合适时可调整油动机万向连杆的长度来实现。

（4）二次油压与电压信号的对应关系通过调整电液转换器的调整螺钉来实现。

11.6.7.2　调速器的安装与调试

在我国石化企业中广泛应用的美国 WOODWARD（伍德瓦特）公司生产的调速器型号有：PG－PL、TG－10、UG－8、PSD 等。下面以常用的 PG－PL 型调速器为例说明其安装和调试过程。

PG－PL 就是具有气动速度调定机构的 PG 调速器和短箱件的组合名称，它能正向或反向调定汽轮机的转速。其主要由一个气动调定机构、标准短箱体、标准底座组件和一个油动缸组件组成。典型的气体压力范围为 20.7～103.4kPa 和 68.9～413.4kPa。PG 调速器标准的工作油压力为 689kPa，也可以通过适当的调节，提高工作油压，以提高油动缸的载荷。调速范围一般在 250～1000r/min 之间，通过调整也可以获得低于 200r/min 和高于 1600r/min 的调速。该种调速器可气动控制，也可手动控制。PG－PL 调速器的剖视图如图11－38 所示。

1．调速器的安装

（1）在搬运和安装过程中，不准碰撞调速器，特别是驱动轴，否则会损坏驱动轴、轴承或调速器油泵的齿轮。

（2）调速器底座与轴承箱盖或固定板之间必须有垫片，确保调速器垂直安装，轴联接的两轴应完全对中。

（3）若调速器装配的是花键连接的驱动轴，那么花键应该能自由滑到汽轮机轴上的花键槽内。如果是齿轮连接的驱动轴，齿轮应该能自由地滑进调速器轴内，并且检查两齿轮的啮合情况。

（4）从调速器到蒸汽调节阀之间的各连杆必须正确对中，应消除任何偏磨、卡涩或松动现象，以免造成调速器不能正常工作。

（5）调速器油动缸活塞处于关闭位置时，汽轮机调节阀也应该处于关闭状态。

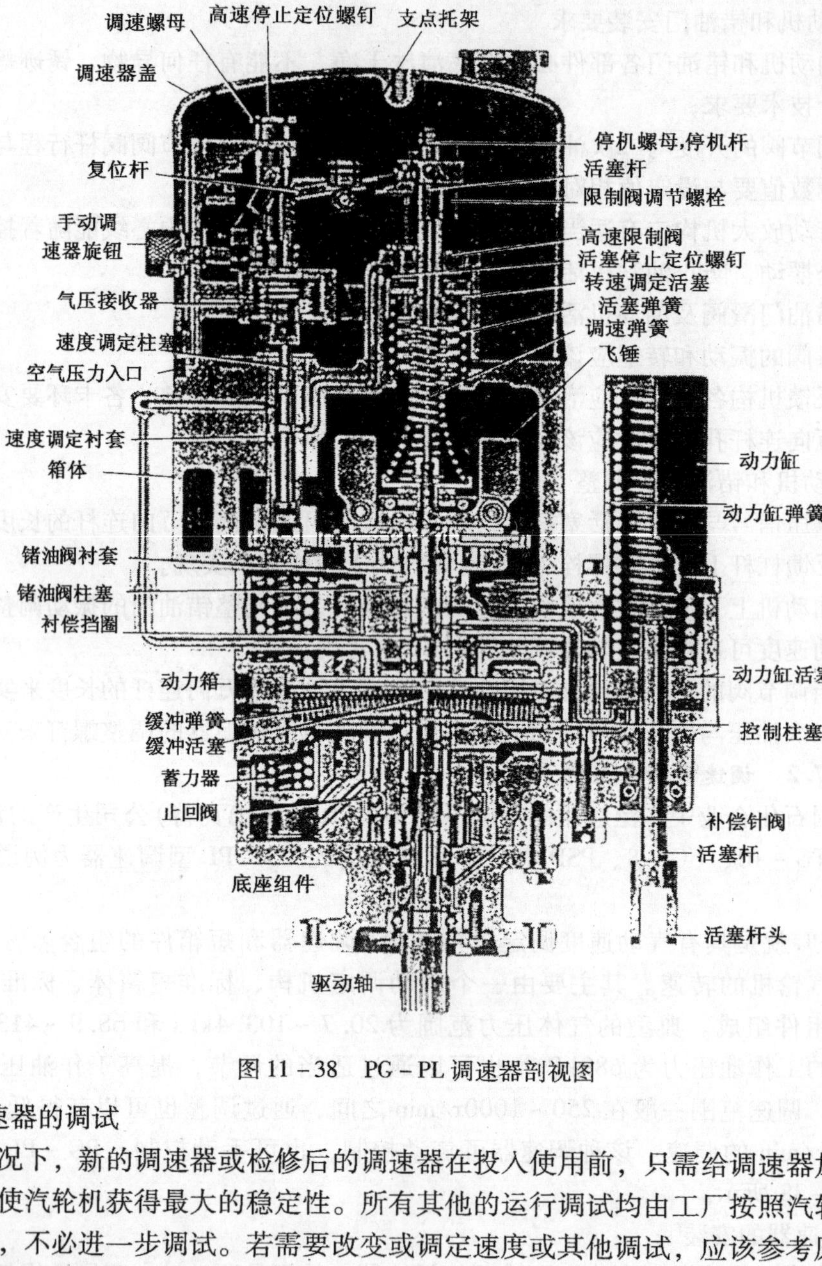

图 11－38　PG－PL 调速器剖视图

2. 调速器的调试

通常情况下，新的调速器或检修后的调速器在投入使用前，只需给调速器加满油并调节补偿针阀，使汽轮机获得最大的稳定性。所有其他的运行调试均由工厂按照汽轮机生产厂家的要求完成，不必进一步调试。若需要改变或调定速度或其他调试，应该参考原动机生产厂家的技术要求进行调整。

为安全起见，汽轮机开车前，应该把手动速度调节旋钮置于最小速度调定位置，并确保防止汽轮机失控的超速保护装置动作灵敏好用。

1）稳定性的调节

调速器的稳定性通过调整补偿针阀的开度来调节。它的开度大小与汽轮机的特性有关。调试过程如下：

（1）当汽轮机低速转动时，将补偿针阀打开几圈，使汽轮机转速波动。让汽轮机波动几分钟，以排出困在调速器液压循环系统中的空气。

（2）渐渐关闭补偿针阀，直至汽轮机转速波动消失。尽可能使针阀开着，以防调速器反应缓慢。每个调速器针阀的设置都不同，从 1/16 ~ 2 圈针阀均处于开的状态。不允许将针阀关紧，否则调速器不能正常工作。

(3) 手工调节速度调定，检查调速器的稳定性。当调速器很快响应，使汽轮机转速达到标准值(仅稍过或稍低一点)时，补偿针阀的开度比较理想。

(4) 打开调速器箱一侧的排油孔丝堵，使油外流，直到油中完全没有气泡为止。这一操作只能在汽轮机停止转动的情况下进行。

(5) 拧紧排油丝堵，重新给调速器加满油，检查丝堵是否漏油。

(6) 重复(1) ~ (3)步骤。

当使用预加载缓冲弹簧时，针阀的开度不能超过 1/16 圈，针阀不能关得太紧，否则调速器不能正常工作。

2) 速度调节

PG 调速器推荐的调速范围在 250 ~ 1000r/min 之间，最大调速范围在 200 ~ 1600r/min 之间。气动速度调定装置的调速器有两种类型：① 正向作用型，调速器的速度调定随着控制气压信号的增加而增加；② 反向作用型，调速器的速度调定随着控制气压信号的减少而增加。调速器的速度调定是指设定调速器的最大和最小工作速度。PG - PL 调速器原理图如图 11 - 39 所示。

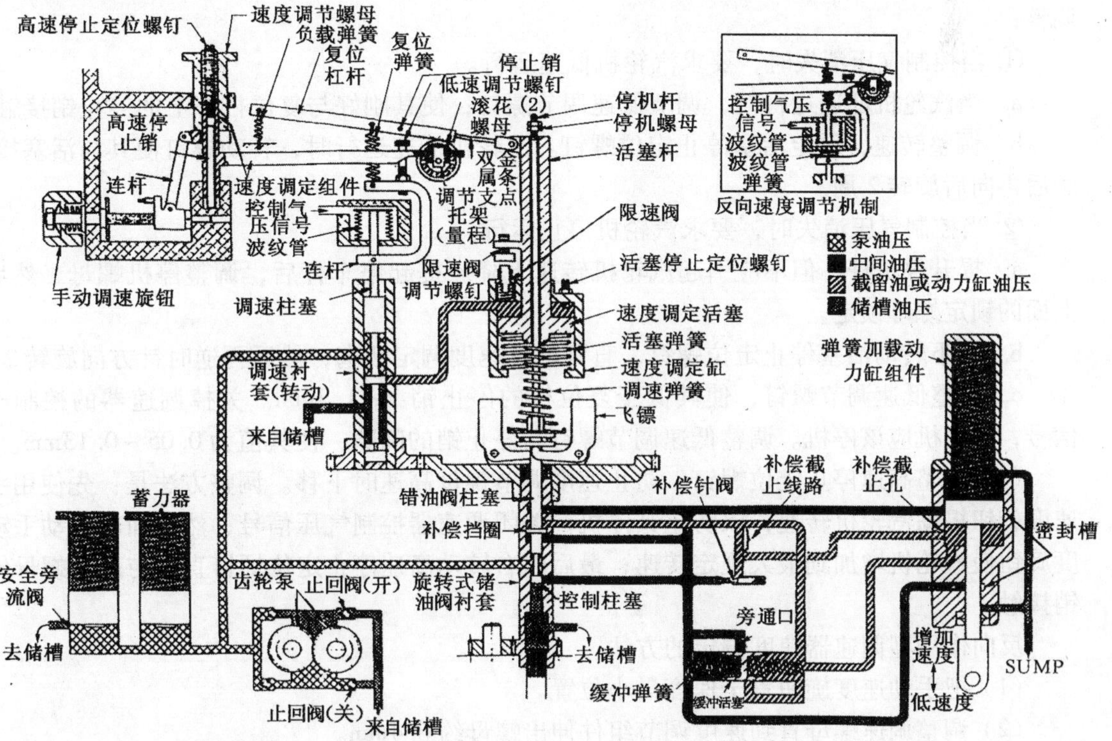

图 11 - 39　PG - PL 调速器原理图

正向作用型调速器速度调定的方法：

(1) 把手动速度旋钮置于最小速度位置。

(2) 按要求调整高速停止定位螺钉，直到螺钉的上端面与调速螺母的端面平齐。

(3) 给调速器通入最小的控制气压信号，调整调速螺母以获得与气压信号相对应的最小速度。此时应该保证低速调节螺钉没有触及复位杠杆。

（4）调整限制阀调节螺钉，以便当速度增加时，不能将高速限制阀关闭。调整调速器速度量程与控制气压信号的方法如下：

① 慢慢增加控制气压信号至最大，确保汽轮机没有超出规定的最大转速。

② 如果控制气压没有增至最大以前汽轮机已达到最大规定转速，则调整支点托架，使滚动轴承支点移向速度动力缸组件。

③ 如果控制气压增至最大仍没有达到汽轮机最大规定转速，则调整支点托架，使滚动轴承支点远离速度动力缸组件。

④ 支点托架的调整方法如下：松开支点托架的凹头螺钉，松开托架移动方向侧的滚花螺母，转动另一侧的滚花螺母移动支点托架，然后拧紧凹头螺钉和滚花螺母。

（5）重复(3)和(4)步骤直到在最小的控制气压下得到最小的规定速度，在最大的控制气压下得到最大的规定速度，使汽轮机转速随着控制气压的增加而增加。

（6）给调速器通入最大控制气压，调整限速阀调节螺钉，以便其刚好接触到高速限制阀的阀芯。增加控制气压，使其稍稍大于最大规定值，高速限制阀应该在汽轮机高出最大规定转速 5r/min 内开启。若不符合要求则需要重新调整限速阀调节螺钉。

（7）给调速器通入最小规定转速所对应的最小控制气压，按不同用户要求完成下列调整：

① 当控制气压消失时，要求汽轮机低速运行。

a. 当汽轮机低速运行时，调节低速调节螺钉，使其刚好与复位杠杆上的停止销接触。

b. 调整转速，调定活塞停止定位螺钉。汽轮机低速运行时，转动螺钉使其与活塞接触，然后再向后旋转 2 周。

② 当控制气压消失时，要求汽轮机停止运行。

a. 提升停机杆，但不应引起汽轮机转速下降。提起停车杆后，调整停机螺母，然后用上面的锁定螺母锁定。

b. 向下转动活塞停止定位螺钉，直到触及速度调定活塞，然后再逆时针方向旋转 2 圈。

c. 调整低速调节螺钉，使其低于复位杆的停止销 1 ~ 1. 3mm。关掉调速器的控制气压信号，汽轮机应该停机。调整低速调节螺钉与停止销的间隙，使其值为 0. 05 ~ 0. 13mm。

（8）调整高速停止定位螺钉，防止速度调节螺母高速时下移。调整方法是：先使用手动速度旋钮提高汽轮机转速，以防止其停机，关闭调速器控制气压信号；然后向右转动手动速度旋钮使汽轮机增加到最大规定转速；最后向右转动高速停止定位螺钉直到与高速螺母停止销接触。

反向作用型调速器速度调定的方法：

（1）把手动速度旋钮置于速度最小位置。

（2）调整调速螺母直到速度调节组件伸出螺母约 6. 4mm。

（3）按要求调整高速停止定位螺钉，直到螺钉的上端面与调速螺母的端面平齐。

（4）调整限制阀调节螺钉，使其速度增加时，不能与高速限制阀接触。给调速器通入最小的控制气压信号，得到汽轮机的最大规定转速，小心不要使汽轮机转速超出最大规定转速。

（5）顺时针方向转动手动调速旋钮，将汽轮机速度增加到最大规定速度。向里转动高速停止定位螺钉，直到其与高速停止销接触，如果螺钉转动得太向下，速度可能会降低。如果手动调速旋钮顺时针方向转动到尽头，汽轮机的转速仍达不到最大规定值，则反时针方向转动手动调速旋钮2周，向外转动高速停止定位螺钉几圈，然后反时针转动速度调节螺母直到达到最大规定转速，再向下转动高速停止定位螺钉，使其刚好与高限停止销接触。将手动调速旋钮沿顺时针方向转动到底，汽轮机转速不再超出最大规定转速。

(6) 慢慢增加控制气压信号，直到达到最小规定速度。低速调节螺钉应没有接触到复位杆上的停止销，并且当速度调定活塞上移减小速度时，调速活塞停止定位螺钉也应没有使其停止。

如果控制气压没有增至最大以前已达到汽轮机最小规定转速，则应调整支点托架，使滚动轴承支点移向速度动力缸组件。

支点托架的调整方法如下：松开支点托架的凹头螺钉，松开托架移动方向一侧的滚花螺母，转动另一侧的滚花螺母移动支点托架，然后拧紧凹头螺钉和滚花螺母。

(7) 重复(4)、(5)、(6)步骤，直到当气压信号达到最大值时得到最小的规定速度，当气压信号达到最小规定值时得到最大的规定速度，保证汽轮机转速随着控制气压的减小而增加。

(8) 设置速度后，将最小控制气压输入调速器(应得到最大转速)。反时针方向转动手动调速旋钮，直到得到最小规定速度。反时针方向转动速度调节螺母1/2圈(增加转速)和反时针方向转动速度调节旋钮(减小转速)交替进行直到调节旋钮完全打开。关闭控制气压信号，调整速度调节螺母得到最小规定速度。如果手动调速旋钮反时针转动到底仍未能达到最小规定速度，则去掉控制气压信号，调整速度调节螺母以得到最小规定速度。

(9) 当汽轮机在最低设置速度下运行时，向下转动活塞停止定位螺钉直到其与调速活塞面接触，然后再反时针方向转动2圈，用锁紧螺母固定。这样调整的目的是当汽轮机停机时，限制活塞向上移动，并减少开车时要求的摇动量。

(10) 若用到停机螺母，将停机杆提起但不要引起汽轮机转速下降，当提起停机杆时，调整停机螺母，使其高出转速调定活塞0.8mm，然后用上面的锁紧螺母固定。

(11) 当控制气压信号关闭时，顺时针方向转动手动调速旋钮使汽轮机转速达到最大值。调整限速阀调节螺钉，以便其刚好接触到高速限制阀的阀芯。将汽轮机转速增加到稍稍高出最大规定值，高速限制阀应该在汽轮机超出最大规定转速5r/min内开启。若不符合要求则需要重新调整。

(12) 将手动调速旋钮顺时针方向转动到最大，给调速器通入最大控制气压。调整低速调节螺钉使其在汽轮机处于最小转速时刚好与复位杆的停止销接触。

(13) 在正常运行的情况下，将手动调速旋钮转动到最里位置。

11.6.8 汽轮机保安系统的安装及调试

大型汽轮机的保安系统通常由超速保护系统、振动保护系统、蒸汽压力和温度保护系统、低油压保护系统、低真空保护系统、轴向位移保护系统、叶片保护系统等组成。主要元件有速关阀、危急保安器、危急遮断油门、电磁阀、低油压跳闸开关以及各种振动、温度探头等。小型汽轮机的保安系统较为简单，通常由低油压和超速保护装置组成。一些非压力润滑的小型汽轮机甚至只有超速保护装置。小型汽轮机典型的保安系统如图11-40所示。

11.6.8.1 速关阀的结构特点及安装

汽轮机的速关阀又称主汽门、事故截止阀，它通常安装在调节阀之前，用于紧急情况下在很短时间内切断供给汽轮机的蒸汽，使汽轮机快速地停下来，避免汽轮机遭到破坏。在小型汽轮机中，速关阀还起到在汽轮机启动过程中控制进汽量的作用，使汽轮机按要求升速，升到一定转速后由调速器的手动调速旋钮进行微调至机组额定的工作转速。速关阀按其开启时操作方式不同可分为全自动式、半自动式和手动式三种。

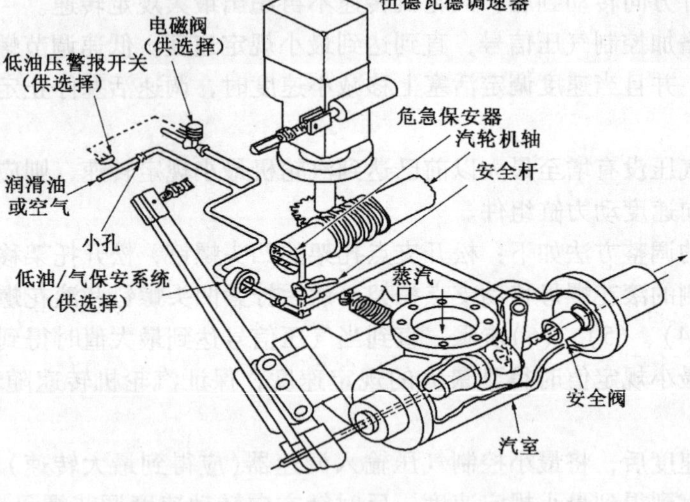

图 11-40　小型汽轮机典型的保安系统

1. 全自动式速关阀

通常由油动机和截止阀两部分组成，它能通过电磁阀，把操作人员在中控室发出的电子信号转换成液压信号经过放大后传给油动机执行，从而实现远程开启和关闭操作。它的开启和关闭过程如下，启动油 F 由入口流入桶形活塞后的腔室内，油的压力克服弹簧力，推动桶形活塞向活塞盘方向移动，最终贴紧在活塞盘上，形成密封腔，通过启动装置控制，在活塞盘前建立跳闸油压 E，当跳闸油压增大时，桶形活塞后面压力慢慢下降，使活塞盘和桶形活塞一起向后移动，由于油动机的活塞杆与截止阀的阀杆是相连的。所以，截止阀的阀锥也跟着向后移动，这样阀门就被打开了。当活塞盘、桶形活塞和试验活塞被跳闸油压紧在油动机缸盖上时，截止阀就全开了，跳闸油压也最终被建立起来。当由于某种原因使跳闸油压泄掉时，活塞盘在弹簧力的作用下，迅速向截止阀方向移动，截止阀的阀锥在活塞杆和阀杆的推动下与阀座贴合，蒸汽被切断。其结构如图 11-41 所示。

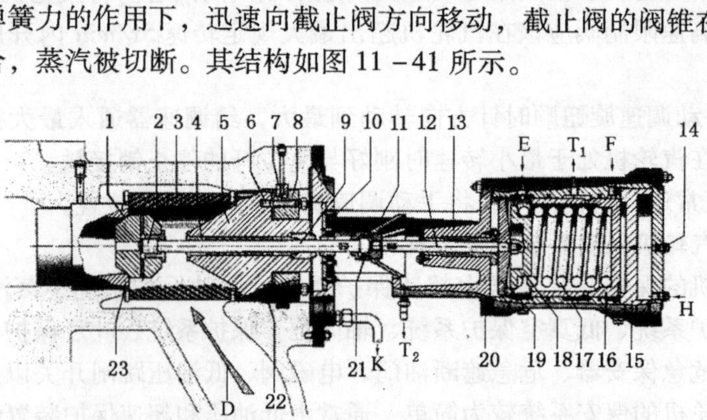

图 11-41　全自动式速关阀

1—主阀锥；2—卸荷阀锥；3—滤网；4—阀杆套；5—阀盖；6—螺栓；7—弓形环；8—压环；9—阀杆；10—隔热板；11—挡油圈；12—活塞杆；13—支座；14—压力表接口；15—试验活塞；16—活塞；17—弹簧；18—弹簧座；19—活塞盘；20—油缸；21—阀杆联节器；22—密封环；23—阀座；D—蒸汽入口；E—跳闸油；F—启动油；H—试验油；K—泄漏蒸汽排出口；T_1—回油口；T_2—漏油排出口

2. 半自动式速关阀

这种速关阀在开启时需要在现场手动操作，关闭时可实现远程操作。它主要由操作手轮、锁闩机构、弹簧、跳闸油缸和阀等组成。当跳闸油压力等于或大于设定值时，自动挂闸机构挂闸，转动手轮，阀杆朝开的方向运动，阀门打开。当跳闸油压下降到设定值时，跳闸油缸内的高压油泄掉，在弹簧力及蒸汽压力的作用下截止阀迅速关闭。其结构如图 11－42 所示。

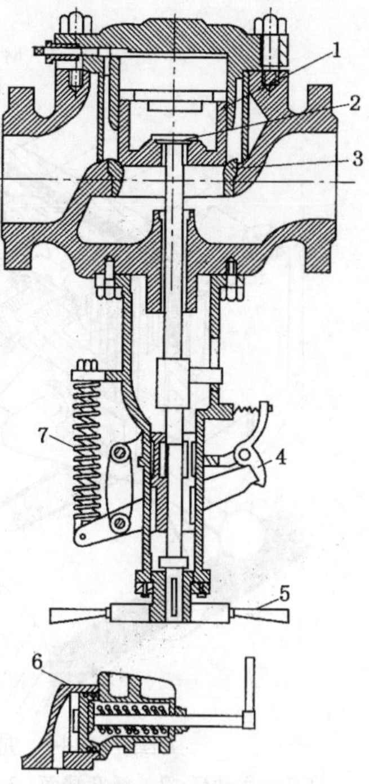

图 11－42　半自动式速关阀
1—阀钢；2—预启阀；3—阀座；4—锁闩机构；5—手轮手柄；6—跳闸油缸；7—关闭弹簧

3. 手动式速关阀

这种阀的开关均不能远程操作，它通常用于小型汽轮机中，可以实现汽轮机超速和低油压保护。一般情况下，它通过连杆机构直接与危急保安器和低油压保护装置连接。这种截止阀通常起到在汽轮机启动过程中控制进汽量，从而控制汽轮机转速和紧急情况下迅速切断汽轮机供汽的双重作用。

4. 速关阀安装要求

（1）在任何情况下，特别是在跳闸油压泄掉后，速关阀能够在其弹簧力的作用下迅速关闭。

（2）从保护装置动作到速关阀完全关闭的时间应小于 0.5～0.8s。截止阀全关后，弹簧对汽阀的压紧力要有 500～800kg 的裕量。

（3）速关阀应具有足够的严密性。要求在额定参数下，速关阀全关时，汽轮机的转速能迅速降到 1000r/min 以下。因此，速关阀在安装后必须进行气密性和关闭时间两项试验。

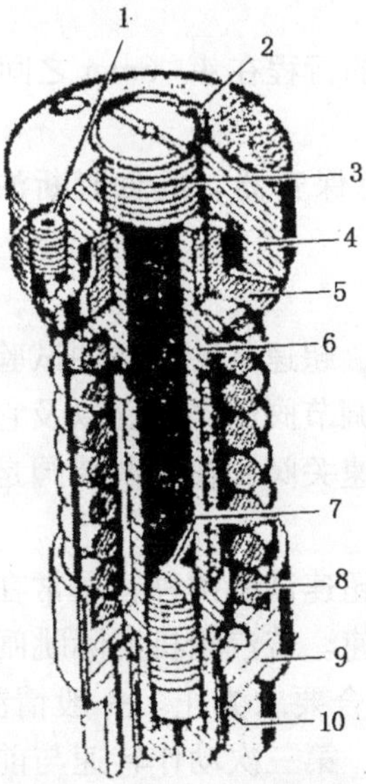

图 11－43　危急保安器
1，2—沉头螺钉；3—调整螺帽；4—螺帽；5—导向环；6—飞锤；7—调整螺钉；8—弹簧；9—固定螺栓；10—导向片

（4）隔热防火措施要符合要求。

11.6.8.2　超速保护系统的结构特点及安装

汽轮机的超速保护装置由危急保安器和危急遮断油门两部分组成。它的作用是当汽轮机的转速超过额定转速的 9%～11% 时，迅速关闭汽轮机的速关阀，切断汽轮机进汽，使机组快速停下来，防止机组发生严重的设备事故。

1. 危急保安器

汽轮机危急保安器有飞锤式和飞环式两种。常见的偏心飞锤式危急保安器主要由飞锤、弹簧、衬套及调节套筒等组成，其通常安装在汽轮机的轴头上。在大型汽轮机中，危急保安还增设了注油试验装置。汽轮机危急保安器动作转速可以通过改变飞锤压紧弹簧的预紧力来调整，弹簧压紧力越大，危急保安器动作时的转速就越高。也可通过改变飞锤（也称跳闸螺栓）的重心来调整。其结构如图 11－43 所示。

2. 危急遮断油门

危急遮断油门是通过接受危急保安器的动作来控制速关阀及调节阀关闭的机构。不同厂家设计的结构形式不尽相同，但它的工作原理基本相同。其主要由滑阀、活塞、弹簧、脱扣栓、手动

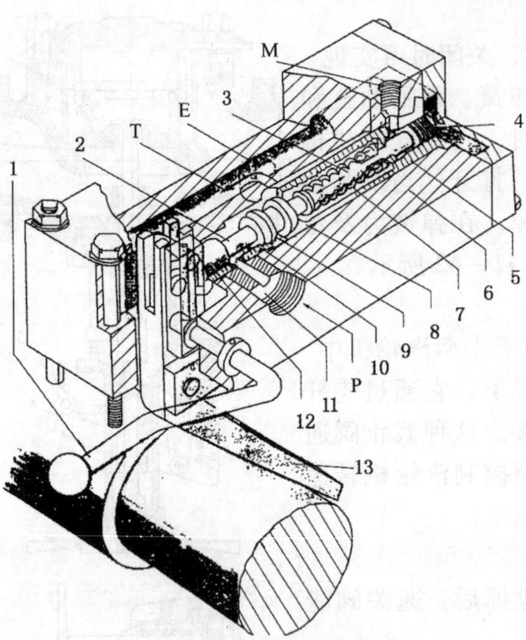

图 11－44　危急遮断油门

1—手动杆；2—活塞端面；3—滑阀；4—活塞；5—阀套；6—壳体；7—弹簧；8—调节凸环；9—调节齿环；10—阀套；11—节流元件；12—活塞；13—脱扣栓；M—开关油；P—压力油；E—跳闸油；T—回流油

杆以及节流元件等组成。危急遮断油门结构如图 11－44 所示。在正常情况下，压力油从入口 P 进入危急遮断油门内，由于活塞的端面 2 和调节齿环 9 存在面积差，从而产生一个轴向压力差，该压力克服弹簧力把滑阀推向后端，压力油通过阀体上的节流元件，从接头 E 流出，进入跳闸油路，流向速关阀的盘形活塞前，建立跳闸油压。当危急保安器的飞锤在离心力的作用下伸出并撞击危急遮断油门的脱扣栓时，在飞锤的冲击力和弹簧力的作用下，把滑阀推到阀套 10 的凹槽处，切断压力油进路，使去速关阀的油压降低，并打开排油 T，使跳闸油压迅速泄掉，速关阀关闭，汽轮机的进汽被切断。

危急遮断油门有一个手动杆，其作用是当由于某种原因需要紧急停机，或汽轮机转速已经升高到汽轮机危险转速而危急保安器仍没有动作时，可拍打危急遮断油门的手动杆，同样能使速关阀迅速关闭，使汽轮机免遭破坏。

3．超速保护系统安装要求

（1）飞锤表面不能出现锈蚀、碰伤、毛刺等。

（2）孔槽内不能有油垢堆积。

（3）飞锤与脱扣销之间的间隙应该在 0.8～1mm 之间。飞锤的行程在 4～6mm 之间。

（4）危急遮断油门内滑动部件不能出现卡涩现象。

（5）当转子转速超过汽轮机额定转速的 10%～12% 时，危急保安器、危急遮断油门和速关阀应及时动作，在 0.5～0.8s 内时间内切断汽轮机供汽。

4．超速保护系统的试验

一般情况下，汽轮机的超速保护系统安装后应进行手动试验、超速试验和注油试验。

（1）手动试验　一般情况下，手动试验可结合速关阀和速度调节阀的严密性以及它们关闭时间的试验一起进行。手动试验的目的是检查危急遮断油门、速关阀和速度调节阀是否动作。分为汽轮机静止试验和空负荷试验两种。

（2）超速试验　汽轮机的超速试验分为机械超速试验和电子超速试验两种，通常在空负荷下进行。通过超速试验可测定汽轮机危急保安器实际动作的转速。若汽轮机实际跳闸转速不符合要求时，必须进行调整，然后再次进行超速试验，直至符合要求为止。一般情况下，新安装或大修后的汽轮机都应该在相同条件下进行三次超速试验，第三次动作转速与前两次动作转速平均值之差不应超过额定转速 1%。

（3）注油试验　在大型汽轮机的保安系统中，通常设置有注油试验装置，以检验汽轮机危急保安器的可靠性。在机组安装、检修后或运行一段时间后应分别在空负荷和带负荷的情况下进行注油试验。试验时，先将被试验的危急保安系统从正常运行系统切换到试验系统中，试验完毕后再切换回正常运行系统。

5. 危急保安器动作转速的调整

汽轮机安装或检修后必须对危急保安器动作转速进行试验和调整，通常情况下，汽轮机厂家提供的说明书都会有危急保安器动作转速调整方法的说明，例如旋转调整螺母一圈或增减0.1mm调整垫片时危急保安器动作转速改变的数值等。我们可以据此计算出要改变调整螺母的圈数：

$$L_0 = (n - n_0)/n_m$$

式中 L_0——需要改变调整螺母的圈数；

n——调整前危急保安器动作的转速；

n_0——需要设定的危急保安器动作转速；

n_m——旋转调整螺母一圈时危急保安器动作转速改变的数值。

若上式计算的结果为正值则说明要拧紧调整螺母，增加弹簧紧力；若计算结果为负值则说明要拧松螺母，减少弹簧紧力。

一些小型汽轮机往往通过增减弹簧的调整垫片来调整危急保安器动作的转速，厂家会提供每增减0.1mm调整垫片时危急保安器动作转速改变的近似数值作为调整的参考值，也可以套用上式进行计算。

上式计算出来的是参考值，而不是准确值，在实际操作中应边调整边试验，直到符合要求为止。

11.6.8.3 轴向位移保护系统的安装及调试

汽轮机在运行中会产生巨大的轴向力，使转子产生轴向位移，为防止汽轮机转子的轴向位移量超过允许值，使汽轮机动、静部分发生碰摩，造成严重的设备事故，大型汽轮机通常设计有转子轴向位移保护装置。轴向位移保护装置可分为液压式和电子式两种。它们同时起到监视转子轴向位移量和位移量过大时自动动作，使速关阀和调节阀迅速关闭，以免机组造成二次损坏。

1. 液压式轴向位移保护装置

这种保护装置的工作原理是喷嘴—挡板原理。其基本结构如图11-45所示，主要由挡板、喷油嘴、滑阀、弹簧及调整螺钉组成。喷嘴的油流量由喷嘴与挡板之间的轴向间隙大小来决定。当挡板与喷嘴之间的间隙增大时，喷嘴的喷油量增大，轴向位移油压降低，油压降低到一定值时，弹簧的向下作用力将大于油压向上的作用力，因而滑阀向下移动，通往电磁阀的高压油被切断，电磁阀动作，汽轮机的速关阀和调节阀迅速关闭，机组自动停车。

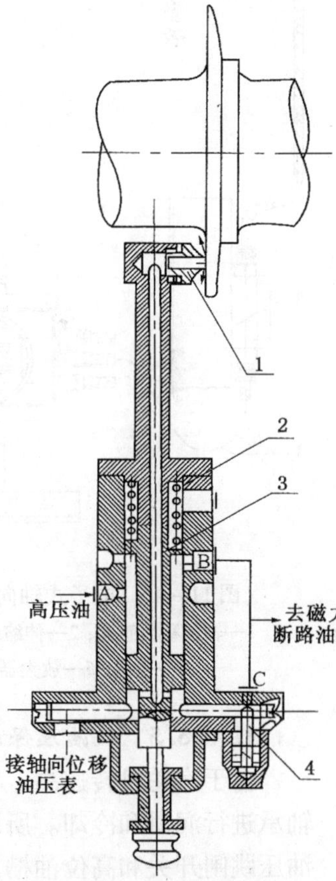

图11-45 液压式轴向位移保护装置

1—喷嘴；2—弹簧；3—滑阀；4—调整螺钉

2. 电子式轴向位移保护装置

这种保护装置通常由轴位移传感器（又称探头）、前置放大器、延伸电缆以及防护罩等组成。电涡流传感器安装在垂直于转子的一个轴环的位置。传感器与轴环之间的间隙是可调的。在汽轮机安装或检修后均应对转子的轴向位移进行零位置设定。置零的方法是：先用推轴法测出止推轴承的间隙，也就是正常状态下转子的位移量，然后把转子推到中间位置，使止推轴承前后间隙相同，这时由仪表人员按要求调整好探头与轴环之间的间隙，并把此时转子的状态设定为零状态。电子式轴向位移保护装置如图11－46所示。

11.6.8.4　振动保护系统

当汽轮机运行时，由于种种原因转子会产生振动，转子振动的大小是反映机组运行状态好坏的主要特征。转子的振动通过具有弹性、阻尼作用的轴承油膜传到轴承，同时由于转子相对于静止部件质量要小得多，所以，转子的振动没有完全传出。当测量轴承箱的振动时，测到的是源自转子振动的二次作用，其只能反映出汽轮机振动的总体特性，没有反映转子振动的真实情况。所以，大型汽轮机通常都设置有在线的转子振动监测系统，用于监视转子的振动情况和振动保护。转子的振幅上升到一定值时保护系统发出报警，超出安全范围时，系统发出联锁信号，关闭汽轮机速关阀，使汽轮机停止运行，防止事故扩大。

振动保护系统的构成如图11－47所示。通常由两个相成90°的振动传感器、延伸电缆、前置放大器、插头防护罩等组成。

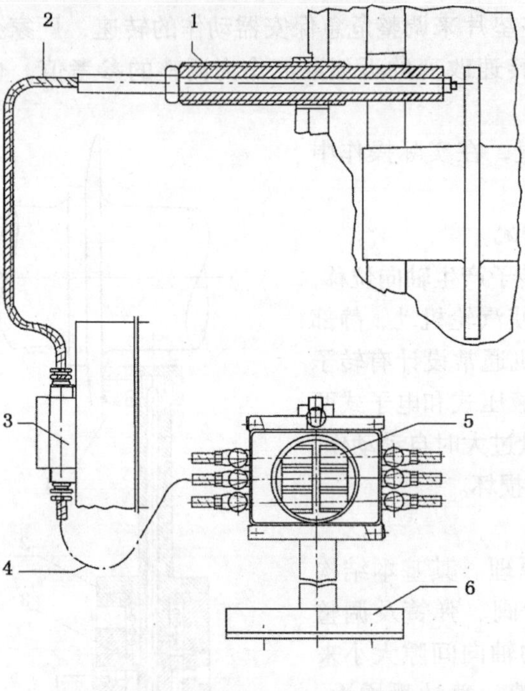

图11－46　电子式轴向位移保护装置

1—轴位移传感器；2—伸缩电线；3—防护罩；4—电缆；5—放大器；6—支架

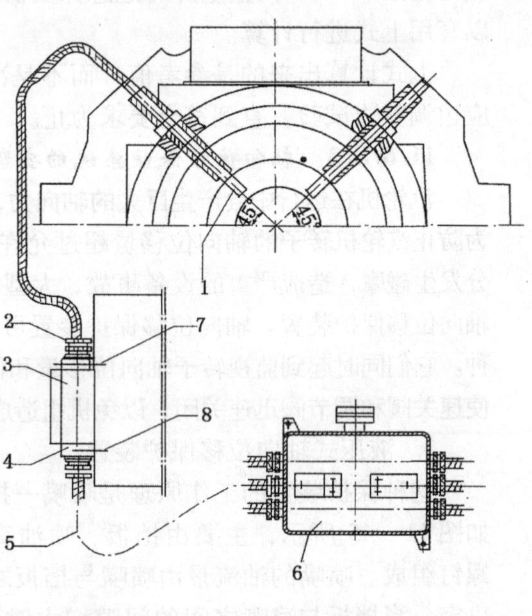

图11－47　转子振动保护系统

1—传感器；2—电缆接头；3—防护罩；4—平台；5—伸缩电线；6—放大器；7，8—圆头螺栓

11.6.8.5　低油压保护系统

由于汽轮机转速高、转子温度高等，要求在运行过程中连续不间断地为其轴承供油，对轴承进行润滑和冷却。所以汽轮机的供油系统中一般都设置有低油压保护系统。其通常由低油压跳闸开关和高位油槽或蓄能器组成。当汽轮机的润滑油压力下降到设定的报警压力值时，低油压报警开关动作，向操作人员发出低油压报警，同时启动辅助油泵，若油压继续降低到设定的跳闸值，低油压跳闸开关动作，发出联锁信号，汽轮机跳闸油压泄掉，速关阀关闭，同时高位油槽或蓄能器向润滑油系统供油，汽轮机停止运行。

11.6.9 汽轮机调节系统的调试

1. 汽轮机调节系统的调试项目

汽轮机安装或检修后，必须按各自机组随机的技术要求进行静态特性、动态特性和超速等项目的试验和调整。调节系统试验的目的是确定调节系统的静态特性、速度变动率、迟缓率、动态特性等，全面评定调节系统的工作性能，及时发现和消除机组存在的隐患，确认调节系统是否满足机组安全生产的需要。对于新安装和检修后的机组，通过静态试验可将各机构的关系调整到符合设计要求，为保证安全、可靠启动和运行提供必要条件。通过空负荷试验可以测定调速器特性、传动放大机构特性、同步器工作范围、感应机构和传动放大机构的迟缓率等。通过超速保护试验可测定汽轮机危急保安器的实际动作转速。

（1）静态特性曲线　是指汽轮机在孤立运行的条件下，把负荷与转速之间的关系画在以负荷为横坐标、转速为纵坐标的图纸上而得到的一根平滑的曲线。静态特性曲线应该是一根平滑下降的曲线，中间不应有水平的部分，曲线两端应较陡。

（2）迟缓率　迟缓率又称不灵敏度，是指在汽轮机调速系统中由于各部件的摩擦、卡涩、不灵活，以及连杆、铰链等结合处的间隙、错油门的重叠度等因素所造成的动作迟缓程度。汽轮机调速系统的迟缓率应该降至最小程度，最好的迟缓率 $\varepsilon = 0.2\% \sim 0.4\%$，最大不得超过0.5%。迟缓率过大会延长从汽轮机负荷发生变化到调节阀开始动作的时间间隔，造成调节滞后，导致汽轮机不能维持空负荷运行或引起转速摆动、负荷摆动等。

（3）错油门的重叠度　是指错油门活塞高度大于进油孔高度的数值。为了减少错油门的泄漏损失，错油门的重叠度允许数值为0.14～0.4mm。错油门的重叠度对调节系统迟缓率影响很大，重叠度过大，调速系统迟缓率增加较明显，使汽轮机在甩负荷或负荷突变时，引起汽轮机超速。在安装错油门时，必须测量重叠度的数值。

（4）速度变动率　汽轮机稳定运转的转速是随着负荷变化的，当功率从零升到额定功率时，汽轮机的稳定转速也相应地从 n_1 变到 n_2，将其转速的差值和额定转速比值的百分数称为调节系统的速度变动率。速度变动率越大，机组甩负荷后的最高瞬时转速就越高，可能会使危急保安器动作，使机组不能维持空负荷运转；速度变动率过小，又会使静态特性曲线过于平坦，容易引起负荷波动。因此，速度变动率应控制在3.5%～6%范围内。

（5）速度变动率的调整　要改变速度变动率通常可以采取改变调速器特性曲线、传动放大机构特性曲线或配汽机构特性曲线中的任一特性曲线的斜率来实现。

2. 汽轮机调节系统满足要求的条件

（1）速关阀、调节阀阀杆没有卡涩和松动现象，汽轮机的危急保安器动作后，调节系统应能保证速关阀在0.5～0.8s内关闭严密，不出现漏汽现象。

（2）在规定的蒸汽参数范围内，速关阀全开时，调节系统应能维持汽轮机空负荷运行。

（3）当机组由满负荷突然甩至空负荷时，调节系统应该能维持汽轮机的转速在危急保安器动作转速以下。

（4）速关阀和调速阀的阀杆、错油门、油动机及调速系统连杆上的各活动连接装置没有卡涩和松动现象。当机组的负荷改变时，调速阀应该均匀而平稳地移动；当负荷稳定时，调节系统的摆动幅度不应大于1%。

11.7　汽轮机的检修

大型汽轮机的在线状态监测系统通常都能对汽轮机的转子振动、轴承温度、轴向位移、转速等进行实时监测，自动采集和存储数据，并能生成振动趋势图。能根据历史数据进行振动频普、轴心轨迹、相位角等分析，以确定机组运行的状态，为制订机组的检修计划提供依据。汽轮机的维修可分为状态维修、预知维修、计划维修和事后维修等四大类。状态维修和预知维修是运用现代化的监测仪器和相应的分析系统对汽轮机的运行状态进行分析和评估，确定机组是否需要停机检修，并能找出机组发生故障的原因和部位，为制订汽轮机检修方案和选择检修手段提供参考。采用状态维修和预知维修往往能起到小手术解决大问题的效果，能避免对汽轮机过检修造成的大量浪费和事后检修造成的严重损失。汽轮机检修通常分为小修、中修、大修和开盖周期检修四种类型，它们的检修周期、检修内容和检修深度各不相同。由于检修时各零部件的检查测量以及调整等与汽轮机安装时相同。所以，在这一节不作详细解说，本节只重点介绍汽轮机主要零部件的拆卸与修复。

11.7.1 上汽缸的起吊与检修

1. 上汽缸起吊前的准备工作

（1）拆卸保温、仪表探头、定位销及各附属管线等。用盲板或塑料薄膜封住各汽口及油管进出口。

（2）按紧固汽缸螺栓的顺序和方法拆汽缸中分面法兰连接螺栓。上支撑式的汽缸要先上紧下汽缸的顶丝，把下汽缸支撑住才能拆汽缸中分面的紧固螺栓。

（3）装好导杆，并给导杆涂上润滑油。

（4）按要求装好吊具。

2. 上汽缸的起吊

先用顶丝将上汽缸平行顶起 5 ~ 10mm，然后用天车吊起 30 ~ 40mm，用水平仪检查并调整好上汽缸的水平度，确认汽缸内的隔板及汽封没有脱落现象时才能继续吊起。上汽缸必须保证水平垂直且平稳地吊起，在起吊过程中不能出现卡涩或晃动现象。汽缸的四个角应有专人监视和扶持。

3. 汽缸的检修

汽轮机汽缸容易出现的故障主要是裂纹、中分法兰面变形和汽流冲蚀、腐蚀、不慎碰伤等。所以，汽缸的检修也主要是裂纹的检查、新旧裂纹的定性和检查、汽缸中分法兰面的处理等。

1）汽缸裂纹的检查

检查汽缸裂纹的方法通常有超声波探伤法、着色探伤法和磁力探伤法等。吊下汽缸后，清除表面氧化皮，使汽缸露出金属光泽，可先用肉眼或 5 ~ 10 倍放大镜对汽缸进行外观检查，看汽缸是否有裂纹和砂眼等缺陷。若发现有疑似裂纹，应用 20% ~ 30% 的硝酸酒精溶液进行酸浸检查，确认裂纹有无扩展和制造厂原补焊区的范围。要确定汽轮机汽缸裂纹的边界通常在裂纹周围 100mm 范围内，打磨光滑，使其表面粗糙度达 R_a6.3 以上，然后用超声波探伤法进行检查，也可用着色或磁力探伤法进行检查。汽轮机汽缸原补焊区应进行光谱定性分析，原补焊区、热影响区、裂纹周围 5mm 处以及汽缸母材应该进行硬度测量。对汽缸裂纹的深度可用钻孔法或裂纹探测仪进行检查。对汽缸的裂纹一般采用补焊的方法进行处理。

2）汽轮机汽缸剖分面变形的检查及修复方法

汽缸水平结合面间隙可用塞尺来检查。通常情况下，结合面不加涂料而且均匀把紧 1/3 螺栓时，高压汽缸、单缸汽轮机前汽缸用 0.03mm 塞尺不得塞入，其他类汽缸用 0.05mm 塞尺不得塞入。当变形在0.10mm以内时，可用上下汽缸对研的方法进行修复，具体操作如下：

（1）清理干净汽缸结合面，涂上一层薄薄的红丹；

（2）扣上上汽缸盖，将汽缸螺栓对称均匀地相隔紧固，用塞尺测量结合面间隙，将间隙值记在汽缸外壁和检修记录本上；

（3）根据红丹的痕迹，确定上下汽缸结合面应刮磨的位置及应刮去厚度，并用刮刀修出标点；

（4）用刮刀刮研至底部标点为止，涂上红丹再扣缸盖检查结合面间隙，若间隙值不大于0.10mm，可按缸结合面的红丹印痕进行精刮；

（5）结合面间隙值小于0.05mm时，再用油石磨光结合面。

当汽缸结合面出现局部汽流冲蚀、腐蚀、不慎碰伤或原有材料缺陷时，可用火焊、等离子法喷涂金属或电焊补焊后修平。也可补焊后上磨床磨削加工。

11.7.2 汽轮机转子的检修

转子的检修包括：转子的吊装，转子组件无损探伤，轴颈扬度和椭圆度测量，各部轴向和径向跳动测量，动平衡检查，转轴最大弯曲度测量，轴向偏摆的测量以及叶片的检查等。

1. 汽轮机转子组件无损探伤

由于汽轮机转子长期在高温、高压以及剧烈振动的环境中工作，可能产生裂纹。因此，应对转子做定期的无损探伤检查。重点检查的部位有：叶片、叶根部、铆钉及围带、叶轮平衡孔、轴径突变部位、转子轴颈、止推盘等。对有怀疑的部位应该进一步做磁粉或超声波探伤检查。

2. 动叶片的检查和清洗

1）动叶片的清洗

由于叶片长期受到蒸汽的冲刷，容易出现冲蚀现象。同时由于蒸汽品质不良，动叶片容易出现腐蚀和结垢现象，其中白色的是水垢，黑色多为铁的氧化物或其他盐类混合物，叶片结垢严重时应对其进行清洗。叶片清洗的方法有三种：① 人工清洗，人工使用刮刀、砂布、钢丝刷等工具进行清扫；② 化学清洗，一般采用苛性钠溶液加热的方法进行清洗，苛性钠的浓度一般为30%～40%，加热蒸汽压力保持在0.2MPa，清洗时要保持碱液在沸腾状态；③ 喷砂清洗，叶片结垢严重时可用喷砂的方法进行清理，砂的粒度应在40～50目之间，压缩空气的压力在0.4～0.6MPa之间。

清洗动叶片时注意如下事项：① 在进行化学或喷砂清洗前，要先将转子的轴颈、推力盘、危急保安器等重要部位包好，以防损伤；② 叶片的盐垢必须彻底而均匀地清洗干净，否则会破坏转子的动平衡，使机组出现异常振动。

2）叶片裂纹的检查方法

叶片清洗干净后，应先对叶片进行宏观检查，看叶片是否有裂纹。通常用5～10倍左右的放大镜进行观察，发现可疑的地方，先用00号砂布将表面打磨光亮，然后用20%～30%的硝酸酒精溶液浸蚀，有裂纹处浸蚀后即呈黑色纹路。在检查带有围带的汽轮机叶片时，可用100g重的小钢锤敲打叶片，听其振动声音，无裂纹且铆钉头连接牢固时声音清脆，断裂或松动时声音嘶哑。对汽轮机叶片做有无裂纹的进一步检查，由专业专人员采用磁粉、着色或超声波探伤法进行。

3. 转子的动平衡检查

转子动平衡被破坏的原因很多，主要是转子通流部分结垢、轴永久性弯曲、平衡块被冲蚀或脱落、叶片或围带损坏等。检修中应对这些项目进行重点检查。

4. 转子轴颈及止推盘的检修

轴颈和止推盘是转子径向和轴向定位并长期与轴承滑动面摩擦的关键部位，也是转子中容易出现损伤的部位。因此，在检修中要对轴颈和止推盘这些部位进行重点检查。

1）转子轴颈缺陷及修复方法

汽轮机转子轴颈容易出现的缺陷主要有粗糙度降低、划痕、拉毛、腐蚀、裂纹等。当发现疑似裂纹时，应当进行着色或超声波探伤。转子轴颈缺陷的修复方法如下：

（1）当轴颈出现拉毛、轻微腐蚀或深度小于0.02mm的轴向划痕时，可采用手工研磨或磨床磨削的方法消除。手工研磨常用的方法有夹具研磨法和木条研磨法两种。

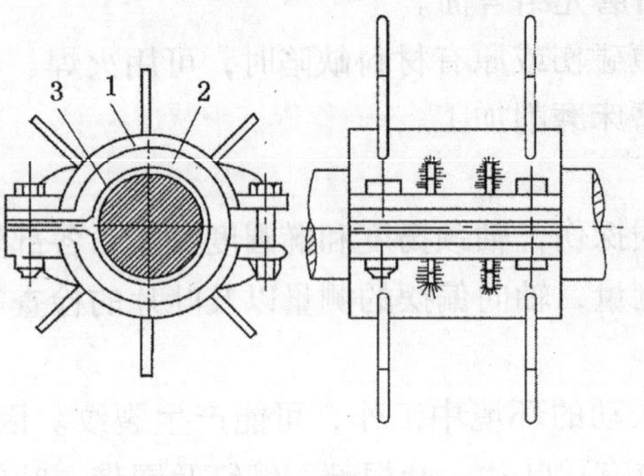

图11－48　夹具研磨法修复轴颈示意图

1—夹具；2—羊毛毡；3—细砂布

① 夹具研磨法　按轴颈的尺寸加工一个夹具，使夹具与轴颈之间能放置一层15～20mm的羊毛毡和细砂布，在轴颈上涂上汽轮机油或研磨膏，并有适当的紧度，平缓地转动夹具进行研磨。研磨时，每隔15～30min由粗到细更换砂布和清洗轴颈，并测量一次轴颈的尺寸，直到轴颈质量符合要求为止。夹具的结构及安装方法如图11－48所示。

② 木条研磨法　以轴颈长度为木条的长度，制作几根宽约20mm、厚10～15mm的木板条，把宽布带缠绕在木条上代替夹具研磨法中的夹具，其他操作与夹具研磨法相同，拉动布带正、反方向反复研磨轴颈。每隔15～30min由粗到细更换砂布和清洗轴颈，并测量一次轴颈的尺寸，直到轴颈质量符合要求为止。

（2）当轴颈粗糙降低或有轻微周向划痕时，可用金相砂纸涂干净的汽轮机油后，在砂纸外表缠绕与轴颈长度相同的布带，然后拉动布带进行抛光修复。

（3）当轴颈出现裂纹或较深的沟槽时，可用车削或磨削的方法去除缺陷，然后用激光堆焊、等离子喷镀或镀铬等方法进行修复。

2）止推盘的修复方法

汽轮机止推盘常见的缺陷有止推盘表面拉毛、腐蚀、偏磨、套装式止推盘过盈消失或止推盘与轴的配合处损伤或腐蚀等。

（1）套装式止推盘　根据止推盘缺陷的具体情况可采取更换止推盘并相应地将轴与止推盘配合部位修复，以保持其设计要求的过盈量。

（2）整锻式止推盘　根据止推盘缺陷情况可采取在磨床上适当磨光或就地手工研磨的方法来消除缺陷。手工研磨止推盘的方法如图11－49所示。手工研磨时，先在止推盘被研磨面均匀地涂上一层薄薄的研磨膏，然后用加力杆以适当的力把研磨盘推向止推盘被研磨面，用手柄平缓地转动研磨盘，每

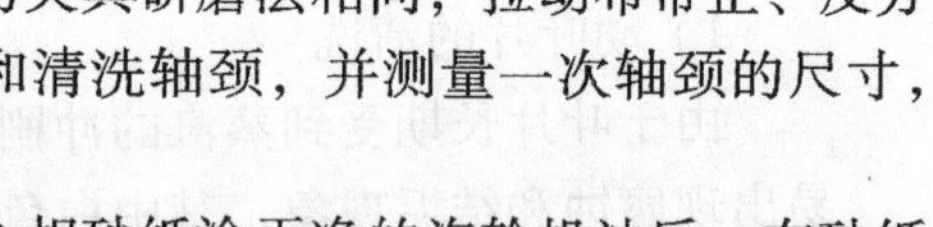

图11－49　手工研磨止推盘示意图

1—止推盘；2—研磨盘；3—手柄；4—加力杆

隔15~30min清洗一次止推盘，观察研磨的效果，并测量止推盘的尺寸，更换研磨膏，直到止推盘质量符合要求为止。两加力杆用力要均匀，否则会使止推盘端面跳动增大。

11.7.3 汽轮机隔板或静叶持环的检修

隔板或静叶持环的检修内容包括：隔板或静叶持环的拆卸、清理和间隙调整，喷嘴的检查、清洗和修理等。

1. 隔板或静叶持环的拆卸

吊出汽轮机转子后，便可对隔板进行拆卸。拆卸时，先松开其中分面的紧固螺栓，吊开静叶持环的上半部分，之后再吊出其下半部分。若拆卸有困难时，可在隔板与安装槽内加煤油或松锈剂浸泡，并用紫铜锤敲击，使煤油或松锈剂渗透到全部接触面。若这种方法仍无法吊出，则可用一专用的横梁按图11－50所示的方法吊出。

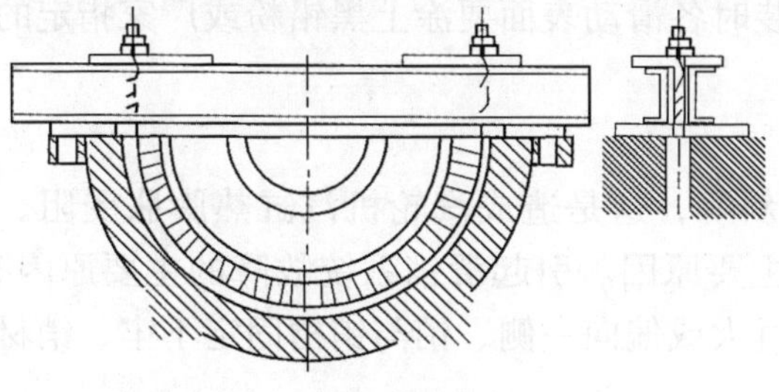

图11－50　隔板吊出示意图

2. 隔板或静叶片的清洗

隔板或静叶片的清洗方法与转子动叶片的清洗方法相同，请参照本章“11.7.2 汽轮机转子的检修”部分。

3. 隔板或静叶持环轴向位置的调整

汽轮机动静部分的间隙在制造厂组装时已经调整好，一般情况下不必要调整。但是，对于个别隔板或静叶持环轴向间隙超过允许范围时，应该对其做适当的处理，通常采用分别移动相应隔板的办法进行调整。对于低温区的隔板，可在隔板靠蒸汽出口侧的外缘车去一定厚度，而在蒸汽进口侧安装销钉或堆焊的办法处理。对于高温区的隔板，可在隔板靠蒸汽出口侧的外缘车去一定的厚度，然后在隔板靠蒸汽进口侧的外缘加装相同厚度的半圆垫圈，用沉头螺钉固定在隔板上。隔板轴向位置调整方法如图11－51所示。

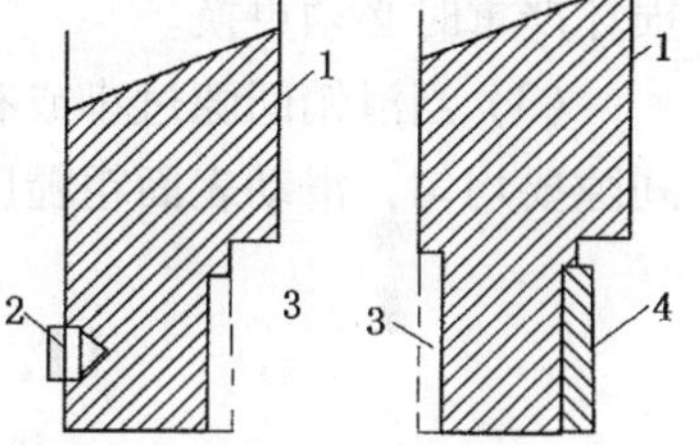

图11－51　隔板轴向位置调整方法的示意图

1—隔板；2—销钉；3—车去部分；4—半圆垫圈

4. 汽轮机隔板缺陷及处理方法

隔板常见的缺陷有：喷嘴片弯曲损坏、裂纹、隔板与转子发生摩擦等。隔板缺陷的处理方法如下：

（1）喷嘴片弯曲损坏，喷嘴片的通道表面和进出汽边也常被打弯，凹凸不平甚至出现缺口。处理方法如下：

① 对于被打弯或不平处可用仿照通道形状制作的垫块塞入通道，用小锤轻轻敲打喷嘴片，使其复原。

② 对轻微的卷边和毛刺可用小锉挫平，严重时可用火烤适当加热再修复。

（2）由于隔板强度不够或热膨胀受阻，而产生裂纹。处理方法如下：

① 为防止裂纹继续扩展，可以把裂纹磨掉或在裂纹两端钻孔，以减轻应力集中，防止裂纹继续扩展。

② 铸钢隔板或焊接隔板的裂纹可进行补焊修复。

③ 铸铁隔板的焊接比较困难，裂纹严重时应更换。

（3）隔板与转子发生摩擦。若发现隔板和转子发生严重磨损时，首先应查明原因，采取相应措施防止发生摩擦。同时应清除出现磨损部位的金属熔积层，仔细检查隔板是否有裂纹和变形。若出现变形，可将变形凸出部位车去，以保证隔板与转子的间隙，同时检查转子与隔板同轴度。无法修复时，应更换隔板。

11.7.4 汽轮机轴承的检修

轴承的检修主要是轴瓦的检查、更换和缺陷的修复，轴承径向、轴向间隙的调整等。轴承的检修工艺及过程请参照第七章“7.9.1.1 滑动轴承”部分。

11.7.5 汽轮机滑销的检修

汽轮机每次大修时，应对所有能拆卸的滑销进行清洗、除锈、修理毛刺，测量各配合间隙，检查销子滑动表面是否出现异常磨损，回装时各滑动表面要涂上黑铅粉或厂家指定的润滑剂，确保汽轮机汽缸在运行中能自由膨胀。

1. 汽轮机滑销常见的故障

滑销系统常发生的故障有磨损、卡涩、偏斜等，这是造成汽轮机汽缸热膨胀受阻、偏移、中心变化、动静碰磨和汽轮机异常振动的主要原因。引起滑销系统故障的主要原因有：滑动面擦伤、杂质进入间隙、销子变形、间隙过大或偏向一侧、销与销槽固定不牢、销材料的硬度低、配合面的粗糙度不够等。

2. 滑销的修理

当滑销系统出现以上故障时通常可采取修复销子、修复销槽或重新配销的方法来处理。

（1）销子的修复　销与销槽之间的间隙过大时可采取补焊修复销子的方法处理，补焊修复后的硬度不得低于销子本身的硬度。销子补焊后需经机加工然后手工研刮而成。也可重新配制销子，配制新销子时，其材料必须与原销子的材料相同。

（2）销槽的修复　不允许采用点焊、捻打或挤压的方法来修复间隙过大的销槽。当销槽损坏严重时必须更换。

（3）当滑销间隙过小或有磨损、卡涩痕迹时，必须用刮刀进行研刮，研刮后的滑销全长间隙要均匀，滑动表面粗糙度小于 $R_a1.6$，接触面积不少于80%。

11.8 汽轮机开停机注意事项

1. 开机注意事项

（1）确认机组安装或检修工作已经完毕，质量符合相关技术要求。

（2）做好机组消防工作，清除现场的杂物及易燃易爆物品，特别是蒸汽管线及保温上的油污等必须彻底清除，以免发生火灾事故。

（3）按规程进行充分地暖管，彻底排掉管线及机体内的凝水，防止发生水冲击事件。

（4）汽轮机转子冲转后，应该在低速情况下对机组的轴承、汽缸等部位进行听声音、测振动等全面检查，确认无异常杂音才能继续升速。

（5）在升速过程中，必须严格控制升速速度、汽轮机各部分金属的温差等，把热力及热变形控制在允许范围内。

（6）汽轮机在额定参数下，若在上、下汽缸温差及转子热弯曲较大的情况下热态启动时，很容易发生设备事故。因此，在额定参数下热态启动汽轮机时必须注意如下事项：

① 转子振动不允许超过规定值，通常情况下转子的最大弯曲度不得超过0.04mm。

② 汽轮机的上、下汽缸温差及胀差控制在允许范围内。一般情况下调节级处的上、下汽缸

温差不得超过50℃。同时新汽和再热蒸汽温度应该高于相对应汽缸金属温度50～100℃。

③ 汽轮机冲转后应该尽快升速、并网、带负荷，确保热启动时不发生冷却现象。

2. 停机注意事项

(1)汽轮机停机前应做好辅助油泵、顶轴油泵以及盘车装置的各项试验，确保它们处于备用状态。

(2)在减负荷过程中，必须严格控制汽轮机金属温差变化及温度下降速度，严密监视汽缸与转子负胀差变化情况，若出现负胀差增大，应该停止减负荷，维持到负胀差减小后才能以适当的速度继续减负荷。

(3) 汽轮机不能在低负荷或空负荷情况下停留过长时间，避免汽缸热应力增大。及时切除或停用相应的系统和辅助设备。维持及调整汽封供汽和凝汽器的水位等。

(4) 转子完全静止后，及时投入盘车装置，使转子继续转动，直到汽缸温度降到150℃以下才能停止盘车。辅助油泵仍应继续运行到汽缸温度低于80℃。

(5) 停机后及时疏水，防止凝汽器内温度和水位过高。

11.9 汽轮机的故障分析与处理

汽轮机常见的故障原因及处理方法见表11－2。

表11－2 汽轮机的常见故障原因及处理方法

序号	故障现象	故障原因	处理方法
1	叶片断裂	负荷过重	调整操作工况
		预热不够	按预热程序预热并达到设定温度
		热处理不当引起材质缺陷	更换不合格的叶片
		材料内部存在裂纹夹渣等缺陷	修复或更换不合格的叶片
		疲劳断裂	更换损坏的叶片，查找并消除引起叶片疲劳断裂的因素
		振动特性不良	调整叶片自振频率
		新汽温度经常过低	把新汽温度提高到正常值
		叶片结垢严重	清除叶片的盐垢
		发生严重的水冲击	停机消除水冲击因素
2	轴瓦温度高	轴承入口油温偏高	增大冷却水或清除冷却水管路的堵塞物
		机组负荷过大	适当降低机组负荷
		轴瓦间隙偏小或损坏	调整轴瓦间隙或更换轴瓦
		润滑油变质	更换合格的透平油
		振动增大	检查消除振动因素
		油压低或供油量不足	调高润滑油压力或增大油量
		轴颈与轴瓦的接触面积不符合要求	修刮轴瓦，使其接触面积符合技术要求
3	速关阀不能开启	速关阀油动缸活塞卡死	解体油动机检查活塞及缸体，清除结垢，防止蒸汽窜入油中
		油泵出口压力低	调节油泵出口压力使其符合要求
		速关阀阀杆弯曲	解体检查，矫直或更换阀杆
		油动缸活塞、活塞环间隙过小或过大	检查处理油动缸活塞环、活塞使其间隙符合技术要求
		速关阀组装时各段筒体不对中	调整各段筒体中心线使其符合技术要求
		活塞盘贴合不良	消除活塞盘偏磨，研磨活塞盘的密封面使其符合技术要求
		打开启动手轮速度过快	降低开启手轮速度

续表

序号	故障现象	故障原因	处理方法
4	危急保安装置工作不正常	控制油路不畅通 电磁阀不动作 弹簧卡涩或折断 滑阀结垢 滑阀磨损	检查清洗控制油路 检查处理电磁阀 清理杂物或更换弹簧 危急保安装置解体清洗滑阀 检查更换滑阀
5	调节汽阀工作不正常	调节汽阀密封面损坏 阀座松动 阀杆与连接件松动 调节阀杆与定位套磨损过大 调节阀杆卡涩	修复、更换阀锥或阀座 修复或更换阀座 紧固阀杆及连接件 更换阀碟、阀芯和阀杆定位套 拆检调节阀，清除阀杆积垢
6	油动机工作不正常	油动机活塞杆或油封损坏 活塞环磨损或折断 活塞磨损 活塞锁紧螺母松动或脱落 油动机控制油波动	更换活塞杆或油封 更换活塞环 修复或更换活塞 紧固或回装锁紧螺母 调整处理错油门或油路
7	汽轮机无法提速	主蒸汽温度、压力低 蒸汽入口过滤网堵塞 调速阀阀锥脱落 复水器真空度低 汽轮机叶片结垢 汽轮机超负荷运行	调整蒸汽操作参数，达到操作指标 解体清除滤网内的异物 拆检调速阀，调整阀锥或更换 拆检抽气器和复水器 在线或停机清洗叶片 调整操作参数
8	汽轮机效率降低	汽封及级间汽封间隙增大，造成漏汽量大 动叶片和喷嘴积垢 运行工况变化 凝汽式汽轮机真空度降低	调整汽封间隙或更换汽封 清洗积垢，改善蒸汽品质 将压力、温度、背压、真空度、转速恢复到正常设计值 检查修理抽气器或真空泵，改善真空度
9	调节系统引起汽轮机转速波动	错油门滑阀卡住或径向油孔堵塞 主油泵出口油压波动 调节阀自由行程过小 迟缓率过大 规定负荷时达不到设计转速 调速器故障	拆检错油门滑阀，清除异物，检查疏通油孔 消除引起油压波动的因素 调整调节阀的自由行程，使其符合技术要求 减少错油门的重叠度，检查清理或更换连接件，减少各连接部件的摩擦、卡涩、不灵活，以及连杆、铰链等结合处的间隙等 重新做静态调试，确认各调节杠杆的正确位置 调速器内有空气，进行排气操作 把针型阀开度调整到合适状态 缓冲弹簧弹力不够，更换缓冲弹簧弹
10	汽轮机异常振动	转子不平衡 对中不良 基础或紧固件松动 联轴器损坏 轴承损坏或紧固螺栓松动 叶片冲蚀或脱落 轴承的油温低或含水 滑销系统卡涩 转子弯曲、变形	校验转子动平衡 调整机组对中，使其偏差符合技术要求 检查并紧固各紧固件 修复或更换联轴器 修复或更换轴承，检查紧固螺栓 修复或更换叶片 调整润滑油温度或更换润滑油 清理污垢，调整间隙或修复滑销 校直或更换转子

续表

序号	故障现象	故障原因	处理方法
11	轴向位移过大	止推轴承磨损 轴位移探头松动 超负荷运行 级间汽封磨损导致级间泄漏过大 叶片结垢严重 水冲击 新蒸汽温度过低 负荷增加过快	调整止推轴承间隙或更换止推轴承 检查调整探头 降低负荷运行 更换级间汽封，使其间隙符合技术规范 清洗叶片 查找水冲击的原因并彻底排除 调整新蒸汽操作温度 降低升负荷速度
12	汽轮机超速	抽汽逆止阀失灵 危急保安器不能动作 速关阀、调节阀等阀杆处结垢 调节、保护系统的部件锈蚀	检修逆止阀 进行注油试验，检查危急保安器 清除阀杆处的盐垢 清除调节、保护系统各部件的铁锈，检查润滑油的酸值及含水量
13	调节系统波动	控制油压力过低或油压不稳 调节阀和油动机连接尺寸不正确或二次油压与调节汽门开度的关系不正确 错油门、油动机或传动执行机构发生卡涩 调节阀阀杆卡涩、阀座松动、阀锥脱落或阀杆断裂等	调整控制油压力 按技术参数调整调节阀和油动机连接尺寸和二次油压与调节汽门开度的关系 检修错油门、油动机或传动执行机构 检修调节阀
14	润滑油带水	汽封漏汽进入轴承箱 润滑油油冷却器发生泄漏 油箱中的水蒸气在油箱中凝结成水	更换轴封 对冷却器进行水压试验，堵住发生泄漏的管 检查清理油箱呼吸阀，使水蒸气及时排出油箱外

第12章 烟气轮机

烟气轮机(又称烟气透平)是以烟气为工质，将工质的热能和压力能转变为机械能的原动机。烟气轮机在石油炼厂流化催化裂化装置再生烟气能量回收系统中已得到广泛的应用。

12.1 烟气轮机的分类和特点

1. 按结构形式分

烟气轮机按结构形式可分为单级烟气轮机和多级烟气轮机。

静叶和轮盘上装有动叶的工作轮是组成烟气轮机的最基本的工作单元，称为“级”。如果整台烟气轮机只有一个级，称为单级烟气轮机；如果整台烟气轮机包含有两个级，则称为两级烟气轮机；二级以上则称为多级烟气轮机。两级烟气轮机的效率要比单级烟气轮机的高。目前，国内制造的两级烟气轮机的效率约为83%，而单级烟气轮机的效率约为78%。

2. 按照烟气在级内流动方向分

烟气轮机按照烟气在级内流动方向可分为轴流式烟气轮机和径流式烟气轮机。

烟气在级内轴向流动的称为轴流式烟气轮机。通常所见的大多数烟气轮机为轴流式，因为轴流式容许流过的工质流量较大，结构上易做成多级型式，能够满足高膨胀比和大功率要求，效率又较高。此外，轴向进气可使烟气进入烟气轮机机时能稳定流动，以确保烟气中的催化剂颗粒均匀分布。

烟气在级内径向流动的称为径流式烟气轮机(或称向心式)，适用于小功率场合。但它存在着离心分离作用，容易产生颗粒集中的倾向，入口压力损失较大。

图12-1和图12-2分别是我国制造的YLⅠ型单级轴流式烟气轮机外形图和剖面图。图12-3和图12-4分别是YLⅡ型两级轴流式烟气轮机外形图和剖面图。

图12-1 YLⅠ型单级轴流式烟气轮机外形图

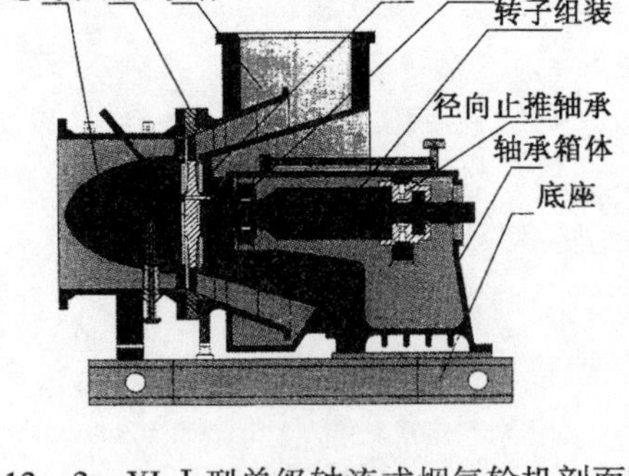

图12-2 YLⅠ型单级轴流式烟气轮机剖面图

图 12-3　YLⅡ型两级轴流式烟气轮机外形图

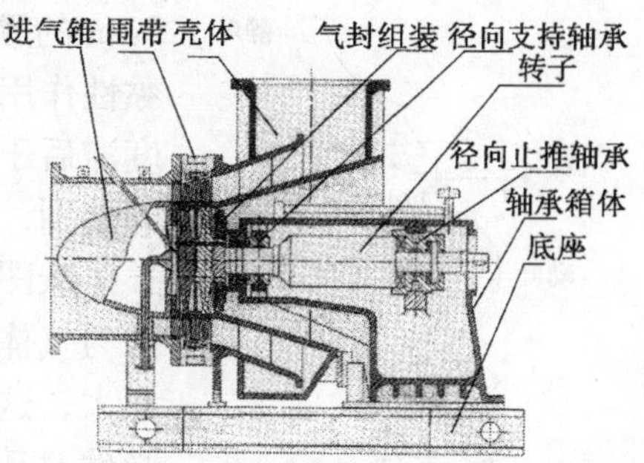

图 12-4　YLⅡ型两级轴流式烟气轮机剖面图

12.2　烟气轮机级的工作原理

烟气轮机是将烟气的热能和压力能转变为转轴上的机械能的原动机。级是烟气轮机最基本的工作单元。它主要由一列静叶片和一列动叶片组成。图 12-5 表示烟机某一级的热力参数变化情况，静叶片前截面(即级进口截面)用0-0表示，静叶片和动叶片之间的截面用 1-1 表示，而动叶片后截面(即级出口截面)用 2-2 表示。这三个截面通常称为级的特征截面，其气流参数分别注以下标 0、1 和 2 表示。

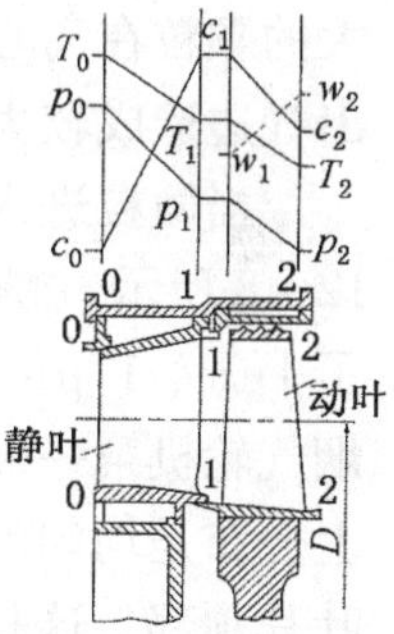

图 12-5　级中气流参数的变化情况

在静叶流道内，烟气在喷嘴中膨胀，把热能和压力能转变成动能，这时烟气压力由 p_0 膨胀到 p_1，温度由 T_0 下降到 T_1，气流速度相应地由 c_0 升至 c_1。在动叶流道内，烟气从静叶以很高的速度喷向动叶，在动叶流道内顺着流道的形状逐渐改变其流动方向。由于气流发生转向，动叶必然有一个力作用于气流，反之气流也一定有一个与之相应的作用力 F 作用在动叶上，这个力在周向的分力 F_u 就推动工作轮不断地旋转，并输出机械功，这就是烟气的热势能转换成转轴上的机械功过程。F 在轴向的分力 F_a 必须要由轴向止推轴承来承受，以避免产生过大的轴向位移。

根据在气体的流动特性可知，气体作加速流动时，其流动损失要比作非加速流动时小，因此在设计中往往要使烟气在动叶的流道中有一定的加速。这样，当一股加速气流自动叶喷出时，就会类似于喷气发动机尾部喷管中的喷气流一样，也会产生推力，而推动工作轮旋转获得机械功。所以，烟气在动叶栅中加速流动，不仅可改善流动状态，同时也可获得一部分机械功，这时动叶中气流的压力由 p_1 膨胀到 p_2，温度由 T_1 下降到 T_2，而相对速度由 w_1 增加到 w_2。

12.3　烟气在级内流道中的流动规律与对叶片磨损的影响

烟气轮机的工质与燃气轮机的工质是有区别的，因为烟气轮机的工质中含有催化剂固体微粒，这种气-固两相流动对烟气轮机的气动热力性能和叶片的磨损要产生影响。现研究烟气在流道内的流动规律，其目的主要是为了掌握气-固两相流动对叶片磨损的规律和影响因素，以便采取减少催化剂微粒对叶片磨损的措施。

12.3.1　烟气在流道内的流动规律

带有固体微粒的气流进入烟气轮机时，在静叶和动叶流道内，细小微粒(一般指小于

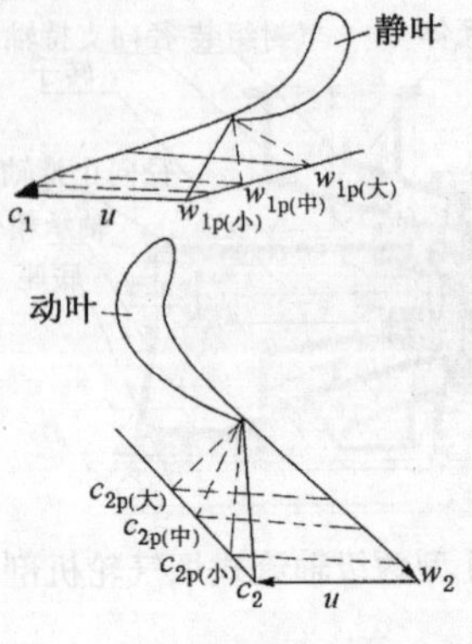

图 12－6　微粒大小对动叶前、后速度三角形的影响

5μm 的颗粒）基本上随气流一起运动，造成比单纯气流有较大的黏性作用和黏性损失，另外，一些较大的颗粒由于惯性较大，速度滞后于气体的速度，其速度三角形与气体的速度三角形有明显的差别，如图 12－6 所示。

从图中可以看出，微粒进入动叶片的相对速度 w_{1p} 的大小和方向与气体的相对运动速度 w_{1p} 的大小与方向是不相同的。颗粒尺寸愈大，这种差异也愈大。当微粒以比较大的冲角进入动叶片时，必然对动叶片头部产生较大的磨损，颗粒愈大磨损也就愈大。从动叶片出口速度三角形也可以看出，微粒离开动叶片的绝对速度 c_{2p} 的方向与气体的绝对速度 c_2 的方向不同。因此，较大微粒在离开动叶片时，必然产生旋涡，而造成出气边的磨损。

微粒在叶片的转折中，由于离心力的作用，不同尺寸的颗粒在叶道中的运动轨迹是不同的。微粒在叶片中的轨迹如图12－7所示。从图中可以看出，较大的颗粒在离心力的作用下远离了中心流线，而到达了叶片的压力面（腹面），对压力面的出气边造成较大的磨损。

当微粒进入动叶片时，一部分微粒与动叶碰撞后反弹到叶片压力面而造成磨损，如图 12－8 所示。粉尘微粒尺寸的不同，在叶片高度方向上的分布也是不相同的。图 12－9 给出了 1μm、17μm 和 100μm 的颗粒在一台入口压力为 0.3MPa（绝），入口温度为 705℃ 的双级烟气轮机第一级动叶片表面的分布情况。可以看出，对于 1μm 的微粒在整个动叶高度方向上分布是均匀的。17μm 的微粒在叶片根部有较少的颗粒，而 100μm 的微粒有 96% 集中在叶片顶部。这是因为当微粒到达动叶片表面时，遇到高速旋转的叶片，较大的微粒受到离心力的作用而被甩向叶片顶部；而当微粒很小时，可以认为微粒是随气体流动的。因此，大尺寸的微粒愈多，动叶片的出气边磨损就愈严重。

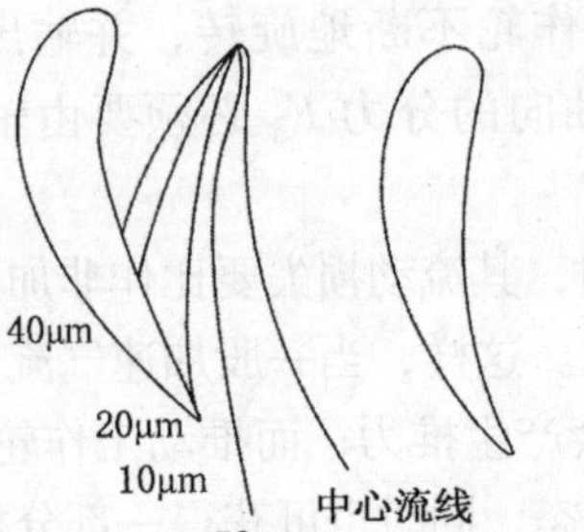

图 12－7　不同粒度的微粒在叶道中的流动轨迹

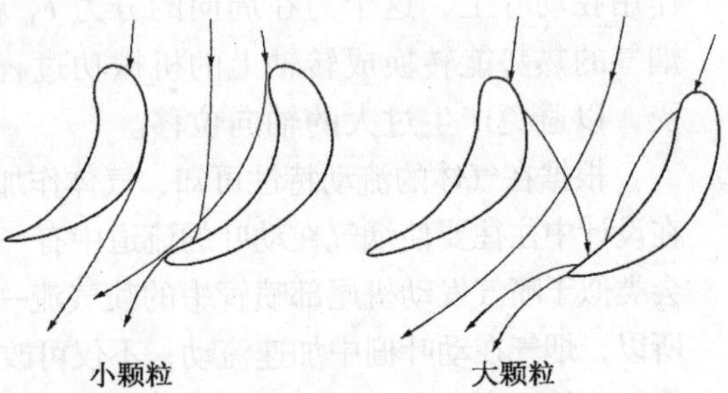

图 12－8　气体与微粒通过动叶栅时的轨迹

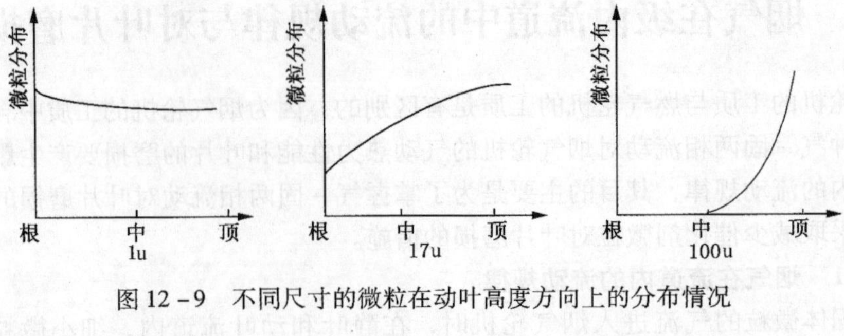

图 12－9　不同尺寸的微粒在动叶高度方向上的分布情况

由上所述，微粒在流道内有自己特定的三元运动轨迹，通过动量与热量的交换，影响气体的作功能力。不同尺寸的微粒，由于其运动轨迹不同，分布也极不均匀，并且在流道发生碰撞弹跳，对烟气轮机的叶片和流道进行冲蚀磨损。

12.3.2 烟气粉尘浓度与颗粒尺寸对叶片冲蚀的影响

催化剂微粒的浓度对叶片的磨损影响是很大的。美国壳牌石油公司的第一台烟气轮机，由于未采用第三级旋风分离器除尘，而使含大量催化剂的烟气直接进入烟气轮机，粉尘的浓度太大(估计大于 $1g/m^3$)，只运转了750h，叶片就不能用了。日本也有使用400块叶片失重达10%～20%的报道。国内多台烟气轮机的使用情况表明，当烟气的含尘量小于 $200mg/Nm^3$，大于10μ的微粒小于8%时，一般可使用1～2周期(8000～16000h)。

国内外大量实践表明，含粉尘浓度是造成叶片磨损的主要原因之一。为保证叶片寿命和烟气轮机的效率，我国一般要求烟气轮机含粉尘浓度不大于 $200mg/Nm^3$。此外，颗粒尺寸一般要求大于10μ的不超过8%。因为粒度大的微粒在离心力的作用下易于集中到叶片顶部，造成局部严重磨损。

12.4 烟气轮机的主要性能参数

通常应用以下参数来表示轴流式烟气轮机的工作性能：

(1) 烟气进气温度 T_1 和排气温度 T_2，℃；

(2) 烟气进气压力 p_1(绝)和排气压力 p_2(绝)，MPa；

(3) 烟气进口质量流量 G，kg/s；

它表示在单位时间内流进烟气轮机的烟气质量流量，烟气轮机质量流量可按下式计算：

$$G=\frac{Q\times M}{22.4\times 60}$$

式中 M——烟气相对分子质量，一般取29.16；

Q——烟气容积流量，Nm^3/min。

(4) 压力比 ε，它是烟气轮机排气压力 p_2 与进气压力 p_1 的比值，$\varepsilon=p_2/p_1$；

(5) 烟气轮机转速 n，r/min；

(6) 烟气轮机各级有效功之和 $\sum H_e$，kJ/kg；

(7) 烟气轮机效率 η，烟气轮机效率是各级有效功之和 $\sum H_e$ 与总等熵焓降 H_0^* 之比，即

$$\eta=\sum H_e/H_0^*$$

(8) 输出功率(或称回收功率) N，kW。

$$N=GN_0^*\eta$$

输出功率估算时，效率 η 选取：单级烟气轮机取0.78，两级烟气轮机取0.83，多级烟气轮机取0.85。

图12-10为某台烟气轮机的性能曲线，它反映输出功率与烟气进口压力、温度、质量流量间的关系。

图12-10 某烟气轮机的性能曲线

12.5 我国 YLⅡ烟气轮机的主要结构与系统的组成

现以我国 YLⅡ10000B 型烟气轮机为例，说明烟气轮机的主要结构与系统的组成概况。

YL10000Ⅱ型烟气轮机为双支点悬臂式烟气轮机。它主要由底座、轴承箱、排气机壳、过渡机壳、进气机壳、转子六大部分组成。

1. 转子组件

转子总成主要由一、二级轮盘和一、二级动叶片及主轴等组成。一、二级轮盘之间和两级轮盘与主轴之间，以止口定位，并热装在轴端。在考虑到轮盘和拉紧螺栓工作时的热膨胀变形等因素后，由具有足够预紧力的拉紧螺栓将轮盘和主轴连接固定，并用套筒传递扭矩。一、二级轮盘为实心结构，采用高温合金材料模锻并加工而成，轮缘开有枞树形叶根榫槽与带枞树形叶根的动叶配合，并用锁紧片将动叶锁紧固定在轮盘的榫槽内，且保留 0.10 ~ 0.25mm 的热膨胀间隙。

为了减少轮盘重量和冷却二级轮盘的需要，在一、二级轮盘外缘之间对接处，做成中空结构，形成了空腔。

该转子按刚性转子设计，转子的设计寿命不小于 100000h，在规定的温度下瞬时转速达到额定转速的 105%，应能安全运行。该刚性转子的横向临界转速大于最大连续转速 20%。

转子的结构在设计上采取了防止催化剂在一、二级轮盘之间堆积的措施。即在一、二级轮盘外凸缘对接处之间，保留有一定的圆周间隙，要求空腔内的蒸汽压力大于一、二级轮盘外侧的烟气压力，以阻止烟气粉尘落入空腔内。即使烟气粉尘落入一、二级轮盘之间内空腔，通过转子的转动，可把粉尘从 5mm 间隙中抛出来，防止因催化剂在内凹面中堆积的不平衡而引起转子振动。

为了防止一、二级轮盘工作时超温而使其机械强度降低，需要用蒸汽进行冷却。故在一级轮盘中加工有圆周均匀分布 6 个轴向通孔，也称为平衡孔。这 6 个轴向通孔有二个功能，一是作为冷却蒸汽通道，二是作为每个轮盘受到烟气压力差的平衡孔。转子运行时，一路冷却蒸汽直接从轴向喷在一级轮盘前侧，对一级轮盘前表面进行冷却。冷却蒸汽穿过这 6 个轴向通孔进入一、二级轮盘之间空腔内，对一级轮盘后表面和二级轮盘前表面进行冷却，最后蒸汽从一、二级轮盘外凸缘对接处之间的 5mm 间隙中跑出，进入流道。冷却蒸汽量一般采用大于入口烟气压力 0.1MPa 压差控制。

转子动平衡时应带半联轴节进行动平衡试验，其动平衡精度不低于 GB/T 9239—1988 中 G2.5 级，应达到 G1 级。

一、二级动叶由高温合金精铸或模锻成型，动叶表面均喷涂有高温耐磨涂层“长城一号”，能保证使用 30000h 不脱落。转子主要部件材料见表 12 - 1。

表 12 - 1　烟气轮机重要零件用专用材料牌号

入口烟气温度/℃	材料牌号				
	静叶片	动叶片	轮　盘	拉杆螺栓及套筒	主　轴
500 ~ 600	K213	K213	$20Cr_3MoWV$	$25Cr_2Mo_1VA$	$20Cr_3MoWV$　$30Cr_2MoV$
601 ~ 650	K213	K213	GH2132	GH2132 或 GH4169	GH2132/34CrNiMo6
651 ~ 730	K213	864 合金	864 合金	GH2132 或 GH4169	$40CrNi_2MoA$

注：864 合金其性能相当于美国合金 Waspaloy。

2. 进气机壳

进气机壳主要由机壳、导流锥及一级静叶组件组成。进气机壳为不锈钢焊接件，导流锥为不锈钢铸件，并焊接在进气机壳内。

一级静叶组件由一级静叶片和固定镶套组成一个组合件，用螺栓紧固在进气锥端部。在进气机壳上设有可调式辅助挠性支撑。可调式辅助挠性支撑的作用是支承进气机壳的重量，并保证进气机壳轴向膨胀时中心不变，与排气机壳同心。导流锥做成二次抛物线形，即飞机头形。导流锥的作用是导引烟气分布均匀，并流向动静叶片。导流锥里面做成中空，导流锥底(喇叭口)外径与轮盘外径尺寸应大致相等。导流锥顶面对着入口烟气，而导流锥底对着一级轮盘。导流锥内安置一条冷却轮盘蒸汽管子，该冷却蒸汽径向进入导流锥，再转折成轴向喷射到一级轮盘上，然后蒸汽穿过一级轮盘的6个轴向通孔(平衡孔)导引至冷却二级轮盘。

进气机壳设置有一条监测一级轮盘温度的温度计承插管子。该承插管子以约60°斜插穿过导流锥体延伸到一级轮盘前。这样，烟气轮机工作时温度计可监测到一级轮盘温度。

一级静叶组件安置在导流锥之后，它与机壳之间留有热膨胀间隙。一级静叶表面喷涂有高温耐磨涂层，一般使用30000h不脱落。静叶片材料见表12-1。

3. 过渡机壳结构

过渡机壳主要由过渡壳体、二级导流叶环组件、拉紧螺杆、压把和圆柱头螺钉组成。过渡机壳设计成垂直剖分二瓣结构或垂直和水平剖分四瓣结构。而与之配合的二级导流叶环也相应设计成垂直剖分二瓣结构或垂直和水平剖分四瓣结构。二级导流叶环安放在过渡机壳内，二者之间保留有一定径向间隙，以便于调整二级导流叶环体内径。二级导流叶环由调整螺栓径向定位在过渡机壳上，利用这些调整拉紧螺栓可调整一、二级导流叶环体的内径大小，从而达到调整一、二级动叶与动叶环体之间径向间隙以及二级导流叶环体内环上迷宫气封与一、二级轮盘凸缘之间径向间隙的目的。

在过渡机壳的剖分端面上，用圆柱头螺钉固紧压把将二级导流叶环定位。

二级导流叶环组件主要由二级导流叶环体、二级静叶片、迷宫密封、销钉组成。二级导流叶环体内径有一定的锥度，开有T形二级静叶环固定槽，二级静叶片靠外圆止口单片用T形叶根固定在固定槽内，并用销钉对二级静叶片定位。T形叶根与固定槽的配合径向间隙和侧间隙为0.02~0.1mm，以便于安装和静叶片热膨胀。

二级静叶片叶根与叶根之间的贴合表面留有0.05mm安装间隙(装配时，叶片叶根与叶根之间的贴合表面放置0.05mm纸片)。为防止漏气，即是防止烟气粉尘泄漏直接冲刷轮盘和防止烟气粉尘从一、二级轮盘外凸缘对接处之间的5mm间隙中进入凹腔内，在二级导流叶环体内环上设置了二组固定Ni基合金气封片或Ni基合金蜂窝密封。

二级导流叶环体内径表面和二级静叶片(过流部件)表面，均喷涂有高温耐磨涂层。二级静叶片材料见表12-1。

4. 排气机壳结构

它由进出口法兰、扩压器及壳体组成，为不锈钢焊接整体型。为防止壳体内产生高温热应力，一般壳体厚度较薄，在壳体外表面焊有加强筋。

排气机壳用入口端法兰上的两个支耳放置在底座上的两个支座上，由支座支承排气机壳的重量。支耳与支座之间设有调整垫片。排气机壳的两个支耳在靠近入口端法兰一侧，两个支耳与底座支座面上设置横向导向键。排气机壳底部的前端和后端设置纵向导向键。排气机壳的轴向热膨胀死点是横向导向键与竖直导向键的交点。它在排气机壳进口法兰一侧。排气机壳的水平方向热膨胀死点是排气机壳竖直导向键。设置的竖直导向键一般与排气机壳中心线重合，竖直导向键在排气机壳正下方。排气机壳的竖直方向热膨胀死点是排气机壳的支耳。下排气机壳竖直向下导向膨胀，上排气机壳竖直向上自由膨胀。如图 12－11 所示。

因该烟气轮机为轴向进气，排气机壳顶上排出。所以排气机壳要承受入口管的轴向推力和出口管的向下压力和向上拉力。机壳和底座的结构设计及两者相连接后的这种固定方式必须能承受一定的入口管道和出口管道施加于烟气轮机接口法兰的力和力矩。机壳和底座的结构和刚度应有足够的裕度，应能适应短期超温和超压工况时管道的推力。

转子与排气壳体之间的轴封，采用蒸汽和压缩空气两组迷宫密封。蒸汽封烟气，压缩空气封蒸汽，且控制三者之间的压差，保证烟气不外泄。

排气机壳上设置了二组四级不锈钢迷宫气封，如图 12－12 所示。

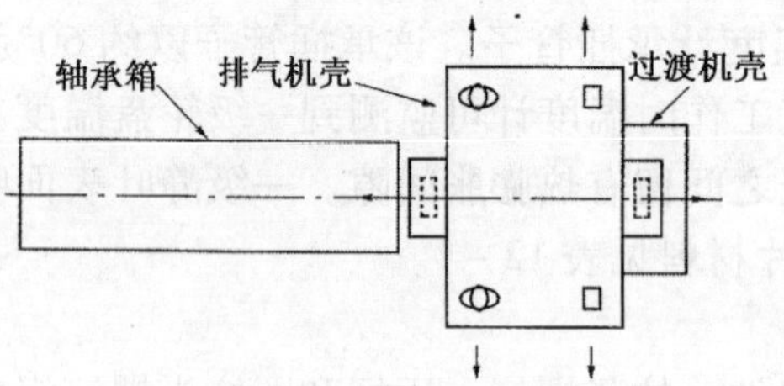

图 12－11　烟机排气机壳的固定和热膨胀方向

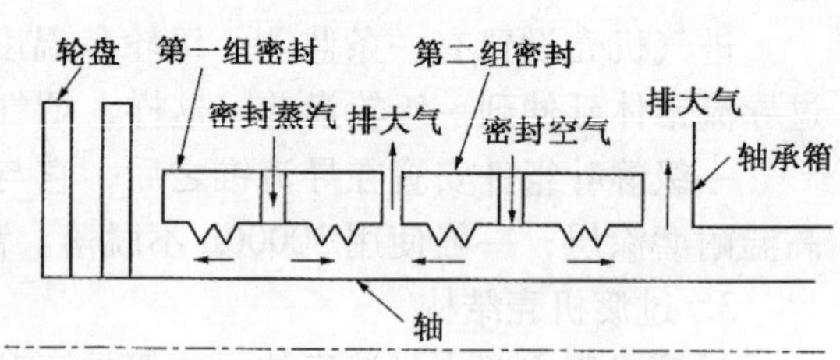

图 12－12　烟气密封示意图

第一级迷宫气封后端为密封蒸汽口。密封蒸汽用于封住烟气，保证烟气不从第一段密封处泄漏。密封蒸汽压力一般高于烟气压力 0.1MPa(表)。密封蒸汽沿二级轮盘后表面作径向流动，冷却二级轮盘后表面，最后流入流道。

第二级迷宫气封后端为密封蒸汽排气口。密封蒸汽从第二级迷宫气封泄漏出来后排向大气，以便降低压力防止继续向第三级迷宫气封泄漏。第三级迷宫气封后端为加净化风密封口。目的是防止烟气和密封蒸汽继续向第四级迷宫气封泄漏。一般在第三级迷宫气封后端上加大于密封蒸汽 0.05～0.1MPa(表)的密封净化风。第四级迷宫气封后端为密封净化风排出口。从第三级迷宫气封上泄漏出来的密封净化风在第四级迷宫气封后端排向大气。

四级不锈钢迷宫气封为水平剖分式。下半气封座与排气机壳为一整体结构，所以下半气封座为不可拆。上下半气封座加工有水平和轴向端面连接结构。上半气封座为可拆式结构，它的中分面和轴向端面与下半气封座的中分面和轴向端面螺栓连接，形成完整密封结构。

5. 轴承箱及轴承

轴承箱系水平剖分结构，由箱体和箱盖组成，轴承箱为铸钢件，接有轴承润滑油进、出口管线。轴承箱上装有轴承、油封和转速探头、轴振动探头及轴位移探头。后轴承部件由径向轴承和止推轴承及油封组成，径向轴承用于承受转子径向质量载荷和振动载荷，而轴向止推轴承主要承受动叶与轮盘两侧存在的压力差和气体流经动叶时气流速度在轴向发生动量变化而产生的轴向力。径向轴承采用四油叶动压滑动轴承或可倾瓦轴承，止推轴承为米契尔轴承或金斯伯雷轴承。装配时，转子相对于机壳的对中与定位通过轴承箱底面的调整垫片来调整，用螺栓和定位销固定在底座上。

前轴承由径向轴承和油封组成。前轴承的长度比后轴承的要长，原因是前轴承支承了转子的大部分重量。而且因前轴承靠近排气机壳，受热幅射的影响温度较高，热传递到该轴颈处的温度也高，如果不进行充分冷却，将会影响转子的安全运行，故前轴承的长度比后轴承要长，供油量也大得多。

轴承箱盖和轴承箱体的前端，设置了轴承油封，由二级油封和一级气封组成。第一级油封为阻油密封环，阻油密封环的作用是阻挡润滑油泄漏到第二级油封；第二级油封为油密封环，油密封环的作用是防止润滑油继续泄漏到第三级气封，保证润滑油不泄漏；第三级气封为净化风气体密封，它的作用是防止润滑油漏出与排气机壳接触引起火灾，净化风密封压力为0.05MPa(表)，可通过密封空气管线上的截止阀进行手动控制。

6. 底座

底座为焊接件。支承排气机壳的两个支承座为刚性支座，用水冷却，以保证机组的中心标高不变。它既要支承排气机壳的重量，又要承受入口管热膨胀的轴向推力和出口管热膨胀的拉力或压力。

7. 烟机入口管

烟机入口水平直管段与烟机连接，其长度不能小于10倍的管径。在此长度内只允许加有带内套的膨胀节，不能安装阀门。入口水平直管段布置有滚动支承和导向支承，滚动支承的作用是保证入口直管段能轴向自由移动，导向支承的作用是保证入口直管段轴向自由移动时中心不变，与烟机同中心。

为了减少入口水平直管段热膨胀的移动距离，经过计算，故意减少了入口水平直管段的长度。热膨胀时，烟机入口水平直管段的热膨胀以烟机为热膨胀死点，而向后轴水平移动。三旋与烟机入口水平直管段之间的管段，布置有许多膨胀节，这些膨胀节既要保证吸收管段一定的热膨胀量，又要起着铰支作用。

考虑到内衬里的脱落会损坏烟机叶片，故烟机入口管不允许设置内衬里，管外包裹保温材料。

8. 烟机出口竖直管段的热膨胀设计

烟机出口竖直管段与烟机出口法兰连接，并与出口水平管段相连接。在靠近出口竖直管段一侧的出口水平管段上，焊接有出口水平管段热膨胀的死点，以免出口水平管段热膨胀时，对烟机产生水平推力。出口竖直管段一般设置有三个膨胀节，这些膨胀节既吸收出口竖直管段的热膨胀量，又起着铰支作用，保证死点前的一小截出口水平管段热膨胀移动所产生转角。死点后出口水平管段热膨胀一般不对烟机产生推力作用。

考虑到即使内衬里脱落也不会影响烟机的安全运行，故烟机出口水平管设置有内衬里，管外包裹保温材料。

9. 轮盘蒸汽冷却系统

冷却蒸汽分成两路进入机壳，一路由喇叭口(锥底)的喷嘴喷射到一级轮盘中心，沿轮盘表面作径向流动，其中一部分冷却蒸汽通过轴向通孔(平衡孔)进入一、二级轮盘之间的空腔，冷却一级轮盘的后侧面和二级轮盘的前侧面。另一路是二级轮盘后的轴端密封蒸汽进入机壳后，沿二级轮盘后侧面作径向流动冷却。

10. 润滑油系统

润滑油由进油总管分别进入前、后端径向轴承和止推轴承，回油经轴承箱和润滑油出口管至机组回油管。进轴承的润滑油压力一般控制在0.15~0.18 MPa(表)。烟机使用的润滑油有两个功能，其一为润滑轴承，其二为冷却轴承。

11. 监测系统

烟气轮机设置了轴振动、轴位移、轴承温度、转速监测系统。轮盘温度必须控制在一定范围内，用一支热电偶插到一级轮盘前进行监测，其温度可通过自动调节蒸汽管线上调节阀开度实现自动控制。

12.6 烟气轮机安装

现以我国 YLⅡ10000B 型烟气轮机为例，说明烟气轮机的主要结构和安装。

YLⅡ10000B 型烟气轮机为双支点悬臂式二级烟气轮机。它主要由底座、轴承箱、排气机壳、过渡机壳、进气机壳、转子六大部分组成。

图 12-13 为 YLⅡ10000B 型烟气轮机的安装示意图。图 12-14 为 YLⅡ10000B 型烟气轮机剖面图。

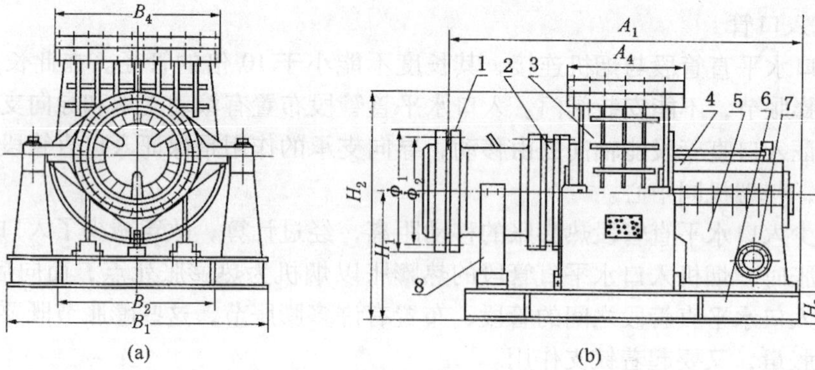

图 12-13　烟气轮机安装

1—进气机壳（进气锥）；2—过渡机壳（二级静叶组件）；3—排气壳体；4—轴承箱盖；5—轴承箱体；6—底座；7—转子；8—挠性辅助支座

1. 检查烟气轮机底座和轴承箱

烟气轮机底座和轴承箱为分体结构，它们之间需要用螺杆连接，安装前，检查烟气轮机底座底面和与轴承箱连接的平面是否有加工缺陷，如有麻点、凹坑、表面粗糙等缺陷，需进行处理。检查轴承箱底面和中分面是否有加工变形、凹坑、表面粗糙等缺陷，如有需要重新处理。

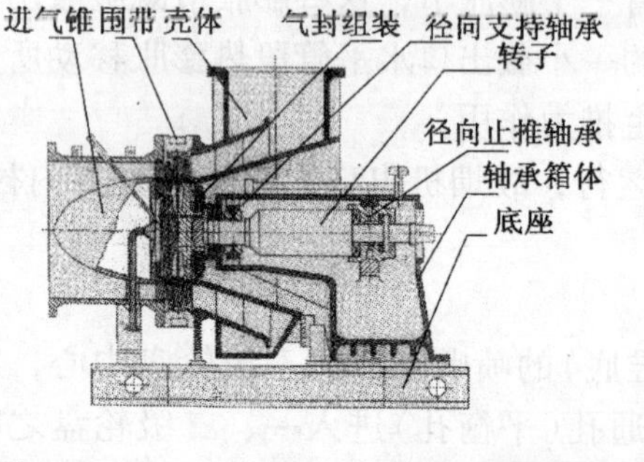

图 12-14　YLⅡ10000B 型烟气轮机剖面

2. 烟气轮机底座就位

验收混凝土基础合格后，对混凝土基础进行打麻并用水清洗干净，在混凝土基础面上放置若干组临时垫铁（如果底座没有配上调整螺丝时采用），然后用桥吊把底座吊到已布置好临时垫铁的混凝土基础面上，粗对中心线。穿上地脚螺栓，临时固紧，调整底座水平度，调整时应在底座上放置水平仪检查其水平度（放置在与轴承箱连接的平面上）。

3. 底座与轴承箱的检查与连接

在底座与轴承箱连接的平面上涂上红丹，用桥吊将轴承箱放置在底座上，检查其接触面积，接触面积应至少大于 85% 以上。确认接触面积达到要求后，把紧底座与轴承箱的连接螺栓，用塞尺检查其连接面缝隙，其缝隙不能大于 0.02mm 为合格。

4. 检查轴承箱中分面和轴承座孔的纵横向水平度

将水平仪放置在轴承箱中分面和轴承座孔上检查其纵横向水平度，水平度应符合技术要求（允许纵向偏差0.04mm/m，横向偏差0.05mm/m）。

5. 检查轴承箱上下盖中分面和轴承座孔与轴承的接触面积

在轴承箱下中分面上涂上红丹，然后用吊车将轴承箱上盖放置在轴承箱座中分面上，检查轴承箱中分面的接触面积，接触面积应达到95%以上。把紧轴承箱上下盖的连接螺栓，用塞尺检查其连接面缝隙，其缝隙不能大于0.02mm为合格。在轴承座孔与轴承的接触面上涂上红丹，检查其中分面的接触面积，接触面积应达到85%以上。如上述达不到要求，应用锉刀轻锉，用0#砂纸或用油石打磨达到接触要求。

6. 放置假轴（也可以采用烟机转子）

安装下半径向轴承入位，在其上放置假轴，安装上半径向轴承入位，上紧轴承螺栓。

7. 底座的支承座和排气机壳支耳的清洁

将底座的支承座和排气机壳的支耳清洗干净，并清洗干净底座的支承座的横向键（横向键设置在靠近动静叶一侧），清洗干净定位螺栓孔（排气机壳轴向膨胀用的偏心定位螺栓孔设置在靠近轴承箱一侧）和支承座上的其他螺栓孔，用螺丝上紧横向键。

8. 排气机壳就位安装

把调整垫片放置在底座的支座上，然后用吊车把排气机壳吊装入位，即将排气机壳放置在底座的支承座上。装上排气机壳的四个定位螺栓和其他定位螺栓，使排气机壳的竖直导向键（竖直导向键在排气机壳的下方靠近轴承箱一侧）和纵向导向键（纵向导向键在排气机壳的下方靠近动静叶一侧）落位于底座导向凹槽之内，要保证排气机壳与轴承箱的轴向端面空间距离为4mm或达到图纸的要求。如达不到，则重新松开轴承箱上紧螺栓，调整轴承箱轴向位置，到排气机壳与轴承箱的轴向端面空间距离符合要求为止。

9. 找排气机壳与轴承箱同心度

在排气机壳的径向大止口圆周上（与过渡机壳配合的止口）划分12～16等份，然后将百分表调整为0，盘动假轴测定每一限定点数据，并记录。如排气机壳与轴承箱同心度水平方向偏差较大，用水平顶丝顶排气机壳调整。如竖直方向偏差较大，用顶丝顶起排气机壳，可通过加减支承耳上调整垫片调整排气机壳的高低，直至找到排气机壳与轴承箱同心度达到合格为止（假轴中心与排气机壳中心径向跳动不大于0.04mm）。

10. 找排气机壳与轴承箱垂直度

同理，在排气机壳的径向大止口轴向端面上（与过渡机壳配合的轴向端面）划分12～16等份，然后将百分表调整为0，盘动假轴测定每一限定点数据，并记录。如排气机壳与轴承箱垂直度偏差较大，用顶丝顶起排气机壳，加减支承座上定位螺栓一端的垫片或横向键一端的垫片调整排气机壳与轴承箱垂直度（一般不允许在轴承箱底部加垫片调整），直至找到排气机壳与轴承箱垂直度达到合格为止（假轴中心与排气机壳中心端面跳动不大于0.08mm）。

如果由于现场条件限制，没有假轴而使用转子复查时，要考虑因瓦间隙引起的转子下沉。

11. 排气机壳纵向导向（竖直）键的安装定位

排气机壳与轴承箱的同心度和垂直度合格后，排气机壳的前后纵向导向键可安装定位。在排气机壳纵向导向键和底座导向凹槽之间，安装定位螺栓和调整垫片，使导向键和导向凹槽之间两侧留有0.02～0.04mm间隙，导向键和导向凹槽之间轴向也要留有一定轴向间隙

（见图 12－15），然后将其固定在机座上，并打上定位销。

排气机壳纵向导向（竖直）键的正确安装定位，保证了下半排气机壳能自由竖直向下膨胀和自由轴向膨胀，使排气机壳热膨胀时中心不变，保持与轴承箱同心。

12. 调整支耳上定位螺栓的排气机壳热膨胀间隙

支耳上导向横向键与底座支承座的键槽配合、接触要良好，其过盈量为 0.005～0.015mm。而与排气机壳支承座上的键槽每侧间隙和顶间隙为 0.20～0.40mm。

机座支承座上的四个定位螺栓与排气机壳支耳的垫片间隙为 0.20mm，即要留有 0.20mm 的排气机壳向上热膨胀间隙（见图 12－16）。而在靠近轴承箱一侧定位螺栓必须以较大距离偏心于排气机壳支耳上螺栓孔，以保证排气机壳沿轴承箱一侧轴向自由膨胀。如热膨胀间隙不符合要求，可通过调整垫片来保证机座支承座上定位螺栓与排气机壳支耳之间的热膨胀间隙。

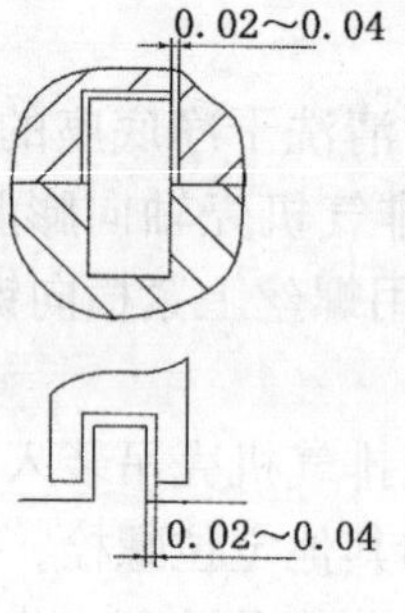

图 12－15 排气机壳导向横向键和导向纵向键的装配

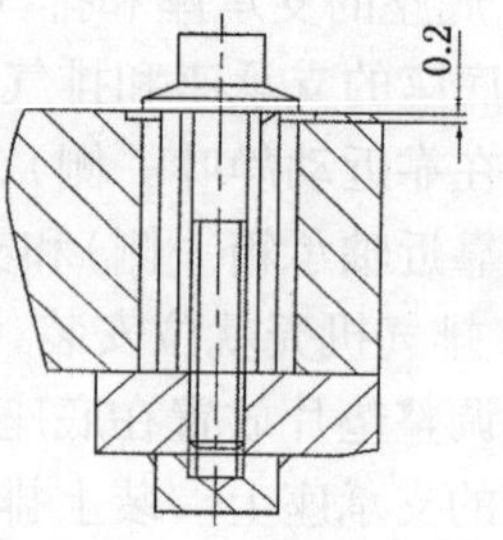

图 12－16 排气机壳定位螺栓的装配

13. 测量排气机壳迷宫气封间隙

用卡尺测量第一、二、三、四级气封内径尺寸，并记录在案。第一、二、三级气封内径尺寸应相同。同理，测定转子与第一、二、三、四级气封相应配合的外径尺寸。计算转子与第一、二、三、四级气封的相应配合间隙，配合间隙应达到表 12－2 中规定值。如气封间隙超标，应更换；如气封间隙太小，应刮气封处理。

表 12－2 烟气轮机气封和油封间隙值

mm

第一、二级气封间隙	第三、四级气封间隙	油封间隙	阻油环间隙
0.55～0.6	0.25～0.35	0.225～0.25	0.25～0.30

14. 预测量轴承箱油封间隙

用卡尺测量第一、二、三级油封内径尺寸，并记录在案。第一、二、三级油封内径尺寸应相同。同理，测定转子与第一、二、三级油封相应配合的外径尺寸。计算转子与第一、二、三级油封的相应配合间隙，配合间隙应达到表 12－2 中规定值。

15. 烟气轮机转子安装就位

拆出假轴，然后在排气壳体的密封座上分别装上两组下半气封和上下半轴承油封。在用吊车将转子吊装入位前，要检查转子各部位的跳动偏差值。检查部位和跳动偏差值如图 12－17和表 12－3 所示。

表 12－3 烟气轮机转子跳动偏差值

mm

测量部位	a	b	c	d	e	f	g	h	i
径跳			0.01	0.02	0.01				0.03
端跳	0.10	0.10				0.01	0.01	0.01	

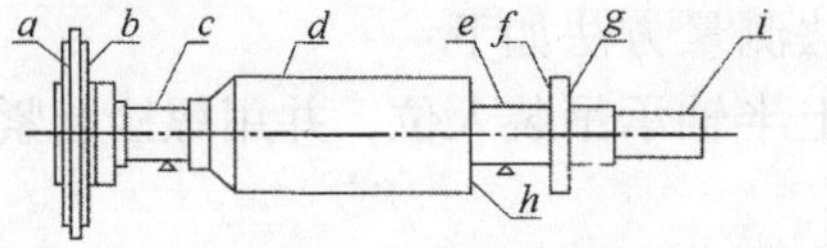

图 12-17 烟气轮机转子跳动检查部位

转子吊装方法如下：

因排气壳体为垂直剖分式，且转子结构为悬臂支承式，所以转子必须从排气壳体的进气侧吊入，如用桥吊分二次换钩就位。在转子组件吊装前，应做好换钩支撑架的准备工作，具体程序是：

（1）利用桥吊吊装转子组件，在保持平衡状态下从进气侧进入烟机排气壳体。

（2）在轴承处及转子前端用临时支撑架支撑转子组件，不得让叶轮叶片承受转子的重量。

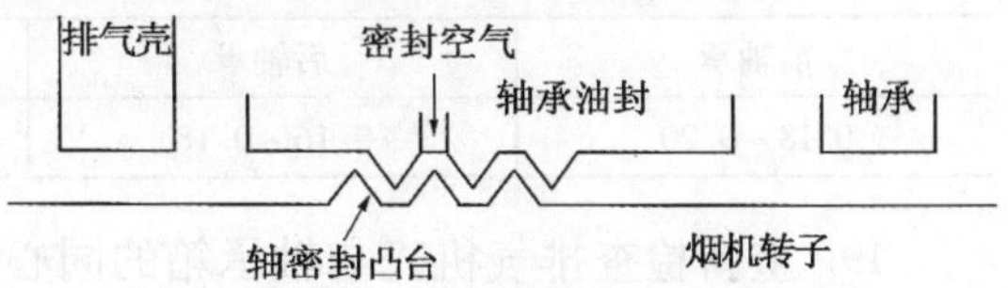

图 12-18 轴承座油封与轴凸台装配

（3）装前后下半径向轴承。

（4）移动吊钩位置使转子组件慢慢地从排气壳体的进气侧向排气侧方向移动。由于排气壳体的气封位置空间狭窄，转子穿过气封位置而向轴承箱方向移动时，要使转子随时改变吊装角度，以免转子碰坏气封。直到转子的油封凸台与轴承座油封对准才能落位。油封凸台与轴承座油封装配见图 12-18。

（5）也可制作专用工具，如采用导轨车推入转子就位的安装方法。

（6）建议制作专用导轨式活动支架，使转子组件保持水平平衡状态一次性地从进气侧进入烟气轮机排气壳体。

16. 烟气轮机与主机粗找正

如果烟气轮机与主机使用的是膜片联轴节，则粗找正方法如下：

（1）测量烟气轮机与主机轴端距离。如果膜片联轴节要求在冷态预拉伸 2.5mm，则用卡尺量取烟气轮机与主机轴端距离 = 膜片联轴节自由长度 + 2.5mm，如小于或大于该长度，则用千斤顶或钢丝绳，拉或顶底座来调整两轴端距离达到该长度。

（2）在两联轴器端面，按上下左右画分四个等份代表竖直和水平方向的同心度，并规定上顶点为 0 点。将表架分别紧固在烟机转子和主风机转子上，在表架上装上两块百分表，一个测轴向偏差，另一个测径向偏差。装表后，缓慢盘车以消除误差。注意表杆接触的表面应光滑、无锈蚀、缺陷。

（3）找正方法参照第 7 章“7.7 离心式压缩机的整体安装”部分。如果烟气轮机与主机同心度不符合找正标准，则要用临时垫铁来调整两轴端的同心度。

17. 测量转子与气封、转子与油封之间的侧间隙和顶间隙

（1）用塞尺测量第一、二、三、四级气封与转子、转子与油封之间的配合侧间隙，并记录在案。配合侧间隙必须符合表 12-2 中指标范围。

（2）将上气封装入上气封盖，然后用 0.05mm 铅丝放置并固定在上气封盖的气封上（每级气封片固定 2～3 条铅丝），将上气封盖吊装入位，并用螺栓上紧。拆出上气封盖，取出铅丝，测量其间隙，取每级气封片的 2～3 条铅丝的平均直径为转子与气封之间的顶间隙。配合顶间隙必须符合表 12-2 中指标范围。

（3）将上油封装入轴承箱上盖，然后用 0.05mm 铅丝放置并固定在上气封盖的气封上（每级气封片固定 1 条铅丝），将轴承箱上盖吊装入位，并用螺栓上紧。拆出轴承箱上盖，取出铅丝，测量其顶间隙。油封顶间隙必须符合表 12-2 中指标范围。

18. 测量转子轴承间隙

因径向轴承为固定瓦块式四油叶轴承，轴承底部和顶部没有瓦块，用压铅丝法测量轴承

间隙较为困难，一般采用抬轴法测量轴承间隙。抬轴法测量方法如下：

（1）在轴承中分面上涂上一层薄薄的密封胶，将上半轴承吊装入位，并用螺栓上紧。

（2）在轴颈上打上一个百分表，并调整回零。

（3）用吊车或专用工具吊轴，直到轴接触轴承顶部为止。读出百分表读数即为转子轴承总间隙。轴承间隙应达到表 12－4 中的规定值。

表 12－4　烟气轮机轴承间隙值　　mm

前轴承	后轴承	瓦　口	接触情况
0.18～0.20	0.16～0.18	0.48～0.54	要有 1/3 瓦块弧光部分接触均匀

19. 重新检查排气机壳与轴承箱的同心度和垂直度

这时可直接在烟气轮机转子上固定一个百分表，百分表指针压向与过渡机壳连接的排气机壳大止口圆周面和端面。重新检查排气机壳与轴承箱的同心度和垂直度是否达到要求。如达不到要求，需重新调整排气机壳。

20. 转子轴向定位和止推轴承的安装调整

转子轴向定位的方法如下：① 安装上下半主副止推轴承入位（止推轴承为米契尔止推轴承），轴向推动转子，用塞尺检查二级轮盘与排气机壳端面之间的轴向间隙，当二级轮盘与排气机壳端面之间的轴向间隙达到 10mm 时，停止推动转子，此时转子已正确定位。这时止推盘的位置应是转子的工作位置，即是止推盘压着主推力瓦的位置。② 如二级轮盘与排气机壳端面之间的轴向间隙小于或大于 10mm，则要通过加减主副推轴承的调整垫片，直到二级轮盘与排气机壳端面之间的轴向间隙达到 10mm 为止。③ 转子正确定位后，要根据止推轴承标准总间隙 0.48～0.50mm，通过加减副推轴承的调整垫片来调整止推轴承间隙。

调整好的止推轴承间隙后，要进行检查。其方法如下：

（1）轴承箱上固定一个百分表，百分表指针压向转子的联轴节端面。

（2）推动转子，使转子压着主推瓦，将百分表指针读数调整为零。然后反向推动转子，使转子压着副推瓦，百分表指针读数即为止推轴承间隙值。记录百分表指针读数。需反复测量几次，确认其测量值。

21. 测轴承衬背紧力

轴瓦瓦背紧力测量方法参见第 7 章“7.9.1 主要零部件的检修及技术要求”部分。

22. 轴位移探头的安装定位（轴位移探头安装在转子联轴节一侧）

（1）联系安装轴位移探头，仪表工在轴承箱中固定轴位移探头后，钳工在轴承箱上固定一个百分表，百分表指针压向转子的联轴节端面。

（2）推动转子，使转子的止推盘压着主推瓦，将百分表指针读数调整为零。然后反向推动转子，使转子压着副推瓦，百分表指针读数即为止推轴承间隙值。记录百分表指针读数。

（3）将转子推到主副止推瓦的正中位置，即是百分表指针读数的一半。

（4）仪表工将轴位移指示读数调整为零。推动转子，使转子的止推盘压着主推瓦（轴位移探头向测量板方向移动），这时轴位移指示读数应为正数，记录读数。再推动转子，使转子的止推盘压着副推瓦（轴位移探头向离开测量板方向移动），这时轴位移指示读数应为负数，记录读数。

（5）如果该两个轴位移正负读数绝对值相等，则轴位移探头的安装定位成功。如果该两个正负读数绝对值不相等，则需按上述(2)、(3)、(4)步骤重新做一次，直到两个轴位移正负读数绝对值相等为止。

(6) 再反复推动转子压着主、副止推瓦，验证几次，确认其两个轴位移正负读数绝对值几次都相等，才能确认轴位移探头的安装定位正确。

23. 安装气封上盖

在排气壳体的气封连接中分面和端面，涂上一层薄薄的亚麻油黑铝粉密封涂料，然后将气封上盖吊装入位到排气壳体的气封连接中分面和端面上，并用螺栓把紧。

24. 安装轴承箱上盖

在安装和布置好轴瓦温度和轴位移接线后，才能在轴承箱体上安装轴承箱上盖。

首先在轴承箱体上安装导向定位销，然后在轴承箱体上涂上一层薄薄的常温用的密封胶。用吊车将轴承箱上盖慢慢吊装入位到轴承箱体上，把紧连接螺栓。

25. 装配过渡机壳

在排气机壳和过渡机壳的连接面上涂高温密封涂料(如亚麻油黑铝粉密封涂料)，用吊车将二瓣或四瓣过渡机壳吊装入位到与排气机壳的连接面上，并用力矩扳手按规定力矩把紧。用塞尺逐片检查一级动叶叶顶与二级导流叶环内径之间的径向间隙，并记录。如径向间隙超过2.2mm，应用扳手调整螺栓，进行放松二级导流叶环，使二级导流叶环内径变小，间隙达到1.8～2.2 mm标准范围。如径向间隙小于1.8mm，应用扳手调整螺栓，拉紧二级导流叶环，使二级导流叶环内径增大，间隙达到1.8～2.2mm标准范围。

26. 安装永久垫铁

清洗干净永久垫铁，以一块平垫、二块斜垫为一组，每块垫铁相互贴合应符合标准。

用座浆法放置垫铁，把基础清洗干净，用水润湿，将已配制好的混凝土(混凝土应预先做试块试验)，放置在基础上永久垫铁的位置。混凝土要制作成梯形。把平垫放置在混凝土上，用水平仪检查平垫的水平度，并试装二块斜垫在平垫上，用塞尺检查斜垫与基座之间的接触情况，用0.01mm的塞尺，塞不入为合格，直到完成最后一组垫铁放置工作为止。

27. 烟气轮机与主机精找正

其找正方法与第16条“烟气轮机与主机粗找正”相同。精找正完毕后，对每组斜垫铁进行点焊。

28. 基础二次灌浆

(1) 对地脚螺栓孔两端灌一般水泥砂浆深度到100mm，螺栓孔中间塞满干粗河砂。

(2) 在基础表面与底座间进行二次灌浆，灌浆前，二次灌浆用料要做试块试验。二次灌浆用料一般可用膨胀水泥砂浆或树脂类用料，灌浆高度至少高于底座底面20mm以上。一般要求膨胀水泥砂浆或树脂类用料收缩量极小，以达到辅助支撑底座的作用。

29. 装配进气机壳

在进气机壳和过渡机壳连接端面上，涂高温密封涂料(如亚麻油黑铝粉密封涂料)，并加一层厚度为0.1～0.2mm的柔性石墨垫片。用吊车将进气机壳吊装入位到过渡机壳连接端面上，将螺栓把紧到规定力矩。

30. 烟气轮机主机联轴节的安装

以HB8S—4630/2RH型层叠膜片联轴节为例，其安装方法如下：

(1) 图12－19所示，将凹凸隔膜节(零件3和零件2)分别安装到烟气轮机和主机的半联轴节上，装上防松自锁螺栓，用力矩扳手将连接主螺栓按规定力矩(例如82kgf·m)对称均匀上紧。注意要保证配合标记完全对准。

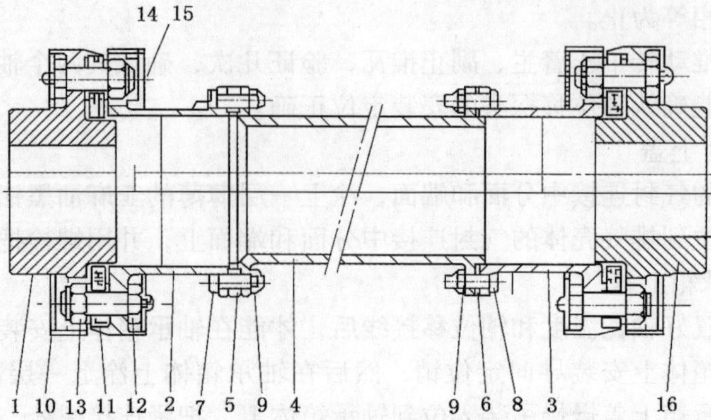

图12－19　HB8S—4630/2RH型层叠膜片式联轴节结构

1，16—半联轴节；2—凸隔膜节；3—凹隔膜节；4—中间节；
5—垫环；6—调整片；7，8—中间节连接螺栓；9—中间节连接螺母；
10—挡风板；11—层叠膜片；12—连接主螺栓；13—连接主螺母；
14—压缩帽；15—固定螺丝

(2) 因联轴节冷态安装时，要预拉伸2.5mm，产生轴向负荷，这时凹凸隔膜节之间的实际自由距离为238.4mm，故需要调整到接近235.9mm。因中间节长度＋垫环长度＝232.1mm。所以要在垫片座上加调整垫片，长度为3.8mm。其加调整垫片的数量的计算方法如下：

$$(X-2.5-232.1)/0.381=\text{调整垫片数量}$$

式中　X——凹凸隔膜节之间的实际自由距离尺寸，mm；

0.381——每块薄调整垫片的厚度，mm。

计算结果圆整到最接近的整数。

将计算所需的调整垫片6数量装配到垫环5上。然后把垫环5装配到中间节的长窝口上。

(3) 用专用夹具夹紧烟气轮机或主机的隔膜节与半联轴节，收紧专用夹具的螺丝，使弹簧膜片受压缩。放入垫环，并放进3.8mm调整垫片。逐渐放松专用夹具的螺丝，当专用夹具放松两凹凸隔膜节之间的实际距离收缩接近235.9mm，放入中间节4，装上防松自锁螺栓。用力矩扳手将连接主螺栓按规定力矩(例如32kgf·m)对称均匀上紧。

(4) 上紧挡风板10和联轴节护罩。

如主机和烟气轮机的轴承箱上盖压着联轴节护罩，应先装联轴节护罩，才能装主机和烟气轮机的轴承箱上盖。

31. 装配烟气轮机入口短节

为便于拆卸烟气轮机，在进气机壳前面设置了烟气轮机入口短节。

在烟气轮机入口短节和进气机壳法兰面上涂高温密封涂料(如亚麻油黑铝粉密封涂料)，然后用吊车将烟气轮机入口短节安装到进气机壳的与之配合的连接端面上，并在烟气轮机入口短节和进气机壳之间放置缠绕石墨垫片。用力矩扳手将连接螺栓按规定力矩把紧。

12.7 烟气轮机检修

12.7.1 烟气轮机的拆卸和复查测量

烟气轮机的拆卸顺序：拆卸传感器和附属管道→拆卸轴承箱上盖→拆卸主机轴承箱上盖→拆卸联轴器护罩→拆卸后油封→装表架，测量烟气轮机与主机转子同心度→测量轴承衬背紧力→拆卸联轴器→测轴串量→拆卸烟气轮机上气封盖，测量气封和前油封间隙→拆卸前、后上半轴承→测量转子跳动及油环间隙→拆卸烟气轮机入口短节→拆卸进气机壳→测量转子一级动叶与导流环体的间隙→拆卸过渡机壳→吊出转子→拆卸下气封体→放假轴，测量轴与排气机壳同心度→拆卸前下半轴承和油封→拆卸后下半轴承。

1. 拆卸轴承箱上盖

卸掉所有螺母和定位销，在轴承箱盖上安装吊环，然后在适当位置挂倒链，吊出轴承箱上盖。

2. 拆卸烟气轮机—主机联轴器护罩

如主机轴承箱上盖压着联轴器护罩，首先松动并拆卸联轴器护罩的所有螺母和定位销，用顶丝顶起联轴器上护罩，将其吊出，然后用手将联轴器下护罩沿定位槽旋转180°并吊下。

3. 拆卸烟气轮机—主机联轴器油封

在烟气轮机—主机联轴器的两端各有一副油封。拆卸上半油封，用塞尺测量油封径向间隙并作好记录。再把下半油封沿周向旋出，并妥善放置，防止碰伤密封齿。

4. 烟气轮机的复查测量

(1) 复测烟气轮机与主机转子同心度　测量烟气轮机与主机转子同心度(检修前原始同心度)过程是：装表架→装百分表→扣烟气轮机轴承箱上盖→盘车测同心度。

(2) 复测轴承衬背紧力　这一步骤包括以下几个过程：吊起上盖→放铅丝→扣上盖压铅丝→吊上盖测铅丝。测量方法参考第7章“7.9.1 主要零部件的检修及技术要求”部分。

5. 拆卸层叠膜片式联轴节(以HB8S—4630/2RH型为例)

(1) 拆卸联轴器中间节　由于转子设计时，冷态状态下联轴器有预拉伸2.5mm，产生轴向预拉力，因此很难拆出所有中间节螺栓，必须使用专用工具。

拆卸过程是：用专用工具把联轴节一侧的层叠膜片压紧2.5mm以上，拆出中间节螺栓，取出垫环，拆出主风机侧中间节螺栓，同时取出中间节和调整垫片。

(2) 拆卸主机和烟气轮机侧隔膜节　用专用工具(力矩扳手)拆卸主机和烟气轮机侧隔膜节。拆卸时，除记好对应位置外，不准用金属敲击螺栓端面，以保证原始状态长度的准确性。注意：连接螺栓分别带有标记，拆卸时，要记好对应位置；要注意检查层叠膜片是否有裂纹或呈S形。

6. 测量转子总窜量

在轴承箱剖分面上固定两个百分表座，一表杆顶在联轴器对轮垂直面上(a表)，另一表杆顶在后轴承座垂直面上(b表)。将转子朝叶轮方向推动到极端，读出表读数a_1、b_1，再反向推动转子到另一极端，读出表读数a_2、b_2，则转子总窜量$=(a_2-a_1)-(b_2-b_1)$。

7. 拆卸和测量烟气轮机气封、前轴承油封间隙

因烟气轮机气封工作温度高，虽然在上螺栓时涂了防咬合剂，可能大部分紧固螺栓都已咬死，所以应事先用松动剂浸泡。拆卸螺栓后，用顶丝顶出气封上盖，注意不要使气封体偏

移而损坏气封齿。从气封腔内移出气封时，不要碰伤转子。气封体移出后，应用塞尺测量气封径向间隙和前油封径向间隙，其偏差应符合检修规范。

8. 拆卸前、后上半轴承

拆卸前，要用抬轴法检查测量径向轴承间隙和止推轴承间隙。

(1) 拆卸上半后轴承

① 吊后轴承座上盖　首先用内六角扳手卸掉紧固上半止推轴承的螺栓，以防止吊起上轴承座时拉坏止推轴承，同时要拆出轴位移传感器，在上半后轴承座两端安装吊扣并系好吊索，卸掉紧固后轴承的螺栓及定位销，用倒链缓缓吊出后轴承座上盖。

② 压铅丝并扣后轴承座上盖　在轴颈和轴承剖分面上放置铅丝，然后吊后轴承座上盖就位，安装定位销，用扭矩扳手均匀把紧所有螺母，吊出后轴承座上盖测铅丝厚度。

③ 检查轴颈和瓦块是否有磨损　若有磨损，则要用油石处理或更换。

(2) 拆卸止推轴承　把止推轴承测温线整好，手动沿周向旋转一定角度，缓缓提起，检查止推瓦块和止推盘是否有磨损。若有磨损，则用油石处理或更换。

(3) 拆卸前轴承上盖　拆卸前轴承上盖和检查瓦块的方法与上述方法相同。

9. 测量转子跳动

测量方法：把百分表固定在轴承箱剖分面上，将百分表表杆打到相关部位(测量部位按图 12 – 17)。注意在缓慢盘车的同时，观察各处表的摆动值。检查测量记录的数据是否符合表 12 – 3 中的要求。

10. 拆卸烟机入口短节

拆卸烟机入口短节前，在适当位置挂好吊具。先拉倒链使吊索受力，然后拆去入口短节连接螺栓，在法兰上作好位置标记，最后将短节吊出。注意要确保法兰面不受损伤。

11. 拆卸进气机壳

在适当位置挂好两吊具，其中一倒链悬挂于进气壳体前面上方拉进气机壳，另一倒链悬挂于进气机壳上方承载其重量。拆出经过浸泡松动的所有螺栓，用顶丝将进气机壳顶离止口的同时，进气机壳上方的倒链应迅速受力承载其重量，并保持进气机壳平衡，以免一级静叶受损。这时位于进气机壳前方的倒链要向前拉进气机壳，而位于进气机壳上方的倒链要放松进气机壳。两吊具互相配合将进气机壳吊出，注意不要碰伤法兰密封面。

12. 测量转子一级动叶与导流环体的间隙

用塞尺检测转子一级动叶与导流环体的径向间隙，径向间隙应达到 2.0 ~ 2.5mm。

13. 拆卸过渡机壳

如过渡机壳为垂直剖分二瓣结构，其拆卸要点如下：

(1) 在过渡机壳的合适位置装吊环(一般从剖分面数起的第 7 个螺孔装吊钩)，悬挂吊索并受力，以保证过渡机壳不能转动。

(2) 在需拆卸的其中一瓣过渡机壳下方挂一倒链，并受力，使过渡机壳与排汽机壳配合面贴合，以免拆卸过渡机壳时，动静叶发生碰撞。

(3) 拆出欲拆卸的一瓣过渡机壳(拆卸前，连接螺栓需浸泡松动)的连接螺栓，而不被拆卸的另一瓣过渡机壳固紧。敲出二瓣过渡机壳结合面之间的连接螺栓和定位销。

(4) 在二瓣过渡机壳结合面上装加长杆，在杆上装千斤顶。

(5) 先用顶丝把欲拆卸的一瓣过渡机壳顶出而离开排汽机壳的配合止口(注意移动量不要过大，以免动静叶发生碰撞)。然后千斤顶用力将被拆卸的一瓣过渡机壳撑开而脱离另一瓣过渡机壳剖分面，同时调整两倒链使被拆卸的一瓣过渡机壳与转子不接触。

(6) 两倒链互相配合吊出欲拆卸的一瓣过渡机壳。

(7) 另一瓣过渡机壳的拆卸按上述方法进行。

检查级间气封是否有磨损和粉尘堵塞。若损坏严重，需更换。着色检查静叶是否有裂纹，是否有冲蚀、磨损，耐磨涂层是否有脱落。

14. 吊出烟机转子

吊出转子前，应把下半止推轴承沿定位槽旋转取出。因排气机壳为桶形，转子只能从进气口水平移动吊出，转子吊出方法如下：

(1) 在叶轮的正前方悬挂一倒链，以便拉动转子向正前方(进气口)移动。在叶轮和联轴器的上方分别悬挂一倒链，以便承载转子重量。

(2) 将二条尼龙吊索系在一、二级动叶之间的轮盘上。其中一条尼龙吊索挂在正前方的倒链上，而另一条尼龙吊索挂在叶轮上方的倒链上。同时，在联轴器端也挂一尼龙吊索。

在轴承箱剖分面上固定三个百分表座，一表测量转子水平移动量，另两表测量转子抬起移动量。在转子上放一水平仪，测量起吊过程的水平度。当转子微动时，分别观察各表的示值。过程中应确保转子只垂直抬起，不准有倾斜和水平移动。

当转子吊起离开轴承后，拉动正前方的倒链，使转子向前移动，同时要放松叶轮上方的倒链，以便让转子重量的承载点从叶轮上方的倒链逐渐向正前方的倒链转移。当转子向前移动一段距离后，可把叶轮上方倒链的吊索重新转移挂点，以便让叶轮上方倒链代替联轴器上方倒链承载转子重量。最后让叶轮上方的倒链和正前方的倒链承载转子重量吊出转子。

吊出转子时，注意不要损伤气封齿和油封齿。

(3) 对烟机转子进行例行检查：① 检查轮盘和动叶是否有磨损和冲蚀，着色检查是否有裂纹，动叶是否有变形；② 检查轮盘拉紧螺栓是否松动和损坏；③ 检查锁紧片的紧锁度，是否冲蚀，榫槽是否损坏等。

(4) 必要时对转子进行低速动平衡。

15. 拆卸下半气封

用橡胶榔敲击下气封剖分面使其松动，然后将下半气封取出。

16. 放假轴，测量轴与排气机壳同心度

将假轴就位，然后在轴上固定百分表座，使表杆顶在排气机壳配合止口上。观察表针摆动，其偏摆应符合检修规范。

用同样方法测量轴与气封洼窝的同心度。最后，用塞尺测量轴与前油封的下间隙，应符合规范。

17. 拆卸下半前轴承下部和下半前油封

用内六角扳手卸掉固定螺钉，取出压紧平键。然后用橡胶榔敲击下半前轴承，再将其振松，再将轴承旋转取出。以同样的方法拆出前油封下部。

18. 拆卸下半后轴承

将下半后轴承的固紧螺栓拆出，手动倒链使下半后轴承稍动，取出横向定位键，手动倒链提起下半轴承。检查瓦块是否有磨损、伤痕。若有磨损，则要用油石处理或更换。

12.7.2 烟气轮机回装和测量

1. 回装下半前轴承

回装前应用风吹、面团粘等方式来清除轴承座的杂质。轴承座上加润滑油，搬动下半前轴承，缓缓放入轴承座内，用橡皮槌敲击轴承平面，使其入座，用内六角扳手上紧压板，放入平键。注意：在回装过程中不要碰伤测温线。

2. 回装下半气封、下半前油封

回装前，应用刮刀刮、刷子刷、风吹、面团粘等方式对洼窝进行清理。吹通冷却蒸汽管、非净化风管和放空管，然后搬动油封入位。用橡皮槌敲击使其入座，无错位。以同样的办法装入气封。

3. 回装下半后轴承

回装顺序：在下半后轴承对角拧上吊耳，系上钢丝吊索。在行车上挂倒链，吊住轴承上的吊索，然后起吊，平移至下半后轴承座上方。再一次检查轴承箱，手握吹尘器吹扫杂质，并用面团粘。查看润滑油进出口有无阻塞，在底座上加润滑油，使下半后轴承缓缓下降入座。手推(或用橡皮槌敲击)使其剖分面和轴承箱剖分面齐平，放入径向定位键，拧上连接下半后轴承的固定螺丝(短丝在下方)。用胶布封好润滑油出口，以防杂物掉入。

清洗主推力瓦底座，装下半主止推瓦。安装前，先用吹尘器吹掉杂质，再手拿下半主推瓦顺势自然推下，使其对号入座，且其平面与下轴承座剖分面持平。取出下半付推瓦，放在一边，暂时不装。

4. 回装转子

转子回装顺序：在一、二级动叶之间的轮盘上系好尼龙吊绳，转子另一端也系好尼龙吊绳。行车钩的倒链挂住尼龙吊索。在转子上放水平仪测水平度，手动倒链使转子整体水平上移。当行车吊起到适当高度时，水平移动并对准排气机壳，使轴穿过排气机壳进入轴承箱内上方。调换尼龙吊挂点，使转子水平地穿越排气机壳，穿过了排气机壳的轴应放置在自制专用工具上，手动倒链和专用工具将转子移动到正确位置(轴颈与轴承对应的位置)的上方约10cm 高度。然后清扫轴承箱，对轴承加润滑油，手动倒链使转子缓缓垂直下落(转子保持水平，轴上放水平仪)。当转子将要落座入位时，注意不要碰伤油封齿和气封齿及转子叶片。最后盘车检查转子转动是否灵活。

回装转子的要点是整个移动过程使转子保持水平，入座就位时，丝毫不差，平平稳稳。注意不要碰伤气封和油封齿。

5. 测量间隙、测量转子跳动

用塞尺测量气封、油封、阻油环径向间隙，应符合规范。如有必要，复测转子跳动。用塞尺测轴径与轴承衬侧间隙应符合规范。

6. 回装下半副推轴承

如果在转子完全吊装入位前就回装主副推瓦，会因主、副推瓦在自由状态时被水准衬块推起，使其间隙太小，转子的止推盘无法入位，所以只能待转子回装完毕后才能回装下半副推瓦。

手搬下半副推瓦对位入座，旋转入位。

7. 回装上半气封

回装顺序：手搬上半气封体对位入座，旋转入位。在紧固螺栓上涂防咬合剂，依次上紧螺栓，均匀紧固。回装时注意不要碰伤气封齿。

用压铅法或塞尺测量气封齿顶间隙，应符合规范。

8. 回装上半前径向轴承和测量间隙

对上半前径向轴承用煤油、绸布擦拭清洗，进行吹扫、面团粘，在轴颈和瓦块上加润滑油。手搬上半径向轴承对位入座，旋转入位。装定位销，紧固全部螺栓。

用抬轴法测量轴承间隙，应符合规范。

9. 回装上半后轴承，测量轴位移

上半后轴承的回装与下半后轴承的回装不同，上半后轴承是在下半后轴承装完主副推轴承后，再吊装轴承座入位。

用手搬动上半主推轴承到转子推力盘附近，处理好仪表测温引线，紧贴推力盘转动一定角度，就位入座。

回装上半副推轴承与回装上半主推轴承方法相同。

装上半后轴承前，应彻底检查上半径向轴承和主副推轴承是否有异常情况，并对其进行吹扫、面团粘，加润滑油。手动倒链缓缓下降到适当高度，然后安装轴位移探头，加定位销定位。手动倒链继续下降落位入座，用内六角扳手上紧固定止推轴承的螺钉。联结后轴承与轴承座的螺栓，上螺母，最后紧固后轴承。

检修测量轴位移方法与安装烟机时测轴位移方法相同。

10. 测量轴承紧力和油封间隙

测轴承油封间隙过程与拆卸时的第 7 条相同。测量轴承紧力必须扣轴承箱上盖才能进行，其方法与拆卸时的第 4 条相同。

11. 回装过渡机壳

（1）回装左半过渡机壳　回装前，用丝锥将机壳所有螺孔攻丝一次。回装时，行车钩挂倒链再挂吊索，手动倒链吊起左半过渡机壳，在所有密封结合面涂高温密封涂料，行车平移左半过渡机壳至排气壳入口，另挂倒链把左半过渡机壳拉紧。用吹尘器吹扫所有螺孔，调整左半过渡机壳使其螺孔与机壳螺孔对准。必要时，可用木块锤击左半过渡机壳入位。在螺栓表面和螺孔内涂防咬合剂，将螺栓装到机壳对应位置，对称紧固所有螺栓。

（2）回装右半过渡机壳　与回装左半过渡机壳的方法相同。

在回装过程中，注意两半过渡机壳上、下结合面处的定位销和定位孔。使销入孔定位，先合拢上结合面后，再合拢下结合面。装螺栓，把紧螺母，拉紧两半过渡机壳。安装全部螺栓，紧固所有螺母。

12. 测量转子同心度及间隙

在转子一级动叶轮盘上固定百分表座，使表杆压在二级导流环体止口上，盘车观察表针摆动，应在设计允许偏差内。

用塞尺测量一级动叶与导流环体间隙，应符合规范。如间隙不符合规范，应通过调整螺栓对一级动叶与导流环体间隙进行调整，调整方法请参考本章“12.6 烟气轮机的安装”的第 25 条。

13. 回装进气机壳

调整进气机壳的吊索悬挂点，尽可能使吊索恰好吊着进气机壳重心。手动倒链使进气机壳呈水平状态，并起吊到适当高度。当行车平移到二级导流环体附近时，吹扫所有螺孔和进气机壳，在二级导流环体和进气机壳的密封面和止口涂高温密封胶。继续行车移动进气机壳靠近二级导流环体，并使热膨胀导向支腿入位。将涂有防咬合剂的螺栓对称紧固到二级导流环体上，紧固导向支腿螺栓。

14. 回装烟机进口短节

按配合标记吊装入位。在短节和进气机壳放置密封垫片，检查连接法兰面的开口和错位是否符合要求。装上螺栓并把紧。

15. 回装HB8S—4630/2RH型弹簧片叠层式联轴节

联轴节回装过程与安装过程相同，具体内容请参考本章“12.6 烟气轮机的安装”的第30条。

16. 扣轴承箱上盖

在轴承箱中分面上涂一层密封胶，在前、后轴承衬背上放合适厚度的垫片，将轴承箱上盖吊装入位，上紧连接螺栓。注意在吊装轴承箱上盖时，不要损坏密封胶。

17. 测量轴承紧力和烟气轮机与主机同心度

在轴承箱固定表座，将百分表杆顶在轴上。在前、后轴承衬背上放合适厚度的垫片后，扣轴承箱上盖，观察百分表变化，若有变化，则说明轴承有紧力。如轴承无紧力，则要在轴承衬背上重新放合适厚度的垫片。

在烟气轮机的联轴节上安装三表找正表架，盘车测量烟气轮机与主风机转子同心度。其找正方法请参考本章“12.6 烟气轮机的安装”的第16条。

测出的找正数据应符合找正标准，如不符合，则要对轴承的瓦背调整垫片进行增减来调整烟气轮机轴的同心度，直到测出的找正数据符合找正标准数据为止。调整烟气轮机轴的高低和水平偏差都要通过调整瓦背垫片来实现。

18. 烟气轮机—主风机联轴节安装

烟气轮机—主风机联轴节安装方法请参考本章“12.6 烟气轮机的安装”的第30条。

19. 回装联轴器护罩

把下半护罩吊起并移到联轴器上方，在两端封油槽内放置O形橡胶圈(不剪断)，把下半护罩沿定位槽缓缓旋转入位，使其剖分面与轴承箱中分面齐平。在下半护罩剖分面上涂密封胶，吊上半护罩就位，加定位销定位，合拢上、下两护罩，将未剪断的O形橡胶圈拉到上半护罩密封槽内，在适当处剪断成45°斜口，两头对拢，一起压入槽内。

12.7.3 烟气轮机零部件检修

1. 检修前轴承

拆卸瓦块固定螺栓，取出瓦块，然后，用煤油清洗轴承瓦块和瓦座，用千分尺测量瓦块厚度，瓦块之间厚度差应符合要求。必要时刮点，瓦块按原位回装。上紧固定螺栓。

检修后应达到下列技术要求：

(1) 瓦块表面应无损伤、夹渣、气孔、脱落、裂纹等缺陷。

(2) 同组径向瓦块的厚度允许偏差为0.02mm。

(3) 将瓦块浸煤油30min，涂白粉检查应无脱壳现象。

(4) 瓦块弧形的中间应该有1/3衬块弧长接触部分，接触点均匀。

(5) 组装后各瓦块摆动灵活，无卡涩。

(6) 瓦块与瓦座应接触良好，接触面积应大于75%。

2. 检修气封和前油封

气封和前油封都是采用迷宫密封。由于它们工作在高温条件下并接触烟气，烟气内有催化剂残粒，因此一般情况下，气封体、油封体剖分面和齿间缝内可能堆积了厚厚一层粉尘杂质。在吊出转子的过程中有可能碰伤了密封齿，所以应对它们进行维修。用三角刮刀刮去齿间残渣，用钢丝刷或用平刮刀清理剖分面残渣，同时把碰伤的齿进行整形。如果气封齿有变形缺陷，也应进行整形处理。检修后，在剖分密封面涂高温密封胶等待回装。

回装前，须对排气机壳密封面和止口进行处理，刮去杂质，用丝锥处理一轮机壳端面螺孔，在密封面和止口涂上高温密封胶。

通过检修，应达到下列技术要求：① 密封齿应无裂纹、卷曲、碰伤等缺陷；② 密封齿与密封体镶嵌应牢固，齿缝应均匀；③ 密封体剖分面应平整，无划痕、损伤，接触严密，无错位现象。

3. 检修后轴承

（1）修理径向轴承　先拆卸径向轴承瓦块的紧固螺栓，取出瓦块，用丝绸布蘸干净煤油清洗瓦块和瓦座，用千分表测量瓦块厚度，瓦块之间厚度差应符合要求。检查瓦块弧形的中间应约有 1/3 块弧长接触部位，必要时刮点。回装时，瓦块应装回原位。上紧固定螺栓，用手触动瓦块检查能否活动。

（2）检修止推轴承　取出止推轴承平放（衬块在上面），取出止推瓦块，用丝绸蘸干净煤油清洗支承块、下水准衬块、瓦块。用千分尺测瓦块厚度，瓦块之间的厚度差应符合要求。手触动观察瓦块灵活性，在水准衬块上平放止推瓦块，并进行清洁处理（吹扫、面团粘）。用细铁丝对止推轴承注油孔进行穿孔，并用风吹通，保证止推轴承注油孔畅通。过程中应注意不要碰伤测温线。

（3）检修油封环　检查油封环是否有变形、裂纹、伤痕等。清洗检修，回装就位。若有缺陷，应更换。

通过上述检修，使其达到下列技术要求：

（1）径向、止推轴承表面应无损伤，衬块应无夹渣、气孔、脱落、裂纹等缺陷。衬块厚度允许偏差应不大于 0.02 ~ 0.03mm。将衬块浸入煤油 30min，涂白粉检查应无脱壳现象，推力衬接触点（点数/cm^2）应符合规范。

（2）后轴承的进油孔应无阻塞，表面应平整、无损伤。

4. 检修轴承箱上盖、排气机壳和支座

（1）轴承箱上盖的检修　把轴承箱上盖剖分面的残存物用软金属刮除，检查表面是否有划伤缺陷，尤其要检查轴承箱上盖剖分面的前油封部位。如果轴承箱上盖剖分面的前油封部位有划伤缺陷，若不处理，会导致漏油而发生火灾，应用油石刮研。检查轴承箱上盖内是否有缺陷，如裂纹、残渣等。清除上盖两端油封齿内的残渣，并对油封进行整形。查看内表面涂层是否有脱落并清除之。

（2）排气机壳和支座的检修　检查排气机壳和支座，要达到下列技术要求：① 排气机壳外表面无裂纹、变形，气封密封面应光洁，无损伤、划痕等缺陷；② 垂直导向键与机壳的装配间隙应符合安装技术规定；③ 轴承座与底座纵向导向键装配间隙应符合安装技术规定；④ 排气机壳支耳与底座支承座的连结螺栓的装配间隙应符合规定；⑤ 排气机壳与转子轴的同心度符合要求。

（3）轴承箱的检修　检查轴承箱的固定螺栓是否松动，轴承箱中分面是否有划伤等缺陷，尤其要检查轴承箱上盖剖分面的前油封部位。若有缺陷，要用油石或刮刀进行处理。查看轴承箱内油孔有无阻塞，并进行吹扫。查看轴承箱内是否掉入异物并除掉。

5. 转子检修应达到的技术要求

（1）将一、二级轮盘装上主轴端部时，必须标记。在安装套筒和拉杆螺栓时，要测定拉杆螺栓的伸长量，同时不应使拉杆螺栓受扭。

（2）叶片组装前需称重并编号，等重分组对称装配。叶片装入枞树形榫槽后，应使叶根与榫槽能均匀接触，手摇动叶应能摆动，并要保留0.1～0.25mm的热膨胀间隙，否则应更换动叶。

（3）转子外表面应无损伤、裂纹、锈蚀等缺陷。转子径向和轴向跳动应在允许偏差内。转子装半联轴器后做动平衡试验，应达到GB9239—88标准G_1等级。

（4）动叶片应无裂纹，冲蚀。表面涂层应无龟裂、脱落现象。检查动叶锁紧片是否断裂，若断裂应更换。在叶片镶入榫槽后，用新锁紧片锁紧定位。

（5）转子轴颈圆柱度允许偏差不大于0.02mm，圆度偏差不大于0.02mm。

（6）如一级轮盘背面有二次流冲蚀沟槽，一、二级轮盘凸缘与级间密封配合处有磨损或沟槽，轴与气封配合处被催化剂粉尘磨损，严重时要进行激光堆焊，再加工回复到标准尺寸。

（7）着色检查烟气轮机半联轴节是否有裂纹，若有裂纹应更换。因烟气轮机半联轴节与轴的配合为锥度(1:20)过盈配合，更换半联轴节要用专用液压工具进行。其装配半联轴节方法参考有关说明书。

（8）检查动叶锁紧片是否损伤和断裂，清理干净轮盘腔内的催化剂粉尘和杂质，清理干净动叶上的催化剂结垢，否则会破坏转子的动平衡。

6. 检修过渡机壳

（1）清理配合面和止口的残渣，检查级间密封齿有无弯曲、变形、裂纹等缺陷。检查导流环体的调节螺栓是否灵活好用。

（2）检查二级静叶片的冲蚀与磨损，用塞尺检查二级静叶与导流环间隙，应符合规范要求。着色检查二级静叶片是否有裂纹，耐磨涂料是否脱落。

（3）检查导流环体是否有冲蚀，耐磨涂料是否脱落。

最后，对过渡机壳的静叶进行吹扫和擦拭。

7. 检修进气机壳

（1）用刮刀刮平密封面和止口，然后均匀涂上一层薄薄的高温密封胶。

（2）检查进气机壳的一级静叶有无变形及磨损，用塞尺检查二级静叶与导流环之间的热膨胀间隙，应符合规范要求。着色检查二级静叶片是否有裂纹，耐磨涂料是否脱落。

（3）清扫进气机壳并检查有无开裂等情况。清理热膨胀导向支腿的定位螺丝孔中的异物。用压缩风吹扫热电偶套管和冷却蒸汽管道。检查两边热膨胀导向支腿脚下滚轮转动是否灵活好用。

（4）检查导流锥(飞机头)是否有磨损、开裂、变形等现象，着色检查导流锥的固定筋板是否有裂纹，焊缝是否有裂纹。

8. 检修HB8S—4630/2RH型弹簧片叠层式联轴节

（1）着色检查联轴节主螺栓和中间节连接螺栓是否有裂纹，如有裂纹应更换，但更换的新螺栓与旧螺栓的重量应相等，否则会破坏联轴节的动平衡。必要时，还要测量螺栓长度和重量差。

（2）应在联轴节主螺栓或中间节连接螺栓的配合表面打上红丹，然后装入半联轴节螺栓孔或中间节螺栓孔，检查其接触面积，其接触面积应为100%。

（3）检查装配后的联轴节主螺栓和中间节连接螺栓，其装配标记是否符合原装配标记，不要安装错乱，否则会破坏联轴节的动平衡。

（4）着色检查凸隔膜节、凹隔膜节、中间节是否有裂纹，如有裂纹应更换，否则易发生安全事故。更换的凸隔膜节、凹隔膜节、中间节应做高速动平衡。

（5）因联轴节主螺母和中间节连接螺母是航空自锁螺母，旋向与转子的转向相同，故应检查这些螺母的旋向是否与转子的转向相同。

（6）着色检查层叠膜片是否有疲劳裂纹，是否呈S形。如有疲劳裂纹和呈S形，则需要更换，否则会发生安全事故。

（7）检查调整垫片数量，检查垫环是否有伤痕。

12.8 烟气轮机开停机注意事项

12.8.1 烟气轮机开机注意事项

（1）启动烟气轮机前，烟气轮机的安装或检修要符合要求，机组自保控制、监测仪表等完备齐全。

（2）烟气轮机与压缩机必须按要求找正合格。

（3）启动烟气轮机前，要做润滑油压力低油泵自启动、润滑油压力低低联锁跳闸、轴位移高高联锁跳闸、超速7%入口蝶阀关闭、超速10%联锁跳闸等试验。经验收联锁继电回路动作准确，试验合格。

（4）启动烟气轮机前，要做入口高温平板闸阀、高温蝶阀调节试验，经验收能调节灵活，安全可靠，能快速关闭和打开，并经高温试验合格。

（5）启动烟气轮机前，切记要给机座通入冷却水。

（6）启动烟气轮机前，要投用轴封系统的密封蒸汽和压缩风，并确认密封蒸汽压力及压缩风与密封蒸汽压差达到要求。冷却蒸汽和密封蒸汽必须是过热蒸汽，不能含有水，否则会损伤机器。

（7）入口烟气粉尘量应小于200mg/Nm^3，催化剂颗粒大于10μm的应小于3%，才能投用烟气轮机，否则应切出烟气轮机。

（8）投用烟气轮机前，应将轮盘冷却蒸汽阀门打开，同时打开机壳下部的排凝阀，放出存水见气后关闭，静止暖机30min。

（9）四机组启动时，烟气轮机入口闸阀和入口蝶阀均处于关闭状态，轮盘前侧冷却蒸汽应调到正常冷却蒸汽的4倍。

（10）机组采用手动盘车时，要凭手感检查盘车是否有困难；采用电动机构盘车时，应检查烟气轮机轴承、气封、转子叶片处是否有异常声音，如发现异常，应停机解体检查。

（11）当用旁路对烟气轮机进行暖机时，应仔细检查烟气轮机各部热膨胀情况，当烟气轮机出口温度大于550℃时，应适当加大轮盘冷却蒸汽量。

（12）当烟气符合要求后，开始先打开闸板阀，入口蝶阀关闭，仔细观察机壳升温情况，并停留30min。

（13）投用烟气轮机时，切记不要快速打开入口蝶阀，应缓缓打开入口蝶阀，并仔细观察机壳升温情况，要求机壳升温速度不超过100℃/h。

（14）当装置操作不当或三级旋风分离器失效而造成烟气粉尘量超标而切出烟气轮机时，应加大轮盘冷却蒸汽量，以将因鼓风造成的大量热量带走，控制烟气轮机出口温度不超过510℃。

（15）当烟气轮机入口温度超温时，应及时采取措施，适当加大轮盘冷却蒸汽量，同时认真记录超温时间值，以便重新核算轮盘、叶片的使用寿命。

12.8.2 烟气轮机停机注意事项

（1）烟气轮机正常停机时，不能快速关闭入口蝶阀，应按机组的操作要求分阶段逐步关小入口蝶阀，减小负荷，直至入口蝶阀完全关闭；同时要严格监控机壳的降温速度，当不能满足要求时，应适当延长停留时间。

（2）关闭入口蝶阀和闸阀后，不能停止盘车，只有当烟气轮机壳体温度降低到250℃以下时，才能停止盘车，关闭冷却蒸汽阀门。

（3）只有当轴承温度降低到规程所要求的范围时，才能停运油泵。

（4）当润滑油压突然下降，且备用泵启动后仍无法恢复正常、机组超速、机组振动大超标、轴承温度超高时，必须紧急停机。

12.9 烟气轮机的故障分析与处理

烟气轮机常见的故障原因及处理方法见表12-5。

表12-5 烟气轮机的常见故障原因及处理方法

序号	故障现象	故障原因	处理方法
1	轴承温度高	轴承润滑油喷嘴孔径小或堵塞使供油量不足	检查孔径是否合格，堵塞物应清理干净
		轴承进油温度太高	清理和更换冷却器
		轴承间隙过小	增大间隙
		润滑油变质或含水分	换油
		仪表失灵	更换温度仪表
2	润滑油压力过低	润滑油压力监测系统故障	校准或更换
		油位低	加油
		润滑油泵吸入管堵或漏油	清理和堵漏
		滤网堵	清理或更换滤网
		主油泵和辅助油泵故障	修理和更换
3	振动过大	转子不平衡	更换磨损和松动的叶片，除去转子上沉积物，重新做动平衡
		机组找正精度被破坏	重新找正(热态)
		共振	找出共振原因
		螺栓松动或断裂	检查支撑和地脚螺栓，拧紧或更换
		轴承磨损	更换轴承
		其他相连机器振动的影响	排除其他机器引起的振动
		轴封与轴发生磨损	修理或更换
		叶轮黏结粉尘，造成转子不平衡	提供冷却轮盘用的过热蒸汽；提高三旋分离效率
		管系排列不合适	检查管道排列，并调整管架弹簧和膨胀节

续表

序号	故障现象	故障原因	处理方法
4	烟机密封蒸汽压差低	调节失灵密封蒸汽中断	修理检查供汽系统出现的故障，并予以处理
5	烟机冷却蒸汽压力低	调节阀失灵	处理
		冷却蒸汽压力低	检查供汽系统
6	轴位移过大	推力轴承磨损或损坏	修理或更换
		转子轴向中位与仪表零位未对正	重新对正
		轴位移探头安装位置移动	重新安装
		机组操作不稳定	找出操作不稳定原因
7	二级动叶根部磨损有沟槽	烟气粉尘过多，流动恶化	提高三旋分离效率
		叶片结垢，破坏原气动设计	拆机清垢
8	叶片断裂	制造质量差	提高制造质量
		使用时间长，疲劳断裂	更换
		流动恶化，使叶片振动	拆机检查，更换动静叶
9	轮盘开裂	操作超温	改善操作
		选材不当，制造质量差	审查原设计，提高制造质量
		冷却蒸汽量不足	提高轮盘冷却蒸汽量
10	轴密封部位磨损	催化剂沉积在迷宫密封上	提供过热蒸汽和提高密封蒸汽压力
11	轴承箱漏油着火	油封失效	拆机更换油封
		轴承箱中分面密封失效	处理轴承箱中分面并加高温密封胶

第13章　风　机

风机广泛用于国民经济生产的各工业部门，在石化工业中，主要用于排气、冷却、输送、鼓气等操作单元之中，相对于其他化工机器来说，风机结构比较简单，维修和检修也比较容易。

13.1　风机的分类

风机按工作原理可分为叶片式风机和容积式风机。叶片式风机又称为透平式风机，主要有：离心式风机、轴流式风机、混流式风机和横流式风机等。容积式风机主要有：往复式风机、罗茨风机、螺杆风机、叶式风机和滑片式风机等。

风机按所产生的风压高低分类，在标准进气状态下，全压 $p<15\text{kPa}$ 的风机称为通风机，压缩比为 $1.15\leqslant e\leqslant 3$ 或压差为 $15\text{kPa}\leqslant \Delta p\leqslant 0.2\text{MPa}$ 的风机称为鼓风机，压缩比 $e\geqslant 2$ 或压差为 $\Delta p\geqslant 0.2\text{MPa}$ 的风机称为压缩机。

在石化工业中，离心式风机、轴流式风机和罗茨风机应用较多，混流式风机和横流式风机应用较少，而离心式风机、螺杆式风机与离心压缩机、螺杆压缩机在结构型式和工作原理上基本相同，其内容可参见相关章节，本章主要介绍L系列冷却塔轴流式通风机和罗茨风机。

13.2　L系列冷却塔轴流式通风机

13.2.1　轴流式通风机的工作原理

由于轴流通风机的叶轮安装在圆筒形机壳中，当原动机带动叶轮旋转时，空气由集流器顺利进入叶轮内，于是叶片与空气之间就有了相对的运动，气流对叶片就会有作用力，如图13－1所示。作用力的合力用 $\sum R$ 表示，合力 $\sum R$ 可分解为叶片旋转的切向及轴向两个分力 $\sum R_u$ 及 $\sum R_a$，前者称之为回转阻力，而后者称之为引力。单位时间内原动机通过轴加到叶片上的功为回转阻力与叶片质心半径 r_c 和旋转角速度 ω 的乘积，即 $\sum R_u r_c \omega$。在没有任何损失的条件下，叶片就把这部分功全部传给气体，气体从中获得了能量，当它所获得的能量足以克服外界阻力时，它就会离开叶片顺着轴沿着 $-\sum R_a$ 的方向流动，而 $-\sum R_a$ 为叶片对气流的作用力在轴向的分力，这时叶片入口处变为负压，叶片前面与叶片入口形成了压差，于是叶片前面的空气就会流向叶片入口。当这部分新流来的空气从叶片获得能量以后，还会从叶片间的流道(叶道)流出去，所以，只要原动机带动通风机的转轴及叶片连续不断地运转，通风机就会连续不断地向外界输送气体。

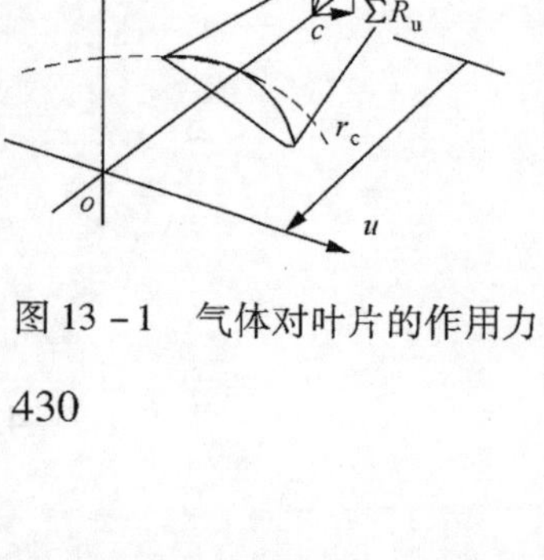

图13－1　气体对叶片的作用力

13.2.2　L系列冷却塔轴流式通风机结构型式及特点

1. 结构型式

如图13－2所示，其结构主要由风筒、叶轮、齿轮箱、油系统、联轴器和电机等组成。

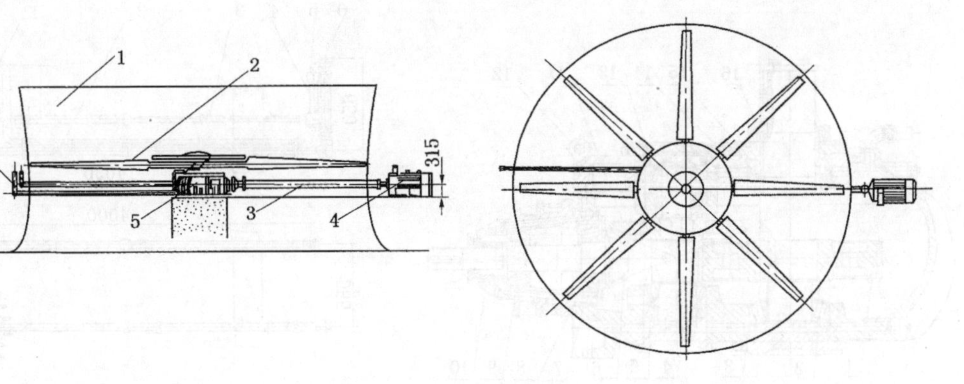

图 13－2　风机结构

1—圆筒形机壳；2—叶轮；3—联轴器；4—电机；5—齿轮箱；6—油系统

2. 结构特点

（1）风筒　凉水塔风筒一般用玻璃钢制成，其作用是为空气流动创造良好的空气动力条件，减少通风阻力。风筒的形状多采用圆锥形、抛物线形或双曲线形，圆锥形出风口的圆锥角一般为 15°～20°，风筒高度应不小于 2m 方能避免风机带水和雾滴。

（2）叶轮　叶轮由叶片、轮毂等零件组成，如图 13－3 所示。

① 叶片　叶片按形状分为扭曲形和非扭曲形两种，多用玻璃钢制成，叶片可以调节安装角度，在较广泛的范围内达到适应不同冷却塔的设计要求。

② 轮毂　轮毂是叶轮的重要组成部件，它和轴连在一起并起到支承叶片和风帽的作用，风冒多用聚酯玻璃钢制成，主要用来防止气流回流，提高风机效率，轮毂与减速箱的连接方式一般多为锥套连接，拆装简单、方便。

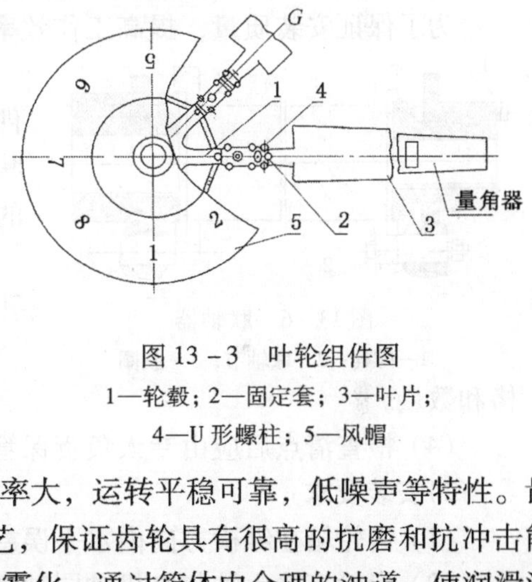

图 13－3　叶轮组件图

1—轮毂；2—固定套；3—叶片；4—U 形螺柱；5—风帽

（3）齿轮箱　齿轮箱由二级齿轮减速传动，第一级采用一对螺旋伞齿轮副，第二级为一对斜齿轮副，如图 13－4 所示。齿轮箱具有结构紧凑，传动功率大，运转平稳可靠，低噪声等特性。齿轮所用的材料为优质合金钢，经过适当的热处理工艺，保证齿轮具有很高的抗磨和抗冲击能力。箱内的润滑方式采用先进的轮盘飞溅使润滑油气雾化，通过箱体内合理的油道，使润滑液注入各轴承和其他转动零件中。齿轮箱还开有排气口，以保证工作状态下箱内无压差。

（4）润滑油系统　润滑油系统由三根管子和油标等组成。如图 13－5 所示，齿轮箱盖上的通气孔采用胶管连接，一端接在气孔上，另一端通大气。安装时用管轧箍固定在放油管上。放油管采用钢管，一端连接齿轮箱底部的放油孔，另一端连接油标以便观察齿轮箱油位。当需要放油时只要打开油标最底下的管堵即可。

回油管只用来控制齿轮箱内最高油位，当齿轮箱停机一个月以上时，应将管堵旋在三通的底部，从钢管内加油到充满为止，这样可防止因长期停机而引起的齿轮箱内零件锈蚀。风机运行前应将管堵旋入钢管的顶端，从而让多余的油从钢管底部流出来。

（5）联轴器　联轴器由传动轴、半联轴器、橡胶接头等组成。如图 13－6 所示，传动轴采用薄壁钢管制成，具有良好的抗振动与传递扭矩能力。两个半联轴器分别用锥套与电机轴、齿轮箱轴相连，安装与拆卸都很方便。

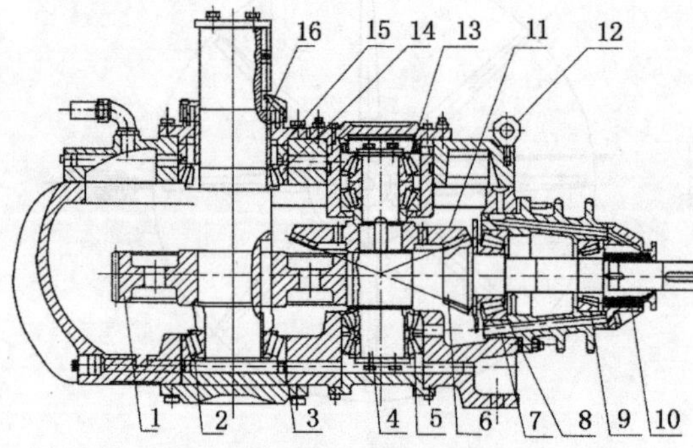

图 13-4　风机齿轮箱

1—齿轮；2，5，8，9，13，14—轴承；

3，15，16—O 形圈；4—中间轴；6—弧齿锥齿轴；

7—轴承座；10—机械密封；11—弧齿锥齿轮；12—吊装螺钉

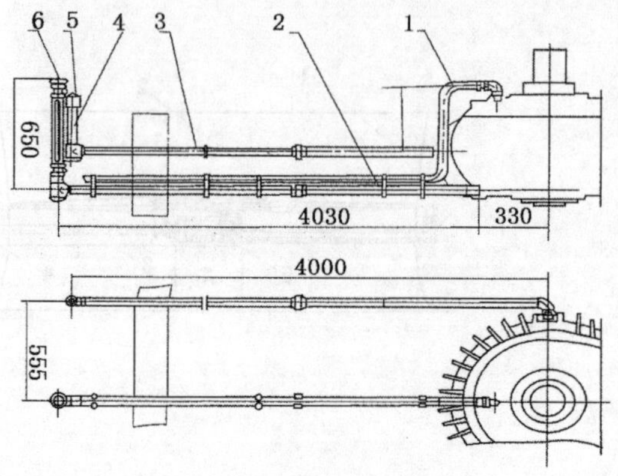

图 13-5　风机润滑油系统图

1—胶管；2—钢管；

3—钢管；4—钢管；

5—堵头；6—油标

13.2.3　L 系列冷却塔轴流式风机的安装与检修

1. 安装

1）安装前的准备工作

为了保证安装质量，提高工作效率，须做好安装前的准备工作：

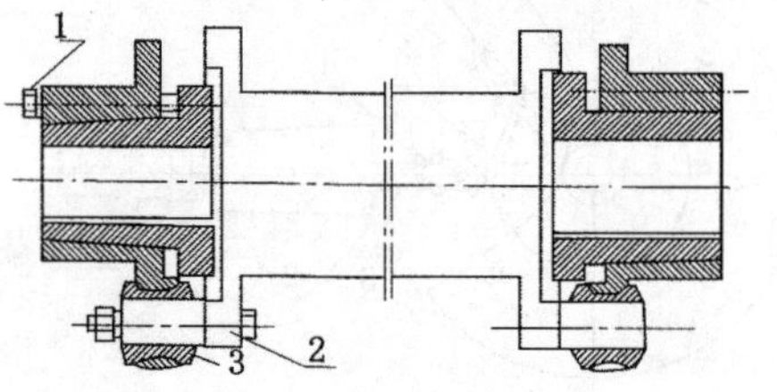

图 13-6　联轴器

1—螺栓；2—联轴节；3—胶圈

（1）查阅安装对象的图纸、资料、说明书等设计文件，熟悉风机的安装要求、结构特征、在系统中的工作状况和作用，按设计图纸查对风机的规格、型式、叶轮的旋转方向以及配用电机的功率要求。

（2）做好风机基础的施工验收工作，校对地脚螺栓孔的中心距。

（3）根据装箱清单清点风机配件、零件、附件的规格和数量。

（4）检查清点后应由专人负责保管。风机原则上均由木箱包装，小零件用小木箱保管。

2）安装要求

（1）齿轮箱在纵横方向内水平误差 <0.10‰。

（2）齿轮箱输入轴与电机轴同轴度允差 <0.10mm。

（3）联轴器法兰面与半联轴器面的平行度允差 ≤0.05mm。

（4）叶片、固定套、风帽必须按相同编号安装在轮毂部位上，不得任意交换位置。

（5）检查叶轮在风筒中的中心位置，允许误差 ≤5mm，叶片与风筒壁间距为 (30±5)mm。

（6）油标管路全长应水平，前后高度误差小于 3mm，加油管路加油端应高于齿轮箱端，全长内可高 5～10mm。

3）安装步骤

（1）齿轮箱底座、电机底座分别安装在冷却塔上，用拉水管的方法使两底座上的平面在同一水平面内。

（2）齿轮箱底座安放在风筒中心位置上，找好风筒中心。

（3）保持架按总图要求焊在预埋铁板上。

（4）安装齿轮箱，检查齿轮箱纵横方向水平度。

（5）将轮毂装到齿轮箱输出轴上，取两片叶片对角安装在轮毂上（注意要对编号），找正其在风筒中的中心位置。

（6）电机安装在电机底座上，检查齿轮箱输入轴与电机轴的同轴度，两半联轴器端面平行度。

（7）齿轮箱及电机正确就位后，拧紧地脚螺栓及底座上的顶紧螺栓，锁紧螺母。

（8）联轴器装好后，手动盘车，轻重应均匀。

（9）将齿轮箱上热电阻及温度指示仪用导线接好。

（10）油系统按图纸的要求全部接好。

（11）加油到规定油位。

（12）点动电机检查齿轮箱转向，符合要求后，空运转 1h，然后停车复测各部件是否符合安装要求，连接件、紧固件是否松动等。

（13）严格按照编号全部把叶片装到轮毂上，并根据生产需要调整好叶片安装角，测量叶片与风筒壁间距值，应符合要求。

（14）检查一切无误后方可进入开车步骤。

4)开车步骤

（1）清扫现场。

（2）检查各零部件安装是否正确，连接件是否紧固。

（3）检查油路是否畅通，油位是否正确。

（4）检查各个叶片叶尖处的高低误差，叶片与风筒壁间距值。

（5）用手盘动联接器应轻重均匀。

（6）点动电机检查叶片转向是否正确。

（7）连续运转 1h，检查电机功率值、风机振动值、齿轮箱油温及电机温升是否正常。

（8）检查齿轮箱是否有不正常的响声等其他异状发生。

（9）停机后检查各部件的安装位置是否移动，紧固件有无松动，各处密封是否完好无漏油现象。

（10）检查各部件正常后，可以投入正常使用。

2. 检修

1)拆装程序

（1）做好检修前的准备工作，如备好专用工具、量具、需更换的零配件等。

（2）接到检修通知单后，应检查各项工作是否做好。

（3）检修前要再次落实好各项安全措施，如停电、放油等。因为是高空作业，周围的保护措施也应落实，戴好安全带。

（4）拆除所有影响检修工作的附属设备。

（5）拆联轴器，检查对中情况，并作好记录。

（6）拆油管，气管吊出放好，管口应包扎封好，防止杂物进入管内。

（7）拆叶轮吊出风筒，用支架放好。

（8）拆齿轮箱，整体吊出风筒，放到检修场地，以便解体检修。

2)组装程序

组装程序与上述拆装程序相反。

3）检修质量要求

（1）齿轮箱检修

① 输入轴与输出轴的检修　输入轴与输出轴轴心线的直线度公差应≤0.05mm/m。其轴颈的圆度和圆柱度公差应≤0.03mm。表面光滑无腐蚀、坑痕、划痕等。输入轴、输出轴安装后，窜动量应在0.06~0.08mm范围内。键与轴键槽的装配应符合规范要求。

② 圆柱斜齿轮的检修　齿轮与轴的配合为基孔制过渡配合，其配合表面不得有坑痕、裂纹、沟痕、腐蚀等。齿轮磨损不得超过齿厚的10%，用红丹检查齿面接触沿齿长方向不少于60%，沿齿高方向不少于45%。用压铅法检测齿轮啮合侧隙应为0.17mm，啮合顶间隙为1.2~1.8mm。

③ 螺旋伞齿轮的检修　齿轮啮合面要求无腐蚀、坑疤、裂纹等，齿面粗糙度要求达到R_a0.4。齿轮接触面、齿长和齿高方向均应达到50%以上。齿轮磨损不大于齿厚的20%。齿轮中心线偏移量不大于0.03mm。齿轮啮合侧隙为0.17mm，啮合顶间隙为1.8~2.7mm。齿轮装在轴上后，应测量轮缘的跳动，其值不允许超过0.05mm。

④ 滚动轴承的检修　轴承滚柱体内外圈的工作表面必须光滑，无麻点和腐蚀、坑痕等缺陷，滚柱体与内外圈最大磨损间隙不得大于0.16mm。轴承与轴装配时，轴承必须与轴肩或定位环端面贴紧，轴承转动应灵活。

⑤ 齿轮箱的检修　齿轮箱体应无裂纹、砂眼、渗油等现象。每次检修应清洗干净。机身的水平度误差不大于0.10mm/m。齿轮箱体与轴装配后，其两轴中心距允许误差不大于0.10mm。润滑油看窗玻璃应透明清晰，无损坏和渗油现象。

（2）叶轮检修

① 拆下各叶片时，应逐件作好标记。轮毂进行检查应无裂纹、腐蚀、锈蚀、变形等缺陷，并进行无损探伤。

② 检查叶片有无裂纹、脱落、变形、变质或者局部缺陷等，必要时更换。

③ 叶片回装时应严格按标记安装，绝不允许乱装。

风机叶轮各处的跳动量要求如表13－1所示。

表13－1　L8A叶轮各部跳动量　　mm

叶轮直径	5000~8000	叶轮外缘径向跳动	≤6.0
轮毂径向跳动	≤6.0		
轮毂端面跳动	≤6.0	叶轮缘端面跳动	≤15

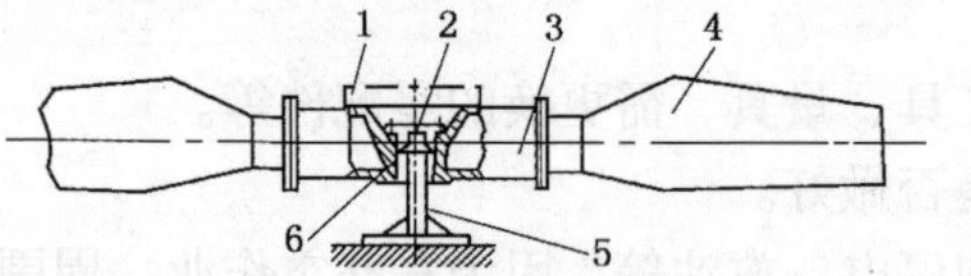

图13－7　叶轮静平衡校正法

1—水平仪；2—球面支承及座；3—轮毂；4—叶片；5—平衡装置；6—平衡垫板

叶片组装后应进行静平衡检查，方法如图13－7所示，将平衡装置放在水平台上，用水平仪找出水平。球面支撑座固定在轮毂轴上。风叶组件平稳放在平衡装置上，用水平仪可读出偏重的刻度。逐试配重，达到完全平衡为止，并将配重牢固固定在轮毂上。配重件固定后再次校验风叶组件的最终平衡状态。

叶片安装角的调整。方法如图13－8所示，测量角度工具是一把直尺和一个角度尺。先把角度尺按规定的角度调好，再把直尺放在叶片安装角的测量位置上，将角度尺放在直尺上，转动叶片，使角度尺的水平泡居中即可，叶片角度全部调整好，拧紧螺栓后，再复核一遍叶片安装角，叶片安装角允差为0.5°。

以风筒中任一点为基位，检查风机叶片高度差，要求其最大误差≤40mm，如高度差不符合要求，拧开螺栓，在正确的方向施力来修正叶片高度。均匀拧紧螺栓，重新检查叶片高度差和叶片安装角，叶片外缘和风筒壁之间的间隙为(30±5)mm。

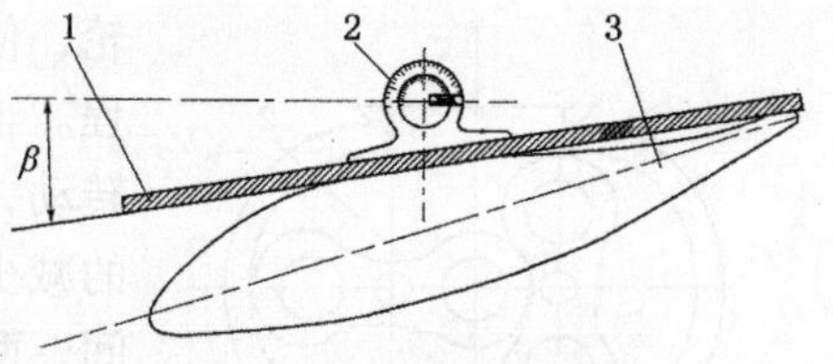

图 13－8　叶角测量法

1—板条；2—量角器；3—叶片

(3)联轴器的检修

① 严格进行转动轴直线度检查，最大直线度偏差不应超过 0.05mm/m。

② 联轴器上所附的配重块不得随意拆卸。

③ 联轴器必要时应进行动平衡检查。

4)对中找正

由于齿轮箱与电动机相互距离很远，用激光找正仪找正比较好，如果没有条件，可制作专用工具进行找正，找正方法和要求与离心泵找正要求一样，请参见第 6 章“6.1.8 离心泵的安装与检修”部分。

13.3　罗茨风机

13.3.1　罗茨风机概述

1. 用途

罗茨风机属于回转式容积式压缩机。不但用于鼓风送气，还可用于抽真空，即罗茨真空泵。如果吸入适量的水，在转子间、转子与汽缸间形成水封，这样既可以减少内泄漏，又可以消除压缩热，从而提高容积效率和绝热效率。

2. 分类

罗茨风机按电机的驱动方式可分为两种，一种是罗茨风机与电机通过弹性联轴器直连，另一种是电机通过齿轮箱驱动罗茨风机。

罗茨风机按结构型式可分为立式和卧式两种。卧式罗茨风机的两根转子中心线在同一水平面内，其进、出风口在机座的上部和下部；立式罗茨风机的两根转子中心线在同一垂直面内，其进、出风口在机座的两侧。通常情况下，流量大于 $40m^3/min$ 时制成卧式，流量小于 $40m^3/min$ 时制成立式。

3. 特点

罗茨风机的优点是：送风量与回转数成正比，当罗茨风机的出口阻力有变化时，输送的风量并不因此而受显著的影响；并且其结构紧凑、占地面积小、重量轻；运行稳定、效率高、便于维护和保养；除轴承和齿轮等传动件外，各工作件不需要润滑；排气不含油分，所输送的气体纯净、干燥；因机内无相互摩擦的零部件，对含有一定灰尘的空气也可使用。

罗茨风机的缺点是：加工制造比较麻烦，转子质量不易保证，造价高；运转中噪音较大。

13.3.2　罗茨风机的工作原理与构造

1. 罗茨风机的工作原理

罗茨风机的工作原理如图 13－9 所示，由两只腰形渐开线转子通过主、从动轴上的齿

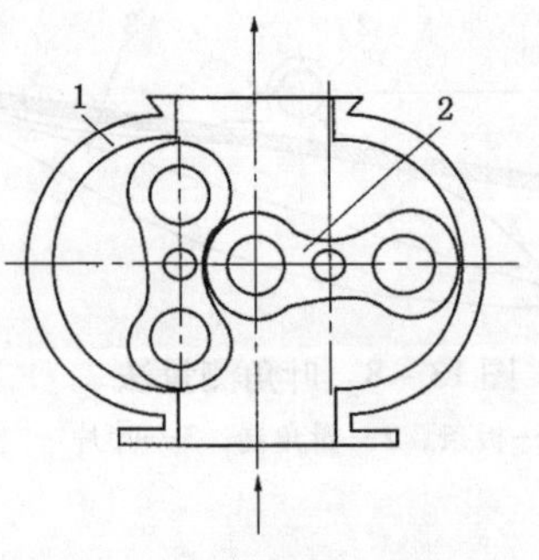

图 13-9　罗茨风机工作原理
1—外壳；2—转子

轮，使两根转子作等速反向旋转，完成吸气、压缩和排气过程。当左侧转子作顺时针方向转动时，右侧转子作逆时针方向转动，气体从下面进口吸入；随着旋转时所形成的工作室容积的减少，气体受压缩，最后从上面出口排出。两转子相互之间、两转子与机壳及墙壁板之间，既要保证相互不发生碰撞，又要保证不因间隙过大影响效率；同时，由于两根转子在运转中，始终保持只有微小的间隙，把进入气体和排出气体相互隔绝，使排出的气体尽量不返回进气室中。

罗茨风机的两叶轮相互之间，以及叶轮与墙板、机壳之间均应保持适当间隙，以保证风机的正常运行。间隙过大则气体被压缩时通过此间隙的气体漏损量增大，风机性能下降，也就是气体在一定压力下通过的流量减小；反之，当间隙过小时，由于叶轮的散热情况比机壳墙板差，热膨胀的不均匀性会使运行间隙更小甚至发生叶轮间咬死、擦壳等设备事故。

2. 罗茨风机的构造

罗茨风机是由机壳、前后墙板、叶轮、主轴、从动轴、密封、同步齿轮付、轴承、电动机、底座等部件组成，图 13-10 所示是 L36 型的风机装配图，一些较大型罗茨风机还带有润滑油循环系统、减速装置、除尘器、消声器以及安全阀等。

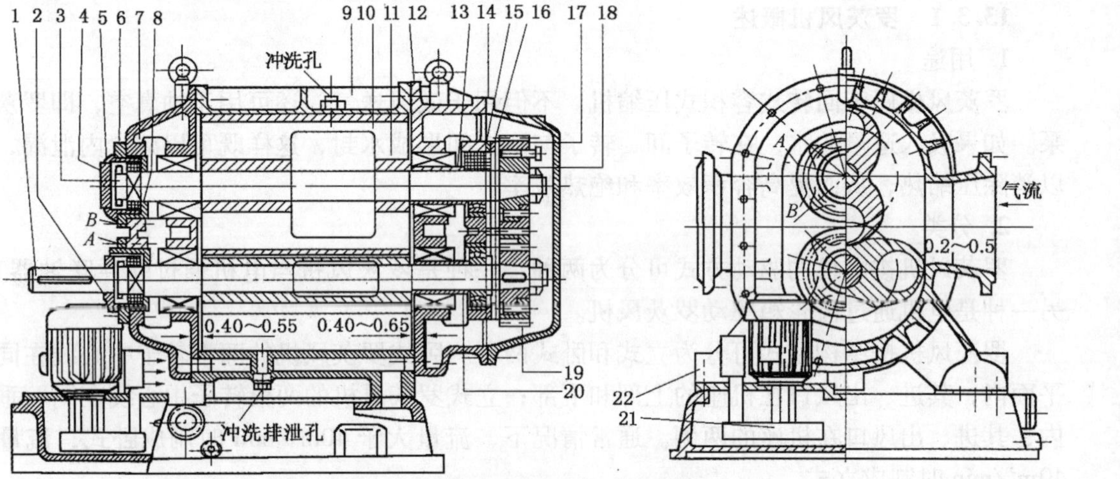

图 13-10　L36 型罗茨风机的装配图

1—主轴；2，8—圆形环；3—从动轴；4，16—轴承盖；5，20—轴承；6，15—轴承座；7—前墙板；9—机壳；10—叶轮；11—轴端密封；12—后墙板；13—衬套；14—齿轮箱；17，19—齿轮圈；18—轮毂；21—电泵；22—油管

（1）机壳及墙板　罗茨风机的机壳和前后墙板组成密闭空间，保证输送气体的吸气、压缩和排出的过程。罗茨风机的机壳有整体式和水平剖分式两种。整体式（立式或卧式）结构简单，制造方便，但安装和调整间隙比较困难，仅用于小型罗茨风机。对于性能参数较大的罗茨风机，一般采用卧式结构，机壳和两端墙板均采用水平剖分式结构。虽然水平剖分式结构机械加工要求较高，制造工艺比较麻烦，但由于安装及调整间隙比较方便，因而被广泛采用。罗茨风机的机壳上部和底部均设有冲洗孔，专供输送不干净或含有沉积物的介质时注入溶剂冲洗风机内部时使用。

罗茨风机的两侧墙板，支撑着两根转子。小型罗茨风机的两侧墙板都制成整体式。性能参数较大的罗茨风机，墙板采用水平剖分式结构，这种结构的特点是把密封室和轴承室隔开，当输送易腐蚀介质时可以避免腐蚀介质对轴承的腐蚀，延长轴承的寿命。

(2) 转子　罗茨风机的转子由叶轮和轴组成，小型罗茨风机的叶轮可以制成实心的，大、中型叶轮为了减轻重量，可以制成空心的。叶轮的风叶型线有渐开线、摆线、包络线及圆弧线等。我国目前风机行业最常用的是两叶渐开线直线形风叶，此风叶与其他类型风叶相比，具有较大的排出风量，而且容积效率最高。

(3) 轴封装置　罗茨风机的轴封装置有涨圈式、迷宫式、填料式、机械密封式、骨架油封式等，针对不同的环境、不同的介质、不同的转速，可采取不同的密封方式。

(4) 传动齿轮　罗茨风机的传动齿轮分为主动齿轮和从动齿轮，两齿轮的齿数和模数均相同，所不同的是从动齿轮的轮毂上有四个椭圆形孔和两个销钉孔，用于调整转子的径向间隙。传动齿轮在安装时，要保证两个齿轮同步旋转，以避免引起卡死现象，故装配时齿轮有较小的侧隙。但是，随着运行时间的增加，磨损加大，引起侧隙增加，当齿轮侧隙接近叶轮间最小间隙时，两叶轮易发生撞击现象，从而破坏罗茨风机的运行，甚至发生设备事故。传动齿轮的型式，有直齿圆柱齿轮、斜齿圆柱齿轮和人字齿轮。直齿圆柱齿轮制造方便，其缺点是转速较高时容易引起冲击，且噪声较大。斜齿轮传动轴向力较大。人字齿轮运转平稳，噪声小、强度高，但制造、安装和调整比较复杂。

(5) 轴承　罗茨风机的轴承可采用滚动轴承和滑动轴承。滚动轴承摩擦系数小、轴向尺寸小、径向间隙小、维护方便，因而使用广泛。滑动轴承可用在高转速场合，其承载能力大，结构间单，现场施工容易。

(6) 润滑　对于一些小型罗茨风机，其轴承和齿轮的润滑一般采用润滑脂(或甩油润滑)，润滑系统简单；而一些较大型的罗茨风机，就有比较完整的油路系统，包括油箱、过滤器、油冷器、油泵、单向阀和仪表装置等。油路系统工作良好，才能保证罗茨风机正常工作。

13.3.3 罗茨风机主要工作参数

1. 排气量的计算

叶型为渐开线的两叶罗茨风机理论排气量 Q_{th} 为

$$Q_{th}=0.8545D^2Ln$$

式中 D——转子直径，m；

L——转子宽度，m；

n——转速，r/min。

2. 间隙的选取与热膨胀值的计算

1) 间隙的选取

当机壳与转子材料相同时：

$$\delta_2=(0.0005\sim0.001)D$$

$$\delta_1=\delta_3=\delta_4=(0.001\sim0.0015)D$$

式中 D——转子直径，m；

δ_1——转子间的间隙，mm；

δ_2——转子顶部与转子腰部的间隙，mm；

δ_3——转子与壳体横向间隙，mm；

δ_4——转子与壳体纵向间隙，mm。

当机壳与转子材料不相同时，则根据压力比算出温升和热膨胀量，确定间隙时应预留热膨胀值。

2）热膨胀值的计算

（1）确定转子间的间隙 δ_1 时预留的热膨胀值 Δ_1 为

$$\Delta_1 = A_1(a_r t_r - a_e t_e)$$

式中 A_1——两转子间的中心距，mm；

t_r——转子平均温度，取进、排气温度的平均值，℃；

t_e——机壳平均温度，取转子平均温度与进气温度的平均值，℃；

a_r，a_e——转子与机壳的线胀系数，$℃^{-1}$。

（2）确定 δ_2 时预留的热膨胀值 Δ_2 为

$$\Delta_2 = R(a_r t_r - a_e t_e)$$

式中 R—转子最大半径，mm。

（3）确定 δ_4 时预留热膨胀值 Δ_4 为

$$\Delta_4 = L_4(a_r t_r - a_e t_e)$$

式中 L_4—转子长度，mm。

13.3.4 罗茨风机的安装与检修

1. 罗茨风机的安装（一般都是整体安装）。

（1）安装前的准备工作　参照本章“13.2.3L 系列冷却塔轴流式风机的安装与检修”部分。

（2）安装要求　罗茨风机的安装要求如下：

① 罗茨风机的纵向横向水平度误差 <0.05mm/m；

② 罗茨风机输入轴与电机轴的同轴度 <0.06mm；

③ 联轴器端面与半联轴器端面的平行度 <0.05mm；

④ 联轴器安装时的轴向间隙应控制在 2 ~6mm 范围。

（3）安装步骤　参考第 6 章“6.1.8.1 离心泵的安装”部分。

2. 罗茨风机的检修

1）拆卸

罗茨风机的结构型式不同，其拆卸方法有所不同。在拆卸之前应注意如下几点：

（1）测量检查被拆卸部件相互之间的装配间隙。对于关键零件的装配，应作好记录，如罗茨风机的同步齿轮，以免回装时发生错误。

（2）拆卸下来的结合面垫子和调整垫片应妥善保管，其装配位置和厚度应作好记录，作为回装依据。

（3）不同的零件，要选择适当的工具来进行拆卸。杜绝野蛮拆卸，以免损坏零件，影响装配质量。

以 L36 型罗茨风机（图 13－10）为例，其拆卸过程如下：

（1）拆卸电机地脚螺栓和电机电源线，将电机吊开。

（2）拆卸罗茨风机的进、出口管道和机体的连接螺栓。

（3）拆除润滑系统及其油管。

（4）拆除罗茨风机的联轴器。

（5）拆除齿轮箱盖 14。

（6）拆除齿轮锁帽，取下同步齿轮，其装配的相对位置作好记号。

（7）拆除轴承压盖16；拆除轴承盖4，如果有端面垫子，注意保存；拆除轴承锁帽，然后将轴承座6和轴承5一并拆除。

（8）拆除前后墙板连接螺栓，然后将前后墙板拆除，拆除时应注意将两根转子固定好，避免造成两根转子碰撞。

（9）将两根转子缓慢吊出，并放置妥当。

（10）拆除前后墙板中的油封。

2）检修

（1）联轴器

① 检查联轴器是否有裂纹，如有应更换。

② 检查联轴器与轴的配合情况，包括内孔与轴的配合(H7/K6)，键与键槽的配合。

③ 检查键与键槽的配合。

④ 检查弹性橡胶圈的磨损情况，磨损严重应更换。

⑤ 检查联轴器螺栓，有磨损、弯曲、裂纹等情况应更换。

（2）机壳、墙板、齿轮箱

① 将机壳、墙板、齿轮箱清洗干净。

② 用放大镜检查机壳、墙板、齿轮箱的内、外表面，特别是内表面，观察是否有摩擦、碰撞痕迹。如果有，可以用着色探伤做进一步检查。在回装时，应该找出原因进行纠正。

③ 检查机壳、墙板、齿轮箱各结合平面有无弯曲、变形、砂眼等缺陷。

（3）转子组件

转子组件是由轴、轴套和叶轮组成，如果检查没有缺陷，就不必将叶轮拆卸。

① 将转子组件清洗干净。用着色探伤检查转子组件是否有表面裂纹，用超声波探伤检查轴颈是否有内部裂纹。

② 宏观检查轴和叶轮有无毛刺、凹痕和锈蚀，对于轻微的毛刺、凹痕和锈蚀，可用细锉刀修磨，然后用细砂布抛光。

③ 检查转子的弯曲和轴颈的圆度、圆柱度，保证符合装配技术要求；检查轴颈和轴承的配合尺寸，如果轴颈磨损较大，可以采用镀铬或者喷镀方法对轴颈进行修复。

④ 检查叶轮表面和轴向平面有无摩擦痕迹，如果有摩擦痕迹，说明罗茨风机的运行存在缺陷，一定要找出原因，并做出适当处理。

⑤ 转子修配时，要保证轴和叶轮的装配精度。重新装配后的转子，需要进行平衡校正。当 $B/D<0.2$（B 为转子厚度，D 为转子直径）时，只需做静平衡校正；当 $B/D>0.2$ 时，还需做动平衡校正。

（4）轴承

罗茨风机使用的轴承，大部分采用滚动轴承，只有较大型的罗茨风机才采用滑动轴承。

滚动轴承的检修过程如下：

① 检查轴承的内、外圈和滚珠有无生锈、裂纹、碰伤、变形等。

② 转动轴承，检查是否轻松，有无卡阻现象。

③ 检查轴承原始间隙是否符合要求，有无磨损。

④ 检查轴承外圈与轴承座的配合间隙是否符合要求。

⑤ 更换轴承时，轴承的安装采用热装法。

⑥ 轴承在安装过程中，其定位轴承要保证转子的轴向窜量。在实际工作中，其轴向间隙一般取 0.02 ~ 0.06mm，也可以用经验公式求得。

滑动轴承的检修过程如下：

① 检查轴瓦的瓦衬是否有裂纹、脱落现象。

② 检查轴瓦与轴颈的接触情况。

③ 检查轴瓦的顶隙和侧隙符合要求。

当顶隙小于规定数值时，可在上下瓦之间加垫调整；当顶隙大于规定数值时，可在上下瓦之间减去部分垫子。不允许刮削上下瓦之间的结合面来调整间隙。

④ 检查轴瓦瓦背压紧力，瓦背紧力通常控制在 0.03 ~ 0.06mm。

(5) 同步齿轮

同步齿轮是保证罗茨风机两根转子径向间隙的重要部件。在一般情况下，不允许拆除销钉。因为在拆装的过程中，很容易影响到转子的间隙。

① 检查齿圈是否有毛刺、裂纹。

② 检查齿轮齿表面的接触情况。

③ 齿轮的侧隙和顶隙符合要求。侧隙一般取(0.06 ~ 0.10)m(m 为齿轮模数)，顶隙一般取 0.25m。一般采用压铅法或打表法测量。

④ 检查齿轮和轴颈的配合情况、键与键槽的配合情况，应符合技术要求。

(6) 密封装置

① 填料密封装置结构简单，但密封效果不理想，可靠性差，摩擦损耗大，经常更换。每次检修时，要检查填料位置轴的磨损情况。新装配的填料，不宜压得过紧，运行一段时间后，再逐渐紧固填料，这样可以避免填料发热。

② 涨圈式和迷宫式轴封装置属于非接触式密封，其寿命长，不易磨损，结构简单。但泄漏量大，轴向尺寸较长，不宜输送有毒、有害和易爆气体。

对于非接触式密封在安装时应注意：密封体上的气封片不得有松动现象；气封片的顶端应锐利，不应有歪斜和扭曲；气封片应与转子上的凹槽对准，轴向窜动量应小于气封片间的轴向间距；检查气封径向间隙，应满足技术要求；涨圈环要活动自如，防止卡阻现象。

③ 骨架油封装置结构简单，容易老化，需要定期更换。为了保证密封效果，拆卸检查时应观察橡胶是否还有弹性，轴颈与油封密封唇的接触处是否光滑，是否有过盈量。

④ 机械密封装置的特点是密封效果好，可靠性高，使用寿命长，功耗小。但是其结构复杂，成本高，装配要求高。

在现场安装时应注意：检查机械密封各组件是否齐全；检查动静环的密封面有无缺陷，表面粗糙度是否达到要求；检查轴或轴套表面是否光滑，特别是轴套与动环密封处，不允许有沟痕、毛刺；检查所有橡胶密封圈，原则上每次拆装都应更换；轴的轴向窜量不应超过 0.25mm；装配时，要保证机械密封的压缩量。

(7) 润滑装置

① 齿轮油泵解体清洗检查。要求齿轮两端面与轴孔中心线垂直度不大于 0.02mm/100mm。两齿轮宽度应一致，单个齿轮宽度误差不得大于 0.05mm/100mm，齿轮两端面平行度不大于 0.02mm/100mm，齿轮端面与端盖的轴向间隙为 0.05 ~ 0.10mm，齿轮与壳体径向间隙为 0.10 ~ 0.15mm。

② 油箱和油管清洗、疏通，检查油管接头是否完好。

③ 油过滤器拆卸、检查。清洗过滤网上的油泥、污垢，检查滤网有无破损。

④ 油冷器拆卸、清洗。检查其管程、壳程和封头符合要求；对油冷器进行水压试验，检查油冷器有无泄漏现象并消除。

⑤ 油压调节阀清洗并检查零部件是否完好。

⑥ 油泵安全阀拆卸、清洗。检查零部件是否完好，阀芯、阀座的密封面不得有划痕、坑洼缺陷，表面粗糙度达到技术要求。

当罗茨风机所有零部件都进行检查、修理并符合技术要求后，才能进入回装阶段。

3）回装

罗茨风机的型号较多，其回装顺序不尽相同，现以L36型罗茨风机（图13－10）为例对其装配过程作简要介绍。

① 将两根转子组件吊入机壳内，起吊要小心，避免两根转子碰撞损坏、变形。

② 安装前后墙板，装配定位销并拧紧固定螺栓。

③ 装入油封，注意其油封弹簧不要脱落。L36型罗茨风机采用三组油封，油封和衬套装配到位后，安装油封压盖并紧固螺栓。

④ 前后轴承座安装到位。由于轴承座6还要参与调整叶轮的轴向间隙，其轴承座6与前墙板的间隙暂时调整到拆卸时测量的间隙。

⑤ 安装前后轴承。轴承一定要安装到位，紧贴轴肩，上好轴承锁帽。

⑥ 安装前后轴承压盖。前轴承压盖如果有端面垫片，应照原来的垫片厚度回装，然后将压盖螺栓紧固。

⑦ 调整叶轮与前后壁板之间的轴向间隙。如图13－11所示，主轴和从动轴左端轴承座上有A、B两螺钉，先拧松螺钉A，再旋紧螺钉B，叶轮就向左移动，使叶轮和前墙板的间隙减小，叶轮和后墙板的间隙增大；反之，先拧松螺钉B，再旋紧螺钉A，叶轮就向右移动，使叶轮和前墙板的间隙增大，叶轮和后墙板的间隙减小。调整时，先用塞尺检查叶轮和前后墙板之间的间隙，分清调整方向，并注意轴承座上的法兰边和前墙板上的轴承座的法兰平面之间的间隙，并随时用塞尺进行检查，应使四边间隙基本一致，以保证轴承座与墙板孔中心的同轴度。如果叶轮与前后墙板之间的轴向总间隙大于技术要求，就要在机壳与后墙板之间减去纸垫，然后再重新进行调整。

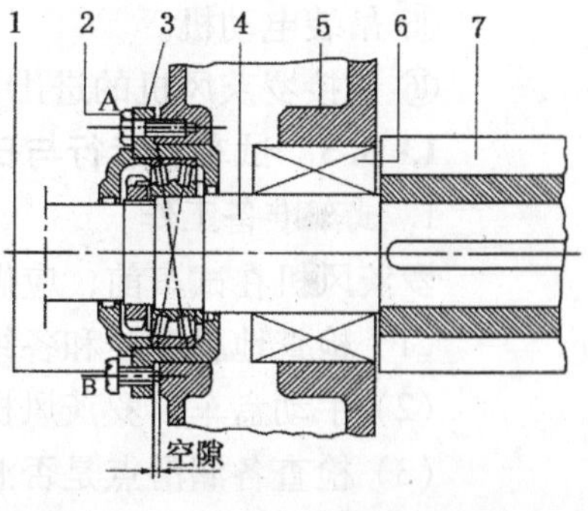

图13－11　叶轮轴向间隙的调整

1—螺钉B；2—螺钉A；3—轴承座；4—轴；5—前墙板；6—轴端密封；7—叶轮

⑧ 转子定位。前后轴承安装到位后，检查两根转子的轴向窜量，一般控制在0.20～0.30mm范围内。通过加减前轴承盖4与轴承座的端面垫片达到要求，增加垫片就增加轴向窜量；减少垫片就减小轴向窜量。如果将垫片全部减完，轴向间隙仍然偏大，就需要在轴承座与轴承的外圈接触面上加钢环来调整轴向窜量。

⑨ 装配同步齿轮。主、从动转子放在90°的位置，装上键和齿轮组件，注意两副齿轮安装相对位置，按拆卸前所作记号原位装回，然后上紧齿轮锁帽。

⑩ 检查、调整两转子之间的径向间隙。当传动齿轮装配好后，检查两根转子之间的间隙，看是否符合技术要求。如果不符合要求，就需要调整间隙。调整间隙前，应先测量6点

间隙，如图 13－12 所示的Ⅰ、Ⅱ、Ⅲ点和回转 180°后相对应的 3 点，共计 6 个点的间隙。调整方法通常是调整从动齿轮，在从动齿轮的轮毂上将两个圆锥销拔出，松开 4 个圆弧上的螺母，然后，轻轻敲打从动转子，边敲打边测量两转子之间的间隙，直到将转子间隙调到规定范围内；同时检查同步齿轮的侧隙和顶隙符合要求；拧紧齿轮轮毂上的 4 个螺栓，并将两个锥形孔重新用手动纹刀纹孔，安装圆锥销钉进行固定。

⑪ 检查调整转子与机壳的间隙。转子的间隙调整完毕后，检查叶轮与机壳间隙，看是否符合技术要求。如果不符合要求，仍要调整间隙。松开前后墙板螺栓，应分别调整前后墙板，边调整边测量，直至间隙都符合要求为止，然后再上紧前后墙板的连接螺栓。

对于罗茨风机来说，转子之间的间隙、转子与机壳之间的间隙、转子端面与机壳轴向平面之间的间隙是三个最为重要的间隙，是整个安装工艺中最重要的一环，将直接影响机器的装配质量和运行质量。

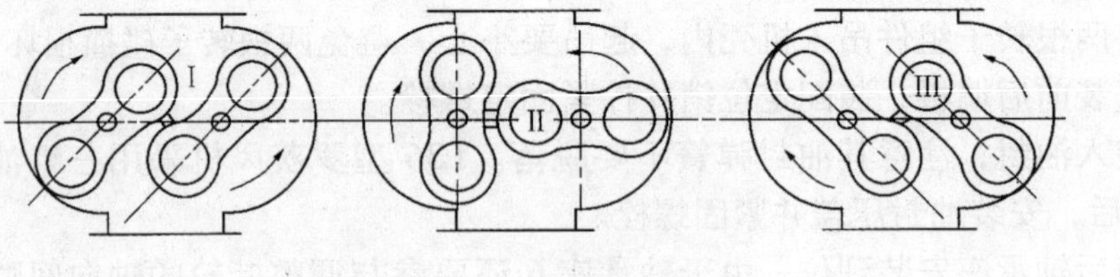

图 13－12　转子间隙测量点

⑫ 吊装齿轮箱盖 14，紧固螺栓。

⑬ 安装罗茨风机联轴器。

⑭ 连接润滑系统及油管。

⑮ 吊装电动机。

⑯ 连接罗茨风机的进出口管道。

13.3.5　试车、运行与日常维护

1. 试车准备工作

罗茨风机在试车前，应做好各种准备工作和各项检查，具体检查要求如下：

(1) 检查地脚螺栓和各结合面螺栓是否紧固。

(2) 手动盘车，罗茨风机在旋转一周的范围内，转动是否均匀，有无摩擦现象。

(3) 检查各润滑点是否润滑到位，油箱油位是否符合要求。

(4) 检查冷却水阀是否完好，冷却水是否畅通。

2. 试车

(1) 单独运行油泵，检查油泵的声音、振动是否正常。调整油泵的出口油压，使其达到要求的数值。

(2) 打开罗茨风机的进、出口阀门。

(3) 启动电动机，检查电动机的运转方向是否正确，电流是否正常。

(4) 检查机组的声音、振动是否正常，罗茨风机内部是否有异常响声，罗茨风机轴承的最大振幅见表 13－2。

表 13－2　罗茨风机轴承的最大径向振幅

转速/r·min⁻¹	≤500	500～600	600～800	800～1000	1000～1500	1500～2000	2000～3000
振幅/mm	0.24	0.20	0.16	0.14	0.11	0.10	0.06

(5) 检查润滑系统的油温、油压是否正常。

(6) 检查机组和进出口管线上是否有泄漏，以及密封装置的密封效果是否良好。

(7) 检查仪表指示和自动控制是否正常。

(8) 检查轴承温度是否正常，轴承的工作温度一般在 50 ~65℃，不应超过 70℃。

(9) 检查附属装置如消声器、安全阀等是否有缺陷。

13.4 故障原因及处理

L 系列冷却塔轴流式风机常见的故障原因及处理方法见表 13 -3。

表 13 -3 L 系列冷却塔轴流式风机常见的故障原因及处理方法

序号	故障现象	故障原因	处理方法
1	风机振动	传动轴弯曲，不平衡	校直，重新校动平衡
		叶轮轴孔与轴配合不严	刮研轴孔保证紧密配合
		齿轮箱与电机中心线不重合	重新调整
		叶片没有按号回装，叶片失去平衡	检查按号回装，做静平衡
		风机基础刚度不够	加固基础
		紧固件松动	检查紧固件
2	轴承温度突然升高	减速箱体润滑油流道被污物堵死断油	检查、清洗油道
		油位过低，油的飞溅量过小	加油到规定油位
		轴承磨损	更换新轴承
		安装错误	重新校正

罗茨风机常见的故障原因及处理方法见表 13 -4。

表 13 -4 罗茨风机常见的故障原因及处理方法

序号	故障现象	故障原因	处理方法
1	风量波动或不足	过滤器网眼堵塞	更换或清洗过滤器
		间隙增大	校对间隙
		传动皮带打滑，转速不够	调整或更换皮带
		管道法兰漏气	更换衬垫或紧固螺栓
		轴封装置漏气	修理或更换
		安全阀漏气	研磨或更换
2	电机过载	管路压力损失增大	校对进出口压力
		转子与壁板接触或两转子撞磨	调整转子轴向间隙或调整同步齿轮
3	机体过热	油位和油黏度不当或油不清洁	调整油位或更换润滑油
		两支承轴承不同轴或风机轴与电机轴不同心	修复或调整两轴同心度
		轴瓦接触不良或间隙过小	刮研或调整轴瓦
		轴承的定位轴向间隙不当	调整间隙
		轴承压盖紧力过大或轴瓦间隙过小	调整紧力和间隙
		滚动轴承损坏	更换轴承
		压力比增大	检查进出口压力
		转子与壁板接触	调整转子轴向间隙

续表

序号	故障现象	故障原因	处理方法
4	敲击声	同步齿轮与叶轮转子位置不当	按规定位置调整
		装配不良	重新装配
		压力波动	检查调整
		齿轮损坏	更换齿轮
5	轴承和齿轮严重损坏	润滑不好	更换润滑油
		润滑油量不足	添加润滑油，更换轴承和齿轮
6	密封泄漏	密封部件装配不当	重新装配
		密封环内进入杂物	清洗或更换
		转子振动过大	消除转子振动
		密封部件有损坏	更换合格部件

第14章 相关工种

14.1 机 加 工

14.1.1 切削加工及其分类

切削加工是用切削工具从毛坯(如铸件、锻件、条料或板料)上切去多余的材料，使零件的几何形状、尺寸和表面粗糙度等方面均符合图纸要求的生产过程。切削加工主要用于金属的加工，如碳钢、合金钢、铸铁和有色金属等，也可以用于某些非金属材料的加工，如工程塑料和合成橡胶等。

切削加工分为手工加工和机械加工两大部分，手工加工一般由钳工手持工具对工件进行切削加工；机械加工由工人操纵机床进行切削加工。切削按其所用切削工具的类型又可分为刀具切削加工和磨料切削加工。刀具切削加工的主要方式有车削、钻削、镗削、铣削、刨削等；磨料切削加工的方式有磨削、珩削、研磨、超精加工等。

现代工业的发展，对机器设备的精度和性能提出了愈来愈高的要求。为了适应这一发展，人们在生产活动中不断地总结经验，不断地推出新的加工方法，不断地研制出精度、效率更高的加工设备。这些经验、方法和设备又反过来促进了现代工艺的发展，这就是人类社会物质资料生产和发展的过程。

14.1.2 切削用量三要素

(1) 切削速度　在单位时间内，工件和刀具沿主运动方向相对移动的距离。

(2) 进给量　在主运动的一个循环或单位时间内，刀具和工件之间沿进给运动方向相对移动的距离。

(3) 切削深度　工件上待加工表面和已加工表面间的垂直距离。

14.1.3 机械加工工艺

1. 基本概念

1) 生产过程

即从原材料进厂到产品出厂的所有相互关联的劳动过程的总和。生产过程包括原材料运输、保管、生产准备、毛坯制造、机械加工及热处理、装配检验、试车、防腐和包装等所有的工厂活动。

2) 工艺过程

即一个(或一组)工人在一个固定的工作地点对一个(或同时对几个)零件进行连续加工所完成的那部分工艺过程。

3) 机械加工工艺过程的组成

(1) 工序　一个(或一组)工人在一台机床(或一个工作地点上)上连续完成一个(或同时几个)零件工艺过程中的某一部分工作叫工序。

(2) 工步　当被加工表面、切削工具和切削用量(不包括切削深度)均保持不变时所完成的一部分工序叫工步。

(3) 走刀　在工步中，刀具对被加工表面移动一次，切去一层金属所完成的工作叫走刀。

(4) 定位、夹紧、安装　加工时必须将工件安置在机床上并使它占有一定的正确位置即定位。工件在定位以后，为使其在加工过程中能保持定位时的正确位置不变，还必须将工件夹牢或压紧。将工件按定位位置夹牢压紧称为夹紧。工件从定位到夹紧的整个过程叫安装。工件的安装方法有直接找正安装、划线找正安装和专用夹具安装三种，但无论采用哪种安装方法都要根据工件上的指定表面(或划线)作为基准来决定工件在机床或夹具上的正确位置，因此正确选择定位基准十分重要。

(5) 工位　在一次安装过程中，工件在机床上每占一个位置称为一个工位。

2. 定位原理和定位基准

1)工件定位原理

不受任何约束的物体，在空间三维坐标系中，有六个自由度，即沿三个坐标的移动(用 x、y、z 表示)和绕三个坐标轴的转动(用 X、Y、Z 表示)。因此，要使物体在空间占有确定的位置，必须限制这六个自由度。

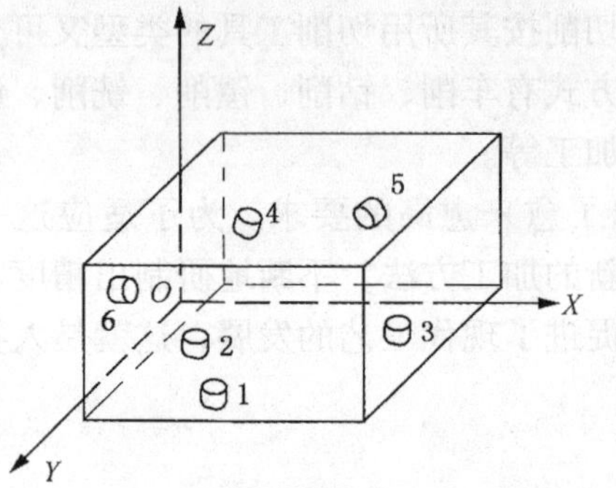

图 14－1　工件六点定位原理示意图

要完全确定工件在机床上的位置，要用分布适当的六个支承点来限制工件的六个自由度，这就是工件六点定位原理。如图 14－1 所示，六个支承点分布在三个互相垂直的坐标平面内，位于 XOY 平面上的支承点 1、2、3 限制 z、X、Y 三个自由度；位于 XOZ 平面上的支承点 4、5 限制 y、Z 两个自由度；位于 YOZ 平面上的支承点 6 限制 x 一个自由度。

定位有完全定位、不完全定位、过定位和欠定位。完全定位是指六个支承定位元件完全限制工件六个自由度的定位。不完全定位是指限制不足六个自由度的定位。由于不完全定位可简化夹具的结构，因此在满足加工要求的前提下，应尽量采用不完全定位。当支承点超过六个，或支承点虽不超过六个，但用几个支承点同时限制了同一自由度，这种定位称为过定位。过定位常使工件或定位元件在夹紧后产生变形，降低了工件的定位精度，在生产中是不允许的。当支承点少于应该限制的自由度数目，工件不能正确定位，这种定位称为欠定位。欠定位不能保证加工要求，在实际生产中是绝对不允许的。

必须指出，六点定位原理是从空间几何概念建立起来的规律，对分析任何工件的定位都适用。但夹具上限制了工件的自由度的定位元件不一定是支承点，而常采用 V 形铁、心轴、定位板、定位销、定位套上的有关表面。

2)基准及其分类

基准就是"依据"的意思。在零件工件图或实际零件上，总要依据一些指定的点、线、面，来确定另一些点、线、面的位置。这些作为依据的点、线、面，称为基准。按基准的作用不同，常把基准分为设计基准和制造基准两大类。

(1) 设计基准　在零件工作图上用于标注尺寸和表面相互位置关系的基准，称为设计基准。

(2) 制造基准　在加工零件和装配机器的过程中所使用的基准，称为制造基准。根据用途不同，制造基准又分为定位基准、度量基准和装配基准。

① 定位基准　工件在切削加工过程中，用于确定工件在机床或夹具上的正确位置的基

准，称为定位基准。

② 度量基准　用于检验已加工表面的尺寸及各表面之间位置精度的基准，称为度量基准。

③ 装配基准　在机器装配中，用于确定零件或部件在机器中正确位置的基准，称为装配基准。

必须指出，作为定位基准的点或线，总是以具体表面来体现的，这种表面就称为基面。例如齿轮孔的轴线并不具体存在，而是由孔的表面来体现的，因而孔是该零件的定位基面。

3）定位基准的选择

在零件加工过程中，合理选择定位基准对保证零件的尺寸精度和位置精度有着决定性的作用。

定位基准有粗基准和精基准两种。用毛坯表面作为定位基准的称为粗基准；用已加工表面作为定位基准的称为精基准。

（1）粗基准的选择　选择粗基准一般应遵循如下原则：

① 应选择不加工表面作为粗基准。

② 应选择加工余量最小的表面作为粗基准。

③ 作为粗基准的表面积应尽可能大，且应较为平整。若有毛刺和毛边等，应予以清除，否则定位误差过大，同时工件也不易夹牢。

④ 粗基准一般只在第一道工序中使用，以后应尽量避免重复使用。

（2）精基准的选择　选择精基准一般应遵循如下原则：

① 应尽可能选用设计基准作为精基准，即所谓"基准重合"原则。精基准应尽量与设计基准重合，否则会因基准不重合产生定位误差，有时甚至因此造成零件尺寸超差而报废。

② 加工相互位置精度较高的表面时，应尽可能选用同一个精基准，即所谓"基准同一"原则。

在实际工作中，精基准的选择要完全符合上述原则有时是不可能的，这时就要根据具体情况进行分析，选择最合理的方案。

3. 零件机械加工工艺的制定

零件机械加工工艺就是零件加工的方法和步骤。制定工艺的内容包括：排列加工工序，确定各工序所用的机床、装夹方法、加工方法、度量方法、工夹量具、加工余量、切削用量和工时定额等。将这些内容用一定形式的工艺文件表示出来就是机械加工工艺规程，即通常所谓"机械加工工艺卡片"。

1）制定零件加工工艺的要求

不同的零件，由于结构、尺寸、精度和表面粗糙度等要求不同，加工工艺是不同的。同一种零件，由于批量及工厂或车间的机床设备和工艺装备等条件不同，加工工艺也是不同的。在一定生产条件下，某一零件的加工工艺方案可以有几种，但往往只有一二种相对更为合理。因此，制定零件加工工艺时，一定要从实际出发，择优制定。一个合理的工艺方案必须满足下列要求：保证零件的全部技术要求，劳动生产率最高，生产成本最低，有良好的劳动条件。

2）制定零件加工工艺的步骤

（1）研究图纸及其技术要求　首先认真看清零件工作图，对零件的结构、尺寸、精度、表面粗糙度、材料、热处理、数量作全面系统的了解和分析，以便掌握全局，找出其中的工艺技术关键问题。必要时还应熟悉产品的装配图，了解该零件在产品中的作用。

（2）选择毛坯的类型　毛坯的选择直接影响工艺过程安排、机械加工工作量、材料消耗和生产成本。常用的毛坯有型材、铸件、锻件、焊接件等。毛坯选择要根据零件的材料、形状、尺寸、批量和工厂现有条件等因素综合考虑决定。

（3）进行工艺分析　在拟定工艺过程之间，要认真进行工艺分析，重点处理好以下三个问题：

① 确定主要表面的加工方法和步骤。

② 确定主要精基准。

③ 安排热处理工序。热处理工序在工艺过程中的安排，要根据热处理的目的决定，见图 14－2。

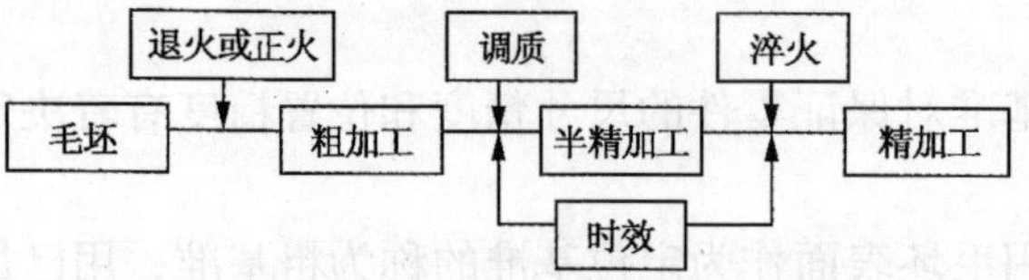

图 14－2　热处理工序安排示意图

（4）拟定工艺过程　拟定工艺过程就是把零件各表面的加工，按顺序作合理的安排，这是制定零件加工工艺的主要步骤。工序安排一般要考虑以下两条原则：

① 基准先行原则　作为精基准的表面一般应首先加工，以便用它定位加工其他表面。

② 粗精分开原则　对于具有较高精度表面的零件，一般应在全部精加工之后再进行较高精度表面的精加工。

在拟定工艺过程中，还应确定各工序所用的机床、装夹方法、加工方法和度量方法。

（5）确定各工序的加工余量、切削用量和工时定额　切削加工需从毛坯上切除的那层材料称为加工余量。从毛坯到成品总共需要切除的余量称为总余量。某工序中需要切除的余量称为工序的工序余量。工序余量的大小应按加工要求来确定。

切削用量只有在大批大量生产中为了保证流水线或自动线的统一节拍以及稳定加工质量，才予以规定。在单件小批生产中，工时定额根据经验估定。在大批大量生产中，工时定额根据计算和实践结果确定。

（6）编制工艺卡片　在上述各项内容确定之后，将工序号、工序内容、工序简图、所用机床等项内容填入规定的卡片中，就成为正式的工艺文件。一般说，单件小批生产的工艺卡片较为简单，大批大量生产的工艺卡片较为详细。

14.2 起　重

工业企业的机器及设备形式比较繁多，有高达几十米的塔类、百余米的排气筒、重几十吨甚至几百吨的压力容器等。这些大小机器设备的制造、运输、安装及检修都离不开起重吊装作业。在化工机器、设备的安装工作中，起重吊装工作量所占比重很大。为了提高起重吊装工作的效率，在起重吊装工作中必须结合当时的具体情况，因人、因地、因材制宜，选用相应可靠的起重工具和机械，编制切实可行的吊装方案。

14.2.1　起重索具与吊具

绳索是在起重吊装工作中用来捆绑、牵引、溜拉和提升物件的索引具，常用的有麻绳、钢丝绳、尼龙绳、涤纶绳及链条等。

1. 麻绳

麻绳的种类较多，常见的有白麻绳和棕绳。其编制形式分三股、四股和九股三种。

就机械性能来说，棕绳强度高于白麻绳；四、九股编制形式比三股编制形式强度好得多。一般施工现场多选用棕绳和九股编制形式的麻绳。但是，棕绳产量少，价格较高；九股编制形式比三股编制形式在制造上较为困难。因此，在施工当中应该根据情况合理选用。

麻绳又分浸油和不浸油两种。浸油麻绳有耐腐蚀和防潮特性，但由于受油中所含酸的影响，强度比未浸油麻绳大约下降10%，同时挠性下降，自重增加，成本上升，故不常被采用。但根据化工基建施工和室外作业较多的特点，棕绳多数是采用浸油的。

麻绳在使用中主要注意如下几点：

（1）麻绳多用于设置吊装工具及轻便工件的移动和起吊，或用作吊装工件的手拉溜绳。在机械驱动的起重机具中，不得使用麻绳。

（2）麻绳不得向一个方向连续扭转，以免松散或扭劲。发现上述现象时，应及时消除。

（3）麻绳使用中，严禁与锐利的物体直接接触，如无法避免时应垫以保护物。

（4）麻绳在当作跑绳使用时，安全系数不得小于10；当作绳扣使用时，安全系数不得小于12。

（5）麻绳不得与酸、碱等腐蚀性介质接触。

（6）麻绳应存放在通风干燥的地方，不得受热受潮。

（7）麻绳使用前应认真检查，当表面均匀磨损不超过直径的30%、局部触伤不超过同断面直径的10%时，可按直径缩减程度折合降低使用。如局部触伤和局部腐蚀严重的，可截去受损部分插接使用。

（8）麻绳用于滑车组时，滑轮的直径应大于麻绳直径的10倍，其绳槽半径应大于麻绳半径的1/4。

2. 钢丝绳

钢丝绳是由若干根高强度的碳素钢丝分股和植物纤维芯捻成的一种绳索。

钢丝绳索具有强度高、重量轻、挠性好、能够灵活运用，弹性大、可承受冲击性载荷，高速运行时运转稳定、没有噪音，破断前有断丝预兆、整个钢丝绳不会立即折断，成本较低等优点，所以是起重吊装操作中最广泛使用的绳索之一。

钢丝绳是首先将若干根钢丝拧成钢丝股，然后再由几个钢丝股绕一绳芯拧制成绳索的。钢丝绳所用绳芯有麻芯、棉纱芯、化纤芯、软钢芯及石棉芯等。一般情况下，常用浸油的麻芯和棉纱芯，因为这种芯的钢丝绳挠性较好，又能含较多量的润滑油，可经常从钢丝内部润滑钢丝。在高温条件下使用的钢丝绳可采用含油的石棉芯。

1）钢丝绳的种类

钢丝绳的种类很多，根据其结构形式，大致可分为普通型、复合型和闭合型三种，如图14－3所示。

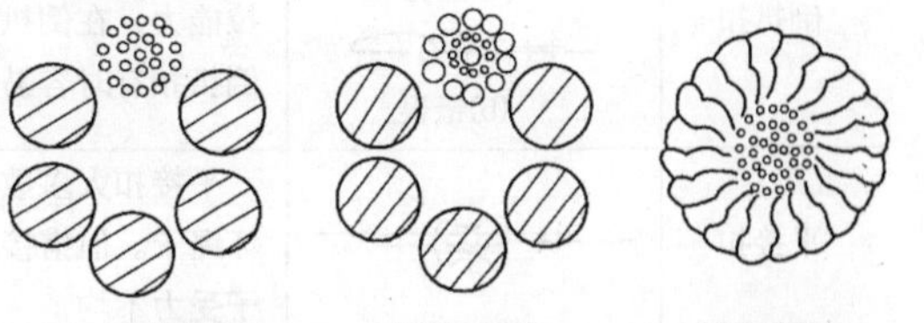

图14－3　钢丝绳的结构形式

（1）普通型　钢丝绳是由等径钢丝通常分六股与一根绳芯捻制成的。普通型钢丝绳，虽然性能不及复合型钢丝绳，但是能满足一般工种施工需要的条件，价格又较低，因此基建安装和检修吊装施工现场都采用这种钢丝绳。

（2）复合型　钢丝绳是由不等径钢丝分六股或多股与绳芯捻制成的。复合型钢丝绳结构紧密、强度高、柔曲性好，但由于结构复杂、制造比较困难、价格昂贵，所以除了特定场合和起重速度很快的机械上使用外，一般很少使用。

（3）闭合型　钢丝绳是由外层异形钢丝，内包一束等径钢丝，采用特殊方法捻制成的。闭合型钢丝绳结构紧密、强度高、表面光滑、耐磨性好、内心钢丝不受磨损，但不易弯曲、柔性不好。因此，这种钢丝绳除了在缆索起重机上使用外，一般很少使用。

在复合型和普通型钢丝绳的种类中，按其捻制形式又可分三种，即同向捻、交互捻、混合捻。

（1）同向捻　钢丝绳的股内钢丝捻向和钢丝绳股捻向相同。

（2）交互捻　钢丝绳的每股内钢丝捻向和钢丝绳股捻向相反。

（3）混合捻　钢丝绳的股内钢丝捻向与六股钢丝捻向同异交混。

同向捻钢丝绳柔曲性大、磨损小，但容易自旋、松弛、压扁和搭结。交互捻钢丝绳一般具有同向捻的钢丝绳优点，而不存在其他的缺点。混合捻钢丝绳不仅具有上述两种钢丝绳的优点，而且机械性能也比前两种好得多。虽然混合捻钢丝绳性能最好，但制造困难，价格高，所以，工程中多选用交互捻这一种。

2）钢丝绳拴接绳扣的几种常用形式

绳扣与绳插接在不同工作单位和操作现场很难一致。施工现场习惯采用的几种拴接绳扣主要有滑子扣、双滑扣、套死扣、倒扒扣、平接扣、八字扣、揹扣、抬扣和压扣，见表14－1。

表14－1　常用钢丝绳扣

绳扣名称	拴接形式	使用说明
滑子扣		滑子扣大多数是作为钢丝绳末端固定绳扣使用。但设置时应在扣环间塞以圆木或钢管，以减少绳子弯曲，降低承拉能力。其直径应不小于绳径的5倍
双滑扣（双环扣）		双滑扣大多数是作为钢丝绳中间固定绳扣使用。其他要求与单滑子扣相同
套死扣	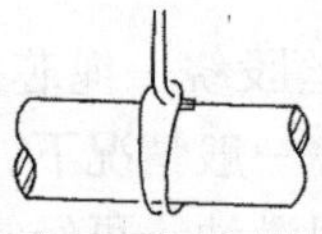	套死扣大多数是作为设备吊装捆绑扣使用。但捆绑时必须与设备扣紧，不准留有空隙。为了防止吊装时发生滑脱，一般都采取在设备体上绕一圈后结扣，或在设备圆周垫些木板条
倒扒扣	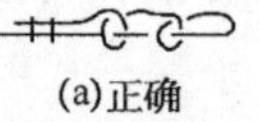 (a)正确  (b)错误	倒扒扣大多数是作为拖拉绳末端固定扣使用。为了减少绳子弯曲过大和降低承拉能力，在倒扒扣环间塞以圆木或钢管，直径应不小于绳径5倍。值得注意的是倒扒扣有时容易拴错，如图(b)的形式
平接扣		平接扣大多数是作为拖拉绳连接的一种延长扣使用。这种绳扣容易拴接，不损坏绳子。但搭接时应注意绳子两头保持一左一右，避免塞木剪断及绳扣间四根绳子受力不均
八字扣	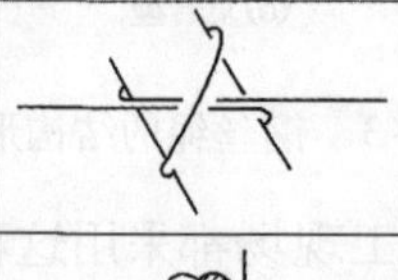	八字扣是独木、钢管桅杆和两木塔顶端拴接拖拉绳的一种绳扣。搭设时应注意两绳头引出折向后方（如图所示），以免绳子弯曲受剪，降低抗拉能力
揹　扣		揹扣是用于小物件吊装的一种绳扣，如型钢和脚手杆子向高空递送。在大型桅杆顶端无拖拉绳拴接装置时也可采用这种形式拴接拖拉绳

续表

绳扣名称	拴接形式	使用说明
抬　扣	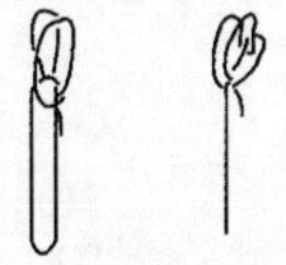 (a)双抬 (b)单抬	抬扣是在地面用人力搬运物件的一种扁担抬拉，包括单抬扣和双抬扣两种。使用抬扣要注意绳端向下拉紧，当缠绕环受力时能够压紧各绳股
压　扣		压扣一般是拖拉地面上的物件时所用的绳扣。这种绳扣可以在钩头上缠绕一圈，也可以缠绕二圈（更安全）。使用时要注意绳在钩头上的位置，过高过低都会压不住的

3）使用钢丝绳的一般要求

（1）计算钢丝绳能力应根据受载形式和施工现场来确定安全系数，不准任意降低。严禁超负荷使用。

（2）使用钢丝绳前应进行质量检查，作出评定和进行必要的处理。

（3）使用钢丝绳过程中，要经常注意避免打结、压扁、剋伤、电弧打伤、滑动摩擦、化学介质侵蚀和长时间被水浸泡等现象。

（4）钢丝绳表面应定期涂刷保护油。

（5）钢丝绳通过卷筒和滑轮组时，轮毂与绳径之比不得小于10倍。

（6）滑轮绳槽半径应大于绳半径的六分之一。

（7）接长钢丝绳应根据需要决定采用小插接和大插接形式，插接股长度不得小于规定值。

（8）从卷扬机到第一个导向滑轮的距离不得小于20倍的卷筒长度。

（9）不同的用途要选择合理的钢丝绳结构形式，如拖拉绳可选择6×19结构形式的钢丝绳，而起吊绳则选择6×37结构形式的钢丝绳。

（10）新钢丝绳开卷解开时，方法要正确，如牵引车水平延拉放劲，吊车吊起绳盘空中旋转放劲，或人工手摇放劲。避免由于方法不当使钢丝绳形成环圈扭结，绳股产生弯曲疲劳，降低使用寿命。

4）钢丝绳的维护与保养

使用或储存钢丝绳时，钢丝绳的机械磨损、自然腐蚀和局部触伤等情况是经常发生的。为了减少或避免这种情况，一般规定使用和储存钢丝绳时，要定期涂刷保护油。对长期使用的钢丝绳，至少每隔4个月要涂刷一次，短期使用不超过一年的，原则上在使用前涂刷一次即可。

对于入库储存的钢丝绳，除了预先将绳表面污垢清除干净涂刷一层保护油外，还应把钢丝绳轻松卷成圆盘，平放在木板台上，以防受潮，造成损失。

3. 绳卡

绳卡是固定拖拉绳端头及其他绳索的一种构件，主要用来夹紧钢丝绳末端或将两根钢丝绳固定在一起，又名卡子。绳卡有两种常用形式，一种是U形卡子，另一种是L形卡子。U形卡又分骑马式和压板式，其中骑马式绳夹是一种连接力强的标准绳夹，应用比较广泛。L形卡又称拳握式。它的制作材料可用Q235以上碳钢。绳卡的技术规格见表14－2。

表 14-2　绳卡的技术规格

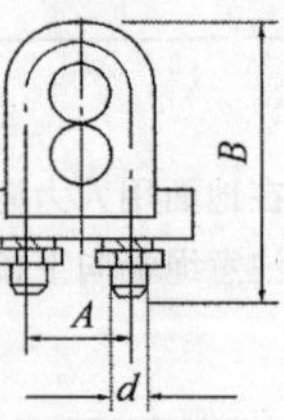

型　号	适用最大钢丝绳直径/mm	螺栓直径 d/mm	螺栓中距 A/mm	螺栓全距 B/mm	卡扣数量/个
Y1-6	6.2	6	14	35	2
Y2-8	8.7	8	18	44	2
Y3-10	11	10	22	55	3
Y4-12	13	12	28	69	3
Y5-15	17.5	14	33	83	4
Y6-20	19.5	16	39	96	4
Y7-22	21.5	18	44	108	4
Y8-25	26	20	49	122	5
Y9-28	30	22	55	137	5
Y10-32	36.5	24	60	149	5
Y11-40	43	24	67	164	6
Y12-45	47.5	27	78	188	6
Y13-50	52	30	88	210	6

在起重作业中，对于钢丝绳的末端要加以固定，通常使用绳卡来实现。用绳卡固定时，其数量和间距与钢丝绳直径成正比，见表 14-3。

表 14-3　绳卡使用标准表

钢丝绳直径/mm	11	12	16	19	22	25	28	32	34	38	50
绳卡的个数	3	4		5				6	6	8	
绳卡间距离/mm	80	100		120	140	160	180	200	230	250	

在使用绳卡时，应该注意以下几个方面：

（1）开口可朝一个方向排列，也可朝两个方向相对排列。

（2）为保证安全，每个绳卡应拧紧至卡子内钢丝绳压扁 1/3 为标准。

（3）钢丝绳受力后，要认真检查绳卡是否移动。如钢丝绳受力后产生变形，则要对绳卡进行二次拧紧。

（4）起吊重要设备时，为便于检查，可在绳头尾部加一保险绳夹，观察是否出现移动现象，以便及时采取措施。

（5）绳卡应装有弹簧垫圈，以防螺帽在受力过程中松动。安装螺帽时应将螺纹预先用油稍加润滑。

（6）固定钢丝绳时，头一个绳卡应靠近绳环，使绳环能充分夹紧。安装绳卡时，应使 U 形螺栓的弯曲部分在钢绳圈的短头处。绳卡间距不应小于钢丝绳直径的 6 倍。绳卡的数量不得少于 2 个。

4. 吊环

吊环是起重作业中常用的取物构件，又名卸扣、卡环，外形似 U 字形，可用带螺丝的横栓来封闭开口。它用 Q235 或 15、20、40 钢等锻制而成。

吊环的承载能力，可以从技术规格表中方便地查得。但是，在施工现场手边往往无表可查。为方便对某一吊环的承载能力作出判断，下面介绍一个估算公式：

$$P = \frac{10D^3}{L}$$

式中 P——吊环承载能力，kN；

D——吊环横轴直径，cm；

L——横轴间距，cm。

值得注意的是，5t 以下吊环与计算出的结果相差较大。

在使用吊环时，要注意如下几方面：

（1）不得超负荷，以防止出现问题。

（2）为防止吊环横向受力，在连接绳索时，应将其中一根套在横销上，另一根套在弯环上，不准分别套在吊环的两个直段上面。

（3）起吊作业完毕后，要及时卸下吊环，并将横销插入弯环内。

（4）吊环上的螺纹部分，要定时涂油，保证其润滑不生锈。

（5）吊环要存放在干燥的地方，并用木板将其垫好。

（6）不准使用横销无螺纹的吊环，如必须使用时，要有可靠的保障措施，以防止横销滑出。

14.2.2 起重机具

1. 千斤顶

千斤顶是一种可用较小力量就能把重物顶高、降低或移动的简单的起重设备，其名称习惯上的叫法有很多，如顶重机、举重器、顶镐等，其顶升高度一般为 100～300mm，起重能力从 10kN 至几千 kN 不等，因此在升降高度不大时，可用于升降重型零、部件。千斤顶也常用作压装配合件，对轴类零件矫直及进行其他安装工作。一般千斤顶由于其工作行程并不大，因此，当要求顶升重物至相当大的高度时，就必须分几次进行。在此情况下，一般采用枕木垫承顶起重物，逐步顶高。

千斤顶结构轻巧，搬运方便，维护简易，因而应用广泛。按结构可分为三大类：螺旋千斤顶、液压千斤顶和齿条千斤顶。而使用最广泛的为前两种。

1）螺旋千斤顶

如图 14－4 为螺旋千斤顶结构图，它主要由主架、底座、锯齿形螺杆、伞齿轮、螺母、升降套筒、特制推力轴承及棘轮组等主要零部件组成。使用时，扳动摇柄，联动螺杆或螺母就能使螺杆作升降运动。螺旋千斤顶的螺杆有一个重要特点：具有“自锁性”，也就是如果不是人为地旋转螺杆，在任何重载下，也不会自动退回。

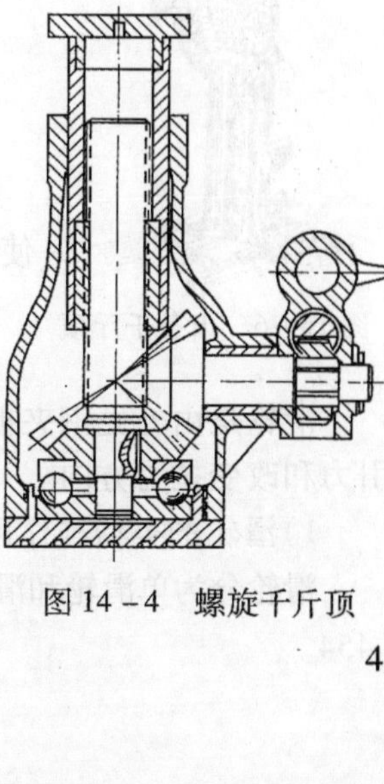

图 14－4 螺旋千斤顶

使用螺旋千斤顶时注意要点：

（1）在顶升重物之前，必须放正千斤顶位置，使之保持垂直，以防螺杆偏斜弯曲发生事故；

（2）应注意不得超过容许的最大顶重能力，防止超负荷而引发事故；

(3) 顶重时，应均匀用力摇动手柄，避免上下冲击而引起事故和损坏千斤顶；

(4) 使用和保管中，须注意用黄油润滑，免使过度磨损，降低使用寿命；

(5) 放松千斤顶使重物降落之前，必须事先检查重物是否已经支垫可靠；放落时，应缓慢进行。

2)液压千斤顶

如图14－5为液压千斤顶结构图，它由钢的壳体(储液缸)、活塞、液压泵(介质为水或油)和阀等组成。工作时，利用千斤顶的手柄驱动液压泵，液压泵在几百个大气压下将液体压入液压缸内，推动活塞上升，顶起重物。

使用液压千斤顶时注意要点：

(1) 液压千斤顶的储液缸和液体须经常保持清洁，任何混浊渣滓都将促使活塞顶升遭受阻碍，导致顶伸速度缓慢，甚至发生故障。

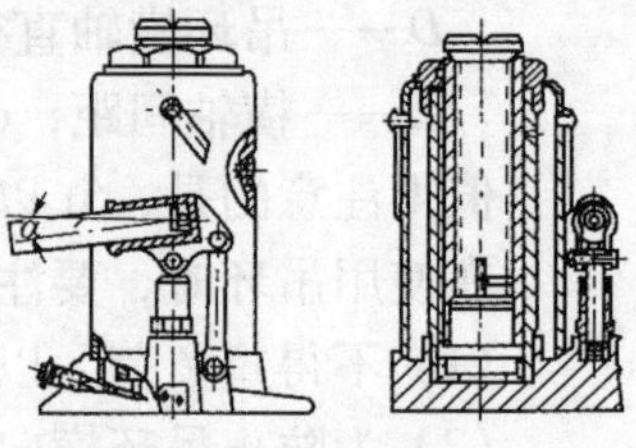

图14－5　液压千斤顶

(2) 工作时，液压千斤顶只允许在垂直方向且安放于稳固平整结实的基础上使用，不允许倾斜及水平方向使用。松软地面或脆性表面，都不能直接放置千斤顶，而必须垫以木枕或架立支承，以承受重压，并保证不使顶升时出现千斤顶下陷、歪斜，甚至卡住活塞等现象。

(3) 须注意活塞容许的顶升高度，防止顶升重物时超过容许高度，引起事故。

(4) 为防止千斤顶超负荷而发生事故，千斤顶应附装压力表，并在使用前对其做必要的检验，以保证读测压力指示的可靠性。

(5) 为防止长时间顶举或突然下降，必要时应在顶升部分做临时垫承，以利安全，并避免和减少密封圈损伤。

(6) 应特别注意，在确认重物垫牢后，方可拆下千斤顶。

(7) 使用和保养时，均须保持千斤顶活塞清洁、防锈。

3)齿条千斤顶

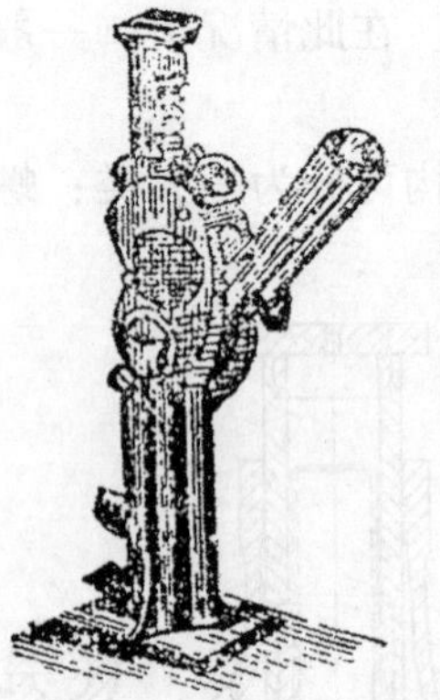

图14－6　齿条千斤顶

齿条千斤顶(图14－6)又称齿杆千斤顶，是由金属外壳、装在壳体内的齿条、齿轮和星轮及手柄等组成，手柄上备有制动时所需的制动齿轮。利用齿条的顶端，齿条千斤顶即可顶起位于高处的重物，也可利用齿条的下脚，以顶起位于低处的重物。

使用齿条千斤顶的注意要点：

(1) 顶重时须将千斤顶垂直放置，并不容许超负荷；

(2) 使用前应先检查制动齿轮及制动装置，确保能起制动作用；

(3) 齿条及齿轮无裂纹、断齿现象，配件必须完整无缺，方可使用；

(4) 经常保持清洁，防止泥沙杂物，并定期清洗涂油。

2. 滑轮

滑轮是由外壳钢夹板、绳轮、轮轴和吊钩(吊环)四部分组成。它的主要作用是减小牵引力和改变拉力方向。

1)滑轮的类型与作用

滑轮分为单滑轮和滑轮组。单滑轮根据使用形式不同，又分为动滑轮和定滑轮两种类型。

动滑轮能减小牵引拉力，不能改变拉力方向；定滑轮能改变拉力方向，而不能减小牵引拉力；滑轮组既能减小牵引力，又能改变拉力方向。因此，吊装较重物件时，使用滑轮就可以达到用较小的力起吊重量大的物件。定滑轮、动滑轮及其作用形式与作用见图14－7。

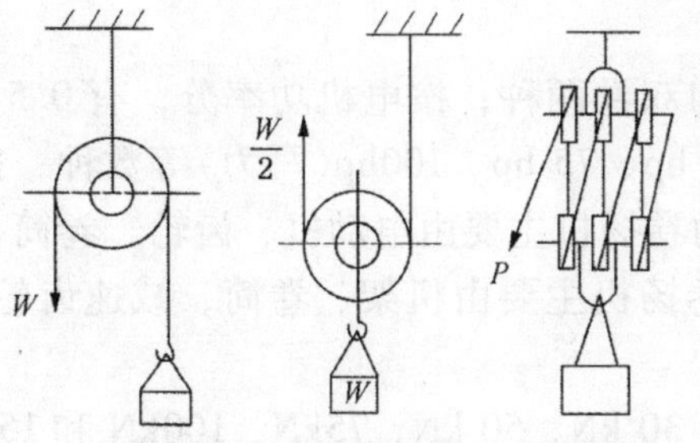

(a)定滑轮　(b)动滑轮　(c)滑轮组

图14－7　滑轮作用形式与作用

2）滑轮组穿绳形式

滑轮组穿绳，有顺穿和叉穿两种方法。顺穿法是从滑轮组一边的第一个轮入绳，以上下滑轮组对应排列位置按次序一直穿完。叉穿法是从上滑轮组中间一个轮入绳，以最少交叉次数隔一轮位形式穿绳。顺穿容易穿绳，绳与绳不交错摩擦，动、定滑轮可以接近至最小距离，但由于受力偏重一侧，使滑轮组容易倾斜、扭转和轮轴磨损不均匀。叉穿能使滑轮组稳定，轮轴运转正常、不易磨损，但穿绳困难，绳与绳交叉有摩擦，动、定滑轮也不能靠得很近。

顺穿法和叉穿法都有其优缺点，可以根据实际情况选用。穿绳形式见图14－8。

一般情况下五轮以上的滑轮组就要用叉穿法穿绳，以保证滑轮的受力平衡。如果考虑到卷扬机的容绳量，以及加快提升、下降的速度，施行双抽头作业，也可以采用顺穿法穿绳。

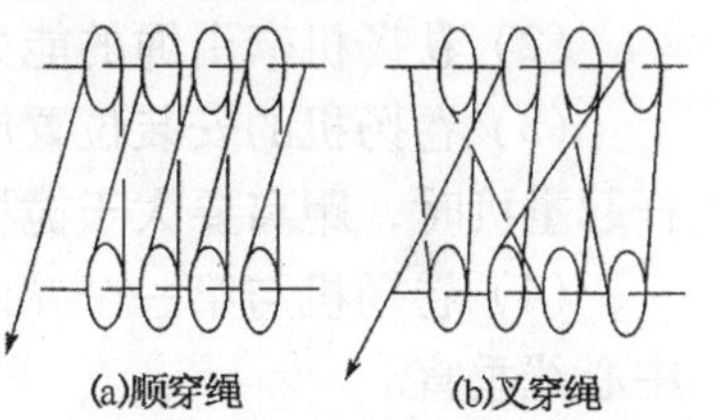
(a)顺穿绳　(b)叉穿绳

图14－8　滑轮穿绳形式

3）滑轮组最小拉紧距离的确定

在制定起重方案时，不能不考虑在使用滑轮组时，它所必须占用的空间。一般上、下滑轮之间最小允许距离根据起重量的大小，取700～1200mm，见表14－4。这不仅考虑两滑轮所占有的长度，还考虑两滑轮间串穿的跑绳交错摩擦的情况。

表14－4　滑轮组允许最小拉紧距离

起重量/t	1	5	10	15	20	25	30	40
最小距离/m	0.7	0.9	1.1	1.2				

注：表中数据是拉紧状态下的数据，距离是指滑轮轴间的长度。

滑轮组最小拉紧距离，也可以用不小于其滑轮直径的5倍来估计。

4）滑轮组选用中应注意的几个问题

选配滑轮组的两滑轮规格时，是依据各自所受拉力来选择的，而两滑轮受力是不相等的。在滑轮组水平状态时，跑绳引出那个滑轮，除了工作载荷外，还要受到跑绳的拉力；滑轮组在垂直工作状态时，上滑轮还要比下滑轮多承受下滑轮的重量、绳索的重量。因而在起重吊装选配滑轮组时，下滑轮按其载荷重量来选择，上滑轮则要以载荷重量、跑绳拉力、下滑轮及绳索重三者之和来选择。

使用对称性起吊滑轮组时，两套或两套以上滑轮组承担同一个载荷时，应根据具体情况装设平衡轮或平衡装置。两钢绳末端必须可靠地固定在平衡装置上。平衡装置或平衡轮必须能自由转动，并保证有充分的润滑，同时还应增加护板，以防止钢丝绳相互缠绕。

使用对称性起吊滑轮组时，两个或两个以上滑轮组和动力机械的卷扬速度及效率等应力求相同，以保证起吊平稳。

3. 电动卷扬机

电动卷扬机类型很多，按卷筒形式分，有单卷和双卷两种；按电机功率分，有0.5 hp、1 hp、3 hp、5 hp、10 hp、20 hp、25 hp、30 hp、50 hp、75 hp、100hp（马力）等数种；按传动机构形式分，有摩擦式和可逆式两种。摩擦式电动卷扬机主要由电动机、齿轮、卷筒、摩擦木块、棘轮、手摇柄和底盘等组成。可逆式电动卷扬机主要由机架、卷筒、减速齿轮箱、电动机、电磁制动器和控制器等组成。

电动卷扬机额定牵引力有5 kN、15 kN、25 kN、30 kN、50 kN、75kN、100kN和150kN等数种。

电动卷扬机速度为11～63m/min。对于卷扬机速度低于43m/min的，适用于100kN以上设备的吊装；对于速度高于43m/min的，适用于小型物件的吊装、地面水平运输以及在斜缆索起重机上使用。

使用电动卷扬机时的注意事项：

（1）卷扬机要按时维护、保养，确保机械传动部分、电气部分完整无损。使用前要试车，做到卷扬机各部位正常运转，制动装置灵敏。

（2）卷扬机牵引绳的能力不能超过卷扬机的额定能力，卷筒要有足够的卷绳量。

（3）卷扬机的安装位置应尽量选择较高的地方，距离起吊物应在15m以外。在用于桅杆起重机时，距离要大于桅杆高度。

（4）卷扬机与第一个导向滑轮距离不小于20倍卷筒长度，卷筒中心与第一个导向滑轮中心线垂直。

（5）为避免卷扬机受潮淋雨，烧毁电气装置，应将卷扬机用枕木垫高并搭设防雨棚，机架应有安全接地线。

（6）卷扬机应用双绳地锚，并从两侧加以固定，地锚埋设后要按其使用负荷进行预拉，必要时加以调整，以免工作时发生卷扬机摆动和偏扭等现象。

（7）起动卷扬机时要逐次升挡，以保证电机安全转运，防止烧毁电机。

（8）缠绳时卷筒顺转动缠绳，并压结固定牵引绳头；要求下入绳头顺缠绕法，并且随缠随靠严打紧。

（9）卷扬机卷筒上余留绳数不得少于3圈，但满负荷工作时，卷筒上余留绳圈数不得少于8圈。

（10）卷扬机必须由熟悉机械性能和操作规程的熟练人员进行操作，并切实按规程执行。

4. 定型起重机

近几十年来，定型起重机的发展十分迅速，尤其是汽车吊的发展和完善，使一些比较复杂、繁重的吊装工作，可以直接用汽车吊来完成。

汽车式起重机为全回转自行式动臂起重机械（随车起重机及简单结构的起重装置不能全回转）。其特点是能自己移动，而不需要其他牵引设备进行牵引；行驶速度高，机动性好，便于远近工作点间的灵活调度使用；能够方便地用于装卸、吊装各种设备、管节、桩、装配式钢筋混凝土或钢结构构件等，较其他型式的起重机的使用范围更为广泛。

根据传动方式的不同，汽车式起重机可分为机械传动和液压传动两种：

（1）机械传动式　它是由发动机通过齿轮传动变速箱，直接驱动起升、变幅和回转机构，其结构简单，维修方便。

（2）液压传动式　它是发动机带动高压油泵，再利用液压能源驱动液压马达和油缸完成起升、回转变幅及起重臂伸缩、支腿(支架)收放等动作。液压式起重机的优点是：动作灵活迅速、操作轻便、起升平衡，伸缩臂可以任意调节长短、扩大起重特性范围、节省操作时间，因此，采用液压式的操作方式已成为国内外一致公认的发展方向。

汽车式起重机，大都是放下支腿，在固定点进行起重吊装、装卸作业，一般不采用带负荷行驶。

5. 手拉葫芦

手拉葫芦又叫链式起重机。它是一种构造比较简单、操作容易的起重机具。通常用1～2人即可将重物吊运到所需要的地方。

链式起重机的承载能力一般在10t左右，最大可承载20t。它主要用于垂直吊装，也可水平或倾斜使用，同时也经常用在大型设备吊装中对桅杆缆风绳进行拉紧调节。

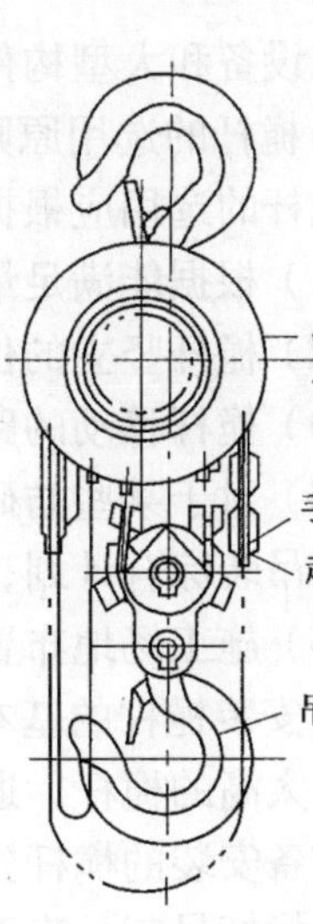

图14－9　手拉葫芦

链式起重机的结构比较简单，它主要由手链、链轮、传动装置、起重链和上、下吊钩等部件组成，见图14－9。

链式起重机按传动方式，又可分为蜗轮式和齿轮式两大类。蜗轮式传动方式工作效率较低，而且部件容易磨损，在施工现场使用较少。

使用手拉葫芦注意事项：

(1) 使用前，要认真进行检查：转动部分是否灵活，有否卡链现象，链条是否有断节及裂纹，制动器是否安全可靠，销子牢固与否，吊挂绳索及支架横梁是否结实稳固，经检查合格后方可使用。

(2) 不准超载使用，操作人员要熟悉机具的性能，并进行正确的操作。

(3) 使用时，要检查起重链条有无扭结现象，如有时，应调整好后方可使用。

(4) 操作时，先将手链反拉，并将起重链条放松，使链式起重机有充分的起升距离。然后慢慢起升，待链条拉紧后，检查各零件部分有无异常，挂钩是否合适，确认正常后，才能继续操作。

(5) 作水平和倾斜方向作业时，拉链的方向要同链轮方向一致，避免卡链或掉链现象发生。同时还要在水平方向细链的入口处垫物承托链条。

(6) 在使用过程中，要根据其起重能力大小来决定拉链的人数。当手拉不动时，应查明原因，绝不能随意增加人员进行强拉，以免发生事故。拉链人数可参考表14－5。

表14－5　根据起重能力确定拉链人数表

链式起重机起重量/t	0.5～2	3～5	5～8	10～15
拉链人数/人	1	1～2	2	

(7) 在起吊重物的过程中，如要将重物吊在空中停留较长时间时，应将手链妥善地拴在起重链上，以防止机具自锁失灵发生意外事故。

(8) 应定期保养，对转动部件应及时加油润滑，要防止链条锈蚀。对严重锈蚀、有断痕和裂纹的链条，要做报废或更新处理，不准凑合使用。

6. 起重桅杆

起重桅杆也称抱杆，是一种常用的起重机具。它配合卷扬机、滑轮组和绳索等进行起吊作业。这种机具由于结构比较简单、安装和拆除方便、对安装地点要求不高、适应性强等特点，在设备和大型构件安装中广泛使用。

1）桅杆的选用原则

桅杆的选用应根据装置的起重吊装任务、工期进行全面考虑。其原则为：

（1）根据能满足最大工件吊装要求及其施工方法选用必要的吊具。

（2）桅杆竖立的位置应符合吊装程序的要求。

（3）桅杆移动的路线应为最短，并应为其他工程施工创造条件。

（4）对于某些妨碍桅杆竖立、移动或工作的基础或构筑物，在制定施工规划时，应安排土建、吊装综合计划，待吊装作业完毕，再进行基础施工或先施工地下部分。

（5）施工场地布置应为桅杆竖立和拆除留有必要的场地。

2）安装桅杆的基本方法

不太高的桅杆，通常可以用人力安装。高而重的桅杆，一般用不太高的辅助桅杆来安装。准备安装的桅杆先平放在地上，装设好起重滑轮组和在桅杆上端系结缆风绳。

将桅杆吊起，直至垂直竖立，其吊起有三种方法：① 滑移竖立法；② 旋转竖立法；③ 倒杆竖立法（即扳倒直角杆法）。

14.2.3 起重吊装指挥信号

1. 笛语

一长音——准备工作或停止工作。

两短音——起升。

三短音——下落或松脱。

2. 旗语

起升——绿旗举起肩上左右微摆。

下落——绿旗下垂腹前上下微摆。

微起——绿旗举起胸前红旗横挡上方。

微落——绿旗下垂胸前红旗横挡下方。

大松脱——绿旗下垂腹下大幅摆动。

臂杆抬起——红旗举起肩上左右微摆。

臂杆下落——红旗下垂腹前上下微摆。

臂杆转向——红旗横指所转方向。

伸臂杆——红绿旗握紧举至胸前旗尖朝外，作相斥动作。

缩臂杆——红绿旗握紧至腹前旗尖相对朝下，作相对运动。

立即停止——红旗在胸前左右大摆动。

工作结束——红绿旗交叉举过头顶。

3. 通用手势信号

预备——手臂伸直置于头上方，五指自然伸开，手心朝前保持不动。

吊钩上升——小臂向侧上方伸直，五指自然伸开，高于肩部，以腕部为轴转动。

吊钩下降——手臂伸向侧前下方，与身体夹角约为30°，五指自然伸开，以腕部为轴转动。

吊钩水平移动——小臂向侧上方伸直，五指并拢手心朝外，在负载应运行的方向，向下挥动到与肩相平的位置。

吊钩微微上升——小臂伸向侧前上方，手心朝上高于肩部，以腕部为轴向上摆动手掌。

吊钩微微下降——手臂伸向侧前下方，与身体夹角约为30°，手心朝下，以腕部为轴向下摆动手掌。

吊钩水平微微移动——小臂向侧上方伸直，五指并拢手心朝外，在负载应运行方向作缓慢的水平运动。

停止——小臂水平置于胸前，五指伸开，手心朝下，水平挥向一侧。

紧急停止——两小臂水平置于胸前，五指伸开，手心朝下，同时水平挥向两侧。

微动范围——双手小臂曲起，伸向一侧，五指伸直，手心相对，在表示移动相应距离内保持不动。

要主钩——单手自然握掌于头上，轻触头顶。

要副钩——一只手小臂向上曲伸不动，另一只手伸出，手心轻触前只手的肘关节。

指示降落方位——五指伸直，指出负载应降落的位置。

工作结束——双手五指伸开在脸前交叉，向两侧展开。

4. 专用手势信号

升臂——手臂向一侧水平伸直，拇指朝上，余指握拢，小臂向上摆动。

降臂——手臂向一侧水平伸直，拇指朝下，余指握拢，小臂向下摆动。

转臂——手臂水平伸直，指向应转臂的方向，拇指伸出，余指握拢，以腕部为轴转动。

微微升臂——一只手的小臂置于胸前一侧，五指伸直，手心朝下，保持不动，另一只手的拇指对着前手手心，余指握拢，作上下移动。

微微转臂——一只手的小臂向前伸直，手心自然指向一侧，另一只手的拇指指向前只手的手心，余指握拢作转动。

起重机机架前进——手臂向前方伸出，小臂曲起，五指并拢，手心对着自己，作前后运动。

起重机机架后退——小臂向上曲起，五指并拢，手心朝向起重机，作前后运动。

伸臂——两手分别抱拳，拳心朝上，拇指分别指向两侧，作相斥运动。

缩臂——两手分别抱拳，拳心朝下，拇指对指，作相对运动。

抓取——两手小臂分别置于侧前方，手心相对，由两侧向中间摆动。

释放——两手小臂分别置于侧前方，手心朝外，两臂分别向两侧摆动。

翻转——一只手小臂向前曲起，手心朝上，另一只手小臂向前伸出，手心朝下，双手同时进行翻转。

除了机加工、起重工外，管工、铆工、焊工、仪表工也与机泵维修钳工所从事的工作有一定的关联，这些工种的基本知识，机泵钳工也应有所了解和掌握。

第 15 章 状态监测与故障诊断

15.1 状态监测与故障诊断技术的基本概念

设备状态监测与故障诊断技术是一种了解和掌握设备在使用过程中的状态，确定其整体或局部正常或异常，早期发现故障及其原因，并能预报故障发展趋势的技术。

状态监测是指在设备运行中，用监测仪器对其特定的状态信息(振动、噪音、转速和温度等)，进行检测、记录和处理，掌握设备的技术状态，是对设备进行故障诊断的基础工作。故障诊断是指设备在运行中或者在基本不解体设备的情况下，对设备故障的性质、原因、部位等进行识别诊断，并提供维修措施。

设备状态监测技术与设备故障诊断技术既有区别也有密切联系，监测是诊断的基础和前提，诊断是监测的最终结果。在生产实际中，有时又将二者统称为设备故障诊断，可分为简易诊断和精密诊断两个层次。简易诊断即设备的"健康检查"，具体实施时，往往监测设备的某一个特征量，根据量值的范围判断设备是正常还是异常。简易诊断的作用是监测和保护，目的是对设备的状态作出迅速而有效的概括和评价，一般由点检员、操作者维护或检修者实施。因此，有人又称状态监测为简易诊断。而精密诊断是在简易诊断基础上更深层次的诊断，目的是判断故障的性质(渐进性/突发性……)、原因(不平衡/不对中……)、部位(电动机/风机、轴承/齿轮……)、程度(一般故障/严重故障……)等，并提供设备检修与治理决策，一般由专业诊断技术人员实施。

15.2 状态监测与故障诊断技术的发展趋势与应用

就应用领域而言，机械故障诊断技术已在旋转机械、往复机械、各种流程工业、机加工过程和各种基础零部件的故障诊断方面获得了应用，这其中以旋转机械的故障诊断应用最广、最为成熟，而往复机械的故障诊断目前还多集中于发动机汽缸(套)的振动监测诊断。

机械故障诊断技术在世界各国的发展是不平衡的，美国在这一领域处于领先地位，其次是英、法、德、日等国，也具有各自的优势。与这些先进国家相比，我国还有一定的差距，虽然我国在理论上跟踪得比较紧，但在诊断设备的可靠性等方面仍有差距。

中国从 20 世纪 80 年代初期开始并应用设备诊断技术，20 多年来，此项技术在中国各个行业得到了快速应用和发展，也受到中国政府的重视。当前我国原设备维修体制，已开始从早期的事后维修和长期的按计划维修体制，过渡到现代的、具有预知性的视情维修(或称状态维修)阶段。

在企业推广设备状态监测和故障诊断技术，可以达到以下目的和作用：

(1) 保障设备安全运行，防止突发事故；

(2) 保证设备工作精度，提高产品质量；

(3) 实施预防维修、按状态维修，节约维修费用；

(4) 避免因设备事故造成的环境损坏和其他危害；

（5）给企业带来较大的间接经济效益。

15.3 机械故障诊断的分类和监测方法

15.3.1 机械故障定义

故障是指机器或设备在运行过程中出现了异常，不能达到预定的性能要求，或者某一重要工作特征超过允许值，有可能使机器或设备部分或全部丧失功能的现象。通常我们遇到的轴承温度过高、压缩机振动大等都是机械故障的表现形式。

15.3.2 机械故障的分类

机械故障可以从不同角度来进行分类。不同的分类方法反映了机械故障的不同侧面，对机械故障进行分类的目的是为了更好地针对不同的故障形式采取相应的对策。以下是各种故障分类方法。

1. 按故障产生的原因分类

（1）先天不足故障　由于设计、制造不当而造成的设备固有缺陷而引起的故障。

（2）使用不当故障　由于操作、维护和检修不当而产生的故障。

（3）自然故障　由于设备达到正常使用周期后产生的故障。

2. 按故障发展快慢分类

（1）突发性故障　故障突然发生，没有事先症状，不能靠加强监测发现。

（2）渐发性故障　故障的发生有一个逐渐变化的过程，从小到大，最后超过允许范围，可以通过监测来发现，并预测其发展趋势。

3. 按故障发生严重程度分类

（1）轻微故障　设备部分性能指标下降，但未丧失其全部功能的故障。

（2）一般故障　设备个别部件劣化，部分功能丧失，造成运行质量下降，导致能耗增加、环境、噪音增大等的故障。

（3）严重故障　关键设备或关键部件劣化，整体功能丧失，造成停机或局部停产甚至整个生产线全停产或部分停产的故障。

15.3.3 机械故障诊断分类

1. 按目的分类

（1）性能诊断　对于新安装的或刚维修好的系统（设备机器及其部件），需要诊断其性能是否正常，并根据检查和诊断的结果对它进行调整。

（2）运行诊断　对正常投用的设备或系统进行运行状态的监视，以便对故障的发生和发展能进行早期诊断。

2. 按方式分类

（1）间隔监测　指根据重要程度和故障率不同，分别采取不同时间周期对设备进行监测。

（2）在线监测　就是连续对运行中的机械系统进行监测，此时测试传感器及二次仪表等安装在设备现场，随机械系统一起工作。

3. 按提取信息的方式不同分类

（1）直接诊断　直接确定设备关键零部件的状态，如主轴承间隙、齿轮齿面磨损等。

（2）间接诊断　通过第二类状态信号来间接判断机器中关键零部件的状态变化。多数第二类状态信号属于综合信号，例如噪音和振动信号就属于这种类型。

4. 诊断的程度分类

（1）简易诊断　一般由现场作业人员凭着听、摸、看、闻或借助便携式简单诊断仪器对设备进行人工监测，判断设备是否出现故障。

（2）精密诊断　由精密诊断专家借助先进的传感器、精密诊断仪器和各种先进分析手段实施的诊断。通过检测、分析，确定故障类型、程度、部位和产生故障的原因，了解故障的发展趋势。

15.3.4　机械故障的监测方法

对一台机器或一个系统进行诊断时，第一步工作就是要探测出它的故障信息，也叫做故障探测，就是要收集到反映机器或系统故障的信息，即采集出机器或系统的故障信号，简称信号采集，例如振动、噪声、压力、温度、功率、油样等。这些反映机械设备状态的信号都有各自的特点，用于不同的机械设备。一般情况下，一个故障可能表现出若干特征信息，即故障特征信息可能包含在几种状态信号之中。因此，对于一个复杂的机械系统（设备）往往需要同时测取几种状态信号进行综合诊断，以提高诊断的可靠性。对于机械设备，常用的监测方法有：

（1）直接观察法　根据人的经验对机器的状态作出直接判断（识别）的方法称为直接观察法。这种方法可以获得可靠的第一手资料，但观察的对象主要是静止的、能直接观察、感知到的零部件。为了扩大人眼的观察能力可以应用一些现代化的仪器，例如带照明的光纤探头、光学内孔检查仪、铸件内表面检查仪、红外线温仪、热敏涂料、电磁涂料以及探查表面微细裂纹的着色渗透剂等。

（2）整机性能或系统性能的测定　测定设备的输入与输出的关系，以判断设备的运行状态是否正常，例如机床加工精度的变化、粉碎机颗料的变化、泵效率的变化、发电机组耗油量与输出功率变化的关系。也可以是两输出变量之间的关系的变化，例如泵的流量－压力关系的变化等。

（3）磨屑（磨损残渣）的测定　机器中有相对运动的零件接触表面上由于磨损产生的残渣（简称磨屑）直接反映了这些零件的磨损状态，表征出机器是否在正常运行，并可以预报故障的发生，因此磨屑的分布情况也是诊断的一种重要信息。比如对润滑油进行油样分析，可以确定设备中什么零件在磨损。

（4）噪音和振动信号的监测　任何一部运作的机器，都伴随着噪声和振动信号。这些信号的变化，常常隐含着初期故障的存在。因而，噪声和振动信号是故障特征信息的良好载体，是最重要的诊断信息，应用非常广泛。

（5）其他监测方法　常用的故障探测方法还有温度测量和监视技术、红外成像－热像诊断技术、超声波监测技术、声发射技术等。

15.3.5　机械振动监测与诊断技术

工程实际中存在大量的振动问题，零件原始制造误差、运动零部件间的间隙和摩擦或者回转部件中不平衡力的存在等都会引起振动。而且，随着零件的磨损，零件表面产生的剥落、裂缝等损伤会使振动进一步加剧。总之，大量的生产实践经验表明，机械设备的振动与其运行状态之间有着密切的关系，这就为振动技术用于设备的故障诊断提供了可能性。

所谓振动诊断，就是以系统在某种激励下的振动响应作为诊断信息的来源，通过对所测得的振动参量（振动位移、速度、加速度）进行各种分析处理，并以此为基础，借助一定的识别策略，对机械设备的运行状态作出判断，进而对于诊断有故障的机械给出故障部位、故障程度以及故障原因等方面的信息。振动诊断还包括对环境的预测，即在已知输出和系统特性的前提下研究输入，如噪声源定位等。

由于振动诊断具有诊断结果准确可靠、便于实时诊断等诸多优点而受到人们的普遍关注，在机械故障诊断的整个技术体系中居主导地位，目前已广泛地应用于各种机械设备(包括往复机械和旋转机械)的简易诊断和精密诊断。

15.3.5.1　机械振动理论

各种机器设备是由许多零部件和各种各样的安装基础所组成，这些都可以认为是一个弹性系统。某些条件或因素可能引起这些物体在其平衡位置附近作微小的往复运动，这种每隔一定时间的往复性机械运动，称为机械振动。研究振动问题时，一般将研究对象(如一部机器、一种结构)称为系统；把外界对系统的作用或机器自身运动产生的力，称为激励或输入；把机器或结构在激励作用下产生的动态行为，称为响应或输出。振动分析就是研究这三者间的相互关系。

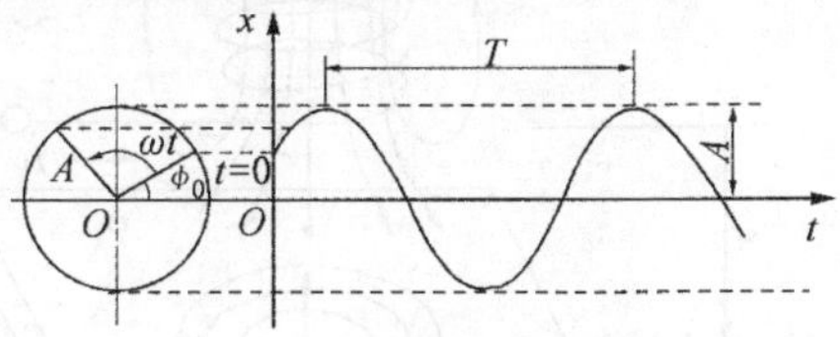

图 15-1　简谐振动三要素

机械振动是时间的函数，通常以时间为横坐标，以振动体的某一振动量(位移、速度、加速度)为纵坐标，即用振动的时间历程来描述振动的规律，并用振幅、频率和相位等物理量表示。如图 15-1 所示。

(1) 振幅　振幅是指振动的最大幅值，表示振动的强烈程度。运行正常的设备，其振动幅值通常稳定在一个允许的范围内，如果振幅发生了变化，便意味着设备的状态有了改变。因此对振幅的监测可以用来判断设备的运行状态。振幅可以分为位移振幅、速度振幅、加速度振幅。在旋转机械状态监测实际应用中，位移振幅通常用双振幅，即峰-峰值($P-P$ 值)来表示；速度振幅通常用单振幅即振动烈度(Vrms)来表示；加速度振幅通常用最大单峰值来表示。

(2) 频率　振动物体在其平衡位置往复一次所需要的时间为振动的周期 T，单位为秒(s)。周期的倒数为每秒振动的次数，定义为振动的频率 f，单位为 1/s，称为赫兹(Hz)。当频率以弧度/秒(rad/s)表示时，称为圆频率 ω。振动频率可分为基频(周期的倒数)和倍频(各次谐波频率)，它是描述机器状态另一个特征参量，也是测量和分析的主要参数。不同的结构、不同的零部件、不同的故障源，则产生不同频率，因此对振动频率的监测和分析在评定设备状态过程中是必不可少的。

(3) 相位　相位是表示物体振动着的部分对其他振动着的部分或固定部分的相对位置关系的物理量。相位与频率一样都是用来表征振动特征值的。不同振动源产生的振动相位不同，对于两个振源，相位相同可能引起合拍共振，产生严重后果，反之，相位相反可能引起振动抵消，起到减振作用。旋转机械测量振动相位一般用电涡流传感器，通过对键相标记(即在被测轴上设置一个凹槽或凸键)测量得到，又称键相位传感器。键相位传感器也可用来测量转速。

15.3.5.2　机械振动诊断仪器

机械振动测量仪器与系统由测振传感器、测量放大器和记录与处理装置组成，如图 15-2所示。

1. 测振传感器

测振传感器，简称测振器，它的作用是借助检测元件把被测对象的力、位移、速度、加速度、温度、压力等参数转换为电信号(如电压信号、电流信号等)输出或直接显示。常用的测振传感器有：

图 15－2　机械振动信号输入与输出过程

（1）位移传感器　如图 15－3 所示，当一块金属导体置于一个由通有高频电流的线圈所产生的交叉磁场中或在磁场中运动时，由于电磁感应的作用，金属导体内将产生一个闭合的电流环，此即“电涡流”。电涡流将产生一个与交变磁场相反的涡流磁场 ϕ_2 来阻碍原交流变磁场 ϕ_1 的变化，从而使原线圈的阻抗、电感和品质因素都发生变化，且它们的变化量与线圈到金属导体之间的距离 x 的变化量有关，于是就把位移量转化成了电量，这就是电涡流传感器的工作原理。

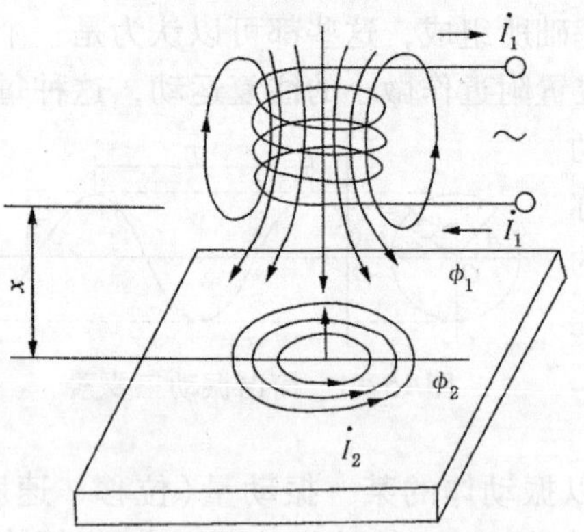

图 15－3　位移传感器原理

（2）速度传感器　速度传感器中常用的是磁电式速度传感器，是把被测物体的振动速度转换为感应电动势的一种传感器，它的输出电压与被测对象的振动速度成正比。如图15－4，其工作原理是：圆柱形的永久磁铁 3 用铝架 4 固定在圆柱形的外壳 6 内。外壳具有导磁性能，与永久磁铁形成磁回路。在外壳与永久磁铁之间有两个环形气隙。工作线圈 7 在右边的气隙中，阻尼环 2 在左边的气隙中，它们用芯杆 5 连接起来，用弹簧片 1 和 8 支承在外壳上。测量时，由于传感器接触或固定在被测的轴承上，传感器的外壳便随着轴承一起振动。传感器的支承弹簧片很软，其固有频率很低，当振动频率高于支承弹簧片的一定频率范围后，由线圈、阻尼环和芯杆组的可动部分就基本保持静止不动，这样，线圈就与外壳产生相对运动，使线圈在工作气隙中切割磁力线而产生感应电势，感应电势的大小与线圈切割磁力线的速度成正比。感应电势的信号由接头 9 传出，输送到测振仪的电路中去。速度传感器仅是拾取轴承振动后产生感应电势信号，此信号必须经过测振仪才能指示出振动值。

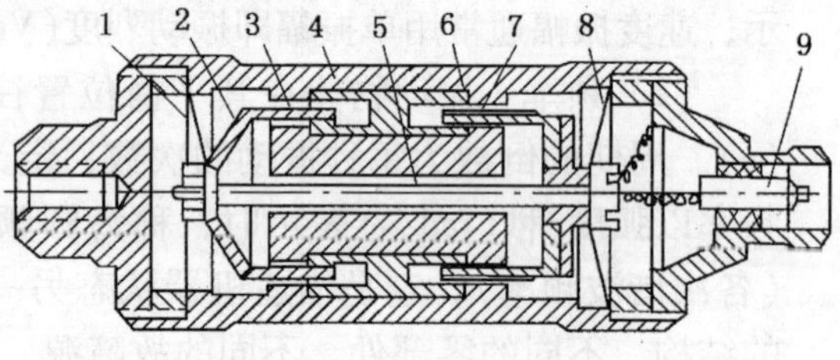

图 15－4　速度传感器

1，8—弹簧片；2—阻尼环；3—永久磁性；4—铝架；5—芯杆；6—外壳；7—工作线圈；9—接头

（3）加速度传感器　常用的压电式加速度传感器如图 15－5 所示。压电式加速度传感器是利用某些晶体材料受到机械力的作用时，两端产生的正压电效应制成的机电转换器。它具有极宽的频带（0.1～10kHz）、体积小、重量轻、精度高、适用温度范围广、有较大的动态范围等特点。因此，适用于轻型高速旋转机械的轴承座及壳体的加速度测量，对滚动轴承及气流脉冲等引起的高频机械的监测很方便。压电式加速度传感器的工作原理如图 15－5，弹簧和质量块（图中的惯性件）垂直串联，并联接到压电元件的系统上，使其作上下加速运动，则压电元件受到与加速度成正比的力，从而输出了与加

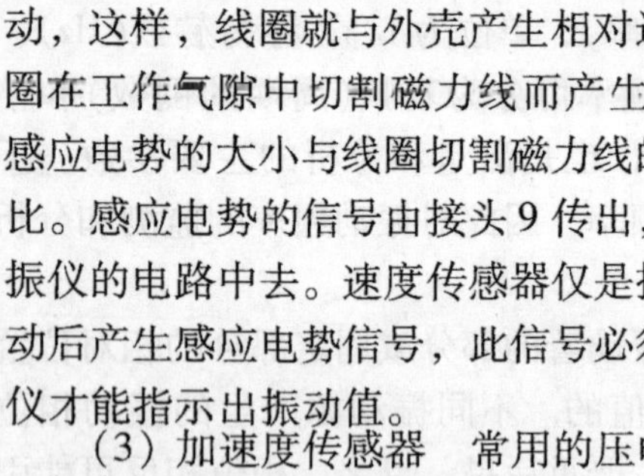

图 15－5　加速度传感器

速度成正比的电荷。

2. 放大器与记录器

在一个完整的振动测量设备中，除了传感器，放大器和记录器也是重要组成部分。测振传感器输出信号一般都很微弱，只有经放大后才能推动记录设备。从电气参数的角度来看，传感器是一种机电参数转换元件，常称为一次仪表，测振放大器则称为二次仪表，而记录设备称为三次仪表。

（1）测振放大器　测振放大器不仅对信号有放大作用，有的还具有对信号进行积分、微分和滤波等功能。测振放大器的输入特性与传感器的输出特性相匹配，而输出特性又要满足记录设备的特性。该类放大器按电路放大形式分为两种主要类型。一种是直接放大型式，并具有积分、微分等运算网络和滤波功能。这类放大器配合压电式和电动式传感器使用。另一类是载波放大形式，它把信号经过载波调制后再放大，并经过检波解调恢复原波形后输出。这类放大器主要是配合应变式传感器以及一些电感和电容式传感器使用。

（2）记录器　记录器是可用于记录振动信号的仪器，有光线示波器、电子示波器、笔式记录仪、磁带机以及数据采集器等多种。光线示波器和笔式记录仪都将记录结果硬复制在信息纸上，只能对它进行简单的分析处理，远不能满足机械故障诊断需要大数据量的要求。因此，目前在机械故障诊断领域获得广泛应用的主要是磁带机和数据采集器两种，它们各有其特点和应用场合。其中，模拟式磁带机是模拟式记录仪器的典型代表，而数据采集器则代表着数字式仪表的发展方向。随着计算机技术的飞速发展，基于A/D转换原理的数据采集器功能日益强大，性价比越来越高，且能集记录与分析于一体，从而简化了分析测试过程，故在很多应用领域已取代磁带机。

3. 信号分析与处理设备

机械系统的输出信号经传感器拾取、信号调整、最后经记录下来以后，还必须经过各种分析与处理才能得到所需的结论，这就是信号的分析处理设备。目前的信号分析和处理设备分为两大类，即通用型和专用型。所谓通用型信号分析与处理设备，是指由通用计算机硬件和基于其上的信号分析与处理软件组成的系统；所谓专用型信号分析与处理设备，则是指除通用型之外的其他各种信号分析与处理设备。一般而言，通用型信号分析与处理的各种功能都主要是靠软件实现的，而专用型信号分析与处理设备有部分功能是靠硬件实现的，如FFT（快速傅里叶变换）功能。

从信号处理的输出结果来看，除极少数信号分析与处理设备只有数据形式的输出外，绝大多数系统都具有图形（二维/三维、单色/彩色）输出功能，使得信号处理的结果更加直观明了。

15.3.5.3　机械振动监测实施

为了能够做到对设备的预防维修，从设备维修角度考虑，首先必须建立起与设备有关的状态监测与诊断技术体系，即根据被诊断对象选定相应的监测方法和仪器。一般情况下，主要是依据设备自身的重要性来选用监测与诊断方案。

1. 机械振动监测与诊断的对象及模式

（1）一般设备　对于一般的、不重要的小设备，有备用设备的，即使出现故障停车处理，也不会造成停产。因此，可选用简单的便携振动测量仪进行定期或不定期现场测量，参照振动标准值，以检查设备是否有故障或出现劣化。

（2）重要设备　对于一些比较重要的设备，可能会造成小部分停产或安全风险的，可采用离线故障诊断分析系统进行监测、诊断。通过定期在现场进行数据采集，异常情况下采集或在一段时间内连续采集。将采集的数据通过仪器由专业技术人员进行诊断分析。

（3）关键设备　对一些关键的设备，一旦停车，会造成大面积停产或完全停产，工厂损失大。对于这类设备，可选用在线故障监测与诊断分析系统。将传感器永久性安装在设备的测量点上，实现信号的即时、连续反馈，由计算机控制在线数据采集、存储、分析、处理，对机械设备在线进行状态监测和故障诊断。它可分为高速在线监测系统及一般在线监测系统。

2. 振动测量参数的选择

测量振动可用位移、速度和加速度三个参数表述。这三个参量代表了不同类型振动的特点，对不同类型振动的敏感性也不同。一般认为，对振动频率在10Hz以下，位移量较大的低频振动，选择位移为检测量。另外对于某些高速旋转的机器的振动，旋转精度要求较高时，也用位移来衡量。对于多数机器来说，都用速度来评价振动强度。经验表明在覆盖10～1000Hz的频带上，速度测量完整地表示了机器振动的严重程度。而加速度测量的适用范围可以达到10000Hz以上，对于宽频带测量、高频振动和存在冲击振动的场合都测量加速度。我们在检测实践中，往往对位移、速度和加速度进行联合测量。

3. 确认振动监测周期（离线监测）

振动监测周期设置过长，容易捕捉不到设备开始恶化的信息；周期设置过短，又增加了监测的工作量和成本。因此应根据设备的结构特点、传动方式、转速、功率以及故障模式等因素，合理选定振动监测周期。当设备处于稳定运行期时，监测周期可以长一些；当设备出现缺陷和故障时，应缩短监测周期。如果实测振动值接近或超过该设备停机值，应及时停机安排检修。如果因生产原因不能停机时，要加强监测，监测周期可缩短。

4. 振动测量的方位选择、测量点的选择

测量位置通常选择在振动的敏感点，传感器安装方便、对振动信号干扰小的地方，如轴承附近部位。测量方向：由于不同的故障引起的振动方向不同，一般测量互相垂直的三个方向的振动，即轴向（A向），径向（H向、水平方向）和垂直方向（V向），如图15－6所示。一般情况下，轴向振动过大是因为联轴节角度不对中、止推轴承磨损等造成；水平方向振过大是因为联轴节平行不对中、不平衡、轴承侧间隙过大等造成，如果在水平方向振动大，并且存在较大的转速频率成分，则机器故障一般认为是不平衡原因；垂直方向振动过大是因为地脚松动、轴承盖松动等原因造成。

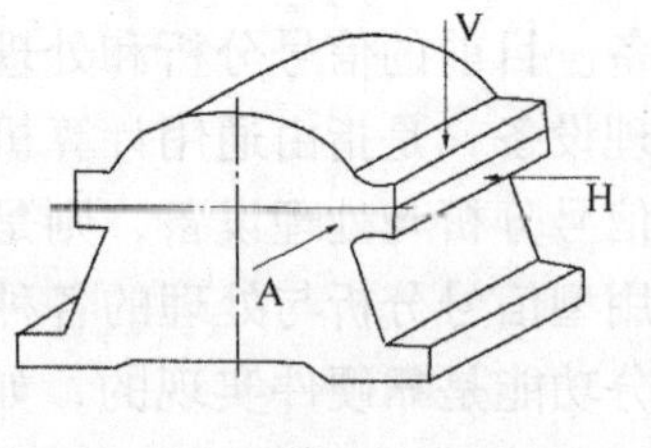

图15－6　测量振动的三个方向

5. 现场振动数据采集

应严格按监测路径和监测周期对设备进行定期监测。采集设备振动数据时，通常还需要记录设备的其他过程参数，如温度、压力和流量等，以便于比较和趋势管理。设备监测人员要及时做好测试记录的整理、备份；对存在疑义的数据记录，要及时核准；及时分析处理测量数据；作好趋势预测和科学诊断。

6. 评价设备状态，判定是否存在故障

实际工作中建立评价设备状态标准的方法有许多，常见的有振动标准法、类比判断法、趋势图法等。建立振动的标准还可以参考设备制造商的建议，当然最好是长期监测设备，创建特定设备的标准。还要以总结实践经验和参照维修数据进行分析，丰富和修正使用的标准。

（1）绝对判断标准　此类标准是对某类设备长期使用、维修、测试的经验总结，由行业协会或国家制定图表形式的标准。使用时测出的振动值与相同部位的判断标准的数值相比较来作出判断。一般这类标准是针对某些类型重要回转机械而制定的，例如国际通用标准 ISO 2372 和 ISO 3495，如表 15-1，表中 A 表示设备状态良好，B 为容许状态，C 为可忍受状态，D 为不允许状态。

表 15-1　ISO 2372 和 ISO 3495 标准

<table>
<tr><th colspan="6">ISO 2372
（适用于转速为 10～200r/s，信号频率在 10～1000Hz 范围内的旋转机械）</th><th colspan="2">ISO 3495
（适用于转速为 10～200r/s 的大型机器）</th></tr>
<tr><th colspan="2">振动烈度</th><th rowspan="2">小型机器
（≤15kW）</th><th rowspan="2">中型机器
（15～75kW）</th><th rowspan="2">大型机器</th><th rowspan="2">透平机</th><th colspan="2">支承分类</th></tr>
<tr><th>范围</th><th>v_{max}/（mm/s）</th><th>刚性支承</th><th>柔性支承</th></tr>
<tr><td>0.28</td><td></td><td rowspan="3">A</td><td rowspan="4">A</td><td rowspan="5">A</td><td rowspan="6">A</td><td rowspan="5">好</td><td rowspan="6">好</td></tr>
<tr><td>0.45</td><td>0.28</td></tr>
<tr><td>0.71</td><td>0.45</td></tr>
<tr><td>1.12</td><td>0.71</td><td rowspan="2">B</td></tr>
<tr><td>1.8</td><td>1.12</td><td rowspan="2">B</td></tr>
<tr><td>2.8</td><td>1.8</td><td rowspan="2">C</td><td rowspan="2">B</td><td rowspan="2">满意</td></tr>
<tr><td>4.5</td><td>2.8</td><td rowspan="2">C</td><td rowspan="2">B</td><td rowspan="2">满意</td></tr>
<tr><td>7.1</td><td>4.5</td><td rowspan="6">D</td><td rowspan="2">C</td><td rowspan="2">不满意</td></tr>
<tr><td>11.2</td><td>7.1</td><td rowspan="5">D</td><td rowspan="2">B</td><td rowspan="2">不满意</td></tr>
<tr><td>18</td><td>11.2</td><td rowspan="4">D</td><td rowspan="4">不能接受</td></tr>
<tr><td>28</td><td>18</td><td rowspan="3">D</td><td rowspan="3">不能接受</td></tr>
<tr><td>45</td><td>28</td></tr>
<tr><td>71</td><td>45</td></tr>
</table>

（2）相对判断标准　在同一设备的同一部位定期进行检测，按时间先后作出比较，以初始正常值为标准，以实测振动值超过正常值的多少来判断。

（3）类比判断标准　在相同工作条件下，多台相同规格的运行设备，对各台设备的同一部位进行振动测量，根据结果判断，如果某台设备的振动值超过其余设备的振动值一倍以上，视为异常。此方法是在无标准可参考的情况下采用。

15.4　机组常见振动故障的机理与诊断

15.4.1　振动信号的分类及分析方法

化工机器在运行中因各种故障容易出现振动，如转子(转轴)的动不平衡；转子的不对中；轴承的油膜振荡；转轴的初始弯曲、热弯曲；摩擦热弯曲；半速涡动；共振；部件松动；转子结构缺陷、裂纹等。这些故障引起不同的振动信号变化。我们通过监测仪器对信号进行采集、处理和分析，可以对设备故障进行诊断。

随着计算机技术的发展，现在先进监测与诊断系统中的信号分析与处理设备都配备时域和频域分析功能的软件，如 ENTEK 的 entrx 高速在线系统、本特利的 DM2000 系统，能最终显示反映设备运行特征的各种频谱图像，通过与典型故障的振动特征相比，诊断出设备存在的故障。

（1）时域波形图　常用工程信号都是时域波形的形式，时域波形有直观、易于理解等特点。它是由传感器实际测量得到振动变化在时间上的反映，是进行其他图形转换的最原始的信号，所以包含的信息量大，但缺点是不太容易看出所包含信息与故障的联系。而对于某些故障信号，其波形具有明显的特征，这时可以利用时域波形作出初步判断。例如对于旋转机械，其不平衡故障较严重时，信号中有明显的以旋转频率为特征的周期成分；而转轴不对中时，信号在一个周期内，旋转频率的 2 倍成分明显加大，即一周波动 2 次。典型时域波形如图 15－7 所示。

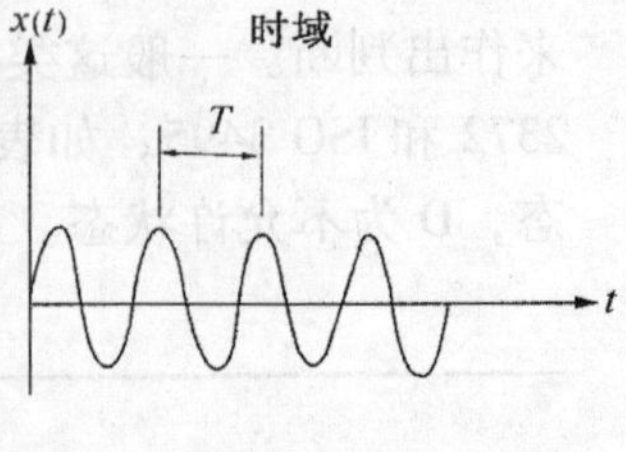

图 15－7　典型时域正弦波

（2）振动趋势图　振动趋势图反映振动幅值随时间的变化关系，如图 15－8 所示。它在简易诊断中经常使用，也叫恶化趋势图，表示设备具体的恶化进程，根据趋势图，即可识别和预测设备的状态。

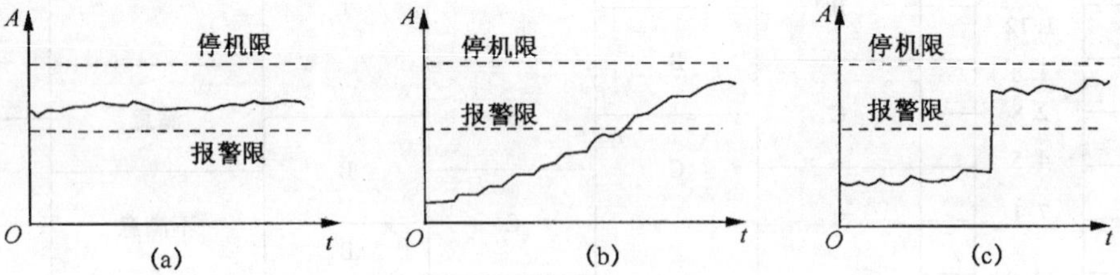

图 15－8　几种不同性质的振动变化趋势图

（3）幅值图　幅值图也就是我们常用的频谱图，表示信号中各频率成分的幅值大小沿频率轴分布情况，如图 15－9 所示。幅值图可以提供以下的诊断信息：

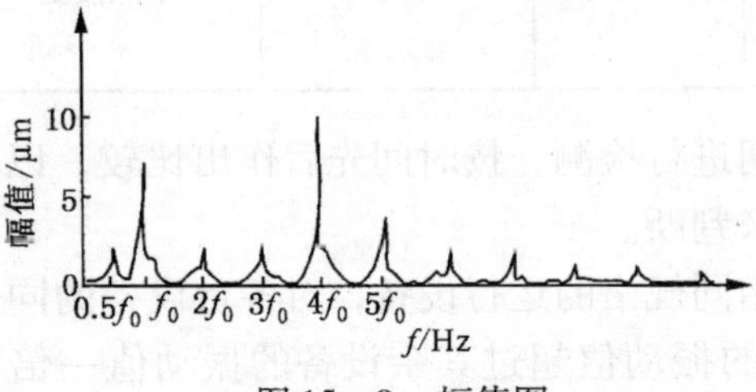

图 15－9　幅值图

① 振动信号中主要由哪些频率成分的谐波分量组成。如图中除包含工频 f_0 外，尚有 $2f_0$、$3f_0$、$4f_0$、$5f_0$ 等高次谐波分量及 0.5 f_0 的低频分数谐波分量。

② 组成的谐波分量中哪些成分的幅值最为突出，这就提示着和故障的某种关系。例如图中工频 f_0 和 $4f_0$ 分量比较突出且存在着 0.5 f_0，这一诊断信息提示着转子可能存在不平衡、不对中和半速涡动。

（4）轴心轨迹图　转子轴颈在轴承中高速旋转时并不是固定不变地围绕自身中心旋转，而是还环绕某一中心作涡动（或称甩转、进动）运动，这种涡动产生的原因，可能是转子不平衡引起的弓状回旋、对中不良产生的附加作用力、齿式联轴节的摩擦力、转子上的陀螺力矩、油膜力以及转子和静子之间的摩擦力作用等，这种涡动运动的轨迹称为轴心轨迹。轴心轨迹图在故障诊断中具有重要作用，可用来观察转子的临界转速和空间振型曲线，也可从中判别某些故障类型，如图 15－10 所示。

（5）波德图　波德图是反映机器振幅和相位随转速或时间变化的关系曲线，以转速或时间为横坐标，振幅和相位角为纵坐标，如图 15－11 所示。

这种图形一般用数字式矢量滤波器或跟踪矢量滤波器在机器启动或停车阶段测得。从波德图上可以得到：转子系统在各种转速下的振幅和相位；转子系统的临界转速。

（6）极坐标图　极坐标图是把振幅与相位随转速的变化关系用极坐标的形式表示出来，如

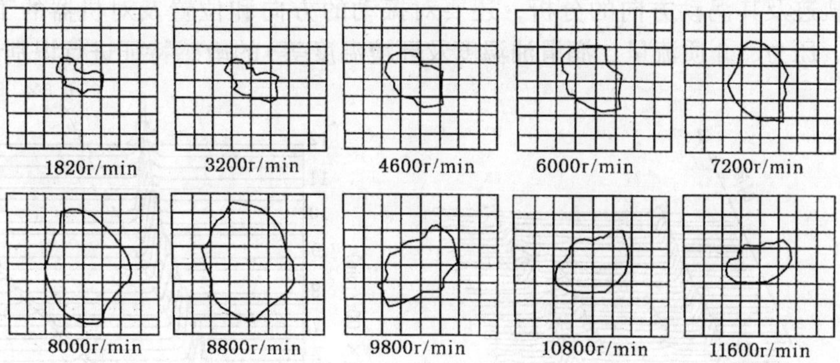

图 15-10　轴心轨迹图

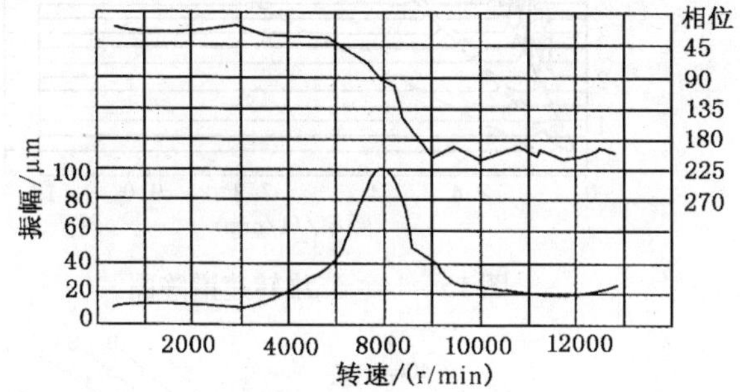

图 15-11　波德图

图 15-12 所示。极坐标图除了记录转子在升速或降速过程中系统幅值与相位的变化规律外，也可以描述定速情况下，由于工作条件或负荷变化而导致的基频或其他谐波幅值与相位的变化规律。它对于不平衡质量的部位，判断临界转速以及进行故障分析是十分有用的。

（7）三维时间谱阵图　三维时间谱阵图是用三坐标描述频谱随时间的变化，如图 15-13，水平 X 轴为频率，垂直 Y 轴为时间，铅直 Z 轴为谱值。

（8）三维转速谱阵图　三维转速谱阵图又称“级联图”、“瀑布图”，它的水平轴为频率，垂直轴为转速，铅直轴为幅值，如图 15-14。这种图形表现了振动体在各种转速下的频谱变化，显示出在某种转速下发生了某个频率成分的幅值升高、降低或有突变过程，常用来表达机器振动在骤变过程或启动停车过程中各频率成分幅值变化，可以判断机器临界转速、振动原因以及系统的阻尼情况。谱阵图中有的峰值形成汇交于一点斜线，它们是与转速成正比的频率成分；有的峰值形成与频率垂直的直线，这些频率成分与转速无关，它们代表系统的固有频率。

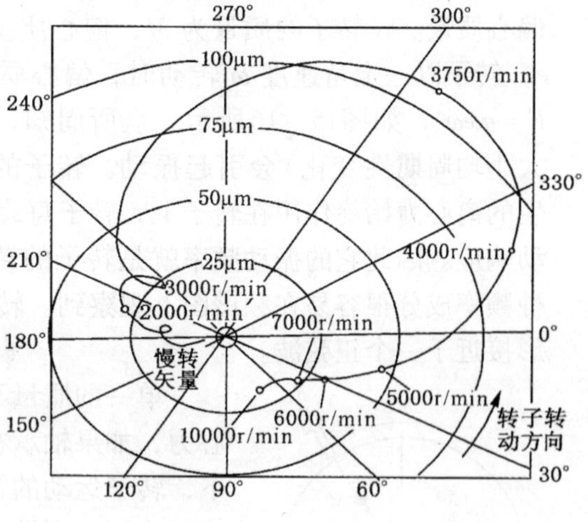

图 15-12　极坐标图

（9）坎贝尔图　坎贝尔图中，横坐标表示转速，纵坐标表示频率，与转速有关的频率成分用圆圈来表示，圆圈的直径表示信号的幅值大小，如图 15-15 所示。

15.4.2　机组常见振动故障的机理与诊断

机器的故障有多种多样，有些故障的性质虽然有较明显区别，但它们的表现形式却极易混淆。因此对机器诊断时，首先要根据各种故障发生的机理，寻找其独特的症状及其敏感参数。不仅要把所测得的振动信号从幅域、时域和频域进行频谱分析、波形分析、相位分析、转子轴心轨迹及其涡动方向的分析，还要对振动的方向和位置及对机器的工作参数(如转速、载荷、压力、介质流量、润滑油温度及环境温度等)的敏感特征进行识别。

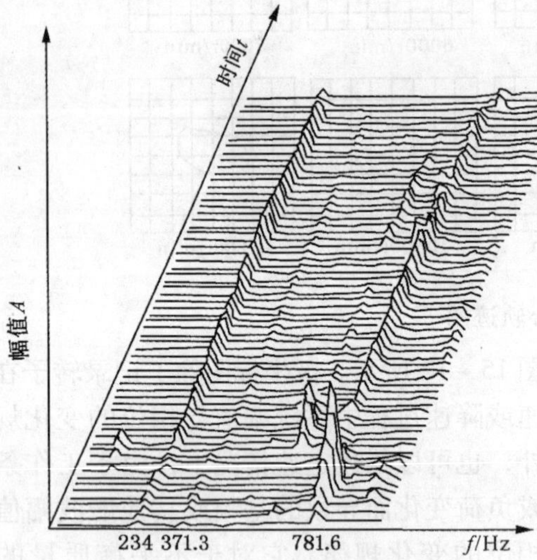

图15－13　三维时间谱阵图

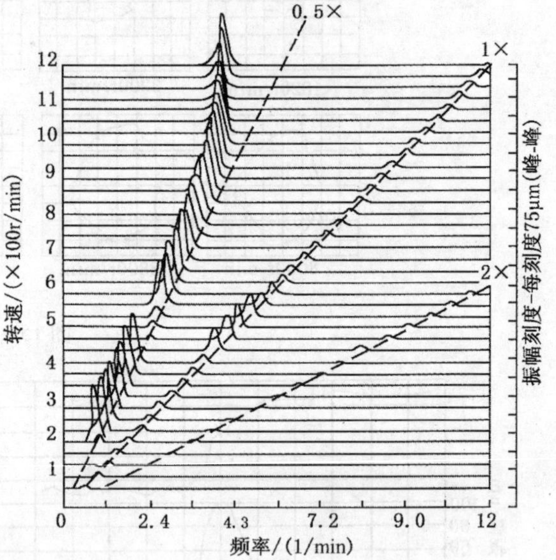

图15－14　三维转速谱阵图

15.4.2.1　不平衡的故障机理与诊断

1. 不平衡的故障机理

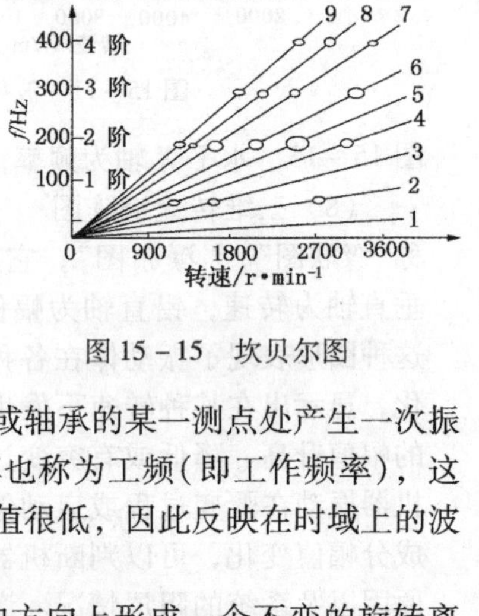

图15－15　坎贝尔图

转动件由于加工误差、装配误差、材质不均匀，以及运行中由于腐蚀、磨损、结垢、零部件脱落等原因，具有偏心质量。设转子的质量为 M，偏心质量为 m，偏心距为 e，转子以一定角速度 ω 转动时，偏心质量 m 产生离心力 $F=me\omega^2$，如图15－16所示。众所周知，交变的力(方向、大小均周期性变化)会引起振动。转子的质量不平衡所产生的离心力始终作用在转子上，转子每旋转一周，就在转子或轴承的某一测点处产生一次振动响应。因此它的振动频率就是转子的转速频率。转速频率也称为工频(即工作频率)，这种频率成分很容易在频谱图上观察到。转速频率的高次谐波值很低，因此反映在时域上的波形接近于一个正弦波。

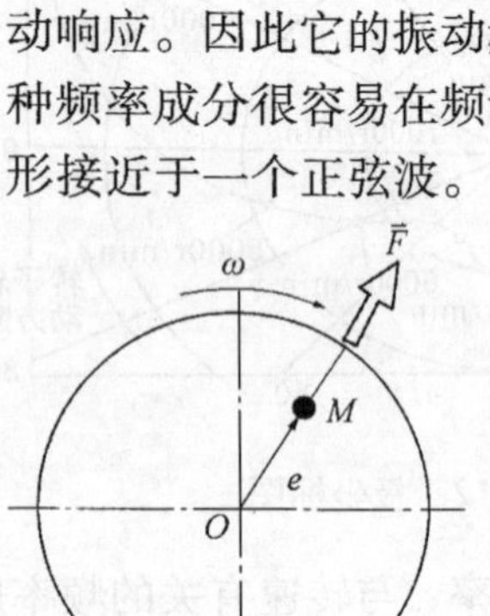

图15－16　不平衡机理

单一的质量不平衡会在转子径向方向上形成一个不变的旋转离心力，如果轴承在水平和垂直方向上的刚度相同，则在离心力作用下，转子运动的轴心轨迹趋近于一个圆。如果轴承在两个方向上刚度不相同，则轴心轨迹为一椭圆。

2. 不平衡故障的诊断

1)转子不平衡故障的主要振动特征

(1) 振动的时域波形为正弦波，如图15－17所示。

(2) 在转子径向测点的频谱图上，转速频率成分具有突出的峰值，并且会出现较小的高次谐波，使整个频谱呈所谓的“枞树形”，如图15－18所示。除了悬臂转子之外，对于普通两端支承的转子，轴向测点上的振值一般不明显。

(3) 轴心轨迹为椭圆同步正进动，如图 15-19 所示。

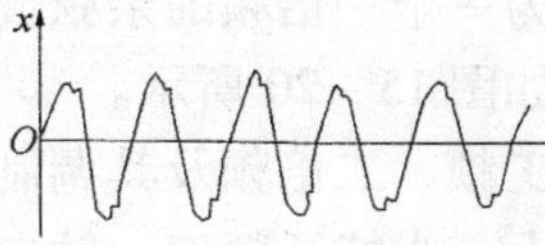

图 15-17 不平衡故障的时域波形

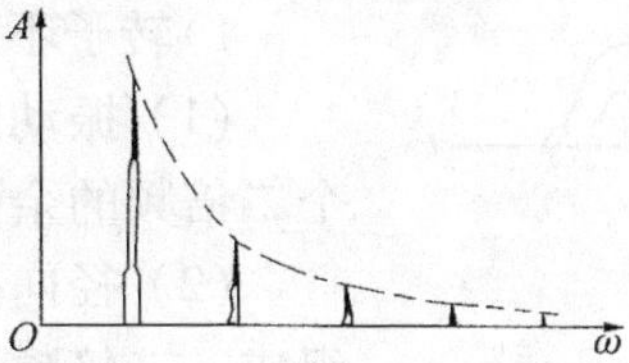

图 15-18 转子不平衡故障谱图

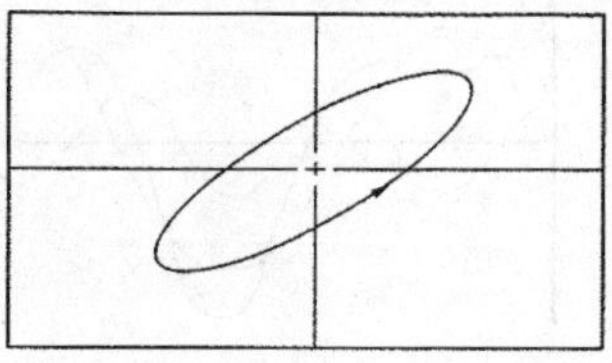

图 15-19 不平衡的轴心轨迹图

(4) 当工作转速一定时，相位稳定。

(5) 敏感参数为工作转速。

(6) 转子启动时，振幅随转速的增大而增大，临界转速时出现最大峰值，超过临界转速时振幅逐渐减小而趋向于一定值。

2) 故障诊断

不平衡的故障诊断在现有技术条件必须综合上述多个特征进行，不能凭单一特征来下结论，否则很容易造成误诊。比如：频谱图上转速频率的出现和增高，不一定意味着单一的平衡不良，还有其他滑动轴承间隙过大、基础松动、共振、轴弯曲、轴裂纹、轴颈和轴承偏心等方面原因，需综合考虑振动方向性、与转速的关系、相位关系等因素。基础共振时机组各点都以同一频率和相位进行，而由不平衡造成的振动，顺旋转方向上各点的振动存在相位差；偏心类振幅随负荷变化而变化，与转速关系不敏感；弯曲类振动在轴向上振幅也较大，而不平衡则在轴向测点上的振值不明显。

15.4.2.2 不对中故障的机理与诊断

1. 不对中的机理

机组各转子之间通过联轴节连接，以传递运动和扭矩。转子之间由于安装误差以及转子的制造、承载后的变形和环境温度变化的影响等会造成对中不良。转子对中不良的轴承，由于联轴节的受力作用，改变了转子轴颈与轴承的实际工作位置，不仅改变了轴承的工作状态，也降低了转子轴系的固有频率，所以转子不对中是导致转子发生异常振动和轴承早期损坏的重要原因。

联轴节的类型很多，在化工企业中常用的联轴节有固定式刚性联轴节和挠性联轴节，如齿轮联轴器和膜片式联轴器，由于它们的结构特点不同，其振动机理也有区别。

(1) 挠性联轴节　当转子轴线有径向位移时，齿轮联轴节的内、外两齿套通过滑动，膜片式联轴节的膜片通过变形来补偿转子轴线的位移偏差，当转子旋转时，联轴节的中间接筒的质心便以轴线的径向位移量为直径作圆周运动，其频率为转子旋转频率的两倍。当机组的转子轴线发生偏角位移时，其传动不仅是转子每回转一周变动两次，而且其变动的强度随偏角的增大而增大，因而从动转子由于传动比的变化所产生的角加速度激励转子而产生振动，其径向振动频率亦是转子旋转频率的两倍。在实际生产中机组各转子之间的连接对中情况，往往既有径向位移又有偏角位移，因而转子发生径向振动的机理是两者的综合结果。

另外，由于联轴节所产生的附加轴向力以及转子偏角位移的作用，从动转子每回转一周，其在轴向往复运动一次，因而转子轴向振动的频率与回转频率相同。

(2) 刚性联轴节　用刚性联轴节连接不对中的转子时，转子由于强制连接而产生弯曲变形，联轴节结合面在转子每回转一周时相对移动两周，所以其振动频率为工作转速的两倍，而轴向振动频率和工作转速同步，其振动特征与挠性联轴节的振动规律相同。

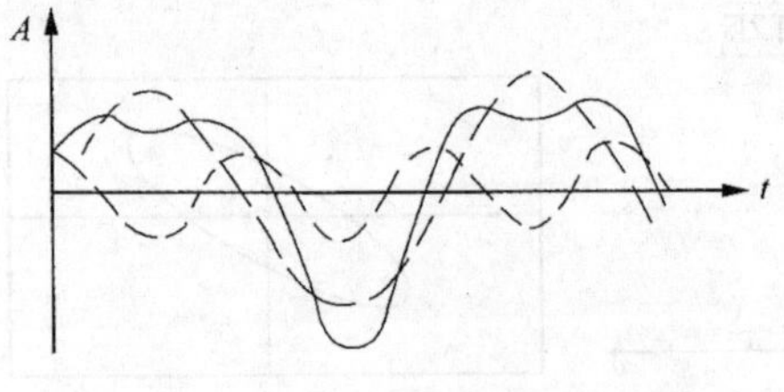

图 15－20　不对中的时域波形

2. 不对中故障的诊断

1）转子不对中故障的振动特征

（1）振动的时域波形为一个一倍频的余弦波和一个二倍频的余弦波叠加，如图 15－20 所示。

（2）径向振动频谱由工频、二倍频及其调制谐波组成，二倍频谐波振幅较大，为特征频率。轴向振动频谱由工频及其谐波组成，工频具有峰值，如图 15－21所示。

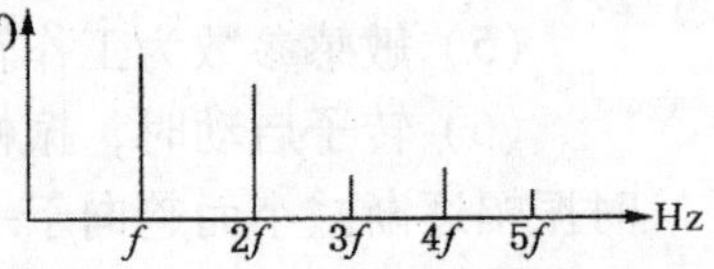

图 15－21　不对中的频谱图

（3）轴心轨迹为内 8 字形（双环椭圆）同步正进动，如图15－22 所示。

（4）相位特征：转速一定时，相位稳定不变。

（5）敏感系数：对载荷变化敏感，振动随载荷增加而增大，对环境温度变化敏感。

（6）靠近联轴节的轴承处振动较大。

2）故障诊断

不对中频谱特征和裂纹的频谱特征类似，均以两倍频为主。二者的区分主要是相位的稳定性，不对中的相位比较稳定，而裂纹故障时的相位对裂纹变化敏感。

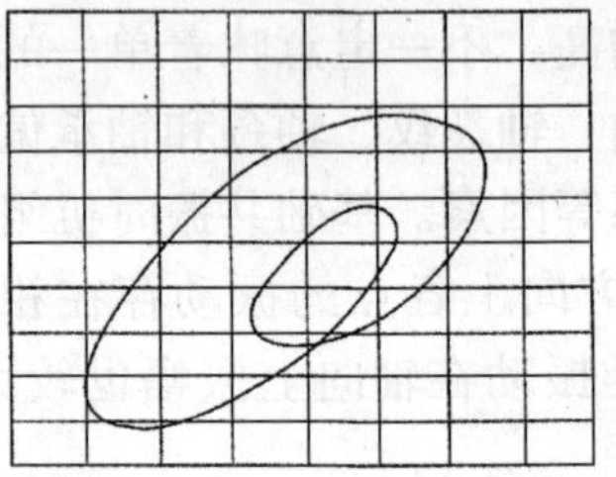
图 15－22　不对中的轴心轨迹

15.4.2.3　*油膜涡动和油膜振荡故障的机理与诊断*

1. 油膜涡动和油膜振荡故障的机理

（1）油膜涡动　涡动是转子绕自身轴线旋转的同时，其轴心又绕轴承中心连线回转的一种运动形式。油膜涡动是由油膜力产生的一种涡动。当转子轴颈在动压轴承中稳定运转时，油膜压力的合力和载荷力是相互平衡的，轴颈中心在一定的位置上，此位置即静平衡点。静平衡点随轴的转速或载荷的不同而不同，其移动轨迹即是轴颈中心的静平衡曲线。假若转子运转中受到某种干扰力作用，使轴颈偏离其平衡位置，则油膜力将产生相应的变化。一般来说，油膜压力与扰动力之间的关系是非线性的，油膜是各向异性的，轴颈中心的偏位角并不沿着载荷的方向，因此油膜力便不再与载荷处于同一直线上，大小也不再相等。两者的合力可分解为径向分量和切向分量，径向分量力图将轴心偏移恢复为原平衡位置，是一种弹性恢复力，而切向分量和位移方向垂直，有使轴颈中心绕原平衡点旋转的趋势，此即引起转子涡动的原因。由于油膜涡动频率接近转动频率的一半，故常称为半速涡动。

（2）油膜振荡　涡动是一种自激振动，当半速涡动的频率小于转子的一阶固有频率时，由于油膜具有非线特性，转子轴心轨迹为一稳定的封闭图形，转子仍能平稳地工作。但当转子在 2 倍第一临界转速附近工作时，由于涡动转速和第一临界转速相重合，转子系统将发生强烈的共振，此时，轴心轨迹突然变成扩散的不规则的曲线，谱图中的半频谐波振幅增加到接近或超过基频振幅，轴颈与轴承表面接触、撞击，油膜破裂，这就是油膜振荡。

2. 油膜涡动和油膜振荡故障的诊断

1）振动特征

（1）时域波形中有明显的低频波动规律，如图 15－23 所示。

（2）频谱有组合频率特征，在油膜涡动中由工频与半频（或 0.42～0.48 倍）组成，如图

15－24 所示；在油膜振荡中，由工频和转子的一阶临界频率组成，次谐波极为丰富，如图 15－25 所示。

（3）振动方向为径向。

（4）油膜涡动的轴心轨迹为双环椭圆，油膜振荡的轴心轨迹为扩散的不规则轨迹，进动方向为正进动，如图 15－26、图 15－27 所示。

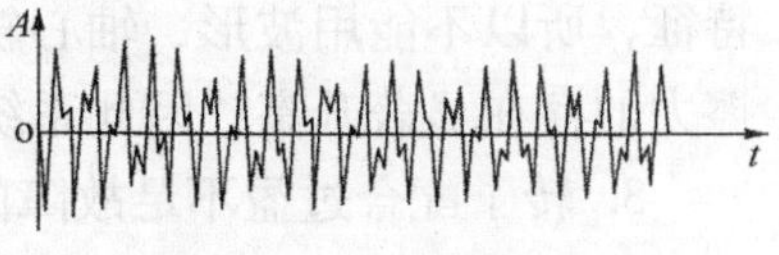

图 15－23　油膜涡动与油膜振荡的时域波形

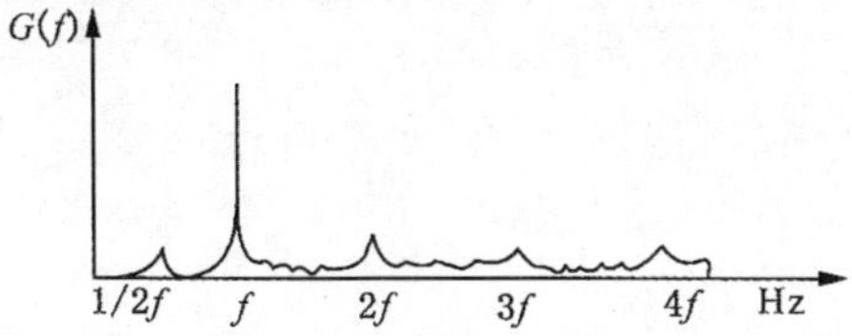

图 15－24　油膜涡动频谱图

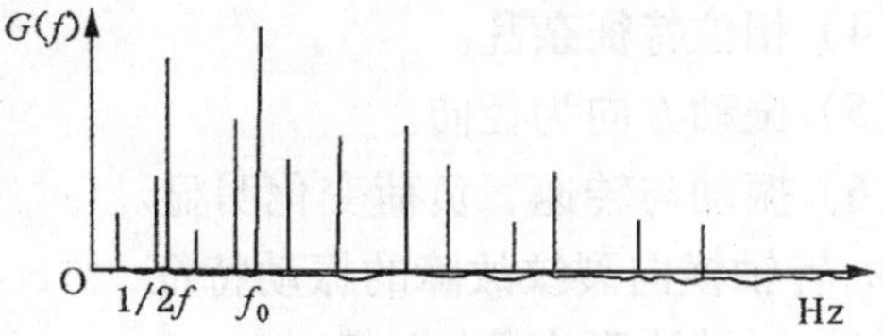

图 15－25　油膜振荡频谱图

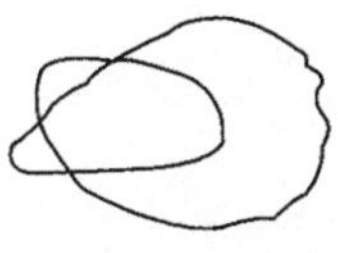

图 15－26　油膜涡动轴心轨迹

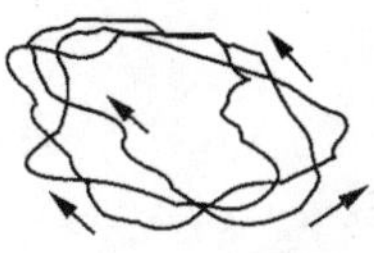

图 15－27　油膜振荡轴心轨迹

（5）相位变动大，极不规则。

（6）油膜涡动随转速变化明显，油膜振荡在振动突然增大后，即使转速再升高，振动值也不变化。另外对轴承结构及几何参数变化敏感，对润滑油的温度、压力变化敏感。

2）故障诊断

油膜振荡与旋转失速易于混淆，频谱同样有组合特征，由工频和半频组成。旋转失速的振动频率随流量改变而变化，油膜振荡的振动频率不随流量变化。另外，与转子局部碰摩、浮环卡死、气体激振的半频区分：碰摩是非线性振动，不一定发生在一临界位置上；气体激振前无半速涡动症状；浮环卡死和油膜振荡属相同机理，仅靠振动信号特征难以区分，可通过了解其他结构参数作分析。

15.4.2.4　其他常见振动故障的振动特征

1. 机器松动故障振动特征

（1）时域波形为工频、分数谐波、高次谐波的叠加波形。

（2）频谱特征：除工频处，有分数谐波（$1/2f$、$1/3f$、……）。

（3）轴心轨迹紊乱。

（4）相位特征不稳定，与工作转速同步。

（5）工作转速增大或减小到某一值时，振幅会突然增大或减小，有跳跃现象。

2. 动静件摩擦故障的振动特征

1）径向摩擦的振动特征

（1）波形图上会发生单边波峰的“削波”现象。

（2）频谱中除工频处，高频谐波均很丰富。

（3）振动方向为径向。

（4）轴心轨迹紊乱。

（5）相位特征为反向位移，有突变。

2）轴向摩擦的振动特征

转子与静止件发生轴向摩擦时，转子的振动特征几乎与正常状况一致，没有明显的异常特征，所以不能用波形、轴心轨迹和频谱方法去识别。当发生轴向摩擦时，系统阻尼由于摩擦力的存在显著升高，因此系统的变化可作为诊断轴向摩擦的识别特征。

3. 转子配合过盈不足故障的振动特征

（1）时域波形为次谐波叠加波形。

（2）特征频率为次谐成分，常伴1×、2×成分，且振值不稳。

（3）轴心轨迹不稳定，波动大，正向进动。

（4）相位特征杂乱。

（5）振动方向为径向。

（6）振动与转速、负荷变化明显。

4. 转轴横向裂纹故障的振动特征

（1）时域波形为叠加波形。

（2）振动带有非线性性质，出现旋转频率的2×、3×、……等高倍分量。

（3）振动方向为径向、轴向。

（4）轴心轨迹为双椭圆或不规则，正进动。

（5）振动随转速变化而变化，负荷影响没有规律性。

15.5 大机组故障诊断实例

15.5.1 离心压缩机叶轮结垢造成的不平衡振动分析

某石化厂从国外引进一台离心式单级循环气压缩机，经安装及单机试运后于1996年5月投入使用，运行了两年，出现一些问题：如运行一段时间后轴承箱两端的振动值会不断增大，最后不得不停车检修。1998年4月13日生产车间切换生产牌号后，轴振动呈显著上升趋势。在三天之内Bently3300状态监测系统指示压缩机轴振动值由原来的45μm左右上升到85μm左右，对设备造成严重威胁。

机组结构与工作参数：

工作介质：循环气；吸入能力：44100m³/h；吸入温度：87.2℃；吸入压力：2.497MPa；排出压力：2.651MPa；轴功率：2515kW；电机功率：3000kW；电机转速：3000r/min。

如图15－28所示，在电机前后轴承、轴承箱两端分别布置两个互相垂直的振动传感器，测量每个测点的水平方向和垂直方向的轴振动，测得的振动数值见表15－2；在轴承箱内的止推轴承处选两点安装两个轴位移探头，测量轴位移情况。振动信号经过电荷放大器放大、数据采集器采样，滤波后送到计算机进行最后分析。

表15－2　压缩机振动幅值　　μm

测点 / 时间	电机后轴承		电机前轴承		轴承箱靠电机端		轴承箱靠叶轮端		轴向振动	
	H	V	H	V	H	V	H	V	H	V
1998.1.19	29.84	25.98	13.11	14.54	47.12	43.99	27.86	42.65	35.38	32.31
1998.2.4	30.11	24.40	10.96	14.80	57.20	52.71	28.14	35.61	30.06	20.17
1998.3.2	30.81	27.01	13.65	16.52	54.27	62.63	22.53	33.94	33.36	23.76
1998.3.24	31.02	28.17	13.61	16.31	36.09	44.47	14.48	27.97	35.94	25.74
1998.4.15	29.82	24.66	12.06	16.06	58.73	54.48	44.30	33.48	41.84	39.94
1998.4.17	30.27	24.25	12.09	14.65	79.98	84.04	49.46	32.29	41.36	51.16

经比较几次对机组进行的较为全面的振动测试，通过分析发现以下现象：

（1）整个机组壳体振动不大，基础较牢固。

（2）电机前后轴承振动较小，且较稳定，随机组运行时间的增加振动上升幅度小。

（3）由频谱图 15－29、图 15－30 分析可发现，各点振动频谱的最大峰－峰值均发生在转速频率（工频）处。

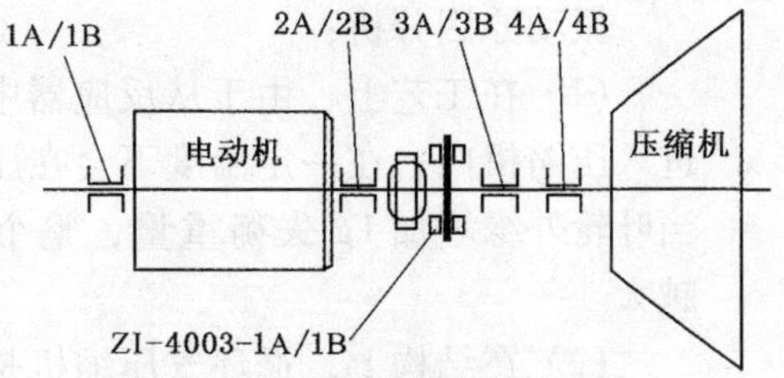

图 15－28　压缩机测点布置图

1—电机后轴承；2—电机前轴承；3—轴承箱靠电机端；4—轴承箱靠叶轮端

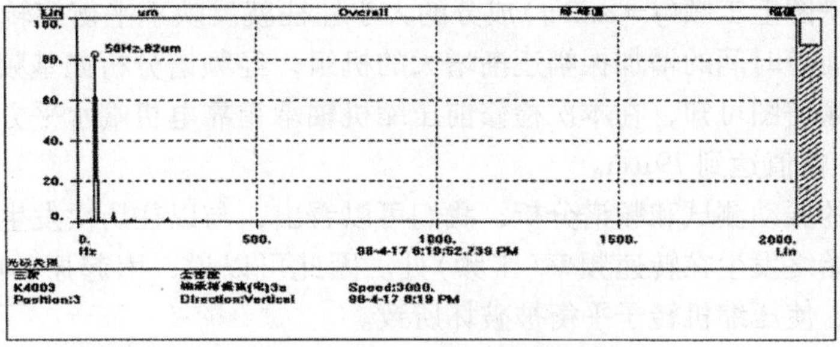

图 15－29　3B 点测量频谱图

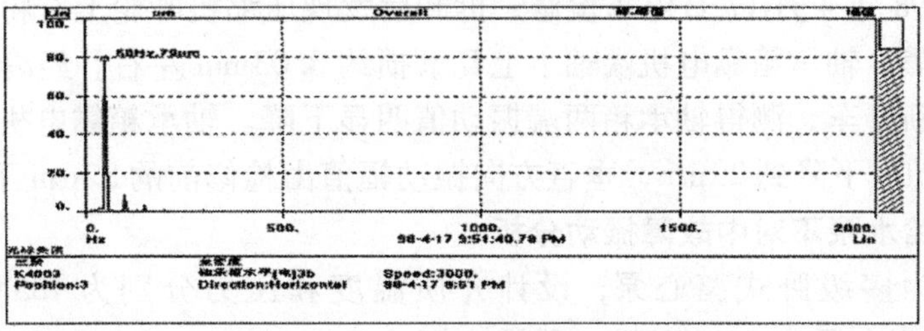

图 15－30　3A 测量频谱图

（4）由时域波形及轴心轨迹图 15－31 可知，波形为正弦波，轴心轨迹为椭圆。

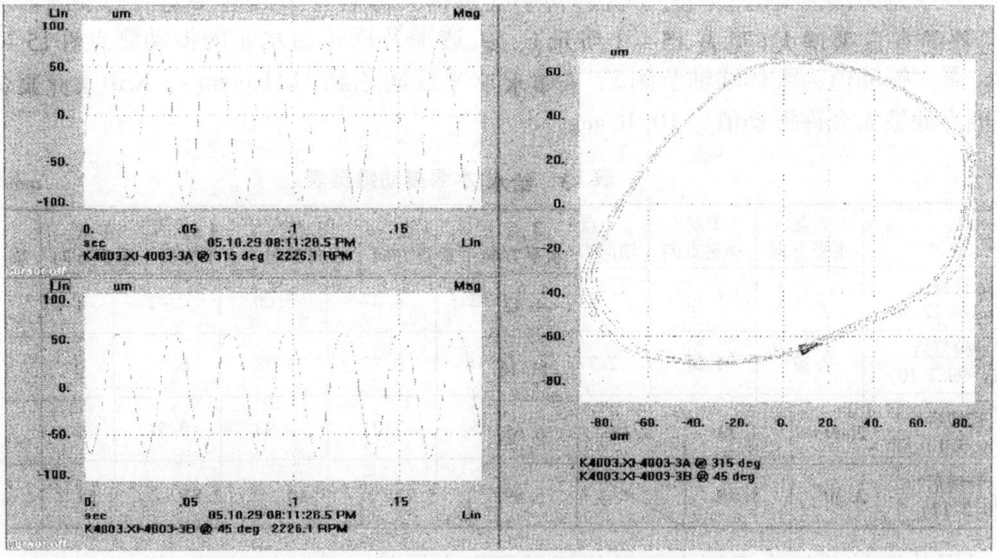

图 15－31　时域波形及轴心轨迹图

振动原因分析：

（1）在工艺上，由于从反应器中出来的循环气中含2%的粉料无法去除干净，随循环气进入压缩机内，在一定温度下会在压缩机体内沉积，附着在叶轮上，导致转子产生不平衡。当叶轮外缘增加1g失衡重量，整个转子所受的附加力将达数千牛顿。失衡越大则轴振动越大。

（2）在结构上，循环气压缩机是一种悬臂梁式离心机，当叶轮端因入口口环处粉料结焦使间隙减小时，整个转子就会往电机端窜动，造成轴向振动加大。

（3）由于转子旋转时产生的离心力作用在轴承上，该作用力的方向也以转动角速度 ω 旋转，所以在频谱图上工频($f=\omega/2\pi$)成分的大小往往就反映不平衡旋转力的大小。对一台原先旋转平稳，而随时间的增加振幅逐渐增大的机组，经频谱分析如基频过大，就可能有较大的不平衡。由频谱图可知，在本次检修前压缩机轴承箱靠电机端水平方向的振动主要发生在工频50Hz处，幅值达到79μm。

通过前面的振动测试和频谱分析，我们可以看出，与以往历次发生故障时相同，振动加大的峰－峰值始终发生在转速频率(工频)处。因此可以说，引起振动的原因是由于压缩机内部粉料黏着，使压缩机转子平衡被破坏所致。

检修结果：

机组于1998年4月17日停车检修，拆卸后发现压缩机叶轮上有粉料附着，蜗壳上结块严重，口环结焦，轴承箱靠电机端轴承上瓦磨损约0.03mm左右。经清理结块更换轴承并调整间隙后，重新开车，测得轴承箱两端振动值明显下降。轴承箱靠电机端水平方向振动幅值由检修前的79μm下降到29μm，垂直方向振动幅值由检修前的82μm下降到24μm。

15.5.2 给水泵不对中故障振动分析

某给水泵为多级卧式离心泵，设计介质温度和压力分别为155℃/22MPa，处理量为336.6m^3/h，泵吸入压力0.307MPa，泵排出压力14.36MPa，叶轮级数为5级，驱动马力为2200kW，泵转速为4800r/min，驱动动力为蒸汽透平驱动，透平机和泵的轴承均为滑动轴承。

1999年元月该机组的蒸汽透平机进行了大修，大修后开车试运发现机组泵侧轴承座振动比检修前有显著增大(见表15－3所示)，透平及锅炉给水泵的振动测点如图15－32所示，最大振动值为泵体联轴节侧2，轴承座水平径向达到11.16mm/s，KSB要求此泵各轴承座测点处最大允许振动值为10.16 mm/s。

表15－3　给水泵振动数据表　mm/s

	2点 水平方向	2点 垂直方向	2点 轴向方向	3点 水平方向	3点 垂直方向	3点 轴向方向	4点 水平方向	4点 垂直方向	4点 轴向方向
检修前 (1998.12.30)	2.4	1.11	1.34	4.42	4.57	3.00	2.41	2.01	1.85
检修后 (1999.2.10)	2.27	1.67	2.77	11.16	9.77	2.78	6.57	3.40	2.22
固定管线后 (1999.5.1)	2.49	1.79	3.38	6.65	7.01	2.93	3.51	2.63	2.41
固定管线后 (2000.2.17)	3.30	1.43		5.89	5.72	3.40	2.85	1.81	2.95

泵体联轴节侧水平测点振动值超过最大允许振动值，振动过大将无法保证机组安稳运行。

振动原因分析：

泵转速为4800 r/min，则工频为80Hz，从频谱图(图15－33)可以得出，泵体联轴节侧水平径向频谱成分为1倍和2倍的工频处振动幅值最大，1倍工频处幅值大于2倍工频处幅值，检修前泵联轴节侧水平径向振动频谱如图15－34所示。

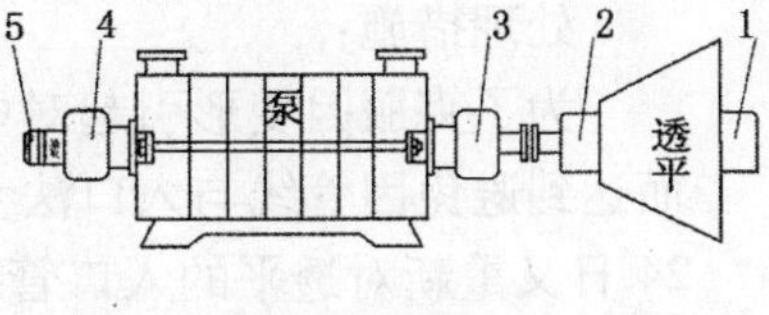

图15－32　给水泵振动测点简图

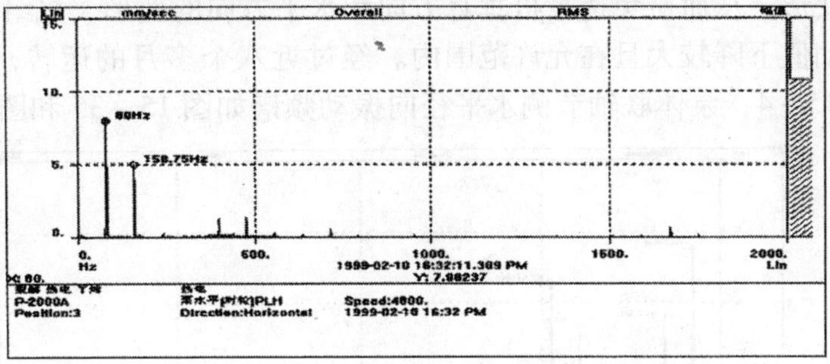

图15－33　检修后泵体联轴节侧水平径向振动频谱图

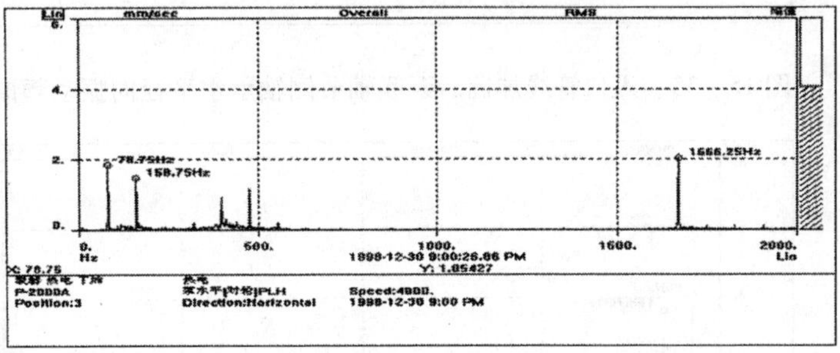

图15－34　检修前泵体联轴节侧水平径向振动频谱图

出现这种故障频率特征的故障可能是：① 转子不平衡；② 透平与泵之间存在不对中。

当转子不平衡时，振动频率和转速频率是一致的，不平衡产生的离心力与转速的平方成正比，轴承座的振动随转速增高而加大，但不一定与转速的平方成正比。因泵本身没有进行大修，检修前泵侧轴承座振动不大(具体数据如表15－4)，而且泵介质为高纯度的锅炉水，所以泵转子不平衡故障应排除。

当转子不对中时，一般情况下，径向产生1倍旋转频率的振动。当不对中情况严重时，才产生径向2倍旋转频率的振动。根据泵联轴节侧轴承处振动频谱(如图15－33)可以得出透平与泵之间存在严重不对中。从现场分析来看，透平是刚大修完投入使用的，检修前泵本身运转状态良好，且根据同类型的两台泵解体检查转子及其他转动部件均未见磨损，且叶轮也很清洁没有结垢现象，所以没有对该泵解体检修。泵与透平工况温度不一致，透平壳体温度为380℃，泵壳体温度为135℃，垂直方向对中要求冷态透平比泵低0.13mm，偏差±0.05mm，即热态找正为±0.05mm，现场水平对中值和垂直对中值均在允许范围内。那么是什么力的作用造成机组对中不良呢？根据这一问题，找到检修人员了解当时检修回装情况，得知管线法兰与透平入口法兰连接过程中使用一定的外力，这样使得管线与透平之间存在较大应力，并把此应力通过透平传到机组的联轴节，机组在运行过程中只有通过变形来消除部分应力，这样一来机组的对中值就不能保证在允许范围内。

处理措施：

为了克服因变形引起对中不良，监测人员建议对透平入口管线进行调整并加以固定，从而达到避免因管线与入口法兰存在应力引起变形。根据这一建议，检修人员在1999年4月24日又重新对透平的入口管线进行固定，固定方法是在原来的入口管线固定点处进一步加固固定支架，并且把固定点与入口管线焊接在一起，调整透平入口法兰与管线法兰之间的对中，限制管线变形，从而避免透平机垂直方向和水平方向的变形，机组重新调整对中。重新开车后机组振动值下降较大且在允许范围内。经过近八个多月的运转，机组一直平稳运行。具体数据如表15-4，泵体联轴节侧水平径向振动频谱如图15-35和图15-36所示。

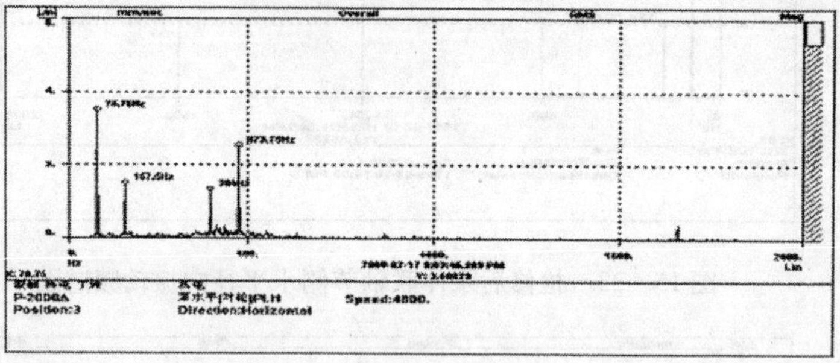

图15-35　入口管线加固后泵联轴节侧轴承水平径向振动频谱图

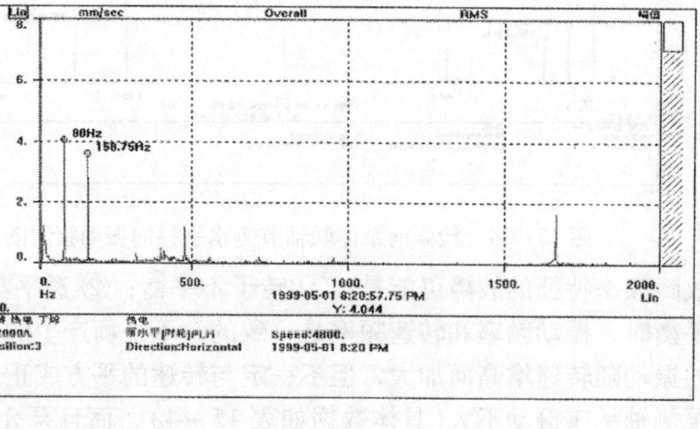

图15-36　入口管线加固后机组运行八个多月后泵联轴节侧轴承水平径向振动频谱图

结论：

机组不对中不仅是初始不对中引起，初始对中即使在允许范围内，由于管线应力或其他力的存在产生变形也会引起机组对中不良，造成机组振动加大。

15.5.3　轴瓦油膜振荡故障的诊断实例

某气体压缩机运行期间，状态一直不稳定，大部分时间振值较小，但蒸汽透平时常有短时强振发生，有时透平前后两端测点在一周内发生了20余次振动报警现象，时间长者达0.5h，短者仅1min左右。如图15-37、图15-38、图15-39分别是强振时的时域波形、频谱图及轴心轨迹图。

经现场测试、频谱分析，发现透平振动具有如下特点：

（1）强振时时域波形畸变，有明显的低频波动规律。

（2）频谱图中半频成分突出，其幅度大大超过工频幅值，占到通频能量的75%左右，其余次谐波成分也非常丰富。

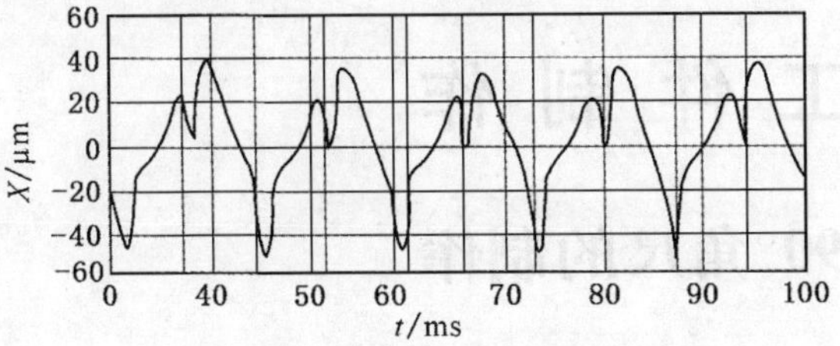

图 15－37　时域波形

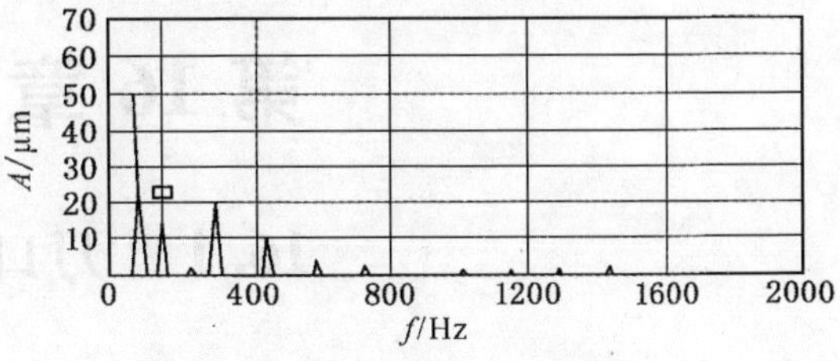

图 15－38　频谱图

（3）轴心轨迹变动大，极不规则。

（4）随着强振发生，机组声响明显异常，有时油温也明显升高。

故障诊断：根据现场了解到，压缩机第一临界转速为3362r/min，透平的第一临界转速为 8243 r/min，根据上述振动特征，判断故障原因为油膜振荡。

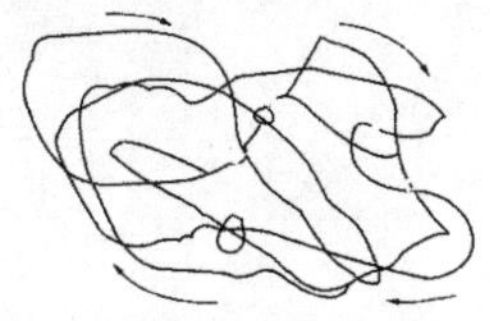

图 15－39　轴心轨迹图

检修结果：停车检修，将轴瓦形式由原来的圆筒瓦改造为椭圆瓦，开车后机组运行正常。

第16章 工件制作

16.1 刀口形90°角尺的制作

16.1.1 刀口形90°角尺工件图及技术说明

1. 毛坯图(图16－1)

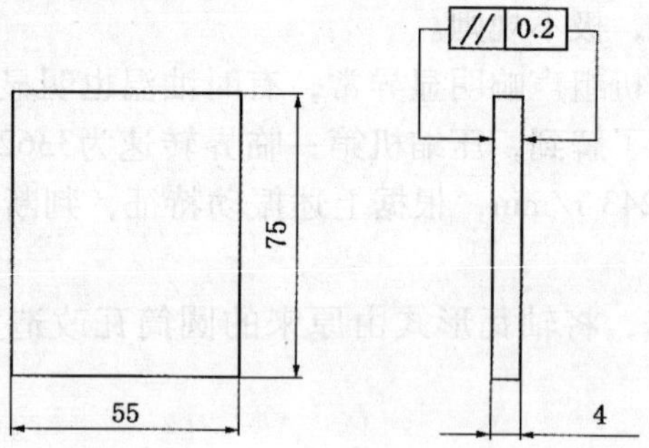

图16－1 刀口形90°角尺坯料

2. 工件图(图16－2)

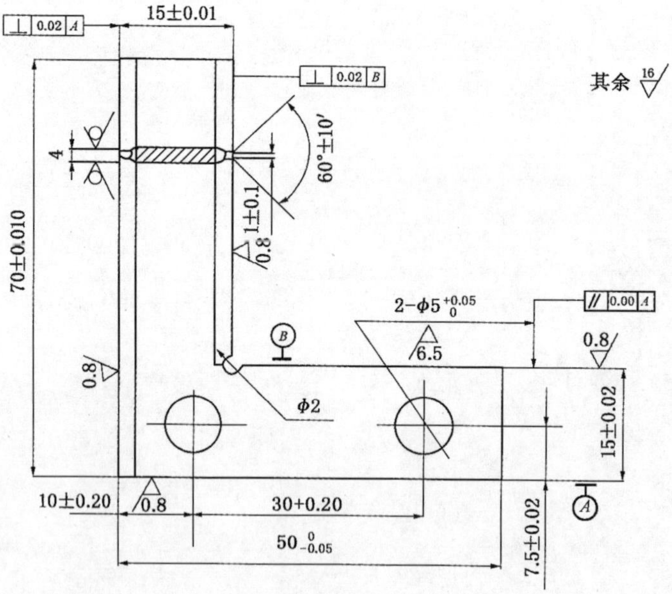

图16－2 刀口形90°角尺

16.1.2 加工工序及要求

(1) 检查来料是否符合尺寸要求并有足够的加工余量。

(2) 工件划线:

① 选两条比较平整和比较垂直的直角边为修锉对象，用锉削方法修锉直角边的直线度、

平面度和垂直度达到图纸要求，并确定为划线基准。

② 分别以长边面 75mm 和短边面 55mm 两条垂直边为基准，利用高度游标划线尺划出长、短边面高度线 15mm 和 70mm、50mm 的外形尺寸，及短边面孔高度中心线 7.5mm，同时以长边面为基准，利用高度游标划线尺划 10mm 和(30 +10)mm 高度尺寸，确定两孔 $\phi5$ 的中心线。

③ 校核尺寸，打样冲，钻工艺清根孔 $\phi2$。

(3) 工件加工:

① 先用锯削方法锯出两条垂直边并去除余料。

② 用粗锉刀锉削外形尺寸近线，留 0.20 ~0.30mm 余量。

③ 用中锉或细锉修整外形尺寸，既要控制好外形尺寸，又要控制直线度、平行度和垂直度，确保各部位尺寸和精度符合图纸要求。

④ 长边面内外倒角 60°，刀口(1 ±0.10)mm

⑤ 钻削：用 $\phi5$ 的麻花钻头，现场刃磨，按划线的孔中心进行钻削，钻削时要控制好钻头与工件的垂直度≯0.05mm，给刀量要少，钻头摆动度要小，确保钻削精度符合图纸要求。

⑥ 整体修磨：由于各垂直边要求粗糙度 $R_a0.8$，所以要用油光锉和沙纸进行修研、打磨，使其达到图纸要求。

⑦ 复核尺寸精度和形位公差，去毛刺完工。

16.1.3 注意事项

(1) 锉削时，要用透光法和涂色法检查长、短边面的直线度、平行度和垂直度。

(2) 锉削内直角边时，可将扁锉的两个直角边磨成小于90°的锐角(约60°)，以便清根。

(3) 锉削刀口时，必须在平面加工达到要求后进行，可利用三角形的原理，先划出倒角的线条再进行锉削，并用自制的60°角度模进行检查修锉，确保尺寸精度。

(4) 90°角尺是以短边面为基准来测量工件直角的，但在加工制作90°角尺时，应先加工长直角边面，然后以此边面作为基准来加工短边面达到90°直角，而最后检查90°角尺的垂直度时，仍应以短直角边面为测量基准。

16.2 方块工件的制作

16.2.1 方块工件图及技术说明

1. 毛坯图(图16-3)

2. 工件图(图16-4)

16.2.2 加工工序及要求

(1) 检查来料是否符合尺寸要求并有足够的加工余量。

(2) 工件划线:

① 先在62mm 尺寸方向作中心线，再作该中心线的垂直平分线。这两条垂直平分线就是工件的划线基准。

② 以十字中心为起点，35/2 =17.5mm 为半径长度，向上划出上孔 $\phi12$ 的圆心，向下划出两孔 $\phi12$ 的中心线，再以垂直线为中心，35/2 =17.5mm 为半径，划出两孔距的圆心。

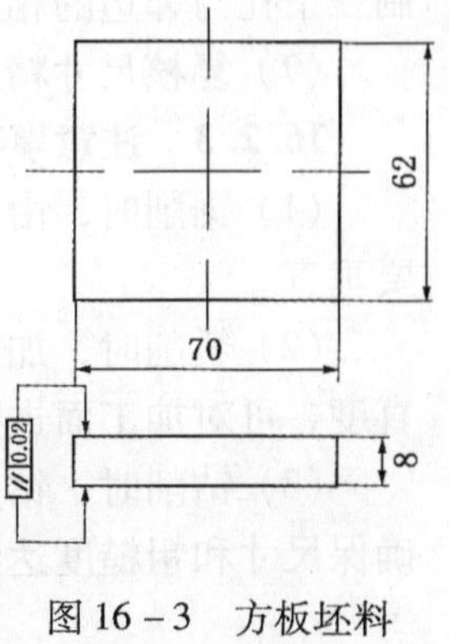

图16-3 方板坯料

③ 以十字中心为起点划出上下锉面的尺寸线 $60^{+0.05}_{0}$ 、左边(錾削

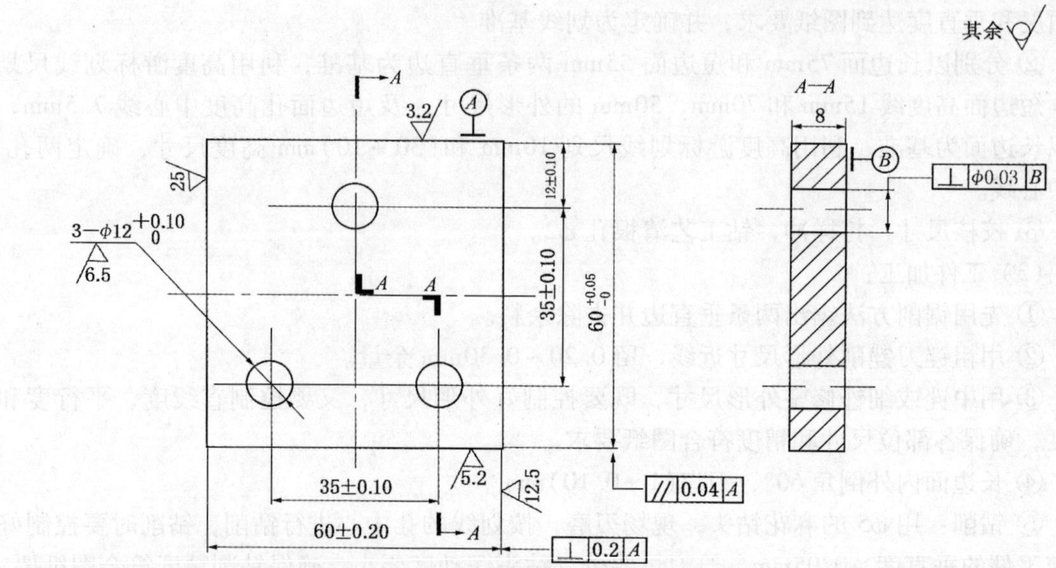

技术要求：

1. 25 为錾削加工， 12.5 为锯削加工， 5.2 为锉削加工。

2. 錾削面,锯削面一次加工完成不得修锉。

图 16－4　方板

面）及右边（锯削面）的尺寸线（60 ±0. 20）mm。

④ 校核尺寸、打样冲。

（3）钻削加工：用 $\phi12$ 的钻头，并现场刃磨钻头，按孔圆心分别钻出三个圆孔 $\phi12_{0}^{+0.10}$，粗糙度 $R_a6.3$。

（4）锯削面加工：按划线尺寸一次性锯削到线成形，锯削时要保持锯条与 B 面的垂直度不超标，粗糙度 $R_a12.5$。

（5）錾削加工：按加工量的多少进行一次或多次錾削加工，錾削时，既要控制好尺寸线 $60_{0}^{+0.20}$，又要控制好直线度、平面度和垂直度符合图纸要求。

（6）锉削加工：

① 先用粗锉刀锉销外形尺寸近线，留 0.2 ~0.3mm 余量。

② 精锉：用中锉或细锉修整外形尺寸 $60_{0}^{+0.05}$，修锉时，既要控制好外形尺寸，又要控制三个孔与邻边的相对位置尺寸（12 ±0. 10）mm。

（7）复核尺寸精度和形位公差及粗糙度符合图纸要求，去毛刺完工。

16. 2. 3　注意事项

（1）锯削时，由于是一次性锯削到线成形，不能复锯，所以下锯要准确，锯条与 B 面要垂直。

（2）錾削时，加工量不宜过大，以防止工件变形；为确保錾削面的直线度、平面度和垂直度，可对加工面进行交叉錾削和反向錾削。

（3）钻削时，钻头刃磨后角不宜过大，锋角定心要好，进给量要少，钻头摆动量要小，确保尺寸和粗糙度达到图纸要求。

16.3 凹形块的制作

16.3.1 凹形块工件图及技术说明

1. 毛坯图(图 16－5)

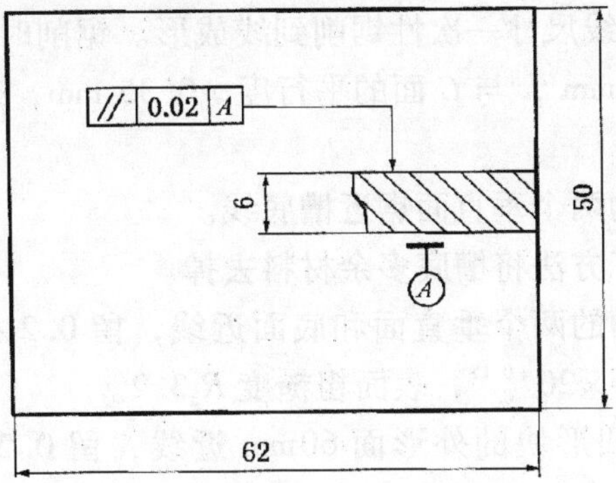

图 16－5 凹型块坯料

2. 工件图(图 16－6)

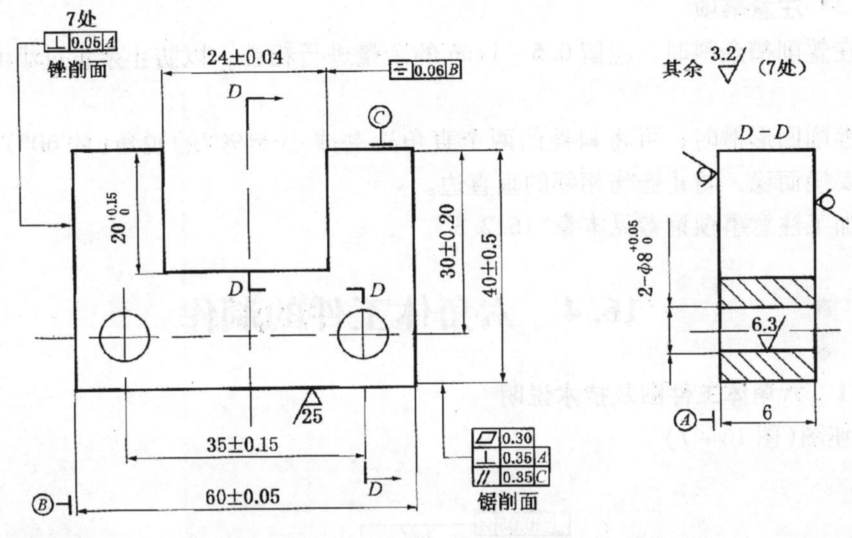

技术要求：

1. 锯削面一次完成，不得修锉；2. 锐边倒角；3. 外型平面尺寸除1个锯削面外，其余7个面为锉削面。

图 16－6 凹形块

16.3.2 加工工序及要求

(1) 检查来料是否符合尺寸要求并有足够的加工余量。

(2) 工件划线：

① 选两条比较平整和比较垂直的直角边为修锉对象，用锉削方法修锉直角边的直线度、平面度和垂直度达到图纸要求，并确定为划线基准(C 面、B 面)。

② 以 C 面为基准，划高度为 30mm 的两孔 $\phi 8$ 的中心线和 40mm 锯削面线及槽底线 20mm。

③ 以 B 面为基准，划凹形板的中心线 30mm 和外形尺寸线 60mm，再以该中心线为基准，划两孔 $\phi8$ 的中心距 35 mm 和槽宽 24 mm 的尺寸线。

④ 校核尺寸，打样冲。

（3）钻削加工：领用 $\phi8$ 的钻头，并现场刃磨钻头，按孔圆心分别钻出中心距 35 ±0. 15 两孔 $\phi8^{+0.05}_{0}$，粗糙度 $R_a6.3$。

（4）锯削加工：按划线尺寸一次性锯削到线成形。锯削时要保持锯条与 A 面的垂直度≯0. 35 mm、平面度≯0. 35 mm，与 C 面的平行度≯0. 35 mm，表面粗糙度 R_a25。

（5）锉削面加工：

① 用锯削方法将槽的两个垂直面锯近槽底线。

② 用錾削或钻削加工方法将槽底多余材料去掉。

③ 先用粗锉刀锉削槽的两个垂直面和底面近线，留 0. 2 ~0. 3mm 余量；再用中锉或细锉修整槽的尺寸 $24\pm0.04\times20^{+0.15}_{0}$，表面粗糙度 $R_a3.2$。

④ 先用粗锉刀锉削凹形块的外形面 60mm 近线，留 0. 2 ~0. 3mm 余量；再用中锉或细锉修整外形面(60 ±0. 05)mm，同时，控制槽与外形面的对称度≯0. 06mm，表面粗糙度 $R_a3.2$。

（6）复核尺寸精度和形位公差及表面粗糙度符合图纸要求，去毛刺完工。

16. 3. 3 注意事项

（1）在錾削槽余料时，应留 0. 5 ~1mm 的余量进行粗锉，以防止余量过小而造成工件变形现象。

（2）锉削凹形槽时，可将扁锉的两个直角边磨成小于 90°的锐角(约 60°)，以便清根，锉刀推出要慢而稳，防止锉伤相邻的垂直边。

其他加工注意事项请参见本章“16. 2. 3”。

16. 4 六角体工件的制作

16. 4. 1 六角体工件图及技术说明

1. 毛坯图(图 16 -7)

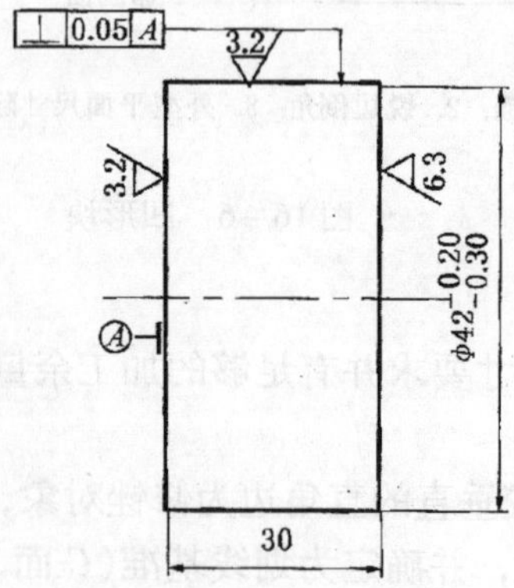

图 16 -7 六角体坯料

2. 工件图(16－8)

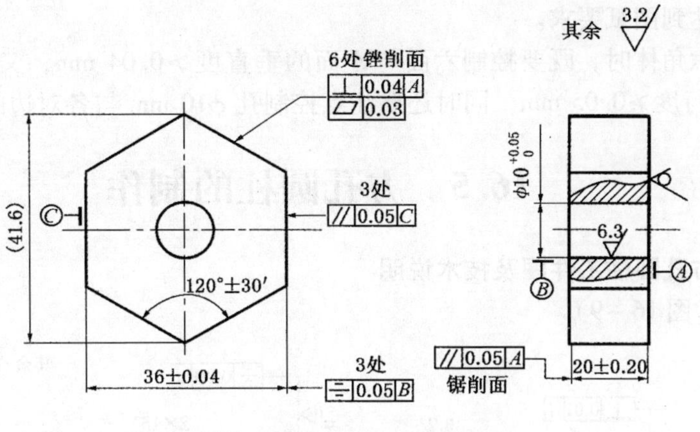

技术要求：锯削面一次完成，不得修锉。

图 16－8　六角体

16.4.2　加工工序及要求

(1) 检查来料是否符合尺寸要求并有足够的加工余量。

(2) 工件划线：

① 将 A 面修毛刺，以 A 面为基准划长度 20mm 锯面的尺寸线(圆周线)。

② 在 A 面上找圆心并划中心线，用圆规作中心线的垂直平分线。

③ 以圆心为起点，41.6/2 = 20.8mm 为半径划圆。分别以水平中心线与圆的交点为圆心上下划弧，交四点，然后连接上、下、左、右共六点形成等边六角形，再以 A 面为基准，作六角形圆柱面的垂直线。

④ 校核尺寸，打样冲。

(3) 锯削加工：按划线尺寸一次性锯削到线成形。锯削时要保持锯条与圆柱面的垂直度和与 A 面的平行度≯0.05mm。

(4) 钻削加工：领用 $\phi 10$ 的钻头，并现场刃磨钻头，按孔圆心钻削孔 $\phi 10^{+0.5}_{0}$，粗糙度 $R_a 6.3$。

(5) 锉削面加工：六角体工件的加工方法有两种加工顺序。一种是先锉配一组对面，然后依次将三组对面修锉好；另一种是可以先配锉三个邻面，用 120°样板检查和校验六角面及检查等边边长的准确性。

① 先用粗锉刀按划线尺寸锉至近线，留 0.20 ~ 0.3mm 的加工余量给精锉修整。

② 用中锉或细锉加工六角体：先锉第一面，要求面平直，并与基准面 A 面垂直；锉第二面达到与第一面相同要求，并用 120°量角样板检查；锉削第三面也要达到上述相同要求，并检查边长情况。注意控制外六角对边面的平行度≯0.05mm，孔 $\phi 10$ 与六面(三处)的对称度≯0.05mm，各面与 A 面的垂直度≯0.04mm，各角度均为 120°夹角。对边面尺寸 36 ± 0.04，粗糙度 $R_a 3.2$，符合图纸要求。

(6) 复核尺寸精度和形位公差及表面粗糙度符合图纸要求，去毛刺完工。

16.4.3　注意事项

(1) 锯削面加工时，由于是一次性锯削到线成形，不能复锯，所以下锯时要准确，锯条侧面与 A 面要平行。

（2）钻削时，进给量要少，钻头摆动量要小，要控制好钻头与 A 面的垂直度，确保尺寸和表面粗糙度达到图纸要求。

（3）锉削六角体时，既要控制六面与 A 面的垂直度≯0.04 mm，又要控制三对边（36±0.04）mm 的平行度≯0.05 mm，同时还要注意控制孔 ϕ10 mm 与各对边的对称度≯0.05 mm。

16.5 方孔圆柱的制作

16.5.1 方孔圆柱工件图及技术说明

1. 毛坯图（图 16-9）

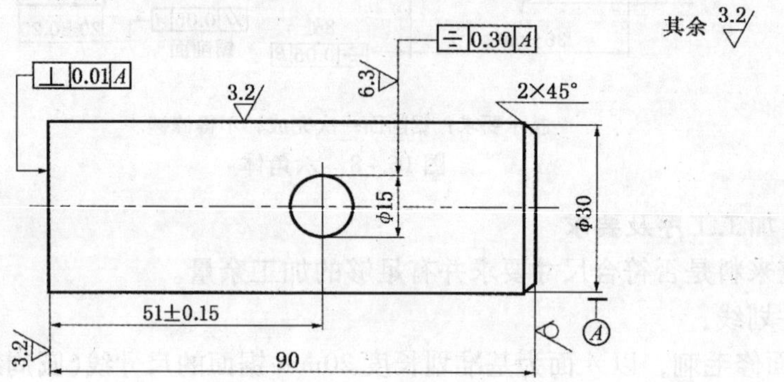

图 16-9　方孔圆柱坯料

2. 工件图（图 16-10）

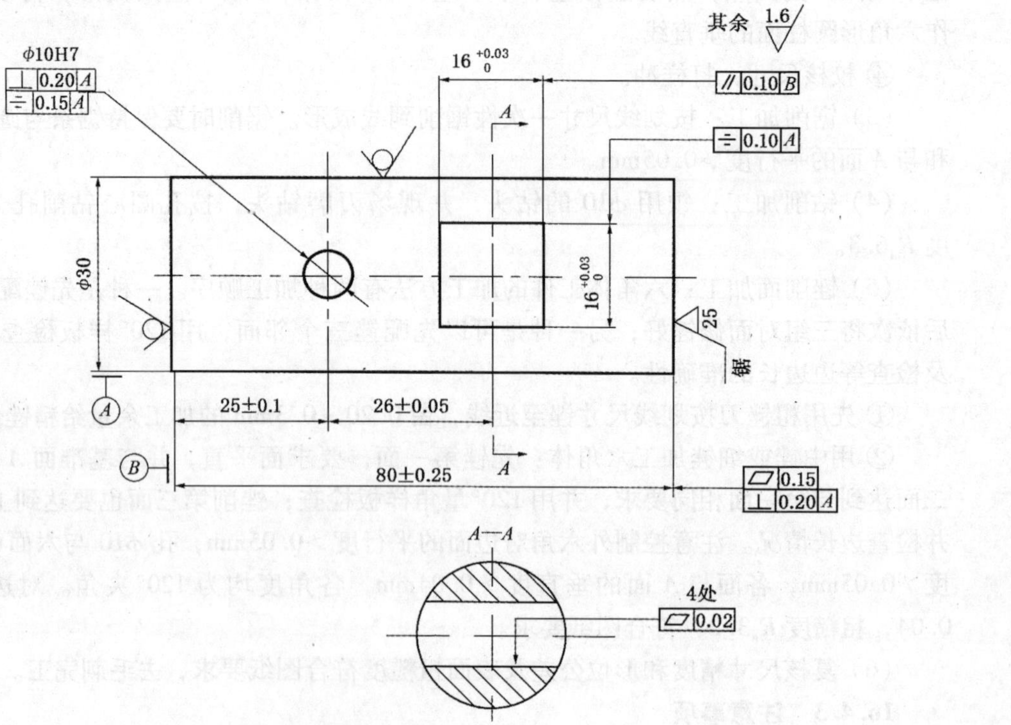

图 16-10　方孔圆柱

16.5.2　加工工序及要求

(1) 检查来料是否符合尺寸要求并有足够的加工余量。

(2) 工件划线：

① 在圆柱的端面(B 面)找圆心，划端面的中心线，把圆柱件放在 V 形铁上，以端面圆的中心线为标高调整高度游标划线尺来确定中心位置，在圆柱外表面分别划出两边对称母线；分别以对称母线为基准在 8 ~ 16mm 的高度划方孔下底线，再以底线为起点加上 16mm 高度划方孔上顶线。

② 以圆柱端面(B 面)为基准，把圆柱件垂直竖立于平台上，按尺寸 25mm 的高度调整高度游标划线尺，划出 $\phi10$ 的中心线，再划出方孔的中心线，以方孔中心线为起点分别画出 16 × 16 方孔的另外两条平行线。同时确定外形尺寸 80mm 的高度划出圆柱外周圆。

③ 校核尺寸，打样冲。

(3) 锯削加工：按划线尺寸一次性锯削成形(80 ± 0.25) mm 的长度尺寸，锯削时要保持锯条与圆柱体母线的垂直度≯0.05mm，表面粗糙度≤R_a25。

(4) 加工圆孔：先用 $\phi9.8$ 直径的钻头按孔圆心钻孔，再用 $\phi10$ 的圆柱铰刀铰出 H7 精度的圆孔。

(5) 加工方孔：

① 先用锯削方法锯出圆孔的四个直角线，再用粗方锉锉削至近线，留 0.2 ~ 0.3mm 余量。

② 以圆柱件端面(B 面)为基准，精锉方孔，使端面(B 面)到方孔边等于 25 + (26 − 8) = 43mm，来确保孔 $\phi10$ 中心到方孔中心的距离(26 ± 0.05) mm；再修整方孔 16mm × 16mm 的尺寸精度：平行度≯0.10mm、对称度不≯0.10mm 的要求。

③ 修毛刺、复核各部位的尺寸精度、表面粗糙度和形位公差等符合图纸要求。

16.5.3　注意事项

(1) 锯削长度尺寸 80mm 时，由于是一次性锯削成形，不能复锯，所以下锯要准确，锯条与圆柱体母线要垂直，确保平面度≯0.15mm，垂直度≯0.20mm。

(2) 在钻削 $\phi9.8$ 和铰削 $\phi10$ 的孔时，要控制钻头和铰刀的垂直度≯0.20mm，对称度≯0.15mm 的要求。

(3) 锉削方孔时，既要控制端面(B 面)至方孔的距离尺寸，也要控制方孔至铰孔 $\phi10$ 的距离尺寸，同时控制好相邻面垂直度误差≤0.02mm。

16.6　花键套的制作

16.6.1　花键套工件图及技术说明

1. 毛坯图(图 16 − 11)

2. 工件图(图 16 − 12)

16.6.2　加工工序及要求

(1) 检查来料是否符合尺寸要求并有足够的加工余量。

(2) 工件划线：

① 将花键套毛坯放在 V 形铁上，利用高度游标划线尺找出花键套毛坯的中心线，再利用圆规或分度头找出中心

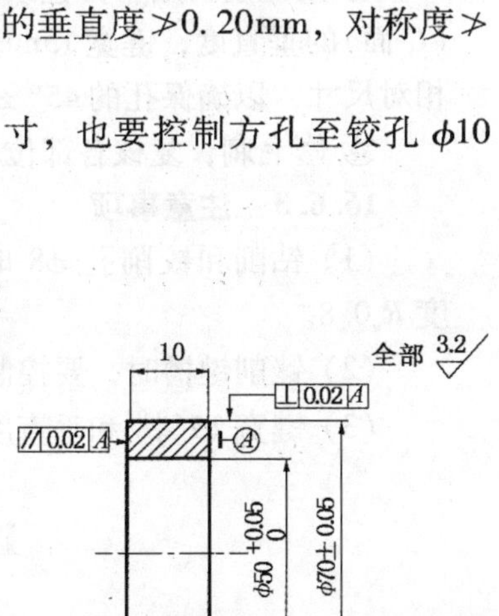

图 16 − 11　花键套坯料

线的垂直平分线。

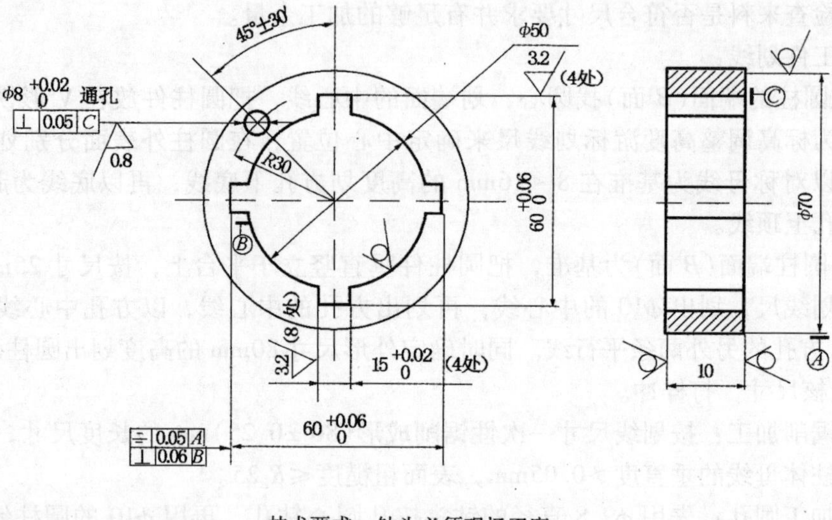

技术要求：钻头必须现场刃磨。

图 16－12　花键套

② 花键套毛坯仍在 V 形铁上，以十字中心线为基准，利用高度划线尺分别划 60mm × 60mm 的高度线，再以十字中心线为基准划出 4 个键宽 15mm 的键槽线。

③ 用圆规作 90°角的平分线，再将毛坯放在 V 形铁上，以中心高度 $R30$ 的高度划线交于 90°角的平分线的一点成为 $\phi8$ 的圆心。

④ 校核尺寸符合图纸要求，打样冲。

(3) 加工花键套工件：

① 先用 $\phi7.8$ 的钻头钻孔，再用 $\phi8$ 的圆柱铰刀进行铰孔，确保尺寸精度 H7，粗糙度 $R_a0.8$，孔与基准面垂直度 ≯0.05mm。

② 先用锯削将四个键槽边垂直锯下，再用粗方锉刀锉至近线，留 0.2～0.3mm 余量。

③ 精锉削：用中方锉或细方锉进行修锉。注意控制各键槽与中心线的对称度和与端面（C 面）的垂直度，键宽 15mm 和键顶 60mm 的尺寸要按公差严格控制，同时兼顾与孔 $\phi10$ 的相对尺寸，以确保孔的 45° ±30′不超标。

④ 修毛刺，复核各部位的尺寸、表面粗糙度和形位公差符合图纸要求。

16.6.3　注意事项

(1) 钻削和铰削孔 $\phi8$ 时，要严格控制钻头和铰刀的垂直度公差 ≯0.05mm，孔粗糙度 $R_a0.8$。

(2) 锉削键槽时，要控制好各键槽底边 60mm 尺寸的对称度 ≯0.05mm，粗糙度 $R_a3.2$。

(3) 键宽 $15^{+0.02}_{0}$ 和垂直度 ≯0.06mm 要严格控制好，粗糙度 $R_a3.2$ 不得超标。

16.7　内六方工件的制作

16.7.1　内六方工件图及技术说明

1. 毛坯图(图 16－13)

2. 工件图(图 16－14)

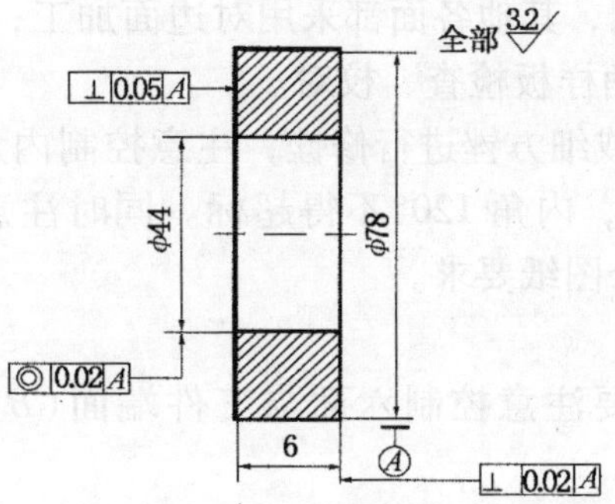

图 16－13　内六方坯料

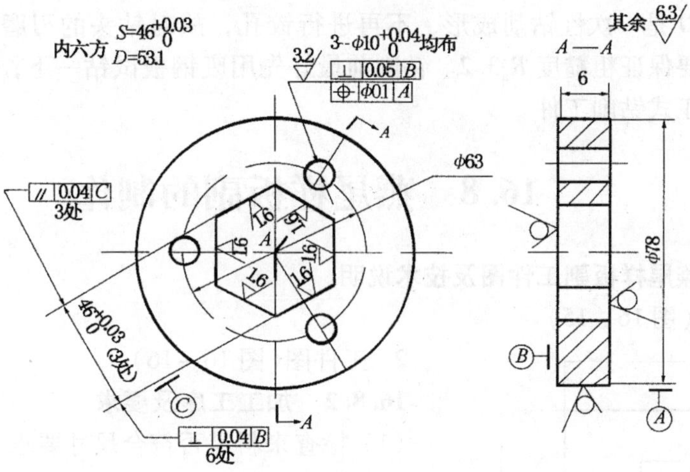

技术要求：自备钻头，必须现场刃磨。

图 16－14　内六方

16.7.2　加工工序及要求

（1）检查来料是否符合尺寸要求并有足够的加工余量。

（2）工件划线：

① 用木质塞板或铅板将毛坯件的内孔填满，中间再镶一片薄铜皮便于定中心划线，然后将毛坯件放在 V 形铁上，利用高度游标划线尺找出毛坯件的中心线。

② 以十字中心为圆心划 ϕ53.1 的圆，分别以 ϕ53.1 的半径长度划出等边六角形。

③ 以十字中心为圆心划出三个 ϕ10 孔的定位圆 ϕ63。

④ 分别划出六边形三条边长的垂直平分线，相交于 ϕ63 的圆确定三个 ϕ10 孔的圆心。

⑤ 复核各部位尺寸，打样冲，去除临时填充料。

（3）钻削：领用 ϕ10 的麻花钻头，现场刃磨，按划线的孔中心进行钻削。钻削时，要控制好钻头与工件的垂直度≯0.05mm，给刀量要少，钻头摆动度要小，确保钻削精度符合图纸要求。

（4）锉削内六角：

① 先用锯条分别锯下内六角的钝角至近线，然后用粗方锉刀或粗扁锉刀锉削近划线，留 0.10～0.20mm 余量进行精锉。

② 锉削时，可选用两种加工方法：一是先锉削第一面后，再锉削对边面，然后用 120°

量角样板确定第三面并锉削，其他各面都采用对边面加工；二是先锉削第一面后，其他各面按顺序加工，并用120°量角样板检查、校对。

③ 精锉削：用中方锉或细方锉进行修锉，注意控制内六角对边面的平行度≯0.04 mm，尺寸46mm公差≯0.03 mm，内角120°不得超标。同时注意控制孔ϕ10与相邻六角边的距离，从而确保相应尺寸符合图纸要求。

16.7.3 注意事项

(1) 锉削内六角时，要注意控制六面与工件端面（B面）的垂直度≯0.04 mm，粗糙度R_a1.6。

(2) 在锉内六角清角时，锉刀推出要慢而稳，紧靠邻边直锉，以防锉坏邻面或锉成混角。

(3) 孔ϕ10是一次性钻削成形，不再进行铰孔，故对钻头的刃磨要求很高，既要保证尺寸准确，又要保证粗糙度R_a3.2。钻削前最好先用废钢板试钻一下，确认钻出的孔径符合图纸要求后才正式钻削工件。

16.8 燕尾样板副的制作

16.8.1 燕尾样板副工件图及技术说明

1. 毛坯图（图16－15）

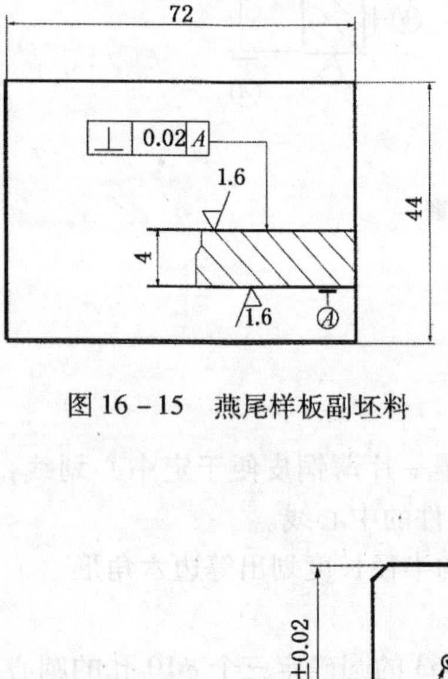

图16－15 燕尾样板副坯料

2. 工件图（图16－16）

16.8.2 加工工序及要求

(1) 检查来料是否符合尺寸要求并有足够的加工余量。

(2) 加工凸件：

① 修锉长边72mm和垂直边44mm，并以这两条互相垂直的边为基准，划对称线35mm，确定界线70mm。

② 以中心线为基准划相距43mm的两孔中心线、划燕尾底宽20mm定位线。

③ 以底边70mm为基准划24mm平行线，交20mm线

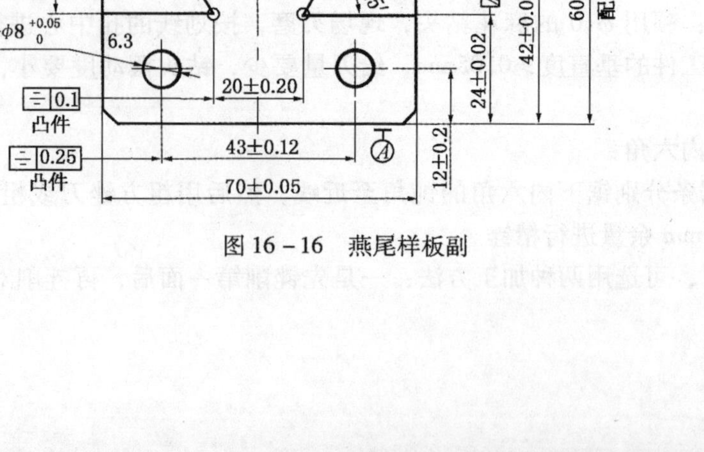

图16－16 燕尾样板副

成燕尾底角的顶点和底角线；以底边 70mm 为基准划 42mm 平行线，成燕尾上边线。

④ 分别以燕尾底角的顶点及底边为基础，划 60°角并延长交于 42mm 平行线成燕尾上角和下角。

⑤ 校核各部位尺寸、打样冲，钻削燕尾底部的清根孔 $\phi 2$。

⑥ 用锯削去除多余的边料，再用粗锉锉削各部位尺寸至近线，留 0.20～0.30mm 的余量进行精锉。

⑦ 用中、细的扁锉和半圆锉修整各部位尺寸精度、形位公差、60°夹角等符合图纸要求。

⑧ 间接测量燕尾底尺寸 20±0.20。当测试棒 $d = 10$mm，$a = 60°$，即控制尺寸为

$$20 + \left(\frac{d}{2} \cdot \mathrm{ctg}\,\frac{a}{2} + \frac{d}{2}\right) \times 2 = 20 + (5 \times 1.732 + 5) \times 2 = 47.32$$

⑨ 间接测量燕尾对称度：当测试棒 $d = 10$mm，$a = 60°$，即

$$20 + (70 - 20) \div 2 + \frac{d}{2} \cdot \mathrm{ctg}\,\frac{a}{2} + \frac{d}{2} = 20 + 25 + 5 \times 1.732 + 5 = 58.66 = \text{左边} = \text{右边，偏差}$$

$\not> 0.05$mm

⑩ 钻削 $\phi 8$ 对称孔。既要控制两孔位置垂直高度尺寸(12±0.02)mm，又要控制两孔对称尺寸(43±0.12)mm 不超标。

(3) 加工燕尾凹件：

① 将毛坯件先修锉底边 72mm 和垂直边 44mm，并以这两条互相垂直边为基准，分别画中心线、划边界线 70mm、划 36mm 的平行线。

② 以燕尾凸件为基准，对正中心线并对齐垂直边及底边，划出燕尾凹件的轮廓线，打样冲并钻削两个清根孔 $\phi 2$mm。

③ 先用锯削锯下燕尾的斜边，后用钻头钻一排孔或用扁錾将余料去除，再用粗、中扁锉或半圆锉锉削至近线，留 0.2～0.3mm 余量精锉。

(4) 凹凸燕尾样板整体修配：

① 以凸件为基准，修锉凹件，用涂色法检查配合硬点，并去除硬点，使凹凸件配合达到要求，配合面间隙 $\not> 0.10$mm，反转 180°再配合，两侧面错位量 $\not> 0.10$mm。

② 对正中心线，修锉外形长度尺寸(70±0.05)mm，配合后高度尺寸(60±0.10)mm。

③ 18 个加工面粗糙度 $R_a \leqslant 3.2\mu$m。

④ 倒四个直角 3×45°，修毛刺、复核各部位尺寸精度和形位公差等符合图纸要求。

16.8.3 注意事项

(1) 因采用间接测量来达到尺寸要求值，故必须进行正确换算和测量。

(2) 在整个加工过程中，加工面都比较窄，故一定要锉平并保证与大平面的垂直，才能达到配合精度。

(3) 锉配燕尾时，应按已加工好的凸形件来配锉凹形燕尾槽；在锉配时一般不再加工凸形件，否则会使其失去精度而无基准，使锉配难以进行。

16.9 五方合套的制作

16.9.1 五方合套工件图及技术说明

1. 毛坯图(图 16－17)

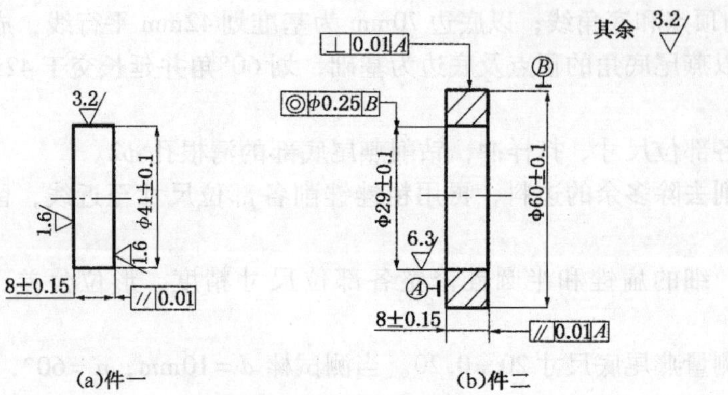

图 16－17　五方合套坯料

2. 工件图(图 16－18)

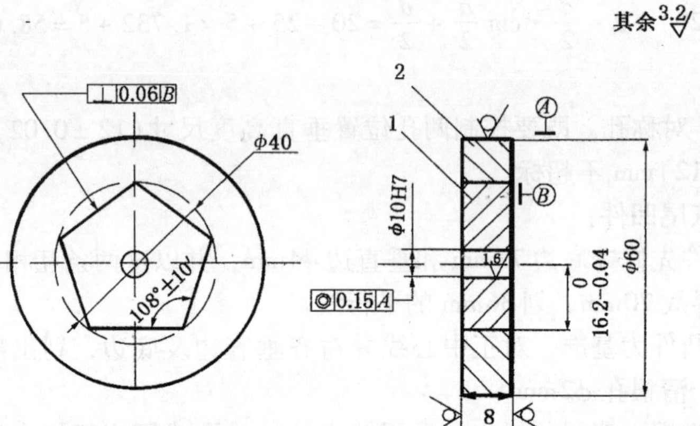

技术要求：件二五方孔以件一为基准配作，配合互换间隙≤0.05mm。

图 16－18　五方合套

16.9.2　加工工序及要求

(1) 检查来料是否符合尽寸要求并有足够的加工余量。

(2) 加工五方体(件一)：

① 测量划线：在毛坯上找出 ϕ41 的圆心，画十字中心线，按五等分作图法作出五等分图形，并检查五个内角应为 108°，确认图形、角度准确后打样冲。

② 粗锉：用粗锉将各面按线锉至近线，留 0.1～0.2mm 的余量进行精锉，锉削时应随时检查各加工面与侧面(B 面)的垂直度。

③ 精锉：精锉时要确保五方体各面的粗糙度达到 $R_a1.6$，五个外角 252°(相邻两面的夹角 108°)，五方体各面对 B 面垂直度≯0.06mm。

④ 钻削 ϕ9.8 的孔，并用 ϕ10 的圆柱铰刀铰孔，确保孔的精度达 H7，严格控制孔 ϕ10 与五方体各面的距离 $16.2^{0}_{-0.03}$ 符合要求，粗糙度≤$R_a1.6$。

(3) 加工五方套(件二)：

① 毛坯划线：方法一是先用木质塞板或铅板将毛坯件的内孔 ϕ60 填满，中间镶一片薄铜皮便于定中心划线，然后通过十字中心线确定圆心，按五等分作图法作出五等分图形；方法二是将完工的件一(五方体)放在定好中心线的件二(五方套毛坯)上进行直接

画线。

② 复核件二图形及尺寸的准确性，打样冲，去除填充料。

③ 先用锯削锯至五等分内角近线，再用粗方锉或三角锉锉近五边形内面线，同时控制五内面与 A 面的垂直度和五内角 108°，使之基本符合要求。

(4) 五方体(件一)与五方套(件二)的整体镶配：

① 以五方体为基准，修锉五方套，用透光法和涂色法检查并精锉各面，使五方体配入五方孔内达到透光均匀、手力能通过。

② 倒角去毛刺，转位试配，按涂色法修配达到互换配合要求，镶配间隙值≯0. 05mm，严格控制件一孔 $\phi10$ 与件二外圆 $\phi60$ 的同轴度≯0. 15mm。

16. 9. 3 注意事项

(1) 换向镶配时，出现间隙过大或塞不进去的原因是五方边长不一致。解决办法：加工中要严格控制好角度、平面度且尽量使边顶距保持一致。

(2) 配合后，出现相互扭曲的原因是配合面在加工中与 A 面或 B 面不垂直。解决方法：加工中要经常检测加工面与 A 面或 B 面的垂直度。

(3) 钻削和铰孔时，进给量要少、钻杆摆动量要小，严格控制钻杆和铰杆与 B 面的垂直度，确保尺寸和粗糙度达到图纸要求。

(4) 在加工五方套时，锉刀推出要慢而稳，以防锉坏邻面或锉成混角。

16. 10 三角 R 合套的制作

16. 10. 1 三角 R 合套工件图及技术说明

1. 毛坯图(图 16－19)

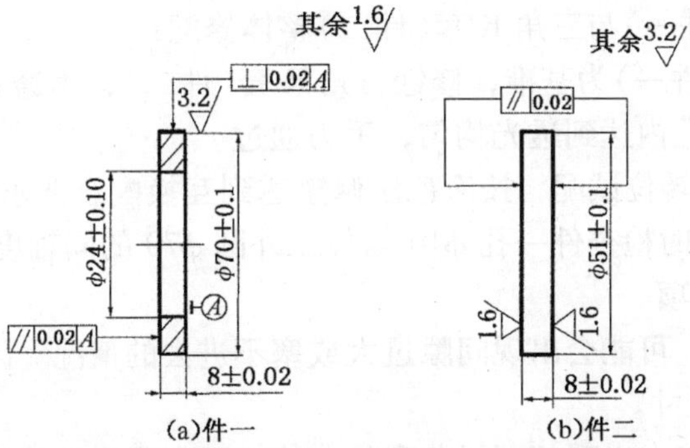

图 16－19 三角 R 合套坯料

2. 工件图(图 16－20)

16. 10. 2 加工工序及要求

(1) 检查来料是否符合尺寸要求并有足够的加工余量。

(2) 加工三角 R 体(件一)：

① 在毛坯上找出 $\phi51$ 的圆心，画十字中心线，画 $\phi51$ 的同心圆 $\phi50$，并三等分，形成等边三角形；分别作等边三角形各边的垂直平分线，确定 R8 的圆心，并作出 R8 半圆。

② 核验相关尺寸符合图纸要求，打样冲。

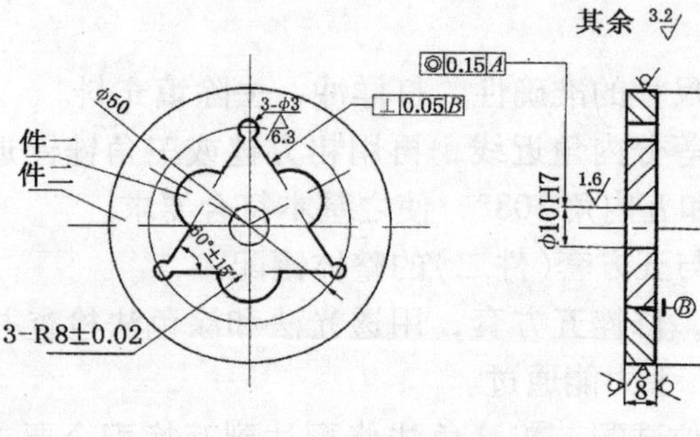

技术要求：以件一为基准，件二配作，配合互换间隙：平面部分≤0.08mm，曲面部分≤0.10mm。

图 16-20 三角 R 合套

③ 先用锯削方法去除余料，再用粗锉刀锉削各部位近线，并留 0.1~0.2 mm 余量进行精锉，随时检查各面与 *B* 面的垂直度。

④ 精锉削，精锉时要确保各面粗糙度达到 $R_a3.2$；用 300°外角度规检查，确保三个内角 60°±15′，用 R8 内半圆规检查 R8±0.02 mm，应符合要求；三角 R 体各面与侧面(*B* 面)垂直度≯0.05mm。

⑤ 钻削 ϕ9.8 的孔，并用 ϕ10 的圆柱铰刀铰孔，确保精度达 H7，粗糙度 $R_a1.6$。

(3) 加工三角 R 套(件二)：

① 在毛坯上找出 ϕ70 的圆心，画十字中心线，以 ϕ50 的半径画圆，并三等分，形成等边三角形；分别作等边三角形各边的垂直平分线，确定 R8 的圆心并作 R8 的半圆。或用已成形的三角 R 体(件一)对正十字中心线，画出件二的图形。

② 核实相关尺寸符合图纸要求，打样冲，钻三个清根孔 ϕ3。

③ 先用锯削割出三角形锐角和多余料，再用粗锉刀锉削各部位近线，随时检查各面与侧面(*B* 面)的垂直度和内角 60°、R8 等基本符合要求。

(4) 三角 R 体(件一)与三角 R 套(件二)整体修配：

① 以三角 R 体(件一)为基准，修锉三角 R 套(件二)，用透光法和涂色法检查并精修各面，使件一配入件二孔内达到透光均匀，手力通过。

② 倒角去毛刺，转位试配，按涂色法修整达到互换配合要求，平面间隙≤0.08mm，曲面间隙≤0.10mm，同时检查件一孔 ϕ10 与件二外圆 ϕ70 的同轴度≯0.15mm。

16.10.3 注意事项

(1) 换向试配时，可能会出现间隙过大或塞不进去的情况。因此加工中要严格控制好角度、平面度和 R8 的尺寸。

(2) 配合后，可能会出现相互扭曲现象，故加工中要经常检测加工面与 *B* 面的垂直度。

(3) 钻削和铰孔时，进给量要少，钻杆和铰杆摆动量要小，严格控制钻杆和铰杆与 *B* 面的垂直度，确保尺寸和粗糙度达到图纸要求。

(4) 在修锉三角 R 套 60°角度面时，应先将半圆锉的弧面刃齿磨掉，以便清根。同时防止刃齿锉伤相邻面。

附录　常用计量单位及其换算

表1　国际单位制的基本单位

量的名称	单位名称	单位符号	量的名称	单位名称	单位符号
长　度	米	m	热力学温度	开[尔文]	K
质　量	千克	kg	物质的量	摩[尔]	mol
时　间	秒	s	发光强度	坎[德拉]	cd
电　流	安[培]	A			

表2　国际单位制的辅助单位

量的名称	单位名称	单位符号	量的名称	单位名称	单位符号
平面角	弧度	rad	立体角	球面度	sr

表3　国际单位制中具有专门名称的导出单位

量的名称	单位名称	单位符号	其他表示式例
频　率	赫[兹]	Hz	s^{-1}
力；重力	牛[顿]	N	$kg \cdot m/s^2$
压力；压强；应力	帕[斯卡]	Pa	N/m^2
能量；功；热量	焦[耳]	J	$N \cdot m$
功率；辐射通量	瓦[特]	W	J/s
电荷量	库[仑]	C	$A \cdot s$
电位；电压；电动势	伏[特]	V	W/A
电　容	法[拉]	F	C/V
电　阻	欧[姆]	Ω	V/A
电　导	西[门子]	S	A/V
磁通量	韦[伯]	Wb	$V \cdot s$
磁通量密度；磁感应强度	特[斯拉]	T	Wb/m^2
电　感	亨[利]	H	Wb/A
摄氏温度	摄氏度	℃	
光通量	流[明]	lm	$cd \cdot sr$
光照度	勒[克斯]	lx	lm/m^2
放射性活度	贝可[勒尔]	Bq	s^{-1}
吸收剂量	戈[瑞]	Gy	J/kg
剂量当量	希[沃特]	Sv	J/kg

表 4　国家选定的非国际单位制单位

量的名称	单位名称	单位符号	换算关系和说明
时　间	分	min	1min = 60s
	[小]时	h	1h = 60min = 3600s
	天，(日)	d	1d = 24h = 86400s
平面角	[角]秒	(″)	1″ = (π/648000) rad (π 为圆周率)
	[角]分	(′)	1′ = 60″ = (π/10800) rad
	度	(°)	1° = 60′ = (π/180) rad
旋转速度	转每分	r/min	1 r/min = (1/60) s^{-1}
长　度	海里	nmile	1nmile = 1852m (只用于航程)
速　度	节	kn	1kn = 1nmile/h = (1852/3600) m/s (只用于航程)
质　量	吨	t	1t = 10^3kg
	原子质量单位	u	1u = 1. 6605402 × 10^{-27}kg
体　积	升	L，(l)	1L = 1dm^3 = $10^{-3}$$m^3$
能	电子伏	eV	1eV = 1. 6021892 × 10^{-19}V
级　差	分贝	dB	
线密度	特[克斯]	tex	1tex = 1g/km

表 5　常用法定计量单位及其换算

物理量	法定计量单位		非法定计量单位		单位换算
名称	单位名称	单位符号	单位名称	单位符号	
长　度	米	m	英尺	ft	1ft = 0. 3048m
			英寸	in	1in = 0. 0254m
面　积	平方米	m^2	平方英尺	ft^2	1ft^2 = 0. 092903 m^2
			平方英寸	in^2	1in^2 = 6. 4516 × $10^{-4}$$m^2$
体积；容积	立方米	m^3	立方英尺	ft^3	1ft^3 = 0. 0283168 m^3
	升	L，(l)	立方英寸	in^3	1 in^3 = 1. 63871 × $10^{-5}$$m^3$
质　量	千克(公斤)	kg	磅	lb	1lb = 0. 45359237kg
温　度	开[尔文] 摄氏度	K ℃	华氏度	℉	表示温度差和温度间隔时：1℃ = 1K 表示温度的数值时：摄氏温度值 = 热力学温度值 − 273. 15 表示温度差时：1 ℉ = 5/9℃ 表示温度数值时：热力学温度值 = 5/9(华氏温度值 + 459. 67)，摄氏温度值 = 5/9(华氏温度值 − 32)
旋转速度	转每分	r/min		rpm	1 rpm = 1 r/min = (1/60) s^{-1}
力，重力	牛[顿]	N	千克力	kgf	1kgf = 9. 80665N
			磅力	lbf	1 lbf = 4. 44822N
压力，压强，应力	帕[斯卡]	Pa	千克力每平方厘米	kgf/cm^2	1 kgf/cm^2 = 0. 0980665MPa
			毫米水柱	mmH_2O	1 mmH_2O = 9. 80665Pa
			毫米汞柱	mmHg	1mmHg = 133. 322Pa
			工程大气压	at	1at = 98066. 5Pa = 98. 0665kPa
			标准大气压	atm	1atm = 101325Pa = 101. 325kPa
速　度	米每秒	m/s	英寸每秒	in/s	1 in/s = 0. 0254m/s
	千米每小时	km/h			1 km/h = 0. 277778 m/s
	米每分	m/min			1m/min = 0. 0166667m/s
力　矩	牛顿米	N · m	千克力米	kgf · m	1kgf · m = 9. 80665 N · m

表 6　公制计量单位表

长　度	体积、容积	面　积	质　量
1m = 10dm	1m^3 = 1000dm^3	1m^2 = 100dm^2	1t = 1000kg
1dm = 10cm	1dm^3 = 1000cm^3	1dm^2 = 100cm^2	1kg = 1000g
1cm = 10mm	1cm^3 = 1000mm^3	1cm^2 = 100mm^2	
1mm = 1000μm	1L = 1dm^3 = 1000cm^3		

参 考 文 献

1 萧开梓主编．化工机器检修技术．北京：化学工业出版社，1997

2 朱圣东，邓建，吴家声编著．无油润滑压缩机．机械工业出版社，2001

3 任晓善主编．化工机械维修手册．北京：化学工业出版社，2004

4 崔继哲，陈留拴主编．化工机械检修技术问答．北京：化学工业出版社，2002

5 黄涛勋主编．初级钳工技术．北京：机械工业出版社，2005

6 黄涛勋主编．中级钳工技术．北京：机械工业出版社，2005

7 黄涛勋主编．高级钳工技术．北京：机械工业出版社，2005

8 李国华，张永忠编著．机械故障诊断．北京：化学工业出版社，2003

9 刘森主编．钳工．北京：金盾出版社，2003